Tabellenbuch für Metalltechnik

Theoretische Grundlagen – Technische Kommunikation – Werkstofftechnik – Maschinenelemente – Fertigungstechnik – Steuerungs- und Regelungstechnik – Anhang

von

Dipl.-Ing. Wilhelm Dax, Studiendirektor, Mannheim
Dipl.-Ing. (FH) Nikolaus Drozd, Studiendirektor, Dielheim
Wolf-Dieter Gläser, Studiendirektor, Kraichtal
Dipl.-Ing. Frank Hoffmann, Oberstudienrat, Zwingenberg
Dipl.-Ing. (FH) Günter Kotsch, Studiendirektor, Mannheim
Dipl.-Ing. (FH) Bernd Kumler, Studiendirektor, Heidelberg
Dipl.-Ing. Johann Slaby, Studiendirektor, Mosbach
Manuel Maier, M.Sc., Studienrat, Sinsheim
Dipl.-Ing.-Päd. Andreas Uhlemann, Neustadt
Dipl.-Ing.-Päd. Frank Uhlemann, Stolpen
Albert Weiß, Oberstudiendirektor, Mannheim
Dipl.-Gwl. Klaus Zeimer, Oberstudiendirektor, Mannheim

18., überarbeitete und erweiterte Auflage

Handwerk und Technik – Hamburg

Autoren und Verlag danken folgenden Firmen und Institutionen herzlich für die Überlassung von Software, Animationen sowie Bild-, Video- bzw. Tabellenmaterial:

Aluminium-Zentrale e.V., Düsseldorf
BASF, Ludwigshafen
DMG MORI Global Marketing GmbH, München
Deutsches Kupferinstitut, Düsseldorf
Edelstahl-Vereinigung e.V., Düsseldorf
IGV e.V., Köln
kontext designlösungen, Balzfeld
KSB, Frankenthal/Pfalz
Linde AG, Hamburg
Metabowerke GmbH, Nürtingen (G48)
MHJ-Software & Ing.-Büro Weis, Bretten
Rexroth-Bosch-Group, Lohr am Main
RibbonSoft GmbH, Zürich, CH
Ringfeder Power Transmission GmbH, Krefeld
SANDVIK Tooling Deutschland GmbH, Geschäftsbereich Coromant, Düsseldorf
SEW-Eurodrive GmbH & CoKG, Bruchsal
Teplast H. Terbrack GmbH & Co. KG, Ahaus
Thyssen Edelstahlwerke AG, Krefeld

sowie

Herrn **Dr. Wolfgang Huber** und Herrn **Dr. Thomas H. Brock**, Berufsgenossenschaft Rohstoffe und chemische Industrie, Heidelberg
Herrn **Manfred Mrotzek**, Buxtehude
für deren freundliche Unterstützung und Beratung.

Die CAD-Zeichnungen wurden nach Vorlagen ausgeführt vom Ingenieurteam Harald Kontny, Hamburg, Future Mindset 2050 GmbH, Gehrden, Dipl.-Ing. Manfred Appel, Kattendorf und Michele Di Gaspare – Render 3Dx, Bergheim.

ISBN 978-3-582-93678-3 Best.-Nr. 3291
Die Normblattangaben werden wiedergegeben mit Erlaubnis des DIN Deutsches Institut für Normung e.V. Maßgebend für das Anwenden der Norm ist deren Fassung mit dem neuesten Ausgabedatum, die bei der Beuth Verlag GmbH, Burggrafenstraße 6, 10787 Berlin, erhältlich ist.

Verlag Handwerk und Technik GmbH,
Lademannbogen 135, 22339 Hamburg; Postfach 630500, 22331 Hamburg – 2024
E-Mail: info@handwerk-technik.de – Internet: www.handwerk-technik.de
Satz: CMS – Cross Media Solutions GmbH, 97082 Würzburg
Umschlagmotiv: DMG MORI Global Marketing GmbH, München
Druck: Beltz Grafische Betriebe GmbH, 99947 Bad Langensalza

VORWORT

Das vorliegende Tabellenbuch ist ein Nachschlagewerk für alle, die in technischen Berufen und schulischen Einrichtungen tätig sind. Besonders geeignet ist es für Lehrer und Auszubildende im Berufsfeld „Metalltechnik", da in der Auswahl der Normen und in der Zusammenstellung der Daten, Formeln und Zahlentafeln der Rahmenlehrplan der KMK und die Lehrpläne der Länder berücksichtigt wurden. Es kann sowohl in den Berufsschulen, Technischen Gymnasien als auch in Meister-, Techniker- und Ingenieurschulen sowie Technischen Universitäten eingesetzt werden.

Ein einheitlicher europäischer Markt erfordert auch einheitliche Normen in Europa. Dadurch wurden in den letzten Jahren und Monaten zahlreiche Normen zurückgezogen, durch neue oder geänderte ersetzt.

Auf Anwendungsbeispiele zu den Formeln in den einzelnen Kapiteln wird bewusst verzichtet. Somit ist dieses Tabellenbuch in Prüfungen einsetzbar.

Im Anhang (siehe Register A) befinden sich:

- ein Verzeichnis zurückgezogener bzw. ersetzter Normen (Seite A 2)
  Im vorliegenden Buch sind die Normen aufgeführt, die durch neue Normen ersetzt wurden.
- ein Normenverzeichnis (Seiten A 3 ... A 5)
  In diesem Verzeichnis sind alle aktuellen Normen aufgeführt, die im vorliegenden Buch zitiert sind. Sie sind alphabetisch und numerisch aufsteigend geordnet (DIN, DIN EN, DIN EN ISO, DIN ISO, DIN EN/TS, DIN VDE, EN, ISO, VDI, TRGS), sowie BGV, BGI, GefStoffV und EMV-Gesetz. Den Normbezeichnungen sind Seitenverweise zum leichteren Auffinden der Auszüge zugeordnet.
- ein Stichwortverzeichnis Deutsch-Englisch/Englisch-Deutsch für wichtige technische Begriffe (Seiten A 6 ... A 19)
- das Sachwortverzeichnis (Seiten A 20 ... A 29)

Autoren und Verlag

Theoretische Grundlagen

Technische Kommunikation

Werkstofftechnik

Maschinenelemente

Fertigungstechnik

Steuerungs- und Regelungstechnik

Anhang

THEORETISCHE GRUNDLAGEN

Einheiten

Die wichtigsten SI-Einheiten

Physikalische Größen	Formelzeichen (DIN 1304-1)	SI-Einheiten und abgeleitete Einheiten	Einheitenzeichen (DIN 1301-1, -2)	Weitere Einheiten, Erklärungen, Einheiten außerhalb des SI
Länge	*l, s*	Meter	m	1 Seemeile = 1852 m
Fläche	*A, S*	Quadratmeter	m^2	
Volumen	*V*	Kubikmeter	m^3	1 Liter = 1 dm^3
Ebener Winkel	$\alpha, \beta, \gamma \ldots$	Radiant	rad	$360° = 2\pi$ rad, 1 rad = 57,29°
		Grad	°	$1° = \frac{\pi}{180}$ rad
		Minute	′	$1' = \frac{1°}{60} = \frac{\pi}{10\,800}$ rad
		Sekunde	″	$1'' = \frac{1'}{60} = \frac{\pi}{648\,000}$ rad
Masse	*m*	Kilogramm	kg	1 *t* = 1 Mg = 1000 kg
Dichte	ϱ	Kilogramm pro m^3	$\frac{kg}{m^3}$	$1 \frac{g}{cm^3} = 1 \frac{kg}{dm^3} = 1 \frac{Mg}{m^3}$
Zeit, Zeitspanne, Dauer	*t*	Sekunde	s	
		Minute	min	1 min = 60 s
		Stunde	h	1 h = 60 min = 3600 s
		Tag	d	1 d = 24 h = 86 400 s
Umdrehungsfrequenz, Drehzahl	*n*	1 pro Sekunde	$\frac{1}{s}$	$\frac{1}{1\ min} = \frac{1}{60\ s}$ $\frac{1}{min} = min^{-1}$
Winkelgeschwindigkeit	ω, Ω	rad pro Sekunde	$\frac{rad}{s}$ oder $\frac{1}{s}$	$\omega = 2\pi \cdot n$, n in $\frac{1}{s}$
Kraft	*F*	Newton	N	$1\ N = 1 \frac{kg\ m}{s^2}$
Geschwindigkeit	*v*	Meter pro Sekunde	$\frac{m}{s}$	$1 \frac{m}{s} = 3{,}6 \frac{km}{h}$
Beschleunigung	*a*	Meter pro s^2	$\frac{m}{s^2}$	$g = 9{,}81 \frac{m}{s^2}$ Erdbeschleunigung
Druck	*p*	Pascal	Pa	$1\ Pa = 1 \frac{N}{m^2} = \frac{1\ bar}{100\,000}$ 1 hPa = 100 Pa = 1 mbar ≈ 10 mm WS $1\ MPa = 1 \frac{N}{mm^2}$
		Bar	bar	$1\ bar = 10 \frac{N}{cm^2} = 1 \frac{daN}{cm^2}$
Mechanische Spannung	σ, τ	Newton pro mm^2	$\frac{N}{mm^2}$	
Energie, Arbeit, Wärmemenge	*W, A, E, Q*	Joule	J	$1\ J = 1\ N \cdot m = 1\ W \cdot s = 1 \frac{kg \cdot m^2}{s^2}$ 1 kW · h = 3 600 000 J
Leistung	*P*	Watt	W	$1\ W = 1 \frac{N \cdot m}{s} = 1 \frac{J}{s} = 1\ V \cdot 1\ A$
Elektrische Stromstärke	*I*	Ampere	A	
Elektrische Spannung	*U*	Volt	V	$1\ V = 1 \frac{W}{A}$
Elektrischer Widerstand	*R*	Ohm	Ω	$1\ \Omega = 1 \frac{V}{A}$
Temperatur thermodynamisch	T, Θ	Kelvin	K	0 K = −273,15 °C; 0 °C = 273,15 K; $t = T - 273{,}15$ K
Celsius	t, ϑ	Celsius	°C	
Spezifische Wärmekapazität	*c*	Joule pro kg und Kelvin	$\frac{J}{kg \cdot K}$	$1 \frac{kcal}{kg \cdot K} = 4{,}19 \frac{kJ}{kg \cdot K}$

Einheiten

SI[1)]-Basisgrößen

DIN 1301-1 : 2010-10

	Basiseinheiten	Einheitenzeichen
Länge	Meter	m
Masse	Kilogramm	kg
Zeit	Sekunde	s
Elektrische Stromstärke	Ampere	A
Thermodynamische Temperatur	Kelvin	K
Stoffmenge	Mol	mol
Lichtstärke	Candela	cd

1) **S**ystème **I**nternational d'Unités (Internationales Einheitensystem), rechtsverbindlich für die Bundesrepublik Deutschland seit Juli 1969

Dezimale Vielfache

Vorsatz	Vorsatzzeichen	Zehnerpotenz	Bedeutung	Beispiel
Tera	T	10^{12}	Billionenfach	1 Terawatt = 1 TW = 1 000 000 000 000 W
Giga	G	10^{9}	Milliardenfach	1 Gigawatt = 1 GW = 1 000 000 000 W
Mega	M	10^{6}	Millionenfach	1 Megawatt = 1 MW = 1 000 000 W
Kilo	k	10^{3}	Tausendfach	1 Kilowatt = 1 kW = 1 000 W
Hekto	h	10^{2}	Hundertfach	1 Hektowatt = 1 hW = 100 W
Deka	da	10^{1}	Zehnfach	1 Dekawatt = 1 daW = 10 W

Dezimale Teile

Vorsatz	Vorsatzzeichen	Zehnerpotenz	Bedeutung	Beispiel
Dezi	d	10^{-1}	Zehntel	1 Deziwatt = 1 dW = 0,1 W
Zenti	c	10^{-2}	Hundertstel	1 Zentiwatt = 1 cW = 0,01 W
Milli	m	10^{-3}	Tausendstel	1 Milliwatt = 1 mW = 0,001 W
Mikro	m	10^{-6}	Millionstel	1 Mikrowatt = 1 µW = 0,000 001 W
Nano	n	10^{-9}	Milliardstel	1 Nanowatt = 1 nW = 0,000 000 001 W
Piko	p	10^{-12}	Billionstel	1 Pikowatt = 1 pW = 0,000 000 000 001 W

Teile und Vielfache von Einheiten

Länge	Fläche	Raum	Masse	Kraft
1 km = 1000 m	1 km² = 100 ha	1 m³ = 1000 dm³	1 t = 1000 kg	1 MN = 1000 kN
1 m = 10 dm	1 ha = 100 a	1 dm³ = 1000 cm³	1 Mg = 1000 kg	1 kN = 1000 N
1 dm = 10 cm	1 a = 100 m²	1 hl = 100 l	1 kg = 1000 g	1 daN = 10 N
1 cm = 10 mm	1 m² = 100 dm²	1 l = 1 dm³	1 mg = 0,001 g	1 mN = 0,001 N
1 mm = 0,001 m	1 m² = 10 000 cm²	1 cl = 0,01 l	1 µg = 0,001 mg	
1 µm = 0,001 mm	1 cm² = 100 mm²	1 ml = 0,001 l		

Einheiten außerhalb des SI

Länge	Fläche	Raum	Masse	Energie, Leistung
1 inch[1)] = 25,4 mm	1 sq.in = 6,452 cm²	1 cu.in = 16,39 cm³	1 oz = 28,35 g	1 PS · h = 0,735 kW · h
1 foot = 0,3048 m	1 sq.ft = 9,29 dm²	1 cu.ft = 28,32 dm³	1 lb = 453,6 g	1 PS = 735 W
1 yard = 0,9144 m	1 sq.yd = 0,8361 m²	1 cu.yd = 764,6 dm³	1 t = 1000 kg	1 kcal = 4186,8 W · s
1 Seemeile = 1,852 km	**Druck**	1 US gallon = 3,785 dm³	1 US short ton = 907,2 kg	1 kcal = 1,166 W · h
	1 bar = 14,5 psi	1 Petroleum barrel = 158,8 dm³	1 Karat = 0,2 g	1 kpm/s = 9,807 W
				1 Btu = 1055 W · s
				1 hp = 754,7 W

1) umgangssprachlich: Zoll

Mathematische und physikalische Kurzzeichen

Formelzeichen

DIN 1304-1 : 1994-03

Zeichen	Bedeutung
Länge, Raum, Zeit	
l	Länge
h	Höhe, Tiefe
b	Breite
r	Halbmesser, Radius
d	Durchmesser
s	Weglänge
A, S	Fläche, Oberfläche
S, q	Querschnittsfläche
α, β, γ	ebener Winkel
Ω, ω	Raumwinkel
V	Rauminhalt, Volumen
t	Zeit
ω	Kreisfrequenz
α	Winkelbeschleunigung
v	Geschwindigkeit
a	Beschleunigung
g	Fallbeschleunigung
$\dot{V}$, q_v	Volumenstrom
ε	Dehnung
T, τ	Zeitkonstante
f, ν	Frequenz
n	Umdrehungsfrequenz, Drehzahl

Zeichen	Bedeutung
ω, Ω	Winkelgeschwindigkeit
φ	Phasenwinkel
λ	Wellenlänge
Mechanik	
m	Masse
m'	längenbezogene Masse
m''	flächenbezogene Masse
$\dot{m}$, q_m	Massenstrom
ϱ	Dichte
v	spezifisches Volumen
F	Kraft
G, F_G	Gewichtskraft
M	Dreh-(Kraft-)moment
p	Druck
σ	Zug-, Druckspannung
τ	Schubspannung
T	Torsionsmoment
E	Elastizitätsmodul
G	Schubmodul, Gleitmodul
μ	Reibungszahl
η	dynamische Viskosität
W, A	Arbeit
E, W	Energie
P	Leistung
η	Wirkungsgrad

Zeichen	Bedeutung
Elektrizität	
Q	elektrische Ladung
E	Feldstärke
C	Kapazität
U	Spannung
I	Strom
R	Widerstand
G	Leitwert
ϱ	spezifischer Widerstand
μ	Permeabilität
X	Blindwiderstand
Z	Scheinwiderstand
N, w	Windungszahl
L	Induktivität
Wärme	
T, Θ	thermodynamische Temperatur
t, ϑ	Celsius-Temperatur
$\Delta t = \Delta T$	Temperaturdifferenz
α	Längenausdehnungskoeffizient
γ	Volumenausdehnungskoeffizient
λ	Wärmeleitfähigkeit
Q	Wärmemenge
c	spezifische Wärmekapazität
H_u	spezifischer Heizwert

Mathematische Zeichen

DIN 1302 : 1999-12

Zeichen	Bedeutung
1.	erstens
$=$	gleich
$\neq$	nicht gleich
$\not\equiv$	nicht identisch gleich
$\sim$	ähnlich, proportional
$\approx$	ungefähr gleich
$\triangleq$	entspricht
$<$	kleiner als
$>$	größer als
∞	unendlich
$\leq$	kleiner oder gleich
$\geq$	größer oder gleich
$\cong$	kongruent
...	und so weiter bis
$+$	plus, und

Zeichen	Bedeutung
$-$	minus, weniger
$\cdot$ $\times$	multipliziert mit, mal
: – /	dividiert durch, geteilt
%	vom Hundert, Prozent
‰	vom Tausend, Promille
{[( )]}	Klammer auf und zu
$\parallel$	parallel
$\uparrow\uparrow$	gleichsinnig parallel
$\uparrow\downarrow$	gegensinnig parallel
$\perp$	rechtwinklig zu
Σ	Summe von
$n!$	Fakultät
$\overline{AB}$	Strecke AB
$\overset{\frown}{AB}$	Bogen AB
$\sqrt[n]{\ }$	n-te Wurzel aus

Zeichen	Bedeutung
π	pi = 3,14159...
$\log_a x$	Logarithmus x zur Basis a
ln	natürlicher Logarithmus
sin	Sinus
cos	Cosinus
tan	Tangens
cot	Cotangens
a^x	a hoch x
1°	1 Grad
1′	1 Winkelminute
1″	1 Winkelsekunde
Arc z	Bogenmaß z
$\sphericalangle$	Winkel
Δ	Dreieck, Delta
$\overrightarrow{PQ}$	Verbindungsvektor der Punkte P, Q

Griechisches Alphabet

DIN EN 3098-3 : 2000-11

Α	α	alpha	Ζ	ζ	zeta	Λ	λ	lambda	Π	π	pi	Φ	φ	phi
Β	β	beta	Η	η	eta	Μ	μ	mü	Ρ	ρ	rho	Χ	χ	chi
Γ	γ	gamma	Θ	θ	theta	Ν	ν	nü	Σ	σ	sigma	Ψ	ψ	psi
Δ	δ	delta	Ι	ι	iota	Ξ	ξ	xi	Τ	τ	tau	Ω	ω	omega
Ε	ε	epsilon	Κ	κ	kappa	Ο	ο	omikron	Υ	υ	ypsilon			

Winkelfunktionen

Beziehungen am Einheitskreis

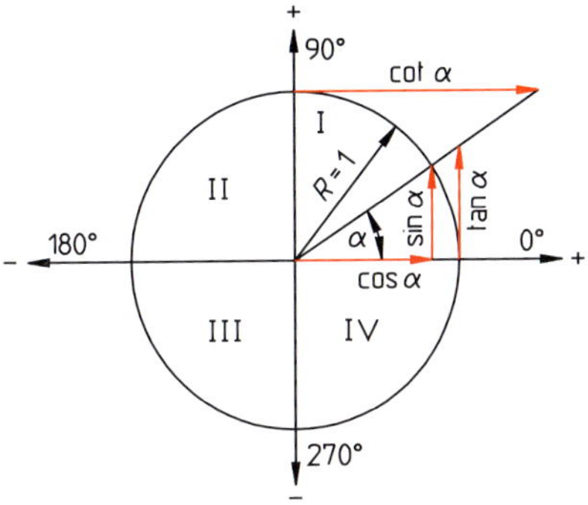

Die Zahlenwerte der Winkelfunktionen sind gleich den Längen der Dreieckseiten. Vorzeichen der Winkelfunktionen siehe Seite G 6

Verlauf in den 4 Quadranten:

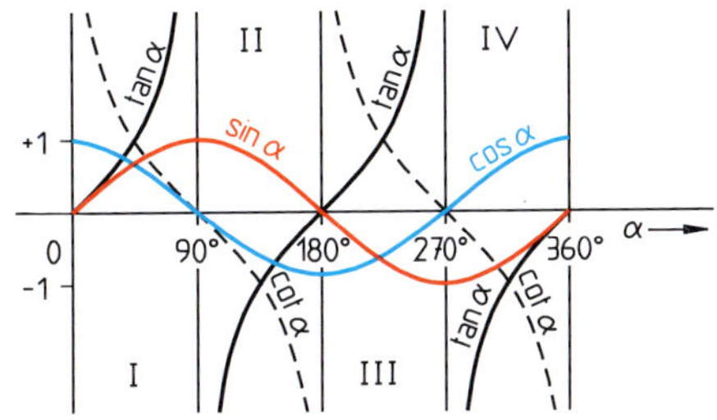

Beziehungen: $\sin^2\alpha + \cos^2\alpha = 1$

$\tan\alpha = \dfrac{\sin\alpha}{\cos\alpha}$

$\tan\alpha = \dfrac{1}{\cot\alpha}$

Beziehungen im rechtwinkligen Dreieck

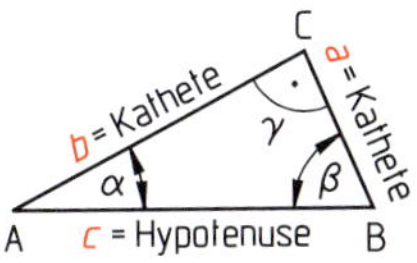

$\gamma = 90°$

$\alpha + \beta + \gamma = 180°$

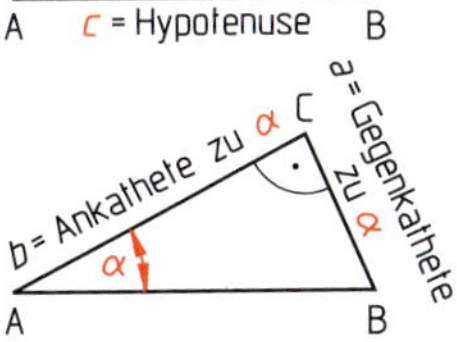

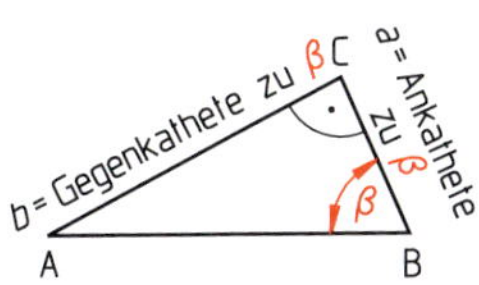

sinus	$= \dfrac{\text{Gegenkathete}}{\text{Hypotenuse}}$	$\sin\alpha = \dfrac{a}{c}$;	$\sin\beta = \dfrac{b}{c}$
cosinus	$= \dfrac{\text{Ankathete}}{\text{Hypotenuse}}$	$\cos\alpha = \dfrac{b}{c}$;	$\cos\beta = \dfrac{a}{c}$
tangens	$= \dfrac{\text{Gegenkathete}}{\text{Ankathete}}$	$\tan\alpha = \dfrac{a}{b}$;	$\tan\beta = \dfrac{b}{a}$
cotangens	$= \dfrac{\text{Ankathete}}{\text{Gegenkathete}}$	$\cot\alpha = \dfrac{b}{a}$;	$\cot\beta = \dfrac{a}{b}$

Funktion: $x = \sin y$
Beispiel: 0,7071 = sin 45°

Umkehrfunktion: $y = \arcsin x$
Beispiel: 45° = arc sin 0,7071

Beziehungen im schiefwinkligen Dreieck

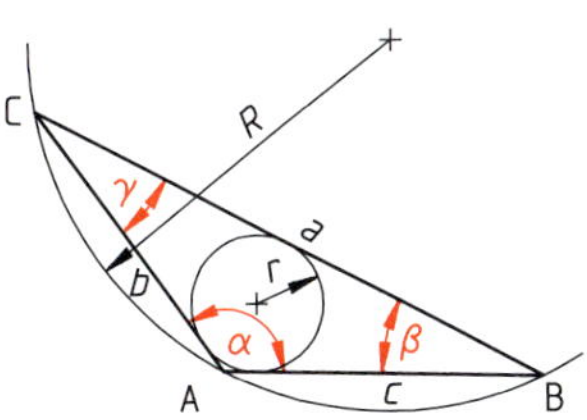

$\alpha + \beta + \gamma = 180°$

Vorzeichen der Winkelfunktion beachten, s. Seite G 6!

Sinussatz: $\dfrac{a}{\sin\alpha} = \dfrac{b}{\sin\beta} = \dfrac{c}{\sin\gamma}$

Cosinussatz:

$a^2 = b^2 + c^2 - 2bc \cdot \cos\alpha$

$b^2 = a^2 + c^2 - 2ac \cdot \cos\beta$

$c^2 = a^2 + b^2 - 2ab \cdot \cos\gamma$

Tangenssatz: $\dfrac{a+b}{a-b} = \dfrac{\tan\dfrac{\alpha+\beta}{2}}{\tan\dfrac{\alpha-\beta}{2}}$

Fläche *A* eines Dreiecks	Inkreisradius *r*	Umkreisradius *R*
$A = \dfrac{a \cdot b \cdot \sin\gamma}{2} = \dfrac{b \cdot c \cdot \sin\alpha}{2} = \dfrac{a \cdot c \cdot \sin\beta}{2}$ $A = \sqrt{s \cdot (s-a)(s-b)(s-c)}$ $s = \dfrac{a+b+c}{2}$	$r = 4R \cdot \sin\dfrac{\alpha}{2} \cdot \sin\dfrac{\beta}{2} \cdot \sin\dfrac{\gamma}{2} = \dfrac{a \cdot b \cdot c}{4 \cdot R \cdot s}$ $r = \sqrt{\dfrac{(s-a)(s-b)(s-c)}{s}}$	$2R = \dfrac{a}{\sin\alpha} = \dfrac{b}{\sin\beta} = \dfrac{c}{\sin\gamma}$

Trigonometrische Zahlentafeln

Sinus, Cosinus

sin 0° bis sin 45° →								
Grad	**0′**	**10′**	**20′**	**30′**	**40′**	**50′**	**60′**	
0	0,0000	0,0029	0,0058	0,0087	0,0116	0,0145	0,0175	89
1	0,0175	0,0204	0,0233	0,0262	0,0291	0,0320	0,0349	88
2	0,0349	0,0378	0,0407	0,0436	0,0465	0,0494	0,0523	87
3	0,0523	0,0552	0,0581	0,0610	0,0640	0,0669	0,0698	86
4	0,0698	0,0727	0,0756	0,0785	0,0814	0,0843	0,0872	85
5	0,0872	0,0901	0,0929	0,0958	0,0987	0,1016	0,1045	84
6	0,1045	0,1074	0,1103	0,1132	0,1161	0,1190	0,1219	83
7	0,1219	0,1248	0,1276	0,1305	0,1334	0,1363	0,1392	82
8	0,1392	0,1421	0,1449	0,1478	0,1507	0,1536	0,1564	81
9	0,1564	0,1593	0,1622	0,1650	0,1679	0,1708	0,1736	80
10	0,1736	0,1765	0,1794	0,1822	0,1851	0,1880	0,1908	79
11	0,1908	0,1937	0,1965	0,1994	0,2022	0,2051	0,2079	78
12	0,2079	0,2108	0,2136	0,2164	0,2193	0,2221	0,2250	77
13	0,2250	0,2278	0,2306	0,2334	0,2363	0,2391	0,2419	76
14	0,2419	0,2447	0,2476	0,2504	0,2532	0,2560	0,2588	75
15	0,2588	0,2616	0,2644	0,2672	0,2700	0,2728	0,2756	74
16	0,2756	0,2784	0,2812	0,2840	0,2868	0,2896	0,2924	73
17	0,2924	0,2952	0,2979	0,3007	0,3035	0,3062	0,3090	72
18	0,3090	0,3118	0,3145	0,3173	0,3201	0,3228	0,3256	71
19	0,3256	0,3283	0,3311	0,3338	0,3365	0,3393	0,3420	70
20	0,3420	0,3448	0,3475	0,3502	0,3529	0,3557	0,3584	69
21	0,3584	0,3611	0,3638	0,3665	0,3692	0,3719	0,3746	68
22	0,3746	0,3773	0,3800	0,3827	0,3854	0,3881	0,3907	67
23	0,3907	0,3934	0,3961	0,3987	0,4014	0,4041	0,4067	66
24	0,4067	0,4094	0,4120	0,4147	0,4173	0,4200	0,4226	65
25	0,4226	0,4253	0,4279	0,4305	0,4331	0,4358	0,4384	64
26	0,4384	0,4410	0,4436	0,4462	0,4488	0,4514	0,4540	63
27	0,4540	0,4566	0,4592	0,4617	0,4643	0,4669	0,4695	62
28	0,4695	0,4720	0,4746	0,4772	0,4797	0,4823	0,4848	61
29	0,4848	0,4874	0,4899	0,4924	0,4950	0,4975	0,5000	60
30	0,5000	0,5025	0,5050	0,5075	0,5100	0,5125	0,5150	59
31	0,5150	0,5175	0,5200	0,5225	0,5250	0,5275	0,5299	58
32	0,5299	0,5324	0,5348	0,5373	0,5398	0,5422	0,5446	57
33	0,5446	0,5471	0,5495	0,5519	0,5544	0,5568	0,5592	56
34	0,5592	0,5616	0,5640	0,5664	0,5688	0,5712	0,5736	55
35	0,5736	0,5760	0,5783	0,5807	0,5831	0,5854	0,5878	54
36	0,5878	0,5901	0,5925	0,5948	0,5972	0,5995	0,6018	53
37	0,6018	0,6041	0,6065	0,6088	0,6111	0,6134	0,6157	52
38	0,6157	0,6180	0,6202	0,6225	0,6248	0,6271	0,6293	51
39	0,6293	0,6316	0,6338	0,6361	0,6383	0,6406	0,6428	50
40	0,6428	0,6450	0,6472	0,6494	0,6517	0,6539	0,6561	49
41	0,6561	0,6583	0,6604	0,6626	0,6648	0,6670	0,6691	48
42	0,6691	0,6713	0,6734	0,6756	0,6777	0,6799	0,6820	47
43	0,6820	0,6841	0,6862	0,6884	0,6905	0,6926	0,6947	46
44	0,6947	0,6967	0,6988	0,7009	0,7030	0,7050	0,7071	45
	60′	**50′**	**40′**	**30′**	**20′**	**10′**	**0′**	**Grad**
	cos 45° bis cos 90° ↑							

sin 45° bis sin 90° →								
Grad	**0′**	**10′**	**20′**	**30′**	**40′**	**50′**	**60′**	
45	0,7071	0,7092	0,7112	0,7133	0,7153	0,7173	0,7193	44
46	0,7193	0,7214	0,7234	0,7254	0,7274	0,7294	0,7314	43
47	0,7314	0,7333	0,7353	0,7373	0,7392	0,7412	0,7431	42
48	0,7431	0,7451	0,7470	0,7490	0,7509	0,7528	0,7547	41
49	0,7547	0,7566	0,7585	0,7604	0,7623	0,7642	0,7660	40
50	0,7660	0,7679	0,7698	0,7716	0,7735	0,7753	0,7771	39
51	0,7771	0,7790	0,7808	0,7826	0,7844	0,7862	0,7880	38
52	0,7880	0,7898	0,7916	0,7934	0,7951	0,7969	0,7986	37
53	0,7986	0,8004	0,8021	0,8039	0,8056	0,8073	0,8090	36
54	0,8090	0,8107	0,8124	0,8141	0,8158	0,8175	0,8192	35
55	0,8192	0,8208	0,8225	0,8241	0,8258	0,8274	0,8290	34
56	0,8290	0,8307	0,8323	0,8339	0,8355	0,8371	0,8387	33
57	0,8387	0,8403	0,8418	0,8434	0,8450	0,8465	0,8480	32
58	0,8480	0,8496	0,8511	0,8526	0,8542	0,8557	0,8572	31
59	0,8572	0,8587	0,8601	0,8616	0,8631	0,8646	0,8660	30
60	0,8660	0,8675	0,8689	0,8704	0,8718	0,8732	0,8746	29
61	0,8746	0,8760	0,8774	0,8788	0,8802	0,8816	0,8829	28
62	0,8829	0,8843	0,8857	0,8870	0,8884	0,8897	0,8910	27
63	0,8910	0,8923	0,8936	0,8949	0,8962	0,8975	0,8988	26
64	0,8988	0,9001	0,9013	0,9026	0,9038	0,9051	0,9063	25
65	0,9063	0,9075	0,9088	0,9100	0,9112	0,9124	0,9135	24
66	0,9135	0,9147	0,9159	0,9171	0,9182	0,9194	0,9205	23
67	0,9205	0,9216	0,9228	0,9239	0,9250	0,9261	0,9272	22
68	0,9272	0,9283	0,9293	0,9304	0,9315	0,9325	0,9336	21
69	0,9336	0,9346	0,9356	0,9367	0,9377	0,9387	0,9397	20
70	0,9397	0,9407	0,9417	0,9426	0,9436	0,9446	0,9455	19
71	0,9455	0,9465	0,9474	0,9483	0,9492	0,9502	0,9511	18
72	0,9511	0,9520	0,9528	0,9537	0,9546	0,9555	0,9563	17
73	0,9563	0,9572	0,9580	0,9588	0,9596	0,9605	0,9613	16
74	0,9613	0,9621	0,9628	0,9636	0,9644	0,9652	0,9659	15
75	0,9659	0,9667	0,9674	0,9681	0,9689	0,9696	0,9703	14
76	0,9703	0,9710	0,9717	0,9724	0,9730	0,9737	0,9744	13
77	0,9744	0,9750	0,9757	0,9763	0,9769	0,9775	0,9781	12
78	0,9781	0,9787	0,9793	0,9799	0,9805	0,9811	0,9816	11
79	0,9816	0,9822	0,9827	0,9833	0,9838	0,9843	0,9848	10
80	0,9848	0,9853	0,9858	0,9863	0,9868	0,9872	0,9877	9
81	0,9877	0,9881	0,9886	0,9890	0,9894	0,9899	0,9903	8
82	0,9903	0,9907	0,9911	0,9914	0,9918	0,9922	0,9925	7
83	0,9925	0,9929	0,9932	0,9936	0,9939	0,9942	0,9945	6
84	0,9945	0,9948	0,9951	0,9954	0,9957	0,9959	0,9962	5
85	0,9962	0,9964	0,9967	0,9969	0,9971	0,9974	0,9976	4
86	0,9976	0,9978	0,9980	0,9981	0,9983	0,9985	0,9986	3
87	0,9986	0,9988	0,9989	0,9990	0,9992	0,9993	0,9994	2
88	0,9994	0,9995	0,9996	0,99966	0,99973	0,99979	0,99985	1
89	0,99985	0,99989	0,99993	0,99996	0,99998	1,0000	1,0000	0
	60′	**50′**	**40′**	**30′**	**20′**	**10′**	**0′**	**Grad**
	cos 0° bis cos 45° ↑							

Vorzeichen der Winkelfunktionen in den 4 Quadranten

(vgl. Seite G 5)

Quadrant \ Funktion	sin α	cos α	tan α	cot α
I	+	+	+	+
II	+	–	–	–
III	–	–	+	+
IV	–	+	–	–

Trigonometrische Zahlentafeln

Tangens, Cotangens

	tan 0° bis tan 45°							
Grad	**0′**	**10′**	**20′**	**30′**	**40′**	**50′**	**60′**	
0	0,0000	0,0029	0,0058	0,0087	0,0116	0,0145	0,0175	**89**
1	0,0175	0,0204	0,0233	0,0262	0,0291	0,0320	0,0349	**88**
2	0,0349	0,0378	0,0407	0,0437	0,0466	0,0495	0,0524	**87**
3	0,0524	0,0553	0,0582	0,0612	0,0641	0,0670	0,0699	**86**
4	0,0699	0,0729	0,0758	0,0787	0,0816	0,0846	0,0875	**85**
5	0,0875	0,0904	0,0934	0,0963	0,0992	0,1022	0,1051	**84**
6	0,1051	0,1080	0,1110	0,1139	0,1169	0,1198	0,1228	**83**
7	0,1228	0,1257	0,1287	0,1317	0,1346	0,1376	0,1405	**82**
8	0,1405	0,1435	0,1465	0,1495	0,1524	0,1554	0,1584	**81**
9	0,1584	0,1614	0,1644	0,1673	0,1703	0,1733	0,1763	**80**
10	0,1763	0,1793	0,1823	0,1853	0,1883	0,1914	0,1944	**79**
11	0,1944	0,1974	0,2004	0,2035	0,2065	0,2095	0,2126	**78**
12	0,2126	0,2156	0,2186	0,2217	0,2247	0,2278	0,2309	**77**
13	0,2309	0,2339	0,2370	0,2401	0,2432	0,2462	0,2493	**76**
14	0,2493	0,2524	0,2555	0,2586	0,2617	0,2648	0,2679	**75**
15	0,2679	0,2711	0,2742	0,2773	0,2805	0,2836	0,2867	**74**
16	0,2867	0,2899	0,2931	0,2962	0,2994	0,3026	0,3057	**73**
17	0,3057	0,3089	0,3121	0,3153	0,3185	0,3217	0,3249	**72**
18	0,3249	0,3281	0,3314	0,3346	0,3378	0,3411	0,3443	**71**
19	0,3443	0,3476	0,3508	0,3541	0,3574	0,3607	0,3640	**70**
20	0,3640	0,3673	0,3706	0,3739	0,3772	0,3805	0,3839	**69**
21	0,3839	0,3872	0,3906	0,3939	0,3973	0,4006	0,4040	**68**
22	0,4040	0,4074	0,4108	0,4142	0,4176	0,4210	0,4245	**67**
23	0,4245	0,4279	0,4314	0,4348	0,4383	0,4417	0,4452	**66**
24	0,4452	0,4487	0,4522	0,4557	0,4592	0,4628	0,4663	**65**
25	0,4663	0,4699	0,4734	0,4770	0,4806	0,4841	0,4877	**64**
26	0,4877	0,4913	0,4950	0,4986	0,5022	0,5059	0,5095	**63**
27	0,5095	0,5132	0,5169	0,5206	0,5243	0,5280	0,5317	**62**
28	0,5317	0,5354	0,5392	0,5430	0,5467	0,5505	0,5543	**61**
29	0,5543	0,5581	0,5619	0,5658	0,5696	0,5735	0,5774	**60**
30	0,5774	0,5812	0,5851	0,5890	0,5930	0,5969	0,6009	**59**
31	0,6009	0,6048	0,6088	0,6128	0,6168	0,6208	0,6249	**58**
32	0,6249	0,6289	0,6330	0,6371	0,6412	0,6453	0,6494	**57**
33	0,6494	0,6536	0,6577	0,6619	0,6661	0,6703	0,6745	**56**
34	0,6745	0,6787	0,6830	0,6873	0,6916	0,6959	0,7002	**55**
35	0,7002	0,7046	0,7089	0,7133	0,7177	0,7221	0,7265	**54**
36	0,7265	0,7310	0,7355	0,7400	0,7445	0,7490	0,7536	**53**
37	0,7536	0,7581	0,7627	0,7673	0,7720	0,7760	0,7813	**52**
38	0,7813	0,7860	0,7907	0,7954	0,8002	0,8050	0,8098	**51**
39	0,8098	0,8146	0,8195	0,8243	0,8292	0,8342	0,8391	**50**
40	0,8391	0,8441	0,8491	0,8541	0,8591	0,8642	0,8693	**49**
41	0,8693	0,8744	0,8796	0,8847	0,8899	0,8952	0,9004	**48**
42	0,9004	0,9057	0,9110	0,9163	0,9217	0,9271	0,9325	**47**
43	0,9325	0,9380	0,9435	0,9490	0,9545	0,9601	0,9657	**46**
44	0,9657	0,9713	0,9770	0,9827	0,9884	0,9942	1,0000	**45**
	60′	**50′**	**40′**	**30′**	**20′**	**10′**	**0′**	**Grad**
	cot 45° bis cot 90°							

	tan 45° bis tan 90°							
Grad	**0′**	**10′**	**20′**	**30′**	**40′**	**50′**	**60′**	.
45	1,0000	1,0058	1,0117	1,0176	1,0236	1,0295	1,0355	**44**
46	1,0355	1,0416	1,0477	1,0538	1,0599	1,0661	1,0724	**43**
47	1,0724	1,0786	1,0850	1,0913	1,0977	1,1041	1,1106	**42**
48	1,1106	1,1171	1,1237	1,1303	1,1369	1,1436	1,1504	**41**
49	1,1504	1,1571	1,1640	1,1708	1,1778	1,1847	1,1918	**40**
50	1,1918	1,1988	1,2059	1,2131	1,2203	1,2276	1,2349	**39**
51	1,2349	1,2423	1,2500	1,2572	1,2647	1,2723	1,2799	**38**
52	1,2799	1,2876	1,2954	1,3032	1,3111	1,3190	1,3270	**37**
53	1,3270	1,3351	1,3432	1,3514	1,3597	1,3680	1,3764	**36**
54	1,3764	1,3848	1,3934	1,4020	1,4106	1,4193	1,4281	**35**
55	1,4281	1,4370	1,4460	1,4550	1,4641	1,4733	1,4826	**34**
56	1,4826	1,4919	1,5013	1,5108	1,5204	1,5301	1,5399	**33**
57	1,5399	1,5497	1,5597	1,5697	1,5798	1,5990	1,6003	**32**
58	1,6003	1,6107	1,6212	1,6319	1,6426	1,6534	1,6643	**31**
59	1,664	1,675	1,686	1,698	1,709	1,720	1,732	**30**
60	1,732	1,744	1,756	1,767	1,780	1,792	1,804	**29**
61	1,804	1,816	1,829	1,842	1,855	1,868	1,881	**28**
62	1,881	1,894	1,907	1,921	1,935	1,949	1,963	**27**
63	1,963	1,977	1,991	2,006	2,020	2,035	2,050	**26**
64	2,050	2,066	2,081	2,097	2,112	2,128	2,145	**25**
65	2,145	2,161	2,177	2,194	2,211	2,229	2,246	**24**
66	2,246	2,264	2,282	2,300	2,318	2,337	2,356	**23**
67	2,356	2,375	2,394	2,414	2,434	2,455	2,475	**22**
68	2,475	2,496	2,517	2,539	2,560	2,583	2,605	**21**
69	2,605	2,628	2,651	2,675	2,699	2,723	2,747	**20**
70	2,747	2,773	2,798	2,824	2,850	2,877	2,904	**19**
71	2,904	2,932	2,960	2,989	3,018	3,047	3,078	**18**
72	3,078	3,108	3,140	3,172	3,204	3,237	3,271	**17**
73	3,271	3,305	3,340	3,376	3,412	3,450	3,487	**16**
74	3,487	3,526	3,566	3,606	3,647	3,689	3,732	**15**
75	3,732	3,776	3,821	3,867	3,914	3,962	4,011	**14**
76	4,011	4,061	4,113	4,165	4,219	4,275	4,331	**13**
77	4,331	4,390	4,449	4,511	4,574	4,638	4,705	**12**
78	4,705	4,773	4,843	4,915	4,989	5,066	5,145	**11**
79	5,145	5,226	5,309	5,396	5,485	5,576	5,671	**10**
80	5,671	5,769	5,871	5,976	6,084	6,197	6,314	**9**
81	6,314	6,435	6,561	6,691	6,827	6,968	7,115	**8**
82	7,115	7,269	7,429	7,596	7,770	7,953	8,144	**7**
83	8,144	8,345	8,556	8,777	9,010	9,255	9,514	**6**
84	9,514	9,788	10,078	10,385	10,712	11,059	11,430	**5**
85	11,430	11,826	12,251	12,706	13,197	13,727	14,301	**4**
86	14,301	14,924	15,605	16,350	17,169	18,075	19,081	**3**
87	19,081	20,206	21,470	22,904	24,542	26,432	28,636	**2**
88	28,636	31,242	34,368	38,188	42,964	49,104	57,290	**1**
89	57,290	68,750	85,940	114,59	171,89	343,77	∞	**0**
	60′	**50′**	**40′**	**30′**	**20′**	**10′**	**0′**	**Grad**
	cot 0° bis cot 45°							

Bogenmaße

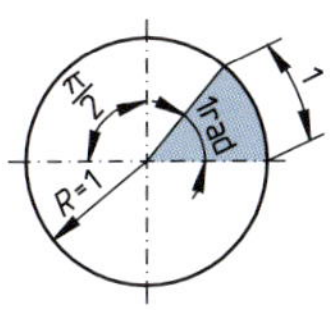

Ein Winkel kann außer im Gradmaß α auch im Bogenmaß $\hat{\alpha}$ angegeben werden. Einheit für das Bogenmaß ist der Radiant (rad).

$$\hat{\alpha} = \frac{\pi \cdot \alpha}{180°} \text{ rad}$$

α in °	0	30	45	57,29	60	90	180	270	360
$\hat{\alpha}$ in rad	0	$\frac{\pi}{6}$	$\frac{\pi}{4}$	1	$\frac{\pi}{3}$	$\frac{\pi}{2}$	π	$\frac{3}{2}\pi$	2π

Algebra

Grundrechnungsarten

	Erklärung	Beispiel
Addition $a+b=c$ **Subtraktion** $x-y=z$	a, b Summanden c Summe x Minuend y Subtrahend z Differenz	$3+22+17+8=50$ $80-2-50-7=21$ $1\text{ m}+2{,}5\text{ m}+3{,}2\text{ m}=6{,}7\text{ m}$
	Gleichartige Terme (Ausdrücke) werden zusammengezählt (bzw. abgezogen), indem man die Beizahlen zusammenzählt (bzw. abzieht).	$2a+5a+a=8a$ $20a-5a-3a=12a$
	Ungleichartige Terme werden geordnet u. dann zusammengezählt bzw. abgezogen.	$15a+7b-5a-9b=10a-2b$
	Plus vor Klammer bewirkt keine Vorzeichenänderung. Minus vor Klammer bewirkt Vorzeichenänderung.	$a+(b+c)=a+b+c$ $a-(b+c)=a-b-c$
Multiplikation $a\cdot b=c$ **Division** $x:y=z$ oder $\frac{x}{y}$	a, b Faktoren c Produkt x Dividend y Divisor z Quotient	$7\cdot 5\cdot 4\cdot 2=280$ $120:5:6=4$ $2\text{ m}\cdot 3\text{ m}\cdot 5\text{ m}=30\text{ m}^3$
	Faktoren können vertauscht werden.	$a\cdot b\cdot c=c\cdot b\cdot a$
	Beim Multiplizieren können Beizahlen und Variablen zu Teilprodukten zusammengefasst werden.	$5a\cdot 2b\cdot 3c=30abc$
	Brüche werden gekürzt, indem man Zahlen untereinander und Variablen untereinander kürzt.	$\frac{15a\cdot b\cdot c}{3a\cdot b}=5c$
	Das Produkt (Der Quotient) zweier Zahlen mit gleichem Vorzeichen ist positiv, bei ungleichen Vorzeichen ist es negativ.	$(-1)\cdot(-1)=+1$ $\quad \frac{(-1)}{(+1)}=(-1)$ $(-1)\cdot(+1)=-1$ $\quad \frac{(-1)}{(-1)}=(+1)$
Ausklammern	Gemeinsame Faktoren (Divisoren) in Summen bzw. Differenzen werden vor die Klammer gesetzt.	$ax+bx=x\cdot(a+b)$ $\frac{a}{x}+\frac{b}{x}=\frac{1}{x}(a+b)$
Auflösen von Klammern **Multiplikation**	Summen (Differenzen) werden multipliziert, indem man jeden Term der ersten Klammer mit jedem Term der zweiten Klammer multipliziert.	$(a-b)(c+d)=ac+ad-bc-bd$
Division	Summen (Differenzen) werden geteilt, indem man jedes Glied des Dividenden durch den Divisor teilt.	$(a+b):(c+d)=\frac{a}{c+d}+\frac{b}{c+d}$
Rechenregeln	„Punktrechnung" (·, :) geht vor „Strichrechnung" (–, +)	$a+b\cdot c=a+bc$ $a+b:c=a+\frac{b}{c}$
	Soll Addition (bzw. Subtraktion) Vorrang haben, müssen diese Glieder in Klammern gesetzt werden. Ein Bruchstrich kann eine Klammer ersetzen.	$(a+b)\cdot c=ac+bc$ $(a+b):c=\frac{a+b}{c}=\frac{a}{c}+\frac{b}{c}$
	Aus einer Summe (Differenz) darf nicht gekürzt werden.	$\frac{5\cancel{a}+2c}{\cancel{a}}\neq 5+2c$

Algebra

Bruchrechnen

	Erklärung	Beispiel
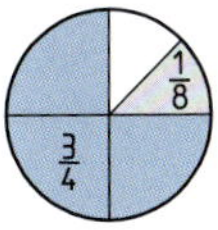	Ein Bruch ist ein Teil einer ganzen Einheit. Der Nenner bezeichnet die Größe der Teilstücke, der Zähler die Anzahl der Teilstücke. x: Zähler y: Nenner	$\frac{3}{4}, \frac{1}{8}, \dots$ $\frac{x}{y}$
Erweitern	Zähler und Nenner mit der gleichen Zahl multiplizieren.	$\frac{a}{b} = \frac{a \cdot c}{b \cdot c} = \frac{ac}{ba}$
Kürzen	Zähler und Nenner durch die gleiche Zahl dividieren.	$\frac{ab}{bc} = \frac{ab:b}{bc:b} = \frac{a}{c}$
Addieren **Subtrahieren**	Bei gleichnamigen Brüchen Zähler addieren bzw. subtrahieren. Ungleichnamige Brüche zuerst gleichnamig machen, d. h. Hauptnenner suchen.	$\frac{x}{a} + \frac{y}{a} = \frac{x+y}{a}$ $\frac{a}{b} + \frac{2}{a} + \frac{b}{c} = \frac{a^2 \cdot c + 2b \cdot c + a \cdot b^2}{a \cdot b \cdot c}$
Multiplizieren **Bruch mit ganzer Zahl**	Zähler mit der Zahl multiplizieren.	$a \cdot \frac{b}{c} = \frac{a \cdot b}{c}$
Bruch mit Bruch	Zähler mit Zähler und Nenner mit Nenner multiplizieren.	$\frac{a}{b} \cdot \frac{x}{y} = \frac{ax}{by}$
Dividieren **Bruch durch ganze Zahl**	Zähler mit der Zahl teilen oder Nenner mit der Zahl multiplizieren.	$\frac{a}{b} : x = \frac{\frac{a}{b}}{x} = \frac{a}{b \cdot x}$
Bruch durch Bruch	Bruch mit Kehrwert des Divisors multiplizieren.	$\frac{a}{b} : \frac{x}{y} = \frac{a}{b} \cdot \frac{y}{x} = \frac{ay}{bx}$
Ganze Zahl durch Bruch	Ganze Zahl mit Kehrwert des Bruches multiplizieren.	$x : \frac{a}{b} = \frac{x}{a} = \frac{xb}{a}$
Umwandeln **Bruch in Dezimalzahl**	Zähler durch Nenner dividieren.	$\frac{3}{4} = 3:4 = 0{,}75$
Dezimalzahl in Bruch	Dezimalbruch als Bruch mit Nenner 1 schreiben und mit dem Vielfachen von 10 erweitern.	$0{,}314 = \frac{0{,}314}{1} = \frac{0{,}314 \cdot 1000}{1 \cdot 1000} = \frac{314}{1000}$

Proportionen

	Erklärung	Beispiel
Quotientengleichung	Proportionen können wie Gleichungen mit Brüchen behandelt werden. In jeder Proportion dürfen vertauscht werden: 1. die Außenglieder a und d 2. die Innenglieder b und c 3. die Innenglieder mit den Außengliedern	$a:b = c:d$ ergibt: $d:b = c:a$ $a:c = b:d$ $b:a = d:c$
Produktgleichung	In einer Proportion ist das Produkt der Außenglieder gleich dem Produkt der Innenglieder.	$a:b = c:d$ ergibt: $a \cdot d = b \cdot c$

Algebra

Gleichungen

	Erklärung	Beispiel	
Seitentausch	Rechte und linke Seite können vertauscht werden.	$a+b=x+y$ $x+y=a+b$	
Kehrwert	Beide Seiten können umgekehrt werden.	$\frac{a}{x}=\frac{b+c}{y}$ $\frac{x}{a}=\frac{y}{b+c}$	
Seitenveränderung	Jede Veränderung muss auf beiden Seiten gleichzeitig erfolgen. (Vergleich mit einer Waage)	z. B. Addition $x+y=z+y$ z. B. Division $\frac{x+2}{y}=\frac{z}{y}$	
Umstellen		Gleichung	Rechenoperation auf beiden Seiten
Summengleichung	Auf beiden Seiten wird der gleiche Wert subtrahiert.	$x+y=z$ $x=z-y$	$-y$
Differenzgleichung	Auf beiden Seiten wird der gleiche Wert addiert.	$x-y=z$ $x=z+y$	$+y$
Produktgleichung	Beide Seiten werden durch den gleichen Wert dividiert.	$x\cdot y=z$ $x=\frac{z}{y}$	$:y$
Quotientengleichung	Beide Seiten werden mit dem gleichen Wert multipliziert.	$\frac{x}{y}=z$ $x=z\cdot y$	$\cdot y$
Potenzgleichung	Auf beiden Seiten wird radiziert.	$x^3=w$ $x=\sqrt[3]{w}$	$\sqrt[3]{\ }$

Potenzen

	Erklärung	Beispiel
$a^b=c$	*a* Basis *b* Exponent *c* Potenzwert	
	Produkte aus gleichen Faktoren werden einfacher als Potenz geschrieben. Der Exponent gibt an, wie oft die Basis als Faktor steht.	$a\cdot a\cdot a\cdot a=a^4$
Addieren, Subtrahieren	Gleiche Potenzen, d. h. gleiche Basis und gleicher Exponent, werden wie gleichartige Zahlen behandelt.	$5a^2+8a^2-2a^2=11a^2$
Multiplizieren, Dividieren	Potenzen mit gleicher Basis werden multipliziert (bzw. dividiert), indem man die Exponenten addiert (bzw. subtrahiert).	$3a^2\cdot 2a^3=6a^5$ $\frac{15a^5}{5a^3}=3a^2$
Potenzieren	Eine Potenz wird potenziert, indem man die Basis mit dem Produkt der Exponenten potenziert.	$(a^b)^c=a^{bc}$ $(3x^3)^2=9x^6$
Potenzen mit gebrochenen Exponenten	Potenzen mit gebrochenen Exponenten können als Wurzeln geschrieben werden.	$a^{\frac{m}{n}}=\sqrt[n]{a^m}$ $a^{\frac{3}{2}}=\sqrt[2]{a^3}$
Potenzen mit negativen Exponenten	Die Kehrwerte von Potenzen können mit negativen Exponenten geschrieben werden.	$a^{-3}=\frac{1}{a^3}$; $\mathrm{min}^{-1}=\frac{1}{\mathrm{min}}$ $x^{-1}=\frac{1}{x}$
Potenzen mit dem Exponenten Null	Beliebige Basen mit Null als Exponenten ergeben stets den Potenzwert 1.	$a^0=1$ $3^0=1.$

Algebra

Wurzeln

	Erklärung	Beispiel
$\sqrt[n]{a} = b$ andere Schreibweise: $a^{\frac{1}{n}} = b$	n Wurzelexponent a Radikant b Wurzelwert	$\sqrt[3]{27} = \sqrt[3]{3 \cdot 3 \cdot 3} = 3$ $\sqrt{81} = \sqrt[2]{81} = 9$
	Der Wurzelexponent gibt an, in wie viele gleiche Faktoren der Radikant zu zerlegen ist. Der Wurzelexponent 2 wird nicht geschrieben.	
Vorzeichen	Wurzeln mit geraden Wurzelexponenten ergeben positive oder negative Werte, wenn der Radikant positiv ist. Bei negativem Radikanten ist die Wurzel eine imaginäre Zahl.	$\sqrt[2]{36} = +6$ oder -6 $\sqrt[2]{-36} = +6\mathrm{i}$
	Wurzeln mit ungeraden Wurzelexponenten ergeben positive Werte, wenn der Radikant positiv ist, und negative Werte, wenn der Radikant negativ ist.	$\sqrt[3]{27} = 3$ $\sqrt[3]{-27} = -3$
Addieren, Subtrahieren	Gleiche Wurzeln können addiert (bzw. subtrahiert) werden.	$\sqrt{a} + 2\sqrt{a} + \sqrt{a} = 4\sqrt{a}$
Multiplizieren, Dividieren	Wurzeln mit gleichen Exponenten werden multipliziert (bzw. dividiert), indem man das Produkt (bzw. den Quotienten) der Radikanten radiziert.	$\sqrt[n]{a} \cdot \sqrt[n]{b} = \sqrt[n]{a \cdot b}$ $\sqrt[n]{a} : \sqrt[n]{b} = \sqrt[n]{\frac{a}{b}}$
Potenzieren	Eine Wurzel wird potenziert, indem man den Radikanten potenziert und diese Potenz radiziert.	$(\sqrt[n]{a})^m = \sqrt[n]{a^m} = a^{\frac{m}{n}}$
Radizieren	Eine Wurzel wird radiziert, indem man den Radikanten mit dem Produkt der Wurzelexponenten radiziert.	$\sqrt[m]{\sqrt[n]{a}} = \sqrt[m \cdot n]{a}$

Logarithmen

	Erklärung	Beispiel
$\log_b a = c$ lies: Logarithmus von a zur Basis b ist gleich c	a Numerus b Basis c Logarithmus	$\log_3 81 = 4$ $\log_{10} 100 = 2$
$a^b = e^{b \cdot \ln a}$	Zu einem gegebenen Potenzwert und zu einer gegebenen Potenzbasis ist der Exponent (Logarithmus) zu bestimmen. Rechnen mit Logarithmen ist ein Rechnen mit Potenzexponenten. Als Basis kann jede beliebige Zahl genommen werden: Basis **e** = 2,71828... ergibt natürliche Logarithmen, abgekürzt **ln** Basis **10** ergibt die dekadischen (Zehner-) Logarithmen, abgekürzt **lg**	**Umrechnung:** $\ln N \approx 2{,}3026 \lg N$ $\lg N \approx 0{,}4343 \ln N$
Multiplizieren	wird zurückgeführt auf Addieren	$\lg(a \cdot b) = \lg a + \lg b$
Dividieren	wird zurückgeführt auf Subtrahieren	$\lg \frac{a}{b} = \lg a - \lg b$
Potenzieren	wird zurückgeführt auf Multiplizieren	$\lg a^n = n \cdot \lg a$
Radizieren	wird zurückgeführt auf Dividieren	$\lg \sqrt[n]{a} = \frac{1}{n} \lg a$

Allgemeines Rechnen

Art	Formel	Formelzeichen	Erklärung
Schlussrechnen 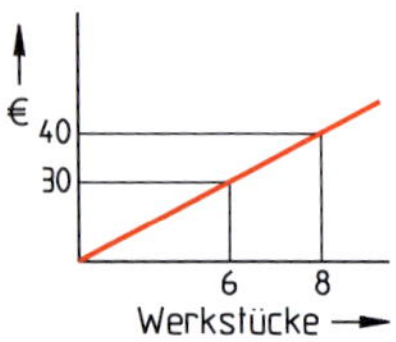 	**Gleiches Verhältnis (direkt proportional)** 1. Satz: Behauptungssatz: 8 Werkstücke kosten 40 € 2. Satz: Mittelsatz: Schließen von der Mehrheit auf die Einheit 1 Werkstück kostet $\frac{40\,€}{8}$ 3. Satz: Schlusssatz: Schließen von der Einheit auf die neue Mehrheit 6 Werkstücke kosten $\frac{40\,€ \cdot 6}{8} = 30\,€$		
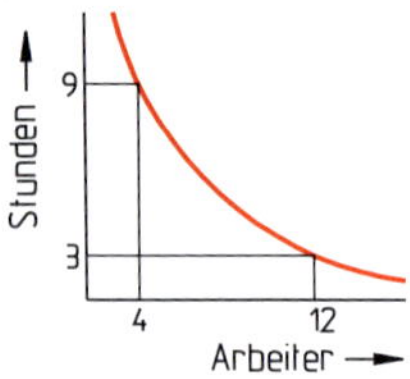 	**Umgekehrtes Verhältnis (indirekt proportional)** 1. Satz: Behauptungssatz: 12 Arbeiter montieren eine Maschine in 3 Stunden 2. Satz: Mittelsatz: Schließen von der Mehrheit auf die Einheit 1 Arbeiter montiert eine Maschine in 12 · 3 Stunden 3. Satz: Schlusssatz: 4 Arbeiter montieren eine Maschine in $\frac{12 \cdot 3\,h}{4} = 9\,h$		
Prozentrechnen 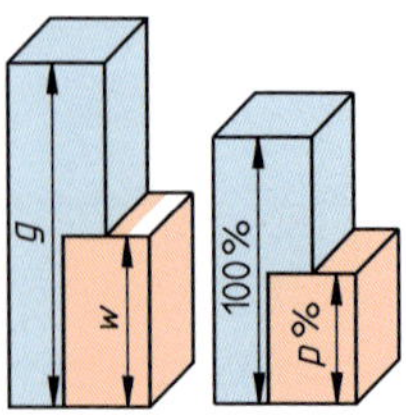 	Prozentrechnung ist eine Schlussrechnung, bei der alle Größen auf 100 bezogen werden. 1 % = 1 v. H. (vom Hundert) $w = \frac{p}{100\,\%} \cdot g$	w g p	Prozentwert, Teilmenge vom Grundwert Grundwert Prozentsatz in %, Teilmenge von 100 %
	Bei der Promillerechnung sind alle Größen auf 1000 bezogen. 1 ‰ = 1 v.T. (vom Tausend)	w g p	Promillewert Grundwert Promillesatz in ‰
Mischungsrechnen 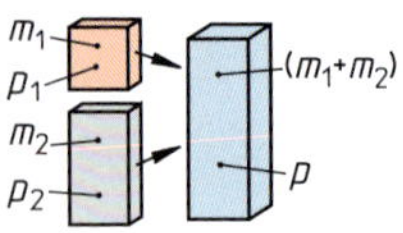 	Durch Mischen soll eine Lösung (Legierung) bestimmter Konzentration hergestellt werden. $p_1 \cdot m_1 + p_2 \cdot m_2 + \ldots = p \cdot (m_1 + m_2 + \ldots)$	$m_1, m_2 \ldots$ $p_1, p_2 \ldots$ p	Teilmassen der Ausgangsstoffe Massenprozente Konzentration der fertigen Mischung in %
Steigung 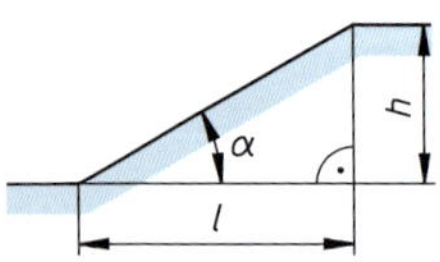 	Bei einer Steigung von x % beträgt die Höhendifferenz auf 100 m horizontaler Länge h Meter. $x = \frac{h \cdot 100\,\%}{l}$ $\tan \alpha = \frac{h}{l}$	x h l α	Steigung in % Höhendifferenz in m horizontale Länge in m Steigungswinkel in °
Lehrsatz des Pythagoras 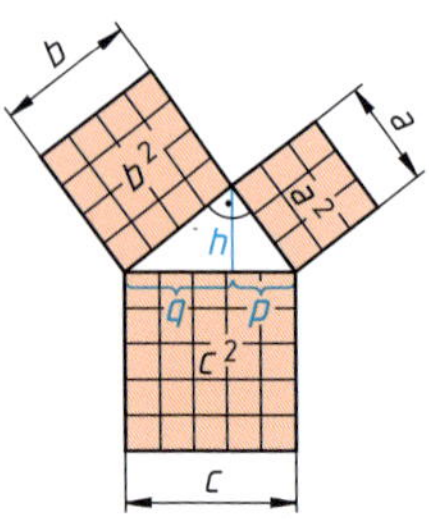 	Im rechtwinkligen Dreieck ist das Hypotenusenquadrat gleich der Summe der Kathetenquadrate. $a^2 + b^2 = c^2$ $a = \sqrt{c^2 - b^2}$ $b = \sqrt{c^2 - a^2}$ $c = \sqrt{a^2 + b^2}$ **Kathetensatz:** $b^2 = c \cdot q$ $a^2 = c \cdot p$ **Höhensatz:** $h^2 = q \cdot p$	a, b c h p, q	Katheten Hypotenuse Höhe Hypotenusenabschnitte

Schwerpunkte

Lage von Flächenschwerpunkten

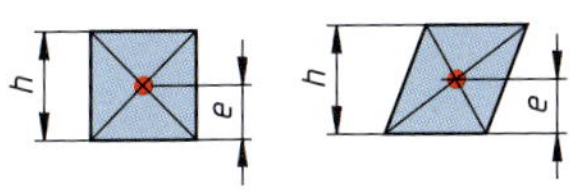

$e = \frac{h}{2}$

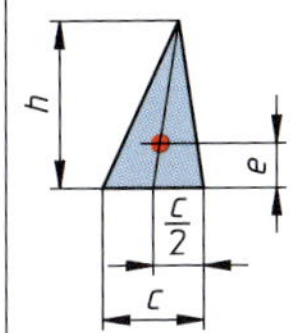

$e = \frac{h}{3}$

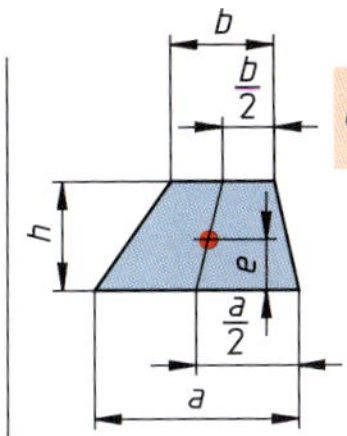

$e = \frac{h}{3} \cdot \frac{a + 2b}{a + b}$

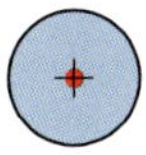

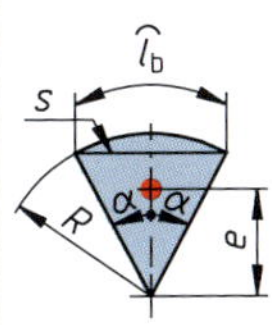

$\hat{l}_b = \frac{2R \cdot \alpha}{57{,}3°}$

$s = 2R \sin\alpha$

$e = \frac{2}{3} \cdot \frac{R \cdot s}{\hat{l}_b}$

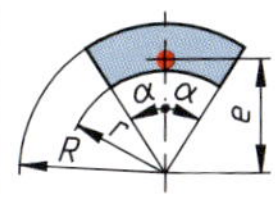

$e = 38{,}197° \frac{(R^3 - r^3) \sin\alpha}{(R^2 - r^2)\alpha}$

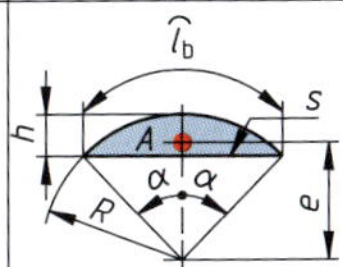

$e = \frac{s^3}{12A}$

$A = \frac{R(\hat{l}_b - s) + sh}{2}$ $s = 2R \sin\alpha$

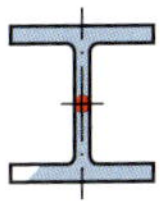

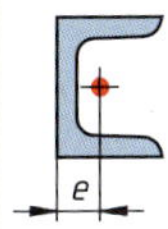

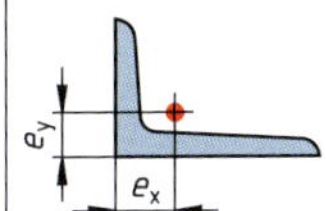

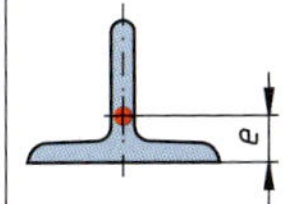

Schwerpunktabstände *e* für Stahlprofile s. Kap. Werkstofftechnik – Stahlprofile;
Schwerpunkte von Linien s. Kap. Fertigungstechnik – Trennen durch Zerteilen

Längen

	Formel	Formelzeichen	Erklärung
Teilung von Längen **mit ungleichen Endstücken** 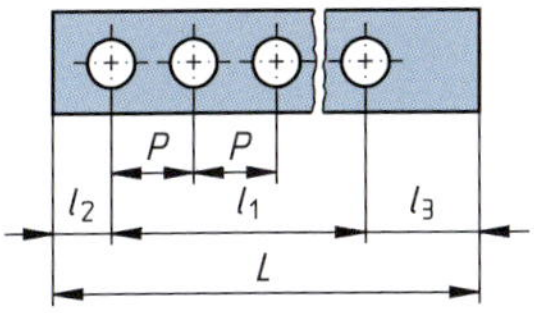	$L = l_1 + l_2 + l_3$ $L = z \cdot P + l_2 + l_3$ $P = \frac{l_1}{n - 1}$ $z = \frac{l_1}{P}$ $z = n - 1$	L l_1 P l_2, l_3 n z	Gesamtlänge Teilungslänge Teilung Randabstände Anzahl der Bohrungen Anzahl der Teilungen
mit gleichen Endstücken 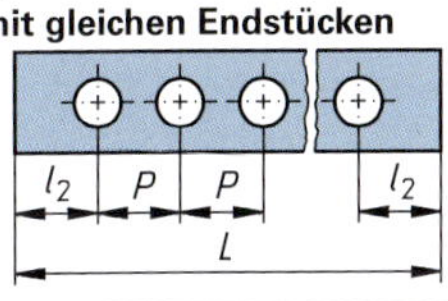	$L = z \cdot P + 2 \cdot l_2$ $P = \frac{L}{n + 1}$ $z = \frac{L}{P}$ $z = n + 1$ (wenn $l_2 = P$)		
Drahtlänge von Federn 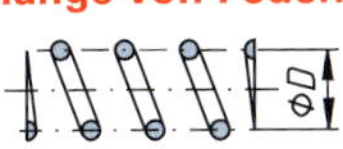 s. Kap. Maschinenelemente – Federn	$L \approx D \cdot \pi \cdot w + 2 \cdot D \cdot \pi$ $L \approx D \cdot \pi \cdot (w + 2)$	L D w	Gestreckte Länge Mittlerer Windungsdurchmesser Zahl der federnden Windungen Zuschlag von 2 Windungen für Planschliff bzw. Ösen
Gestreckte Länge 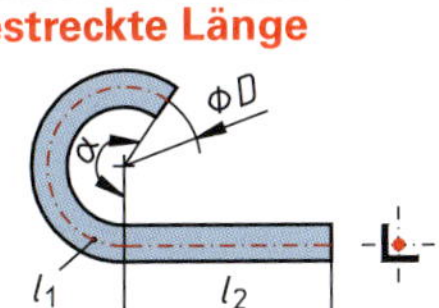 s. Kap. Fertigungstechnik – Umformen durch Biegen	Die gestreckte Länge gebogener Werkstücke ist die Länge der Schwerpunktslinie (neutrale Faser). $L = l_1 + l_2 + l_3 + \ldots$ $l_1 = \frac{D \cdot \pi \cdot \alpha}{360°}$	L l_1, l_2, l_3 D α	Gestreckte Länge Teillängen Durchmesser der Schwerpunktbiegelinie Biegewinkel in °

Flächen

	Formel	Formelzeichen	Erklärung

Quadrat

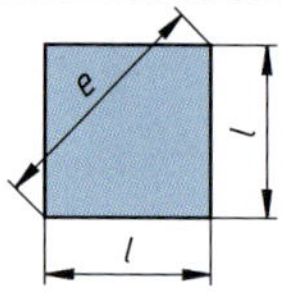

$U = 4 \cdot l$
$A = l^2$

$e = l \cdot \sqrt{2}$
$l = \sqrt{A}$

Formelzeichen	Erklärung
U	Umfang
A	Fläche
l	Seitenlänge
e	Diagonale

Rechteck

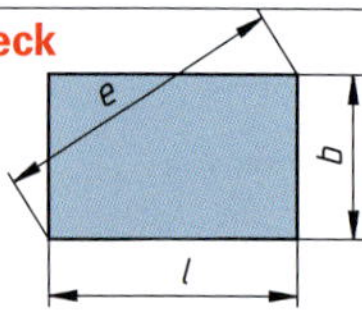

$U = 2 \cdot (l + b)$
$A = l \cdot b$
$e = \sqrt{l^2 + b^2}$

Formelzeichen	Erklärung
U	Umfang
A	Fläche
l	Grundseite
b	Breite
e	Diagonale

Parallelogramm

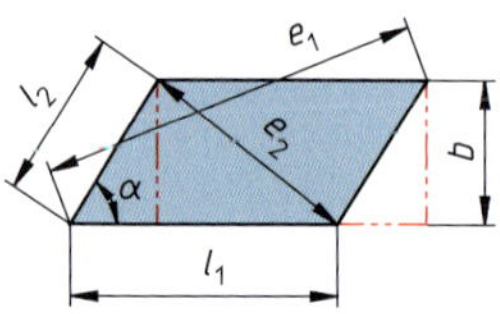

$U = 2 \cdot (l_1 + l_2)$
$A = l_1 \cdot b$
$A = l_1 \cdot l_2 \cdot \sin\alpha$

$e_1 = \sqrt{(l_1 + b \cdot \cot\alpha)^2 + b^2}$
$e_2 = \sqrt{(l_1 - b \cdot \cot\alpha)^2 + b^2}$

Formelzeichen	Erklärung
U	Umfang
A	Fläche
b	Breite
l_1, l_2	Seitenlängen
e_1, e_2	Diagonalen

Dreieck

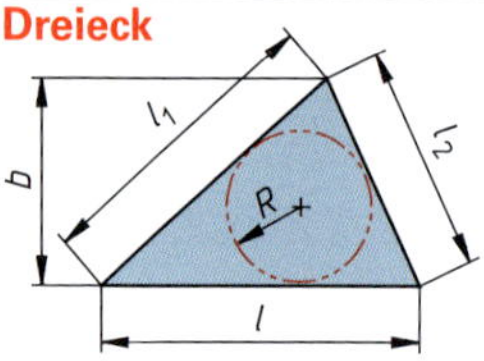

weitere Formeln siehe (Grundlagen) Seite G 5

$U = l + l_1 + l_2$

$A = \frac{l \cdot b}{2} = \frac{R \cdot U}{2}$

$A = \frac{1}{4} \cdot \sqrt{U \cdot (U - 2 \cdot l)\,(U - 2 \cdot l_1)\,(U - 2 \cdot l_2)}$

Gleichseitiges Dreieck: $l = l_1 = l_2$

$A = \frac{l^2}{4} \cdot \sqrt{3} \approx 0{,}433 \cdot l^2$

$b = \frac{l}{2} \cdot \sqrt{3} \approx 0{,}866 \cdot l$

Formelzeichen	Erklärung
U	Umfang
A	Fläche
l	Grundseite
b	Breite
l_1, l_2	Dreieckseiten
R	Inkreisradius

Trapez

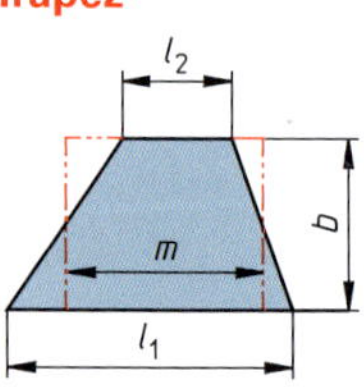

$A = m \cdot b = \frac{l_1 + l_2}{2} \cdot b$

$m = \frac{l_1 + l_2}{2}$

$b = \frac{2 \cdot A}{l_1 + l_2}$

$l_1 = \frac{2 \cdot A}{b} - l_2$

Formelzeichen	Erklärung
A	Fläche
b	Breite
l_1	Seitenlängen
l_2	Seitenlängen
m	mittlere Seitenlänge

Regelmäßiges Vieleck

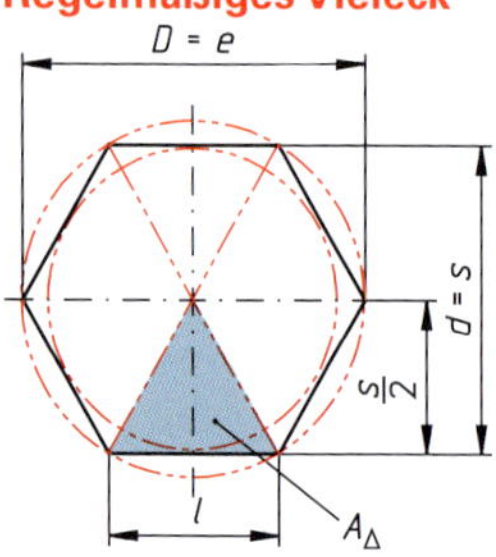

$A = A_\triangle \cdot n$

$A = \frac{n \cdot l \cdot d}{4}$

$l = D \cdot \sin\left(\frac{180°}{n}\right)$

Eckenzahl	A=			d=
3	$0{,}325 \cdot D^2$	$1{,}299 \cdot d^2$	$0{,}433 \cdot l^2$	$0{,}500 \cdot e$
4	$0{,}500 \cdot D^2$	$1{,}000 \cdot d^2$	$1{,}000 \cdot l^2$	$0{,}707 \cdot e$
5	$0{,}594 \cdot D^2$	$0{,}908 \cdot d^2$	$1{,}721 \cdot l^2$	$0{,}809 \cdot e$
6	$0{,}650 \cdot D^2$	$0{,}866 \cdot d^2$	$2{,}598 \cdot l^2$	$0{,}866 \cdot e$
8	$0{,}707 \cdot D^2$	$0{,}828 \cdot d^2$	$4{,}828 \cdot l^2$	$0{,}924 \cdot e$
10	$0{,}735 \cdot D^2$	$0{,}812 \cdot d^2$	$7{,}694 \cdot l^2$	$0{,}951 \cdot e$
12	$0{,}750 \cdot D^2$	$0{,}804 \cdot d^2$	$11{,}196 \cdot l^2$	$0{,}966 \cdot e$

Formelzeichen	Erklärung
A	Vieleckfläche
$A_\triangle$	Teilfläche
n	Eckenzahl
l	Seitenlänge
d, s	Inkreisdurchmesser bzw. Schlüsselweite bei gerader Eckenzahl
D, e	Umkreisdurchmesser bzw. Eckenmaß.

	Formel	Formelzeichen	Erklärung
Kreis 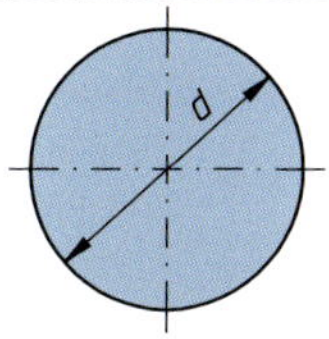	$U = d \cdot \pi$ $A = \frac{d^2 \cdot \pi}{4}$ $A = 0{,}785\ldots \cdot d^2$ $d = \sqrt{\frac{4 \cdot A}{\pi}}$	U A d	Umfang Fläche Durchmesser $\pi = 3{,}14159\ldots$
Kreisbogen, Kreisausschnitt 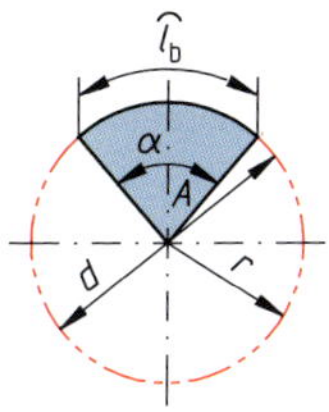	$\hat{l}_b = \frac{d \cdot \pi \cdot \alpha}{360°}$ $A = \frac{d^2 \cdot \pi}{4} \cdot \frac{\alpha}{360°}$ $A = \frac{\hat{l}_b \cdot r}{2}$ $\hat{l}_b = \hat{\alpha} \cdot \frac{d}{2}$ $\hat{\alpha} = \frac{\pi \cdot \alpha}{180°}$	$\hat{l}_b$ α A d r $\hat{\alpha}$	Bogenlänge Zentriwinkel in ° $360° = 21\,600'$ Kreisausschnittfläche Durchmesser Radius $r = \frac{d}{2}$ Bogenmaß in rad = Länge des Kreisbogens am Radius $r = 1$ Zahlenwerte s. S. G 7
Sehnenlänge, Bogenhöhe 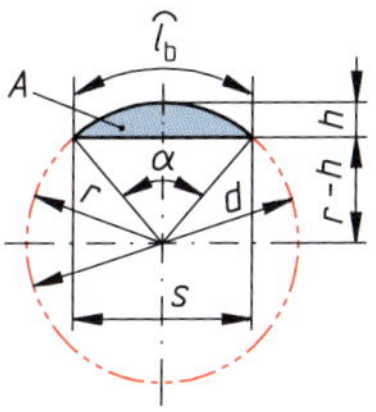	$s = d \cdot \sin\frac{\alpha}{2} = 2 \cdot r \cdot \sin\frac{\alpha}{2} = 2\sqrt{h(2r-h)}$ $h = \frac{d}{2} \cdot \left(1 - \cos\frac{\alpha}{2}\right) = r - \sqrt{r^2 - \frac{s^2}{4}}$ $A = \frac{\hat{l}_b \cdot r - s(r-h)}{2}$ $A \approx \frac{2}{3} \cdot s \cdot h \qquad \hat{l}_b = \frac{d \cdot \pi \cdot \alpha}{360°}$	s $\hat{l}_b$ h α r A	Sehnenlänge Bogenlänge Bogenhöhe Bogenwinkel in ° Radius $r = \frac{d}{2}$ Kreisabschnittfläche
Kreisring 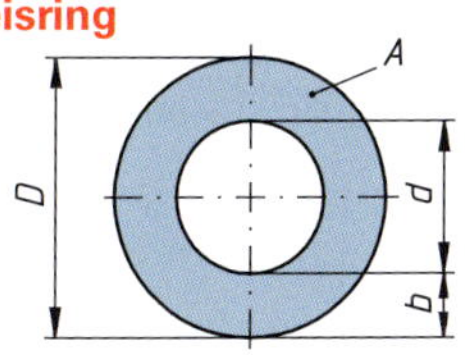	$A = \frac{D^2 \cdot \pi}{4} - \frac{d^2 \cdot \pi}{4} = \frac{\pi}{4} \cdot (D^2 - d^2)$ $D = \sqrt{\frac{4 \cdot A}{\pi} + d^2}$ $d = \sqrt{D^2 - \frac{4 \cdot A}{\pi}}$ $b = \frac{D - d}{2}$	A D d b	Fläche Außendurchmesser Innendurchmesser Ringbreite
Kreisringausschnitt 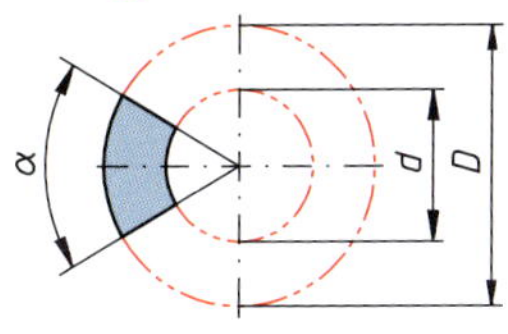	$A = \left(\frac{D^2 \cdot \pi}{4} - \frac{d^2 \cdot \pi}{4}\right) \cdot \frac{\alpha}{360°}$ $A = (D^2 - d^2) \cdot \frac{\pi}{4} \cdot \frac{\alpha}{360°}$	A α d D	Fläche Bogenwinkel in ° Innendurchmesser Außendurchmesser
Ellipse 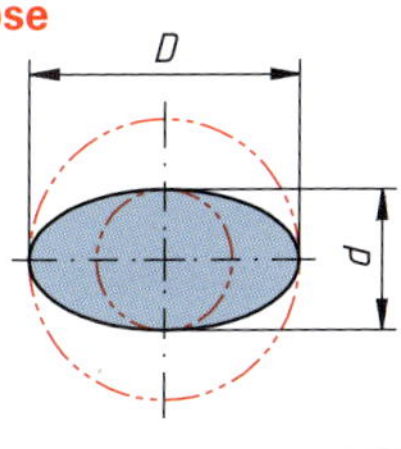	$U \approx \pi \cdot \sqrt{\frac{D^2 + d^2}{2}}$ $A = \frac{\pi \cdot d \cdot D}{4}$	U A d D	Umfang Fläche Inkreis Umkreis

Körper

	Formel	Formelzeichen	Erklärung
Würfel 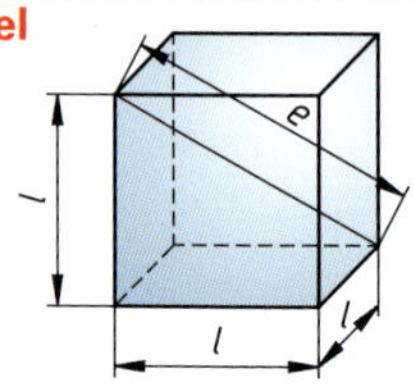	$A_O = 6 \cdot l^2$ $V = l^3$ $ln = \sqrt[3]{V}$ $e = l \cdot \sqrt{3}$	A_O l V e	Oberfläche Kantenlänge Rauminhalt Raumdiagonale
Rechteckprisma, Quader 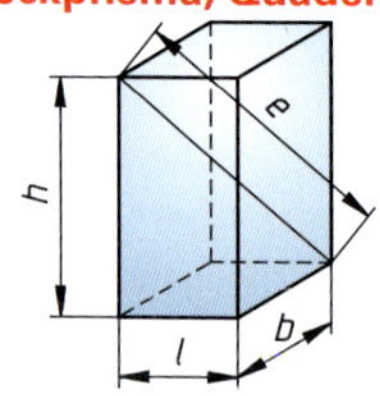	$A_O = 2 \cdot l \cdot h + 2 \cdot l \cdot b + 2 \cdot b \cdot h$ $V = l \cdot b \cdot h$ $h = \frac{V}{l \cdot b}$ $e = \sqrt{l^2 + b^2 + h^2}$	A_O l b h V e	Oberfläche Länge Breite Höhe Rauminhalt Raumdiagonale
Prisma 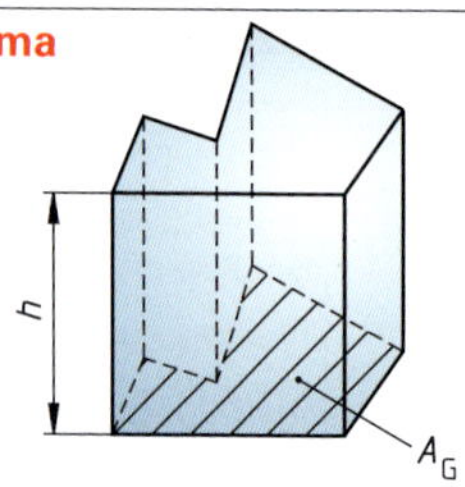	$V = A_G \cdot h$	V A_G h	Rauminhalt Grundfläche Höhe
Zylinder 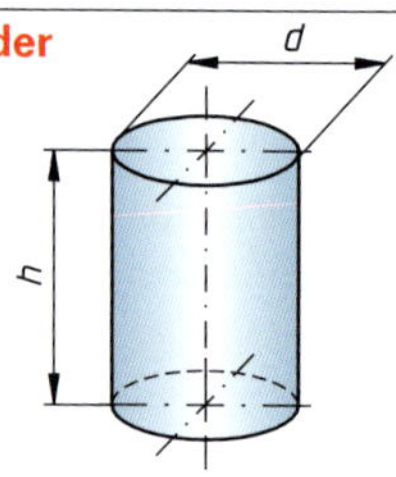	$A_O = 2 \cdot \frac{d^2 \cdot \pi}{4} + d \cdot \pi \cdot h$ $V = \frac{d^2 \cdot \pi}{4} \cdot h$ $h = \frac{4 \cdot V}{d^2 \cdot \pi}$ $d = \sqrt{\frac{4 \cdot V}{\pi \cdot h}}$	V d h A_O	Rauminhalt Durchmesser Höhe Oberfläche
Hohlzylinder 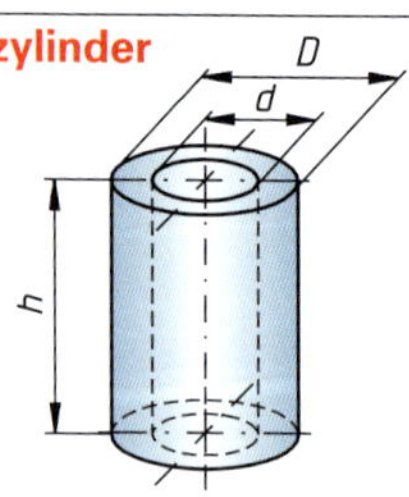	$A_O = \frac{(D^2 - d^2) \cdot \pi}{2} + (D + d) \cdot \pi \cdot h$ $V = \frac{\pi}{4} \cdot (D^2 - d^2) \cdot h$ $D = \sqrt{\frac{4 \cdot V}{\pi \cdot h} + d^2}$ $d = \sqrt{D^2 - \frac{4 \cdot V}{\pi \cdot h}}$	A_O D d h V	Oberfläche Außendurchmesser Innendurchmesser Höhe Rauminhalt
Zylinderkeil 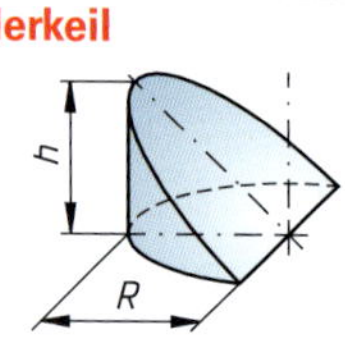	$V = \frac{2}{3} \cdot R^2 \cdot h$ $A_m = 2 \cdot R \cdot h$ $A_O = A_m + \frac{\pi}{2} R^2 + \frac{\pi}{2} R \cdot \sqrt{R^2 + h^2}$	V R h A_m A_O	Rauminhalt Zylinderradius Höhe Mantelfläche Oberfläche

Körper

	Formel	Formelzeichen	Erklärung
Kegel 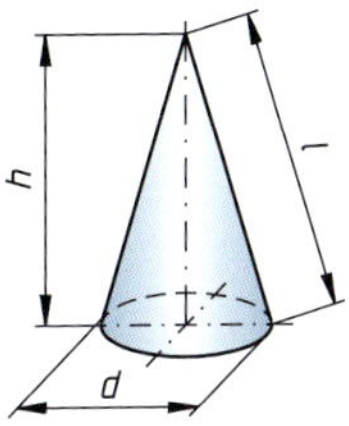	$A_O = \frac{d^2 \cdot \pi}{4} + \frac{d \cdot \pi \cdot l}{2}$ $A_M = \frac{\pi \cdot d \cdot l}{2}$ $V = \frac{1}{3} \cdot \frac{d^2 \cdot \pi}{4} \cdot h = \frac{d^2 \cdot \pi \cdot h}{12}$ $d = \sqrt{\frac{12 \cdot V}{\pi \cdot h}}$ $l = \sqrt{h^2 + \frac{d^2}{4}}$ $h = \frac{12 \cdot V}{d^2 \cdot \pi}$	A_O A_M d l V h	Oberfläche Mantelfläche Durchmesser Länge der Mantellinie Rauminhalt Höhe
Kegelstumpf 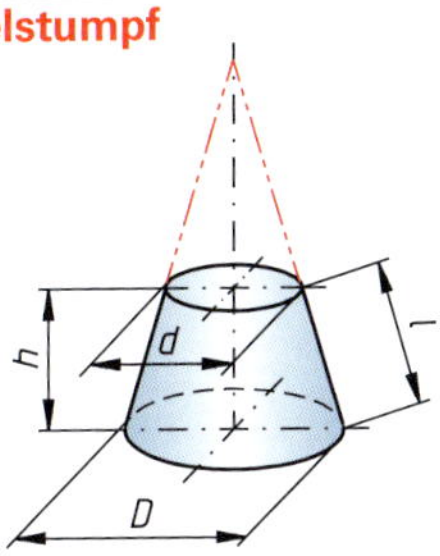	$A_O = \frac{D^2 + d^2}{4} + \frac{(D+d) \cdot \pi \cdot l}{2}$ $A_M = \frac{(D+d)}{2} \cdot \pi \cdot l$ $V = \frac{\pi \cdot h}{12} \cdot (D^2 + d^2 + D \cdot d)$ $l = \sqrt{h^2 + \left(\frac{D-d}{2}\right)^2}$	A_O A_M D d h l V	Oberfläche Mantelfläche Grundflächen-∅ Deckflächen-∅ Höhe Länge der Mantellinie Rauminhalt
Quadratische Pyramide 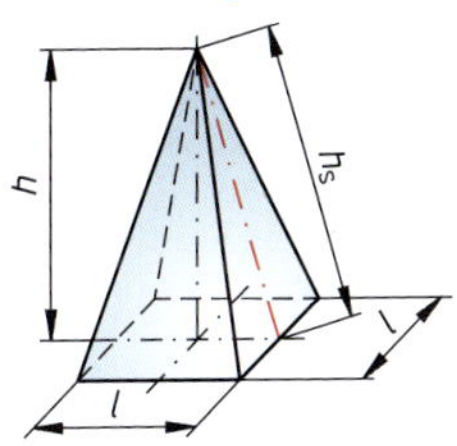	$A_O = l^2 + 2 \cdot l \cdot h_s$ $A_M = 2 \cdot l \cdot h_s$ $V = \frac{1}{3} \cdot l^2 \cdot h$ $h_s = \sqrt{h^2 + \frac{l^2}{4}}$	A_O A_M l h h_s V	Oberfläche Mantelfläche Seitenlänge Höhe Höhe der Seitenfläche Rauminhalt
Quadratischer Pyramidenstumpf 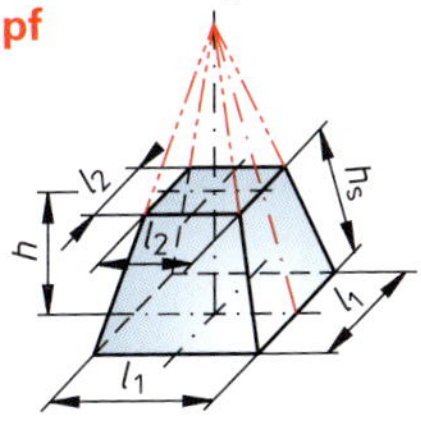	$A_O = l_1^2 + l_2^2 + 2 \cdot h_s \cdot (l_1 + l_2)$ $A_M = 2 \cdot h_s \cdot (l_1 + l_2)$ $V = \frac{h}{3} \cdot (l_1^2 + l_2^2 + l_1 \cdot l_2)$ $h_s = \sqrt{\frac{(l_1 - l_2)^2}{4} + h^2}$	A_O A_M l_1 l_2 h h_s V	Oberfläche Mantelfläche Grundseite Deckseite Höhe Höhe der Seitenfläche Rauminhalt
Berechnung beliebiger Körper 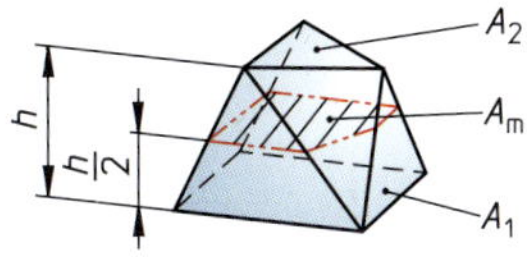	$V = \frac{h}{6}(A_1 + A_2 + 4 A_m)$	V h A_1 A_2 A_m	Rauminhalt Höhe Grundfläche Deckfläche mittlere Fläche

Körper

	Formel	Formelzeichen	Erklärung
Kugel 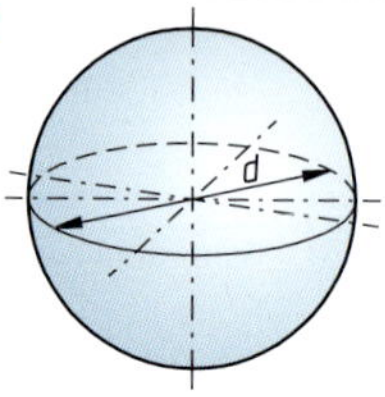	$A_O = \pi \cdot d^2$ $d = \sqrt{\frac{A_O}{\pi}}$ $V = \frac{\pi}{6} \cdot d^3$ $d = \sqrt[3]{\frac{6 \cdot V}{\pi}}$	A_O d V	Oberfläche Durchmesser Rauminhalt
Kugelabschnitt 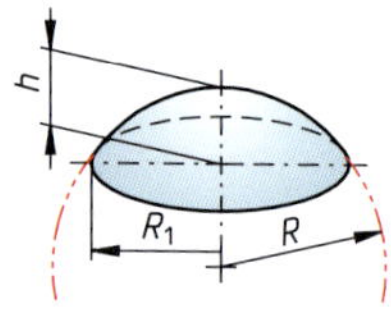	$A = \pi \cdot (2 \cdot R_1^2 + h^2)$ $A_m = 2 \cdot \pi \cdot R \cdot h = \pi \cdot (R_1^2 + h^2)$ $V = \pi \cdot h^2 \cdot \left(R - \frac{h}{3}\right)$ $V = \frac{\pi \cdot h}{6} \cdot (3 R_1^2 + h^2)$ $R_1 = \sqrt{h \cdot (2R - h)}$	A A_m V R R_1 h	gesamte Oberfläche Oberfläche der Kugelkappe Rauminhalt Kugelradius Radius Höhe
Kugelausschnitt 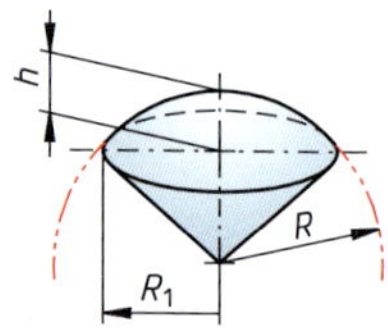	$A = \pi \cdot R \cdot (R_1 + 2 \cdot h)$ $A_m = \pi \cdot R \cdot R_1$ $V = \frac{2}{3} \cdot \pi \cdot R^2 \cdot h$	A A_m V R R_1 h	gesamte Oberfläche Mantelfläche des Kegels Rauminhalt Kugelradius Radius Höhe
Kugelschicht 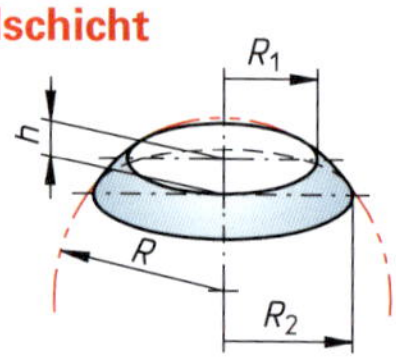	$A = \pi \cdot (2 \cdot R \cdot h + R_1^2 + R_2^2)$ $A_m = 2 \cdot \pi \cdot R \cdot h$ $V = \frac{\pi}{6} h \cdot (3 R_1^2 + 3 R_2^2 + h^2)$	A A_m R R_1, R_2 V h	gesamte Oberfläche Oberfläche der Kugelmantelfläche Kugelradius Radien der begrenzenden Kreisflächen Rauminhalt Höhe
Durchbohrte Kugel 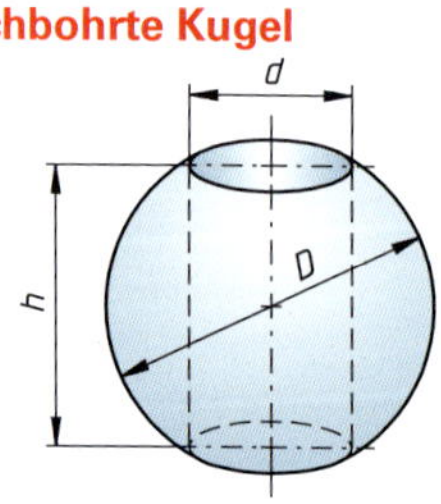	$A = \pi \cdot h \cdot (D + d)$ $V = \frac{\pi}{6} \cdot h^3$ $h = \sqrt{D^2 - d^2}$	A V d D h	gesamte Oberfläche von Kugel und Bohrung Rauminhalt Bohrungsdurchmesser Kugeldurchmesser Höhe
Guldinsche Regel 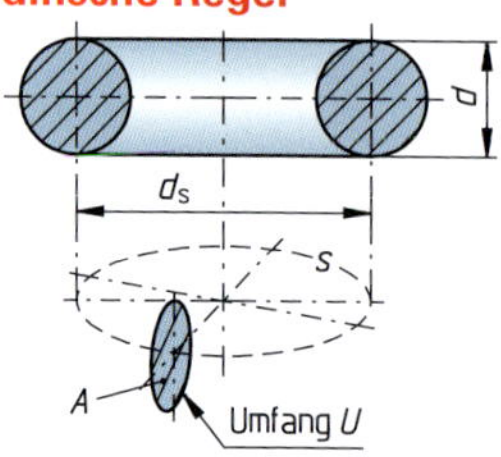	$A_O = U \cdot s = U \cdot \pi \cdot d_s$ $V = A \cdot s = A \cdot \pi \cdot d_s$ *z. B. Kreistorus:* $A_O = \pi \cdot d \cdot \pi \cdot d_s$ $V = \frac{\pi \cdot d^2}{4} \cdot \pi \cdot d_s$	A_O U d_s s A V d	Ringoberfläche Umfang Durchmesser Weg des Schwerpunktes Querschnittsfläche Rauminhalt Durchmesser des Querschnitts

	Formel	Formelzeichen	Erklärung

Masse eines Körpers

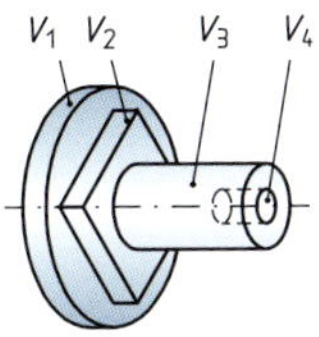

$$m = V \cdot \varrho$$
$$m = (V_1 + V_2 + V_3 - V_4 \ldots) \cdot \varrho$$

Dichte-Werte

fester und flüssiger Stoffe in $\frac{\text{kg}}{\text{dm}^3}$

Stoff	Dichte	Stoff	Dichte
Stahl	7,85	PVC	1,35
Grauguss	7,2	Wasser	1,0
		Öl	0,81 … 0,91
Al	2,7	Hg	13,6
Cu	8,9	Benzol	0,88

gasförmiger Stoffe im Normzustand in $\frac{\text{kg}}{\text{m}^3}$

Stoff	Dichte	Stoff	Dichte
Luft	1,29	CO_2	1,98

Formelzeichen	Erklärung	Einheit
m	Masse, Stoffmenge	in kg
V	Rauminhalt, Volumen	in dm^3
$V_1 \ldots V_4$	Teilvolumina	in dm^3
ϱ	Dichte (rho)	in $\frac{\text{kg}}{\text{dm}^3}$

$$1\,\frac{\text{g}}{\text{cm}^3} = 1\,\frac{\text{kg}}{\text{dm}^3} = 1\,\frac{\text{t}}{\text{m}^3}$$

Weitere Werte s. Kap. Werkstofftechnik – Stoffwerte von Metallen; – Stoffwerte wichtiger Werk- und Hilfsstoffe

Längenbezogene Masse

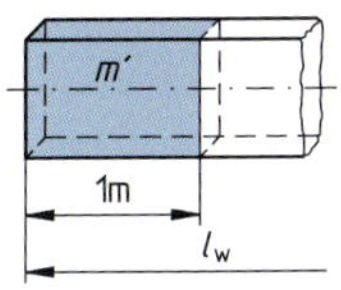

Für Fasern, Drähte und Profile gilt:

$$m = m' \cdot l_w$$
$$F_G = F'_G \cdot l_w$$

Formelzeichen	Erklärung	Einheit
m'	Masse	in kg
m	längenbezogene Masse	in $\frac{\text{kg}}{\text{m}}$
	Werte für Drähte, Rund-, Quadrat-, Sechskant- und Profilstähle s. Kap. Werkstofftechnik – Stahlprofile	
l_w	Werkstücklänge	in m
F_G	Gewichtskraft	in N
F'_G	Längenbezogene Gewichtskraft	in $\frac{\text{N}}{\text{m}}$

Flächenbezogene Masse

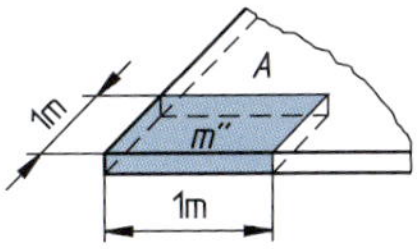

Für Bleche und Platten gilt:

$$m = m'' \cdot A$$

Formelzeichen	Erklärung	Einheit
m	Masse	in kg
m''	flächenbezogene Masse	in $\frac{\text{kg}}{\text{m}^2}$
	Werte für kaltgewalzte Bleche s. Kap. Werkstofftechnik – Stahlprofile	
A	Fläche des Körpers	in m^2

Ist m' oder m'' kraftbezogen in N/m bzw. N/m² gegeben, so berechnen sich die massebezogenen Werte von m' und m'' durch Division durch $g = 9{,}81\ \text{m/s}^2$.

Rohlängen

Stauchen

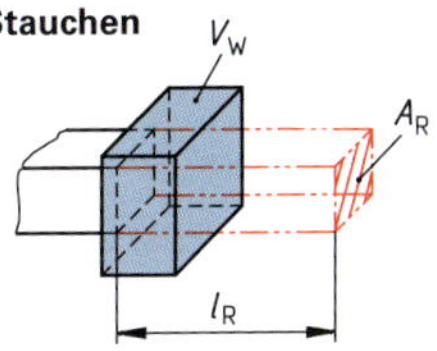

Strecken

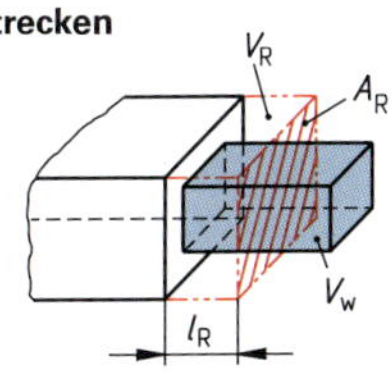

Das Volumen des zu verformenden Werkstoffs (des Rohlings) ist gleich dem Volumen des verformten Werkstoffes (Werkstückteils).

$$V_R = V_w$$
$$l_R = \frac{V_w}{A_R}$$

Formelzeichen	Erklärung
V_R	Volumen des Rohlings
V_w	Volumen des Werkstückteils
A_R	Querschnittsfläche des Rohlings
l_R	Rohlänge

Bewegungsarten, Geschwindigkeiten

	Formel	Formelzeichen	Erklärung
Gleichförmige, geradlinige Bewegung, Schnittgeschwindigkeit 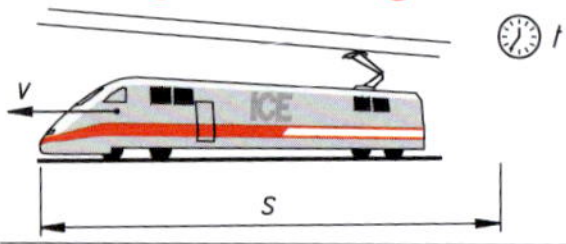	$v = \frac{s}{t}$ $s = v \cdot t$ $t = \frac{s}{v}$	v s t	Geschwindigkeit in $\frac{m}{s}$ Weg in m Zeit in s
Gleichförmige Kreisbewegung, Schnittgeschwindigkeit 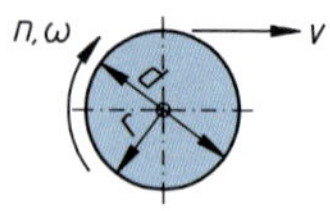	$v = d \cdot \pi \cdot n$ $d = \frac{v}{\pi \cdot n}$ $n = \frac{v}{d \cdot \pi}$ $v = \omega \cdot \frac{d}{2} = \omega \cdot r$ s. Kap. Fertigungstechnik – Umdrehungsfrequenz-Diagramm	v n d r	Umfangsgeschwindigkeit in $\frac{m}{s}$ Umdrehungsfrequenz (Drehzahl) in $\frac{1}{s}$ $1\ min^{-1} = 1\ \frac{1}{min} = \frac{1}{60}\ \frac{1}{s}$ Durchmesser in m Radius in m
Konstante Winkelgeschwindigkeit 	$\omega = 2 \cdot \pi \cdot n$	ω n	(omega), Winkelgeschwindigkeit in $\frac{1}{s}$ = Geschwindigkeit in $\frac{m}{s}$ am Radius $r = 1$ m Umdrehungsfrequenz (Drehzahl) in $\frac{1}{s}$
Fliehkraft, Zentrifugalkraft in Abhängigkeit von der Geschwindigkeit 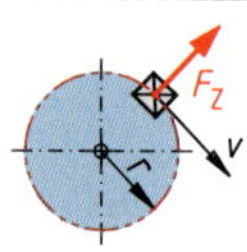	$F_Z = m \cdot r \cdot \omega^2$ $F_Z = \frac{m \cdot v^2}{r}$	F_Z m r v	Zentrifugalkraft in N Masse in kg Radius in m Umfangsgeschwindigkeit in $\frac{m}{s}$
Beschleunigte (verzögerte) geradlinige Bewegung 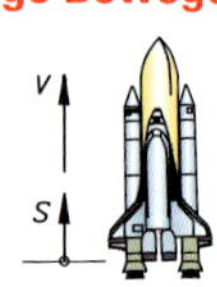	$v = a \cdot t = \sqrt{2a \cdot s}$ $v = \frac{2 \cdot s}{t}$ $s = \frac{v \cdot t}{2}$ $s = \frac{a \cdot t^2}{2}$ a = konstant	v a t s	Endgeschwindigkeit in $\frac{m}{s}$ Beschleunigung (Verzögerung) in $\frac{m}{s^2}$ Beschleunigungs-(Verzögerungs-)zeit in s Beschleunigungs-(Verzögerungs-)weg in m
Beschleunigte Drehbewegung 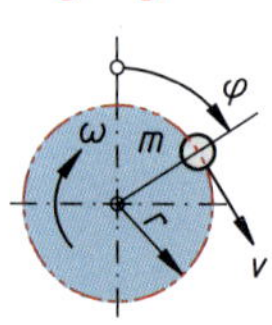	$\omega = \alpha \cdot t$ $v = r \cdot \alpha \cdot t = r \cdot \omega$ $\varphi = \frac{\omega \cdot t}{2}$ $\varphi = \frac{\alpha \cdot t^2}{2}$ $M = J \cdot \alpha$ $J = \frac{1}{2} \cdot m \cdot r^2$ Vollzylinder $J = \frac{1}{2} \cdot m \cdot (R^2 + r^2)$ Hohlzylinder $J = \frac{3}{10} \cdot m \cdot r^2$ Kegel α = konstant	ω α t φ r M J m	Winkelgeschwindigkeit in $\frac{1}{s}$ Winkelbeschleunigung in $\frac{1}{s^2}$ Beschleunigungszeit in s Drehwinkel im Bogenmaß Radius in m Beschleunigungsmoment in N · m Massenträgheitsmoment in kg · m² Masse in kg

Übersetzungen

Riemen- und Kettentriebe

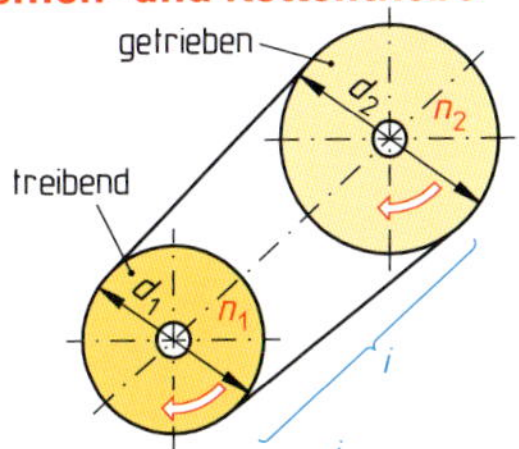

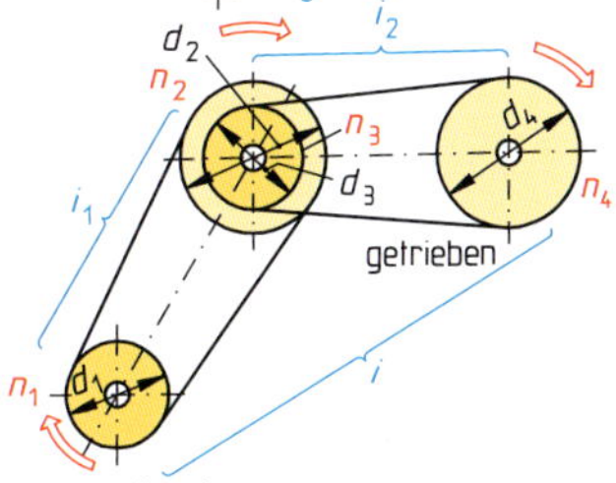

Formel	Formelzeichen	Erklärung
einfache Übersetzung $d_1 \cdot n_1 = d_2 \cdot n_2$ $i = \frac{n_1}{n_2} = \frac{d_2}{d_1}$	d $d = d_w$	Teilkreis-∅ bei Kettenrädern Wirksamer ∅ bei Keilriemenscheiben treibend: ungerade Indizes getrieben: gerade Indizes
doppelte Übersetzung $i = i_1 \cdot i_2$ $i = \frac{d_2 \cdot d_4}{d_1 \cdot d_3}$ $i = \frac{n_1}{n_4}$	i i_1, i_2 n	Gesamtübersetzungsverhältnis $i > 1$ ins Langsame $i < 1$ ins Schnelle Teilübersetzungsverhältnisse Umdrehungsfrequenz (Drehzahl)
Berechnungen von Riemenscheiben und Kettenrädern: s. Kap. Maschinenelemente – Riementriebe; Kettentriebe		

Zahntriebe

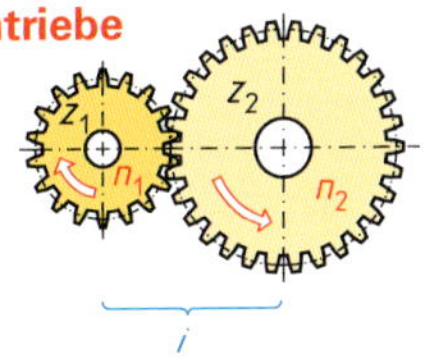

n_1 = treibend

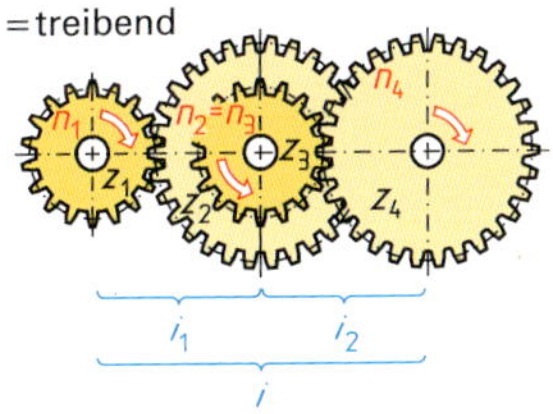

Formel	Formelzeichen	Erklärung
einfache Übersetzung $n_1 \cdot z_1 = n_2 \cdot z_2$ $i = \frac{n_1}{n_2} = \frac{z_2}{z_1} = \frac{d_2}{d_1}$	z	Zähnezahl Bei ungerader Zahl von Zahnrädern ist ein Rad ein Zwischenrad, das bei der Übersetzung keine Rolle spielt, nur Drehrichtungsänderung.
doppelte Übersetzung $i = i_1 \cdot i_2$ $i = \frac{z_2 \cdot z_4}{z_1 \cdot z_3} = \frac{d_2 \cdot d_4}{d_1 \cdot d_3} = \frac{n_1}{n_4}$	d i n	Teilkreis-∅ Gesamtübersetzungsverhältnis Umdrehungsfrequenz (Drehzahl)
Berechnungen von Zahnrädern: s. Kap. Maschinenelemente – Zahnradabmessungen		

Schneckentriebe

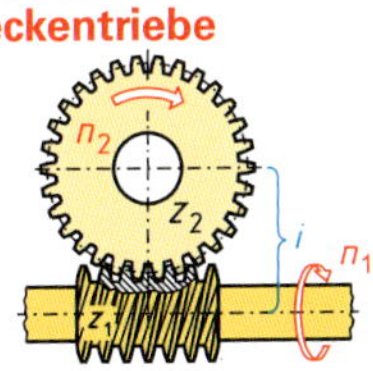

Formel	Formelzeichen	Erklärung
$z_1 = g$ $n_1 \cdot z_1 = n_2 \cdot z_2$ $i = \frac{n_1}{n_2} = \frac{z_2}{z_1}$	g z i n	Gangzahl der Schnecke Zähnezahl Übersetzungsverhältnis Umdrehungsfrequenz (Drehzahl).

Drehmomentübersetzung

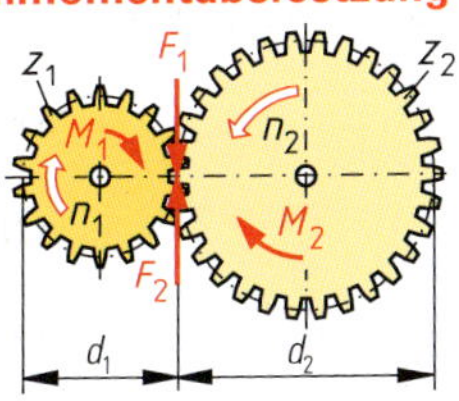

Formel	Formelzeichen	Erklärung
reibungsfrei $\eta = 1$ $i = \frac{M_2}{M_1} = \frac{d_2}{d_1} = \frac{z_2}{z_1} = \frac{n_1}{n_2}$ reibungsbehaftet $\eta < 1$ $M_2 = M_1 \cdot i \cdot \eta$	M F d z n i η	Kraftmoment, Drehmoment Umfangskraft Teilkreis ∅ Zähnezahl Umdrehungsfrequenz (Drehzahl) Übersetzungsverhältnis Wirkungsgrad

Kräfte

	Formel	Formelzeichen	Erklärung
Kräfte 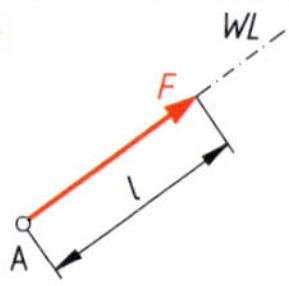	$F = l \cdot \text{KM}$ Bestimmungsgrößen: 1. Angriffspunkt *A* 2. Größe 3. Richtung der Kraft	F l KM WL	Kraft in N, kN Länge der gezeichneten Kraftgröße in cm, mm Kräftemaßstab in $\frac{\text{N}}{\text{mm}}, \frac{\text{N}}{\text{cm}}, \frac{\text{kN}}{\text{cm}}$ Wirkungslinie
Kräfteparallelogramm 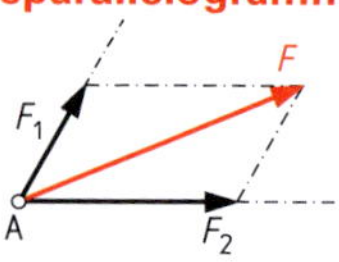	Addition von F_1 und F_2 zur Resultierenden F. Zerlegung von F in F_1 und F_2 bei gegebenen Wirkungslinien.	F_1, F_2 F	Einzelkräfte in N, kN Resultierende in N, kN
Zentrales Krafteck 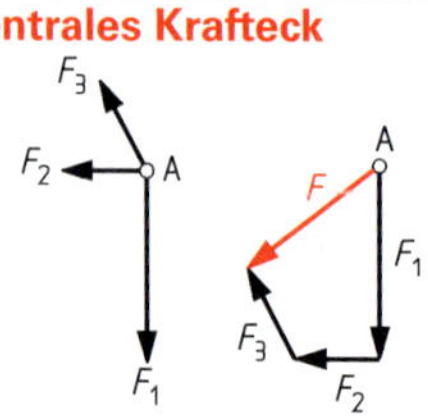	Die resultierende Kraft F mehrerer Kräfte ist die Verbindung des Angriffspunktes A mit dem Endpunkt der letzten Kraft.	F_1, F_2, F_3 F	Einzelkräfte in N, kN Resultierende Kraft in N, kN
Federkraft 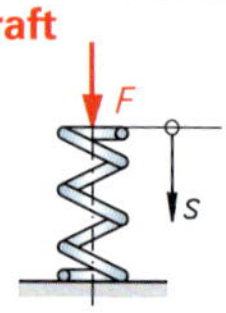	$F = R \cdot s$	F R s	Federkraft in N Federkonstante (Federrate) in $\frac{\text{N}}{\text{mm}}$ Federweg in mm
Gewichtskraft 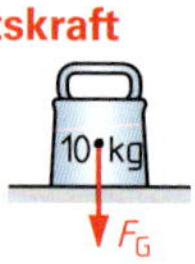	$F_G = m \cdot g$ $g = 9{,}81\ \frac{\text{m}}{\text{s}^2}$	F_G g m	Gewichtskraft in N $1\ \text{N} = 1\ \frac{\text{kg m}}{\text{s}^2}$ Erd-(Fall-)beschleunigung in $\frac{\text{m}}{\text{s}^2}$ Masse in kg
Beschleunigungskraft 	$F = m \cdot a$ $a \approx 3\ \frac{\text{m}}{\text{s}^2}$ Pkw $a \approx 100\ \frac{\text{m}}{\text{s}^2}$ Rakete $a \approx 40\,000\ \frac{\text{m}}{\text{s}^2}$ Geschoss	F a m	Beschleunigungskraft in N Beschleunigung in $\frac{\text{m}}{\text{s}^2}$ Masse in kg
Drehmoment 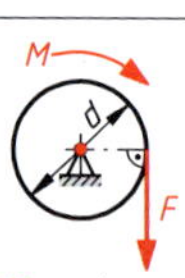	$M = F \cdot \frac{d}{2}$ $F \perp \frac{d}{2}$	M F $\frac{d}{2}$	Drehmoment, Kraftmoment in N · m Umfangskraft in N Hebelarm = senkrechter Abstand zwischen Umfangskraft und Drehpunkt in m
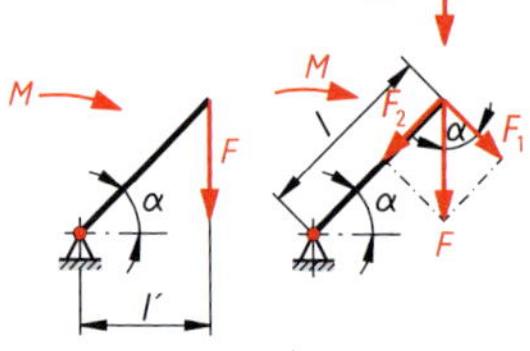	$M = F \cdot l'$ $l' = l \cdot \cos\alpha$ oder $M = F_1 \cdot l$ $F_1 = F \cdot \cos\alpha$ } $M = F \cdot l \cdot \cos\alpha$	l' l F, F_1, F_2 α	wirksamer Hebelarm zu F in m wirksamer Hebelarm zu F_1 in m Kraft, Kraftkomponenten in N Neigungswinkel in °

Mechanik

	Formel	Formelzeichen	Erklärung
Hebelgesetz 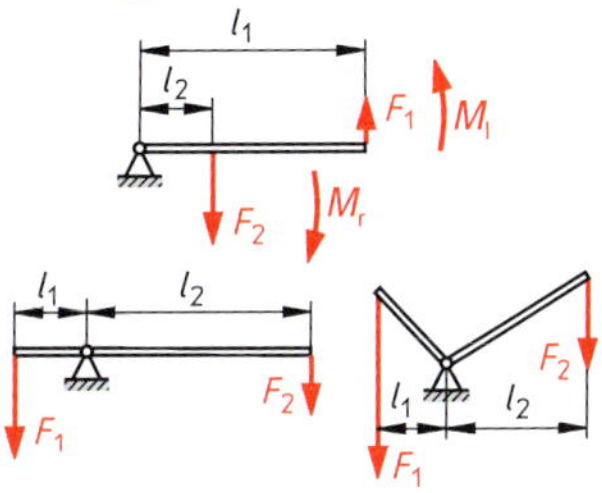	Im Gleichgewichtszustand gilt: $\Sigma M_l = \Sigma M_r$ oder $\Sigma M = 0$ **Einarmiger Hebel** $F_1 \cdot l_1 = F_2 \cdot l_2$ oder $F_1 \cdot l_1 - F_2 \cdot l_2 = 0$ **Zweiarmiger Hebel** oder **Winkelhebel** $F_1 \cdot l_1 = F_2 \cdot l_2$	ΣM_l ΣM_r F_1, F_2 l_1, l_2	Summe aller linksdrehenden Momente Summe aller rechtsdrehender Momente Kraft wirksame Hebellänge = rechtwinkliger Abstand zwischen Drehpunkt und Wirkungslinie der Kraft.
Seilkräfte 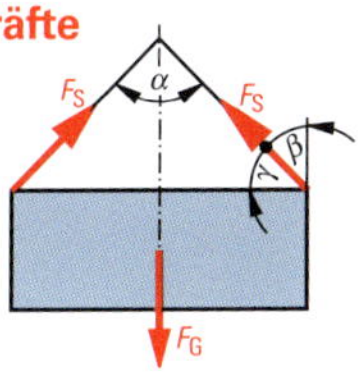	$F_S = \frac{F_G}{2 \cdot \sin\gamma}$ $\gamma = 90° - \frac{\alpha}{2}$ $F_S = \frac{F_G}{2 \cdot \cos\frac{\alpha}{2}}$ $\gamma = 90° - \beta$	F_S F_G α β γ	Seilkraft Gewichtskraft Spreizwinkel Neigungswinkel Anschlagwinkel
Geneigte (schiefe) Ebene 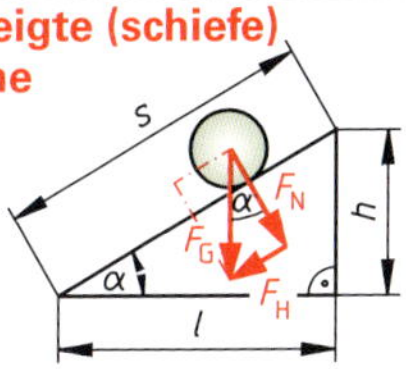	$\frac{F_H}{F_G} = \frac{h}{s}$ $\frac{F_N}{F_G} = \frac{l}{s}$ $F_H = F_G \cdot \sin\alpha$ $F_N = F_G \cdot \cos\alpha$	F_H F_N F_G l h s	Hangabtriebskraft Normalkraft Gewichtskraft horizontale Länge Höhenunterschied Weg
Keil 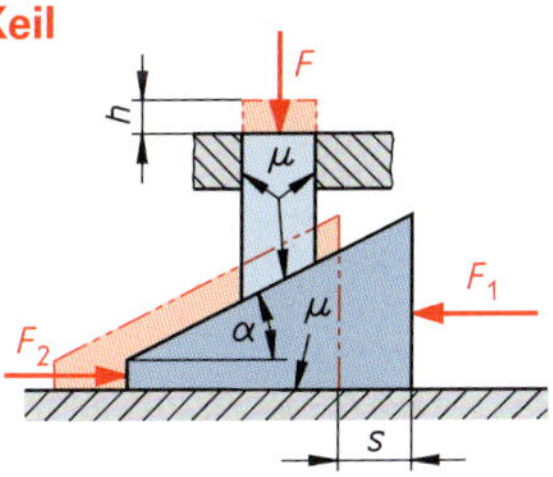	$F_1 \cdot s = F \cdot h$ Eintreiben (+) $F_1 = F \cdot \tan(\alpha + 2\varrho)$ Lockern (–) $F_2 = F \cdot \tan(\alpha - 2\varrho)$ Selbsthemmung: $\alpha \leq 2\varrho$ $\tan\varrho = \mu$ $\varrho = \text{arc} \tan\mu$	F F_1, F_2 s h α ϱ μ	Last Kräfte Kraftweg Lastweg Neigungswinkel Reibungswinkel Reibfaktor s. Seite G 27
Schraube 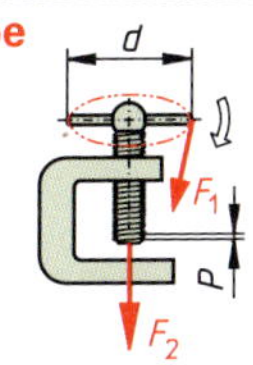	$F_2 \cdot P = F_1 \cdot d \cdot \pi$ reibungsfrei $F_2 = \frac{F_1 \cdot d \cdot \pi}{P}$ $F_1 = \frac{F_2 \cdot P}{d \cdot \pi}$	F_1 F_2 d P	Drehkraft Spindelkraft doppelter Hebelarm Gewindesteigung
Feste Rolle 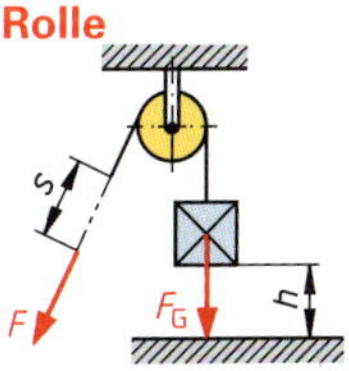	$F_G = F$ $s = h$	F F_G h s	Seilkraft in N Gewichtskraft in N Hubweg in m Kraftweg in m

	Formel	Formelzeichen	Erklärung	
Lose Rolle 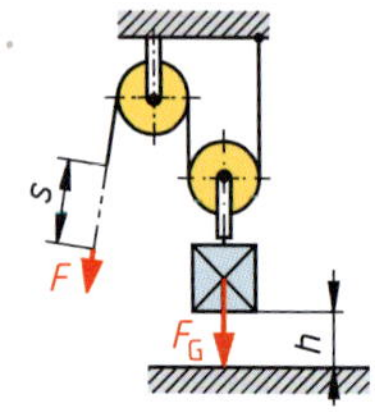	$F_G \cdot h = F \cdot s$ $s = 2 \cdot h$ $F = \frac{F_G}{2}$	F	Seilkraft	in N
		F_G	Gewichtskraft	in N
		h	Hubweg	in m
		s	Kraftweg	in m
Flaschenzug 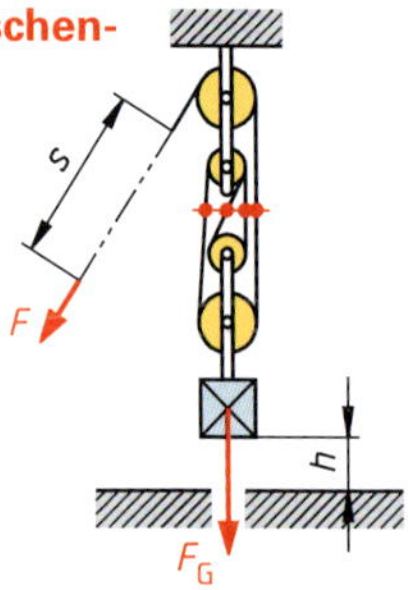	$F = \frac{F_G}{n}$ $h = \frac{s}{n}$ $F_G \cdot h = F \cdot s$ $F = \frac{F_G \cdot h}{s}$	F	Seilkraft	in N
		F_G	Gewichtskraft	in N
		n	Zahl der tragenden Seile (rote Punkte, hier z. B. 4)	
		h	Hubweg	in m
		s	Kraftweg	in m
Winde 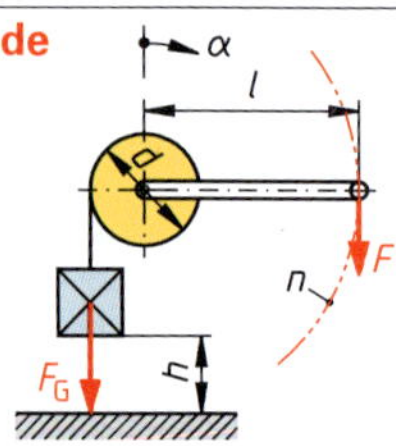	$F \cdot l = F_G \cdot \frac{d}{2}$ $2 \cdot F \cdot l \cdot \pi \cdot n = F_G \cdot h$ $h = d \cdot \pi \cdot n$ $h = d \cdot \pi \cdot \frac{\alpha}{360°}$	F	Kräfte an der Handkurbel	in N
		F_G	Gewichtskraft	in N
		d	Seiltrommeldurchmesser	in m
		l	Hebelarm	in m
		h	Hubweg	in m
		n	Zahl der Kurbelumdrehungen	
		α	Verdrehwinkel an der Handkurbel	in °
Räderwinde 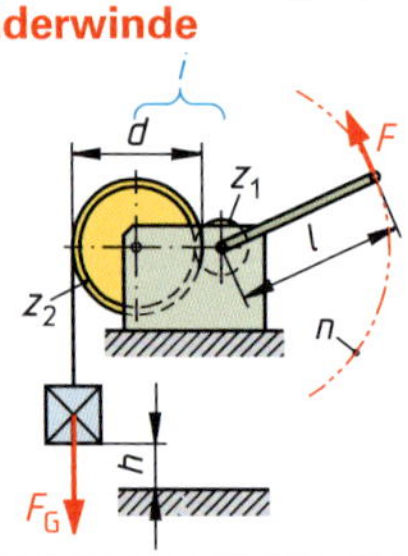	$F = \frac{d \cdot F_G}{2 \cdot i \cdot l}$ $h = \frac{d \cdot \pi \cdot n}{i}$ $F_G = \frac{F \cdot 2 \cdot i \cdot l}{d}$ $n = \frac{h \cdot i}{d \cdot \pi}$	F	Kraft an der Handkurbel	in N
		F_G	Gewichtskraft	in N
		l	Hebelarm	in m
		d	Seiltrommeldurchmesser	in m
		h	Hubweg	in m
		n	Zahl der Kurbelumdrehungen	
		i	Zahnradübersetzung Hier einstufig $i = \frac{z_2}{z_1}$	
		z_1, z_2	Zähnezahlen	
Zahnstangentrieb 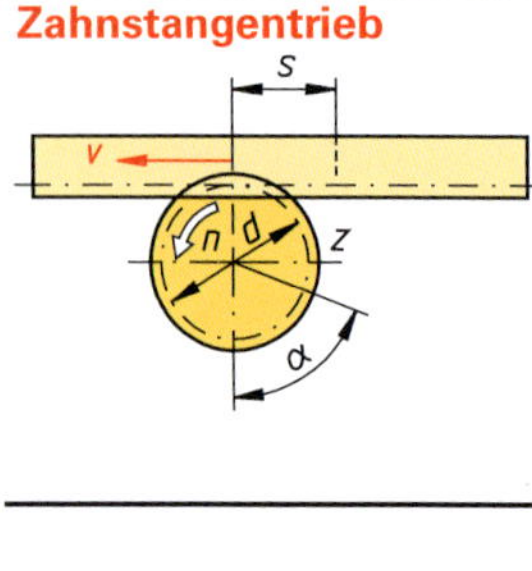	$s = \frac{\alpha}{360°} \cdot m \cdot z \cdot \pi$ $v = m \cdot z \cdot \pi \cdot n = d \cdot \pi \cdot n$ $\alpha = \frac{s \cdot 360°}{d \cdot \pi} = \frac{s \cdot 360°}{m \cdot z \cdot \pi}$	s	Weg der Zahnstange	in m
		m	Modul	in m
		z	Zähnezahl	
		d	Teilkreis-∅	in m
		v	Geschwindigkeit	in $\frac{m}{s}$
		n	Umdrehungsfrequenz	in $\frac{1}{s}$
		α	Drehwinkel	in °

Mechanik

Arbeit

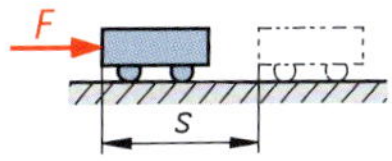

Formel	Formelzeichen	Erklärung	Einheit
$W = F \cdot s$	W	Arbeit	in N · m
	F	Kraft	in N
	s	Weg	in m
		$1\ \text{N} \cdot \text{m} = 1\ \text{J} = 1\ \frac{\text{kg} \cdot \text{m}^2}{\text{s}^2}$	
		$1\ \text{N} \cdot \text{m} = 1\ \text{W} \cdot \text{s}$	

Potentielle Energie
(Lage-Energie)

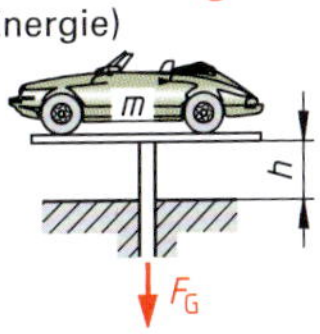

Formel	Formelzeichen	Erklärung	Einheit
$E_p = m \cdot g \cdot h$	E_p	potentielle Energie	in N · m
$F_G = m \cdot g$	m	Masse	in kg
$g = 9{,}81\ \frac{\text{m}}{\text{s}^2}$	h	Hubweg	in m
	g	Erd-(Fall-)beschleunigung	in $\frac{\text{m}}{\text{s}^2}$
	F_G	Gewichtskraft	in N

Kinetische Energie
(Bewegungs-Energie)

Formel	Formelzeichen	Erklärung	Einheit
$E_k = \frac{1}{2} \cdot m \cdot v^2$	E_k	kinetische Energie	in N · m
	m	Masse	in kg
	v	Geschwindigkeit	in $\frac{\text{m}}{\text{s}}$

Rotationsenergie
(Bewegungs-Energie)

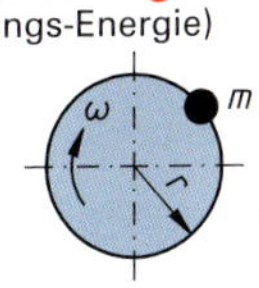

Formel	Formelzeichen	Erklärung	Einheit
$E_k = \frac{1}{2} \cdot J \cdot \omega^2$	E_k	kinetische Energie	in N · m
$\omega = 2 \cdot \pi \cdot n$	J	Massenträgheitsmoment Beispiele s. Seite G 20	in kg m²
	ω	Winkelgeschwindigkeit	in $\frac{1}{\text{s}}$
	n	Umdrehungsfrequenz (Drehzahl)	in $\frac{1}{\text{s}}$

Energieerhaltungssatz

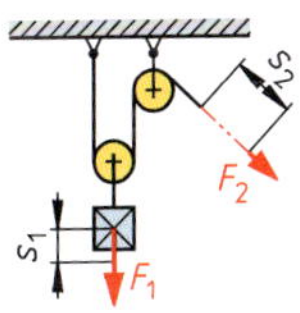

Formel	Formelzeichen	Erklärung	Einheit
Für reibungsfreie Bewegung gilt:	W_1, W_2	Arbeit	in N · m
$W_1 = W_2$ $F_1 \cdot s_1 = F_2 \cdot s_2$	F_1, F_2	Kraft	in N
bei der Rollenumlenkung gilt: $s_2 = 2 \cdot s_1$ $F_1 = 2 \cdot F_2$	s_1, s_2	Weg	in m

Wirkungsgrad

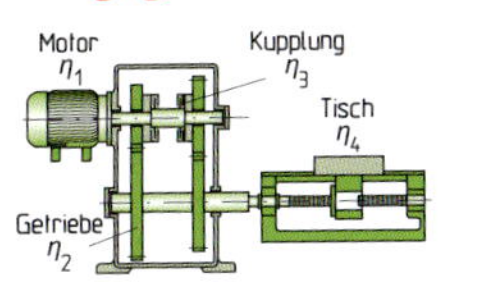

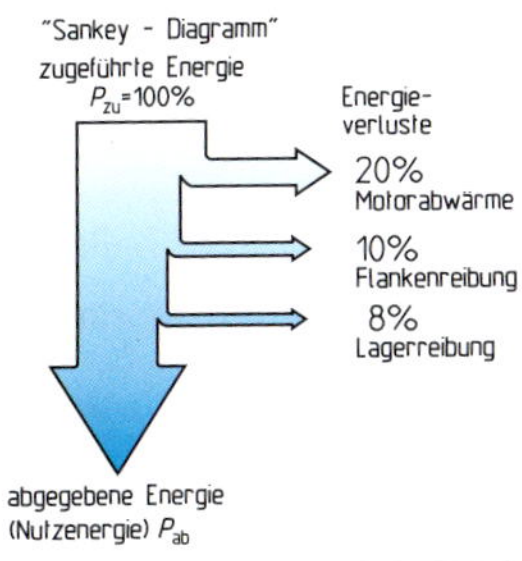

Formel	Formelzeichen	Erklärung	Einheit
$\eta = \frac{F_{ab}}{F_{zu}}$	F_{ab}	abgegebene Kraft	in N
	F_{zu}	zugeführte Kraft	in N
$\eta = \frac{P_{ab}}{P_{zu}}$	P_{ab}	abgegebene Leistung	in W
	P_{zu}	zugeführte Leistung	in W
$\eta = \frac{W_{ab}}{W_{zu}}$	W_{ab}	abgegebene Arbeit	in N · m
	W_{zu}	zugeführte Arbeit	in N · m
$\eta = \eta_1 \cdot \eta_2 \cdot \eta_3 \ldots$	η	Gesamtwirkungsgrad	
$\eta < 1$	η_1, η_2, η_3	Teilwirkungsgrad	

Wirkungsgrade (Durchschnitt):

Elektromotor	0,8	Brennstoffzelle	0,48
Ottomotor	0,26	Solarzelle	0,23
Dieselmotor	0,33	Zahnradtrieb	0,95
Dampfturbine	0,23	Schneckentrieb	0,6
Wasserturbine	0,9	Riementrieb	0,9
Transformator	0,98	Fräsmaschine	0,3
Windkraftanlage	0,4	Drehmaschine	0,7

Mechanik

	Formel	Formelzeichen	Erklärung	
Hubleistung 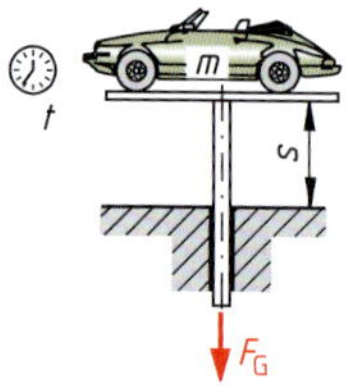	$P = \frac{W}{t}$	P	Leistung	in $\frac{N \cdot m}{s}$ = Watt
	$P = \frac{F_G \cdot s}{t}$	W	Arbeit	in N · m = Joule
	$P = \frac{m \cdot g \cdot s}{t}$	F_G	Gewichtskraft	in N
	$P = F_G \cdot v$	s	Weg	in m
	$g = 9{,}81\ \frac{m}{s^2}$	t	Zeit	in s
		m	Masse	in kg
		g	Fall-(Erd-)beschleunigung	in $\frac{m}{s^2}$
		v	Hubgeschwindigkeit	in $\frac{m}{s}$
Zugleistung 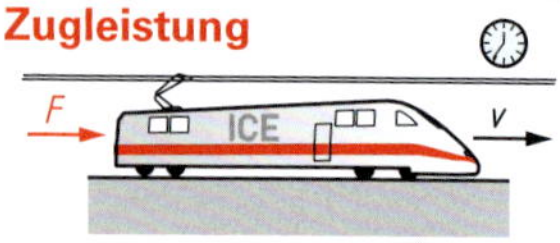	$P = F \cdot v$	P	Leistung	in W
		F	Zugkraft	in N
		v	Geschwindigkeit	in $\frac{m}{s}$
Schnittleistung an der Werkzeugschneide 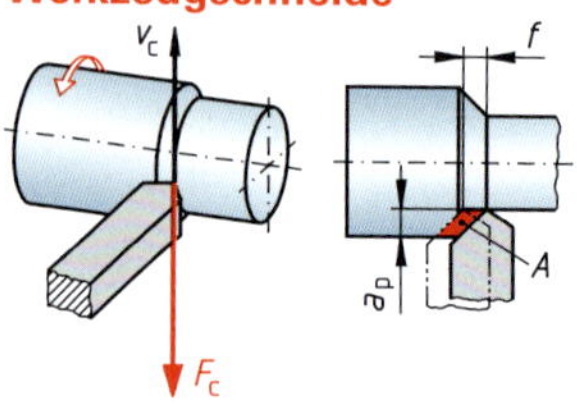	$P_c = F_c \cdot v_c$	P_c	Schnittleistung	in W
	$P_c = A \cdot k_c \cdot v_c$	F_c	Schnittkraft	in N
	$P_c = f \cdot a_p \cdot k_c \cdot v_c$	v_c	Schnittgeschwindigkeit	in $\frac{m}{s}$
	$F_c = A \cdot k_c$		übliche Einheit bei Bohren, Drehen, Fräsen	$\frac{m}{min}$
	$A = a_p \cdot f$	A	Spanungsquerschnitt	in mm^2
	Zerspanungsdaten s. Kap. Fertigungstechnik	k_c	spezifische Schnittkraft	$\frac{N}{mm^2}$
		f	Vorschub	in mm
		a_p	Schnitttiefe	in mm
Leistung bei Drehbewegung 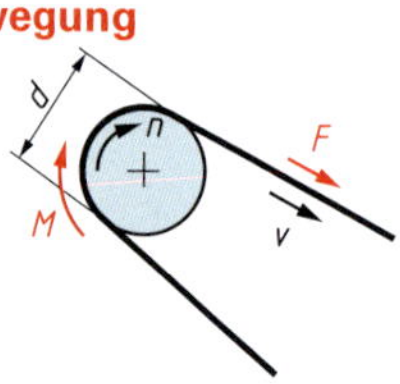	$P = M \cdot \omega$	P	Wellenleistung	in W
	$P = F_u \cdot r \cdot \omega$	ω	Winkelgeschwindigkeit	in $\frac{1}{s}$
	$P = F_u \cdot r \cdot 2\pi \cdot n$	F_u	Umfangskraft	in N
	$P = M \cdot 2\pi \cdot n$	M	Drehmoment	in N · m
		r	Wirkradius von F_u	in m
		n	Umdrehungsfrequenz (Drehzahl)	in $\frac{1}{s}$
	Zahlenwertgleichung	P	Wellenleistung	in kW
	$P = \frac{M \cdot n}{9550}$	M	Drehmoment	in N · m
		n	Umdrehungsfrequenz (Drehzahl)	in $\frac{1}{min}$
Pumpenleistung 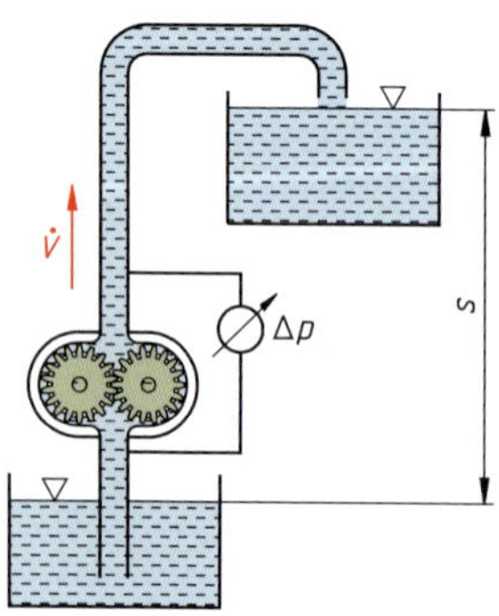	$P = \dot{m} \cdot g \cdot s$	P	Pumpenleistung, Leistung	in W
	$P = \dot{V} \cdot \varrho \cdot g \cdot s$	$\dot{m}$, q_m	Massenstrom, Fördermenge	in $\frac{kg}{s}$
	$\dot{m} = \frac{m}{t}$ $\quad \dot{V} = \frac{V}{t}$	g	Fall-(Erd-)beschleunigung	in $\frac{m}{s^2}$
	$g = 9{,}81 \frac{m}{s^2}$	s	Förderhöhe	in m
	$P = \frac{\dot{V} \cdot \Delta p}{t}$	$\dot{V}$, q_v	Volumenstrom	in $\frac{dm^3}{s}$
	Zahlenwertgleichung:	ϱ	Dichte	in $\frac{kg}{dm^3}$
	$P = \frac{\dot{V} \cdot \Delta p}{600}$	m	Masse	in kg
	P in kW	t	Förderzeit	in s
	$\dot{V}$ in $\frac{l}{min}$	Δp	Druckdifferenz	in $\frac{N}{m^2}$
	Δp in bar		1 bar = 10 $\frac{N}{cm^2}$ = 100 000 $\frac{N}{m^2}$	≈10 m Wassersäule
			1 Pa = 1 $\frac{N}{m^2}$	
		V	Fördervolumen	in m^3

Reibung

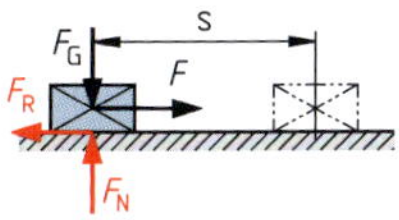

$F_R \perp F_N$

$F < F_R$ Haftreibung

$F_R = F_N \cdot \mu_0$

$F > F_R$ Gleitreibung

$F_R = F_N \cdot \mu_G$

Formel	Formelzeichen	Erklärung	
$F_R = F_N \cdot \mu$	F_R	Reibkraft	in N
$\mu = \tan \varrho$	F_N	Normalkraft	in N
$W_R = F_R \cdot s$	μ	Reibfaktor (Reibbeiwert)	
$P_R = \frac{W_R}{t}$	ϱ	Reibwinkel	in °
$P_R = \frac{F_R \cdot s}{t}$	W_R	Reibarbeit	in N · m
	s	Reibweg	in m
	P_R	Reibleistung	in W
	t	Zeit	in s

Werkstoffe \ Reibfaktor	Haftreibung μ_0 trocken	Haftreibung μ_0 gefettet	Gleitreibung μ_G trocken	Gleitreibung μ_G gefettet	Rollreibung μ_R
St–St	0,15	0,10	0,10	0,01	0,005
St–GG, St–CuSn	0,18	0,10	0,16	0,01	–
St–Al	0,19	0,14	–	–	–
St–Kunststoff	0,30	–	0,20	0,08	–
St–Holz	0,50	0,16	0,30	0,08	–
St–Bremsbelag	–	–	0,50	0,40	–
Al–Al	1,05	–	1,04	–	–
Gummi-Asphalt	0,70	0,45	0,50	0,30	0,015

Zapfenreibung

Tragzapfen

$F_R \perp F_N$

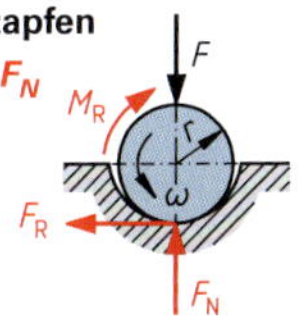

Spurzapfen

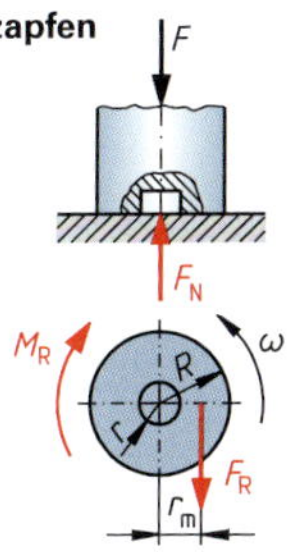

Formel	Formelzeichen	Erklärung	
$F_R = F_N \cdot \mu$	F_R	Lagerreibkraft	in N
$M_R = F_R \cdot r$	F_N	Normalkraft	in N
$P_R = F_R \cdot v$	F	Lagerkraft	in N
$P_R = M_R \cdot \omega$	μ	Gleitreibfaktor	
	r, R	Zapfenradien	in m
$M_R = F \cdot \mu \cdot r_m$	r_m	Wirkradius	in m
$P_R = M_R \cdot \omega$	M_R	Reibmoment	in N · m
$W_R = P_R \cdot t$	P_R	Reibleistung	in W
	v	Gleitgeschwindigkeit	in $\frac{m}{s}$
$r_m = \frac{2}{3} \cdot \frac{R^3 - r^3}{R^2 - r^2} \approx \frac{R + r}{2}$	ω	Winkelgeschwindigkeit	in $\frac{1}{s}$
$\omega = 2 \cdot \pi \cdot n$	W_R	Reibarbeit, 1 N · m = 1 W · s	in W · s
	t	Zeit	in s
	n	Umdrehungsfrequenz (Drehzahl)	in $\frac{1}{s}$

Gewindereibung

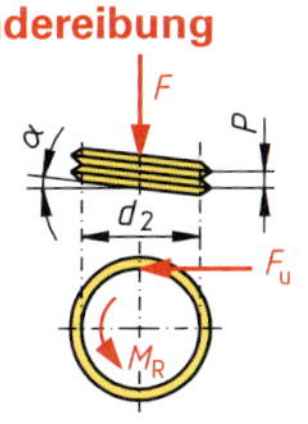

Formel	Formelzeichen	Erklärung	
$F_u = F \cdot \tan(\alpha \pm \varrho')$	F_u	Umfangskraft	in N
$M_R = F \cdot \frac{d_2}{2} \cdot \tan(\alpha \pm \varrho')$	F	Axialkraft	in N
+ für Anziehen	M_R	Gewindereibmoment	in N · mm
– für Lösen	d_2	Flankendurchmesser	in mm
$\tan\alpha = \frac{P}{\pi \cdot d_2}$	α	Steigungswinkel	in °
$\tan\varrho' = \frac{\mu}{\cos\frac{\beta}{2}}$	P	Steigung	in mm
	ϱ'	Reibwinkel im Gewinde	in °
	β	Flankenwinkel	in °
	μ	Reibfaktor (Reibbeiwert)	

Seilreibung

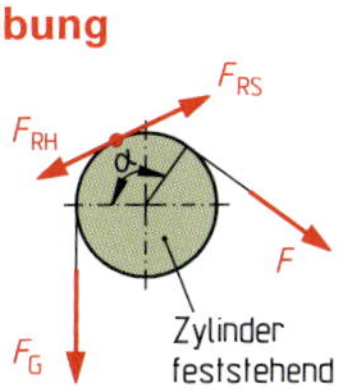

Formel	Formelzeichen	Erklärung	
Heben:	F, F_G	Seilzugkraft	in N
$F = F_G \cdot e^{\mu\alpha}$	μ	Reibfaktor (Reibbeiwert)	
$F_{RH} = F_G \cdot (e^{\mu\alpha} - 1)$	α	Umschlingungswinkel im Bogenmaß s. Seite G 7	
Senken:	F_{RH}	Seilreibkraft beim Heben	in N
$F = F_G \cdot e^{-\mu\alpha}$	F_{RS}	Seilreibkraft beim Senken	in N
$F_{RS} = F_G \cdot (1 - e^{-\mu\alpha})$	e	Basis der Exponentalfunktion e = 2,71828 …	

Fluidtechnik

	Formel	Formelzeichen	Erklärung	
Druck 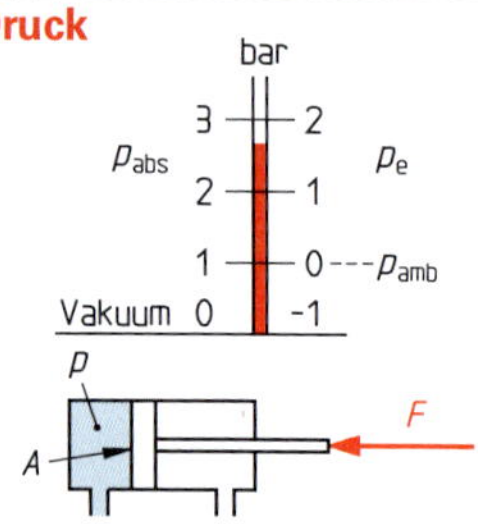	$p_e = p_{abs} - p_{amb}$	p_{abs} p_{amb}	Druck absolut (bez. auf Vakuum) Luftdruck (Atmosphärendruck) $= 1{,}01325$ bar ≈ 1 bar	in bar
		p_e	atmosphärische Druckdifferenz 1 bar $= 10\ \frac{N}{cm^2} = 100\,000\ \frac{N}{m^2} = 100\,000$ Pa	in bar
	$p = \frac{F}{A}$	p	Druck	in $\frac{N}{cm^2}$
	$F = p \cdot A$	F	Kolbenkraft (reibungsfrei)	in N
		A	Fläche	in cm^2
			Wirkungsgrad bei Kolbenbewegungen s. Kap. Steuerungstechnik	
Hydrostatischer Druck 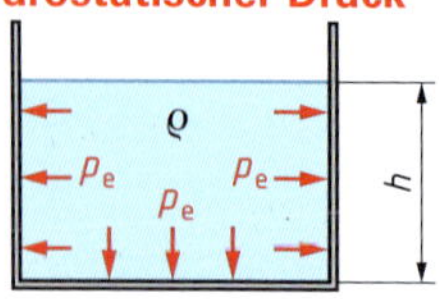	$p_e = \varrho \cdot g \cdot h$	p_e	Boden-(Seiten-)druck 1 Pa $= 1\ \frac{N}{m^2} = 10^{-5}\ \frac{N}{cm^2} = 10^{-5}$ bar	in Pa
	$g = 9{,}81\ \frac{m}{s^2}$	ϱ	Dichte	in $\frac{kg}{m^3}$
	1 bar = 10 m WS (WS = Wassersäule)	g	Fall-(Erd-)beschleunigung	in $\frac{m}{s^2}$
		h	Höhe der Flüssigkeitssäule	in m
Hydraulische Presse 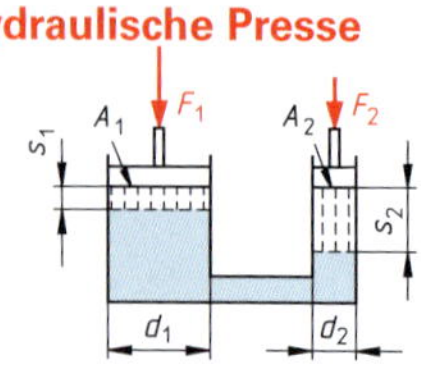	$\frac{F_1}{F_2} = \frac{A_1}{A_2}$ $\frac{A_1}{A_2} = \frac{s_1}{s_2}$ $\frac{F_1}{F_2} = \frac{d_1^2}{d_2^2}$ $F_1 \cdot s_1 = F_2 \cdot s_2$	F_1, F_2 A_1, A_2 d_1, d_2 s_1, s_2	Kolbenkraft Kolbenfläche Kolbendurchmesser Kolbenhub	in N in cm^2 in cm in cm
Druckübersetzer 	$p_1 \cdot A_1 = p_2 \cdot A_2$	p_1, p_2 A_1, A_2	Arbeitsdruck Kolbenfläche	in bar in cm^2
Kolbengeschwindigkeit 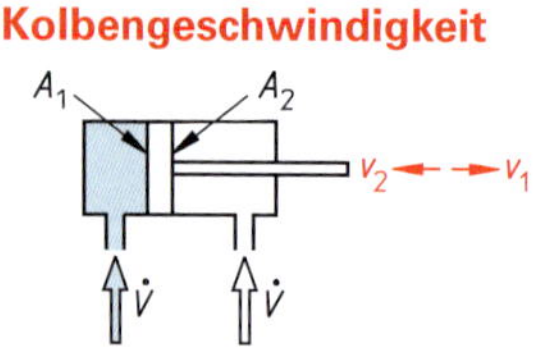	**Ausfahren** $v_1 = \frac{\dot{V}}{A_1} \cdot \eta_{vol}$ **Einfahren** $v_2 = \frac{\dot{V}}{A_2} \cdot \eta_{vol}$	v_1, v_2, v $\dot{V}$ A_1 A_2 η_{vol}	Kolbengeschwindigkeit Volumenstrom Kolbenfläche (Kreis) Kolbenfläche (Kreisring) volumetrischer Wirkungsgrad	in $\frac{m}{s}$ in $\frac{m^3}{s}$ in m^2 in m^2
Kolbenleistung	$\eta_{vol} = 1$ bei guten Dichtungen ohne Leckage $P = \Delta p \cdot \dot{V}$ $P = F \cdot v$	P F Δp	Kolbenleistung Kolbenkraft Druckdifferenz zwischen Eingang und Ausgang des Zylinders	in W in N in $\frac{N}{m^2}$
Strömungsgeschwindigkeit in Rohren 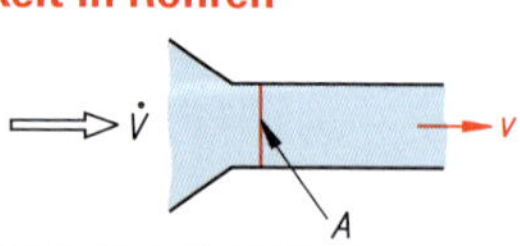	$v = \frac{\dot{V}}{A}$	v $\dot{V}$ A	Strömungsgeschwindigkeit Volumenstrom Rohrquerschnitt	in $\frac{m}{s}$ in $\frac{m^3}{s}$ in m^2
Kontinuitätsgleichung 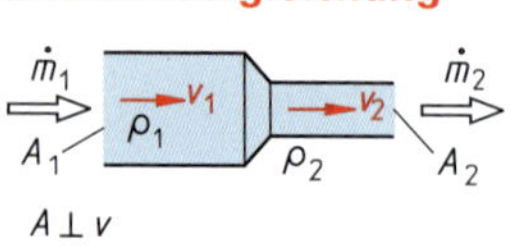	Gase (kompressibel) $\dot{m}_1 = \dot{m}_2$ $A_1 \cdot v_1 \cdot \varrho_1 = A_2 \cdot v_2 \cdot \varrho_2$ Flüssigkeiten (inkompressibel) $\varrho_1 = \varrho_2$ $A_1 \cdot v_1 = A_2 \cdot v_2$	A_1, A_2 v_1, v_2 ϱ_1, ϱ_2 $\dot{m}_1, \dot{m}_2$	Rohrquerschnittsfläche Strömungsgeschwindigkeit Dichte Massenstrom	in m^2 in $\frac{m}{s}$ in $\frac{kg}{m^3}$ in $\frac{kg}{s}$

	Formel	Formelzeichen	Erklärung	
Auftrieb 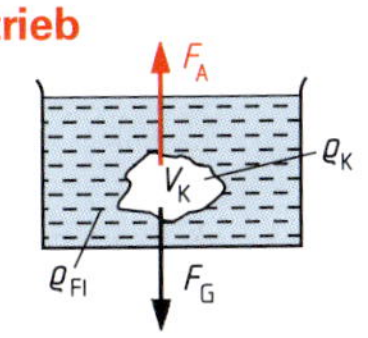	$F_A = V \cdot \varrho_{Fl} \cdot g$ $F_G = V_K \cdot \varrho_K \cdot g$ $F_A < F_G \rightarrow$ Sinken $F_A = F_G \rightarrow$ Schweben $F_A > F_G \rightarrow$ Steigen $g = 9{,}81 \frac{m}{s^2}$	F_A V V_K ϱ_{Fl} ϱ_K g	Auftriebskraft Volumen der verdrängten Flüssigkeit Volumen des Körpers Dichte der Flüssigkeit Dichte des Körpers Erd-(Fall-)beschleunigung	in N in m^3 in m^3 in $\frac{kg}{m^3}$ in $\frac{kg}{m^3}$ in $\frac{m}{s^2}$
Temperatur 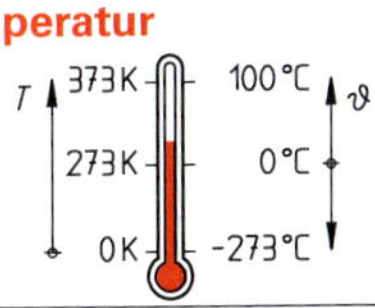	$T = \vartheta + 273$ $\Delta T = T_2 - T_1$ s. Seite G2	ϑ T $\Delta T = \Delta\vartheta$ T_1 T_2	Celsius-Temperatur thermodynamische, absolute Temperatur Temperaturdifferenz Anfangstemperatur Endtemperatur	in °C in K in K, °C in K in K
Längenausdehnung 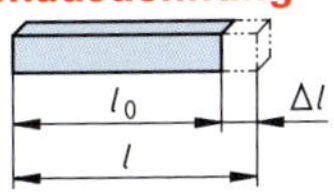 Schwindung s. Kap. Fertigungstechnik – Gießen	$\Delta l = \alpha \cdot l_0 \cdot \Delta T$ $\Delta d = \alpha \cdot d_0 \cdot \Delta T$ bei Erwärmung $l = l_0 + \alpha \cdot l_0 \cdot \Delta T$ bei Abkühlung $l = l_0 - \alpha \cdot l_0 \cdot \Delta T$	Δl l_0 α l ΔT Δd d_0	Längenausdehnung Länge vor Temp.änderung Längenausdehnungskoeffizient s. Kap. Werkstofftechnik Länge nach Temp.änderung Temperaturdifferenz Durchmesseränderung Durchmesser vor Temperaturänderung	in mm in mm in $\frac{1}{K}$ in mm in K in mm in mm
Volumenausdehnung 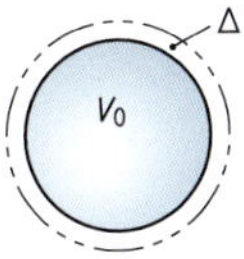	Feste Stoffe, Flüssigkeiten: $\Delta V = V_0 \cdot \gamma \cdot \Delta T \quad \gamma \approx 3 \cdot \alpha$ Gase: $\Delta T = \frac{V_0}{273\ K} \cdot \Delta T$	ΔV γ V_0 ΔT	Volumenzunahme Volumenausdehnungskoeffizient Volumen vor der Erwärmung Temperaturdifferenz	in cm^3 in $\frac{1}{K}$ in cm^3 in K
Wärmemenge 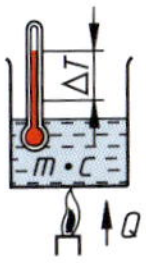	$Q = m \cdot c \cdot \Delta T$ c_v bei $V =$ konst. c_p bei $p =$ konst.	Q m c ΔT	Wärmemenge Masse spez. Wärmekapazität s. Kap. Werkstofftechnik Temperaturdifferenz	in J in kg in $\frac{J}{kg \cdot K}$ in K
Wärme aus elektrischer Arbeit 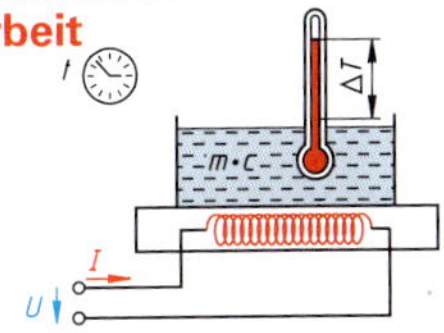	$Q = W$ $m \cdot c \cdot T = P \cdot t \cdot \eta$ $P = \frac{m \cdot c \cdot \Delta T}{t \cdot \eta}$ 1 Wh = 3600 Ws = 3600 J 1 kWh = 3600000 J	W P η Q ΔT t m	elektrische Arbeit elektrische Leistung Wirkungsgrad $\eta < 1$ bzw. $\eta < 100\%$ (erzeugte) Wärmemenge Temperaturdifferenz Zeit Masse	in W · h in W in kJ in K in s in kg

Volumenstrom bei Verbrennungsmotoren

$$\dot{V} = \frac{P}{\eta \cdot H_u \cdot \varrho}$$

$\dot{V}$	Volumenstrom	in $\frac{L}{h}$
ϱ	Dichte	in $\frac{kg}{dm^3}$
H_u	Heizwert	in $\frac{kW \cdot h}{kg}$
p	Wärmeleistung	in kW
η	Wirkungsgrad	

Spezifische Heizwerte H_u (Mittelwerte)

Feste Brennstoffe	$\frac{kW \cdot h}{kg}$	Flüssige Brennstoffe	$\frac{kW \cdot h}{kg}$	Gasförmige Brennstoffe	$\frac{kW \cdot h}{m^3}$
Braunkohle	2,4	Benzin	12,0	Biogas	6,0
Holz	4,1	Benzol	11,1	Erdgas	10,3
Holz-Pellets	5,0	Diesel	11,8	Flüssiggas	30,0
Koks	8,0	Heizöl EL	11,5	Propan	25,0
Steinkohle	8,0	Rapsöl	10,3	Wasserstoff	3,0

Wärmelehre

Zustandsgleichungen idealer Gase		Formelzeichen	Erklärung	
$\frac{p \cdot V}{T} = \text{konstant}$	allgemeine Gasgleichung	p_1, p_2	Druck, absolut	in bar
$\frac{p_1 \cdot V_1}{T_1} = \frac{p_2 \cdot V_2}{T_2}$		V_1, V_2	Volumen	in m^3
$p \cdot V = m \cdot R_S \cdot T$		T_1, T_2	Temperatur, absolut	in K
		R_S	spezifische Gaskonstante	in $\frac{J}{kg \cdot K}$
		m	Masse	in kg

Prozess	Kennzeichen	Zustandsdiagramm	verrichtete Arbeit	ausgetauschte Wärme
isobar Gesetz von Gay-Lussac	$p = \text{konstant}$ $\frac{V}{T} = \text{konstant}$ $\frac{V_2}{V_1} = \frac{T_2}{T_1}$	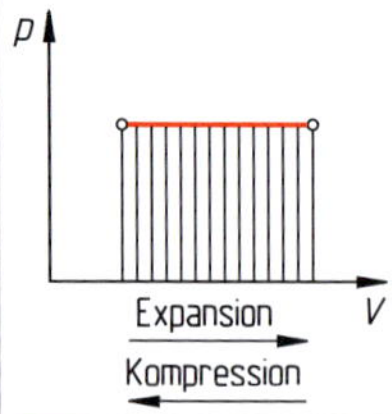	$W_{12} = -p \cdot \Delta V = -p\,(V_2 - V_1)$	$Q_{12} = c_p \cdot m \cdot \Delta T = c_p \cdot m\,(T_2 - T_1)$
isochor Gesetz von Amontons	$V = \text{konstant}$ $\frac{p}{T} = \text{konstant}$ $\frac{p_2}{p_1} = \frac{T_2}{T_1}$	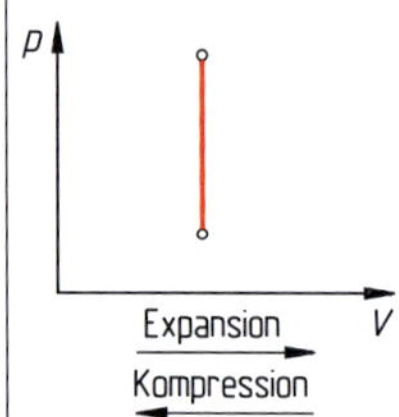	$W_{12} = 0$	$Q_{12} = c_v \cdot m \cdot \Delta T = c_v \cdot m\,(T_2 - T_1)$
isotherm Gesetz von Boyle-Mariotte	$T = \text{konstant}$ $p \cdot V = \text{konstant}$ $\frac{V_2}{V_1} = \frac{p_1}{p_2}$	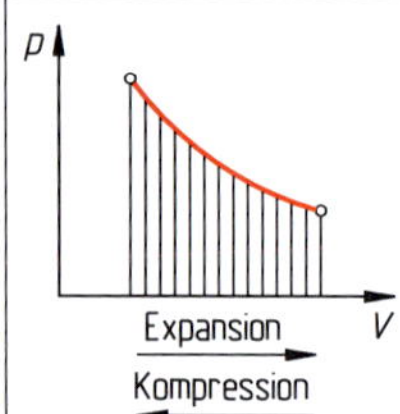	$W_{12} = -m \cdot R_S \cdot T \cdot \ln\frac{V_2}{V_1}$ $W_{12} = -m \cdot R_S \cdot T \cdot \ln\frac{p_1}{p_2}$	$Q_{12} = -W_{12}$
adiabat	$Q = 0$ $p \cdot V^{\varkappa} = \text{konstant}$ $\frac{T_1}{T_2} = \left(\frac{p_1}{p_2}\right)^{\frac{\varkappa-1}{\varkappa}}$ $\frac{T_1}{T_2} = \left(\frac{V_2}{V_1}\right)^{\varkappa-1}$	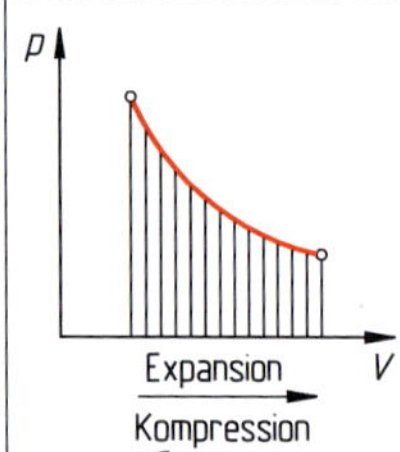	$W_{12} = -\frac{m \cdot R_S \cdot T_1}{1-\varkappa}\left[\left(\frac{V_1}{V_2}\right)^{\varkappa-1} - 1\right]$ $W_{12} = -\frac{m \cdot R_S \cdot T_1}{1-\varkappa}\left[\left(\frac{p_2}{p_1}\right)^{\frac{\varkappa-1}{\varkappa}} - 1\right]$ $W_{12} = -\frac{m \cdot R_S}{1-\varkappa}(T_2 - T_1)$	$Q_{12} = 0$

Gas	chem. Symbol	c_p in $\frac{J}{kg \cdot K}$	c_v in $\frac{J}{kg \cdot K}$	R_S in $\frac{J}{kg \cdot K}$	Adiabatenexponent $\varkappa$
Helium	He	5194	3117	2077	1,66
Kohlendioxid	CO_2	844	655	189	1,29
Luft	–	1005	718	287	1,40
Methan	CH_4	2231	1713	518	1,30
Sauerstoff	O_2	917	658	260	1,40
Stickstoff	N_2	1038	741	297	1,40
Wasser, flüssig	H_2O	4170	–	461 (Dampf)	–
Wasserstoff	H_2	14300	10176	4124	1,40

Wärmelehre

Wärmestrom

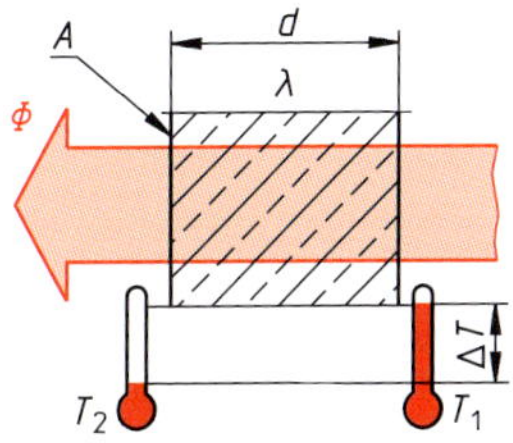

Formel

$$\Phi = A \cdot U \cdot \Delta T \qquad U = \frac{\lambda}{d}$$

$$\Phi = A \cdot \frac{\lambda}{d} \cdot \Delta T \qquad R = \frac{1}{U}$$

$$Q = \Phi \cdot t$$

Der Wärmestrom „fließt" immer zum Bereich mit niedrigerer Temperatur

Formelzeichen[1]	Erklärung	
Φ	Wärmestrom	in W
λ	Wärmeleitfähigkeit	in W/(m · K)
d	Bauteildicke	in m
A	Bauteilfläche	in m²
ΔT	Temperaturdifferenz	in K
U	Wärmedurchgangskoeffizient	in W/(m² · K)
R	Wärmedurchlasswiderstand	in (m² · K)/W
Q	Wärmeenergie	in W · h
t	Zeit	in h

Wärmedurchlasswiderstand

mehrschichtiges Bauteil

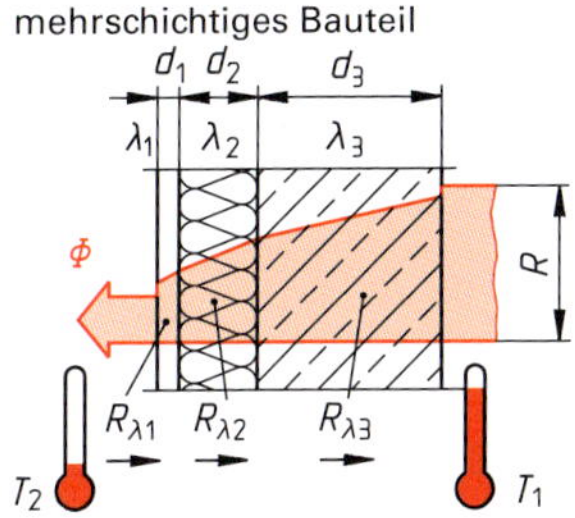

einschichtig:

$$R = \frac{d}{\lambda} \qquad \Lambda = \frac{1}{R}$$

mehrschichtig:

$$R = \frac{d_1}{\lambda_1} + \frac{d_2}{\lambda_2} + \frac{d_3}{\lambda_3}$$

$$R = R_{\lambda 1} + R_{\lambda 2} + R_{\lambda 3}$$

Werte für λ s. Seite G 32

Formelzeichen[1]	Erklärung	
R	Wärmedurchlasswiderstand	in (m² · K)/W
Λ	Wärmedurchlasskoeffizient	in W/(m² · K)
$\lambda, \lambda_{1,2,3}$	Wärmeleitfähigkeiten	in W/(m · K)
$d_{1,2,3}$	Bauteildicken	in m
$R_{\lambda 1, \lambda 2, \lambda 3}$	Wärmedurchlasswiderstände einzelner Bauteile	in (m² · K)/W

Wärmeübergangswiderstand

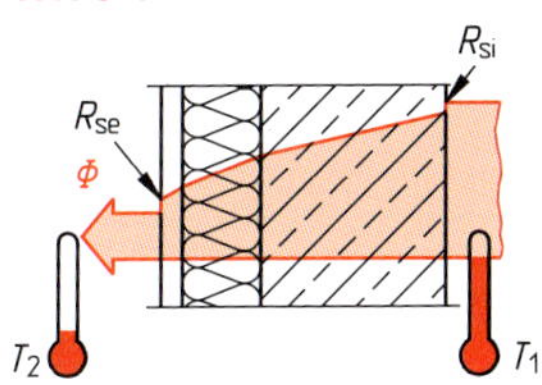

$$R_{si} = \frac{1}{h_i}$$

$$R_{se} = \frac{1}{h_e}$$

Werte für $\frac{1}{h}$ s. Seite G 32

Formelzeichen[1]	Erklärung	
R_{si}	Wärmeübergangswiderstand innen	in (m² · K)/W
R_{se}	Wärmeübergangswiderstand außen	in (m² · K)/W
h	Wärmeübergangskoeffizient	in W/(m² · K)

Wärmedurchgangswiderstand

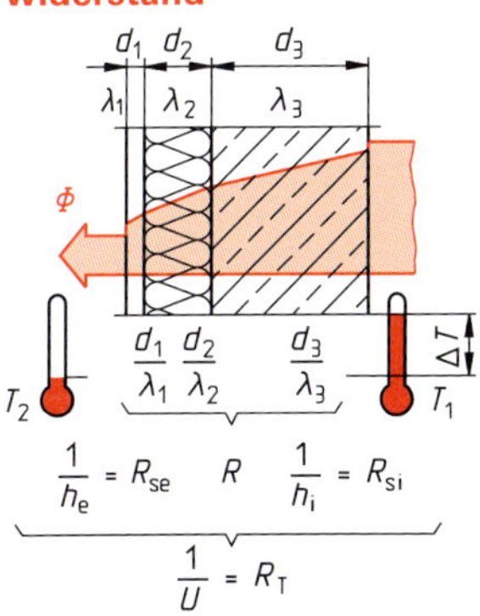

$$R_T = \frac{1}{h_i} + R + \frac{1}{h_e}$$

$$R_T = \frac{1}{U} \qquad R_{si} = \frac{1}{h_i}$$

$$R_{se} = \frac{1}{h_e}$$

$$R_T = R_{si} + R + R_{se}$$

$$U = \frac{1}{\frac{1}{h_i} + R + \frac{1}{h_e}}$$

Formelzeichen[1]	Erklärung	
R_T	Wärmedurchgangswiderstand	in (m² · K)/W
U	Wärmedurchgangskoeffizient	in W/(m² · K)
R_{si}	Wärmeübergangswiderstand innen	in (m² · K)/W
R_{se}	Wärmeübergangswiderstand außen	in (m² · K)/W
Φ	Wärmestrom	in W
ΔT	Temperaturdifferenz	in K
$h_{i,e}$	Wärmeübergangskoeffizient innen, außen	in W/(m² · K)
R_λ	Wärmedurchlasswiderstand der Wand	in (m² · K)/W

[1] Formelzeichen nach EN ISO 7345, EN ISO 6946

Wärmelehre

Wärmeschutz im Hochbau DIN EN ISO 7345 : 1996-01 DIN EN ISO 6946 : 2018-07 in Verbindung mit DIN 4108-2 : 2018-03

Wärmeleitfähigkeit λ von Baustoffen

Baustoff	Rohdichte in $\frac{kg}{m^3}$	λ in $\frac{W}{m \cdot K}$
Putze, Estriche		
Kalkmörtel	1800	0,870
Zementmörtel, Z-Estrich	2000	1,400
Gipsmörtel	1400	0,70
Magnesiaestrich	1400	0,470
Gussasphaltestrich	2300	0,900
Beton		
Normalbeton, Stahlbeton	2400	2,100
Leichtbeton	1200	0,620
Mauerwerk		
Kalksand-Vollstein	2200	1,300
Kalksand-Lochstein	1000	0,500
Mauer-Hochlochziegel	1400	0,580
Hohlblockstein, Leichtbeton	800	0,390
Gasbeton-Blockstein	600	0,240
Wärmedämmstoffe		
Polystyrol-Hartschaum	15 ... 30	0,025
Polyurethan-Hartschaum	37 ... 50	0,030
Korkplatten	80 ... 500	0,045
Steinwolle, Glaswolle	8 ... 500	0,035
Holzwerkstoffe		
Eiche, Buche	800	0,200
Kiefer, Fichte, Tanne	600	0,130
Holzspanplatte, FPY	700	0,130
Sonstige Stoffe		
Fliesen	2000	1,000
Glas	2500	0,800
Keramik, Glasmosaik	2000	1,200
PVC-Belag	1500	0,230
Linoleum	1000	0,170
Gipskartonplatte 15 mm	900	0,210

Wärmeübergangswiderstände R_{si}, R_{se}

Bauteil	$R_{si} = \frac{1}{h_i}$ in $\frac{m^2 \cdot K}{W}$	$R_{se} = \frac{1}{h_e}$ in $\frac{m^2 \cdot K}{W}$
Innenseite geschlossener Räume an Wand- und Fensterflächen	0,13	0
Außenseite von Gebäuden und Fenstern bei mittlerer Windgeschwindigkeit	0	0,04
Wohnungstrennwand, Treppenraumwand, Trennwand, zu dauernd unbeheiztem Raum	0,13	0,13
Decke oder Dachschräge, die Aufenthaltsräume nach oben gegen die Außenluft abgrenzt (nicht hinterlüftet)	0,13	0,04
Decke unter nicht ausgebautem Dachraum	0,13	0,08
Wohnungstrenndecke und Decke zwischen fremden Arbeitsräumen Wärmestrom von unten nach oben	0,13	0,13
von oben nach unten	0,17	0,17
Kellerdecke	0,17	0,17
Decke, die Aufenthaltsraum nach unten gegen die Außenluft abgrenzt	0,17	0,04
Unterer Abschluss eines nicht unterkellerten Aufenthaltsraumes (an das Erdreich grenzend)	0,17	0

Mindestwerte der Wärmedurchlasswiderstände *R* und Höchstwerte der Wärmedurchgangskoeffizienten *U*

für Aufenthaltsräume mit einer flächenbezogenen Masse m ≥ 300 kg/m²

Bauteil		*U* in $\frac{W}{m^2 \cdot K}$	*R* in $\frac{m^2 \cdot K}{W}$
Außenwände		1,39	1,20
Wohnungstrennwände und Wände zwischen fremden Arbeitsräumen	in nicht zentral-beheizten Gebäuden	1,96	0,25
	in zentral-beheizten Gebäuden	3,03	0,07
Treppenraumwände		1,96	0,25.
Wohnungstrenndecken und Decken zwischen fremden Arbeitsräumen	allgemein	1,64	0,35
	in zentral beheizten Gebäuden	1,45	0,17
Unterer Abschluss nicht unterkellerter Aufenthaltsräume		0,93	0,90
Decken unter nicht ausgebauten Dachräumen (im Mittel)		0,90	0,90
Kellerdecken (im Mittel)		0,81	0,90
Decken, die Aufenthaltsräume gegen die Außenluft abgrenzen (im Mittel)	nach unten	0,51	1,75
	nach oben	0,79	1,20

Festigkeitslehre

Art der Belastung, Festigkeitskennwerte

	statisch	dynamisch	
	Lastfall I (ruhend)	**Lastfall II (schwellend)**	**Lastfall III (wechselnd)**
Zeitlicher Verlauf	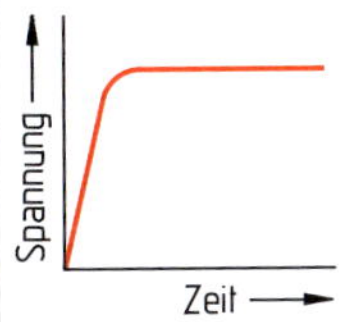	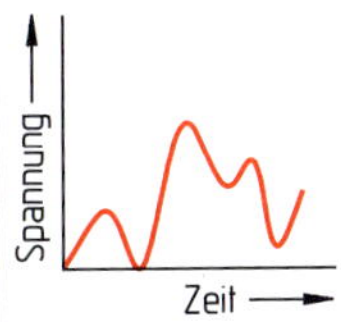	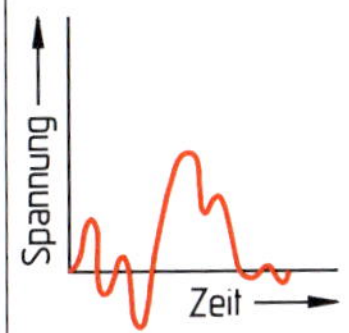
Merkmal	Die Belastung des Bauteils verändert sich nicht, z. B. Tragseil, Pfeiler	Das Bauteil wird in einer Richtung be- und entlastet, z. B. Krankette	Die Belastung des Bauteils erfolgt in wechselnder Richtung, z. B. Welle auf Wechselbiegung
Zug	Streckgrenze[1] R_e, ($R_{p0,2}$)	Zug-Schwellfestigkeit $\sigma_{z\,Sch}$	Zug-Druck-Wechselfestigkeit $\sigma_{zd\,W}$
Druck	Quetschgrenze $\sigma_{d\,F}$	Druck-Schwellfestigkeit $\sigma_{d\,Sch}$	
Biegung	Biege-Fließgrenze $\sigma_{b\,F}$	Biege-Schwellfestigkeit $\sigma_{b\,Sch}$	Biege-Wechselfestigkeit $\sigma_{b\,W}$
Torsion	Torsions-Fließgrenze $\tau_{t\,F}$	Torsions-Schwellfestigkeit $\tau_{t\,Sch}$	Torsions-Wechselfestigkeit $\tau_{t\,W}$
Abscherung	Abscherfestigkeit[2] $\tau_{a\,B}$	–	–
		Dauerfestigkeit σ_D, τ_D	

[1] Bei Werkstoffen ohne ausgeprägte Streckgrenze R_e, wie z. B. bei vergütetem oder gehärtetem Stahl, Cu, Sn und Zn wird die Streckgrenze R_e durch die 0,2 % Dehngrenze $R_{p0,2}$, d. h. Spannung bei 0,2 % bleibender Verformung, ersetzt.

[2] Festigkeitswerte für Abscherung siehe Kap. Fertigungstechnik, Trennen durch Zerteilen.

Beanspruchungen

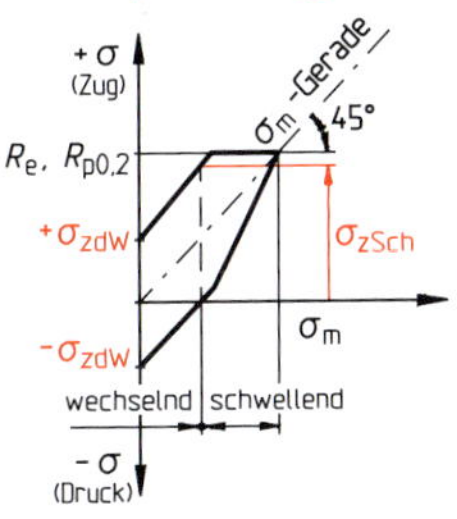

	statisch		dynamisch	
Lastfall	I (ruhend)		II (schwellend)	III (wechselnd)
Werkstoff	zäh Stahl, Stahlguss, Aluminium	spröde Grauguss, Temperguss		
Festigkeitskennwert s. Kap. Werkstofftechnik	R_e, $R_{p\,0,2}$, σ_{bF}, τ_{tF}, σ_{dF}	R_m, σ_{dB}, σ_{bB}, τ_{tB} (Bruchgrenzen)	σ_{zSch}, σ_{dSch}, σ_{bSch}, τ_{tSch}	σ_{zdW}, σ_{bW}, τ_{tW}
Sicherheitsfaktor	$\nu \approx 1{,}3 \ldots 2$	$\nu \approx 2 \ldots 4$	$\nu \approx 3 \ldots 6$	
	Richtwerte, im allgemeinen Maschinenbau im Ermessen des Konstrukteurs			

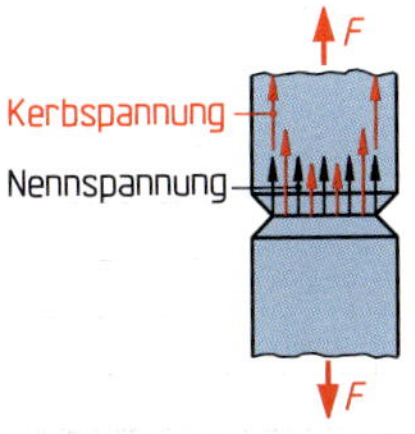

Kerbwirkungszahl

Statisch: $\beta_K \approx 1$

Dynamisch: **Für Werkstoffe S235 … S355**

Kerbform	β_K
Rundkerbe in Welle	1,5 … 2,2
Eindrehung Sicherungsring	2,0 … 2,5
abgesetzte Welle	1,5 … 2
Passfedernut in Welle	1,6 … 2
Scheibenfedernut in Welle	1,8 … 3
Keilwelle	2,0 … 2,5
Querbohrung Welle	1,5 … 1,8

Festigkeitslehre

	Formel	Spannungs-Verlauf	Formel-Zeichen	Erklärung	
Zug 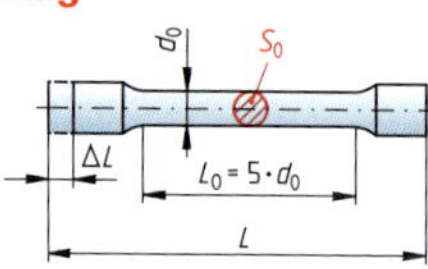 Zug-Druckversuch s. Kap. Werkstofftechnik	Hookesches Gesetz $\sigma = \varepsilon \cdot E$ $\sigma = R = \frac{F}{S_0}$ $\Delta L = \frac{F \cdot L_0}{S_0 \cdot E}$ $\varepsilon \triangleq e = \frac{\Delta L}{L} \cdot 100\,\%$	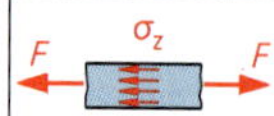	$\sigma \triangleq R$[1]	Zugspannung	in $\frac{N}{mm^2}$
			F	Zugkraft	in N
			S_0	unbelasteter Querschnitt	in mm^2
			L_0	Länge des unbelasteten Stabes	in mm
			L	Gesamtlänge des belasteten Stabes	in mm
			ΔL	Verlängerung (Verkürzung)	in mm
			E	Elastizitätsmodul, Werte s. Seite G 36	in $\frac{N}{mm^2}$
			$\varepsilon \triangleq e$[1]	Dehnung	in %
Druck 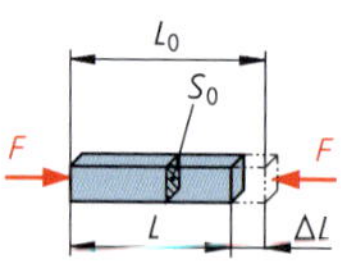	$\sigma_d = \frac{F}{S_0}$ $\sigma_d = \frac{F_B}{S_0}$ $\varepsilon_d = \frac{\Delta L}{L_0} \cdot 100\,\%$ $\Delta L = L_0 - L$	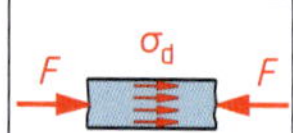	σ_d	Druckspannung	in $\frac{N}{mm^2}$
			F	Druckkraft	in N
			σ_{dB}	max. Druckfestigkeit	in $\frac{N}{mm^2}$
			σ_{dF}	Quetschgrenze	in $\frac{N}{mm^2}$
			S_0	Anfangsquerschnitt	in mm^2
			L_0	Länge des unbelasteten Stabes	in mm
			L	Gesamtlänge des belasteten Stabes	in mm
			ΔL	Verkürzung	in mm
Abscherung (Schub) 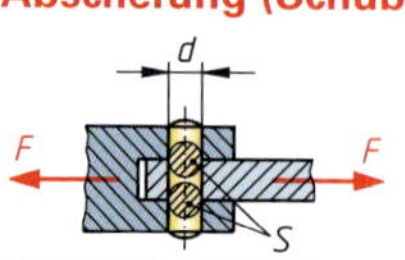	$\tau_a = \frac{F}{S}$ z. B. zweischnittig $S = 2\,\frac{\pi \cdot d^2}{4}$	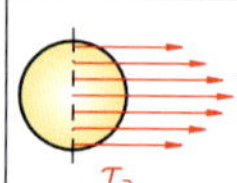	τ_a	Scherspannung	in $\frac{N}{mm^2}$
			F	Querkraft	in N
			S	gesamte Scherfläche	in mm^2
Abscherkraft 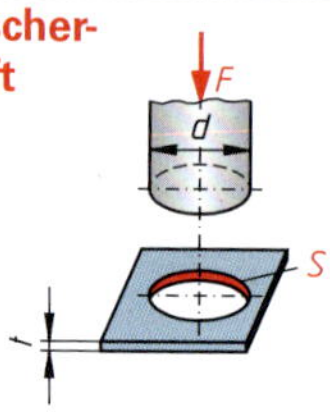	$F = S \cdot \tau_{aB}$ z. B. $S = \pi \cdot d \cdot t$		F	Scherkraft	in N
			S	Scherfläche = Schnittlinienlänge · Blechdicke	in mm^2
			τ_{aB}	Abscherfestigkeit Stahl: $\tau_{aB} \approx 0{,}8 \cdot R_m$ GG: $\tau_{aB} \approx 1{,}1 \cdot R_m$	in $\frac{N}{mm^2}$
			R_m	Zugfestigkeit s. Kap. Werkstofftechnik	
Zulässige Spannungen 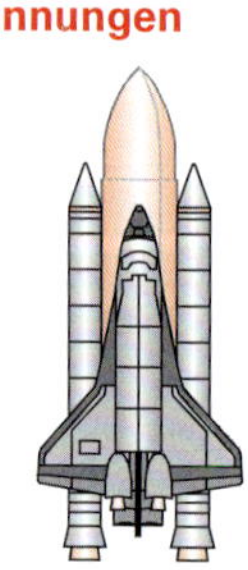	$\sigma_{zul}(\tau_{zul}) = \frac{\text{Festigkeitskennwert}}{\nu}$ $\sigma_{zul} = \frac{R_e}{\nu}$ bzw. $\frac{R_{p0,2}}{\nu}$ $\quad F_{zul} = \sigma_{zul} \cdot S$ $\tau_{zul} = \frac{\tau_{tF}}{\nu}$ $\quad F_{zul} = \tau_{zul} \cdot S\ x$ $\nu = \frac{\sigma_{zul}}{\sigma_{vorh}}$ oder $\nu = \frac{\tau_{zul}}{\tau_{vorh}}$ An schroffen Querschnittsänderungen gilt: $\sigma_{max} = \sigma_n \cdot \beta_k \le \sigma_{zul}$		$\sigma_{zul}(\tau_{zul})$	Zulässige Spannung	in $\frac{N}{mm^2}$
			$\sigma_{vorh}, \tau_{vorh}$	im Bauteil vorhandene Spannung	in $\frac{N}{mm^2}$
			ν	Sicherheitsfaktor	
			F_{zul}	zulässige Kraft	in N
			S	Spannungsquerschnitt	in mm^2
			σ_n	Nennspannung bei gleichmäßiger Verteilung der Spannung über den Querschnitt	
			σ_{max}	höchste Spannung am Kerbquerschnitt	
			R_e	Streckgrenze	in $\frac{N}{mm^2}$
			$R_{p0,2}$	0,2 %-Dehngrenze	in $\frac{N}{mm^2}$
			β_K	Kerbwirkungszahl >1	

[1] DIN EN ISO 6892-1

	Formel	Spannungs-Verlauf	Formel-Zeichen	Erklärung	
Biegung 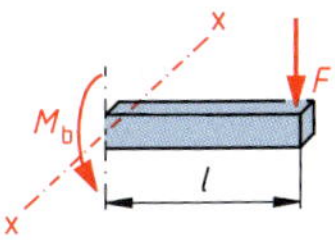	$\sigma_b = \frac{M_b}{W}$ $M_b = F \cdot l$	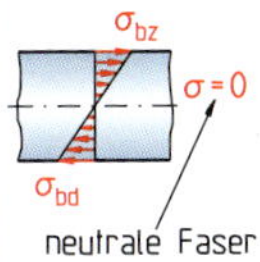	σ_b	Biegespannung	in $\frac{N}{mm^2}$
			M_b	Biegemoment	in Nmm
			W	**axiales** Widerstandsmoment	in mm^3
				Berechnung von Biegemomenten und Durchbiegungen an Trägern s. Seite G 38; Widerstandsmomente s. Seite G 39	
Verdrehung (Torsion) 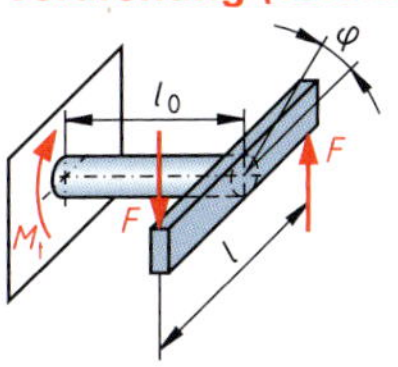	$\tau_t = \frac{M_t}{W_p}$ $\varphi = \frac{M_t \cdot l_0}{I_p \cdot G} \cdot \frac{180°}{\pi}$ $M_t = F \cdot l$	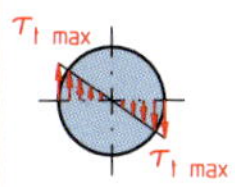	$\tau_t = \tau_{t\,max}$	Torsionsspannung	in $\frac{N}{mm^2}$
			M_t	Torsionsmoment	in Nmm
			W_p	**polares** Widerstandsmoment s. Seite G 39	in mm^3
			l_0	Stablänge	in mm
			I_p	**polares** Trägheitsmoment	in mm^4
			Φ	Verdrehwinkel	in °
			G	Gleitmodul, Werte s. Seite G 36	in $\frac{N}{mm^2}$
Flächenpressung 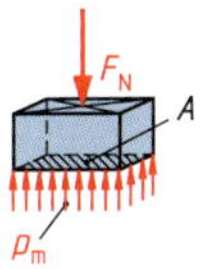 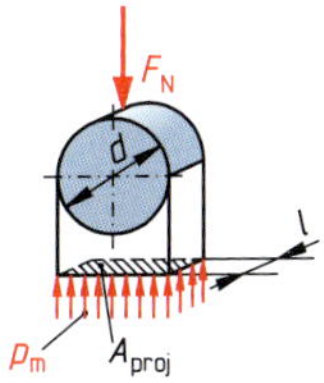	$p_m = \frac{F_N}{A}$ z. B. bei Zylindern $A = A_{proj} = l \cdot d$	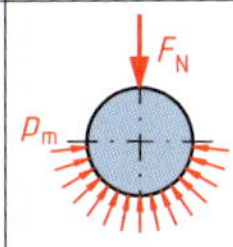	p_m	mittlere Flächenpressung	in $\frac{N}{mm^2}$
			F_N	Normalkraft	in N
			A	Projektionsfläche	in mm^2

Werkstoffpaarung	Richtwerte für $p_{m\,zul}$ in $\frac{N}{mm^2}$ nicht gleitend	gleitend
St gehärtet – St gehärtet	170	15
St gehärtet – CuSnPb	50	10
St gehärtet – EN-GJL-250	80	8
St – St	120	5
St – EN AW-AlMgSi	80	5

	Formel	Formelzeichen	Erklärung	
Knickung (elastisch) 	Eulersche Knickformel $F_K = \frac{\pi^2 \cdot E \cdot I}{l_K^2}$ $F = \frac{F_K}{\nu}$	F_K	Euler-Knickkraft	in N
		E	Elastizitätsmodul	in $\frac{N}{mm^2}$
		I	kleinstes axiales Trägheitsmoment des Querschnitts	in mm^4
		l_K	freie Knicklänge	in mm
		F	Druckkraft	in N
		ν	Sicherheitsfaktor ≈ 4 bis 8	

Lastfälle nach Euler:

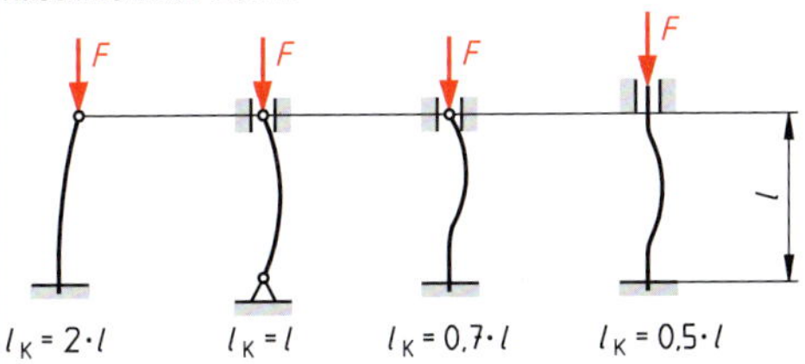

Festigkeitslehre

	Formel	Formelzeichen	Erklärung	

Zusammengesetzte Beanspruchung

	Formel	Formelzeichen	Erklärung	
Zug (Druck) und Biegung 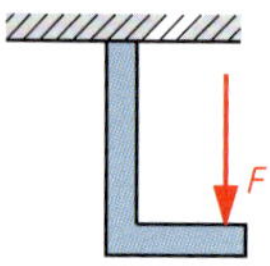	$\sigma_{max} = \sigma_z(\sigma_d) + \sigma_b \le \sigma_{zul}$	σ_{max}	höchste im Bauteil vorhandene Normalspannung	in $\frac{N}{mm^2}$
		σ_z	Zugspannung	in $\frac{N}{mm^2}$
		σ_b	Biegespannung	in $\frac{N}{mm^2}$
		σ_{zul}	zulässige Spannung der überwiegenden Beanspruchung	in $\frac{N}{mm^2}$
Torsion und Zug (Druck) oder Biegung 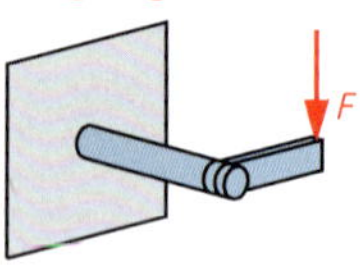	$\sigma_V = \sqrt{\sigma^2 + 3(\alpha_0 \cdot \tau_t)^2} \le \sigma_{zul}$ Für Stahl gilt: $\alpha_0 \approx 0{,}7$, wenn Biegung wechselnd und Torsion ruhend; $\alpha_0 \approx 1$, wenn Biegung und Torsion wechselnd; $\alpha_0 \approx 1{,}5$, wenn Biegung ruhend und Torsion wechselnd	σ_V	Vergleichsspannung	in $\frac{N}{mm^2}$
		σ	im Bauteil vorhandene Normalspannung σ_z, (σ_d), σ_b	in $\frac{N}{mm^2}$
		τ_t	Torsionsspannung	in $\frac{N}{mm^2}$
		σ_{zul}	zulässige Spannung der überwiegenden Beanspruchung	in $\frac{N}{mm^2}$
		α_0	Anstrengungsverhältnis	
Biegung und Schub sowie Zug (Druck) 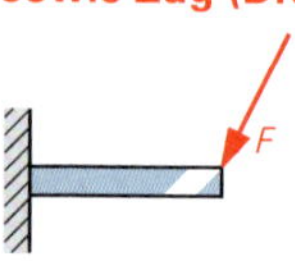	$\sigma_v = \sqrt{\sigma_{max}^2 + \tau_a^2} \le \sigma_{zul}$	σ_v	Vergleichsspannung	in $\frac{N}{mm^2}$
		σ_{max}	maximale Normalspannung aus $\sigma_{z(d)}$ und σ_b	in $\frac{N}{mm^2}$
		τ_a	Scherspannung	in $\frac{N}{mm^2}$
		σ_{zul}	zulässige Normalspannung der überwiegenden Beanspruchungsart	in $\frac{N}{mm^2}$

Axiale Trägheitsmomente *I* und Widerstandsmomente *W*

	Formel	Formelzeichen	Erklärung	
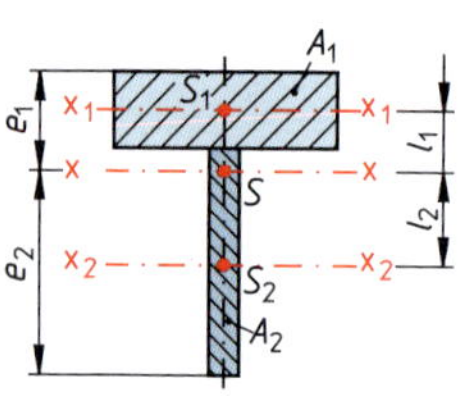	Satz von Steiner: $I = I_1 + A_1 \cdot l_1^2 + I_2 + A_2 \cdot l_2^2 \ldots + I_n + A_n \cdot l_n^2$	S	Schwerpunkt der Gesamtfläche	
	$W_{x1} = \frac{I}{e_1}$ $\quad W_{x2} = \frac{I}{e_2}$	S_1, S_2	Teilschwerpunkte	
	bezogen auf die x-Achse	$x_1 - x_1$, $x_2 - x_2$	Schwerachsen der Teilflächen	
		$x - x$	Schwerachse der Gesamtfläche	
		l_1, $l_2 \ldots l_n$	Abstand der Teilschwerachsen von der Biegeachse	in mm
		A_1, A_2, A_n	Flächeninhalt der Teilflächen	in mm^2
		I_1, $I_2 \ldots I_n$	Trägheitsmomente der Teilflächen	in mm^4
		I	Trägheitsmoment	in mm^4
Trägheits- und Widerstandsmomente häufig verwendeter Stahlbauprofile s. Kap. Werkstofftechnik		e_1, e_2	Randfaserabstand	in mm
		W_{x1}, W_{x2}	Widerstandsmoment	in mm^3

Elastizitäts- und Schub-(Gleit-)modul

Werkstoff	Elastizitätsmodul *E* in $\frac{N}{mm^2}$	Schubmodul *G* in $\frac{N}{mm^2}$
Stahl, Stahlguss, Federstahl	210000	80000 ... 83000[1]
EN-GJL 200 ... EN-GJL-300	90000 ... 140000[1]	40000 ... 50000[1]
EN-GJS 400 ... EN-GJS-700	170000 ... 180000[1]	64000 ... 71000[1]
CuZn37HV150	110000	42000
CuSn8HV190	117000	45000
CuNi18Zn20HV190	142000	55000
Al-Legierung	68000 ... 75000)	27000
Mg-Legierung	40000 ... 45000[1]	–
Buche/Eiche (parallel/quer z. Faser)	12500/600	–
Nadelholz (parallel/quer z. Faser)	10000/300	–

[1] Werte abhängig von Zusammensetzung und Spannungszustand des Werkstoffs. Weitere Werte seltener Metalle s. Kap. Werkstofftechnik

Schraubenberechnung

Verspannungsschaubild

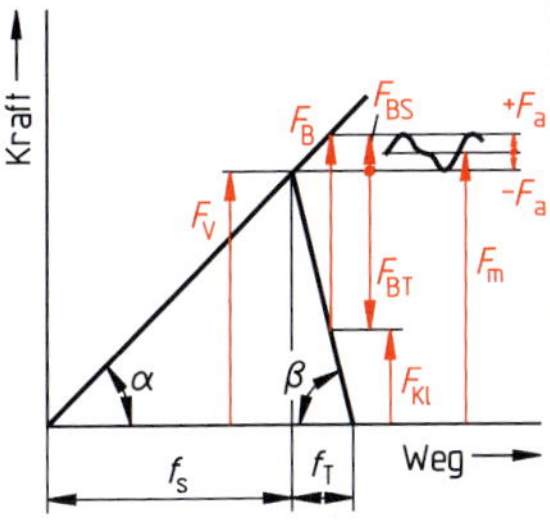

Bezeichnungen

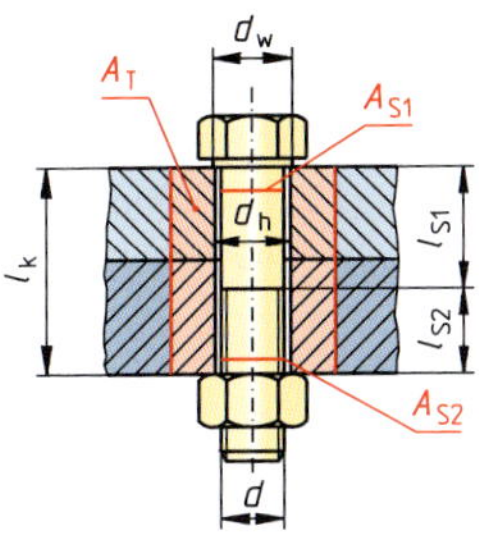

Formel

$$F_{BS} = \frac{R_S}{R_S + R_T} \cdot F_B$$

$$F_{BT} = \frac{R_T}{R_S + R_T} \cdot F_B$$

$$R_S = \frac{E_S}{2\,\frac{0{,}4 \cdot d}{S} + \frac{l_{S1}}{A_{S1}} + \frac{l_{S2}}{A_{S2}} + \ldots + \frac{l_{Sn}}{A_{Sn}}}$$

$$R_S = \frac{F_V}{f_S} \triangleq \tan\alpha$$

$$R_T = \frac{E_T \cdot A_T}{l_K}$$

$$R_T = \frac{F_V}{f_T} \triangleq \tan\beta$$

$$A_T = \frac{\pi}{4}\left[\left(d_w + \frac{l_K}{x}\right)^2 - d_h^2\right]$$

d_w, d_h, l_K siehe Skizze
x = 10 bei Stahl
= 8 bei Grauguss
= 6 bei Al-Leg.

$$F_a = \frac{F_{BS}}{2}$$

$$F_m = F_V + F_a$$

Formelzeichen	Erklärung	Einheit
F_B	Betriebskraft	in kN
F_V	Vorspannkraft Werte s. Kap. Maschinenelemente	in kN
R_S	Federrate der Schraube	in $\frac{kN}{mm}$
R_T	Federrate der verspannten Teile	in $\frac{kN}{mm}$
E_S, E_T	E-Modul des Schrauben- bzw. Plattenwerkstoffs s. Seite G 36	in $\frac{kN}{mm^2}$
F_{BS}, F_{BT}	Schrauben- bzw. Plattendifferenzkraft	in kN
F_{Kl}	Rest-(Klemm-) Vorspannkraft	in kN
l_S	Länge eines Einzelelements einer abgesetzten Schraube	in mm
A_S	Querschnittsfläche eines Einzelelements einer Schraube	in mm²
A_T	Ringquerschnitt des verformten Ersatz-(hohl-)Zylinders	in mm²
f_S	Längung der Schraube	in mm
f_T	Stauchung der verspannten Teile	in mm
F_a	dynamische Ausschlagkraft	in kN
F_m	mittlere statische Vorspannung	in kN
l_K	Klemmlänge	in mm
d_w	Durchmesser der Auflagefläche	in mm
d_h	Durchmesser der Durchgangsbohrung	in mm
d	Nenndurchmesser	in mm
S	Spannungsquerschnitt	in mm²

Dauerschwingfestigkeitsschaubild

z. B. Zug-Druckbeanspruchung von Schrauben

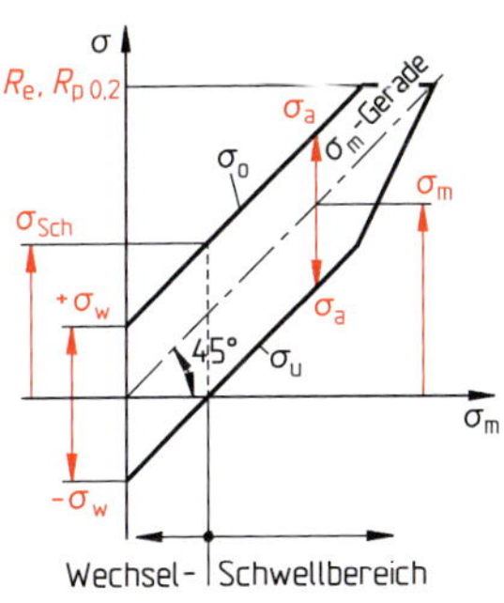

$$\sigma_a = \frac{F_a}{S}$$

Formelzeichen	Erklärung	Einheit
$R_{p\,0,2}$	0,2 %-Dehngrenze	in $\frac{N}{mm^2}$
σ_m	Mittelspannung	in $\frac{N}{mm^2}$
σ_a	Ausschlagspannung	in $\frac{N}{mm^2}$
σ_{Sch}	Schwellfestigkeit	in $\frac{N}{mm^2}$
σ_W	Wechselfestigkeit	in $\frac{N}{mm^2}$
σ_o, σ_u	obere bzw. untere Grenzspannung für den Ermüdungsbruch	in $\frac{N}{mm^2}$
F_a	dynamische Ausschlagkraft	in N
S	Gewinde-Spannungsquerschnitt	in mm²

Richtwerte der Dauerfestigkeit von σ_a für Schrauben in $\frac{N}{mm^2}$

Festigkeitsklasse \ Gewinde-∅	M 4…M 8	M 10…M 16	M 18…M 30	
12.9 10.9	110	100	90	Werkstoff vergütet, Gewinde schlussgerollt, $\sigma_m \approx 0{,}7 \cdot R_{p0,2}$ Mutter ISO 4032
8.8 6.8	100	90	80	

Festigkeitslehre

Biege-Belastungsfälle von Trägern

I = konst

Lastverhältnisse	Max. Moment	Auflagerkraft	Durchbiegung
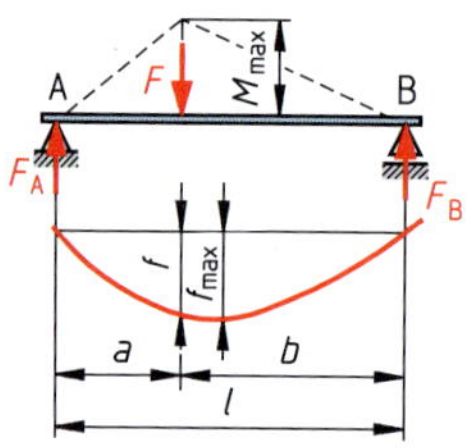	$M_{max} = F \cdot \frac{a \cdot b}{l}$	$\Sigma F = 0$ $F_A + F_B = F$ $\Sigma M = 0$ $F_A = \frac{F \cdot b}{l}$ $F_B = \frac{F \cdot a}{l}$	$f_{max} = f \cdot \frac{l + a}{3a} \sqrt{\frac{l + a}{3b}}$ $f = \frac{F \cdot a^2 \cdot b^2}{3 \cdot E \cdot I \cdot l}$
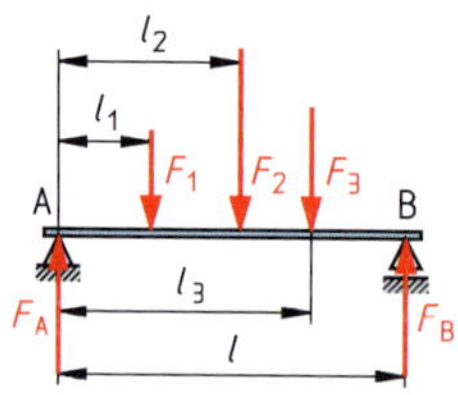		$\Sigma M = 0$ $F_B = \frac{F_1 \cdot l_1 + F_2 \cdot l_2 + F_3 \cdot l_3 + \dots}{l}$ $\Sigma F = 0$ $F_A = F_1 + F_2 + F_3 + \dots - F_B$	
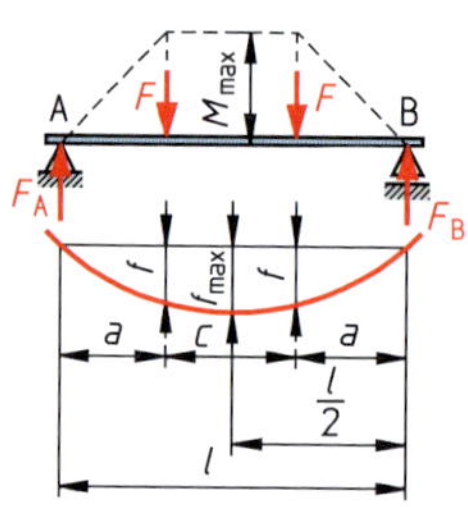	$M_{max} = F \cdot a$	$\Sigma F = 0$ $F_A + F_B - 2F = 0$ $F_A = F_B = F$ nur bei symmetrischer Kraftverteilung	$f = \frac{F \cdot l^3 \cdot a^2}{2 \cdot E \cdot I \cdot l^2}\left(1 - \frac{4 \cdot a}{3 \cdot l}\right)$ $f_{max} = \frac{F \cdot l^3 \cdot a}{8 \cdot E \cdot I \cdot l}\left(1 - \frac{4 \cdot a^2}{3 \cdot l^2}\right)$
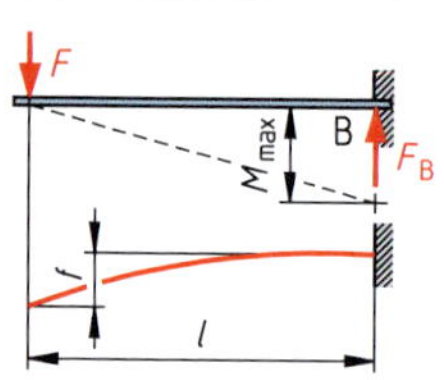	$M_{max} = F \cdot l$	$\Sigma F = 0$ $F - F_B = 0$ $F_B = F$	$f = \frac{F \cdot l^3}{3 \cdot E \cdot I}$
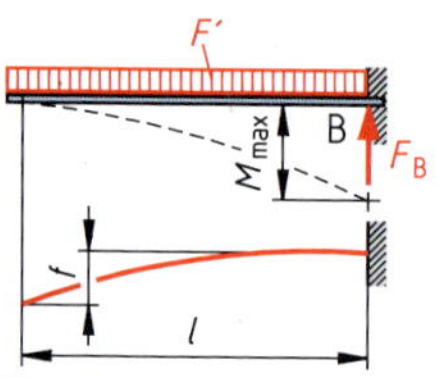	$M_{max} = \frac{F \cdot l}{2}$	$\Sigma F = 0$ $F_B - F' \cdot l = 0$ $F_B = F = F' \cdot l$ F' = Streckenlast	$f = \frac{F' \cdot l^4}{8 \cdot E \cdot I}$
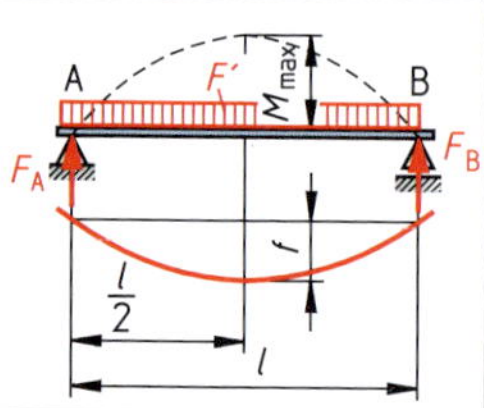	$M_{max} = 0{,}125\,F \cdot l$	$\Sigma F = 0$ $F_A + F_B - F' \cdot l = 0$ $F_A = F_B = \frac{F' \cdot l}{2}$ F' = Streckenlast $F = F' \cdot l$	$f \approx 0{,}013\,\frac{F' \cdot l^4}{E \cdot I}$

Axiale Trägheitsmomente I und Widerstandsmomente W (Biegung)

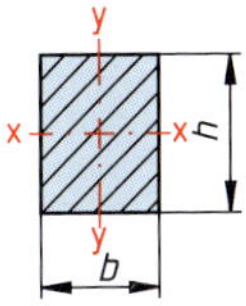

$$I_x = \frac{b \cdot h^3}{12} \qquad I_y = \frac{h \cdot b^3}{12}$$
$$W_x = \frac{b \cdot h^2}{6} \qquad W_y = \frac{h \cdot b^2}{6}$$

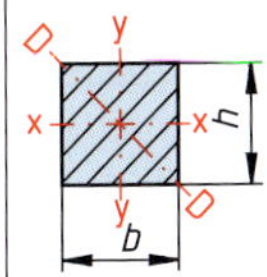

$$I_x = I_y = I_D = \frac{h^4}{12}$$
$$W_x = W_y = \frac{h^3}{6}; \quad W_D = \sqrt{2} \cdot \frac{h^3}{12}$$

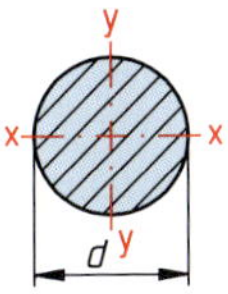

$$I = \frac{\pi \cdot d^4}{64} \approx \frac{d^4}{20}$$
$$W_x = W_y = \frac{\pi \cdot d^3}{32} \approx \frac{d^3}{10}$$

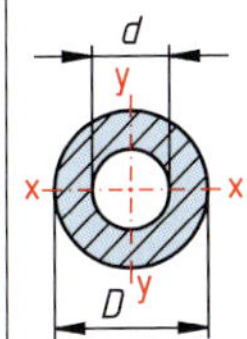

$$I = \frac{\pi}{64} \cdot (D^4 - d^4)$$
$$W_x = W_y = \frac{\pi}{32} \cdot \frac{D^4 - d^4}{D}$$

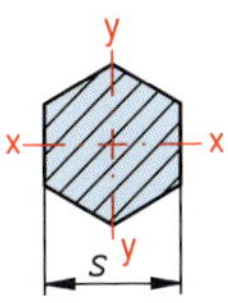

$$I = 0{,}06014 \cdot s^4$$
$$W_x = 0{,}1203 \cdot s^3$$
$$W_y = 0{,}1042 \cdot s^3$$

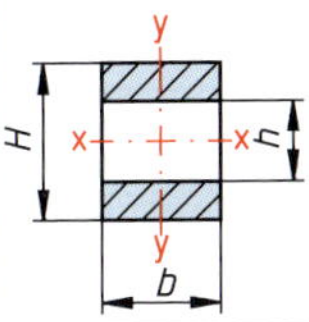

$$I_x = \frac{b}{12} \cdot (H^3 - h^3) \qquad I_y = \frac{b^3}{12} \cdot (H - h)$$
$$W_x = \frac{b}{6 \cdot H} \cdot (H^3 - h^3) \qquad W_y = \frac{b^2}{6} \cdot (H - h)$$

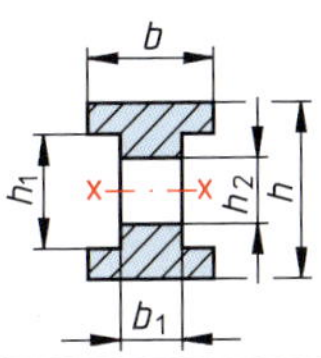

$$I_x = \frac{b \cdot (h^3 - h_1^3) + b_1 \cdot (h_1^3 - h_2^3)}{12}$$
$$W_x = \frac{b \cdot (h^3 - h_1^3) + b_1 \cdot (h_1^3 - h_2^3)}{6 \cdot h}$$

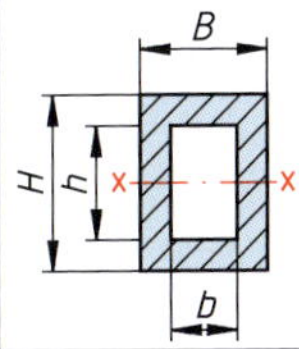

$$I_x = \frac{BH^3 - bh^3}{12}$$
$$W_x = \frac{BH^3 - bh^3}{6H}$$

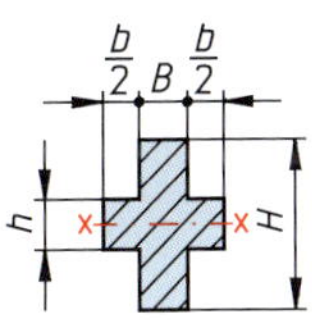

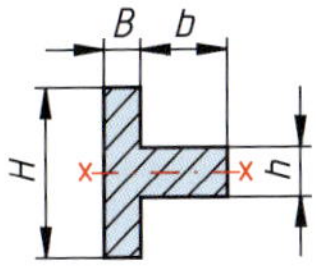

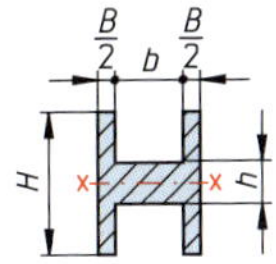

$$I_x = \frac{B \cdot H^3 + b \cdot h^3}{12}$$
$$W_x = \frac{B \cdot H^3 + b \cdot h^3}{6 \cdot H}$$

Berechnung von I und W nicht dargestellter Profile nach „Satz von Steiner", s. Seite G 36

Polare Trägheitsmomente I_p und Widerstandsmomente W_p (Verdrehung)

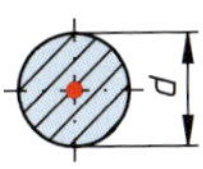

$$I_p = \frac{\pi}{32} \cdot d^4 \qquad W_p = \frac{\pi}{16} \cdot d^3$$

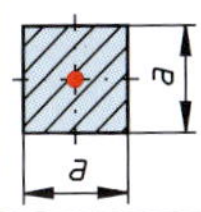

$$I_p = 0{,}14 \cdot a^4 \qquad W_p = 0{,}208 \cdot a^3$$

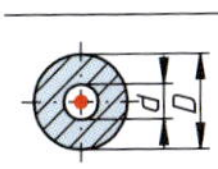

$$I_p = \frac{\pi}{32} \cdot (D^4 - d^4) \qquad W_p = \frac{\pi}{16} \cdot \frac{D^4 - d^4}{D}$$

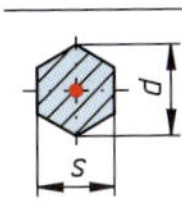

$$I_p = 0{,}1154 \cdot s^4 \qquad W_p = 0{,}1888 \cdot s^3$$
$$I_p = 0{,}0649 \cdot d^4 \qquad W_p = 0{,}1226 \cdot d^3$$

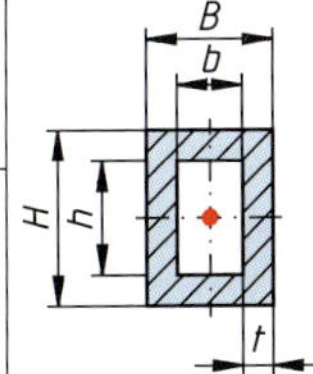

$$I_p = \frac{t \cdot (B \cdot b + H \cdot h)(B + b)}{B + b + H + h} \cdot (H + h)$$
$$W_p = \frac{t \cdot (B + b)(H + h)}{2}$$

G Theoretische Grundlagen | K Technische Kommunikation | W Werkstofftechnik | M Maschinenelemente | F Fertigungstechnik | S Steuerungs-/Regelungstk. | A Anhang

Elektrotechnik

Grundlagen

Ohmsches Gesetz

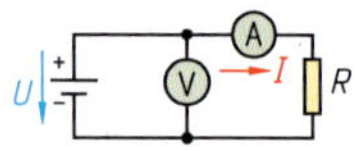

Formel:

$R = \frac{U}{I}$

$U = R \cdot I \qquad I = \frac{U}{R}$

$I = \frac{Q}{t}$

Formelzeichen	Erklärung	
U	elektrische Spannung	in V
R	elektrischer Widerstand	in Ω
I	elektrische Stromstärke (kurz: Strom)	in A
Q	Ladung	in A·s
t	Zeit	in s

Leiterwiderstand

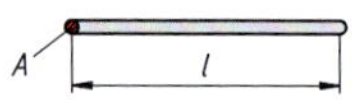

Formel:

$R = \frac{\varrho \cdot l}{A}$

$\Delta R = \alpha \cdot R \cdot \Delta T$

Leiter	ϱ bei 20 °C	Leiter	ϱ bei 20 °C
Cu	0,0178	Graphit	8,0
Al	0,0286	Glas	$> 10^8$
Fe	0,1	Mineralöl	$10^9 \ldots 10^{10}$
Konstantan	0,48	PVC hart	$10^{11} \ldots 10^{12}$

weitere Stoffwerte s. Kap. Werkstofftechnik

Formelzeichen	Erklärung	
R	Widerstand des Leiters	in Ω
l	Leiterlänge	in m
A	Leiterquerschnitt	in mm²
ϱ	spez. elektrischer Widerstand	in $\frac{\Omega \cdot mm^2}{m}$
ΔR	Widerstandsänderung	in Ω
ΔT	Temperaturänderung	in K
α	Temperaturbeiwert	in $\frac{1}{K}$
	$\alpha \approx 0{,}004 \frac{1}{K}$ für reine Metalle	

Reihenschaltung von Widerständen

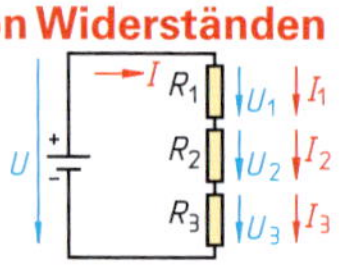

Formel:

$R = R_1 + R_2 + R_3 + \ldots$

$U = U_1 + U_2 + U_3 + \ldots$

$I = I_1 = I_2 = I_3$

bei 2 Widerständen:

$\frac{U_1}{U_2} = \frac{R_1}{R_2}$ (Spannungsleiterregel)

Formelzeichen	Erklärung	
R	Gesamtwiderstand	in Ω
R_1, R_2, R_3	Einzelwiderstände	in Ω
U	Gesamtspannung	in V
U_1, U_2, U_3	Teilspannungen	in V
I	Gesamtstromstärke	in A
I_1, I_2, I_3	Teilströme	in A

Parallelschaltung von Widerständen

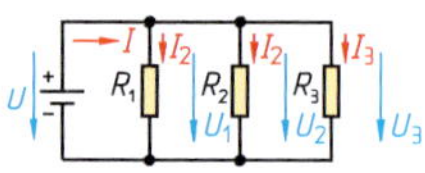

Formel:

$\frac{1}{R} = \frac{1}{R_1} + \frac{1}{R_2} + \frac{1}{R_3} + \ldots$

$I = I_1 + I_2 + I_3 + \ldots$

$U = U_1 = U_2 = U_3$

bei 2 Widerständen:

$\frac{I_1}{I_2} = \frac{R_2}{R_1} \qquad R = \frac{R_1 \cdot R_2}{R_1 + R_2}$

Formelzeichen	Erklärung	
R	Gesamtwiderstand	in Ω
R_1, R_2, R_3	Einzelwiderstände	in Ω
I	Gesamtstromstärke	in A
I_1, I_2, I_3	Teilströme	in A
U	Gesamtspannung	in V
U_1, U_2, U_3	Teilspannungen	in V

Kondensator und Kapazität

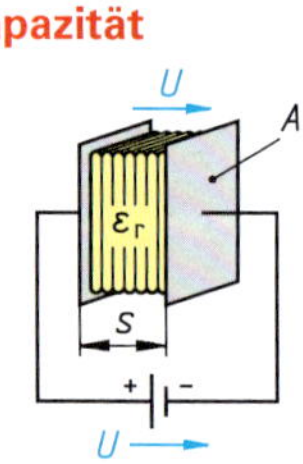

Formel:

$C = \varepsilon_0 \cdot \varepsilon_r \cdot \frac{A}{s}$

$C = \frac{Q}{U}$

$Q = I \cdot t$

Formelzeichen	Erklärung	
C	Kapazität	in F
A	Plattenfläche	in m²
s	Plattenabstand	in m
Q	Ladung	in A·s
U	Spannung zwischen den Kondensatorplatten	in V
I	Stromstärke	in A
t	Zeit	in s
ε_0	elektrische Feldkonstante $\varepsilon_0 = 8{,}854 \cdot 10^{-12} \frac{F}{m}$	in $\frac{F}{m}$
ε_r	Permittivitätszahl (Luft: $\varepsilon_r = 1$)	

Reihenschaltung von Kondensatoren

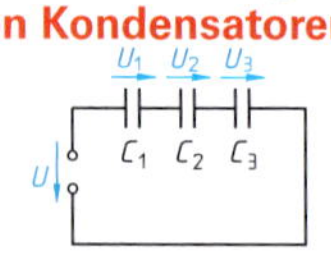

Formel:

$\frac{1}{C} = \frac{1}{C_1} + \frac{1}{C_2} + \frac{1}{C_3} + \ldots$

$U = U_1 + U_2 + U_3 + \ldots$

Formelzeichen	Erklärung	
C	Gesamtkapazität	in F
C_1, C_2, C_3	Einzelkapazitäten	in F
U	Gesamtspannung	in V
U_1, U_2, U_3	Teilspannungen	in V

Parallelschaltung von Kondensatoren

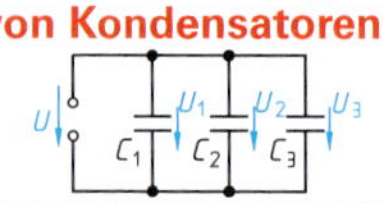

Formel:

$C = C_1 + C_2 + C_3 + \ldots$

$U = U_1 = U_2 = U_3 = \ldots$

Formelzeichen	Erklärung	
C	Gesamtkapazität	in F
C_1, C_2, C_3	Einzelkapazitäten	in F
U	Gesamtspannung	in V
U_1, U_2, U_3	Teilspannungen	in V

Schaltzeichen für elektrische Schaltpläne s. Kap. Steuerungstechnik

Wechselstromwiderstand

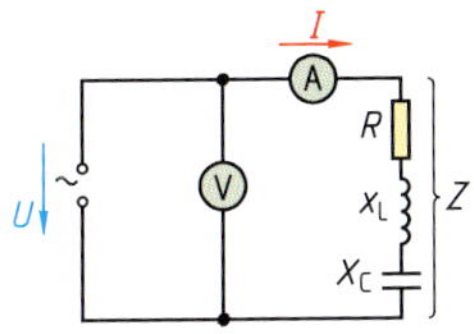

Formel	Formelzeichen	Erklärung	
$Z = \frac{U}{I}$	Z	Scheinwiderstand, Impedanz, Gesamtwiderstand	in Ω
$Z = \sqrt{R^2 + (X_L - X_C)^2}$	R	Wirkwiderstand	in Ω
$X_L = \omega \cdot L$	X_L	induktiver Blindwiderstand	in Ω
$X_c = \frac{1}{\omega \cdot C}$	X_C	kapazitiver Blindwiderstand	in Ω
$\omega = 2\pi \cdot f$	L	Induktivität (Spule)	in H
	C	Kapazität (Kondensator)	in F
	ω	Kreisfrequenz	in s^{-1}
	f	Frequenz	in Hz

Wechselspannung

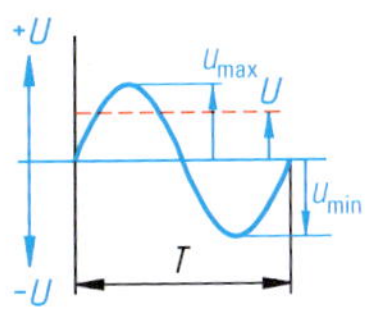

Formel	Formelzeichen	Erklärung	
$i_{max} = \sqrt{2} \cdot I$	I	Effektivwert des Stromes	in A
$u_{max} = \sqrt{2} \cdot U$	i_{max}	Scheitelwert des Stromes	in A
(nur bei sinusförmigen Strömen)	U	Effektivwert der Spannung	in V
$f = \frac{1}{T}$	u_{max}, u_{min}	Scheitelwert der Spannung	in V
	f	Frequenz	in Hz
	T	Periodendauer	in s

Transformator

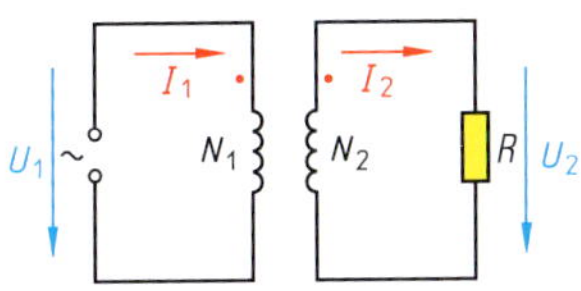

Formel	Formelzeichen	Erklärung	
$\frac{U_1}{U_2} = \frac{N_1}{N_2}$	U_1	Eingangsspannung	in V
$\frac{I_1}{I_2} = \frac{N_2}{N_1}$	U_2	Ausgangsspannung	in V
$ü = \frac{N_1}{N_2}$	I_1	Eingangsstrom (primär)	in A
Die Punkte geben den Wicklungssinn an (hier: gleiche Richtung).	I_2	Ausgangsstrom (sekundär)	in A
	$ü$	Übersetzungsverhältnis	
	N_1, N_2	Windungszahlen der Spulen (N_1 ≙ Primär, N_2 ≙ Sekundär)	

Brückengleichrichterschaltung mit Glättungskondensator

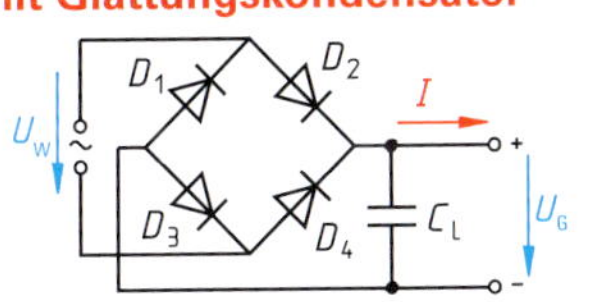

Formel	Formelzeichen	Erklärung	
Die Schaltung erzeugt aus einer sinusförmigen Wechselspannung U_W eine Gleichspannung U_G.	$D_1 \ldots D_4$	Gleichrichterdioden	
	C_L	Glättungskondensator	in F
	U_G	Ausgangsspannung (Gleichpannung)	in V
	U_W	Wechselspannung (Sinusspannung)	in V
	I	Ladestrom	in A

Drehstromerzeugung

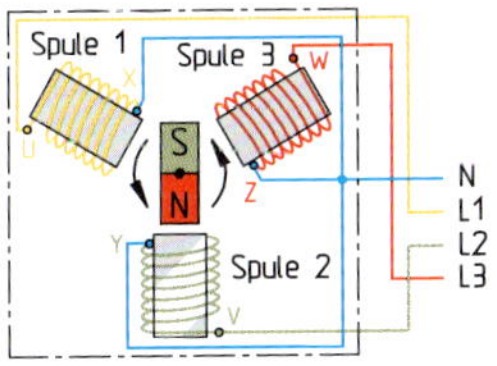

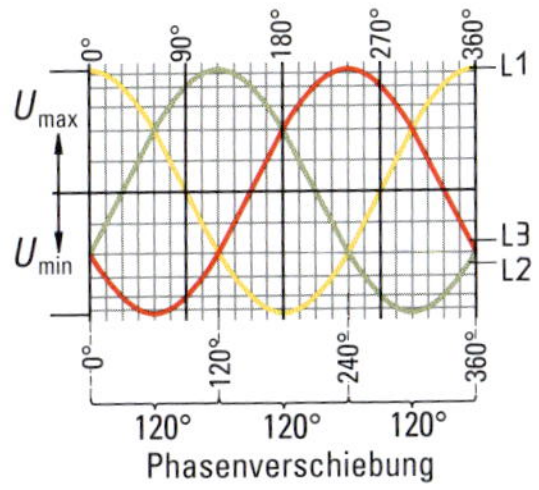

Formel	Formelzeichen	Erklärung	
$u_{max} = \sqrt{2} \cdot U$	u_{max}	Scheitelwert der Spannung	in V
Effektiv-Spannung vom Außenleiter zum Neutralleiter = 230 V ~ (Durchschnittswert)	U	Effektivwert der Spannung	in V
Spitzenwert der Sinusspannung zwischen Außen- und Neutralleiter = 325 V ~	N	Neutralleiter/Sternpunkt	
Effektiv-Spannung zwischen zwei Außenleitern = 400 V ~ (Durchschnittswert)	L1	Außenleiter 1	
Durch die räumliche Anordnung der Spulen sind die Spannungen von L1, L2 und L3 um 120° versetzt (phasenverschoben).	L2	Außenleiter 2	
	L3	Außenleiter 3	

Elektrotechnik

	Formel	Formelzeichen	Erklärung	
Elektrische Arbeit 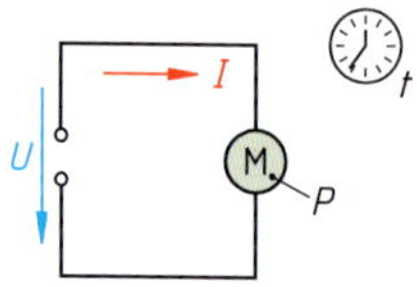	$W = P \cdot t$ $W = U \cdot I \cdot t$	W	elektrische Arbeit 1 kW · h = 3600000 W · s 1 W · s = 1 N · m	in W · s
	$M \triangleq$ ohmscher Verbraucher, z. B. Gleichstrommotor, Widerstand, Heizofen, Glühlampe	P	elektrische Leistung	in W
		U	Spannung	in V
		I	Stromstärke	in A
		t	Zeit	in s
Leistungsmessung **Zähler** 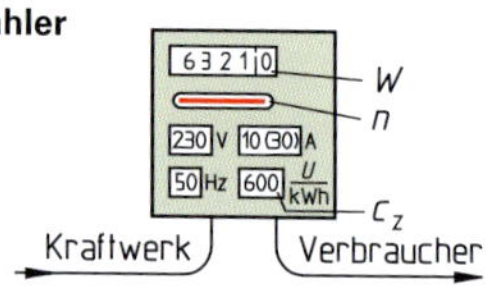	$P = \frac{n \cdot 60}{c_z}$	P	Wirkleistung	in kW
	Zahlenwertgleichung	n	Umdrehungen der Zählerscheibe	in $\frac{1}{\text{min}}$
	Beachte: Ein Zähler misst die elektrische Arbeit in kWh	c_z	Zählerkonstante in Umdrehungen	pro kw · h
Leistungsmesser 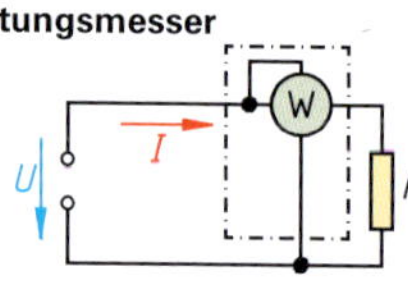	$K = P \cdot t \cdot k$ $K = W \cdot k$	K	Arbeitspreis (Stromkosten)	in €
		W	elektrische Arbeit	in kW · h
		t	Zeit	in h
		k	Tarif	in $\frac{€}{\text{kW} \cdot \text{h}}$
Leistung von Gleichstrom 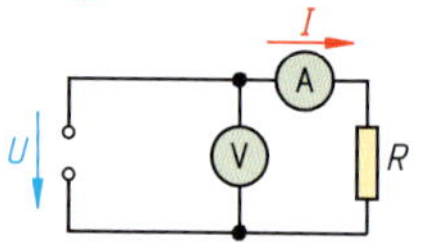	$P = U \cdot I$ $P = \frac{U^2}{R}$ $P = I^2 \cdot R$	P	Wirkleistung	in W
		U	Spannung	in V
		I	Stromstärke	in A
		R	Widerstand	in Ω
Leistung von Wechselstrom 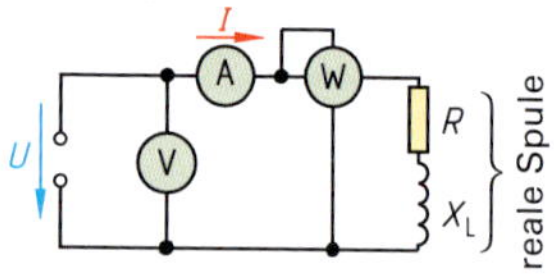 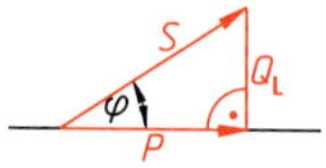	$P = U \cdot I \cdot \cos\varphi$ $S = U \cdot I$	P	Wirkleistung	in W
		U	Spannung	in V
	$\cos\varphi = \frac{P}{S}$	I	Stromstärke	in A
		S	Scheinleistung	in V · A
		$\cos\varphi$	Leistungsfaktor, bei ohmscher Last $\cos\varphi = 1$	
	$Q = U \cdot I \cdot \sin\varphi$ $S = \sqrt{P^2 + Q^2}$	Q	Blindleistung	in var
	(Satz des Pythagoras)	$\sin\varphi$	Blindfaktor	
		Z	Scheinwiderstand	in Ω
		X_L	induktiver Blindwiderstand	in Ω
Leistung von Drehstrom in Y-Schaltung 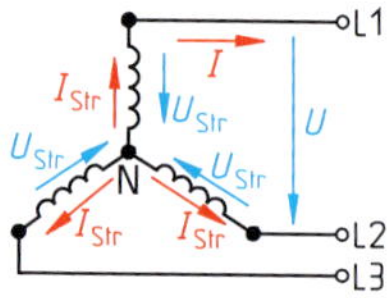	$P = \sqrt{3} \cdot U \cdot I \cdot \cos\varphi$	P	Wirkleistung (gesamt)	in W
	$I_{Str} = I$	U	Außenleiterspannung	in V
	$U_{Str} = \frac{U}{\sqrt{3}}$	I	Außenleiterstrom	in A
		$\cos\varphi$	Leistungsfaktor, bei ohmscher Last $\cos\varphi = 1$	
	$P = 3 \cdot U_{Str} \cdot I_{Str} \cdot \cos\varphi$	U_{Str}	Strangspannung	in V
		I_{Str}	Strangstrom	in A
	$P = 3 \cdot P_{Str}$	P_{Str}	Strangleistung	in W
Leistung von Drehstrom in △-Schaltung 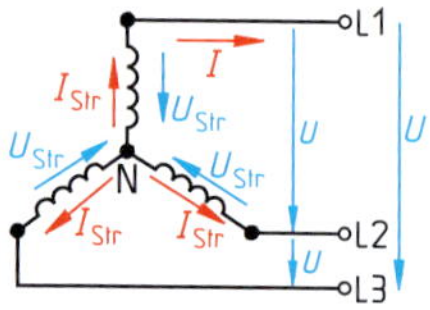	$P = \sqrt{3} \cdot U \cdot I \cdot \cos\varphi$	P	Wirkleistung	in W
	$I_{Str} = \frac{I}{\sqrt{3}}$	U	Außenleiterspannung	in V
	$U_{Str} = U$	I	Außenleiterstrom	in A
		$\cos\varphi$	Leistungsfaktor, bei ohmscher Last $\cos\varphi = 1$	
	$P = 3 \cdot U_{Str} \cdot I_{Str} \cdot \cos\varphi$	U_{Str}	Strangspannung	in V
		I_{Str}	Strangstrom	in A
	$P = 3 \cdot P_{Str}$	P_{Str}	Strangleistung	in W

Elektrische Maschinen

DIN EN 60617-6 : 1997-08

Drehstrommotoren

Asynchrone Induktionsmotoren

Art	Betriebsverhalten	Betriebskennlinien	Drehzahlsteuerung	Schaltbild
Kurzschlussläufer	Drehzahl mit zunehmendem Drehmoment nur wenig abfallend; sehr einfacher Aufbau, daher betriebssicher und preiswert; hoher Wirkungsgrad, guter Leistungsfaktor, Einschaltstromstoß sehr groß, durch Stromverdrängungsläufer gemildert; kommutatorlos, kein Bürstenverschleiß, keine Funkenstörungen	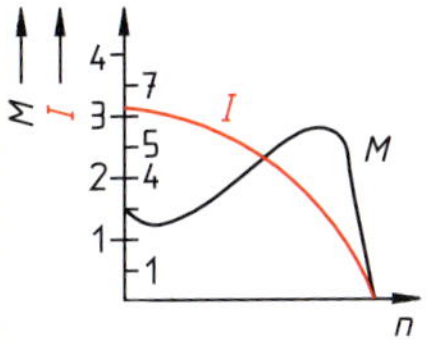	durch Verändern der Polzahl in 2 bis 4 Stufen steuerbar, polumschaltbare Motoren; durch Verändern der Frequenz mittels Frequenz-Umformer bzw. -Umrichter stufenlos elektronisch steuerbar	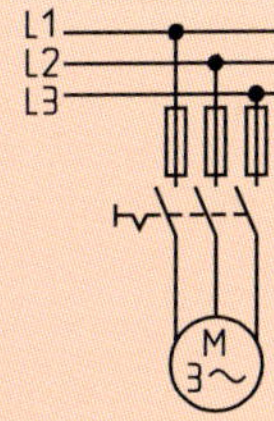
Asynchronmotor mit Frequenzumrichter	Änderung von Frequenz und Spannung. Im Bereich A (Proportionalität) mit konstantem Drehmoment belastbar, im Feldschwächbereich F mit konstanter Leistung. Thermische Überlastung, wenn *f* zu klein. Merkmale: • Variable Drehzahlen • Fernsteuerung der Drehzahl und Drehrichtung • Last-Begrenzung des Antriebs	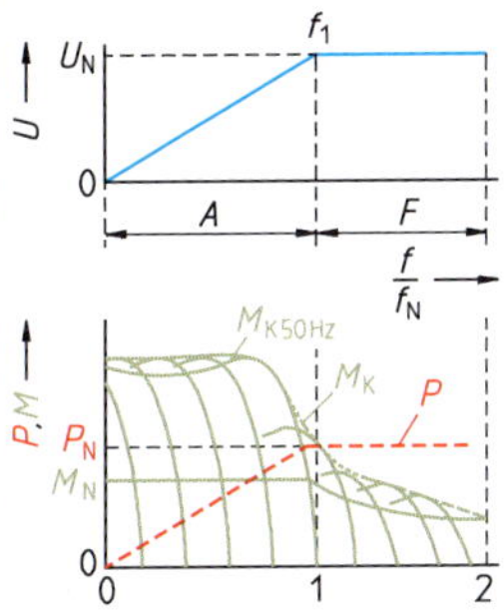 f_1 = Eckfrequenz f_N = Nennfrequenz U_N = Nennspannung/ Bemessungsspannung M_N = nutzbares Moment/ Bemessungsmoment P_N = nutzbare Leistung/ Bemessungsleistung	Regelungsarten: • feldorientiert ohne Regelung • feldorientiert mit Regelung Der Umrichter erzeugt eine variable Frequenz und Spannung, die einen sinusförmigen Motorstrom ohne Oberschwingungsanteile erzeugt. Umrichter bildet einen konstanten Strom, der für die Überlastbegrenzung sorgt.	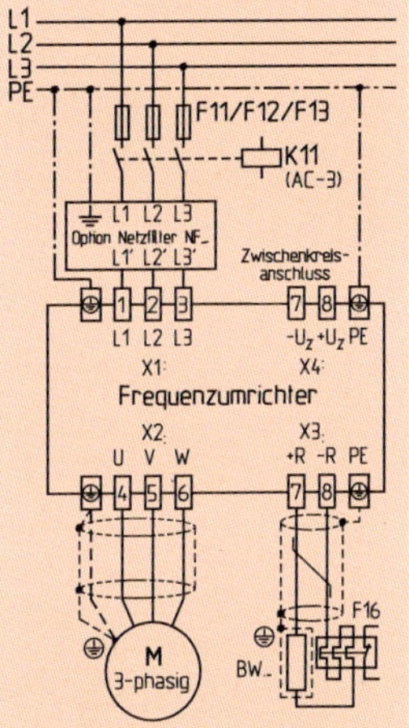

Gleichstrommotoren

Art	Betriebsverhalten	Betriebskennlinien	Drehzahlsteuerung	Schaltbild
Nebenschlussmotor	Drehzahl unabhängig von der Größe des Drehmomentes, nahezu gleich bleibend; Stromaufnahme ungefähr proportional dem abgegebenen Drehmoment	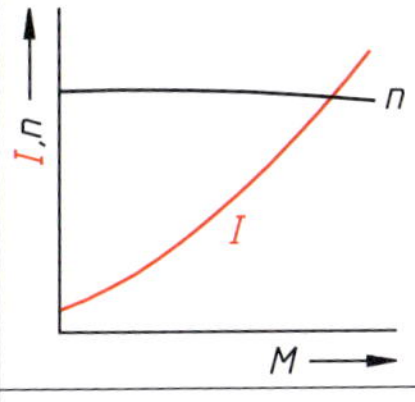	Drehzahlsteuerung aufwärts durch Feldschwächung bis zum Verhältnis 1:3 fast verlustlos möglich; Abwärtssteuerung durch Spannungsänderung	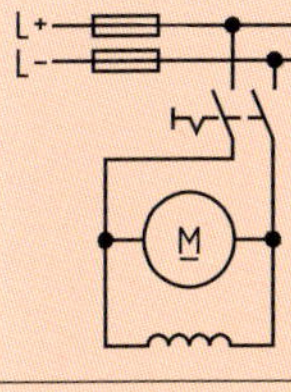
Reihenschlussmotor	Drehzahl abhängig von der Größe des Drehmomentes, sehr hohes Anzugsmoment; darf nicht ohne Belastung laufen $n \rightarrow \infty$	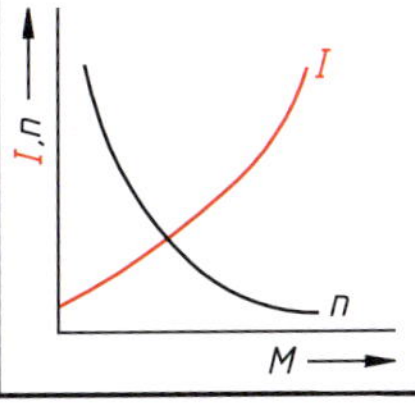	Drehzahl abwärts durch Vorschalten von Widerstand mittels Regelanlassers möglich	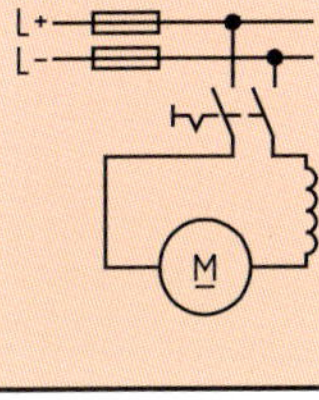

Elektrotechnik

Einphasenmotoren

Asynchrone Induktionsmotoren

Art	Betriebsverhalten	Betriebskennlinien	Drehzahlsteuerung	Schaltbild
Hilfsphase mit Kondensator	mit zunehmendem Drehmoment abfallende Drehzahl, kein großes Anzugsmoment, hoher Einschaltstrom; durch Wahl geeigneter Anlass- bzw. Betriebskondensatoren kann Anzugsmoment gesteigert werden	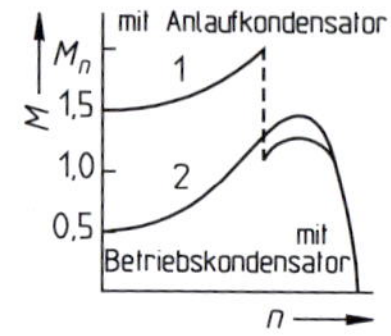	steuerbar nur, wenn mit Schleifringläufer versehen; Steuerung unwirtschaftlich, da Verluste dem Schlupf proportional	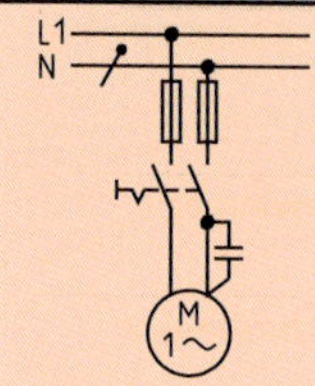

Synchron-Motoren

Art	Betriebsverhalten	Betriebskennlinien	Drehzahlsteuerung	Schaltbild
Synchronmotor mit Anlaufwicklung	stets gleich bleibende Drehzahl; bei Überbelastung bleibt Motor stehen, „fällt aus dem Tritt"; Leistungsfaktor kann durch Einstellen der Erregung voreilend gehalten werden, also Verbesserung desselben; Anlassen, wenn nicht besondere Anlasswicklung vorhanden, umständlich	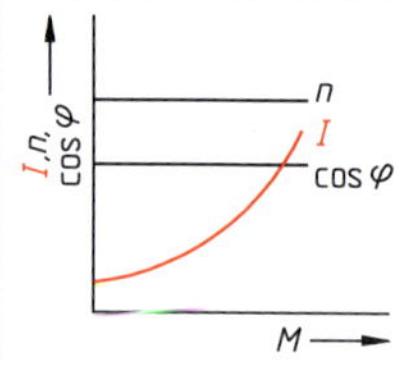	Drehzahlsteuerung ohne Frequenzänderung unmöglich	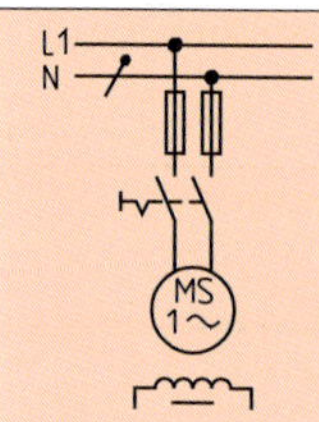

Kommutator-Motoren

Art	Betriebsverhalten	Betriebskennlinien	Drehzahlsteuerung	Schaltbild
Reihenschlussmotor, Universalmotor	Drehzahl abhängig vom Drehmoment, beim Universalmotor für Gleich- und Wechselstrom verschieden; Einphasen-Bahnmotor, hohes Anzugsmoment, Anwendung im Bereich Klein-Werkzeugmaschinen	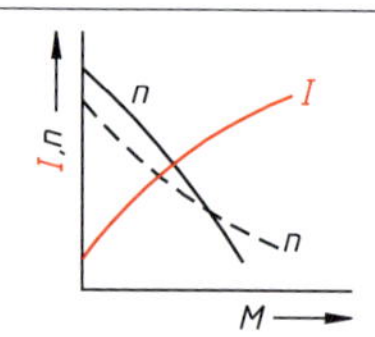 --- für Wechselstrom	Drehzahlsteuerung nur bei Einphasen-Bahnmotoren durch Verändern der zugeführten Klemmenspannung — für Gleichstrom	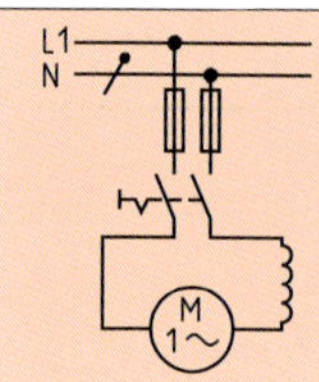

Drehstrommotoren

Art	Betriebsverhalten	Betriebskennlinien	Drehzahlsteuerung	Schaltbild
Servomotor	Merkmale: • Positioniergenauigkeit • Drehzahlgenauigkeit • Regelbereich • Überlastfähigkeit • Dynamik Kennlinie: 1. Das maximale Drehmoment wird durch die mechanische Ausführung bestimmt. 2. Drehmomenteinschränkungen aufgrund der Klemmenspannung. 3. Effektivdrehmoment muss unterhalb S1-Kennlinie für Dauerbetrieb liegen, sonst thermische Beschädigung. Motor ist im Stillstand belastbar. Anwendungsbereich: Handhabungstechnik	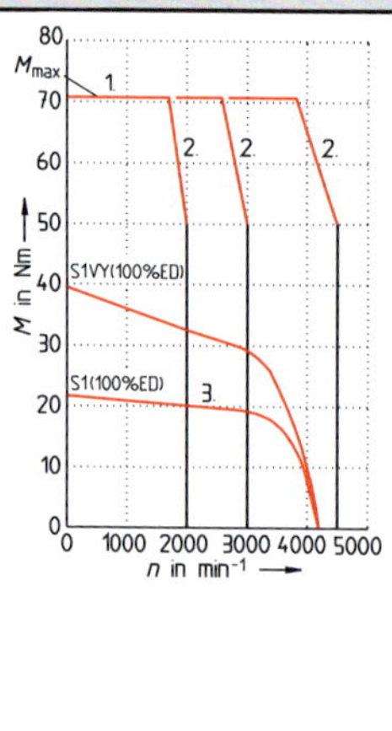	Gebersysteme dienen zur Erfassung von • Drehzahl • Rotorwinkel • Maschinenposition Verarbeitung im R/D-Wandler des Servoumrichters. Der Servoumrichter dient zur Drehzahl- und Drehmomentregelung. Anschluss eines Feldbusses möglich.	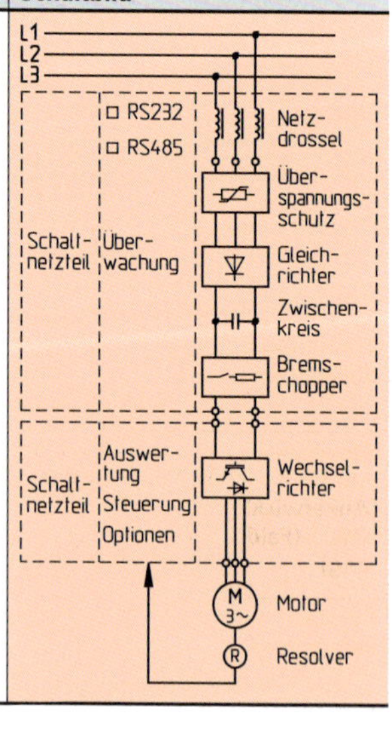

Anwendungsbeispiele für Motoren

Motortyp	Prinzip	Drehzahlbereich	Leistungsbereich	Wirkungsgrad	Anwendung
Getriebemotor	Asynchron- oder Gleichstrommotor mit eingebautem Getriebe	entsprechend der Übersetzung des Getriebes	1 W … 200 kW	bis 90 %	Werkzeugmaschinen, Stellglieder
Linearmotor	Induktionsmotor	lineare Geschwindigkeit	10 W … MW	ca. 60 %	Pumpen, Fahrzeugantriebe
Schrittmotor	Umwandlung digitaler Steuerbefehle in Winkelschritte	bis 5000 min^{-1}	bis 1 kW	53 … 66 %	Positionierung in der Steuerungs- und Regelungstechnik
Gleichstrommotor	Ständerwicklung durch elektronische Schaltung kommutiert	1:30000	0,3 W … 2 kW	70 … 80 %	Stellglieder der Automatisierungstechnik
Servomotor	Asynchronmotor oder Gleichstrommotor	1000 min^{-1} … 13000 min^{-1}	400 W … 10 kW	70 … 90 %	Roboter, Automatisierungstechnik, Drehzahlsteuerungen
Synchronmotor	Synchronmotor mit Dauermagnetläufer	375 min^{-1} … 500 min^{-1}	1 W … 3 W	ca. 10 %	Regelungstechnik, Schaltuhren, Zeitrelais
Universalmotor	Reihenschlussmotor für Gleich- und Wechselspannung	3000 min^{-1} … 30000 min^{-1}	10 W … 3 kW	ca. 50 %	Kleinwerkzeuge, Hausgeräte

Beispiele für Drehzahlsteuerungen

Steuerart	Motorart	Zusatzeinrichtung	Eigenschaften	Anwendung
Getriebe	bei allen Motorarten möglich	angebaute Getriebe	feste Übersetzung, Stellgetriebe	Werkzeugmaschinen
Polumschaltung	Asynchron-, Synchronmotor	getrennte Wicklungen	bis zu vier unterschiedliche, feste Drehzahlen	Lüfter
Frequenzsteuerung	Asynchron-, Synchronmotor	Maschinenumformer, Frequenzumrichter	feste Drehzahlen bis 400 Hz, stufenlose Drehzahlverstellung	Schleifmaschinen, elektronische Drehzahlsteuerung von Drehstrommotoren
Spannungsdosierung	bei allen Motorarten möglich	Zweipunktregler	Konstante Drehzahl durch Ein- und Ausschalten des Reglers	Maschinen mit kleinen Leistungen
Steuerung von U_a (Ankerwicklung) bzw. I_f (Feldwicklung)	Gleichstrommotoren	Vorwiderstand, Leonardsatz, gesteuerte Gleichrichter	stufenlose Drehzahlregelung, für große Motorleistungen	Werkzeugmaschinen, Walzstraßen, Bagger
Bürstenverstellung	Drehstromkollektormotor		Änderung der Drehzahl durch Verstellen der Bürsten	Gebläse, Verdichter, Druckmaschinen

Schutzmaßnahmen

Schutzmaßnahmen bei indirektem Berühren

DIN VDE 0100-410 : 2018-10

Schutz durch Schutzkleinspannung

SELV[1)]

a) mit Sicherheitstransformator b) mit galv. Elementen

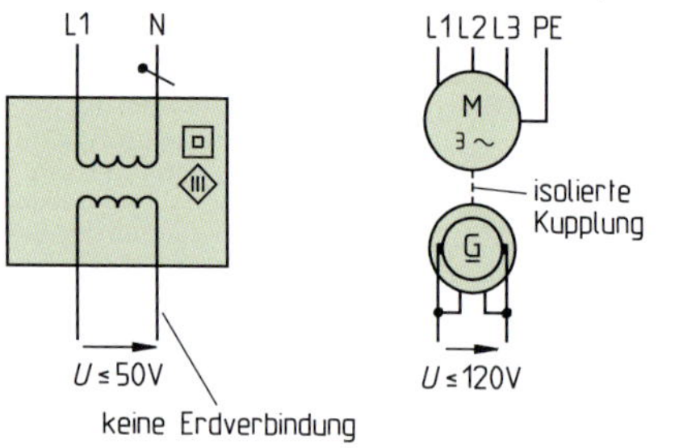

[1)] Norm-Bezeichnung für Schutzkleinspannung (Separated extra-low voltage)

Schutz durch Funktionskleinspannung

PELV[1)] FELV[2)]

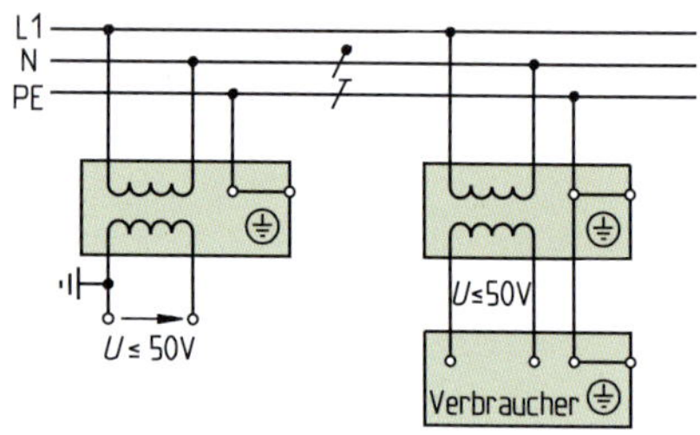

[1)] Norm-Bezeichnung für Funktionskleinspannung mit sicherer Trennung (Protective extra-low voltage)

[2)] Norm-Bezeichnung für Funktionskleinspannung ohne sichere Trennung (Functional extra-low voltage)

Schutz durch Schutztrennung; mit einem Verbraucher

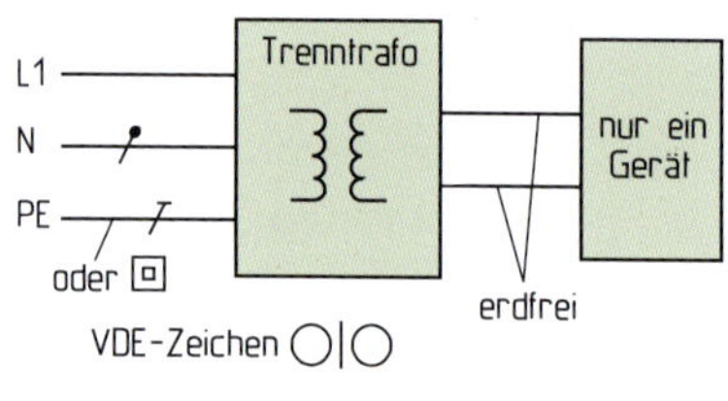

Schutz durch Schutztrennung; mit mehreren Verbrauchern

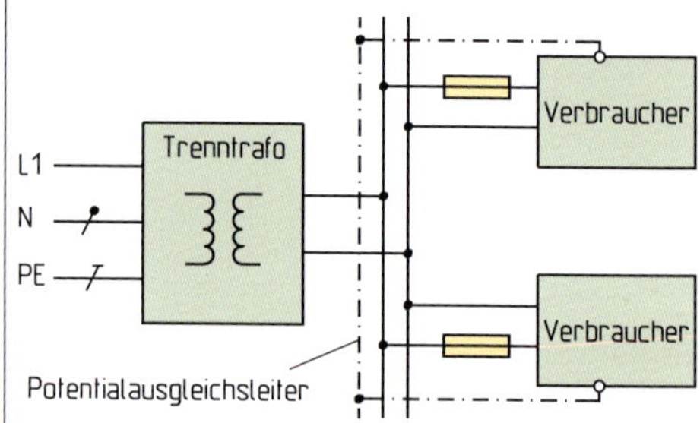

Schutz durch nichtleitende Räume

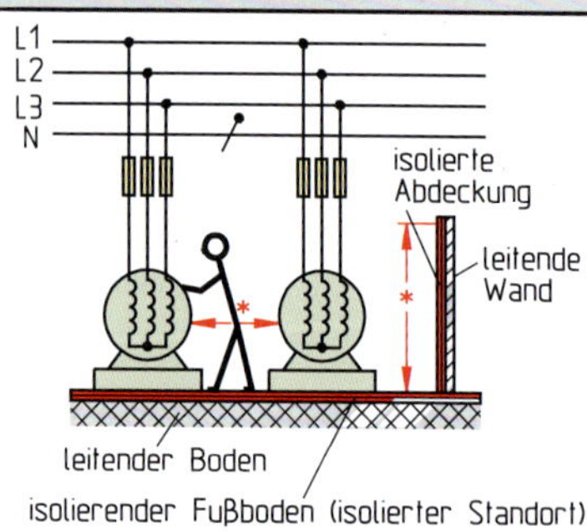

* Es gelten die Abmaße des Handbereichs.
Der Widerstand von Fußboden und Wänden muss mindestens betragen

- 50 kΩ bei Nennspannungen bis 500 V Wechselspannung oder 750 Gleichspannung
- 100 kΩ bei Nennspannung über 500 V Wechselspannung oder 750 Gleichspannung.

Schutz durch erdfreien örtlichen Potentialausgleich

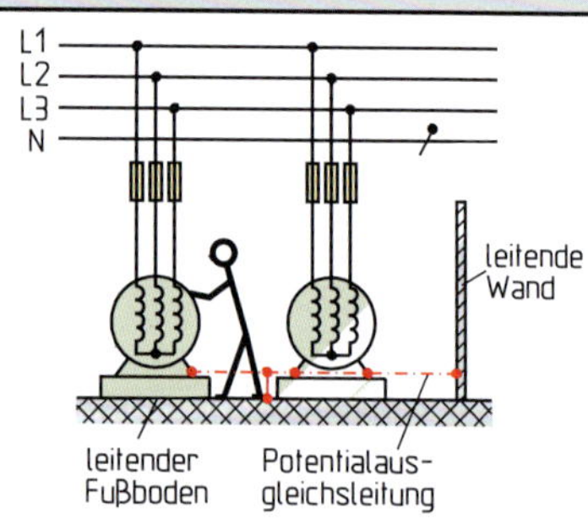

Im Fehlerfall verhindert die Potentialausgleichsleitung das Auftreten von Berührungsspannungen.

Überblick über die Schutzmaßnahmen gegen gefährliche Körperströme

DIN VDE 0100-410 : 2018-10

Schutz gegen direktes Berühren	Schutz bei indirektem Berühren	Schutz sowohl gegen direktes als auch bei indirektem Berühren
Verhindert ein Berühren spannungsführender Teile einer Anlage.	Verhindert eine Gefährdung des Menschen im Fehlerfall.	Es treten nur Spannungen und Ströme auf, die dem menschlichen Organismus nicht gefährlich werden können.
1. Schutz durch Isolierung aktiver Teile 2. Schutz durch Abdeckungen oder Umhüllungen 3. Schutz durch Hindernisse 4. Schutz durch Abstand 5. zusätzlicher Schutz durch Fehlerstromschutzeinrichtungen	1. Schutz durch Abschalten 2. Schutz durch Melden 3. Schutzisolierung 4. Schutztrennung 5. Schutz durch nichtleitende Räume 6. Schutz durch erdfreien örtlichen Potentialausgleich	1. Schutz durch Schutzkleinspannung 2. Schutz durch Funktionsspannung 3. Schutz durch Begrenzung der Entladungsenergie

Schutzklassen elektrischer Betriebsmittel	Handbereich nach DIN VDE 0100-410
Schutzklasse I Kennzeichen Geräte mit Schutzleiteranschluss z. B. Elektromotor **Schutzklasse II** Kennzeichen Geräte mit Schutzisolierung z. B. Handleuchte, Haushaltsgeräte **Schutzklasse III** Kennzeichen Geräte mit Schutzkleinspannung z. B. elektrische Spielzeugeisenbahn $U \leq 25$ V	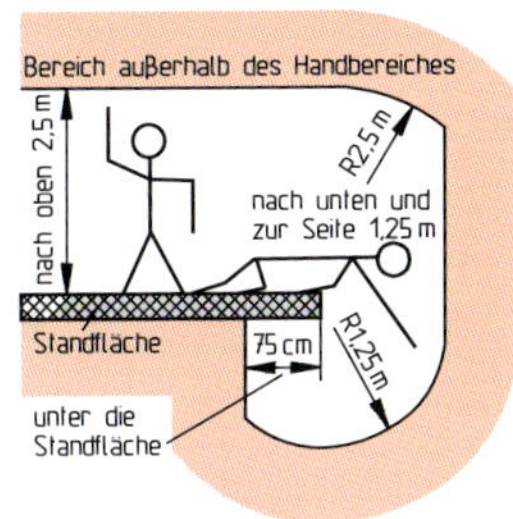 nur eingeschränkt anwendbar

Schutz und Sicherheitszeichen für elektrische Geräte

Zeichen	Erklärung	Zeichen	Erklärung
CE	Communautè Européenne elektromagnetische Verträglichkeit, Störfestigkeit und Sicherheitskriterien	D V E	VDE-Zeichen Gerät ist entsprechend den VDE-Bestimmungen gebaut
GS geprüfte Sicherheit	Geprüfte Sicherheit (TÜV, VDE usw.) Das Gerät entspricht den sicherheittechnischen Anforderungen des Gesetzes für technische Arbeitsmittel (GTA)	N	Funkschutzzeichen (VDE-Prüfstelle) Gerät ist funkentstört G Grob N Normal K Kleinstörgrad O Funkstörfrei
B Z T A999 999N	Bundesamt für Zulassung in der Telekommunikation		Recyclingzeichen Wiederaufbereitung nach Verwendung
	Prüfzeichen Sicherheitsprüfung, z. B. an elektrischen Geräten	DIN AGI	Qualitätszeichen für geräuscharme Ausführung elektrischer Geräte
UL	Prüfzeichen USA (Einzelgeräte)		Prüfzeichen Großbritannien
NF	Prüfzeichen Frankreich		Prüfzeichen Japan

Elektrotechnik

Elektromagnetische Verträglichkeit

EMV-Gesetz 14.12.2016

Begriffe	
• Elektromagnetische Störung	Elektromagnetische Erscheinung, welche die Funktion eines Gerätes beeinträchtigen könnte.
• Störfestigkeit	Fähigkeit eines Gerätes, während einer elektromagnetischen Störung ohne Funktionsbeeinträchtigung zu arbeiten.
• Elektromagnetische Verträglichkeit	Fähigkeit eines Gerätes, in der elektromagnetischen Umwelt zufriedenstellend zu arbeiten, ohne dabei selbst elektromagnetische Störungen zu verursachen, die für andere in dieser Umwelt vorhandene Geräte unannehmbar wären.

Störbereiche

Störbereiche entstehen zwischen:
- zwei oder mehreren Geräte mit elektromagnetischer Funktionsweise
- elektronischen Geräten und Systemen mit externen Einflüssen (z. B. Gewitter, Spannungsschwankungen)

Störung – Entstörung

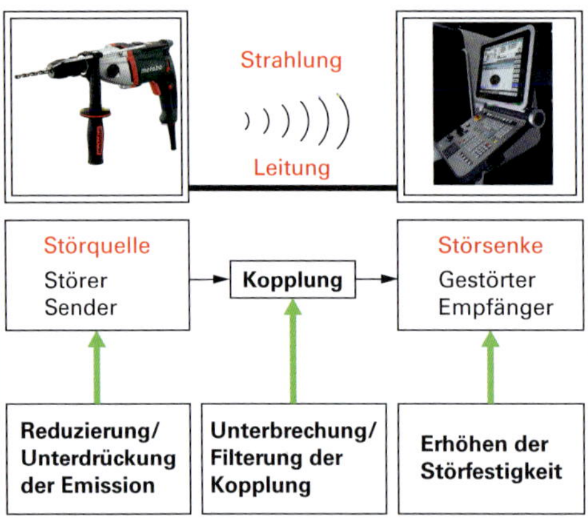

Störquellen – Aussendung der Störenergie

Geräte und Anlagen mit

schmalem Frequenzband	breitem Frequenzband
• Frequenzumrichter • Hochfrequenz-generatoren • Datenverarbeitungs-Anlagen • Ultraschallgeräte • Mikrowellengeräte • TV-/Rundfunk-Empfänger	• Schaltgeräte z. B. Schütze • Schweißgeräte • Zweipunktregler • Gasentladungslampen • Elektr. Haushaltsgeräte • Entladungen bei Gewitter

Störsenken – Aufname der Störenergie

• Datenübertragungs-anlagen • TV- und Rundfunk-Empfänger • Modem • Funkempfangsanlagen • Industrieausrüstungen • Avionik/Verkehrs-leitsysteme • Sensoren	• Datenverarbeitungsa-nlagen • Video-Übertragungs-Einrichtungen • Digitale und analoge Systeme • Prozessrechner • Medizinische und wissenschaftliche Apparate

	Gremien	Normen		
international	IEC CISPR	IEC Standards and Publications CISPR Publikationen mit Empfehlungen, Spezifikationen und Berichten zur EMV		
europäisch	CENELEC ETSI	Europäische Normen (EN)		
		Wohnbereich EN 61 000-6-3	Geschäfts- und Gewerbebereich, Kleinbetriebe EN 61 000-6-1	Industriebereich EN 61 000-6-4 EN 61 000-6-2
		EN-Normen werden in drei Klassen aufgeteilt:		
		Product Standards (Produktnormen)	Generetic Standards (Fachgrundnormen)	Basic Standards (Grundnormen)
		Messaufbau, Prüfbedingungen und Grenzwerte für spezielle Produkte/ Produktfamilen	Grundsätzliche Messaufbauten, Prüfbedingungen und Grenzwerte für alle Produkte, für die keine Produktnorm existiert	Mess- und Prüfverfahren
Deutschland Frankreich United Kingdom USA	DKE AFNOR BSI ANSI	DIN VDE- und DIN-Normen NF (französiche Normen) BS (British Standards) ANS (American National Standards)		

TECHNISCHE KOMMUNIKATION

Geometrische Grundkonstruktionen

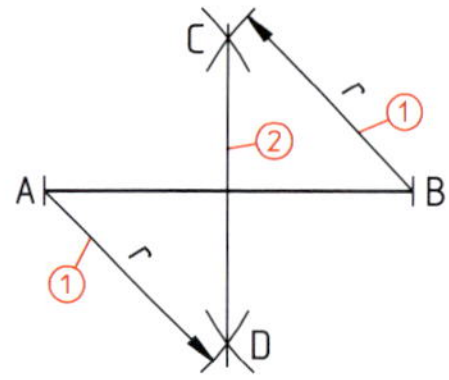

$\overline{AB} > r > \frac{1}{2}\,\overline{AB}$

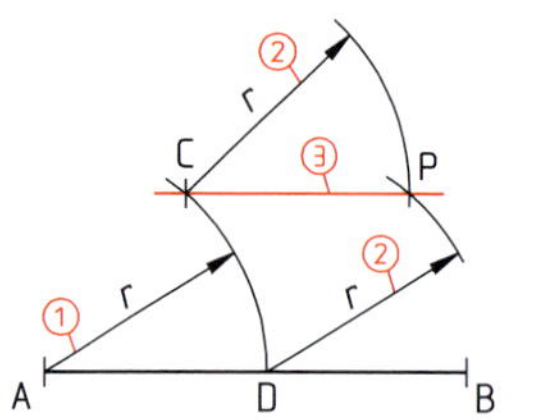

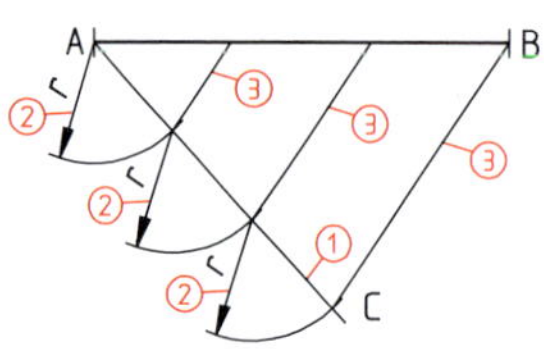

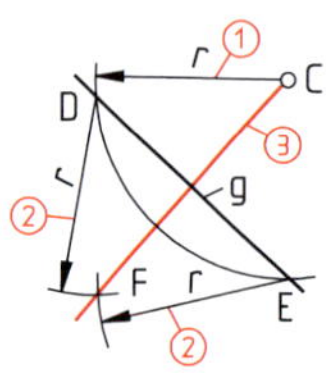

$r > \frac{1}{2}\,\overline{DE}$

$r >$ Lot auf $\overline{DE}$

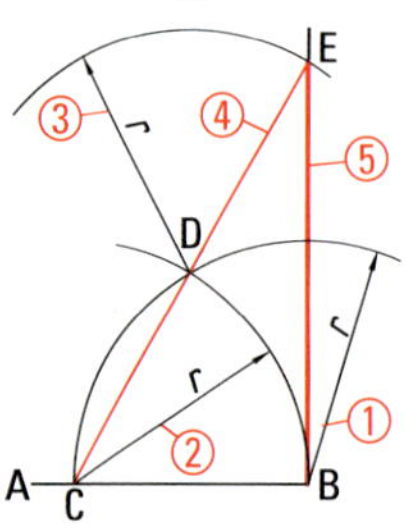

Strecke und Gerade

Halbieren einer Strecke $\overline{AB}$ und Errichten der Mittelsenkrechten

① Schlägt man um die Punkte A und B einen beliebigen Kreisbogen mit dem Radius *r*, so erhält man die Schnittpunkte C und D.

② Verbindet man die Punkte C und D, so wird die Strecke $\overline{AB}$ halbiert und gleichzeitig die Mittelsenkrechte darauf errichtet.

Parallele durch einen bestimmten Punkt C zu einer Strecke $\overline{AB}$

① Schlägt man um den Punkt A den Kreisbogen durch den Punkt C, so erhält man einen Punkt D auf der Strecke $\overline{AB}$.

② Schlägt man den Kreisbogen R mit dem Radius *r* um C und D, so erhält man den Schnittpunkt P.

③ Die Gerade durch Schnittpunkt C und Schnittpunkt P ist die Parallele zu $\overline{AB}$.

Teilen einer Strecke $\overline{AB}$ in *n* gleiche Teile
(z. B. drei gleiche Teile)

① Man zieht zu der Strecke $\overline{AB}$ eine Hilfsgerade unter einem **beliebigen** Winkel.

② Nun unterteilt man die Hilfsgerade mit dem Zirkel und einem beliebigen Radius *r* in *n* Teile und erhält den Punkt C.

③ Man verbindet C mit B und zieht Parallelen zu $\overline{CB}$ durch die einzelnen Teilpunkte der Hilfsgeraden.

Vom Punkt C das Lot auf die Gerade *g* fällen

① Schlägt man um den Punkt C einen **beliebigen** Kreisbogen mit dem Radius *r*, so erhält man die Schnittpunkte D und E.

② Schlägt man nochmals Kreisbögen mit dem gleichen Radius *r* um D und E, so erhält man den Schnittpunkt F.

③ Die Gerade durch C und F ist das Lot auf *g*.

Vom Endpunkt B aus eine Senkrechte errichten

① Schlägt man einen Kreisbogen mit Radius *r* um B, so erhält man C.

② Schlägt man wiederum einen Kreisbogen mit *r* um C, so erhält man D.

③ Nun schlägt man wiederum im Punkt D eine Kreisbogen mit *r*.

④ Die Verlängerung durch C und D ergibt Punkt E.

⑤ Der Strahl BE ist die Senkrechte von B aus.

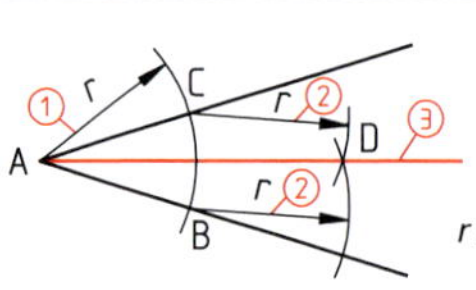

$r > \frac{1}{2}\,\overline{BC}$

Winkel

Halbieren eines Winkel

① Schlägt man um den Punkt A einen **beliebigen** Kreisbogen mit dem Radius *r*, so erhält man auf den Winkelgeraden die Schnittpunkte B und C.

② Trägt man um die Punkte B und C jeweils den Radius *r* ab, so ergibt dies einen neuen Schnittpunkt D.

③ Die Gerade durch A und D halbiert den Winkel CAB.

Geometrische Grundkonstruktionen (Fortsetzung)

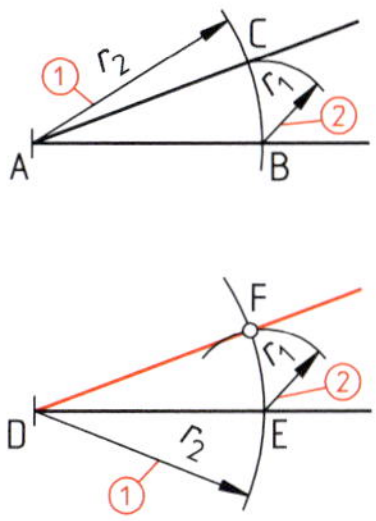

Winkel CAB an eine Gerade im Punkt D antragen
(nur mit Zirkel und Lineal)

① Man schlägt einen **beliebigen** Kreisbogen mit Radius r_2 in A und D und erhält die Schnittpunkte B, C, E.
Greift man die Strecke $\overline{BC}$ mit dem Zirkel ab und überträgt sie von dem gegebenen Winkel auf den Kreisbogen um E, so erhält man den Schnittpunkt F.
Die Verbindung $\overline{DF}$ ist der zweite Schenkel des gesuchten Winkels.

Kreis und Gerade

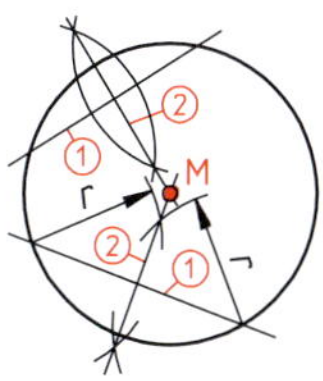

Kreismittelpunkt suchen

① Man zeichnet zwei **beliebige nichtparallele** Sehnen (Sekanten) durch den Kreis und errichtet darauf die Mittelsenkrechte.

② Der Schnittpunkt der Mittelsenkrechten ist der gesuchte Kreismittelpunkt.

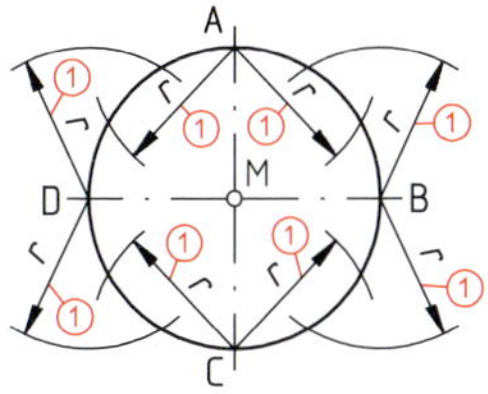

Kreis in 12 Abschnitte teilen

① Man schlägt um A, B, C und D nach links und rechts einen Kreisbogen mit dem Radius *r* des Kreises. Die Schnittpunkte am Kreis ergeben die Kreisteilung.

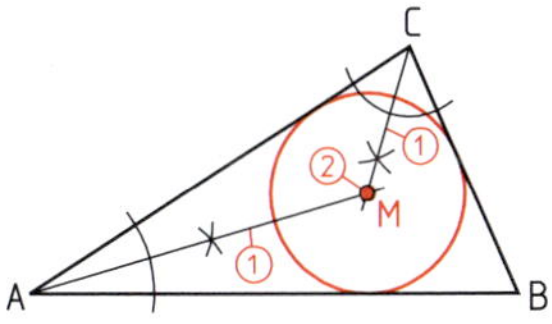

Inkreis eines Dreiecks

① Man halbiert zwei Winkel des Dreiecks.

② Der Schnittpunkt der Winkelhalbierenden ist der Inkreismittelpunkt.

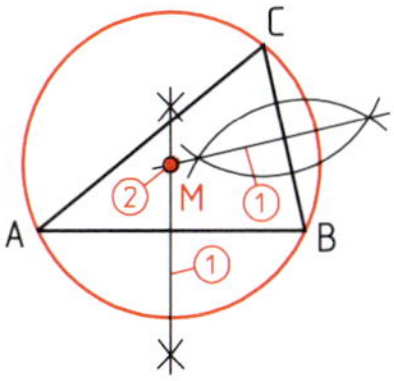

Umkreis eines Dreiecks

① Man errichtet auf zwei **beliebigen** Dreieckseiten die Mittelsenkrechten.

② Die Schnittpunkte der Mittelsenkrechten ergeben den Umkreismittelpunkt.

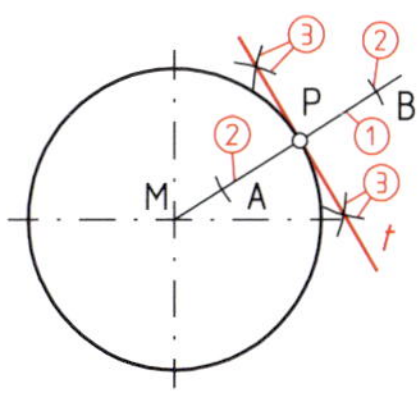

An einen Kreispunkt P eine Tangente *t* zeichnen

① Man zeichnet eine Gerade durch die Punkte M und P.

② Auf der Geraden werden in gleichen, beliebigen Abständen von P aus A und B mit dem Zirkel abgetragen, $\overline{AP} = \overline{PB}$.

③ Auf $\overline{AB}$ wird nun die Mittelsenkrechte errichtet, die zugleich die Tangente *t* ist.

Grundlagen

Geometrische Grundkonstruktionen (Fortsetzung)

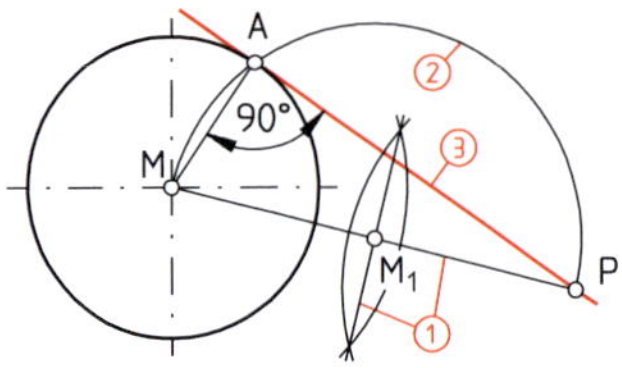

Tangente von einem Punkt P außerhalb des Kreises

① Man verbindet M mit P, halbiert die Strecke $\overline{MP}$ und erhält M_1.

② Zeichnet man einen Kreisbogen (Thaleskreis) mit dem Radius $\overline{MM_1}=\overline{M_1P}$, so erhält man den Schnittpunkt A, den Berührpunkt der Tangente.

③ Die Gerade durch A und P ist die Tangente *t*.

Kreisanschlüsse

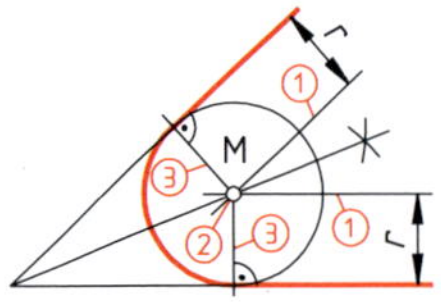

Kreisanschlüsse in Winkel mit gegebenem Radius *r*

① Man zeichnet innerhalb des Winkels zwei Parallelen zu den Schenkeln im Abstand *r*.
(Anstelle einer Parallelen kann auch die Winkelhalbierende genommen werden.)

② Der Schnittpunkt M ist der Mittelpunkt des Kreisbogens.

③ Die Senkrechten (Normalen) in M auf die Schenkel ergeben die Anschlusspunkte.

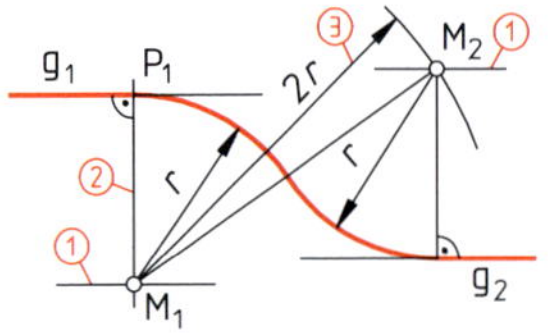

Zwei Geraden durch zwei Kreisbögen mit gegebenem Radius *r* verbinden

① Man zeichnet zu g_1 und g_2 die Parallelen im Abstand *r*.

② Auf P_1 (gegeben oder gewählt) wird dann die Senkrechte errichtet und ergibt den Schnittpunkt M_1.

③ Schlägt man mit 2*r* den Kreisbogen um M_1, so erhält man den Schnittpunkt M_2.

Der Übergangspunkt liegt auf der Verbindungslinie $\overline{M_1M_2}$.

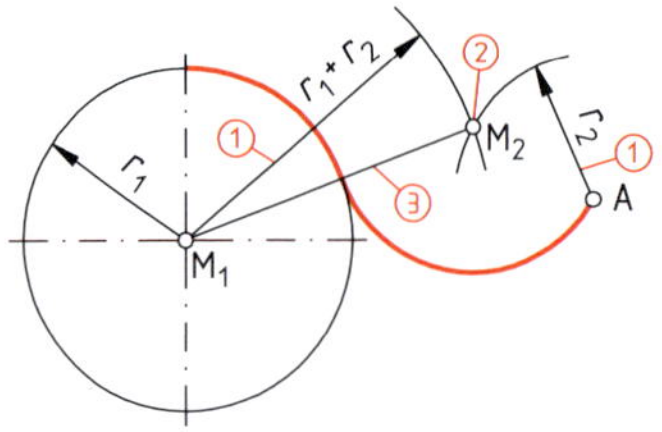

Verbindung eines Punktes mit einem Kreis durch Kreisbogen

① Man schlägt um den Mittelpunkt M_1 mit dem Radius $r_1 + r_2$ und um A mit dem Radius r_2 je einen Kreisbogen.

② Schnittpunkt der beiden Kreisbögen ist der gesuchte Mittelpunkt M_2.

③ Der Übergangspunkt liegt auf der Verbindungslinie $\overline{M_1M_2}$.

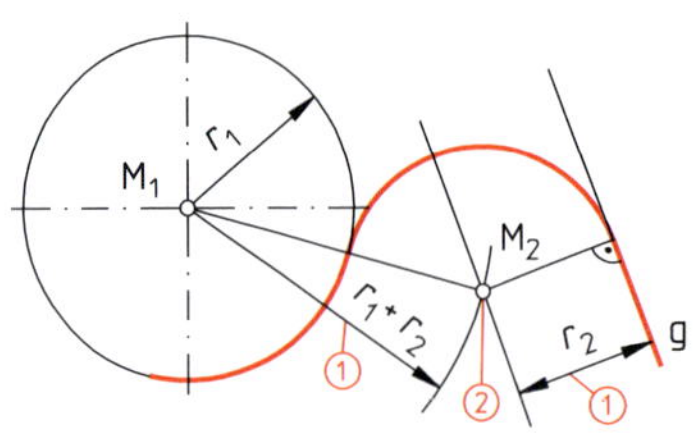

Anschluss eines Kreises an eine Gerade *g* durch Kreisbogen

① Man schlägt um den Mittelpunkt M_1 einen Kreisbogen $r_1 + r_2$ und zieht eine Parallele im Abstand r_2 zur Geraden *g*.

② Der Schnittpunkt ist der Mittelpunkt M_2 für den gesuchten Kreisbogen.

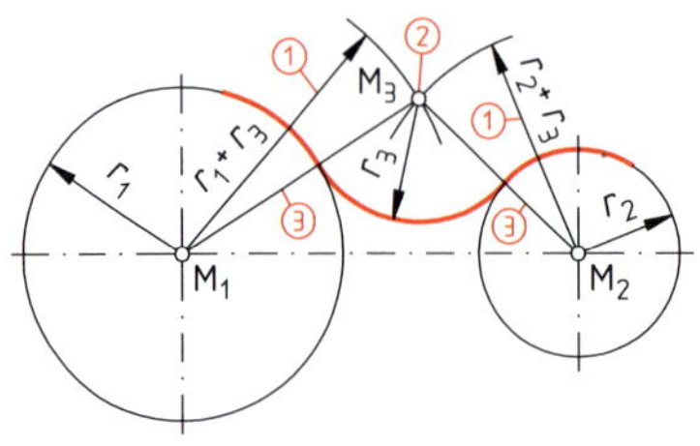

Kreisanschluss zweier Kreise durch Kreisbogen

① Man schlägt um die Mittelpunkte M_1 und M_2 Kreisbögen mit den Radien $r_1 + r_3$ und $r_2 + r_3$.

② Diese schneiden sich im gesuchten Mittelpunkt M_3.

③ Die Verbindungslinien $\overline{M_1M_3}$ und $\overline{M_2M_3}$ ergeben die Anschlusspunkte.

Geometrische Grundkonstruktionen (Fortsetzung)

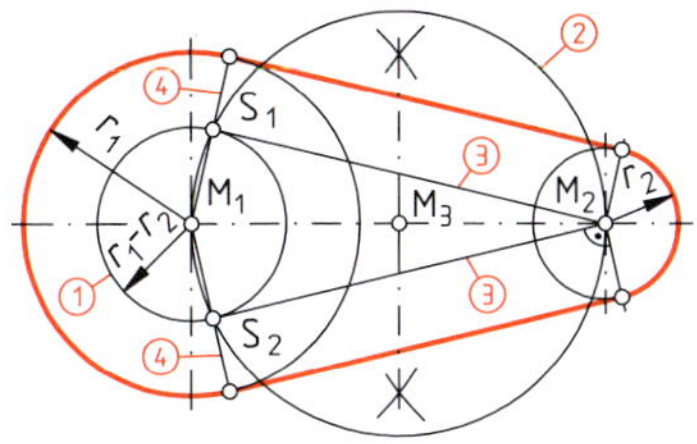

Anschluss zweier Kreise durch Tangente

① Man schlägt um M_1 einen Hilfskreis $r_1 - r_2$.

② Man schlägt um M_3 (Mitte zwischen M_1 und M_2) einen Hilfskreis mit dem Radius $\overline{M_1M_3} = \overline{M_2M_3}$ und erhält die Schnittpunkte S_1 und S_2.

③ Die Verbindungslinien $\overline{S_1M_2}$ und $\overline{S_2M_2}$ bilden die Hilfstangenten.

④ Durch Verlängerung von $\overline{M_1S_1}$, $\overline{M_1S_2}$ und Parallelverschiebung der Hilfstangenten erhält man die gesuchten Tangenten.

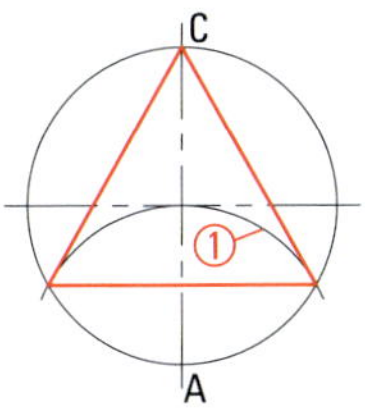

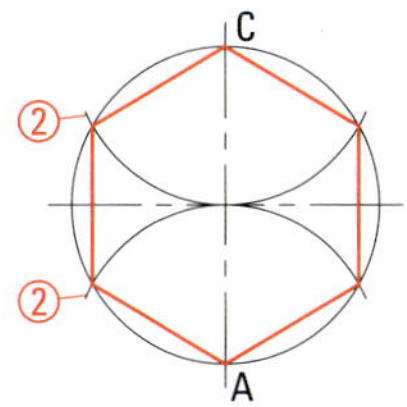

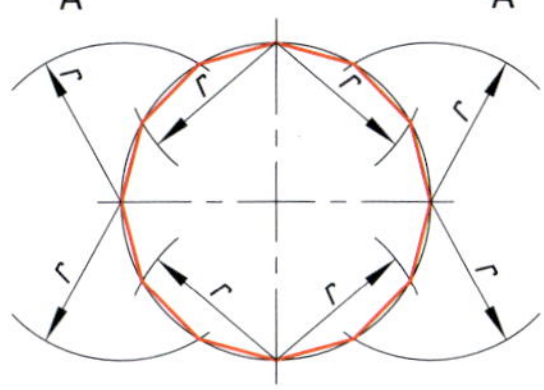

Regelmäßige Vielecke

Dreieck

① Man schlägt einen Kreisbogen mit r in einem Quadranten z. B. in A. Quadranten sind die Schnittpunkte des Achsenkreuzes mit dem Kreis. Die Verbindungslinien der Schnittpunkte mit dem gegenüberliegenden Quadranten C bilden das gleichseitige Dreieck.

Sechseck

② Durch das Schlagen eines Kreisbogens mit r in gegenüberliegenden Quadranten erhält man die Schnittpunkte für ein Sechseck.

Zwölfeck

Durch das Schlagen eines Kreisbogens mit $r = \frac{1}{2}d$ in allen Quadranten erhält man die Schnittpunkte für ein Zwölfeck.

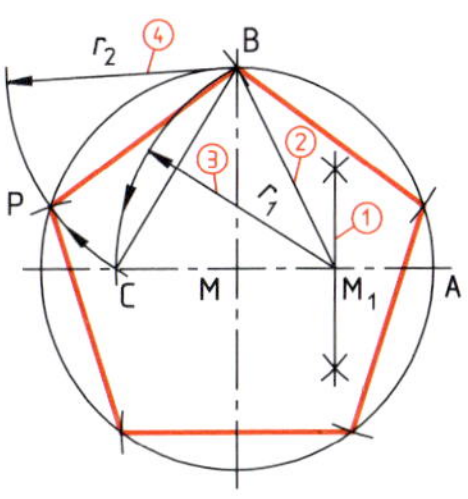

Fünfeck

① Man halbiert die Strecke $\overline{MA}$.

② Die Verbindung $\overline{M_1B}$ ergibt r_1.

③ Trägt man auf $\overline{AM}$ den Radius r_1 ab, so erhält man den Punkt C.

④ Die Verbindung $\overline{BC}$ ergibt den Radius r_2, der zugleich einer Fünfeckseite entspricht.

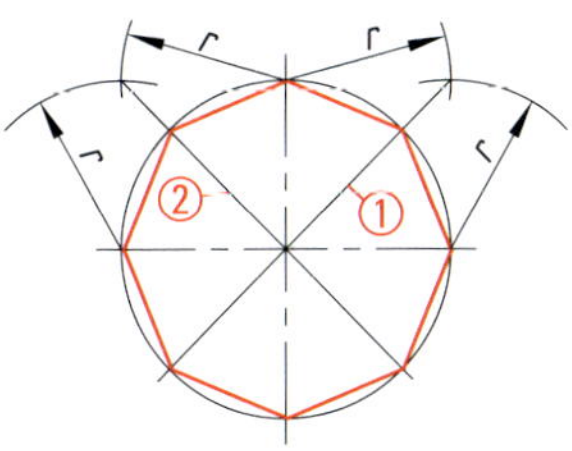

Achteck

Die Quadranten sind die ersten vier Punkte des Achtecks.

① Man konstruiert die Winkelhalbierende, indem man von zwei benachbarten Quadranten aus Kreisbögen mit $r = \frac{1}{2}d$ schlägt.

② Zwei Winkelhalbierende bilden die weiteren 4 Eckpunkte des Achtecks.

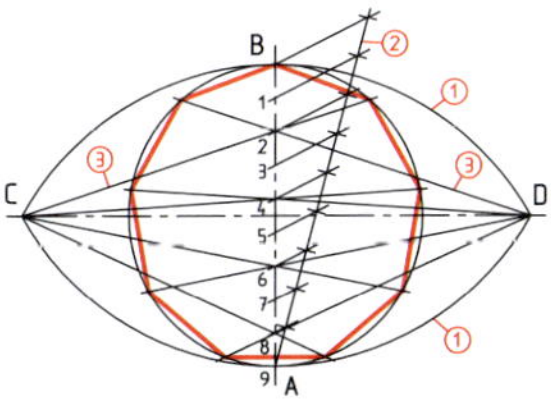

Regelmäßige Vieleck (z. B. Neuneck)

① Man schlägt um den Quadranten A oder B einen Kreisbogen mit $d = 2r$ so erhält man die Schnittpunkte C und D.

② Man unterteilt die Strecke AB = d in die Anzahl der Ecken.

③ Die Schnittpunkte der Geraden von C und D durch die Teilpunkte 2, 4, 6 und 8 ergeben die Eckpunkte des Neunecks.

Grundlagen

Geometrische Grundkonstruktionen (Fortsetzung)

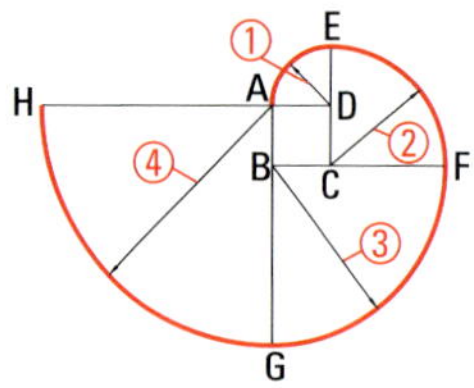

Spirale (Näherungskonstruktion)

Man zeichnet ein Quadrat ABCD.
Danach ergeben die Viertelkreise:

① Um D mit dem Radius AD den Punkt E,
② um C mit dem Radius CE den Punkt F,
③ um B mit dem Radius BF den Punkt G,
④ um A mit dem Radius AG den Punkt H.

Das kann so entsprechend beliebig fortgesetzt werden.

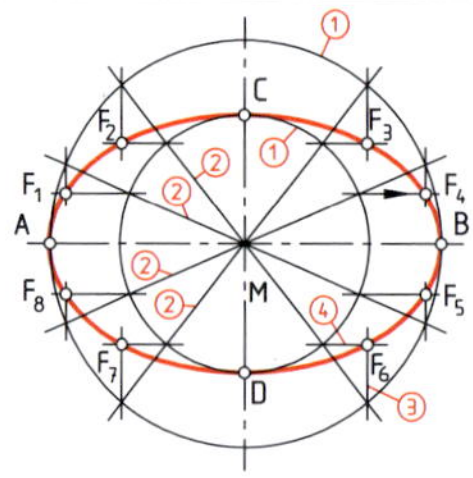

Ellipsenkonstruktionen

Mit konzentrischen Kreisen

$\overline{AB}$ ≙ große Ellipsenachse $\overline{CD}$ ≙ kleine Ellipsenachse

① Man zeichnet um den Mittelpunkt M zwei konzentrische Kreise mit den Radien $\overline{CD}/2$ und $\overline{AB}/2$.

② Man trägt unter beliebigen Winkeln mehrere Durchmesser ab.

③ Von ihren Schnittpunkten mit dem kleinen Kreis trägt man waagrechte, von dem großen Kreis senkrechte Geraden ab.

④ Die waagrechten und senkrechten Geraden schneiden sich in den Ellipsenpunkten F_1, F_2, F_3 ....

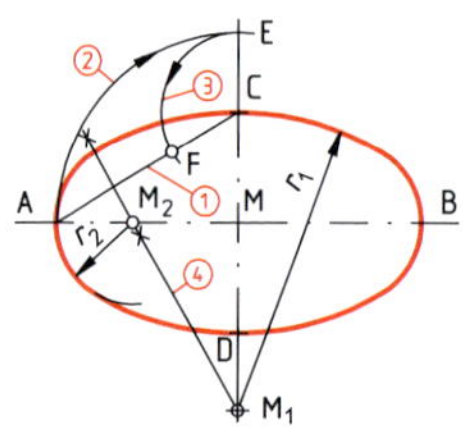

Korbbogenkonstruktion, wenn die Achsen gegeben

① Man zeichnet die Verbindungslinie $\overline{AC}$.

② Der Kreisbogen $\overline{AM}$ um M schneidet die Achse in E.

③ Die Strecke $\overline{EC}$ wird auf $\overline{AC}$ übertragen, man erhält F.

④ Die Mittelsenkrechte auf $\overline{AF}$ schneidet die Achsen in M_1 und M_2.
M_1 und M_2 sind die gesuchten Mittelpunkte für r_1 und r_2.

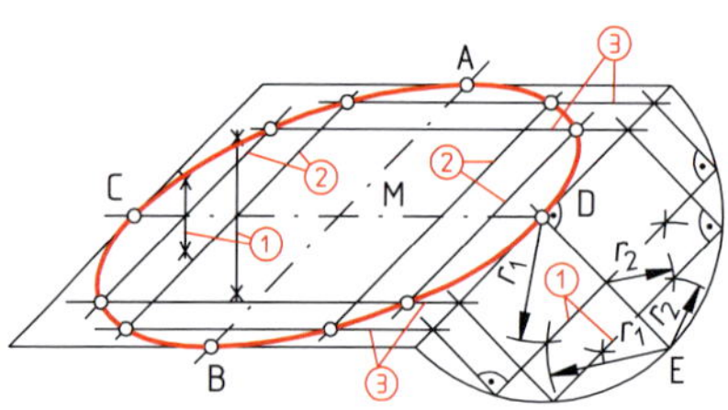

Ellipse in ein Parallelogramm konstruieren (auch für dimetrische und isometrische Projektion)

① Der auf der schmalen Seite des Parallelogramms gezeichnete Halbkreis wird ebenso wie die Strecken $\overline{CM}$ und $\overline{MD}$ im gleichen Verhältnis geteilt, z. B. durch jeweilige Halbierung der Reststrecke.

② Man zeichnet in den Teilpunkten die Parallelen zur Achse $\overline{AB}$.

③ Von den Schnittpunkten mit dem Halbkreis zieht man die Parallelen zur Achse $\overline{DE}$ und anschließend zur Achse $\overline{CD}$.
Die Schnittpunkte sind Ellipsenpunkte.

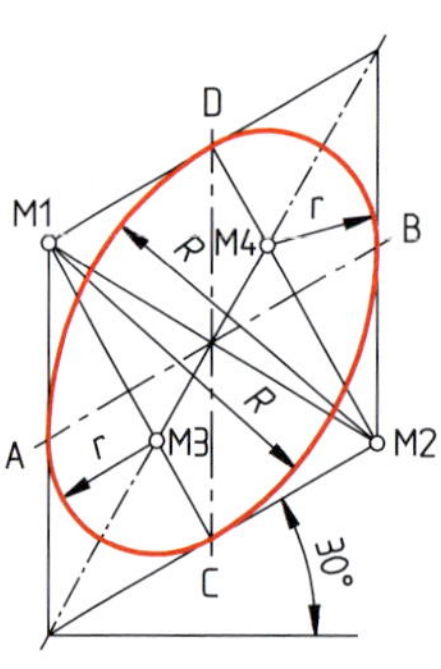

Ellipse – Näherungskonstruktion für isometrische Projektion

① Wird der Rhombus für die Bohrung halbiert, so ergeben sich die Schnittpunkte A, B, C und D.

② Die Verbindungslinien $\overline{CM1}$ und $\overline{DM2}$ schneiden sich mit den Diagonalen in M3 und M4.

③ Die Ellipse ergibt sich durch die Radien R um M1 und M2, r um M3 und M4.

Geometrische Grundkonstruktionen (Fortsetzung)

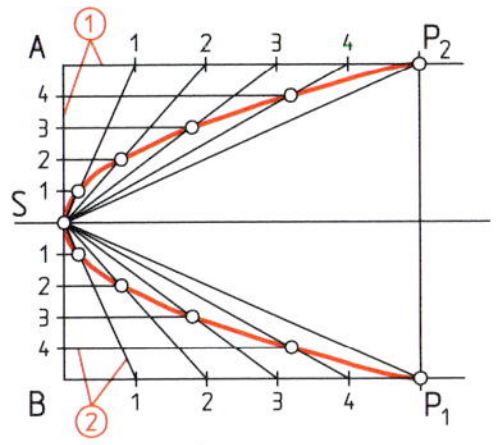

Parabel

Parabel, wenn Scheitelpunkt S und Parabelpunkte P_1, P_2 gegeben sind

① Die Rechteckseiten $\overline{AP_2}$, $\overline{BP_1}$ und die Strecken $\overline{AS}$, $\overline{BS}$ werden in gleiche Teile eingeteilt.

② Verbindet man die Teilpunkte mit den gleichen Zahlen, so erhält man die Punkte der Parabel.

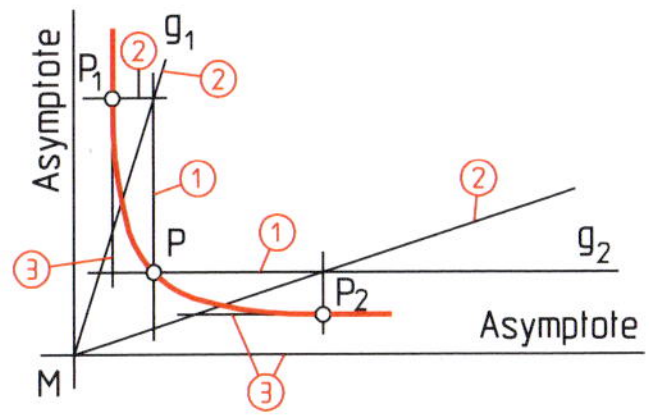

Hyperbel

Gleichseitige Hyperbel, wenn Hyperbelpunkt P und Asymptoten gegeben sind

① Durch Punkt P wird je eine Parallele g_1 und g_2 zu den Asymptoten gezogen.

② Beliebige Strahlen schneiden die Parallelen g_1 *und* g_2.

③ Durch die Schnittpunkte werden wiederum Parallelen zu den Asymptoten gezogen, die die Punkte P_1, P_2 usw. der Kurve ergeben.

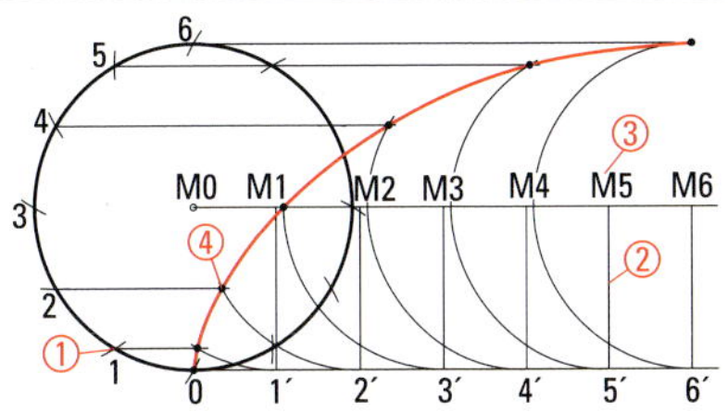

Zykloide

① Der Rollkreis mit Mittelpunkt M0 wird in z. B. 12 gleiche Teile eingeteilt.

② Ebenso wird die Grundlinie (Umfang des Rollkreises $= \pi d$) in z. B. 12 gleiche Teile 1′ bis 12′ eingeteillt.

③ Die Mittelpunkte der Hilfskreise M1 bis M12 sind die Schnittpunkte aus den Senkrechten von 1′ bis 12′ und der Waagrechten von M0 aus.

④ Die Zykloidenpunkte sind die Schnittpunkte aus den Hilfskreisen und den zugehörigen Waagrechten der einzelnen Punkte auf dem Rollkreis.

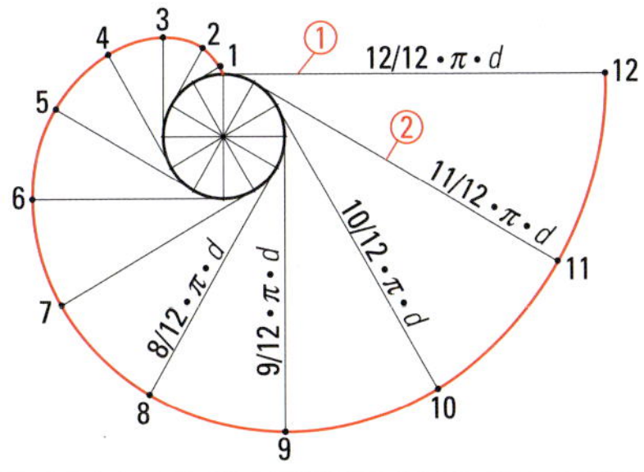

Evolvente

Der Rollkreis mit Mittelpunkt M0 wird in z. B. 12 gleiche Teile eingeteilt.

① An jeden Teilpunkt wird eine Tangente gezeichnet.

② Die Evolventenpunkte sind die von den Berührungspunkten der Tangente abgetragenen Längen des zugehörigen abgewickelten Bogens ($1/12 \pi d$ bis $12/12 \pi d$).

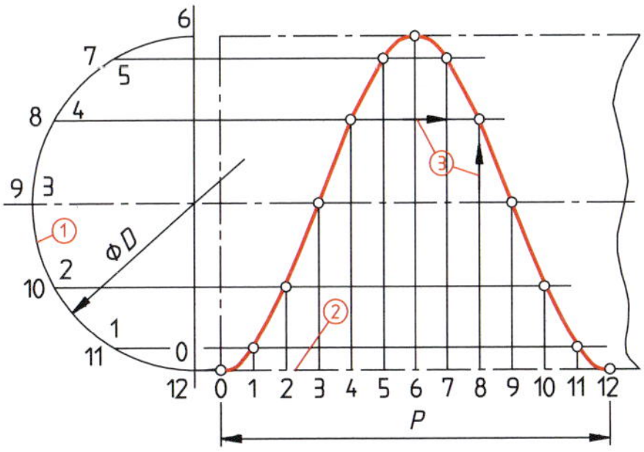

Schraubenlinie (Wendel)

Bei gegebener Steigung *P* und Durchmesser *D*

① Der Halbkreis wird in gleiche Teile z.B. 6 eingeteilt.

② Die Steigung *P* wird in die doppelte Anzahl von Teilen wie der Halbkreis z.B. 12 eingeteilt.

③ Die Punkte der Schraubenlinie erhält man, indem die Teilpunkte mit gleichen Zahlen zum Schnitt bringt.

Grundlagen

Normzahlen (NZ)

DIN 323-1 : 1974-08

Normzahlen sind gerundete Zahlen geometrischer Reihen, die in Konstruktion und Fertigung verwendet werden.

Die Normzahlen werden in Stufensprüngen q und Reihen R angewandt.

R5: $q_5 = \sqrt[5]{10}$ ≈ 1,6 R10: $q_{10} = \sqrt[10]{10}$ ≈ 1,25

R20: $q_{20} = \sqrt[20]{10}$ ≈ 1,12 R40 $q_{40} = \sqrt[40]{10}$ ≈ 1,06

Hauptwerte (R) und Rundwerte (R')					
R5	**R10**	**R'10**	**R20**	**R'20**	**R40**
1,00	**1,00**		**1,00**		**1,00**
					1,06
			1,12	1,1	**1,12**
					1,18
	1,25		**1,25**		**1,25**
					1,32
			1,40		**1,40**
					1,50
1,60	**1,60**		**1,60**		**1,60**
					1,70
			1,80		**1,80**
					1,90
	2,00		**2,00**		**2,00**
					2,12
			2,24	2,2	**2,24**
					2,36
2,50	**2,50**		**2,50**		**2,50**
					2,65
			2,80		**2,80**
					3,00
	3,15	3,2	**3,15**	3,2	**3,15**
					3,35
			3,55	3,6	**3,55**
					3,75

Hauptwerte (R) und Rundwerte (R')					
R5	**R10**	**R'10**	**R20**	**R'20**	**R40**
4,00	**4,00**		**4,00**		**4,00**
					4,25
			4,5		**4,50**
					4,75
	5,00		**5,00**		**5,00**
					5,30
			5,60		**5,60**
					6,00
6,30	**6,30**		**6,30**		**6,30**
					6,70
			7,10		**7,10**
					7,50
	8,00		**8,00**		**8,00**
					8,50
			9,00		**9,00**
					9,50
10,00	**10,00**		**10,00**		**10,00**

Weitere Werte werden durch Multiplikation und Division mit 10, 100, 1000 usw. erreicht.
Die gröbere Reihe ist der feineren (höhere Zahl) vorzuziehen; z. B. R5 vor R10 oder R20 usw.

Radien

DIN 250 : 2002-04

Hervorgehobene Zahlen: Reihe 1 = Vorzugsreihe (d. h. fettgedruckte Werte) sind zu bevorzugen																			
0,2				0,3		**0,4**		0,5		**0,6**		0,8		**1**		1,2		**1,6**	
2		**2,5**		3		**4**		5		**6**		8		**10**		12		**16**	18
20	22	**25**	28	**32**	36	**40**	45	**50**	56	**63**	70	**80**	90	**100**	110	**125**	140	**160**	180

Anwendungsbeispiele: Rundungen an Gusskörpern und Schmiedeteilen, Wellenenden, Wellenkuppen, Wellenabsätzen, Freistiche an Wellen, Rundungen an Platten usw.

Maßstäbe

DIN ISO 5455 : 1979-12

Verkleinerungsmaßstäbe	Natürlicher Maßstab	Vergrößerungsmaßstab
1:2 1:5 1:10 1:20 1:50 1:100	1:1	2:1 5:1 10:1 20:1 50:1

Erklärung: z. B. 1:5 — tatsächliche Größe (1) — gezeichnete Größe (5)

Der Hauptmaßstab wird in der Nähe des Schriftfeldes eingetragen.
Andere Maßstäbe werden in der Zeichenfläche **nur** als Verhältnis in der Nähe der Positionsnummer oder der Kennbuchstaben der Einzelheit angegeben.
Weitere Werte werden durch die Multiplikation von 10, 100 usw. erreicht.

Schriften

DIN EN ISO 3098-1 : 2015-06, -4 : 2000-11

Schriftform V (Vertikal)

ÄBCDEFGHIJKLMNÖPQRSTÜVWXYZ

äbcdefghijklmnöpqrstüvwxyz Ø

1234567890 IV X [(!?:;" – = + × · : √ % □ &)]

Schriftform B (Breit)

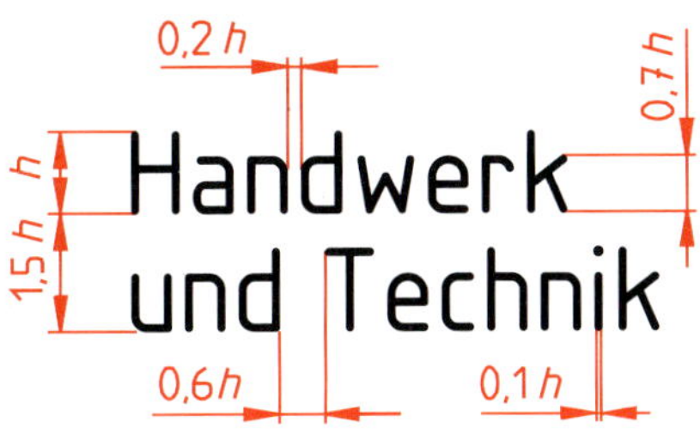

Schrifthöhe h und Linienbreite *d* in mm								
h	1,8	2,5	3,5	5	7	10	14	20
d	0,18	0,25	0,35	0,5	0,7	1	1,4	2

Schriftform A (Eng)

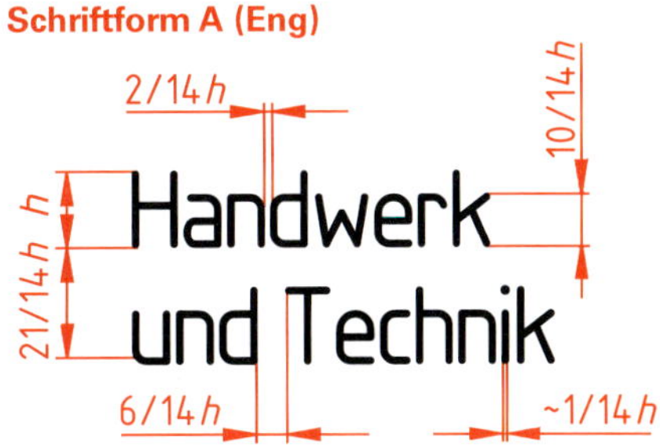

Schrifthöhe h und Linienbreite *d* in mm								
h	1,8	2,5	3,5	5	7	10	14	20
d	0,13	0,18	0,25	0,35	0,5	0,7	1	1,4

Anwendungsbeispiele

Schriftform B (Breit), V (Vertikal)
Allgemein bevorzugte Anwendung

Handwerk und Technik

Schriftform B (Breit), S (Geneigt, Kursiv unter 75°)
Allgemein für Maßbuchstaben

Handwerk und Technik

Griechisches Alphabet

Α	α	alpha	Ζ	ζ	zeta	Λ	λ	lambda	Π	π	pi	Φ	φ	phi
Β	β	beta	Η	η	eta	Μ	μ	mü	Ρ	ϱ	rho	Χ	χ	chi
Γ	γ	gamma	Θ	θ	theta	Ν	ν	nü	Σ	σ	sigma	Ψ	ψ	psi
Δ	δ	delta	Ι	ι	iota	Ξ	ξ	xi	Τ	τ	tau	Ω	ω	omega
Ε	ε	epsilon	Κ	ϰ	kappa	Ο	ο	omikron	Υ	υ	ypsilon			

Römische Ziffern

I	1	II	2	III	3	IV	4	V	5	VI	6	VII	7	VIII	8	IX	9
X	10	XX	20	XXX	30	XL	40	L	50	LX	60	LXX	70	LXXX	80	XC	90
C	100	CC	200	CCC	300	CD	400	D	500	DC	600	DCC	700	DCCC	800	CM	900
M	1000																

Beispiele: MDCXLII 1642 MCMLXV 1965 MMXVIII 2018

Zeichenblattnormen

Linien

DIN EN ISO 128-2 : 2022-02

Linienarten	Linienbreiten *d* der Liniengruppen				Anwendungsbeispiele in der Metalltechnik	
	0,35	**0,5**	**0,7**	**1,0**		
Volllinie	0,35	0,5	0,7	1,0	Breit:	sichtbare Kanten, Umrisse, Gewindebegrenzung, Schweißzeichen, Gewindespitzen, Schnittpfeillinien, Oberflächenstrukturen (z. B. Rändel)
	0,18	0,25	0,35	0,5	Schmal:	Maßlinien, Maßhilfslinien, Hinweislinien, Gewindegrund, Lichtkanten, Schraffuren, Biegelinien, Umrahmungen von Einzelheiten
	0,25	0,35	0,5	0,7	Maßbuchstaben, Maßzahlen, Symbole.	Schrifthöhe = 10 Linienbreite
Strichlinie	0,35	0,5	0,7	1,0	Breit:	mögliche Kennzeichnung zulässiger Oberflächenkennzeichnung
	0,18	0,25	0,35	0,5	Schmal:	verdeckte Kanten, verdeckte Umrisse
Strich-Punktlinie	0,35	0,5	0,7	1,0	Breit:	Angabe der Schnittebene, Angabe der geforderten Behandlung (z. B. Härtebereich)
	0,18	0,25	0,35	0,5	Schmal:	Mittellinien, Symmetrielinien, Lochkreise, Teilkreise von Verzahnungen
Strich-Zweipunktlinie	0,18	0,25	0,35	0,5	Schmal:	angrenzende Teile, Grenzstellungen von beweglichen Teilen, Schwerlinien, Umrisse vor Verformung, vor der Schnittebene liegende Teile, Fertigformen in Rohteilen, Umrahmung besonderer Bereiche, projizierte Toleranzzone, Umrisse alternativer Ausführungen
Freihandlinie	0,18	0,25	0,35	0,5	Schmal:	Begrenzung von abgebrochenen oder unterbrochenen Ansichten und Schnitten, wenn diese nicht mit einer Mittellinie zusammenfallen vorzugsweise für manuelle Darstellungen
Zickzacklinie	0,18	0,25	0,35	0,5	Schmal:	Wie Freihandlinie, jedoch vorzugsweise für Darstellungen durch Zeichenautomaten (z. B. mit CAD)

Linienbreiten *d* allgemein in mm	0,13	0,18	0,25	0,35	0,5	0,7	1	1,4	2

Linien-Ausführung

DIN EN ISO 128-2 : 2022-02

Strichlinie

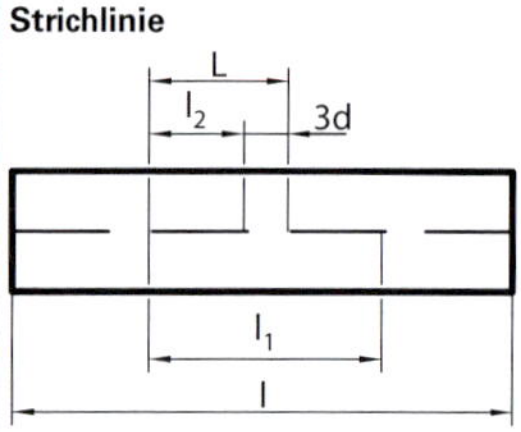

L = Liniensegment
d = Linienbreite
$l_2 = 12\,d$ (allgemein)

Mit CAD-Systemen:

$$n = \frac{l_1 - 12\,d}{15\,d}$$

$$l_2 = \frac{l_1 - 3\,d\,n}{n+1}$$

Punktlinie

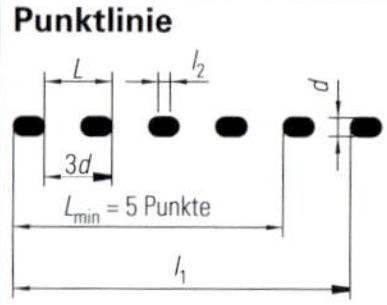

L = Liniensegment
d = Linienbreite
$l_2 = < 0{,}5\,d$ (allgemein)

Mit CAD-Systemen:

$$n = \frac{l_1 - 0{,}5\,d}{3{,}5\,d}$$

$$l_2 = \frac{l_1 - 3\,d\,n}{n+1}$$

Strichpunktlinie

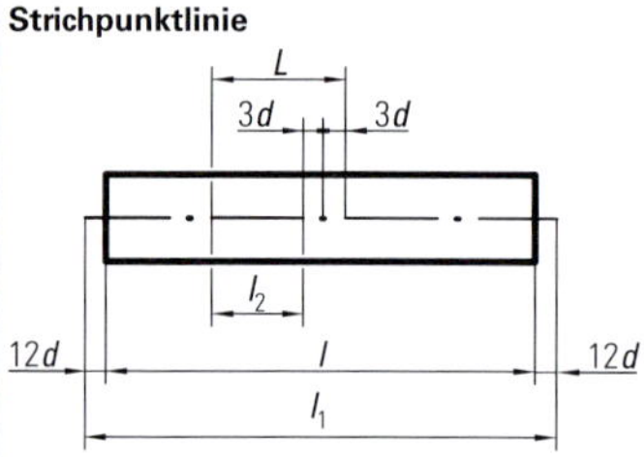

L = Liniensegment
d = Linienbreite
$l_2 = 24\,d$ (allgemein)

Mit CAD-Systemen:

$$n = \frac{l_1 - 24\,d}{15\,d}$$

$$l_2 = \frac{l_1 - 6{,}5\,d\,n}{n+1}$$

Zickzacklinie

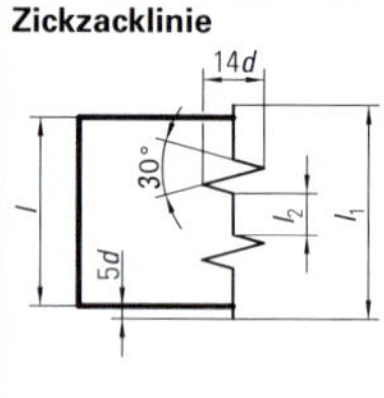

d = Linienbreite
$l_2 = 12\,d$ (allgemein)

Mit CAD-Systemen:

$$n = \frac{l_1}{80} + 1$$

$n = 1$ wenn $l_1 < 40$

$$l_2 = \frac{l_1}{n} - 7{,}5\,d$$

Kreuzungen und Anschlussstellen
Linien sollten sich mit Linien kreuzen und berühren

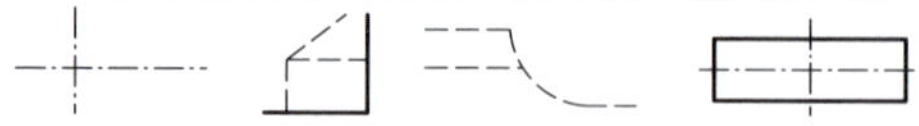

Zeichenblattnormen

Formate von Zeichnungsvordrucken

DIN EN ISO 5457 : 2017-10

Format	A0	A1	A2	A3	A4
Abmessungen in mm	841 × 1189	594 × 841	420 × 594	297 × 420	210 × 297
Zeichenfläche in mm	821 × 1159	574 × 811	400 × 564	277 × 390	190 × 267

Seitenlängen
Verhältnis der 1: $\sqrt{2} \approx$ 1:1,414
Ausgangsformat ist A0

Streifenformate
Sie entstehen durch Kombination der kurzen Seite mit einer größeren langen Seite der A-Formate.

Beispiele mit Kennzeichnung
A2.0 bedeutet Breite von A2, Länge von A0
A3.0 bedeutet Breite von A3, Länge von A0

Rahmen

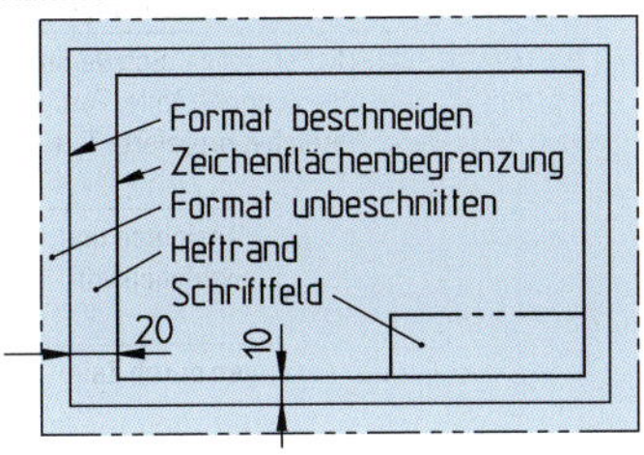

Falten von A3 für den A4-Ordner

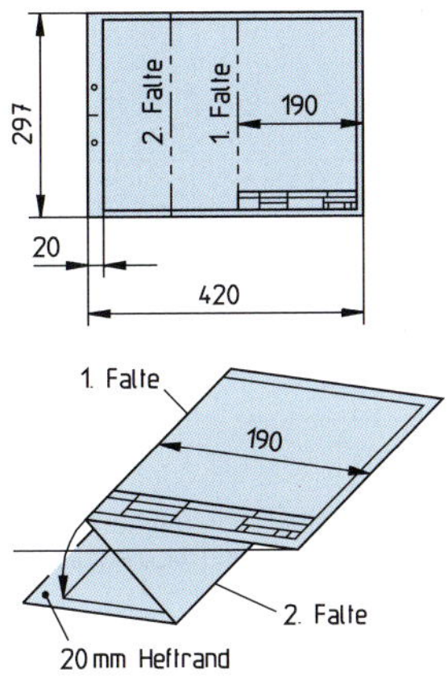

Falten von A2 für den A4-Ordner

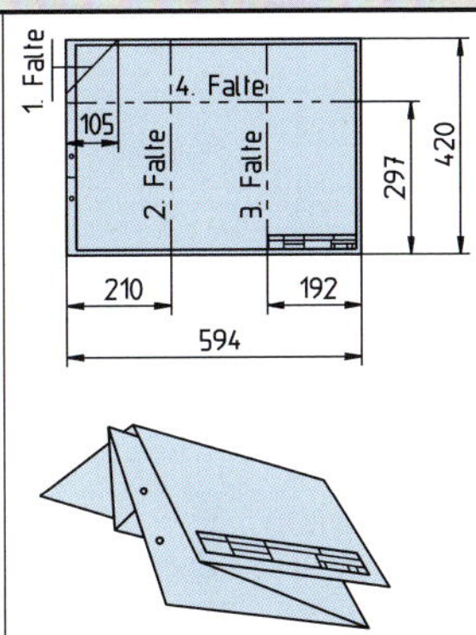

Grundschriftfeld für Zeichnungen

DIN EN ISO 7200 : 2004-05

Beispiel 1 für ein Schriftfeld in Zeichnungen und Textdokumenten

Verantwortliche Abt. KON 1	Technische Referenz Maria Strung	Dokumentenart Gesamtzeichnung	Dokumentenstatus freigegeben			
Ingenieurbüro Müller	Erstellt durch: Erwin Nagel	Titel, zusätzlicher Titel Düse Ventil	Sachnummer V 300.12			
	Genehmigt von: Gunnar Müller		Änd. A	Ausgabedatum 2005-05-11	Spr. de	Blatt 1/3

180 mm

Datenfelder, wie Maßstab, Projektionssymbol, Toleranzen und Oberflächenangaben werden dynamisch behandelt und nur dann außerhalb des Schriftfeldes angegeben, wenn sie erforderlich sind.

Beispiel 2 für ein Schriftfeld in Zeichnungen

Verantwortliche Abt. KON 1	Technische Referenz Maria Strung	Erstellt durch: Erwin Nagel	Genehmigt von: Gunnar Müller			
Ingenieurbüro Müller		Dokumentenart Gesamtzeichnung	Dokumentenstatus freigegeben			
		Titel, zusätzlicher Titel Düse Ventil	V 300.12			
			Änd. A	Ausgabedatum 2005-05-11	Spr. de	Blatt 1/3

Außer der Breite des Schriftfeldes (180 mm) sind keine Maße für die Datenfelder (Feldbreiten, Feldhöhen) vorgeschrieben.

Stückliste, Form A

DIN 6771-2 : 1987-02[1]

1	2	3	4	5	6
Pos.	Menge	Einheit	Benennung	Sachnummer / Norm – Kurzbezeichnung	Bemerkung

Die Trennlinien werden gezogen, wenn durch die Schreibweise allein kein klares eindeutiges Bild zu erreichen ist.

[1] zurückgezogen, jedoch noch gebräuchlich

Darstellungsnormen

Diagramme – Grafische Darstellung im Koordinatensystem — DIN 461 : 1973-03

Diagramme sind grafische Darstellungen im Koordinatensystem. Sie dienen zur Veranschaulichung funktioneller Zusammenhänge. Es werden wertmäßige Zusammenhänge zwischen veränderlichen Größen dargestellt.

Ebenes kartesisches Koordinatensystem	Ebenes polares Koordinatensystem
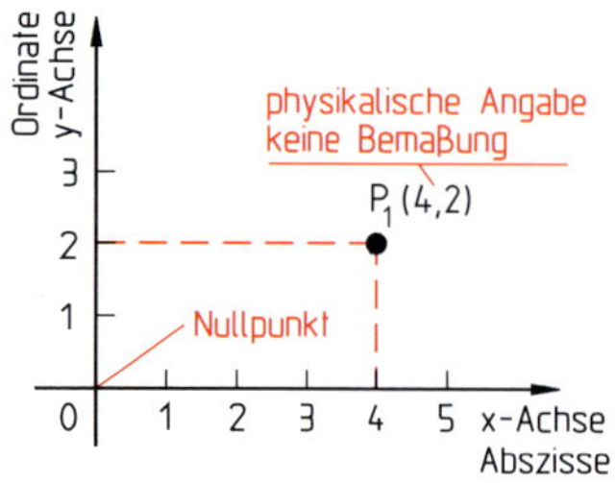 Pfeile zeigen die Koordinatenrichtung. Die x-Achse (für unabhängige Variablen) und die y-Achse (für abhängige Variablen) schneiden sich im Ursprung (Nullpunkt)	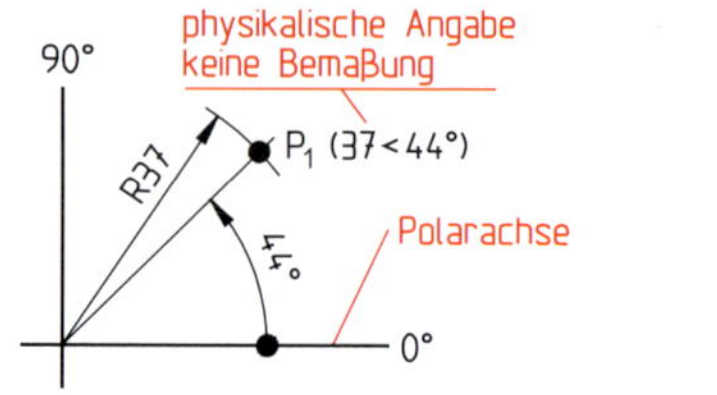 Der waagerechten Achse ist der Winkel 0° zugeordnet. Positive Winkel werden gegen die Uhrzeigerrichtung gezählt.

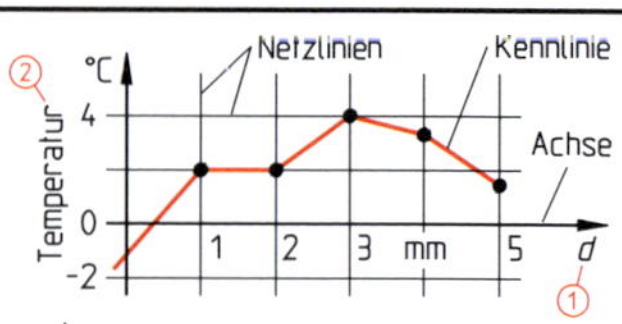

Formelzeichen

① Die kursiv zu schreibenden Formelzeichen stehen links **neben** der senkrechten Pfeilspitze und **unter** der waagerechten Pfeilspitze. Alle Zeichen sollen von einer Richtung aus lesbar sein.

② Lange Formelzeichen können auch von rechts lesbar angebracht sein.

Linienbreiten

Linienbreiten werden in etwa im folgenden Verhältnis gezeichnet:

Netz : Achsen : Kennlinie = 1 : 2 : 4

Jedoch soll bei Arbeitsdiagrammen die Kurvenbreite, um hohe Ablesegenauigkeit zu erreichen, so schmal wie möglich sein.

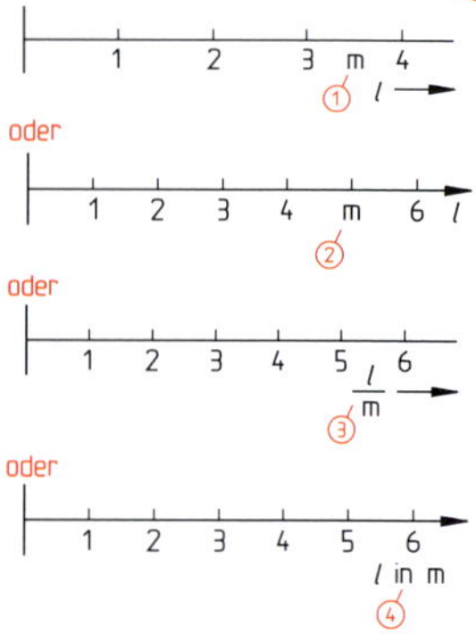

Einheiten

Einheitenzeichen können auf folgende Art angebracht werden:

① Zwischen den letzten beiden Zahlen der Skalen.

② Bei Platzmangel kann die vorletzte Zahl weggelassen werden.

③ In Bruchform mit dem Formelzeichen im Zähler.

④ Mit dem Zusatz „in", das an das Formelzeichen angehängt wird.

Diagrammarten

Zustand	Entwicklung	Zuordnung
Funktionsdiagramm mit einer Variablen 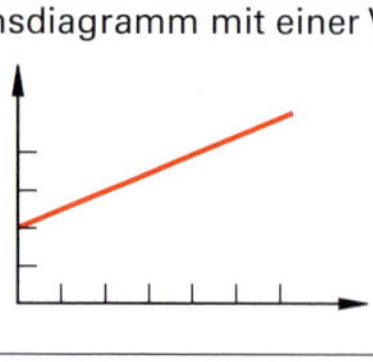	Balken-Zeit-Diagramm 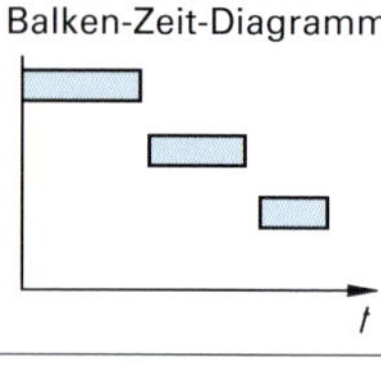	Zugehörigkeit (Baumdiagramm) 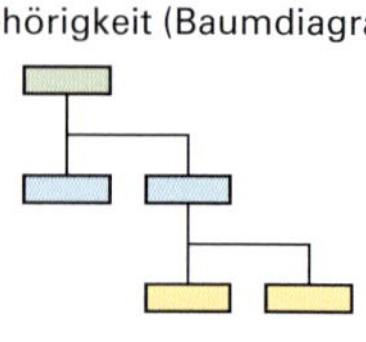
Nomogramm mit mehreren Variablen 	Netzplan 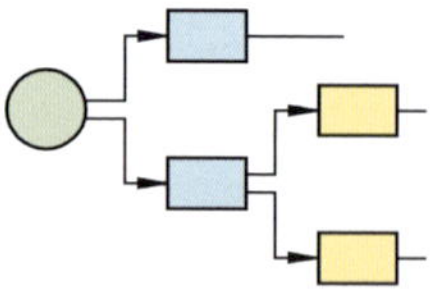	Abhängigkeitsdiagramm 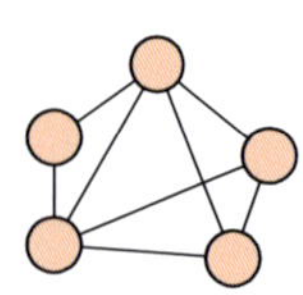

Axonometrische Darstellungen

DIN ISO 5456-3 : 1998-04

Isometrische Projektion	Dimetrische Projektion	Kabinett-Projektion	Kavalier-Projektion
Ellipsenkonstruktionen, falls erforderlich, siehe Geometrische Grundkonstruktionen			
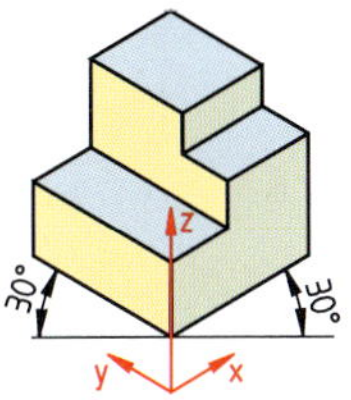 Abmessungen in Richtung x, y, z 1:1	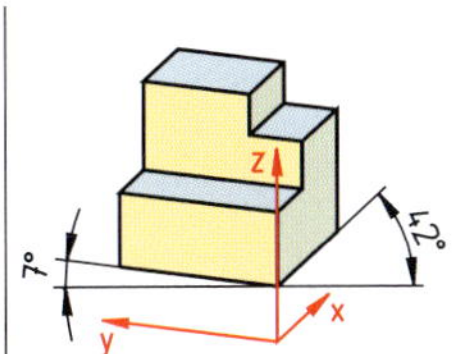 Abmessungen in Richtung y, z 1:1; x 1:2	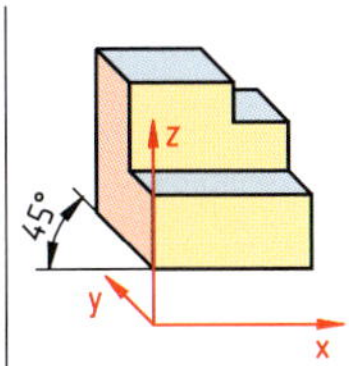 Abmessungen in Richtung x, z 1:1; y 1:2	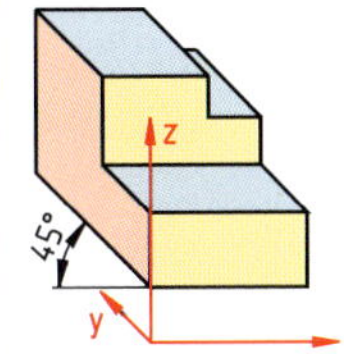 Abmessungen in Richtung x, y, z 1:1

Anordnung der Ansichten

DIN EN ISO 128-3 : 2022-02

Projektionsmethode 1 (zur Zeit übliche Methode)

Das Symbol zur Kennzeichnung der Methode muss im oder in Nähe Schriftfeld angegeben werden. 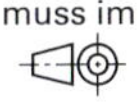

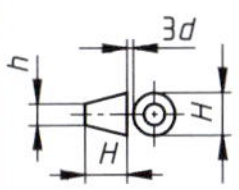

Linienbreite *d*	0,35	0,5	0,7
Höhe *h*	3,5	5	7
Höhe *H*	7	10	14

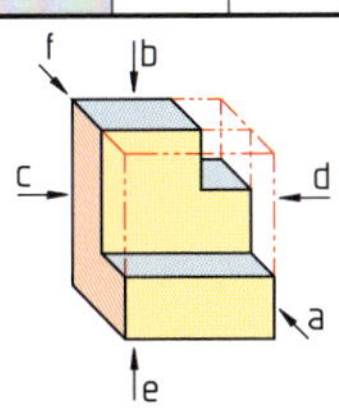

Die Blickrichtung wird mit Kleinbuchstaben angegeben, die Ansicht mit Großbuchstaben.

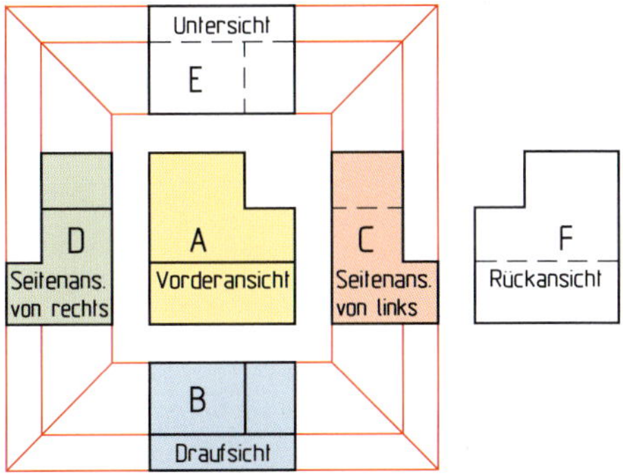

Pfeilmethode (von der Norm bevorzugte Methode)

Der Pfeil gibt die Blickrichtung an.

Ansichten dürfen zur Vorderansicht beliebig angeordnet werden.

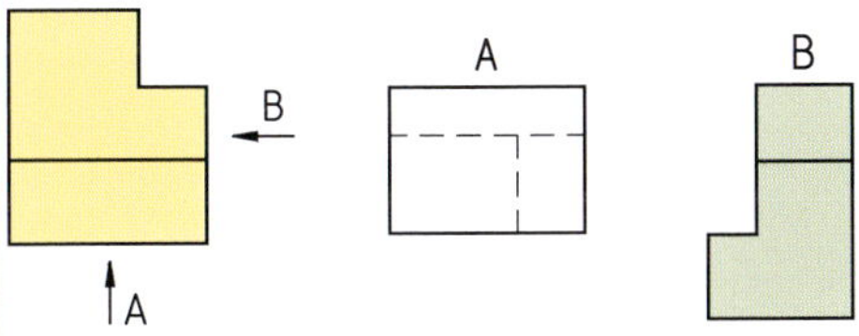

Projektionsmethode 3

Das Symbol zur Kennzeichnung der Methode muss im oder in Nähe Schriftfeld angegeben werden.

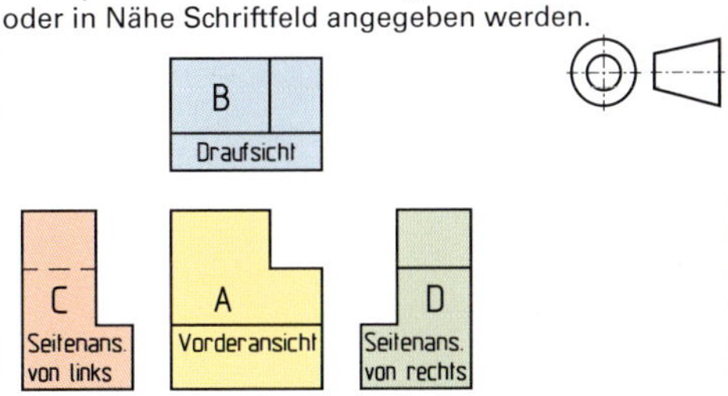

- **Verdeckte Kanten** werden nur dann gezeichnet, wenn sie zum Verständnis dienen oder durch sie z. B. eine weitere Ansicht gespart werden kann.
- Die **Vorderansicht** ist die aussagefähigste Ansicht, bei der die Gebrauchslage und Fertigungslage berücksichtigt wird.
- Die **Anzahl der Ansichten** ist so groß, wie zur eindeutigen Darstellung eines Körpers notwendig.
- In Teilzeichnungen wird die Vorderansicht bevorzugt in **Fertigungslage** dargestellt.
- Drehteile werden liegend und mit dem großen Durchmesser links dargestellt.
- In Haupt- und Gruppenzeichnungen wird die Hauptansicht bevorzugt in **Gebrauchs-** oder **Einbaulage** dargestellt.
- Die **Leselage** (Gebrauchslage) der Zeichnung ist die Leserichtung des Schriftfeldes. Nur bei Format A4 kann die Gebrauchslage um 90° gedreht werden.

Darstellungsnormen

Ansichten

DIN EN ISO 128-3 : 2022-02

Teilansichten, Lichtkanten

① Teilansichten werden durch die **Zickzacklinie** begrenzt.

② Gerundete scharfkantige Übergänge werden in der Projektion, falls erforderlich, als **Lichtkanten** gezeichnet. Sie sind schmale Volllinien, die nicht die Umrisse berühren.

③ Ist die Teilansicht nicht in der Lage des Bezugspfeils, so wird sie durch **gebogenen Pfeil** und Winkel angegeben.

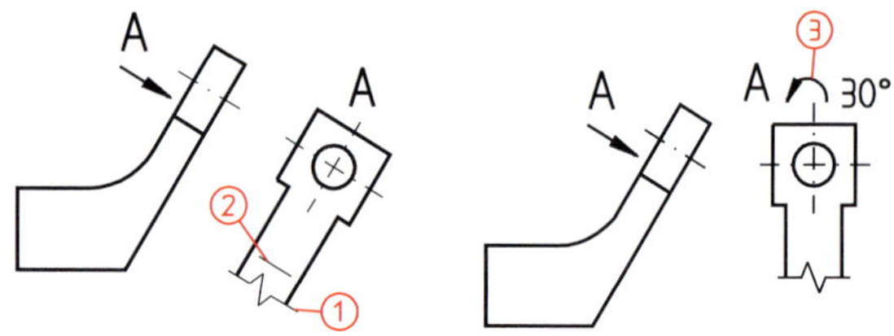

④ Bei symmetrischen Teilen können aus Zeit- und Platzgründen Teilansichten gezeichnet werden.
Das Symbol für Symmetrie muss wie rechts dargestellt angebracht werden.

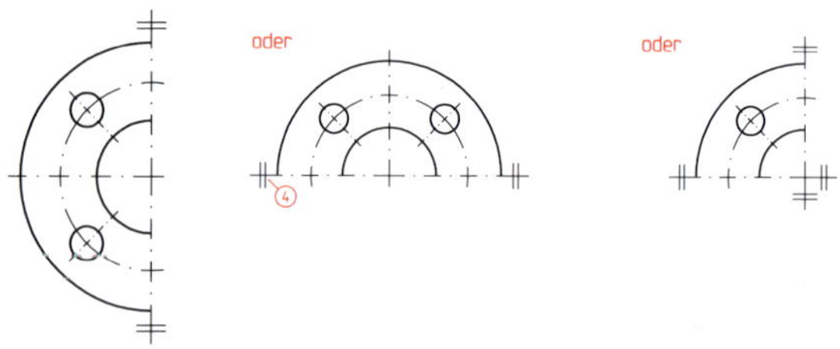

Genügt eine Teilansicht, statt einer zweiten Gesamtansicht, so soll sie in der Projektionsmethode 3 dargestellt werden.
Sie wird mit der Gesamtansicht durch eine schmale Strich-Punktlinie verbunden.

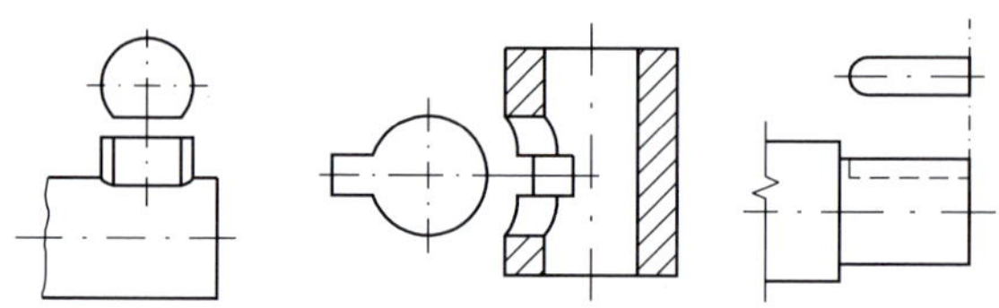

Unterbrochene Ansichten

⑤ Will man Platz sparen, wird ein Teil mit Freihandlinie oder Zickzacklinie unterbrochen.

Diagonalkreuz

⑥ Es kennzeichnet ebene Flächen an Wellen, um zusätzliche Ansichten zu sparen.

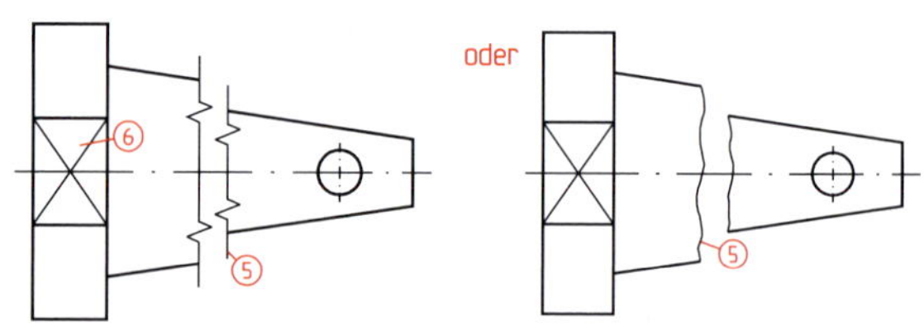

Vereinfachte Darstellungen

Sich regelmäßig **wiederholende Geometrieelemente** können durch ein Geometrieelement und durch seine Lagen dargestellt werden.

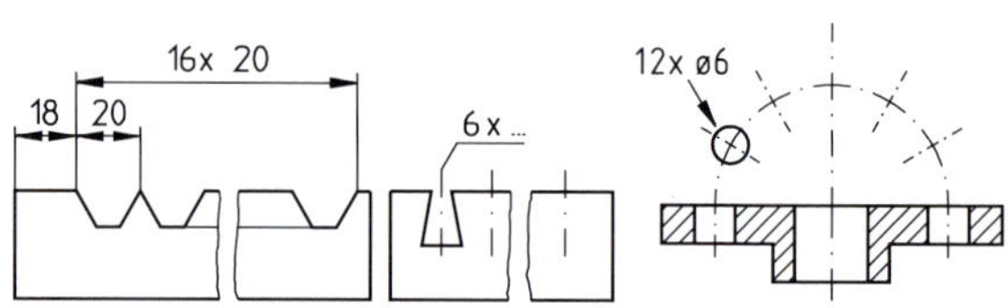

⑦ Gerundete **Durchdringungslinien** können durch gerade Linien ersetzt werden.

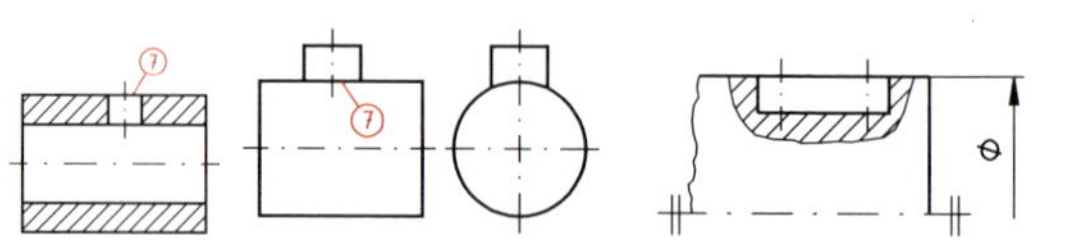

Auf die Darstellung **geringer Neigungen** kann verzichtet werden.

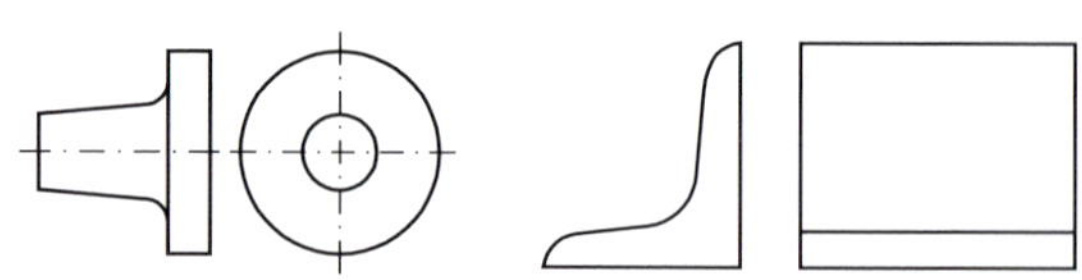

Darstellungsnormen

Darstellungen mit der Strich-Zweipunktlinie

Schraffuren geschnittener Teile, die mit einer Strichzweipunktlinie dargestellt sind, werden weggelassen.

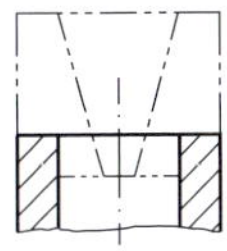

angrenzendes Teil

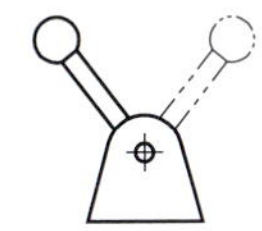

Einstellungen bewegter Teile

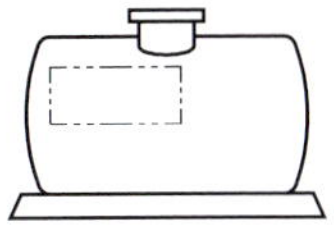

Umrisse besonderer Felder

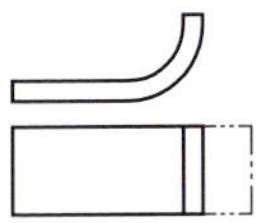

ursprüngliche Form

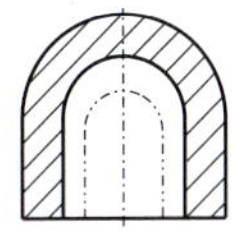

Elemente vor der Schnittebene

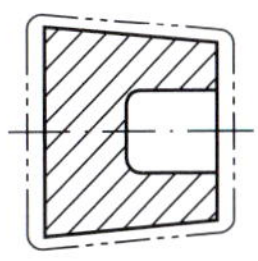

Rohform in Fertigform

Geometrieelemente im größeren Maßstab

Die Einrahmung kann z. B.

① kreisförmig oder

② ellipsenförmig sein.

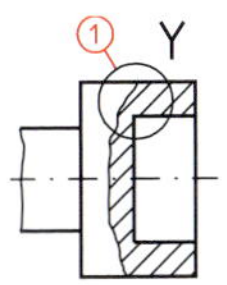

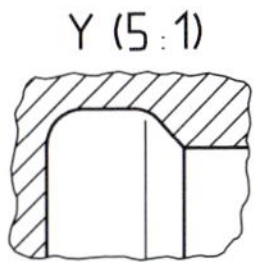

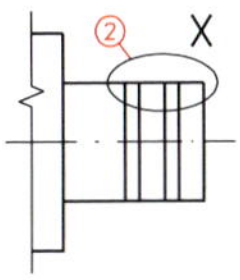

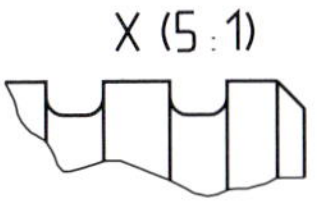

Biegelinien

③ Sie werden mit schmaler Volllinie gezeichnet.

Oberflächenstrukturen

④ Sie werden mit breiter Volllinie gezeichnet.

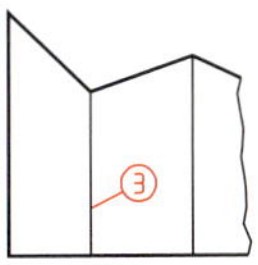

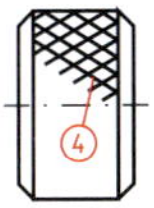

Rändel

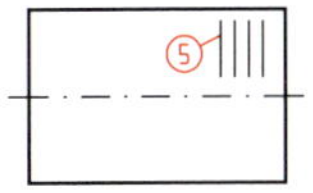

Teil aus gleichen Elementen

⑤ Die Lage der Elemente kann durch schmale Volllinie gekennzeichnet werden.

Durchsichtige Teile

⑥ Einzelteil wird als nicht durchsichtig, dagegen in Gruppenzeichnung als durchsichtig gezeichnet.

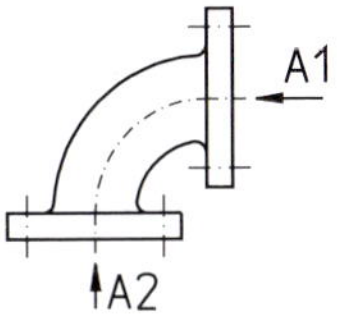

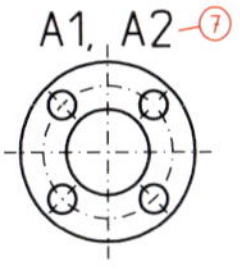

Teile mit gleichen Ansichten

⑦ Durch die Pfeilmethode können gleiche Ansichten zusammengefasst werden.

Faser- und Walzrichtung

⑧ Nur wenn nötig.

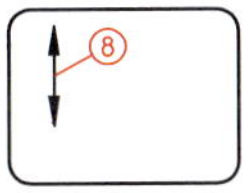

oder

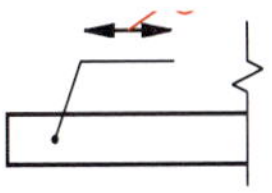

Spiegelbildlich gleiche Teile

⑨ Hier genügt eine Darstellung in der Nähe des Schriftfeldes

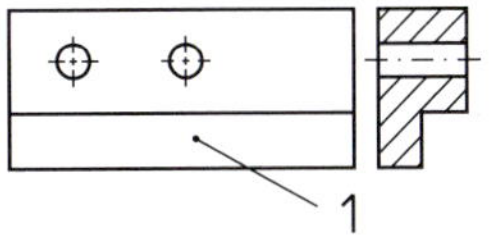

i *In Nähe Schriftfeld*

Teil 1 wie gezeichnet
Teil 2 spiegelbildlich gleich

Darstellungsnormen

Schnitt **Schnittansicht**	**Halbschnitt** **Halbschnittansicht**	**Teilschnitt** **Teilschnittansicht**
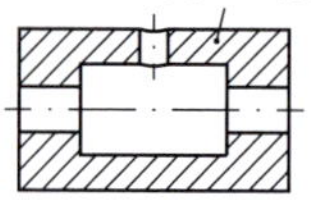	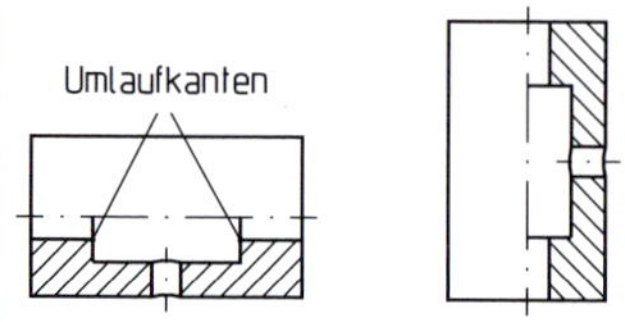	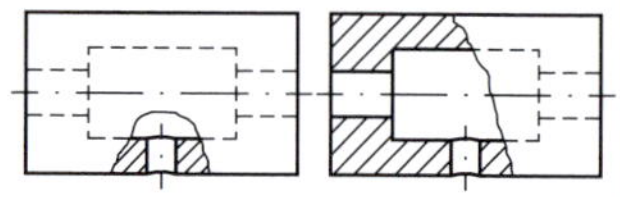
Der **Schnitt** zeigt die Umrisse eines Teiles in einer oder mehreren Ebenen. Die **Schnittansicht** zeigt auch Umrisse hinter der Schnittansicht, die sichtbar sind.	Schnittflächen symmetrischer Teile vorzugsweise unterhalb oder rechts von der Mittellinie zeichnen. Verdeckte Kanten werden nicht gezeichnet.	Der Teilschnitt zeigt den Ausbruch im Schnitt.

Allgemeine Regeln für Schnitte

① Schnittflächen werden vorzugsweise im **Winkel von 45°** zum Hauptumriss oder zur Symmetrielinie des Schnittes schraffiert. Der **Abstand** der Schraffurlinien soll der Schraffurflächengröße angepasst werden.

② Schraffuren werden für **Beschriftungen** unterbrochen.

③ Alle Schnittflächen **eines Teiles** werden gleichartig (gleiche Richtung und gleicher Abstand) in allen Schnittansichten gezeichnet.

④ Die Schraffurflächen **angrenzender Teile** werden in unterschiedlichen Richtungen schraffiert. Das gilt auch für eine Gruppe unlösbar verbundener Teile.

⑤ **Teile einer Gruppe mit einer Positionsnummer** werden in eine Richtung schraffiert.

⑥ Schmale Schnittflächen können **geschwärzt** werden. Stoßen geschwärzte Flächen aufeinander, so sind sie durch eine schmale Fuge von mindestens **0,7 mm** zu trennen.

⑦ Schnittflächen dürfen auch mit einer **sehr breiten Volllinie** umgrenzt werden.

⑧ Bei **großen Schraffierflächen** kann die Schraffur auf die Randzone beschränkt bleiben.

⑨ Fällt z. B. bei einem Halbschnitt eine Kante auf die Mittellinie, dann wird sie dargestellt.

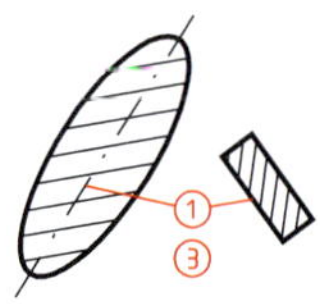

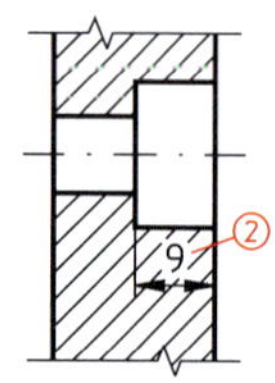

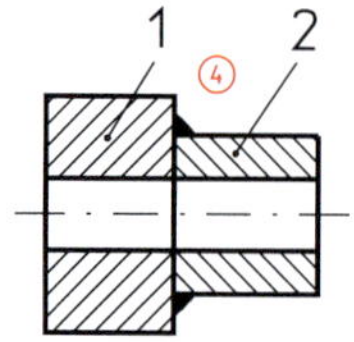

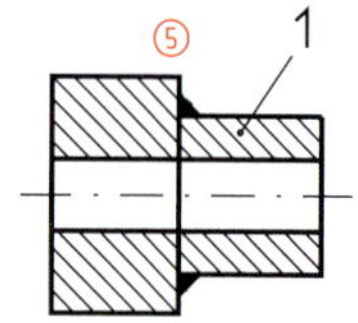

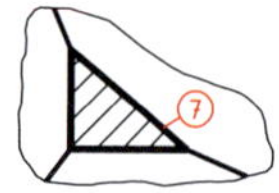

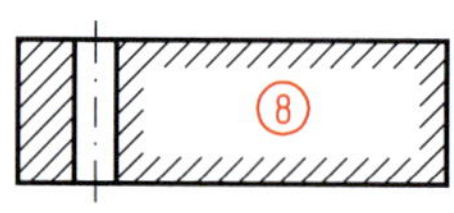

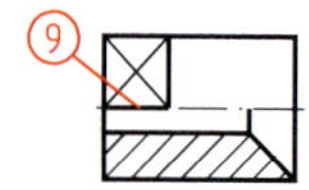

Nicht geschnitten dargestellt werden in der Regel längsgeschnittene Teile wie Wellen, Befestigungsmittel (Bolzen, Muttern, Schrauben, Stifte), Rippen, Radspeichen, Stege und ähnliche Teile.

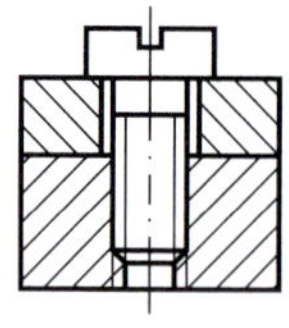

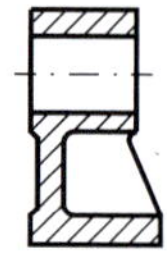

Parallele Schnittebenen müssen in einem Schnitt gleichartig (gleiche Richtung und gleicher Abstand) sein.

⑩ Zur Verdeutlichung dürfen die Schraffuren versetzt gezeichnet werden.

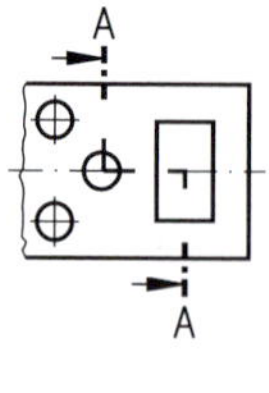

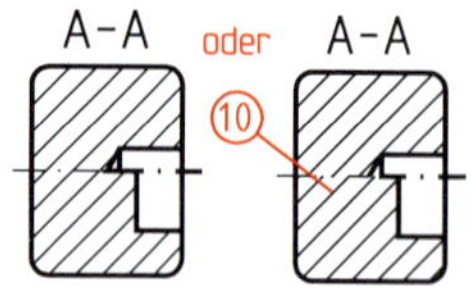

Angabe der Schnittebene

① **Jeder Schnitt** wird durch gleiche Großbuchstaben gekennzeichnet.

② Die **Bezugspfeile** geben die Betrachtungsrichtung des zugehörigen Schnittes an.

③ Die **Schnittlinie** als breite Strichpunktlinie mit langem Strich gibt die Lage der Schnittebene an.
Die Schnittlinie darf als schmale Strichpunktlinie durchgezeichnet werden, wenn es der Erkennbarkeit dient.

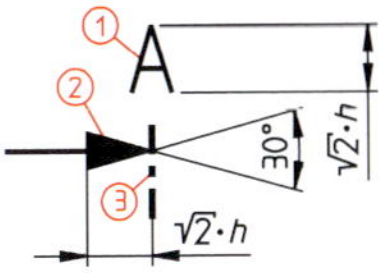

h = normale Schrifthöhe

Aufeinander folgende Schnitte können auf zwei Arten dargestellt werden.

Art 1

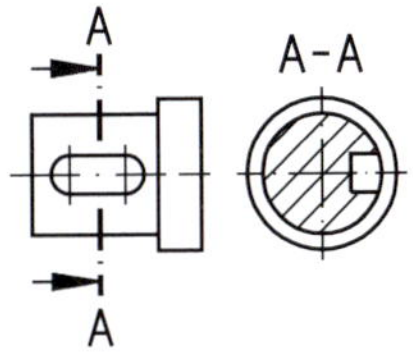

Bei Art 1 **als herausgezogene Schnitte** erfolgt die Zuordnung durch die Pfeilrichtung.

Art 2

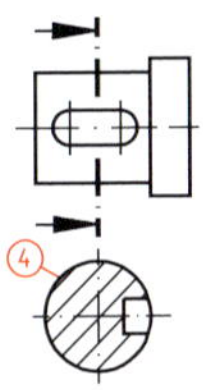

Bei Art 2 **als herausgezogene Schnitte** erfolgt die Zuordnung durch die Strichpunktlinie. Hierbei entfällt die Buchstabenkennzeichnung.

④ Kanten hinter der Schnittebene können weggelassen werden, wenn sie nichts verdeutlichen.

Bei **Profilschnitten** gelten die Regeln wie bei Teilansichten und herausgezogenen Schnitten

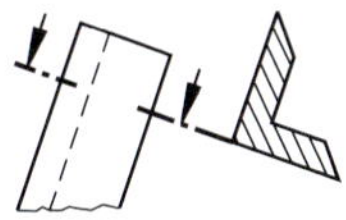

oder

Profilschnitte dürfen in eine geeignete Ansicht gedreht eingezeichnet werden. Der Umriss des Schnittes wird mit schmnalen Volllinien gezeichnet.
Die Drehrichtung des Schnittes ist wählbar.

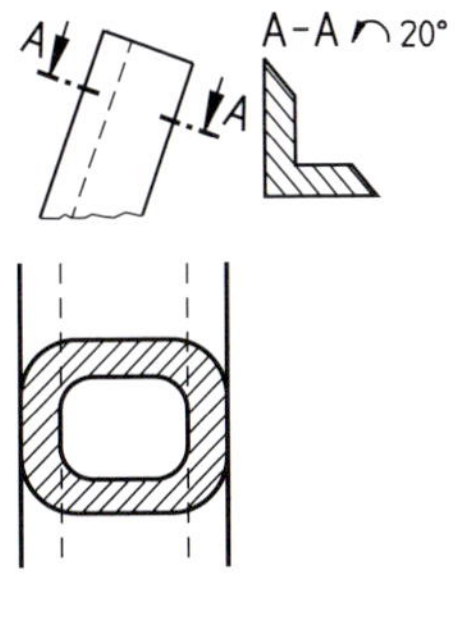

⑤ Gerundete Übergänge können durch schmale Volllinien (Lichtkanten) gezeichnet werden

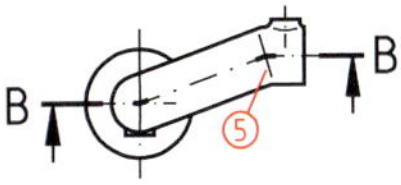

⑥ Zur Kennzeichnung der **Schnittebene, die teilweise außerhalb des Teiles** angeordnet ist, kann die schmale Strichpunktlinie mit langen Strich entfallen.

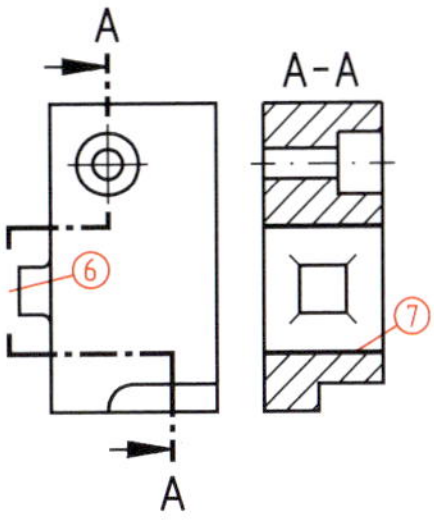

⑦ Der Eintritt der Schnittlinie in der Schnittdarstellung wird mit einer breiten Volllinie gezeichnet.

Beim Schnitt in **drei benachbarten Ebenen** erscheint der Zwischenbereich als Projektion.

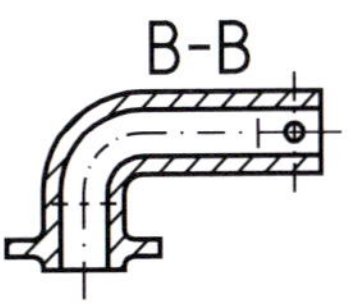

Gleichmäßig angeordnete Details **dürfen** bei Rotations-Teilen in die Schnittebene gedreht werden. Für die wirkliche Lage ist die Darstellung der Ansicht maßgebend

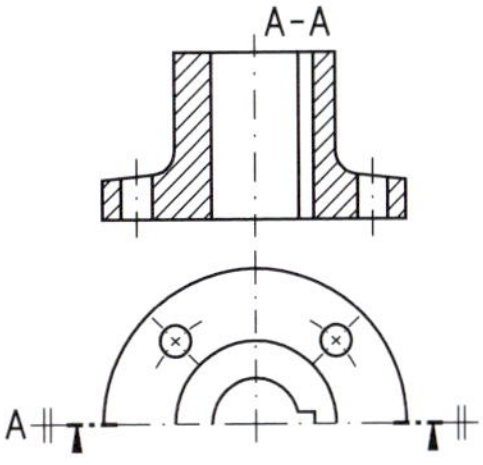

In der Schnittdarstellung von **zwei sich schneidenden Ebenen** wird die schrägliegende in die Projektionsebene gedreht. Dadurch vermeidet man Verkürzungen.

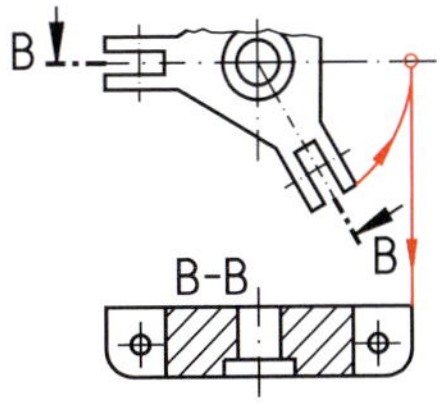

Bemaßung

Maßeintragung

DIN EN ISO 129-1 : 2022-2, DIN ISO 5455 : 1979-12

Maßhilfslinien

① Maßhilfslinien gehen über die Maßlinie um das 8-fache der Maßlinienbreite hinaus.

② Maßlinien dürfen unterbrochen werden, wenn ihr Fortlauf erkennbar ist.

③ Eine Lücke von 8-facher Linienbreite zwischen Kante und Hilfslinie ist zulässig.

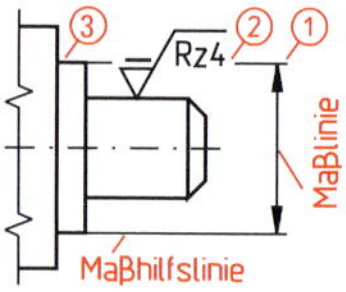

④ Bei Übergängen werden Maßhilfslinien am Schnittpunkt der Projektionslinien angesetzt.

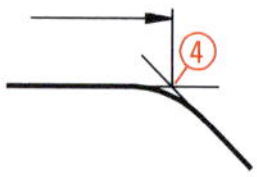

⑤ Bei Unübersichtlichkeit dürfen Maßhilfslinien schräg eingetragen werden.

⑥ Dient eine **Mittellinie als Maßhilfslinie**, so wird sie außerhalb der Körperkanten als schmale Volllinie gezeichnet.

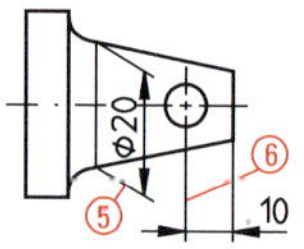

Maßlinien

① ② Maßlinien sollen ausreichend von den Körperkanten und untereinander entfernt sein.
Maßlinien sollen sich nicht überschneiden. Wo das unvermeidbar ist, muss eine Maßlinie unterbrochen werden.
Mittellinien dürfen nicht als Maßlinien verwendet werden.

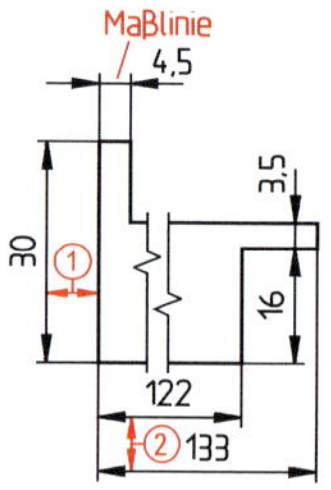

Maßlinienbegrenzung

In der mechanischen Technikk dürfen die rechts dargestellten Maßlinienbegrenzungen angewandt werden

h = Beschriftungshöhe

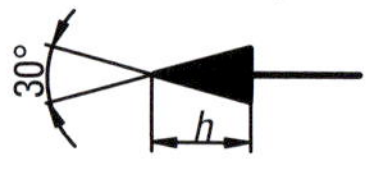

- Pfeil geschlossen, gefüllt oder Pfeil geschlossen, nicht gefüllt

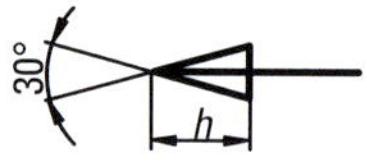

- Punkt oder Schrägstrich bei Platzmangel

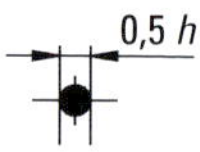

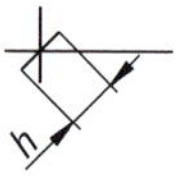

- Kreis für Ursprungssymbol

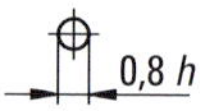

Maßwerte (Maße, Maßzahlen)

① Mittellinien, Maßhilfslinien und Schraffuren werden im Bereich der **Maßzahlen** unterbrochen.

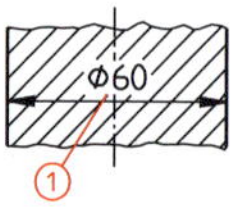

Maße haben die die vertikale Schreibrichtung Typ B nach DIN EN ISO 3098 und eine Zeichenhöhe von der 10-fachen Breite der schmalen Linie.

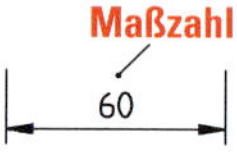

② In gedruckten Unterlagen sollen Maßbuchstaben schräg geschrieben werden.

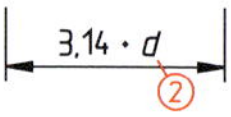

③ **Nicht maßstäblich** gezeichnete Maße werden unterstrichen.

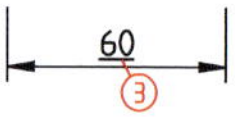

Maße an unterbrochenen Teilen werden nicht unterstrichen.

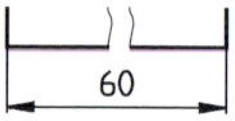

④ **Hilfsmaße** werden in runde Klammern gesetzt. Sie dienen nur zur Information.

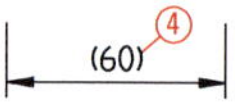

⑤ **Theoretische Maße** werden eingerahmt. Sie legen die geometrisch ideale Lage eines Punktes, einer Linie oder einer Fläche fest. Sie haben keine Toleranz.

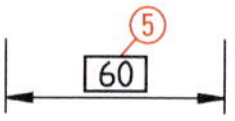

Die **gestreckte Länge** eines Biegeteils wie rechts dargestellt angegeben werden.

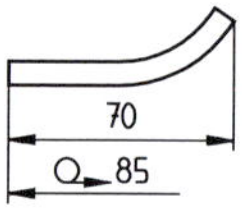

oder

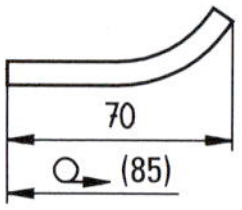

oder

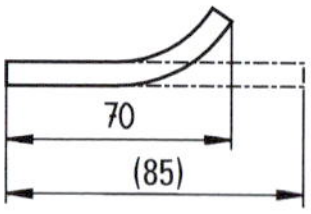

Bemaßung

Maßeintragung

DIN EN ISO 129-1 : 2022-02, DIN ISO 5455 : 1979-12

Hinweislinien mit schmaler Volllinie enden

① mit einem Pfeil an einer Linie,

② mit einem Punkt in einer Fläche,

③ ohne Kennzeichen an anderen Linien.

④ **Bezugslinien** dürfen den Hinweislinien hinzugefügt werden.

⑤ Maßhilfslinien und Mittellinien können unterbrochen werden, wenn die Eindeutigkeit nicht leidet.

⑥ Zusammengesetzte Teile können mit einer Hinweislinie und passender Reihenfolge der Eintragungen versehen werden.

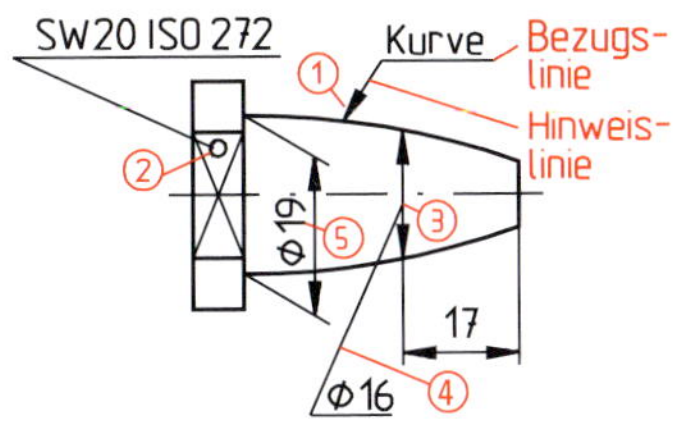

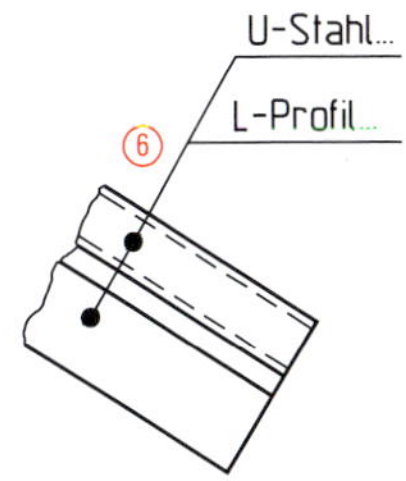

Schriftrichtung

Bezogen auf die **Leselage** der Zeichnung sind die Maßzahlen von unten und von rechts lesbar einzutragen.

Die Leselage der Zeichnung ist die **Leserichtung** des Schriftfeldes.

Die obige Regel gilt auch dann, wenn die Gebrauchslage der Teile nicht der Leselage entspricht.

für Zahlen und Winkel

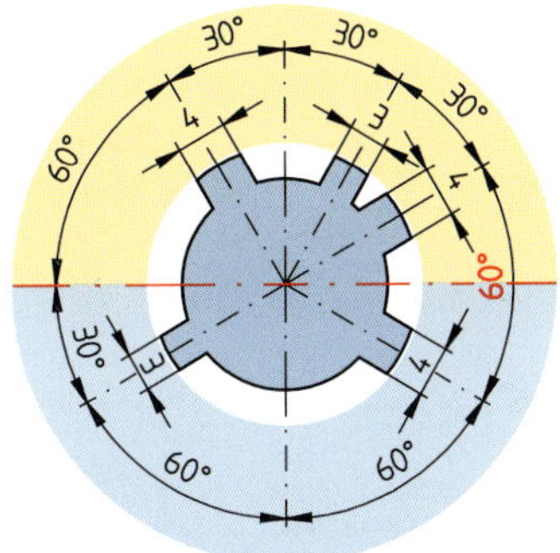

für Radien

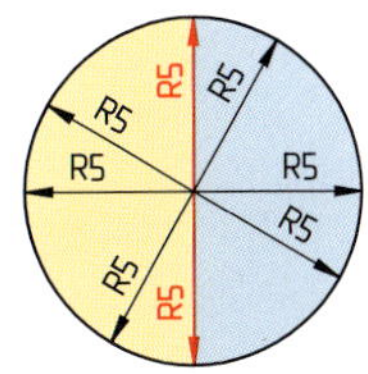

Dicke dünner Teile

⑦ Die Dicke eines dünnen Teils darf mit „t=" angegeben werden.

Radienbemaßung

Der Buchstabe R wird **immer** vor die Maßzahl gesetzt.

⑧ Zur Bemaßung der Mittelpunktslage kann die Maßlinie geknickt werden.

⑨ Radien gleicher Größe können zusammengefasst werden.

⑩ Treten mehrere Radien auf, so darf um den Mittelpunkt ein Hilfskreis gezeichnet werden.

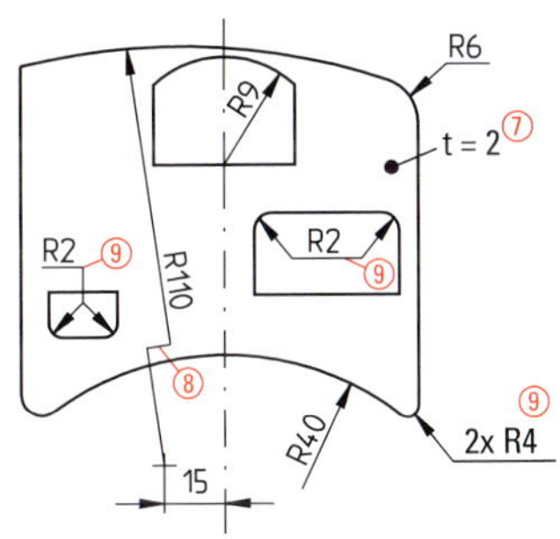

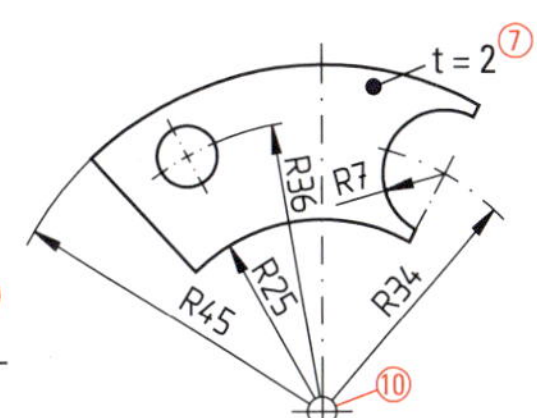

Zwei Möglichkeiten für **Radiusangabe** bei z. B. Passfedernut

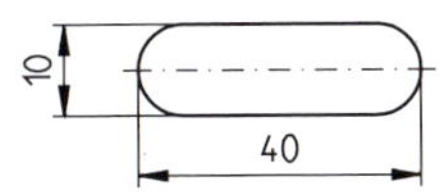

oder

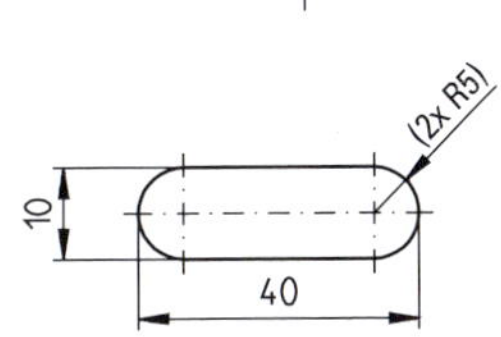

Zwei Möglichkeiten für **Tiefenangabe** bei z. B. Passfedernut

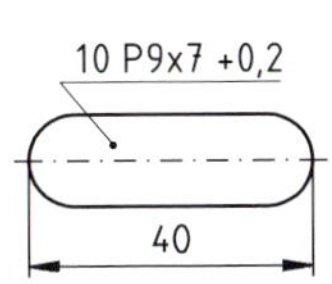

oder

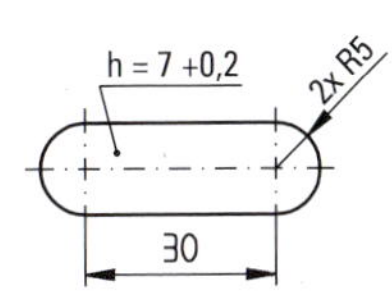

Bemaßung

Eigenschaftsindikationssymbole

DIN EN ISO 129-1 : 2022-2, DIN ISO 5455 : 1979-12

Eigenschaftsindikationssymbole werden immer vor der Maßzahl gesetzt.

Durchmesser

Der Durchmesser wird angegeben, sobald der bemaßte Bogen 180° und größer ist.

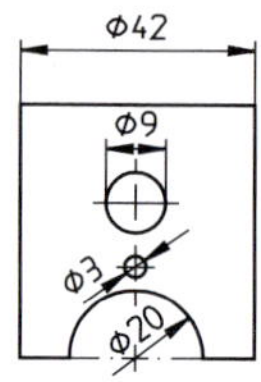

Bögen

Beim Zentriwinkel bis 90° werden die Maßhilfslinien parallel zur Winkelhalbierenden gezeichnet.

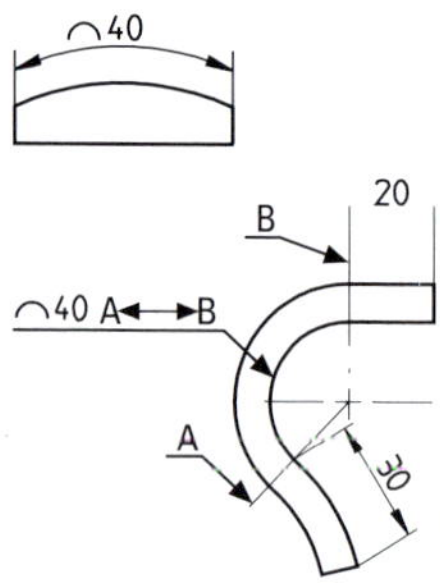

Quadrate

Das Symbol darf nur angewandt werden, wenn die Toleranz auf beiden Seiten gleich ist.
Die Bemaßung darf nur auf einer Seite angebracht werden.

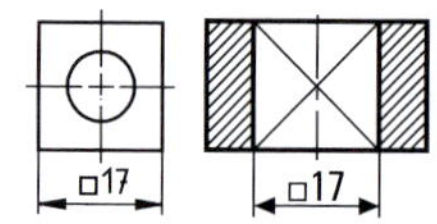

Kugeln

SR für sphärische Radien
S∅ für sphärische Durchmesser

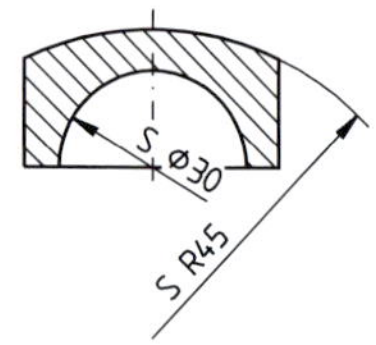

Sehnen

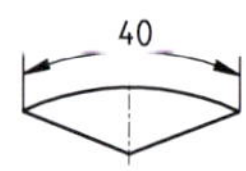

Besondere Anwendungen

Abschrägungen

Vereinfachungen beim Abschrägungswinkel 45°

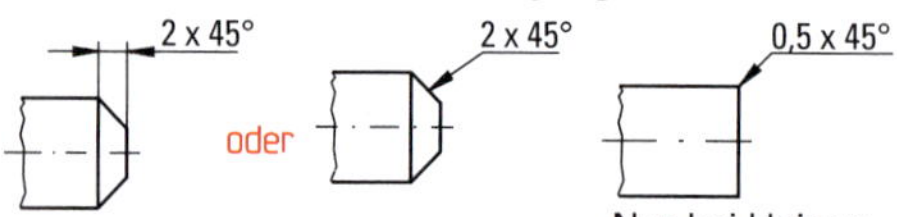

Nur bei kleinen Abschrägungen

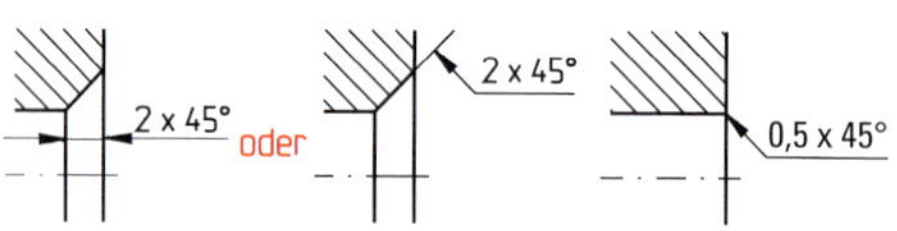

Abschrägungswinkel ist **nicht** 45°

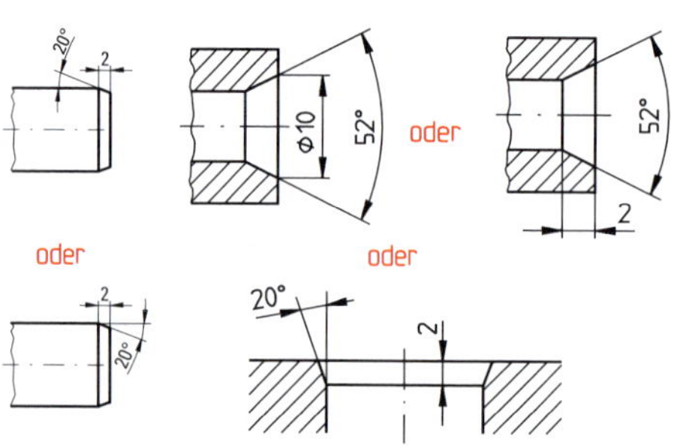

Möglichkeiten auch bei Platzmangel

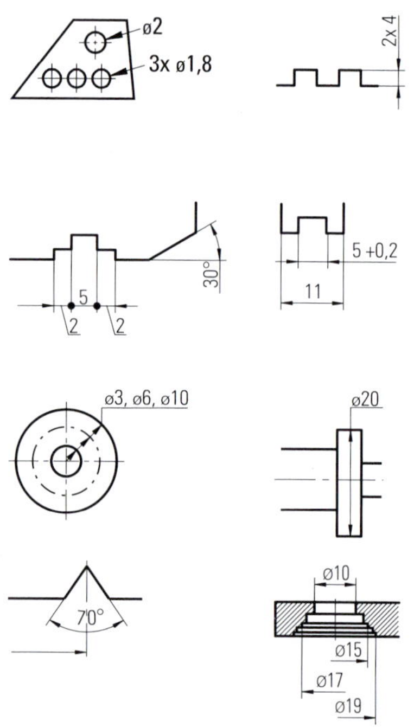

Bemaßung

Teilungen auf Geraden und Kreisbögen

<table>
<tr><th>Möglichkeit 1</th><th>Möglichkeit 2</th><th>Möglichkeit 3</th></tr>
<tr><td>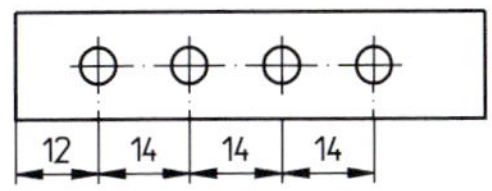</td><td>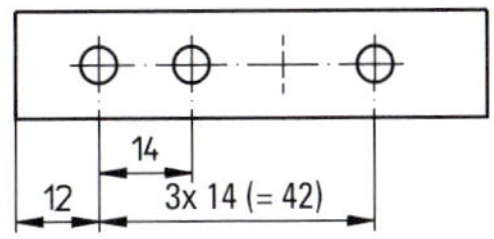</td><td>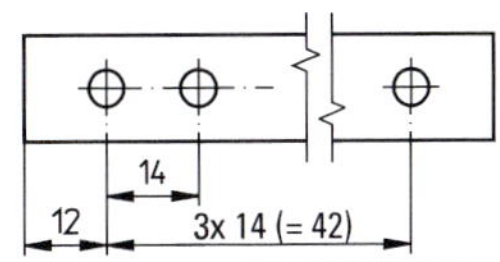</td></tr>
<tr><td>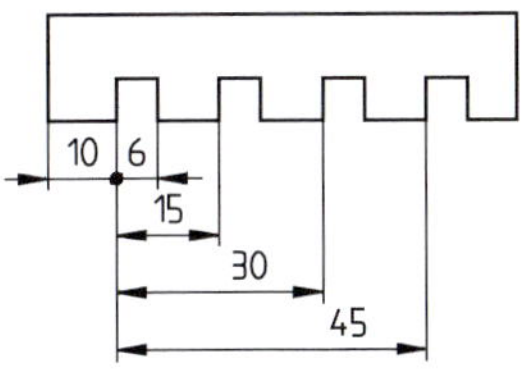</td><td>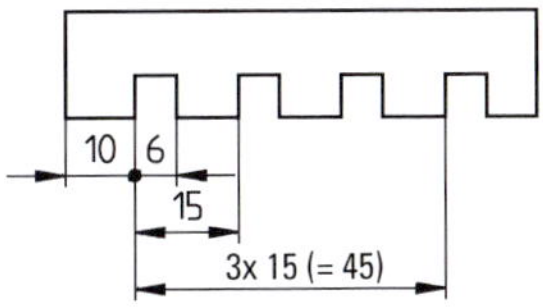</td><td>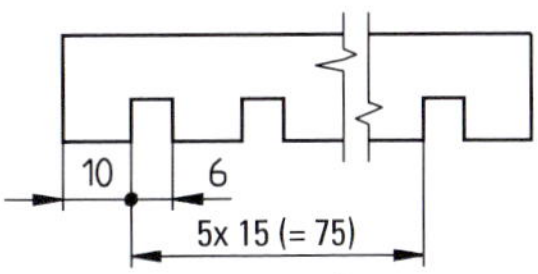</td></tr>
<tr><td>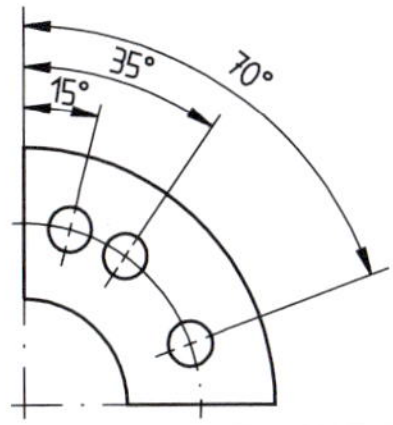</td><td>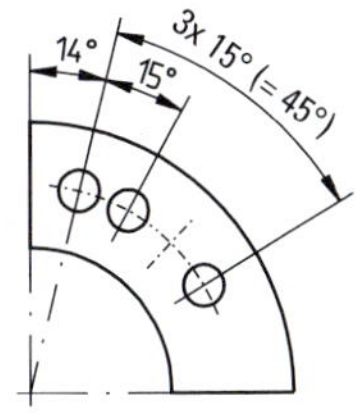</td><td>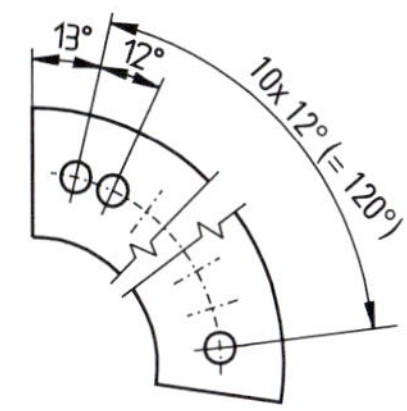</td></tr>
<tr><td>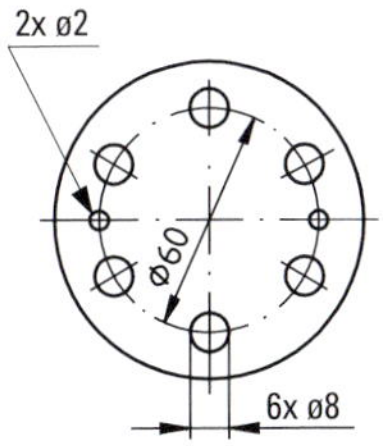</td><td>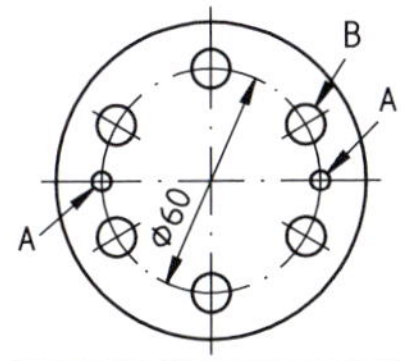
<table><tr><th>Bohrung</th><th>Durchmesser</th></tr><tr><td>A</td><td>ø5</td></tr><tr><td>B</td><td>ø8</td></tr></table></td><td>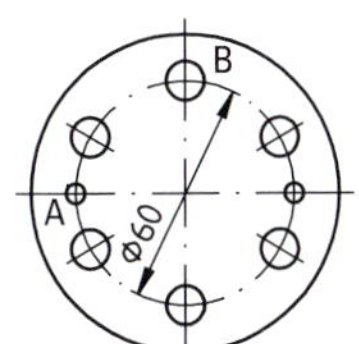
<table><tr><th>Bohrung</th><th>Durchmesser</th></tr><tr><td>A</td><td>ø5</td></tr><tr><td>B</td><td>ø8</td></tr></table></td></tr>
<tr><td>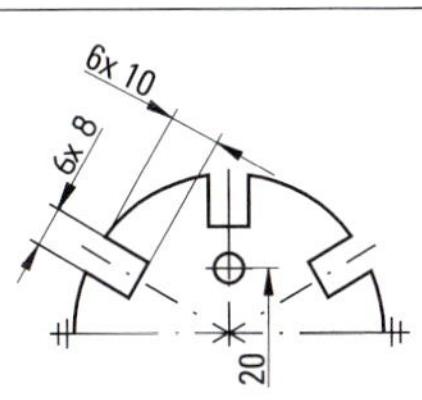</td><td>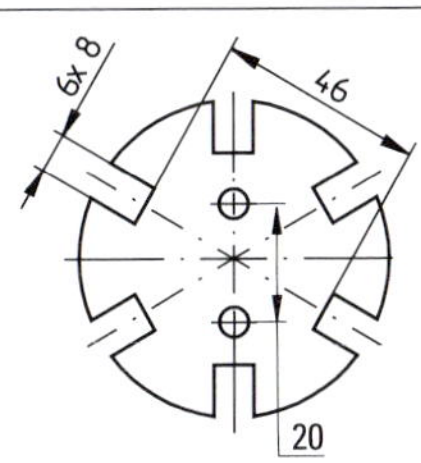</td><td>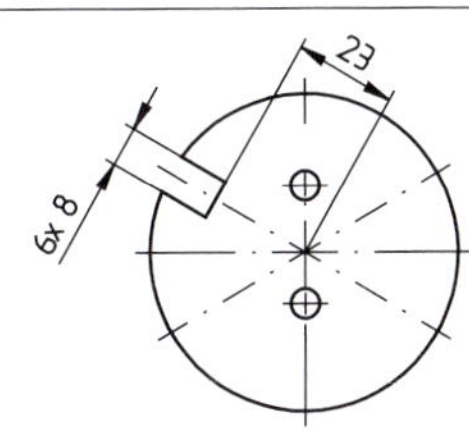</td></tr>
</table>

Nuten

DIN EN ISO 129-1 : 2022-02

Nuten für Passfedern in Wellen

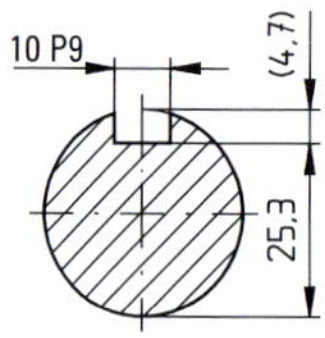

für durchgehende Nuten

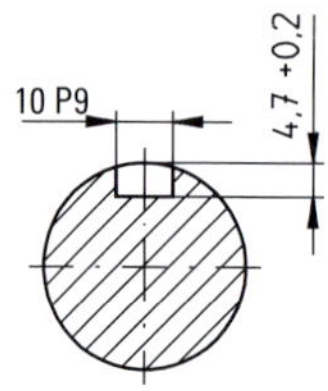

für nicht durchgehende Nuten

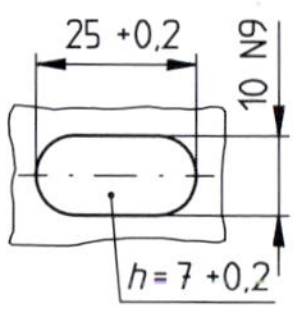

h ≙ Tiefe der Nut

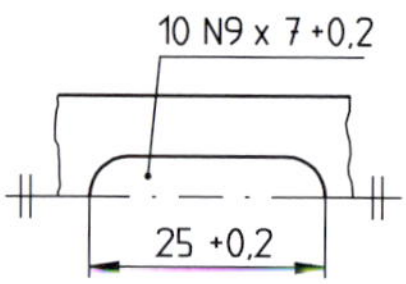

Nuten für Passfedern und Keile in Bohrungen

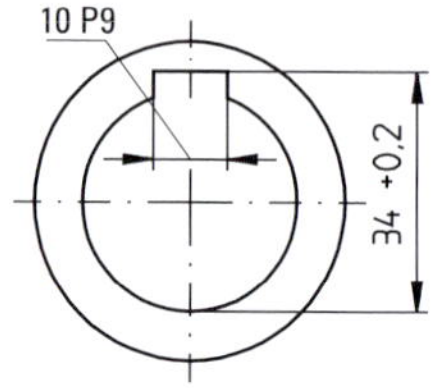

für Passfedern

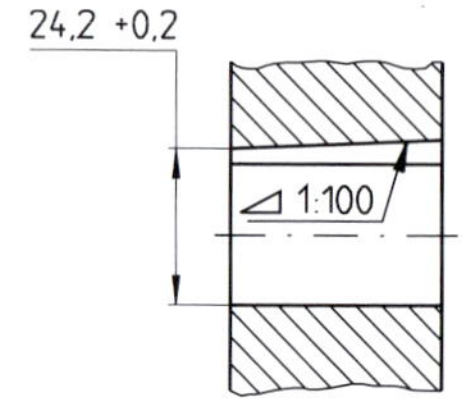

für Keile

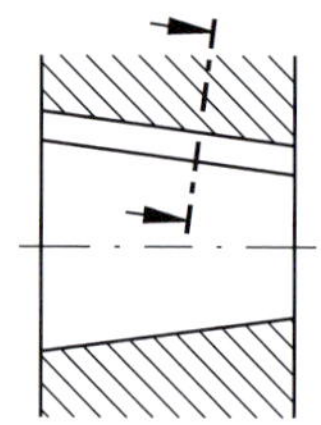

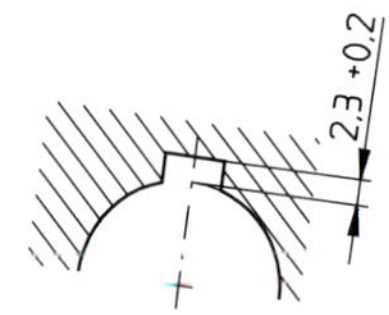

Kegelbemaßung siehe nächste Seite

Nuten für Passfedern in Kegeln

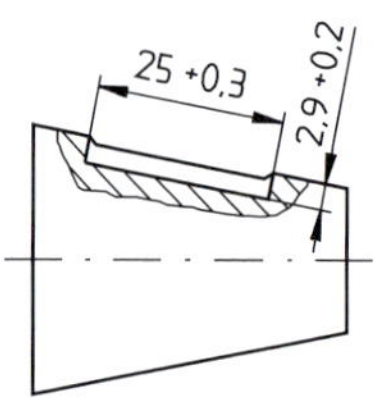

Nutengrund parallel zur Mantellinie

1,6 H13 x ∅37 h12

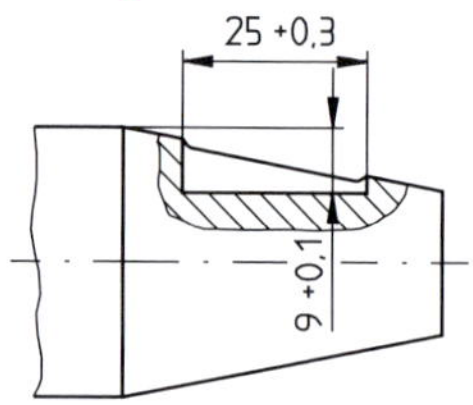

Nutengrund parallel zur Achse

Nuten für Scheibenfedern in Wellen

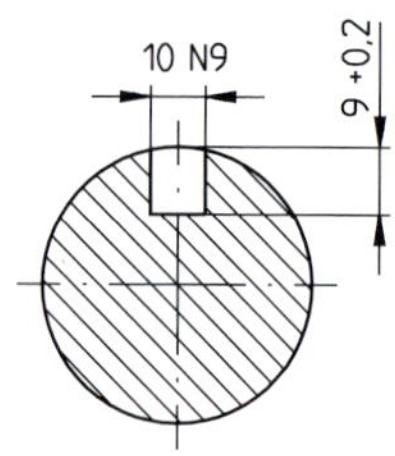

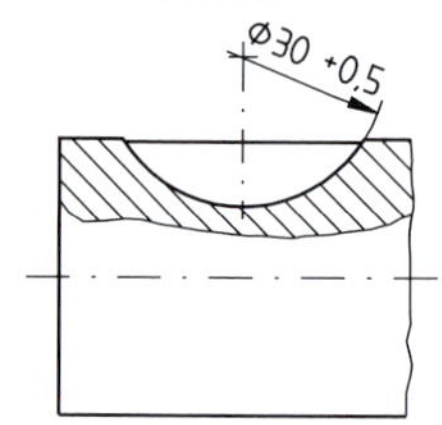

Bemaßung von Einstichen

Vollständig
Beispiel: Einstiche für Sicherungsringe

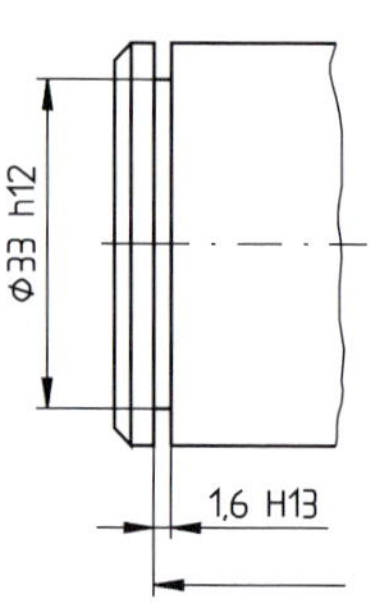

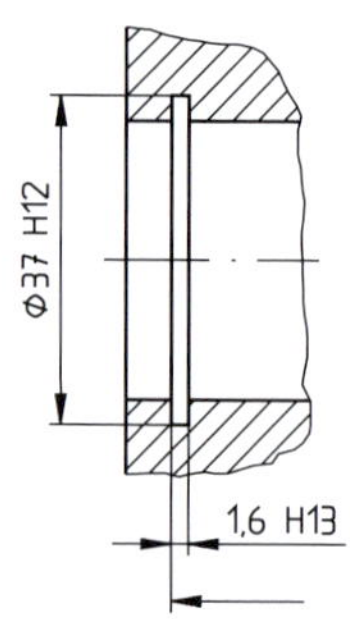

Vereinfacht
Beispiel: Einstiche für Sicherungsringe

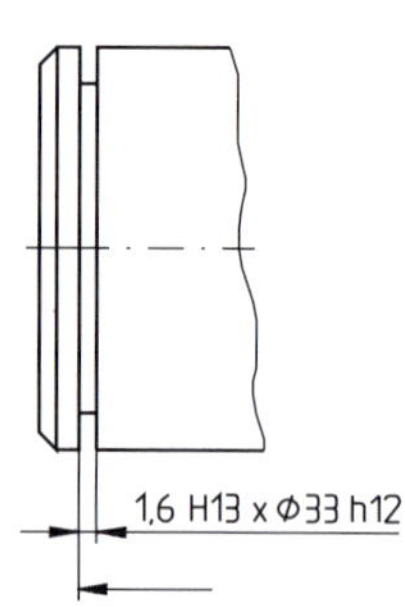

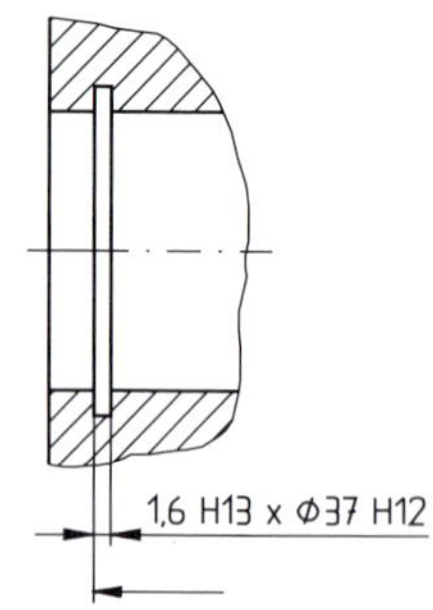

Bemaßung

Neigung

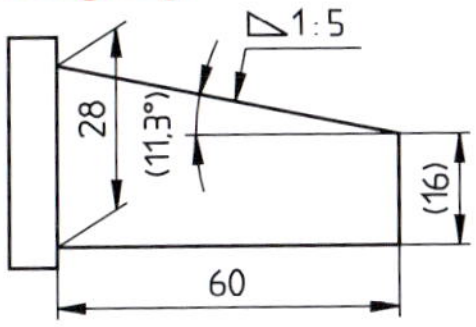

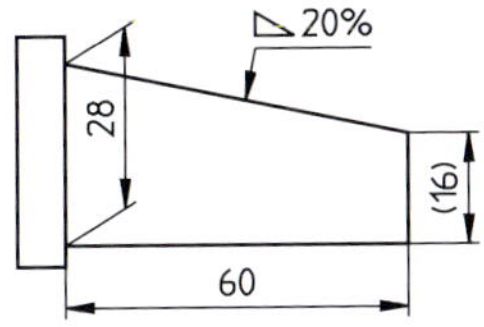

Neigung $= \frac{28\ \text{mm} - 16\ \text{mm}}{60\ \text{mm}} = \frac{1}{5} = 1{:}5$

Die Richtung der Neigung wird durch das Symbol ⊾ angegeben.

Verjüngung

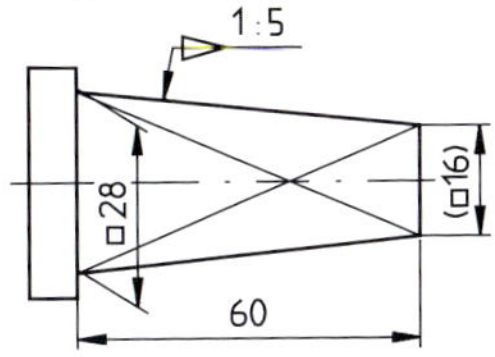

Verjüngung $= \frac{28\ \text{mm} - 16\ \text{mm}}{60\ \text{mm}} = \frac{1}{5} = 1{:}5$

Der Neigungswinkel kann als Hilfsmaß angegeben werden.
Die Neigung oder Verjüngung kann als Verhältnis oder in % angegeben werden.

Kegel

DIN EN ISO 3040 : 2016-12

Kegelverhältnis C

$$C = \frac{D-d}{L} = 2\tan\left(\frac{\alpha}{2}\right)$$
$$= \frac{28\ \text{mm} - 24{,}5\ \text{mm}}{35\ \text{mm}} = \frac{1}{10} = 1{:}10$$

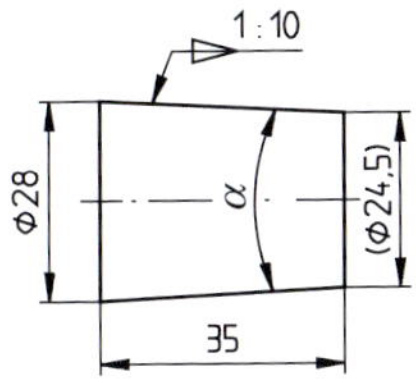

Symbolgröße

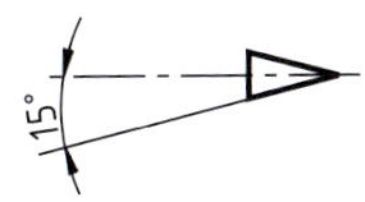

Die Richtung des Symbols muss mit der des Kegels übereinstimmen.

Beispiele für Bemaßung

häufige Darstellung

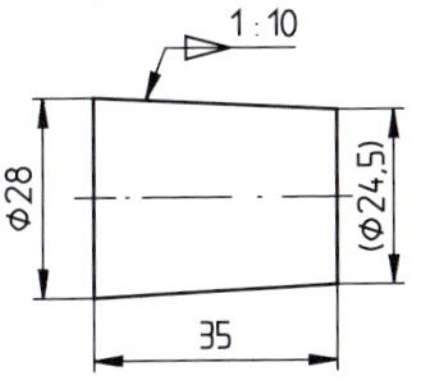

weitere Möglichkeiten

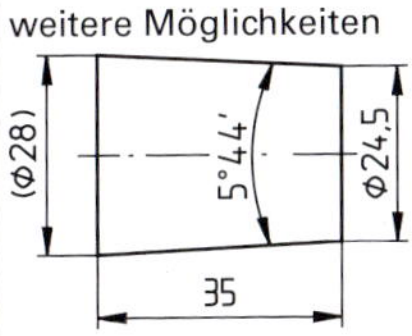

oder

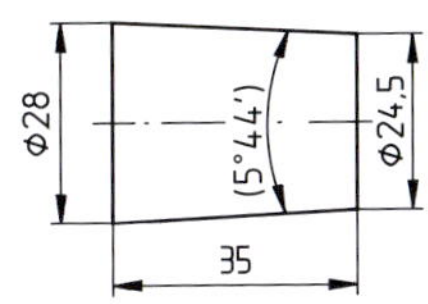

oder

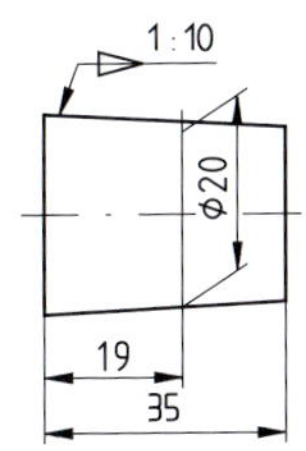

Beispiele für Tolerierung

Darstellung

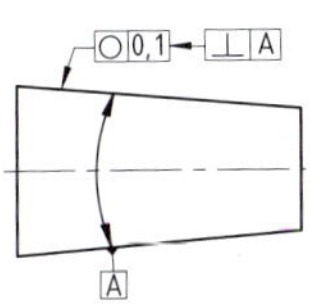

Bedeutung: Form bei beliebigen Querschnitt senkrecht zur Achse.

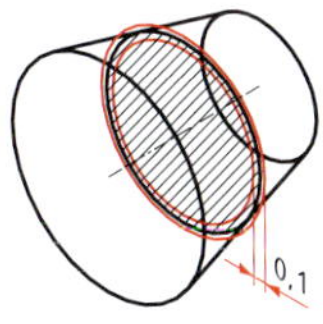

Darstellung

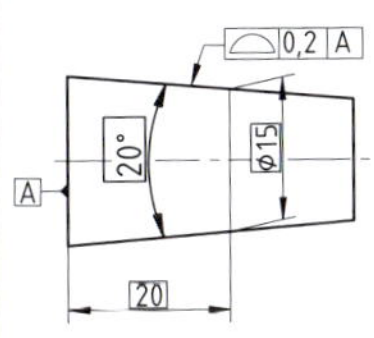

Bedeutung: Die Ist-Oberfläche muss innerhalb der Toleranzzone liegen.

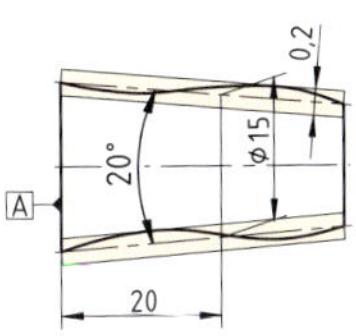

Bevorzugte Reihe 1 für Kegelwinkel bzw. Kegelverhältnisse

DIN EN ISO 1119 : 2012-04

Kegelwinkel α	Kegelverhältnis
120°	1:0,2886751
90°	1:0,5000000
60°	1:0,8660254
45°	1:1,2071068
30°	1:1,8660254

Kegelverhältnis	Kegelwinkel α
1:3	18,92464442°
1:5	11,42118627°
1:10	5,72481045°
1:20	2,86419237°
1:50	1,14587740°

Kegelverhältnis	Kegelwinkel α
1:100	0,57295302°
1:200	0,28647830°
1:500	0,11459152°

Bemaßung

Anordnung der Bemaßung

DIN EN ISO 129-1: 2022-02

Je nach Anforderung an die Konstruktion werden in einer Zeichnung mehrere Bemaßungsverfahren kombiniert.

Kettenbemaßung

Die Maße bilden Ketten in einer Reihe.

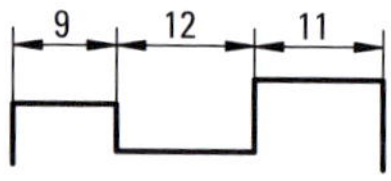

Parallelbemaßung

Die Maßlinien verlaufen parallel in einer Richtung oder in mehreren orthogonalen Richtungen oder konzentrisch.

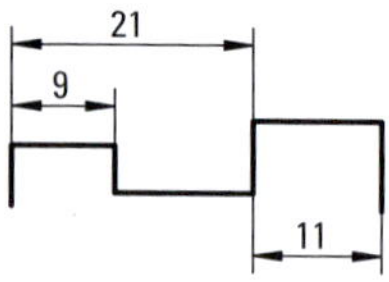

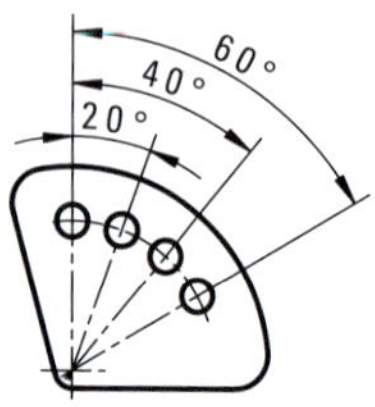

Unidirektionale fortlaufende Bemaßung

Die Bemaßung geht von einem Ursprung (gekennzeichnet durch ein Ursprungssymbol) aus.
Der eine Satz von Maßlinien ist in eine Richtung ausgerichtet.

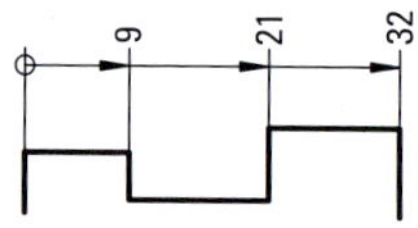

Bidirektionale fortlaufende Bemaßung

Die Bemaßung geht von einem Ursprung (gekennzeichnet durch ein Ursprungssymbol) aus.
Die zwei Sätze von Maßlinien sind jeweils in entgegengesetzte Richtung ausgerichtet.

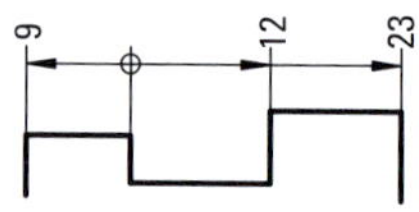

Kartesische Koordinatenbemaßung

Die Koordinaten sind vom Ursprung aus durch Längenmaße in orthogonale Richtungen bestimmt.

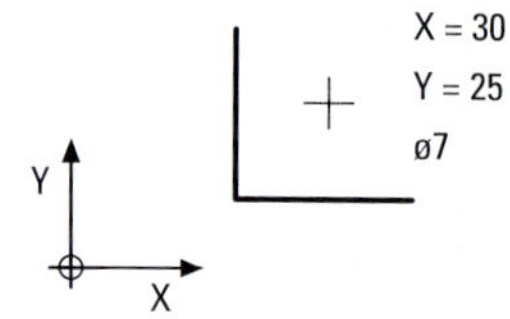

Polarkoordinatenbemaßung

Die Koordinaten sind vom Ursprung aus durch Radius und Winkel gegen den Uhrzeigersinn bestimmt. Wird ein Punkt mit gekreuzten Linien angegeben, so ist deren Länge mindestens das Zwanzigfache ihrer Linienbreite.

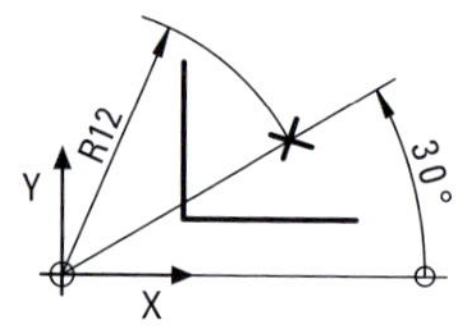

Weitere Möglichkeiten der Bemaßung

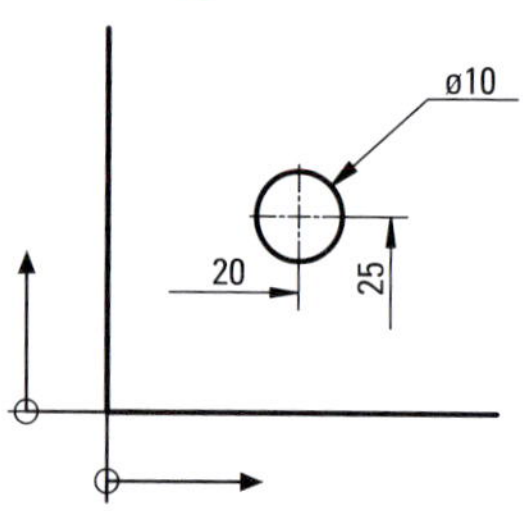

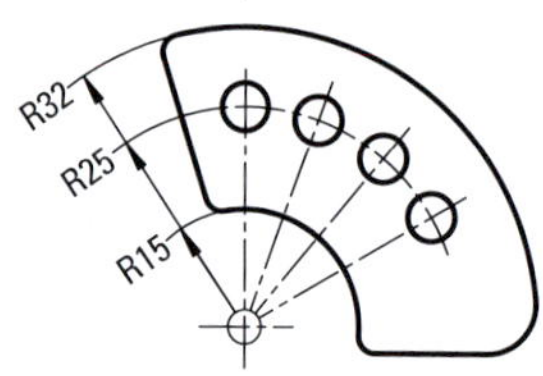

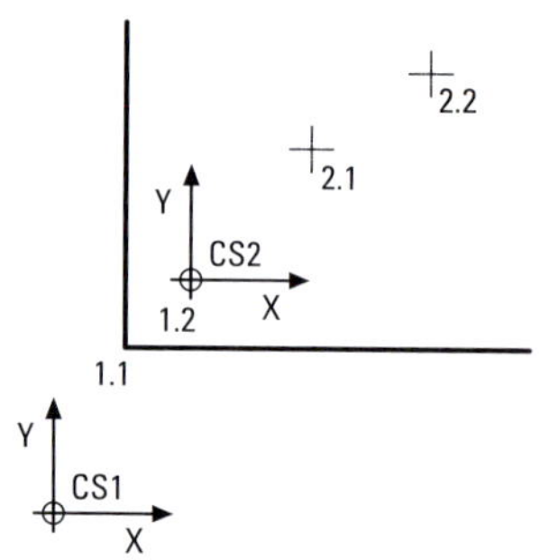

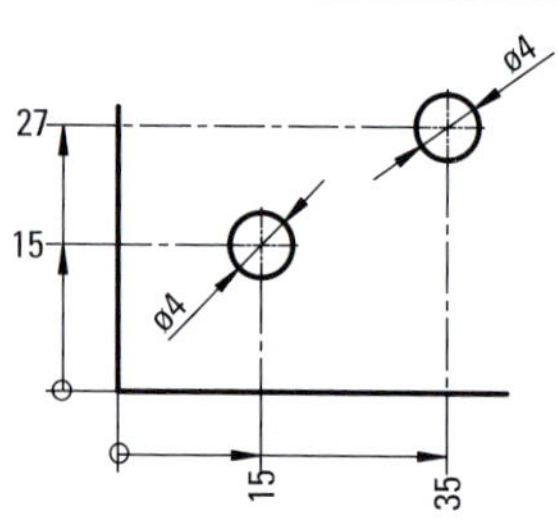

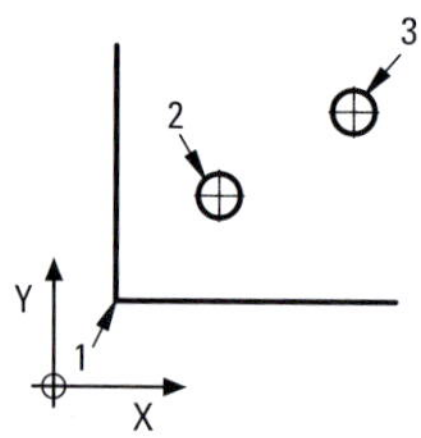

Messpunkt	X	X	*d*
1	15	20	–
2	30	40	∅7
3	50	50	∅7

Koordinatensystemzahl	Messpunkt	X	Y	*d*
1	1.1	20	40	–
1	1.2	30	55	∅7
2	2.1	15	20	∅7
2	2.2	30	30	∅7

Bemaßung

Maßarten

① **Grundform-Maße**
Sie geben Gesamtlänge, Gesamtbreite und Gesamthöhe an.

② **Teilform-Maße**
Sie geben die Form von Nuten, Absätzen usw. an.

③ **Lage-Maße**
Sie geben die Lage der Teilformen wie z. B. Nuten an.

④ **Maßbezugssystem** (Fläche oder Achse)
Es gibt den Bezug der fortschreitenden Bemaßung für die Teilform- und Lagemaße an.

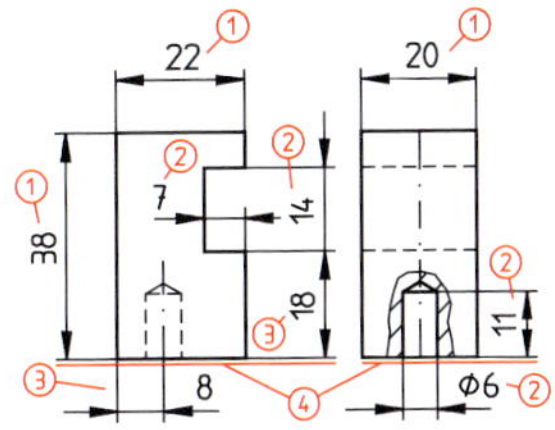

Anordnung der Maße und Teile

Fertigungsbezogenes Maß	Funktionsbezogenes Maß	Prüfungsbezogenes Maß
Es ist das für die Fertigung direkt verwendbare (ohne Berechnung) Maß. Es wird angewandt, wenn es die Funktion zulässt.	Es ist das der Funktion des Werkstückes mit größtmöglicher Toleranz zugeordnete Maß. Es hat die höchste Priorität.	Es ist das für die Prüfung direkt verwendbare (ohne Berechnung) Maß. Es wird nur in Prüfzeichnungen angewandt.
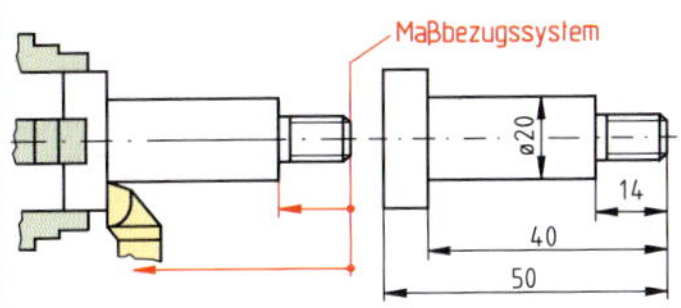	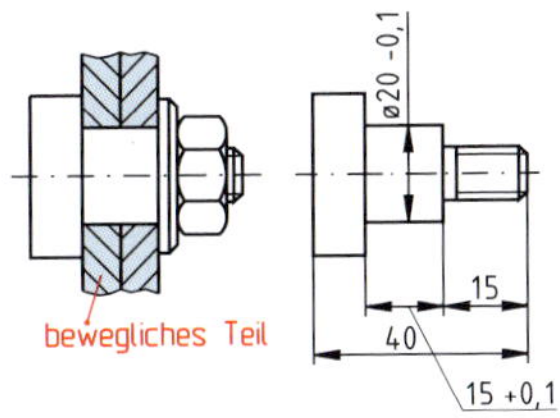	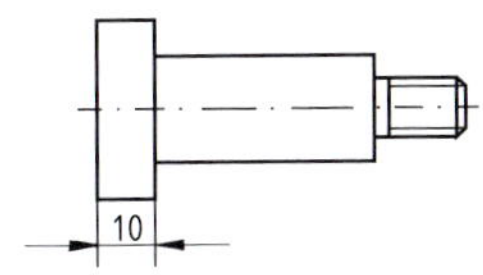
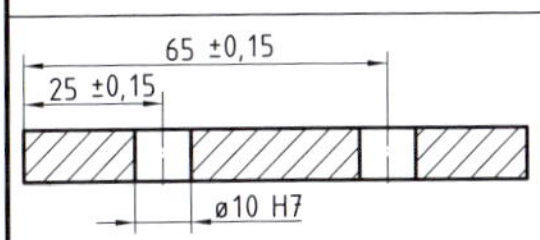	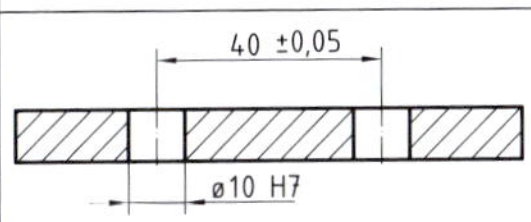	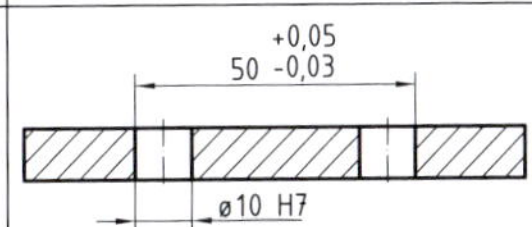

Richtlinien zur Eintragung der Maße

④ Die fertigungsbezogene Bemaßung erfolgt im Allgemeinen in Richtung der Bearbeitung.

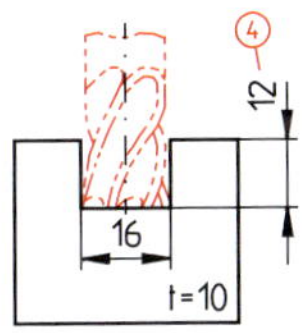

Jedes Maß wird nur einmal (gleichgültig, wie viele Ansichten gezeichnet werden) eingetragen, und zwar in der Ansicht, in der die geometrische Form am besten zu sehen ist.
Die Bemaßung verdeckter Kanten (an Strichlinien) ist zu vermeiden.

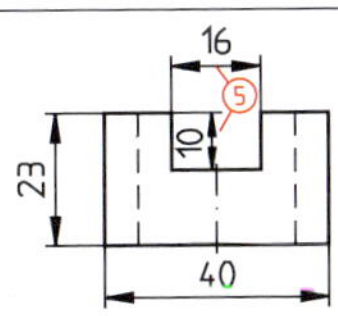

⑤ Zusammen gehörende Maße sind möglichst zusammen in einer Ansicht einzutragen.

⑤ Maßgruppen bilden!

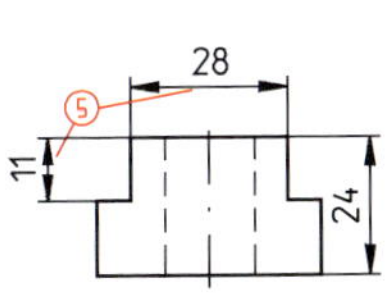

⑥ Bei symmetrischen Formen ist die Mittellinie zugleich auch Maßbezugssystem.
Es wird über die Mitte bemaßt.

⑦ Die Bemaßung kann von mehreren Bezugsebenen oder Bezugslinien erfolgen.

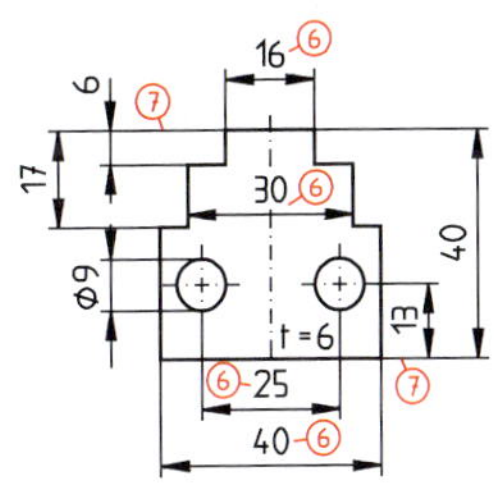

⑧ An Teilen, die keine ausgesprochene Bearbeitungsrichtung besitzen, erfolgt die Bemaßung in Anreißrichtung.

⑨ Die Werkstückdicke kann bei Platzmangel auch neben der Darstellung stehen.

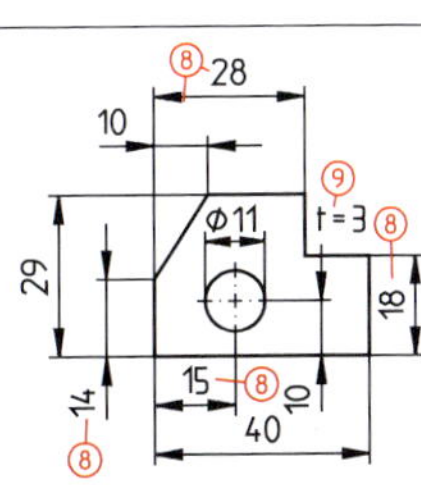

Bemaßung

Gewinde und Gewindeteile

DIN ISO 6410-1, -2, -3 : 1993-12, DIN 202 : 1999-11, DIN EN ISO 129-1 : 2022-02

Bezeichnung von Gewinden siehe Kapitel Maschinenelemente

Außengewinde (Bolzengewinde)

① Der 3/4-**Kreis** kann andere Lagen als die hier überwiegend gezeichnete Lage haben.

② Der Gewindeauslauf wird nur dann gezeichnet oder bemaßt, wenn es erforderlich ist.

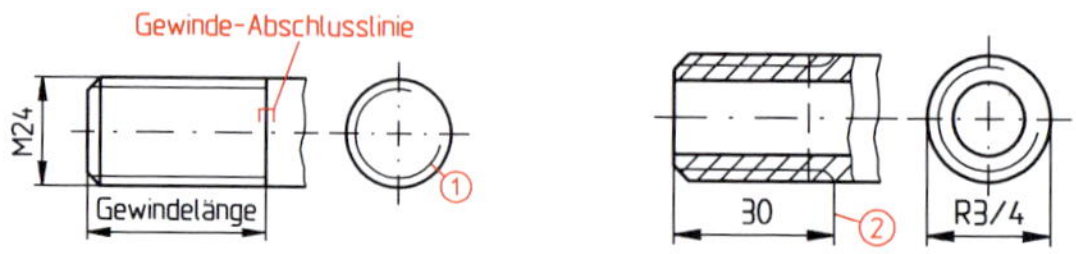

Innengewinde (Muttergewinde)

③ Der Durchmesser und die Tiefe des Grundloches wird im Regelfall nicht bemaßt.

M10	$= d$	Gewindebezeichnung
16	$= l$	nutzbare Gewindelänge
(8,376	$= D_1$	Kernlochdurchmesser[1]
20	$= l_1$	Kernlochtiefe[2]
$l \approx 1{,}5 \cdot d$		$l_1 \approx 2 \cdot d$

[1] Kerndurchmesser siehe Seite M 2
[2] Gewindeauslauf siehe Seite K 55

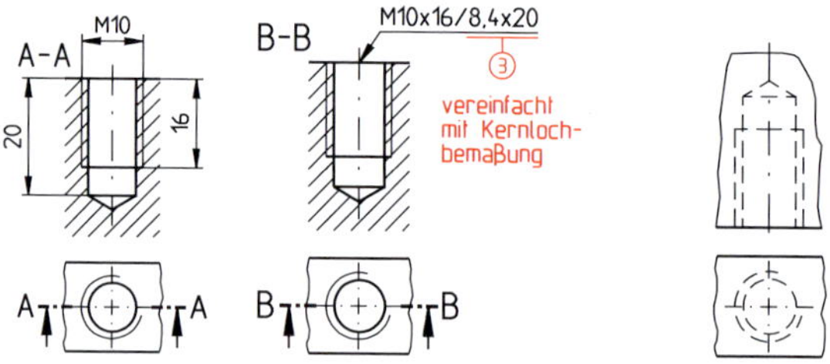

Gewindesenkungen

werden in der Regel nicht gezeichnet und nicht bemaßt.
Im Ausnahmefall ist der Senkwinkel mit der Senktiefe bzw. der Senkdurchmesser anzugeben

Gewindefasen

Sie werden nur dann bemaßt, wenn ihr Durchmesser nicht dem Kerndurchmesser entspricht.

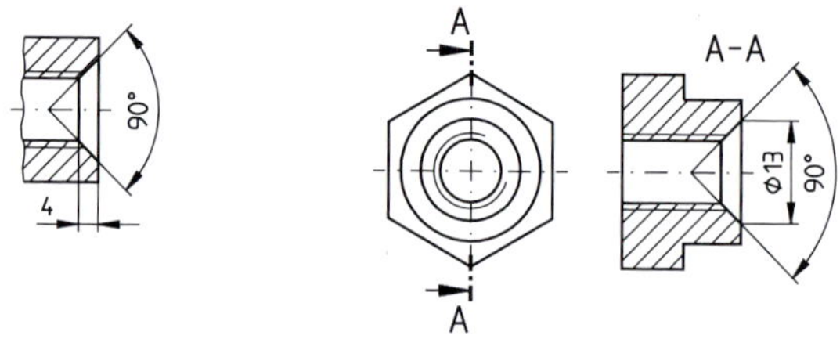

Linksgewinde

Es ist mit „LH“ zu kennzeichnen.
Treten an einem Teil Links- und Rechtsgewinde auf, so erhält das Rechtsgewinde „RH“.

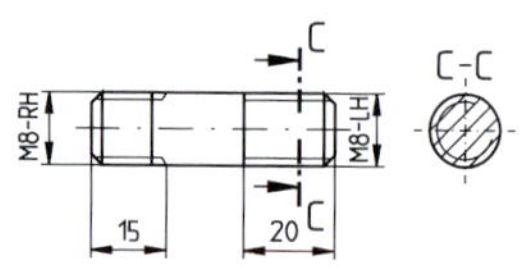

Gewindefreistiche

Endet ein Gewinde an einem Absatz, dann wird häufig ein Gewindefreistich vorgenommen.
Die Bemaßung kann vollständig oder vereinfacht nach DIN 76 erfolgen.

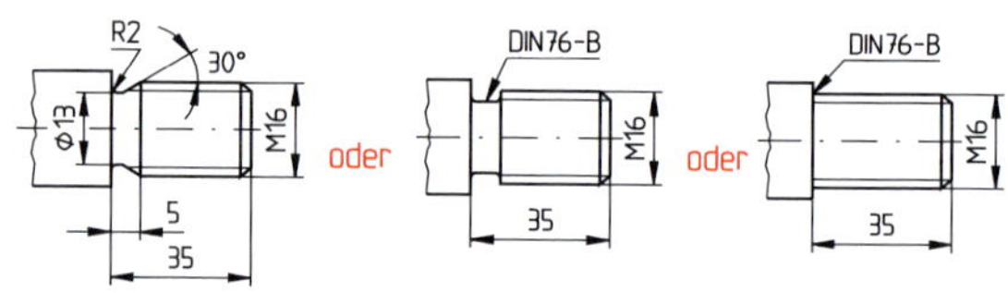

Gewindeverbindungen

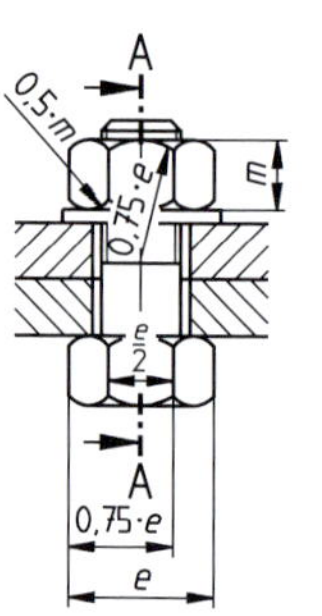

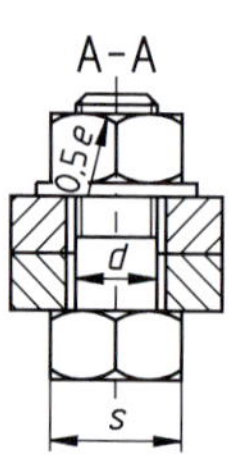

$e \approx 1{,}56 \cdot s \approx 3{,}63 \cdot d$ Genaue Maße

$s \approx 0{,}87 \cdot e \approx 1{,}6 \cdot d$ im Kapitel M

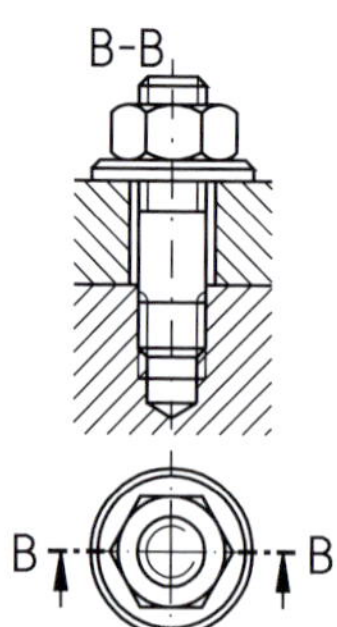

Mindestmaße:
$l \approx d$, $d_h \approx 1{,}1 \cdot d$

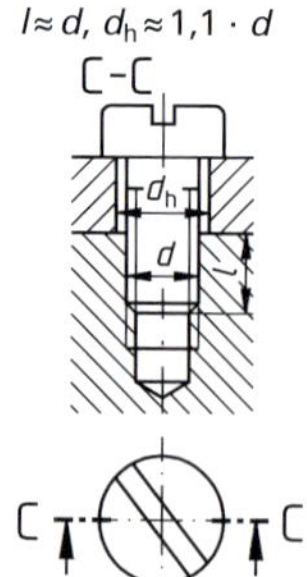

vereinfachte Darstellung (ISO 6410)

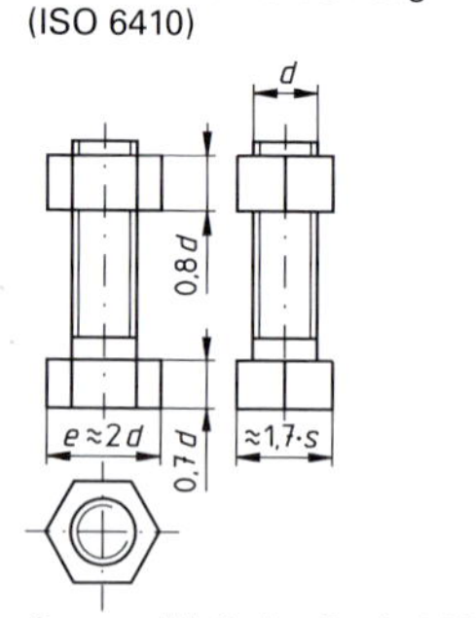

Genaue Maße im Kapitel M.

Angabe von Sondermaßen

DIN EN ISO 129-1 : 2022-02

Senkungen

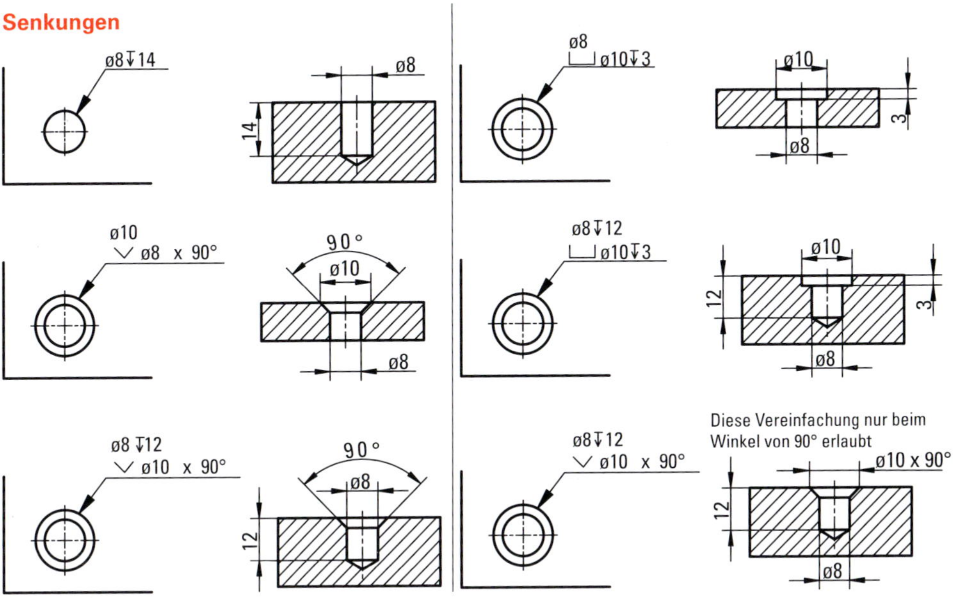

Kennzeichnungshinweise

Die Kennzeichnungssymbole müssen so gestaltet sein, dass sie auch mehrere Zeichen einschließen können.
Der Kennzeichnungsindikator (bestehend aus dem Symbol und alphanumerischen Identifizierer) kann über einer Hilfslinie oder neben einer Angabe (im Beispiel beim Durchmesser) angebracht werden.
Jeder in der Zeichnung angewandte Kennzeichnungsindikator muss auch noch vorzugsweise in der Nähe des Schriftfeldes angebracht werden.

Mögliche Kennzeichnungsindikatoren

Verwendung dieser Symbole sind nicht verpflichtend

Anwendungsbeispiele

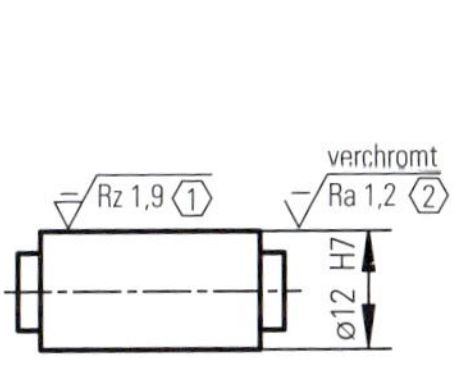

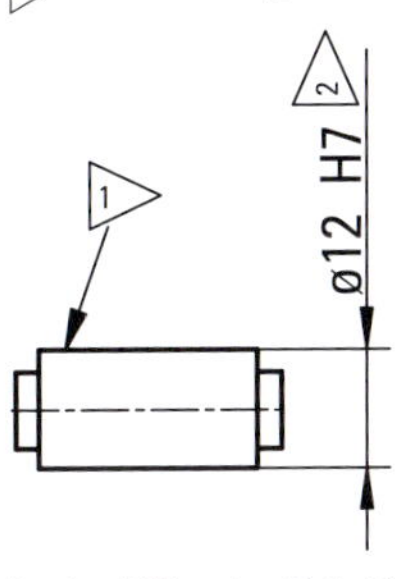

In der Nähe des Schriftfeldes

 Vor der Verchromung

 Nach der Verchromung

In der Nähe des Schriftfeldes

 Farbflecken sind nicht erlaubt

 Nach dem Vergüten

Bemaßung

Besonderheiten

DIN EN ISO 129-1 : 2022-02

Durch Koordinatenmaße definierte Geometrieelemente

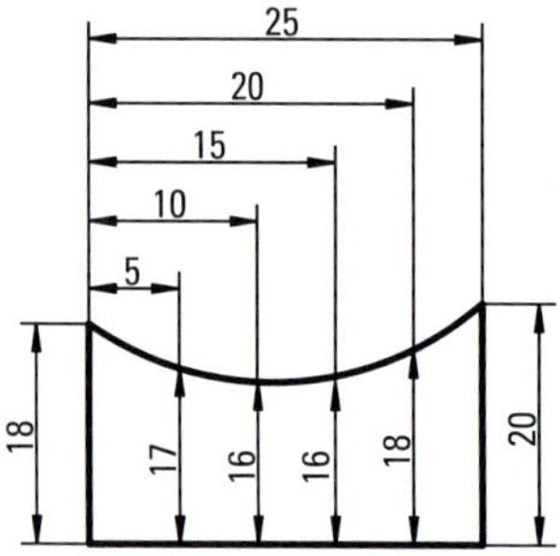

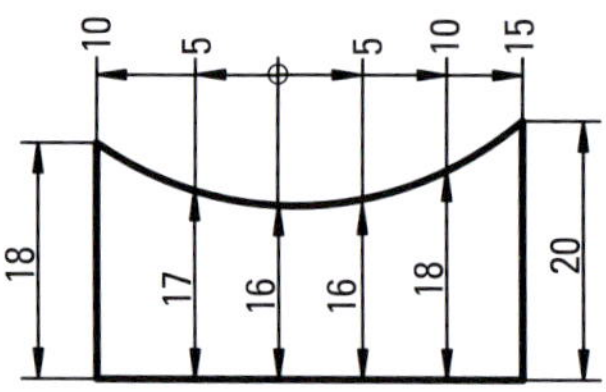

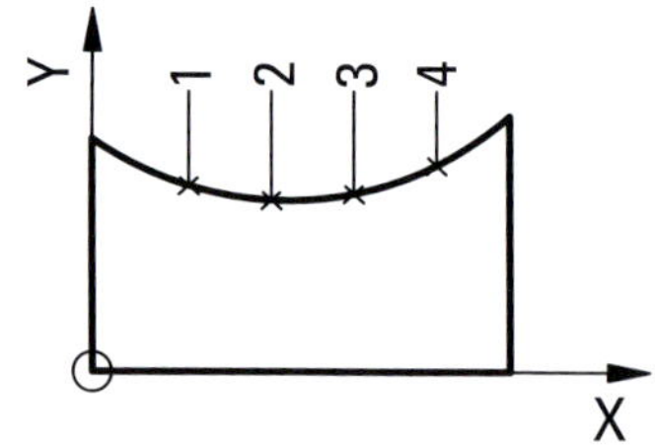

Messpunkt	X	Y
1	5	17
2	10	16
3	15	16
4	20	18

Flächenangabe bei dünnen Teilen

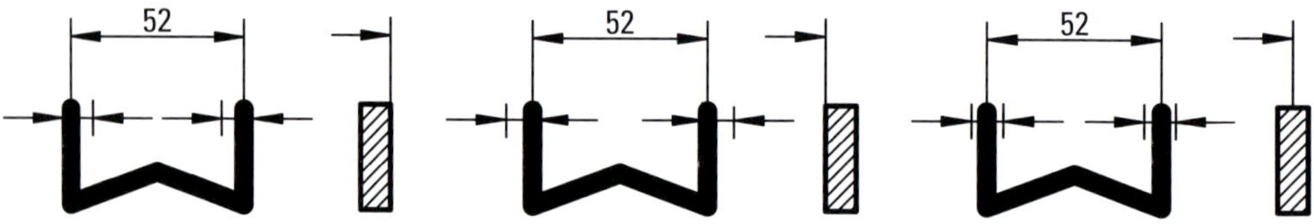

Bemaßung begrenzter Bereiche

Normal

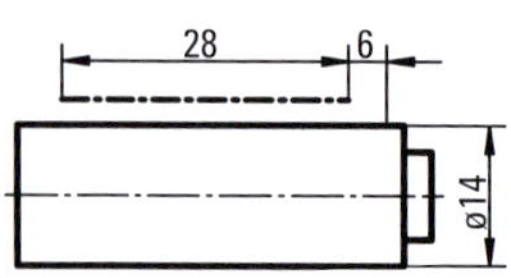

Bei Mehrdeutigkeit

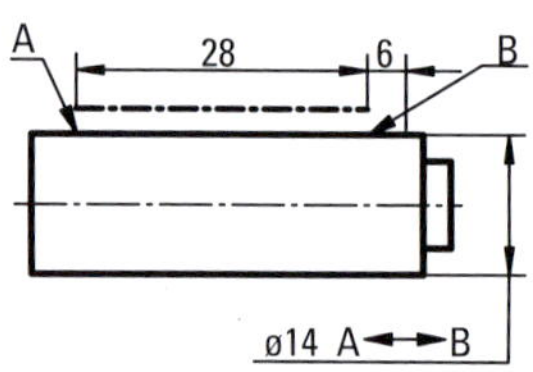

Wenn nur ein Teil am Umfang

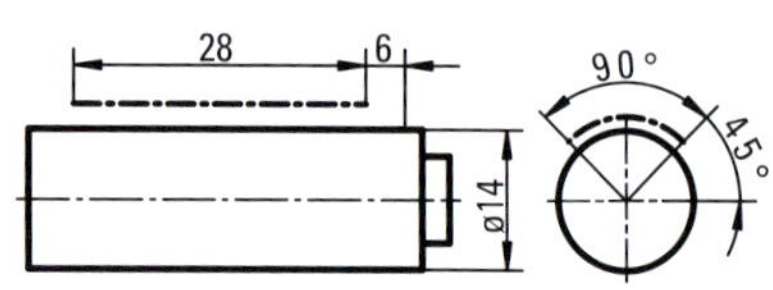

Auf ebener Fläche

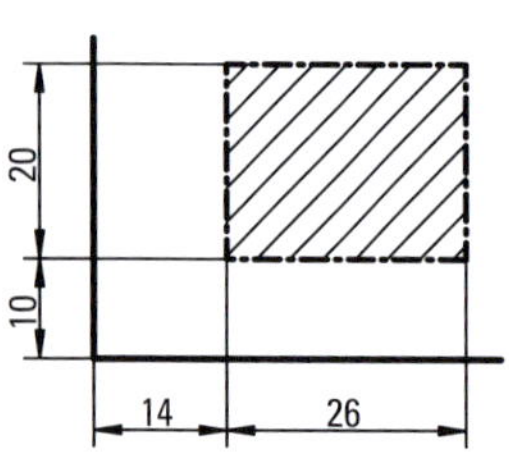

ohne Bemaßung
bei deutlich begrenzten Bereich

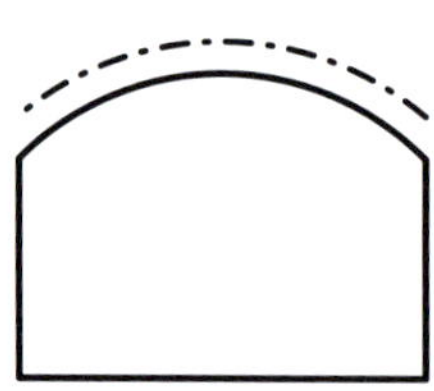

Geometrische Produktspezifikation (GPS) – Geometrische Tolerierung – Allgemeine geometrische und Größenmaßspezifikationen

DIN EN ISO 22081 : 2022-10

Information zu oben genannter Norm, auch in Bezug auf DIN 2769 : 2023-04 (siehe nächste Seite)

Das Ziel der ISO GPS-Normen ist das Erstellen von vollständigen und eindeutigen geometrischen Produktspezifikationen. Hierfür müssen alle Geometrieelemente in einem Bezugssystem mit Ortstoleranzen spezifiziert werden. Das Tolerieren von Orten von Geometrieelementen nach DIN ISO 2768-1 und DIN ISO 2768-2 kann allerdings mehrdeutig verstanden werden und sollte vermieden werden. Deshalb wurde unter anderem die Norm DIN EN ISO 22081 : 2022-10 als allgemeine ISO GPS-Norm entwickelt.

Die Norm DIN EN ISO 22081 : 2022-10 behandelt allgemeine geometrische Spezifikationen und allgemeine Größenmaßspezifikationen. Diese Spezifikationen gelten ausschließlich für *integrale Geometrieelemente*. Ein *integrales Geometrieelement* ist ein Geometrieelement, das zur wirklichen Oberfläche des Werkstücks oder zu einem Oberflächenmodell gehört. Diese Spezifikationen dürfen nicht auf *abgeleitete Geometrieelemente* angewendet werden. Ein *abgeleitetes Geometrieelement* ist ein geometrisches Element, das physikalisch nicht auf der wirklichen Oberfläche des Werkstücks vorhanden ist (beispielsweise ist die Achse eines Zylinders ein abgeleitetes Geometrieelement, das von der zylindrischen Fläche erhalten wird).

Auszüge von Regeln aus der Norm DIN EN ISO 22081 : 2022-10:
- Angabe der allgemeinen geometrische Spezifikationen und/oder allgemeinen Größenmaßspezifikationen im oder nah dem Schriftfeld (siehe nächste Seite unten).
- Die allgemeine geometrische Spezifikation muss mit einer Flächenprofilspezifikation eingetragen werden (siehe nächste Seite unten, erstes Symbol).
- Die allgemeinen Größenmaßspezifikationen müssen mit einem linearen Größenmaß (engl.: linear size) und/oder einem Winkelgrößenmaß (engl.: angular size) angegeben werden (siehe nächste Seite unten).
- Allgemeine Größenmaßspezifikationen gelten beispielsweise für Größenmaßangaben, die den Nennwert des linearen Größenmaßes oder Winkelgrößenmaßes festlegt, welche keine individuelle Toleranz hat (Maß 45), kein theoretisch genaues Maß (TED, engl: theoretically exact dimension) ist (Maß 80) und kein Hilfsmaß ist (Maß 20) – siehe Abbildung unten.

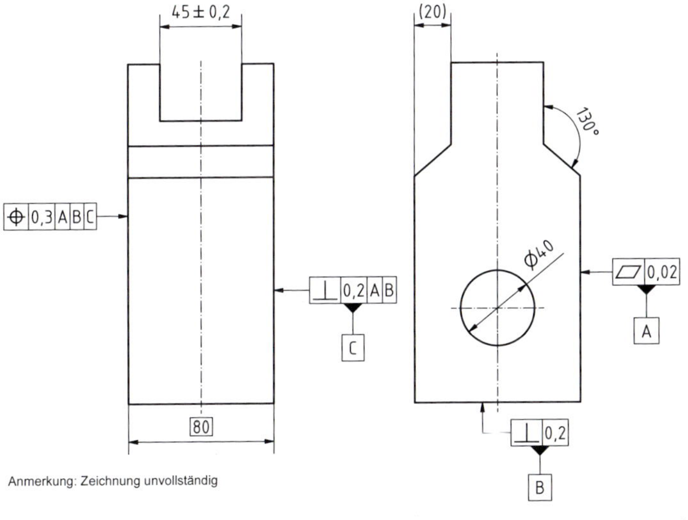

Anmerkung: Zeichnung unvollständig

Auf Anregung der deutschen Industrie wurde die Norm DIN 2769 : 2023-04 entwickelt (nächste Seite). Diese Norm legt Allgemeintoleranzwerte in Toleranzklassen für allgemeine geometrische und Größenmaße in Ergänzung zur DIN EN ISO 22081 : 2022-10 fest.
Die Tabellenwerte sind anwendbar unabhängig von: Technologie, Material, Einzelteil bzw. Zusammenbau.

Toleranzen und Passungen

Allgemeintoleranzwerte für Flächenmaße

DIN 2769 : 2023-04

alle Maße in mm								
	Maß SD der kleinsten umschriebenen Kugel des Teils[1]							
über	**0**	**3**	**6**	**30**	**120**	**400**	**1000**	**2000**
bis (einschließlich)	**3**	**6**	**30**	**120**	**400**	**1000**	**2000**	**4000**
Toleranzklasse	**Kennzahl**							
	1	**2**	**3**	**4**	**5**	**6**	**7**	**8**
Kennbuchstabe	**Allgemeintoleranzwerte für Flächenmaße**							
A	0,1	0,1	0,2	0,3	0,4	0,6	1	2
B	0,2	0,2	0,4	0,6	1	1,6	2,4	4
C	0,4	0,6	1	1,6	2,4	4	6	8
D	0,6	1	2	3	5	8	12	16

[1] SD = Kugeldurchmesser (engl.: spherical diameter)

Anmerkung: maßgebend ist die angegebene Toleranzklasse für die anzuwendenden Toleranzwerte, nicht der kleinste umschriebene Kugeldurchmesser

Allgemeintoleranzwerte für Längenmaße (linear size)

DIN 2769 : 2023-04

alle Maße in mm								
	Nennmaßbereich							
über	**0**	**3**	**6**	**30**	**120**	**400**	**1000**	**2000**
bis (einschließlich)	**3**	**6**	**30**	**120**	**400**	**1000**	**2000**	**4000**
Toleranzklasse	**Allgemeintoleranzwerte für Längenmaße (linear size)**							
a	±0,05	±0,05	±0,1	±0,15	±0,2	±0,3	±0,5	±1
b	±0,1	±0,1	±0,2	±0,3	±0,5	±0,8	±1,2	±2
c	±0,2	±0,3	±0,5	±0,8	±1,2	±2	±3	±4
d	±0,3	±0,5	±1	±1,5	±2,5	±4	±6	±8

Anmerkung: die Tabellenwerte gelten nicht für Mittellinien, Mittelachsen, Mittelflächen

Allgemeintoleranzwerte für Winkelmaße (angular size)

DIN 2769 : 2023-04

	Länge des kürzeren Winkelschenkels in mm				
über	**0**	**10**	**50**	**120**	**400**
bis (einschließlich)	**10**	**50**	**120**	**400**	**-**
Toleranzklasse	**Allgemeintoleranzwerte für Winkelmaße (angular size)**				
1	±1°	±0°30'	±0°20'	±0°10'	±0°5'
2	±1°30'	±1°	±0°30'	±0°15'	±0°10'
3	±3°	±2°	±1°	±0°30'	±0°20'

Anmerkung: die Tabellenwerte gelten nicht für Mittellinien, Mittelachsen, Mittelflächen

Beispiel für Zeichnungseintragung (in Verbindung mit ISO 22081):

Allgemeintoleranzen ISO 22081

⌓	t1	A	B	C

siehe DIN 2769 - D5

Linear size: ±t2 — **siehe DIN 2769 - c**

Angular size: ±t3 — **siehe DIN 2769 - 2**

Allgemeintoleranzen für Spanen und Umformen
Allgemeintoleranzen für Längen- und Winkelmaße

DIN ISO 2768-1 : 1991-06, -2 : 1991-04

Toleranzklasse	Nennmaßbereich in mm ab 0,5 bis 3	über 3 bis 6	über 6 bis 30	über 30 bis 120	über 120 bis 400	über 400 bis 1000	über 1000 bis 2000	über 2000 bis 4000
	Grenzabmaße für Längenmaße in mm							
f (fein)	±0,05	±0,05	±0,1	±0,15	±0,2	±0,3	±0,5	–
m (mittel)	±0,1	±0,1	±0,2	±0,3	±0,5	±0,8	±1,2	±2
c (grob)	±0,2	±0,3	±0,5	±0,8	±1,2	±2	±3	±4
v (sehr grob)	–	±0,5	±1	±1,5	±2,5	±4	±6	±8

Toleranzklasse	Nennmaßbereich in mm ab 0,5 bis 3	über 3 bis 6	über 6	Nennmaßbereich für kurzen Schenkel in mm bis 10	über 10 bis 50	über 50 bis 120	über 120 bis 400	über 400
	Grenzabmaße für Rundungshalbmesser und Fasenhöhen (Schrägungen) in mm			Grenzabmaße für Winkelmaße				
f (fein)	±0,2	±0,5	±1	±1°	±30′	±20′	±10′	±5′
m (mittel)	±0,2	±0,5	±1	±1°	±30′	±20′	±10′	±5′
c (grob)	±0,4	±1	±2	±1° 30	±1°	±30′	±15′	±10′
v (sehr grob)	±0,4	±1	±2	±3°	±2°	±1°	±30′	±20′

Beispiel: **ISO 2768-m** in Nähe Schriftfeld oder Darstellung
Allgemeintoleranz für Längen- und Winkelmaße der Toleranzklasse „mittel"

Allgemeintoleranzen für Form und Lage

DIN ISO 2768-1 : 1991-06, -2 : 1991-04

Toleranzklasse	Nennmaßbereich in mm bis 10	über 10 bis 30	über 30 bis 100	über 100 bis 300	über 300 bis 1000	über 1000 bis 3000	Allgemeintoleranzen für Lauf in mm
	Allgemeintoleranzen Geradheit und Ebenheit in mm						
H	0,02	0,05	0,1	0,2	0,3	0,4	0,1
K	0,05	0,1	0,2	0,4	0,6	0,8	0,2
L	0,1	0,2	0,4	0,8	1,2	1,6	0,5

Toleranzklasse	Nennmaßbereich für den kurzen Schenkel in mm bis 100	über 100 bis 300	über 300 bis 1000	über 1000 bis 3000	Nennmaßbereich in mm bis 100	über 100 bis 300	über 300 bis 1000	über 1000 bis 3000
	Allgemeintoleranzen für Rechtwinkligkeit in mm				Allgemeintoleranzen für Symmetrie in mm			
H	0,2	0,3	0,4	0,5	0,5	0,5	0,5	0,5
K	0,4	0,6	0,8	1	0,6	0,6	0,8	1
L	0,6	1	1,5	2	0,6	1	1,5	2

Beispiele: In Nähe Schriftfeld oder Darstellung

Z. B. Toleranzklasse m für Längenmaße und K für Form und Lage: **ISO 2768-mK**
Z. B. wenn zusätzlich die Hüllbedingung Ⓔ gelten soll: **ISO 2768-mK-E**
Z. B. wenn nur die Toleranzklasse K für Form und Lage gelten soll: **ISO 2768-K**

Die Allgemeintoleranz für **Parallelität** ist dem Zahlenwert von Geradheit und Ebenheit gleich.
Die Allgemeintoleranz für **Koaxilität** ist nicht festgelegt.

Allgemeintoleranzen für Schweißkonstruktionen

Allgemeintoleranzen für Längenmaße

DIN EN ISO 13920 : 2023-08

Toleranz-klasse	Nennmaßbereich in mm							
	ab 2 bis 30	über 30 bis 120	über 120 bis 400	über 400 bis 1000	über 1000 bis 2000	über 2000 bis 4000	über 4000 bis 8000	über 8000 bis 12000
	Grenzabmaße für Längenmaße in mm							
A	±1	±1	±1	±2	± 3	± 4	± 5	± 6
B	±1	±2	±2	±3	± 4	± 6	± 8	±10
C	±1	±3	±4	±6	± 8	±11	±14	±18
D	±1	±4	±7	±9	±12	±16	±21	±27

Allgemeintoleranzen für Winkelmaße

DIN EN ISO 13920 : 2023-08

Toleranz-klasse	Nennmaßbereich in mm für die Länge des kurzen Schenkels			Nennmaßbereich in mm für die Länge des kurzen Schenkels		
	bis 400	über 400 bis 1000	über 1000	bis 400	über 400 bis 1000	über 1000
	Grenzabmaße für Winkelmaße			Gerechnete und gerundete Grenzabmaße für Winkelmaße als Tangenswert der Allgemeintoleranz in mm je 1 m des kurzen Schenkels		
A	±20′	±15′	±10′	± 6	± 4,5	± 3
B	±45′	±30′	±20′	±13	± 9	± 6
C	±1°	±45′	±30′	±18	±13	± 9
D	±1° 30′	±1° 15′	±1°	±26	±22	±18

Beispiel: **EN ISO 13920-C**
Allgemeintoleranz für Längen- und Winkelmaße in Schweißkonstruktionen der Toleranzklasse „C".

Allgemeintoleranzen für Geradheit, Ebenheit und Parallelität

DIN EN ISO 13920 : 2023-08

Toleranz-klasse	Nennmaßbereich in mm für große Seitenlänge der Fläche						
	über 30 bis 120	über 120 bis 400	über 400 bis 1000	über 1000 bis 2000	über 2000 bis 4000	über 4000 bis 8000	über 8000 bis 12000
	Toleranzen für Geradheit, Ebenheit, Parallelität in mm						
E	0,5	1	1,5	2	3	4	5
F	1	1,5	3	4,5	6	8	10
G	1,5	3	5,5	9	11	16	20
H	2,5	5	9	14	18	26	32

Beispiel: **EN ISO 13920-G**
Allgemeintoleranz für Geradheit, Ebenheit und Parallelität der Toleranzklasse „G".

Beispiel: **EN ISO 13920-BG**
Allgemeintoleranz für Geradheit, Ebenheit und Parallelität in Schweißkonstruktionen der kombinierten Toleranzklasse „G" und „B".

Maße und ihre Toleranzen

DIN EN ISO 286-1 : 2019-09, DIN EN ISO 129-1 : 2022-02

- **Maß mit Allgemeintoleranz** Hinweis auf Allgemeintoleranz muss in Zeichnung enthalten sein. — 20
- **Toleriertes Maß mit Nennmaß und Grenzabmaßen** — $20^{+0,3}_{+0,1}$

Nennmaß:		N	20
Grenzabmaße:	oberes Grenzabmaß	ES/es	+0,3
	unteres Grenzabmaß	EI/ei	+0,1
Grenzmaße:	Höchstmaß	G_o	20,3
	Mindestmaß	G_u	20,1
Maßtoleranz=	Höchstmaß – Mindestmaß		0,2

- Abmaße werden vorzugsweise in gleicher Schriftgröße wie die Nennmaße ausgeführt. Sie dürfen auch eine Stufe kleiner, minimal 2,5 mm hoch sein. — 20 ±0,3; 20 +0,3; oder $20^{+0,3}_{\ 0}$; oder 20 +0,3/0
- Nennmaß und Abmaße dürfen in dieselbe Zeile eingetragen werden.
- Wenn ein Abmaß 0 ist, darf es angegeben werden. — 20 -0,1; oder $20^{\ 0}_{-0,1}$; oder 20 +0/-0,1
- Auch Grenzmaße dürfen angegeben werden. — 20,3 / 20,1
- Grenzmaße mit max, min sind zu meiden. — 20 min

- Toleranzen für Winkel

  Bei Minutenangabe muss gegebenenfalls davor 0° gesetzt werden

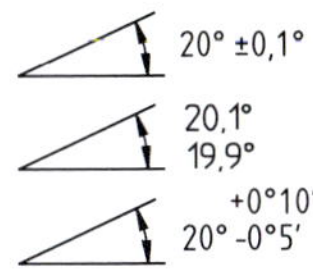

- **Passungen** Die Passung ist definiert durch die Angabe des Nennmaßes und der Toleranzklasse bzw. Grenzabmaße — 20 f7; oder $20\ f7\left(^{-0,020}_{-0,041}\right)$; oder $20^{-0,020}_{-0,041}\,(f7)$

Toleranzklasse — f 7
Grundabmaß — f
Toleranzgrad — 7

- Der tolerierten Passung kann die Hüllbedingung hinzugeführt werden. — 20 f7Ⓔ
- Bei gefügten Teilen: Bohrungstoleranz immer davor oder über der Wellentoleranz — 20 H8/f7; oder $20\frac{H8}{f7}$
- Abmaßangabe bei gefügt dargestellten Teilen: Bohrungsmaß immer über Wellenmaß

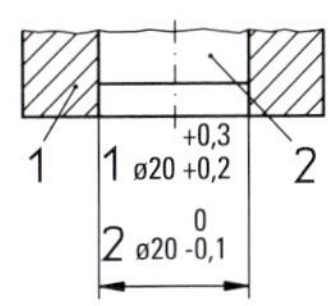

- Der **Gültigkeitsbereich** wird eingetragen, wenn z. B. die Passung nur für bestimmte Länge gelten soll.

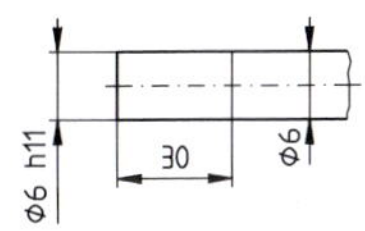

Grundtoleranzen in µm (≙Toleranz T_B oder T_W)

DIN EN ISO 286-1, -2 : 2019-09

Nennmaß in mm	IT 01	IT 0	IT 1	IT 2	IT 3	IT 4	IT 5	IT 6	IT 7	IT 8	IT 9	IT 10	IT 11	IT 12	IT 13	IT 14*	IT 15*	IT 16*	IT 17*	IT 18*
	Grundtoleranzgrade																			
bis 3	0,3	0,5	0,8	1,2	2	3	4	6	10	14	25	40	60	100	140	250	400	600	1000	1400
über 3 bis 6	0,4	0,6	1	1,5	2,5	4	5	8	12	18	30	48	75	120	180	300	480	750	1200	1800
über 6 bis 10	0,4	0,6	1	1,5	2,5	4	6	9	15	22	36	58	90	150	220	360	580	900	1500	2200
über 10 bis 18	0,5	0,8	1,2	2	3	5	8	11	18	27	43	70	110	180	270	430	700	1100	1800	2700
über 18 bis 30	0,6	1	1,5	2,5	4	6	9	13	21	33	52	84	130	210	330	520	840	1300	2100	3300
über 30 bis 50	0,6	1	1,5	2,5	4	7	11	16	25	39	62	100	160	250	390	620	1000	1600	2500	3900
über 50 bis 80	0,8	1,2	2	3	5	8	13	19	30	46	74	120	190	300	460	740	1200	1900	3000	4600
über 80 bis 120	1	1,5	2,5	4	6	10	15	22	35	54	87	140	220	350	540	870	1400	2200	3500	5400
über 120 bis 180	1,2	2	3,5	5	8	12	18	25	40	63	100	160	250	400	630	1000	1600	2500	4000	6300
über 180 bis 250	2	3	4,5	7	10	14	20	29	46	72	115	185	290	460	720	1150	1850	2900	4600	7200
über 250 bis 315	2,5	4	6	8	12	16	23	32	52	81	130	210	320	520	810	1300	2100	3200	5200	8100
über 315 bis 400	3	5	7	9	13	18	25	36	57	89	140	230	360	570	890	1400	2300	3600	5700	8900
über 400 bis 500	4	6	8	10	15	20	27	40	63	97	155	250	400	630	970	1550	2500	4000	6300	9700
Qualität	sehr fein					fein			mittel			grob		sehr grob						

* Grundtoleranzgrade IT 14 bis IT 18 sind für die Nennmaße bis 1 mm nicht anzuwenden

Toleranzen und Passungen

Berechnung der Grenzabmaße (Beispiele)

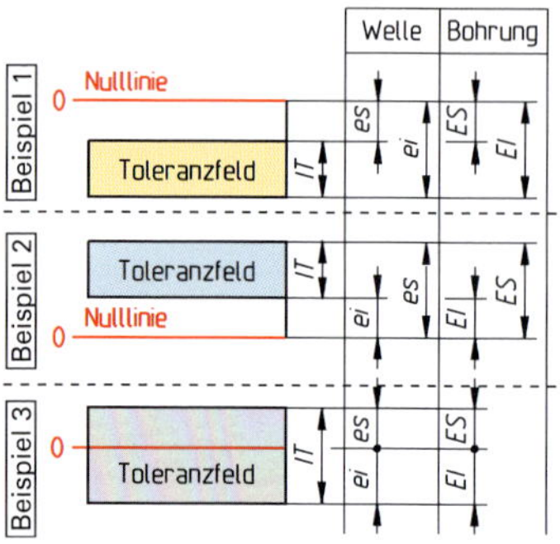

Welle ∅ 70g5: ei = es − IT5 = −10 µm − 13 µm = **−23 µm**

(IT5; es: Tabelle unten Seite; IT5: Tabelle vorhergehende Seite)

Bohrung ∅ 70F6: ES = EI + IT6 = 30 µm + 19 µm = **49 µm**

(IT6; EI: Tabelle nächste Seite; IT6: Tabelle vorhergehende Seite)

Bohrung ∅ 70K7: ES = −2 µm + Δ = −2 µm + 11 µm = **9 µm**

(IT7; −2 µm + Δ: Tabelle nächste Seite)

EI = ES − IT7 = 9 µm − 30 µm = **−21 µm**

(IT7: Tabelle vorhergehende Seite)

Grenzabmaße es und ei für Wellen (Auswahl)

DIN EN ISO 286-1 : 2019-09

Grundabmaß	a	c	d	e	f	g	h	j	k	k	m	n	p	r	s
Tabelle gültig für	alle Grundtoleranzgrade							IT7	IT4 bis IT7	bis IT3 und über IT7	alle Grundtoleranzgrade				
Nennmaße in mm	oberes Grenzabmaß es in µm							unteres Grenzabmaß ei in µm							
über 1 bis 3	−270	−60	−20	−14	−6	−2	0	−4	0	0	+2	+4	+6	+10	+14
über 3 bis 6	−270	−70	−30	−20	−10	−4	0	−4	+1	0	+4	+8	+12	+15	+19
über 6 bis 10	−280	−80	−40	−25	−13	−5	0	−5	+1	0	+6	+10	+15	+19	+23
über 10 bis 18	−290	−95	−50	−32	−16	−6	0	−6	+1	0	+7	+12	+18	+23	+28
über 18 bis 30	−300	−110	−65	−40	−20	−7	0	−8	+2	0	+8	+15	+22	+28	+35
über 30 bis 40	−310	−120	−80	−50	−25	−9	0	−10	+2	0	+9	+17	+26	+34	+43
über 40 bis 50	−320	−130													
über 50 bis 65	−340	−140	−100	−60	−30	−10	0	−12	+2	0	+11	+20	+32	+41	+53
über 65 bis 80	−360	−150												+43	+59
über 80 bis 100	−380	−170	−120	−72	−36	−12	0	−15	+3	0	+13	+23	+37	+51	+71
über 100 bis 120	−410	−180												+54	+79
über 120 bis 140	−460	−200	−145	−85	−43	−14	0	−18	+3	0	+15	+27	+43	+63	+92
über 140 bis 160	−520	−210												+65	+100
über 160 bis 180	−580	−230												+68	+108
über 180 bis 200	−660	−240	−170	−100	−50	−15	0	−21	+4	0	+17	+31	+50	+77	+122
über 200 bis 225	−740	−260												+80	+130
über 225 bis 250	−820	−280												+84	+140
über 250 bis 280	−920	−300	−190	−110	−56	−17	0	−26	+4	0	+20	+34	+56	+94	+158
über 280 bis 315	−1050	−330												+98	+170
über 315 bis 355	−1200	−360	−210	−125	−62	−18	0	−28	+4	0	+21	+37	+62	+108	+190
über 355 bis 400	−1350	−400												+114	+208
über 400 bis 450	−1500	−440	−230	−135	−68	−20	0	−32	+5	0	+23	+40	+68	+126	+232
über 450 bis 500	−1650	−480												+132	+252

Grenzabmaße ES und EI für Bohrungen (Auswahl)

DIN EN ISO 286-1 : 2019-09

Zahlenwerte Δ in mm für Grenzabmaße K, M und N

Grundtoleranzgrad	Nennmaße in mm über 1 bis 3	über 3 bis 6	über 6 bis 10	über 10 bis 18	über 18 bis 30	über 30 bis 50	über 50 bis 80	über 80 bis 120	über 120 bis 180	über 180 bis 250	über 250 bis 315	über 315 bis 400	über 400 bis 500
IT3	0	1	1	1	1,5	1,5	2	2	3	3	4	4	5
IT4	0	1,5	1,5	2	2	3	3	4	4	4	4	5	5
IT5	0	1	2	3	3	4	5	5	6	6	7	7	7
IT6	0	3	3	3	4	5	6	7	7	9	9	11	13
IT7	0	4	6	7	8	9	11	13	15	17	20	21	23
IT8	0	6	7	9	12	14	16	19	23	26	29	32	34

Zahlenwerte für Grenzabmaße

Grundabmaß	A	C	D	E	F	G	H	J	K	M	N	P, R, S	P	R	S
Tabelle gültig für	alle Grundtoleranzgrade							IT8	bis IT8			bis IT7	über IT7		
Nennmaße in mm	unteres Grenzabmaß EI in µm							oberes Grenzabmaß ES in µm							
über 1 bis 3	+270	+60	+20	+14	+6	+2	0	+6	0	−2	−4	Wie Grundtoleranzgrade über IT7 plus Δ	−6	−10	−14
über 3 bis 6	+270	+70	+30	+20	+10	+4	0	+10	−1+Δ	−4+Δ	−8+Δ		−12	−15	−19
über 6 bis 10	+280	+80	+40	+25	+13	+5	0	+12	−1+Δ	−6+Δ	−10+Δ		−15	−19	−23
über 10 bis 18	+290	+95	+50	+32	+16	+6	0	+15	−1+Δ	−7+Δ	−12+Δ		−18	−23	−28
über 18 bis 30	+300	+110	+65	+40	+20	+7	0	+20	−2+Δ	−8+Δ	−15+Δ		−22	−28	−35
über 30 bis 40	+310	+120	+80	+50	+25	+9	0	+24	−2+Δ	−9+Δ	−17+Δ		−26	−34	−43
über 40 bis 50	+320	+130													
über 50 bis 65	+340	+140	+100	+60	+30	+10	0	+28	−2+Δ	−11+Δ	−20+Δ		−32	−41	−53
über 65 bis 80	+360	+150												−43	−59
über 80 bis 100	+380	+170	+120	+72	+36	+12	0	+34	−3+Δ	−13+Δ	−23+Δ		−37	−51	−71
über 100 bis 120	+410	+180												−54	−79
über 120 bis 140	+460	+200	+145	+85	+43	+14	0	+41	−3+Δ	−15+Δ	−27+Δ		−43	−63	−92
über 140 bis 160	+520	+210												−65	−100
über 160 bis 180	+580	+230												−68	−108
über 180 bis 200	+660	+240	+170	+100	+50	+15	0	+47	−4+Δ	−17+Δ	−31+Δ		−50	−77	−122
über 200 bis 225	+740	+260												−80	−130
über 225 bis 250	+820	+280												−84	−140
über 250 bis 280	+920	+300	+190	+110	+56	+17	0	+55	−4+Δ	−20+Δ	−34+Δ		−56	−94	−158
über 280 bis 315	+1050	+330												−98	−170
über 315 bis 355	+1200	+360	+210	+125	+62	+18	0	+60	−4+Δ	−21+Δ	−37+Δ		−62	−108	−190
über 355 bis 400	+1350	+400												−114	−208
über 400 bis 450	+1500	+440	+230	+135	+68	+20	0	+66	−5+Δ	−23+Δ	−40+Δ		−68	−126	−232
über 450 bis 500	+1650	+480												−132	−252

Toleranzen und Passungen

Nur die Abkürzungen EI, ES, ei, es sind genormt:

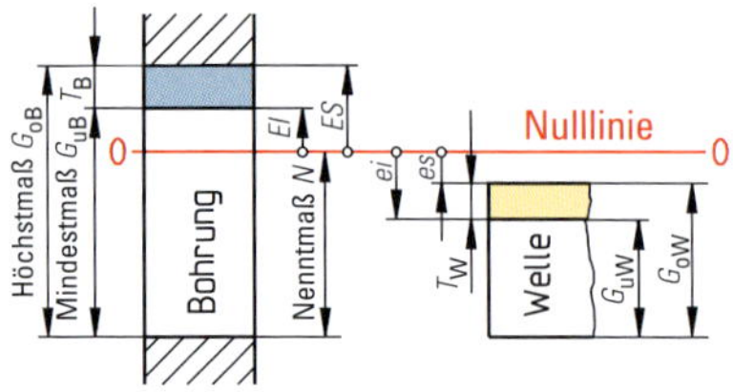

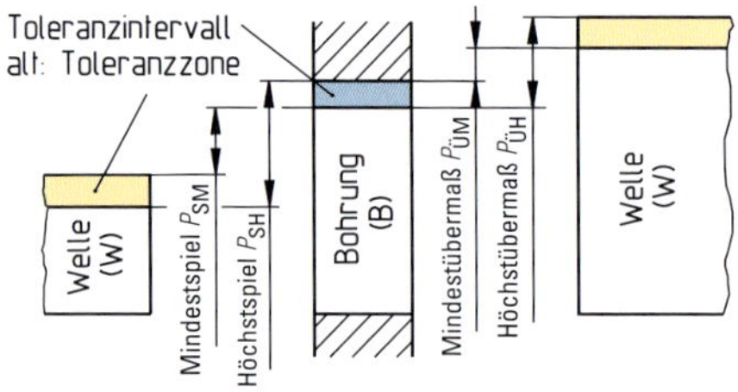

oberes Grenzabmaß = Höchstmaß – Nennmaß

Bohrung:	$ES = G_{oB} - N = EI + T_B$
Welle:	$es = G_{oW} - N = ei + T_W$

unteres Grenzabmaß = Mindestmaß – Nennmaß

Bohrung:	$EI = G_{uB} - N$
Welle:	$ei = G_{uW} - N$

Maßtoleranz = Höchstmaß – Mindestmaß = oberes Grenzabmaß – unteres Grenzabmaß

Bohrung:	$T_B = G_{oB} - G_{uB} = ES - EI$
Welle:	$T_W = G_{oW} - G_{uW} = es - ei$

Passtoleranz P_T

$P_T = T_B + T_W$

Spielpassung Beispiel: 40 H8/f7

Mindestspiel = Mindestmaß$_B$ – Höchstmaß$_W$

$P_{SM} = G_{uB} - G_{oW}$ (Ergebnis positiv)

P_{SM} = 40 mm – 39,975 mm = 0,025 mm

Höchstspiel = Höchstmaß$_B$ – Mindestmaß$_W$

$P_{SH} = G_{oB} - G_{uW}$ (Ergebnis positiv)

P_{SH} = 40,039 mm – 39,975 mm = 0,089 mm

Spanne = Höchstspiel – Mindestspiel

$S_{SP} = P_{sH} - P_{sM}$

S_{SP} = 0,089 mm – 0,025 mm = 0,64 mm

Übergangspassung Beispiel: 40 H7/n6

Höchstspiel = Höchstmaß$_B$ – Mindestmaß$_W$

$P_{SH} = G_{oB} - G_{uW}$ (Ergebnis positiv)

P_{SH} = 40,025 mm – 40,017 mm = 0,008 mm

Höchstüberm. = Mindestmaß$_B$ – Höchstmaß$_W$

$P_{üH} = G_{uB} - G_{oW}$ (Ergebnis negativ)

$P_{üH}$ = 40 mm – 40,033 mm = –0,033 mm

Spanne = Höchstspiel + Höchstübermaß

$S_{üG} = P_{sH} - P_{üH}$ ($P_{üH}$ negativ einsetz.)

$S_{üG}$ = 0,008 mm – (–0,033 mm) = 0,042 mm

Übermaßpassung Beispiel: 40

Höchstüberm. = Mindestmaß$_B$ – Höchstmaß$_W$

$P_{üH} = G_{uB} - G_{oW}$ (Ergebnis negativ)

$P_{üH}$ = 40 mm – 40,050 mm = –0,050 mm

Mindestüberm. = Höchstmaß$_B$ – Mindestmaß$_W$

$P_{üM} = G_{oB} - G_{uW}$ (Ergebnis negativ)

$P_{üM}$ = 40,025 mm – 40,034 mm = –0,009 mm

Spanne = Höchstübermaß – Mindestübermaß

$S_{üM} = P_{üH} - P_{üM}$ (beide Werte neg. einsetz.)

$S_{üM}$ = –0,050 mm – (–0,009 mm) = 0,041 mm

Passungssystem Einheitsbohrung

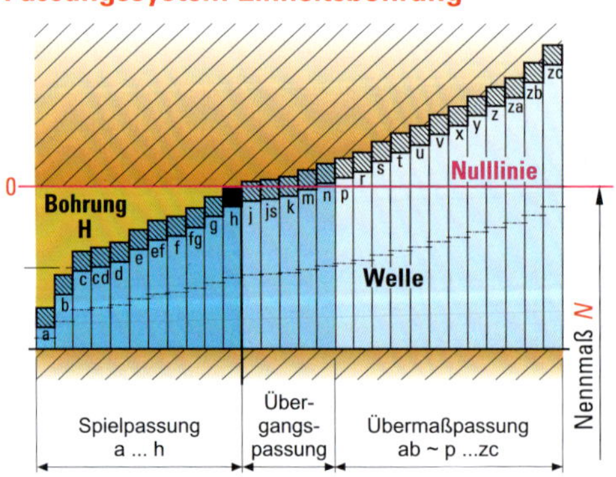

Einheitsbohrung (Grundabmaß „H"), kombiniert mit Wellen-Grundabmaßen (a-zc)

Die h-Toleranz „hängt" an der Nulllinie.

Passungssystem Einheitswelle

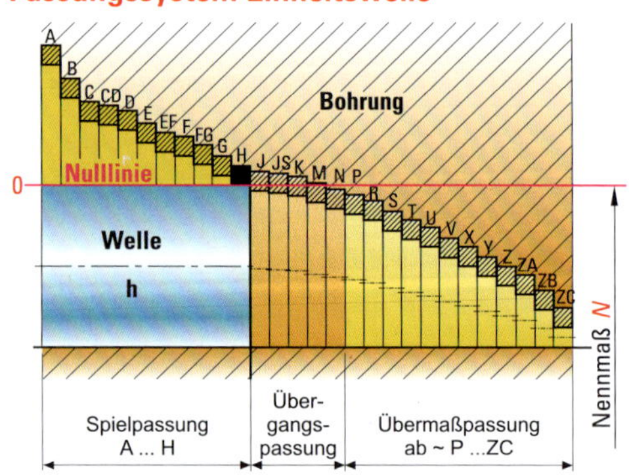

Einheitswelle (Grundabmaß „h"), kombiniert mit Bohrungs-Grundabmaßen (A-ZC)

Die H-Toleranz „sitzt" auf der Nulllinie.

Toleranzen und Passungen

Passungsarten
Passungsauswahl

DIN 7157 : 1966-01 (zurückgezogen)

	Einheitsbohrung				Darstellung und Beschreibung (Bohrung / Welle)	Einheitswelle		
	H6	H7	H8	(H11)		h6	h9	h11
Übermaßpassung		**H7 u8**	H8 u8		**Großes Übermaß** kann nur durch Schrumpfen oder Dehnen gefügt werden; für Räder auf Achsen, Zapfen in Kurbeln, Schrumpfringe	nicht festgelegt		
Übermaßpassung		H7 s6			**Reichliches Übermaß** ist mit großer Presskraft oder durch Schrumpfen bzw. Dehnen fügbar; für Radkränze auf Laufrädern, Laufräder auf Achsen	nicht festgelegt		
Übermaßpassung		**H7 r6**			**Geringes Übermaß** kann mit Presskraft gefügt werden; für Lagerbuchsen in Gehäusen, Zahnkränze auf Radkörpern	nicht festgelegt		
Übergangspassung		H7 n6			**Übermaß wahrscheinlicher als Spiel** kann mit geringer Presskraft gefügt werden; für Kupplungen, Lagerbüchsen in Gehäusen, Ritzel auf Wellenenden	nicht festgelegt		
Übergangspassung	H6 k6	H7 k6			**Übermaß und Spiel gleich wahrscheinlich** ist mit Hammerschlägen fügbar; Maschinenteile gegen Verdrehen zusätzlich sichern. Kupplungen, Zahnräder, Riemenscheiben, Handräder	nicht festgelegt		
Übergangspassung	H6 j6	H7 j6			**Spiel wahrscheinlicher als Übermaß** ist mit leichten Hammerschlägen fügbar; Maschinenteile gegen Verdrehen zusätzlich sichern. Zahnräder, Handräder	nicht festgelegt		
Spielpassung		**H7 h6**	**H8 h9**	H11 h11	**Noch gleitfähig** Die Teile sind bei genauer Führung noch verschiebbar; Zentriersätze, Pinolen in Gehäusen, Distanzringe	**H7 h6**	**H8 h9**	H11 h11
Spielpassung		H7 g6			**Gut gleitfähig** Teile von Hand verschiebbar; für Gleitlager für Arbeitsspindeln, Kupplungen, Wechselräder	G7 h6		
Spielpassung		H7 f7	**H8 f7**		**Geringes Spiel** für Gleitlager allgemein, Steuerkolben in Zylinder, Umsteckräder, Schieberäder	F8 h6	**F8 h9**	
Spielpassung			H8 e8		**Merkliches Spiel** Teile leicht verschiebbar; für Gleitlager mit langen Wellen oder mit mehreren Lagerstellen, Kurbelwellen- und Schneckenwellenlager, Hebellagerungen		**E9 h9**	
Spielpassung			H8 d9	H11 d9	**Reichliches Spiel** für Lagerungen an Bau- und Landmaschinen, Lager für Kranantriebe und Kranfahrwerke, Leerlaufscheiben, Distanzbuchsen		**D10 h9**	D10 h11
Spielpassung				H11 c11	**Großes Spiel** für Lager mit starker Erwärmung, Grobmaschinenbau, Bocklager, Steckbolzen		C11 h9	C11 h11
Spielpassung				H11 a11	**Sehr großes Spiel** für Lager mit Verschmutzungsgefahr und mangelhafter Schmierung, Bagger, Gelenkverbindungen, Distanzbolzen			A11 h11

Fett, rot und größer gedruckte Passungen sind zu bevorzugen (Reihe 1).

Passungen

DIN EN ISO 286-2 : 2019-09

System Einheitsbohrung

Grenzabmaße in µm (=0,001 mm)

Dunkelgrau hinterlegte Toleranzfelder bevorzugen

Nennmaß in mm	Bohrung	Spiel-	Übergangs-			Übermaß-	Bohrung	Spiel-			Übergangs-				Übermaß-	
		Passung Welle						Passung Welle								
	H6	h5	j5	k5	n5	r5	H7	f7	g6	h6	j6	k6	m6	n6	r6	s6
bis 3	+6 0	0 −4	±2	+4 0	+8 +4	+14 +10	+10 0	−6 −16	−2 −8	0 −6	+4 −2	+6 0	+8 +2	+10 +4	+16 +10	+20 +14
über 3 bis 6	+8 0	0 −5	+3 −2	+6 +1	+13 +8	+20 +15	+12 0	−10 −22	−4 −12	0 −8	+6 −2	+9 +1	+12 +4	+16 +8	+23 +15	+27 +19
über 6 bis 10	+9 0	0 −6	+4 −2	+7 +1	+16 +10	+25 +19	+15 0	−13 −28	−5 −14	0 −9	+7 −2	+10 +1	+15 +6	+19 +10	+28 +19	+32 +23
über 10 bis14 über 14 bis 18	+11 0	0 −8	+5 −3	+9 +1	+20 +12	+31 +23	+18 0	−16 −34	−6 −17	0 −11	+8 −3	+12 +1	+18 +7	+23 +12	+34 +23	+39 +28
über 18 bis 24 über 24 bis 30	+13 0	0 −9	+5 −4	+11 +2	+24 +15	+37 +28	+21 0	−20 −41	−7 −20	0 −13	+9 −4	+15 +2	+21 +8	+28 +15	+41 +28	+48 +35
über 30 bis 40 über 40 bis 50	+16 0	0 −11	+6 −5	+13 +2	+28 +17	+45 +34	+25 0	−25 −50	−9 −25	0 −16	+11 −5	+18 +2	+25 +9	+33 +17	+50 +34	+59 +43
über 50 bis 65 über 65 bis 80	+19 0	0 −13	+6 −7	+15 +2	+33 +20	+54 +41 +56 +43	+30 0	−30 −60	−10 −29	0 −19	+12 −7	+21 +2	+30 +11	+39 +20	+60 +41 +62 +43	+72 +53 +78 +59
über 80 bis 100 über 100 bis 120	+22 0	0 −15	+6 −9	+18 +3	+38 +23	+66 +51 +69 +54	+35 0	−36 −71	−12 −34	0 −22	+13 −9	+25 +3	+35 +13	+45 +23	+73 +51 +76 +54	+93 +71 +101 +79
über 120 bis 140 über 140 bis 160 über 160 bis 180	+25 0	0 −18	+7 −11	+21 +3	+45 +27	+81 +63 +83 +65 +86 +68	+40 0	−43 −83	−14 −39	0 −25	+14 −11	+28 +3	+40 +15	+52 +27	+88 +63 +90 +65 +93 +68	+117 +92 +125 +100 +133 +108
über 180 bis 200 über 200 bis 225 über 225 bis 250	+29 0	0 −20	+7 −13	+24 +4	+51 +31	+97 +77 +100 +80 +104 +84	+46 0	−50 −96	−15 −44	0 −29	+16 −13	+33 +4	+46 +17	+60 +31	+106 +77 +109 +80 +113 +84	+151 +122 +159 +130 +169 +140
über 250 bis 280 über 280 bis 315	+32 0	0 −23	+7 −16	+27 +4	+57 +34	+117 +94 +121 +98	+52 0	−56 −108	−17 −49	0 −32	+16 −16	+36 +4	+52 +20	+66 +34	+126 +94 +130 +98	+190 +158 +202 +170
über 315 bis 355 über 355 bis 400	+36 0	0 −25	+7 −18	+29 +4	+62 +37	+133 +108 +139 +114	+57 0	−62 −119	−18 −54	0 −36	+18 −18	+40 +4	+57 +21	+73 +37	+144 +108 +150 +114	+226 +190 +244 +208
über 400 bis 450 über 450 bis 500	+40 0	0 −27	+7 −20	+32 +5	+67 +40	+153 +126 +159 +132	+63 0	−68 −131	−20 −60	0 −40	+20 −20	+45 +5	+63 +23	+80 +40	+166 +126 +172 +132	+272 +232 +292 +252

Passungen

DIN EN ISO 286-2 : 2019-09

System Einheitsbohrung

Grenzabmaße in µm (=0,001 mm)

Dunkelgrau hinterlegte Toleranzfelder bevorzugen

Nennmaß in mm	Bohrung	Spiel- Passung Welle					Übermaß- Passung Welle			Bohrung	Spiel- Passung Welle					Übermaß- Passung Welle
	H8	d9	e8	f7	f8	h9	s8	u8	x8	H11	a11	c11	d9	h9	h11	x11
bis 3	+14 0	−20 −45	−14 −28	−6 −16	−6 −20	0 −25	+28 +14	+32 +18	+34 +20	+60 0	−270 −330	−60 −120	−20 −45	0 −25	0 −60	–
über 3 bis 6	+18 0	−30 −60	−20 −38	−10 −22	−10 −28	0 −30	+37 +19	+41 +23	+46 +28	+75 0	−270 −345	−70 −145	−30 −60	0 −30	0 −75	–
über 6 bis 10	+22 0	−40 −76	−25 −47	−13 −28	−13 −35	−0 −36	+45 +23	+50 +28	+56 +34	+90 0	−280 −370	−80 −170	−40 −76	0 +36	0 −90	–
über 10 bis14	+27 0	−50 −93	−32 −59	−16 −34	−16 −43	0 −43	+55 +28	+60 +33	+67 +40	+110 0	−290 −400	−95 −205	−50 −93	0 −43	0 −110	–
über 14 bis 18									+72 +45							–
über 18 bis 24	+33 0	−65 −117	−40 −73	−20 −41	−20 −53	0 −52	+68 +35	+74 +41	+87 +54	+130 0	−300 −430	−110 −240	−65 −117	0 −52	0 −130	–
über 24 bis 30								+81 +48	+97 +64							–
über 30 bis 40	+39 0	−80 −142	−50 −89	−25 −50	−25 −64	0 −62	+82 +43	+99 +60	+119 +80	+160 0	−310 −470	−120 −280	−80 −142	0 −62	0 −160	–
über 40 bis 50								+109 +70	+136 +97		−320 −480	−130 −290				
über 50 bis 65	+46 0	−100 −174	−60 −106	−30 −60	−30 −76	0 −74	+99 +53	+133 +87	+168 +122	+190 0	−340 −530	−140 −330	−100 −174	0 −74	0 −190	+312 +122
über 65 bis 80							+105 +59	+148 +102	+192 +146		−360 −550	−150 −340				+336 +146
über 80 bis 100	+54 0	−120 −207	−72 −126	−36 −71	−36 −90	0 −87	+125 +71	+178 +124	+232 +178	+220 0	−380 −600	−170 −390	−120 −207	0 −87	0 −220	+398 +178
über 100 bis 120							+133 +79	+198 +144	+264 +210		−410 −630	−180 −400				+430 +210
über 120 bis 140							+155 +92	+233 +170	+311 +248		−460 −710	−200 −450				+498 +248
über 140 bis 160	+63 0	−145 −245	−85 −148	−43 −83	−43 −106	0 −100	+163 +100	+253 +190	+343 +280	+250 0	−520 −770	−210 −460	−145 −245	0 −100	0 −250	+530 +280
über 160 bis 180							+171 +108	+273 +210	+373 +310		−580 −830	−230 −480				+560 +310
über 180 bis 200							+194 +122	+308 +236	+422 +350		−660 −950	−240 −530				+640 +350
über 200 bis 225	+72 0	−170 −285	−100 −172	−50 −96	−50 −122	0 −115	+202 +130	+330 +258	+457 +385	+290 0	−740 −1030	−260 −550	−170 −285	0 −115	0 −290	+675 +385
über 225 bis 250							+212 +140	+356 +284	+497 +425		−820 −1110	−280 −570				+715 +425
über 250 bis 280	+81 0	−190 −320	−110 −191	−56 −108	−56 −137	0 −130	+239 +158	+396 +315	+556 +475	+320 0	−920 −1240	−300 −620	−190 −320	0 −130	0 −320	+795 +475
über 280 bis 315							+251 +170	+431 +350	+606 +525		−1050 −1370	−330 −650				+845 +525
über 315 bis 355	+89 0	−210 −350	−125 −214	−62 −119	−62 −151	0 −140	+279 +190	+479 +390	+679 +590	+360 0	−1200 −1560	−360 −720	−210 −350	0 −140	0 −360	+950 +590
über 355 bis 400							+297 +208	−524 +435	+749 +660		−1350 −1710	−400 −760				+1020 +660
über 400 bis 450	+97 0	−230 −385	−135 −232	−68 −131	−68 −165	0 −155	+329 +232	+587 +490	+837 +740	+400 0	−1500 −1900	−440 −840	−230 −385	0 −155	0 −400	+1140 +740
über 450 bis 500							+349 +252	−637 +540	+917 +820		−1650 −2050	−480 −880				+1220 +820

Toleranzen und Passungen

Passungen

DIN EN ISO 286-2 : 2019-09

System Einheitswelle

Grenzabmaße in µm (=0,001 mm)

Dunkelgrau hinterlegte Toleranzfelder bevorzugen

Nennmaß in mm	Welle	Spiel-	Übergangs-			Übermaß-	Welle	Spiel-		Übergangs-					Übermaß-	
		Passung						Passung								
		Bohrung						Bohrung								
	h5	G6	J6	M6	N6	P6	h6	F7	F8	G7	J7	K7	M7	N7	R7	S7
bis 3	0 -4	+8 +2	+2 -4	-2 -8	-4 -10	-6 -12	0 -6	+16 +6	+20 +6	+12 +2	+4 -6	0 -10	-2 -12	-4 -14	-10 -20	-14 -24
über 3 bis 6	0 -5	+12 +4	+5 -3	-1 -9	-5 -13	-9 -17	0 -8	+22 +10	+28 +10	+16 +4	+6 -6	+3 -9	0 -12	-4 -16	-11 -23	-15 -27
über 6 bis 10	0 -6	+14 +5	+5 -4	-3 -12	-7 -16	-12 -21	0 -9	+28 +13	+35 +13	+20 +5	+8 -7	+5 -10	0 -15	-4 -19	-13 -28	-17 -32
über 10 bis14	0 -8	+17 +6	+6 -5	-4 -15	-9 -20	-15 -26	0 -11	+34 +16	+43 +16	+24 +6	+10 -8	+6 -12	0 -18	-5 -23	-16 -34	-21 -39
über 14 bis 18																
über 18 bis 24	0 -9	+20 +7	+8 -5	-4 -17	-11 -24	-18 -31	0 -13	+41 +20	+53 +20	+28 +7	+12 -9	+6 -15	0 -21	-7 -28	-20 -41	-27 -48
über 24 bis 30																
über 30 bis 40	0 -11	+25 +9	+10 -6	-4 -20	-12 -28	-21 -37	0 -16	+50 +25	+64 +25	+34 +9	+14 -11	+7 -18	0 -25	-8 -33	-25 -50	-34 -59
über 40 bis 50																
über 50 bis 65	0 -13	+29 +10	+13 -6	-5 -24	-14 -33	-26 -45	0 -19	+60 +30	+76 +30	+40 +10	+18 -12	+9 -21	0 -30	-9 -39	-30 -60	-42 -72
über 65 bis 80															-32 -62	-48 -78
über 80 bis 100	0 -15	+34 +12	+16 -6	-6 -28	-16 -38	-30 -52	0 -22	+71 +36	+90 +36	+47 +12	+22 -13	+10 -25	0 -35	-10 -45	-38 -73	-58 +93
über 100 bis 120															-41 -76	-66 -101
über 120 bis 140															-48 -88	-77 -117
über 140 bis 160	0 -18	+39 +14	+18 -7	-8 -33	-20 -45	-36 -61	0 -25	+83 +43	+106 +43	+54 +14	+26 -14	+12 -28	0 -40	-12 -52	-50 -90	-85 -125
über 160 bis 180															-53 -93	-93 -133
über 180 bis 200															-60 -106	-105 -151
über 200 bis 225	0 -20	+44 +15	+22 -7	-8 -37	-22 -51	-41 -70	0 -29	+96 +50	+122 +50	+61 +15	+30 -16	+13 -33	0 -46	-14 -60	-63 -109	113 -159
über 225 bis 250															-67 -113	-123 -169
über 250 bis 280	0 -23	+49 +17	+25 -7	-9 -41	-25 -57	-47 -79	0 -32	+108 +56	+137 +56	+69 +17	+36 -16	+16 -36	0 -52	-14 -66	-74 -126	-138 -190
über 280 bis 315															-78 -130	-150 -202
über 315 bis 355	0 -25	+54 +18	+29 -7	-10 -46	-26 -62	-51 -87	0 -36	+119 +62	+151 +62	+75 +18	+39 -18	+17 -40	0 -57	-16 -73	-87 -144	-169 -226
über 355 bis 400															-93 -150	-187 -244
über 400 bis 450	0 -27	+60 +20	+33 -7	-10 -50	-27 -67	-55 -95	0 -40	+131 +68	+165 +68	+83 +20	+43 -20	+18 -45	0 -63	-17 -80	-103 -166	-209 -272
über 450 bis 500															-109 -172	-229 -292

Toleranzen und Passungen

Passungen

DIN EN ISO 286-2 : 2019-09

System Einheitswelle

Grenzabmaße in µm (=0,001 mm)

Dunkelgrau hinterlegte Toleranzfelder bevorzugen

Nennmaß in mm	Welle	Spielpassung Bohrung				Übermaßpassung			Welle	Spielpassung Bohrung				Übermaßpassung	
	h9	C11	D10	E9	F8	X9	ZA9	ZC9	h11	A11	C11	D9	D10	HX11	ZC11
bis 3	0 −25	+120 +60	+60 +20	+39 +14	+20 +6	−20 −45	–	−60 −85	0 −60	+330 +270	+120 +60	+45 +20	+60 +20	–	−60 −120
über 3 bis 6	0 −30	+145 +70	+78 +30	+50 +20	+28 +10	−28 −58	–	−80 −110	0 −75	+345 +270	+145 +70	+60 +30	+78 +30	–	−80 −155
über 6 bis 10	0 −36	+170 +80	+98 +40	+61 +25	+35 +13	−34 −70	–	−97 −133	0 −90	+370 +280	+170 +80	+76 +40	+98 +40	–	−97 −187
über 10 bis14	0 −43	+205 +95	+120 +50	+75 +32	+43 +16	−40 −83	–	−130 −173	0 −110	+400 +290	+205 +95	+93 +50	+120 +50	–	−130 −240
über 14 bis 18						−45 −88	–	−150 −193							−150 −260
über 18 bis 24	0 −52	+240 +110	+149 +65	+92 +40	+53 +20	−54 −106	−98 −150	−188 −240	0 −130	+430 +300	+240 +110	+117 +65	+149 +65	–	−188 −318
über 24 bis 30						−64 −116	−118 −170	−218 −270							−218 −348
über 30 bis 40	0 −62	+280 +120	+180 +80	+112 +50	+64 +25	−80 −142	−148 −210	−274 −336	0 −160	+470 +310	+280 +120	+142 +80	+180 +80	–	−274 −434
über 40 bis 50		+290 +130				−97 −159	−180 −242	−325 −387		+480 +320	+290 +130				−325 −485
über 50 bis 65	0 −74	+330 +140	+220 +100	+134 +60	+76 +30	−122 −196	−226 −300	−405 −479	0 −190	+530 +340	+330 +140	+174 +100	+220 +100	−122 −312	−405 −595
über 65 bis 80		+340 +150				−146 −220	−274 −348	–		+550 +360	+340 +150			−146 −336	−480 −670
über 80 bis 100	0 −87	+390 +170	+260 +120	+159 +72	+90 +36	−178 −265	−335 −422	–	0 −220	+600 +380	+390 +170	+207 +120	+260 +120	−178 −398	−585 −805
über 100 bis 120		+400 +180				−210 −297	−400 −487	–		+630 +410	+400 +180			−210 −430	−690 −910
über 120 bis 140		+450 +200				−248 −348	−470 −570	–		+710 +460	+450 +200			−248 −498	−800 −1050
über 140 bis 160	0 −100	+460 +210	+305 +145	+185 +85	+106 +43	−280 −380	−535 −635	–	0 −250	+770 +520	+460 +210	+245 +145	+305 +145	−280 −530	−900 −1150
über 160 bis 180		+480 +230				−310 −410		–		+830 +580	+480 +230			−310 −560	−1000 −1250
über 180 bis 200		+530 +240				−350 −465		–		+950 +660	+530 +240			−350 −640	−1150 −1440
über 200 bis 225	0 −115	+550 +260	+355 +170	+215 +100	+122 +50	−385 −500		–	0 −290	+1030 +740	+550 +260	+285 +170	+355 +170	−385 −675	−1250 −1540
über 225 bis 250		+570 +280				−425 −540		–		+1110 +820	+570 +280			−425 −715	−1350 −1640
über 250 bis 280	0 −130	+620 +300	+400 +190	+240 +110	+137 +56	−475 −605		–	0 −320	+1240 +920	+620 +300	+320 +190	+400 +190	−475 −795	−1550 −1870
über 280 bis 315		+650 +330				−525 −655		–		+1370 +1050	+650 +330			−525 −845	−1700 −2020
über 315 bis 355	0 −140	+720 +360	+440 +210	+265 +125	+151 +62	−590 −730		–	0 −360	+1560 +1200	+720 +360	+350 +210	+400 +210	−590 −950	−1900 −2260
über 355 bis 400		+760 +400				−660 −800		–		+1710 +1350	+760 +400			−660 −1020	−2100 −2460
über 400 bis 450	0 −155	+840 +440	+480 +230	+290 +135	+165 +68	−740 −895	–	–	0 −400	+1900 +1500	+840 +440	+385 +230	+480 +230	−740 −1140	−2400 −2800
über 450 bis 500		+880 +480				−820 −975	–	–		+2050 +1650	+880 +480			−820 −1220	−2600 −3000

Passungen

DIN EN ISO 286-2 : 2019-09

Grenzabmaße für Bohrungen

Grenzabmaße in µm (=0,001 mm)

* Die Toleranzfelder J9 und JS9 sind identisch

Nennmaß in mm	H5	H9	H10	H12	H13	JS6	JS8	J8	J9 *, JS9	JS10	N9	P9
bis 3	+4 0	+25 0	+40 0	+100 0	+140 0	+3 −3	+7 −7	+6 −8	+12,5 −12,5	+20 −20	−4 −29	−6 −31
über 3 bis 6	+5 0	+30 0	+48 0	+120 0	+180 0	+4 −4	+9 −9	+10 −8	+15 −15	+24 −24	0 −30	−12 −42
über 6 bis 10	+6 0	+36 0	+58 0	+150 0	+220 0	+4,5 −4,5	+11 −11	+12 −10	+18 −18	+29 −29	0 −36	−15 −51
über 10 bis 18	+8 0	+43 0	+70 0	+180 0	+270 0	+5,5 −5,5	+13,5 −13,5	+15 −12	+21,5 −21,5	+35 −35	0 −43	−18 −61
über 18 bis 30	+9 0	+52 0	+84 0	+210 0	+330 0	+6,5 −6,5	+16,5 −16,5	+20 −13	+26 −26	+42 −42	0 −52	−22 −74
über 30 bis 50	+11 0	+62 0	+100 0	+250 0	+390 0	+8 −8	+19,5 −19,5	+24 −15	+31 −31	+50 −50	0 −62	−26 −88
über 50 bis 80	+13 0	+74 0	+120 0	+300 0	+460 0	+9,5 −9,5	+23 −23	+28 −18	+37 −37	+60 −60	0 −74	−32 −106
über 80 bis 120	+15 0	+87 0	+140 0	+350 0	+540 0	+11 −11	+27 −27	+34 −20	+43,5 −43,5	+70 −70	0 −87	−37 −124
über 120 bis 180	+18 0	+100 0	+160 0	+400 0	+630 0	+12,5 −12,5	+31,5 −31,5	+41 −22	+50 −50	+80 −80	0 −100	−43 −143
über 180 bis 250	+20 0	+115 0	+185 0	+460 0	+720 0	+14,5 −14,5	+36 −36	+47 −25	+57,5 −57,5	+92,5 −92,5	0 −115	−50 −165
über 250 bis 315	+23 0	+130 0	+210 0	+520 0	+810 0	+16 −16	+40,5 −40,5	+55 −26	+65 −65	+105 −105	0 −130	−56 −186
über 315 bis 400	+25 0	+140 0	+230 0	+570 0	+890 0	+18 −18	+44,5 −44,5	+60 −29	+70 −70	+115 −115	0 −140	−62 −202
über 400 bis 500	+27 0	+155 0	+250 0	+630 0	+970 0	+20 −20	+48,5 −48,5	+66 −31	+77,5 −77,5	+125 −125	0 −155	−68 −223

Grenzabmaße für Wellen

Grenzabmaße in µm (=0,001 mm)

Nennmaß in mm	h3	h4	h7	h8	h10	h12	h13	js6	j7	js8	js9
bis 3	0 −2	0 −3	0 −10	0 −14	0 −40	0 −100	0 −140	+3 −3	+6 −4	+7 −7	+12,5 −12,5
über 3 bis 6	0 −2,5	0 −4	0 −12	0 −18	0 −48	0 −120	0 −180	+4 −4	+8 −4	+9 −9	+15 −15
über 6 bis 10	0 −2,5	0 −4	0 −15	0 −22	0 −58	0 −150	0 −220	+4,5 −4,5	+10 −5	+11 −11	+18 −18
über 10 bis 18	0 −3	0 −5	0 −18	0 −27	0 −70	0 −180	0 −270	+5,5 −5,5	+12 −6	+13,5 −13,5	+21,5 −21,5
über 18 bis 30	0 −4	0 −6	0 −21	0 −33	0 −84	0 −210	0 −330	+6,5 −6,5	+13 −8	+16,5 −16,5	+26 −26
über 30 bis 50	0 −4	0 −7	0 −25	0 −39	0 −100	0 −250	0 −390	+8 −8	+15 −10	+19,5 −19,5	+31 −31
über 50 bis 80	0 −5	0 −8	0 −30	0 −46	0 −120	0 −300	0 −460	+9,5 −9,5	+18 −12	+23 −23	+37 −37
über 80 bis 120	0 −6	0 −10	0 −35	0 −54	0 −140	0 −350	0 −540	+11 −11	+20 −15	+27 −27	+43,5 −43,5
über 120 bis 180	0 −8	0 −12	0 −40	0 −63	0 −160	0 −400	0 −630	+12,5 −12,5	+22 −18	+31,5 −31,5	+50 −50
über 180 bis 250	0 −10	0 −14	0 −46	0 −72	0 −185	0 −460	0 −720	+14,5 −14,5	+25 −21	+36 −36	+57,5 −57,5
über 250 bis 315	0 −12	0 −16	0 −52	0 −81	0 −210	0 −520	0 −810	+16 −16	+26 −26	+40,5 −40,5	+65 −65
über 315 bis 400	0 −13	0 −18	0 −57	0 −89	0 −230	0 −570	0 −890	+18 −18	+29 −28	+44,5 −44,5	+70 −70
über 400 bis 500	0 −15	0 −20	0 −63	0 −97	0 −250	0 −630	0 −970	+20 −20	+31 −32	+48,5 −48,5	+77,5 −77,5

Geometrische Tolerierung

DIN EN ISO 1101 : 2017-09

Kennzeichnung der tolerierten Elemente

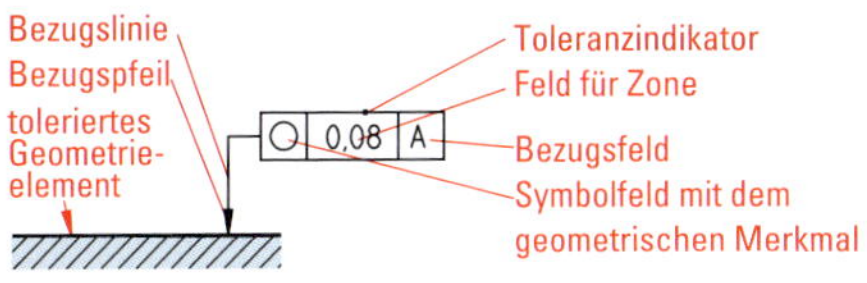

Kennzeichnung des Bezugs

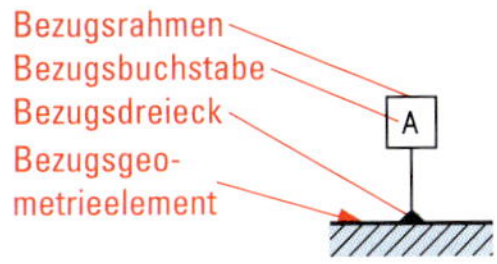

Einfachbezug

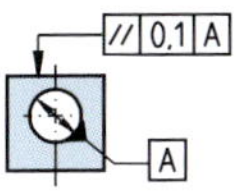

Gemeinsamer Bezug

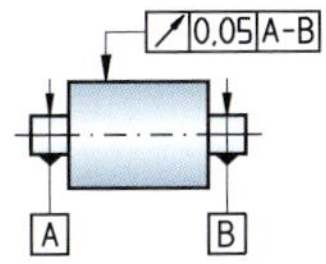

Mehrfachbezug

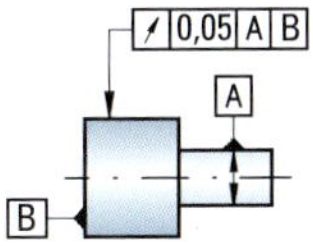

Bereiche des Toleranzeditors

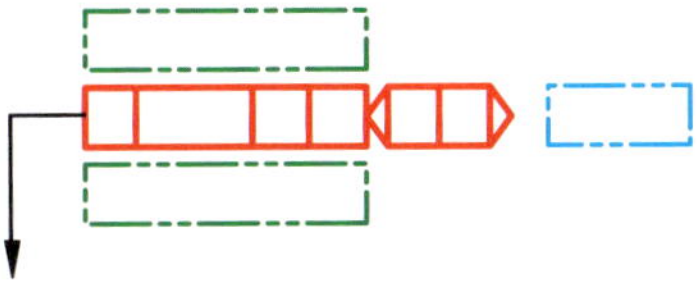

ROT	Toleranzeditor (alte Bezeichnung: Toleranzrahmen)
BLAU	Indikator, für Ebenen und Angaben für Geometrieelemente
Grün	Ergänzende Angaben, wobei die obere Lage zu bevorzugen sei

Indikator für Ebenen Angaben für Geometrieelemente

Schnittebenen-Indikator	Orientierungsebenen-Indikator	Richtungselement-Indikator	Kollektionsebenen-Indikator
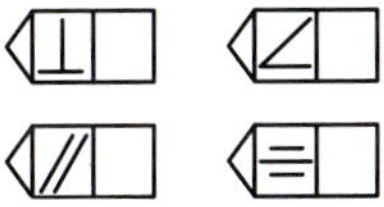	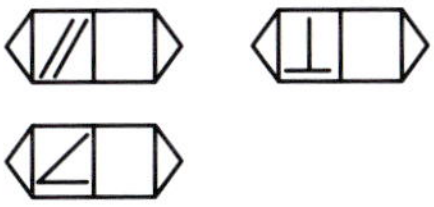	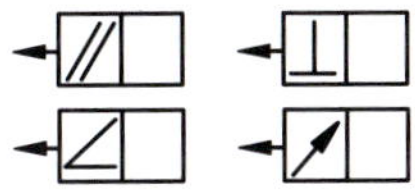	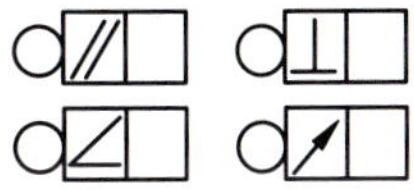
Um die Richtung von Linienanforderungen anzugeben, werden Schnittebenen verwendet, die durch den Schnittebenen-Indikator spezifiziert werden.	Um die Orientierung der Ebenen anzugeben, die die Toleranzzone begrenzen, die Orientierung der Weite der Toleranzzone oder die Achse einer zylindrischen Toleranzzone.	Um die Orientierung der Richtung der Weite der Toleranzzone anzugeben und die örtliche Weite der Toleranzzone nicht rechtwinklig zur Fläche verläuft.	Um das Rundum-Symbol verwenden zu können, müssen Kollektionsebenen angegeben werden. Diese identifizieren die Geometrieelemente.

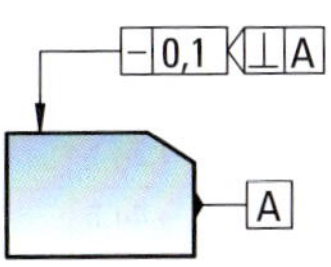

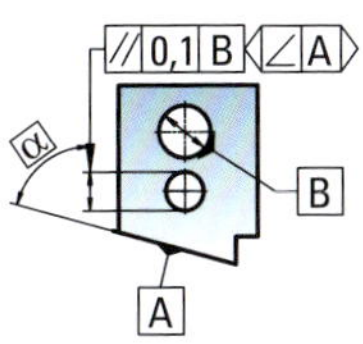

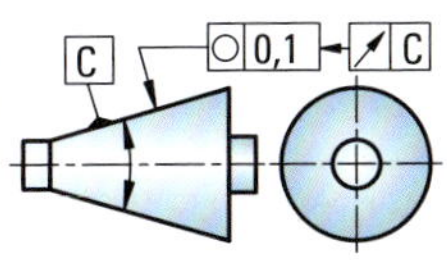

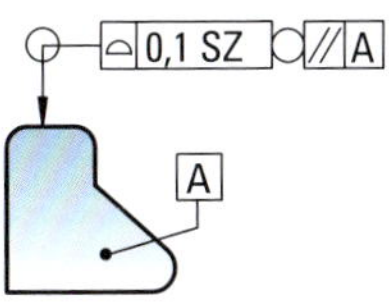

Toleranzen und Passungen

Geometrische Tolerierung

Zusätzliche Symbole zu Modifikatoren

Symbol	Erklärung zu Modifikatoren
Für Kombination von Toleranzzonen	
CZ	kombinierte Zone
SZ	getrennte Zone
UZ	spezifiziert versetzte Zone
Für Nebenbedingungen	
OZ	unspezifiziert linear versetzte Zone
VA	unspezifizierte Neigung der Zone
Für Assoziierte tolerierte Geometrieelemente (GE)	
Ⓒ	Minimax GE
Ⓖ	Kleinste-Quadrate-GE
Ⓝ	kleinstes umschriebenes GE
Ⓣ	tangentiales GE
Ⓧ	größtes einbeschriebenes GE
Für abgeleitete tolerierte Geometrieelemente	
Ⓐ	Abgeleitetes GE
Ⓟ	Projizierte Toleranzzonel
Für Assoziation von Referenzelementen zur Formauswertung	
C	Minimax-GE
CE	Von der materialfreien Seite anliegendes Minimax-GE
CI	Von der Materialseite anliegendes Minimax-Ge
G	Kleinste-Quadrate-GE ohne Nebenbedingung
GE	Von der materialfreien Seite anliegendes Kleinste-Quadrate-GE
GI	Von der Materialseite anliegendes Kleinste-Quadrate-GE
N	kleinstes umschriebenes GE
X	größtes umschriebenes GE
Für Parameter	
T	Abweichungsspanne
P	Spitzenwert
V	Tiefstwert
Q	Standardabweichung

Symbol	Erklärung zu Modifikatoren
Für tolerierte Geometrieelemente	
UF	vereinigtes GE
LD	kleinster Durchmesser
MD	größter Durchmesser
PD	Flankendurchmesser
↔	Zwischen
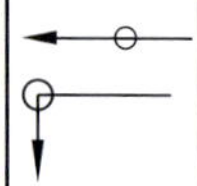	Profil rundum
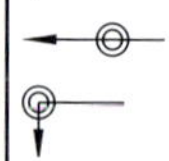	Profil rundherum
Für Materialbedingung	
Ⓜ	Maximum-Material-Bedingung
Ⓛ	Minimum-Material-Bedingung
Ⓡ	Reziprozitätsbedingung
Für freien Zustand	
Ⓕ	freier Zustand (nicht für formstabile Teile)
Materialbedingung	
	Bezugselement-Indikator
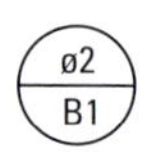	Bezugsstellen-Indikator
CF	Berührendes GE
> <	Nur-Richtung-Modifikator
✕	punktförmige Bezugsstelle
✕---✕	nicht geschlossene linienförmige Bezugsstelle
○	geschlossene linienförmige Bezugsstelle
	flächenförmige Bezugsstelle

Toleranzen und Passungen

Geometrische Tolerierung

DIN EN ISO 1101 : 2017-09

Reihenfolge der Anordnung von Zonenfeld, Geometrieelement (GE) und Merkmal

1		2	3	4	5		6	7	8	9	10	11
Toleranzzone					Toleriertes Geometrieelement				Merkmal			
					Filter							
Gestalt	Weite und Ausdehnung	Kombination	Spezifischer Versatz	Nebenbedingung	Typ	Indizes	Assoziiertes toleriertes GE	Abgeleitetes GE	Assoziation	Parameter	Materialzustand	Zustand
∅ S∅	0,02 0,02-0,01 0,1/75 0,1/75x75 0,2/∅4 0,2/75x30° 0,3/10°x30°	CZ SZ	UZ+0,2 UZ−0,3 UZ+0,1+0,2 UZ+0,2:−0,3 UZ−0,2:−0,3	OZ VA > <	G S Etc.	0,8 −250 0,8−250 500 −15 500−15	Ⓒ Ⓖ Ⓝ Ⓣ Ⓧ	Ⓐ Ⓟ Ⓟ25 Ⓟ32−7	C CE CI G GE GL X N	P V T Q	Ⓜ Ⓛ Ⓡ	Ⓕ

Grafische Symbole in der Längenprüftechnik

DIN 2258 : 1986-09 (zurückgezogen)

Symbol	Bedeutung	Symbol	Bedeutung	Symbol	Bedeutung
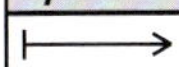	Bewegung aus einer Begrenzung		Messstelle	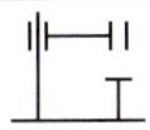	Messständer
	Messrichtung Wirkung von einem Punkt aus	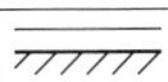	Gleitführung		Messgerätestativ
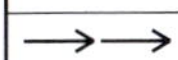	Unterbrochene Bewegung	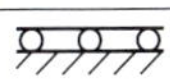	Wälzführung	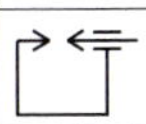	Stützbock mit einer verstellbaren Spitze
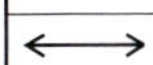	Bewegung in zwei Richtungen		Messeinsatz plan		Auflager nicht höhenverstellbar
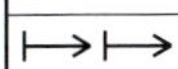	Schrittweise Bewegung mit vorgeschriebener Schrittweite		Messeinsatz Kugel		Auflager höhenverstellbar
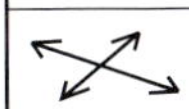	Bewegung in einer Ebene		Messeinsatz Spitze	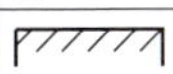	Prüfplatte
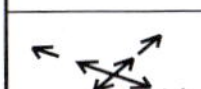	unterbrochene Bewegung in der Ebene	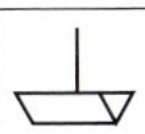	Messeinsatz Schneide		Messuhr
	Drehbewegung aus einer Begrenzung		Prüfprisma		Feinzeiger
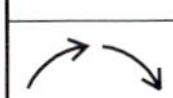	unterbrochene Drehbewegung	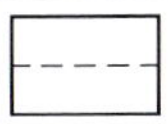	Prüfprisma Seitenansicht		Fühlhebelmessgerät
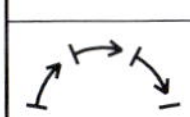	Drehbewegung mit wiederholter Positionierung	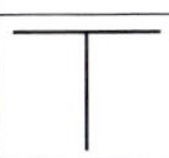	Messtisch plan	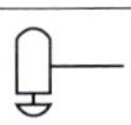	Innentaster
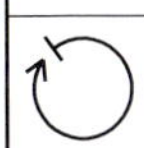	einmalige Umdrehung	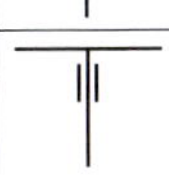	Messtisch höhenverstellbar		Pneumatische Messdüse
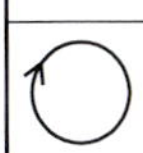	mehrere Umdrehungen	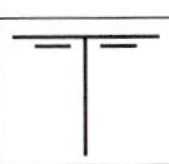	Messtisch drehbar	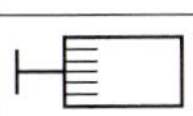	Messschraube

Toleranzen und Passungen

Geometrische Tolerierung

DIN EN ISO 1101 : 2017-09

Formtoleranzen

Symbol Merkmal	Beispiel: Zeichnungseintragung	Toleranzzone	Erklärung	Messmöglichkeit
Geradheit	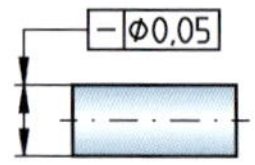	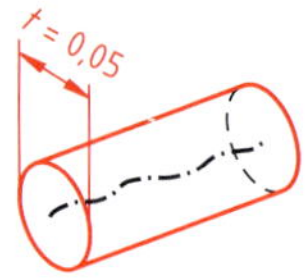	Die mittlere Ist-Linie des Zylinders muss innerhalb einer zylindrischen Toleranzzone vom Durchmesser t = 0,05 mm liegen.	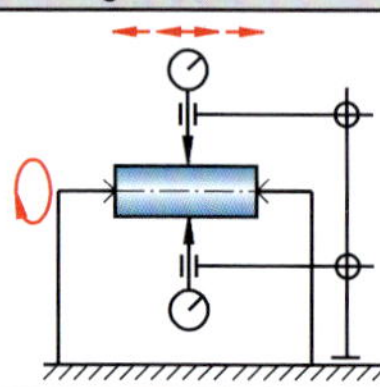
	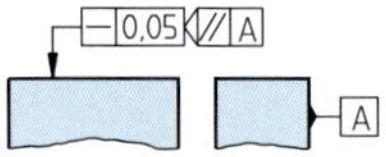	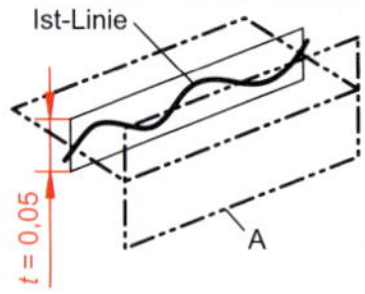	Jede Ist-Linie, wie es der Schnittebenen-Indikator festlegt, muss zwischen zwei parallelen Geraden vom Abstand t = 0,05 mm liegen.	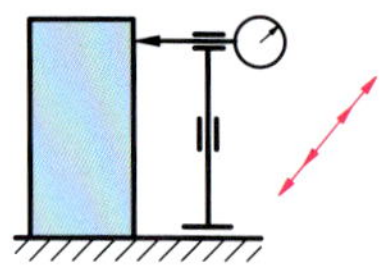
Ebenheit	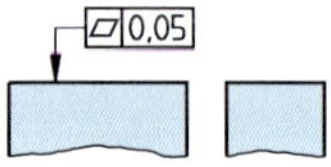	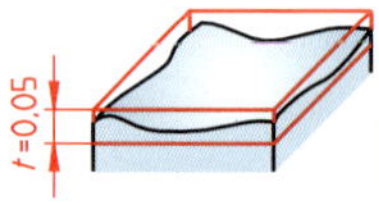	Die Ist-Oberfläche muss zwischen zwei parallelen Ebenen vom Abstand t = 0,05 mm liegen.	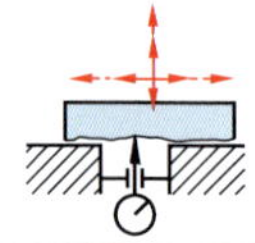
Rundheit	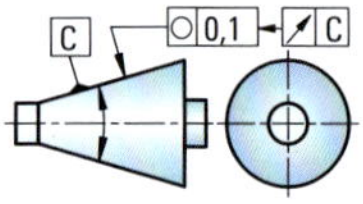	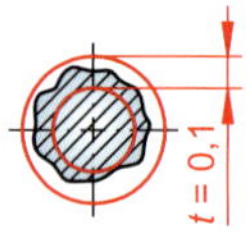	Jede Ist-Fläche entlang der Fläche muss zwischen zwei Kreisen im Abstand t = 0,1 mm liegen. Die Kreise sind rechtwinklig zu Bezug C.	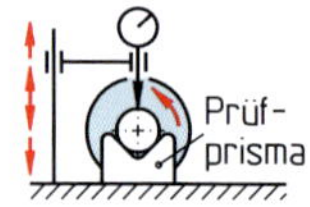
Zylindrizität	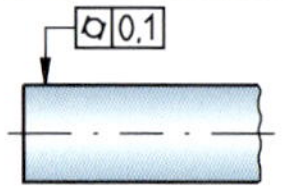	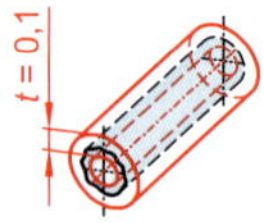	Die Ist-Zylindermantelfläche muss zwischen zwei koaxialen Zylindern, die einen radialen Abstand von t = 0,1 mm haben, liegen.	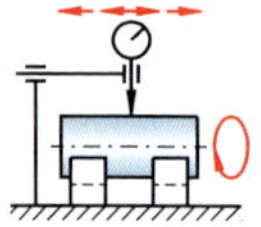
Linienprofil	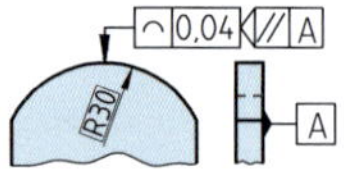	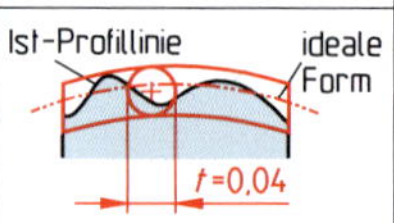	Die Profillinie muss zwischen zwei Kreisen im Abstand 0,04 mm liegen. Die Kreise sind rechtwinklig zur Bezugsebene A.	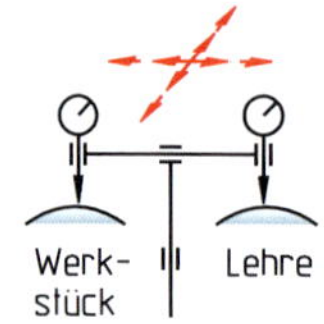
Flächenprofil, ohne Bezug	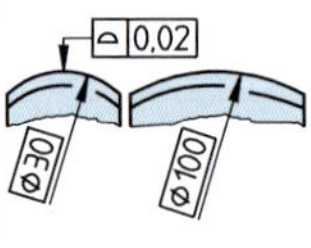		Die Ist-Oberfläche muss zwischen zwei Hüllflächen an Kugeln vom Durchmesser t = 0,02 mm liegen, deren Mitten auf der geometrisch idealen Form liegen.	

Richtungstoleranzen

Symbol Merkmal	Zeichnungseintragung	Toleranzzone	Erklärung	Messmöglichkeit
Parallelität	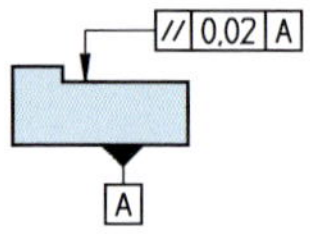	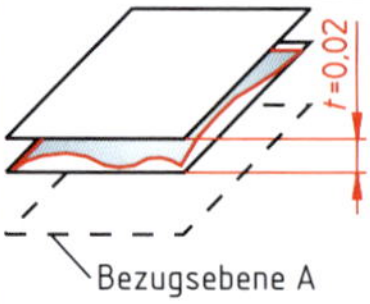	Die Ist-Oberfläche muss zwischen zwei zur Bezugsebene A parallelen Ebenen vom Abstand t = 0,02 mm liegen.	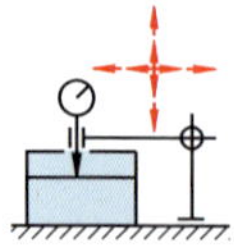

Geometrische Tolerierung

DIN EN ISO 1101 : 2017-09

Richtungstoleranzen

Symbol Merkmal	Beispiel: Zeichnungseintragung	Toleranzzone	Erklärung	Messmöglichkeit
// Parallelität	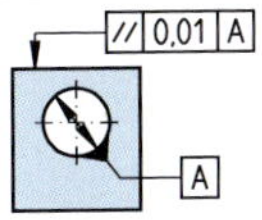	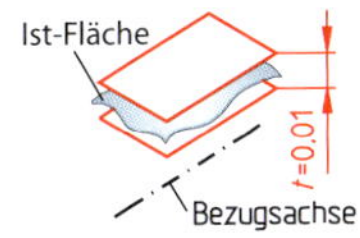	Die Ist-Fläche muss zwischen zwei zur Bezugsachse A parallelen Ebenen vom Abstand $t = 0{,}01$ mm liegen.	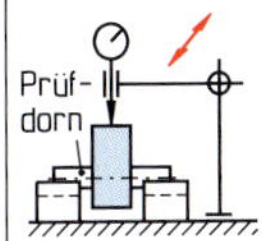
	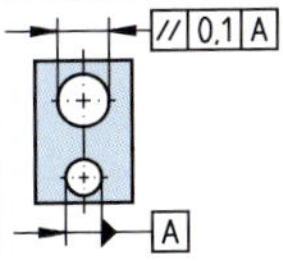	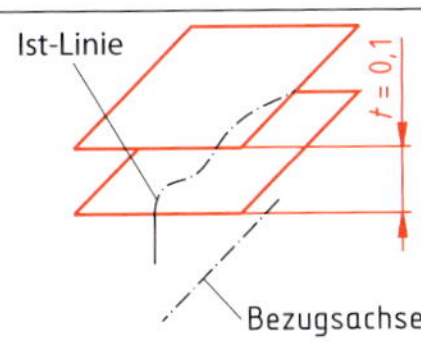	Die mittlere Ist-Linie muss zwischen zwei zur Bezugsachse A parallelen Ebenen vom Abstand $t = 0{,}1$ mm liegen.	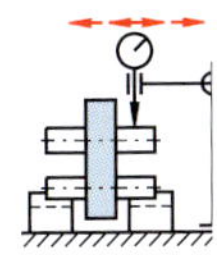
⊥ Rechtwinkligkeit	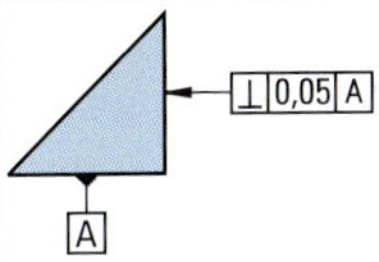	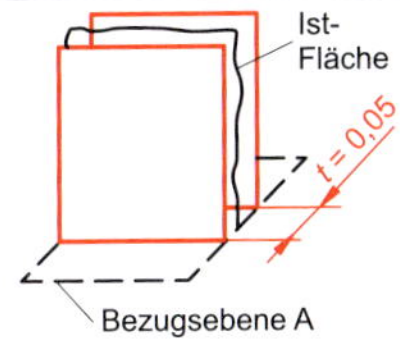	Die Ist-Fläche muss zwischen zwei parallelen und zur Bezugsebene A rechtwinkligen Ebenen vom Abstand $t = 0{,}05$ mm liegen.	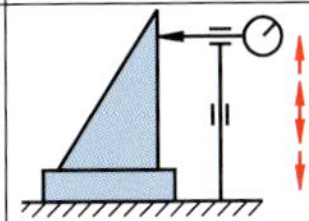
	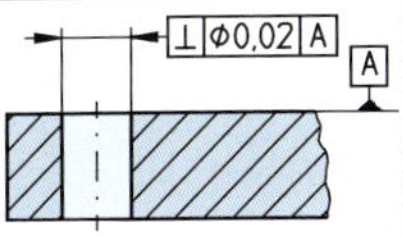	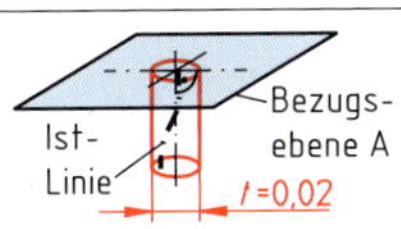	Die mittlere Ist-Linie muss innerhalb eines zur Bezugsebene A rechtwinkligen Zylinder vom Durchmesser 0,02 mm liegen.	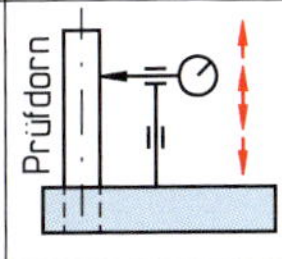
∠ Neigung	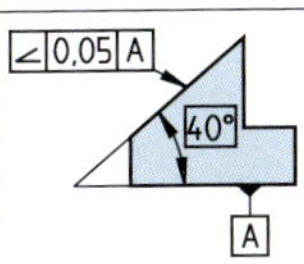	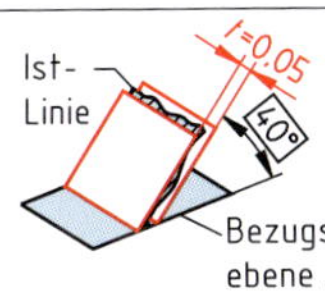	Die Ist-Fläche muss zwischen zwei parallelen Ebenen vom Abstand $t = 0{,}05$ mm liegen, die im theoretischen Winkel von 40° zur Bezugsebene A geneigt sind.	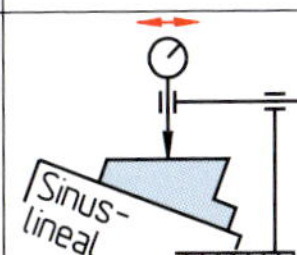

Ortstoleranzen

Symbol Merkmal	Zeichnungseintragung	Toleranzzone	Erklärung	Messmöglichkeit
≡ Symmetrie	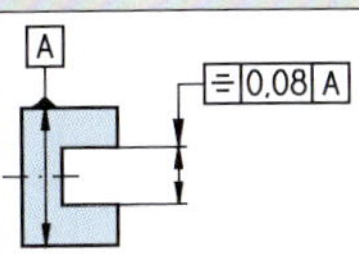	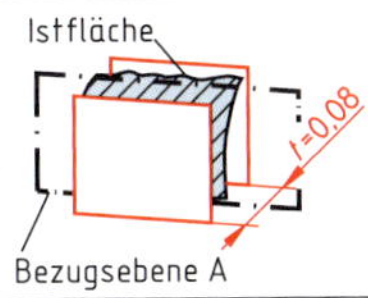	Die mittlere Ist-Fläche muss zwischen zwei parallelen Ebenen vom Abstand $t = 0{,}08$ mm liegen, die symmetrisch zur Bezugsmittelebene A liegen.	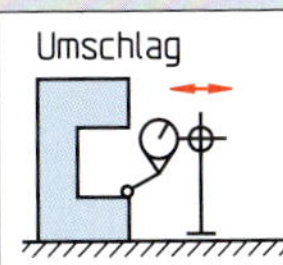
◎ Koaxialität	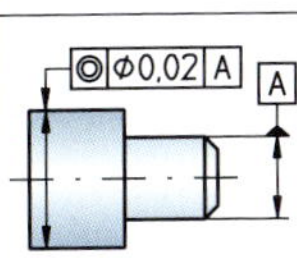	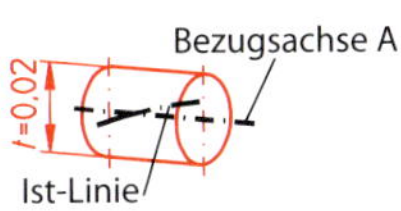	Die mittlere Ist-Linie muss innerhalb des Toleranzzylinders vom Durchmesser $t = 0{,}02$ mm liegen, deren achse die Bezugsachse A ist.	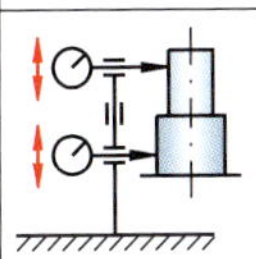
◎ Konzentrizität	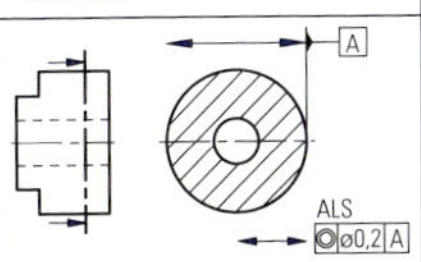	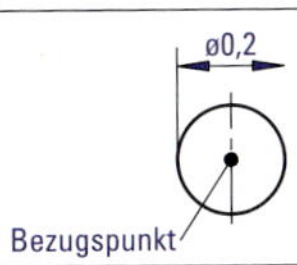	Der Ist-Mittelpunkt der Bohrung muss in jeden beliebigen Querschnitt innerhalb eines Kreises vom Durchmesser 0,2 mm liegen.	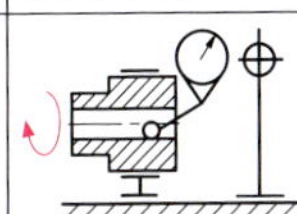

Toleranzen und Passungen

Geometrische Tolerierung

DIN EN ISO 1101 : 2017-09

Ortstoleranzen

Position	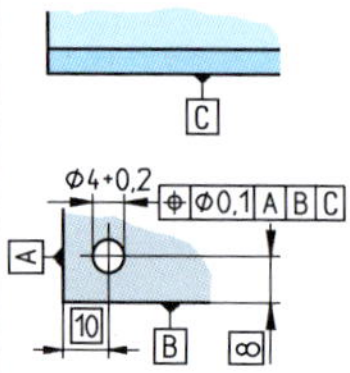	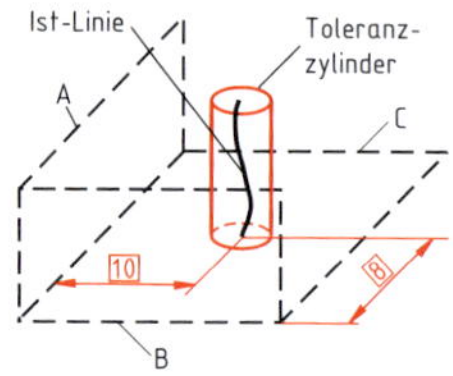	Die mittlere Ist-Linie der Bohrung muss innerhalb des Toleranzzylinders vom Durchmesser t = 0,1 mm liegen, dessen Achse mit dem theoretisch exakten Ort der Bohrung zu den Bezugsebenen A, B und C übereinstimmt.	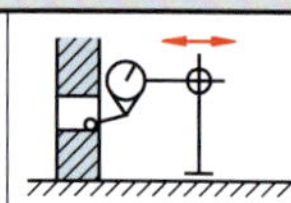

Lauftoleranzen

Symbol Merkmal	Beispiel: Zeichnungseintragung	Toleranzzone	Erklärung	Messmöglichkeit
Rundlauf – Radial	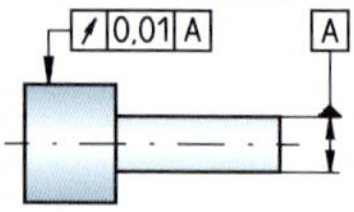	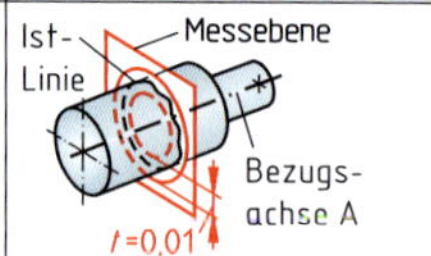	Die Ist-Linie muss in jedem Querschnitt rechtwinklig zur Bezugsachse A zwischen zwei konzentrischen Kreisen vom radialen Abstand 0,01 mm liegen.	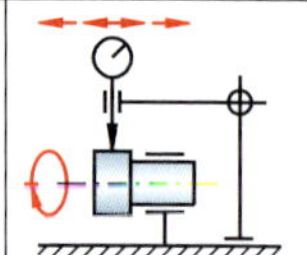
	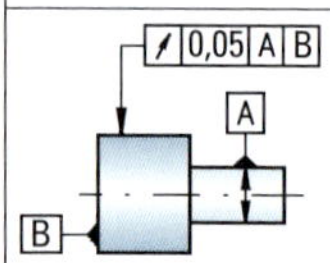	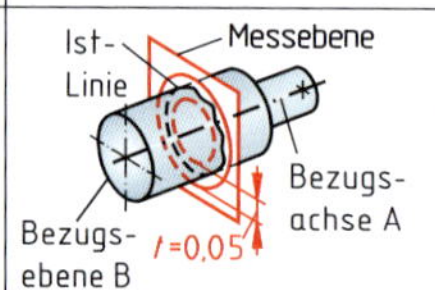	Die Ist-Linie in jedem Querschnitt parallel zur Begrenzungsebene B muss zwischen zwei zur Bezugsachse A konzentrischen Kreisen vom radialen Abstand 0,05 mm liegen.	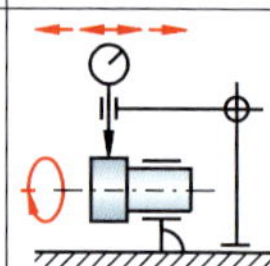
	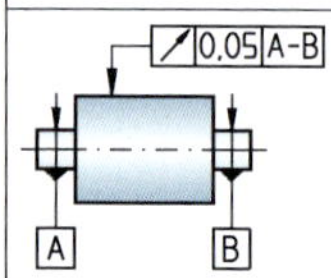	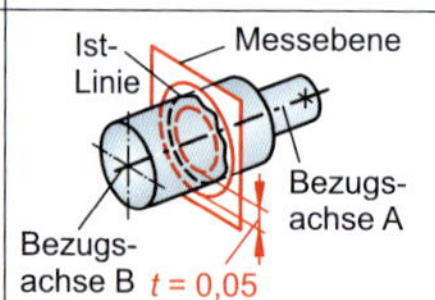	Die Ist-Linie muss in jedem Querschnitt rechtwinklig zu den Bezugsachsen A-B zwischen zwei konzentrischen Kreisen vom radialen Abstand t = 0,05 mm liegen.	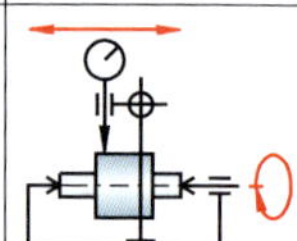
Rundlauf – Axial	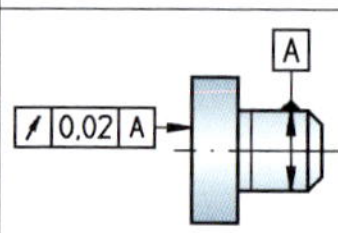	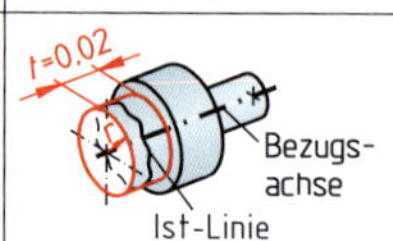	Die Ist-Linie muss in jedem zylindrischen Schnitt mit gewähltem Radius r, dessen Achse mit der Bezugsachse A übereinstimmt, zwischen zwei Kreisen vom Abstand 0,02 mm liegen.	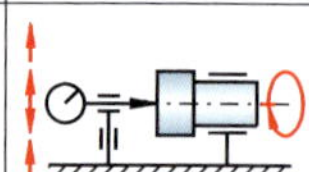
Rundlauf in beliebige Richtung	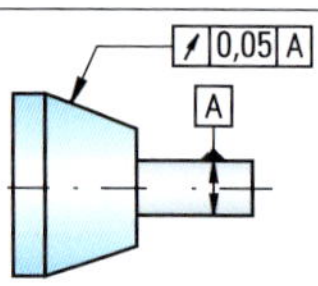	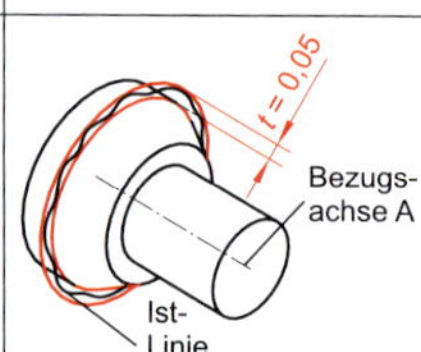	Die Ist-Linie muss jedem kegligen Schnitt, dessen Achse mit der Bezugsachse A übereinstimmt, zwischen zwei Kreisen innerhalb des kegligen Schnittes mit dem Abstand von 0,05 mm liegen.	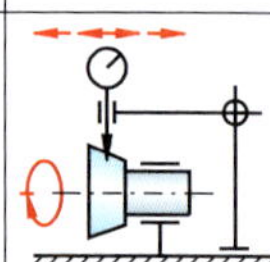
Gesamtrundlauf – Radial	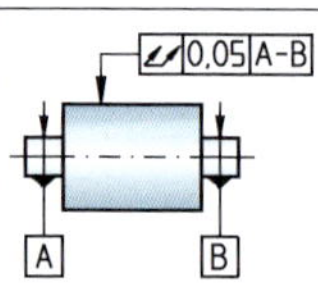	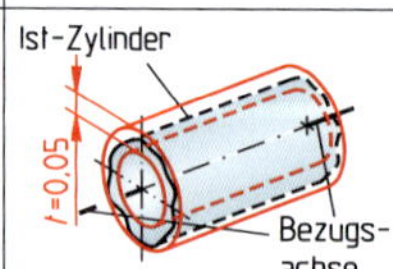	Der Ist-Zylinder muss zwischen zwei konzentrischen Zylindern vom radialen Abstand 0,05 mm liegen, deren Achse mit der Bezugsachse A-B übereinstimmt.	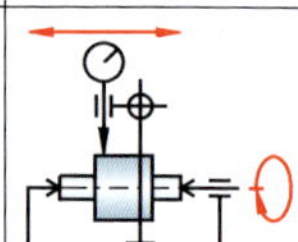
Gesamtrundlauf – Axial	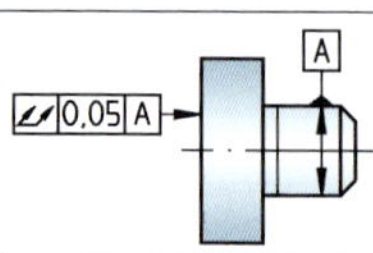	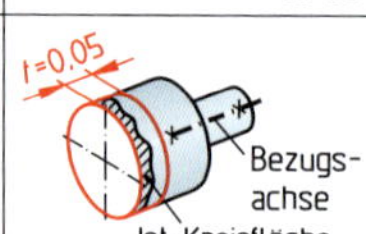	Die Ist-Kreisfläche muss zwischen zwei parallelen Ebenen vom Abstand 0,05 mm iegen, die rechtwinklig zur Bezugsachse A sind.	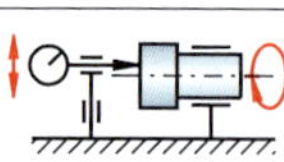

Geometrische Tolerierung

DIN EN ISO 1101 : 2017-09

Beispiele mit komplexen Angaben

Theoretisch exakte Maße (TED) und Toleranz für mehrere Geometrieelemente (GE)

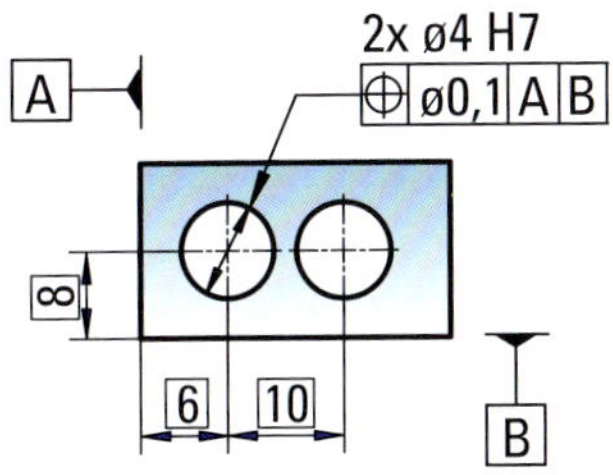

Gestapelte Toleranzangabe

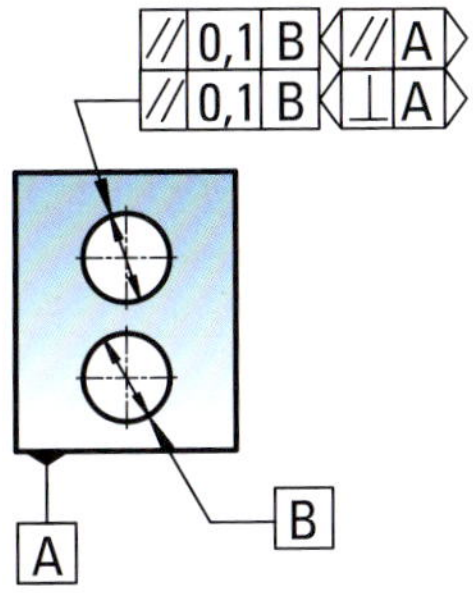

Toleranzzone mit variabler Weite
Der Toleranzwert gilt zwischen den Buchstaben J und K.

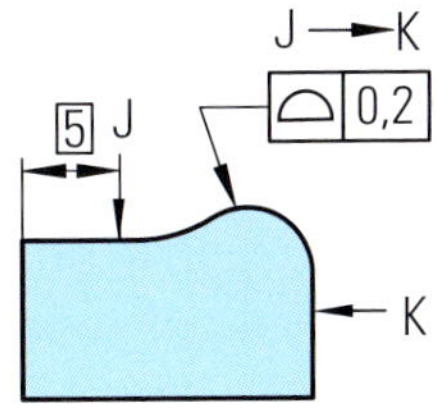

Projizierter Toleranz-Modifikator
mit der direkten Längenangabe der Verlängerung durch ein theoretisch Exakte Maß (TED).

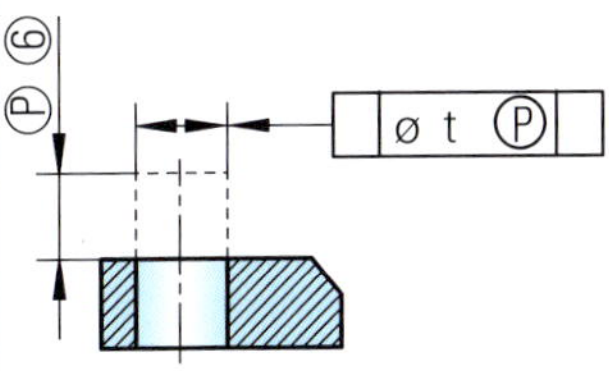

mit der direkten Längenangabe

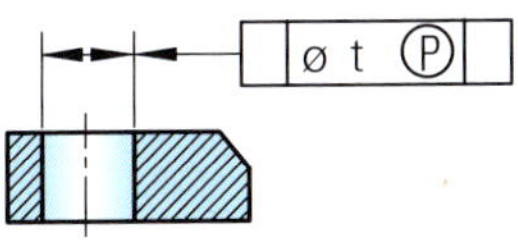

Toleranz für einen bestimmten Bereich

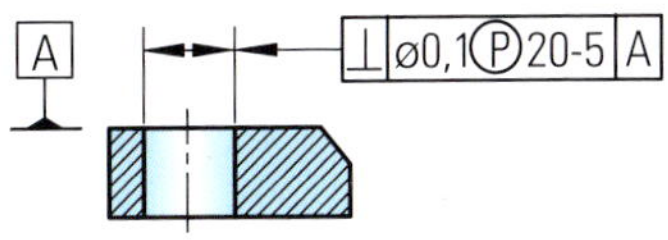

Spezifikation für mehrere Geometrieelemente (GE)
Spezifikation separat für verschiedene GE

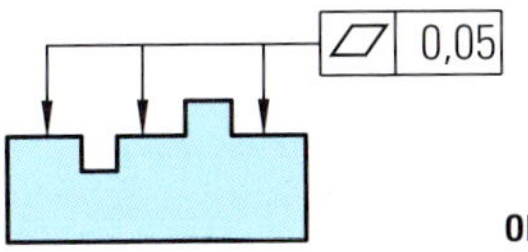

ODER

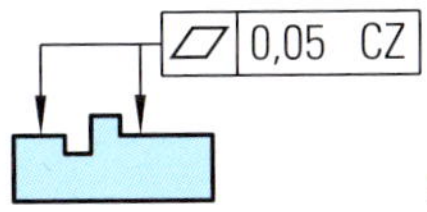

ODER

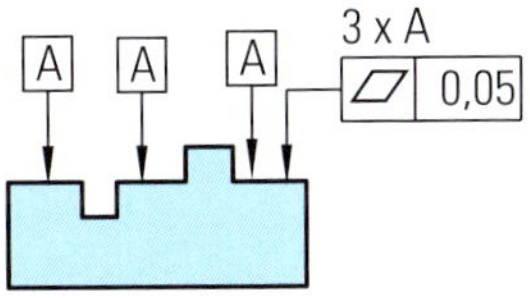

Spezifiziert versetzte Zone (UZ)
Am Beispiel einer Linienprofilspezifikation

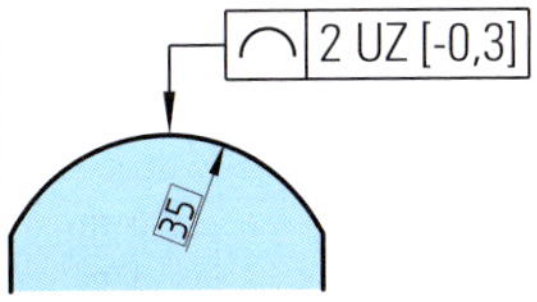

Erklärung

– innerhalb des Materials
+ außerhalb des Materials

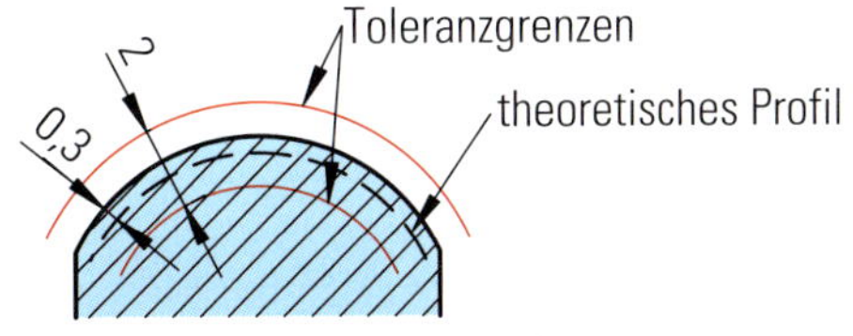

Oberflächenbeschaffenheit

Oberflächenkenngrößen — DIN EN ISO 21920-2 : 2022-12, DIN EN ISO 21920-3 : 2022-12

Oberflächenprofil	Kenngröße (Bsp.)	Erklärung
Primärprofil	Gesamthöhe **Pt** ($P_t = Z_{ph} + Z_{vd}$) 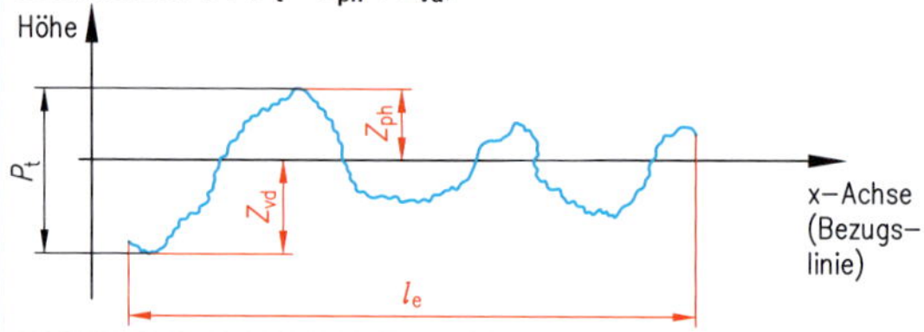	Das Primärprofil bildet die Grundlage für die Welligkeitsprofile und die Rauheitsprofile. Die Kenngröße Gesamthöhe **Pt** ist die Summe der größten Höhe und der größten Tiefe. Maßgebend: Auswertelänge = l_e.
Welligkeitsprofil	Gesamthöhe **Wt** ($W_t = Z_{ph} + Z_{vd}$) 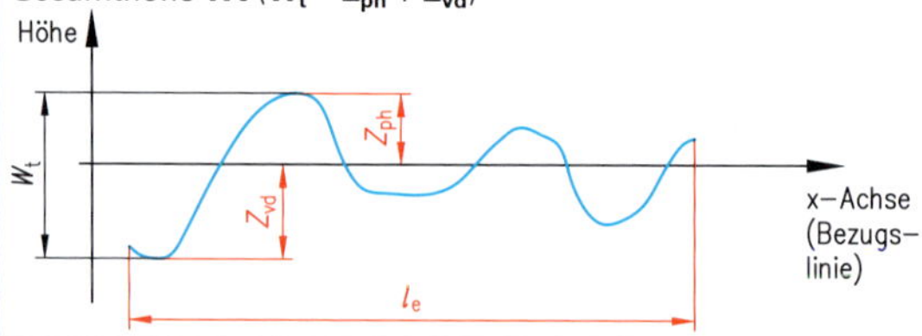	Das Welligkeitsprofil wird aus dem Primärprofil mit Hilfe von Filtern abgeleitet. Die Kenngröße Gesamthöhe **Wt** ist die Summe der größten Höhe und der größten Tiefe. Maßgebend: Auswertelänge = l_e.
Rauheitsprofil	Maximale Höhe **Rz** Bsp. für Voreinstellung nach Tab. unten: $R_z = [(Z_{phmax1} + Z_{vdmax1}) + (Z_{phmax2} + Z_{vdmax2}) + (Z_{phmax3} + Z_{vdmax3}) + (Z_{phmax4} + Z_{vdmax4}) + (Z_{phmax5} + Z_{vdmax5})]/5$ 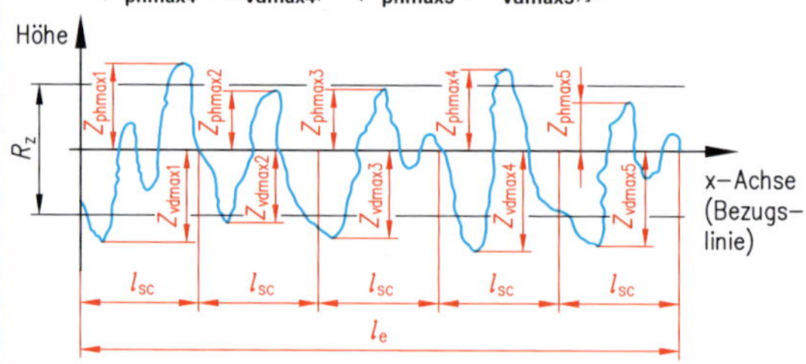	Das Rauheitsprofil wird aus dem Primärprofil mit Hilfe von Filtern abgeleitet. Die Kenngröße Maximale Höhe **Rz** ist der Mittelwert, aus allen Abschnittlängen (l_{sc}), der Summe der größten Spitzenhöhen (Z_{phmax}) und größten Talsohlentiefe (Z_{vdmax}) je Abschnitt. Maßgebend: Abschnittlänge = l_{sc}.
Rauheitsprofil	Arithmetischer Mittelwert der Höhe **Ra** 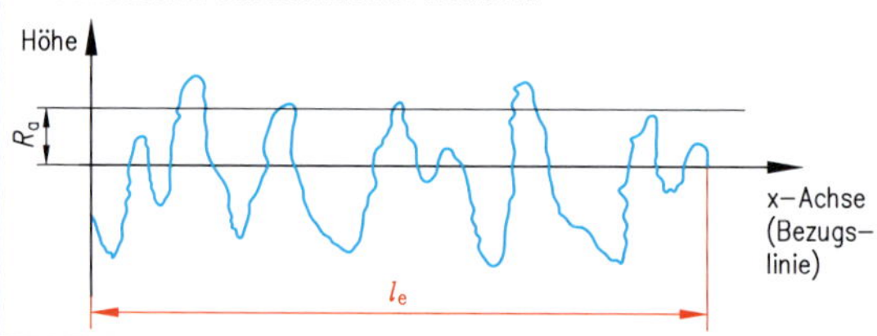	Die Kenngröße Arithmetischer Mittelwert der Höhe **Ra** ist der arithmetische Mittelwert der Absolutwerte der Ordinatenwerte (Höhenwerte). Maßgebend: Auswertelänge = l_e.

Erklärungen: Spitzenhöhe = Z_{ph} [µm] — Talsohlentiefe = Z_{vd} [µm]
Abschnittlänge = l_{sc} [mm] (früher: Einzelmessstrecke l_r)
Auswertelänge = l_e [mm] (früher: Messstrecke l_n)
Anzahl an Abschnitten innerhalb der Auswertelänge $l_e = n_{sc}$

Anmerkung: Die Voreinstellungen für das Tastschnittverfahren nach DIN EN ISO 21920-3: 2022-12 (Voreinstellungen für R_z und R_a basierend auf der oberen Toleranzgrenze) sind hier auszugsweise abgebildet (Tabelle 3 der Norm):

	Einstellungsklasse				
	Sc1	Sc2	Sc3	Sc4	Sc5
Rz [µm]	$R_z \leq 0{,}16$	$0{,}16 < R_z \leq 0{,}8$	$0{,}8 < R_z \leq 16$	$16 < R_z \leq 80$	$R_z > 80$
Ra [µm]	$R_a \leq 0{,}02$	$0{,}02 < R_a \leq 0{,}1$	$0{,}1 < R_a \leq 2$	$2 < R_a \leq 10$	$R_a > 10$
Auswertelänge l_e [mm]	0,4	1,25	4	12,5	40
Abschnittlänge l_{sc} [mm]	0,08	0,25	0,8	2,5	8
Anzahl Abschnitte n_{sc}	5	5	5	5	5

Oberflächenbeschaffenheit

Oberflächenrauheit

Erreichbare gemittelte Rautiefe Rz

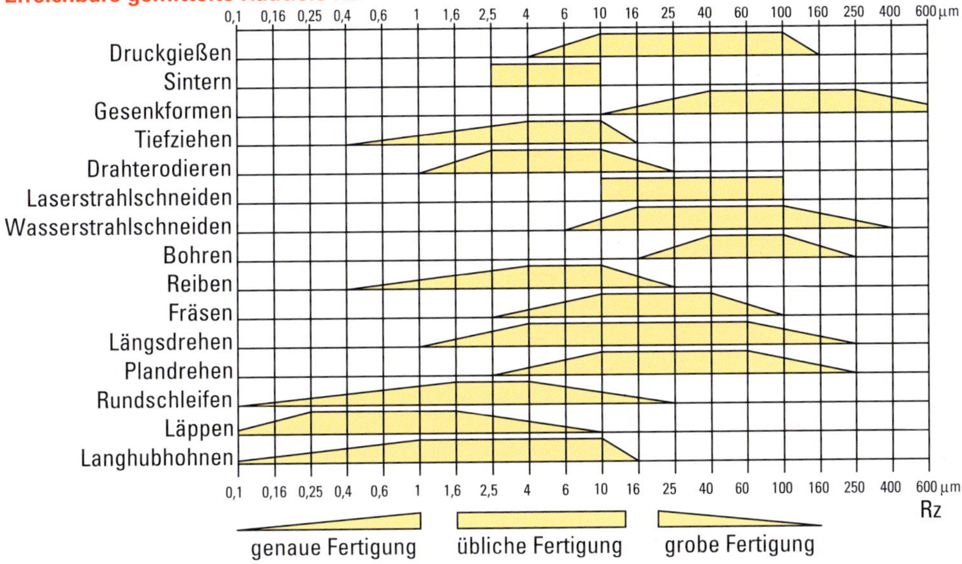

Erreichbare Mittenrauwerte Ra

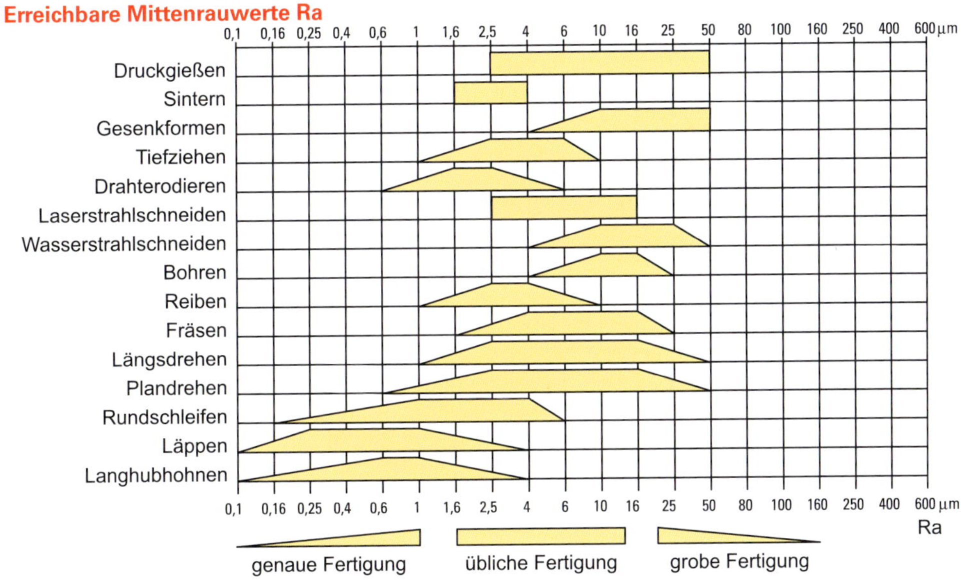

Anmerkung: Die Rauheitswerte sind weitgehend Erfahrungswerte aus den Angaben der Industrie.

Oberflächenbeschaffenheit

Angabe der Oberflächenbeschaffenheit

DIN EN ISO 21920 : 2022-12

Grafisches Symbol

Materialabtragung nicht erlaubt

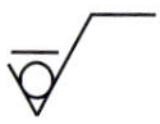

Alle Fertigungsverfahren erlaubt

Materialabtragung erforderlich

Symbolmaße

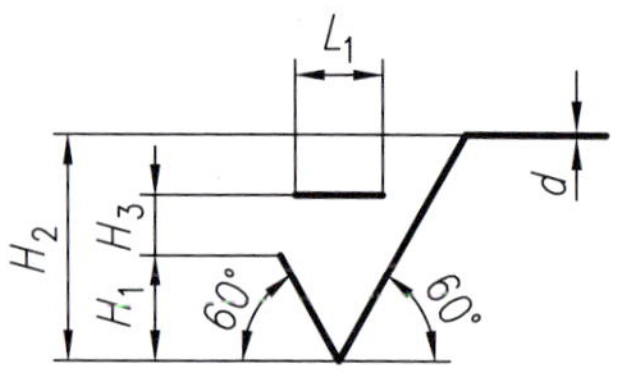

Schrifthöhe h	in mm	2,5	3,5	5	7	10
Höhe H_1	in mm	3,5	5	7	10	14
Höhe H_2 min	in mm	7,5	10,5	15	21	30
Höhe H_3	in mm	2	2,5	3,5	5	7
Länge L_1	in mm	3	4,5	6	8,5	12
Linienbreite d	in mm	0,25	0,35	0,5	0,7	1

Beispiele für Angabe der Anforderungen

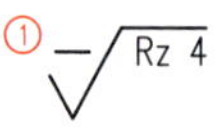

Materialabtragung erlaubt. Obere Grenze Rz = 4 µm. Übliche „16 %-Regel", d. h. nur 16 % der gemessenen Werte dürfen die Kenngröße überschreiten.

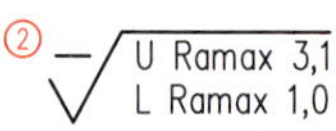

Obere Grenze für Ra = 3,1 µm, Untere Grenze für Ra = 1,0 µm U und L entbehrlich.

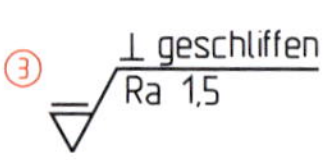

Fertigungsverfahren: geschliffen Oberflächenrillen senkrecht zur Projektionsebene der Ansicht. Obere Grenze für Ra-Wert 1,5 µm

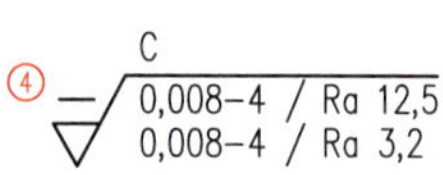

Fertigungsverfahren: materialabtragend Obere Grenze Ra = 12,5 µm Untere Grenze Ra = 3,2 µm beide Grenzen: Übertragungscharakteristik 0,008 bis 4 mm Oberflächenrillen ungefähr kreisförmig

Fertigungsverfahren: materialabtragend Obere Grenze Ra = 1,5 µm Oberflächenangabe gilt für die bemaßten 4 Geometrieelemente

Angabe der Rillenrichtung

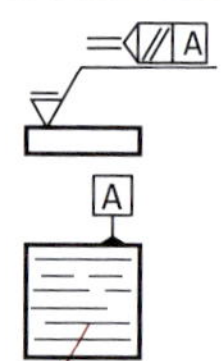

Rillenrichtung parallel

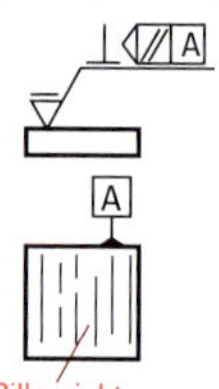

Rillenrichtung senkrecht

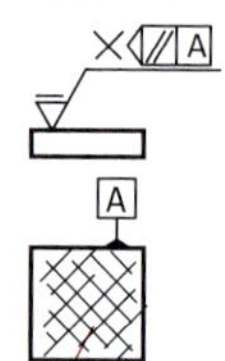

Rillenrichtung gekreuzt

Rillenrichtung radial

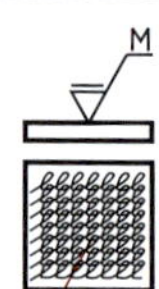

viele Rillenrichtungen

Rillenrichtung zentrisch

nichtrillig ungerichtet

Oberflächenbeschaffenheit

Allgemeine Regeln

DIN EN ISO 21920 : 2022-12

- Bei Teilen mit **mehreren Ansichten** sind Oberflächenangaben jeweils nur in der Ansicht einzutragen, in der die betreffende Fläche bemaßt ist.
- Bei **wiederkehrenden Formen** in einem Teil wird die Oberflächenangabe nur einmal im Zusammenhang mit der Maßeintragung eingetragen, jedoch die Anzahl vor das Symbol gesetzt.
- **Angaben für Oberflächen,** die in der Darstellung nicht besonders angegeben sind, werden hinter die Positionsnummer oder in die Nähe des Schriftfeldes oder in das für allgemeine Angaben vorgesehene Feld gesetzt.
- **Klammerwerte** sind in der Darstellung besonders angegeben.

Anordnung in Zeichnungen

Das Oberflächensymbol darf, wie rechts und unten dargestellt, stehen auf:

- einer Körperkante,
- der Verlängerung einer Körperkante,
- einer Bezugslinie,
- einer Maßlinie,
- einer Maßhilfslinie,
- dem Toleranzrahmen einer geometrischen Tolerierung,
- Kennzeichnung einer Oberflächenbehandlung.

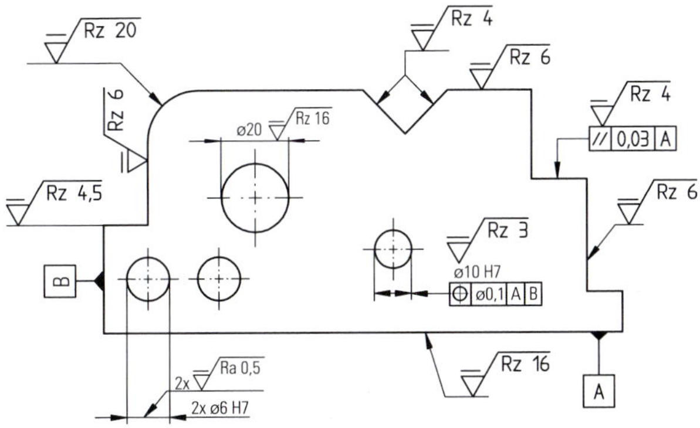

Vereinfachte Angabe bei gleichen Anforderungen an mehreren Oberflächen

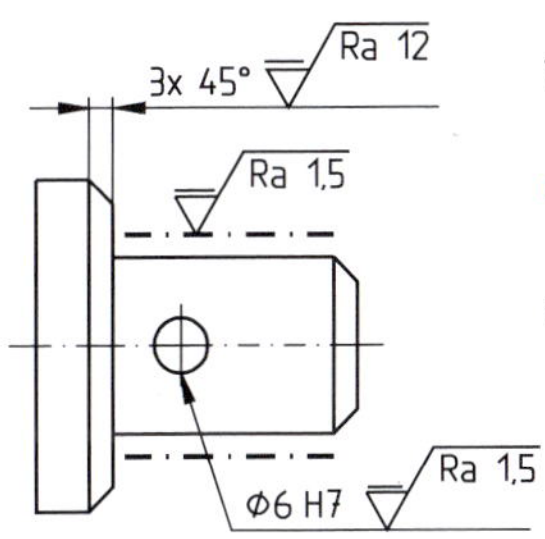

In der Nähe vom Teil oder vom Schriftfeld

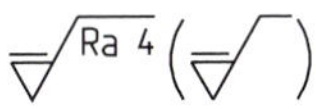

oder

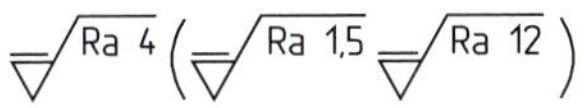

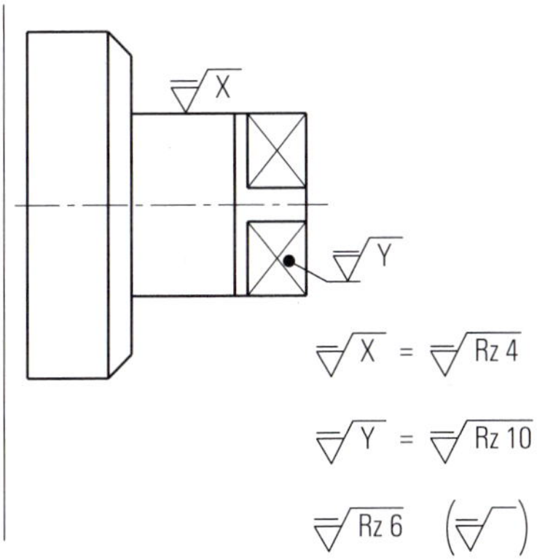

Empfohlene Zuordnung von Rauheitswerten zu ISO-Toleranzen (nicht genormt)

Nennmaßbereich in mm	Toleranzgrade	IT5	IT6	IT7	IT8	IT9	IT10	IT11
	Rauheitswerte in µm							
bis 6	Rz	2,5	4	6,3	6,3	10	16	25
	Ra	0,4	0,8	0,8	1,6	1,6	3,2	6,3
über 6 bis 10	Rz	2,5	4	6,3	10	16	25	40
	Ra	0,4	0,8	0,8	1,6	3,2	6,3	12,5
über 10 bis 18	Rz	4	4	6,3	10	16	25	40
	Ra	0,8	0,8	0,8	1,6	3,2	6,3	12,5
über 18 bis 80	Rz	4	6,3	10	16	16	40	63
	Ra	0,8	0,8	1,6	3,2	3,2	6,3	12,5
über 80 bis 250	Rz	6,3	10	16	25	25	40	63
	Ra	0,8	1,6	1,6	3,2	3,2	6,3	12,5
	Qualität	**fein**			**mittel**			**grob**

Angabe von galvanischen und chemischen Überzügen

DIN 50960-2 : 2006-01

Bezeichnung

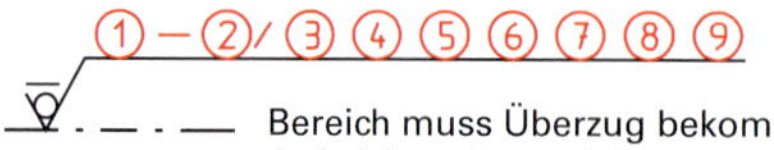

Bereich muss Überzug bekommen. Auf nicht gekennzeichneten Bereichen darf kein Überzug vorhanden sein. (Linie: — · — · —)

Bereich darf Überzug bekommen. Auf nicht gekennzeichneten Bereichen darf kein Überzug vorhanden sein. (Linie: — — — — —)

Bereich darf im gekennzeichneten Bereich keinen Überzug bekommen. (Linie: — · · — — · · —)

- Dazu gehören auch Aussparungen, Bohrungen, Gewindelöcher usw., wenn sie im gekennzeichneten Bereich liegen.
- Die Bedeutung der Kennzeichnungslinien muss in der Zeichnung angegeben werden.

① DIN für betreffenden Überzug

② **Grundwerkstoff,** Metalle mit Kurzzeichen, z. B. für: Eisen und Stahl Fe, Zink Zn, Nichtmetall NM, Kunststoff PL

③ **Chemisches Symbol des Überzuges**
Ni – Nickel
FePh – Eisenphosphat

oder der **Verfahrensgruppe**
A – Einbadbrünierung
B – Zweibadbrünierung

④ **Verwendungszweck des Phosphatüberzugs**
r – Korrosionsschutz
i – elektrische Isolation
g – Verminderung der Reibung
z – Erleichtern der Kaltverformung

⑤ Schichtdicke des metallischen Überzuges in µm

⑥ **Flächenbezogene Masse** des Überzugs in g/m².

⑦ **Besondere Eigenschaften**

Beispiele für Chromatierüberzüge
X – beliebiges Verfahren
A – Farblos-Chromat.
B – Blau-Chromat.
C – Gelb-Chromat.
D – Oliv-Chromat.
E – Grün-Chromat.
F – Schwarz-Chromat.

Beispiele für Nickel- und Chrom-Überzüge
b – Glanznickel
p – Matt- oder Halbglanznickel
r – Glanzchrom
mp – mikroporiges Glanzchrom
sw – Schwarzchrom Schwarznickel

⑧ **Nachbehandlung**
a – für Aufbringen einer Beschichtung
d – mit Abdicht- oder Versiegelungsmitteln
e – durch Einfärben
f – durch Befetten oder Ölen
s – durch Beseifen
w – durch Wachsen

⑨ **Farbangabe** beim Einfärben von Chromüberzügen
gn – grün
rt – rot
bl – blau
sw – schwarz

Angabebeispiele

Allseitiger Überzug

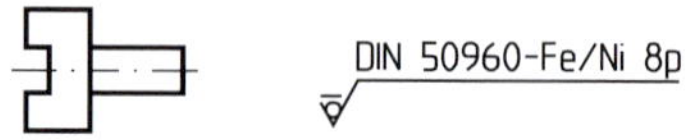

Kennzeichnung beschichteter Teile
Nicht gekennzeichnete Bereiche dürfen keinen Überzug haben.

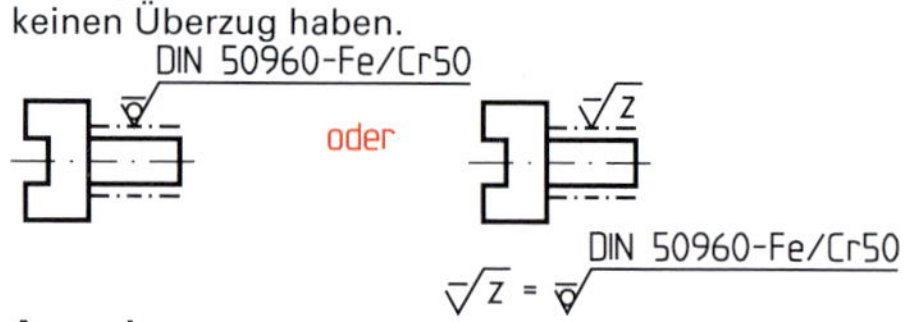

Anmerkung
Bei symmetrischen Teilen wie oben dargestellt, hätte auch eine halbseitige Kennzeichnung genügt.

Maßbeschichtung
Vorbereitungsmaße werden in [ ] angegeben.

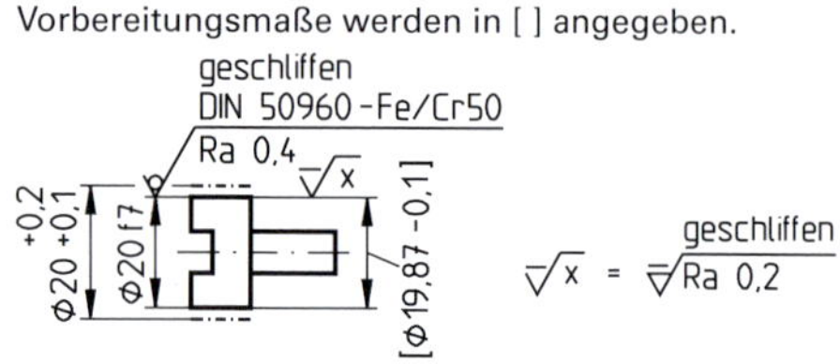

Kennzeichnung unbeschichteter Bereiche

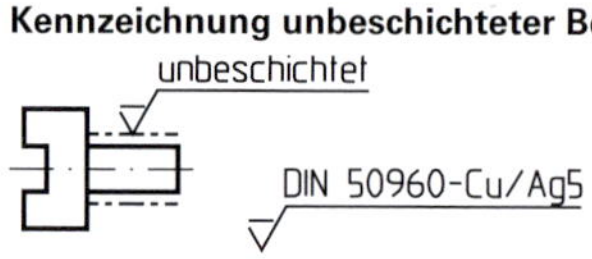

Angabe mit Schichtdickenmessung

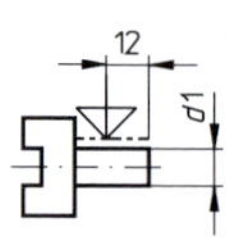

Fertigmaß *d*1	ø 15 h9
Grenzabmaß	0 – 0,043
Vorbereitungsmaß	ø 19,960
Schichtdicke	0,10 bis 0,016

Symbolmaße

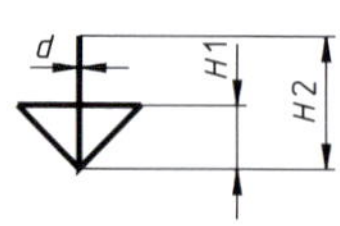

h – Schrifthöhe in Zeichnung
$d = 0{,}1 \cdot h$

h in mm	3,5	5	7	10
*H*1 in mm	5	7	10	14
*H*2 in mm	10,5	15	21	30

Oberflächenbeschaffenheit

Angabe wärmebehandelter Teile aus Eisenwerkstoffen

DIN ISO 15787 : 2018-08

Kurzzeichen im Zusammenhang mit Härteangaben

HRC	Rockwellhärte	CLT	Verbindungsschichttiefe	SHD	Einhärtungstiefe nach Randschichthärten
HV	Vickershärte	CHD	Einsatzhärtungs Härtetiefe	IOD	Randoxidationstiefe
HB	Brinellhärte	NHD	Nitrierhärtetiefe	HTO	Wärmebehandlungsanweisung
CD	Aufkohlungstiefe	OLT	Oxidschichtdicke	HTD	Wärmebehandlungsplan

Beispiele: Angaben mit Grenzabmaßen

Härtewerte	60 HRC bis 64 HRC	(62 ± 2) HRC	(64 0/–4) HRC	(60 +4/0) HRC	$(64^{\ 0}_{-4})$ HRC	(63 +1/–3) HRC
Härtewerte	675 HV10 bis 825 HV10	Wertangabe entsprechend wie bei Härtewerte HRC				
Härtetiefen	0,7 bis 1,3 mm	1 ±0,2 mm	1,2 0/–0,4 mm	0,8 +0,4/0 mm	$1{,}22^{\ 0}_{-4}$ mm	1,1 +0,1/–0,3 mm
Aufkohlungstiefe	1,5 bis 2,5 mm	Wertangabe entsprechend wie bei Härtetiefen in mm				
Verbindungsschichtdicke	10 bis 20 µm	Wertangabe entsprechend wie bei Härtetiefen, jedoch in µm				

Beispiele: Angaben mit Grenzabmaßen

Bereich **soll** randschichtgehärtet oder einsatzgehärtet sein

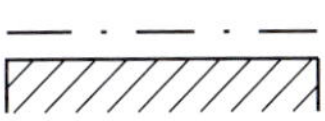

Breite Strichpunkt-Linie

Bereich **darf** wärmebehandelt werden

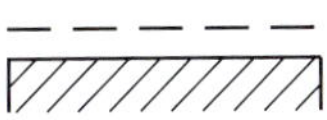

Breite Strichlinie

Erwarteter oder **gewünschter** Bereich für Randschichthärtung

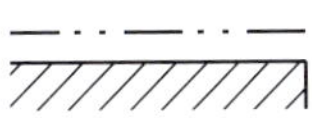

Schmale Strichpunkt-Linie

Bereich **darf nicht** wärmebehandelt werden

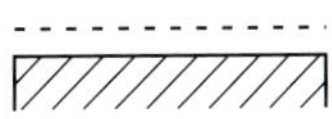

Breite Punktlinie

Härten, Vergüten, Anlassen	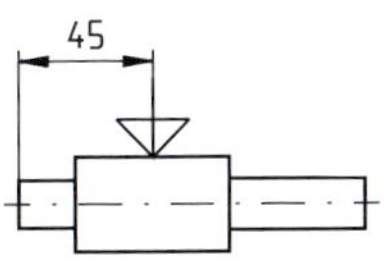 vergütet $(375^{+50}_{\ 0})$ HBW 2,5/187,5	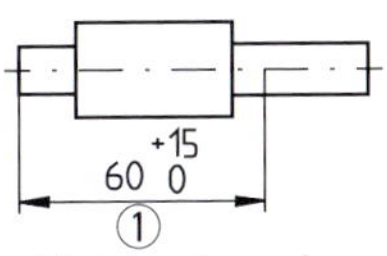 gehärtet und angelassen $(40^{+5}_{\ 0})$ HRC ①$(60^{+5}_{\ 0})$ HRC	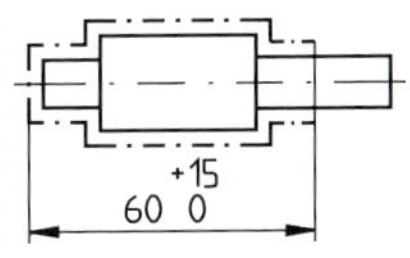 –·– gehärtet und ganzes Teil angelassen $(58^{+3}_{\ 0})$ HRC
Aufkohlen, Nitrieren, Einsatzhärten	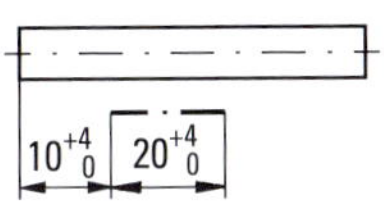 –·–·– aufgekohlt $CD_{0,35} = 03^{+0,1}_{\ 0}$	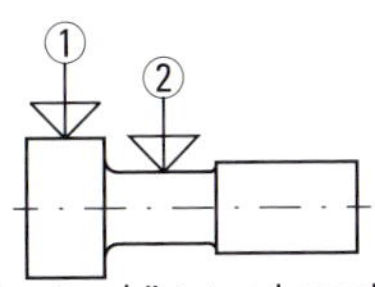 einsatzgehärtet und angelassen ①$(52^{+4}_{\ 0})$ HRC CHD = $0{,}5^{+0,3}_{\ 0}$ ②≤ 42 HRC	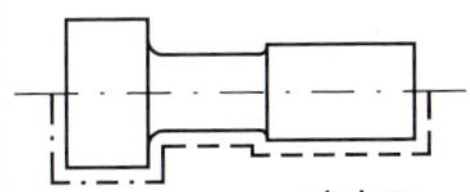 –·– nitriert > 750 HV3 NHD = $03^{+0,1}_{\ 0}$
Randschichthärten auch: Einhärtung	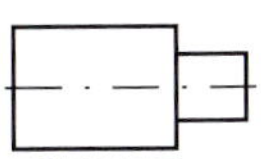 –·–·– randschichtgehärtet und angelassen $(600^{+160}_{\ 0})$ HV30 SHD 425 = $0{,}4^{+0,4}_{\ 0}$	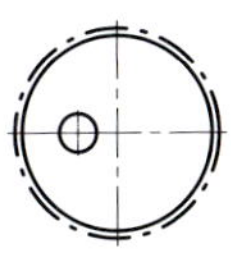 –·–·– randschichtgehärtet $(48^{+4}_{\ 0})$ HRC SHD 375 = $0{,}8^{+0,8}_{\ 0}$	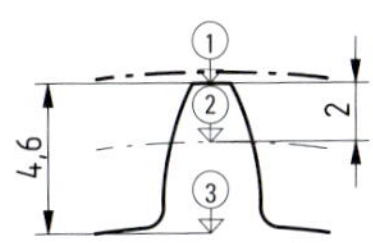 –·–·– randschichtgehärtet, ganzes Teil angelasen ①$(52^{+6}_{\ 0})$ HRC ②$(48^{+4}_{\ 0})$ HRC ③≤ 32 HRC

Werkstückbesonderheiten

Freistiche

DIN 509 : 2022-12

Form E
für Werkstücke mit **einer** Bearbeitungsfläche

Form F
für Werkstücke mit **zwei** rechtwinklig zueinanderstehenden Bearbeitungsflächen

Form G
für gering belastete Werkstücke, kleiner Übergang

Form H
wie bei Form F, jedoch mit stärker gerundeten Übergang

z_1, z_2 = Bearbeitungszugaben

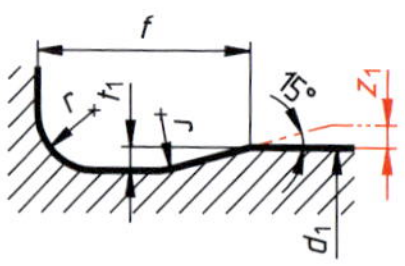

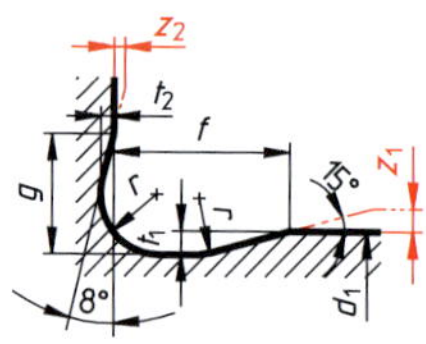

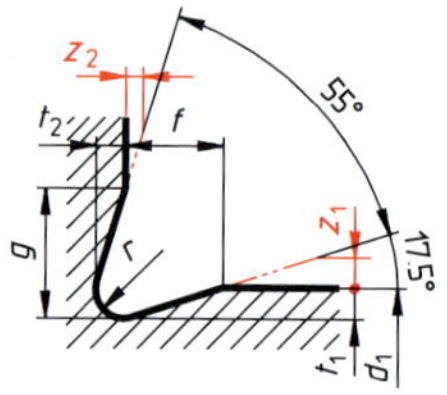

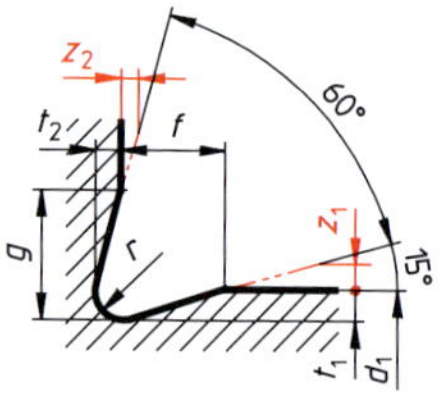

Ausführung der Oberflächen: *Ra* 3,2; *Rz* 1 max 25

Bearbeitungszugaben z_1, z_2: 0,1 0,15 0,2 0,25 0,3 0,4 0,5 0,6 0,7 0,8 0,9 1

	d_1 in mm empfohlene Zuordnung	Form	Reihe Reihe 1 ist zu bevorzugen	r_1 ± 0,1 in mm	t_1 in mm +0,1/0			f in mm			t_2 in mm +0,05/0			g in mm			a_{min} in mm			
					Form			Form			Form			Form			Form			
					EF	G	H	EF	G	H	F	G	H	F	G	H	E	F	G	H
übliche Beanspruchung	über 1,6 bis 3	E, F	(2)	0,2	0,1			1			0,1			0,9			0,2	0		
	über 3 bis 18	E, F, G	1	0,4	0,2	0,2		2	0,9		0,1	0,2		1,1	1,1		0,3	0	0	
	über 10 bis 18	E, F	(2)	0,6	0,2			2			0,1			1,4			0,5	0,15		
	über 18 bis 80	E, F	(2)	0,6	0,3			2,5			0,2			2,1			0,4	0		
	über 18 bis 80	E, F	1	0,8	0,3			2,5			0,2			2,3			0,6	0,05		
	über 18 bis 80	H	1	0,8			0,3			2			0,05			1,1				0,35
	über 80	E, F	1	1,2	0,4			4			0,3			3,4			0,9	0,1		
	über 80	E, F	(2)	1	0,4			4			0,3			3,2			0,7	0		
erhöhte Beanspr.	über 18 bis 50	E, F	1	1,2	0,2			2,5			0,1			2			1,1	0,6		
	über 18 bis 50	H	1	1,2			0,3			2,4			0,05			1,5				0,65
	über 18 bis 50	E, F	(2)	1	0,2			2,5			0,1			1,8			0,9	0,45		
	über 50 bis 80	E, F	1	1,6	0,3			4			0,2			3,1			1,4	0,6		
	über 80 bis 125	E, F	1	2,5	0,4			5			0,3			4,8			2,2	1,0		
	über 125	E, F	1	4	0,5			7			0,3			6,4			3,6	2,1		

Angabebeispiele:

DIN 509 – E0,6×0,3 Form E mit r_1 = 0,6 mm, t_1 = 0,3 mm

DIN 509 – F1×0,4 Form F mit r_1 = 1 mm, t_1 = 0,4 mm

Vereinfachte Darstellungsweise (bevorzugt)

sinnbildlich

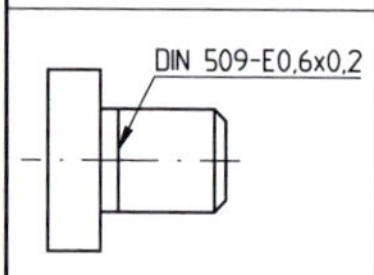

bildlich

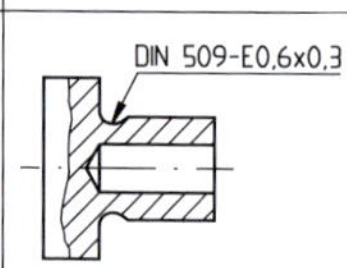

sinnbildlich

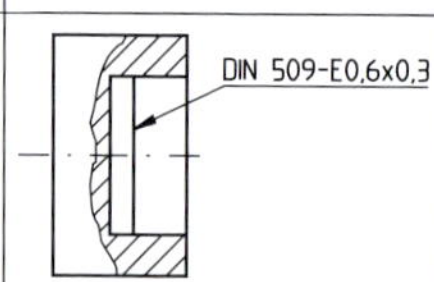

bildlich

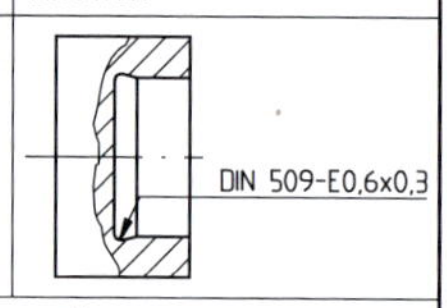

Vollständige Darstellungsweise

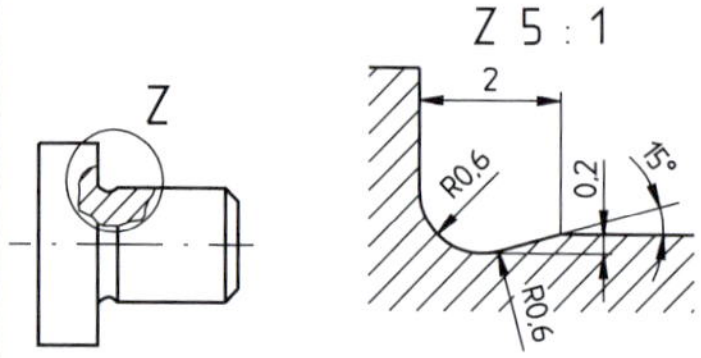

Vollständige Darstellungsweise

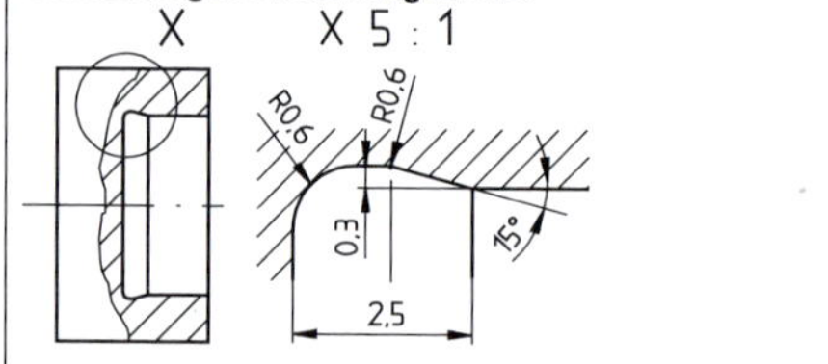

Senkung am Gegenstück

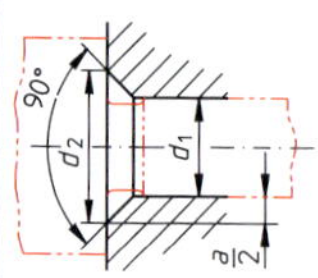

$d_2 = d_1 + a$

a_{min} siehe Tabelle oben

Gewindefreistiche, Gewindeausläufe

DIN 76-1 : 2016-08

Gewindefreistiche

Außengewinde: Regelfall Form A
Kurz Form B

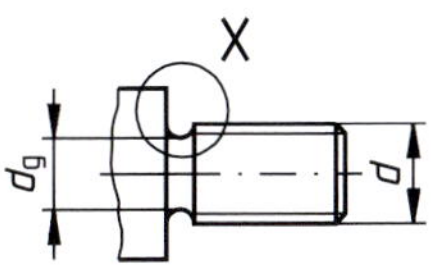

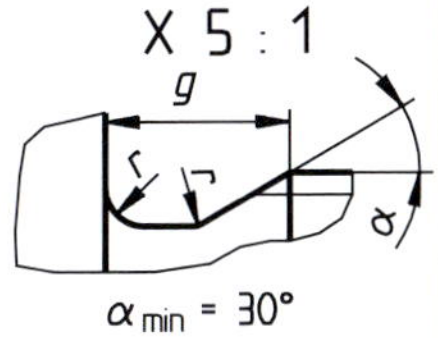

Innengewinde: Regelfall Form C
Kurz Form D

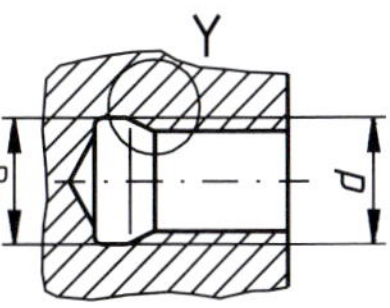

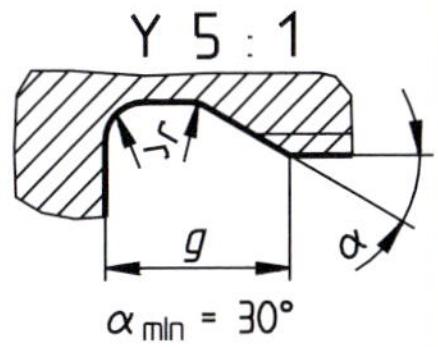

Gewindeausläufe

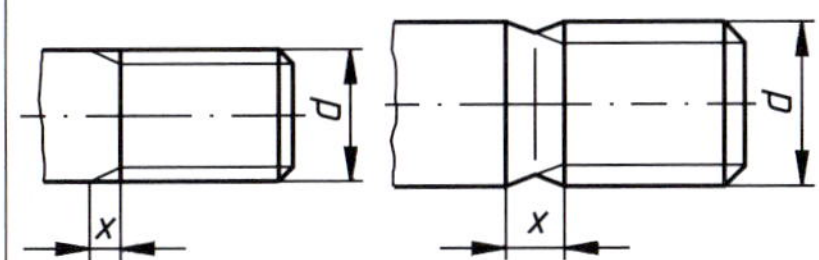

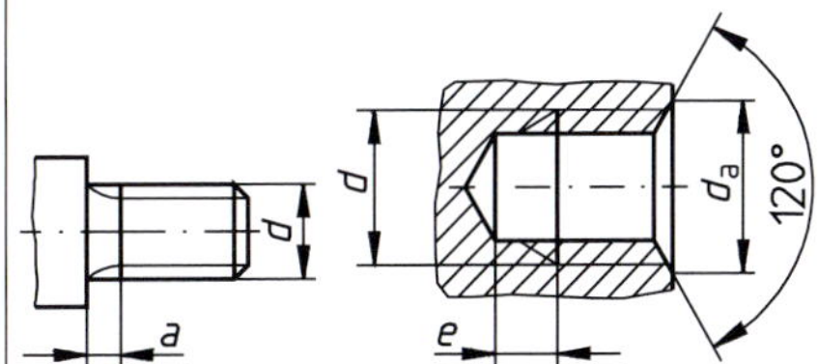

$d_{a\,min} = 1 \cdot d$

$d_{a\,max} = 1{,}05 \cdot d$

d	Gewinde alle Angaben in mm	M2	M3	M4	M5	M6	M8	M10	M12	M14 M16	M18 M20 M22	M24 M27	M30 M33	M36 M39
P	Steigung	0,4	0,5	0,7	0,8	1	1,25	1,5	1,75	2	2,5	3	3,5	4
d_g	h13 (bis Ø3 h12)	1,3	2,2	2,9	3,7	4,4	6	7,7	9,4	11 13	14,4 16,4 18,4	19,6 22,6	25 28	30,3 33,3
r		0,2	0,2	0,4	0,4	0,6	0,6	0,8	1	1	1,2	1,6	1,6	2
d_G	H13	2,2	3,3	4,3	5,3	6,5 7,5	8,5	10,5	12,5	14,5 16,5	18,5 20,5 22,5	24,5 27,5	30,5 33,5	36,5 39,5
g_{max}	Form A Regelfall	1,4	1,75	2,45	2,8	3,5	4,4	5,2	6,1	7	8,7	10,5	12	14
g_{max}	Form B Kurz	1	1,25	1,75	2	2,5	3,2	3,8	4,3	5	6,3	7,5	9	10
g_{max}	Form C Regelfall	2,2	2,7	3,8	4,2	5,2	6,7	7,8	9,1	10,3	13	15,2	17,7	20
g_{max}	Form D Kurz	1,6	2	2,75	3	3,7	4,9	5,6	6,1	7,3	9,3	10,7	12,7	14
x_{max}	Regelfall	1	1,25	1,75	2	2,5	3,2	3,8	4,3	5	6,3	7,5	9	10
x_{max}	Kurz	0,5	0,7	0,9	1	1,25	1,6	1,9	2,2	2,5	3,2	3,8	4,5	5
a_{max}	Regelfall	1,2	1,5	2,1	2,4	3	3,75	4,5	5,25	6	7,5	9	10,5	12
a_{max}	Kurz	0,8	1	1,4	1,6	2	2,5	3	3,5	4	5	6	7	8
e	Regelfall	2,3	2,8	3,8	4,2	5,1	6,2	7,3	8,3	9,3	11,2	13,1	15,2	16,8
e	Kurz	1,5	1,8	2,4	2,7	3,2	3,9	4,6	5,2	5,8	7	8,2	9,5	10,5
e	Lang	3,7	4,5	6,1	6,8	8,2	10	11,6	13,3	14,8	17,9	21	24,3	26,9

Für die Feingewinde sind die Maße des Gewindefreistichs der einfachen Steigung *P* zu wählen.

Angabebeispiel: DIN 76–B Gewindefreistich der Form B

Vollständige Darstellung

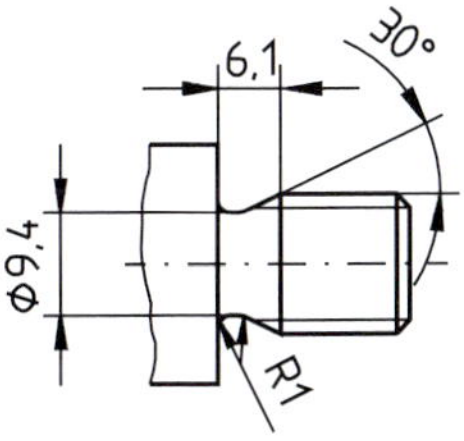

Vereinfachte Darstellung

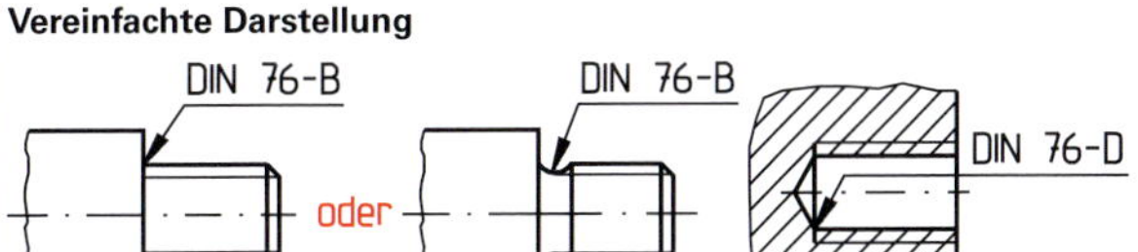

Bei fehlenden Buchstaben für die Form gilt der Regelfall.

Werkstückbesonderheiten

Zentrierbohrungen

DIN ISO 6411 : 1997-11, DIN 332-1 : 1986-04, -02 : 1983-05

Form A

gerade Laufflächen
ohne Schutzsenkung

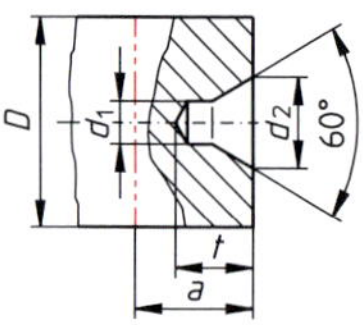

Form B

gerade Laufflächen
kegelförmige Schutzsenkung

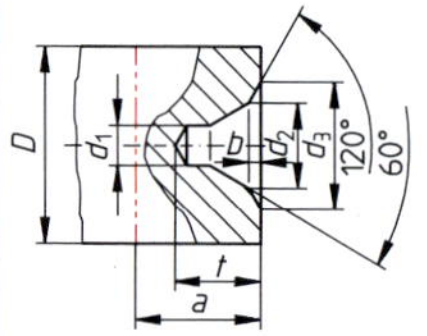

Form C

gerade Laufflächen
kegelstumpfförmige Schutzsenkung

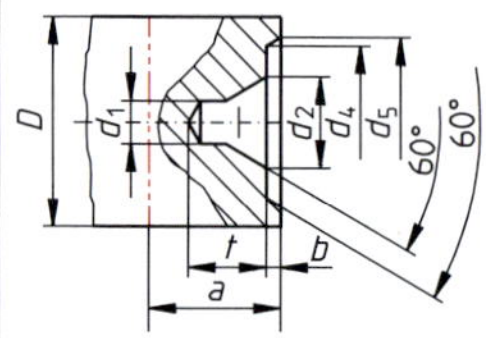

Form R

gewölbte Laufflächen
ohne Schutzsenkung

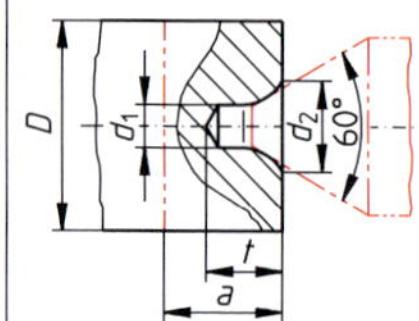

a = Abstecher, t = Kleinstmaß, alle Maße in mm, $d_2 \leq 0{,}33 \cdot D$ **oder** $d_1 \leq 0{,}16 \cdot D$

Nennmaße		Form A		Form B				Form C					Form R	
d_1	d_2	t	a	d_3	t	a	b	d_4	d_5	t	a	b	t	a
1	2,12	1,9	3	3,15	2,2	3,5	0,3	4,5	5	1,9	3,5	0,4	1,9	3
1,25	2,65	2,3	4	4,0	2,7	4,5	0,4	5,3	6	2,3	4,5	0,6	2,3	4
1,6	3,35	2,9	5	5,0	3,4	5,5	0,5	6,3	7,1	2,9	5,5	0,7	2,9	5
2	4,25	3,7	6	6,3	4,3	6,6	0,6	7,5	8,5	3,7	6,6	0,9	3,7	6
2,5	5,3	4,6	7	8,0	5,4	8,3	0,8	9	10	4,6	8,3	0,9	4,6	7
3,15	6,7	5,9	9	10	6,8	10	0,9	11,2	12,5	5,9	10	1,1	5,8	9
4	8,5	7,4	11	12,5	8,6	12,7	1,2	14	16	7,4	12,7	1,7	7,4	11
5	10,6	9,2	14	16	10,8	15,6	1,3	18	20	9,2	15,6	1,7	9,2	14
6,3	13,2	11,5	18	18	12,9	20	1,4	22,4	25	11,5	20	2,3	11,4	18
8	17	14,8	22	22,4	16,4	25	1,6	28	31,5	14,8	25	3	14,7	22
10	21,2	18,4	28	28	20,4	31	2	35,5	40	18,4	31	3,9	18,3	28

Form D

ohne Schutzsenkung
mit gerader Lauffläche

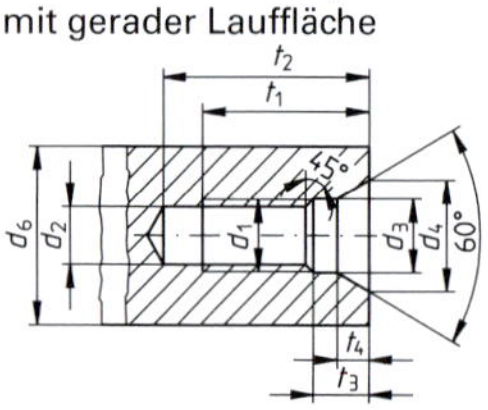

Form DS

mit Schutzsenkung
mit gerader Lauffläche

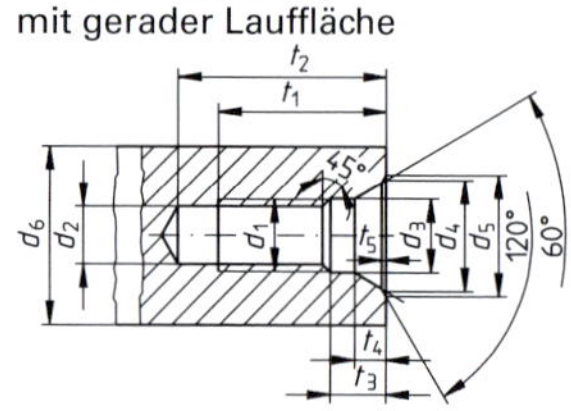

Form DR

mit gewölbter Lauffläche

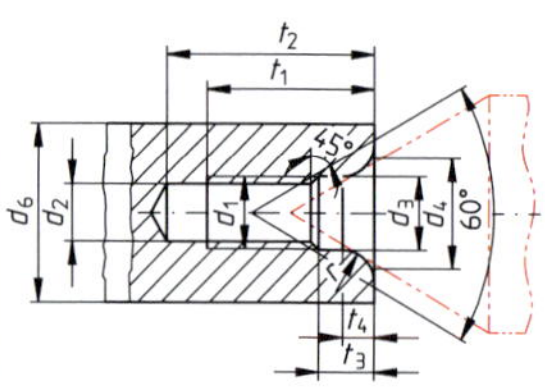

Am Wellenende d_6 in mm	Gewinde d_1	d_2 in mm	d_3 in mm	d_4 in mm	d_5 in mm	$t_1{}^{+2}_{0}$ in mm	$t_{2\,min}$ in mm	$t_3{}^{+0,1}_{0}$ in mm	$\approx t_4$ in mm	$\approx t_5$ in mm	r in mm
über 7 bis 10	M3	2,5	3,2	5,3	5,8	9	12	2,6	1,8	0,2	4
über 10 bis 13	M4	3,3	4,3	6,7	7,4	10	14	3,2	2,1	0,3	5
über 13 bis 16	M5	4,2	5,3	8,1	8,8	12,5	17	4	2,4	0,3	6,3
über 16 bis 21	M6	5	6,4	9,6	10,5	16	21	5	2,8	0,4	8
über 21 bis 24	M8	6,8	8,4	12,2	13,2	19	25	6	3,3	0,4	10
über 24 bis 30	M10	8,5	10,5	14,9	16,3	22	30	7,5	3,8	0,6	16
über 30 bis 38	M12	10,2	13	18,1	19,8	28	37	9,5	4,4	0,7	20
über 38 bis 50	M16	14	17	23	25,3	36	45	12	5,2	1,0	25
über 50 bis 85	M20	17,5	21	28,4	31,3	42	53	15	6,4	1,3	31,5

Zeichnungsangabe: Zentrierbohrung am Werkstück

Zentrierung darf auch bleiben, wenn Hinweis ganz fehlt

Art der Zentrierung freigestellt, wenn in Zeichnung Symbol ohne Normangabe

Zentrierung darf bleiben	darf nicht bleiben	muss bleiben
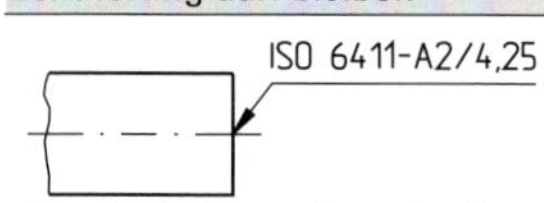	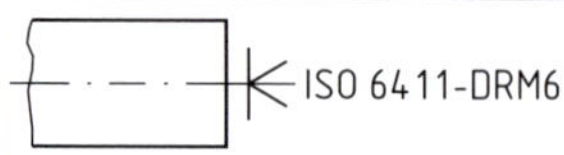	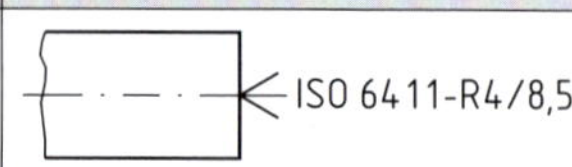
Zentrierbohrung Form A, $d_1 = 2$, $d_2 = 4{,}25$	Zentrierbohrung Form DR, d_1 = M6	Zentrierbohrung Form R, $d_1 = 4$, $d_2 = 8{,}5$

Werkstückbesonderheiten

Rändel

DIN 82 : 1973-01

Rändel mit achsparallelen Riefen	Links-Rechtsrändel	Linksrändel	Rechtsrändel	Kreuzrändel
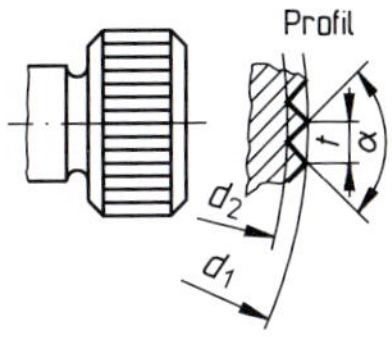	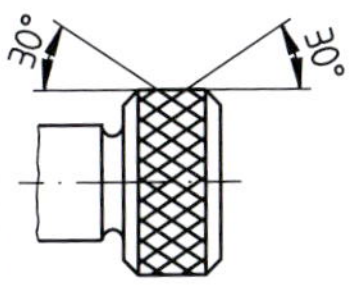	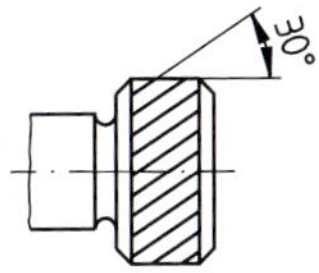	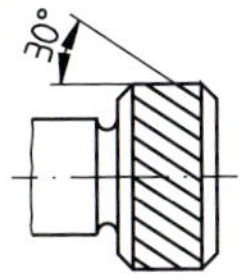	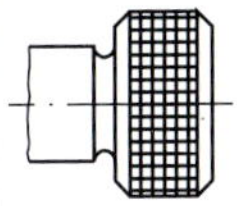
RAA $d_2 = d_1 - 0{,}5\,t$	RGE–Spitzen erhöht $d_2 = d_1 - 0{,}67\,t$ RGV–Spitzen vertieft $d_2 = d_1 - 0{,}33\,t$	RBL $d_2 = d_1 - 0{,}5\,t$	RBR $d_2 = d_1 - 0{,}5\,t$	RKE–Spitzen erhöht $d_2 = d_1 - 0{,}67\,t$ RKV–Spitzen vertieft $d_2 = d_1 - 0{,}33\,t$

d_1 = Nenndurchmesser, d_2 = Ausgangsdurchmesser, $\alpha = 90°$ (105° in Sonderfällen)

Teilung t in mm	0,5	0,6	0,8	1	1,2	1,6

Angabebeispiel: DIN 82 – RGE 0,8
Links-Rechtsrändel RGE
Teilung t=0,8 mm, Spitzen erhöht

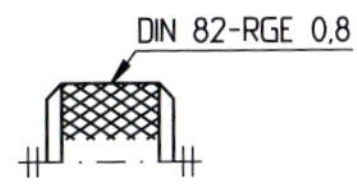

Butzen an Drehteilen

DIN 6785 : 2014-06

Gefordert werden kann nur dann ein Drehteil **ohne** Butzen, wenn das Aussehen oder die Funktion den Butzen nicht zulässt.

Größtdurchmesser des Fertigteils in mm	$d_{2\,max}$ in mm	l_{max} in mm
bis 3	0,3	0,2
über 3 bis 5	0,5	0,3
über 5 bis 8	0,8	0,5
über 8 bis 12	1,0	0,6
über 12 bis 18	1,5	0,9
über 18 bis 26	2,0	1,2
über 26 bis 40	2,5	2
über 40 bis 60	3,5	3

Mit Angabe	Ohne Angabe
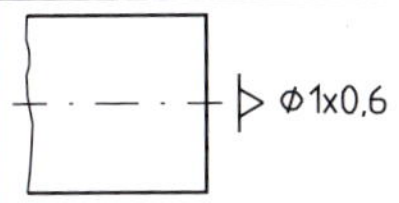	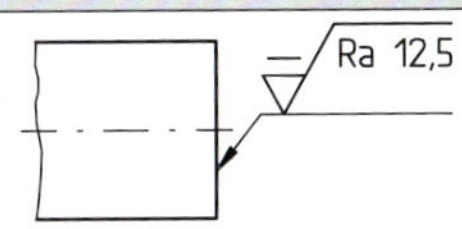
Bedeutung: 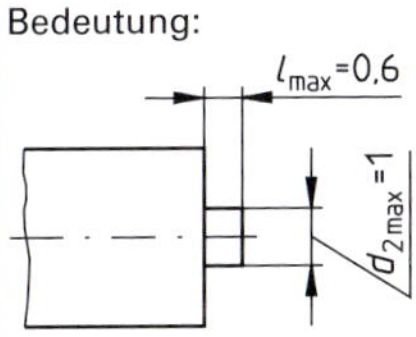	Bedeutung: Butzen ist als Werkstoffrest im Rahmen des angegebenen Mittelrauwertes von 12,5 µm zulässig.

Positionsnummern

DIN EN ISO 6433 : 2012-12

Damit sich Positionsnummern klar unterscheiden, werden sie:

① wahlweise mit einer schmalen Linie eingekreist,

② mit größeren Nummern, z. B. doppelt so groß wie die Bemaßung angegeben,

③ mit zusätzlicher Unterstreichung der Positionsnummer versehen.

④ Mehrere Positionsnummern können eine Hinweislinie haben. Hier sind es zugehörige Einzelteile wie Mutter und Unterlagscheibe

Hinweislinien enden mit:

⑤ einem Punkt in einer Fläche,

⑥ einem Pfeil an einer Kante.

Eine klare Reihenfolge der Nummerierung kann erreicht werden durch:
- den voraussichtlichen Zusammenbau,
- die Wichtigkeit einzelner Bauteile,
- eine andere logische Reihenfolge.

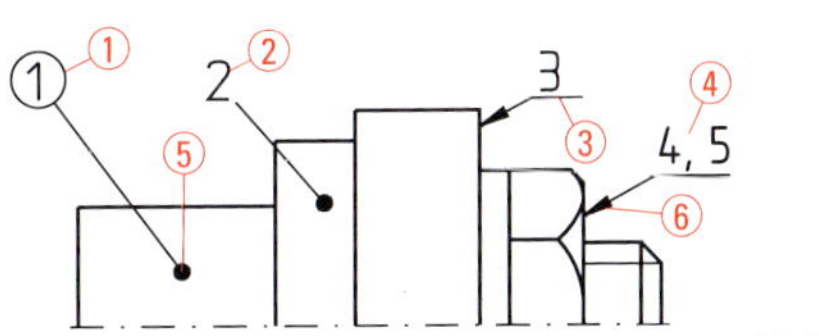

Die Positionsnummern sollen waagrecht und/oder senkrecht angeordnet sein.
Gleiche Teile sollen nur einmal gekennzeichnet werden.
Hinweislininen dürfen sich nicht kreuzen und liegen schräg zur Positionsnummer.

Werkstückkanten mit unbestimmter Gestalt

Allgemein

DIN ISO 13715 : 2020-012

- Wird nur ein Grenzwert, positiv oder negativ angegeben, so gilt für das zweite Grenzabmaß der Wert 0 (Null).
- Plus-Werte geben den Materialüberschuss (Übergang) an.
- Minus-Werte geben die Materialabtrennung (Abtragung) an.
- Plus- Minus-Werte geben den Materialüberschuss oder Materialabtrennung an.

Angabe von Kanten mit unbestimmter Gestalt

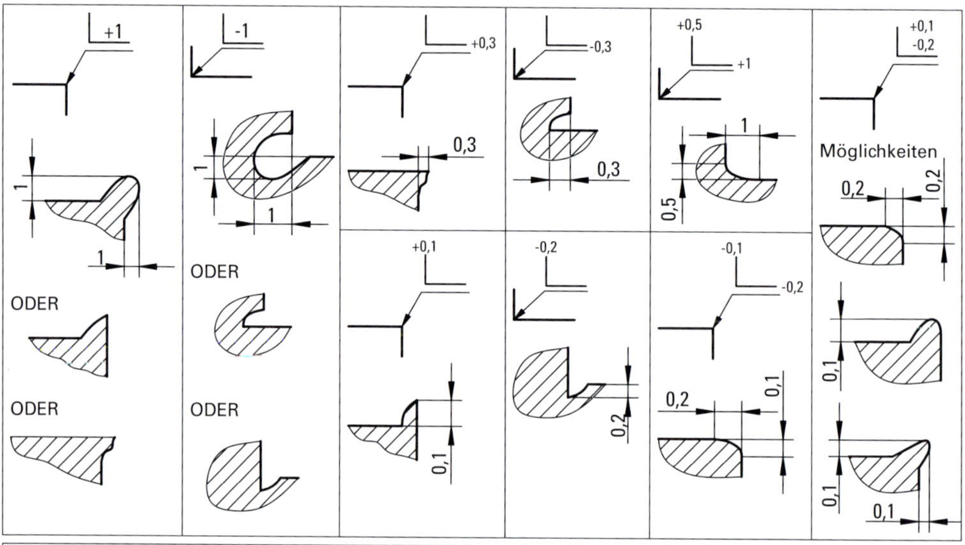

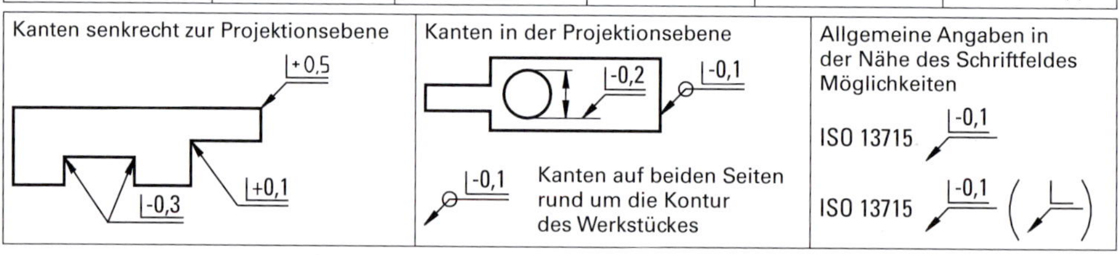

Vereinfachte Angabe von Stäben und Profilen

DIN ISO 5261 : 1997-04

Benennung	Profilbeispiel	Vereinfachte Angabe
Rundstab	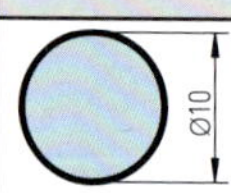	∅ 10 – 200 (Länge = 200)
Quadratischer Stab	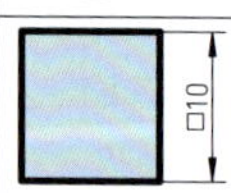	□ 10 - 150 (Länge = 150)
Flachstab	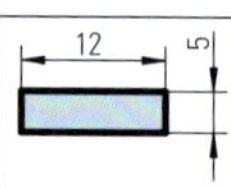	▭ 12 x 5 - 120 (Länge = 120)
Sechskantstab	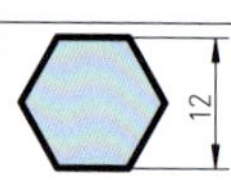	12 – 90 (Länge = 90)

Benennung	Profilbeispiel	Vereinfachte Angabe
Rohr	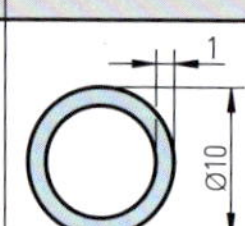	∅ 10 – 200 (Länge = 200)
Winkelprofil	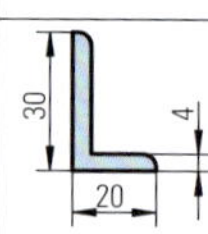	L 30 × 20 × 4 – 70 (Länge = 70)
U-Profil	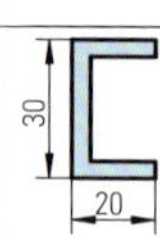	U 30 × 20 – 80 (Länge = 80)

Symbole

Schweißen und verwandte Prozesse

DIN EN ISO 2553 : 2022-07

Schweißsymbol

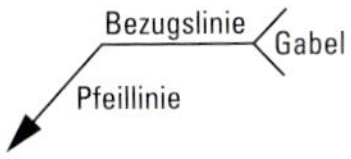

Bei nichtsymmetrischen Nähten zeigt die Pfeillinie zum vorbereiteten Teil. Die Querschnitte der Schweißnähte dürfen bemaßt werden, wenn die Darstellung der Symbole nicht eindeutig ist.

Schweißsymbol-Systeme

System A sinnbildlich	bildlich	System B sinnbildlich
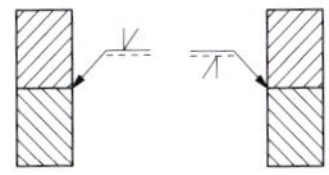	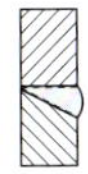	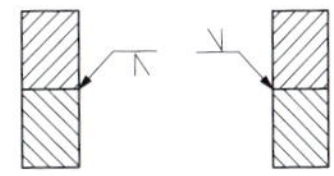
Naht auf der Pfeilseite / Naht auf der Gegenseite		Naht auf der Pfeilseite / Naht auf der Gegenseite

Nach DIN ISO 128 werden die verschweißten Teile einer Gruppe im Schnitt in unterschiedlichen Richtungen oder Abständen schraffiert; in übergeordneten Gruppenzeichnungen dagegen wie ein Teil in gleiche Richtung. Wenn die eindeutige Darstellung durch Symbole nicht möglich ist, können die Querschnitte der Schweißnähte gezeichnet und falls erforderlich bemaßt werden.

Zur Nahtdarstellung: Soweit erforderlich, geben die Strichlinien die Nahtvorbereitung an.

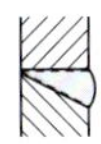

Grundsymbole mit Anwendungsbeispielen

Nahtart	Nahtdarstellung	Symboldarstellung
I-Naht	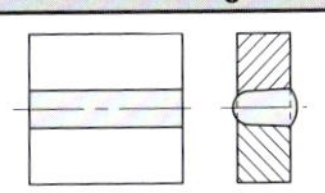	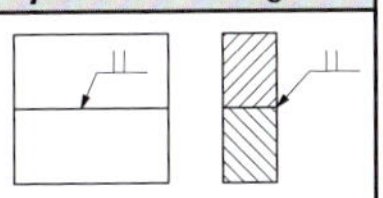
Kehlnaht	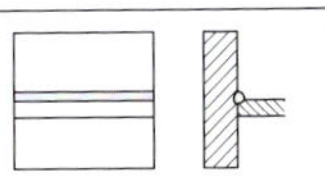	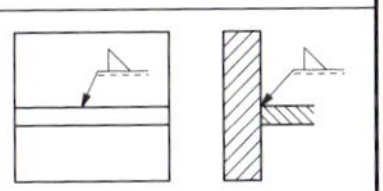
	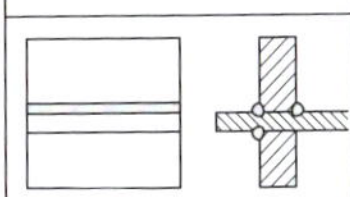	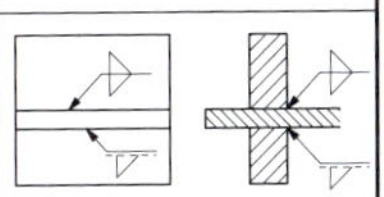
Lochnaht	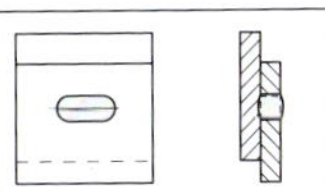	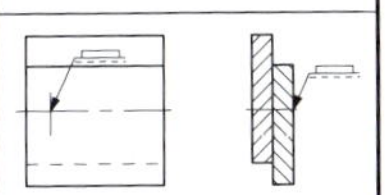
	Rundlöcher oder Schlitze	
Punktnaht	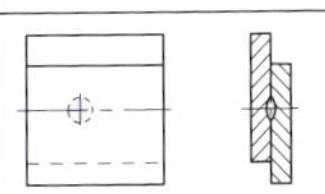	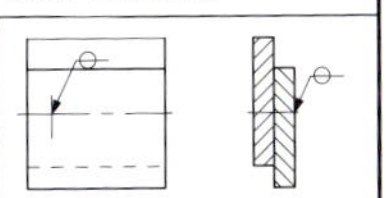
	Widerstandsgeschweißte Punktnaht	
	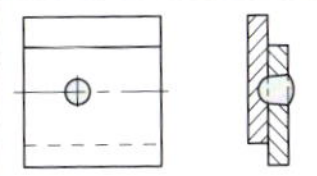	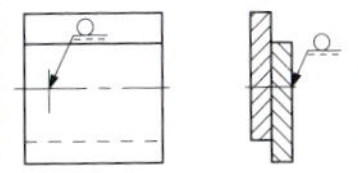
	Schmelzgeschweißte Punktnaht	

Nahtart	Nahtdarstellung	Symboldarstellung
V-Naht	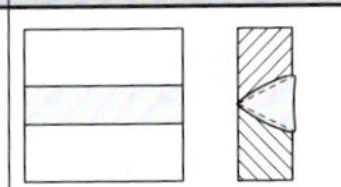	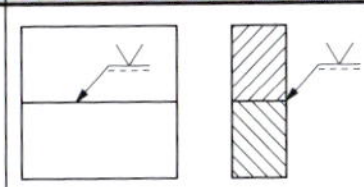
HV-Naht	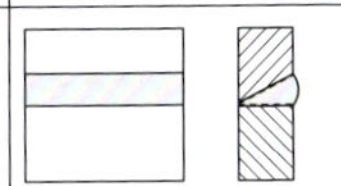	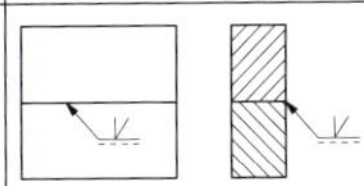
Y-Naht	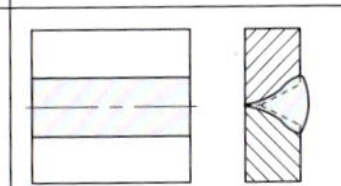	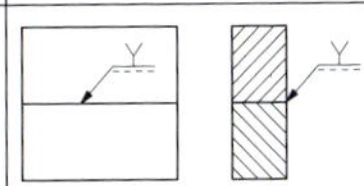
HY-Naht	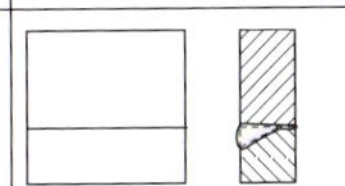	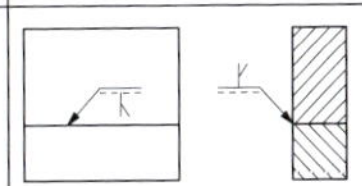
Rollennaht	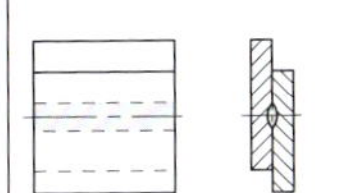	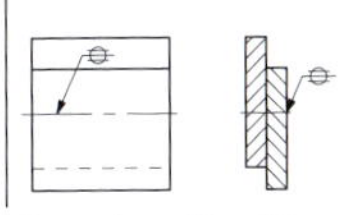
	Widerstands-Rollenschweißnaht	
Liniennaht	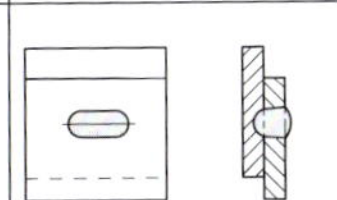	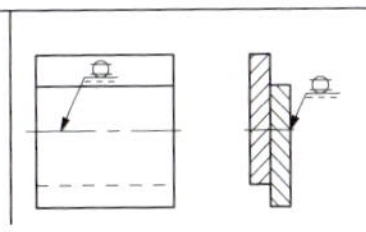
	Schmelzgeschweißte Liniennaht	

Schweißen und verwandte Prozesse

DIN EN ISO 2553 : 2022-07

Grundsymbole mit Anwendungsbeispielen

Nahtart	Nahtdarstellung	Symboldarstellung
Stichnaht	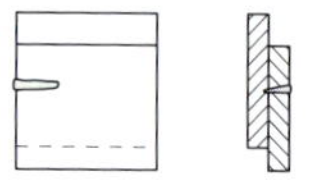	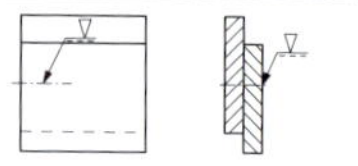
Steilflankennaht	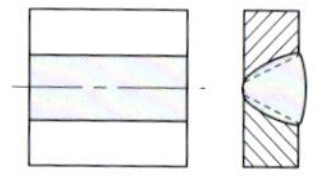	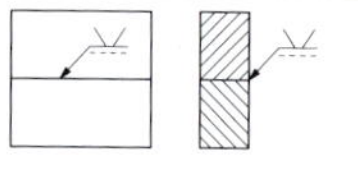
Halbsteilflankennaht	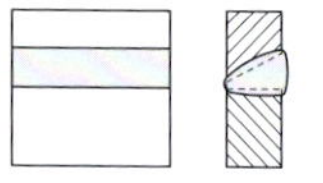	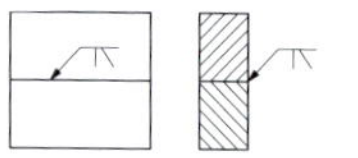
Auftragschweißung	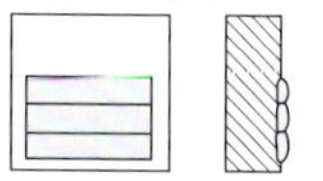	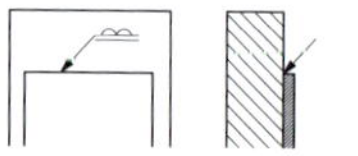
U-Naht	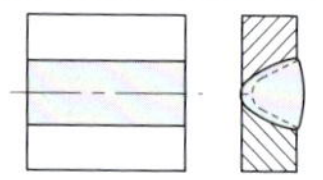	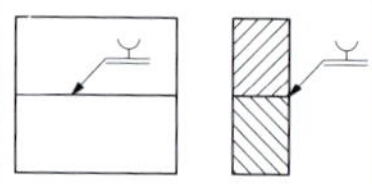
HU-Naht	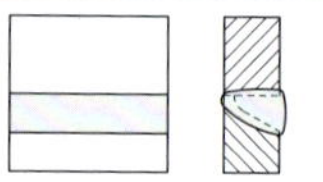	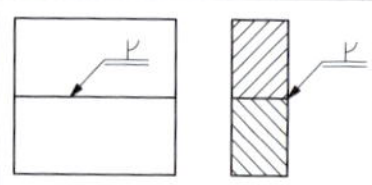

Nahtart	Nahtdarstellung	Symboldarstellung
Bördel-Naht		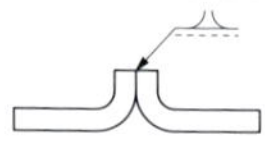 Durchgeschweißte Naht
Bördelecknaht	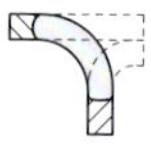	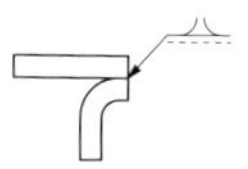 Voll durchgeschweißte Naht
Bördelstumpf-Stirnnaht	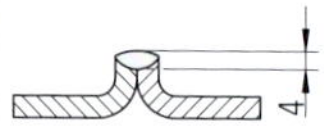	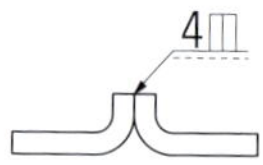
Aufgeweitete Y-Naht		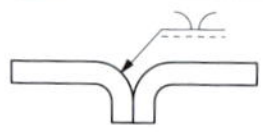
Aufgeweitete HY-Naht	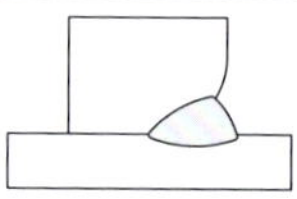	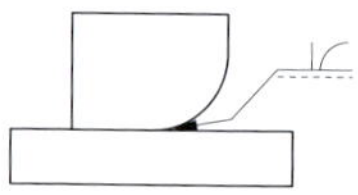
Bolzen-Schweißverbind.	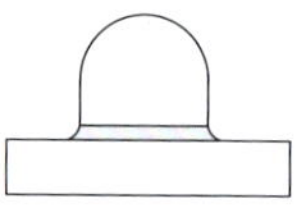	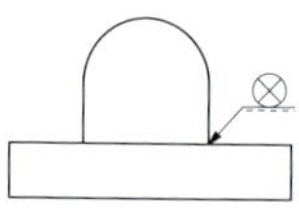

Kombination von Grundsymbolen

Nahtart	Darstellung
Doppel-V-Naht (DV-Naht)	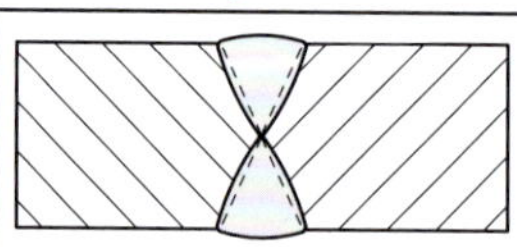
Doppel-HV-Naht (DHV-Naht)	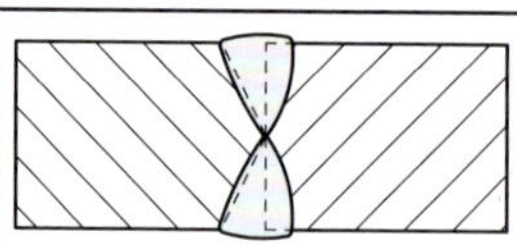
Doppel-U-Naht (DU-Naht)	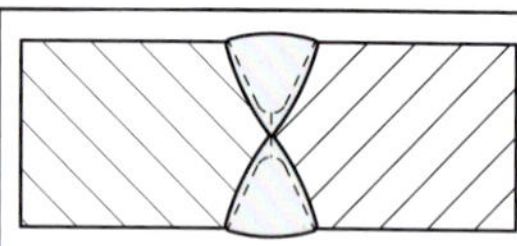
Doppel-HY-Naht mit Kehlnaht (DHV-Naht mit Kehlnaht)	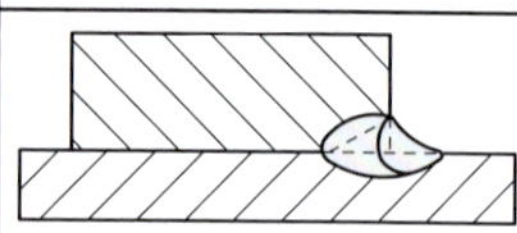

Schweißen und verwandte Prozesse

DIN EN ISO 2553 : 2022-07

Zusatzsymbole mit Anwendungsbeispielen und Bemaßungsmöglichkeiten

Falls notwendig, werden Maße und Zusatzsymbole für eine Schweißnaht angegeben.

Nahtart	Nahtdarstellung	Symboldarstellung
Kehlnaht	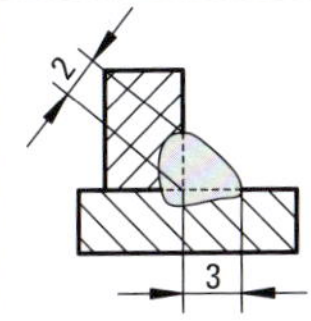	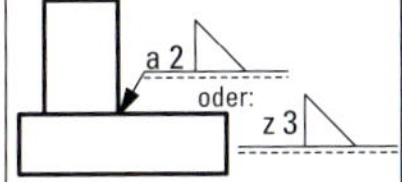
Kehlnaht mit tiefem Einbrand	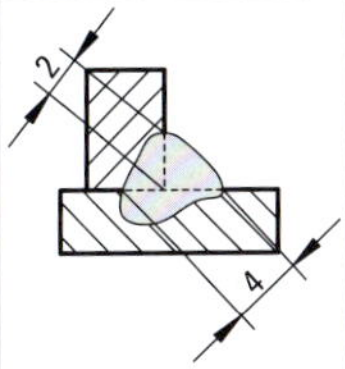	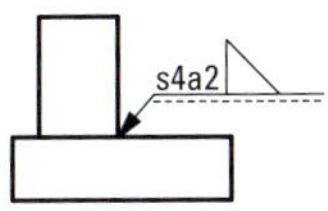
flach nachgearbeitet	Nahtdicke = 3 mm 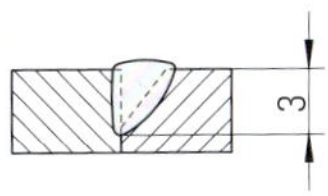	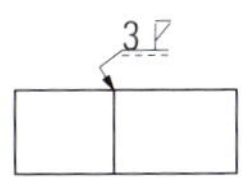
konvex (gewölbt)	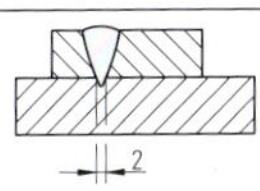	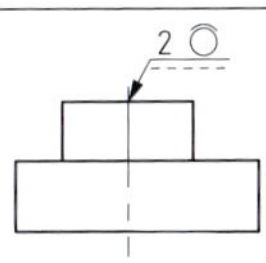
konkav (hohl)	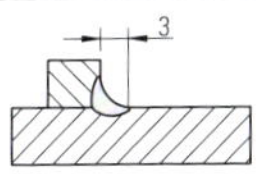	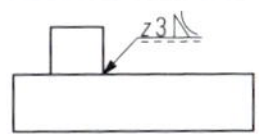 z = Schenkellänge
Nahtübergänge kerbfrei	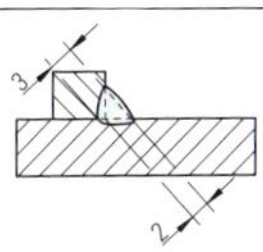	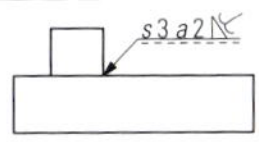 a = Nahtdicke s = Schweißgutdicke
Gegenlage	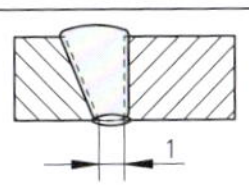	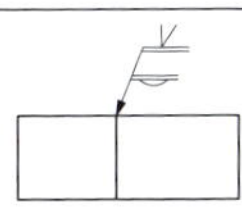
	Gegenlage vor der V-Naht ausgeführt	
	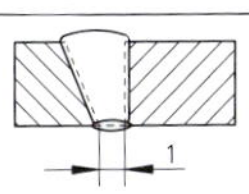	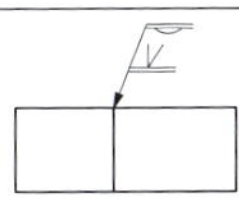
	Gegenlage nach der V-Naht ausgeführt	
Wurzelüberhöhung	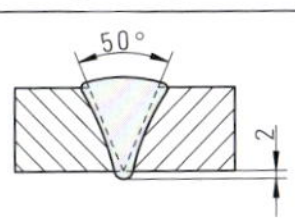	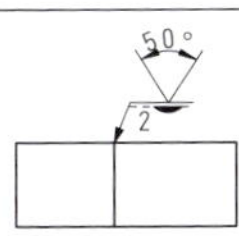

Nahtart	Nahtdarstellung	Symboldarstellung
Baustellennaht	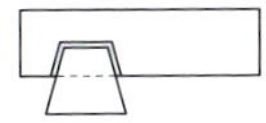	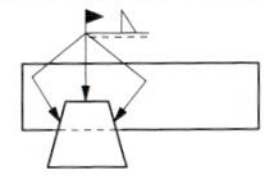
Schweißbadsicherung nicht näher angegeben		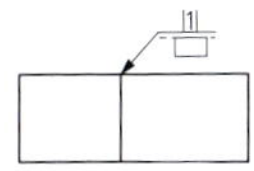
M Verbleibende Schweißbadsicherung	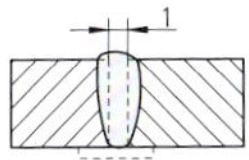	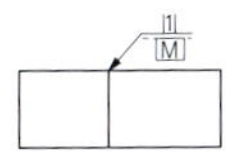
MR Entfernbare Schweißbadsicherung		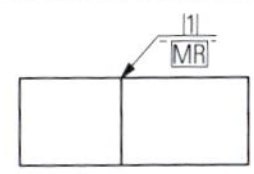
Abstandshalter	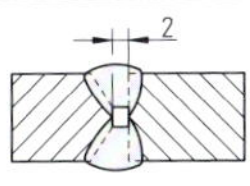	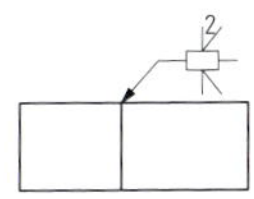
Aufschmelzbare Einlage	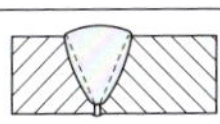	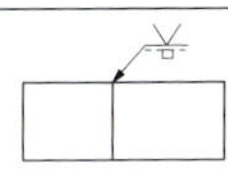
Ringsum-Naht	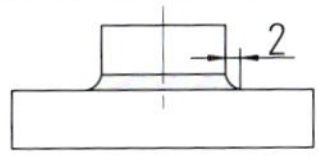	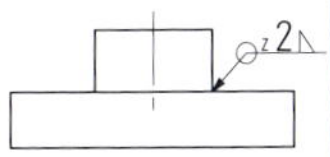
Naht zwischen zwei Punkten	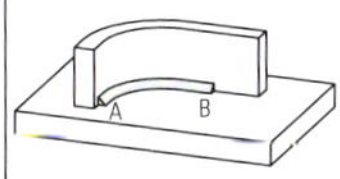	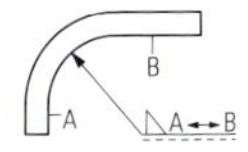
Teilweise gefüllte Naht (Beispiel Lochnaht)	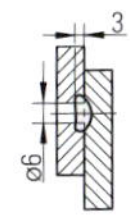	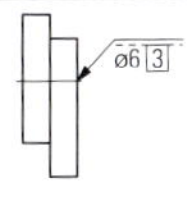
	Fülltiefe = 3 mm	
Geschlossene Gabel bei Gruppen gleicher Nähte	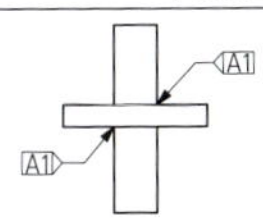	An anderer Stelle: A1 = a4 ◺

Symbole

Schweißen und verwandte Prozesse

DIN EN ISO 2553 : 2022-07

Zusatzsymbole mit Anwendungsbeispielen und Bemaßungsmöglichkeiten

Die gezeigten Beispiele lassen sich auch entsprechend auf andere Nahtarten übertragen.

Name und Erklärung	Nahtdarstellung	Symboldarstellung
I-Naht- mit Vormaß Vormaß $v = 5$ mm Nahtlänge $l = 20$ mm	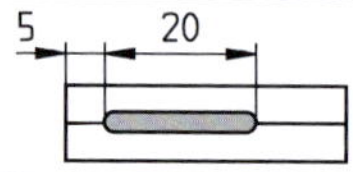	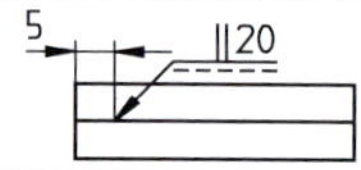
Unterbrochene I-Naht ohne Vormaß Anzahl der Einzelnähte $n = 3$ Länge der Einzelnähte $l = 10$ mm Länge der Zwischenräume $e = 5$ mm	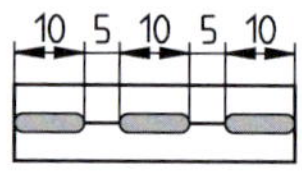	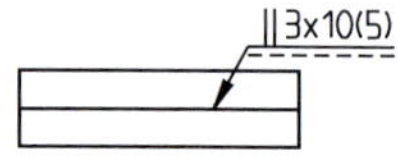
Unterbrochene Loch-Naht mit Vormaß Vormaß $v = 10$ Anzahl der Einzelnähte $n = 3$ Lochdurchmesser $d = 3$ mm Länge der Zwischenräume $e = 20$ mm	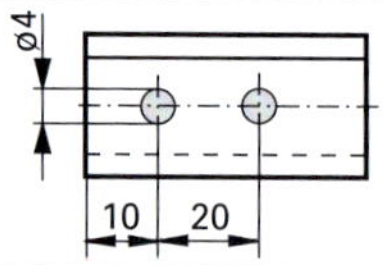	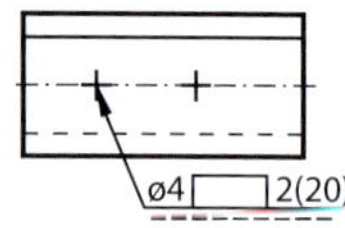
Unterbrochene Kehl-Naht symmetrisch, mit Vormaß Vormaß $v = 10$ Anzahl der Einzelnähte $n = 2$ Nahtdicke $a = 3$ mm Länge der Einzelnähte $l = 10$ mm Länge der Zwischenräume $e = 8$ mm	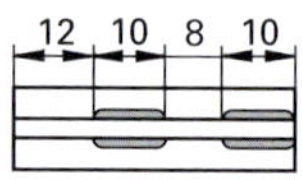	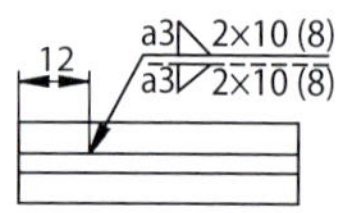
Unterbrochene Kehl-Naht versetzt, mit Vormaß Vormaß $v = 15$ mm Anzahl der Einzelnähte $n = 2$ Schenkellänge $z = 3$ mm Länge der Einzelnähte $l = 10$ mm Länge der Zwischenräume $e = 17$ mm	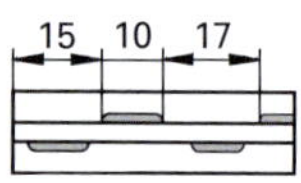	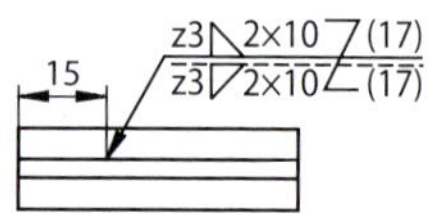

Ergänzende Angaben zu einem Schweißsymbol mit offener Gabel

Möglichkeiten:

- Bewertungsgruppe
- Schweißzusatz
- Sonstige Angabe, die beim Schweißen zu berücksichtigen sind
- Schweißprozess nach DIN EN ISO 4063, siehe Kapitel Fertigungstechnik
- Schweißposition nach DIN EN ISO 6947, siehe Kapitel Fertigungstechnik

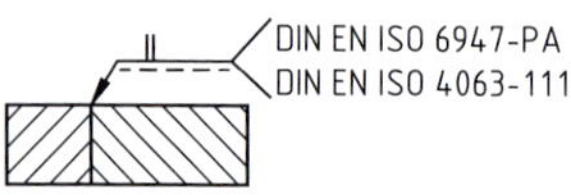

PA Schweißposition waagrecht, Wannenlage
111 Lichtbogenhandschweißen

Alternatives Stumpfnaht-Symbol mit der geforderten Schweißnahtqualität

Symbol	Beispiel
	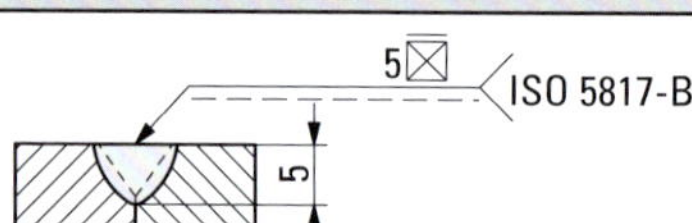

Symbole

Symbole für Klebe-Falz- und Druckfügeverbindungen

DIN EN ISO 15785 : 2002-12

Symbol	Symbolerklärung Symboldarstellung	Symbolerklärung Symboldarstellung
 Flächen-Klebe-Naht	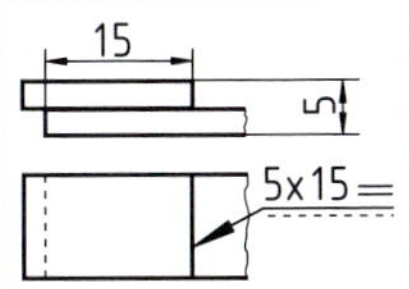	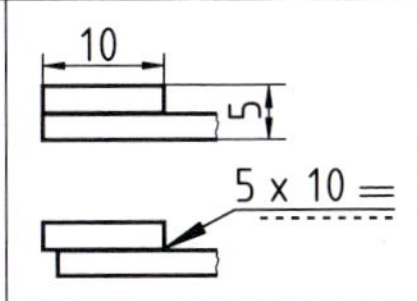
 Schräg-Klebe-Naht	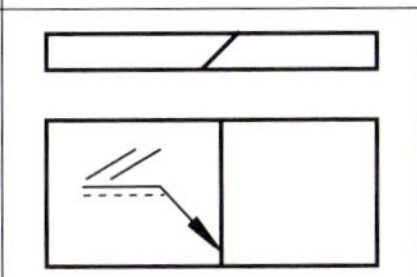	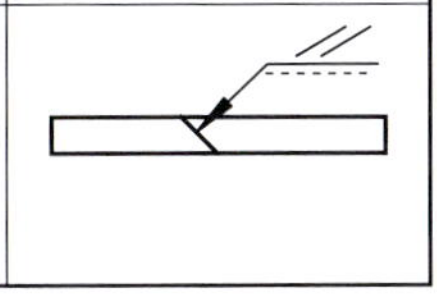

Symbol	Symbolerklärung Symboldarstellung
 Falz-Verbindungs-Naht	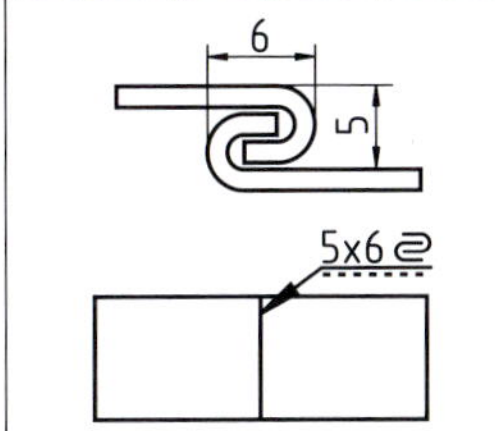
 Duckfüge-Verbindung	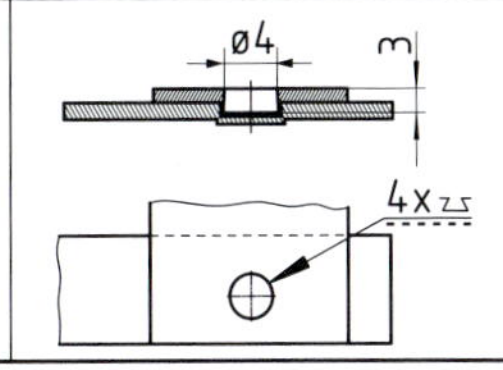

Symbolmaße
d Linienbreite
h Schrifthöhe

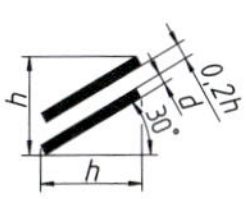

Sonderschraffuren

Sonderschraffuren zur Kennzeichnung von Stoffen

DIN EN ISO 128-3 : 2022-02

Allgemein erhalten Schnittflächen die Grundschraffur, d. h. ohne Berücksichtigung des Neustoffes. Für besondere Hervorhebungen erhalten Schnittflächen die unten angegebenen Schraffuren.

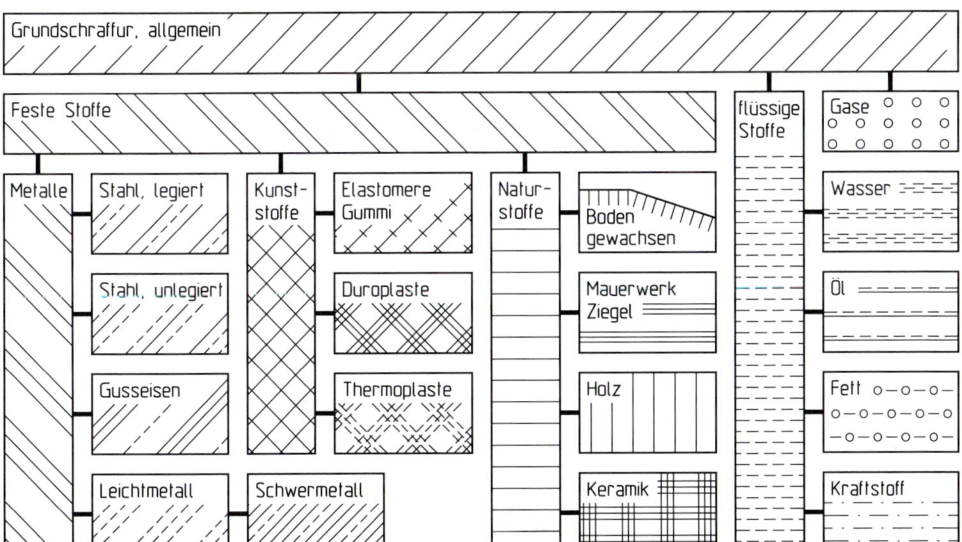

Wälzlager

DIN ISO 8826-2 : 1995-10, DIN ISO 9222-1 : 1990-12

Allgemeine Darstellung (bildlich)		Allgemein vereinfacht	Detailliert vereinfacht
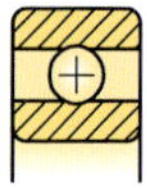 Radial-Rillen-Kugellager	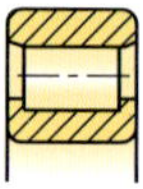 Zylinder-Rollenlager	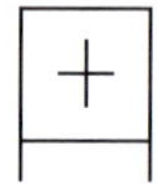 Kreuz in breiter Volllinie	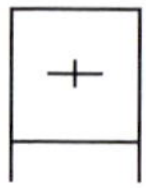
		Maße und Passtoleranzen siehe Kapitel M	

Elemente für detaillierte vereinfachte Darstellung

 lang		kurz	alternativ, anstelle der Volllinie		
Achse des Wälzelements	Achse des Wälzelements mit Einstellmöglichkeit	Lage und Reihenzahl der Wälzelemente	 Kugel	 Rolle	 Nadel

Allgemeine Darstellung	detailliert vereinfacht
Radial-Rillenkugellager zweireihig 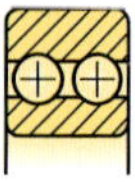 Zylinder-Rollenlager zweireihig 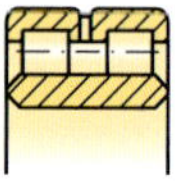	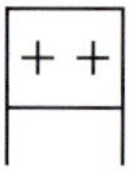
Radial-Pendelrollenlager (Tonnenlager) 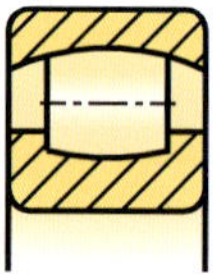	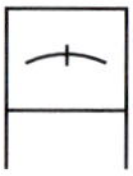
Kegelrollenlager  Schrägkugellager 	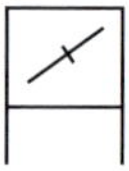
Axial-Pendelrollenlager 	
Pendelkugellager  Radial-Pendelrollenlager 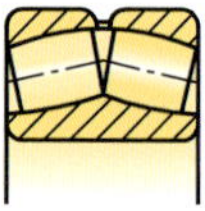	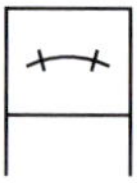
Schrägkugellager zweireihig 	

Allgemeine Darstellung	detailliert vereinfacht
Nadellager einreihig 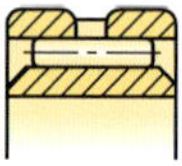	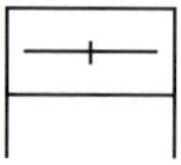
einseitig wirkendes Axialkugellager 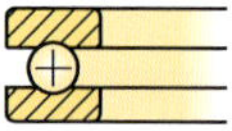	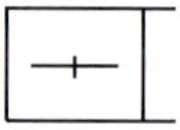
 Axial-Rillenkugellager, zweiseitig wirkend	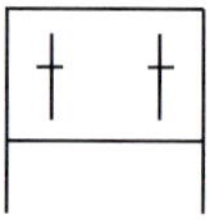
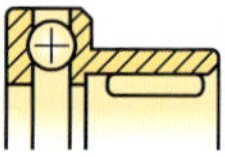 kombiniertes Nadel-Kugellager ohne Innenring	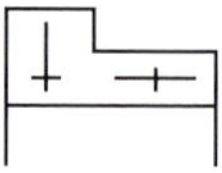
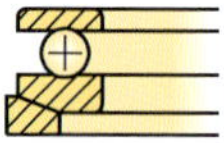 Axial-Rillenkugellager, einseitig wirkend	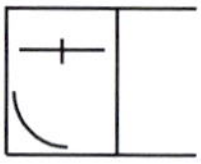
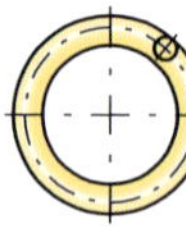	Wälzlager rechtwinklig zur Wälzlagerachse mit beliebiger Wälzkörperform.

Schraffurregel: Ganze Lager in eine Richtung schraffieren, sobald das Lager mit einer Positionsnummer versehen ist.

Symbole

Dichtungen

DIN ISO 9222-1 : 1990-12, DIN ISO 9222-2 : 1991-03

bildlich	vereinfachte Darstellung				
 Radial-Wellendichtring ohne Staublippe	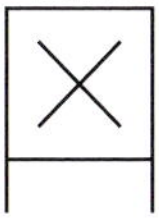 schräggestelltes freistehendes Kreuz (breite Volllinie)	 Dichtrichtung kann durch einen Pfeil angegeben werden	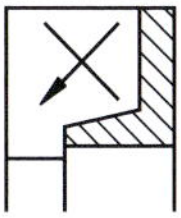 wenn Umriss der Dichtung im Zusammenbau erkennbar sein soll (Beispiel)	 mit Pfeil, wenn Angabe der Dichtrichtung notwendig	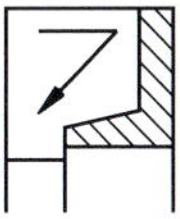 wenn Umriss der Dichtung im Zusammenbau erkennbar sein soll (Beispiel)

Elemente für detaillierte vereinfachte Darstellung

zeigt die eingepresste Dichtfläche	zeigt das dynamische Dichtelement (Dichtlippe)	zeigt die Staublippe, Abstreifring usw.	Dichtlippe von U-Dichtungen, Packungs-Sätzen, V-Ringen usw.	Dichtlippe von U-Dichtungen, Packungs-Sätzen, V-Ringen usw.

Radiale Wellendichtringe und **Kolbenstangendichtungen**

bildlich	detailliert vereinfacht	Besonderheit
		ohne Staublippe bzw. ohne Abstreifer
		mit Staublippe bzw. mit Abstreifer
		doppelt wirkend

Profildichtungen, Labyrinthdichtungen, Packungs-Sätze

bildlich	detailliert vereinfacht	bildlich	detailliert vereinfacht
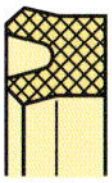	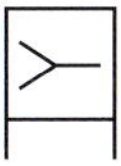		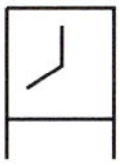
			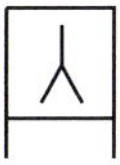
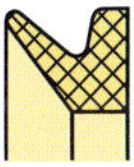			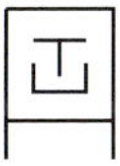

Beispiele für die Darstellung im Einbau von Dichtungen und Wälzlager

Detaillierte vereinfachte Darstellung (obere Hälfte)

Rillenkugellager mit Radial-Wellendichtung

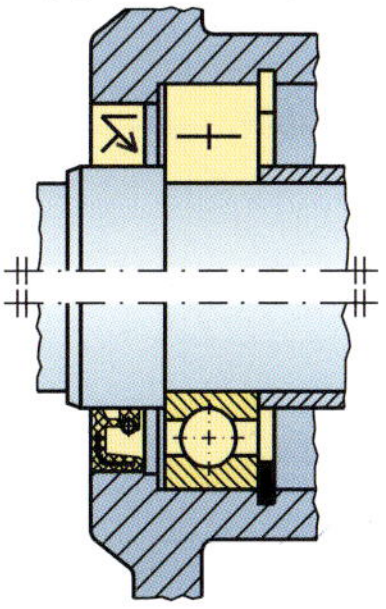

Abbild (untere Hälfte)

Allgemeine vereinfachte Darstellung (obere Hälfte)

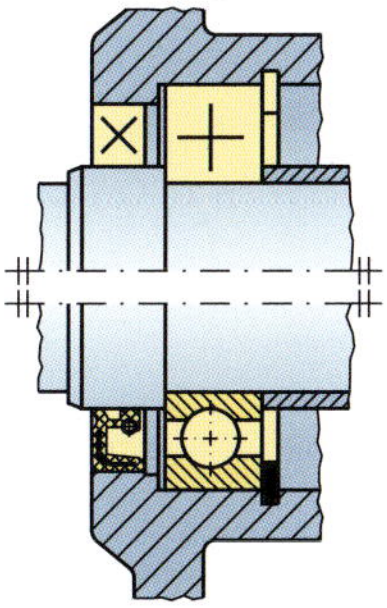

Abbild (untere Hälfte)

Detaillierte vereinfachte Darstellung (obere Hälfte)

Packungssatz

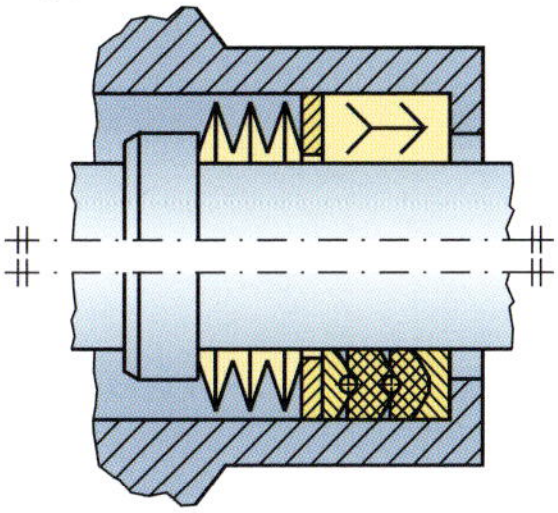

Abbild (untere Hälfte)

Darstellung von Federn

DIN ISO 2162-1 : 1994-08

Darstellung	Zylindrische Schrauben-druckfeder aus Draht	Kegelige Schrauben-druckfeder aus Draht	Zylindrische Schrauben-zugfeder aus Draht	Tellerfederpaket: Teller gleichsinnig geschichtet	Tellerfederpaket: Teller wechselsinnig geschichtet	Kegelige Schrauben-druckfeder
Ansicht	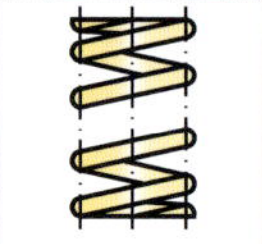		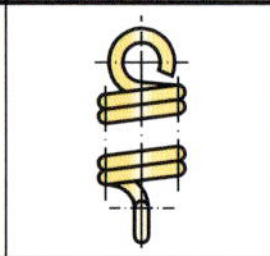	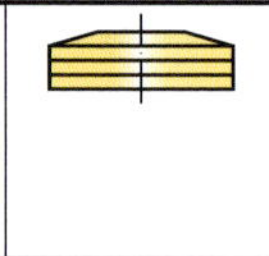	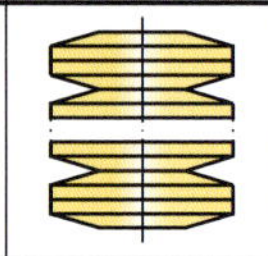	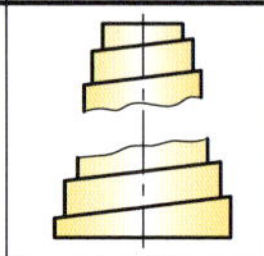
Schnitt	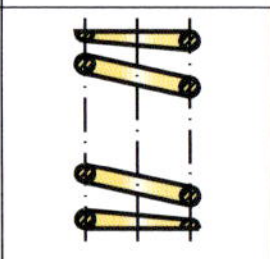	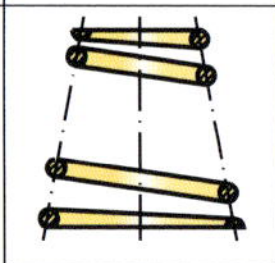	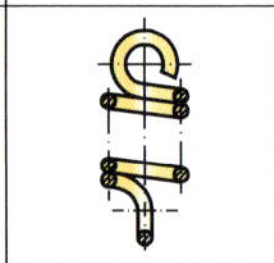	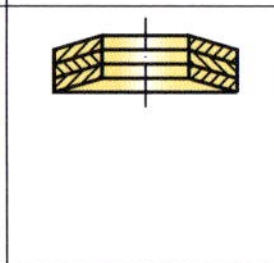	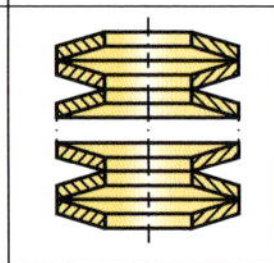	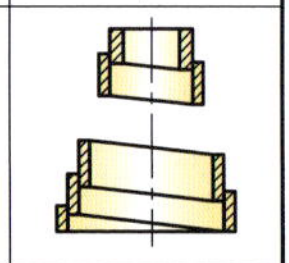
Sinnbild	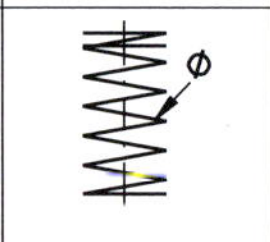	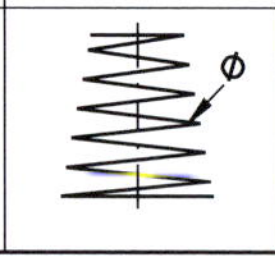	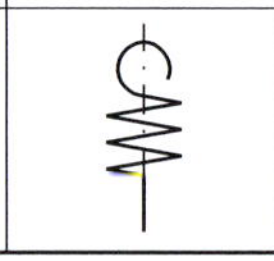	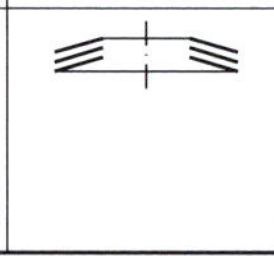	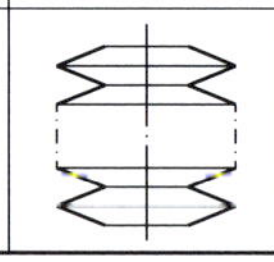	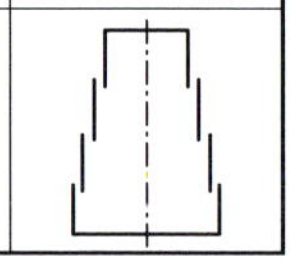

Abmessungen und Bezeichnungen siehe Kapitel Maschinenelemente

Bemaßungsbeispiel

10 Windungen
Erste und letzte Windung angelegt

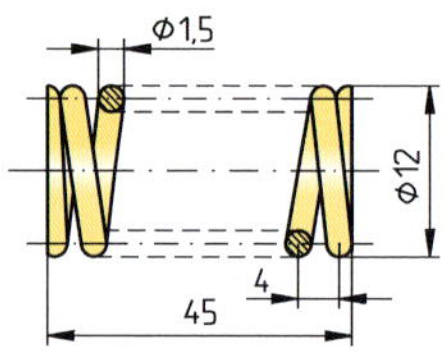

22 Windungen

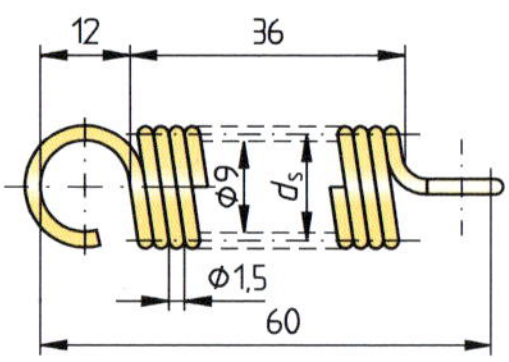

$l_s = d_s \pi (n + 2)$

l_s gestreckte Länge
d_s Durchmesser der Schwerpunktlinie
n Anzahl der Windungen

Darstellung von Keilwellen und Kerbverzahnungen

DIN ISO 6413 : 2018-12

Keilwellen oder Keilnaben	Welle	Nabe	Verbindung
mit Evolventenflanken oder mit Kerbverzahnung	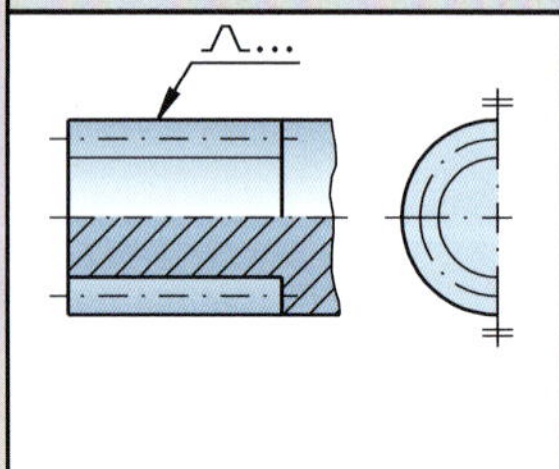	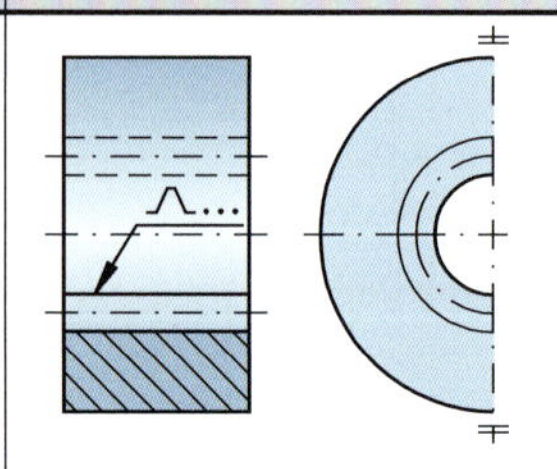	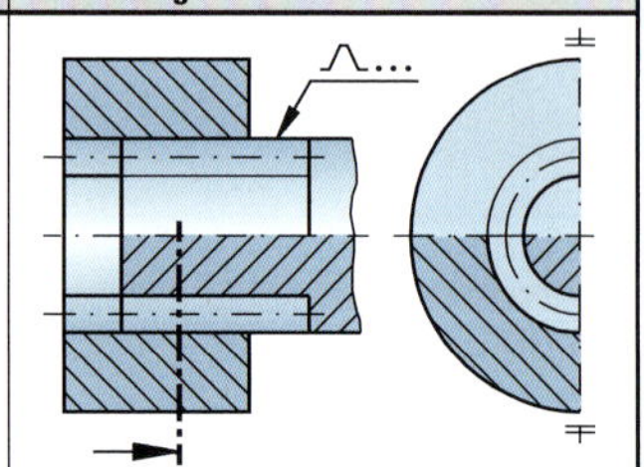
mit **geraden**[1] Flanken	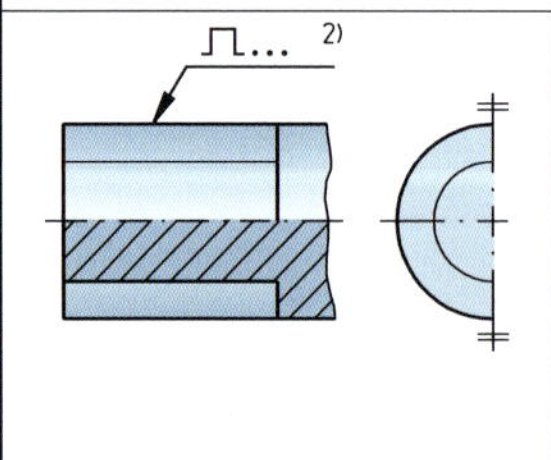	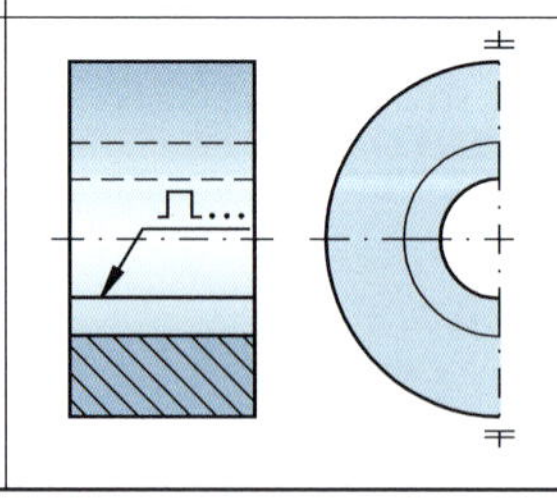	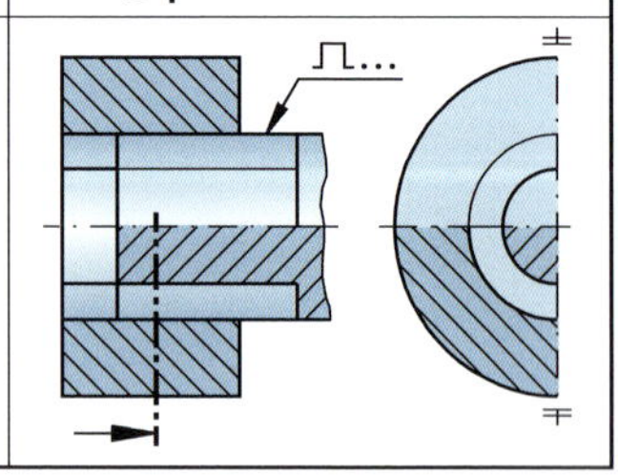

[1] Siehe Kapitel Maschinenelemente
[2] Siehe **Angabebeispiel**:

Angabebeispiel: 14 – 6 × 18 f 7 × 22 – ISO 4156-1
Keilwelle mit geraden Flanken mit Keilzahl 6, Innendurchmesser 18 f 7, Außendurchmesser 22

G Theoretische Grundlagen
K Technische Kommunikation
W Werkstofftechnik
M Maschinenelemente
F Fertigungstechnik
S Steuerungs-/Regelungstk.
A Anhang

Darstellung von Zahnrädern

DIN ISO 2203 : 1976-06

Einzelne Zahnräder

Die Zahnfußfläche kann mit schmaler Volllinie gezeichnet werden (wenn zweckdienlich).

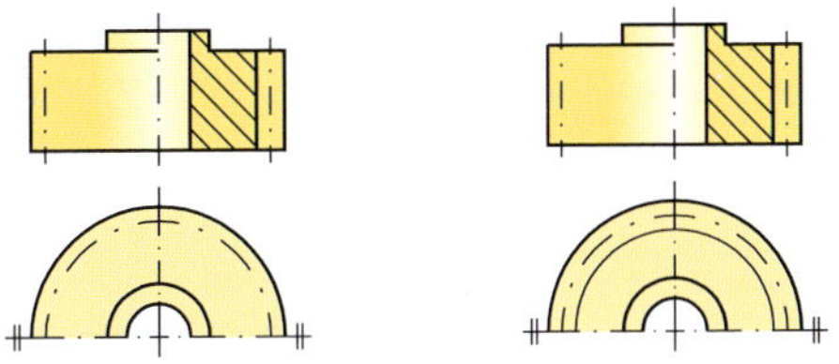

Falls erforderlich, kann die Flankenrichtung durch drei schmale Volllinien angegeben werden.

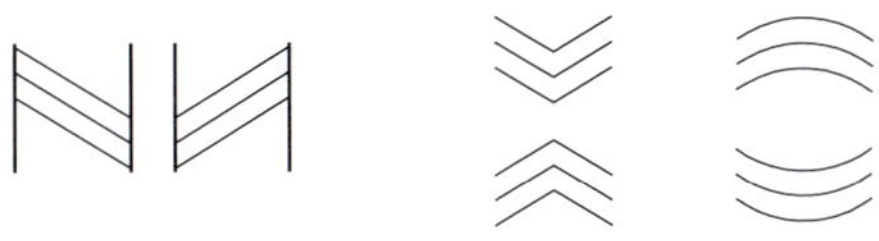

Schrägzahnrad rechts-steigend, links-steigend; Pfeil-verzahnung; Bogen-verzahnung

Zahnradpaare

Wenn es die Eindeutigkeit verlangt, müssen verdeckte Kanten gezeichnet werden (vereinfachte Darstellung in Vorbereitung).

Stirnrad mit außen liegendem Gegenrad

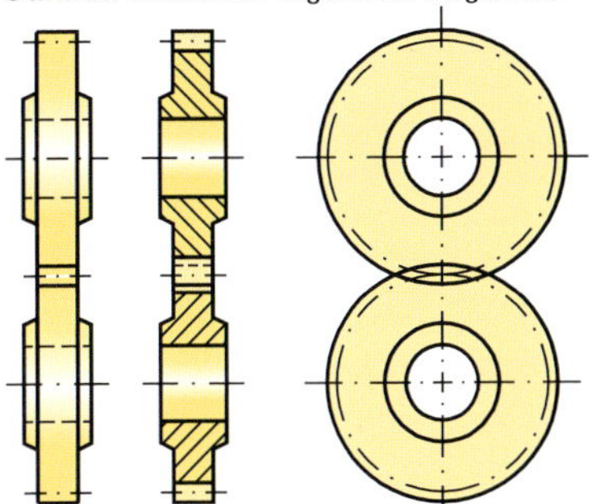

Stirnrad mit Zahnstange

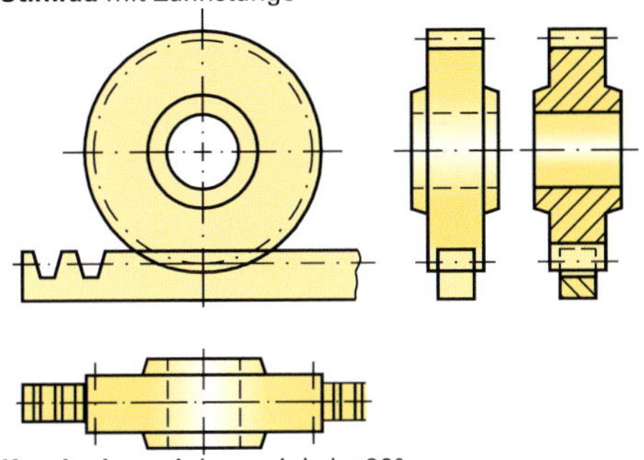

Kegelradpaar Achsenwinkel = 90°

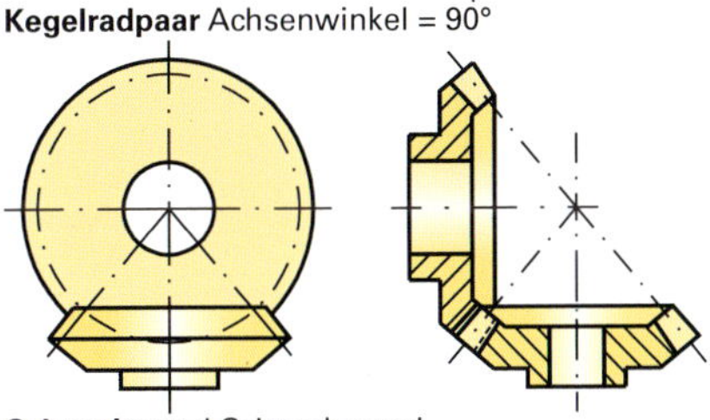

Kegelradpaar Achsenwinkel ≠ 90°

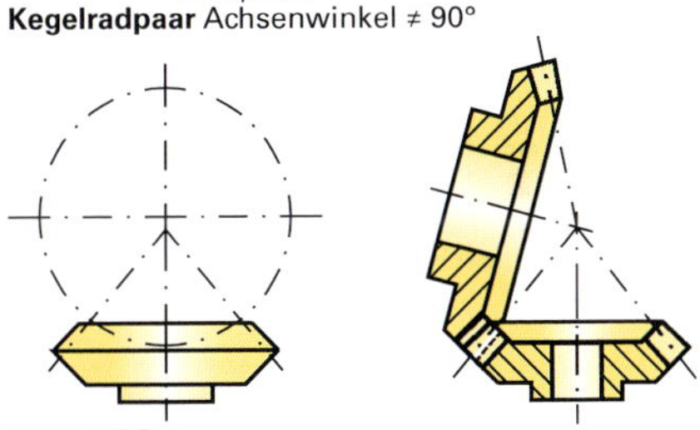

Schnecke und Schneckenrad

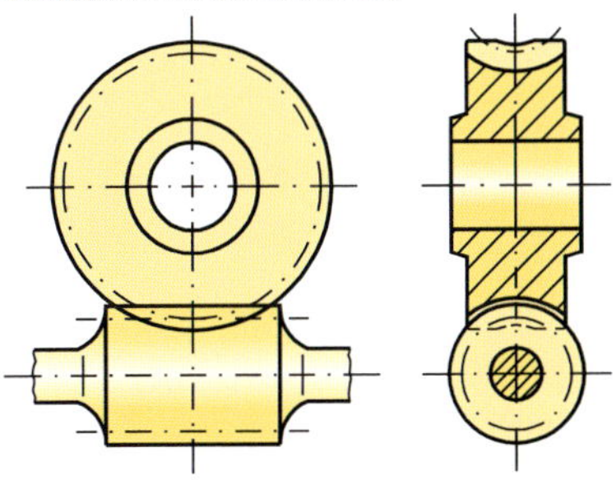

Kettenräder

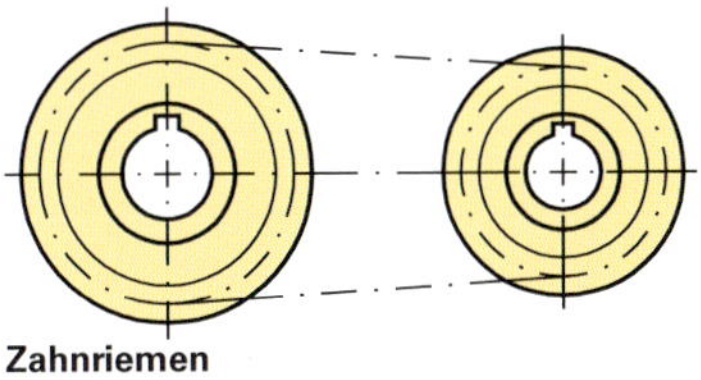

Zahnriemen

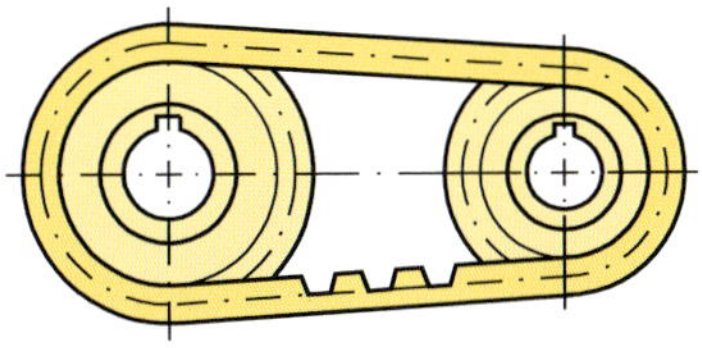

Symbole

Grafische Symbole für Getriebe[1)]

Stirnräder

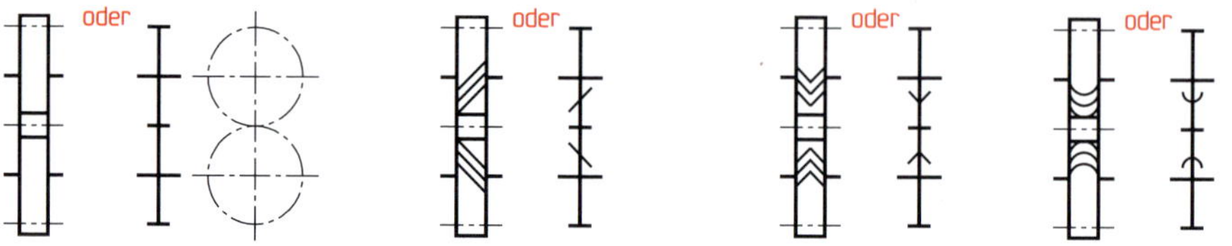

geradverzahnt | schrägverzahnt | pfeilverzahnt | bogenverzahnt

Kegelräder

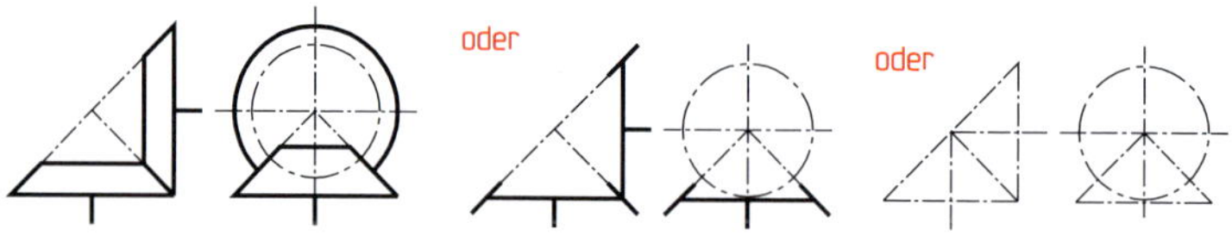

Schraubenräder

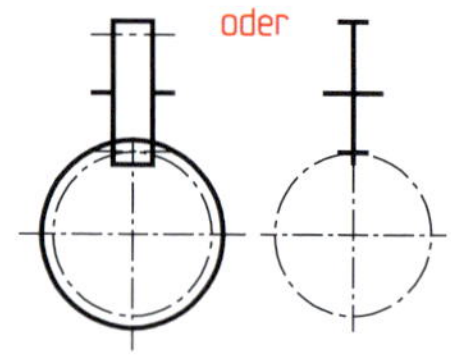

Schneckenräder

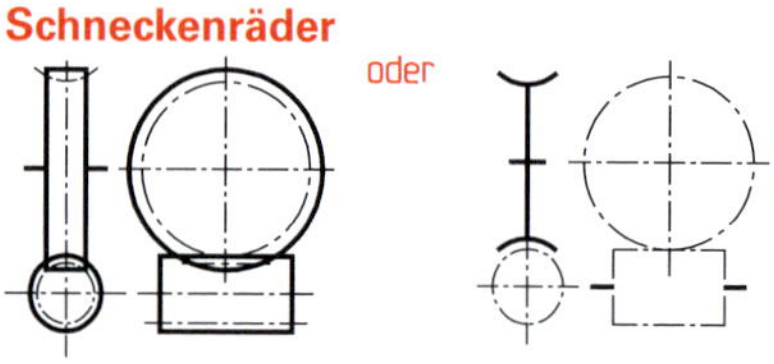

Zahnstangenantrieb

Räderbefestigungen

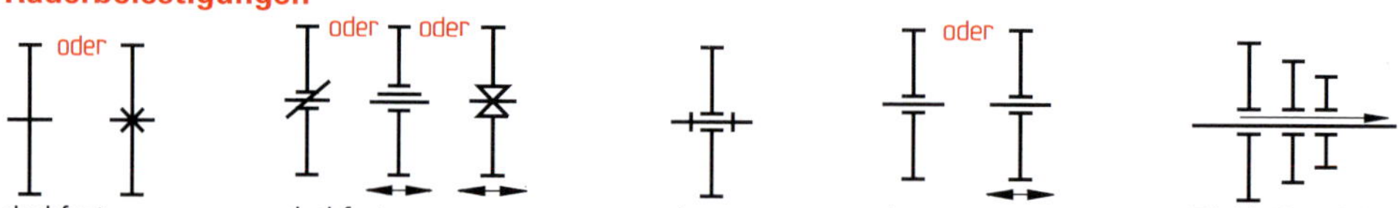

drehfest axial gesichert | drehfest axial verschiebbar | lose axial gesichert | lose axial verschiebbar | Ziehkeilgetriebe

Verbindungen

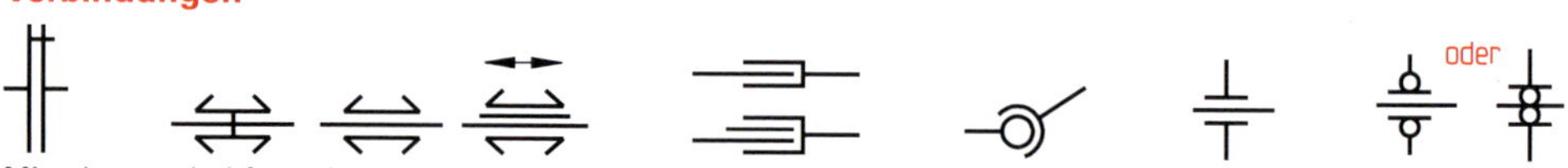

Mitnehmer | drehfest | lose | verschiebbar | Wellen | Kugelgelenk | Lager allg. | Wälzlager

Kupplungen

Reibungskupplungen | **Zahnkupplung** | **elektromagnetische Kupplung** | **Bremse**

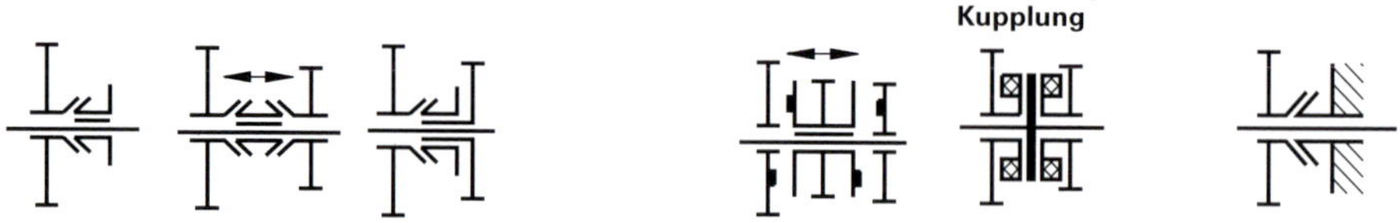

Rad mit Welle | Rad mit Rad | Rad mit Rad und Welle mit Rad

[1)] Siehe auch „Darstellung von Zahnrädern"

WERKSTOFFTECHNIK

Übersicht der chemischen Elemente

Periode	Ordnungszahl	Kurzzeichen	Bezeichnung	Zustand bzw. Stoffart
1	1	H	**Wasserstoff**	Gas
	2	He	**Helium**	Edelgas
2	3	Li	**Lithium**	Metall
	4	Be	**Beryllium**	Metall
	5	B	**Bor**	Nichtmetall
	7	C	**Kohlenstoff**	Nichtmetall
	8	N	**Stickstoff**	Gas
		O	**Sauerstoff**	Gas
	9	F	**Fluor**	Gas
	10	Ne	**Neon**	Edelgas
3	11	Na	**Natrium**	Metall
	12	Mg	**Magnesium**	Metall
	13	Al	**Aluminium**	Metall
	14	Si	**Silicium**	Halbleiter
	15	P	**Phosphor**	Nichtmetall
	16	S	**Schwefel**	Nichtmetall
	17	Cl	**Chlor**	Gas
	18	Ar	**Argon**	Edelgas
4	19	K	**Kalium**	Metall
	20	Ca	**Calcium**	Metall
	21	Sc	**Scandium**	Metall
	22	Ti	**Titan**	Metall
	23	V	**Vanadium**	Metall
	24	Cr	**Chrom**	Metall
	25	Mn	**Mangan**	Metall
	26	Fe	**Eisen**	Metall
	27	Co	**Cobalt**	Metall
	28	Ni	**Nickel**	Metall
	29	Cu	**Kupfer**	Metall
	30	Zn	**Zink**	Metall
	31	Ga	**Gallium**	Metall
	32	Ge	**Germanium**	Metall
	33	As	**Arsen**[1]	Nichtmetall
	34	Se	**Selen**	Halbleiter
	35	Br	**Brom**	flüssig
	36	Kr	**Krypton**	Edelgas
5	37	Rb	**Rubidium**	Metall
	38	Sr	**Strontium**	Metall
	39	Y	**Ittrium**	Metall
	40	Zr	**Zirkonium**	Metall
	41	Nb	**Niob**	Metall
	42	Mo	**Molybdaen**	Metall
	43	Tc	**Technetium**	Metall
	44	Ru	**Ruthenium**	Edelmetall
	45	Rh	**Rhodium**	Edelmetall
	46	Pd	**Palladium**	Edelmetall
	47	Ag	**Silber**	Edelmetall
	48	Cd	**Cadmium**	Metall
	49	In	**Indium**	Metall
	50	Sn	**Zinn**	Metall
	51	Sb	**Antimon**	≈ Metall
	52	Te	**Tellur**	Halbmetall
	53	I	**Iod**	Nichtmetall
	54	X	**Xenon**	Edelgas
6	55	Cs	**Caesium**	Metall
	56	Ba	**Barium**	Metall
	57	La	**Lanthan**	Metall
	58	Ce	**Cer**	Metall
	59	Pr	**Praseodym**	Metall
	60	Nd	**Neodym**	Metall
	61	Pm	**Promethium**	Metall
	62	Sm	**Samarium**	Metall
	63	Eu	**Europium**	Metall
	64	Gd	**Gadolinium**	Metall
	65	Tb	**Terbium**	Metall
	66	Dy	**Dysprosium**	Metall
	67	Ho	**Holmium**	Metall
	68	Er	**Erbium**	Metall
	69	Tm	**Thulium**	Metall
	70	Yb	**Ytterbium**	Metall
	71	Lu	**Lutetium**	Metall
	72	Hf	**Hafnium**	Metall
	73	Ta	**Tantal**	Metall
	74	W	**Wolfram**	Metall
	75	Re	**Rhenium**	Metall
	76	Os	**Osmium**	Edelmetall
	77	Ir	**Iridium**	Edelmetall
	78	Pt	**Platin**	Edelmetall
	79	Au	**Gold**	Edelmetall
	80	Hg	**Quecksilber**	Metall
	81	Tl	**Thallium**	Metall
	82	Pb	**Blei**	Metall
	83	Bi	**Bismut**	Metall
	84	Po	**(Wismut)**	
	85	At	**Polonium**	Metall
			Astat	Nichtmetall
	86	Rn	**Radon**	Edelgas
7	87	Fr	**Francium**	–
	88	Ra	**Radium**	Metall
	89	Ac	**Actinium**	Metall
	90	Th	**Thorium**	Metall
	91	Pa	**Protactinium**	Metall
	92	U	**Uran**	Metall
	93	Np	**Neptunium**	Transurane
	94	Pu	**Plutonium**	Transurane
	95	Am	**Americium**	Transurane
	96	Cm	**Curium**	Transurane
	97	Bk	**Berkelium**	Transurane
	98	Cf	**Californium**	Transurane
	99	E	**Einsteinium**	Transurane
	100	Fm	**Fermium**	Transurane
	101	Mv	**Mendelevium**	Transurane
	102	No	**Nobelium**	Transurane
	103	Lr	**Lawrencium**	Transurane
	104	Ku[2]	**Kurtschatovium**	Transurane
	105	Ha[3]	**Hahnium**	Transurane

Anmerkung:
Periode = Zahl der Elektronenschalen
Ordnungszahl = Ladungszahl = Anzahl der Protonen bzw. Elektronen

[1] sublimiert = direkter Übergang vom festen in den gasförmigen Aggregatzustand.
[2] Ku/Rf = Rutherfordium
[3] Ha/Ns = Nielsbohrium

Physikalische und technologische Eigenschaften von Metallen

Bezeichnung	Kurzzeichen	Gitterstruktur[1]	Dichte[2] ϱ in kg/dm³	Elastizitätsmodul E in $10^4 \cdot$ N/mm²	Zugfestigkeit R_m (geglüht) in N/mm²	Härte HB (geglüht)	Längenausdehnungskoeffizient α bei 0 … 100 °C in $\cdot 10^{-6}$ K^{-1}	Spezifische Wärmekapazität c in kJ/(kg · K)	Schmelzpunkt in °C	Siedepunkt in °C	Wärmeleitfähigkeit λ in W/(m · K)	Spezifischer elektrischer Widerstand ϱ_{20} bei 20 °C in $\cdot 10^{-3}\Omega$ mm²/m
Aluminium	Al	kfz	2,7	7,2	40 … 100	15 … 25	23,9	0,899	660	2270	238	28,6
Antimon	Sb	rh	6,69	5,6	80 … 90	30 … 36	10,8	0,21	630	1640	22,5	390,0
Beryllium	Be	hd	1,85	30,0	210 … 360	30 … 170	12,3	1,885	1283	2870	165	38
Bismut	Bi	rh	9,8	3,4	5	9 … 19	13,5	0,126	271	1560	8	1200
Blei	Pb	kfz	11,35	1,7	11 … 13	3 … 6	29	0,13	327	1750	35	201 … 220
Cadmium	Cd	hd	8,64	6,3	60	16 … 35	29,4	0,23	321	767	92	77
Chrom	Cr	krz	7,1	25,0	200 … 300	–	8,5	0,46	1900	2300	69	140
Cobalt	Co	ε-hd α-kfz	8,9	21,5	270	120 … 130	12	0,437	1490	3200	69	62
Eisen	Fe	α-krz	7,85	21	–	–	11	0,466	1536	2880	75,5	100
Germanium	Ge	kd	5,32	–	–	–	5,75	0,31	938	2700	140	$9 \cdot 10^5 \ldots 6 \cdot 10^8$
Gold	Au	kfz	19,3	8,1	100 … 140	13 … 22	14,3	0,13	1063	2700	310	22
Kupfer	Cu	kfz	8,93	12,6	210 … 240	40 … 50	16,8	0,39	1083	2350	364	17,8
Magnesium	Mg	hd	1,74	4,5	160 … 200	25 … 40	26	0,924	650	1097	157	45
Mangan	Mn	α-kfz β-krz	7,45	20,0	–	–	15	0,504	1244	2152	29,7	392 91,2
Molybdaen	Mo	krz	10,2	32,6	480 … 900	140 … 300	5	0,273	2620	4800	145	54
Nickel	Ni	kfz	8,9	22,5	350 … 520	70 … 120	13	0,441	1452	3075	59	69
Niob	Nb	krz	8,6	12,0	250 … 350	40 … 200	7,1	0,273	2415	3300	92	130
Platin	Pt	kfz	21,37	17,3	120 … 220	40 … 50	9	0,134	1769	4400	70	98
Silber	Ag	kfz	10,5	8,1	130 … 160	15 … 36	19,7	0,235	960	1980	407	15,9
Tantal	Ta	krz	16,6	19,0	350 … 700	100 … 260	6,5	0,138	2990	4100	54	125
Titan	Ti	α-hd β-krz	4,5	11,1	350 … 560	100 … 200	8,2	0,63	1660	3535	15,5	420
Vanadium	V	krz	6,1	13,0	350 … 500	100 … 260	8,3	0,504	1900	3000	31,4	200
Wolfram	W	krz	19,3	41,5	400 … 1200	250 … 360	4,5	0,143	3380	4727	130	55
Zink	Zn	hd	7,14	10,0	120 … 150	32 … 45	29	0,395	419	906	113	63
Zinn	Sn	α-kd β-t	7,28	4,5	15 … 28	4 … 5	27	0,228	232	2360	64	114
Zirkonium	Zr	α-hd β-krz	6,5	9,6	150 … 400	60 … 80	4,8	0,252	1852	–	22	400

[1] kfz = kubisch-flächenzentriert; krz = kubisch-raumzentriert; hd = hexagonaldichteste Elementarzelle (hex = hexagonal-einfaches Gitter); rh = rhomboedrisch; t = tetragonal; α-kd = kubisch-diamant [2] Dichtewerte, die rot unterlegt sind, sind NE-Leichtmetalle

Stoffwerte wichtiger Werk- und Hilfsstoffe (bei 20 °C und 1,03 bar)

Feste Stoffe

Kurzzeichen	Bezeichnung	Dichte ϱ in kg/dm³	Schmelzpunkt in °C	Siedepunkt in °C	Schmelzwärme in kJ/kg	Spezifische Wärmekapazität c in J/(kg · K) (0 … 100 °C)	Längenausdehnungskoeffizient α in K^{-1} (0 … 100 °C)
Al_2O_3	Aluminiumoxid	4	2050	2700	–	960	–
ENAW-AlMgSi	Al-Legierung	2,7	600…640	–	–	–	0,000023
CuSn-Leg.	Bronze	7,4…8,8	≈ 900	–	–	380	0,000018
CuZn-Leg.	Messing	8,4…8,7	900…1000	2300	–	390	0,000018
–	Glas	2,4…2,7	≈ 700	–	–	≈860	0,000010
C	Graphit	2,27	≈ 3800	≈ 4200	–	710	0,000078
z. B. GJL	Gusseisen	7,2	1150…1300	–	–	544	0,000011
CuNi44	Konstantan	8,9	1260	–	–	410	0,000015
MgAl7	Magnesium-Leg.	1,8	625…650	1500	–	1000	0,000025
PVC	Polyvinylchlorid	1,35	–	–	–	–	0,000080
–	Porzellan	2,4	1600	–	–	800	0,000004
SiO_2	Quarz	≈2,6	1480	2230	–	800	–
SiC	Siliciumcarbid	3,2	–	–	–	670	–
C 15E[2]	unlegierter Stahl	7,85	1510	–	–	460	0,000011
41 Cr4	legierter Stahl	7,85	1490	–	–	460	0,000010
X5CrNi18-10	legierter Stahl	7,85	1400	–	–	502	0,000016

Flüssige Stoffe

Kurzzeichen	Bezeichnung	Dichte ϱ in kg/dm³	Schmelzpunkt in °C	Siedepunkt in °C	Zündtemperatur in °C	Spezifische Wärmekapazität c in J/(kg · K)	Volumenausdehnungskoeffizient α_V in K^{-1}
C_2H_5OH	Alkohol (Ethanol)	0,79	–114	78	–	2340	0,0011
–	Benzin	0,68…0,81	<–50	≈ 100	490	2100	0,0010
C_6H_6	Benzol	0,88	5	80	620	1720 (0 °C)	0,0012
–	Glycerin	1,3	–18	290	520	2390 (18 °C)	0,0005
–	Maschinenöl	0,91	–5	390	400	1670 (18 °C)	–
–	Petroleum	0,81	–70	≈ 230	550	2100 (18 °C)	0,0009
H_2O	Wasser	1,00	0	100	–	4190	0,00018

Gasförmige Stoffe

Kurzzeichen	Bezeichnung	Dichte ϱ in kg/m³	Schmelzpunkt in °C	Siedepunkt in °C	Verdampfungswärme in kJ/kg	c_p[3]	c_V[4]	
NH_3	Ammoniak	0,77	–77,7	–33,4	1369	2100	1600	–
C_2H_2	Acetylen	1,17	–84	–81	–	1640	1330	–
Cl_2	Chlor	3,22	–103	–34	260	470	340	–
CO	Kohlenmonoxid	1,25	–205	–191,5	–	1050	750	–
CO_2	Kohlendioxid	1,98	–56,6	–78,5[1]	180	840	650	–
–	Luft	1,29	–213	–194	–	1000	720	–
CH_4	Methan	0,72	–183	–161,4	–	2200	1700	–
SO_2	Schwefeldioxid	2,93	–73	–10	–	640	500	–

[1] sublimiert [2] DIN EN 10084 [3] bei konstantem Druck [4] bei konstantem Volumen

Wärmeleitfähigkeit λ verschiedener Stoffe

Metalle und Nichtmetalle[1]	W/(m · K) bei 20 °C
CuSn-Legierung	38
CuZn-Legierung	113
Dämmstoffe	0,03…0,1
Glas	0,8
Grauguss	58
Holz	0,5…0,8
Konstantan	23,3
Mauerwerk	0,5…1,0
PVC	0,16
Stahl, unlegiert	50…60
Stahl, rostbeständig	≈20

Flüssige Stoffe	W/(m · K) bei 20 °C
Benzin	0,13
Benzol C_6H_6 (rein)	0,15
Ether (oder Äther)	0,18
Glycerin	0,29
Maschinenöl	0,18
Petroleum	0,13
Quecksilber	10
Wasser (destilliert)	0,6

Gasförmige Stoffe	W/(m · K) × 10^{-3} bei 0 °C
Ammoniak	22
Acetylen	18
Chlor	8,1
Kohlenmonoxid	23
Kohlendioxid	15
Luft (trocken)	24,5
Methan	30
Sauerstoff O_2	24
Stickstoff N_2	24
Wasserstoff H_2	171
Wasserdampf (100 °C)	16

[1] Weitere Wärmeleitfähigkeitswerte siehe S. W 3, W 49

Bezeichnungenssysteme für Stähle

Möglichkeiten der Stahleinteilung

1. Hauptgüteklasse DIN EN 10 020
2. Werkstoffnummer DIN EN 10 027-2
3. Verwendungszweck oder chem. Zus.setzg. DIN EN 10 027-1

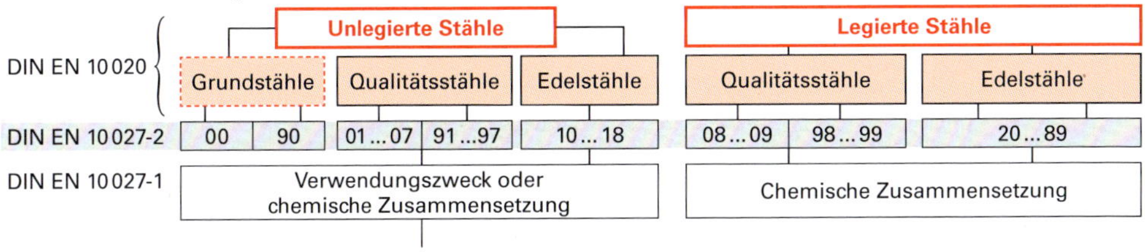

Hauptsymbole dem Verwendungszweck zugeordnet, Auswahl (siehe Seite W 6)			
Hauptsymbol	**Verwendungszweck**	**Hauptsymbol**	**Verwendungszweck**
S	allgemeiner Stahlbau	B	Betonstähle
P	Druckbehälter	H	kaltgewalzte Flacherzeugnisse in höherfesten Ziehgüten
L	Rohrleitungen		
E	Maschinenbau	D	weiche Flacherzeugnisse zum Kaltumformen

Bezeichnung der Stähle durch Werkstoffnummern

DIN EN 10 027-2 : 2015-07

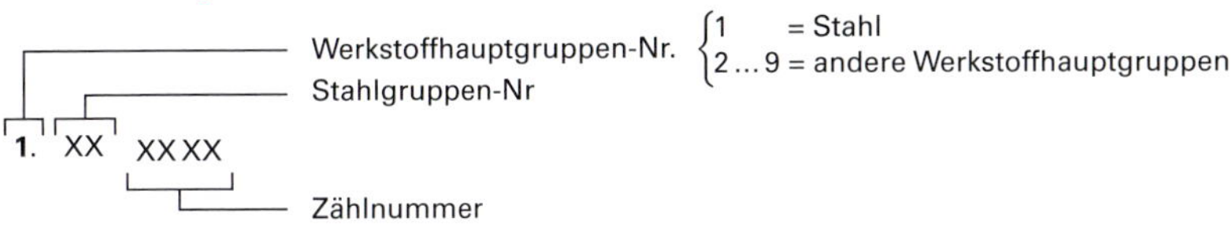

Stahlgruppennummern

Stahlgruppennummer		Bezeichnung
Unlegierte Stähle		
00	90	**Grundstähle**[1]
		Qualitätsstähle
01	91	allgem. Baustähle R_m < 500 N/mm²
02	92	Baustähle, nicht für Wärmebehandlung
03	93	Stähle < 0,12 % C oder R_m < 400 N/mm²
04	94	Stähle ≥ 0,12, < 0,25 % C oder R_m ≥ 400, < 500 N/mm²
05	95	Stähle ≥ 0,25, < 0,55 % C oder R_m ≥ 500, < 700 N/mm²
06	96	Stähle ≥ 0,55 % C oder R_m ≥ 700 N/mm²
07	97	Stähle mit höherem Phosphor- oder Schwefelgehalt.
		Edelstähle
10		Stähle mit besonderen physikalischen Eigenschaften
11		Bau-, Maschinenbau-, Behälterstähle < 0,5 % C
12		Maschinenbaustähle ≥ 0,5 % C
13		Bau-, Maschinenbau-, Behälterstähle mit besonderen Anforderungen
15...18		Werkzeugstähle

Stahlgruppennummer		Bezeichnung
Legierte Stähle		
		Qualitätsstähle
08	98	Stähle mit besonderen physikalischen Eigenschaften
09	99	Stähle für verschiedene Anwendungsgebiete
		Edelstähle
20...28		Werkzeugstähle
32, 33		Schnellarbeitsstähle
36, 37		Stähle mit besonderen magnetischen Eigenschaften (37 = mit Co)
38, 39		Stähle mit besonderen physikalischen Eigenschaften (39 = mit Ni)
40...45		Nichtrostende Stähle
46		chemisch beständige und hochwarmfeste Ni-Legierungen
47, 48		hitzebeständige Stähle
49		hochwarmfeste Werkstoffe
50...84		Bau-, Maschinenbau- und Behälterstähle
85		Nitrierstähle
88, 89		Bau-, Maschinenbau- und Behälterstähle, hochfest und schweißgeeignet

[1] Grundstähle nach DIN EN 10 020 : 2000-07 entfallen und sind den Qualitätsstählen zugeordnet

Bezeichnungssystem für Stähle

Aufbau der Stahlbezeichnung

DIN EN 10027-1 : 2017-01

1. Nach Verwendungszweck, mechanische oder physikalische Eigenschaften

Hauptsymbole[1]		Zusatzsymbole		
Erzeugnis Buchstabe(n)	Eigenschaften Zahlen	Stähle Gruppe 1	Stähle Gruppe 2	Stahlerzeugnisse
Stähle für Stahlbau				
S = Stahlbaustahl GS = Stahlbaustahl als Stahlguss	Zahlen = Mindestdehngrenze R_e in N/mm² für die kleinste Erzeugnisdicke	Kerbschlagarbeit in Joule (J) und Prüftemperatur (siehe unten) **Behandlungsmerkmale** (Tab. 1) Symbole A, M, N, Q, G gelten für Feinkornstähle	C = mit besonderer Kaltumformbarkeit D = Schmelztauchüberzüge E = für Emaillierung F = zum Schmieden H = Hohlprofile L = für tiefere Temperaturen M = thermomechanisch gewalzt N = normalgeglüht oder normalisierend gewalzt P = für Spundbohlen Q = vergütet S = für Schiffsbau T = für Rohre W = wetterfest	Tabellen 2, 3, 4
Maschinenbaustähle				
E = Maschinenbaustahl GE = Maschinenbaustahl als Stahlguss	Zahlen = Mindestdehngrenze R_e in N/mm² für die kleinste Erzeugnisdicke	G = andere Merkmale, wenn erforderlich mit 1 oder 2 Ziffern falls Kerbschlageigenschaften festgelegt sind entsprechend wie Stählefür Stahlbau	C = Eignung zum Kaltziehen	Tabelle 4
Druckbehälterstähle				
P = Druckbehälterstahl GP = Druckbehälterstahl als Stahlguss	Zahlen = Mindestdehngrenze R_e in N/mm² für die kleinste Erzeugnisdicke	M, N, Q, G wie Stahlbaustähle Tabelle 1 B = Gasflaschen S = einfache Druckbehälter T = Rohre	H = Hochtemperatur L = Tieftemperatur R = Raumtemperatur X = Hoch- und Tieftemperatur	Tabellen 2, 3, 4

Stähle für Stahlbau, Gruppe 1:

Kerbschlagarbeit in Joule (J)			Prüftemperatur
27 J	40 J	60 J	in °C
JR	KR	LR	+20°
J0	K0	L0	0°
J2	K2	L2	–20°
J3	K3	L3	–30°
J4	K4	L4	–40°
J5	K5	L5	–50°
J6	K6	L6	–60°

[1] Weitere Hauptsymbole: siehe Seite W 5, Beispiele für Stahlbezeichnungen siehe Seite W 7

Stähle für Stahlbau: Gruppe 1

Behandlungsmerkmale Tabelle 1

Symbol	Bedeutung
A	ausscheidungshärtend
M	thermomechanisch gewalzt
N	normalgeglüht oder normalisierend gewalzt
Q	vergütet
G	andere Merkmale, wenn erforderlich mit 1 oder 2 Ziffern

Stahlerzeugnisse

Tabelle 2

Symbol	Bedeutung
+CH	mit Kernhärtbarkeit
+H	mit Härtbarkeit
+Z15	Mindestbrucheinschnürung senkrecht zur Oberfläche 15 %
+Z25	Mindestbrucheinschnürung senkrecht zur Oberfläche 25 %
+Z35	Mindestbrucheinschnürung senkrecht zur Oberfläche 35 %

Stahlerzeugnisse (Auswahl)

Art des Überzuges Tabelle 3

Symbol	Bedeutung
+A	feueraluminiert
+AZ	mit Al-Zn-Legierung überzogen (>50% Al)
+CU	Kupferüberzug
+IC	anorganische Beschichtung
+OC	organische Beschichtung
+S	feuerverzinnt
+Z	feuerverzinkt
+ZE	elektrolytisch verzinkt

Behandlungszustand Tabelle 4

Symbol	Bedeutung
+A/+AT	A = weichgeglüht, AT = lösungsgeglüht
+C/+CR	C = kaltverfestigt (z. B. Ziehen), CR = kaltgewalzt
+N	normalgeglüht
+NT	normalgeglüht und angelassen
+QA/O/W	QA = luftgehärtet, QO = ölgehärtet, QW = wassergehärtet
+QT	vergütet
+T	angelassen
+SR	spannungsarmgeglüht
+U	unbehandelt

2. Nach der chemischen Zusammensetzung

DIN EN 10 027-1 : 2017-01

Hauptsymbole			Zusatzsymbole		
Erzeugnis voran-gestellte Buchstaben	**C-Gehalt** Zahlen	**Kennzeichnung der Legierungsanteile** Buchstaben und Zahlen	**Stähle** Gruppe 1	Gruppe 2	**Stahl-erzeugnisse**
Unlegierte Stähle mit mittlerem Mn-Gehalt < 1% (außer Automatenstähle)					
C = Kohlenstoff (GC = Stahlguss)	Zahlen = 100 × mittl. %-Gehalt C		C = zum Kaltumformen E = max. S-Gehalt S = für Federn U = für Werkzeuge W = für Schweißdraht G = für andere Merkmale mit 1 oder 2 Ziffern	chemische Symbole für zusätzliche Elemente, z. B. Cu mit Zahl (Zahl = 10 × %-Gehalt Cu)	Seite W 6, Tabelle 4
Unlegierte Stähle[1] mit Mn-Gehalt ≥ 1 %, **legierte Stähle** mit Legierungsgehalt < 5 %, außer HS-Stähle					
(G = Stahlguss)	Zahlen = 100 × mittl. %-Gehalt C	Buchstaben = chem. Symbol Zahlen = %-Gehalt der Leg.-bestandteile × Faktor **Chem. Symbol – Faktor** B – 1000 C, N, P, S – 100 Al, Be, Cu, Mo, Nb, Pb, Ta, Ti, V, Zr – 10 Cr, Co, Mn, Ni, Si, W – 4			Seite W 6, Tabelle 2, 4
Legierte Stähle[2] nichtrostende Stähle mit Legierungsgehalt ≥ 5 % (außer Schnellarbeitsstähle)					
X (GX = legiert. Stahlguss)	Zahlen = 100 × mittl. %-Gehalt C	Buchstaben = chem. Symbol Zahlen = %-Gehalt der Legierungsbestandteile	chem. Symbol durch Bindestrich getrennt		Seite W 6, Tabelle 2, 4
Schnellarbeitsstähle					
HS Schnellarbeitsstahl PM Pulvermetallurgie	–	Zahlen = %-Gehalt der Legierungsbestandteile **Reihenfolge: W-Mo-V-Co**			Seite W 6, Tabelle 4

[1] Niedriglegierte Stähle [2] Hochlegierte Stähle waren frühere Bezeichnungen

Beispiele für Stahlbezeichnungen

Werkstoff-bezeichnung	Benennung nach Haupt- und Zusatzsymbolen Verwendungszweck bzw. chemische Zusammensetzung	Bezeichnung nach DIN 17 006[1]	Stahlsorte enthalten in Norm
Verwendungszweck			
S355J2	S = Stahlbaustahl, 355 ≙ R_e = 355 N/mm² J2 = Kerbschlagarbeit von 27 J bei −20 °C	St52–3N	DIN EN 10 025
P355NH	P = Druckbehälterstahl, 355 ≙ R_e = 355 N/mm² N = normalgeglüht oder normalisierend gewalzt (Feinkornstahl), H = Hochtemperatur	WSt355	DIN EN 10 028-3
Chemische Zusammensetzung			
C35E	C = unlegierter Stahl mit < 1 % Mn, 35 = 0,35 % C, E = eingeschränkter S-Gehalt	Ck35	DIN EN ISO 683-1, -2
C25R	C = unlegierter Stahl mit < 1 % Mn, 25 = 0,25 % C, R = vorgeschriebener Bereich des S-Gehaltes	Cm25	
28Mn6	unlegierter Stahl mit Legierungsgehalt < 5 % 28 = 0,28 % C, Mn = Mangan, 6 = 1,5 % Mn	28Mn6	
X5CrNiMo 17-12-2	X = legierter Stahl mit Legierungsgehalt ≥ 5 %, 5 = 0,05 % C, Cr = Chrom, Ni = Nickel, Mo = Molybdaen, 17 = 17 % Cr, 12 = 12 % Ni, 2 = 2% Mo	X5CrNiMo 17122	DIN EN 10 088-1
HS2-9-1-8	HS = Schnellarbeitsstahl, 2 = 2 % Wolfram, 9 = 9 % Molybdaen, 1 = 1 % Vanadium, 8 = 8 % Cobalt	S2-9-1-8	

[1] zurückgezogene Norm

Bezeichnungssystem für Stähle

Einteilung nach Hauptgütegruppen

DIN EN 10020 : 2000-07

Unlegierte Stähle

Grundstähle[1] ≙ Qualitätsstähle

Für den unbehandelten und normalgeglühten Zustand gelten:

Art der Anforderung	Dicke in mm	Grenzwerte
Zugfestigkeit $R_{m\,min}$	≤ 16	≤ 690 N/mm²
Dehngrenze R_{emin}	≤ 16	≤ 360 N/mm²
Bruchdehnung A_{min}	≤ 16	≤ 26 %
Kerbschlagarbeit bei 20 °C	≥ 10 ≤ 16	≤ 27 Joule
max. C-Gehalt	–	≥ 0,10 %
max. P- und S-Gehalt	–	≥ 0,045 %

- nicht für eine Wärmebehandlung bestimmt
- Gütemerkmale für Tiefziehen, Kaltprofilieren
- sind nicht vorgeschrieben
- außer Si und Mn sind keine weiteren Legierungselemente vorgeschrieben

Qualitätsstähle

- kein gleichmäßges Ansprechen auf eine Wärmebehandlung
- keine Anforderungen an den Reinheitsgrad
- zusätzliche Anforderungen an die Korngröße, Verformbarkeit, Sprödbruchempfindlichkeit

Edelstähle

- Anforderung an einen höheren Reinheitsgrad
- gleichmäßiges Ansprechen auf eine Wärmebehandlung: Vergüten, Oberflächenhärtung
- hohe Anforderung an Verformbarkeit, Zähigkeit und Schweißarbeit

Außerdem weitere Stahlanforderungen an die
- Kerbschlagarbeit im vergüteten Zustand
- Einhärtetiefe oder Oberflächenhärte
- besonders niedrige Nichtmetalleinschlüsse

Legierte Stähle

Qualitätsstähle

- für ähnliche Verwendungszwecke wie bei unlegierten Qualitätsstählen vorgesehen
- für besondere Anwendungszwecke haben sie entsprechend hohe Gehalte von Legierungselementen, die sie zu legierten Stählen machen
- sind im Allgemeinen nicht zum Vergüten und Oberflächenhärtung bestimmt
- Verwendung bestimmter Legierungselemente um bestimmte Eigenschaften z. B. Schweißbarkeit bei Feinkornstählen, Kaltumformbarkeit oder die Magnetisierbarkeit zu verbessern

Edelstähle

Stähle mit genauer chemischen Zusammensetzung sowie der Einhaltung von Herstellungs- und Prüfbedingungen der unterschiedlichsten Gebrauchs- und Verarbeitungseigenschaften für
- hitzebeständige Stähle
- warmfeste Stähle
- wälzlagerstähle
- nichtrostende Stähle ≤ 1,2 % C, ≥ 10,5 % Cr mit Ni < 2,5 % oder ≥ 2,5 % Ni
- Werkzeugstähle
- HS mit Mo, W, V ≥ 7 %, ≥ 0,6 % C, 3...6 % Cr
- Stähle mit besonderen physikalischen Eigenschaften

Grenzwerte für unlegierte und legierte Stähle

Legierungs-Element	Masse-%	Legierungs-Element	Masse-%
Al	0,30	Pb	0,40
Cr	0,30	Si	0,60
Mn	1,65	Ti	0,05
Mo	0,08	V	0,10
Ni	0,30	W	0,30

[1] Grundstähle nach DIN EN 10020 : 2000-07 entfallen und sind den Qualitätsstählen zugeordnet

Bezeichnungsmöglichkeiten für Stähle

Unterscheidung nach Werkstoff, Stahlsorte, Halbzeug

Werkstoff

DIN EN 10027-1

Chemische Zusammensetzung

50CrMo4+QT

oder nach der

Stahlsorte

Legierter Vergütungsstahl

DIN EN ISO 683-2

Verwendungszweck

S235JR+N

Warm gewalzter Baustahl

DIN EN 10025-1

Halbzeug

Liefernormen

Beispiele für Stücklisteneinträge

- Warm gewalzte Flacherzeugnisse
  DIN EN 10058
  Flach EN 10058 - 80x20x150 - S235JR
- Warm gewalzter legierter Rundstahl
  DIN EN 10060
  Rund EN 10060 - 40x200 - 50CrMo4
- Warm gewalzter rundkantiger U-Stahl
  DIN 1026-1
  U - Profil DIN 1026 - U60x125 - S235JR

***E*-Modul für Stahl und Stahlguss: $E \approx 200\,000 \ldots 210\,000$ N/mm²**

Stahl

Einfluss der Legierungselemente auf Stahl

Die Stahleigenschaften ändern sich mit steigender Zugabe eines Legierungselementes nicht linear.
Bei Zulegieren mehrerer Stoffe können die Einzeleinflüsse der Legierungselemente nicht einfach addiert werden.

Eigenschaften / Element	Mn	Si	Cr	Ni	W	V	Mo	Co	Al
Härte	+	+	+ +	+	+	+	+	+	≈
Zugfestigkeit	+	+	+ +	+	+	+	+	+	–
Streckgrenze	+	+ +	+ +	+	+	+	+	+	–
Elastizität	+	+	+	–	–	+	+	–	–
Dehnung	≈	–	–	+	–	≈	–	–	–
Kerbschlagzähigkeit	≈	–	–	+ +	≈	+	+	–	–
Warmfestigkeit	≈	+	+	+	+ +	+ +	+ +	+ +	≈
Nitrierbarkeit	≈	–	+ +	–	+	+	+	–	+ +
Zerspanbarkeit	≈	–	–	–	–	–	–	–	≈
Verschleißfestigkeit	≈	+	+	– –	+ +	+ +	+ +	≈	≈
Abkühlgeschwindigkeit	– –	–	– –	– –	– –	– –	– –	+	≈
Carbidbildung	≈	–	+ +	–	+ +	+ +	+ +	≈	–

+ + starke Erhöhung **+ Erhöhung** **≈ gleichbleibend** **– Verminderung** **– – starke Verminderung**

Anmerkung: Das Legierungselement **S** ist bei Stahl qualitätsmindernd, außer bei Automatenstählen wird es wegen der besseren Zerspanbarkeit (kurzbrüchiger Span) bei der Stahlerzeugung zulegiert.

Baustähle für warmgewalzte Erzeugnisse

DIN EN 10025-1 : 2005-02, -2 : 2019-10

Werkstoff-Nr.	Kurzzeichen	Desoxidationsart[1]	Chemische Zusammensetzung in Masse-% C[2]	P	S	Werkstoffkennwerte[3] Zugfestigkeit R_m in N/mm²	Dehngrenze R_{eH} in N/mm²	Dehnung A in %	Verwendung
1.0035	S185	freigestellt	–	–	–	290 … 510	185 … 175	18 … 16	zunehmende Beanspruchung der Bauteile: Maschinenbau; Hoch- und Tiefbau; Fahrzeugbau u.Ä. — allgemeine Baustähle sind nicht für Wärmebehandlung bestimmt
1.0038	S235JR	FN	<0,2	0,035	0,035	360 … 510	235 … 215	26 … 24	
1.0114	S235J0	FN	<0,17	0,030	0,030	360 … 510	235 … 215		
1.0117	S235J2	FF	<0,17	0,025	0,025	360 … 510	235 … 215	24 … 22	
1.0044	S275JR	FN	<0,22	0,035	0,035	410 … 560	275 … 235	23 … 21	
1.0050	E295	FN	≈0,3	0,045	0,045	470 … 610	295 … 255	20 … 18	
1.0060	E335	FN	≈0,4	0,045	0,045	570 … 710	335 … 295	16 … 14	
1.0070	E360	FN	≈0,5	0,045	0,045	670 … 830	360 … 325	11 … 9	
1.0143	S275J0	FN	<0,18	0,030	0,030	410 … 560	275 … 235		
1.0145	S275J2	FF	<0,18	0,025	0,025	410 … 560	275 … 235	21 … 19	
1.0045	S355JR	FN	<0,24	0,035	0,035	470 … 630	355 … 315	22 … 20	
1.0553	S355J0	FN	<0,20	0,030	0,030	470 … 630	355 … 315		
1.0577	S355J2	FF	<0,20	0,025	0,025	470 … 630	355 … 315		
1.0596	S355K2	FF	<0,20	0,025	0,025	470 … 630	355 … 315	20 … 18	

[1] freigestellt: Nach Wahl des Herstellers, FN: Unberuhigter Stahl nicht zulässig, FF: Voll beruhigter Stahl
[2] C-Gehalt für Nenndicken <100 mm Flach- u. Langerzeugnisse
[3] Nennmaßabhängig: R_m : <3… ≤100 mm; R_{eH}: ≤16… ≤100 mm A : ≥3… ≤100 mm

Erklärung der Symbole für Kerbschlagarbeit JR, J0, J2, K2 auf der Seite W6

Warmfeste Baustähle (Auswahl)

Werkstoff-Nr.	Kurzzeichen	Zugfestigkeit R_m in N/mm²	Dehngrenze $R_{p0,2}$	Bruchdehnung A in %	Warmstreckgrenze in N/mm² bei °C 200	300	400	500	Verwendung
1.4922	X20CrMoV12-1	690 … 830	490	16	461	392	353	265	[1] warmfeste Schrauben und Muttern; übrige Stähle dieser Tabelle: warmfeste Rohre
1.7258	24CrMo5[1]	590 … 740	440	18	412	363	304	235	
1.7335	13CrMo4-4	440 … 590	275	22	275	235	206	177	
1.7380	10CrMo9-10	440 … 590	265	20	245	226	206	186	
1.7709	21CrMoV5-7[1]	700 … 850	550	16	500	460	412	334	

[1] Festigkeitsangaben R_m; $R_{p0,2}$; A gelten für den vergüteten Zustand

Stahl

Werkzeugstähle (unlegierte Kaltarbeitsstähle)[1]

DIN EN ISO 4957 : 2018-11

Werkstoff-Nr.	Kurzzeichen[2), 3)]	Chemische Zusammensetzung in Masse-% (Mittelwerte)	Verwendung
1.1730	C45U	0,45 C; 0,25 Si; 0,7 Mn; 0,03 P; 0,03 S	Schraubendreher, Äxte, Messer
1.1620	C70U	0,7 C; 0,2 Si; 0,25 Mn; 0,03 P; 0,03 S	Drucklufteinstechwerkzeuge
1.1525	C80U	0,8 C; 0,2 Si; 0,25 Mn; 0,03 P; 0,03 S	Hämmer, Scheren, Körner
1.1535	C90U	0,9 C; 0,2 Si; 0,25 Mn; 0,03 P; 0,03 S	Hand-, Kreissägen, Mähmesser
1.1545	C105U	1,05 C; 0,2 Si; 0,25 Mn; 0,03 P; 0,03 S	Presswerkzeuge, Lochstempel, Dorne
1.1555	C120U	1,2 C; 0,2 Si; 0,25 Mn; 0,03 P; 0,03 S	Feilen, Schaber

Werkzeugstähle (legierte Kaltarbeitsstähle)[1]

DIN EN ISO 4957 : 2018-11

Werkstoff-Nr.	Kurzzeichen	Chemische Zusammensetzung in Masse-% (Mittelwerte)	Verwendung
1.2436	X210CrW12	2,1 C; 12 Cr; 0,7 W; 0,35 Si; 0,4 Mn	Schnitt-, Stanzwerkzeuge, Räumnadel
1.2080	X210Cr12	2,1 C; 12 Cr; 0,35 Si; 0,4 Mn	Scherenmesser, Ziehmatrizen
1.2379	X153CrMoV12	1,53 C; 12 Cr; 0,9 V; 0,35 Si; 0,4 Mn	Druckgussformen
1.2363	X100CrMoV5	1,0 C; 5 Cr; 1,05 Mo; 0,25 V; 0,6 Mn	Gewindewalzbacken, Stanzwerkzeuge
1.2067	102Cr6	1,02 C; 1,5 Cr; 0,25 Si; 0,35 Mn	Bohrer, Fräser, Messwerkzeuge
1.2842	90MnCrV8	0,9 C; 2 Mn; 0,35 Cr; 0,13 V; 0,25 Si	Gewindeschneidringe, Reibahlen
1.2550	60WCrV8	0,6 C; 1,95 W; 1,05 Cr; 0,15 V; 0,85 Si; 0,3 Mn	Handmeißel, Scherenmesser
1.2824	70MnMoCr8	0,7 C; 2 Mn; 1,35 Mo; 1,05 Cr; 0,3 Si	Tiefzieh-, Schneidwerkzeuge
1.2767	45NiCrMo16	0,45 C; 4 Ni; 1,35 Cr; 0,25 Si; 0,35 Mn	Präge-, Biegewerkzeuge
1.2316	X38CrMo16	0,38 C; 16 Cr; 1 Mo; <1 Ni; <1 Si; <1,5 Mn	Korrosionsbest. Stahl f. Pressformen

Werkzeugstähle (legierte Warmarbeitsstähle)[4]

DIN EN ISO 4957 : 2018-11

Werkstoff-Nr.	Kurzzeichen	Chemische Zusammensetzung in Masse-% (Mittelwerte)	Verwendung
1.2714	55NiCrMoV7	0,55 C; 1,75 Ni; 1 Cr; 0,25 Si; 0,45 Mo	Pressstempel für Strangpressen
1.2343	X37CrMoV5-1	0,37 C; 5 Cr; 1,3 Mo; 0,38 Mn; 0,95 Si	Druckgussformen für NE-Verarbeitung
1.2367	X38CrMoV5-3	0,38 C; 5 Cr; 3 Mo; 0,5 Ni; 0,4 Si; 0,4 Mn	Gesenkeinsätze und Gesenke
1.2344	X40CrMoV5-1	0,4 C; 5 Cr; 1 Mo; 1 Ni; 1 Si; 0,38 Mn	Press-, Lochdorne für Pressformen
1.2355	50CrMoV13-15	0,5 C; 3,25 Cr; 1,5 Mo; 0,25 Ni; 0,5 Si; 0,7 Mn	Scherenmesser
1.2581	X30WCrV9-3	0,3 C; 9 W; 3 Cr; 9 V; 0,4 Ni	Druckgussformen für NE-Metalle
1.2605	X35CrWMoV5	0,35 C; 5 Cr; 1,4 Mo; 1,35 V; 0,35 Ni	Pressmatrizen, Pressstempel

Schnellarbeitsstähle[5]

DIN EN ISO 4957 : 2018-11

Werkstoff-Nr.	Kurzzeichen	Chemische Zusammensetzung in Masse-% (Mittelwerte)	Verwendung
1.3325	HS0-4-1	**Reihenfolge:** Wolfram **W**, Molybdaen **Mo**, Vanadium **V**, Cobalt **Co**	Verschleißfeste Werkzeuge
1.3333	HS3-3-2		Metallsägen, Bohrer, Fräser
1.3348	HS2-9-2	Kohlenstoff und Chrom werden nicht angegeben (bei allen Schnellarbeitsstählen beträgt der Anteil ca. 0,9 % C und 4 % Cr) z. B.: HS0-4-1 (0 % W; 4 % Mo; 1 % V; 0 % Co) HS2-9-1-8 (2 % W; 9 % Mo; 1 % V; 8 % Co)	Gewindebohrer, Schneidräder
1.3343	HS6-5-2 C[6]		Spiralbohrer, Senker, Reibahlen
1.3243	HS6-5-2-5		Hochleistungsfräser, Drehmeißel
1.3207	HS10-4-3-10		Schrupp-, Schlichtdrehstähle
1.3247	HS2-9-1-8		Gravierwerkzeuge, Schnittstempel

[1] Unlegierte oder legierte Werkzeugstähle für Verwendungszwecke < 200 °C
[2] C45U wird nicht wärmebehandelt eingesetzt
[3] C70U … C120U aufgrund der chem. Zusammensetzung schalengehärtete Stähle
[4] Legierte Werkzeugstähle für Verwendungszwecke > 200 °C
[5] Werkzeugstähle zum Zerspanen und Umformen für höchste Warmhärte und Anlassbeständigkeit bis 600 °C
[6] C bedeutet erhöhter Kohlenstoffgehalt

Stahl

Automatenstähle

DIN EN ISO 683-4 : 2018-09 mit DIN EN 10277-3 : 2018-09

Werkstoff-Nr.	Kurzzeichen	Chemische Zusammensetzung in Masse-%	Zugfestigkeit R_m in N/mm²	Brinellhärte HBW	Eigenschaften und Verwendung
1.0715 1.0718	11SMn30 11SMnPb30	≤ 0,14C; 0,3S; ≈ 1,1Mn ≤ 0,14C; 0,3S; ≈ 1,1Mn; ≈ 0,27Pb	} 380 … 570	112 … 169	keine Wärmebehandlung, geringe Festigkeit: Griffe, Stifte
1.0721 1.0725	10S20 15SMn13	0,1C; 0,2S; ≈ 0,9Mn 0,15C; 0,13S; ≈ 1,1Mn	360 … 530 430 … 600	107 … 156 128 … 178	Einsatzhärtbare Stähle: Stifte, Bolzen
1.0726 1.0760 1.0762 1.0727	35S20 38SMn28 44SMn28 46S20	0,35C; 0,2S; ≈ 0,9Mn 0,38C; 0,28S; ≈ 1,35Mn 0,44C; 0,28S; ≈ 1,5Mn 0,46C; 0,2S; ≈ 0,9Mn	520 … 680 560 … 730 630 … 820 590 … 760	154 … 201 166 … 216 187 … 242 175 … 225	Vergütbare Stähle für hohe Beanspruchungen: Wellen, Stifte

Festigkeitsangaben beziehen sich auf den Lieferzustand gewalzt und geschält (+SH) für eine Dicke von 16 … 40 mm

Nichtrostende Stähle

DIN EN 10088-2 : 2014-12

Werkstoff-Nr.	Kurzzeichen	Zugfestigkeit R_m in N/mm²	Dehngrenze $R_{p0,2}$ in N/mm²	Bruchdehnung A_{80} in %	Härte HB oder HV	Eigenschaften und Verwendung
Austenitische Chrom-Nickel-Stähle[1]						
1.4404 1.4401 1.4541 1.4301	X2CrNiMo17-12-2 X5CrNiMo17-12-2 X6CrNiTi18-10 X5CrNi18-10	530 … 680 530 … 680 520 … 720 520 … 720	min. 240 min. 220 min. 200 min. 210	40 40 40 45	– – – –	Gut kaltumformbar, gut schweißbar, schlecht zerspanbar Chemie-, Medizin-, Nahrungsmitteltechnik
1.4571	X6CrNiMoTi17-12-2	500 … 730	min. 210	35	–	tiefziehbar, Pumpenbau
Martensitische Chromstähle[2]						
1.4006 1.4021 1.4028 1.4116	X12Cr13 X20Cr13 X30Cr13 X50CrMoV15	max. 600 max. 700 max. 740 max. 850	– – – –	20 15 15 12	200 225 235 280	Gut zerspanbar, härtbar, bedingt schweißbar. Wehr-, Luftfahrttechnik, Turbinenbau, Pumpen
Ferritische Chromstähle[1]						
1.4003 1.4113 1.4000 1.4016	X2CrNi12 X6CrMo17-1 X6Cr13 X6Cr17	450 … 650 450 … 630 400 … 600 430 … 600	min. 280 min. 260 min. 220 min. 240	20 18 19 18	– – 185 	Kalt umformbar, schweißbar, schlecht zerspanbar, hitzebeständig. Apparatebau, Verkleidungen, Auspufftöpfe, Radkappen

[1] Warmgewalztes Band (H) für den lösungsgeglühten Zustand (+AT)
[2] Warmgewalztes Band (H) für den weichgeglühten Zustand (+A)

***E*-Modul für Stahl und Stahlguss: $E \approx 200\,000 \ldots 210\,000$ N/mm²**

Druckbehälterstähle

DIN EN 10028-2 : 2017-10

Werkstoff-Nr.	Kurzzeichen[1]	Chemische Zusammensetzung in Masse-% C	Mn	Si	Zugfestigkeit R_m[2] in N/mm²	Dehngrenze R_{eH} bzw. $R_{p0,2}$[2] bei °C in N/mm² 20	200	300	400	500	Bruchdehnung A_{min} in % bei 20 °C
Unlegierter Qualitätsstahl											
1.0345	P235GH	≤ 0,16	0,6 … 1,2	≤ 0,35	360 … 480	225	174	147	128	–	24
1.0425	P265GH	≤ 0,20	0,8 … 1,4	≤ 0,4	410 … 530	255	197	166	145	–	22
1.0481	P295GH	0,08 … 0,20	0,9 … 1,5	≤ 0,4	460 … 580	290	225	189	165	–	21
1.0473	P355GH	0,10 … 0,22	1,1 … 1,7	≤ 0,6	510 … 650	345	267	225	196	–	20
Legierter Edelstahl											
1.5415	16Mo3	0,12 … 0,20	0,4 … 0,9	≤ 0,35	440 … 590	270	228	190	156	139	22
1.7335	13CrMo4-5[1]	0,08 … 0,18	0,4 … 1,0	≤ 0,35	450 … 600	290	243	209	180	159	19
1.7380	10CrMo9-10[1]	0,08 … 0,14	0,4 … 0,8	≤ 0,5	480 … 630	300	232	221	198	173	18
1.7362	X12CrMo5[1]	0,1 … 0,15	0,3 … 0,6	≤ 0,5	510 … 690	320	294	291	273	222	20

Üblicher Lieferzustand: +N,
[1] +NT (normalgeglüht), +QT (vergütet)
[2] Festigkeitswerte für Dicken $16 < t \leq 40$ mm bzw. [1] $16 < t \leq 60$ mm

Stahl

Schweißgeeignete Feinkornstähle

DIN EN 10 025-3 : 2019-10

Werkstoff-Nr.	Kurzzeichen [1]	Mechanische Eigenschaften [2]: Zugfestigkeit R_m in N/mm²	Dehngrenze R_{eH} in N/mm²	Bruchdehng. A in %	Kerbschlagarbeit KV in Joule bei °C: +20°	0°	−10°	Chemische Zusammensetzung [3] in Masse-%: C	Si	Mn	P	S	Ni	Cu[3]
1.0490	S275N	370 … 510	275	24	55	47	43	0,18	0,40	0,5 …	0,030	0,025	0,30	0,55
1.0491	S275NL							0,16		1,5	0,025	0,020		
1.0545	S355N	470 … 630	355	22				0,20	0,50	0,9 …	0,030	0,025	0,50	0,55
1.0546	S355NL							0,18		1,65	0,025	0,020		
1.8902	S420N	520 … 680	420	19	… 63	55	51	0,20	0,60	1,0 …	0,030	0,025	0,80	0,55
1.8912	S420NL									1,50	0,025	0,020		
1.8901	S460N	550 … 720	460	17				0,20	0,60	1,0 …	0,030	0,025	0,80	0,55
1.8903	S460NL									1,70	0,025	0,020		

[1] S: Baustahl, Kennzahl für die Mindeststreckgrenze für Dicken ≤ 16 mm in N/mm², N: Lieferzustand (normalgeglüht oder normalisierend gewalzt), L: Gütegruppe Mindestkerbschlagarbeit KV bei T bis −50 °C

[2] Mechanische Festigkeitskennwerte für normalgeglühte Stähle bei Raumtemperatur: R_m für Nenndicken ≤ 100 mm, R_{eH} und A für Nenndicken ≤ 16 mm

[3] Cu-Anteil > 0,40 % können beim Warmumformen Warmrissigkeit verursachen

Einsatzstähle

DIN EN ISO 683-3 : 2022-06

Werkstoff-Nr.	Kurzzeichen	Chemische Zusammensetzung in Masse-%	Zugfestigkeit R_m [1] in N/mm²	Dehngrenze R_{eH} [1)2)] in N/mm²	Dehnung A [1] in %	Verwendung
Unlegierte Einsatzstähle						
1.0302 1.1141	C10E [3] C15E [3]	0,10 C 0,15 C } max. 0,4 Si; ≈ 0,45 Mn; max. 0,035 P; ≤ 0,035 S	490 … 640 590 … 780	295 355	16 14	Teile für mittlere Beanspruchung: Bolzen, Nocken, Hebel, Stifte
Legierte Einsatzstähle						
1.7016 1.7014	17Cr3 17CrS3	0,17 C; 0,75 Cr; 0,40 Si; 0,75 Mn 0,17 C; 0,75 Cr; 0,40 Si; 0,75 Mn; 0,03 S	690 … 880	440	11	Teile für wechselnde Beanspruchung: Prüfmittel Getriebebau: Zahnräder Ritzel Wellen usw.
1.7131 1.7139	16MnCr5 16MnCrS5	0,16 C; 1,25 Mn; ≈ 0,95 Cr; 0,4 Si 0,16 C; 1,25 Mn; ≈ 0,95 Cr; 0,4 Si; 0,03 S	780 … 1080	590	10	
1.7147 1.7149	20MnCr5 20MnCrS5	0,2 C; 1,25 Mn; ≈ 1,15 Cr; 0,4 Si 0,2 C; 1,25 Mn; ≈ 1,15 Cr; 0,4 Si; 0,03 S	980 … 1270	685	8	
1.7321 1.7323	20MoCr4 20MoCrS4	0,2 C; 0,4 Mo; 0,45 Cr; 0,4 Si 0,2 C; 0,4 Mo; 0,45 Cr; 0,4 Si; 0,03 S	785 … 1080	590	10	
1.6523 1.6587	20NiCrMo2-2 18CrNiMo7-6	0,2 C; ≈ 0,5 Ni; ≈ 0,5 Cr; ≈ 0,2 Mo 0,18 C; ≈ 1,75 Cr; ≈ 1,5 Ni; ≈ 0,3 Mo	980 … 1270 1080 … 1320	590 785	10 8	Hochbeanspr. Teile: Zahnräder, Wellen

[1] Die Festigkeitsangaben R_m, R_e, A gelten am blindgehärteten Querschnitt mit 30 mm Durchmesser. Sie sind der zurückgezogenen Norm DIN 17 210 : 1969-12 entnommen

[2] $R_e = R_{eH}$ bzw. $R_{p0,2}$

[3] Erläuterungen zu C10E, C15E: E = eingeschränkter S-Gehalt

Nitrierstähle

DIN EN ISO 683-5 : 2021-08

Werkstoff-Nr.	Kurzzeichen	Chemische Zusammensetzung in Masse-%	Zugfestigkeit R_m in N/mm²	Dehngrenze R_e min in N/mm²	Bruchdehng. A min in %	Verwendung
1.8507	31CrAlMo5-10	0,31 C; 1,25 Cr; ≈ 1,0 Al; ≈ 0,2 Mo	800 … 1000	600	14	Nockenwellen, Kolbenbolzen, Heißdampfarmaturen, Warm- und Verschleißfest Teile
1.8509	41CrAlMo7-10	0,41 C; 1,75 Cr; 1 Al; ≈ 0,3 Mo	980 … 1180	835	10	
1.8515	31CrMo12	0,31 C; 3,0 Cr; 0,4 Mo; ≤ 0,3 Ni	980 … 1180	785	11	
1.8516	24CrMo13-6	0,24 C; 3,25 Cr; 0,6 Mo	950 … 1150	750	11	
1.8519	31CrMoV9	0,31 C; 2,25 Cr; 0,2 Mo; 0,15 V	1000 … 1200	800	10	
1.8550	34CrAlNi7-10	0,34 C; 1,75 Cr; ≈ 1,0 Al; ≈ 0,1 Ni	850 … 1050	650	12	

Bei Nitrierstählen gelten für die Angaben R_m, $R_{p0,2}$ min, A min der vergütete (+QT), noch nicht nitrierte Zustand für die Durchmesser 40 ≤ d ≤ 100 mm

Vergütungsstähle (unlegiert)

DIN EN ISO 683-1 : 2018-09

Werkstoff-Nr.	Kurzzeichen	Werkstoff-Nr.	Kurzzeichen	Werkstoff-Nr.	Kurzzeichen	Behandlungszustand[1)]	Zugfestigkeit R_m min in N/mm²	Dehngrenze R_{eH} min in N/mm²	Bruchdehnung A min in %	Verwendung
Qualitätsstähle		**Edelstähle**								
1.0406	C25	1.1163	C25R	1.1158	C25E	+N +QT	440 500 … 650	230 320	23 21	Für kleine Vergütungsquerschnitte mit geringer Festigkeit. Allgemeiner Maschinenbau z. B. Schrauben, Bolzen, Wellen, Achsen, Zahnräder usw.
1.0501	C35	1.1180	C35R	1.1181	C35E	+N +QT	520 600 … 750	270 380	19 19	
1.0511	C40	1.1189	C40R	1.1186	C40E	+N +QT	550 630 … 780	290 400	17 18	
1.0503	C45	1.1201	C45R	1.1191	C45E	+N +QT	580 650 … 800	305 430	16 16	
		1.1241	C50R	1.1206	C50E	+N +QT	610 700 … 850	320 460	14 15	
1.0535	C55	1.1209	C55R	1.1203	C55E	+N +QT	640 750 … 900	330 490	12 14	
1.0601	C60	1.1223	C60R	1.1221	C60E	+N +QT	670 800 … 950	340 520	11 13	
				1.1170	28Mn6	+N +QT	600 777 … 850	310 490	18 15	

[1)] Die mechanischen Eigenschaften R_m min, R_e min, A min gelten für den normalgeglühten Zustand (+N) 16 mm < d bzw. t ≤ 100 mm; für den vergüteten Zustand (+QT) 16 mm ≤ d < 40 mm bzw. 8 mm < t ≤ 20 mm (d = Durchmesser; t = Flacherzeugnisse)

Vergütungsstähle (legiert)

DIN EN ISO 683-2 : 2018-09

Werkstoff-Nr.[1)]	Kurzzeichen	Chemische Zusammensetzung in Masse-% (Mittelwerte)	Zugfestigkeit R_m min in N/mm²	Dehngrenze $R_{p0,2}$ min in N/mm²	Bruchdehnung A min; in %	Eigenschaft und Verwendung
1.7033	34Cr4	0,34C; 1,0Cr; 0,75Mn	800 … 950	590	14	Mittlere Belastung für Kfz-Teile: Getriebewellen, Zahn-, Schneckenräder, Lenkungsteile, Keilwelle, Kugelbolzen usw.
1.7034	37Cr4	0,37C; 1,0Cr; 0,75Mn	850 … 1000	630	13	
1.7035	41Cr4	0,41C; 1,0Cr; 0,75Mn	900 … 1100	660	12	
1.7218	25CrMo4	0,25C; 1,0Cr; 0,22Mo; 0,75Mn	800 … 950	600	14	
1.7220	34CrMo4	0,34C; 1,0Cr; 0,22Mo; 0,75Mn	900 … 1100	650	13	
1.7225	42CrMo4	0,42C; 1,0Cr; 0,22Mo; 0,75Mn	1000 … 1200	750	11	Kfz-Teile mit hoher Festig- und Zähigkeit: Kurbelwelle, Pleuel usw.
1.7228	50CrMo4	0,50C; 1,0Cr; 0,22Mo; 0,75Mn	1000 … 1200	700	10	
(1.6584)	41CrNiMo2	0,41C; 0,5Cr; 0,66Ni; 0,22Mo	900 … 1100	740	11	
(1.6511)	36CrNiMo4	0,36C; 1,0Cr; 1,05Ni; 0,22Mo	1000 … 1200	800	11	Für Bauteile sehr hoher Beanspruchungen und größeren Abmessungen z. B. Getriebeteile usw.
1.6582	34CrNiMo6	0,34C; 1,5Cr; 1,5Ni; 0,22Mo; 0,65Mn	1100 … 1300	900	10	
1.6580	30CrNiMo8	0,30C; 2,0Cr; 2,0Ni; 0,4Mo; 0,65Mn	1030 … 1230	850	12	
1.8159	51CrV4	0,51C; 1,0Cr; 0,18V; 0,9Mn	1000 … 1200	800	10	

Die Festigkeitsangaben R_m min; $R_{p0,2}$ min; A min gelten für den vergüteten Zustand (+Q) und für die Abmessungen 16 mm < d ≤ 40 mm sowie für 8 mm < t ≤ 20 mm (d = Durchmesser; t = Flacherzeugnisse)

[1)] Bei der DIN EN ISO 683-2 gibt es gegenüber der zurückgezogenen DIN EN 10083-3 keine Werkstoff-Nr.

Anmerkung:
Anwendungsbereich als Halbzeug für die Zerspanung im weichgeglühten Zustand (+A):
- Stabstahl
- Breitflachstahl
- warmgewalztes Blech und Band
- Walzdraht
- Schmiedestücke

Legierte und unlegierte Vergütungsstähle eignen sich hervorragend für die Wärmebehandlung: Flamm- und Induktionshärten

Beispiel: **ISO 683-2 – 25CrMo4+A** bzw. **ISO 683-2 – 1.7218+A**

***E*-Modul für Stahl und Stahlguss: E = 200 000 … 210 000 N/mm²**

Stahlprofile

Warmgewalzter rundkantiger U-Stahl

DIN 1026-1 : 2009-09

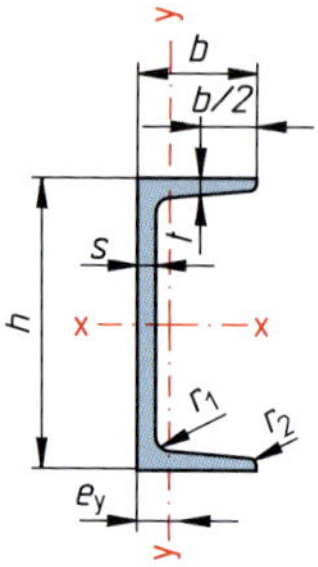

$h \leq 300$ mm: ⊿8%

$h > 300$ mm: ⊿5%

$r_1 = t$

$r_2 = \frac{t}{2}$

Beispiel: U-Profil DIN 1026-1 – U 100 – 6000
DIN EN 10025-2 – S235JR

Höhe	$h = 100$ mm
Breite	$b = 50$ mm
Länge	$L = 6000$ mm
Querschnittsfläche	$S = 1350$ mm²
Trägheitsmomen	$I_x = 206 \cdot 10^4$ mm⁴
Widerstandsmoment	$W_x = 41{,}2 \cdot 10^3$ mm³
Werkstoff S235JR	

Kurzzeichen [	Abmessungen x – x: h in mm	b in mm	s in mm	t in mm	Querschnittsfläche S in mm²	Für die Biegeachsen x – x: I_x ·10⁴ mm⁴	W_x ·10³ mm³	y – y: I_y ·10⁴ mm⁴	W_y ·10³ mm³	Abstand der Achse y – y: e_y in mm	Längenbezogene Gewichtskraft F'_G [1] in N/m
30×15	30	15	4	4,5	221	2,53	1,69	0,38	0,39	5,2	17,1
30	30	33	5	7	544	6,39	4,26	5,33	2,68	13,1	41,9
40×20	40	20	5	5,5	366	7,58	3,79	1,14	0,86	6,7	27,0
40	40	35	5	7	621	14,1	7,05	6,68	3,08	13,3	47,8
50×25	50	25	5	6	492	16,8	6,73	2,49	1,48	8,1	42,4
50	50	38	5	7	712	26,4	10,6	9,12	3,75	13,7	54,8
60	60	30	6	6	646	31,6	10,5	4,51	2,16	9,1	49,7
65	65	42	5,5	7,5	903	57,5	17,7	14,1	5,07	14,2	69,5
80	80	45	6	8	1100	106	26,5	19,4	6,36	14,5	84,7
100	100	50	6	8,5	1350	206	41,2	29,3	8,49	15,5	104,0
120	120	55	7	9	1700	364	60,7	43,2	11,1	16,0	131,4
140	140	60	7	10	2040	605	86,4	62,7	14,8	17,5	157,0
160	160	65	7,5	10,5	2400	925	116	85,3	18,3	18,4	184,4
180	180	70	8	11	2800	1350	150	114	22,4	19,2	215,7
200	200	75	8,5	11,5	3220	1910	191	148	27,0	20,1	248,1
220	220	80	9	12,5	3740	2690	245	197	33,6	21,4	288,3
240	240	85	9,5	13	4230	3600	300	248	39,6	22,3	325,6
260	260	90	10	14	4830	4820	371	317	47,7	23,6	371,7
280	280	95	10	15	5330	6280	448	399	57,2	25,3	410,0
300	300	100	10	16	5880	8030	535	495	67,8	27,0	453,1
320	320	100	14	17,5	7580	10870	679	597	80,6	26,0	583,5
350	350	100	14	16	7730	12840	734	570	75,0	24,0	594,3
380	380	102	13,5	16	8040	15760	829	615	78,7	23,8	613,9
400	400	110	14	18	9150	20350	1020	846	102	26,5	704,1

[1] Zur besseren Berechnung wird abweichend von der Normung im Folgenden immer die längenbezogene Gewichtskraft angegeben. Bei Bestellungen muss auf die längenbezogene Masse umgerechnet werden!

$$m' = \frac{F'_G}{g} \qquad m' \text{ in } \frac{\text{kg}}{\text{m}}$$

Warmgewalzte I-Träger (Schmale I-Träger)

DIN 1025-1 : 2009-04

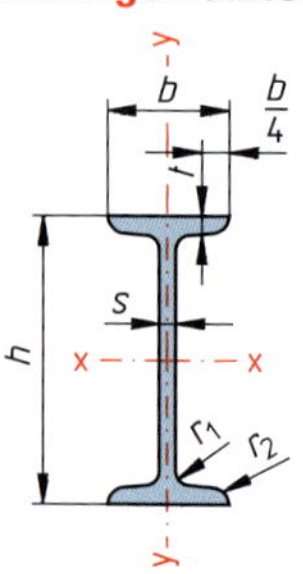

⊿14%

$r_1 = s$

$r_2 = 0{,}6 \cdot s$

Beispiel: I-Profil DIN 1025-1 – I 80 – 6000
DIN EN 10025-2 – S235JR

Höhe	$h = 80$ mm
Breite	$b = 40$ mm
Länge	$L = 6000$ mm
Querschnittsfläche	$S = 757$ mm²
Trägheitsmomen	$I_x = 77{,}8 \cdot 10^4$ mm⁴
Widerstandsmoment	$W_x = 19{,}5 \cdot 10^3$ mm³
Werkstoff S235JR	

Warmgewalzte I-Träger (Schmale I-Träger) (Fortsetzung) DIN 1025-1 : 2009-04

Kurzzeichen	Abmessungen				Querschnittsfläche	Für die Biegeachsen				Längenbezogene Gewichtskraft
						x–x		y–y		
I	h in mm	b in mm	s in mm	t in mm	S in mm²	I_x ·10⁴ mm⁴	W_x ·10³ mm³	I_y ·10⁴ mm⁴	W_y ·10³ mm³	F'_G in N/m
80	80	42	3,9	5,9	757	77,8	19,5	6,29	3,00	58,3
100	100	50	4,5	6,8	1060	171	34,2	12,2	4,88	81,6
120	120	58	5,1	7,7	1420	328	54,7	21,5	7,41	109,8
140	140	66	5,7	8,6	1820	573	81,9	35,2	10,7	141,2
160	160	74	6,3	9,5	2280	935	117	54,7	14,8	175,5
180	180	82	6,9	10,4	2790	1450	161	81,3	19,8	214,8
200	200	90	7,5	11,3	3340	2140	214	117	26,0	257,9
220	220	98	8,1	12,2	3950	3060	278	162	33,1	304,9
240	240	106	8,7	13,1	4610	4250	354	221	41,7	355,0
260	260	113	9,4	14,1	5330	5740	442	288	51,0	410,9
280	280	119	10,1	15,2	6100	7590	542	364	61,2	470,7
300	300	125	10,8	16,2	6900	9800	653	451	72,2	531,5
320	320	131	11,5	17,3	7770	12510	782	555	84,7	599,2
340	340	137	12,2	18,3	8670	15700	923	674	98,4	667,8
360	360	143	13,0	19,5	9700	19610	1090	818	114	747,3
380	380	149	13,7	20,5	10700	24010	1260	975	131	823,8
400	400	155	14,4	21,6	11800	29210	1460	1160	149	908,1
425	425	163	15,3	23,0	13200	36970	1740	1440	176	1020
450	450	170	16,2	24,3	14700	45850	2040	1730	203	1128
475	475	178	17,1	25,6	16300	56480	2380	2090	235	1255
500	500	185	18,0	27,0	17900	68740	2750	2480	268	1382
550	550	200	19,0	30,0	21200	99180	3610	3490	349	1638
600	600	215	21,6	32,4	25400	139000	4630	4670	434	1952

Warmgewalzte I-Träger (Mittelbreite I-Träger) IPE-Reihe DIN 1025-5 : 1994-03

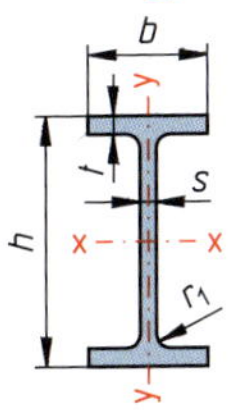

$r_1 \approx 2 \cdot s$

Beispiel: **I-Profil DIN 1025 – S235JR – IPE120**

Höhe	h	= 120 mm
Breite	b	= 64 mm
Querschnittsfläche	S	= 1320 mm²
Trägheitsmomen	I_x	= $318 \cdot 10^4$ mm⁴
Widerstandsmoment	W_x	= $53 \cdot 10^3$ mm³
Werkstoff S235JR		

Kurzzeichen	Abmessungen				Querschnittsfläche	Für die Biegeachsen				Längenbezogene Gewichtskraft
						x–x		y–y		
IPE	h in mm	b in mm	s in mm	t in mm	S in mm²	I_x ·10⁴ mm⁴	W_x ·10³ mm³	I_y ·10⁴ mm⁴	W_y ·10³ mm³	F'_G in N/m
80	80	46	3,8	5,2	764	80,1	20,0	8,49	3,69	59
100	100	55	4,1	5,7	1030	171	34,2	15,9	5,79	79
120	120	64	4,4	6,3	1320	318	53,0	27,7	8,65	102
140	140	73	4,7	6,9	1640	541	77,3	44,9	12,3	126
160	160	82	5,0	7,4	2010	869	109	68,3	16,7	155
180	180	91	5,3	8,0	2390	1320	146	101	22,2	184
200	200	100	5,6	8,5	2850	1940	194	142	28,5	220
220	220	110	5,9	9,2	3340	2770	252	205	37,3	257
240	240	120	6,2	9,8	3910	3890	324	284	47,3	301
270	270	135	6,6	10,2	4590	5790	429	420	62,2	353
300	300	150	7,1	10,7	5380	8360	557	604	80,5	414
330	330	160	7,5	11,5	6260	11770	713	788	98,5	482
360	360	170	8,0	12,7	7270	16270	904	1040	123	560
400	400	180	8,6	13,5	8450	23130	1160	1320	146	651
450	450	190	9,4	14,6	9880	33740	1500	1680	176	761
500	500	200	10,2	16,0	11600	48200	1930	2140	214	893
550	550	210	11,1	17,2	13400	67120	2440	2670	254	1032
600	600	220	12,0	19,0	15600	92080	3070	3390	308	1200

Stahlprofile

Warmgewalzte I-Träger (Breite I-Träger) IPB-Reihe — DIN 1025-2 : 1995-11 (zurückgezogen)[1]

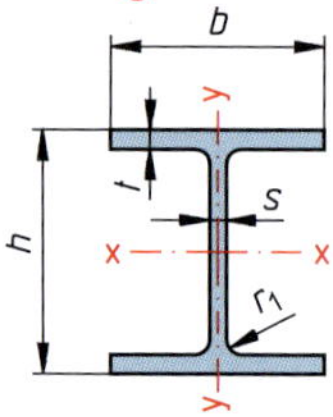

$r_1 \approx 2 \cdot s$

Beispiel: I-Profil DIN 1025 – S235JR – IPB360
oder
I-Profil DIN 1025 – 1.0112 – IPB360

Höhe	h	= 360 mm
Breite	b	= 300 mm
Querschnittsfläche	S	= 18100 mm²
Trägheitsmomen	I_x	= $43190 \cdot 10^4$ mm⁴
Widerstandsmoment	W_x	= $2400 \cdot 10^3$ mm³

Werkstoff S235JR

Kurzzeichen	Abmessungen				Querschnittsfläche	Für die Biegeachsen x–x		Für die Biegeachsen y–y		Längenbezogene Gewichtskraft
IPB	h in mm	b in mm	s in mm	t in mm	S in mm²	I_x $\cdot 10^4$ mm⁴	W_x $\cdot 10^3$ mm³	I_y $\cdot 10^4$ mm⁴	W_y $\cdot 10^3$ mm³	F'_G in N/m
100	100	100	6	10	2600	450	89,9	167	33,5	200,12
120	120	120	6,5	11	3400	864	144	318	52,9	261,93
140	140	140	7	12	4300	1510	216	550	78,5	330,60
160	160	160	8	13	5430	2490	311	889	111	417,91
180	180	180	8,5	14	6530	3830	426	1360	151	502,27
200	200	200	9	15	7810	5700	570	2000	200	601,35
220	220	220	9,5	16	9100	8090	736	2840	258	701,42
240	240	240	10	17	10600	11260	938	3920	327	816,19
260	260	260	10	17,5	11800	14920	1150	5130	395	912,33
280	280	280	10,5	18	13100	19270	1380	6590	471	1010,43
300	300	300	11	19	14900	25170	1680	8560	571	1147,77
320	320	300	11,5	20,5	16100	30820	1930	9240	616	1245,87
340	340	300	12	21,5	17100	36660	2160	9690	646	1314,54
360	360	300	12,5	22,5	18100	43190	2400	10140	676	1393,02
400	400	300	13,5	24	19800	57680	2880	10820	721	1520,55
450	450	300	14	26	21800	79890	3550	11720	781	1677,51
500	500	100	14,5	28	23900	107200	4290	12620	842	1834,47

[1] zur Anwendung empfohlen: **DIN EN 10365 : 2017-05**

Warmgewalzter rundkantiger Z-Stahl — DIN 1027 : 2004-04

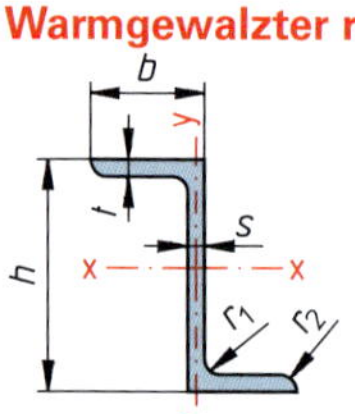

$r_1 \approx 2 \cdot s$

$r_2 \approx \frac{t}{2}$

Beispiel: Z-Profil DIN 1027 – Z30 – S235JR
oder
Z-Profil DIN 1027 – Z30 – 1.0036

Höhe	h	= 30 mm
Breite	b	= 432 mm
Trägheitsmomen	I_x	= $5,96 \cdot 10^4$ mm⁴
Widerstandsmoment	W_x	= $3,97 \cdot 10^3$ mm³

Werkstoff S235JR

Kurzzeichen	Abmessungen				Querschnittsfläche	Für die Biegeachsen x–x		Für die Biegeachsen y–y		Längenbezogene Gewichtskraft
Z	h in mm	b in mm	s in mm	t in mm	S in mm²	I_x $\cdot 10^4$ mm⁴	W_x $\cdot 10^3$ mm³	I_y $\cdot 10^4$ mm⁴	W_y $\cdot 10^3$ mm³	F'_G in N/m
30	30	38	4	4,5	432	5,96	3,97	13,7	3,80	33,3
40	40	40	4,5	5	543	13,5	6,75	17,6	4,66	41,8
50	50	43	5	5,5	677	26,3	10,5	23,8	5,88	52,1
60	60	45	5	6	791	44,7	14,9	30,1	7,09	60,9
80	80	50	6	7	1110	109	27,3	47,4	10,1	85,4
100	100	55	6,5	8	1450	222	44,4	72,5	14,0	111,8
120	120	60	7	9	1820	402	67,0	106	18,8	140,3
140	140	65	8	10	2290	676	96,6	148	24,3	176,6
160	160	70	8,5	11	2750	1060	132	204	31,0	211,9

Stahlprofile

Warmgewalzter gleichschenkliger rundkantiger T-Stahl

DIN EN 10 055 : 1995-12

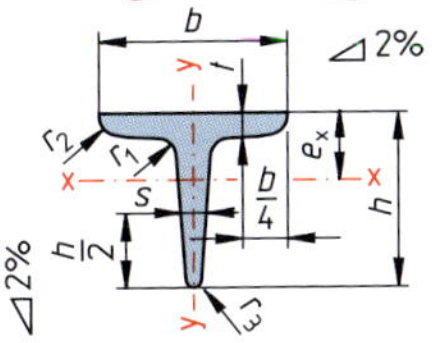

$r_1 = s$

$r_2 \approx \frac{s}{2}$

$r_3 \approx \frac{s}{4}$

Beispiel: T-Profil EN 10 055-T40 – Stahl EN 10 025 – S235JR

Höhe	h =	40 mm
Breite	b =	40 mm
Querschnittsfläche	S =	377 mm^2
Trägheitsmomen	I_x =	$5{,}28 \cdot 10^4$ mm^4
Widerstandsmoment	W_x =	$1{,}84 \cdot 10^3$ mm^3
Werkstoff S235JR		

Kurzzeichen	Abmessungen			Querschnitt	Für die Biegeachsen				Abstand der Achse	Längenbezogene Gewichtskraft
					x–x		y–y		y–y	
T	h in mm	b in mm	$s=t$ in mm	S in mm^2	I_x $\cdot 10^4$ mm^4	W_x $\cdot 10^3$ mm^3	I_y $\cdot 10^4$ mm^4	W_y $\cdot 10^3$ mm^3	e_x in mm	F'_G [1] in N/m
30	30	30	4	226	1,72	0,80	0,87	0,58	8,5	17,36
35	35	35	4,5	297	3,10	1,23	1,57	0,90	9,9	22,86
40	40	40	5	377	5,28	1,84	2,58	1,29	11,2	29,04
50	50	50	6	566	12,1	3,36	6,06	2,42	13,9	43,56
60	60	60	7	794	23,8	5,48	12,2	4,07	16,6	61,12
70	70	70	8	1060	44,5	8,79	22,2	6,32	19,4	81,62
80	80	80	9	1360	73,7	12,8	37,0	9,25	22,2	104,97
100	100	100	11	2090	179	24,6	88,3	17,7	27,4	160,88
120	120	120	13	2960	366	42,0	178,0	29,7	32,8	227,59
140	140	140	15	3990	660	64,7	330,0	47,2	38,0	307,05

Ungleichschenklige Winkel

DIN EN 10 056-1 : 2017-06

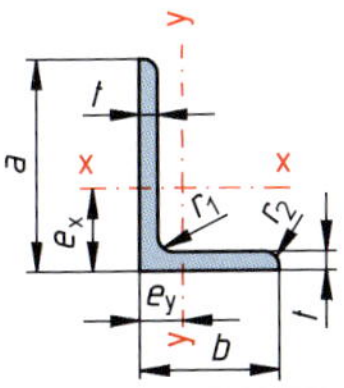

$r_1 \approx$ Übergangsradius

$r_2 \approx$ Rundungsradius der Kanten

Beispiel: EN 10 056-1 – L 50 × 30 × 5 – EN 10 052-2 – S235JR

Schenkelbreite	a =	30 mm
	b =	20 mm
Schenkeldicke	t =	3 mm
Querschnittsfläche	S =	143 mm^2
Trägheitsmomen	I_x =	$1{,}25 \cdot 10^4$ mm^4
Widerstandsmoment	W_x =	$0{,}62 \cdot 10^3$ mm^3
Werkstoff S235JR		

Kurzzeichen	Abmessungen			Querschnitt			Für die Biegeachsen				Längenbezogene Gewichtskraft
							x–x		y–y		
L	a in mm	b in mm	t in mm	S in mm^2	e_x in mm	e_y in mm	I_x $\cdot 10^4$ mm^4	W_x $\cdot 10^3$ mm^3	I_y $\cdot 10^4$ mm^4	W_y $\cdot 10^3$ mm^3	F'_G in N/m
30 × 20 × 3	30	20	3	143	9,9	5,0	1,25	0,62	0,44	0,29	10,98
30 × 20 × 4	30	20	4	186	10,3	5,4	1,59	0,81	0,55	0,38	14,32
40 × 20 × 4	40	20	4	226	14,7	4,8	3,59	1,42	0,60	0,39	17,36
40 × 25 × 4	40	25	4	246	13,6	6,2	3,89	1,47	1,16	0,62	18,93
50 × 30 × 5	50	30	5	378	17,3	7,4	9,36	2,86	2,51	1,11	29,04
60 × 30 × 5	60	30	5	428	21,7	6,8	15,6	4,07	2,63	1,14	32,96
60 × 40 × 5	60	40	5	479	19,6	9,7	17,2	4,25	6,11	2,02	36,89
60 × 40 × 6	60	40	6	568	20,0	10,1	20,1	5,03	7,12	2,38	43,75
80 × 40 × 6	80	40	6	689	28,5	8,8	44,9	8,73	7,59	2,44	53,07
80 × 40 × 8	80	40	8	901	29,4	9,6	57,6	11,4	9,61	3,16	69,36
100 × 50 × 6	100	50	6	871	35,1	10,5	89,9	13,8	15,4	3,89	67,10
100 × 50 × 8	100	50	8	1140	36,0	11,3	116,6	18,2	19,7	5,08	87,99
120 × 80 × 8	120	80	8	1550	38,3	18,7	226,0	27,6	80,8	13,2	119,68
120 × 80 × 10	120	80	10	1910	39,2	19,5	276,0	34,1	98,1	16,2	147,15
150 × 75 × 10	150	75	10	2170	53,1	16,1	501,0	51,6	85,6	14,5	166,77
150 × 75 × 12	150	75	12	2570	54,0	16,9	588,0	61,3	99,6	17,1	198,16
150 × 100 × 10	150	100	10	2420	48,1	23,4	553,0	54,2	199,0	25,9	186,39
150 × 100 × 12	150	100	12	2870	48,9	24,2	651,0	64,4	233,0	30,7	220,73
200 × 100 × 10	200	100	10	2920	69,3	20,1	1220	93,2	210,0	26,3	225,63
200 × 100 × 12	200	100	12	3480	70,3	21,0	1440	111,0	247,0	31,3	267,81

Stahlprofile

Gleichschenklige Winkel

DIN EN 10 056-1 : 2017-06

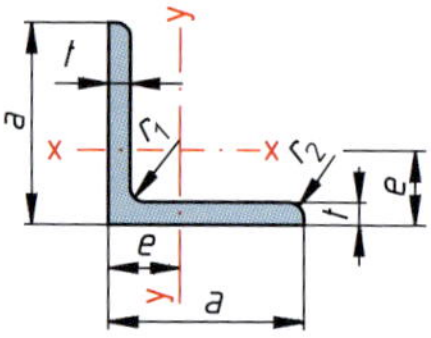

$r_1 \approx$ Übergangsradius

$r_2 \approx$ Rundungsradius der Kanten

Beispiel: EN 10 056-1 – L 70×70×7 – EN 10 056-2 – S235JR

Schenkelbreite	a	= 70 mm
Schenkeldicke	t	= 7 mm
Querschnittsfläche	S	= 940 mm²
Trägheitsmomen	I_x	= 42,3 · 10⁴ mm⁴
Widerstandsmoment	W_x	= 8,41 · 10³ mm³
Werkstoff S235JR.		

Kurzzeichen L	Abmessungen a in mm	t in mm	Querschnitt S in mm²	Für die Biegeachsen x−x = y−y: e ·10⁴ mm⁴	I ·10⁴ mm⁴	W ·10³ mm³	Längenbezogene Gewichtskraft F'_G in N/m
20×20×3	20	3	112	6,0	0,39	0,28	8,65
25×25×3	25	3	142	7,2	0,80	0,45	10,98
4	25	4	185	7,6	1,02	0,59	14,22
30×30×3	30	3	174	8,4	1,40	0,65	13,34
4	30	4	227	8,8	1,80	0,85	17,46
40×40×4	40	4	308	11,2	4,47	1,55	23,74
5	40	5	379	11,6	5,43	1,91	29,14
50×50×4	50	4	389	13,6	8,97	2,46	30,02
6	50	6	569	14,5	12,8	3,61	43,85
60×60×6	60	6	691	16,9	22,8	5,29	53,17
8	60	8	903	17,7	29,2	6,89	69,55
70×70×6	70	6	813	19,3	36,9	7,27	62,59
7	70	7	940	19,7	42,3	8,41	72,39
75×75×6	75	6	873	20,5	45,8	8,41	67,19
8	75	8	1140	21,4	59,1	11,0	88,19

Kurzzeichen L	Abmessungen a in mm	t in mm	Querschnitt S in mm²	Für die Biegeachsen x−x = y−y: e ·10⁴ mm⁴	I ·10⁴ mm⁴	W ·10³ mm³	Längenbezogene Gewichtskraft F'_G in N/m
80×80×8	80	8	1230	22,6	72,2	12,6	94,47
10	80	10	1510	23,4	87,5	15,4	116,73
90×90×8	90	8	1390	25,0	104	16,1	106,93
10	90	10	1710	25,8	127	19,8	131,45
100×100×8	100	8	1550	27,4	145	19,9	119,68
10	100	10	1920	28,2	177	24,6	147,15
120×120×10	120	10	2320	33,1	313	36,0	178,54
12	120	12	2750	34,0	368	42,7	211,89
150×150×12	150	12	3480	41,2	737	67,7	267,81
15	150	15	4300	42,5	898	83,5	331,58
160×160×15	160	15	4 610	44,9	1100	95,6	355,12
180×180×16	180	16	5540	50,2	1680	130	426,73
18	180	18	6190	51,0	1870	145	476,77
200×200×18	200	18	6910	56,0	2600	181	532,68
24	200	24	9060	58,4	3330	235	697,49

Warmgewalzter gleichschenkliger scharfkantiger T- und Winkelstahl

DIN 59 051: 2004-04 **DIN 1022: 2004-04**

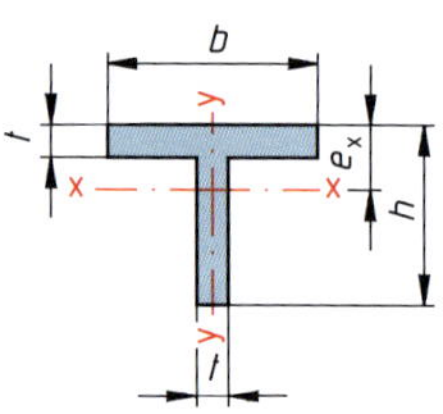

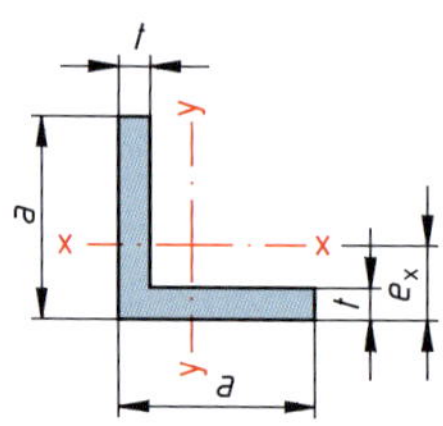

Beispiel:

T-Profil DIN 59 051 – TPS 30×… – S235JR
oder
T-Profil DIN 59 051 – TPS 30×… – 1.0037

LS-Profil DIN 1022 – LS 20×4×… – S235JR
oder
LS-Profil DIN 1022 – LS 20×4×… – 1.0037

Kurzzeichen TPS	b = h in mm	t in mm	S in mm²	e_x ·10⁴ mm⁴	W_x in 10³ mm³	W_y in 10³ mm³	F'_G in N/m
20	20	3	111	6,09	0,29	0,20	8,54
25	25	3,5	163	7,53	0,53	0,37	12,56
30	30	4	224	8,96	0,88	0,61	17,26
35	35	4,5	295	10,40	1,36	0,93	22,66
40	40	5	375	11,83	1,97	1,35	28,84

Kurzzeichen LS	a in mm	t in mm	S in mm²	$e_x = e_y$ in mm	$W_x = W_y$ ·10³ mm³	F'_G in N/m
20×3	20	3	111	6,09	0,28	8,54
4	20	4	144	6,44	0,37	11,09
25×3	25	3	141	7,35	0,47	10,89
4	25	4	184	7,71	0,60	14,13
30×3	30	3	171	8,61	0,68	13,15
4	30	4	224	8,96	0,88	17,26
40×4	40	4	304	11,5	1,62	23,44
5	40	5	375	11,8	1,97	28,84
45×5	45	5	425	13,1	2,53	32,77
50×5	50	5	475	14,3	3,15	36,59

Stahlprofile

Anreißmaße für Form- und Stabstahl

Warmgewalzter rundkantiger U-Stahl DIN 1026

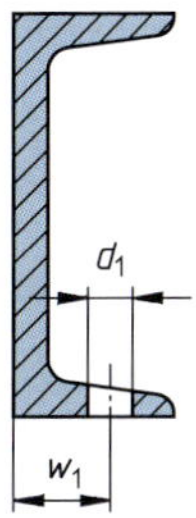

Kurzzeichen [	Anreißmaße in mm w_1	d_1 max.
30 × 15	10	4,3
30	20	8,4
40 × 20	11	6,4
40	20	8,4
50 × 25	16	8,4
50	20	11
60	18	8,4
65	25	11
80	25	13
100	30	13
120	30	17 ··· 13
140	35	17

Kurzzeichen [	Anreißmaße in mm w_1	d_1 max.
160	35	21 ··· 17
180	40	21
200	40	23 ··· 21
220	45	23
240	45	25 ··· 23
260	50	25
280	50	25
300	65	28
320	58	28
350	58	28
380	60	28
400	60	28

Gleichschenkliges L-Profil DIN EN 10 056-1

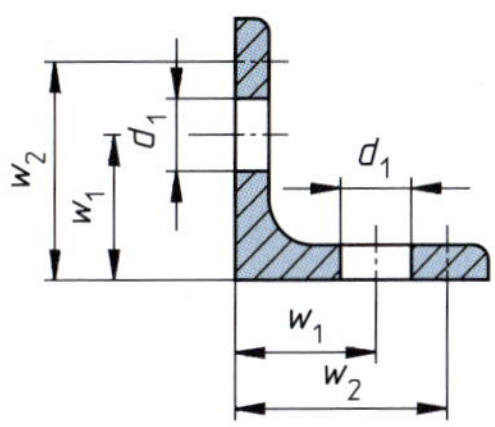

Ungleichschenkliges L-Profil DIN EN 10 056-1

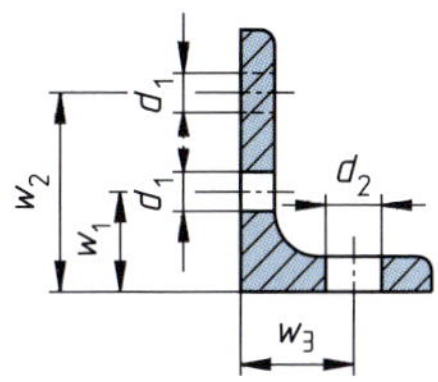

Rot gedruckte Winkel sind zu bevorzugen.

Kurzzeichen L	Anreißmaße in mm w_1	d_1 max.
20 × 3	12	4,3
25 × 3 4	15	6,4
25 × 3 4	15	6,4
35 × 4 5	18	11
40 × 4 5	22	11
45 × 4 5	25	13
50 × 5 6 7	30	13
60 × 5 6 8	35	17

Kurzzeichen L	Anreißmaße in mm w_1	w_2	d_1 max.
70 × 7 9	40	–	21
80 × 8 10	45	–	23
90 × 7 9	50	–	25
100 × 8 10 12	55	–	25
120 × 10 12	50	80	25
150 × 12 15	60	105	28
180 × 16 18	60 65	135	28
200 × 16 20	65	150	28

Kurzzeichen L	Anreißmaße in mm w_1	w_2	w_3	d_1 max.	d_2 max.
30 × 20 × 3 4	17	–	12	8,4	4,3
40 × 20 × 3 4	22	–	12	11	4,3
45 × 30 × 4 5	25	–	17	13	8,4
50 × 40 × 5	30	–	22	13	11
60 × 40 × 5 6	35	–	22	17	11
75 × 50 × 7	40	–	30	23	13
80 × 40 × 6 8	45	–	22	23	11
100 × 50 × 8 10	55	–	30	25	13
120 × 80 × 10 12	50	80	45	25	23
150 × 75 × 9 11	60	105	40	28	23 21
180 × 100 × 10 12	60	135	50	28	25
200 × 100 × 10 12	65	150	55	28	25

Stahlprofile

Anreißmaße für Form- und Stabstahl

Warmgewalzte I-Träger

I-Profil DIN 1025-1

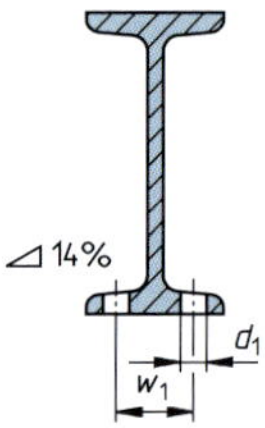

IPE-Profil DIN 1025-5

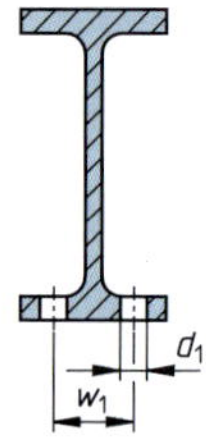

IPB-Profil DIN 1025-2 (zurückgezogen)

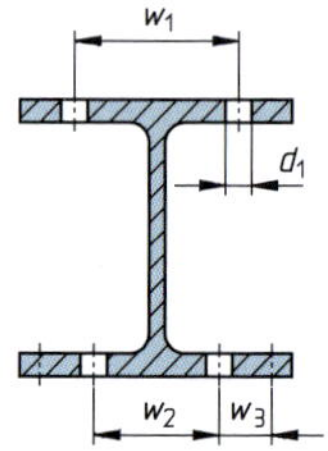

Kurzzeichen I	Anreißmaße in mm w_1	d_1 max.
80	22	6,4
100	28	6,4
120	32	8,4
140	34	11
160	40	11
180	44	13
200	48	13
220	52	13
240	56	17 13
260	60	17
280	60	17
300	64	21 17
320	70	21 17
340	74	21
360	76	2321
380	82	23 21
400	86	23
500	100	28

Kurzzeichen IPB	Anreißmaße in mm w_1	d_1 max.
80	26	6,4
100	30	8,4
120	36	8,4
140	40	11
160	44	13
180	50	13
200	56	13
220	60	17
240	68	17
270	72	21 17
300	80	23
330	86	25 23
360	90	25
400	96	28 25
450	106	28
500	110	28
550	120	28
600	120	28

Kurzzeichen IPB	Anreißmaße in mm einreihig w_1	w_2	w_3	d_1[1)] max.
100	56	–	–	13
120	66	–	–	17
140	76	–	–	21
160	86	–	–	23
180	100	–	–	25
200	110	–	–	25
220	120	–	–	25
240	–	96	35	25
260	–	106	40	25
280	–	110	45	25
300	–	120	45	28
320	–	120	45	28
340	–	120	45	28
360	–	120	45	28
400	–	120	45	28
450	–	120	45	28
500	–	120	45	28
550	–	220	45	28

1) Haben Niete und Schrauben einen kleineren als den hier angegebenen Durchmesser, können dennoch die gleichen Anreißmaße angewendet werden. Zur Anwendung empfohlen: DIN EN 10365.

Warmgewalzter rundkantiger T- und Z-Stahl

T-Profil
DIN EN 10055

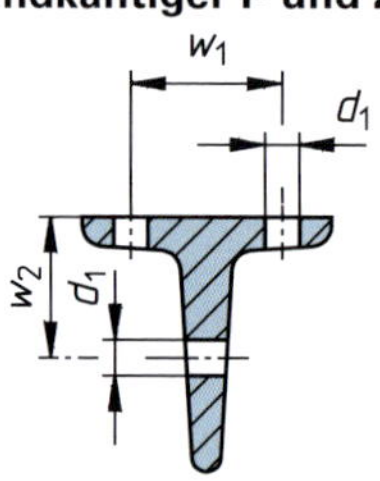

Z-Profil
DIN 1027

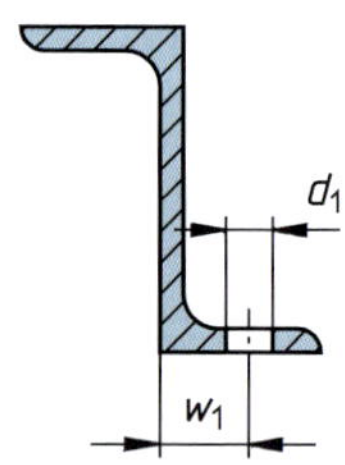

Kurzzeichen T	Anreißmaße in mm w_2	w_3	d_1 max.	Kurzzeichen T	Anreißmaße in mm w_2	w_3	d_1 max.
30	17	17	4,3	70	38	40	11
35	19	19	4,3	80	45	45	11
40	21	22	6,4	100	60	60	13
50	30	30	6,4	120	70	70	17
60	34	35	8,4	140	80	80	21

Kurzzeichen Z	Anreißmaße in mm w_2	d_1 max.	Kurzzeichen Z	Anreißmaße in mm w_2	d_1 max.
30	20	11	100	30	17
40	22	11	120	35	17
50	25	11	140	35	17
60	25	13	160	35	21
80	30	13			

Blankstahlerzeugnisse (Maße und Grenzabmaße)

DIN EN 10278 : 1999-12

Toleranzfelder für Rund-, Vierkant-, Sechskantstäbe

Fertigzustand		Toleranzfeld nach ISO 286-2						
		h6	h7	h8	h9	h10	h11	h12
Gezogen	+C				R	R	R S, H ≤ 80 mm	R S, H ≤ 80 mm
Geschält	+SH					R	R	R
Geschliffen	+SL	R	R	R	R	R	R	R
Poliert	+PL	R	R	R	R	R	R	R

R Rund-, **S** Vierkant-, **H** Sechskantstab

Gezogene Flachstäbe

Breite in mm	Grenzabmaße in mm	
≤ 18	0	−0,100
> 18 … ≤ 30	0	−0,130
> 30 … ≤ 50	0	−0,160
> 50 … ≤ 80	0	−0,190
> 80 … ≤ 100	0	−0,220
> 100 … ≤ 150	0	−0,500
> 150 … ≤ 200	0	−1,00
> 200 … ≤ 300	0	−2,00
> 300 … ≤ 400	0	−2,50

Dicke in mm	Grenzabmaße in mm	
> 3 … ≤ 6	0	−0,075
> 6 … ≤ 10	0	−0,090
> 10 … ≤ 18	0	−0,110
> 18 … ≤ 30	0	−0,130
> 30 … ≤ 50	0	−0,160
> 50 … ≤ 60	0	−0,190
> 60 … ≤ 80	0	−0,300
> 80 … ≤ 100	0	−0,350

Tabellenwerte gelten nur für C-arme Stähle C ≤ 0,2 %. Für andere Stähle erhöhen sich die Abmaße um 50 %.

Toleranzfelder für Rundstäbe

Nennmaß in mm	Toleranzfeld nach ISO 286-2						
	h6	h7	h8	h9	h10	h11	h12
> 1 … ≤ 3	−0,006	−0,010	−0,014	−0,025	−0,040	−0,060	−0,100
> 3 … ≤ 6	−0,008	−0,012	−0,018	−0,030	−0,048	−0,075	−0,120
> 6 … ≤ 10	−0,009	−0,015	−0,022	−0,036	−0,058	−0,090	−0,150
> 10 … ≤ 18	−0,011	−0,018	−0,027	−0,046	−0,070	−0,110	−0,180
> 18 … ≤ 30	−0,013	−0,021	−0,033	−0,052	−0,084	−0,130	−0,210
> 30 … ≤ 50	−0,016	−0,025	−0,039	−0,062	−0,100	−0,160	−0,250
> 50 … ≤ 80	−0,019	−0,030	−0,046	−0,074	−0,120	−0,190	−0,300
> 80 … ≤ 120	−0,022	−0,035	−0,054	−0,087	−0,140	−0,220	−0,350
> 120 … ≤ 180	−0,025	−0,040	−0,063	−0,100	−0,160	−0,250	−0,400
> 180 … ≤ 200	−0,029	−0,046	−0,072	−0,115	−0,185	−0,290	−0,460

Die Grenzabmaße der Tabelle sind Minusabweichungen zum Nennmaß

Beispiel: **2 t Rund EN 10278 – 20h9 × Lager 6000 EN 10277-3 – 38SMn28 + C** oder **2 t Rund EN 10278 – 20h9 × Lager 6000 EN 10277-3 – 1.0760 + C**

Flach-, Rund-, Vierkant-, Sechskantstäbe (Gewichtskräfte)

Breite b in mm	Längenbezogene Gewichtskraft F_G in N/m bei Dicke h in mm									
	3	4	5	6	8	10	12	16	20	25
5	1,16	–	–	–	–	–	–	–	–	–
6	1,38	1,84	–	–	–	–	–	–	–	–
8	1,84	2,46	3,08	3,70	–	–	–	–	–	–
10	2,32	3,08	3,86	4,62	–	–	–	–	–	–
12	2,78	3,70	4,62	5,54	7,40	–	–	–	–	–
14	3,24	4,32	5,40	6,46	8,62	10,8	–	–	–	–
16	3,70	4,92	6,16	7,40	9,81	12,4	–	–	–	–
18	4,16	5,54	6,94	8,32	11,1	13,8	16,7	–	–	–
20	4,62	6,16	7,70	9,42	12,4	15,4	18,4	24,6	–	–
22	5,08	6,78	8,48	10,2	13,5	17,0	20,3	–	–	–
25	5,78	7,70	9,62	11,6	15,4	19,2	23,2	30,8	38,6	–
28	6,46	8,62	10,8	12,9	17,3	21,6	25,9	34,5	43,2	–
32	7,40	9,81	12,4	14,8	19,7	24,6	29,5	39,4	49,2	61,6
36	8,32	11,1	13,8	16,7	22,2	27,8	33,3	44,3	55,4	–
40	9,24	12,4	15,4	18,4	24,6	30,8	37,0	49,2	61,6	77,0
45	10,4	13,8	17,4	20,8	27,8	34,6	41,6	55,4	69,4	86,6
50	11,6	15,4	19,2	23,2	30,8	38,6	46,2	61,6	77,0	96,2
56	12,9	17,3	21,6	–	34,5	43,2	51,8	69,0	86,2	107,8
63	14,5	19,4	24,2	29,1	38,8	48,6	58,2	77,6	97,0	121,6
70	–	21,6	27,0	32,4	43,2	54,0	64,6	86,2	107,9	134,4
80	–	–	30,8	37,0	49,2	61,6	74,0	98,1	123,6	154,0
90	–	–	34,6	41,6	55,4	69,4	83,2	110,9	138,3	173,6
100	–	–	38,6	46,2	61,6	77,0	92,4	123,6	154,0	192,3
125	–	–	48,2	57,8	77,0	96,2	115,8	154,0	192,2	240,3
140	–	–	–	64,6	86,2	107,9	129,5	–	–	–
160	–	–	–	–	–	123,6	–	–	246,2	308,0
180	–	–	–	–	–	138,3	–	–	277,6	346,3
200	–	–	–	–	–	154,0	–	–	308,0	385,5

Abmessung $d = a = s$ in mm	Längenbezogene Gewichtskraft F'_G in N/m.		
	d	a	s
2	0,242	0,308	0,267
3	0,544	0,694	0,600
4	0,967	1,24	1,07
5	1,51	1,92	1,67
6	2,18	2,78	2,40
8	3,87	4,92	4,27
10	6,05	7,70	6,67
12	8,71	11,1	9,60
13	10,2	13,0	11,3
14	11,9	15,1	13,0
15	13,6	17,4	15,0
16	15,5	19,7	17,1
18	19,6	24,9	–
20	24,2	30,8	–
22	29,2	37,3	32,3
24	34,8	44,3	38,5
26	37,8	–	–
28	44,1	56,1	–
30	54,4	69,4	60,0
32	61,9	78,8	68,3
36	78,4	100,1	86,4
50	151,1	192,3	166,8
55	183,4	232,5	202,1
60	217,8	277,6	240,3
65	255,1	325,7	281,5
70	296,3	377,7	326,7
75	340,4	433,6	374,7
80	387,5	492,5	426,5
90	489,5	–	540,5
100	605,3	770,1	667,1

Beispiele:

Flach EN 10058-50 × 20 × … – S235JR
Warm gewalzter Flachstahl, Breite b = 50 mm, Dicke h = 20 mm, Länge …
Unlegierter Baustahl S235JR, DIN EN 10025

Rund EN 10060-25 × … – S235JR
Warm gewalzter Rundstahl, Durchmesser = d, Länge …
Unlegierter Baustahl S235JR, DIN EN 10025

Anmerkung: Schreibweise anstelle Flach = Fl, Rund = Rd, Vierkant = 4kt usw.

Stahlprofile

Kaltgewalzte Flacherzeugnisse (weiche Stähle) DIN EN 10 130 : 2007-02

Werkstoff-Nr.	Kurzzeichen [1] [2] [3]	Chemische Zusammensetzung in Masse-% max-Werte C	P/S	Mn	Ti	Zugfestigkeit R_m in N/mm²	Dehngrenze R_e [4] in N/mm²	Bruchdehnung A_{80} min in %	Eigenschaft und Verwendung
1.0330	DC01	0,12	0,045	0,60	–	270…410	280	28	Kalt umformbare Tiefziehteile Ziehgüte bis Sondertiefziehgüte Oberfläche lackierbar Schweißbar Blechteile im Kfz-Bau, Maschinen- und Gerätebau
1.0347	DC03	0,10	0,035	0,45	–	270…370	240	34	
1.0338	DC04	0,08	0,030	0,40	–	270…350	210	38	
1.0312	DC05	0,06	0,025	0,35	–	270…330	180	40	
1.0879	DC06	0,02	0,020	0,25	0,30	270…330	170	41	
1.0898	DC07	0,01	0,020	0,20	0,20	250…310	150	44	

D = Flacherzeugnisse zum Kaltumformen (Blech, Breitband), C = kaltgewalzt

[1] Desoxidationsart: DC01 freigestellt, DC03 … DC07 vollständig beruhigt

[2] Einteilung nach DIN EN 10 020: DC01 … DC05 unlegierte Qualitätsstähle, DC06, DC07 legierte Qualitätsstähle

[3] Oberflächenkennzeichnung: Oberflächenart (Tab. 1), Oberflächenausführung (Tab. 2)

[4] Für Erzeugnisse, die keine eindeutige Dehngrenze R_e aufweisen, gelten die Werte der Dehngrenze $R_{p0,2}$

Oberflächenkennzeichnung für kaltgewalztes Band und Blech

Oberflächenart (Tab. 1)

Kennzeichen	Merkmale der Oberfläche
A	Übliche Oberfläche mit Poren und Riefen, welche die Umformbarkeit und Haftung von Überzügen nicht beeinträchtigen dürfen.
B	Beste Oberfläche einer Oberfläche, ohne dass das Aussehen einer Lackierung beeinträchtigt wird.

Oberflächenausführung (Tab. 2)

Kennzeichen	Merkmal	Mittenrauwert R_a in μm
b	besonders glatt	≤ 0,4
g	glatt	≤ 0,9
m	matt	0,6 … ≤ 1,9
r	rau	≤ 1,6

Beispiel: **Blech EN 10 130 – DC04 – B – g**
Stahlsorte DC04, Oberflächenart (B), Oberflächenausführung (g)

Kaltgewalzte Flacherzeugnisse (Band, Blech)[1] DIN EN 10 268 : 2013-12

Auswahl von Stählen mit hoher Dehngrenze zum Kaltumformen

Werkstoff-Nr.	Kurzzeichen	Zugfestigkeit R_m min in N/mm²	Dehngrenze $R_{p0,2}$ min in N/mm²	Bruchdehnung A_{80} min in %	Eigenschaften und Verwendung
1.0922 1.0925 1.0928	HC180Y HC220Y HC260Y	340…400 350…420 380…440	180…230 220…270 260…320	35 33 31	Hervorragend kalt umformbar bei hoher mechanischer Festigkeit. Komplizierte Tiefziehteile
1.0395 1.0396 1.0444	HC180B HC220B HC300B	300…360 320…400 400…480	180…230 220…270 300…360	34 32 26	Gut kalt umformbar, Steigerung der Streckgrenze durch nachfolgende Erwärmung. Kfz-Außenteile z. B. Kotflügel usw..
1.0346 1.0349 1.0447	HC220I HC260I HC300I	300…380 320…400 340…440	220…270 260…310 300…350	34 32 30	Hervorragende Streckziehbarkeit wegen isotropen Verhalten. Kfz-Teile: Motorhauben, Türen
1.0480 1.0550 1.0556	HC260LA HC380LA HC420LA	350…430 440…560 470…590	260…330 380…480 420…520	26 19 17	Begrenzt kalt umformbar, gut schweißbar, gute Ermüdungsfestigkeit. Verstärkungsteile im Kfz-Bereich

[1] Die mechanischen Eigenschaften R_m, $R_{p0,2}$ sowie A_{80} beziehen sich auf Querproben

Beispiel: **Blech EN 10 268 – HC260LA – A – m**
Stahlsorte HC260LA, Oberflächenart (A), Oberflächenausführung (m)

Massen für kaltgewalztes Band, Blech und Feinblech

Blechdicke in mm	Flächenbez. Masse in kg/m²	Blechdicke in mm	Flächenbez. Masse in kg/m²	Blechdicke in mm	Flächenbez. Masse in kg/m²	Blechdicke in mm	Flächenbez. Masse in kg/m²
0,35	2,75	0,70	5,49	1,20	9,42	3,0	23,60
0,40	3,14	0,80	6,28	1,50	11,80		
0,50	3,92	0,90	7,06	2,00	15,70		
0,60	4,71	1,00	7,85	2,50	19,60		

Stahlprofile

Stahldraht kaltgezogen

DIN EN 10218-2 : 2012-03

Durchmesser in mm	Längenbez. Masse in kg/1000 m	Durchmesser in mm	Längenbez. Masse in kg/1000 m	Durchmesser in mm	Längenbez. Masse in kg/1000 m	Durchmesser in mm	Längenbez. Masse in kg/1000 m
0,1	0,0616	0,45	1,25	1,8	19,9	7,1	311
0,12	0,0887	0,5	1,54	2	24,6	8	395
0,14	0,121	0,56	1,93	2,24	30,9	9	499
0,16	0,158	0,63	2,45	2,5	38,5	10	616
0,18	0,199	0,71	3,11	2,8	48,4	11,2	773
0,2	0,246	0,8	3,95	3,15	61,2	12,5	966
0,22	0,298	0,9	4,99	3,55	77,7	14	1210
0,25	0,385	1	6,16	4	98,9	16	1580
0,28	0,484	1,12	7,69	4,5	125	18	1990
0,32	0,631	1,25	9,66	5	154	20	2460
0,36	0,798	1,4	12,1	5,6	193		
0,4	0,989	1,6	15,8	6,3	245		

Werkstoff: Unlegierter Qualitätsstahl DIN EN 10016 z. B. C4D

Beispiel: Draht DIN EN 10218-C4D

Stahldraht für Federn (Auswahl)

DIN EN 10270-1: 2017-09, -2 : 2012-01

Drahtkurzzeichen statisch	dynam.	Zugfestigkeit R_m (Mittelwerte) in N/mm² bei d in mm: 0,3	0,5	1,0	1,5	2,0	2,5	3,0	4,0	5,0	6,0	7,0	8,0	9,0	10
Unlegierter Federstahldraht															Teil 1
SL		—	—	1845	1720	1635	1570	1515	1420	1355	1300	1250	1210	1175	1145
SM	DM	2510	2335	2100	1965	1865	1790	1730	1630	1555	1490	1440	1395	1355	1320
SH	DH	2800	2610	2350	2200	2090	2005	1940	1835	1750	1680	1625	1575	1530	1490
Vergüteter unlegierter oder legierter Federstahldraht[1]															Teil 2
FDC		—	2000	1960	1850	1805	1745	1695	1625	1575	1535	1505	1475	1455	1435
TDC[2]	VDC[3]	—	1925	1900	1750	1720	1680	1650	1600	1590	1570	1520	1470	1440	1440

[1] Angaben gelten für niedrige Zugfestigkeitswerte, [2] mittlere Dauerfestigkeit, [3] hohe Dauerfestigkeit

Verwendungshinweise für unlegierten Federstahldraht

Drahtsorte	Verwendung bei statischer Beanspruchung
SL	Zug-, Druck- oder Drehfedern, für niedrige Zugfestigkeiten
SM	Zug-, Druck- oder Drehfedern, für mittlere Zugfestigkeiten
SH	Zug-, Druck- oder Drehfedern, für hohe Zugfestigkeiten

Drahtsorte	Verwendung bei dynamischer Beanspruchung
DM	Zug-, Druck- oder Drehfedern, für vorwiegend mittlere Zugfestigkeiten
DH	Zug-, Druck- oder Dreh-, Formfedern, für hohe Zugfestigkeiten

Beispiel: Federdraht EN 10270-1-SM-2,5 ph
SM: Federstahlsorte, 2,5: Draht-∅, ph: phosphatiert

Warmgewalzter vergütbarer Federstahl

DIN EN 10089 : 2003-04

Werkstoff-Nr.	Kurzzeichen	Chemische Zusammensetzung in Masse-%	Zugfestigkeit R_m in N/mm²	Dehngrenze $R_{p0,2}$ in N/mm²	Bruchdehnung A in %	Eigenschaften, Verwendung
1.5023	38 Si7	0,35...0,42 C; 1,5...1,8 Si; 0,5...0,8 Mn	1180 ... 1370	1030	6	Federringe, Federplatten
1.7102	54 SiCr6	0,51...0,59 C; 1,2...1,6 Si; 0,5...0,8 Mn; 0,5...0,8 Cr	1320 ... 1570	1130	6	Blattfedern, Kegelfedern
1.7108	61 SiCr7	0,57...0,65 C; 1,6...2,0 Si; 0,7...1,0 Mn; 0,2...0,45 Cr	1320 ... 1570	1130	6	Tellerfedern, Schraubenfedern
1.8159	51 CrV4	0,47...0,55 C; max. 0,4 Si; 0,7...1,1 Mn; 0,9...1,2 Cr; 0,1...0,25 V	1370 ... 1620	1175	6	hochbeanspruchte Schrauben-, Teller- und Blattfedern
1.7701	52 CrMoV4	0,48...0,56 C; max. 0,4 Si; 0,7...1,1 Mn; 0,9...1,2 Cr; 0,15...0,3 Mo; 0,1...0,2 V	1370 ... 1670	1175	6	

Festigkeitswerte gelten für Proben 10 mm

Stahlprofile

Warmgefertigte quadratische und rechteckige Hohlprofile

DIN EN 10210-2 : 2019-07

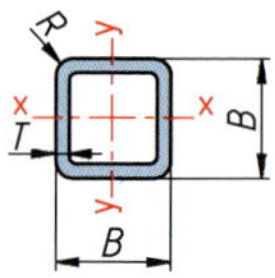

R maximal
3T für jeden
Eckenbereich

Beispiel: EN 10210 – S275J0 H – 60×40×5

Nummer der Norm
S = unlegierter Baustah
275 = Mindestdehngrenze 275 N/mm²
für Dicken ≤ 16 mm
J0 = Kerbschlagarbeit 27 Joule bei 0 °C
H = Hohlprofil
60×40×5 = Abmessungen B×H×T; Lieferlänge: 4 … 16 m

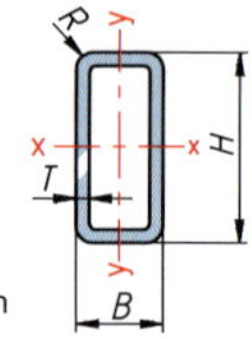

Quadratisches Hohlprofil

Nennmaß *B* mm	Wanddicke *T* mm	Querschnitt *A* cm²	Für die Biegeachsen x–x=y–y *I* cm⁴	*W* cm³	Längenbezogene Gewichtskraft F'_G N/m
40	3,2	4,6	10,2	5,11	35,4
	4,0	5,59	11,8	5,91	43,06
	5,0	6,73	13,4	6,68	51,8
60	3,2	7,16	38,1	12,7	55,1
	5,0	10,7	53,3	17,8	82,6
	8,0	16,0	69,7	23,2	122,62
80	4,0	12,0	114	28,6	92,31
	6,0	17,4	156	39,1	133,41
	8,0	22,4	189	47,3	171,68
100	4,0	15,2	232	46,6	116,74
	6,3	23,2	336	67,1	178,5
	8,0	28,8	400	79,9	221,71
120	5,0	22,7	498	83,0	174,62
	8,0	35,2	726	121	270,76
	12,0	50,3	958	160	387,5
140	6,3	33,3	984	141	256,0
	8,0	41,6	1195	171	319,81
	12,5	62,1	1653	236	477,7

Rechteckiges Hohlprofil

Nennmaß *H×B* mm	Wanddicke *T* mm	Querschnitt *A* cm²	Für die Biegeachsen x–x I_x cm⁴	x–x W_x cm³	y–y I_y cm⁴	y–y W_y cm³	Längenbezogene Gewichtskraft F'_G N/m
60×40	3,2	5,88	27,8	9,27	14,6	7,29	45,3
	5,0	8,73	38,1	12,7	19,5	9,77	67,2
	6,0	10,2	42,3	14,1	21,4	10,7	78,38
80×40	3,2	7,16	57,2	14,3	18,9	9,5	55,1
	5,0	10,7	80,3	20,1	25,7	12,9	82,6
	8,0	16,0	106	26,5	32,1	16,1	122,62
100×50	3,2	9,08	116	23,2	38,8	15,5	69,9
	5,0	13,7	167	33,3	54,3	21,7	105,95
	8,0	20,8	230	46,0	71,3	28,7	159,9
120×60	4,0	13,6	249	41,5	83,1	27,7	104,97
	6,3	20,7	358	59,7	116	38,8	158,9
	8,0	25,6	425	70,8	135,0	45,0	197,18
140×80	4,0	16,8	441	62,9	184,0	46,0	129,49
	6,3	25,7	646	92,3	265	66,2	198,2
	8,0	32,0	776	111,0	314,0	78,5	246,23
160×80	5,0	22,7	744	93,0	249,0	62,3	174,62
	8,0	35,2	1091	136,0	356,0	89,0	270,76
	10,0	42,9	1284	161	411	103	330,6

Rundhohlprofil: Nahtlose und geschweißte Stahlrohre

DIN EN 10220 : 2003-03

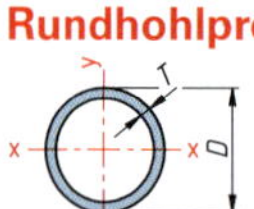

Beispiel: Rohr EN 10220 – 60,3×5 – S235JR

Außen-∅ *D*=60,3 mm
Wanddicke *T*=5 mm
Werkstoff S235JR
Lieferlänge bis 16 m

Nennmaß *D* mm	Wanddicke *T* mm	Querschnitt *S* cm²	Für die Biegeachsen x–x=y–y *I* cm⁴	*W* cm³	Längenbezogene Gewichtskraft F'_G N/m
33,7	2,6	2,54	3,09	1,84	19,52
	4,0	3,73	4,19	2,49	28,74
42,4	2,6	3,25	6,46	3,05	25,01
	4,0	4,83	8,99	4,24	37,18
48,3	2,6	3,73	9,78	4,05	28,74
	4	5,57	13,8	5,70	42,87
60,3	2,9	5,23	21,6	7,16	40,32
	5	8,69	33,5	11,1	66,90
76,1	2,9	6,67	44,7	11,8	51,40
	5	11,2	70,9	18,6	86,03
88,9	3,2	8,62	79,2	17,8	66,32
	6,3	16,3	140	31,5	125,57
114,3	3,2	5,67	89,82	15,72	86,03
	6,3	11,0	169,69	29,69	164,81
139,7	3,2	6,93	165,23	23,65	105,95
	6,3	13,5	314,58	45,04	203,07

Rohre zum Schweißen und Gewindeschneiden (Mittlere Reihe (M))

DIN EN 10255 : 2007-07

Außen-∅ in mm	Nennweite DN in mm	Gewindegröße *R* in inch	Wandstärke T[2] in mm	Längenbezog. Gewichtskraft F'_G N/m[1]
10,2	6	1/8	2,0	3,96
13,5	8	1/4	2,3	6,29
17,2	10	3/8	2,3	8,23
21,3	15	1/2	2,6	11,87
26,9	20	3/4	2,6	15,30
33,7	25	1	3,2	23,64
42,4	32	1 1/4	3,2	30,41
48,3	40	1 1/2	3,2	34,92
60,3	50	2	3,6	49,34
76,1	65	2 1/2	3,6	62,98
88,9	80	3	4,0	82,01
114,3	100	4	4,5	119,68

Besonderheit: Die Gewindegröße *R* bezieht sich auf die Nennweite DN für Rohrgewinde G… s. Kapitel M
Rohrfertigungsverfahren: nahtlos oder geschweißt (S oder W), Herstelllänge 6 m ohne Gewinde rohschwarzes Rohr. **Werkstoff:** Unlegierter Stahl S195T nach DIN EN 10027-1

[1] mit glatten Rohrenden [2] Grenzabmaße für die Wandstärke $T \pm 10\,\%$

Stahlprofile

Nahtlose kaltgezogene Präzisionsstahlrohre

DIN EN 10305-1: 2016-08

Werkstoff-Nr.	Kurzzeichen	Zugfestigkeit R_m in N/mm²	Dehngrenze R_{eH} in N/mm²	Bruchdehng. A in %
1.0212	E215	290…430	215	30
1.0308	E235	340…480	235	25
1.0580	E355	490…630	355	22
1.1191	C45E	≥540	340	18
1.0710	15S10	380…540	260	22

Festigkeitswerte im normalgeglühten Zustand+N

		Chem. Zusammensetzung in %				
		C	Si	Mn	P	S
1.0212	E215	0,1	0,05	0,7	0,025	0,025
1.0308	E235	0,17	0,35	1,2	0,025	0,025
1.0580	E355	0,22	0,55	1,6	0,025	0,025
1.1191	C45E	≈0,48	≤0,4	≈0,65	0,03	0,035
1.0710	15S10	≈0,15	≈0,22	≈0,9	0,03	≈0,1

Beispiel: **Rohr-60xd56-EN 10305-1-E235+N**
(60) Außen-∅, (d56) Innen-∅,
(EN-10305-1) Norm,
(E235+N) Werkstoff normalgeglüht

Außen-∅ in mm	Längenbezogene Gewichtskraft F'_G N/m[1)] bei Wanddicke t in mm								
	1,0	1,5	2,0	2,5	3	4	5	6	8
4	0,71	–	–	–	–	–	–	–	–
5	0,97	–	–	–	–	–	–	–	–
6	1,21	1,64	–	–	–	–	–	–	–
8	1,70	2,36	3,00	3,43	–	–	–	–	–
10	2,18	3,09	3,87	4,54	–	–	–	–	–
12	2,66	3,82	4,84	5,75	6,53	–	–	–	–
14	3,14	4,53	5,80	6,96	7,98	–	–	–	–
16	3,63	5,26	6,77	8,16	9,43	11,58	–	–	–
20	4,69	6,71	8,71	10,59	12,36	14,50	18,15	–	–
25	5,81	8,52	11,09	13,64	15,99	20,31	24,23	–	–
30	7,01	10,30	14,52	16,68	19,62	25,21	30,21	34,83	–
35	8,21	12,16	15,99	19,62	23,35	30,02	36,30	42,08	–
40	9,49	13,93	18,44	22,76	26,88	34,92	42,38	49,44	62,00
45	10,69	15,79	20,99	25,60	30,41	44,15	48,36	56,70	71,61
50	11,77	17,56	23,15	28,55	34,04	44,44	54,35	63,86	31,23
60	14,32	21,19	28,06	34,34	41,40	54,25	66,61	78,38	100,7
70	16,68	24,92	32,86	41,30	48,66	63,86	78,58	92,90	120,0
80	12,13	28,55	37,77	47,00	55,92	73,55	90,74	107,4	139,4
90	–	32,08	41,50	52,88	63,18	83,19	102,8	121,9	158,7
100	–	–	47,48	58,96	70,24	92,80	114,9	136,6	178,1

1) Längenbezogene Gewichtskräfte nicht genormt

Eisen-Gusswerkstoffe

Stahlguss

Werkstoff Nr.	Kurzzeichen	Zugfestigkeit R_m in N/mm²	Dehngrenze $R_{p0,2}$ in N/mm²	Bruchdehng. A in %	Wärmebehandlung in °C	Verwendung und Eigenschaften
Stahlguss für allgemeine Verwendung						**DIN EN 10293 : 2015-04**
1.0420	GE200	380…530	200	min. 25	+N (Normalglühen oder Austenitisieren) 880…980	komplizierte Werkstücke mit mittl. Beanspruchung gut gieß- und schweißbar
1.0446	GE240	450…600	240	min. 22		
1.0558	GE300	520…670	300	min. 18		hochbeanspruchte Teile gut gieß- und schweißbar
Nichtrostender Stahlguss austenitisch-ferritisches Gefüge						**DIN EN 10213 : 2016-10**
1.4309	GX2CrNi19-11	440…640	–	30	+AT (Lösungsglühen und Wasserabschreckung)	Warmfeste Druckgehäuse, Dampfturbinen, Armaturen
1.4308	GX5CrNi19-10	440…640	–	30		
1.4408	GX5CrNiMo19-11-2	440…640	–	30		
Nichtrostender Stahlguss austenitisches Gefüge						**DIN EN 10283 : 2019-06**
1.4308	GX5CrNi19-10	min. 440	175	min. 30	+AT (Lösungsglühen und Wasserabschreckung)	chemische und Lebensmittelindustrie schweißbar, korrosions- und säurefest
1.4408	GX5CrNiMo19-11-2	min. 440	185	min. 30		
1.4458	GX2NiCrMo28-20-2	min. 430	165	min. 30		

Warmfester Stahlguss ferritisch und martensitisch (für Druckbehälter) — **DIN EN 10213 : 2016-10**

Werkstoff-Nr.	Kurzzeichen	Zugfestigkeit R_m in N/mm²	Dehngrenze $R_{p0,2}$ in N/mm² bei Temperatur in °C						Bruchdehng. A in %	Verwendung und Eigenschaften
			20	200	300	400	500	550		
1.0619	GP240GH	420…600	240	175	145	130	–	–	22	Hochdruckgehäuse für Dampfturbinen, hochwasserfeste Pumpengehäuse, Heißdampfarmaturen
1.5419	G20Mo5	440…590	245	190	165	150	135	–	22	
1.7357	G17CrMo5-5	490…690	315	250	230	200	175	160	20	
1.7379	G17CrMo9-10	590…740	400	355	345	315	280	240	18	
1-7706	G17CrMoV5-10	590…780	440	385	365	335	300	260	15	
1.4931	GX23CrMoV12-1	740…880	540	450	430	390	340	290	15	

Eisen-Gusswerkstoffe

Kennzeichnung durch Kurzzeichen

DIN EN 1560 : 2011-05

Position 1	Position 2	Position 3	Position 4	Position 5		Position 6
EN	Metallart	Graphit-struktur	Mikro- oder Makrostruktur	mechanische Eigenschaften	chemische Zu-sammensetzung	zusätzliche Anforderungen

Position 1: Vorsilbe EN (Europäische Norm)
Position 2: Symbol GJ, wobei (G) Guss und (J) Eisen bedeutet

Position 3: Graphitstruktur

L	lamellar
S	kugelig
M	Temperkohle
V	vermikular
N	graphitfrei, ledeburitisch
Y	Sonderstruktur

Position 4: Mikro- oder Makrostruktur

A	Austenit	T	vergütet
F	Ferrit	B	nichtentkohlend geglüht
P	Perlit	W	entkohlend geglüht
M	Martensit	**Anmerkung**: Wenn für den Werkstoff nicht erforderlich, darf Pos. 4 nicht belegt werden.	
L	Ledeburit		
Q	abgeschreckt		

Position 5: Klassifizierungen

5.1. Herstellung der Probestücke

S	getrennt gegossenes Probestück
U	angegossenes Probestück
C	einem Gussstück entnommen

5.2. Zugfestigkeit: Mindestwert in N/mm²

5.3. Bruchdehnung: Mindestwert in %

5.4. Prüftemperatur für die Schlagzähigkeit

RT = Raumtemperatur; LT = Tieftemperatur

Beispiel: **EN-GJS-400-18-RT**
GJ = Gusseisen; S = Kugelgraphit
400 = Zugfestigkeit in N/mm²; 18 = Bruchdehnung in %;
RT = Raumtemperatur

5.5. Härteangabe **HB:** Brinell-, **HV:** Vickers-, **HR** = Rockwellhärte

Beispiel: **EN-GJL-HB 155** GJ = Gusseisen, L = lamellar
HB = Brinellhärte, 155 = Härtebereich

5.6. Chemische Zusammensetzung mit und ohne C-Gehalt

Beispiel: **EN-GJN-X300 CrNiSi9-5-2** GJ = Gusseisen, N = graphitfrei
X = hochlegiert; 300 = 3 % C; 9 % Cr; 5 % Ni; 2 % Si

Position 6: Zusätzliche Anforderungen

D	Gussstück im Gusszustand	W	Schweißeignung für Verbindungsschweißen
H	Wärmebehandeltes Gussstück	Z	in der Bestellung festgelegte zusätzliche Anforderungen

Beispiel: **EN-GJMW-360-12S-W** GJ = Gusseisen; M = Temperkohle; W = entkohlend geglüht;
360 = Zugfestigkeit in N/mm²; 12 = Bruchdehnung in %;
S = getrennt gegossenes Probestück;
W = Schweißeignung

Kennzeichnung durch Werkstoffnummern

DIN EN 1560 : 2011-05

1 2 – 3 4 5 6 7 8 9 (9 Positionen)

- 1 2: EN
- 3: Guss (G)
- 4: Eisen (J)
- 5: Buchstabe ≙ Graphitstruktur.
- 6: Ziffer 0 … 9, z. B. Zugfestigkeit (1); Härte (2) usw.
- 7 8: zweistellige Zahl 00 … 99, die den Werkstoff darstellt
- 9: besondere Anforderungen: Ziffer 0 … 9
  z. B. 4 = Schlagzähigkeit bei Raumtemperatur

Eisen-Gusswerkstoffe

Gusseisen mit Lamellengraphit (GJL) — DIN EN 1561 : 2012-01

1. Mechanische Eigenschaften von GJL[1]

Werkstoffbezeichnung	Zugfestigkeit R_m[2] in N/mm²	Dehngrenze $R_{p0,1}$ in N/mm²	Bruchdehnung A in %	Druckfestigkeit in N/mm²	Grundgefüge	Eigenschaften	Verwendung
EN-GJL-150	150 … 200	98 … 165	0,8 … 0,3	3,4 R_m	ferrit./perlit.	gute Gießbarkeit, Korrosionsbeständigkeit, kerbunempfindlich, Dämpfungsfähigkeit, gute Laufeigenschaft, Verschleißfestigkeit, Bearbeitbarkeit	Gussteile ohne besondere Güte: Zylinder, Zylinderdeckel, Gehäuse
EN-GJL-200	200 … 300	130 … 195		3,18 R_m	perlitisch		
EN-GJL-250	250 … 350	165 … 228		3,01 R_m			
EN-GJL-300	300 … 400	195 … 260		2,87 R_m			hochbeanspr. Teile, Kolben, Zylinder
EN-GJL-350	350 … 450	228 … 285		2,75 R_m			

[1] getrennt gegossene Probe $t \leq 30$ mm [2] Festigkeitswerte sind wandstärkenabhängig

Beispiel: EN-GJL-250: GJL mit R_m = 250 N/mm²

2. Physikal. Eigenschaften von GJL-Gussstücken

Werkstoffbezeichnung	E-Modul[1] in N/mm²	Dichte ϱ in kg/dm³	C-Geh. in %
EN-GJL-150	78 000 … 103 000	7,10	3,5
EN-GJL-200	88 000 … 113 000	7,15	3,4
EN-GJL-250	103 000 … 118 000	7,20	3,0
EN-GJL-300	108 000 … 137 000	7,25	2,8
EN-GJL-350	123 000 … 143 000	7,30	2,8

[1] Der E-Modul ist von der Belastung und der Graphitausbildung abhängig

3. Brinellhärte von GJL-Gussstücken

Bezeichnung der Werkstoffsorte	Wanddicke t in mm	Brinellhärte[1] HBW
EN-GJL-HB175	2,5 … 50	115 … 175
EN-GJL-HB195	5 … 50	135 … 195
EN-GJL-HB215	5 … 50	155 … 215
EN-GJL-HB235	10 … 50	175 … 235
EN-GJL-HB255	20 … 50	195 … 255

[1] Brinellhärte nimmt mit zunehmender Wanddicke zu

Gusseisen mit Kugelgraphit (GJS)[1)2)3)] Mechanische Eigenschaften — DIN EN 1563 : 2019-04

Werkstoffbezeichnung[2]	Zugfestigkeit R_m in N/mm²	Dehngrenze $R_{p0,2}$ in N/mm²	Bruchdehnung A in %	Druckfestigkeit N/mm²	Brinellhärte HBW	Grundgefüge	Verwendung und Eigenschaften
EN-GJS-400-18	min. 400	min. 250	min. 18	700	130 … 175	ferrit.	für Gusswerkstücke mit höherer Festigkeit und Zähigkeit: Zahnräder, Pleuel, Kolben, Fittings usw., gut bearbeitbar und verschleißfest
EN-GJS-500-7	min. 500	min. 320	min. 7	800	150 … 230	ferrit./perlit.	
EN-GJS-600-3	min. 600	min. 370	min. 3	870	180 … 270		
EN-GJS-700-2	min. 700	min. 420	min. 2	1000	210 … 305	perlit.	
EN-GJS-800-2	min. 800	min. 480	min. 2	1150	240 … 335	perlit. bzw. martensit.	

[1] getrennt gegossene Probe $t \leq 30$ mm

[2] **E-Modul (GJS) ≈ 169 000 … 176 000 N/mm²**

[3] Dichte ϱ = 7,1…7,2 kg/dm³

Beispiel: EN-GJS-500-7: GJS mit Zugfestigkeit R_m = 500 N/mm², Bruchdehnung A = 7 %

Austenitisches Gusseisen (GJLA) — DIN EN 13835 : 2012-04

Werkstoff-Nr.	Kurzzeichen	Zugfestigkeit R_m in N/mm²	Dehngr. $R_{p0,2}$ in N/mm²	Bruchdehng. A in %	Brinellhärte HBW[1]	Eigenschaften	Verwendung
Lamellengraphit							
5.1500	EN-GJLA-XNiCuCr15-6-2	170 … 210	—	2	120 … 215	gute Korrosions- u. Hitzebeständigkeit, hohe Wärmedehng., gute Gleiteigensch.	Pumpen, Ventile, nicht magnetisierbare Gussstücke, Laufbüchsen
5.1501	EN-GJLA-XNiMn13-7	140 … 220	—	—	120 … 150	Nicht magnetisierbar gute mechan. Eigenschaften	Druckdeckel für Turbogeneratoren, Gehäuse für Schaltanlagen
Kugelgraphit							
5.3500	EN-GJSA-XNiCr20-2	370 … 480	210 … 250	7 … 20	140 … 255	gute Korrosions- und Hitzebeständigkeit, gute Gleiteigenschaften, hoher therm. Ausdehnungskoeff.	Pumpen-, Ventile, Kompressoren, Turboladergehäuse, nichtmagnetisierbare Gussstücke
5.3503	EN-GJSA-XNi22	370 … 450	170 … 250	20 … 40	130 … 170	hohe Dehnung, geringe Korrosions- u. Hitzebeständigkeit, bleibt zäh bis −100 °C	Pumpen, Ventile, Kompressoren, Buchsen, Turboladergehäuse

[1] Brinellhärtewerte nicht in der Norm aufgeführt

Eisen-Gusswerkstoffe

Entkohlend geglühter Temperguss (GJMW) — DIN EN 1562 : 2019-05

Werkstoffbezeichnung Werkstoff-Nr.	Probestab-∅ in mm	Zugfestigkeit R_m in N/mm²	Dehngrenze $R_{p0,2}$ [1] in N/mm²	Bruchdehng. A in %	Härte HBW	Kennzeichnende Gefügebestandteile
EN-GJMW-350-4 5.4200	9 12 15	≥310 ≥350 ≥360	– – –	≥ 5 ≥ 4 ≥ 3	≤230	größere Schwankungsbreite gegenüber GJMW-400-5 zulässig
EN-GJMW-360-12 [2] 5.4201	9 12 15	≥320 ≥360 ≥370	≥170 ≥190 ≥200	≥15 ≥12 ≥ 7	≤200	Entkohlungstiefe besonders groß
EN-GJMW-400-5 5.4202	9 12 15	≥360 ≥400 ≥420	≥200 ≥220 ≥230	≥ 8 ≥ 5 ≥ 4	≤220	Kern: lamellarer Perlit +Temperkohle
EN-GJMW-450-7 5.4203	9 12 15	≥400 ≥450 ≥480	≥230 ≥260 ≥280	≥10 ≥ 7 ≥ 4	≤220	Kern: körniger Perlit +Temperkohle

[1] Wegen Bestimmung von $R_{p0,2}$ bei kleinen Proben müssen die Werte und Messmethode zwischen Hersteller und Käufer vereinbart werden.

[2] Ist zum Schweißen am besten geeignet.

Beispiel: EN-GJMW-360-12, Zugfestigkeit $R_m = 360$ N/mm², Bruchdehnung $A = 12$ %

Eigenschaften	Verwendung
gut bearbeitbar, große Entkohlungstiefe EN-GJMW-360-12	für dünnwandige, zähe Gussstücke; Räder, Fittings, Hebel, Schlüssel, Bremstrommeln

Nachbehandlung für Temperguss

	GJMW	GJMB
Härten	ja über 8 mm	ja
Flammhärten	ja über 8 mm	ja
Einsetzen	ja unter 8 mm	—
Vergüten	ja	ja
Festigkeitsschweißen	GJMW-360-12	—
Haftschweißen	ja	ja
Hartlöten	ja unter 6 mm	ja bis 700 °C
Verzinken, Verzinnen, Verchromen	ja	ja

Keilprobe für GJMW

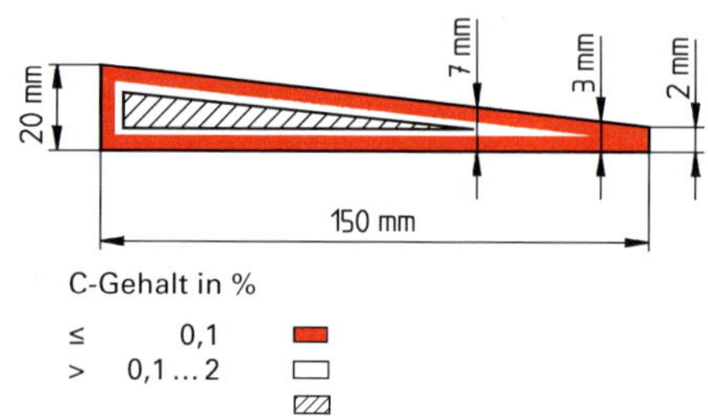

Nicht entkohlend geglühter Temperguss (GJMB) — DIN EN 1562 : 2019-06

Werkstoffbezeichnung Werkstoff-Nr.	Probe-∅ stab- in mm	Zugfestigkeit R_m in N/mm²	Dehngrenze $R_{p0,2}$ [1] in N/mm²	Bruchdehng. A in %	Härte HBW	Kennzeichnende Gefügebestandteile
EN-GJMB-350-10 5.4101	12 oder 15	≥350	≥200	max. 10	max. 150	Ferrit+Temperkohle.
EN-GJMB-450-6 5.4205	12 oder 15	≥450	≥270	≥6	150 … 200	Perlit (lamellar bis körnig) +Ferrit+Temperkohle
EN-GJMB-550-4 5.4207	12 oder 15	≥550	≥340	≥4	180 … 230	Perlit (lamellar bis körnig) +Temperkohle, Ferritanteil möglich
EN-GJMB-650-2 5.4300	12 oder 15	≥650	≥430	≥2	210 … 260	Perlit (lamellar bis körnig) +Ferrit+Temperkohle
EN-GJMB-700-2 5.4301	12 oder 15	≥700	≥530	≥2	240 … 290	Vergütungsgefüge +Temperkohle

[1] Wegen Bestimmung von $Rp0,2$ bei kleinen Proben müssen die Werte und Messmethode zwischen Hersteller und Käufer vereinbart werden.

Stahl- und Gusseisengefüge

Zustandsschaubild: Eisen-Kohlenstoff

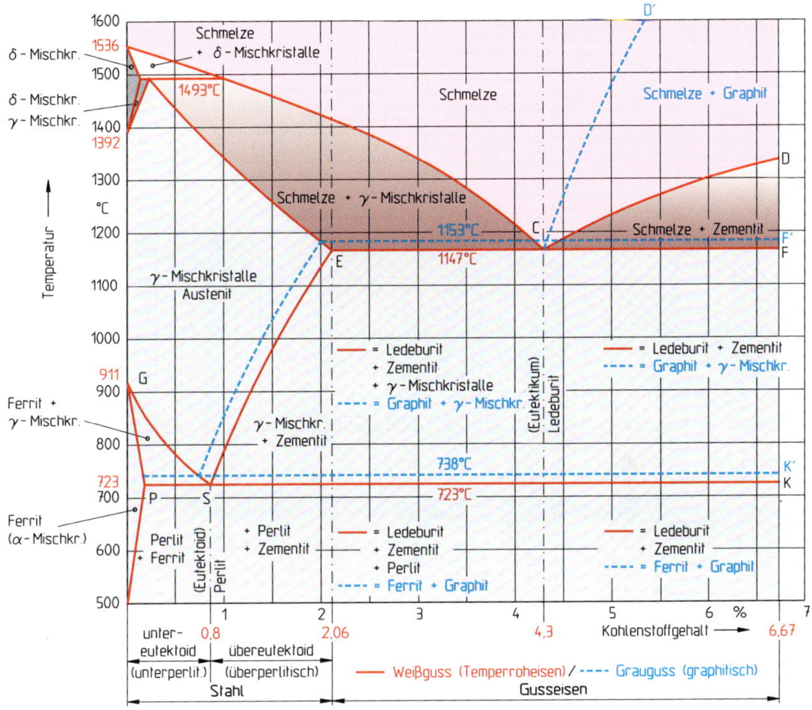

— **Metastabiles System: $Fe-Fe_3C$**
Durch Glühen veränderliches Gefüge

--- **Stabiles System: $Fe-C$**
Graphitausscheidungen durch Glühen nicht veränderlich

Gefügebestandteile bei Raumtemperatur nach langsamer Abkühlung (Metastabiles System)

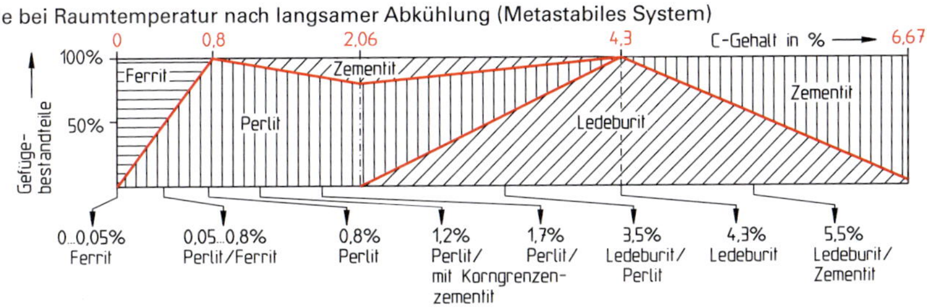

unterperlitischer Stahl

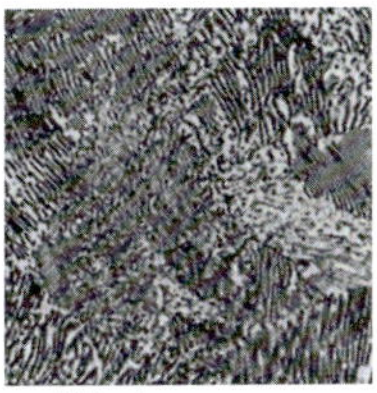
perlitischer Stahl

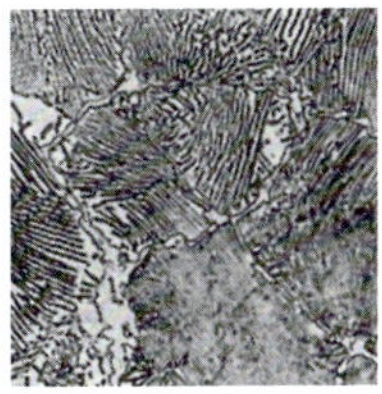
überperlitischer Stahl

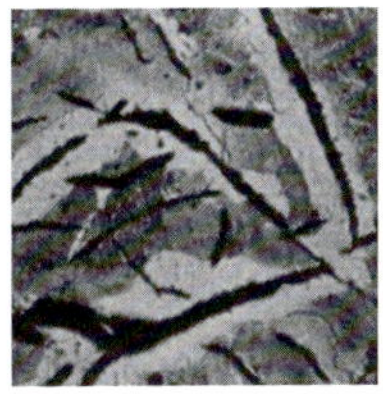
ferritisch-perlitisches Gusseisen

Stoffwerte der Gießereitechnik

Dichte flüssiger Gusswerkstoffe (Mittelwerte)

Bezeichnung	Kurzzeichen	Dichte in kg/dm³
Gusseisen (Grauguss)	GJ...	6,5
Stahlguss	GS...	6,9
Temperguss	GJM...	6,7
Al-Gusslegierungen	AC-...	2,35
Mg-Gusslegierungen	MC-...	1,6

Bezeichnung	frühere Bezeichnung	Kurzzeichen	Dichte in kg/dm³
Al-Zn-Gusslegierung	Al-Bronze	AC-AlZn	2,7
Cu-Pb-Sn-Gusslegierung	Pb-Bronze	G-CuPbSn	8,7
Cu-Sn-Gusslegierung	Sn-Bronze	G-CuSn	8,0
Cu-Zn-Gusslegierung	Gussmessing	G-CuZn	7,7
Cu-Sn-Zn-Gusslegierung	Rotguss	G-CuSnZn	7,8

Dichte von Gießereiroh- und -hilfsstoffen (Mittelwerte)

Bezeichnung	Dichte in kg/dm³
Bentonit	0,9
Formsand, gestampft	1,25
Gießereikoks, geschüttet	0,5
Graphit, rein	2,25
Holzkohle	0,3
Kalkstein, gehäuft	1,8
Kernsand, getrocknet	1,2

Bezeichnung	Dichte in kg/dm³
Kernsand, ungetrocknet	1,4
Kunstharz	1,2
Lehm, feucht	1,5
Leim	1,3
Modellgips	1,8
Neusand, feucht	1,2
Quarzsand, gehäuft	1,5

Bezeichnung	Dichte in kg/dm³
Schamotte	2,0
Steinkohle, geschüttet	0,8
Steinkohlenstaub	0,6
Ton	2,2
Wachs	0,96
Zement, gebunden	1,5
Ziegel	1,5

Dichte luftgetrockneter Hölzer

Bezeichnung	Dichte in kg/dm³ frisch	Dichte in kg/dm³ trocken
Ahorn	0,95	0,66
Birke	0,96	0,65
Eiche	1,04	0,69
Erle	0,82	0,53

Bezeichnung	Dichte in kg/dm³ frisch	Dichte in kg/dm³ trocken
Fichte	0,74	0,47
Kiefer	0,70	0,52
Linde	0,74	0,53
Lärche	—	0,55

Bezeichnung	Dichte in kg/dm³ frisch	Dichte in kg/dm³ trocken
Nussbaum	—	0,71
Pappel	0,85	0,45
Rotbuche	1,07	0,72
Weißbuche	1,05	0,82

Eigenschaften verschiedener Holzarten

Eigenschaften	Rotbuche	Eiche	Fichte	Tanne	Kiefer	Lärche	Pappel	Erle
Zugfestigkeit ∥ in N/cm²	13500	9000	9000	7000	10400	17700	7700	
Zugfestigkeit ⊥ in N/cm²	700	400	270	130	300	230		200
Druckfestigkeit ∥ in N/cm²	6200	6300	5000	3200	5500	5500	3500	4700
Druckfestigkeit ⊥ in N/cm²	950	1100	580	270	770	750		650
Biegefestigkeit ∥ in N/cm²	12300	10000	7800	5300	10000	9900	6500	8500
Härte in HB	3,4	3,4	1,2		1,9	1,9		

∥ = mit der Faser (parallel) ⊥ = gegen die Faser (senkrecht)

Farbkennzeichnung von Modellen DIN EN 12890:2000-06

Merkmale \ Gusswerkstoffe	Stahlguss	Gusseisen Lamellengraphit	Gusseisen Kugelgraphit	Temperguss	NE-Leichtmetall	NE-Schwermetall
Grundfarbe	blau	rot	violett	grau	grün	gelb
Flächen am Gussstück, welche mechanisch bearbeitet werden	gelb					rot
Kernmarken/Kernlage	schwarz					
Speiser	gelbe Streifen					
Sitzstellen für Losteile und deren Befestigungen	schwarz umrandet					
Stellen für Abschreckplatten	rot	blau	rot	rot	blau	blau

Schwindmaße in ≈ %

GJL	1,0
GJS, ungeglüht	1,2
GJS, geglüht	0,5
Stahlguss	2,0
GJMB	0,5
GJMW	1,6
Al-Gusslegierung	1,2
Mg-Gusslegierung	1,2
G-CuSn-Legierung	1,5
G-CuSnZn-Legierung	1,3
G-Zn-Legierung	1,2
Gleitlager-Gussleg.	0,5

Werkstoffnormung für NE-Metalle

Bezeichnung durch Werkstoffnummer — DIN 17007-4 : 2012-12 mit DIN EN 1780-1 : 2003-01

2. Hauptgruppe sind NE-Schwermetalle, **3. Hauptgruppe** sind NE-Leichtmetalle

Einteilung der Hauptgruppen 2 und 3			
Werkstoff-Nr.	**NE-Grundmetalle**	**Werkstoff-Nr.**	**NE-Legierungen**
2.0000 … 2.1799	Rein-Kupfer **Cu**	2.0200 … 2.1799	Cu-Legierungen [1)]
2.2000 … 2.2399	Rein-Zink **Zn**	2.2100 … 2.2399	Zn-Legierungen, Lote
2.2400 …	Cadmium **Cd**	… 2.2499	Cd-Legierungen, Lote
2.3000 … 2.3099	Reinblei **Pb**	2.3100 … 2.3399	Pb, Pb-Legierungen
		2.3200 … 2.3299	Hartblei
		2.3300 … 2.3399	Mehrstofflegierungen
2.3500 … 2.3509	Rein-Zinn **Sn**	2.3510 … 2.3709	Sn-Legierungen, Lote
2.4000 … 2.4099	Rein-Nickel **Ni**, Rein-Cobalt **Co**	2.4100 … 2.4999	Ni-, Co-Legierungen
2.5000 … 2.5999	**Edelmetalle**		
2.6000 … 2.6999	**hochschmelzende Metalle**		
3.0000 … 3.4999	Aluminium **Al**	3.0000 … 3.4999	Al-Legierungen [1)]
3.5000 … 3.5009	Rein-Magnesium **Mg**	3.5010 … 3.5999	Mg-Legierungen [1)]
3.7000 …	Titan **Ti**	… 3.7999	Ti-Legierungen

Anmerkung:
Die 2. bis 5. Stelle der Werkstoff-Nr. kennzeichnet die Zusammensetzung, die 6. und 7. Stelle den Zustand

1) Anstelle der Werkstoff-Nr. können Al und Al-Legierungen auch nach EN 573-3, Mg-Gusslegierungen nach EN 1754 sowie Cu und Cu-Legierungen nach EN 1976, 1978, 1412, 1982 gekennzeichnet werden

Anhängezahlen für den Zustand (6. und 7. Stelle)

Gruppe	Zustandsgruppe	Zahl	Zustand
0	Unbehandelt	.00 bis .09	unbehandelt, Sandguss … Sonderfälle
1	Weich	.10 bis .19	weich, ohne Korngrößen-angabe … nach Vorschrift
2	Kaltverfestigt (Zwischenhärten)	.20 bis .29	gewalzt/gezogen ohne vorgeschriebene Festigkeit ….
3	Kaltverfestigt („hart" und darüber)	.30 bis .39	hart, 1/2 hart … Sonderfälle
4	Lösungsgeglüht, ohne mechanische Nacharbeit	.40 bis .49	lösungsgeglüht … Sonderfälle
5	Lösungsgeglüht, kalt nachgearbeitet	.50 bis .59	lösungsgeglüht, kalt nachgearbeitet … Sonderfälle
6	Warmausgehärtet, ohne mechanische Nacharbeit	.60 bis .70	lösungsgeglüht, warmausgelagert … Sonderfälle
7	Warmausgehärtet, kalt nachgearbeitet	.70 bis .79	lösungsgeglüht, kalt nachge-arbeitet, warumausgelagert …
8	Entspannt, ohne vorherige Kaltverfestigung	.80 bis .89	Sandguss, entspannt … Sonderfälle
9	Sonderbehandlungen (z. B. Stabilisierungsglühen)	.90 bis .99	Sandguss, sonderbehandelt … Sonderfälle

Beispiele für die Benennung von NE-Metallen

Werkstoffkurz-bezeichnung	Herstellungsteil	Zusammensetzungsteil in Masse-%	Behandlungsteil
EN AW-3103 [Al99,5O]	A = Al, W = Halbzeug	Reinheitsgrad 99,5 Al	O = weichgeglüht
EN AW-2024 [AlCu4Mg1T4]	A = Al, W = Knetlegierung	4 Cu; 1 Mg; Rest Al	T = wärmebehandelt 4 = kaltausgehärtet
EN AC-AlSi12(Fe)	A = Al, C = Gussstück	12 Si; 1 Fe; Rest Al	
EN-MCMgAl4Si	M = Mg, C = Gussstück	4 Al; 1 Si; Rest Mg	Rohgusszustand
E-Ni99,95	E = Elektrolyse	Reinheitsgrad 99,95	
CuZn40Al2		40 Zn; 2 Al; Rest Cu	
PbSb10Sn6		10 Sb, 6 Sn, Rest Pb	
TiAl6V4		6 Al, 4V, Rest Ti	
S-Pb70Sn30	S = Weichlot	70 Pb; 30 Sn	
B-Ag85Mn-960/970	B = Hartlot	85 Ag; 15 Mn	Schmelzbereich 960 … 970 °C

Nichteisenmetalle (Leichtmetalle)

Bezeichnungssystem für Aluminium und Al-Knetlegierungen

Möglichkeiten der Bezeichnung nach DIN EN 573-3

DIN EN 573-1 : 2005-02;-2 : 1994-12; -3 : 2022-09

Üblich: Numerische Bezeichnung **oder** Bezeichnung nach chemischer Zusammensetzung

EN AW-8011 A — **EN AW-8011 A [AlFeSi(A)]**

- A — Kennzeichen für nationale Variante
- 8011 — chemische Zusammensetzung
- W — Halbzeug (**W**rought alloys/Knetlegierungen)
- A — Aluminium und Al-Legierungen
- EN — Europäische Norm

Ausnahme: **EN AW-AlFe Si(A)**

Legierungsgruppen: Bezeichnung mit 4 Ziffern

DIN EN 573-1 : 2005-02

Legierungsgruppe	Chemische Zusammensetzung	Numerische Bezeichnung	Werkstoff-Kurzzeichen
1 xxx (Serie 1000)	Aluminium 99 % und größer	EN AW-1098	EN AW-Al 99,98
		EN AW-1050 A	EN AW-Al 99,5
Aluminium-Knetlegierungen (Beispiele)			
2 xxx (Serie 2000)	– Kupfer (AlCu)	EN AW-2024	EN AW-AlCu4Mg1
3 xxx (Serie 3000)	– Mangan (AlMn)	EN AW-3103	EN AW-AlMn1
4 xxx (Serie 4000)	– Silicium (AlSi)	EN AW-4006	EN AW-AlSi1Fe
5 xxx (Serie 5000)	– Magnesium (AlMg)	EN AW-5754	EN AW-AlMg3
6 xxx (Serie 6000)	– Magnesium, Silicium (AlMgSi)	EN AW-6012	EN AW-AlMgSiPb
7 xxx (Serie 7000)	– Zink (AlZn)	EN AW-7072	EN AW-AlZn1
8 xxx (Serie 8000)	– sonstige Elemente	EN AW-8011 A	EN AW-AlFeSi (A).

Kurzzeichen für Behandlungszustand, Festigkeit

DIN EN 515 : 2017-05

F: Herstellungszustand für Erzeugnisse aus Umformverfahren, im Allgemeinen ohne Angabe von Festigkeitswerten

Hxx: H = kaltverfestigt + 2 oder 3 Ziffern

- 3. Ziffer — Kennzeichen für besondere Behandlungsweise
- 2. Ziffer — Grad der Verfestigung in 1/2 z. B. 2 = viertelhart, 4 = halbhart, 8 = hart
- 1. Ziffer — Art der thermischen Behandlung z. B. 1 = ohne zusätzliche Wärmebehandlung, 2 = teilentfestigt (rückgeglüht)

Ox: O = weichgeglüht + Ziffer 1 … 3 z. B. 1 = bei hoher Temperatur geglüht und langsam abgekühlt
2 = thermomechanisch behandelt
3 = homogenisiert

- Der Normalfall ist O ohne zusätzlich Ziffer.

Txxxxx T = wärmebehandelt + 1 … 5 Ziffern, auf andere Zustände als F, H, O (Tabelle 1, 2, 3 auf Seite W33)

- genauere Angaben des Behandlungszustandes
- grobe Angabe des Behandlungszustandes z. B. 2 = von erhöhter Temperatur abgekühlt, kaltumgeformt und kaltausgelagert
  4 = lösungsgeglüht und kaltausgelagert

W: lösungsgeglüht, nur eindeutig mit Zeitangabe für Kaltauslagern z. B. W $^{1}/_{2}$ h

Fortsetzung DIN EN 515 : 2017-05

Zusatzziffern nach dem T (1. Ziffer)

Tabelle 1

Auslagerung	Kaltumgeformt	Von Warmumform-temperatur abgeschreckt	Im Ofen lösungsgeglüht
kalt auslagern	nein	T 1	T 4
	ja	T 2	T 3
warm auslagern	nein	T 3	T 6, T 7
	ja, vor dem Auslagern	T 10	T 8
	ja, nach dem Auslagern	–	T 9

Zusätzliche Ziffern für T-Zustände (2. Ziffer)

Tabelle 2

Eigenschaft	T 79	T 76	T 74	T 73.
Zugfestigkeit				
Bruchzähigkeit				
beständig gegen Spannungsrisskorrosion				
beständig gegen Schichtkorrosion				

Weitere T-Zustände (2. Ziffer)

Tabelle 3

2. Ziffer	Überalterung	Kaltumformung	Unteralterung	Sonderverfahren
1	–	T 31, T 81	T 51, T 61	–
2	×	×	×	×
3	T 73	T 83	T 63	–
4	T 74	–	T 64	–
5	–	T 34, T 84	T 65	–
6	T 76	T 36, T 86	×	T 56, T 66
7	–	T 37, T 87	×	–
8	–	–	×	–
9	T 79	T 39, T 89	×	–

×: darf nicht verwendet werden; –: für zukünftige Verwendung

Härtezustände (Ergänzung zu Tab. 3)

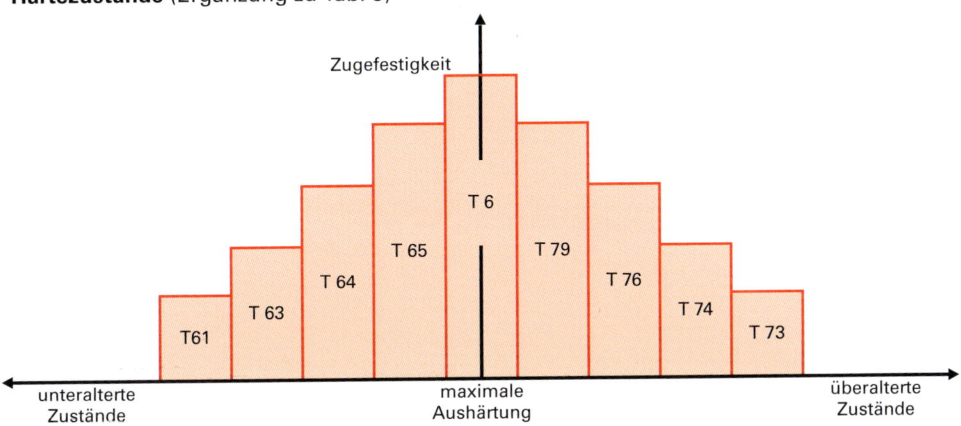

Nichteisenmetalle (Leichtmetalle)

Zusammenfassung der Bezeichnungen für Werkstoffzustände

Zustand	Bedeutung
O (O1 … 3)	Weichgeglüht – die Eigenschaften werden durch Warmumformungsverfahren erzielt
H 111	Geglüht und durch anschließende Arbeitsgänge geringfügig kaltverfestigt.
H 18	Kaltverfestigt – 4/4 hart (voll durchgehärtet)
H 22	Kaltverfestigt und rückgeglüht – 1/4 hart

Zustand	Bedeutung
H 24	Kaltverfestigt und rückgeglüht – 1/2 hart
T 4	Lösungsgeglüht und kaltausgelagert (gehärtet)
T 6	Lösungsgeglüht und warmausgelagert (gehärtet)

Aluminium (Al) für Bänder, Bleche und Platten

DIN EN 485-2 : 2018-12

Werkstoff-Bezeichnung Chemisches Symbol und Werkstoff-Nr. nach EN 573-3	Zugfestigkeit R_m[1] in N/mm²	Dehngrenze $R_{p0,2}$ min[1]	Bruchdehnung A_{50} min[1] in %	Härte HBW	Werkstoffzustand	Eigenschaften und Verwendung.
EN AW-1050A [Al 99,5] EN AW-Al 99,5 EN AW-1050A	65 … 95	20	26	20	O/H 111	gut gieß- und schweißbar, sehr korrosionsbeständig, gut strangpressbar, elektr. und therm. Leitfähigkeit sinken mit dem Reinheitsgrad. Profile, Dosen, Haushaltsfolien
	140	120	2	42	H18	
	105 … 145	75	5	33	H 24	
EN AW-1200 [Al 99,0] EN AW-Al 99,0 EN AW-1200	75 … 105	25	24	23	O/H 111	
	150	130	2	45	H 18	
	115 … 155	90	5	37	H 24	
Nicht aushärtbare Legierungen						
EN AW-3004 [AlMn1Mg1] EN AW-AlMn1Mg1 EN AW-3004	155 … 200	60	15	45	O/H111	mittlere Festigkeit, korrosionsbeständig, gut umformbar, Fassadenverkleidungen, Nieten, Schrauben, Nahrungsmittelindustrie
	260	230	2	80	H18	
	220 … 265	170	4	66	H24	
EN AW-3103 [AlMn1] EN AW-AlMn1 EN AW-3103	90 … 130	35	21	27	O/H111	
	185	165	2	58	H18	
	140 … 180	110	5	44	H24	
EN AW-5754 [AlMg3] EN AW-AlMg3 EN AW-5754	190 … 240	80	16	52	O/H111	gute Festigkeit, seewasserfest, gut schweiß- und umformbar, universeller Konstruktionswerkstoff
	290	250	2	88	H18	
	240 … 280	160	7	70	H24	
Kalt- und warmaushärtbare Legierungen						
EN AW-2024 [AlCu4Mg1] EN AW-AlCu4Mg1 EN AW-2024	… 220	140	13	55	O	hochfester Konstruktionswerkstoff, gut span- und schmiedbar, schlecht schweißbar, schlecht korrosionsbest.
	425	275	14	120	T4[2]	
	–	–	–	–	–	
EN AW-6082 [AlSiMgMn] EN AW-AlSi1MgMn EN AW-6082	… 150	85	16	40	O	gute Korrosionsbeständigkeit und Schweißbarkeit, Strangpressprofile, Drähte, Rohre, Stangen
	205	110	14	58	T4	
	310	260	7	94	T6	
EN AW-7020 [AlZn4,5Mg1] EN AW-AlZn4,5Mg1 EN AW-7020	… 220	140	13	45	O	hochfester Konstruktionswerkstoff, gut span- und schmiedbar, schlecht schweißbar, Spannungsrisskorrosion!
	320	210	12	92	T4	

[1] Festigkeitswerte gelten für die Nenndicke 1,5 … 3 mm sowie [2] mit Werkstoffzustand T4

Al und Al-Knetlegierungen für gezogene Stangen und Rohre

DIN EN 754-2 : 2017-02

Werkstoff-Bezeichnung	Werkstoffzustand	Maße in mm Durchmesser	Schlüsselweite[1]	Wandstärke	Zugfestigkeit R_m in N/mm² min.	max.	Dehngr. $R_{p0,2}$ in N/mm² min.	max.	Bruchdehnung A_{50} in % min
EN AW-1050A [Al 99,5]	O/H 111	≤ 80	≤ 60	≤ 20	60	95	–	–	22
	H18	≤ 10	≤ 3	≤ 3	145	–	125	–	3
EN AW-3130 [AlMn1]	O/H 111	≤ 80	≤ 60	≤ 20	95	130	35	–	20
	H18	≤ 10	≤ 3	≤ 3	180	–	145	–	2
EN AW-5754 [AlMn3]	O/H 111	≤ 80	≤ 60	≤ 20	180	250	80	–	14
	H18,28,38	≤ 10	≤ 3	≤ 3	280	–	240	–	2
EN AW-6082 [AlSi1MgMn]	O/H 111	≤ 80	≤ 80	≤ 20	–	160	–	110	13
	T4	≤ 80	≤ 80	≤ 20	205	–	110	–	12

[1] Schlüsselweiten für Vierkant-, Sechskant- und Dicke von Rechteckstangen

Bezeichnungssystem für Aluminium-Gusslegierungen

DIN EN 1780-1, -2, -3 : 2003-01

Bezeichnungsmöglichkeiten

EN AC-43200 [AlSi10Mg(Cu)] oder **EN AC-AlSi10Mg(Cu)**

- [AlSi10Mg(Cu)]: Chemische Zusammensetzung [ ]-Klammern
  + Verunreinigung ( )-Klammern z. B. (Cu)
  + Unterscheidung von Legierungen mit gleicher Bezeichnung in ( )-Klammern z. B. (a)
- 43200: Numerische Bezeichnung mit 5 Ziffern
- C: Erzeugnisform: + B Blockmetall, Masseln
  + C Gussstücke (Castings)
  + M Vorlegierung (Master alloys)
- A: Aluminium und Al-Legierungen
- EN: Europäische Norm

Numerische Werkstoffbezeichnung

Gusslegierungs-gruppe	Numerische Bezeichnung (Chem. Bezeichnung)	1. Ziffer	2. Ziffer	3. Ziffer	4. Ziffer	5. Ziffer
Unlegiertes Aluminium						
1 xxxx Al mit Masse-Anteil >99 %	EN AB-10970 (EN AB-Al99,97E)	1	0	Minimaler Al-Gehalt in %, z. B. 97 %		0 für allgemeine Anwendung 1, 2 ... für besondere Anwendung
Aluminiumlegierungen						
		Haupt-legierungs-element	Legierungs-untergruppe			
2 xxxx AlCu	EN AC-21000 (EN AC-AlCu4TiMg)	2	1	willkürlich	0	0 jedoch nicht für die Luft- und Raumfahrttechnik
4 xxxx AlSi	EN AC-43000 (EN AC-AlSi10Mg(a))	4	1 ... 8			
5 xxxx AlMg	EN AC-51400 (EN AC-AlMg5(Si))	5	1			
7 xxxx AlZn	EN AC-71100 (EN AC-AlZn10Si8Mg)	7	1			
Vorlegierung						
9 xxxx	EN AM-91400	9	Ordnungszahl des Hauptelements z. B. 05 für Bor 14 für Silicium 29 für Kupfer		Chronologische Zahlen: – ungerade Ziffer: geringerer Verunreinigungsgrad – gerade Ziffer: hoher Verunreinigungsgrad	

Buchstabenanhang

Unlegiertes Aluminium: Chronologische Reihenfolge A, B, C, ... (außer E, I, O, Q)
z. B. EN AB-99,7 E (E = besondere Anwendung Elektrotechnik)

Aluminiumlegierungen
+ Hauptverunreinigung in ( )-Klammern, z. B. EN AC-AlMg5(Si)
+ Unterscheidung von Legierungen mit gleicher Zusammensetzung Buchstaben a, b, c, ... in ( )-Klammer, z. B. EN AC-AlSi10Mg(a)

Nichteisenmetalle (Leichtmetalle)

Aluminium-Gusslegierungen

DIN EN 1706 : 2021-10

Numerische Bezeichnung Chem. Zusammensetzung	Gießverfahren[1]	Werkstoffzustand	Zusammensetzung in Masse-%	Zugfestigkeit R_m min in N/mm^2	Dehngrenze $R_{p0,2}$ min in N/mm^2	Dehng. A min in %	Brinellhärte HBW min.
EN AC-21000 EN AC-AlCu4MgTi	S K L	T4 T4 T4	4,2 … 5,0 Cu 0,15 … 0,35 Mg 0,15 … 0,30 Ti Rest Al	300 320 300	200 200 220	5 8 5	90 95 90
EN AC-42000 EN AC-AlSi7Mg	S S K K	F T6 F T6	6,5 … 7,5 Si 0,2 … 0,65 Mg Rest Al	140 220 170 260	80 180 90 220	2 1 2,5 1	50 75 55 90
EN AC-43200 EN AC-AlSi10Mg(Cu)	S S K K	F T6 F T6	9,0 … 11,0 Si 0,2 … 0,45 Mg 0,35 Cu Rest Al	160 220 180 240	80 180 90 200	1 1 1 1	50 75 55 80
EN AC-44300 EN AC-AlSi12(Fe)	D	F	10,5 … 13,5 Si 1,0 Fe; Rest Al	240	130	1	60
EN AC-45000 EN AC-AlSi6Cu4	S K	F F	5,0 … 7,0 Si 3,0 … 5,0 Cu Rest Al	150 170	90 100	1 1	60 75
EN AC-46000 EN AC-AlSi9Cu3(Fe)	D	F	8,0 … 11,0 Si 2,0 … 4,0 Cu 1,3 Fe; Rest Al	240	140	< 1	80
EN AC-51400 EN AC-AlMg5(Si)	S K	F F	4,5 … 6,5 Mg 1,5 Si, Rest Al	160 180	100 110	3 3	60 65
EN AC-71100 EN AC-AlZn10Si8Mg	S K	T1 T1	9,0 … 10,5 Zn 7,5 … 9,5 Si 0,2 … 0,5 Mg Rest Al	210 260	190 210	1 1	90 100

[1] **S** = Sandguss **L** = Feinguss **K** = Kokillenguss/Niederdruckkokillenguss **D** = Druckguss

Al-Gusslegierungen: Gießtechnische und technologische Stoffwerte

Chem. Zusammensetzung	Gießtemp. in °C	Gießverfahren[3]	Schwindmaß in %	Bearbeitbarkeit	Schweißbarkeit	Verwendung und Eigenschaften
EN AC-AlCu4MgTi	690 … 750	S K L	1,1 … 1,5 0,9 … 1,2 –	A[1]	D	Flugzeugbau, Gelenkteile, Gehäuse gut polierbar.
EN AC-AlSi7Mg	690 … 750	S K L		B/C[1] B[2]	B	Gehäuseteile sehr gut bearbeit- und schweißbar
EN AC-AlSi10Mg(Cu)	680 … 750	S K	1,0 … 1,2 0,5 … 0,8	B[1] B/C[2]	C	Lenkgehäuse, Kfz-Motoren, aushärtbar
EN AC-AlSi12(Fe)	620 … 660	D	0,4 … 0,6	–	F	Gehäuse, dünnwandige Gussstücke
EN AC-AlSi6Cu4	690 … 750	S K	1,0 … 1,2 0,6 … 0,9	B[2]	C	warmfest, Zylinderköpfe, Kfz-Teile Haushaltsteile
EN AC-AlSi9Cu3(Fe)	630 … 670	D	0,4 … 0,6	B[2]	F	
EN AC-AlMg5(Si)	690 … 740	S K	1,1 … 1,5 0,9 … 1,2	A[1]	C	korrosionsfest, polier- und eloxierbar, Nahrungsmittelindustrie
EN AC-AlZn5Mg	670 … 740	S K		A[1) 2)]	C	Gehäuse, Profile sehr gut bearbeit- u. schweißbar

Angaben für die Bearbeitbarkeit und Schweißbarkeit:
A = ausgezeichnet, B = gut, C = annehmbar, D = unzureichend, F = ungeeignet
[1] wie gegossen
[2] nach der Wärmebehandlung
[3] siehe oben, Fußnote 1

Bezeichnungssystem für Magnesium und Magnesiumlegierungen

für Anoden, Blockmetalle und Gussstücke **DIN EN 1754 : 2015-10**

1. Bezeichnung durch Werkstoffkurzzeichen

Position 1	Position 2		Position 3		Position 4		Position 5	
	Art des Werkstoffes		Produktform		Hauptelement		Chemische Zusammensetzung	
Vorsilbe	Name	Kurzzeichen	Bezeichnung	Kurzzeichen	Name	Kurzzeichen	Werkstoff	Kurzzeichen
EN-	Magnesium	M	Anode Blockmetall Gussstück	A B C	Magnesium	Mg	unlegiertes Magnesium Masseanteil in %	z. B. 99,75
							Magnesium-Legierung Kurzzeichen des Hauptelementes gefolgt von max. 4 Elementen mit Masseanteilen in %	z. B. MgAl8Zn1

Beispiele:

Unlegiertes Magnesium **Beispiel: EN-MB Mg99,75**

- Mg99,75: Chemisches Kurzzeichen Mg gefolgt von Massenanteil in %
- EN-MB: Pos. 1 … 3 siehe Tabelle 1

Magnesiumlegierung **Beispiel: EN-MC MgAl8Zn1**

- MgAl8Zn1: Chemische Zusammensetzung von mehreren Legierungselementen mit abnehmendem Massenanteil in %
- EN-MC: Pos. 1 … 3 siehe Tabelle 1

2. Bezeichnung durch Werkstoffnummern

Position 1 und 2		Position 3		Position 4		Position 5		Position 6	
Hauptgruppe		Werkstoffgruppe		Produktform		Legierungsgruppe		Einzelner Werksstoff	
Name	Nr.	Name	Nr.	Name	Nr.	Kurzzeichen	Nr.	Benummerung	Nummer
Nichteisen – Leichtmetalle	3	Magnesium	5	Anode Blockmetall Gussstück	1 2 3	Mg	0	Nummernvergabedurch CEN/TC 190	0 … 9
						MgAl, MgAlZn	1		
						MgAlMn, MgAlSi	2		
						MgMg, MgZnCu	3		
						MgZr, MgZnZr	4		
						Mg-Legierungen mit seltenen Erden	5 … 6		
						MgZnThZr	7		
						nicht belegt	8 … 9		

Anmerkung: Es darf nur die Bezeichnung mit der Nummer für die jeweilige Magnesiumsorte oder die Magnesiumslegierung geben. Das Bezeichnungssystem mit Nummern ist auf der Grundlage der Prinzipien und dem Aufbau in der EN 10027-2 (1) angelegt.

Nichteisenmetalle (Leichtmetalle)

Magnesium-Gusslegierungen

DIN EN 1753 : 2019-12

Chemische Zusammensetzung Numerische Bezeichnung	Zusammensetzung in Masse-%	Gießverfahren	Wärmebehandlung	Zugfestigkeit R_m min in N/mm²	Dehngr. $R_{p0,2}$ min in N/mm²	Dehnung A min in %	Eigenschaften und Verwendung
EN-MCMgAl8Zn1 EN-MC21110	7,0…8,7 Al 0,35…1,0 Zn 0,1 Mn u.a. Rest Mg	S, K, L S, K, L D [1]	F T4 F	160 240 200…250	90 90 140…160	2 8 1…7	stoßfest, gut gießbar, schweißbar, gute Gleiteigenschaften, Kurbelgehäuse, Getriebe- und Motorenbau
EN-MCMgAl9Zn1(A) EN-MC21120	8,3…9,7 Al 0,35…1,0 Zn 0,1 Mn u.a. Rest Mg	S, K, L S, K, L S, K, L D [1]	F T4 T6 F	160 240 240 200…260	110 120 150 140…170	2 6 2 1…6	Hochfeste Bauteile Gehäuse, Deckel, Träger, Armaturen Leichtbauweise im Kfz- und Flugzeugbau
EN-MCMgAl2Mn EN-MC21210	1,6…2,6 Al 0,2 Zn 0,1 Mn Rest Mg	D [1]	F	150…220	80…100	8…18	hohe Dehnung und Schlagfestigkeit für Sicherheitsbauteile Wandstärken 0,7…3 mm Galvanische Korrosion!!
EN-MCMgAl6Mn EN-MC21310	5,5…6,5 Al 0,2 Zn 0,1 Mn Rest Mg	D [1]	F	190…250	120…150	4…14	dynamisch belastbar warm- und dauerfest Motoren- und Getriebegehäuse, Sitzrahmen, Autofelgen
EN-MCMgAl4Si EN-MC21320	3,5…5,0 Al 0,5…1,5 Si max. 0,2 Zn Rest Mg	D [1]	F	200…250	120…150	3…12	hohe Festigkeit für langzeitig, wärmebelastete Gussteile Motoren- und Getriebegehäuse
EN-MCMgZn6Cu3Mn EN-MC32110	3,5…5,0 Al 0,5…1,5 Si 0,2 Zn 0,1 Mg Rest Mg	S, K	T6	195	125	2	hohe Festigkeit, stoßfest, korrosionsfest, Anoden für Kesselschutz, Wärmetauscher, Raumfahrt Platten, Bänder, Rohre

[1] Die Festigkeitsangaben der Druckgusslegierungen sind keine Mindestangaben

Kennzeichnung des Gießverfahrens	DIN EN 1753
S	Sandgussverfahren
K	Kokillengussverfahren
D	Druckgussverfahren
F	Feingussverfahren

Kennzeichnung der Wärmebehandlung	DIN EN 1753
F	im Rohgusszustand
T4	lösungsgeglüht und kaltausgelagert
T5	im Rohgusszustand und warmausgelagert
T6	lösungsgeglüht und warmausgelagert

Magnesium-Knetlegierungen

DIN 1729-1 : 1982-08 (zurückgezogen)

Werkstoff-Nr.	Kurzzeichen	Zusammensetzung in Masse-%	Halbzeuge nach DIN 9715	Eigenschaften	Verwendung
3.5200	MgMn2	1,2 … 2,0 Mn Rest Mg	Rohre, Stangen, Strangpressprofile	korrosionsbeständig, gut schweißbar, kalt umformbar sehr gut zerspanbar	Verkleidungen, Anoden, Kraftstoffbehälter, Halbzeuge: Platten, Bänder, Rohre.
3.5312	MgAl3Zn	2,5 … 3,5 Al; 0,5 … 1,5 Zn 0,05 … 0,4 Mn; Rest Mg	Rohre, Stangen, Strangpressprofile, Gesenkschmiedeteile	mittlere Festigkeit, schweißbar kalt umformbar sehr gut zerspanbar	Bauteile für mittlere mechan. Beanspruchungen und chem. Beständigkeit für Sonderzwecke: Ätzplatten, Anoden
3.5612	MgAl6Zn	5,5 … 7,0 Al; 0,5 … 1,5 Zn 0,15 … 0,4 Mn; Rest Mg	Rohre, Stangen, Strangpressprofile, Gesenkschmiedeteile	mittlere bis hohe Festigkeit, eingeschränkt schweißbar sehr gut zerspanbar	Bauteile für mittlere bis hohe mechan. Beanspruchungen Leichtbauweise im Kfz- und Flugzeugbau
3.5812	MgAl8Zn	7,8 … 9,2 Al; 0,2 … 0,8 Zn 0,12 … 0,3 Mn; Rest Mg	Stangen, Strangpressprofile Gesenkschmiedeteile	für höchste Festigkeitsbeanspruchungen warm aushärtbar bedingt schweißbar sehr gut zerspanbar	Bauteile fürhohe mechan. Beanspruchungen, Leichtbauweise im Kfz- und Flugzeugbau, Allgemeiner Maschinenbau

Nichteisenmetalle (Leichtmetalle)

NE-Metall-Profile

Aluminium und Aluminiumlegierung DIN EN 573-3, Magnesiumlegierung DIN 1729-1 (zurückgezogen)

	Kurzzeichen I, [, T, L Abmessungen h×b×s×t	Querschn.-fläche	Abstand der Achse		Für die Biegeachsen				Längenbezogene Gewichtskraft F'_G in N/m	
			x–x	y–y	x–x		y–y			
		S in mm^2	e_x in mm	e_y in mm	$I_x \cdot 10^4$ mm^4	$W_x \cdot 10^3$ mm^3	$I_y \cdot 10^4$ mm^4	$W_y \cdot 103$ mm^3	Al	Mg
I-Profil DIN 9712 (zurückgezogen) 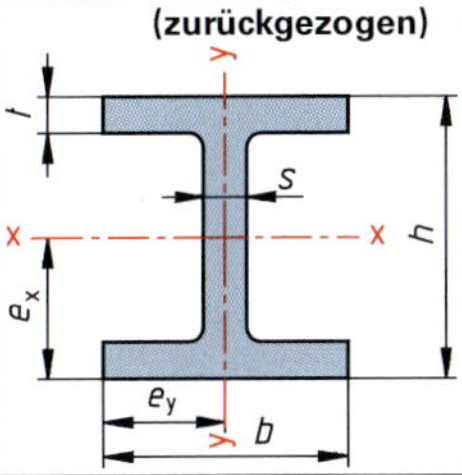	40×40×3×3	347	20	20	9,39	4,68	3,2	1,6	9,37	6,25
	×4×4	453	20	20	11,6	5,8	4,28	2,14	12,2	8,16.
	45×45×4×4	513	22,5	22,5	17,1	7,6	6,09	2,7	13,9	9,23
	×4×5	595	22,5	22,5	19,8	8,81	7,62	3,39	16,1	10,7
	50×50×4×4	573	25	25	27,5	11,0	8,55	3,42	15,5	10,3
	×4×6	766	25	25	31,7	12,7	12,5	5,0	20,1	13,8
	60×50×3×3	467	30	25	28,7	9,57	6,26	2,52	12,6	8,41
	×4×4	613	30	25	36,5	12,2	8,61	3,45	16,6	11,0
	80×42×4×6	790	40	21	81,6	20,4	7,44	3,54	21,3	14,2
	×60×5×6	1074	40	30	113,8	23,5	21,7	7,23	29,0	19,3
	100×50×5×7	1144	50	25	181,2	36,2	14,7	5,88	30,9	20,6
	×70×6×7	1527	50	35	251	50,2	40,2	11,5	41,2	27,4
[-Profil DIN 9713 : 1981-09 (zurückgezogen) 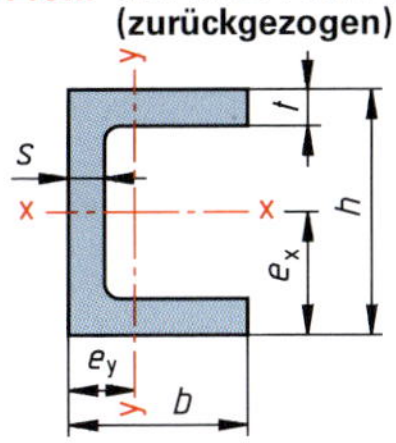	40×20×2	153	20	5,74	3,7	1,85	0,57	0,995	4,13	
	×3	225	20	6,1	5,17	2,59	0,795	1,3	6,08	
	40×30×3	285	20	10,1	7,24	3,62	2,52	2,49	7,70	
	×4	371	20	10,5	8,97	4,49	3,17	3,03	10,0	
	50×30×3	315	25	9,29	12,2	4,88	2,7	2,91	8,51	
	×4	411	25	9,65	15,5	6,2	3,66	3,8	11,1	
	50×40×4	491	25	13,8	19,6	7,83	7,8	5,65	13,3	
	×5	607	25	14,2	23,3	9,32	9,26	6,54	16,4	
	60×30×4	451	30	8,96	23,7	7,9	3,69	4,12	12,2	
	×5	557	30	9,32	28,4	9,47	4,38	4,7	15	
	80×40×6	895	40	12,2	82,4	20,6	12,9	10,6	24,2	
	100×40×6	1010	50	11,1	142	28,3	13,8	12,5	27,4	
T-Profil DIN 9714 : 1981-09 (zurückgezogen) 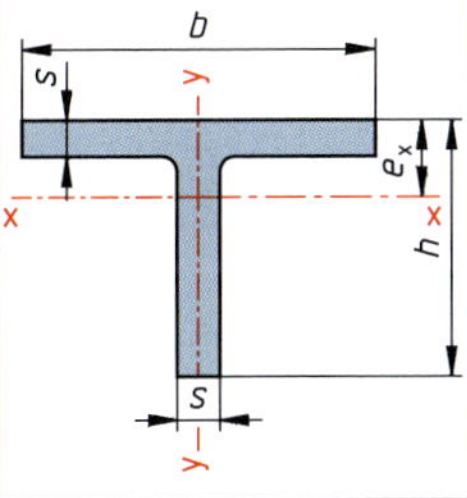	20×30×2	96,9	4,75	15	0,323	0,681	0,461	0,308	2,62	
	×2,5	121	4,94	15	0,386	0,781	0,563	0,375	3,27	
	×3	144	5,12	15	0,451	0,881	0,678	0,452	3,89	
	30×30×2	117	8,24	15	1,01	1,25	0,45	0,3	3,16	
	×2,5	146	8,3	15	1,26	1,48	0,565	0,376	3,94	
	×3	174	8,61	15	1,44	1,67	0,68	0,452	4,70	
	40×40×3	234	11	20	3,56	3,24	1,61	0,805	6,32	
	×4	307	11,5	20	4,58	3,98	2,15	1,08	8,29	
	×5	382	11,7	20	5,55	4,73	2,7	1,35	10,3	
	50×50×3	294	13,6	25	7,1	5,22	3,13	1,25	7,94	
	×4	387	14	25	9,19	6,56	4,19	1,68	10,4	
	×5	482	14,6	25	10,7	7,33	5,25	2,1	13	
	60×60×4	467	16,5	30	16,2	9,82	7,22	2,41	12,6	
	×5	582	16,9	30	19,6	11,6	9,05	3,02	15,7	
	×6	691	17,2	30	23,2	13,5	10,9	3,63	18,7	
L-Profil DIN 1771 : 1981-09 (zurückgezogen) 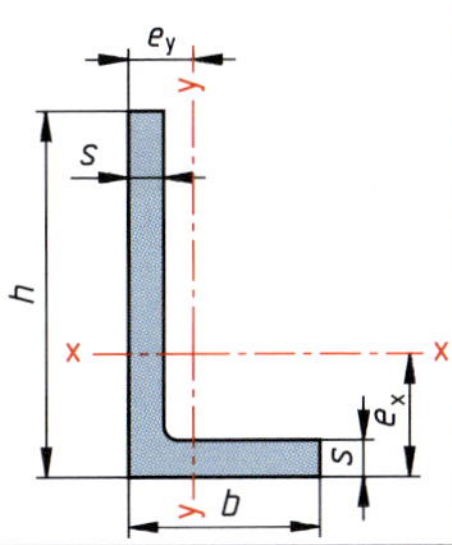	10×10×1,5	28,2	3,05	3,05	0,025	0,082	0,025	0,082	0,76	
	×2	36,4	3,22	3,22	0,031	0,098	0,031	0,098	0,99	
	×2,5	45,1	3,39	3,39	0,037	0,109	0,037	0,109	1,22	
	20×10×1,5	43,3	7,24	2,24	0,177	0,244	0,031	0,137	1,66	
	×2	56,6	7,43	2,43	0,226	0,305	0,038	0,158	1,53	
	×2,5	70,1	7,61	2,61	0,272	0,357	0,045	0,174	1,89	
	30×15×2	86,6	10,8	3,27	0,806	0,749	0,141	0,43	2,34	
	×2,5	106	11	3,46	0,981	0,896	0,169	0,488	2,92	
	×3	127	11,1	3,64	1,15	1,03	0,195	0,534	3,43	
	40×20×2	116	14,1	4,1	1,96	1,39	0,348	0,848	3,14	
	×2,5	145	14,3	4,29	2,41	1,68	0,421	0,981	3,92	
	×3	172	14,5	4,48	2,83	1,95	0,49	1,09	4,64	
	50×25×2,5	183	17,6	5,13	4,79	2,72	0,85	1,67	4,94	
	×3	217	17,8	5,32	5,69	3,2	0,994	1,86	5,86	
	×4	285	18,2	5,7	7,3	4,0	1,26	2,21	7,7	

Anmerkung: Al und Al-Legierung $\varrho = 2{,}7\ kg/dm^3$, Mg-Legierung $\varrho = 1{,}8\ kg/dm^3$

Beispiel: **T-Profil DIN 9714 – R20×30×3 – EN AW-6060[AlMgSiT6]**; (R) gerundete Kanten **AlMgSi0,5 F22** (veraltet)

oder **T-Profil DIN 9714 – R20×30×3 – EN AW-6060T6** **3.3206.71** (veraltet)

Nichteisenmetalle (Leichtmetalle)

Titan (Ti)

DIN 17 850 : 1990-11 (zurückgezogen)

Werkstoff-Nr.	Kurzzeichen	Chemische Zusammensetzung in Masse-%[1]	Eigenschaften und Verwendung	Lieferformen Herstellungsverfahren
3.7025	Ti1	0,15 Fe; 0,12 O; 0,05 Ni 0,06 C; 0,13 H; Rest Ti	gut schweiß-, löt- und klebbar, warm und kalt umformbar spanend bearbeitbar, korrossionsbeständig Allgemeiner Maschinenbau, Verfahrenstechnik, Feinmechanik, Chemietechnik, Medizintechnik, Optiktechnik, Kfz-Leichtbauweise, Luft- und Raumfahrttechnik	Bleche und Bänder, kalt-/warmgewalzt Rohre, nahtlos und geschweißt Stangen, Drähte, Schmiedestücke
3.7035	Ti2	0,2 Fe; 0,18 O; 0,05 Ni 0,06 C; 0,13 H; Rest Ti		
3.7055	Ti3	0,25 Fe; 0,25 O; 0,05 Ni 0,06 C; 0,13 H; Rest Ti		

[1] Chemische Zusammensetzung entspricht den Maximalwerten

Titan-Legierungen

DIN 17 851 : 1990-11 (zurückgezogen)

Werkstoff-Nr.	Kurzzeichen	Chemische Zusammensetzung in Masse-%[1]	Eigenschaften und Verwendung	Lieferformen Herstellungsverfahren
3.7225	Ti1Pd	015 … 0,25 Pd; Rest Ti; Beimengungen: 0,08 C; 0,15 Fe; 0,013 H; 0,05 N; 0,12 O	gut schweiß- löt- und klebbar, spanend bearbeitbar, warm und kalt umformbar, unmagnetisch hohe Festigkeit und Zähigkeit Warmfestigkeit bis ca. 500° C Allgemeiner Maschinenbau, Verfahrenstechnik, Feinmechanik, Armaturen, Messgeräte, Leichtbauweise für Gerätetechnik Chemietechnik, Medizintechnik, Optiktechnik, Kfz-Leichtbauweise, Luft- und Raumfahrttechnik	Bleche und Bänder kalt-/warmgewalzt Rohre nahtlos und geschweißt Stangen, Drähte, Schmiedestücke
3.7235	Ti2Pd	0,15 … 0,25 Pd; Rest Ti; Beimengungen: 0,06 C; 0,2 Fe; 0,013 H; 0,05 N; 0,18 O		
3.7115	TiAl5Sn2,5	4,5 … 5,5 Al; 2,0 … 3,0 Sn; Rest Ti; Beimengungen: 0,08 C; 0,5 Fe; 0,02 H; 0,05 N; 0,2 O		
3.7165	TiAl6V4	5,5 … 6,75 Al; 3,5 … 4,5 V; Rest Ti; Beimengungen: 0,08 C; 0,3 Fe; 0,015 H; 0,05 N; 0,2 O		
3.7175	TiAl6V6Sn2	5,0 … 6,0 Al; 5,0 … 6,0 V; 1,5 … 2,0 Sn; Rest Ti; Beimengungen: 0,05 C; 1,0 Fe; 0,015 H; 0,04 N; 0,2 O		
3.7185	TiAl4Mo4Sn2	3,0 … 5,0 Al; 3,0 … 5,0 Mo; 1,5 … 2,5 Sn; Rest Ti; Beimengungen: 0,08 C; 0,2 Fe; 0,015 H; 0,05 N; 0,25 O		

[1] Chemische Zusammensetzung entspricht den Maximalwerten

Ti, Ti-Legierungen (Werkstoffkennwerte bei 20° C für Bänder und Bleche)[1]

Kurzzeichen	Zugfestigkeit R_m in N/mm²	Dehngrenze $R_{p0,2}$ min. in N/mm²	Bruchdehng. A_5 min in %	Härte HBW	Lieferformen Herstellungsverfahren DIN-Nummern
Ti1	290 … 410	180	30	≈ 120	Bleche und Bänder gewalzt DIN 17 860 Rohre nahtlos DIN 17 861 Rohre geschweißt DIN 17 866 Stangen DIN 17 862 Drähte DIN 17 863 Schmiedestücke DIN 17 864
Ti2	390 … 540	250	22	≈ 150	
Ti3	460 … 590	320	18	≈ 170	
Ti1Pd	290 … 410	180	30	≈ 120	
Ti2Pd	390 … 540	250	22	≈ 150	
TiAl5Sn2,5	min 790	760	8	≈ 300	
TiAl6V4	min 900	830	8	≈ 310	
TiAl6V6Sn2	min 950	920	6	≈ 320	
TiAlMo4Sn2	min 1050	1050	9	≈ 350	

[1] Die Werkstoffkennwerte hängen sowohl vom Herstellungsverfahren als auch von der Nenndicke ab.

Nichteisenmetalle (Schwermetalle)

Blei (Pb)

DIN EN 12 659 : 1999-11

Werkstoff-Nr.	Kurzzeichen	Chemische Zusammensetzung in Masse-%	Verwendung
Feinblei			
2.3010	Pb99,99	99,99 Pb	optische Gläser, Bleibleche, Rohre, chem. Apparatebau und Akkuplatten.
2.3020	Pb99,985	99,985 Pb	

Werkstoff-Nr.	Kurzzeichen	Chemische Zusammensetzung in Masse-%	Verwendung
Hüttenblei (Weichblei)			
2.3025	Pb99,97	99,97 Pb	Ausgangswerkstoff für Legierungen und Halbzeuge
2.3030	Pb99,94	99,94 Pb	
2.3040	Pb99,9	99,9 Pb	

Kupfer und Kupferlegierungen

Zustandsbezeichnungen

DIN EN 1173 : 2008-08

Buchstabe[1]	Zu bezeichnende verbindliche Eigenschaft	Beispiel	Produktnorm und Verwendung.
A	Bruchdehnung, Zustand A024, Oberfläche verzinnt B	Draht EN 13602-Cu-OF1-A024-B-…	gezogener Runddraht aus Cu zur Herstellung elektr. Leiter
B	Federbiegegrenze	Band EN 1654-CuSn8-B410…	DIN EN 1654, Federbänder für Blattfedern und Steckverbinder
D	kaltgezogen, ohne festgelegte mech. Eigenschaften, Zustand D	Rohr EN 13600-Cu-ETP-D-…	nahtlose Kupferrohre für die Elektrotechnik
G	Korngröße	Band EN 1652-CuZn37-G020-…	DIN EN 1652, Platten, Bleche, Bänder, Streifen, Ronden zur allgemeinen Verwendung
H	Härte (Brinell oder Vickers)	Blech EN 1652-CuZn37-H150-…	DIN EN 1652, Platten, Bleche, Bänder, Streifen, Ronden zur allgemeinen Verwendung
M	wie gefertigt, ohne vorgeschriebene mechan. Eigenschaften	Hohlstange-EN 12168-CuZn36Pb3-M-…	DIN EN 12168 Hohlstangen für die spanende Bearbeitung
R	Zugfestigkeit	Stange EN 12164-CuZn36Pb3-R500-…	DIN EN 12164 Stangen für die spanende Bearbeitung
Y	0,2%-Dehngrenze	Band EN 1654-CuZn30-Y460-…	DIN EN 1654 Federbänder für Blattfedern und Steckverbinder
(S)	zusätzliche Behandlung „Entspannen"	Rohr EN 12452-CuZn20Al2As-R340S-…	nahtlos gewalzte Rippenrohre für Wärmetauscher

[1] Buchstabe für Stelle 1: A…Y kennzeichnet eine verbindliche Eigenschaft
Buchstabe für Stelle 5 oder 6: S, wenn eine zusätzliche Behandlung erforderlich ist

Kupfer (Cu)

DIN EN 1976 : 2013-01, DIN EN 1978 : 2022-11

Werkstoff-Nr.	Kurzzeichen ( )[1]	Chemische Zusammensetzung in Masse-%	Eigenschaften und Verwendung	
Kupfer-Kathoden				DIN EN 1978
CR002A	Cu-CATH-2 (KE-Cu)	min. 99,90 Cu max. 0,015 Ag	verwendet als Einsatz zum Erschmelzen von Werkstoffen auf Kupferbasis, bei Anforderungen an hohe elektrische Leitfähigkeit	
Unlegiertes Kupfer, sauerstoffhaltig				DIN EN 1976
CR004A	Cu-ETP (E1-Cu58)	max. 0,04 O, min. 99,9 Cu	Anforderungen an hohe elektrische Leitfähigkeit, keine Anforderungen an die Schweiß- und Hartlötbarkeit	Herstellung von Halbzeugen und Gussstücken, E-Technik, Elektronik
CR005A	Cu-FRHC (E2-Cu58)	max. 0,04 O, min. 99,9 Cu	Anforderungen an hohe elektrische Leitfähigkeit, keine Anforderungen an die Schweiß- und Hartlötbarkeit	Herstellung von Halbzeugen und Gussstücken, E-Technik, Elektronik
CR006A	Cu-FRTP (F-Cu)	min. 0,1 O	Vormaterial für Legierungen	Herstellung von Halbzeugen und Gussstücken, E-Technik, Elektronik
Unlegiertes Kupfer, sauerstofffrei				DIN EN 1976
CR008A	Cu-OF (OF-Cu)	min 99,95 Cu	Kupfer von hoher Reinheit, Halbzeuge mit hoher Wasserstoffbeständigkeit, Schweiß- und Hartlötbarkeit	
Phosphorhaltiges Kupfer				DIN EN 1976
CR020A	Cu-PHC (SE-Cu)	min. 99,95 Cu 0,001…0,006 P	hohe elektrische Leitfähigkeit	Halbzeuge, Apparatebau, E-Technik, Elektronik, gute Schweiß- u. Hartlötbarkeit, Wasserstoffbeständigkeit, gute Umformbarkeit
CR023A	Cu-DLP (SW-Cu)	min. 99,90 Cu 0,005…0,013 P	ohne festgelegte Anforderung an die elektrische Leitfähigkeit	Halbzeuge, Apparatebau, E-Technik, Elektronik, gute Schweiß- u. Hartlötbarkeit, Wasserstoffbeständigkeit, gute Umformbarkeit
CR024A	Cu-DHP (SF-Cu)	min. 99,90 Cu 0,015…0,040 P	ohne festgelegte Anforderung an die elektrische Leitfähigkeit	Halbzeuge, Apparatebau, E-Technik, Elektronik, gute Schweiß- u. Hartlötbarkeit, Wasserstoffbeständigkeit, gute Umformbarkeit

[1] ( )-Kurzzeichen nach zurückgezogener DIN 1708

Beispiel: Rundblock EN 1976-Cu-ETP-RND 250x1000 oder Rundblock EN 1976-CR004A-RND 250x1000
(Benennung, Europäische Norm, Werkstoffbezeichnung mit Kurzzeichen oder Werkstoffnummer, Querschnittsform und Nennmaße in mm)

Nichteisenmetalle (Schwermetalle)

Kupfer und Kupferlegierungen

Aufbau der Werkstoffkennzeichnung

DIN EN 1412 : 2017-01

Beispiel: **C W 024 A**

Position 1: Kupfer

Position 2: Tabelle 1

Positionen 3 … 5: Tabelle 2

Position 6: Tabelle 2

Bedeutung von Position 2 — Tabelle 1

B	Werkstoffe in Blockform, z. B. Masseln
C	Werkstoffe in Form von Gusserzeugnissen
F	Schweißzusatzwerkstoffe und Hartlote
M	Vorlegierungen
R	raffiniertes Kupfer in Rohformen
S	Werkstoffe in Form von Schrott
W	Knetwerkstoffe

Bedeutung von Position 3 … 6

Tabelle 2

Werkstoffgruppe	Positionen 3 … 5 genormt: 000 … 799 nicht genormt: 800 … 999	Position 6 zur Bezeichnung der Werkstoffgruppe
Kupfer	000 … 999	A oder B
Niedriglegierte Cu-Legierungen (Legierungselemente < 5 %)	100 … 199	C oder D
Kupfersonderlegierungen (Legierungselemente ≥ 5 %)	200 … 299	E oder F
Kupfer-Aluminium-Legierungen	300 … 349	G
Kupfer-Nickel-Legierungen	350 … 399	H
Kupfer-Nickel-Zink-Legierungen	400 … 449	J
Kupfer-Zinn-Legierungen	450 … 499	K
Kupfer-Zink-Legierung (Zweistofflegierung)	500 … 599	L oder M
Kupfer-Zink-Blei-Legierung	600 … 699	N oder P
Kupfer-Zink-Legierungen (Mehrstofflegierung)	700 … 799	R oder S

Produktbezeichnung (Kupfer-Gusswerkstoffe)

DIN EN 1982 : 2017-11

Gussstück EN 1982 - CuAl10Fe5Ni5-C - GS - XXXX

oder

Gussstück EN 1982 - CC333G - GS - XXXX

- XXXX: Modell-, Form- oder Zeichnungsnummer
- GS: Gießverfahren nach ISO 1190-1: GS (Sandguss), GM (Kokillenguss), GZ (Schleuderguss), GC (Strangguss) GP (Druckguss)
- CuAl10Fe5Ni5-C / CC333G: Werkstoffbezeichnung: Chemische Zusammensetzung oder Werkstoffnummer
- EN 1982: Nummer der Europäischen Norm
- Gussstück: Benennung

Kupfer-Gusslegierungen

DIN EN 1982 : 2017-11, DIN CEN/TS 13388 Vornorm : 2020-09

Werkstoff-Nr.	Kurzzeichen	Gießverfahren	Zugf. R_m in N/mm²	Dehngr. $R_{p0,2}$ in N/mm²	Bruchdehng. A in %	Eigenschaften und Verwendung
CC483K	CuSn12-C	GS, GM, GC, GZ	260	140	7	} gut verschleißfest, korrosions- und meerwasserbeständig Schneckenräder, Pumpengehäuse, Zylindereinsätze, Gleitleisten
CC484K	CuSn12Ni2-C	GS, GZ, GC	280	160	12	
CC491K	CuSn5Zn-5Pb5-C	GS, GM, GZ, GC	200	90	13	gut gießbar, meerwasserbeständig Wasser-, Dampfarmaturen bis 225 °C
CC493K	CuSn7Zn-4Pb7-C	GS, GM, GZ, GC	230	120	15	Notlaufeigenschaft, Gleitlagerbuchsen Achslagerschalen

Anmerkung: Die Festigkeitswerte R_m, R_{p02}, A sind Minimalwerte und gelten für Sandguss-Gussstücke GS, für GM, GZ und GL gelten veränderte Festigkeitswerte.

Kupfer-Legierungen

DIN CEN/TS 13388 Vornorm : 2020-09

Werkstoff-Nr.	Kurzzeichen	Chemische Zusammensetzung in Masse-%	Zugfestigkeit[1] R_m in N/mm²	Dehngrenze[1] $R_{p0,2}$ in N/mm²	Bruchdehnung[1] A in %	Eigenschaften und Verwendung
Kupfer-Zink-Legierungen (Messing)						
CW509L	CuZn40	59,5 … 61,5 Cu Rest Zn	350 … 480	240 … 400	43 … 12	gut warm- und kaltumformbar (Schmiedemessing, Münzmetall), zum Biegen, Nieten, Stauchen
CW708R	CuZn31Si1	66,0 … 70,0 Cu 0,7 … 1,3 Si Rest Zn	380 … 600	300 … 540	35 … 6	für gleitende Beanspruchung auch bei hohen Belastungen, Lagerbuchsen, Gleitelemente.
CW713R	CuZn37Mn3Al2PbSi	57,0 … 59,0 Cu 1,3 … 2,3 Al 1,5 … 3 Mn Rest Zn	550 … 600	230 … 250	15 … 10	Konstruktionswerkstoff hoher Festigkeit; für erhöhte Anforderungen an gleitende Beanspruchung, Witterungsbeständigkeit
Kupfer-Zinn-Legierungen (Zinnbronze)						
CW452K	CuSn6	5,5 … 7,0 Sn Rest Cu	350 … 620	260 … 520	55 … 7	Federn aller Art, besonders für die Elektroindustrie, Schlauchrohre und Federrohre für Druckmessgeräte, Steckverbinder, Gewebe- und Siebdrähte, Gongstäbe
CW459K	CuSn8P	7,5 … 8,5 Sn 0,2 … 0,4 P Rest Cu	390 … 620	260 … 550	45	Verschleißteile aller Art, sehr gute Gleiteigenschaften, hochbelastete Gleitlager
Kupfer-Nickel-Zink-Legierungen						
CW403J	CuNi12Zn24	63,0 … 66,0 Cu 11,0 … 13,0 Ni Rest Zn	340 … 420	≥ 290	45	Tafelgerät, Federn, Tiefziehteile, gut kalt formbar
CW408J	CuNi18Zn19Pb1	59,5 … 62,5 Cu 17,0 … 19,0 Ni 0,5 … 1,5 Pb Rest Zn	440 … 530	–	25 … 6	für spanabhebende Bearbeitung, Feinmechanik, Optik, Schlüssel
Kupfer-Nickel-Legierungen						
CW350H	CuNi25	24,0 … 26,0 Ni Rest Cu	450 … 810	–	30 … 0,5	Plattierwerkstoff, z. B. Münzen
CW352H	CuNi10Fe1Mn	9,0 … 11,0 Ni 1,0 … 2,0 Fe 0,5 … 1,0 Mn Rest Cu	280 … 360	–	35 … 5	ausgezeichnet korrosionsbeständig (besonders gegen Seewasser), gut schweißbar; Apparatebau, Klimaanlagen, Rohre
CW354H	CuNi30Mn1Fe	30,0 … 32,0 Ni 0,4 … 1,0 Fe 0,5 … 1,5 Mn Rest Cu	360 … 490	≥ 120	30	Plattierwerkstoff, Tiefziehteile, Apparatebau
Kupfer-Aluminium-Legierungen						
CW303G	CuAl8Fe3	6,5 … 8,5 Al 1,5 … 3,5 Fe Rest Cu	500 … 550	280	30 … 12	noch kaltumformbar, Kondensatorböden, Bleche für den chemischen Apparatebau
CW307G	CuAl10Ni5Fe4	8,5 … 11 Al 4,0 … 6,0 Ni 3,0 … 5,0 Fe Rest Cu	680 … 740	480 … 530	10 … 8	verschleißfest und korrosionsfest, Ventilsitze mit hoher Warmfestigkeit

[1] Festigkeitswerte, nicht genormt

Nichteisenmetalle (Schwermetalle)

Kupfer-Knetlegierungen (Massivgleitlager) — DIN ISO 4382-2 : 1992-11 (zurückgezogen)

Werkstoff-Nr.	Kurzzeichen	Chemische Zusammensetzung in Masse-%	Zugfestigkeit R_m in N/mm²	Dehngrenze $R_{p0,2}$ in N/mm²	Mindesthärte der Welle	Eigenschaften und Verwendung
2.1831	CuZn31Si1	≈ 31 Zn ≈ 1 Si Rest Cu	440 … 560	250 … 450	55 HRC	hohe Belastung, Schlag- und Stoßbeanspruchung bis hohe Gleitgeschwindigkeit
2.1832	CuZn37Mn2Al2Si	≈ 37 Zn; ≈ 2 Mn ≈ 2 Al; ≈ 1 Si Rest Cu	600	300	55 HRC	hoher Verschleißwiderstand für Mangelschmierung gehärtete Welle erforderlich

Kupfer-Knetlegierung (dünnwandige Gleitlager) — DIN ISO 4383 : 2015-11

Werkstoff-Nr.	Kurzzeichen	Chemische Zusammensetzung in Masse-%	Zugfestigkeit R_m in N/mm²	Dehngrenze $R_{p0,2}$ in N/mm²	Mindesthärte der Welle	Eigenschaften und Verwendung
2.1821	CuPb10Sn10	≈ 10 Pb; ≈ 10 Sn Rest Cu	–	–	53 HRC	sehr hohe Schlag- u. Dauerfestigkeit, korrosionsbeständig, vorzugsweise für harte Wellen, Gleitscheiben, gerollte Buchsen
2.1823	CuPb24Sn4	≈ 24 Pb; ≈ 4 Sn Rest Cu	–	–	48 HRC	hohe Schlag- u. Dauerfestigkeit, vorzugsweise für harte Wellen, Gleitscheiben, gerollte Buchsen
2.1826	CuPb30	≈ 30 Pb Rest Cu	–	–	270 HBW	mittlere Dauerfestigkeit gerollte Buchsen, Pleuellager

Nickel — DIN 1701 : 1980-05

Werkstoff-Nr.	Kurzzeichen	Chem. Zusammensetzung in Masse-%	Verwendung
2.4007	C-Ni99,95	99,95 Ni	Carbonyl-Nickel
2.4009	E-Ni99,95		Elektrolyt-Nickel

Werkstoff-Nr.	Kurzzeichen	Chem. Zusammensetzung in Masse-%	Verwendung
2.4013	H-Ni99,9	99,9 Ni	Herstellung von Halbzeugen, Legierungselement
2.4022	H-Ni99,5	99,5 Ni	

Zinn — DIN EN 610 : 1995-09

Kurzzeichen Sn-Sorte	Chemische Zusammensetzung in Masse-%	Lieferform
Sn99,99	99,99 Sn	Blöcke, Platten, Stangen
Sn99,95	99,95 Sn	
Sn99,93	99,93 Sn	
Sn99,90	99,90 Sn	
Sn99,85	99,85 Sn	

Primärzink — DIN EN 1179 : 2003-09

Sortenklassifizierung	Farbkodierung	Chemische Zusammensetzung in Masse-%	Lieferform
Z1	weiß	99,995 Zn	Blöcke (gegossenes Erzeugnis, das zum Erschmelzen bestimmt ist)
Z2	gelb	99,99 Zn	
Z3	grün	99,95 Zn	
Z4	blau	99,5 Zn	
Z5	schwarz	98,5 Zn	

Zink-Gusslegierungen — DIN EN 1774 : 1997-11

Werkstoff-Nr.	Kurzzeichen	Chemische Zusammensetzung in Masse-%	Zugfestigkeit R_m in N/mm²	Bruchdehnung A in %	Brinellhärte HB	Verwendung
ZL0400	ZnAl4	3,8 … 4,2 Al 0,035 … 0,06 Mg Rest Zn	250 … 300	3 … 6	70 … 90	Druckgussstücke aller Art, insbesondere bei höheren Anforderungen an Maßbeständigkeit
ZL0410	ZnAl4Cu1	3,8 … 4,2 Al 0,7 … 1,1 Cu Rest Zn	280 … 350	2 … 5	85 … 105	Druckgussstücke aller Art
ZL0610	ZnAl6Cu1	5,6 … 6,0 Al 1,2 … 1,6 Cu Rest Zn	220 … 260	1,5 … 3	80 … 90	für gießtechnisch schwierige Gussstücke

Festigkeits- und Härteangaben sind der zurückgezogenen DIN 1743-2 entnommen

Nichteisenmetalle (Schwermetalle)

Weichlote

DIN EN ISO 9453 : 2021-01

Gruppe	Legierungs-Nr.[1]	Kurzzeichen	Schmelzbereich in °C Solidustemperatur	Schmelzbereich in °C Liquidustemperatur	Verwendung
Sn-Pb-Lote	101	S-Sn63Pb37	Eutektikum 183		Leiterplattenlöten, Tauchverzinnen
	103	S-Sn60Pb40	183	190	Elektronik, Elektromontage und Kfz-Technik
Pb-Sn-Lote	114	S-Pb60Sn40	183	238	Feinlötungen, Tauchverzinnungen
	124	S-Pb98Sn2	320	325	Schmelzsicherungen, Verzinnungen, Kühlerbau
Pb-Sn-Lote Sn-Pb-Lote mit Antimon	132	S-Sn60Pb40Sb	183	190	Verzinnung, Feinblechlötung
	135	S-Pb69Sn30Sb1	185	250	Klempnerlot, Schmierlot, Kühlerbau, Karosseriebau
	137	S-Pb78Sn20Sb2	185	270	
Sn-Pb-Bi	141	S-Sn60Pb38Bi2	180	185	Elektrotechnik, Elektromechanik
	142	S-Pb49Sn48Bi3	178	205	
Sn-Pb-Cd	151	S-Sn50Pb32Cd18	Eutektikum 145		Kondensatorfertigung, Kabellötungen
Sn-Pb-Cu	161	S-Sn60Pb39Cu1	183	190	Lötungen an Transformatoren, Elektrogeräte
	162	S-Sn50Pb49Cu1	183	215	Elektrotechnik, Elektromechanik
Sn-Pb-Ag	171	S-Sn62Pb36Ag2	Eutektikum 179		Elektrotechnik, Elektrogerätebau
Pb-Ag	182	S-Pb95Ag5	304	370	Elektroindustrie, Luftfahrtindustrie
Pb-Ag-Sn	191	S-Pb93Sn5Ag2	296	301	Elektronikfertigung, für hohe Betriebstemperaturen

[1] IEC-Kurzbezeichnungen der Legierungen

Weichlötflussmittel: Einteilung nach Hauptbestandteilen

DIN EN ISO 9454-1 : 2016-07

Flussmitteltyp	Flussmittelbasis	Flussmittelaktivator	Halogenidanteil Massenanteil in %
1 Harz	1 Kolophonium 2 Harz	1 ohne Aktivator 2 mit Halogeniden aktiviert 3 ohne Halogenide aktiviert	1 < 0,01 2 < 0,15 3 0,15 ... 2,0 4 > 2,0
2 organisch (wenig oder kein Harz)	1 wasserlöslich 2 nicht wasserlöslich		
3 anorganisch	1 Salze in wässriger Lösunge 2 Salz in anorganischer Lösung	1 mit Amoniumchlorid 2 ohne Amoniumchlorid	
	2 Säuren	1 mit Phosphorsäure 2 ohne Phosphorsäure	
	3 Alkalis	1 Amine und/oder Ammoniak	

Flussmitteltypen (Auswahl): Richtlinie für deren Gebrauch

DIN EN ISO 9454-1 : 2016-07

ISO-Code	Flussmittel-Beschreibung	Halogenidanteil Massenanteil in %	Anwendungsgebiete
1111	Kolophoniumbasis ohne Aktivator	< 0,01	Elektronik, Elektrotechnik
1122	Kolophoniumbasis mit organischem halogenidhaltigem Aktivator z. B. Glutaminsäurehydrochlorid	< 0,15	Elektronik, Elektrotechnik Elektrogerätebau Metallbau
1123		0,15 ... 2,0	
1124		> 2,0	
2111	auf der Basis Amine, Diamine und/oder Harnstoff	< 0,01	E-Technik, Präzisionslöten
2123	auf der Basis von organischen, halogeniden Aktivatoren	< 0,15	Elektronik, Elektrotechnik Metallbau
2124		0,15 ... 2,0	
2131	auf der Basis organischer Aktivatoren	> 2,0	Aluminiumlöten
3114	auf der Basis von Zink- und/oder Metallchloriden und/oder Ammoniumchlorid	> 2,0	Wärmetauscher, Metallwaren, Metallhandwerk
3124	auf der Basis von Zink- und/oder Metallchloriden und/oder Ammoniumchlorid	> 2,0	Armaturen, Metallwaren, Kupferrohrinstallation
3224	Wie 3124 in organischer Verbindung	> 2,0	Wie 3124
3324	auf der Basis von Phosphorsäure	> 2,0	Metallwaren aus Kupfer

Beispiel: Flussmitteltyp 2124: 1. Ziffer: 2 Flussmitteltyp: organisch, 2. Ziffer: 1 Flussmittelbasis: wasserlöslich, 3. Ziffer: 2 Flussmittelaktivator: mit Halogeniden aktiviert, 4. Ziffer: 4 Halogenidanteil < 2,0 %

Nichteisenmetalle (Schwermetalle)

Hartlote

DIN EN ISO 17672 : 2017-01, DIN EN ISO 3677 : 2016-12

Kennzeichnung			Schmelzbereich in °C		Chem. Zusammensetzung in Masse-% (Mittelwerte)							
ISO 17672	Kurzzeichen nach DIN EN ISO 3677	zurückgezogene DIN EN 1044	Solidus-temp.	Liquidus-temp.	Ag	Cu	Zn	Sn	Cd	Mn	Ni	Si
Silberhartlote												
Ag156	B-Ag56CuZnSn-620/655	AG102	620	655	56	22	17	5				
Ag244	B-Ag44CuZn-675/735	AG203	675	735	44	30	26					
Ag205	B-Cu55ZnAg(Si)-820/870	AG208	820	870	5	55	40					0,15
Ag340	B-Ag40ZnCdCu-595/630	AG304	595	630	40	19	21		20			
Ag330	B-Ag30CuCdZn-600/690	AG306	600	690	30	28	21		21			
Ag485	B-Ag85Mn-960/970	AG501	960	970	85					15		
Ag449	B-Ag49ZnCuMnNi-680/705	AG502	680	705	49	16	23			7,5	4,5	

Kennzeichnung			Schmelzbereich in °C		Chem. Zusammensetzung in Masse-% (Mittelwerte)							
ISO 17672	Kurzzeichen nach DIN EN ISO 3677	zurückgezogene DIN EN 1044	Solidus-temp.	Liquidus-temp.	Al	Si	Cu	Ag	Zn	Sn	P	Ni
Aluminiumhartlote												
Al107	B-Al92Si-575/615	AL102	575	615	92	7,5						
Al112	B-Al88Si-575/585	AL104	575	585	88	12						
Kupferhartlote												
Cu110	B-Cu100-1083	CU101	1083	1083			99,9					
Cu925	B-Cu88Sn(P)-825/990	CU202	825	990			88			12	0,2	
Cu680	B-Cu60Zn(Si)(Mn)-866/882	CU303	866	882			58		41			
Cu773	B-Cu48ZnNi(Si)-890/920	CU305	890	920			48		42			9
Kupfer-Phosphorhartlote												
CuP284	B-Cu80AgP-645/800	CP102	645	800			80	15			5	
CuP182	B-Cu92P-710/770	CP201	710	770			92				8	
CuP180	B-Cu93P-710/820	CP202	710	820			93				7	

Flussmittel zum Hartlöten

DIN EN ISO 18496: 2021-12

Schwermetealle		Leichtmetalle	
Normzeichen	Zusammensetzung, Wirktemperaturen, Verwendung, Rückstände	Normzeichen	Zusammensetzung, Wirktemperaturen, Verwendung, Rückstände
FH10[1)] FH12[2)]	Borverbindungen und Fluoride, [1)] 550…800 °C, [2)] 550…850 °C, z. B. hochlegierte Stähle, Hartmetall. Rückstände sind korrosiv, durch Waschen oder Beizen entfernen	FL10	Hygroskopische Chloride und Fluoride, 500…630 °C, Al und Al-Legierungen Rückstände sind korrosiv, können durch Waschen oder Beizen entfernt werden
FH20[1)] FH21[2)]	Wie oben, [1)] 700…1000 °C, ist korrosiv, [2)] 750…1100 °C, ist nicht korrosiv, wie oben entfernen. **Vielzweckflussmittel**	FL20	Nicht hygroskop. Fluoride, 570…660 °C, Al, Al-Legierungen, nicht korrosiv, können mechanisch oder mit Beizen entfernt werden
FH30	Borverbindungen, Phosphate, Silikate, oberhalb 1000 °C meist bei Ni-, Cu-Loten, Rückstände sind nicht korrosiv		

Beispiel: Lot ISO 17672-B-Cu60Zn(Si)(Mn)-866/882, Lot = Benennung, ISO 17672 = Nr. der internationalen Norm, B = Hartlöten, Cu60Zn(Si)(Mn) = chem. Zus.setzung nach ISO 3677, 866/882 = Solidus-/Liquidustemperatur

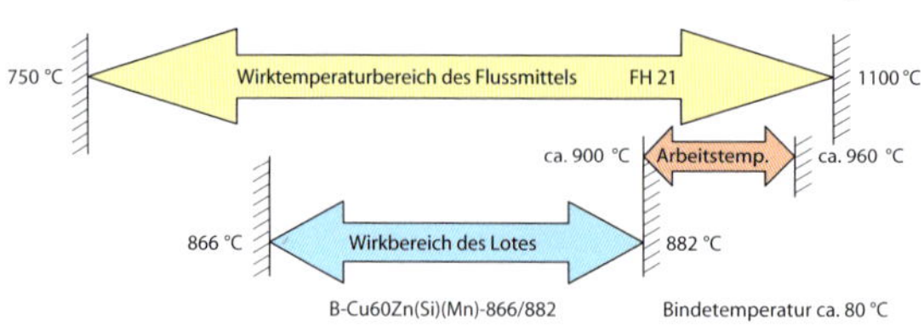

Anmerkung:
Löttemperatur, Flussmittelzuordnung siehe Kapitel Fertigungstechnik

Sinterwerkstoffe

Bezeichnung: Sint -B 3 0 kalibriert

- Sint: Sinterwerkstoff
- B: Werkstoffklasse bzw. Raumerfüllung
- 3: Chemische Zusammensetzung
- 0: Fortlaufende Nummerierung
- kalibriert: Behandlungszustand

Chemische Zusammensetzung:

0 = Sintereisen, Sinterstahl, mit Cu < 1,0 %, mit oder ohne C
1 = Sinterstahl mit 1...5 Masse-% Cu, mit oder ohne C
2 = Sinterstahl mit mehr als 5 Masse-% Cu, mit oder ohne C
3 = Sinterstahl mit oder ohne Cu und/oder C mit höchstens 6 Masse-% anderen Legierungsmetallen, z. B. Cu/Ni-Stähle
4 = Sinterstahl mit oder ohne Cu und/oder C mit mehr als 6 Masse-% anderen Legierungsmetallen, z. B. 18/8-Cr-Ni-Stähle
5 = Sinterlegierungen, die mehr als 60 % Cu enthalten, gemeinhin Bronzen genannt, ebenso Messing (Cu-Zn) und Neusilber
6 = Alle anderen Sinterbuntmetalle, die nicht als Messing, Bronzen oder Neusilber zu bezeichnen sind
7 = Sinterleichtmetalle (z. B. Sinteraluminium)
8 und 9 Reserve

Die zweiten Ziffern (fortlaufende Nummerierung) sind Zählziffern und werden willkürlich festgelegt..

Werkstoffklasse	Raumerfüllung R_x in %	Porosität P in %	bevorzugtes Einsatzgebiet
Sint-AF	< 73	> 27	Filter
Sint-A	75 ± 2,5	25 ± 2,5	Gleitlager
Sint-B	80 ± 2,5	20 ± 2,5	Gleitlager und Formteile mit Gleiteigenschaften
Sint-C	85 ± 2,5	15 ± 2,5	Gleitlager und Formteile
Sint-D	90 ± 2,5	10 ± 2,5	Formteile
Sint-E	94 ± 1,5	6 ± 1,5	Formteile
Sint-F	> 95,5	> 4,5	sintergeschmiedete Formteile

Bezeichnung des Behandlungszustandes

Behandlungszustand des Werkstoffs	
gesintert	dampfbehandelt
kalibriert	sintergeschmiedet
wärmebehandelt	isostatisch gepresst

Behandlungszustand der Oberfläche	
sinterglatt	mechanisch bearbeitet
kalibrierglatt	oberflächenbehandelt
sinterschmiedeglatt	

Sintermetalle DIN EN 10331 : 2003-09, DIN 30910-2, -6 : 1990-10, -3 : 2004-11, -4 : 2010-3

Werkstoffklasse	Chemische Zusammensetzung	Festigkeit in N/mm²	Härte HB	Eigenschaften	Verwendung
		Scherfestigkeit		Filterfeinheit:	
Sint-AF 40-10	Rostfreier Sinterstahl Cr- und Ni-haltig	130		10 µm	gas- und flüssigkeitsdurchlässige Teile
Sint-AF 50-200	Sinterbronze Cu-Sn	30		200 µm	gas- und flüssigkeitsdurchlässige Teile
		Bruchfestigkeit			
Sint-A00	Sintereisen (Fe)	> 150	> 25	löt-, schweiß- und klebbar	Lagerwerkstoffe mit besonders guten Notlaufeigenschaften für Lagerschalen, -buchsen
Sint-A20	Sinterstahl höher Cu-haltig	> 180	> 30	löt-, schweiß- und klebbar	Lagerwerkstoffe mit besonders guten Notlaufeigenschaften für Lagerschalen, -buchsen
Sint-A51	Sinterbronze Cu-Sn, grafithaltig	> 100	> 20	wärmebeständig	Lagerwerkstoffe mit besonders guten Notlaufeigenschaften für Lagerschalen, -buchsen
		Bruchfestigkeit			
Sint-B10	Sinterstahl Cu-haltig	> 190	> 40	gute Gleit- und Notlaufeigenschaft	Gleitlagerwerkstoffe für Öltränkung
Sint-B22	Sinterstahl C- und Cu-haltig	> 140	> 25	gute Gleit- und Notlaufeigenschaft	Gleitlagerwerkstoffe für Öltränkung
Sint-B50	Sinterbronze Cu-Sn	> 170	> 30	gute Gleit- und Notlaufeigenschaft	Gleitlagerwerkstoffe für Öltränkung
		Zugfestigkeit			
Sint-C30	Sinterstahl Cu-, Ni-, Mo-haltig	360	100	begrenzte Ölaufnahme	Formteile für mittlere Beanspruchung: Kfz-Teile, Relaisteile.
Sint-C40	Rostfreier Sinterstahl	330	110	korrosionsfest	Formteile für mittlere Beanspruchung: Kfz-Teile, Relaisteile.
Sint-C50	Sinterbronze Cu-Sn	150	40	Schmierfilmhaftung	Formteile für mittlere Beanspruchung: Kfz-Teile, Relaisteile.
		Bruchfestigkeit			
Sint-D00	Sintereisen (Fe)	190	50	galvanisch behandelbar	Formteile für höhere Beanspruchung: Pumpenteile, Zahnräder
Sint-D30	Sinterstahl Cu-, Ni-, Mo-haltig	510	130	verschleißfest	Formteile für höhere Beanspruchung: Pumpenteile, Zahnräder
Sint-D50	Sinterbronze Cu-Sn	220	55	korrosionsfest	Formteile für höhere Beanspruchung: Pumpenteile, Zahnräder
		Zugfestigkeit			
Sint-E02	Sintereisen (Fe)	240	50	weichmagnetisch	Formteile für die Elektroindustrie
Sint-E10	Sinterstahl Cu-haltig	400	120	galvanisch behandelbar	Formteile für die Elektroindustrie
	Sinterschmiedestahl	Zugfestigkeit			
Sint-F30	Zustand: geschmiedet/vergütet	700/950	200/320	galvanisch behandelbar	sintergeschmiedete Formteile: z. B. Dichtringe, Flansche
Sint-F31	Zustand: geschmiedet/vergütet	770/1150	250/380	galvanisch behandelbar	sintergeschmiedete Formteile: z. B. Dichtringe, Flansche

Hartmetall

Zerspanungsanwendungsbereiche

DIN ISO 513 : 2014-05

Merkmale	Kurzzeichen	Kennfarbe	Hauptanwendungsgruppe	Werkstück-Werkstoff	Anwendung
↑ zunehmende Schnittgeschwindigkeit ↑ zunehmende Verschleißfestigkeit des Hartmetalls ↓ zunehmende Schneidenbelastung ↓ zunehmende Zähigkeit des Hartmetalls	P 01, P 05, P 10, P 15, P 20, P 25, P 30, P 35, P 40, P 45, P 50	blau	P	**Stahl** Alle Stahlarten und Stahlguss, ausgenommen nichtrostender Stahl mit austenitischem Gefüge	**Zerspanende Bearbeitungsverfahren** z. B. Bohren, Drehen, Fräsen, usw..
	M 01, M 05, M 10, M 15, M 20, M 25, M 30, M 35, M 40	gelb	M	**Nichtrostender Stahl** Nichtrostender austenitischer und austenitisch-ferritischer Stahl und Stahlguss	
	K 01, K 05, K 10, K 15, K 20, K 25, K 30, K 35, K 40	rot	K	**Gusseisen** – mit Lamellengraphit GJL – Gusseisen mit Kugelgraphit GJS – Temperguss GJMW, GJMB	
	N 01, N 05, N 10, N 15, N 20, N 25, N 30	grün	N	**Nichteisenmetalle** Aluminium und andere NE-Metalle, Nichtmetallwerkstoffe	
	S 01, S 05, S 10, S 15, S 20, S 25, S 30	braun	S	**Titan und Titanlegierungen, Speziallegierungen** Hochwarmfeste Legierungen auf einer Eisen-, Nickel-, Cobaltbasis	
	H 01, H 05, H 10, H 15, H 20, H 25, H 30	grau	H	**Harte Werkstoffe** Gehärteter Stahl, gehärtete Gusseisenwerkstoffe	

Hartmetalle (Carbide)

DIN ISO 513 : 2014-05

Kennbuchst.	Werkstoffgruppe	Kennbuchst.	Werkstoffgruppe
HW	Unbeschichtetes Hartmetall Hauptbestandteil WC Korngröße ≥ 1 µm	HT Cermets	Unbeschichtetes Hartmetall Hauptbestandteil TiC, oder TiN oder beides
HF	Unbeschichtetes Hartmetall Hauptbestandteil WC Korngröße < 1 µm	HC	Hartmetalle wie HW, HF und HT, jedoch beschichtet

Beispiel:

HW- P 10 oder P 10 (wahlweise)

- P 10: Kurzzeichen
- HW: Kenn-Buchstaben

Weitere Schneidstoffe siehe Seite W 49

Schneidkeramik

Einteilung der Schneidkeramik

DIN ISO 513 : 2014-05

Oxidkeramik – Oxide
- **Reinkeramik CA** – 99 % Al_2O_3
- **Mischoxidkeramik CA** – $Al_2O_3 + ZrO_2$
- **Oxidkeramik CR** – Al_2O_3 verstärkt
- **Oxidkeramik CC** – Al_2O_3 beschichtet

Mischkeramik – Oxide + Nichtoxide
- **Mischkeramik CM** – Al_2O_3 + TiC
- **Mischkeramik CM** – Al_2O_3 + TiC + TiN
- **Mischkeramik CM** – Al_2O_3 + WC + TaC

Nichtoxidkeramik – Nichtoxide
- hoher **Bornitrid**-Anteil BH, niedriger **Bornitrid**-Anteil BL, **Bornitrid** wie BH, beschichtet BC
- **Siliciumnitrid CN** – Hauptanteil Si_3N_4
- **Diamant** – Monokristallin DM, Polykristallin DD ohne Bindemittel, Polykristallin DP mit Bindemittel

Bezeichnungsbeispiel: CA - K10

- K10: Kurzzeichen: Zerspanungs-Hauptgruppe mit niedriger Zähigkeit
- CA: Oxidkeramik, vorwiegend Aluminiumoxid Al_2O_3

Schneidkeramik

Keramische Schneidstoffe für die Zerspanung

Schneidstoffsorte	Kennzeichnung	Eigenschaften und Verwendung.
Mischoxidkeramik CA $Al_2O_3+ZrO_2$	CA-K01 CA-K10	äußerst feinkörnig und verschleißfest, sehr hohe Warmhärte, geeignet für das Vor- und Fertigdrehen von Grauguss sowie Einsatz- und Vergütungsstahl bei sehr hohen Schnittgeschwindigkeiten
Mischkeramik CM Al_2O_3+TiC	CM-K01 CM-K10 CM-K20	extrem hohe Kantenfestigkeit, sehr verschleißfest und gute Warmhärte, geeignet für das Drehen von Hartguss und gehärtetem Stahl sowie für das Feindrehen und Feinfräsen von Guss- und Stahlwerkstoffen mit hohen Schnittgeschwindigkeiten
Nichtoxidkeramik CN Si_3N_4 (Siliciumnitrid)	CN-K10 CN-K20	ausgezeichnete mechanische und thermische Wechselbeständigkeit, hohe Zähigkeit und gute Warmhärte, geeignet für das Vordrehen und Fräsen von Grauguss bei mittleren und hohen Schnittgeschwindigkeiten, gute Ergebnisse auch bei Schnittunterbrechungen und bei Bearbeitungen mit Kühlflüssigkeit
Polykristalliner Diamant DP	DP-N01	Ein PKD mit WC-Co-Binder mit einer Hartmetallunterlage. Schlicht-, Feinschlichtzerspanung von NE-Werkstoffen für glatten und unterbrochenem Schnitt
	DP-N05	Wie DP-N01 jedoch für stark unterbrochenem Schnitt
	DP-N15	PKD mit hochtemperaturbeständigen Keramikbinder ohne Hartmetallunterlage wird direkt auf die Wendeschneidplatte gelötet. Schrupp- und Schlichtbearbeitung von Al-Legierungen (... 30 % Si) sowie faserverstärkten Kunststoffen
Kubisch-kristallines Bornitrid BH (mit einem mittleren bis sehr hohen BN-Anteil)	BH-K01	Sehr verschleißfest zum Schlichten von Grauguss sowie exotische Legierungen für glatten und unterbrochenem Schnitt
	BH-K05	Sehr verschleißfest zum Drehen von Hartguss, exotische Leg. und Sinterstahl für glatten und leicht unterbrochenem Schnitt
	BH-K20	Sehr verschleißfest zum Schruppen von Grauguss für glatten und unterbrochenem Schnitt
Kubisch-kristallines Bornitrid BL (niedriger BN-Anteil)	BL-H01	Schlichtdrehen von gehärtetem Stahl bei stabilen Bedingungen für glatten und stark unterbrochenem Schnitt
	BL-H05	Drehen von gehärtetem Stahl für glatten und leicht unterbrochenem Schnitt

Anmerkung: Kennzeichnung der Schneidkeramik von DP und BN in Anlehnung an VDI 3323

Eigenschaftenvergleich von verschiedenen Keramiken

Material / Eigenschaften	Al_2O_3-Keramiken			Al_2O_3-Dispersions-Keramiken		Si_3N_4-Keramiken		SiC-Keramiken	Tialit-Keramiken
Zusammensetzung	Al_2O_3 99,9 %	Al_2O_3 99,7 %	Al_2O_3 97,5 %	Al_2O_3 + TiC	Al_2O_3 + ZrO_2	reaktions-gebunden		gesintert	Al_2O_3 ... TiO_2
Mechanische Eigenschaften									
Härte Knoop (100 g)	2,3 · 104	2,0 · 104	1,8 · 104	2,4 · 104	2,0 · 104	0,8 · 104	1,1 · 104	2,4 · 104	–
Druckfestigkeit in N/mm^2	4000	3500	3000	4500	5000	1100	1500	3500	550
Biegebruchfestigkeit in N/mm^2	350	280	240	380	550	200	300	450	40
Thermische Eigenschaften									
Längenausdehnungskoeffizient α in K^{-1} (20 ... 1000 °C)	$8{,}5 \cdot 10^{-6}$			$7{,}8 \cdot 10^{-6}$	$8{,}1 \cdot 10^{-6}$	$3{,}0 \cdot 10^{-6}$	$3{,}0 \cdot 10^{-6}$	$4{,}6 \cdot 10^{-6}$	$3 \cdot 10^{-6}$ (20 ... 700 °C)
Wärmeleitfähigkeit λ 1 bar, 373 K in W/(mK)	33	25	25	35	25	16	20	70	2,0
Spezifische Wärme in J/(gK)	0,9	0,9	0,9	0,97	0,85	0,7	0,7	1,0	0,7

Schleifen

Schleifmittel

DIN ISO 525 : 2022-01

Bezeichnung	Kurzzeichen	Chem. Zusammensetzung in Masse-%	Anwendung
Aluminiumoxid (Korund)	A	95 … 96 Al_2O_3	Hoch- und niedriglegierte Stähle, Einsatzstähle, Werkzeugstähle, HSS bis HRC<63
Siliciumcarbid	C	98 … 99,5 SiC	Hartmetall, HSS, rostfreie Stähle, Gusseisen, NE-Metall, Keramik
Zirkonkorund	Z	76 Al_2O_3; 24 ZrO_2	Entgraten, Schweißnahtbearbeitung, rost-, hochwarmfeste Stähle, NE-Metalle.
Nicht nach DIN ISO 525 genormte Schleifmittel[1]			
Borcarbid	BK	78 B; 22 C	Hartmetall, gehärteter Stahl, zum Läppen
Bornitrid (BN)	B	44 B; 56 N	HSS, gehärtete hochlegierte Stähle
Diamant (DP)	D	100 C	Hartmetall, Glas, Keramik, Feinbearbeitung

[1] Firmen kennzeichnen die unterschiedlichen Korunde und Carbide durch vorgesetzte Zahlen (bis zu 4 Stellen)

Körnung

Körnungsbezeichnung[2]	Makrokörnung von F4 … F220			Mikrokörnung F230 … F2000
	grob	mittel	fein	sehr fein
Körnung[1]	4 5 6 7 8 10 12 14 16 20 22 24	30 36 40 46 54 60	70 80 90 100 120 150 180 220	230 240 280 320 360 400 500 600 800 1000 1200 1500 2000
Anwendung	Schruppschleifen		Fein-, Formschleifen	Feinschleifen, Läppen, Polieren.

[1] Maschenweite je nach Korngröße in mm und µm
[2] Die Körnung erhält den Kennbuchstaben F … , z. B. F120

Härtegrad (Härte der Schleifscheibe)

Kennbuchstabe	A-B-C-D	E-F-G	H-I-Jot-K	L-M-N-O	P-Q-R-S	T-U-V-W	X-Y-Z
Härtebezeichnung	äußerst weich	sehr weich	weich	mittel	hart	sehr hart	äußerst hart

Bindung

Bindungsart	Kurzzeichen[2]	Eigenschaft	Anwendung
Keramisch	V	spröde, schlagempfindlich, temperaturunempfindlich	Trocken- und Nassschliff für alle Werkstoffe außer Al, form- und maßgenau.
Magnesit	MG	weiche Scheibe, kühler Schliff, schnelle Abnutzung	feine Schneiden, Schleifen von Feilenstahl
Schellack	E	Naturharz, elastisch, geringe Schleifwärme	Schleifarbeiten mit geringen Rautiefen Feinstschleifen von Walzen
Gummi Gummi, faserverstärkt	R RF	öl- und temperaturempfindlich	Formschleifen, Trennschliff
Kunstharz Kunsth., faserverstärkt	B BF	elastisch, ölbeständig, temperaturempfindlich	Läppscheiben, Trennscheiben, hohe Schnittgeschwindigkeiten
gesintert	Sint[1]	hohe Festigkeit, porös	für Diamantscheiben bestehend aus Cu-Sn-Legierungen

[1] nicht genormt
[2] Die Firmen kennzeichnen die Zusammensetzung der Bindungsart durch Anhängen von bis zu 4 Zahlen.

Gefüge

Kennziffer	0 1 2 3 4 5 6 7 8 9 10 11 12 13 14 15 16 17 18 19 20 21 22 23 24 25 26 27 28 29 30		
Gefüge	geschlossen (dicht)	normal	offen … sehr offen (porös)
Anwendung	Fein- und Formschleifen	normale Arbeiten	große Schleifzugabe, dünnwandige und schleifempfindliche Werkstücke.

Beispiel: **Schleifscheibe ISO 603-1 1N-300×50×76,2-…A/F36 L5V…-50 m/s**
Schleifscheibe nach ISO 603-1, Form **1**, Randform **N**, Abmessungen: Außen-∅ **300**, Breite **50**, Bohrungs-∅ **76,2**, Schleifmittel … **A**, Korngröße **F36**, Härtegrad **L**, Gefüge **5**, Bindung **V** … , Arbeitshöchstgeschwindigkeit **50 m/s**

Zerstörungsfreie Werkstoffprüfverfahren

Prüfverfahren	Prüfvorgang	Anwendung
Farbeindringverfahren DIN EN ISO 3452-1: 2022-02	Auf das vorgereinigte Prüfobjekt trägt man das Eindringmittel auf. Bei vorhandenen Oberflächenfehlern dringt das Mittel durch die Kapillarwirkung in das fehlerhafte Werkstück ein. Nach dem Reinigen wird der Fehler mithilfe von Tageslicht (Beleuchtungsstärke > 500 lx) sichtbar gemacht.	Bei Oberflächenfehlern und bei nicht magnetisierbaren Stählen und NE-Metallen: Risse, Poren, Überlappungen u.ä.
Magnetpulverprüfung DIN 54130: 1974-04 (zurückgez.)	Magnetisierbare Teilchen werden trocken oder in einer Suspension auf das Werkstück aufgetragen. Mithilfe des Magnetfeldes werden Risse oder Fehler dicht unter der Oberfläche (bis 3 mm) sichtbar gemacht.	Nachweis von Oberflächenfehlern z.B. Risse bei ferromagnetischen Werkstoffen.
Ultraschallprüfung DIN EN ISO 16810: 2014-07	Mithilfe eines Ultraschallkopfes und einem Kontaktgel werden Schallwellen im Frequenzbereich von 1,0 ... 10 MHz geradlinig durch das Werkstück gesandt. Die Art der Reflexion der Schallwellen weist auf einen Fehler oder ein fehlerfreies Werkstück hin.	Nachweis für innen liegende Fehler: Risse, Lunker, Schlackeneinschlüsse bei Schweißnähten, Dopplungsfehler usw.
Röntgen-/Gammastrahlen-Prüfung von Metallen DIN EN ISO 5579: 2014-04 **Achtung** Strahlenschutz beachten!!	Durchstrahlung des Werkstückes mithilfe von Röntgen- oder Gammastrahlen. Mithilfe von Filmplatten können auch parallel zum Strahlengang vorhandene Fehler im Werkstück fototechnisch dokumentiert werden.	Überprüfung des Werkstoffgefüges auf Risse, Lunker. Schweißnahtfehler z.B. beim Leitungs- und Kesselbau, Flugzeugbau usw..

Kerbschlagbiegeversuch nach Charpy – Metallische Werkstoffe **DIN EN ISO 148-1: 2017–05**

Jede Kerbe, z.B. Gewinde, Einstiche, Risse, Lunker usw., ergibt bei einer mechanischen Beanspruchung Spannungsspitzen und Kerbwirkungen. Deshalb ist es wichtig, die Zähigkeit eines Werkstoffes zu kennen. Bei dem Kerbschlagbiegeversuch wird die Probe durch den Pendelhammer mit einem Schlag durchbrochen oder durch das Widerlager gezogen. Der Kerbschlagbiegeversuch liefert keine Festigkeitskennwerte für die Festigkeitsberechnung.

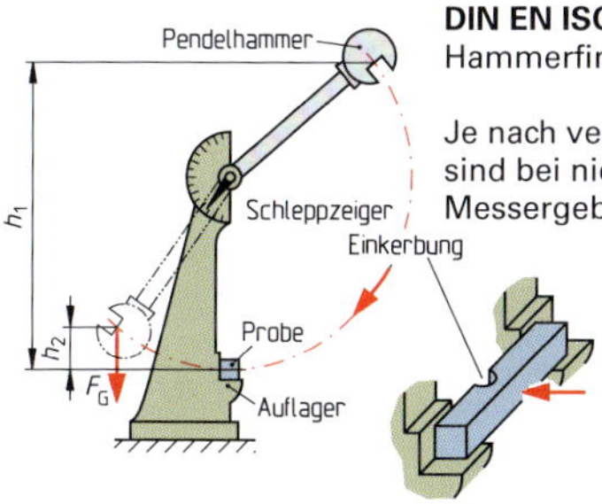

DIN EN ISO 148-2:2017-05
Hammerfinne: Radius 2 mm bzw. 8 mm
Je nach verwendeter Hammerfinne sind bei niedriger Schlagenergie die Messergebnisse stark schwankend.

Prüftemperatur: (23 ± 5)°C

Verbrauchte Schlagenergie ≤ 80% der potentiellen Anfangsenergie, ansonsten ungenaue Messergebnisse
Zur Prüfung können unterschiedliche Nennarbeitsvermögen eingesetzt werden. Normangabe KV_2 oder KV_8 bzw. KU_2 oder KU_8
Weicht das Nennarbeitsvermögen von 300 J ab, so muss das bei der Normangabe entsprechend vermerkt werden: z.B. KV_2 150/7,5 = 73 J

Schlagenergie, veraltet Kerbschlagarbeit

$KU = F_G\,(h_1 - h_2)$ bzw. KV... in J

... Angabe des Radius der Hammerfinne z.B. KU_2 oder KU_8 bzw. KV_2 oder KV_8

KU...	Schlagenergie mit U-Kerbe in J
KV...	Schlagenergie mit V-Kerbe in J
F_G	Gewichtskraft in N ($F_G = m \cdot g$)
$(h_1 - h_2)$	Differenzhöhe in m

Normung z.B. **KU_8 300/7,5 = 173 J**

KU_8	Schlagenergie einer U-Kerbenprobe mit einem Radius 8 mm der Hammerfinne
300	Pendelschlagwerk mit einem Nennarbeitsvermögen von 300 J
7,5	Probenbreite 7,5 mm
173 J	beim Bruch verbrauchte Schlagenergie

Charpy U-Probe

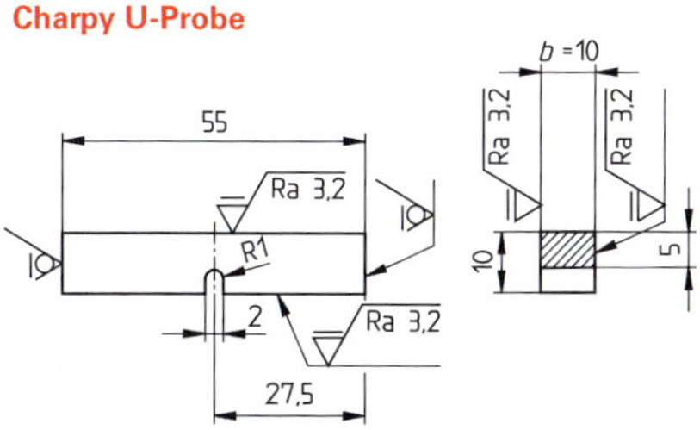

Charpy V-Probe

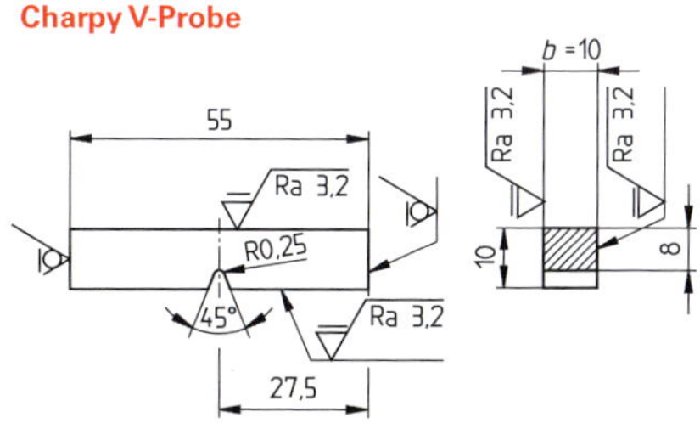

Normalprobenbreite b = 10 mm, Untermaß-Probenbreite: b = 7,5 mm, 5 mm, 2,5 mm

Dauerschwingversuch

DIN 50 100 : 2022-12

In fast allen Bereichen der Technik werden Bauteile durch Kräfte oder Momente überwiegend dynamisch, d. h. schwellend oder wechselnd belastet. Beim Dauerschwingversuch werden Wöhlerkurven aufgenommen und in einem Dauerschwingfestigkeits-Diagramm dargestellt.

Spannungs-Zeit-Diagramm

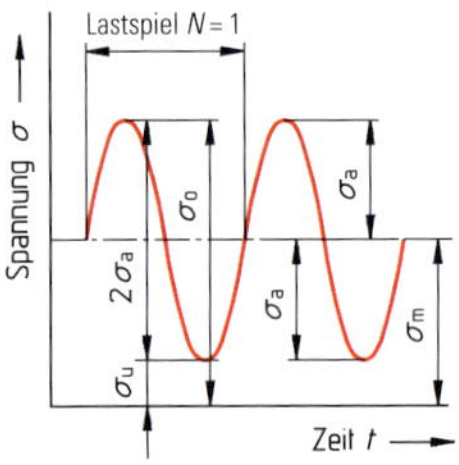

Belastungsgrößen

σ_a Spannungsausschlag $\sigma_a = \dfrac{(\sigma_o - \sigma_u)}{2}$

σ_o obere Grenzspannung: $\sigma_o = \sigma_m + \sigma_a$

σ_u untere Grenzspannung: $\sigma_u = \sigma_m - \sigma_a$

σ_a Mittelspannung $\sigma_m = \dfrac{(\sigma_o - \sigma_u)}{2}$

Spannungseinheiten in N/mm²

N Lastspiel (Schwingspielzahl)

Wöhlerkurven

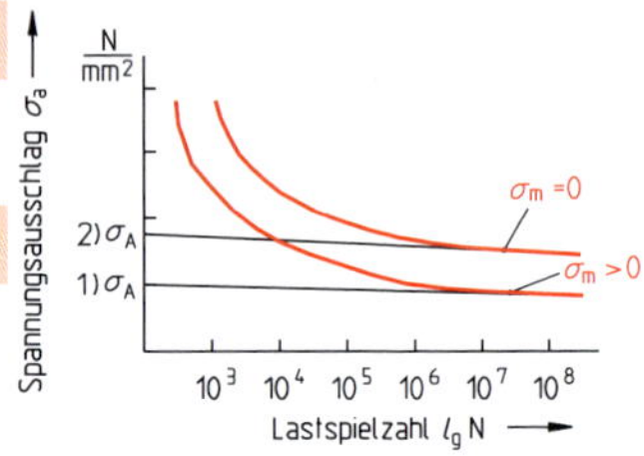

Dauerschwingfestigkeits-Diagramm (nach Smith)

Das Diagramm nach Smith ist in der aktuellen Norm nicht mehr aufgeführt.

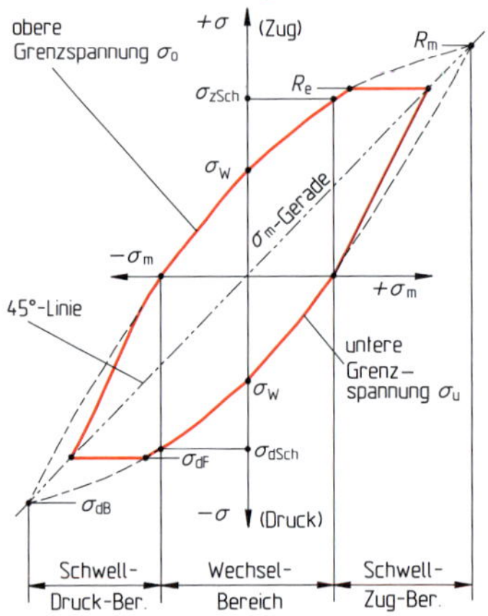

Dauerschwingfestigkeitsgrößen

Allgemeine Spannungen für die Belastungsgrößen (σ_a, σ_o, σ_u, σ_m) erhalten kleine Indices, die Festigkeiten (Grenzspannungen σ_A, σ_D, σ_W, σ_{Sch}) erhalten große Indices.

[1] $\sigma_D = \sigma_m + \sigma_A$ bei $\sigma_m > 0$ σ_D Dauerfestigkeit in N/mm²

[2] $\sigma_W = \pm\sigma_A$ bei $\sigma_m = 0$ σ_W Dauerfestigkeit in N/mm²

$\sigma_{Sch} = 2\sigma_A$ bei $\sigma_u = 0$ σ_{Sch} Dauerfestigkeit in N/mm²

σ_D Dauerfestigkeit in N/mm²
σ_W Wechselfestigkeit in N/mm²
σ_{Sch} Schwellfestigkeit in N/mm²

Weiterhin werden für die verschiedenen Beanspruchungsarten folgende Bezeichnungen:
z (Zug-), d (Druck-), b (Biege-) und t (Torsionsbeanspruchung)

Anmerkung:
Entgegen der DIN 50 100 : 2016 werden für die verschiedenen Beanspruchungsarten anstelle der neuen Bezeichnungen **S** für **Spannung** und **T** für **Verdrehung** die alten Bezeichungen σ für S und τ für T beibehalten.

Festigkeitswerte nach Art der Belastung (ruhend, schwellend, wechselnd) s. G 33

Werkstoff \ Belastung	Zug, Druck in N/mm²			Biegung in N/mm²			Verdrehung in N/mm²		
	R_e, $R_{p0,2}$	σ_{zSch}	σ_{zdW}	σ_{bF}	σ_{bSch}	σ_{bW}	τ_{tF}	τ_{tSch}	τ_{tW}
S235JR	235	220	120	260	260	170	140	140	100
S275JR	275	275	180	380	350	200	160	160	140
E295	295	295	230	420	420	260	210	210	180
E335	335	335	270	470	470	300	230	230	210
C10E	295	295	270	420	420	300	280	280	200
C22E	340	340	220	490	410	240	245	245	165
C45	430	430	340	670	625	370	340	340	260
17C3	440	400	320	560	560	350	280	280	210
16MnCr5	590	590	400	840	770	450	430	430	270
42CrMo4	880	820	500	1250	940	540	630	630	370
30CrNiMo8	1050	980	570	1450	1040	600	730	730	420
GE240	230	230	180	300	300	180	130	130	100
GE300	300	300	240	400	400	240	180	180	140
EN-GJS 400	245	180	110	350	260	150	140	140	95
EN-GJS 500	315	250	150	500	360	210	200	200	130
EN AC-AlSi[1]	100	70	50	120	70	50	80	50	30
EN AW-AlCu4Mg1[1]	265	120	90	280	160	120	210	120	70
CuZn40Mn[1]	300	210	150	350	240	240	200	140	140
G-CuSn5ZnPb[1]	90	–	30	–	–	35	–	–	25

[1] Die Mittelwerte sind abhängig vom Verarbeitungszustand und von der Wärmebehandlung

Werkstoffprüfung

Zugproben

DIN 50125 : 2022-08

Zylindrische Formen: A, B, C, D, (F: unbearbeitete Rundstange)

Form A

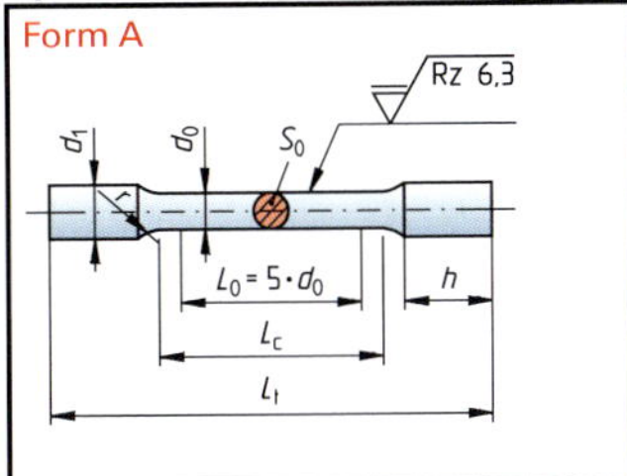

d_0	4	5	6	8	10	12	14	16	18	20	25
L_0	20	25	30	40	50	60	70	80	90	100	125
L_c min	24	30	36	48	60	72	84	96	108	120	150
r_{min}	3	4	5	6	8	9	11	12	14	15	19
Form A d_1	5	6	8	10	12	15	17	20	22	24	30
Form A L_t min	60	74	92	115	138	162	186	210	233	255	309
Form A h min	16	20	25	30	35	40	45	50	55	60	70
Form B d_1	M6	M8	M10	M12	M16	M18	M20	M24	M27	M30	M33
Form B L_t min	41	51	60	77	97	116	134	154	173	191	234
Form B h min	6	7	8	10	12	15	17	20	22	24	30

Flache Formen: E, H, (G: unbearbeitete Flachstäbe, Profile)

Form E

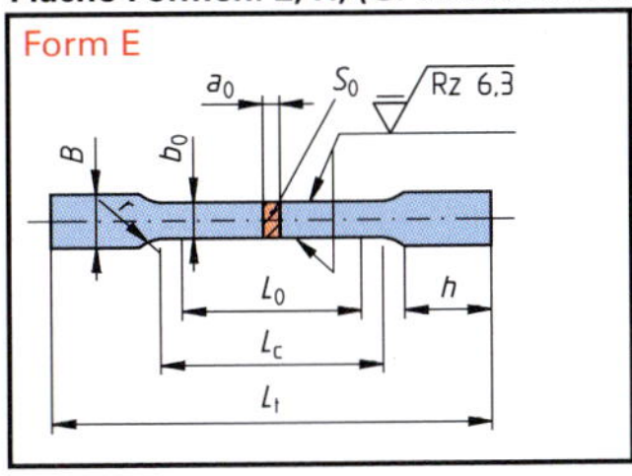

a_0	2	2	3	4	5	5	6	7	8	10	10	12	15	18
b_0	6	10	8	10	10	16	20	22	25	25	30	26	30	30
L_0	20	25	30	35	40	50	60	70	80	90	100	100	120	130
B min	10	15	12	15	15	22	27	29	33	33	40	34	40	40
h min	22	30	26	30	30	40	50	55	60	60	70	65	70	70
R min	12	12	12	12	12	15	15	20	20	20	25	25	25	25
L_c min	26	32	38	45	51	64	77	89	102	114	126	127	152	165
L_t min	85	107	105	120	126	168	197	221	246	258	295	280	321	384

Zugversuch von Metallen

DIN EN ISO 6892-1 : 2020-06

Beim Zugversuch wird eine genormte Zugprobe einer steigenden Zugbelastung bis zum Bruch unterzogen. Hierbei ermittelt man die Zugfestigkeit R_m, die untere Dehngrenze R_{eL} bzw. die obere Dehngrenze R_{eH} oder die Dehngrenze bei plastischer Dehnung $R_{p0,2}$ sowie die Bruchdehnung A.

Spannungs-Dehnungs-Diagramm

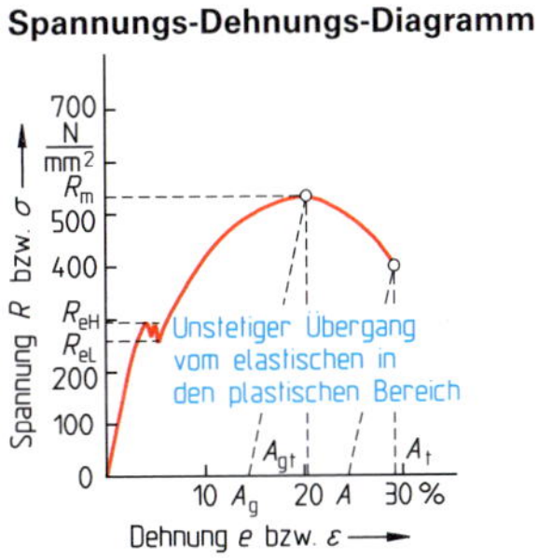

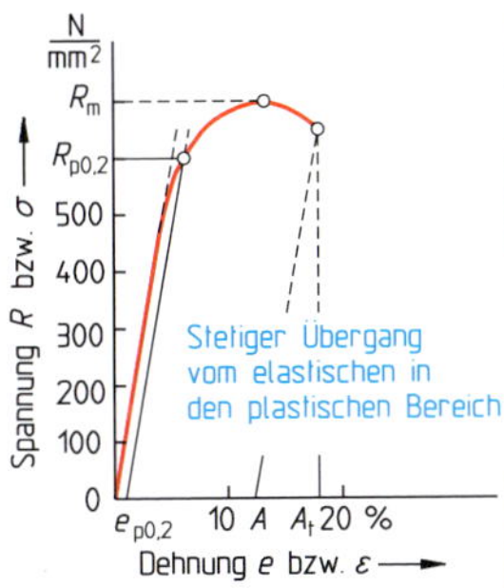

Formeln:

$$R_m = \frac{F_m}{S_0}$$

$$R_{el} = \frac{F_{el}}{S_0} \qquad R_{eH} = \frac{F_{eH}}{S_0} \qquad R_{p0,2} = \frac{F_{p0,2}}{S_0}$$

R_e ist nicht genormt, im Allgemeinen definiert als

$$R_e \triangleq \frac{F_{eH}}{S_0} = R_{eH}$$ [1)]

$$A = \frac{L_u - L_0}{L_0} \cdot 100\,\% \qquad Z = \frac{S_0 - S_u}{S_0} \cdot 100\,\%$$

$$E = \frac{\Delta R}{\Delta e} \cdot 100\ \%$$

Weiterhin gelten für alle allgemeine Größen bei der Festigkeitsberechnung:

Zugspannung ***R*** bzw. $\sigma = \dfrac{F}{S_0}$ in N/mm² Dehnung ***e*** bzw. $\varepsilon = \dfrac{\Delta L}{L_0}$ 100% in %

E-Modul ***E***: $E = \dfrac{\sigma}{\varepsilon}$ 100 % in N/mm² = GPa

Anmerkung: σ-/ε-Bezeichnungen in Diagrammen und Formeln entsprechen der zurückgezogenen Norm DIN EN 10002-1

Bezeichnungen:

R_m	maximale Spannung	in N/mm² = MPa
R_p	Dehngrenze (Streckgrenze) z.B. $R_{p0,2} = R_p$ bei 0,2% bleibender Dehnung	in N/mm² = MPa
R_{eH}	obere Streckgrenze	in N/mm² = MPa
R_{eL}	untere Streckgrenze	in N/mm² = MPa
A	Bruchdehnung	in %
A_t	max. Dehnung beim Bruch	in %
A_g	plast. Dehnung bei Höchstkraft	in %
A_{gt}	gesamte Dehnung bei Höchstkraft	in %
e_p	vorgegebene plastische Dehnung z.B. $e_{p0,2}$ entspricht 0,2% bleibender Dehnung	in %
Z	Brucheinschnürung	in %
F_m	Höchstzugkraft	in N
F_e	Zugkraft bei $Re = ReH$	in N
$F_{p0,2}$	Zugkraft bei $R_{p0,2}$	in N
L_0	Anfangsmesslänge	in mm
L_u	Messlänge nach dem Bruch	in mm
S_0	Anfangsquerschnitt	in mm²
S_u	Querschnitt nach dem Bruch	in mm²

1) Darstellungsweise nicht genormt

Werkstoffprüfung

Härteprüfung

Verfahren	DIN EN ISO 6506-1:2015-02	DIN EN ISO 6507-1:2018-07	DIN EN ISO 6508-1:2016-12
	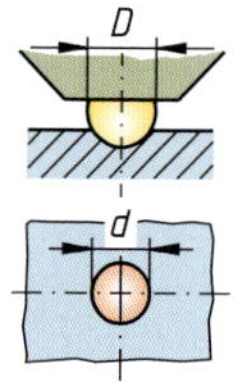 einzuhalten: $d = 0{,}24 \ldots 0{,}6\ D$ $d = \frac{d_1 + d_2}{2}$ **Brinell HBW**	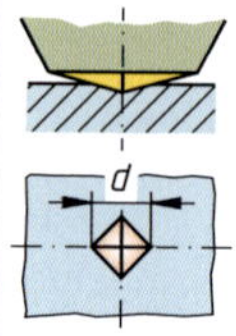 $d = \frac{d_1 + d_2}{2}$ **Vickers HV**	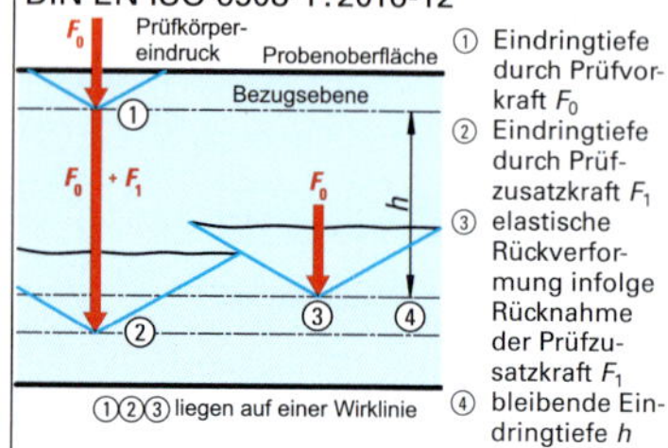 **Rockwell HRC, HRA** (Auswahl) **HRBW, HRFW**
Prüfkörper	Hartmetallkugel W Kugeldurchmesser: $D = 1;\ 2{,}5;\ 5;\ 10$ mm	Diamantpyramide Flächenwinkel 136°	Diamantkegel Spitzenwinkel 120° } HRC, HRA gehärtete Stahlkugel 1,15875 mm } HRBW, HRFW
Messwert	Mittelwert des Eindruck ∅ d	Mittelwert der Diagonalen d	bleibende Eindringtiefe h
Prüfkraft	siehe Tabelle unten	Makrobereich ≥ HV 5 Kleinlastbereich HV 0,2 … < HV 5 Mikrobereich HV 0,01 … < HV 0,2	$F_0 + F_1 = 98$nN+1373 N $F_0 = 98$ N (Prüfzeit max. 3 s) } HRC $F_1 =$ 883 N bei HRBW $F_1 =$ 490 N bei HRA und HRFW
Prüfzeit	10 … 15 s oder nach Vereinbarung	10 … 15 s oder nach Vereinbarung	4 ± 2 s (von $F_0 + F_1$) oder nach Vereinbarung } HRC
Formel	An den Prüfmaschinen sind die Prüfkräfte teilweise noch in kp angegeben. Brinellhärte HBW $\text{HBW} = 0{,}102\ \frac{F}{A}$ 0,102 = Konstante F = Prüfkraft in N A = Eindruckoberfläche in mm² $\text{HBW} = 0{,}102\ \frac{2F}{\pi D^2 \left(1 - \sqrt{1 - \frac{d^2}{D^2}}\right)}$	Vickershärte HV $\text{HV} = 0{,}102\ \frac{F}{A}$ 0,102 = Konstante F = Prüfkraft in N A = Eindruckoberfläche in mm² $\text{HV} \approx 0{,}1891\ \frac{F}{d^2}$	Rockwellhärte HRC bzw. HRA z. B. $\text{HRC} = 100 - \frac{h}{0{,}002}$ bzw. HRBW bzw. HRFW $= 130 - \frac{h}{0{,}002}$ h = bleibende Eindringtiefe in mm
Anwendung	für alle Werkstoffe, die weicher als gehärteter Stahl sind: Al, Cu, Stahl, Gusseisen …	für harte und weiche Werkstoffe, außerdem für Folien, Gefügeuntersuchung, Härteverlauf …	**HRC 20 … 70** **HRA 20 … 95** z. B. gehärteter Stahl **HRBW 10 … 100** **HRFW 60 … 100** z. B. NE-Metalle, weicher Stahl
Normung	**600 HBW 1/30/20**[1)] 600 = Brinellhärte HBW = Härtebezeichnung 1 = Kugeldurchmesser 30 = 294 N = Prüfkraft 20 = Prüfzeit in s	**640 HV 30/20**[1)] 640 = Vickershärte HV = Härtebezeichnung 30 = 294 N = Prüfkraft 20 = Prüfzeit in s	**64 HRC** C = cone 120° Rockwellhärte 64 bei h = 0,072 mm bezogen auf Diamant 100

[1)] Die genormte Einwirkzeit 10 … 15 s muss nicht angegeben werden.

Prüfkräfte für Brinellhärteprüfung

Kugeldurchmesser D in mm	Probendicke in mm	Prüfkraft F in N für Beanspruchungsgrad: 30 für Stahl GG[1)]	10 für NE-Leg.	5 für Al, Zn, Cu	2,5 für Lagermetall	1 für Pb, Sn
10	>6	29420	9807	4903	2452	981
5	2 … 6	7355	2452	1226	613	245
2,5	1,5 … 3	1839	613	306,5	153,2	61,3
1	<1,5	294	98	49	24,5	9,8

[1)] Kugel-∅ 10; 5; 2,5 mm **Beanspruchungsgrad:** $0{,}102\ \frac{F}{D^2}$

Prüfkräfte für Vickershärteprüfung

Makrobereich Prüfbedingung	Prüfkraft F in N	Kleinlastbereich Prüfbedingung	Prüfkraft F in N	Mikrobereich Prüfbedingung	Prüfkraft F in N
HV 5	49,03	HV 0,2	1,961	HV 0,01	0,09807
HV 10	98,07	HV 0,3	2,942	HV 0,015	0,147
HV 20	196,1	HV 0,5	4,903	HV 0,02	0,1961
HV 30	294,2	HV 1	9,807	HV 0,025	0,2452
HV 50	490,3	HV 2	19,61	HV 0,05	0,4903
HV 100	980,7	HV 3	29,42	HV 0,1	0,9807

Vergleichstabelle (Rm, HV, HB, HRC, HRB) für metallische Werkstoffe **DIN EN ISO 18265 : 2014-02**

Zugfestigkeit R_m in N/mm²	Vickershärte HV10	Brinellhärte HB[1]	Rockwellhärte HRC	Rockwellhärte HRB
255	80	76,0	–	–
270	85	80,7	–	41,0
285	90	85,5	–	48,0
305	95	90,2	–	52,0
320	100	95,0	–	56,2
350	110	105	–	62,3
385	120	114	–	66,7
415	130	124	–	71,2
450	140	133	–	75,0
480	150	143	–	78,7
510	160	152	–	81,7
545	170	162	–	85,0
575	180	171	–	87,1
610	190	181	–	89,5
640	200	190	–	91,5
660	205	195	–	92,5.
675	210	199	–	93,5
690	215	204	–	94,0
705	220	209	–	95,0
720	225	214	–	96,0
740	230	219	–	96,7
770	240	228	20,3	98,1
800	250	238	22,2	99,5
820	255	242	23,1	–
835	260	247	24,0	(101)
850	265	252	24,8	–
865	270	257	25,6	(102)
900	280	266	27,1	(104)
930	290	276	28,5	(105)

Zugfestigkeit R_m in N/mm²	Vickershärte HV10	Brinellhärte HB[1]	Rockwellhärte HRC
950	295	280	–
995	310	295	–
1030	320	304	–
1095	340	323	34,4
1125	350	333	35,5
1155	360	342	36,6
1220	380	361	38,8
1255	390	371	39,8
1290	400	380	40,8
1350	420	399	42,7
1385	430	409	43,6
1420	440	418	44,5
1485	460	437	46,1
1555	480	456	47,7
1595	490	466	48,4
1630	500	475	49,1
1665	510	485	49,8
1700	520	494	50,5
1775	540	513	51,7
1810	550	523	52,3
1845	560	532	53,0
1920	580	551	54,1
1995	600	570	55,2
2030	610	580	55,7
2070	620	589	56,3
2105	630	599	56,8
2145	640	608	57,3
2180	650	618	57,8
–	690	–	59,7

[1] Bis 450 HB wird mit der gehärteten Stahlkugel, darüber mit der Hartmetallkugel geprüft

Umrechnungs-Faustformel: $HB \approx \frac{R_m}{3{,}5}$

Druckversuch

DIN 50106 : 2023-02

Beim Druckversuch wird eine zylindrische Probe mit dem Querschnitt S_0 einer langsam und stetig zunehmenden Stauchung unterworfen und die erforderliche Druckkraft F_D gemessen. Hierbei werden Druckfestigkeit R_{dB}, Stauchung R_{dp}, obere und untere Quetschgrenze R_{deH} und R_{deL} sowie die Stauchung ermittelt.

Form der Druckprobe

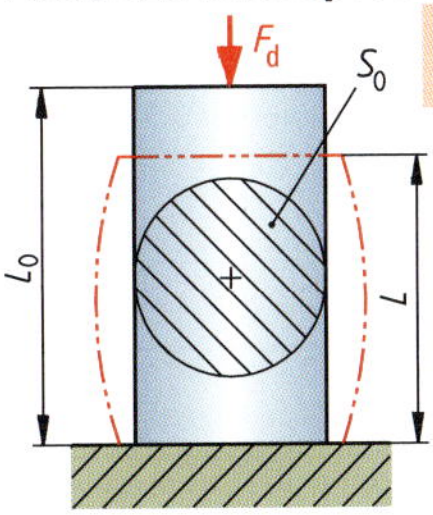

$1 \le \frac{L_0}{d_0} \le 2$

Bei Stahl:
$10\ mm \le d_0 \le 30\ mm$

und $\frac{L_0}{d_0} = 1{,}5$

Lagermetall:
$d_0 = 20\ mm$

und $\frac{L_0}{d_0} = 1$

Druckspannung-Stauchung-Diagramm mit einer Vorkraft

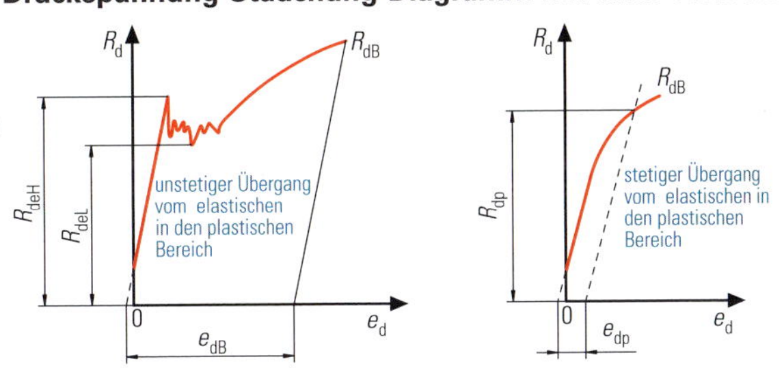

Formeln: allgemein gilt für die Formel

$R_d = \frac{F_d}{S_0}$ in N/mm²

$R_{dB} = \frac{F_{dB}}{S_0}$ in N/mm²

$R_{d0,2} = \frac{F_{d0,2}}{S_0}$ in N/mm²

$e_d = \frac{L_0 - L}{L_0} \cdot 100\%$ in %

Bezeichnungen

R_{dB}	maximale Druckfestigkeit	in N/mm²
$R_{dp0,2}$	Stauchgrenze einer bleibenden Stauchung von 0,2 %	in N/mm²
R_{deH}	obere Quetschgrenze	in N/mm²
R_{deL}	untere Quetschgrenze	in N/mm²
e_d	Stauchung	in %
F_d	Druckkraft	in N
S_0	Probenanfangsquerschnitt	in mm²
d_0	Probendurchmesser	in mm
L_0	Probenlänge	in mm

Werkstoffprüfung

Tiefungsversuch an Blechen und Bändern (Erichsen) — DIN EN ISO 20482 : 2014-03

Der Tiefungsversuch nach Erichsen dient der Beurteilung von Blechen und Bändern. Der Erichsen-Tiefungswert IE entspricht der Eindringtiefe *h* des Stempels in mm im Augenblick des Einreißens der Werkstückprobe.

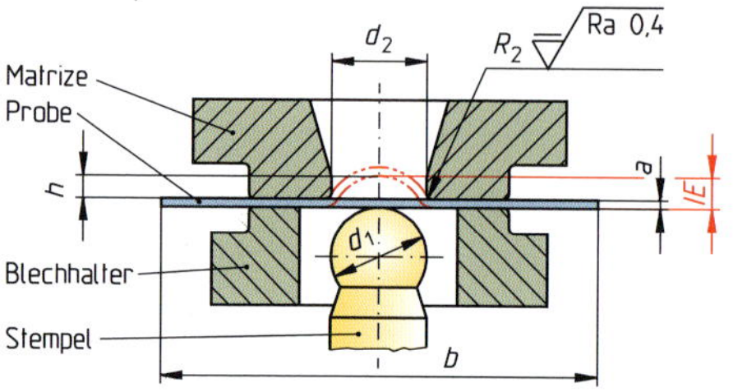

Blechhaltekraft ca. 10 kN, Stempelvorschub v = 5…20 mm/min
Schmierstoff: Calciumseife, Mineralölraffinat, Schuppengraphit

Standardprüfung

Bezeichnung	Werkzeugmaße in mm
Dicke des Probenblechs *a*	0,1…2
Breite des Probenblechs *b*	≥90
Kugelförmiger Stempelkopf d_1	20 ± 0,05
Matrizendurchmesser d_2	27 ± 0,05
Matrizenabrundung R_2	0,75 ± 0,05
Gerundete Matrizenhöhe h_1	3 ± 0,1.
Erichsen-Tiefungswert IE	Mittelwert aus 3 Prüfungen

Feinbleche (allgemeine Baustähle) DIN EN 10130

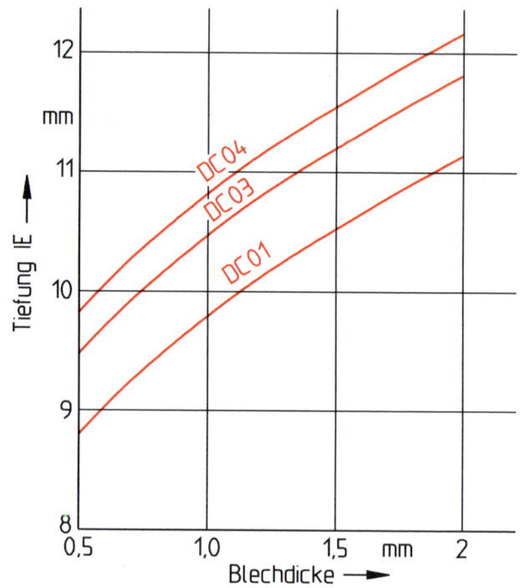

Tiefziehbleche siehe Seite W 22

Technologischer Biegeversuch (Faltversuch) — DIN EN ISO 7438 : 2021-03

Der Biegeversuch dient zur Bestimmung der plastischen Verformbarkeit metallischer Werkstoffe. Die Biegeprobe wird zum verlangten Biegewinkel α gebogen (unter Beanspruchung zu messen) oder wird bis zum Einreißen weitergebogen.

Biegevorrichtung mit Biegestempel und Auflagerollen

Vor der Prüfung

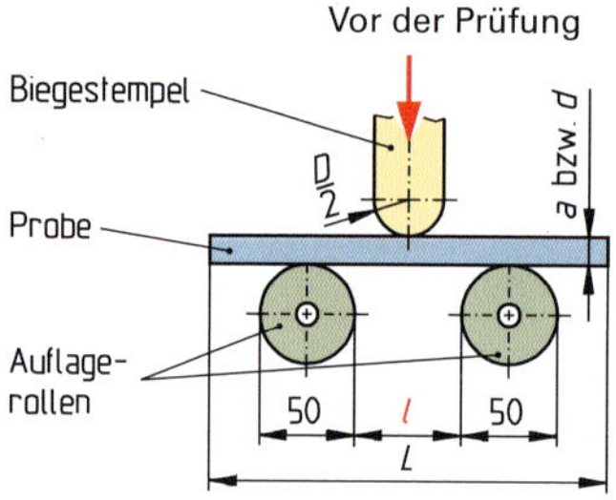

Nach der Prüfung

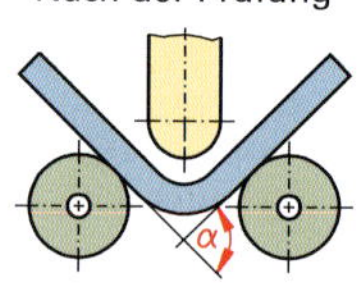

Weiterbiegen bis α = 180°

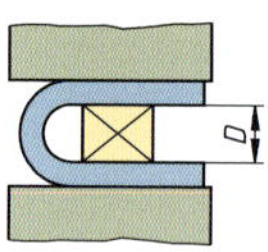

oder:
- Biegevorrichtung mit V-förmiger Matrize und Biegestempel
- Biegevorrichtung mit einem Klemmmechanismus

Biegestempel ∅ *D* ist durch Produktnormen festgelegt
Auflagerollen ∅ z. B. 50 mm
Probelänge *L* ist von der Probendicke *a* bzw. *d* und der Prüfvorrichtung abhängig

Biegestempel:
Rundungshalbmesser *D/2* ist abhängig vom Maß *a* und ist den technischen Lieferbedingungen der zu prüfenden Werkstoffe zu entnehmen.

Querschnitt der zu prüfenden Probe	
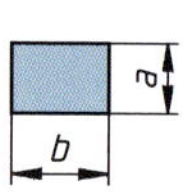	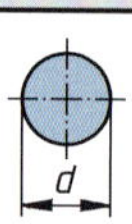
$l = (D + 3a) \pm \frac{a}{2}$	$l = (D + 3d) \pm \frac{d}{2}$

Probenabmessungen für Bleche, Bänder, Flach- und Rundstücke sowie für vieleckige Querschnitte in mm		
Probenlänge *L*	ist abhängig von der Probendicke sowie der Prüfvorrichtung z. B. $L \geq l + 100$ mm	
Probenbreite *b*	(20 ± 5) mm für Erzeugnisdicke < 3 mm (20 … 50) mm für Erzeugnisdicke ≥ 3 mm	
Probendicke *a*	ist gleich der Erzeugnisdicke, wenn diese größer als 25 mm ist, ist diese Probe auf 25 mm abzuarbeiten	
Rechteckproben	Kantenradius	$R = 3$ mm bei $a \geq 50$ mm $R = 1{,}5$ mm bei $a \geq 10$ mm… < 50 mm $R = 1$ mm bei $a < 10$ mm

Anmerkung: Nicht anwendbar z. B. Rohre, Schweißverbindungen

Härteprüfung von Kunststoffen (Kugeleindruckversuch) — DIN EN ISO 2039-1 : 2003-06

Beim Kugeleindruckversuch wird mit einer gehärteten Stahlkugel die Härte HB von Kunststoffen ermittelt. Nach dem Aufbringen der Vorkraft F_0 wird die Prüfkraft F_m 2…3 s aufgebracht und nach 30 s die Eindringtiefe h gemessen. Die Prüfkraft F_m ist so auszuwählen, dass die Eindringtiefe h zwischen 0,15…0,35 mm liegt.

Berechnung: Eindruckhärte HB = Kraft/Eindruckoberfläche

$$HB = \frac{F_m}{d \pi h_r} \frac{\alpha}{(h - h_r) + \alpha} \quad \text{in N/mm}^2$$

HB Kugeleindruckhärte in N/mm²

F_m Prüfkraft in N — h Eindringtiefe in mm

h_r reduzierte Eindringtiefe in mm (= 0,25 mm)

α Konstante (= 0,21)

d kugelförmiger Eindringkörper d = 5 mm

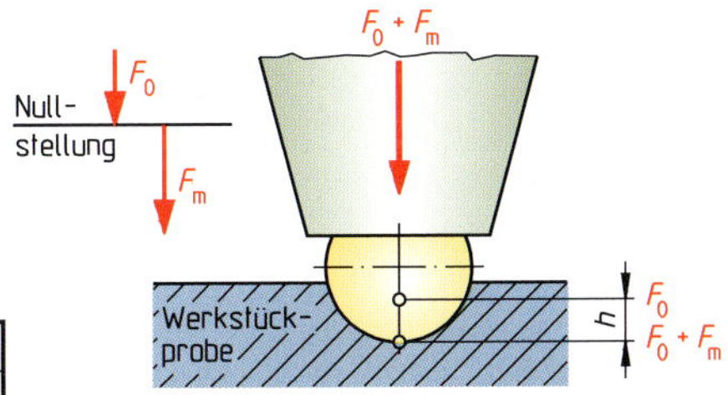

Prüfvorkraft F_m in N	9,8			
Prüfkraft F_m in N	49	132	358	961
Prüfzeit in s	30			
Eindringtiefe h in mm	0,15…0,35			

Probendicke mind. 4 mm, parallele Flächen
Prüffläche 20 mm × 20 mm, glatt und eben

Prüfkraft in N	Kugeleindruckhärte HB in N/mm² bei Eindrucktiefe h in mm																				
	0,15	0,16	0,17	0,18	0,19	0,20	0,21	0,22	0,23	0,24	0,25	0,26	0,27	0,28	0,29	0,30	0,31	0,32	0,33	0,34	0,35
49	23,8	21,8	20,2	18,7	17,5	16,4	15,4	14,6	13,8	13,1	12,5	11,9	11,4	10,9	10,5	10,1	9,7	9,4	9,0	8,7	8,5
132	64	59	54	51	47	44	42	39	37	35	34	32	31	30	28	27	26	25	24	24	23
358	174	160	147	137	128	120	113	106	101	96	91	87	83	80	77	74	71	68	66	64	62
961	467	428	395	367	343	321	302	286	271	257	245	234	223	214	206	198	190	184	177	171	166

Zugversuch von Kunststoffen — DIN EN ISO 527-1 : 2019-12, -3 : 2019-02

Beim Zugversuch wird ein genormter Probekörper einer steigenden Zugbelastung unterworfen. Zugkraft und Längenänderung werden in einem Diagramm aufgezeichnet. Die Festigkeits- und Verformungskenngrößen sind abhängig von der Belastungszeit, Prüfgeschwindigkeit und der Prüftemperatur.

Probekörper (Auswahl)

für Formmassen und Formteile
Typ 1B

für Folien
Typ 2

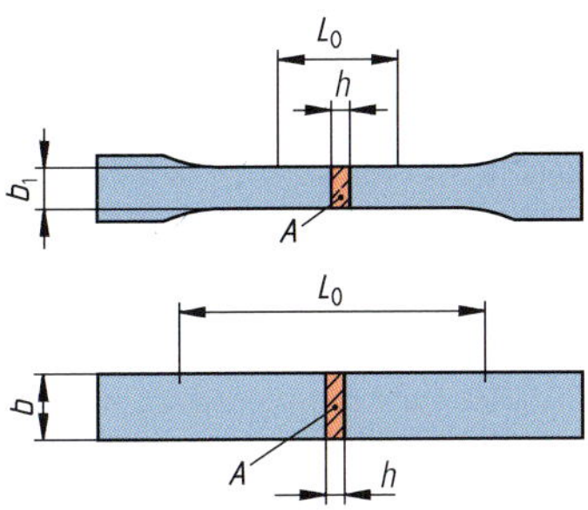

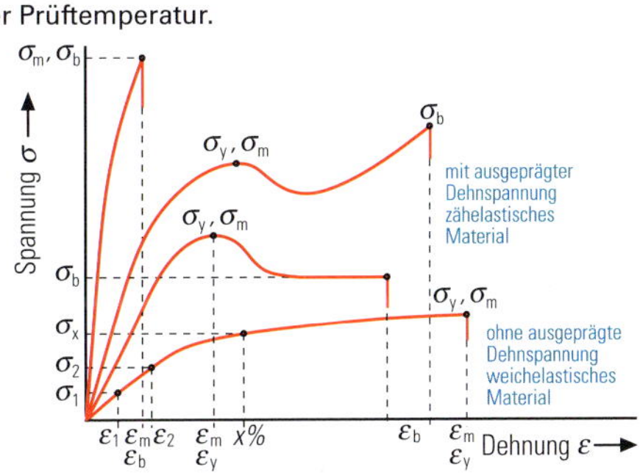

Normung:

Zugversuch ISO 527-3 / 1B / 50

- Benennung: Zugversuch
- EN ISO-Nummer: ISO 527-3
- Probekörpertyp: 1B
- Prüfgeschwindigkeit: 50

Probekörper DIN EN ISO 527-3				Prüfgeschwindigkeit in mm/min DIN EN ISO 527-1
Typ	Messlänge L_0 in mm	Probendicke h in mm	Probenbreite b, b_1 in mm	1 ± 20 %
				2 ± 20 %
				5 ± 20 %
				10 ± 20 %
				20 ± 10 %
				50 ± 10 %
1B	50 ± 0,5	≤ 1	10 ± 0,2	100 ± 10 %
2	50 ± 0,5	≤ 1	10…25	200 ± 10 %
4	50 ± 0,5	≤ 1	25,4 ± 0,1	500 ± 10 %.
5	25 ± 0,25	≤ 1	6 ± 0,4	

Probebreite b_1 gelten für Typ 1B, 4, 5

Formeln:

$$\sigma_b = \frac{F_{max}}{A}$$

$$\sigma_y = \frac{F_y}{A}$$

$$\sigma = \frac{F}{A}$$

$$\varepsilon_b = \frac{\Delta L_{Fmax}}{L_0} \cdot 100\,\%$$

$$E_t = \frac{\Delta \sigma}{\Delta \varepsilon} \cdot 100\,\%$$

Bezeichnungen:

Zeichen	Bezeichnung	Einheit
F_{max}	Höchstkraft	in N
F_y	Dehnspannungskraft	in N
L_0	Messlänge	in mm
A	Anfangsquerschnitt	in mm²
$\sigma_m = \sigma_y$	Zugfestigkeit	
σ_b	Bruchspannung	in mm² (MPa)
σ_y	Dehnspannung	in mm² (MPa)
σ_x	Spannung bei x%-Dehnung	in mm² (MPa)
ε_b	Bruchdehnung	in %
ε_y	Streckdehnung	in %
E_t	Zugmodul in N/mm²	

Werkstoffprüfung

Erkennungsmerkmale von Kunststoffen (Brennprobe)

	Kunststoffart: Bezeichnung	Kurzzeichen	Dichte ϱ in kg/dm³	Brennprobe: Entflammbarkeit	Aussehen der Flamme	Geruch der Schwaden	Materialveränderung bei der Brennprobe
Kunststoffe aus Naturstoffen	Kunsthorn	CS	1,3 … 1,4	brennt in der Flamme	hell, langsam brennend	verbranntes Horn	
	Vulkanfiber	(VF)	1,2 … 1,4	brennt in der Flamme	rauchend	verbranntes Papier	
	Zellglas	—	1,45	brennt außerhalb der Flamme weiter	hell, wie Papier	verbranntes Papier	
	Cellulosenitrate	CN	1,38	brennt außerhalb der Flamme heftig weiter	hell mit braunen Dämpfen	Stickoxide, Kampfer	
	Celluloseacetate	CA	1,26 … 1,31	brennt außerhalb der Flamme weiter	gelbgrün, leicht rauchend	Essigsäure, verbranntes Papier	schmilzt, tropft
	Celluloseacetobutyrate	CAB	1,16 … 1,21	brennt außerhalb der Flamme weiter	gelb, leuchtend	Buttersäure, verbranntes Papier	schmilzt, tropft
Duroplaste (Duromere)	Phenolharze (mit Füllstoffen)	PF	1,2 … 1,4 … 1,8	schwer entzündbar, außerhalb der Flamme glimmend	gelb, rußend	Phenol, Ammoniak, Formaldehyd	Verkohlung, Schichtentrennung
	Harnstoffharze (mit Füllstoffen)	UF	1,4 … 1,6 … 1,9	schwer entzündbar, außerhalb der Flamme verlöschend	gelb, mit bläulichem Rand	Harnstoff, Ammoniak	anschwellend mit Rissbildung
	Melaminharze (mit Füllstoffen)	MF	1,4 … 1,5 … 1,9	schwer entzündbar, außerhalb der Flamme verlöschend	hellgelb	Ammoniak, Amine, fischartiger Beigeruch	Verkohlung, weiße Brennkanten
	Polyesterharze (mit Füllstoff)	UP	1,2 … 1,4 … 2	brennt außerhalb der Flamme weiter	gelb und rot, stark rußend	Styrol, verbranntes Fett	leicht erweichend
	Epoxidharze (mit Füllstoff)	EP	1,2 … 1,5 … 2	brennt außerhalb der Flamme weiter	leuchtend, rußend	Phenol	
	vernetzte Polyurethane	PUR	1,26	brennt außerhalb der Flamme weiter	leuchtend	Isocyanat, stechend	schmilzt fadenziehend, tropft, brauner Rückstand
Thermoplaste (Plastomere)	lineare Polyurethane	PUR	1,21	brennt außerhalb der Flamme weiter	hell	Isocyanat, stechend	schmilzt fadenziehend, tropft
	Polyamide	PA	1,07 … 1,13	brennt außerhalb der Flamme weiter	bläulich, mit gelbem Rand	verbranntes Horn	schmilzt, tropft stark
	Polycarbonate	PC	1,2	brennt in der Flamme	leuchtend, rußend	Phenol	verkohlt, Blasenbildung
	Polyoxymethylen	POM	1,4	brennt außerhalb der Flamme weiter	schwach bläulich	Formaldehyd, stechend	erweicht, tropft
	Polyethylene (hart)	PE-HD	0,94 … 0,96	brennt außerhalb der Flamme weiter	leuchtend gelb mit blauem Kern	Paraffin	erweicht, tropft etwas
	Polyethylene (weich)	PE-LD	0,91 … 0,93	brennt außerhalb der Flamme weiter	leuchtend gelb mit blauem Kern	Paraffin	erweicht, tropft stärker
	Polypropylene	PP	0,9	brennt außerhalb der Flamme weiter	leuchtend gelb mit blauem Kern	Paraffin	erweicht, tropft
	Polystyrole (u. Mischpolym.)	PS	1,04 … 1,09	brennt außerhalb der Flamme weiter	leuchtend gelbrot m. flockigem Ruß	Styrol, süßlich	erweicht, tropft
	Polyvinylchloride (hart)	PVC-U	1,38	brennt in der Flamme	gelb mit grünem Rand, sprühend	Salzsäure stechend, scharf	erweicht, tropft kaum
	Polyvinylchloride (weich)	PVC-P	1,2 … 1,5	brennt in der Flamme	gelb mit grünem Rand, sprühend	Salzsäure, stechend, scharf	erweicht, tropft etwas
	Polyvinylacetat	PVAC	1,34	leicht, brennt weiter	dkl.-gelb, Funken, in Flocken rußend	Essig und Styrol	erweicht
	Polytetrafluorethylen	PTFE	2,1 … 2,3	nicht entflammbar			erweicht kaum
	Polymethylmethacrylat	PMMA	1,18 … 1,20	brennt außerhalb der Flamme weiter	leuchtend gelb mit blauem Rand, rußt nicht	fruchtartig, süßlich	erweicht

Wärmebehandlung von Stahl

Begriffsbestimmungen

DIN EN ISO 4885 : 2018-07

Fachausdruck	Erklärung
Abschrecken	Abkühlen eines Werkstückes mit größerer Geschwindigkeit als an ruhender Luft, z. B. mittels Wasser, Öl
Abkühlgeschwindigkeit	Temperaturabnahme in der Zeiteinheit bis zur Abkühlung
Abschrecktemperatur	Temperatur, von der das Werkstück abgeschreckt wird
Anlassen	Erwärmen nach vorausgegangenem Härten auf eine Temperatur unterhalb der Umwandlungstemperatur (723 °C) mit nachfolgendem Abkühlen
Anlasstemperatur [2]	Temperatur, auf der das Werkstück beim Anlassen gehalten wird
Austenitisieren	Erwärmen des Werkstücks und Halten auf Austenitisierungstemperatur (Härtetemperatur), vollständige Umwandlung von Ferrit in Austenit
Carbonitrieren	Anreichern der Randschicht mit Kohlenstoff und Stickstoff, beide Stoffe liegen dann im Austenit in fester Lösung vor
Diffusionsglühen[1]	Glühen bei hoher Temperatur mit ausreichend langem Halten, um örtliche Unterschiede der chemischen Zusammensetzung infolge von Seigerung durch Diffusion zu verringern.
Einhärtungstiefe	Tiefe der Randzone, bis zu der eine bestimmte Härte vorhanden ist
Einsatzhärten	Härten nach vorhergegangenem Aufkohlen der Randzone eines Werkstückes **Aufkohlen:** (Einsetzen, Zementieren) Kohlenstoffanreicherung der Randzone oberhalb der Umwandlungsgrenze in kohlenstoffabgebenden Mitteln, z. B. Bad-, Gas-, Pulver-, Pastenaufkohlen **Doppelhärten:** zweimaliges Härten, zuerst bei Härtetemperatur des Kernwerkstoffes, anschließend bei Härtetemperatur der Randzone, wobei i. Allg. von unterschiedlichen Temperaturen ausgegangen wird **Einfachhärten:** einmaliges Härten und Abkühlen auf Raumtemperatur **Randschicht-härten:** Härten des aufgekohlten Werkstückes, wobei sich das Härten auf die Randschicht bezieht
Flammhärten	Austenitisieren durch Erwärmen der Randzone mittels Brennerflamme und sofortigem Abschrecken
Glühen	Erwärmen auf eine bestimmte Temperatur und Halten bei dieser Temperatur mit nachfolgendem langsamen Abkühlen auf Raumtemperatur
Härten (Abschreckhärten)	rasches Abkühlen von der Härtetemperatur, so dass oberflächig oder durchgreifend eine Härtesteigerung erfolgt (Martensitbildung)
Induktionshärten	Härten durch elektroinduktives Erwärmen (oberflächig oder duchgreifend) und sofortigem Abschrecken
Lösungsglühen [1]	Erwärmen auf Austenitisierungstemperatur mit anschließendem schnellen Abkühlen auf Raumtemperatur
Nitrieren (Aufsticken)	Erwärmen in stickstoffabgebenden Mitteln durch Bad- oder Gasnitrieren
Normalglühen[1]	durch Erwärmen ein austenitisches Gefüge erzielen mit anschließendem Abkühlen an ruhender Luft
Rekristallisations-glühen[1]	durch Glühen eine Kornneubildung in kaltverformten Werkstücken erreichen
Spannungsarmglühen[1]	durch Glühen die Eigenspannungen ohne wesentliche Änderung des Gefüges verringern
Tempern	Wärmebehandeln von weißem Gusseisen durch – Entkohlen, dabei entsteht weißer Temperguss oder – Graphitisieren, es entsteht schwarzer Temperguss
Vergüten	durch Anlassen auf Temperaturen bis 680 °C nach dem Härten erzielt man eine hohe Zähigkeit bei hohen Festigkeitswerten
Weichglühen[1]	durch Glühen dicht unter 723 °C (Umwandlungstemperatur) und langsamem Abkühlen erreicht man einen weichen Zustand

[1] siehe Eisen-Kohlenstoff-Diagrammausschnitt für die Wärmebehandlung [2] nicht genormt

Wärmebehandlung von Stahl

Eisen-Kohlenstoff-Diagramm (Ausschnitt für die Wärmebehandlung)

Hierbei handelt es sich um das langsame Erwärmen eines Werkstückes auf eine bestimmte Temperatur mit anschließendem Halten auf dieser Temperatur. Nach dem Halten erfolgt bei den Glühbehandlungen ein langsames Abkühlen auf Raumtemperatur. Beim Härten erfolgt mit Hilfe eines Abschreckmittels ein schneller Wärmeentzug bis unterhalb der P-S-(K)-Linie zum Zwecke einer Gefügeumwandlung. Bei den Glühbehandlungen werden unerwünschte Spannungen und Gefügeverfestigungen beseitigt. Mit dem Normalglühen wird ein fehlerhaftes Härtegefüge in sein Ausgangsgefüge zurückgeführt.

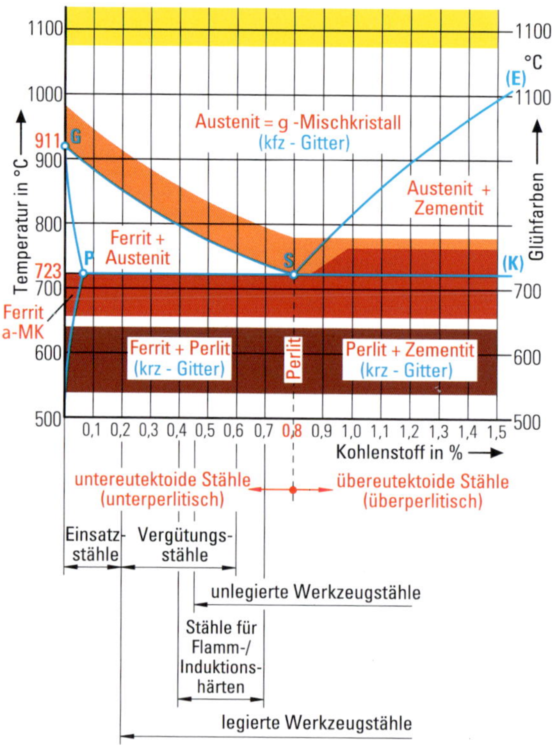

Glühfarben bei der Wärmebehandlung

Glühfarbe	Temperatur
Gelbweiß	≥1300°
Hellgelb	1200°
Gelb	1100°
Hellgelbrot	1000°
Gelbrot	950°
Gut Hellrot	900°
Hellrot	850°
Hellkirschrot	810°
Kirschrot	780°
Dunkelkirschrot	740°
Dunkelrot	680°
Braunrot	630°
Dunkelbraun	550°

Zuordnung der Wärmebehandlungsverfahren im Eisen-Kohlenstoff-Diagramm

- Diffusionsglühen
- Härten und Normalglühen
- Weichglühen
- Spannungsarm- und Rekristallisationsglühen

Anlassfarben bei unlegierten Werkzeugstählen

Farbenbezeichnung		Temperatur in °C etwa um
Weißgelb		**200°**
Strohgelb		**220°**
Goldgelb		**230°**
Gelbbraun		**240°**
Braunrot		**250°**
Rot		**260°**
Purpurrot		**270°**

Farbenbezeichnung		Temperatur in °C etwa um
Violett		**280°**
Dunkelblau		**290°**
Kornblumenblau		**300°**
Hellblau		**320°**
Blaugrau		**340°**
Grau		**360°**

Anmerkung: Hochlegierte Stähle lassen diese Anlassfarben erst bei höherer Temperatur auftreten.

Wärmebehandlung von Stahl

Einsatzhärten

DIN EN ISO 683-3 : 2022-06

Werkstoff-Nr.	Kurzzeichen	Aufkohlungstemperatur bei °C	Abkühlen aus dem Einsatz in	Härten: Kerntemperatur in °C	Härten: Randtemperatur in °C	Abschrecken in	Anlassen bei °C
1.1121 1.1141 1.1140	C10E C15E C15R	880 … 980	Wasser (oder Öl) Warmbad (160 … 250 °C) Einsatzkasten Luft	880 … 920	780 … 820	Wasser (oder Öl) Warmbad (160 … 250 °C)	150 … 200
1.7016 1.7131 1.7139 1.7147 1.7149	17Cr3 16MnCr5 16MnCrS5 20MnCr5 20MnCrS5		Öl (oder Wasser) Warmbad (160 … 250 °C) Salzbad (580 … 680 °C) Einsatzkasten Luft	860 … 900		Öl (oder Wasser) Warmbad (160 … 250 °C)	
1.7321 1.7323	20MoCr4 20MoCrS4		Öl (oder Wasser) Warmbad (160 … 250 °C)			– –	
1.6523 1.6587	20NiCrMo2-2 18CrNiMo7-6		Öl (oder Wasser) Warmbad (160 … 250 °C) Salzbad (580 … 680 °C) Einsatzkasten Luft	860 … 900 830 … 870		Öl (oder Wasser) Warmbad (160 … 250 °C)	

Beispiel: Einfachhärten mit Zwischenglühen
(Cr-Mn-Einsatzstähle)

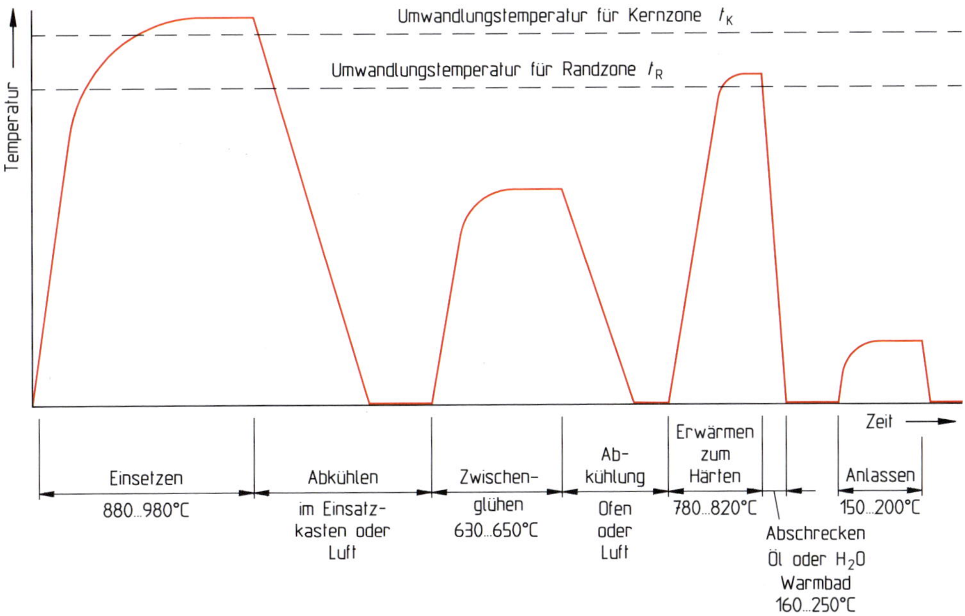

Wärmebehandlung von Stahl

Wärmebehandlungsbedingungen für Automatenstahl

DIN EN ISO 683-4 : 2018-09

Einsatzhärten					Vergüten		
10S20; 15SMn13 10SPb20					35S20; 38SMn28; 44SMn28 35SPb20; 38SMnPb28; 44SMnPb28		
Aufkohlungstemperatur bei °C	Härtetemperatur bei °C Rand	Härtetemperatur bei °C Kern	Abkühlmittel[2)]	Anlassen[1)] bei °C	Härten bei °C	Abkühlmittel	Anlassen[1)] bei °C
880 … 980	780 … 820	880 … 920	Wasser Öl, Emulsion	150 … 200	840 … 870	Wasser oder Öl	540 … 680.

1) Anlassdauer mindestens 1 h, an der Luft abkühlen
2) Abkühlmittel sind von der Werkstückform und den Abkühlbedingungen abhängig

Nitrieren

DIN EN ISO 683-5 : 2021-08

Werkstoff-Nr.	Kurzzeichen	Wärmebehandlung vor dem Nitrieren: Weichglühen	Vergüten: Härten[1)] in Öl oder H_2O in °C	Vergüten: Anlassen[2)] in °C	Nitrieren[3)] in °C	Härte HV 1 Nitrierte Oberfläche
1.8507	34CrAlMo5-10	650 … 750	870 … 930	580 … 700	480 … 570	800
1.8515	31CrMo12	650 … 700				
1.8519	31CrMoV9	680 … 720				950
1.8550	34CrAlNi7-10	650 … 700				

1) Austenitisierungszeit mindestens 0,5 h 2) Anlasszeit mindestens 1 h
3) Nitrierzeit hängt von der Nitrierhärtetiefe ab

Vergüten

DIN EN ISO 683-1, -2: 2018-09, -3: 2022-06

Werkstoff-Nr.	Kurzzeichen	Weichglühen[1)] bei °C	Normalglühen bei °C	Vergüten: Härten in Wasser bei °C	Vergüten: Härten in Öl bei °C	Vergüten: Anlassen bei °C	Härte HBW weichgeglüht (+A) max.
1.1158, 1.1163	C25E, C25R	650 … 700	880 … 920	860 … 920	–	550 … 660	–
1.1181, 1.1180	C35E, C35R		860 … 900	840 … 880			–
1.1191, 1.1201	C45E, C45R		840 … 880	820 … 860			207
1.1221, 1.1223	C60E, C60R		820 … 860	800 … 840			241
1.1170	28Mn6		–	830 … 870		540 … 680	223
1.6580	30CrNiMo8		–	830 … 860		540 … 660	248
1.6582	34CrNiMo6		–	830 … 860		540 … 660	248
1.7006	46Cr2		–	820 … 860		540 … 680	223
1.7034	37Cr4	680 … 720	–	825 … 865		540 … 680	235
1.7218	25CrMo4		–	840 … 900		540 … 680	212
1.7225	42CrMo4		–	820 … 880		540 … 680	241
1.8159	51CrV4	–	–	–	820 … 870	540 … 680	248

1) nicht in der Norm enthalten

Härte-Anlasstemperatur-Diagramme (Werkzeugstähle – Auswahl)

DIN EN ISO 4957 : 2018-11

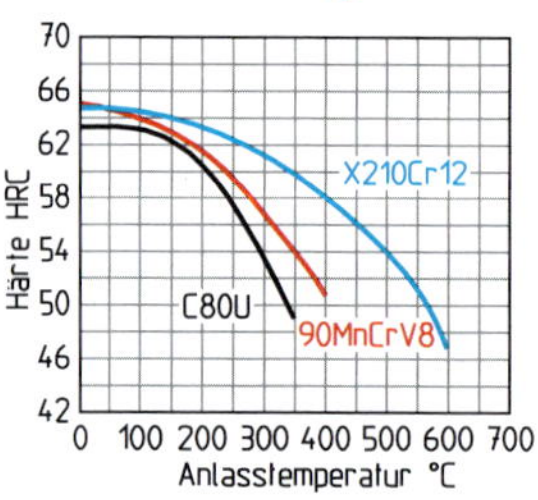

Kaltarbeitsstähle

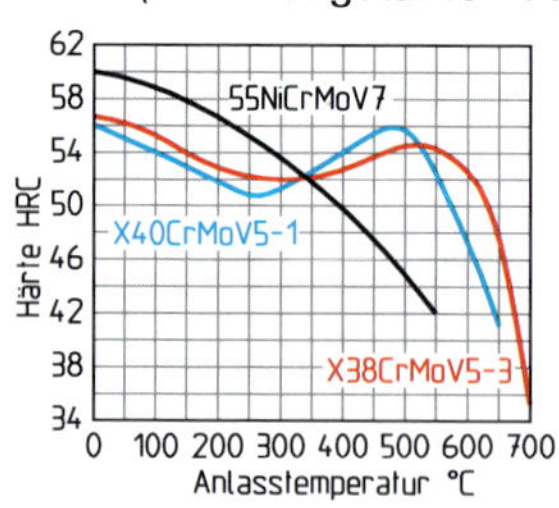

Warmarbeitsstähle

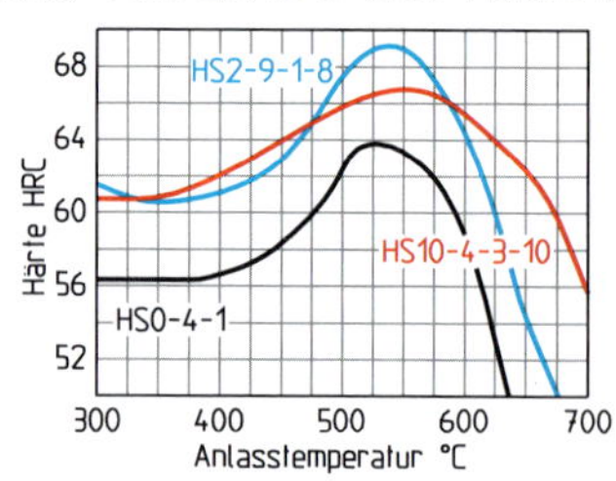

Schnellarbeitsstähle

Wärmebehandlung von Stahl

Werkzeugstähle (unlegierte Kaltarbeitsstähle)

DIN EN ISO 4957 : 2018-11

Werkstoff-Nr.	Kurzzeichen	Härte HBW max.[1] +A (weichgeglüht)	Härtetemp.[2] in °C	Abschreckmittel	Anlasstemp.[2] in °C	Härte HRC min.
1.1730	C45U	207	810	Wasser	180	54
1.1620	C70U	183	800	Wasser	180	57
1.1525	C80U	192	790	Wasser	180	58
1.1535	C90U	207	780	Wasser	180	60
1.1545	C105U	212	780	Wasser	180	61
1.1555	C120U	217	770	Wasser	180	62

Werkzeugstähle (legierte Kaltarbeitsstähle)

DIN EN ISO 4957 : 2018-11

Werkstoff-Nr.	Kurzzeichen	Härte HBW max.[1] +A (weichgeglüht)	Härtetemp.[2] in °C	Abschreckmittel	Anlasstemp.[2] in °C	Härte HRC min.
1.2436	X210CrW12	255	970	Öl	180	62
1.2080	X210Cr12	248	970	Öl	180	62
1.2379	X153CrMoV12	255	1020	Luft	180	61
1.2363	X100CrMoV5	241	970	Luft	180	60
1.2067	102Cr6	223	840	Öl	180	60
1.2842	90MnCrV8	229	790	Öl	180	60
1.2550	60WCrV8	229	910	Öl	180	58
1.2824	70MnMoCr8	248	835	Luft	180	58
1.2767	45NiCrMo16	285	850	Öl	180	52

Werkzeugstähle (legierte Warmarbeitsstähle)

DIN EN ISO 4957 : 2018-11

Werkstoff-Nr.	Kurzzeichen	Härte HBW max.[1] +A (weichgeglüht)	Härtetemp.[2] in °C	Abschreckmittel	Anlasstemp.[2] in °C	Härte HRC min.
1.2714	55NiCrMoV7	248	850	Öl	500	42
1.2343	X37CrMoV5-1	229	1020	Öl	550	48
1.2367	X38CrMoV5-3	229	1040	Öl	550	50
1.2344	X40CrMoV5-1	229	1020	Öl	550	50
1.2355	50CrMoV13-15	248	1010	Öl	510	56
1.2581	X30WCrV9-3	241	1150	Öl	600	48
1.2605	X35CrWMoV5	229	1020	Öl	550	48

Schnellarbeitsstähle

DIN EN ISO 4957 : 2018-11

Werkstoff-Nr.	Kurzzeichen	Härte HBW max.[4] +A (weichgeglüht)	Härtetemp.[2] in °C	Abschreckmittel[3]	Anlasstemp.[2] in °C	Härte HRC min.
1.3325	HS0-4-1	262	1120	Luft oder Gas oder Salzbad	560	60
1.3333	HS3-3-2	255	1190		560	62
1.3348	HS2-9-2	269	1200		560	64
1.3343	HS6-5-2C	269	1210		560	64
1.3243	HS6-5-2-5	269	1210		560	64
1.3207	HS10-4-3-10	302	1230		560	66
1.3247	HS2-9-1-8	277	1190		560	66

[1] Die HB-Härte darf im kaltgezogenen und geglühten Zustand (+ A+C) 20 HB höher sein
[2] Die Härte- und Anlasstemperaturen dürfen ± 10 °C variieren
[3] Übliche Abschreckmittel für Werkzeuge sind Luft, Gas oder Salzbad
[4] Die HB-Härte darf im kaltgezogenen und geglühten Zustand (+ A+C) 50 HB bei (+ A+CR) 70 HB höher sein

G Theoretische Grundlagen | K Technische Kommunikation | W Werkstofftechnik | M Maschinenelemente | F Fertigungstechnik | S Steuerungs-/Regelungstk. | A Anhang

Wärmebehandlung von Aluminium-Knetwerkstoffen

Wärmebehandlung zum Aushärten von Al-Knetlegierungen

Bezeichnung Chemisches Symbol DIN EN 573-2	Lösungsglühtemp. bei °C 1) 2)	Abschrecken in	Kaltauslagern Zeit in d (Tage)	Warmauslagern (Stufenauslagerung) I. Stufe Temperatur bei °C 1)	I. Stufe Haltezeit in h	II. Stufe Temperatur bei °C 1)	II. Stufe Haltezeit in h
EN AW-AlMgSi	525…540	Wasser	5…8	155…190	4…16	–	–
EN AW-AlSi1MgMn	525…540	Wasser/Luft	5…8	155…190	4…16	–	–
EN AW-AlCu4Mg1	495…505	Wasser	5…8	–	–	–	–
EN AW-AlZn4,5Mg1	460…485	Luft	min. 90	90…100	8…12	140…160	16…24

1) Metalltemperatur
2) Glühdauer 60…80 min

Festigkeitseigenschaften nach dem Aushärten

Bezeichnung Chemisches Symbol DIN EN 573-2	Zugfestigkeit R_m in N/mm²	Streckgrenze $R_{p0,2}$	Bruchdehnung A_{50mm} in % für die Zustände		Eigenschaften und Verwendung
EN AW-AlMgSi	≥120	≥ 60	≥14	T4	Rohre, Stangen, Drähte, Strangpressprofile, gute Korrosionsbeständigkeit und Schweißbarkeit
	≥190	≥150	≥ 6	T6	
EN AW-AlSi1MgMn	≤150	≤ 85	≥16	O	
	≥205	≥110	≥14	T4	
	≥310	≥260	≥ 7	T6	
EN AW-AlCu4Mg1	≤220	≤140	≥13	O	hochfester Konstruktionswerkstoff, gut spanbar, schmiedbar, nicht sehr korrosionsbeständig
	≥425	≥275	≥14	T4	
EN AW-AlZn4,5Mg1	≤220	≤140	≥13	O	
	≥320	≥210	≥12	T4	
	≥350	≥280	≥ 8	T6	

Warmumformung und Weichglühen von Al-Knetwerkstoffen

Bezeichnung Chemisches Symbol DIN EN 573-2	Warmumformtemperatur bei °C 1)	Weichglühen 2) Glühtemperatur bei °C 1)	Glühzeit in h 1)	Abkühlbedingungen 3)
Rein-Aluminium				
EN AW-Al99,98	300…420	290…310	0,5…1	unkontrolliert im Ofen
EN AW-Al99,8(A)	330…550	320…350	0,5…2	unkontrolliert im Ofen
EN AW-Al99,5	330…550	300…400	0,5…2	unkontrolliert im Ofen
EN AW-A99,0	330…550	300…400	0,5…2	unkontrolliert im Ofen
Nicht aushärtbare Al-Knetlegierungen				
EN AW-AlMn1	400…550	380…420	0,5…1	unkontrolliert im Ofen
EN AW-AlMn1Mg1	400…550	380…420	0,5…1	unkontrolliert im Ofen
EN AW-AlMg3	450…500	320…380	1…2	unkontrolliert im Ofen
EN AW-AlMg4,5Mn0,4	480…520	320…420	1…2	30…50 °C/h
Kalt- und warmaushärtbare Al-Knetlegierungen				
EN AW-AlMgSi	480…520	380…420	1…2	≤30 °C/h bis auf 250 °C
EN AW-AlSi1MgMn	460…500	380…420	1…2	≤30 °C/h bis auf 250 °C
EN AW-AlCu4Mg1	400…470	380…420	2…3	≤30 °C/h bis auf 250 °C
EN AW-AlZn4,5Mg1	450…520	400…420	2…3	≤30 °C/h bis auf 230 °C +3…5 h Haltezeit

1) Metalltemperatur
2) Weichglühen und Abkühlung im Ofen unter Schutzgas (außer für Rein-Aluminium); sofern bei den aushärtbaren Al-Knetlegierungen nur eine Kaltverfestigung beseitigt werden soll, 320…360 °C/2…3 h
3) unterhalb von 250 °C unkontrolliert an Luft abkühlen

Schmier- und Kühlschmierstoffe

Schmierstoffe

Kennzeichnung von Schmierstoffen

DIN 51502 : 1990-08

Schmierfett K3N-20 Mineralölbasis)

△ K 3N-20

K = Schmierfettart (Tab. 1)
3 = Konsistenzkennzahl (Tab. 2)
N = obere Gebrauchstemperatur (Tab. 3)
-20 = Zusatzkennzahl (Tab. 4)

weißes Symbol (Tab. 1)

Schmierfett KSI3R-30 (Siliconölbasis)

◇ K SI 3R -30

K = Schmierfettart (Tab. 1)
SI = Siliconöl (Tab. 5, Seite W 66)
3 = Konsistenzkennzahl (Tab. 2)
R = obere Gebrauchstemperatur (Tab. 3)
-30 = Zusatzkennzahl (Tab. 4), weiß

Kennbuchstaben und Symbole für Schmierfette (Kennfarbe: weiß) (Tab. 1)

Schmierfettart	Kennbuchstabe(n)	Symbol weiß
Schmierfette für Wälzlager, Gleitlager und Gleitflächen nach DIN 51128;825-1, im Gebrauchs-Temperaturbereich von −20 … + 140 °C	K	△ für Schmierfette auf Mineralölbasis
Schmierfette für geschlossene Getriebe	G	
Schmierfette für offene Getriebe, Verzahnungen (Haftschmierstoffe ohne Bitumen)	OG	
Schmierfette für Gleitlagerungen und Dichtungen	M	
Schmierfette auf Syntheseölbasis werden in ihren Grundeigenschaften wie die vorstehenden auf Mineralölbasis gekennzeichnet (Hinzufügen der Kennbuchstaben nach Tab. 5 Seite W 66 Stoffgruppe 3)		◇ für Schmierfette auf Syntheseölbasis

Konsistenzkennzahlen (Tab. 2)

Kennzahlen (NLGI-Klassen) (nach DIN 51818)	Walkpenetration DIN ISO 2137:2016-12 in 0,1 mm
000	445…475
00	400…430
0	355…385
1	310…340
2	265…295
3	220…250
4	175…205
5	130…160
6	85…115 Ruhpenetration

Zusatzkennzahl (Tab. 4)

Kennzahl	untere Gebrauchstemperatur
−10	−10 °C
−20	−20 °C
−30	−30 °C
−40	−40 °C
−50	−50 °C
−60	−60 °C

Zusatzbuchstaben (Tab. 3)

Zusatzbuchstabe	Verhalten gegenüber Wasser Bewertungsstufe[1] DIN 51807	Obere Gebrauchstemperatur in °C
C	0–40 [2] oder 1–40	+ 60
D	2–40 oder 3–40	
E	0–40 oder 1–40	+ 80
F	2–40 oder 3–40	
G	0–90 oder 1–90	+100
H	2–90 oder 3–90	
K	0–90 oder 1–90	+120
M	2–90 oder 3–90	
N	nach Vereinbarung	+140
P		+160
R		+180
S		+200
T		+220
U		über +220

[1] 0 bedeutet keine Veränderung; 1 bedeutet geringe Veränderung; 2 bedeutet mäßige Veränderung; 3 bedeutet starke Veränderung

[2] 40 bedeutet 40 °C Prüftemperatur

Schmierfette

Verseifungsart Dickungsmittel	Ölbasis-Symbol	Gebrauchs-temp. in °C	Verhalten gegen Wasser	Eigenschaften und Verwendung
Kalk-Seifenfett (Staufferfett)	△	−40 bis +60	beständig und abweisend	Dichtwirkung gegen Wasser, kein Korrosionsschutz; für nasse Lagerstellen, z. B. Kfz und Walzgerüste
Natron-Seifenfett (Heißlagerfett)	△	−20 bis +100	nicht beständig, wird einemulgiert	löst sich in Wasser vollständig auf, mäßiger Korrosionsschutz; für trockene Lagerstellen, z. B. Getriebe
Lithium-Seifenfett	△	−20 bis +120	beständig, nicht abweisend	guter Korrosionsschutz durch Zusätze; Wälz- und Gleitlagerfett für mittlere Umdrehungsfrequenzen, Lebensdauerschmierung
Gel-Fett mit synth. Dickungsmitteln, z. B. Polypropylen	◇	−60 bis +200	beständig	für Langzeitschmierung und bei hohen Umdrehungsfrequenzen, für Luftfahrt und Kältetechnik

Schmier- und Kühlschmierstoffe

Schmieröle

DIN 51502 : 1990-08

Kennzeichnung von Schmierölarten

HLP 68

Hydrauliköl (Mineralöl) **HLP 68**

H = Schmierölart (Tab. 5)
L = Korrosionsschutz } (Tab. 6)
P = Verschleißschutz } (Tab. 6)
68 = Viskositätskennzahl (Tab. 7, s. S. W 67)
weißes Symbol (Tab. 5)

HFC 46

Schwer entflammbare Hydraulikflüssigkeit HFC46

HFC = Hydraulikflüssigkeit (Tab. 5)
46 = Viskositätskennzahl (Tab. 7, s. S. W 67)
weißes Symbol (Tab. 5)

Kennbuchstaben und Symbole für Schmieröle, Hydraulik- und Syntheseflüssigkeit (Tab. 5)

Stoffgruppe Name	Stoffart (Anwendung)	Festgelegt in	Kennbuchstabe(n)	Symbol weiß
Mineralöle (Schmieröle, Sonderöle)	Schmieröl AN (Normalschmieröle)	DIN 51501 (zurückgezogen)	AN	
	Schmieröl B (bitumenhaltig)	DIN 51513 (zurückgezogen)	B	
	Schmieröle C (Umlaufschmieröle)	DIN 51517-1, -2, -3[1]	C, CL, CLP	
	Schmieröle CG (Gleitbahnöle)	DIN 8659-2 (zurückgezogen)	CG	
	Öle H (Hydrauliköle)	DIN 51524-1, -2[2]	HL, HLP	
	Öle HD (Motoren-Schmieröle)	–	HD	
	Öle J (Isolieröle elektrisch)	–	J	
	Schmieröl K (Kältemaschinenöle)	DIN 51503-1	K	
	Öle (Härte- und Vergüteöle)	–	L	
	Schmieröle TD (Dampfturbinen-Schmier- und Regleröle)	DIN 51515-1	TD	
	Schmieröle V (Luftverdichteröle)	DIN 51506	V	
	Schmieröle Z (Dampfzylinderöle)	–	Z	
Schwer entflammbare Hydraulikflüssigkeiten	Öl-in-Wasser-Emulsionen	DIN 24320	HFA	
	Wasser-in-Öl-Emulsionen	–	HFB	
	wässrige Polymerlösungen	–	HFC	
	wasserfreie Flüssigkeiten	–	HFD	
Synthese- oder Teilsyntheseflüssigkeiten	Esteröl	–	E	
	Fluorkohlenwasserstofföle	–	FK	
	Polyglycolöle	–	PG	
	Siliconöle	–	SI	

Anmerkung: ausgenommen sind Schmieröle für Verbrennungsmotoren und Kfz-Getriebe
[1] DIN 51517-1 (C), -2 (CL), -3 (CLP); [2] DIN 51524-1 (HL), -2 (HLP)

Zusatzkennbuchstaben für Schmierstoffe (Tab. 6)

Zusatz-Kenn-buchstaben	Schmierstoffart
D	für Schmieröle mit Zusätzen, zum besseren Partikeltransport, z. B. Hydrauliköl HLPD
E	Schmieröle, die in Mischung mit H_2O kommen, z. B. wassermischbare Kühlschmierstoffe SE
F	für Schmierstoffe mit Festschmierstoff-Zusatz, z. B. Graphit, Molybdaensulfid
L	für Schmierstoffe mit Wirkstoffen zum Erhöhen des Korrosionsschutzes und/oder der Alterungsbeständigkeit, z. B. Schmieröl CL
M	für wassermischbare Kühlschmierstoffe mit Mineralölanteilen, z. B. Kühlschmierstoff SEM

Zusatz-Kenn-buchstaben	Schmierstoffart
S	für wassermischbare Kühlschmierstoffe auf synthetischer Basis, z. B. Kühlschmierstoff SES
P	für Schmierstoffe mit Wirkstoffen zum Herabsetzen der Reibung und des Verschleißes im Mischreibungsgebiet und/oder zur Erhöhung der Belastbarkeit, z. B. Schmieröl CLP
V[3]	für Schmierstoffe, die mit Lösungsmittel verdünnt sind, z. B. Schmieröl BB-V

[3] Der Zusatzkennbuchstabe V ist ein Hinweis über gefährliche Stoffe (Gefahrenstoffverordnung GefStoffV).

Schmier- und Kühlschmierstoffe

Anforderungen nach Viskositätsklassen (Tab. 7)

DIN 51524-1, -2 : 2017-06

Viskositätsklasse DIN ISO 3448		ISO VG 10	ISO VG 15	ISO VG 22	ISO VG 32	ISO VG 46	ISO VG 68	ISO VG 100	ISO VG 150
Hydrauliköl DIN 51524-1,-2		HL 10 HLP 10	HL 15 HLP 15	HL 22 HLP 22	HL 32 HLP 32	HL 46 HLP 46	HL 68 HLP 68	HL 100 HLP 100	HL 150 HLP 150
Kinemat. Viskosität in mm^2/s	–20° C max.	600	–	–	–	–	–	–	–
	0° C max.	90	150	300	420	780	1400	2560	4500
	40° C min.	11	16,5	24,2	35,2	50,6	74,8	110	165
	40° C max.	9	13,5	19,8	28,8	41,4	61,2	90	135
	100° C min.	2,5	3,2	4,1	5,0	6,1	7,8	9,9	14
Pourpoint	≤ ... °C [1]	–30	–27	–21	–18	–15	–12	–12	–12
Flammpunkt höher als		125	140	165	175	185	195	205	215

[1] Pourpoint (Fließpunkt), ist die Temperatur bei der das Hydrauliköl gerade noch fließt

Trockenschmierstoffe

Schmierstoff	Eigenschaften/Verwendung
Molybdaendisulfid MoS_2	Einsatztemperaturbereich: –180 ... +400 °C, zum Schmieren hochbelasteter Lager, MoS_2 wird Fetten und Ölen zugemischt
Graphit	Einsatztemperaturbereich: –18 ... +450 °C, reiner Kohlenstoff, zum Schmieren hochbelasteter Gleitlager, mischbar mit Öl, Fett und Wasser
Kunststoff PTFE (Polytetrafluorethylen) (z. B. Teflon)	Einsetzbar von –150 ... +260 °C, selbstschmierender Lagerwerkstoff mit guter Chemikalienbeständigkeit, meist mit Fasern verstärkt als Buchsen oder Folien eingesetzt, als Zusatz für Öle und Fette

Beispiele von Schmierölen und Hydraulikflüssigkeiten

Kennzeichnung	Schmierstoffart	Hauptverwendungszweck, Eigenschaften
HD SG/CE 15 W-40	HD Motoren-Schmieröl auf Mineralölbasis[1]; API-Klassifizierung: S: Otto-/ C: Dieselmotoren, ...G/ ...E sind Zusatzanforderungen, SAE-Viskositätsklasse: SAE15W/40	Mehrbereichsöl für Benzin- und Dieselmotoren ganzjährig einsetzbar verschleißmindernd, korrosionsfest
CLP 46	Schmieröl CLP 46 DIN 51517 mit Wirkstoffzusätzen zur Verschleißminderung, Korrosionsschutzerhöhung und Alterungsbeständigkeit bei Stahl Kinematische Viskosität von (46 mm^2/s bei 40 °C)	für Umlauf- und Tauchschmierung z. B. für Getriebe, Triebwerke von Kraft- und Arbeitsmaschinen sowie für Gleit- und Wälzlager, Gleitbahnen
HLP 32	Hydrauliköl auf Mineralölbasis nach DIN 51524 Korrosions- und Verschleißschutz, (32 mm^2/s bei 40 °C)	hydraulische Steuerungen Umlauf-Schmierölung
HFD 100	Hydraulikflüssigkeit DIN 51502 synthet. Flüssigkeit, wasserfrei, schwer entflammbar (100 mm^2/s bei 40 °C)	Hydraulikanlagen, für Betriebstemperaturen –20 °C ... 150 °C

[1] Bei den HD Motorenschmierölen werden die API-Klassifizierungen (USA) sowie die SAE-Viskositätsklassen angewendet, die aber nicht tabellarisch aufgeführt sind. ACEA-Klassifizierungen (europäisch)

Schmierstoffverwendung

Schmierstoffart	Schmieröl		Schmierfett		Festschmierstoff	
	Mineralöl	Synthetisches Öl	Mineralölbasis	Synthet. Ölbasis	Graphit	Molybdaendisulfid
Symbol oder Chem. Kurzzeichen	□	⊟	△	◇	C	MoS2
Verwendung	**Druckbelastung**					
	niedrig	niedrig	hoch	hoch	hoch	hoch
	Geschwindigkeitsbelastung					
	hoch	hoch	niedrig	niedrig	niedrig	niedrig
	Temperaturbelastung					
	hoch	hoch	niedrig	niedrig	Sehr hoch bis sehr niedrig	

Korrosion

DIN EN ISO 8044 : 2020-08

Spannungsreihe (gegen H)

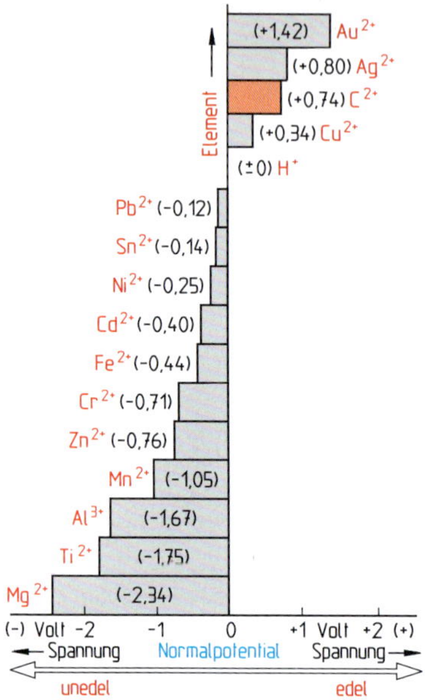

Korrosionsarten

Arten	Darstellung	Ursachen
Gleichmäßige Flächenkorrosion	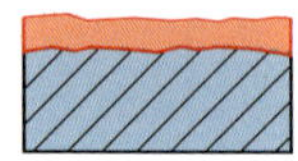	hervorgerufen durch Luft- und Wasserangriff sowie den darin enthaltenen Verunreinigungen.
Lochkorrosion	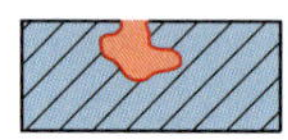	örtliche elektrochemische Zersetzung; gefährlich, da von außen oft nicht erkennbar
Kontaktkorrosion (Galvanische Korrosion)	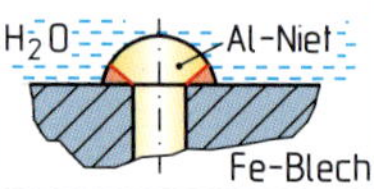	durch Berührung von Werkstoffen mit verschiedenem Potential und einem Elektrolyten
Selektive Korrosion (Legierungsauflösung)	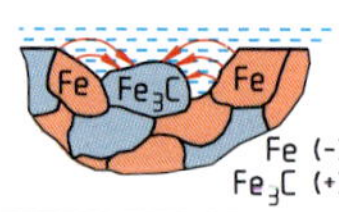	Legierungen, die Kristallgemische bilden, sind korrosionsanfällig, der unedlere Bestandteil wird zerstört.
Interkristalline Korrosion	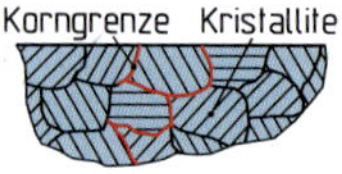	Unedle Korngrenze wird meist durch elektrochemischen Angriff zerstört; gefährlich, da von außen oft nicht erkennbar.
Transkristalline Korrosion	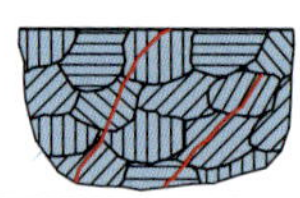	Durch Wechselbeanspruchung oder Eigenspannung können Risse quer durch Kristallite laufen (meist quer zur Spannungsrichtung).

Korrosionsverhalten wichtiger Metalle

Normalpotential	Werkstoff	Kurzzeichen	Korrosionsverhalten
+1,42	Gold	Au	Gold ist sehr gut korrosionsbeständig, außer gegen Königswasser (HNO_3+3 HCl) und Cyanide.
+0,80	Silber	Ag	Silber ist gut korrosionsbeständig; durch in der Luft enthaltene Schwefelverbindungen läuft Silber an. Es ist nicht beständig gegen konzentrierte Schwefelsäure (H_2SO_4), Salpetersäure (HNO_3) und starke Oxidationsmittel.
+0,34	Kupfer	Cu	Kupfer ist gegenüber den meisten Chemikalien beständig, außer gegen Salpetersäure (HNO_3), Ammoniak (NH_3) und Mineralwässer. An der Luft bildet es mit H2O und CO_2 Patina. Durch Essigsäure wird der giftige Grünspan gebildet.
−0,12	Blei	Pb	Blei ist gegen viele Säuren chemisch beständig, da die entstehenden Bleisalze schwer löslich sind. Ferner ist es gegen Schwefel und Schwefelverbindungen an der Luft beständig. Laugen und oxidierende Säuren (z. B. HNO_3) greifen Pb an. Ungeschütztes Blei wird vom Luftsauerstoff angegriffen, deshalb sollten keine Bleigefäße oder mit Pb-haltigem Weichlot gelötete Behälter zur Speisenaufbewahrung benutzt werden.
−0,14	Zinn	Sn	Bei Sauerstoffeinwirkung bildet sich eine Schutzschicht aus Zinndioxid (SnO_2). Außerdem ist es beständig gegen Fruchtsäuren (Konserven). Bei niedrigen Temperaturen zerfällt das Metall (Zinnpest). Starke Säure und chlorionenhaltige alkalische Lösungen zerstören die Oxidschicht.
−0,25	Nickel	Ni	Nickel ist beständig gegen Wasser, schwache saure Lösungen sowie Alkalien. Starke nichtoxidierende Säuren zerstören Nickel. Bei neutralen und alkalischen Lösungen bildet sich eine Schutzschicht aus Nickelhydroxid.

Korrosion

Korrosionsverhalten wichtiger Metalle (Fortsetzung)

Normalpotential	Werkstoff	Kurzzeichen	Korrosionsverhalten
−0,44	Eisen	Fe	Eisen bildet Rost (Eisenoxid) in feuchter Atmosphäre, Wasser und Salzlösungen. Ferner ist es nicht beständig gegen nicht oxidierende Säuren. Es ist beständig bei hartem Wasser und alkalischen und oxidierend wirkenden Lösungen.
−0,71	Chrom	Cr	Chrom ist beständig gegen oxidierende Mittel durch die Bildung einer festhaftenden, dichten Schutzschicht (Chromoxid). Es ist beständig auch bei höheren Temperaturen. Nicht beständig ist es gegen sauerstofffreie Säuren (z. B. HCl) und Alkalien.
−0,76	Zink	Zn	Zink weist eine gute Witterungsbeständigkeit auf. In Luft bildet sich eine festhaftende, dichte Schutzschicht. Gegen Alkaline ist Zink beständig, jedoch nicht gegen Säuren.
−1,67	Aluminium	Al	An der Luft bildet sich eine festhaftende, dichte Schutzschicht aus Al-Oxid, die das Al vor weiterer Korrosion schützt. Alkalische und saure Lösungen zerstören die Oxidschicht. Im Bereich pH2 … pH8,5 ist Al korrosionsbeständig.
−2,34	Magnesium	Mg	Es bildet ebenfalls eine Schutzschicht, die das darunterliegende Metall vor weiterer Korrosion schützt. Dadurch ist Mg gegen Laugen beständig. Säuren zerstören die Oxidschicht. Ferner ist Mg gegen Meerwasser unbeständig.

Passiver Korrosionsschutz

Vorbereitung der Metalloberfläche

Werkstoff	Überzug	Behandlungsfolge
Aluminium	Anodisieren	10-1-22-1-26-1-5
Al-Legierung (Mg-haltig)	Anodisieren	11-12-1-22-1-26-1-5
	Galvanisieren	10-1-12-1-23-1-32-1
Al-Legierung (Si-haltig)	Anodisieren	11-13-1-25-1-5
	Galvanisieren	10-1-12-1-25-1-32-1
Kupfer	farbloser Lack	11-21-1-2-5

Werkstoff	Überzug	Behandlungsfolge
CuZn, CuSn	farbloser Lack	1-24-1-2-5
	Nickel, Chrom	10-1-13-1-21-1-31-1
Stahl	Lack, Farbe	11-20-1-30-1-3-5-33
	Nickel, Chrom	10-1-12-1-20-1-31-1
	Zink, Cadmium	10-1-12-1-20-1-4-1
Zink	Galvanisieren	10-1-12-1-25-1-31-1

Kennziffern für die Behandlungsfolgen

Kennziffer	Behandlungsart
1	Spülen in Kaltwasser
2	Spülen in Heißwasser
3	Spülen in 0,2 … 1 %iger Sodalösung (Passivieren)
4	Spülen in 10 %iger Cyanidlösung
5	Trocknen in Warmluft
10	Kochentfetten in alkalischen Entfettungsbädern
11	Entfetten durch organische Lösungsmittel (Tri, Per), durch Abwaschen, Tauchen, Dampfbad
12	katodische Entfettung in alkalischer Lösung
13	anodische Entfettung in alkalischer Lösung
20	Beizen in 10 %iger Salzsäure, 20 °C, evtl. mit Zusatz von Phosphorsäure und Reaktionshemmern.

Kennziffer	Behandlungsart
21	Beizen in 5 … 25 %iger Schwefelsäure, 40 … 80 °C
22	Beizen in 10 %iger Natronlauge, 80 … 90 °C
23	Beizen in 3 %iger Salpetersäure, 80 °C
24	Gelbbrennen in Gemisch von konzentrierter Salpetersäure mit konz. Schwefelsäure 1 : 1
25	Beizen in verdünnter Flusssäure (3 … 10 %)
26	Beizen in 30 %iger Salpetersäure
30	Phosphatieren, Chromatieren
31	Vorverkupfern als Zwischenschicht
32	Zinkatbeize (Ausfällen von Zink)
33	Grundieren mit Rostschutzfarbe

Passiver Korrosionsschutz

Nichtmetallische Korrosionsschutzschichten

Verfahren	Durchführung und Anwendung
Brünieren	Stahlgegenstände mit Salzlösungen (Ätznatron und Oxidationsmittel) behandeln, um eine dunkelbraune Oxidschicht zu erzeugen. Behandlungstemperatur ca. 150 °C mit anschließendem Tauchbad in Öl. Billiger Korrosionsschutz für geringe Oberflächenanforderungen
Phosphatieren Bondern Atramentieren Parkertieren	Mithilfe des Tauch-Spritz- oder Flutverfahrens bei 100 °C wird in einer wässerigen Metallphosphat-Lösung eine ca. 5 … 10 mm dicke Phosphatschicht erzeugt. Billiger Schutz von Stahl gegen Unterrostung anderer Schutzschichten und als Haftgrund für Farbanstriche. Auch für NE-Metalle (Al, Mg, Zn) geeignet. Phosphatierte Schichten sind kein ausreichender Korrosionsschutz. Für Al auch Chromphosphatschicht geeignet
Anodisch Oxidieren (Anodisieren oder Eloxieren)	Durch elektr. Oxidieren wird im Bad bei Al und Al-Legierungen eine künstliche Oxidschicht (mineral. Charakter) erzeugt. Die Schichtdicke beträgt ca. 20 mm und besitzt hohe chem. Beständigkeit, Härte und Isolierfähigkeit. Die Oxidschicht kann in beliebigen Farben dauerhaft erzeugt werden
Emaillieren	Bei Teilen, deren Oberfläche korrosionsfest, hart und glänzend sein soll, überzieht man das Metall mit einem Glasfluss bei 500 … 1000 °C (Einbrennen der glasigen Masse). Die Emailschichten sind aufgrund ihres Glascharakters spröde, schlag- und temperaturempfindlich.
Einfetten	Durch gleichmäßig aufgetragene Fettschichten (säurefrei, wasserunlösliches Fett oder Öl) können blanke Werkstücke während Transport und Lagerung geschützt werden
Farb- und Lacküberzüge	**Öllacke** sind Dispersionen (Harze, Ölfirnis, Lösemittel), die an der Luft trocknen. **Kunstharzlacke** sind elastisch, widerstandsfähig und besitzen dekoratives Aussehen. Lack-überzüge werden luft- oder ofengetrocknet hergestellt. Die Lacke können im Spritz- oder Tauchverfahren aufgebracht werden
Asphalt- und Teerüberzüge	Wasserrohre aus lamellarem Grauguss werden durch Tauchen oder Anstreichen mit diesem Korrosionsschutz versehen
Kunststoffüberzüge	**Flammspritzen:** Pulver oder Granulat wird mittels einer Spritzpistole durch eine Flamme aufgespritzt Verwendete Überzugswerkstoffe: PVC-weich, Polyamid, Polyethylen **Wirbelsintern:** Vorgewärmte Werkstücke werden in aufgelockertes Pulver getaucht (Polyethylen). Durch die aufgespeicherte Werkstückwärme schmilzt das Pulver und bildet nach dem Erkalten einen festhaftenden dichten Überzug
Schwarzbrennen	Das bearbeitete Werkstück wird erwärmt (dunkelrot) und dann in ein Ölbad getaucht. Anschließend erfolgt das Einbrennen unter erneuter Erwärmung. Man erhält eine mattschwarze Oberfläche

Metallschutzschichten

Verfahren	Durchführung und Anwendung
Schmelztauchen	Die Werkstücke werden in flüssiges Überzugsmetall (Zn, Sn, Pb …) getaucht. Man unterscheidet entsprechend dem Überzugsmetall: Feuerverzinkungs-/-verzinnungs-/-aluminierungsanlagen. Nach dem Erstarren entsteht eine zusammenhängende, dichte Oberflächenschutzschicht
Galvanisieren	Die sich bildende Schutzschicht wird elektrochemisch (Elektrolyse) erzeugt. In einem dem Überzug entsprechenden Metallsalzbad wird das zu beschichtende Werkstück (Katode) und eine Anode aus Cu, Ni, Cr usw. eingebracht. Der Stromkreis (Gleichstrom) wird über die Katode, Anode und das Galvanisierbad geschlossen, hierbei zersetzt sich allmählich die Anode, und das Metall der Anode wandert zum Werkstück (Katode) und überzieht es mit einer gleichmäßigen Schutzschicht
Plattieren	Überzugsmetall und Grundmetall werden unter Druck (z. B. Walzen) und erhöhte Temperatur miteinander verbunden. Plattierungswerkstoffe für Stahl: Al, Cu, Cu-Leg., Ni und rostfreier Stahl. Walzplattierter Stahl ist korrosionsbeständiger als feueraluminierter
Diffusionsverfahren (Alitieren)	Die Werkstücke werden in Al-Pulver der Überzugsmetalle erhitzt. Dabei dringt das Überzugsmetall in die Oberfläche der Werkstücke ein, die dadurch zunderbeständig werden, z. B. Turbinenschaufeln
Spritzverfahren	Das Überzugsmetall wird durch eine Flamme oder elektr. Lichtbogen geschmolzen und mit Druckluft aufgespritzt.

Kunststoffe

Einteilung der Kunststoffe

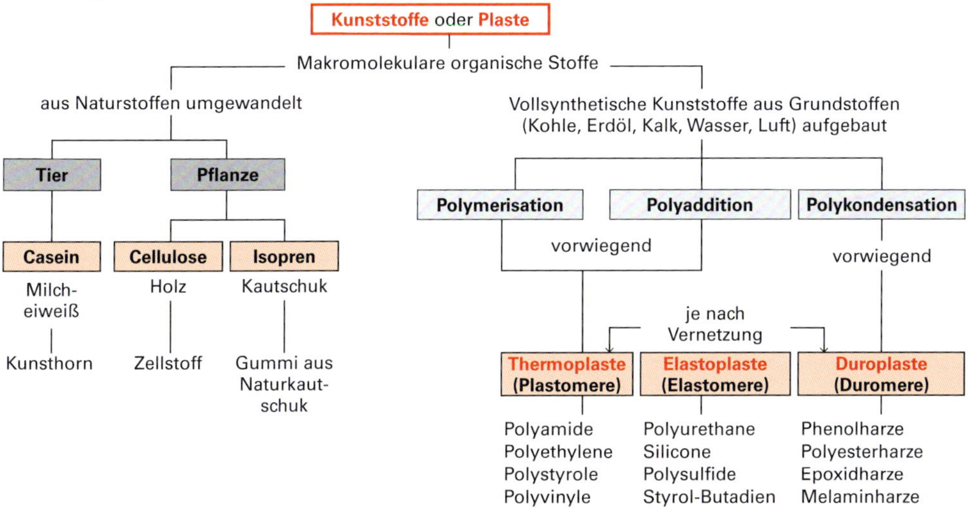

Kurzzeichen für Polymere (Kunststoffauswahl)

DIN EN ISO 1043-1 : 2016-09

Kurzzeichen	Erklärung
ABS	Acrylnitril-Butadien-Styrol
ASA	Acrylnitril-Styrol-Acrylester
CA	Celluloseacetat
CN	Cellulosenitrat
CP	Cellulosepropionat
CEF	Cellulose-Formaldehyd-Harz
EP	Epoxid(-Harz)
EVAC	Ethylen-Vinylacetat
ETFE	Ethylen-Tetrafluorethylen
MC	Methylcellulose
MF	Melamin-Formaldehyd(-Harz)
PA	Polyamid
PAN	Polyacrylnitril
PB	Polybuten
PC	Polycarbonat.

Kurzzeichen	Erklärung
PE	Polyethylen
PF	Phenol-Formaldehyd(-Harz)
PMMA	Polymethylmethacrylat
PP	Polypropylen
PS	Polystyrol
PSU	Polysulfon
PTFE	Polytetrafluorethylen
PUR	Polyurethan
PVAC	Polyvinylacetat
PVB	Polyvinylbutyral
PVC	Polyvinylchlorid
PVF	Polyvinylfluorid
SAN	Styrol-Acrylnitril
SB	Styrol-Butadien
SI	Silicon

Kennbuchstaben für besondere Eigenschaften

DIN EN ISO 1043-1 : 2016-09

Zeichen	Besondere Eigenschaften
A	amorph
C	chloriert
D	Dichte
E	elastomer, verschäumbar
F	flexibel, flüssig, fluoriert
H	hoch

Zeichen	Besondere Eigenschaften
I	schlagzäh
L	linear, niedrig
M	Masse, mittel; molekular
N	normal, Novolak
P	weichmacherhaltig, thermoplastisch

Zeichen	Besondere Eigenschaften
R	erhöht, Resol, hart
S	gesättigt, duroplastisch
U	ungesättigt, weichmacherfrei
W	Gewicht
X	vernetzt, vernetzbar

Beispiele:

PVC-H I

Kunststoffart
1. Kennbuchstabe
2. Kennbuchstabe für besondere Eigenschaften

Kunststoffart: PVC = Polyvinylchlorid
1. Kennbuchstabe: H = hoch
2. Kennbuchstabe: I = schlagzäh

PE-L L D

Kunststoffart
1. Kennbuchstabe
2. Kennbuchstabe
3. Kennbuchstabe für besondere Eigenschaften

Kunststoffart: PE = Polyethylen
1. Kennbuchstabe: L = linear
2. Kennbuchstabe: L = schlagzäh
3. Kennbuchstabe: D = niedrig

Kunststoffe

Mechanische und thermische Eigenschaften von Kunststoffen

Werkstoffe					Mechanische Eigenschaften							Thermische Eigenschaften		
					Dichte in g/cm³	Zugfestigkeit[2] in N/mm² (MPa)	Bruchdehnung in %	Biegefestigkeit in N/mm²	Kugeldruckhärte in N/mm² (MPa)	Schlagzähigkeit a_n[3] in kJ/m²	Kerbschlagzähigkeit a_K[4] in kJ/m²	Längenausdehnungskoeffizient in $10^{-6}\,K^{-1}$	Spezifische Wärmekapazität in kJ/(kgK)	Formbeständigkeit nach Martens in °C
		Harzgrundlage	Füllstoffe bzw. Harzträger und ihre Strukturen	Typ	DIN 1306 DIN 53479[5]	DIN EN ISO 527 DIN 53504	DINEN ISO 527 DIN 53504	DIN EN ISO 178	DIN EN ISO 2039-1	DIN EN ISO 179	DIN EN ISO 179			zurückgezogene DIN 53462
Duroplaste	Phenoplaste	Phenolformaldehyd	keine, (reines Harz) Gießharz		1,27 … 1,35	35 … 84	–	120	130	25 … 30	1,5	23 … 96	0,84 … 1,05	55
			keine, (reines Harz) Pressharz		1,27 … 1,35	42 … 63	0,7	84 … 120	–	5 … 25	0,8 … 1,6	–	–	–
			Gesteinsmehl	11	1,7 … 2,1	30	–	60	180	3,5	1,0	15 … 30	–	150 … 180
			Aramid/Kohlefaser[1]		1,45	150	–	95	–	20	70 … 80	20	–	140
			Holzmehl (kurzfaserig)	30	1,3 … 1,4	40	0,5	70	130	5 … 7	1,5 … 3	30 … 60	–	100
			Holzmehl (kurzfaserig)	31	1,3 … 1,4	40	0,5	80	130	6 … 7	1,5 … 7	30 … 50	1,47 … 1,6	125 … 140
			Papierschnitzel	54	1,4	–	–	130	130	8 … 10	5,5 … 10	10 … 30	–	125 … 150
			Gewebeschnitzel	74	1,36 … 1,4	40	0,4	80	130	12 … 20	12 … 18	10 … 40	–	125 … 140
			Papierbahnen	PFCP 201	1,35 … 1,42	120 … 150	–	150	130	25	5 … 15	10 … 25	1,55	–
			Gewebebahnen	PFCC 201	1,35 … 1,42	50	–	100	130	25	–	10 … 25	1,68	–
			Holzfurnierbahnen	PSCH KLA	1,35 … 1,42	250	1,3	–	–	92	–	–	–	150
		Phenolfurfurol	Mineralien		1,6 … 2,0	35 … 70	–	56 … 140	–	–	–	20	–	135 … 145
			Holzmehl (kurzfaserig)		1,3 … 1,4	42 … 77	–	56 … 105	–	–	–	30	–	130 … 140
			Gewebeschnitzel		1,3 … 1,4	45 … 56	–	70 … 90	–	–	–	25	–	–
	Aminoplaste	Harnstoff	Holzmehl (kurzfaserig)	131,5	1,45 … 1,5	40	0,4	80	150	5 … 7	1,2 … 2	15 … 50	1,68	100 … 120
		Melamin	Holzmehl (kurzfaserig)	150	1,45 … 1,55	40	–	70 … 80	170	6 … 7	2	–	–	120 … 140
		Melamin	Cellulosefaser	152	1,55	50	0,6	90	190	7	1,5 … 3	50 … 80	–	135 … 140
	ungesättigte Polyesterharze		Glasstränge		1,9	840	–	105	–	156	–	7	–	110 … 140
			Glasgewebe		1,7 … 1,9	180 … 350	–	210 … 350	150	56	30 … 40	10	–	110 … 140
	Siliconharze		Glasgewebe		1,7	100	–	150	–	40 … 100	20 … 80	–	–	160 … 200
			Kunsthorn		1,35	90	–	140	130	30	–	80	–	55
Elastoplaste			Polychlorbutadien (Neopren)		1,24	22,5	950	–	–	–	55	–	–	–
			Butadien/Styrol-Mischpolymerisat (Buna S)		1,2	22	600	–	–	–	60	–	–	–
			Butadien/Acrylnitril-Mischpolymerisat (Perbunan)		1,2	22	600	–	–	–	60	–	–	–

[1] Ersatz für Asbestfüllstoffe
[2] DIN EN ISO 527 für Folien und Tafeln; DIN 53504 : 2017-03 für Elastomere
[3] Schlagzähigkeit a_n ist die verbrauchte Schlagarbeit an der ungekerbten Probe
[4] Kerbschlagzähigkeit a_K ist die verbrauchte Schlagarbeit an der gekerbten Probe
[5] Zurückgezogene Norm

Mechanische und thermische Eigenschaften von Kunststoffen (Fortsetzung)

Werkstoffe			Mechanische Eigenschaften							Thermische Eigenschaften		
			Dichte in g/cm³	Zugfestigkeit[2] in N/mm²	Bruchdehnung in % (MPa)	Biegefestigkeit in N/mm²	Kugeldruckhärte in N/mm² (MPa)	Schlagzähigkeit an[3] in kJ/m²	Kerbschlagzähigkeit a_K[4] in kJ/m²	Längenausdehnungskoeffizient in 10^{-6} K^{-1}	Spezifische Wärmekapazität in kJ/(kgK)	Formbeständigkeit nach Martens in °C
	Harzgrundlage	Typ	DIN 1306 DIN 53479[1]	DIN EN ISO 527 DIN 53504	DIN EN ISO 527 DIN 53504	DIN EN ISO 178	DIN EN ISO 2039-1	DIN EN ISO 179	DIN EN ISO 179			zurückgezogene DIN 53462
Thermoplaste: Anilin	keine, (reines Harz) Pressharz		1,2 … 1,25	70	–	65 … 120	–	10 … 25	1 … 2,5	45	–	115
Thermoplaste: Ethylenderivate	Polyethylen (Hochdruckpolyethylen)		0,92	12 … 14	50 … 550	–	10	–	10	200	2,31	–
	Polyethylen (Niederdruckpolyethylen		0,94	19	–	30	31 … 34	–	8	103	–	–
	Polypropylen (isotaktisches)		0,90 … 0,91	30	>650	43	62	–	>7	150	2	40
	Polystyrol		1,05	60	1 … 3,5	100	115	20	2 … 3	60 … 80	1,34	70
	Polystyrol (Styrol/Butadien)		1,06	40	–	70	95	60	6	80 … 100	1,34	70
	" (Styrol/Acrylnit./Vinylcarb.)		1,09	70	–	130	110	35	3	60 … 80	–	87
	Polystyrol (Styrol/Acrylnitril)		1,08	75	–	135	120	35	3	60 … 80	–	77
	Polymethacrylsäureester		1,18	78	1 … 4	140	200	20	–	70	1,47	80
	Polyacrylsäureester		1,18	–	–	110	–	30	–	85	–	65
	Polyvinylcarbazol		1,19	–	–	50	100	5	0,9 … 2	40 … 57	1,20	150 … 170
	Polyvinylchlorid		1,38	50 … 60	20 … 100	95 … 115	100	50 … 240	10 … 30	60 … 80	0,96 … 1,2	60 … 70
	Polyvinylchlorid (Vinylchlorid/Vinylacetat)		1,34	50 … 60	22	100	95	100	5	80	–	60 … 70
	Polymethylenoxyd		1,425	70	15 … 75	105	–	–	–	81	1,47	–
	Polycarbonat		1,20	56 … 67	–	110 … 120	90 … 100	–	15 … 25	60 … 70	1,17	115 … 127
Thermoplaste: Cellulosederivate	Celluloseacetat A weich		1,32	53	6 … 70	85	75	40	12	92	1,26 bis 1,76	50
	Celluloseacetat A mittel		1,33	80	–	115	100	30	11	86		55
	Celluloseacetat A hart		1,34	94	–	130	110	12	10	76		63
	Celluloseacetat A höher verestert		1,29	74	4 … 55	90	90	80	6	97		72
	Celluloseacetobutyrat		1,20	43	40 … 88	56	60	120	5	104		64
	Cellulosenitrat		1,38	60 … 70	40 … 45	60	70	100 … 200	20 … 30	100 … 160		40
	Ethylcellulose		1,14	50 … 60	10 … 40	63 … 70	65 … 75	50	20	100 … 160	1,26 … 3,1	55 … 65
	Benzylcellulose		1,22	40	–	70	70	–	–	100	–	55
Thermoplaste	Polyamid		1,13	70 … 85	40	110	100	–	3	80	1,7	65
	Polyamid		1,07	60	230	72	70	–	9,6	90 … 100	1,75 … 2,1	–
	Polyamid		1,12	80	100	94	95	–	3,8	90 … 100	1,75 … 2,1	–
	Polyurethan		1,21	–	–	65	65	–	6	110 … 130	2,1	45
	Polyurethan		1,21	50	80	45	45	–	12	190	2,1	42
Thermoplaste: Fluorcarbone	Polytrifluormonochlorethylen		2,1 … 2,2	30 … 50	10 … 80	58	–	–	–	55 … 70	0,92	–
	Polytetrafluorethylen		2,2	25 … 36	110	–	15	–	10	100	1,0	130
Modifizierte Naturstoffe	Vulkanfiber		1,1 … 1,45	85 … 100	–	80 … 130	80 … 140	120 … 190	17	–	–	70 … 90
	Pressspan		1,2 … 1,4	20 … 70	–	–	–	–	–	–	–	–

Typ-Kennzeichnung ist vond er Zusammensetzung der Eigenschaften abhängig

[1] Zurückgezogene Norm

Kunststoffe

Thermoplaste (Plastomere)

Kurzzeichen	Chemische Bezeichnung	Handelsnamen	Grenztemperatur in °C	Eigenschaften	Verwendung
PE PE-LD PE-HD	Polyethylen	Hostalen, Lupolen, Vestolen	60 … 80 80 … 100	PE-LD (weich)} korro- PE-HD (hart) sionsfest kältefest bis – 40 °C schmiegsam bis hart	Verpackung, E-Technik, Wasserleitungen, mechanisch hoch beanspruchbar, nur pressbar
EEA EVA	Ethylen-Copolymerisate	Zetafin, Lupolen V, Alathon	40 … 70	schmiegsam bis gummielastisch	schmiegsame Erzeugnisse, PVC-Weichmacher
PP	Polypropylen	Hostalen PP, Novolen, Luparen, Vestolen P	100 … 130	härter als PE, temperaturfest, weniger kältefest	Waschmaschinenteile, Biegescharniere, Maschinenteile glasfaserverstärkt
PIB	Polyisobutylen	Oppanol B 3 … B 200	ca. 50 (B 200)	ölig (B 3) bis rohgummiartig	B 3 … B 100 Weichkleber und dgl. B 200 hochgefüllt: Bahnen für Korrosionsschutz
PS	Polystyrol	Polystyrol, Vestyron, Hostyren	60 … 80	hart, spröde, glasklar	Konsumwaren, Verpackung, schaumfähiges PS (Styropor).
SB	Polystyrol Butadien	Polystyrol 400 Vestyron 500	ca. 75	weniger spröde als PS nicht glasklar	Geräteteile, Verpackungen, Tiefziehteile
SAN	Polystyrol/ Acrylnitril	Luran 52 Vestoran B	75 … 95	glasklar, wärmebest. und beständig gegen Benzin und Aromastoffe	Haushaltsartikel, Akkugehäuse, Feingerätebau
ABS	Acrylnitril/ Butadien/ Styrol	Novodur, Teluran, Vestodur	80 … 105	gedeckte Farben, sehr schlagfest, gut temperaturbeständig	Kfz-Ausstattung, Schutzhelme, Gehäuse, Büromaschinenteile
PVC-U hart	Polyvinylchlorid Copolymere	Hostalit, Trosiplast, Vestolit, Vinnol, Vinoflex	60 … 70 50 … 60	hart, korrosionsfest, gut warm formbar und schweißbar	Dachrinnen, chemische Apparate, Leitungen, Verpackungsfolien, Schaumstoff
PVDC	Polyvinyldichlorid		80 … 100	ähnlich korrosionsfest wie PVC	ähnlich PVC
PVC schlagzäh	Polyvinylchlorid	Hostalit Z	50 … 60	schlagzäh auch bei Kälte, witterungsbeständig	Tafeln und Profile für Außenbau (Wellplatten), Verpackung, Möbeldeckfolien
PVC-P weich	Weich-Polyvinylchlorid	vorwiegend Produktnamen	40 … 60	je nach Art und Menge des Weichmachers ledergummiartig, versteifend von 0 … 30 °C	Schläuche, Fußbodenbeläge, Polsterungen, Dekoration, Bekleidung, Schaumstoffe, elektrische Isolierungen
PTFE	Polytetrafluorethylen	Hostaflon TF, Teflon	260	äußerst korrosionsfest abriebfest, weich – 200 … 260 °C dauernd	Apparatebau, Dichtungen, E-Technik, Haftung verhindernde Überzüge
PCTFE	Polytrifluorchlorethylen	Hostaflon C Kel-F	150	schmiegsam, sonst £ PTFE – 50 … 150 °C	Membranen, Dichtungen, Schläuche, Beschichtungen
PVF	Polyvinylfluorid	Tedlar (Folie)	105	wetterfest, korrosionsfest – 70 … 105 °C	nur dünne Folien als Außenhaut von Bauwerken
PVAC	Polyvinylacetat	Mowilith, Vinnapas	–	Dispersion (Latex)	Holzleim, Bindemittel
PMMA	Polymethylmethacrylat	Degalan, Plexiglas, Deglas, Resarit	70 … 95	„Acrylglas" optisch hochwertig, hart und zäh	Verglasungen, Leuchten, Haushaltswaren, Medizin
POM	Polyoxymethylen	Delrin, Ultraform, Hostaform	100 … 140 >160	kristallin, hart, zäh – 50 °C, glasfaserverstärkt	Armaturen, Maschinenteile, Fahrzeugbau
CA CAB CP	Cell.-Ester Cell.-Acetat Cell.-Acetobutyrat Cell.-propionat	} Cellidor, Ecaron	40 … 60	glasklare, zähfeste Formmassen	Brillen, Gebrauchsartikel, Werkzeuggriffe, CAB: maß- und tropenbeständig, technische Teile
PC	Polycarbonat	Makrolon	90 … 135 160	fast glasklar, äußerst zäh bis – 100 °C glasfaserverstärkt	Sterilisierbare medizinische Geräte, Haushaltsgeschirr, Feinwerktechnik
PETP	Polyethylenterephtalat	Arnite, Folien; Hostaphan	130	zähfest von – 60 … 130 °C	Formmassen wie POM, E-Isolierung, Verpackung
PA	Polyamide	Degamid, Durethan, Ultramid, Rilsan, Vestamid	60 … 150	teilkristallin, hornartig, zähelastisch kältefest bis – 40 °C	Zahnräder, Ritzel, wartungsfreie Lager, biegsame Druckrohre

Kunststoffe

Duroplaste (Duromere)

Kurzzeichen	Chem. Bezeichnung	Handelsnamen	Lieferform	Grenztemperatur in °C	Eigenschaften	Verwendung
PF	**Phenolplaste:** Phenol-(Kresol-, Resorcin-)Formaldehydharze	Bakelite, Resinol, Imprenal, Supraplast	technische Harze	–	fest spritlöslich, flüssig beschränkt mit Wasser verdünnbar	Bindemittel für Holzwerkstoffe, Heißleime, Vorprod. f. Schaumst..
		Typ 11 … 16 Typ 30 … 32 Typ 51 … 52 Typ 54 … 57 Typ 71 … 84	Pressmassen	150 } 100	mit Steinmehl gefüllt mit Holzmehl gefüllt mit Zellstoff-Fasern Zell.-Schnitzeln/-Bahnen Tetil-Fasern/-Bahnen -Schnitzeln	temp.- und feuchtbeanspruchte Pressteile Typ 31 meist gebr. } für steigende mechanische Beanspruchung
		PFCP 201 … 206 PFGC 201 PFCC 201 … 203	Schichtpressstoffe	120 130 120	Hartpapier Glas-Hartgewebe Baumwoll-Hartgewebe	Elektrotechnik } für E-Technik und Maschinenbau (Lager, Zahnräder)
		PSCH KLA … C KP-Typ-Nummern Werzalit, Durofol PAG-Holz	Pressschichtholz, Kunstharzpressholz		Furnier-Einlagen verschiedener Anordnung Furnier-Formpressstoffe Spanholz-Formpressstoffe	**Z:** für Zahnräder, **M:** für Maschinenteile, Wandverkleidungen, Möbelteile
UF	**Aminoplaste:** Harnstoff-Formaldehydharze	**UF:** Resamin, Urecoll **MF:** u. a. Melan, Madurit	technische Harze	–	oft wässrige Lösungen, fest als Brocken oder Pulver	**UF:** Bindemittel für Spanplatten, Schaumstoff, Kaurit-Leim **MF:** Pressal-, Melocol-Heißleim
MF	Melamin-Formaldehydharze	Typ 131 (UF) Typ 152 (MF) Typ 153 … 157 (MF) Typ 180 … 182 (MF+PF)	Pressmassen	65 100 } 100 … 130	} Pressmassen mit kurzfaserigem Zellstoff technische Pressmassen mit mineralischen oder organischen Füllstoffen	Installationsmaterial, Ess- und Trinkgeschirr } kriechstromfeste Elektroteile
		MFGC 201, Formica, Getalit, Resopal, Ultrapas	Schichtpressstoffe	130 … 100	MF + Glasseidengewebe PF-gebundener Kern, MF-gebundene Deckschichten	kriechstromfeste Elektroteile, dekorativer Schichtpressstoff (Möbel)
UP EP	drucklos härtende „Gießharze“; ungesättigte Polyester Epoxidharze u. ä.	**UP:** Leguval, Palatal Polyleit, Vestopal **EP:** Araldit, Harzmatten Epoxin	Gießharze	EP > UP je nach Harz 70 … >150	flüssig vergießbar, oft in 2 Komponenten, die nach Vermischen in begrenzter Zeit verarbeitet werden müssen	Bindemittel für Kunstharzbeton für belastbare Klebeverbindungen EP zum Umgießen von Elektroteilen
		EPGC 201	Schichtpressstoff	130/155 130	Glasfaser-Harzmatte Glasseiden-Hartgewebe	technische Schichtpressstoffe
		für Textilglas und Verarbeitungshilfsmittel: Flugzeugteile	glasfaserverstärkte Kunststoffe	s. o.	Glasgehalt 30 … 80 % Stränge, Matten oder Gewebe in UP oder EP eingebettet	Großteile: Boote, Karosserien (Spritz-, Schleuderguss-, Flächenpressverfahren)
PUR	vernetzte Polyurethane	Desmophene Desmodure	Polyalalkohol Polyisocyanate	–	viele verschiedene Produkte meist flüssig, im Gemisch vergießen	Bindemittel für Estriche, Kleber, Beschichtungsmasse
		Vulkollan ähnlich Desmopan	Halbzeug Formstoff	80 … 130	stramm gummielastisch	technische Formteile
		Moltopren	Schaumstoffe	100 … 120	hart und gummielastisch (Polyesterschaum)	hart: Stützmaterial weich: Polstermaterial
SI	Silicone	Silicon mit Firmennamen	Siliconharz	170 … 300	Lackharze	Elektroisolier- und Schornsteinlacke
		SIGC 201	Schichtpressstoff	180	Glasseidenhartgewebe	technischer Schichtpressstoff
		Silopren Silatic	Siliconkautschuk	200	Eigenschaften fast gleich von – 100 … 200 °C	Dichtungen, Elektroisolierungen

Kunststoffe

Kurzzeichen Werkstoff	Dichte in kg/dm3	Dehnspannung in N/mm²	Bruchdehng. in %	Einsatztemp. in °C	Eigenschaften	Verwendung
Hochleistungswerkstoffe						
PTFE Polytetrafluorethylen	2,18	25	380	−200…260	nicht brennbar, sehr gute Gleiteigenschaften, chemische Beständigkeit, guter elektr. und thermischer Isolator	Gleitlager, Isolator, Dichtungen, Lebensmittel- u. chem. Ind. Luft- und Raumfahrt
PPE Polyphenylenether	1,10	50	10	−40…100	normal entflammbar, guter elektrischer Isolator, sehr gute mechan. Festigkeiten, leicht	Pumpenteile, Laufräder, Isolatoren, Stecker, Schalter
PEI Polyetherimid	1,27	110	12	−20…170	hohe mechan. Festigkeiten, schwer entflammbar, guter elektrischer Isolator	Spulenkörper, Gehäuse, Schaugläser, Lebensmitteltechnik
PSU Polysulfon	1,24	80	15	−50…160	hohe Zähigkeit bei niedrigen Temperaturen, schwer entflammbar, gute Steifigkeit	Spulenkörper, Gehäuse, Schaugläser, Dichtungen
PES Polyethersulfon	1,37	90	15	−50…180	hohe Festigkeit, hohe Zähigkeit bei −50°, kerbempfindlich, schwer entflammbar	Leuchtfassungen, Schalterteile, Isolator, Pumpengehäuse
PPS Polyphenylensulfid	1,35	90	3	220	hohe mechan. u. thermische Belastbarkeit, hohe Härte und Steifigkeit, gut schweißbar	Pumpenteile, Chipträger, Isolationsteile, Dichtelemente
PEEK Polyetheretherketon	1,32	95	45	−40…250	hohe mechan. Festigk. u. Steifigkeit, gute Gleiteigenschaften, schweiß- und klebbar	Zahnräder, Gleitlager, Kolbenringe, Motorenteile
PAI Polyamidimid	1,41	120	4	250	sehr gute mechan. Eigenschaften, hohe Zähigkeit, beständig gegen Säuren und Laugen	Gleitlager mit hoher therm Belastung, Isolationskörper
Transparente Werkstoffe						
PC Polycarbonat	1,2	60	130	−40…110	Lichtdurchlässigkeit ca. 86 %, elastisch, sehr schlagfest, glatte, glänzende Oberfläche	Sicherheitsglas, Verglasungen, Deckel, Kuppeln
PMMA Polymethylmethacrylat	1,19	70	4	−40…70	gute Oberflächenhärte, säure-/laugen-, witterungs-/alterungsbeständig, normal entflammbar	Verglasung, Türen, Displays, Leuchten, Laborgeräteteile
Konstruktionswerkstoffe						
PE Polyethylen z. B. PE300 PE500	0,95 > 0,94	22 > 20	300 300	−50…50 −80…80	gut tiefziehfähig, schweißbar, sehr hohe chem. Beständigkeit, normal entflammbar	Schweißteile, chem. Anlagenbau, Transportbehälter
PP Polypropylen	0,9	32	70	0…100	harte Oberfläche, sehr hohe chem. Beständigkeit, normal entflammbar, Gleitverschleiß	Chem. Apparate- u. Laborgeräteteile, Pumpenteile
PA Polyamid z. B. PA6, PA66, PA12	1,14 1,02	70, 85 50	50, 30 > 200	−30…100 −70…70	hohe mechanische Festigkeit, Härte, Zähigkeit u. Steifigkeit, sehr gute Verschleißfestigkeit	Zahn-, Kettenräder, Führungen, Laufrollen, Buchsen
POM Polyoxymethylen	1,41	65	40	−30…100	hohe Festigkeit, Steifigkeit u. Härte, Oberflächenqualität, gute elektrische Isolation	Zahnräder, Pumpen- und Gehäuseteile, Präzisionsteile
PETP Polyethylenterephthalat	1,38	80	20	−20…100	hohe Festigkeit, Steifigkeit u. Härte, sehr geringer Gleitverschleiß, normal entflammbar	Schalträder, Gleitelemente, Isolatoren, Präzisionsteile
PVC hart Polyvinylchlorid	1,44	58	15	0…60	harte Oberfläche, gut leicht warmformbar, klebbar, gute chemische Beständigkeit	Pumpenteile, Profile, Armaturen, chem. Anlagenteile

1. Kennzeichnungssystem thermoplastischer Formmassen

für PC DIN EN ISO 21305-1 : 2019-05, PE DIN EN ISO 17855-1 : 2015-02, PP DIN EN ISO 19069-1 : 2015-06

Benennungsblock freigestellt	Normnummerblock	Merkmale-Block							
		Datenblock 1		Datenblock 2		Datenblock 3		Datenblock 4	Datenblock 5
z. B. Thermoplast	ISO 17855	–	PE-LD	,		,	FBN	,	18-D045

Datenblock 1: Werkstoffkurzzeichen PE für Polyethylen-Formmasse, LD mit niedriger Dichte
Datenblock 2: keine Angabe
Datenblock 3: FBN: Extrusion von Folien F, Antiblockmittel B, Naturfarben N
Datenblock 4: 18-D045: Dichte 18, Schmelz-Massefließrate (Prüfbedingungen D / MFR – Bereich 045)
Datenblock 5: keine Angabe

Datenblock 1
Identifizierung der thermoplastischen Formmasse durch ihr Kurzzeichen PE-VLD, PE-LD, PE-LLD, PE-MD und PE-HD (gem. ISO 1043-1) ebenso PC und PP

Datenblock 2[1)]

Zeichen	Füll- und Verstärkungsstoff	Zeichen	physikalische Form
B	Bor	B	Perlen, Kugeln
C	Kohlenstoff [2)]		
		D	Pulver
		F	Faser
G	Glas	G	Mahlgut
		H	Haarkristalle (Whisker)
K	Calciumcarbonat (CaCO3)		
L	Cellulose[2)]		
M	Mineral[2)], Metall[2)]		
S	organisch, Syntheseprodukt (nur PP, PC)	S	Blättchen Flocken
T	Talkum		
X	nicht festgelegt	X	nicht festgelegt
W	Holz (nur PE, PP)		
Z	andere[2)]	Z	andere[2)]

[1)] bei PC und PP, Datenblock 4 siehe W78

[2)] Diese Materialien dürfen zusätzlich gekennzeichnet werden (z. B. durch chemisches Symbol oder zusätzliche Symbole). Mischungen werden durch Kombination der entsprechenden Codes unter Verwendung des „+"-Zeichens gekennzeichnet (z. B.: GF25 + MD10 bedeutet 25% Glasfasern (GF) und 10 % Mineralpulver (MD))

Datenblock 3[3)]

Zeichen	Position 1 (Anwendung und/oder Verarbeitungsverfahren)	Zeichen	Position 2...8 (wesentliche Eigenschaften, Additive und Farbmittel)
		A	Verarbeitungsstabilisator
B	Blasformen	B	Antiblockmittel
C	Kalandrieren (nur PE, PP)	C	Farbmittel
D	CD-Herstellung (nur PC)	D	Pulver (nur PE, PP)
E	Extrusion (Rohre, Profile und Platten)	E	dehnbar
F	Extrusion von Folien	F	Brandschutzmittel
G	Allgemeine Anwendung	G	Granulat, Pellets
H	Beschichtung	H	Wärmealterungsstabilisator
J	Kabel- und Drahtisolierung	J	erhöhte Wärmeleistung
K	Kabel- und Drahtummantelung (auch PP)	K	Metalldesaktivator (nur PE, PP)
L	Spinnextrusion, Monofilament-Extrusion	L	Licht-/Witterungsstabilisator
M	Spritzgießen	M	Nukleierungsmittel (nur PE, PP)
		N	Naturfarben (ohne Farbzusatz)
		P	schlagzähmodifiziert
Q	Formpressen		
R	Rotationsformen	R	Formtrennmittel
S	Pulversintern	S	Gleit-/Schmiermittel
T	Bandherstellung	T	erhöhte Transparenz
X	keine Angabe	X	vernetzbar, Vernetzungsmittel (PC)
Y	Faserherstellung (nur PP)	Y	Erhöhte elektrische Leitfähigkeit
		Z	Antistatikum

[3)] bei PC und PP, Datenblock 2

Kunststoffe

Fortsetzung für das Kennzeichnungssystem thermoplastischer Formmassen

Datenblock 4 [4)]

Code	Dichtebereich in kg/m³ für PE	Klasse
00	≤ 901	PE – VLD sehr niedr. Dichte
03	> 901 ≤ 906	
08	> 906 ≤ 911	
13	> 911 ≤ 916	PE – LD niedrige Dichte
18	> 916 ≤ 921	
23	> 921 ≤ 925	
27	> 925 ≤ 930	PE – MD mittlere Dichte
33	> 930 ≤ 936	
38	> 936 ≤ 940	
44	> 940 ≤ 948	PE – HD hohe Dichte
50	> 948 ≤ 954	
57	> 954 ≤ 960	
62	> 960	

Code	Zug-Elastizitätsmodul in MPa für PP
02	≤ 400
06	> 400 ≤ 800
10	> 800 ≤ 1200
16	> 1200 ≤ 2000
28	> 2000 ≤ 3500
40	> 3500

Charpy-Kerbschlagzähigkeit in kJ/m²			
Code	für PC	Code	für PP
0	≤ 10	02	≤ 3
1	> 10 ≤ 30	05	> 3 ≤ 6
3	> 30 ≤ 50	09	> 6 ≤ 12
5	> 50 ≤ 70	16	> 12 ≤ 20
7	> 70 ≤ 90	25	> 20 ≤ 30
9	> 90	35	> 30 ≤ 40
		45	> 40 ≤ 50
		55	> 50 ≤ 60
		65	> 60 ≤ 70
		75	> 70 ≤ 80
		85	> 80 ≤ 90
		90	> 90

Code	MFR-Bereich in g/10 min für PE
000	≤ 0,1
001	> 0,1 ≤ 0,2
003	> 0,2 ≤ 0,4
006	> 0,4 ≤ 0,8
012	> 0,8 ≤ 1,5
022	> 1,5 ≤ 3,0
045	> 3,0 ≤ 6,0
090	> 6,0 ≤ 12
200	> 12 ≤ 25
400	> 25,0 ≤ 50,0
600	> 50,0 ≤ 75,0
800	> 75,0 ≤ 100
900	> 100 ≤ 130
910	> 130 ≤ 160
920	> 160 ≤ 200
930	> 200 ≤ 400
940	> 400 ≤ 800
950	> 800 ≤ 1200
960	> 1200 ≤ 1600
970	> 1600 ≤ 2000

Code	MVR-Bereich in cm³/10 min für PC
03	≤ 2,8
05	> 2,8 ≤ 5,7
09	> 5,7 ≤ 11,4
18	> 11,4 ≤ 22,7
24	> 22,7

4) bei PC und PP, Datenblock 3 siehe W77

Erklärung für **MFR** bedeutet das Schmelze-Massefließrate und für **MVR** bedeutet das Schmelze-Volumenfließrate

Datenblock 5
Möglichkeit Informationen aus der Bezeichnung eines Materials in eine Spezifikation für eine spezielle Anwendung umzuwandeln, z. B. durch die Angabe einer entsprechenden nationalen Norm

Beispiel: Thermoplast **ISO 17855-PE-HD,,B,50-G006** Thermoplastische Polyethylen-Formmasse hoher Dichte **PE-HD**, Verarbeitungsverfahren Blasformen **B**, Dichte: 952 kg/m³ **50**, Schmelz-Massefließrate (Prüfbedingungen **G** / MFR – Bereich **006**): 0,5 g/10 min bei 190 °C bei einer nominalen Belastung von 21,6 kg

2. Kennzeichnungssystem für verstärkte härtbare Formmassen Duroplaste

DIN EN 14598-1:2005-07

auch anwendbar für rieselfähige PF-PMC: DIN EN ISO 14526-1, UF-PMC: …14527-1, MF-PMC: …14528-1, MP-PMC: …14529-1 : 2000-08

Benennungsblock freigestellt	Normnummerblock	Merkmale-Block				
		Datenblock 1	Datenblock 2	Datenblock 3	Datenblock 4	Datenblock 5

Benennung: SMC = Harzmatte, PMC = rieselfähige Formmasse
BMC = Faserverstärkte Pressmasse

Datenblock 1: Basispolymer,
Füll-/Verstärkungsmaterial (Art/Zustandsform/%-Anteil)

Datenblock 2: Verarbeitungsverfahren

Datenblock 3: Kennzeichnende Eigenschaften

Datenblock 4: Für weitere Angaben

Datenblock 5: Freigestellt

Beispiel:

SMC EN 14598-1 – UP(GF30+MD45) X,F

UP = ungesättigtes Polyesterharz

(GF30+MD45) = 30 % Glasfaser und 45 % Gesteinsmehl

Kein empfohlenes Verfahren

F = Flammbeständig

–

–

Datenblock 1

Füll-/Verstärkungsmaterial EN ISO 1043-2		Form des Füll-/Verstärkungsmaterials EN ISO 1043-2		Masseanteil in %	
A[1)]	Aramid	B	Kugeln, Perlen	05	< 7,5
B[1)]	Bor	C	Schnitzel, Späne	10	7,5… ≤ 12,5
C	Kohlenstoff	D	Feingut, Pulver	15	12,5… ≤ 17,5
D	Aluminiumtrihydroxid	F	Fasern	20	17,5… ≤ 22,5
E	Ton	F1[1)]	Stapelfaser	25	22,5… ≤ 27,5

1) siehe W79

Fortsetzung für das Kennzeichnungssystem thermoplastischer Formmassen

Datenblock 1					
Füll-/Verstärkungsmaterial EN ISO 1043-2		**Form des Füll-/Verstärkungsmaterials EN ISO 1043-2**		**Masseanteil in %**	
G	Glas	F2[1]	Geschnittene Fasern	30	27,5… ≤ 32,5
K	Calciumcarbonat	G	Mahlgut	35	32,5… ≤ 37,5
L1	Zellulose	K	Wirkwaren	40	37,5… ≤ 42,5
L2	Baumwolle	M1[1]	Endlosmatte mechnisch-gebunden	45	42,5… ≤ 47,5
M	Mineral	M2[1]	Endlosmatte chemisch gebunden	50	47,5… ≤ 52,5
P	Glimmer	M3[1]	Matte aus geschnittenen Fasern mechan. gebunden	55	52,5… ≤ 57,5
Q	Quarz	M4[1]	Matte aus geschnittenen Fasern chem. gebunden	60	57,5… ≤ 62,5.
R	wiederverwertbarer Stoff	N[1]	Faservlies	65	62,5… ≤ 67,5
S	Synthetische organ. Stoffe	P[1]	Papier	70	67,5… ≤ 72,5
T	Talkum	S	Schuppen, Flocken	75	72,5… ≤ 77,5
W	Holz	T[1]	Kordel	80	77,5… ≤ 82,5
X	nicht festgelegt	U[1]	gleichgerichtete Endlosfaser	85	82,5… ≤ 87,5
Z	Sonstiges	W[1]	Gewebe	90	87,5… ≤ 92,5
		X	nicht festgelegt	95	92,5… ≤ 97,5
		Z	Sonstiges		

[1] Diese Angaben gelten nicht für rieselfähige Formmassen: PF-, UF-, MF- und MP-PMC

Anmerkung: Mischungen von Formmassen und/oder Formen können durch Kombination mit den entsprechenden Werkstoffen mit „+“ angegeben werden und das Ganze wird in Klammern gesetzt, z. B. (GF30+MD45)

Datenblock 2			
Zeichen	**Verarbeitungsverfahren**	**Zeichen**	**Verarbeitungsverfahren**
G	Allgemeine Verwendung	T	Spritzpressen
M	Spritzgießen	X	Nicht festgelegt
Q	Formpressen	Z	Sonstiges

Datenblock 3			
Zeichen	**Besondere Eigenschaften**	**Zeichen**	**Besondere Eigenschaften**
C	chemische Eigenschaften	M[2]	mechanische Eigenschaften
C1[2]	chemikalienbeständigkeit		
C2[2]	Hydrolysebeständigkeit	N[2]	Lebensmittelechtheit
D[2]	Dichte	O[2]	optische Eigenschaften
		S[2]	Oberflächeneigenschaften
E	elektrische Eigenschaften	S1[2]	Schwindungsarm (LS)
E1[2]	spezifischer Oberflächenwiderstand	S2[2]	Schwindungsfrei (LP)
E2[2]	dielektrischer Verlustfaktor	S3[2]	Schrumpfarm Klasse A Oberfläche (LP-A)
E3[2]	spezifischer Durchgangswiderstand		
E5[2]	Vergleichszahl für Kriechwegbildung	T	Wärmeformbeständigkeit
FR	Flammbeständigkeit	X	nicht festgelegt
FR1[2]	selbstverlöschend		
FR2[2]	flammhemmend	Z	Sonstiges

[2] Diese Angaben gelten nicht für rieselfähige Formmassen: PF-, UF-, MF- und MP-PMC

Weitere kennzeichnende Eigenschaften für rieselfähige Formmassen: Der Prüfwert der Schlagzähigkeit nach ISO179-1 und den Prüfwert der Formbeständigkeitstemperatur im Datenblock 3 nach ISO 75-2 eintragen.

Datenblock 4
Verweis auf eine geeignete nationale/internationale oder auf eine Firmennorm

Datenblock 5
Angabe von zusätzlichen Anforderungen

Kunststoffe

Rieselfähige Formmassen (Duroplaste)

DIN 7708-2:	ISO 14526-3	Harz	Füllstoff	Bruchspannung σ_B in N/mm²	Schlagzähigkeit α_{cU} in kJ/m²	Formbeständigkeitstemp. T_f 8,0 in °C

Phenol-Formmasse PF-PMC — DIN EN ISO 14526-3 : 2000-08

DIN 7708-2	ISO 14526-3	Harz	Füllstoff	Bruchspannung	Schlagzähigkeit	Formbeständigkeitstemp.
Typ 31	WD30+MD20 …WD40+MD10	Phenol-Harz	30 % Holzmehl 20 % Mineralmehl	Q: ≥ 40 M: ≥ 50	Q: ≥ 4,5 M: ≥ 5,0	Q/M … 115
Typ 51	LF20+MD25 … LF30+MD15		20 % Zellulosefaser 25 % Mineralmehl	Q: ≥ 40 M: ≥ 50	Q: ≥ 4,0 M: ≥ 5,0	Q/M … 110
Typ 84	SC20+LF15 … SC30+LF05		20 % Synth. Schnitzel 15 % Zellulosefaser	Q: ≥ 35 M: ≥ 45	Q: ≥ 5,5 M: ≥ 6,5	Q/M … 110.
Typ 74	SS40 … SS50		40 … 50 % flockiger organ. synth. Stoff	Q: ≥ 30 M: ≥ 45	Q: ≥ 7,0 M: ≥ 9,0	Q/M … 115
Typ 13	PF40 … PF60		40 … 60 % Glimmerfasern	Q: ≥ 30 M: ≥ 40	Q: ≥ 2,5 M: ≥ 3,5	Q/M … 130
Typ 83	LF20+MD25 … LF40+MD05		20 % Zellulosefaser 25 % Mineralmehl	Q: ≥ 35 M: ≥ 45	Q: ≥ 5,5 M: ≥ 6,0	Q/M … 115
Typ 12	GF20+GG30 … GF30+GG20		20 % Glasfaser 30 % Glasmahlgut	Q: ≥ 50 M: ≥ 60	Q: ≥ 6,0 M: ≥ 7,0	Q/M … 140

Harnstoff-Formaldehyd-Formmasse (UF-PMC) und Harnstoff/Melamin-Formaldehyd-Formmasse (UF/MF-PMC) — DIN EN ISO 14527-3 : 2000-08

DIN 7708-2	ISO 14526-3	Harz	Füllstoff	Bruchspannung	Schlagzähigkeit	Formbeständigkeitstemp.
Typ 131.5	(LD10+MD30),X,E … (LF20+MD30),X,E	Harnstoff–Formaldehyd–Harz	20 % Zellulosepulver 30 % Mineralmehl	Q: ≥ 45 M: ≥ 55	Q: ≥ 5,0 M: ≥ 7,5	Q/M … 90
Typ 131	(LD10+MD30) … (LD20+MD20)		10 % Zellulosefaser 30 % Mineralmehl	Q: ≥ 45 M: ≥ 55	Q: ≥ 5,0 M: ≥ 7,5	Q/M … 90
Typ 130	(WD30+MD20) … (WD40+MD10)		30 % Holzmehl 20 % Mineralmehl	Q: ≥ 35 M: ≥ 40	Q: ≥ 4,5 M: ≥ 5,0	Q/M … 90.
–	(LF20+S10) … (LF30+S20)	Harnstoff/Melamin-…	20 % Zellulosefaser 10 % organischer Synthesestoff	–	Q: ≥ 6,5 –	Q/M … 80

Melamin-Formaldehyd-Formmasse (MF-PMC) — DIN EN ISO 14528-3 : 2000-08

DIN 7708-2	ISO 14526-3	Harz	Füllstoff	Bruchspannung	Schlagzähigkeit	Formbeständigkeitstemp.
Typ 152	(LD25+MD20) … (LD35+MD10)	Melamin–Formaldehyd–Harz	25 % Zellulosepulver 20 % Mineralmehl	Q: ≥ 40 M: ≥ 50	Q: ≥ 5,0 M: ≥ 6,0	Q/M … 110
Typ 150	(WD30+MD15) … (WD40+MD05)		30 % Holzmehl 15 % Mineralmehl	Q: ≥ 40 M: ≥ 50	Q: ≥ 5,0 M: ≥ 6,0	Q/M … 110
Typ 154	(SS30+MD15) … (SS40+MD05)		30 % flock. organ. synth. Stoff + 5 % Mineralmehl	Q: ≥ 35 M: ≥ 45	Q: ≥ 9,0 M: ≥ 15,0	Q/M … 110.
–	(GF20+MD25) … (GF30+MD15)		20 % Glasfaser 25 % Mineralmehl	Q: ≥ 40 M: ≥ 50	Q: ≥ 5,0 M: ≥ 7,0	Q/M … 110$

Melamin/Phenol-Formmasse (MP-PMC) — DIN EN ISO 14529-3 : 2000-08

DIN 7708-2	ISO 14526-3	Harz	Füllstoff	Bruchspannung	Schlagzähigkeit	Formbeständigkeitstemp.
Typ 181	LD35 … LD45	Melamin/Phenol – Harz	35 … 45 % Zellulosepulver	Q: ≥ 45 M: ≥ 60	Q: ≥ 5,0 M: ≥ 7,0	Q/M … 110
Typ 180	(WD30+MD15) … (WD40+MD05)		30 % Holzmehl 15 % Mineralmehl	Q: ≥ 45 M: ≥ 50	Q: ≥ 4,5 M: ≥ 6,0	Q/M … 110
Typ 183	(WD35+MD15) …WD45+MD05		35 % Holzmehl 15 % Mineralmehl	Q: ≥ 40 M: ≥ 50	Q: ≥ 5,0 M: ≥ 7,0	Q/M … 110.
Typ 182	(GF30+GG20) … (GF20+GG30)		30 % Glasfaser 20 % Glasmahlgut	Q: ≥ 40 M: ≥ 50	Q: ≥ 5,0 M: ≥ 6,5	Q/M … 110

Anmerkung: Q = Formpressmasse, M = Spritzgießmasse

Beispiel: **PMC ISO 14526 – PF(LF20+MD25),Q**

PMC = Rieselfähige Formmasse, ISO 14526 = Norm.-Nr., PF = Phenolharz
(LF20+MD25) = 20 % Zellulosefaser + 25 % Mineralmehl, Q = Formpressmasse

Verbundstoffe

Kurzzeichen Werkstoff	Faserart [1]	Anteil in %	Dichte in kg/dm³	Bruchfestigkeit in N/mm²	Bruchdehnung in %	Gebrauchstemperatur in °C	Verwendung
EP Epoxidharz	GF	50	1,6	220	3,5	150	Bootskörper, Rotorblätter, Karosserieteile
PA 66 Polyamid 66 teilkristallin	GF	30	1,35	160	3,5	110	steife Gehäuseteile, Triebwerksbau, Getriebeteile, Kupplungsteile
	CF	20	1,23	220			
PAI Polyamidimid	GF	30	1,56	90	3,0	280	Hebel, Ventilplatten und Ventilsitz-, Kolbenringe
	CF	30	1,50	205	6,0	260	
PC Polycarbonat	GF	30	1,43	90	3,0	120	Schalt-, Zählergehäuse, Pumpenteile
PEEK Polyetheretherketon	GF	30	1,49	157	2,2	260	Leichtbauweise für Kfz-, Luft- und Raumfahrtindustrie
	CF	30	1,44	208	1,3		
PET Polyethylenterephtalat	GF	35	1,52	165	2,0	100	Werkstoff für Führungs- und Lagerbauteile
POM Polyoxymethylen, Polyacetale	GF	30	1,6	125	3,0	100	Kfz- und Maschinenteile, Gehäuseteile, Lagerwerkstoff, Zahnräder
PP Polypropylen	GF	30	1,14	75	5,0	100	Gehäuse-, Maschinenteile, Verpackungsbänder
PPS Polyphenylsulfid	GF	40	1,64	160	1,6	230	Elektrotechnikbauteile, Pumpengehäuse, Lauf-Räder, Lagerbuchsen
	CF	10	1,54	120	1,4		
UP Ungesättigtes Polyesterharz	GF	35	1,54	130	≤ 3,0	100	Rohre, Behälter, Tanks, Cabrio-Hardtops, Spoiler u. Windkraftrotorblätter

[1] GF = glasfaserverstärkter Kunststoff CF = kohlefaserverstärkter Kunststoff

Rot unterlegt sind Duroplaste

Faserwerkstoffe

Faserart	Eigenschaften
Glasfaser GF	gute Festigkeiten, hohe Wärmefestigkeit bis 250 °C Isotrop: d. h. gleiche Werkstoffkennwerte in alle Richtungen
Kohlefaser CF	hohe Festigkeiten, korrosionsfest, gut stromleitend, leicht und billig. Anisotrop: Werkstoffkennwerte unterscheiden sich quer und längs zur Faserrichtung

Beispiel: PA 66 GF 30 sw

PA 66 = Polyamid 66,
GF = Glasfaser,
30 = 30 % Glasfaseranteil
sw = schwarz

Polymer-Blends (Polymermischungen)

Kurzzeichen Werkstoff	Zusammensetzung	Eigenschaften	Verwendung
ABS Acrylnitril/Butadien/Styrol	90 % Styrol-Acrylnitril 10 % Nitrilgummi	hart-spröd, schlagzäh bei niedrigen Temperaturen	Radkappen, Telefongehäuse und Regenrinnen
SB Styrol/Butadien	90 % Polystyrol 10 % Butadien-Kautschuk	hart-spröd, schlagzäh, robust, leicht	Lüfter- und Radiogehäuse Paletten und Stapelkästen
PC + ABS Polycarbonat+ Acrylnitril/Butadien/Styrol	Verschiedene Zusammensetzungen sind möglich, ggf. auch mit Füllstoffen z. B. GF oder Zusätzen	hohe Festigkeit u. Härte, schlagzäh und stoßfest	Kfz-Lampengehäuse, Kotflügel, Armaturenbretter
PBT + PET Polybutylen- + Polyethylen- terephtalat		Schlagzähig-, Steifigkeit, Wärmeformbeständigkeit	Fahrzeug- u. Haushaltsteile, hochwertige techn. Teile
PPE + PS Polyphenylen-ether + Polystyrol		hohe Härte und Schlagzähigkeit bis –40°C	Computerbauteile, Kühlergrill, Zierleisten

Anmerkung: Polymerblends (Blends) bestehen aus verschiedenen thermoplastischen Kunststoffen zur Verbesserung ihrer Einzeleigenschaften und der Verarbeitbarkeit

Kunststoffe

Schichtpressstoffe (Isolierstoffe)

DIN EN 60893-3-1 (2013-03), -3-2 (2012-04), -3-3 (2012-12), -3-4 (2013-08), -3-5 (2010-03), -3-6 (2018-07), -3-7 (2010-05)

Normbezeichnungen

Harztypen	
EP	Epoxidharz
MF	Melaminharz
PF	Phenolharz
PI	Polyimidharz
SI	Siliconharz
UP	Ungesättigtes Polyesterharz

Typen des Verstärkungsmaterial	
CC	Baumwollgewebe
CP	Zellulosepapier
GC	Glasgewebe
GM	Glasmatte
PC	Polyesterfasergewebe
WV	Holzfurniere

Gewebearten	Flächengewicht
Grobgewebe	> 130 g/m²
Feingewebe	≤ 130 g/m²

Beispiel:
Tafel IEC 60893-3-4 – PF CP 201 – 10 × 500 × 1000

Tafel aus technischem Schichtpressstoff des Typs 201 mit dem Harztyp PF und dem Verstärkungsmaterial CP sowie den Abmessungen: Nenndicke 10 mm, Breite 500 mm, Länge 1000 mm

Verstärkungsmaterial: Papier

Lieferform: Tafeln

		Harztyp	EP	PF					
		Verstärkungsmaterial	CP						
		Schichtpressstoff	EP CP 201	PF CP 201	PF CP 202	PF CP 203	PF CP 204	PF CP 205	PF CP 206
Eigenschaften	Dicke	Einheit							
Dichte ϱ		kg/dm³	1,3…1,4						
Biegefestigkeit $\sigma_b \perp$[1]	≥ 1,6 mm	N/mm²	110	135	120	120	75	85	80
Scherfestigkeit $\tau =$[2]	≥ 5,0 mm	N/mm²	–	10	10	10	20	20	20
Zugfestigkeit R_m	≥ 1,6 mm	N/mm²	80	120	100	100	70	60	70
Druckfestigkeit $\sigma_d \perp$[1]	≥ 5,0 mm	N/mm²	160	300	300	250	250	250	250
E-Modul aus Biegeversuch		N/mm²	6000	7000	7000	7000	7000	7000	7000
Grenztemperatur[3]		°C	90	120	120	120	120	90	120
Längenausdehnungkoeff. α[3]		10^{-6} K^{-1}	20…40						
Wärmeleitfähigkeit λ[3]		W/(mK)	0,2						

Verstärkungsmaterial: Gewebe

Lieferform: Tafeln

		Harztyp	PF				MF	EP	SI
		Verstärkungsmaterial	CC			GC			
		Schichtpressstoff	PF CC 201	PF CC 202	PF CC 203	PF GC 201	MF GC 201	EP GC 201	SI GC 202
Eigenschaften	Dicke	Einheit							
Dichte ϱ[4]		kg/dm³	1,3…1,4			≈ 1,7	≈ 1,9	≈ 1,8	≈ 1,65
Biegefestigkeit σ_b[1]	≥ 1,6 mm	N/mm²	100	90	110	140	240	340	120
Scherfestigkeit $\tau =$[2]	≥ 5,0 mm	N/mm²	25	20	25	–	60	30	20
Zugfestigkeit R_m	≥ 1,6 mm	N/mm²	80	60	85	100	150	300	90
Druckfestigkeit $\sigma_d \perp$[1]	≥ 5,0 mm	N/mm²	–	–	–	–	275	350	160
E-Modul aus Biegeversuch		N/mm²	7000			14000	14000	24000	13000
Grenztemperatur[3]		°C	110			130			180[4]
Längenausdehnungkoeff. α[3]		10^{-6} K^{-1}	20…40			10…20	20…40	10…20	10…20
Wärmeleitfähigkeit λ[3]		W/(mK)	0,2			0,3			

[1] $\perp$ (senkrecht) [2] = (parallel) zur Schichtrichtung [3] Werte aus zurückgezogener Norm DIN 7735-2
[4] Erweichung bei 100 °C, Werkstoffkenngrößen sind Richtwerte

Schichtpressstoffauswahl

DIN EN 60893	DIN 7735-2[1]	Anwendungen und kennzeichnende Eigenschaften
EP CP 201	Hp 2361.1	gute Beständigkeit elektrischer Eigenschaften bei hoher Feuchtigkeit
EP GC 201	Hgw 2372	hohe mechan. Festigkeit bei mäßiger Temperatur, ansonsten wie EP CP 201
MF GC 201	Hgw 2272	hohe mechan. Festigkeit. Beständig gegen Lichtbogen und Kriechwegbildung
PF CC 201	Hgw 2082	Grobgewebe, gute mechanische und geringe elektrische Eigenschaften
PF CC 203	Hgw 2083	Feingewebe, für kleine Teile, gute mechanische und elektrische Eigenschaften
PF CP 201	Hp 2061	mechanische Eigenschaften besser als andere PF CP-Typen
PF GC 201	Hgw 2072	hohe mechan. Festigkeit u. gute elektr. Eigenschaft bei normaler Feuchtigkeit
SI GC 202	Hgw 2572	mechan. und elektr. Anwendung bei erhöhter Hitze. Gute Hitzebeständigkeit

[1] Zurückgezogene Norm

Thermoplastische Kunststoffe für Gleitlager

DIN ISO 6691 : 2001-05

Kunststofftyp Kurzzeichen	Eigenschaften	Verwendung
Polyamide PA6, PA66, PA12, PA46	Besonders stoß- und verschleißfest, schlagzäh, öl- u. fettbeständig, empfindlich gegen Mineralsäuren	Stoß- und schwingungsbeanspruchte Lagerbuchsen, Bremsgestängebuchsen, Landmaschinenlager
Polyoxymethylen POM	Härter, druckbelastbarer aber stoßempfindlicher als PA, geringe Verschleißfestigkeit, Trockenlaufeigenschaft	Elektromechanik, Feinwerktechnik, Haushaltsgerätetechnik sowie bei Lagern mit Mangelschmierung
Polyalkylenterephthalat PET, PBT	Härte und Verschleißfestigkeit ähnlich wie bei POM, temperaturbeständig < 70 °C, witterungsbeständig	Feinwerktechnik, Gleit- und Führungsbuchsen, unterwasseranlagentauglich, Mangelschmierung
Polyethylen PE-UHMW, PE-HD	HCl-, H_2SO_4-, NaOH-beständig usw., verschleißfest, gute Gleiteigenschaften, hohe Stoßbelastungen	Für Gleitlager chemischen Anlagen und in abrasiven Gewässern, Tieftemperaturlager, Fahrzeugbau
Polytetrafluorethylen PTFE	Temperaturbeständig < 260 °C, sehr gute Verschleißfestigkeit, Druckbeständigkeit p > 100 MPa	Nahrungsmitteltechnik, Hochtemperaturgleitlager, Brückentechnik für kleine Gleitgeschwindigkeiten
Polyimid PI	Hochtemperaturbeständig mit großer Härte sowie geringem Verschleiß, geringe Feuchtigkeitsaufnahme	Hochtemperaturlager mit hohem Reibwert im Trockenlauf

Beispiel: **Thermoplast ISO 6691-PA66, ..27-040 N, G F 20** Normbez., (PA66) Lagerwerkstoff, (27) Viskositätszahl, (**040**) E-Modul 40 000 N/mm², (**N**) schnell erstarrend, (**G**) Glas, (**F20**) Füllstoff: Fasern mit 20 % Masseanteil

Tafeln aus thermoplastischen Kunststoffen

Tafelwerkstoffe	DIN-Nummer	Dicke s in mm	Breite b und Länge *l* in mm
PE-HD extrudiert	DIN EN ISO 14 632	bis 50 mm	frei vereinbar
PVC weichmacherfrei PVC-U, PVC-HI	DIN EN ISO 11 833-1	bis 40 mm für extrudierte Tafeln	frei vereinbar
		bis 110 mm für gepresste Tafeln	frei vereinbar
PC	DIN 16 801[1]	1; 1,6; 2; 2,5; 3; 4; 5; 6; 8; 10	frei vereinbar
POM	DIN 16 977[1]	1; 1,6; 2; 3; 4; 5; 6	frei vereinbar
PETP, PBTP	DIN 16 810[1]	1; 1,6; 2; 3; 4; 5	frei vereinbar
PA PA6, PA66, PA12	DIN 16 984[1]	1; 1,6; 2; 3; 4; 5; 6; 8; 10; 12; 16; 20; 25; 30; 36; 40; 50; 60; 80; 100; 150; 200	*b*: 100 mm *l*: 1000 oder 2000 mm

Beispiel: **Tafel DIN 16 984-PA6-10** Lieferform, Normbezeichnung, Werkstoff PA6, Dicke 10 mm

[1] zurückgezogene Norm

Platten/Flachstäbe aus thermoplastischen Kunststoffen (Auswahl)

DIN EN 15 860 : 2018-09

Werkstoffe	Breite b in mm	Dicke s in mm
ABS, PA6, PA66, PA12, PA46, PBT, PC, PET, POM, PSU	300	5, 6, 8, 10, 12, 16, 20, 25, 36, 40, 45, 50, 60, 80, 100
	500	5, 6, 8, 10, 12, 16, 20, 25, 36, 40, 45, 50, 60

Beispiel: **Flachstab FprEN – PA6 – 20 × 500 × 3000 – natur**
Lieferform, Europäische Normbezeichnung, PA6 Werkstoff, 20 × 500 × 3000 Abmessungen s × b × l (in mm) natur Farbe

Rundstäbe aus thermoplastischen Kunststoffen (Auswahl)

DIN EN 15 860 : 2018-09

Rundstabwerkstoffe	Durchmesser d in mm
ABS, PA6, PA66, PA12, PA46, PBT, PC, PET, PE-HD, PE-LD, POM, PP-B, PP-H, PP-R, PVC-U, PVC-HI, PVC-C	3; 4; 5; 6; 8; 10; 12; 16; 20; 22; 25; 28; 30; 32; 36; 40; 50; 56; 60; 63; 70; 80; 90; 100; 110; 125; 140; 150; 160; 180; 200; 250; 280; 300; 320; 360; 400; 450; 500

Beispiel: **Rundstab FprEN – PA6 – 80 × 1000 – natur**
Lieferform, Europäische Normbezeichnung, PA6 Werkstoff, 80 × 1000 Abmessungen d × l (in mm) natur Farbe

Hohlstäbe aus thermoplastischen Kunststoffen (Auswahl)

DIN EN 15 860 : 2018-09

Hohlstabwerkstoffe	d_a / d_i	Außendurchmesser d_a / Innendurchmesser d_i in mm
ABS, PA6, PA66, PA12, PA46, PBT, PET, PPS, POM, PSU	Außen-∅	20, 22, 25, 28, 30, 32, 32, 36, 38, 40, 40, 45, 45, 50, 50, 56, 56, 60, 60, 63
	Innen-∅	14, 16, 18, 20, 22, 25, 22, 20, 25, 25, 30, 25, 36, 30, 40, 30, 45, 30, 50, 30
	Außen-∅	63, 70, 70, 70, 75, 80, 80, 80, 90, 90, 100, 100, 110, 110, 125, 125, 125
	Innen-∅	50, 36, 50, 60, 50, 40, 60, 70, 50, 70, 50, 80, 50, 80, 50, 80, 100
	Außen-∅	140, 140, 150, 150, 150, 160, 180, 180, 180, 200, 200, 220, 250, 280, 300
	Innen-∅	50, 110, 60, 100, 125, 80, 80, 125, 150, 100, 125, 100, 125, 125, 150

Beispiel: **Hohlstab FprEN – PA6 – 100 × 80 × 2000 – natur**
Lieferform, Europäische Normbezeichnung, PA6 Werkstoff, 100 × 80 × 1000 Abmessungen d_a × d_i × l (in mm) natur Farbe

Rohre aus Polyethylen PE (Auswahl)

DIN 8074 : 2023-10

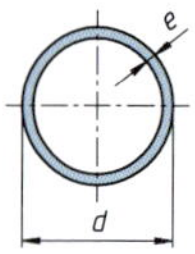

Beispiel: Rohr DIN 8074-63 × 2,5-PE80
Außendurchmesser 63 mm, Wandstärke 2,5 mm aus PE80

oder: Rohr DIN 8074-63-SDR11-PE80
SDR = Durchmesser-/Wandstärkenverhältnis aus PE80

oder: Rohr DIN 8074-63-S5-PE80
S5 = Rohrserienzahl aus PE80

Zusammenhang zwischen S, SDR und PN

Rohrserie S	Durchmesser/Wandstärken-Verhältnis SDR	Nenndruck PN in bar
20	41	2,5
16	33	3,2
12,5	26	4
8,3	17,6	10

Außendurchmesser d in mm	20 bzw. 41	S = Rohrserienzahl bzw. SDR = Durchmesser-/Wanddickenverhältnis							5 bzw. 11	
	Nenndruck PN = 2,5 bar		Nenndruck PN = 3,2 bar		Nenndruck PN = 4 bar		Nenndruck PN = 6 bar		Nenndruck PN = 10 bar	
	Wandstärke e	Masse m' in kg/m	Wandstärke e	Masse m' in kg/m	Wandstärke e	Masse m' in kg/m	Wandstärke e	Masse m' in kg/m	Wandstärke e	Masse m' in kg/m.
20									1,9	0,112
40					1,8	0,227	2,3	0,285	3,7	0,430
50			1,8	0,287	2,0	0,314	2,9	0,440	4,6	0,666
63	1,8	0,364	2,0	0,399	2,5	0,494	3,6	0,688	5,8	1,05
125	3,1	1,23	3,9	1,51	4,8	1,84	7,1	2,66	11,4	4,08

Werkstoffe: PE80, PE100

Beispiel: siehe oben

Rohre aus Polypropylen PP (Auswahl)

DIN 8077 : 2008-09

Rohrserie S	20		16		12,5		8		5	
SDR-Reihe[1]	41		33		26		17		11	
Außendurchmesser d in mm	Zulässige Betriebsüberdrücke bei einer Temperatur 20 °C, 50 Betriebsjahre, Durchflussmedium Wasser und einem Sicherheitsfaktor SF = 1,25 gelten für einen Rohrwerkstoff PP-B									
	$p_ü = 3{,}4$ bar		$p_ü = 4{,}3$ bar		$p_ü = 5{,}5$ bar		$p_ü = 8{,}7$ bar		$p_ü = 13{,}8$ bar	
	Wandstärke e	Masse m' in kg/m	Wandstärke e	Masse m' in kg/m	Wandstärke e	Masse m' in kg/m	Wandstärke e	Masse m' in kg/m	Wandstärke e	Masse m' in kg/m
20									1,9	0,107
40					1,8	0,217	2,4	0,283	3,7	0,412
50					2,0	0,301	3,0	0,434	4,6	0,638
63	1,8	0,349	2,0	0,382	2,5	0,474	3,8	0,690	5,8	1,01
125	3,1	1,18	3,9	1,45	4,8	1,76	7,4	2,65	11,4	3,91

Anmerkung: Der Betriebsüberdruck für die verschiedenen Rohrwerkstoffe PP-H, PP-B, PP-R, PP-RCT ist sowohl von der Temperatur, Betriebsjahren, Durchflussmedium Wasser und dem Sicherheitsfaktor SF (siehe Tabelle) abhängig

Sicherheitsfaktoren für zulässige Betriebsüberdrücke

Rohrwerkstoff	Sicherheitsfaktor SF für Temperatur 10 … 95 °C	
PP-H	1,6 … 1,25	1,7
PP-B, PP-R, PP-RCT	1,25	1,5

Werkstoffe: PP-H, PP-B, PP-R, PP-RCT

Beispiel: Rohr DIN 8077-50 × 2,9 – PP-B
Außendurchmesser 50 mm, Wandstärke 2,9 mm, Rohrwerkstoff PP-B

Rohre aus weichmacherfreiem Polyvinylchlorid PVC (Auswahl)

DIN 8062 : 2009-10

Rohrserie S	63		20		12,5		8		5	
SDR-Reihe[1]	127		41		26		17		11	
Außendurchmesser d in mm	Lüftungsbau, Wanddicke $e_{min} = 1{,}8$ mm $p_ü = 2{,}0$ bar		Für zulässige Betriebsüberdrücke[2]: Temperatur 20 °C, 50 Betriebsjahre, Durchflussmedium Wasser und einem Sicherheitsfaktor SF = 2,0						Chemische Industrie Drücke bis SDR13,6 $p_ü = 25$ bar	
			$p_ü = 6{,}3$ bar		$p_ü = 10$ bar		$p_ü = 15{,}6$ bar			
	Wandstärke e	Masse m' in kg/m	Wandstärke e	Masse m' in kg/m	Wandstärke e	Masse m' in kg/m	Wandstärke e	Masse m' in kg/m	Wandstärke e	Masse m' in kg/m
20									1,9	0,168
40					1,6	0,307	2,4	0,442	3,7	0,642
50					2,0	0,469	3,0	0,678	4,6	0,995
63			1,6	0,491	2,5	0,739	3,8	1,08	5,8	1,571
125	1,8	1,10	3,1	1,84	4,8	2,75	7,4	4,13	11,4	6,094

Werkstoffe: PVC-U **Beispiel:** Rohr DIN 8062-50 × 2,0 – PVC-U Außendurchmesser 50 mm, Wandstärke 2,0 mm aus PVC-U

[1] SDR: Durchmesser/Wandstärkenverhältnis

[2] Die zulässigen Betriebsüberdrücke sind sowohl von der Temperatur, Betriebsjahre, Durchflussmedium und dem Sicherheitsfaktor SF (2,0; 2,5) abhängig

MASCHINENELEMENTE

Gewinde

Metrisches ISO-Gewinde

DIN 13-1…-19 : 1999-11

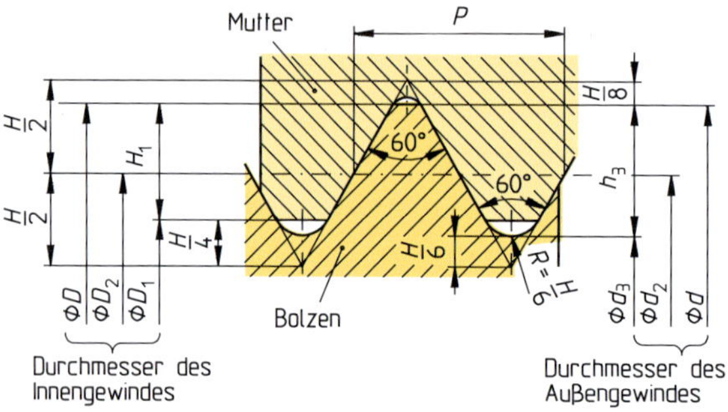

Nenndurchmesser	$d = D$
Steigung	P
Flankenwinkel	60°
Gewindetiefe: Bolzen	$h_3 = 0{,}6134 \cdot P$
Mutter	$H_1 = 0{,}5413 \cdot P$
Flankendurchmesser	$d_2 = D_2 = d - 0{,}6495 \cdot P$
Kerndurchmesser: Bolzen	$d_3 = d - 1{,}2269 \cdot P$
Mutter	$D_1 = d - 1{,}0825 \cdot P$
Rundung	$R = 0{,}1443 \cdot P$
Höhe des Profildreiecks	$H = 0{,}8660 \cdot P = \frac{\sqrt{3}}{2} \cdot P$
Kernlochdurchmesser	$= d - P$
Spannungsquerschnitt	$S = \frac{\pi}{4} \cdot \left(\frac{d_2 + d_3}{2}\right)^2$
Steigungswinkel	$\tan\alpha = \frac{P}{d_2 \cdot \pi}$

Regelgewinde

Maße in mm

Gewindebezeichnung $d = D$ Reihe 1	Reihe 2	Steigung P	Flanken-Ø $d_2 = D_2$	Kern-Ø Bolzen d_3	Kern-Ø Mutter D_1	Gewindetiefe Bolzen h_3	Gewindetiefe Mutter H_1	Rundung R	Kernloch-Ø	Spannungsquerschnitt S in mm²
M3		0,5	2,675	2,387	2,459	0,307	0,271	0,072	2,5	5,03
	M3,5	0,6	3,110	2,764	2,850	0,368	0,325	0,087	2,9	6,78
M4		0,7	3,545	3,141	3,242	0,429	0,379	0,101	3,3	8,73
	M4,5	0,75	4,013	3,580	3,688	0,460	0,406	0,108	3,7	11,3
M5		0,8	4,480	4,019	4,134	0,491	0,433	0,115	4,2	14,2
M6		1	5,350	4,773	4,917	0,613	0,541	0,144	5	20,1
M8		1,25	7,188	6,466	6,647	0,767	0,677	0,180	6,8	36,6
M10		1,5	9,026	8,160	8,376	0,920	0,812	0,217	8,5	58,0
M12		1,75	10,863	9,853	10,106	1,074	0,947	0,253	10,2	84,3
	M14	2	12,701	11,546	11,835	1,227	1,083	0,289	12	115
M16		2	14,701	13,546	13,835	1,227	1,083	0,289	14	157
	M18	2,5	16,376	14,933	15,294	1,534	1,353	0,361	15,5	192
M20		2,5	18,376	16,933	17,294	1,534	1,353	0,361	17,5	245
	M22	2,5	20,376	18,933	19,294	1,534	1,353	0,361	19,5	303
M24		3	22,051	20,319	20,752	1,840	1,624	0,433	21	353
	M27	3	25,051	23,319	23,752	1,840	1,624	0,433	24	459
M30		3,5	27,727	25,706	26,211	2,147	1,894	0,505	26,5	561
	M33	3,5	30,727	28,706	29,211	2,147	1,894	0,505	29,5	694
M36		4	33,402	31,093	31,670	2,454	2,165	0,577	32	817
	M39	4	36,402	34,093	34,670	2,454	2,165	0,577	35	976
M42		4,5	39,077	36,479	37,129	2,760	2,436	0,650	37,5	1120
	M45	4,5	42,077	39,479	40,129	2,760	2,436	0,650	40,5	1300
M48		5	44,752	41,866	42,587	3,067	2,706	0,722	43	1470
	M52	5	48,752	45,866	46,587	3,067	2,706	0,722	47	1760
M56		5,5	52,428	49,252	50,046	3,374	2,977	0,794	50,5	2030
	M60	5,5	56,428	53,252	54,046	3,374	2,977	0,794	55	2360
M64		6	60,103	56,639	57,505	3,681	3,248	0,866	58	2680

Reihe 1: vorzugsweise verwenden

Feingewinde

Maße in mm

DIN 13-2…-10 : 1999-11

Bezeichnung $d \times P$	Flanken-Ø $d_2 = D_2$	Kern-Ø Bolzen d_3	Kern-Ø Mutter D_1
M3 × 0,35	2,773	2,571	2,621
M4 × 0,5	3,675	3,387	3,459
M5 × 0,5	4,675	4,387	4,459
M6 × 0,75	5,513	5,080	5,188
M8 × 1	7,350	6,773	6,917
M10 × 0,75	9,513	9,080	9,188
M10 × 1	9,350	8,773	8,917
M12 × 1	11,350	10,773	10,917
M12 × 1,25	11,188	10,466	10,647
M14 × 1,5	13,025	12,160	12,376
M16 × 1	15,350	14,773	14,917
M16 × 1,5	15,026	14,160	14,376
M20 × 1	19,350	18,773	18,917
M20 × 1,5	19,026	18,160	18,376

Bezeichnung $d \times P$	Flanken-Ø $d_2 = D_2$	Kern-Ø Bolzen d_3	Kern-Ø Mutter D_1
M24 × 1,5	23,026	22,160	22,376
M24 × 2	22,701	21,546	21,835
M30 × 1,5	29,026	28,160	28,376
M30 × 2	28,701	27,546	27,835
M36 × 1,5	35,026	34,160	34,376
M36 × 2	34,701	33,546	33,835
M42 × 1,5	41,026	40,160	40,376
M42 × 2	40,701	39,546	39,835
M48 × 2	46,701	45,546	45,835
M48 × 3	46,051	44,319	44,752
M56 × 2	54,701	53,546	53,835
M56 × 3	54,051	52,319	52,752
M64 × 2	62,701	61,546	61,835
M64 × 3	62,051	60,319	60,752

Bezeichnung $d \times P$	Flanken-Ø $d_2 = D_2$	Kern-Ø Bolzen d_3	Kern-Ø Mutter D_1
M72 × 2	70,701	69,546	69,835
M72 × 3	70,051	68,319	68,752
M80 × 2	78,701	77,546	77,835
M80 × 4	77,402	75,093	75,670
M90 × 2	88,701	87,546	87,835
M90 × 4	87,402	85,093	85,670
M100 × 2	98,701	97,546	97,835
M100 × 4	97,402	95,093	95,670
M110 × 4	107,40	105,09	105,67
M125 × 4	122,40	120,09	120,67
M140 × 4	137,40	135,09	135,67
M160 × 6	156,10	152,64	153,51
M180 × 6	176,10	172,64	173,51
M200 × 6	196,10	192,64	193,51

Metrisches ISO-Trapezgewinde

DIN 103-1, -2, -4 : 1977-04

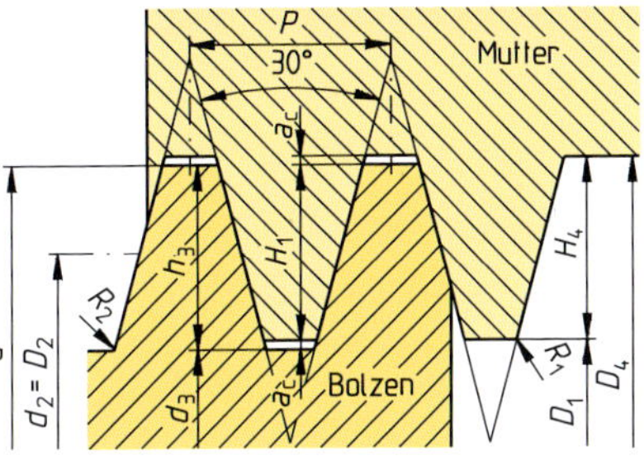

Nenn-∅	d
Steigung eingängig	P
Steigung mehrgängig	$P_h = n \cdot P$
Gangzahl	n
Flankenwinkel	30°
Gewindetiefe	$h_3 = H_4 = 0{,}5 \cdot P + a_c$
Tragtiefe	$H_1 = 0{,}5 \cdot P$
Flanken-∅	$d_2 = D_2 = d - 0{,}5 \cdot P$
Kern-∅: Bolzen	$d_3 = d - (P + 2 \cdot a_c)$
Mutter	$D_1 = d - P$
Außen-∅ der Mutter	$D_4 = d + 2 \cdot a_c$
Spitzenspiel	a_c
Rundungen	R_1, R_2

Maße in mm

Steigung P	1,5	2 … 5	6 … 12	14 … 44
Spitzenspiel a_c	0,15	0,25	0,5	1
Rundung R_1	0,075	0,125	0,25	0,5
Rundung R_2	0,15	0,25	0,5	1

Bezeich-nung $d \times P$ in mm	Flanken-∅ $d_2 = D_2$ in mm	Kern-∅ Bolzen d_3 in mm	Kern-∅ Mutter D_1 in mm	Außen-∅ Mutter D_4 in mm
Tr8 × 1,5	7,25	6,2	6,5	8,3
Tr10 × 2	9,0	7,5	8,0	10,5
Tr12 × 3	10,5	8,5	9,0	12,5
Tr14 × 3	12,5	10,5	11,0	14,5
Tr16 × 4	14,0	11,5	12,0	16,5
Tr18 × 4	16,0	13,5	14,0	18,5
Tr20 \x4	18,0	15,5	16,0	20,5
Tr22 \x5	19,5	16,5	17,0	22,5
Tr24 \x5	21,5	18,5	19,0	24,5
Tr26 × 5	23,5	20,5	21,0	26,5
Tr28 × 5	25,5	22,5	23,0	28,5
Tr30 × 6	27,0	23,0	24,0	31,0
Tr32 × 6	29,0	25,0	26,0	33,0
Tr34 × 6	31,0	27,0	28,0	35,0
Tr36 × 6	33,0	29,0	30,0	37,0
Tr38 × 7	34,5	30,0	31,0	39,0
Tr40 × 7	36,5	32,0	33,0	41,0
Tr42 × 7	38,5	34,0	35,0	43,0
Tr44 × 7	40,5	36,0	37,0	45,0
Tr46 × 8	42,0	37,0	38,0	47,0
Tr48 × 8	44,0	39,0	40,0	49,0
Tr50 × 8	46,0	41,0	42,0	51,0
Tr52 × 8	48,0	43,0	44,0	53,0
Tr60 × 9	55,5	50,0	51,0	61,0
Tr70 × 10	65,0	59,5	60,0	71,0
Tr80 × 10	75,0	69,0	70,0	81,0
Tr90 × 12	84,0	77,0	78,0	91,0
Tr100 × 12	94,0	87,0	88,0	101,0
Tr120 × 14	113,0	104,0	106,0	122,0

Passung der Gewindedurchmesser von Mutter und Bolzen: 7H/7e
Wird ein anders Toleranzfeld verlangt, so muss dieses angegeben werden, z. B. **Tr30 × 6 – 8H/8d**.

Sägengewinde

DIN 513-1, -2, -3 : 2020-12

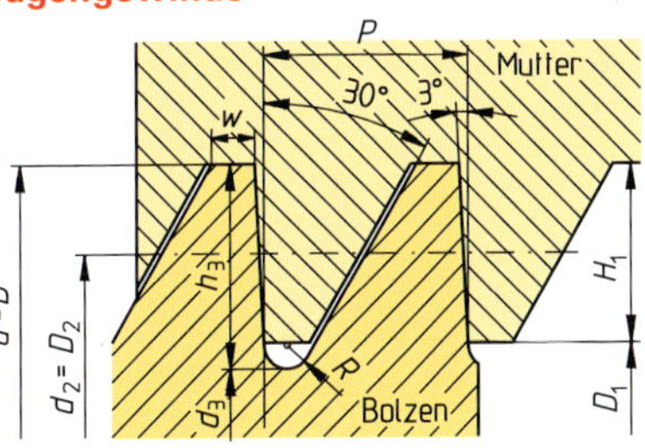

Nenn-∅	$d = D$
Steigung eingängig	P
Steigung mehrgängig	$P_h = n \cdot P$
Gangzahl	n
Flankenwinkel	33° (30° + 3°)
Gewindetiefe: Bolzen	$h_3 = 0{,}868 \cdot P$
Mutter	$H_1 = 0{,}75 \cdot P$
Flanken-∅	$d_2 = D_2 = d - 0{,}75 \cdot P$
Kern-∅: Bolzen	$d_3 = d - 1{,}736 \cdot P$
Mutter	$D_1 = d - 1{,}5 \cdot P$
Rundung	$R = 0{,}124 \cdot P$
Profilbreite am Bolzen	$w = 0{,}264 \cdot P$

Bezeich-nung $d \times P$ in mm	Flanken-∅ $d_2 = D_2$ in mm	Kern-∅ Bolzen d_3 in mm	Kern-∅ Mutter D_1 in mm	Gewindetiefe Bolzen h_3 in mm	Gewindetiefe Mutter H_1 in mm
S10×2	8,50	6,528	7,0	1,736	1,50
S12×2	10,50	8,528	9,0	1,736	1,50
S16×2	14,50	12,528	13,0	1,736	1,50
S20×2	18,50	16,528	17,0	1,736	1,50
S24×3	21,75	18,794	19,5	2,603	2,25
S24×5	20,25	15,322	16,5	4,339	3,75
S30×3	27,75	24,794	25,0	2,603	2,25
S30×6	25,50	19,586	21,0	5,207	4,50
S36×3	33,75	30,794	31,5	2,603	2,25
S36×6	31,50	25,586	27,0	5,207	4,50
S40×3	37,75	34,794	35,5	2,603	2,25
S40×7	34,75	27,852	29,5	6,074	5,25
S48×3	45,75	42,794	43,5	2,603	2,25
S48×8	42,00	34,116	36,0	6,942	6,00
S55×9	48,25	39,380	41,5	7,810	6,75
S60×3	57,75	54,794	55,5	2,603	2,25
S60×9	53,25	44,380	46,5	7,810	6,75
S70×10	62,50	52,644	55,0	8,678	7,50
S80×4	77,00	73,058	74,0	3,471	3,00
S80×10	72,50	62,644	65,0	8,678	7,50

Passung der Gewindedurchmesser von Mutter und Bolzen: H10/h9

Gewinde

Rohrgewinde für nicht im Gewinde dichtende Verbindungen **DIN EN ISO 228-1 : 2003-05**

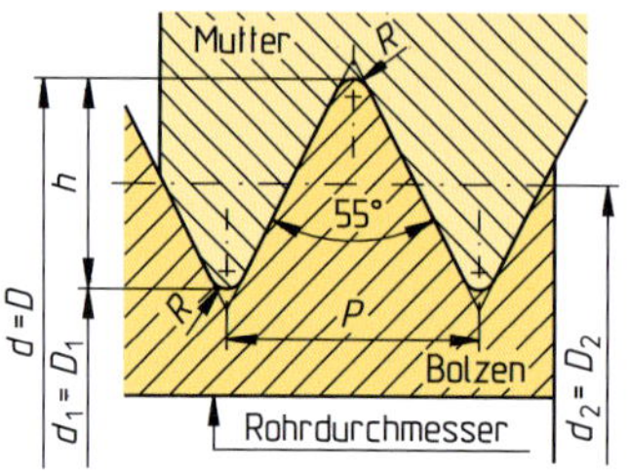

Bezeichnung	Außen-∅ $d = D$ in mm	Flanken-∅ $d_2 = D_2$ in mm	Kern-∅ $d_1 = D_1$ in mm	Anzahl der Teilungen auf 25,4 mm Z	Steigung P in mm
G1/8	9,728	9,147	8,566	28	0,907
G1/4	13,157	12,301	11,445	19	1,337
G3/8	16,662	15,806	14,950	19	1,337
G1/2	20,955	19,793	18,631	14	1,814
G3/4	26,441	25,279	24,117	14	1,814
G1	33,249	31,770	30,291	11	2,309
G1 1/4	41,910	40,431	38,952	11	2,309
G1 1/2	47,803	46,324	44,845	11	2,309
G2	59,614	58,135	56,656	11	2,309
G2 1/2	75,184	73,705	72,226	11	2,309
G3	87,884	86,405	84,926	11	2,309
G3 1/2	100,33	98,851	97,372	11	2,309
G4	113,03	111,55	110,07	11	2,309
G5	138,43	136,95	135,47	11	2,309
G6	163,83	162,35	160,87	11	2,309

Gewinde-∅ $d = D$

Steigung $P = \frac{25{,}4\ \text{mm}}{Z}$

Anzahl der Teilungen auf 25,4 mm Z

Flankenwinkel 55°

Flanken-∅ $d_2 = D_2 = d - h$

Kern-∅ $d_1 = D_1 = d - 2 \cdot h$

Profilhöhe $h = 0{,}64033 \cdot P$

Rundung $R = 0{,}13733 \cdot P$

Toleranzklassen für Außengewinde A (eng), B (weit), z. B. G1A

Besonderheit: Die Gewindebezeichnung leitet sich nicht von einem Gewindemaß ab, sondern wird nach der lichten Rohrweite = Rohrinnendurchmesser benannt.

Rohrgewinde für im Gewinde dichtende Verbindungen **DIN EN 10226-1 : 2004-10**

Es besteht aus dem kegeligen Außengewinde (◁1:16), z. B. R1 1/2, und dem zylindrischen Innengewinde, z. B. Rp1 1/2. Die Verbindung ist im **Gewinde dichtend**. Die Abmessungen entsprechen DIN EN ISO 228.

Whitworth-Regelgewinde BSW 84 **nicht genormt**

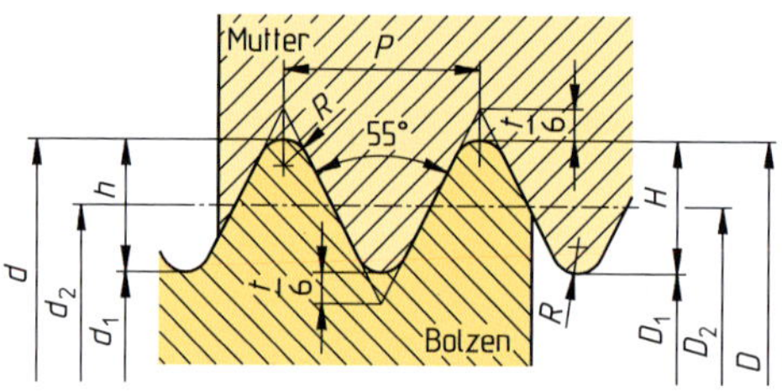

Außendurchmesser $d = D$

Kerndurchmesser $d_1 = D_1 = d - 1{,}28 \cdot P = d - 2t$

Flankendurchmesser $d_2 = D_2 = d - 0{,}640 \cdot P$

Anzahl der Teilungen auf 25,4 mm (= 1 Zoll) Z

Steigung $P = \frac{25{,}4\ \text{mm}}{Z}$

Gewindetiefe $h = H = 0{,}640 \cdot P$

Radius $R = 0{,}137 \cdot P$

Flankenwinkel 55°

Anwendung: Das in England gebräuchlichste Befestigungsgewinde ohne Spitzenspiel.

Bezeichnung	Außen-∅ $d = D$ in mm	Kern-∅ $d_1 = D_1$ in mm	Flanken-∅ $d_2 = D_2$ in mm	Anzahl der Teilungen auf 25,4 mm Z	Steigung P in mm
W1/8"	3,175	2,36	2,767	40	0,635
W5/32"	3,969	2,95	3,459	32	0,794
W3/16"	4,763	3,41	4,086	24	1,058
W7/32"	5,556	4,20	4,878	24	1,058
W1/4"	6,350	4,72	5,535	20	1,270
W5/16"	7,940	6,13	7,035	18	1,411
W3/8"	9,525	7,49	8,507	16	1,587
W7/16"	11,113	8,79	9,951	14	1,814
W1/2"	12,700	9,99	11,300	12	2,117
W9/16"	14,228	11,59	12,909	12	2,117
W5/8"	15,875	12,92	14,397	11	2,309
W3/4"	19,050	15,80	17,425	10	2,540
W7/8"	22,225	18,61	20,417	9	2,822
W1"	25,400	21,34	23,370	8	3,175
W1 1/8"	28,575	23,93	26,252	7	3,628
W1 1/4"	31,750	27,11	29,43	7	3,628
W1 3/8"	34,925	29,51	32,217	6	4,233
W1 1/2"	38,100	32,68	35,390	6	4,233
W1 5/8"	41,275	34,77	38,022	5	5,080
W1 3/4"	44,450	37,95	41,200	5	5,080
W1 7/8"	47,625	40,40	44,012	4,5	5,644
W2"	50,800	43,58	47,190	4,5	5,644
W2 1/4"	57,150	49,02	53,085	4	6,350
W2 1/2"	63,500	55,37	59,435	4	6,350

Metrisches ISO-Gewinde, Toleranzen

DIN ISO 965-1 : 2017-05

Kurzzeichen für Gewindetoleranzen beinhalten eine Zahl (Größe des Toleranzfeldes, Genauigkeitsgrad) und einen Buchstaben (Lage des Toleranzfeldes). Großbuchstaben gelten für Mutter- und Kleinbuchstaben für Bolzengewinde.
Größe und Lage der Toleranzfelder sind abhängig von den Toleranzklassen fein, mittel und grob, den Einschraubgruppen S = kurz, N = normal und L = lang und von dem Oberflächenzustand blank, phosphatiert oder galvanisiert.
Für Gewinde ohne Toleranzangabe gilt: 6H für Mutter- und 6g für Bolzengewinde, Einschraubgruppe N.

Toleranzklassen:

- fein: Für Präzisionsgewinde, wenn ein enges Passtoleranzfeld benötigt wird.
- mittel: Für allgemeine Anwendungen
- grob: Bei möglichen Fertigungsproblemen, z. B. Gewinde an warmgewalzten Stäben, bei tiefen Grundlöchern.

Empfohlene Toleranzklassen

	Innengewinde, Toleranzfeldlage „H"			Außengewinde Toleranzfeldlage „g"		
	S	N	L	S	N	L
fein	–	(4g)	(5g4g)	4H	5H	6H
mittel	(5g6g)	6g	(7g6g)	5H	6H	7H
grob	–	6g	(9g8g)	–	7H	8H

Einschraublängen: Die Berechnung der Grenzen der Einschraublänge l_N (Einschraubgruppe N) erfolgt nach folgender Beziehung:

$$l_{N\,min} = 2{,}24\,P\,d^{0{,}2}$$
$$l_{N\,max} = 6{,}7\,P\,d^{0{,}2}$$

worin P = Steigung in mm
d = Außen-∅ des Außengewindes am Grundprofil in mm

Grenzmaße für Außen- und Innengewinde

DIN ISO 965-2 : 1999-11

Gewinde-bezeichnung	Muttergewinde – 6H					Bolzengewinde – 6g						Einschraub-länge N	
	Außen-∅	Flanken-∅		Kern-∅		Außen-∅		Flanken-∅		Kern-∅			
	min.	min.	max.	min.	max.	max.	min.	max.	min.	max.	min.	von	bis
M3	3,0	2,675	2,775	2,459	2,599	2,980	2,874	2,655	2,580	2,367	2,256	1,5	4,5
M4	4,0	3,545	3,663	3,242	3,422	3,978	3,838	3,523	3,433	3,119	2,979	2	6
M5	5,0	4,480	4,605	4,134	4,334	4,976	4,826	4,456	4,361	3,995	3,842	2,5	7,5
M6	6,0	5,350	5,500	4,917	5,153	5,974	5,794	5,324	5,212	4,747	4,563	3	9
M8	8,0	7,188	7,348	6,647	6,912	7,972	7,760	7,160	7,042	6,438	6,230	4	12
M8 × 1	8,0	7,350	7,500	6,917	7,153	7,974	7,794	7,324	7,212	6,747	6,563	3	9
M10	10,0	9,026	9,206	8,376	8,676	9,968	9,732	8,994	8,862	8,128	7,888	5	15
M10 × 1	10,0	9,350	9,500	8,917	9,153	9,974	9,794	9,324	9,212	8,747	8,563	4	12
M12	12,0	10,863	11,063	10,106	10,441	11,966	11,701	10,829	10,679	9,819	9,543	6	18
M12 × 1,25	12,0	11,188	11,368	10,647	10,912	11,972	11,760	11,160	11,028	10,438	10,216	4,5	13
M14	14,0	12,701	12,913	11,835	12,210	13,962	13,682	12,663	12,503	11,508	11,204	8	24
M14 × 1,5	14,0	13,026	13,216	12,376	12,676	13,968	13,732	12,994	12,854	12,128	11,880	5,6	16
M16	16,0	14,701	14,913	13,835	14,210	15,962	15,682	14,663	14,503	13,508	13,204	8	24
M16 × 1,5	16,0	15,026	15,216	14,376	14,676	15,968	15,732	14,994	14,854	14,128	13,880	5,6	16
M20	20,0	18,376	18,600	17,294	17,744	19,958	19,623	18,334	18,164	16,891	16,541	10	30
M20 × 1,5	20,0	19,026	19,216	18,376	18,676	19,968	19,732	18,994	18,854	18,128	17,880	5,6	16
M24	24,0	22,051	22,316	20,752	21,252	23,952	23,577	22,003	21,803	20,271	19,855	12	36
M24 × 2	24,0	22,701	22,925	21,835	22,210	23,962	23,682	22,663	22,493	21,508	21,194	8,5	25
M30	30,0	27,727	28,007	26,211	26,771	29,947	29,522	27,674	27,462	25,653	25,189	15	45
M30 × 2	30,0	28,701	28,925	27,835	28,210	29,962	29,682	28,663	28,493	27,508	27,194	8,5	25

Bezeichnungen von Gewinden

Beispiel	Bedeutung der Kurzzeichen
M10	metrisches ISO-Gewinde, 10 mm Nenn-∅
M12 × 1	metrisches ISO-Feingewinde, 12 mm Nenn-∅, 1 mm Steigung
M16 – LH	metrisches ISO-Gewinde, 16 mm Nenn-∅, Linksgewinde
G1/8	Rohrgewinde, 25,4/8 mm Rohrinnen-∅
Tr20 × 4	metrisches ISO-Trapezgewinde, 20 mm Nenn-∅, 4 mm Steigung
Tr24 × Ph10P5	metrisches ISO-Trapezgewinde, 24 mm Nenn-∅, 10 mm Steigung, zweigängig (10 : 5 = 2)
S30 × 6	Sägengewinde, 30 mm Nenn-∅, 6 mm Steigung
Rd20 × 1/8	Rundgewinde, 20 mm Nenn-∅, 25,4/8 mm Steigung
M20 × 2 – 5H	metrisches ISO-Feingewinde, Toleranzfeld 5H für Flanken- und Kern-∅ der Mutter
M6 – 5g6g	metrisches ISO-Gewinde, Toleranzfeld 5g für Flanken-∅, 6g für Außen-∅ des Bolzens
M20 – 6G/6e	metrisches ISO-Gewinde, Toleranzfeld 6G für Flanken- und Kern-∅ der Mutter und Toleranzfeld 6e für Flanken- und Außen-∅ des Bolzens
M8 – 5H6H/6g	metrisches ISO-Gewinde, Toleranzfeld 5H für Flanken-∅, 6H für Kern-∅ der Mutter und Toleranzfeld 6g für Flanken- und Außen-∅ des Bolzens.

Schrauben

Übersicht über genormte Schrauben

Sechskantschraube

DIN EN ISO 4014, 4016, 8765	DIN EN ISO 4017, 4018, 8676	DIN 609, 7968	DIN 561	DIN 7990

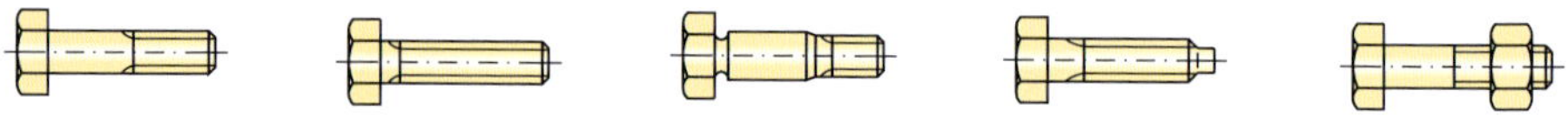

Zylinderschraube

DIN EN ISO 4762	DIN 6912	DIN 7984	DIN EN ISO 1207	DIN EN ISO 7045

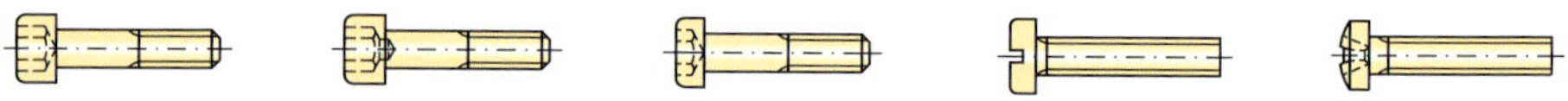

Senk- und Linsensenkschraube

DIN EN ISO 2009	DIN EN ISO 7046-2	DIN EN ISO 10642	DIN EN ISO 2010	DIN EN ISO 7047

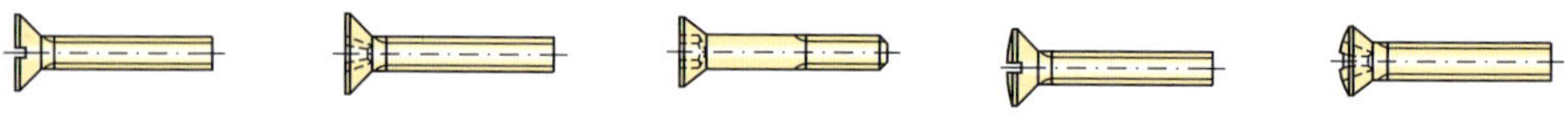

Gewindestift

DIN EN 27436 ISO 7436	DIN EN 27434 ISO 7434	DIN EN ISO 4028	DIN EN ISO 4027	DIN EN ISO 4029

Schaftschraube DIN EN ISO 2342	**Schraubenbolzen** DIN 2509	**Hammerschraube** DIN 186	**Vierkantschraube** DIN 479	**Vierkantschraube** DIN 478

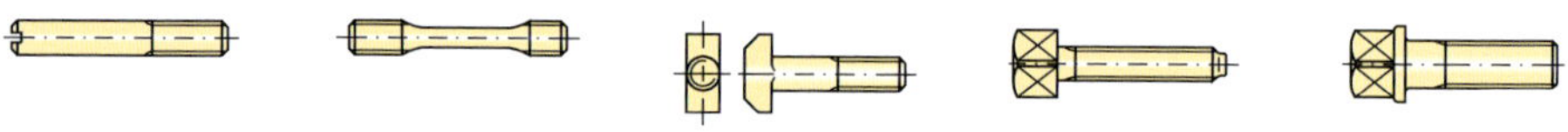

Schraube mit Vierkantansatz DIN 603 ISO 8677	DIN 605, 608	**Senkschraube mit Nase** DIN 604	**Halbrundschraube mit Nase** DIN 607	**Flügelschraube** DIN 316

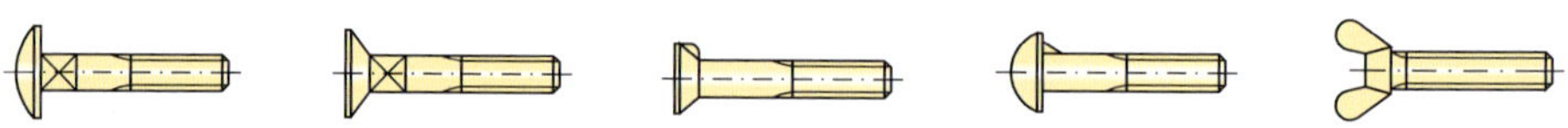

Rändelschraube DIN 464	**Augenschraube** DIN 444	**Ringschraube** DIN 580	**Kombi-Schraube** DIN EN ISO 10644	**Kombi-Blechschraube** DIN EN ISO 10510

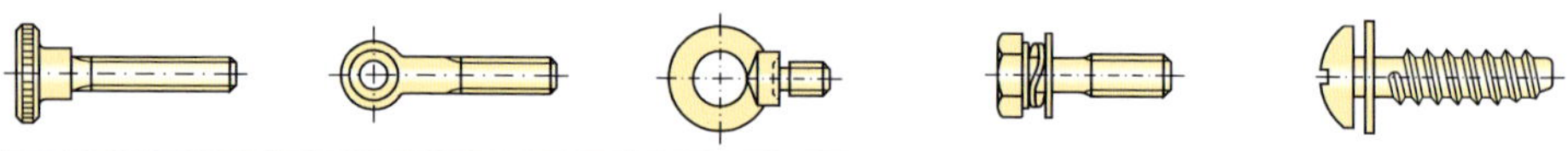

Flach-Blechschraube DIN ISO 1481	**Senk-Blechschraube** DIN ISO 7050	**Sechskant-Blechschraube** DIN ISO 1479	**Gewinde-Schneidschraube** DIN 7513	**Gewinde-Schneidschraube** DIN 7516

Holzschraube

DIN 96	DIN 571	DIN 7996	DIN 95	DIN 97

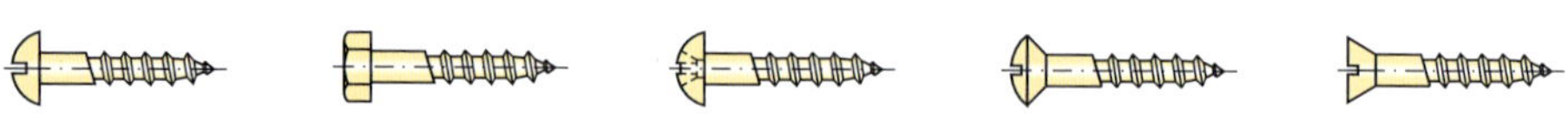

Übersicht über genormte Muttern

Sechskantmutter
DIN EN ISO 4032, 4034, 8673, 8674

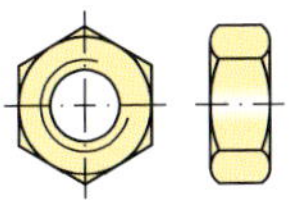

DIN EN ISO 4035, 8675

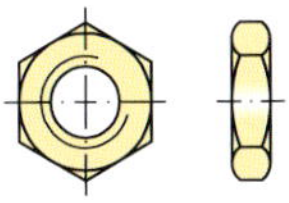

DIN EN ISO 4036

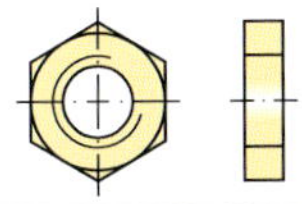

DIN EN 14399-4 (für HV)
ISO 7414

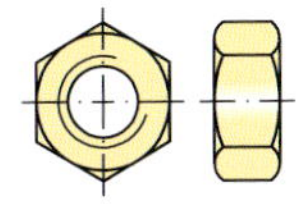

Ansatzmutter
DIN 2510-5

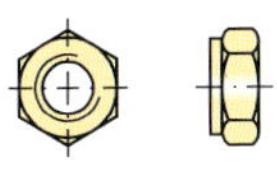

Kronenmutter
DIN 935-1

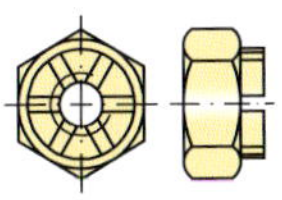

Kronenmutter
DIN 935-1 (bis M 10)

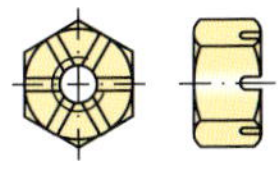

Kronenmutter
DIN 979

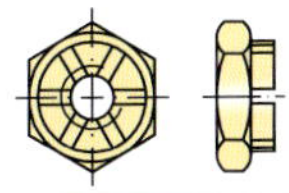

Hutmutter
DIN 917

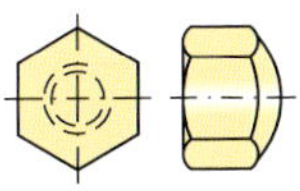

Hutmutter
DIN 1587

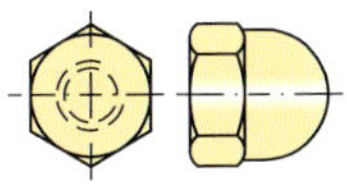

Mutter mit Klemmteil
DIN EN ISO 7040

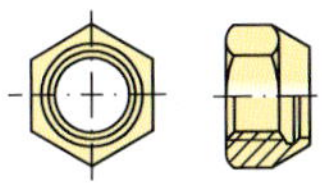

Hutmutter mit Klemmteil
DIN 986

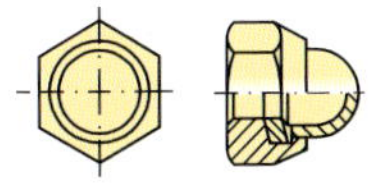

Sechskantmutter 1,5 d
DIN 6330

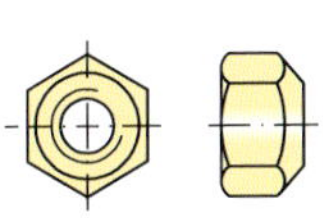

Radmutter
DIN 74361-2

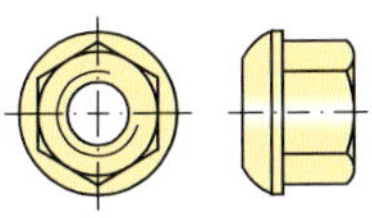

Sechskantmutter mit Flansch
DIN EN 1661

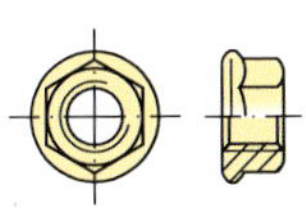

Sechskantmutter 1,5 d
DIN 6331

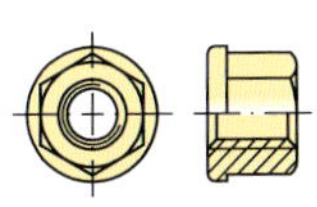

Nutmutter
DIN 981, 1804

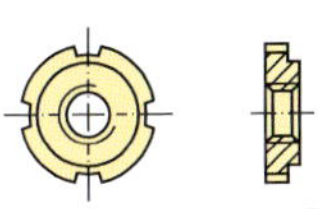

Kreuzlochmutter
DIN 548, 1816

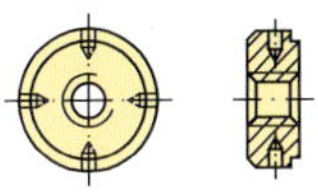

Zweilochmutter
DIN 547

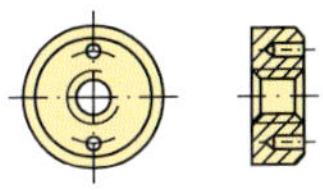

Schlitzmutter
DIN 546, DIN ISO 13754

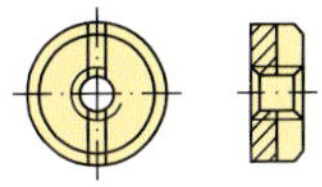

Vierkantmutter
DIN 562

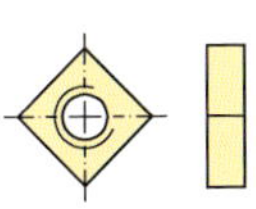

Vierkantmutter
DIN 557

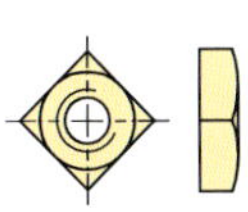

Mutter für T-Nuten
DIN 508

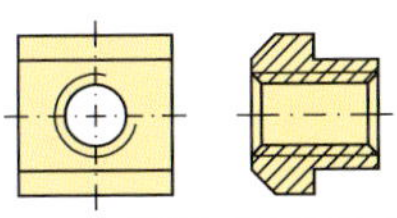

Ringmutter
DIN 582

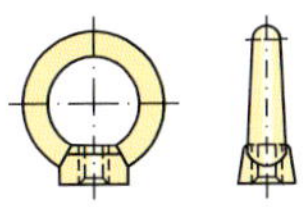

Schweißmutter
DIN 928

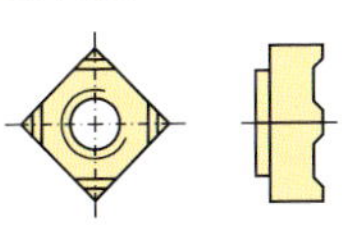

Schweißmutter
DIN 929

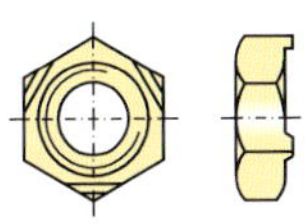

Einschraubmutter
DIN 7965

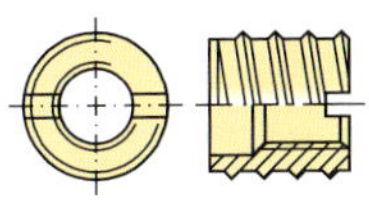

Fräserdornmutter
(alt)

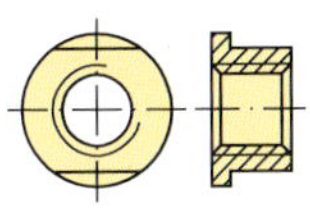

Flügelmutter
DIN 315

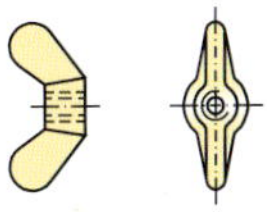

Rändelmutter
DIN 467

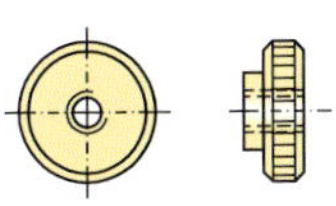

Rändelmutter
DIN 466

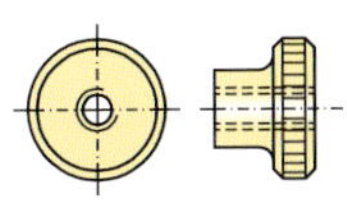

Rohrmutter
DIN 431, 80705

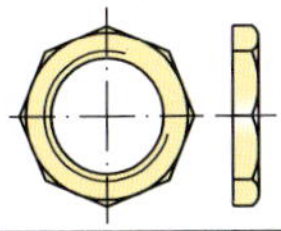

Schrauben

Schlüsselweiten für Schrauben und Armaturen

DIN 475-1 : 2016-11

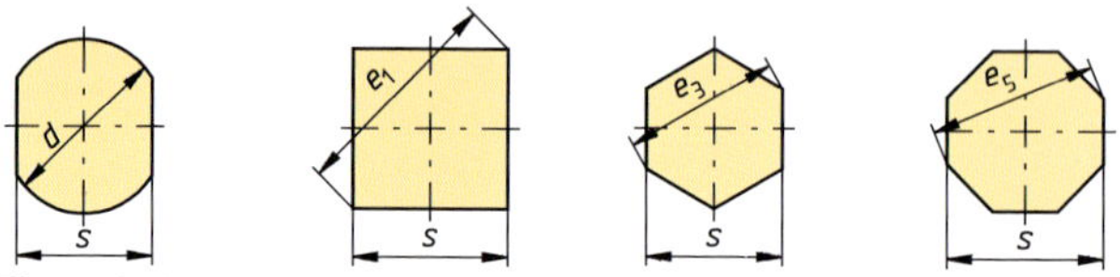

Theoretische Beziehungen:

$e_1 = \sqrt{2} \cdot s \approx 1{,}4142 \cdot s$, $s \approx 0{,}7071 \cdot e_1$

$e_3 = \frac{2}{3}\sqrt{3} \cdot s \approx 1{,}1547 \cdot s$, $s \approx 0{,}8660 \cdot e_3$

$e_5 = \frac{s}{\cos 22{,}5°} \approx 1{,}0824 \cdot s$, $s \approx 0{,}9239 \cdot e_5$

Toleranzfelder

Reihe 1		Reihe 2	
$s \leq 4$	h12	$s \leq 19$	h14
$4 < s \leq 32$	h13	$19 < s \leq 60$	h15
$s > 32$	h14	$s > 60$	h16

Beispiel: DIN 475 – SW 19-1
Schlüsselweite s = 19 mm
Reihe 1

Maße in mm, Toleranzen Reihe 1

Schlüsselweite (SW) s_{max}	s_{min}	Eckenmaße 2kant d	4kant e_1	6kant $e_{3\,min}$
3,2 [1)]	3,08	3,7	4,5	3,48
3,5	3,38	4	4,9	3,82
4 [1)]	3,88	4,5	5,7	4,38
4,5	4,32	5	6,4	4,88
5 [1)]	4,82	6	7,1	5,45
5,5 [1)]	5,32	7	7,8	6,01
6	5,82	7	8,5	6,58
7 [1)]	6,78	8	9,9	7,66
8 [1)]	7,78	9	11,3	8,79
9	8,78	10	12,7	9,92
10 [1)]	9,78	12	14,1	11,05
11 [1)]	10,73	13	15,6	12,12
12	11,73	14	17,0	13,25
13 [1)]	12,73	15	18,4	14,38
14	13,73	16	19,8	15,51
15	14,73	17	21,2	16,64
16 [1)]	15,73	18	22,6	17,77
17	16,73	19	24	18,90
18 [1)]	17,73	21	25,4	20,03
19	18,63	22	26,9	21,10

Schlüsselweite (SW) s_{max}	s_{min}	Eckenmaße 2kant d	4kant e_1	6kant $e_{3\,min}$	8kant $e_{5\,min}$
20	19,67	23	28,3	22,23	–
21 [1)]	20,67	24	29,7	23,36	22,7
22	21,67	25	31,1	24,49	23,8
23	22,67	26	32,5	25,62	24,9
24 [1)]	23,67	28	33,9	26,75	26
25	24,67	29	35,5	27,88	27
26	25,67	31	36,8	29,01	28,1
27 [1)]	26,67	32	38,2	30,14	29,1
28	27,67	33	39,6	31,27	30,2
30 [1)]	29,67	35	42,4	33,53	32,5
32	31,61	38	45,3	35,72	34,6
34 [1)]	33,38	40	48	37,72	36,7
36 [1)]	35,38	42	50,9	39,98	39
41 [1)]	40,38	48	58	45,63	44,4
46 [1)]	45,38	52	65,1	51,28	49,8
50 [1)]	49,38	58	70,7	55,80	54,1
55 [1)]	54,26	65	77,8	61,31	59,5
60 [1)]	59,26	70	84,8	66,96	64,9
65 [1)]	64,26	75	91,9	72,61	70,3
70 [1)]	69,26	82	99	78,26	75,7

[1)] Auswahlreihe für Sechskantschrauben und -muttern nach **DIN ISO 272**

Hinweis: Theoretische Umrechnungen Schlüsselweite-Eckenmaß s. Kap. Theoretische Grundlagen
Vierkant- und Sechskantprofile s. Kap. Werkstofftechnik

Vierkante von Zylinderschäften für rotierende Werkzeuge

DIN 10 : 2009-12

Außenvierkant

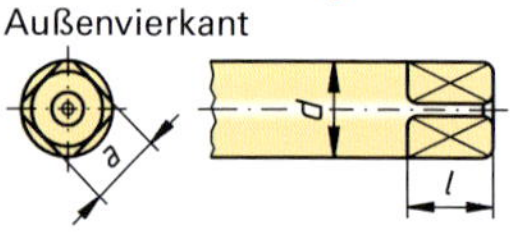

Innenvierkant

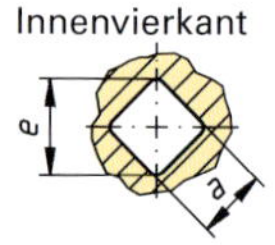

Beispiel: Vierkant DIN 10-16
Nennmaß a = 16 mm

Maße in mm

Schaft-∅ d	Bereich für d über	bis	Nennmaß a	Außenvierkant a_{max}	a_{min}	l	Innenvierkant a_{max}	a_{min}	e
2,5; 2,8	2,47	2,83	2,1	2,1	2,01	5	2,26	2,12	2,89
–	2,83	3,2	2,4	2,4	2,31	5	2,56	2,42	3,27
3,5	3,2	3,6	2,7	2,7	2,61	6	2,86	2,72	3,67
4	3,6	4,01	3,0	3	2,91	6	3,16	3,02	4,08
5	4,53	5,08	3,8	3,8	3,68	7	4,01	3,83	5,15
6	5,79	6,53	4,9	4,9	4,78	8	5,11	4,93	6,61
8	7,33	8,27	6,2	6,2	6,05	9	6,46	6,24	8,35
10	9,46	10,67	8	8	7,85	11	8,26	8,04	10,77
–	12	13,33	10	10	9,85	13	10,26	10,04	13,43
16	14,67	16,00	12	12	11,82	15	12,32	12,05	16,1
20	19,33	21,33	16	16	15,82	19	16,32	16,05	21,44
25	24	26,67	20	20	19,79	23	20,395	20,065	26,78

Schrauben

Festigkeitseigenschaften von Schrauben aus Stahl

DIN EN ISO 898-1 : 2013-05

Festigkeitsklasse	4.6	4.8	5.6	5.8	6.8	8.8	9.8	10.9	12.9
Mindestzugfestigkeit R_m in N/mm^2	400	420	500	520	600	800	900	1040	1220
Streckgrenze R_e bzw. $R_{p\,0,2}$ in N/mm^2	240	340	300	420	480	640	720	940	1100
Bruchdehnung A in %	22	16	20	12	9	12	10	9	8

Toleranzen für Verbindungselemente

DIN EN ISO 4759-1 : 2001-04

Produktklasse	A	B	C
Toleranzbereich Schaft, Auflage	eng	eng	weit
andere Merkmale	eng	weit	weit
Außengewinde	6g	6g	8g
Schaftdurchmesser	h13	h14	±IT15
Klemmlänge	js17	js17	±IT17

Durchgangslöcher für Schrauben

DIN EN 20273 : 1992-02

Gewindedurchmesser			M4	M5	M6	M8	M10	M12	M14	M16	M20	M24	M30
Durchgangsloch d_h	fein	H12	4,3	5,3	6,4	8,4	10,5	13	15	17	21	25	31
	mittel	H13	4,5	5,5	6,6	9	11	13,5	15,5	17,5	22	26	33
	grob	H14	4,8	5,8	7	10	12	14,5	16,5	18,5	24	28	35

Mindesteinschraubtiefen l_e

empfohlene Richtwerte, bei Feingewinde 25% Zuschlag

Festigkeitsklasse		3.6; 4.6	4.8 … 6.8	8.8	10.9
Werkstoff des Muttergewindes	Stahl R_m bis 400 N/mm^2	$0,8 \cdot d$	$1,2 \cdot d$	–	–
	Stahl R_m bis 600 N/mm^2	$0,8 \cdot d$	$1,0 \cdot d$	$1,2 \cdot d$	$1,4 \cdot d$
	Stahl R_m bis 800 N/mm^2	$0,8 \cdot d$	$1,0 \cdot d$	$1,2 \cdot d$	$1,2 \cdot d$
	Stahl R_m über 800 N/mm^2	$0,8 \cdot d$	$1,0 \cdot d$	$1,0 \cdot d$	$1,0 \cdot d$
	Gusseisen (GJL)	$1,3 \cdot d$	$1,5 \cdot d$	$1,5 \cdot d$	–
	Kupferlegierungen	$1,3 \cdot d$	$1,3 \cdot d$	–	–
	Aluminiumlegierungen	$1,2 \cdot d$	$1,4 \cdot d$	$1,6 \cdot d$	–
	Kunststoffe	$2,5 \cdot d$	–	–	–

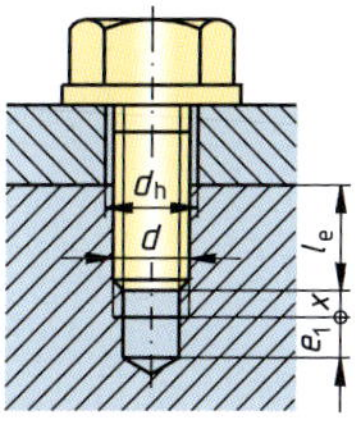

$x \approx 3P$

$e_1 \approx (4 \ldots 6) \cdot P$

Anziehdaten und Vorspannkräfte von Schaftschrauben, Richtwerte

Bei Anwendung der Tabellenwerte wird die Streckgrenze des Schraubenwerkstoffs zu 90% ausgenutzt.

Gewinde	Maximale Vorspannkraft in kN						Maximales Anziehdrehmoment in Nm					
	Festigkeitsklasse 8.8		10.9		12.9		Festigkeitsklasse 8.8		10.9		12.9	
	Gleitreibungszahl μ_{ges} 0,10	0,14	0,10	0,14	0,10	0,14	Gleitreibungszahl μ_{ges} 0,10	0,14	0,10	0,14	0,10	0,14
M5	6,9	6,4	10,2	9,4	11,9	11	4,8	5,9	7,1	8,7	8,3	10
M6	9,75	9	14,3	13,2	16,8	15,5	8,3	10	12	15	14	18
M8	17,9	16,5	26,3	24,3	30,7	28,4	20	25	30	36	35	43
M8 × 1	19,6	18,1	28,7	26,6	33,6	31,2	22	27	32	39	37	46
M10	28,5	26,3	41,8	38,7	48,9	45,2	40	49	59	72	69	84
M10 × 1,25	30,6	28,3	44,9	41,6	52,5	48,7	42	52	62	76	72	90
M12	41,5	38,4	61	56,5	71,5	66	69	85	100	125	120	145
M12 × 1,25	46,6	43,3	68,5	63,5	80	74,5	75	93	110	135	130	160
M14	57	52,5	83,5	77,5	98	90,5	110	135	160	200	190	235
M14 × 1,5	63	58,5	92,5	86	108	100	120	145	175	215	200	255
M16	78,5	72,5	115	107	135	125	170	210	250	310	290	365
M16 × 1,5	85,5	79,5	125	116	147	136	180	225	265	330	310	390
M18	98	91	140	129	164	152	245	300	345	430	405	500
M20	126	117	180	166	210	195	340	425	490	610	570	710
M20 × 1,5	144	134	206	191	241	224	375	475	530	680	620	790
M22	158	146	208	208	263	244	460	580	660	820	770	960
M24	182	168	259	240	303	281	590	730	840	1050	980	1220
M24 × 2	203	189	290	270	339	315	630	800	900	1150	1050	1350
M27	239	222	340	316	398	369	870	1100	1250	1550	1450	1800
M27 × 2	264	246	375	350	439	409	920	1150	1300	1650	1550	1950
M30	291	269	414	384	484	449	1200	1450	1700	2100	1950	2450
M30 × 2	332	309	472	440	553	515	1300	1650	1850	2350	2150	2750

$\mu_{ges} = 0,14$: Gewinde geölt, Normalfall

$\mu_{ges} = 0,1$: Gewinde verkadmet, MoS_2-geschmiert

Schrauben

Sechskantschrauben, Produktklassen A und B

DIN EN ISO 4014, 8765 : 2022-10
DIN EN ISO 4017, 8676 : 2022-10

DIN EN ISO 4014, 8765

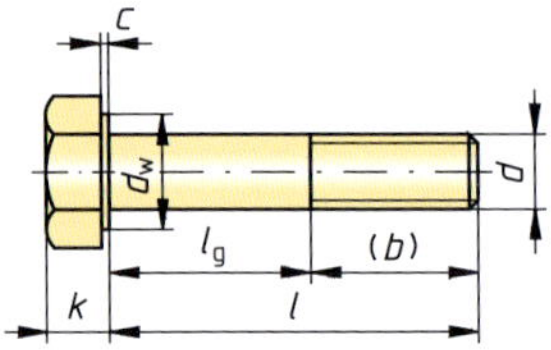

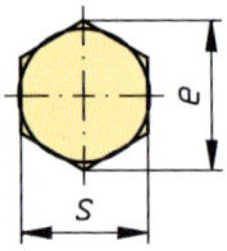

Mindestklemmlänge $l_g = l - b$

Beispiel:
Sechskantschraube ISO 4014 – M10×60 – 8.8
Gewinde M10, Länge l = 60 mm,
Festigkeitsklasse 8.8

DIN EN ISO 4017, 8676

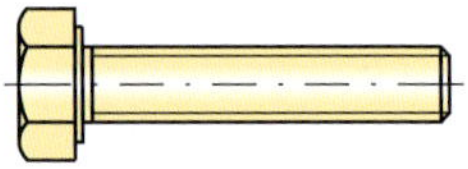

DIN EN ISO 4014, 4017 mit metrischem Regelgewinde
DIN EN ISO 8676, 8765 mit metrischem Feingewinde

Produktklasse A: bis M24 und $l \le 150$ mm
Produktklasse B: über M24 oder $l > 150$ mm

Gewindetoleranz 6g

Maße in mm	d	M4 –	M5 –	M6 –	M8 M8×1	M10 M10×1,25	M12 M12×1,5	M14 M14×1,5	M16 M16×1,5	M20 M20×2	M24 M24×2	M30 M30×2
DIN EN ISO	c_{max}	0,4	0,5	0,5	0,6	0,6	0,6	0,6	0,8	0,8	0,8	0,8
	d_w	6,2	7,2	8,9	11,6	14,6	16,6	19,6	22,5	28,2	33,6	42,7
	e	7,7	8,8	11	14,4	17,8	20	23,4	26,8	33,5	40	50,8
	k	2,8	3,5	4	5,3	6,4	7,5	8,8	10	12,5	15	18,7
	s	7	8	10	13	16	18	21	24	30	36	46
4014 8765	b	14	16	18	22	26	30	34	38	46	54	66
	l von	25	25	30	40	45	50	60	65	80	90	110
	bis	40	50	60	80	100	120	140	160	200	240	300
4017 8676	b	Gewinde annähernd bis Kopf										
	l von	8	10	12	16	20	25	30	30	40	50	60
	bis	40	50	60	80	100	120	140	200	200	200	200
Längen l		8, 10, 12, 16, 20, 25, 30 … 70, 80, 90 … 200; über 200 je 20 gestuft										
Werkstoff		Stahl 4.8, 5.6, 8.8, 10.9, 12.9						Nichtrostender Stahl A2-70 (-50), A4-70 (-50), A4-80, D4-80 (-70), D6-80 (-70)				

Sechskantschrauben, Produktklasse C

DIN EN ISO 4016 : 2022-10

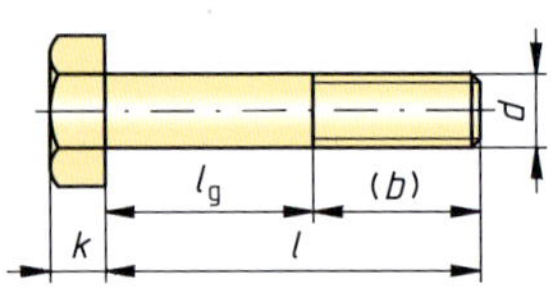

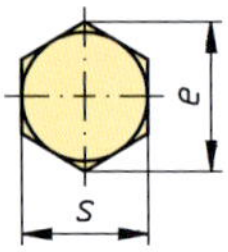

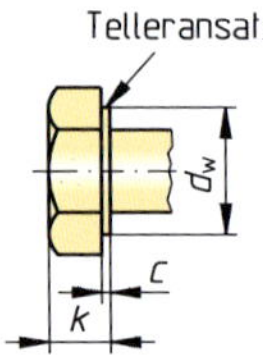

Beispiel:
Sechskantschraube ISO 4016 – M16×60 – 4.6
Gewinde M16, Länge l = 60 mm,
Festigkeitsklasse 4.6

Mindestklemmlänge: $l_g = l - b$
Produktklasse: C
Festigkeitsklasse: 4.6, 4.8
Gewindetoleranz 8 g

Maße in mm

d	M5	M6	M8	M10	M12	M16	M20	M24	M30
b	16	18	22	26	30	38	46	54	66
c_{max}	0,5	0,5	0,6	0,6	0,6	0,8	0,8	0,8	0,8
d_w	7,1	8,7	11,4	14,4	16,4	22	27,7	33,2	42,7
e	8,6	10,9	14,2	17,6	19,9	26,2	33	39,6	50,9
k	3,5	4	5,3	6,4	7,5	10	12,5	15	18,7
s	8	10	13	16	18	24	30	36	46
l von	25	30	40	45	55	65	80	90	110
bis	50	60	80	100	120	160	200	240	300
Längen l	25, 30, 35 … 70, 80, 90 … 160; über 160 je 20 gestuft								

Schrauben

Zylinderschrauben mit Innensechskant

DIN EN ISO 4762 : 2004-06, DIN 7984 : 2022-03

DIN EN ISO 4762

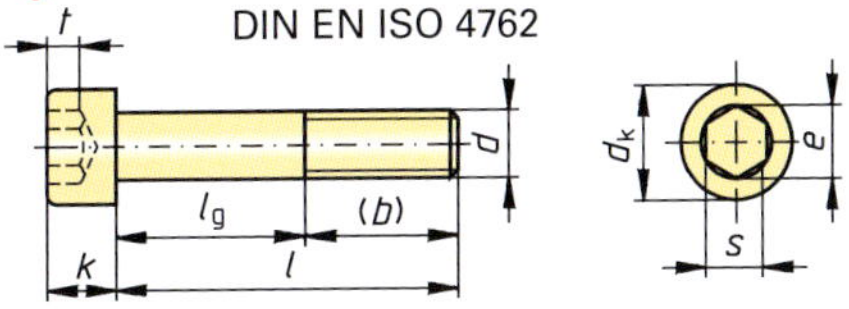

DIN 7984

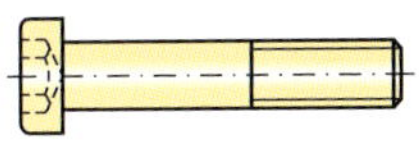

Beispiel:
Zylinderschraube ISO 4762 – M12×60 – 8.8
Gewinde M12, Länge l = 60 mm,
Festigkeitsklasse 8.8

mit niedrigem Kopf
nicht mit Feingewinde
Mindestklemmlänge $l_g = l - b$
Produktklasse: A
Werkstoff: Stahl 8.8, 10.9, 12.9, nichtrostender Stahl A2-70, A4-70, Cu, Zn

Maße in mm	d	M4 –	M5 –	M6 –	M8 M8×1	M10 M10×1,25	M12 M12×1,25	M14 M14×1,5	M16 M16×1,5	M20 M20×1,5	M24 M24×2	M30 M30×2
DIN EN ISO 4762	d_k	7	8,5	10	13	16	18	21	24	30	36	45
	k	4	5	6	8	10	12	14	16	20	24	30
	s	3	4	5	6	8	10	12	14	17	19	22
	e	3,4	4,6	5,7	6,9	9,1	11,4	13,7	16	19,4	21,7	25,2
	t	2	2,5	3	4	5	6	7	8	10	12	15,5
	b	20	22	24	28	32	36	40	44	52	60	72
	l von	6	8	10	12	16	20	25	25	30	40	45
	bis	40	50	60	80	100	120	140	160	200	200	200
DIN 7984	k	2,8	3,5	4	5	6	7	8	9	11	13	–
	s	2,5	3	4	5	7	8	10	12	14	17	–
	e	2,9	3,4	4,6	5,7	8	9,1	11,4	13,7	16	19,4	–
	t	2,3	2,7	3	3,8	4,5	5	5,3	5,5	7,5	8	–
	b	14	16	18	22	26	30	34	38	46	54	–
	l von	6	8	10	12	16	20	30	30	40	50	–
	bis	25	30	40	60	70	80	80	80	100	100	
Längen l		5, 6, 8, 10, 12, 16, 20, 25, 30, 35 ... 70, 80, 90, ... 160, darüber je 20 gestuft.										

Zylinderschrauben mit Innensechskant und Schlüsselführung

DIN 6912 : 2021-03

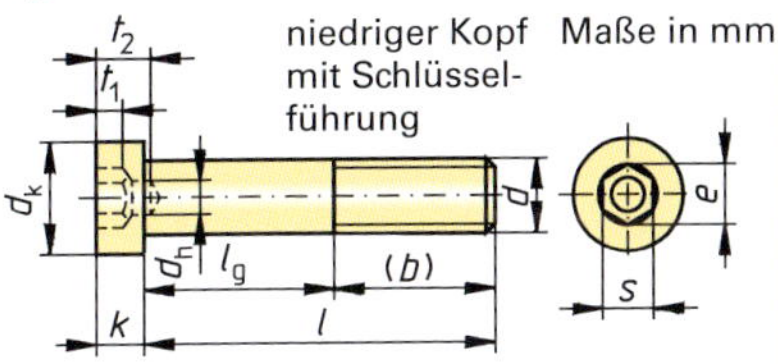

niedriger Kopf mit Schlüsselführung

d_k, e und s wie DIN EN ISO 4762
Mindestklemmlänge $l_g = l - b$
Beispiel:
Zylinderschraube DIN 6912 – M10×50 – 8.8
Gewinde M10, Länge l = 50 mm,
Festigkeitsklasse 8.8

Maße in mm

d	M4	M5	M6	M8	M10	M12	M16	M20
b	14	16	18	22	26	30	38	46
d_h	2	2,5	3	4	5	6	8	10
k	2,8	3,5	4	5	6,5	7,5	10	12
t_1	1,6	2	2,5	3	3,5	4	5,5	6,5
t_2	3,3	4	5	6,5	7,5	9	11,5	14
l von	10	10	10	12	16	16	20	30
bis	50	60	70	80	90	100	140	180
Längen l	10, 12, 16, 20, 25, 30, 35, 40, 50, 60 ... 100, 120, 140 ... 180 mm.							
Werkstoff	Stahl 8.8				nichtrostender Stahl A2-70, A4-70			

Produktklasse: A

Senkschrauben mit Innensechskant

DIN EN ISO 10642 : 2020-02

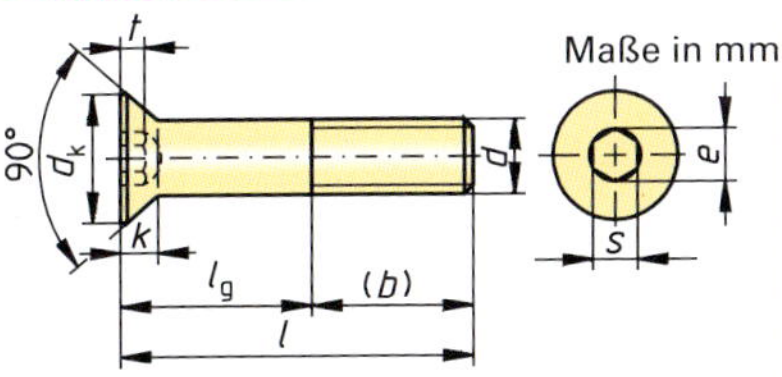

Mindestklemmlänge $l_g = l - b$
Beispiel:
Senkschraube ISO 10642 – M8×25 – 8.8
Gewinde M8, Länge l = 25 mm,
Festigkeitsklasse 8.8

Maße in mm

d	M4	M5	M6	M8	M10	M12	M16	M20
b	20	22	24	28	32	36	44	52
d_k	9,0	11,2	13,4	17,9	22,4	26,9	33,6	40,3
e ≈	2,9	3,4	4,6	5,7	6,9	9,1	11,4	13,7
k ≈	2,5	3,1	3,7	5,0	6,2	7,4	8,8	10,2
s	2,5	3	4	5	6	8	10	12
t_{min}	1,4	1,8	2,2	2,9	3,5	4,3	4,8	5,6
l von	8	8	8	10	12	20	30	35
bis	40	50	60	80	100	100	100	100
Längen l	8, 10, 12, 16, 20, 25, 30, 35, 40, 45, 50, 55, 60, 65, 70, 80, 90, 100							
Werkstoff	Stahl 8.8, 10.9, 12.9				nichtrostender Stahl A2-50 (-70, -80), A4-50 (-70, -80)			

Produktklasse: A

Sechskant-Passschrauben mit langem Gewindezapfen

DIN 609 : 2016-12

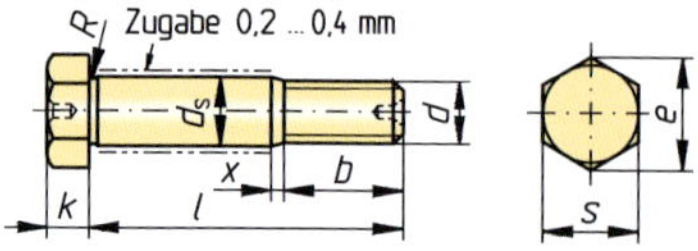

Maße in mm

Produktklasse A bis M10
B ab M12
Festigkeitsklasse
normal: 8.8

Beispiel: Passschraube
DIN 609 – M12×60 – 8.8
Gewinde M12,
Länge l = 60 mm,
Festigkeitsklasse 8.8

Beispiel: Passschraube
DIN 609 – M12×13,2×60 – SW18 – 8.8
0,2 mm ∅-Zugabe,
Schlüsselweite 18 mm

d	M8 –	M10 –	M12 –	M14 –	M16 –	M20 M20×2	M24 M24×2	M30 M30×2
b *l* bis 50	14,5	17,5	20,5	22	25	28,5	–	–
b *l* bis 150	16,5	19,5	22,5	24	27	30,5	36,5	43
b *l* über 150	21,5	24,5	27,5	29	32	35,5	41,5	48
d_s **k6**	9	11	13	15	17	21	25	32
e≈	14,4	17,8 | (18,9)	19,9 | (20,9)	22,8 | (23,9)	26,2	33	39,6	50,9
k	5,3	6,4	7,5	8,8	10	12,5	15	19
R_{min}	0,4	0,4	0,6	0,6	0,6	0,8	0,8	1
s	13	16 | (17)	18 | (19)	21 | (22)	24	30	36	46
l **von**	25	30	32	35	38	45	55	65
bis	80	100	120	120	150	150	150	200
Längen *l*	25, 28, 30, 32, 38, 40, 42, 45, 48, 50, 55, 60, 65 ... 150 mm; darüber je 10 gestuft							

Werte in ( ) nur für Ersatzteilbedarf

Sechskant-Passschrauben für Stahlkonstruktionen

DIN 7968 : 2017-08

ohne Mutter

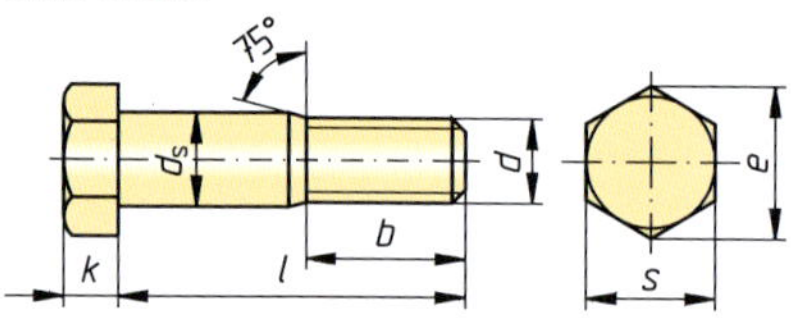

mit Sechskantmutter
(nach DIN EN ISO 4034)

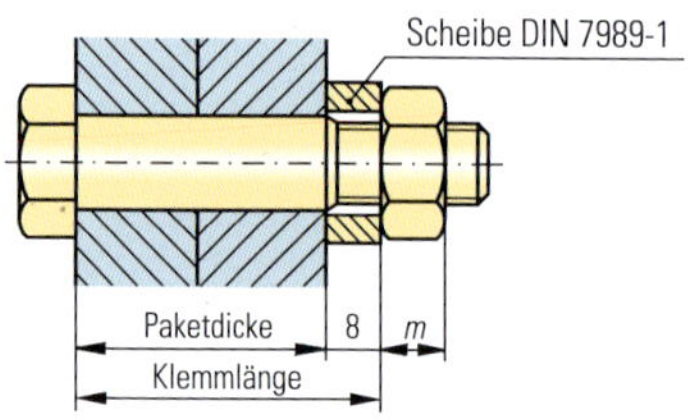

Maße in mm

d	M12	M16	M20	M24	M27	M30
d_s **b11**	13	17	21	25	28	31
b	20,5	24,5	28,5	33	35,5	38,5
e	19,9	26,2	33	39,6	45,2	50,9
k	8	10	13	15	17	19
m	10	13	16	19	22	24
s	18	24	30	36	41	46
l **von**	35	40	45	55	60	65
bis	120	150	180	200	200	200
Längen *l*	30, 35, 40, 45 ... 200					
Werkstoff	Stahl 5.6					

Produktklasse: C

Beispiel (ohne Mutter):
Sechskant-Passschraube DIN 7968 – M16×80 – 5.6
Gewinde M16, Länge *l* = 80 mm, Festigkeitsklasse 5.6

Sechskantschrauben für Stahlkonstruktionen

DIN 7990 : 2017-08

mit Sechskantmuttern

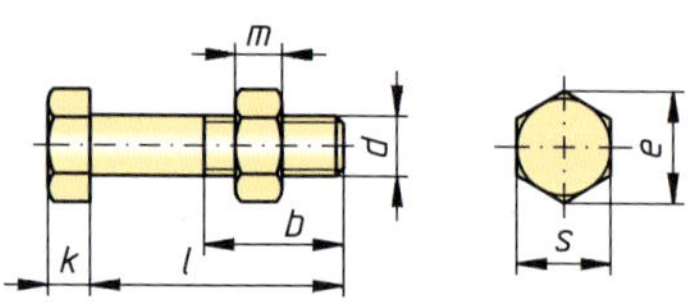

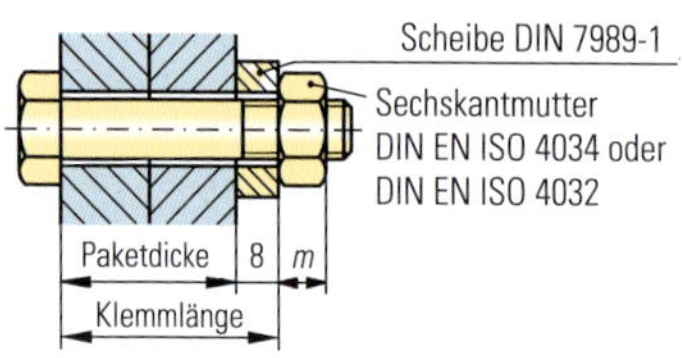

Maße in mm

d	M12	M16	M20	M24	M27	M30
b	20,5	24,5	28,5	33	35,5	38,5
e	19,9	26,2	33	39,6	45,2	50,9
k	8	10	13	15	17	19
m	10	13	16	19	22	24
s	18	24	30	36	41	46
l **von**	30	35	40	45	50	55
bis	120	150	180	200	200	200
Längen *l*	30, 35, 40, 45 ... 200					
Werkstoff	Stahl 4.6, 5.6					

Produktklasse: C

Beispiel: Sechskantschraube DIN 7990 – M12×70 Mu – 4.6
Gewinde M12, Länge *l* = 70 mm, mit Sechskantmutter, Festigkeitsklasse 4.6

HV-Schraubenverbindungen für den Metallbau

DIN EN 14399-4 : 2015-04

Maße der Schrauben

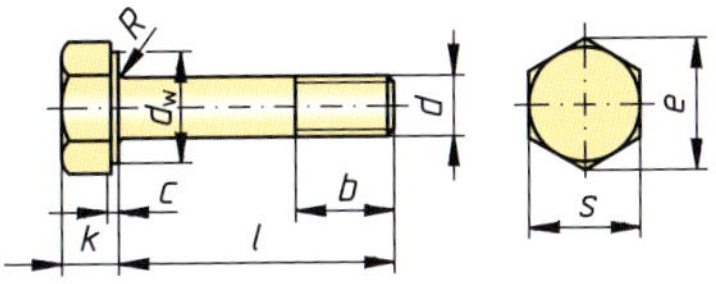

Verwendung **nur** mit Sechskantmuttern DIN EN 14399-4 und mit Scheiben DIN EN 14399-6

Beispiel:
Sechskantschraube EN 14399-4 – M16×90-HV
Gewinde M16, Länge *l* = 90 mm,
für hochfeste Verbindung

Maße in mm

d	M12	M16	M20	M22	M24	M27	M30
b	23	28	33	34	39	41	44
c_{max}	0,6	0,6	0,8	0,8	0,8	0,8	0,8
d_w	20,1	24,9	29,5	33,3	38	42,8	46,6
e	23,9	29,6	35	39,6	45,2	50,9	55,4
k	8	10	13	14	15	17	19
R	1,2	1,2	1,5	1,5	1,5	2	2
s	22	27	32	36	41	46	50
l von	30	40	45	50	60	70	75
bis	95	130	155	165	195	200	200
Längen *l*	30, 35, 40, 45 … 200						
Werkstoff	Stahl 10.9						

Produktklasse: C

Maße der Muttern

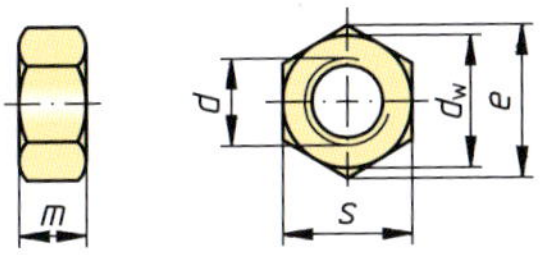

Beispiel:
Sechskantschraube EN 14399-4 – M16-10-HV
Gewinde M16, Festigkeitsklasse 10,
für hochfeste Verbindung

Maße in mm

d	M12	M16	M20	M22	M24	M27	M30
b	10	13	16	18	20	22	24
d_w	20,1	24,9	29,5	33,3	38	42,8	46,6
e	23,9	29,6	35	39,6	45,2	50,9	55,4
s	22	27	32	36	41	46	50

Produktklasse: B
Werkstoff: Stahl, Festigkeitsklasse: 1

HV-Schraubenverbindungen für den Metallbau

DIN 14399-6 : 2015-04

Flache Scheiben mit Fase

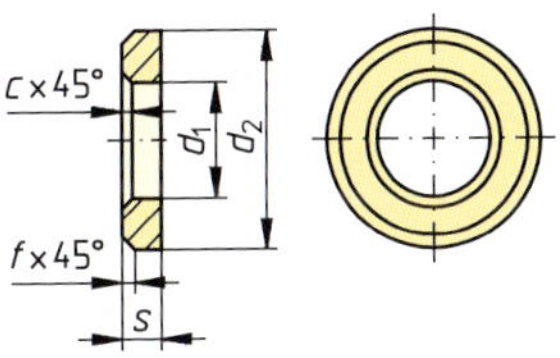

Beispiel: **Scheibe EN 14399-6 – 16**
Nenngröße *d* = 16 mm
(für Gewinde M16)

Maße in mm

Nenngröße = Gewinde – ∅ *d*	12	16	20	22	24	27	30
d_1	13	17	21	23	25	28	31
d_2	24	30	37	39	44	50	56
c	1,6	1,6	2	2	2	2,5	2,5
f	0,5	0,5	0,75	0,75	0,75	1	1
s	3	4	4	4	4	5	5
Werkstoff	Stahl; Härte 300 … 370 HV						

Produktklasse: A

Scheiben für U- und I-Träger

DIN 434 : 2000-04, DIN 435 : 2000-01

DIN 434 für U-Träger — DIN 435 für I-Träger

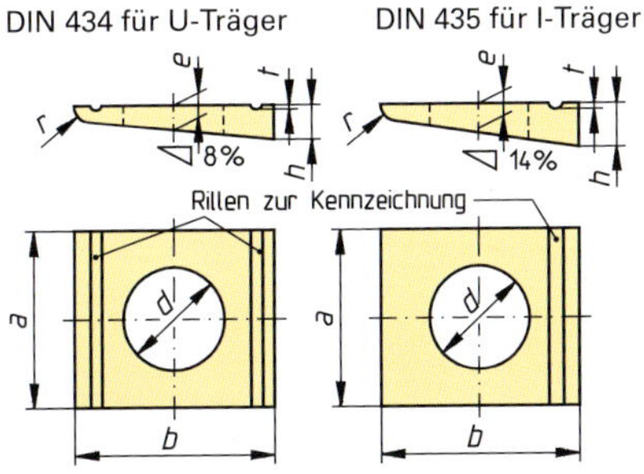

Beispiel:
U-Scheibe DIN 434 – 13,5
Loch-∅ *d* = 13,5 mm (für Gewinde M12)

Maße in mm

Gewinde-∅		8	10	12	16	20	22	24	27
	d	9	11	13,5	17,5	22	24	26	30
	a	22	22	26	32	40	44	56	56
	b	22	22	30	36	44	50	56	56
	t	0,5	0,5	0,7	0,8	0,9	1	1	1
DIN 434	*e*	2,9	2,9	3,7	4,45	5,25	6	6,25	6,25
	h	3,8	3,8	4,9	5,9	7	8	8,5	8,5
	r	1,6	1,6	2	2,4	2,8	3,2	3,2	3,2
DIN 435	*e*	3,05	3,05	4,1	5	6,1	6,5	6,9	6,9
	h	4,6	4,6	6,2	7,5	9,2	10	10,8	10,8
	r	1,2	1,2	1,6	2	2,4	2,4	2,4	2,4

Werkstoff: Stahl, Härte: 100 HV 10 … 250 HV 10

Schrauben

Zylinderschrauben mit Schlitz

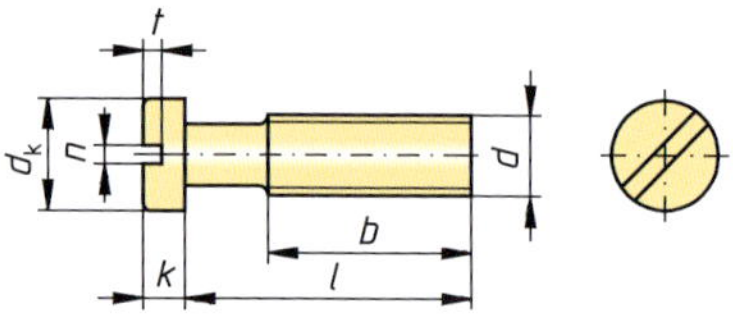

Beispiel:
Zylinderschraube ISO 1207 – M6×20 – 5.8
Gewinde M6, Länge l=20 mm,
Festigkeitsklasse 5.8

Maße in mm **DIN EN ISO 1207 : 2011-10**

d	M2	M2,5	M3	M4	M5	M6	M8	M10
d_k	3,8	4,5	5,5	7	8,5	10	13	16
k	1,4	1,8	2	2,6	3,3	3,9	5	6
n	0,5	0,6	0,8	1,2	1,2	1,6	2	2,5
t	0,6	0,7	0,85	1,1	1,3	1,6	2	2,4
b	25	25	25	38	38	38	38	38
l von	3	3	4	5	6	8	10	12
bis	20	25	30	40	50	60	80	80
Längen *l*	3, 4, 5, 6, 8, 10, 12, 16, 20, 25, 30 ... 60							
Werkstoff	Stahl 4.8, 5.8							

Produktklasse A

Senkschrauben mit Schlitz

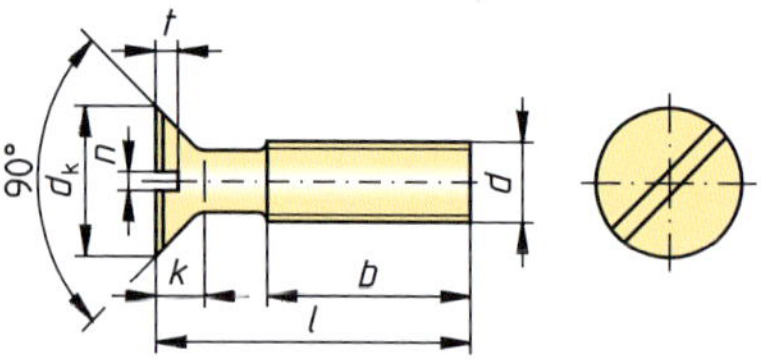

Beispiel:
Senkschraube ISO 2009 – M8×25 – 4.8
Gewinde M8, Länge l=25 mm,
Festigkeitsklasse 4.8

Maße in mm **DIN EN ISO 2009 : 2011-12**

d	M2	M2,5	M3	M4	M5	M6	M8	M10
d_k	4,4	5,5	6,3	9,4	10,4	12,6	17,3	20
k	1,2	1,5	1,65	2,7	2,7	3,3	4,65	5
n	0,5	0,6	0,8	1,2	1,2	1,6	2	2,5
t_{max}	0,6	0,75	0,85	1,3	1,4	1,6	2,3	2,6
b	25	25	25	38	38	38	38	38
l von	3	4	5	6	8	8	10	12
bis	20	25	30	40	50	60	80	80
Längen *l*	3, 4, 5, 6, 8, 10, 12, 16, 20, 25, 30...60, 70, 80							
Werkstoff	Stahl 4.8, 5.8							

Produktklasse A

Senkschrauben mit Kreuzschlitz

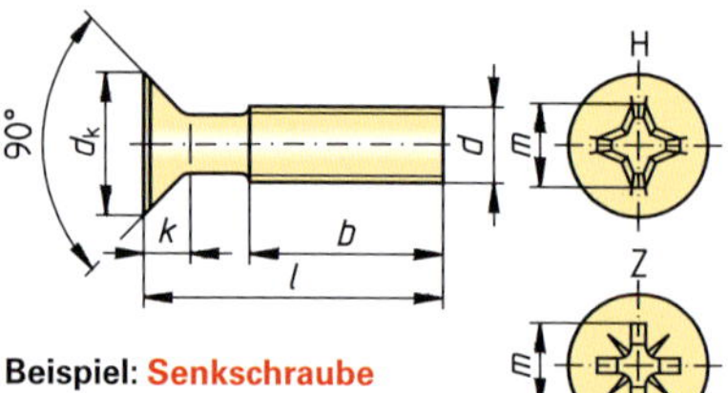

Beispiel: Senkschraube
ISO 7046-1 – M4×20 – 4.8-Z
Gewinde M4, Länge l=20 mm,
Festigkeitsklasse 4.8, Kreuzschlitz Z

Maße in mm **DIN EN ISO 7046-1, -2 : 2011-12**

d	M2	M2,5	M3	M4	M5	M6	M8	M10
d_k	3,8	4,7	5,6	7,5	9,2	11	14,5	18
k	1,2	1,5	1,65	2,2	2,5	3	4	5
m Form H	2,35	2,7	2,9	4,4	4,6	6,6	8,7	9,6
m Form Z	2,2	2,5	2,8	4	4,4	6,1	8,5	9,4
Größe	1	1	1	2	2	3	4	4
b	16	18	19	22	25	28	34	40
l von	3	3	4	5	6	8	10	12
bis	20	25	30	40	50	50	55	60
Längen *l*	3, 4, 5, 6, 8, 10, 12, 16, 20, 25, 30 ... 60							
Werkstoff	DIN EN ISO 7046-1: Stahl 4.8; -2: Stahl 8.8, A2-70, Cu							

Produktklasse A

Linsensenkschrauben mit Schlitz und Kreuzschlitz

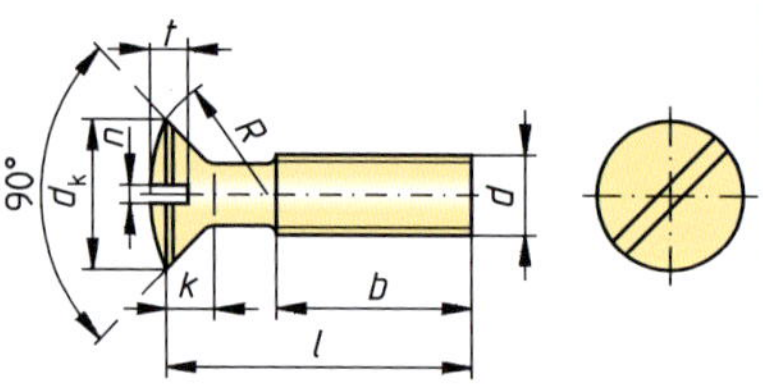

ISO 2010

Beispiel:
Senkschraube ISO 2010 – M3×16 – 5.8
Gewinde M3, Länge l=16 mm,
Festigkeitklasse 5.8

Maße in mm **DIN EN ISO 2010, DIN EN ISO 7047 : 2011-12**

d	M2	M2,5	M3	M4	M5	M6	M8	M10
t	0,9	1,1	1,3	1,75	2,2	2,6	3,45	4,1
m Form H	2	3	3,4	5,2	5,4	7,3	9,6	10,4
m Form Z	2,2	2,8	3,1	5	5,3	7,1	9,5	10,3
R	4	5	6	9,5	9,5	12	16,5	19,5
Werkstoff	Stahl 4.8, 5.8				nichtrostender Stahl A2-50 (-70)			

Alle weiteren Angaben siehe DIN EN ISO 2009, DIN EN ISO 7046
Produktklasse A

ISO 7047

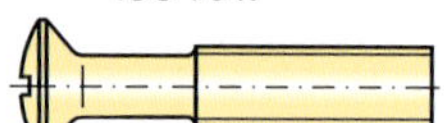

Kreuzschlitz H

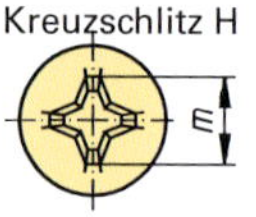

Kreuzschlitz Z

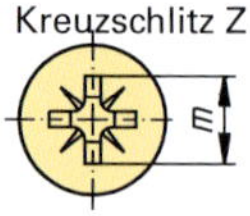

Beispiel:
Senkschraube ISO 7047 – M5×10 – 4.8 – H
Gewinde M5, Länge l=10 mm,
Festigkeitsklasse 4.8, Kreuzschlitz H

Schrauben

Senkschrauben mit Nase

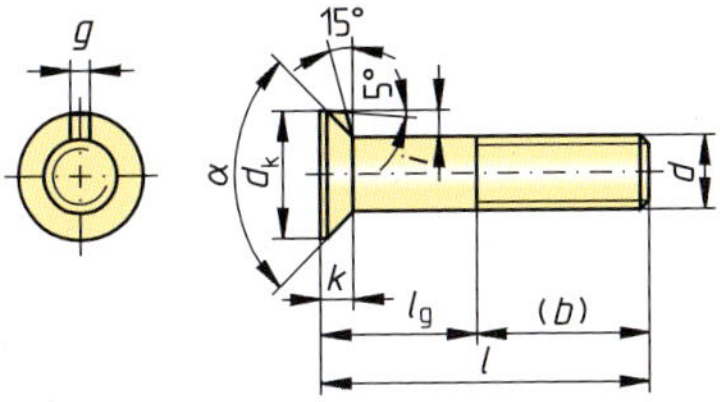

Mindestklemmlänge $l_g = l - b$

Beispiel:

Senkschraube DIN 604 – M8×40 – 4.6

Gewinde M8, Länge l=40 mm, Festigkeitsklasse 4.6

Maße in mm **DIN 604 : 2017-05**

d	M6	M8	M10	M12	M16	M20	M24
α	90°	90°	90°	90°	90°	60°	60°
d_k	12	16	19	24	32	32	38
g	2,5	3	3,2	3,6	4,2	5,4	6,6
i	2,8	3,5	4,2	5,7	7,5	5,7	6,7
k	4	5	5,5	7	9	11,5	13
b	18	22	26	30	38	46	54
l von	20	20	20	25	30	50	60
bis	100	150	160	160	160	160	160
Längen *l*	20, 25, 30, 35 … 70, 80, 90 … 160						

Festigkeitsklassen: 4.6; 4.8; 8.8 Produktklasse C

Flachrundschrauben mit Vierkantansatz

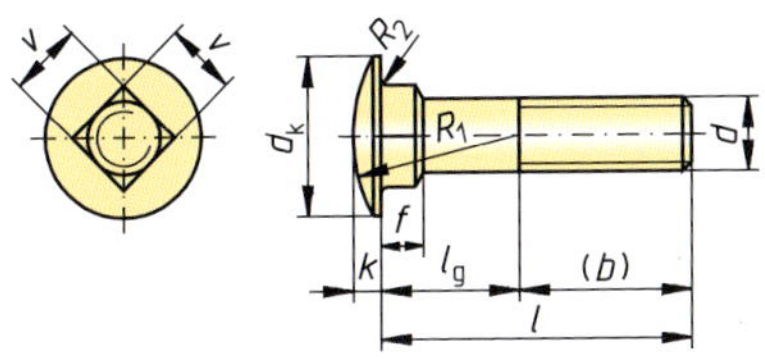

Mindestklemmlänge $l_g = l - b$

Beispiel:

Flachrundschraube DIN 603 – M12×60 – 4.6

Gewinde M12, Länge l=60 mm, Festigkeitsklasse 4.6

Maße in mm **DIN 603 : 2017-05**

d	M5	M6	M8	M10	M12	M16	M20
d_k	13	16	20	24	30	38	46
f	3,5	4	5	6	8	12	15
k	3	3,5	4,5	5	6,5	8,5	10,5
R_1	10,7	12,6	16	19,2	24,1	29,3	33,9
R_2	0,5	0,5	0,5	0,5	1	1	1
v	5	6	8	10	12	16	20
b	16	18	22	26	30	38	46
l von	16	16	20	20	30	50	60
bis	80	150	150	200	200	200	200
Längen *l*	16, 20, 25, 30, 35 … 70, 80, 90 … 160 … 180, 200						

Festigkeitsklassen: 4.6; 4.8; 8.8 Produktklasse C

Hammerschrauben mit Vierkant

Form A mit Schaft (Gewindelänge *b*)

Form B mit langem Gewinde (bis Maß *a*)

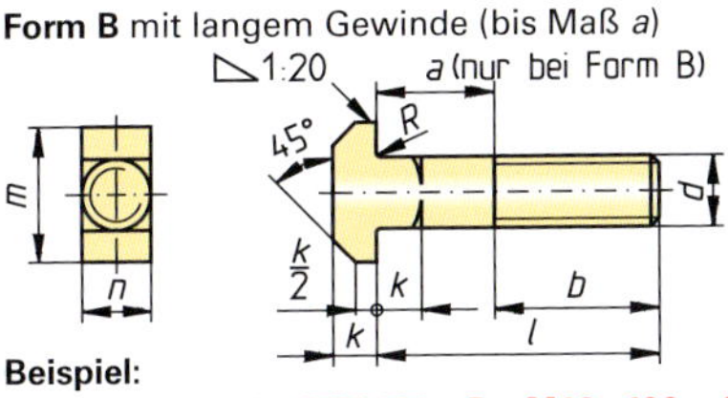

Beispiel:

Hammerschraube DIN 186 – B – M16×100 – 4.6

Form B, Gewinde 16, Länge l=100 mm, Festigkeitsklasse 4.6

Maße in mm **DIN 186 : 2010-09**

d	M6	M8	M10	M12	M16	M20	M24
a	10	13	16	19	25	31	37
k	4,5	5,5	7	8	10,5	13	15
n	6	8	10	12	16	20	24
m	16	18	21	26	30	36	43
R	0,5	0,5	0,5	1	1	1	1,6
b	18	22	26	30	38	46	54
l von	45	45	50	55	70	80	110
bis	60	80	100	120	160	200	200

Normale Längen *l*: 30, 40, 50, 60, 70, 80, 90, 100, 120, 140, 160, 180, 200 mm

Festigkeitsklasse: 4.6 Produktklasse C

Schrauben für T-Nuten

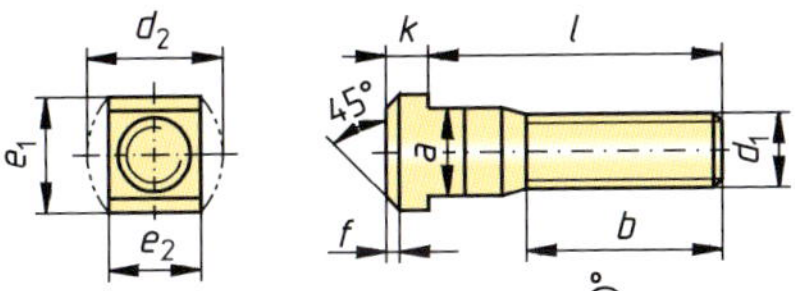

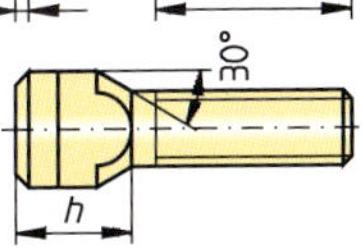

Kopfform nach Wahl des Herstellers

$e_2 \geq e_1$

Festigkeitsklasse: 8.8, 12.9 Produktklasse A

Beispiel:

Schraube DIN 787 – M12×12×125 – 8.8

Gewinde M12, Breite a = 12 mm, Länge l=125 mm, Festigkeitsklasse 8.8

Maße in mm **DIN 787 : 2005-02**

a	6	8	10	12	14	18	22
Abmaße	−0,3 −0,5			−0,3 −0,6			
d_1	M6	M8	M10	M12	M12	M16	M20
$d_2 \approx$	12	16	20	25	28	36	45
$e_1 - 0{,}5$	10	13	15	18	22	28	35
f	1,6	1,6	1,6	2,5	2,5	2,5	2,5
h	8	12	14	16	20	24	32
$k - 0{,}5$	4	6	6	7	8	10	14
b	15	22	30	35	35	45	55
	28	35	45	55	55	63	85
	40	50	60	75	75	100	125
	–	–	–	120	120	150	190

Normale Längen *l* mit Zuordnung von b in ( ): 25 (15), 32 (22), 40 (30), 50 (35), 63 (40, 45), 80 (55), 100 (60, 63), 125 (75, 85), 160 (100), 200 (120, 125), 250 (150), 315 (190) mm

Schrauben

Vierkantschrauben

DIN 478, DIN 479, DIN 480 : 2016-08

DIN 478 mit Bund

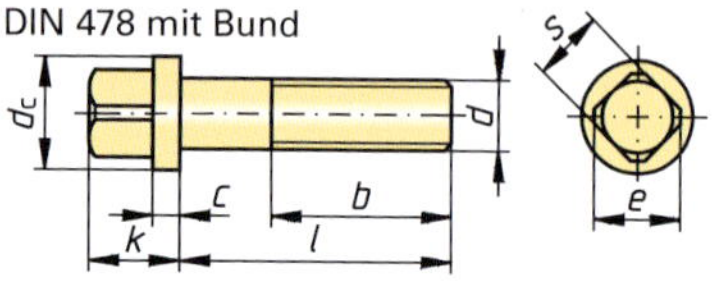

DIN 479 mit Kernansatz

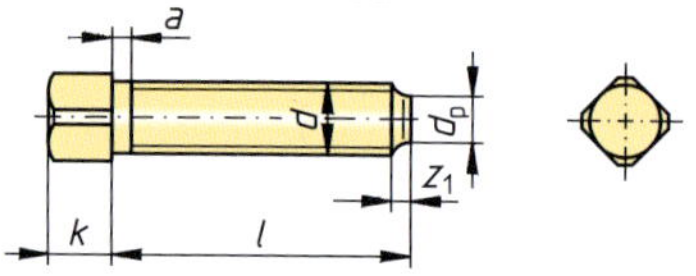

DIN 480 mit Bund und Ansatzkuppe

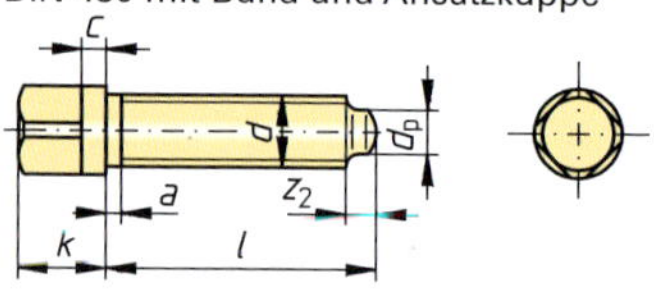

Beispiel:
Vierkantschraube DIN 479 – M8 × 20 – 8.8
Gewinde M8, Länge l = 25 mm, Kernansatz
Festigkeitsklasse 8.8

Maße in mm

	d	M5	M6	M8	M10	M12	M16	M20	M24
	a_{max}	2,4	3	4	4,5	5,3	6	7,5	9
	$d_{p\,max}$	3,5	4	5,5	7	8,5	12	15	18
	e_{max}	6,5	8	10	13	17	21 | 22	27 | 28	32
	s_{max}	5	6	8	10	13	16 | 17	21 | 22	24
DIN 478	b	16	18	22	26	30	38	46	54
	b für l > 125	–	–	–	32	36	44	52	60
	c	2	2	2	3	3	4	5	6
	$d_{c\,max}$	9,5	10,5	13,5	16,5	19,5	25	31	36
	k	7	8	10	13	15	20	25	28
	l von	10	10	16	20	25	30	35	35
	bis	30	40	45	60	90	140	180	180
DIN 479	k	5	6	8	10	12	16	20	22
	$z_{1\,min}$	1,25	1,5	2	2,5	3	4	5	6
	l von	8	8	10	16	20	40	50	55
	bis	40	45	55	60	90	120	140	140
DIN 480 ab M8	c	–	–	3	3	4	4	5	6
	k	–	–	11	13	16	20	25	28
	$z_{2\,min}$	–	–	2	2,5	3	4	5	6
	l von	–	–	16	20	25	40	60	60
	bis	–	–	40	60	60	80	120	140

Normale Längen l: 10, 12, 16, 20, 25 bis 80 mm je 5 mm gestuft, darüber je 10 mm. Produktklasse A; Festigkeitsklasse normal: 5.6, 5.8 oder 8.8

Stiftschrauben

Maße in mm

DIN 835 : 2010-07, DIN 938 : 2012-12, DIN 939 : 1995-02

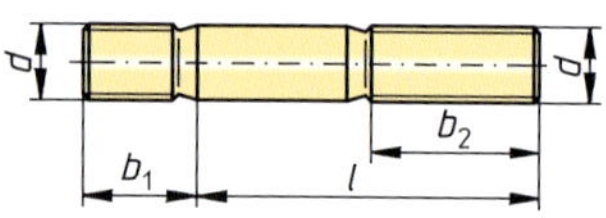

Beispiel:
Stiftschraube DIN 938 – M10 × 50 – 8.8
Gewinde M10, Länge l = 50 mm,
Festigkeitsklasse 8.8, für das
Einschrauben in Stahl

d	M6 –	M8 M8 × 1	M10 M10 × 1,25	M12 M12 × 1,25	M16 M16 × 1,5	M20 M20 × 1,5	M24 M24 × 2
l von	25	30	35	40	50	60	70
bis	60	80	100	120	160	200	200

$b_2 = 2\,d + 6$ mm für $l \leq 125$ mm; $b_2 = 2\,d + 12$ mm für $l > 125$ mm

DIN 938: $b_1 \approx d$ — Einschrauben in Stahl
DIN 939: $b_1 \approx 1{,}25\,d$ — Einschrauben in Gusseisen
DIN 835: $b_1 \approx 2\,d$ — Einschrauben in Al-Legierung
Produktklasse A — Festigkeitsklasse normal: 5.6, 8.8 oder 10.9

Gewindestifte

mit Innensechskant — **DIN EN ISO 4026, 4027, 4028, 4029: 2004-05**
mit Schlitz — **DIN EN ISO 4766 : 2011-11, DIN EN 27434, 27 435, 27 436 : 1992-10 (ISO 4766, 7434, 7435, 7436)**

Maße in mm

mit Kegelstumpf
ISO 4026
ISO 4766

e und s

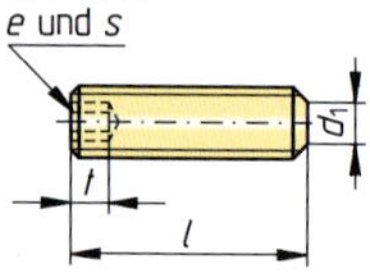

mit abgeflachter Spitze
ISO 4027
ISO 7434

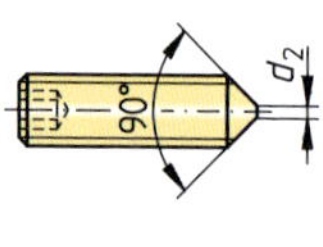

mit Zapfen
ISO 4028
ISO 7435

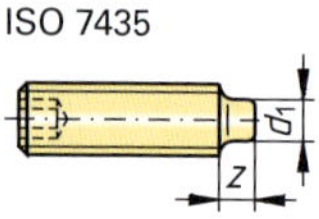

mit Ringschneide
ISO 4029
ISO 7436

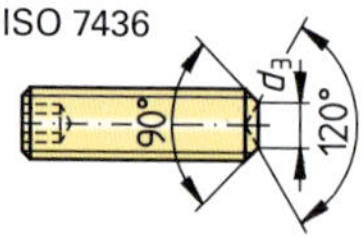

d	M3	M4	M5	M6	M8	M10	M12
d_1	2	2,5	3,5	4	5,5	7	8,5
d_2	0,75	1	1,25	1,5	2	2,5	3
d_3	1,4	2	2,5	3	5	6	8
e	1,73	2,3	2,87	3,44	4,58	5,72	6,86
s	1,5	2	2,5	3	4	5	6
t	2	2,5	3	3,5	5	6	8
z	1,5	2	2,5	3	4	5	6
l von	3	4	5	6	8	10	12
bis	16	20	25	35	40	50	60

Längen l: 3, 4, 5, 6, 8, 10, 12, 16, 20, 25, 30, 35, 40, …, 60 mm
Produktklasse A
Werkstoff: DIN EN ISO: Stahl 45H, nichtrostender Stahl, NE-Metall
DIN EN: Stahl, Härteklasse: 14H, 22H, 33H, 45H

Beispiel:
Gewindestift ISO 4028 – M5 × 16 – 45 H
Gewinde M5, Länge l = 16 mm,
mit Zapfen, Härteklasse 45 H

Senkungen

Senkungen für Senkschrauben

DIN EN ISO 15065 : 2005-05

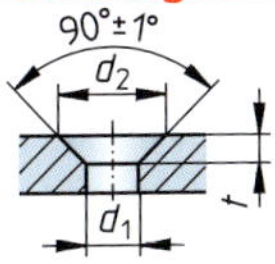

Anwendung: Schrauben mit Kopfform nach DIN EN 27721 bzw. ISO 7721, z.B. DIN EN ISO 2009, 2010, 7046, 7047

Maße in mm

Nenngröße	2	3	4	5	6	8	10
d_1 H13	2,4	3,4	4,5	5,5	6,6	9	11
d_2	4,4	6,3	9,4	10,4	12,6	17,3	20
$t \approx$	1,0	1,5	2,5	2,6	3,1	4,3	4,6

Beispiel: **Senkung ISO 15065 – 10**
für Schrauben mit Einheitskopf nach DIN EN 27721 und Gewinde M10

Senkungen für Senkschrauben

DIN 74 : 2020-01

Form F

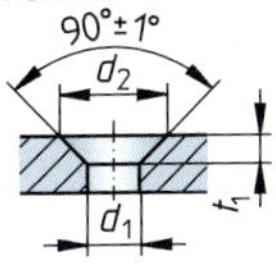

Anwendung: Schrauben DIN 95, 97, 7969, 7995, DIN EN ISO 10642

Maße in mm

Gewinde-∅	3	4	5	6	8	10	12	14	16	20
d_1 H13	3,4	4,5	5,5	6,6	9	11	13,5	15,5	17,5	22
d_2 H13	7	9,2	11,5	13,7	18,3	22,7	27,2	31,2	34	40,7
$t_1 \approx$	1,8	2,3	3,0	3,6	4,6	5,9	6,9	7,8	8,2	9,4

Beispiel: **Senkung DIN 74 – F8**
Form F, für Gewindedurchmesser 8 mm

Senkungen für Schrauben mit Zylinderkopf

DIN 974-1 : 2008-02

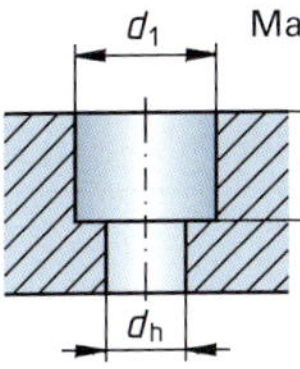

Maße in mm

Senktiefe t:
siehe Berechnung unten

Gewinde-∅		M3	M4	M5	M6	M8	M10	M12	M16	M20	M24	M30
Durchgangs-loch d_h H13		3,4	4,5	5,5	6,6	9	11	13,5	17,5	22	26	33
d_1 H13	Reihe 1	6,5	8	10	11	15	18	20	26	33	40	50
	Reihe 4	7	9	11	13	16	20	24	30	36	43	54
	Reihe 5	9	10	13	15	18	24	26	33	40	48	61
	Reihe 6	8	10	13	15	20	24	33	43	48	58	73

Reihe 1: für Schrauben nach DIN EN ISO 1207, DIN EN ISO 4762, DIN 6912, DIN 7984 ohne Unterlegteile
Reihe 4: für Zylinderkopfschrauben mit Scheiben DIN EN ISO 7092 und DIN EN ISO 10673
Reihe 5: für Zylinderkopfschrauben mit Scheiben DIN EN ISO 7089, 7090
Reihe 6: für Zylinderkopfschrauben mit Spannscheiben DIN 6796 und DIN 6908

Senkungen für Sechskantschrauben und Muttern

DIN 974-2 : 1991-05

Senkung

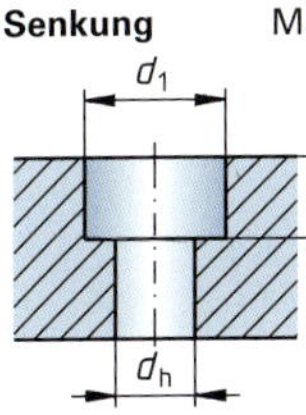

Maße in mm

Gewinde-∅		M3	M4	M5	M6	M8	M10	M12	M16	M20	M24	M30
Schlüssel-weite s		5,5	7	8	10	13	16	18	24	30	36	46
Durchgangs-loch d_h		3,4	4,5	5,5	6,6	9	11	13,5	17,5	22	26	33
d_1 H13	Reihe 1	11	13	13	18	24	28	33	40	46	58	73
	Reihe 2	11	15	18	20	26	33	36	46	54	73	82
	Reihe 3	9	10	11	13	18	22	26	33	40	48	61

Reihe 1: für Steckschlüssel nach DIN 659, 896, 3112, 3124
Reihe 2: für Ringschlüssel nach DIN 838, 897, 3129
Reihe 3: bei beengten Platzverhältnissen

Ansenkung

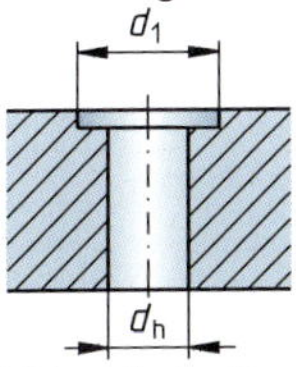

Berechnung der Senktiefe t für DIN 974-1, -2:
näherungsweise gilt

$$t = k + h + \text{Zugabe}$$

t Senktiefe, k Kopfhöhe der Schraube,
h Höhe des Unterlegteiles

Gewinde-∅	Zugabe
3 bis 6	0,4
6 bis 20	0,6
20 bis 27	0,8
27 bis 80	1,0

Zeichnerische Darstellung: s. Kap. Technisches Zeichnen

Muttern

Sechskantmuttern Typ 1

Regelgewinde: **DIN EN ISO 4032[1], 4035[2], 4036[3] : 2013-04**
Feingewinde: **DIN EN ISO 8673[1], 8674[4], 8675[1] : 2013-04**

DIN EN ISO 4032, DIN EN ISO 8673 | DIN EN ISO 4035, 8675 | DIN EN ISO 4036 | DIN EN ISO 8674

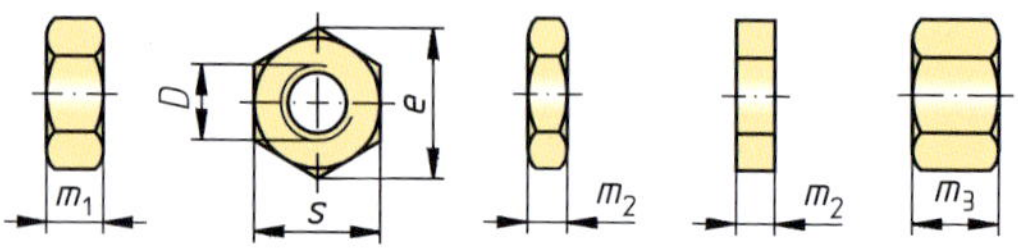

Gewindetoleranz: 6H
Produktklasse A: $d \leq$ M16
Produktklasse B: $d >$ M16
Werkstoff: Stahl, Festigkeitsklasse: [1]6, 8, 10, [2]04, 05, [4]8,10,12
Härte: [3]110 HV 30
nichtrostender Stahl: [1]A2-70, A4-70, [2]A2-035, A4-035

Beispiel: **Sechskantmutter ISO 4032 – M10 – 8**
Gewinde M10, Festigkeitsklasse 8

Maße in mm

D	M3 –	M4 –	M5 –	M6 –	M8 M8×1	M10 M10×1	M12 M12×1,5	M14 M14×1,5	M16 M16×1,5	M20 M20×1,5	M24 M24×2
s	5,5	7	8	10	13	16	18	21	24	30	36
e≈	6	7,7	8,8	11,1	14,4	17,8	20	23,4	26,8	33	39,6
m_1	2,4	3,2	4,7	5,2	6,8	8,4	10,8	12,8	14,8	18	21,5
m_2	1,8	2,2	2,7	3,2	4	5	6	7	8	10	12
m_3	–	–	–	–	7,5	9,3	12	14,1	16,4	20,3	23,9

Sechskantmuttern mit Klemmteil

Regelgewinde: **DIN EN ISO 7040[1], 10 511[2] : 2013-04, 2013-05**
Feingewinde: **DIN EN ISO 10512[3] : 2013-05**

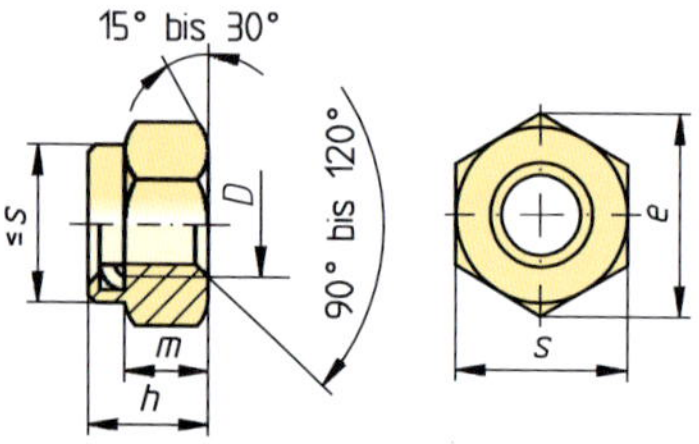

Gewindetoleranz: 6H
Produktklasse A: $d \leq$ M16
Produktklasse B: $d >$ M16
Werkstoff: Stahl, Festigkeitsklasse: [1]5, 8, 10, [2]04, 05, [3]6, 8,10

Beispiel: **Sechskantmutter ISO 10512 – M10×1 – 8**
Feingewinde M10×1, Festigkeitsklasse 8

Gestaltung des Klemmeinsatz nach Wahl z. B. Polyamid

Maße in mm

	D	M5 –	M6 –	M8 M8×1	M10 M10×1	M12 M12×1,5	M14 M14×1,5	M16 M16×1,5	M20 M20×1,5	M24 M24×2
	s_{max}	8	10	13	16	18	21	24	30	36
	e≈	8,8	11,1	14,4	17,8	20	23,4	26,8	33	39,6
ISO 7040, 10512 hohe Form	m_{min}	4,4	4,9	6,4	8	10,4	12,1	14,1	16,9	20,2
	h_{max}	6,8	8	9,5	11,9	14,9	17	19,1	22,8	27,1
ISO 10511 niedrige Form	m_{min}	2,45	2,9	3,7	4,7	5,7	6,4	7,4	9,1	10,9
	h_{max}	5	6	6,8	8,6	10,2	11,3	12,4	14,9	17,8

Sechskant-Kronenmuttern

DIN 935-1 : 2013-08

bis M10

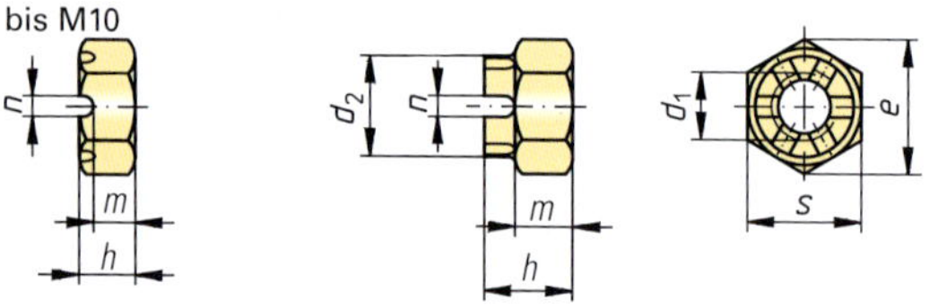

Gewindetoleranz: 6H
Produktklasse A: $d \leq$ M16
Produktklasse B: $d >$ M16
Werkstoff: Stahl, Festigkeitsklasse: 6, 8, 10
nichtrostender Stahl, A2-50, A2-70

Beispiel: **Kronenmutter DIN 935 – M20×2 – 8**
Feingewinde M20×2, Festigkeitsklasse 8

s und *e* vgl. DIN EN ISO 7040

d_1	M6 –	M8 M8×1	M10 M10×1,25	M12 M12×1,5	M14 M14×1,5	M16 M16×1,5	M20 M20×2	M24 M24×2	M30 M30×2
d_2	–	–	–	16	18	22	28	34	42
n	2	2,5	2,8	3,5	3,5	4,5	4,5	5,5	7
h	7,5	9,5	12	15	16	19	22	27	33
m	5	6,5	8	10	11	13	16	19	24
Splint[1]	1,6×14	2×16	2,5×20	3,2×22	3,2×25	4×28	4×36	5×40	6,3×50

[1] nach DIN EN ISO 1234

Muttern

Nutmuttern mit metrischem ISO Feingewinde DIN 1804 : 1971-03, Kreuzlochmuttern DIN 1816 : 1971-03

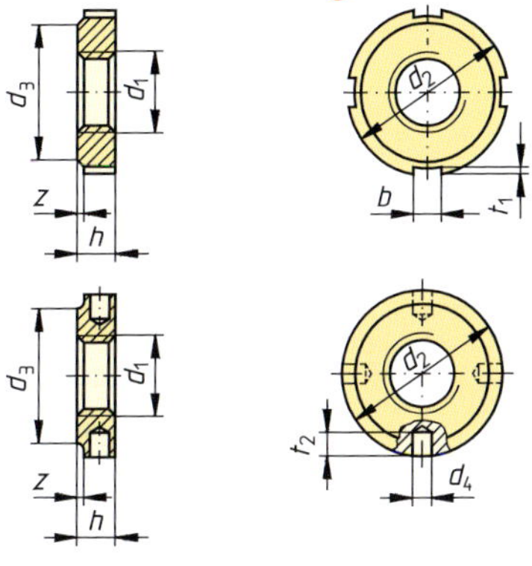

Maße in mm

d_1	d_2	d_3	d_4	h	z	b	t_1	t_2
M12×1,5	28	23	3	6	0,5	5	2	5
M16×1,5	32	27	4	7	0,5	5	2	6
M20×1,5	36	30	4	8	0,5	6	2,5	6
M24×1,5	42	36	4	9	0,5	6	2,5	6
M30×1,5	50	43	5	10	0,5	7	3	7
M35×1,5	55	48	5	11	0,5	7	3	7
M40×1,5	62	54	6	12	0,5	8	3,5	8
M45×1,5	68	60	6	12	0,5	8	3,5	8
M50×1,5	75	67	6	13	0,5	8	3,5	10
M55×1,5	80	70	6	13	0,5	10	4	10
M60×1,5	90	80	6	13	0,5	10	4	10
M65×1,5	95	85	8	14	0,5	10	4	12

Ausführung: w ungehärtet und ungeschliffen
h gehärtet und plangeschliffen

Beispiel: **Nutmutter DIN 1804 – M50×1,5 – h**
Gewinde M50×1,5, gehärtet

Nutmuttern für Wälzlager DIN 981 : 2009-06

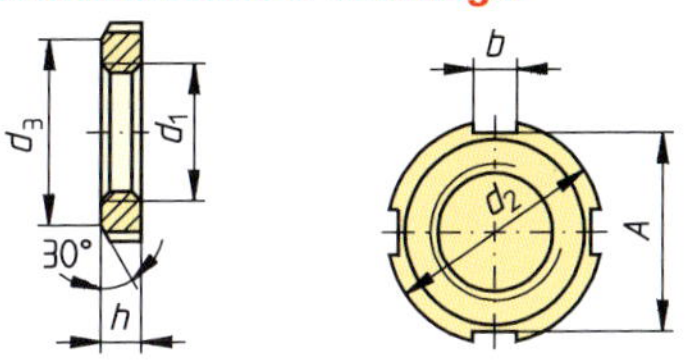

Maße in mm

Kurzz.	d_1	d_2	d_3	h	b	A
KM1	M12×1	22	17	4	3	18
KM2	M15×1	25	21	5	4	21
KM3	M17×1	28	24	5	4	24
KM4	M20×1	32	26	6	4	28
KM5	M25×1,5	38	32	7	5	34
KM6	M30×1,5	45	38	7	5	41
KM7	M35×1,5	52	44	8	5	48
KM8	M40×1,5	58	50	9	6	53
KM9	M45×1,5	65	56	10	6	60
KM10	M50×1,5	70	61	11	6	65
KM11	M55×2	75	67	11	7	69
KM12	M60×2	80	73	11	7	74

Werkstoff: Stahl, $R_m > 350\ N/mm^2$
Beispiel: **Nutmutter DIN 981 – KM4**
Feingewinde M20×1,
passendes Sicherungsblech MB DIN 5406

Vierkant-Schweißmuttern DIN 928 : 2013-12

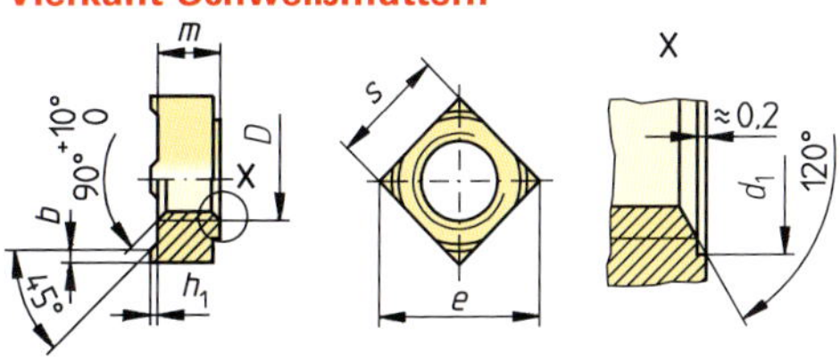

Maße in mm

D	b	d_1 H13	e	h_1	m h14	s h14
M4	0,8	5	9	0,6	3,5	7
M5	1	6	12	0,8	4,2	9
M6	1,2	7,5	13	0,8	5	10
M8	1,5	10	18	1	6,5	14
M10	1,8	12,5	22	1,2	8	17
M12	2	13,5	25	1,4	9,5	19
Werkstoff	Stahl (max. 0,25 % Kohlenstoffgehalt)					

Produktklasse: A

Beispiel: **Schweißmutter DIN 928 – M8 – St**
Gewinde M8, Stahl

Sechskant-Schweißmuttern DIN 929 : 2013-12

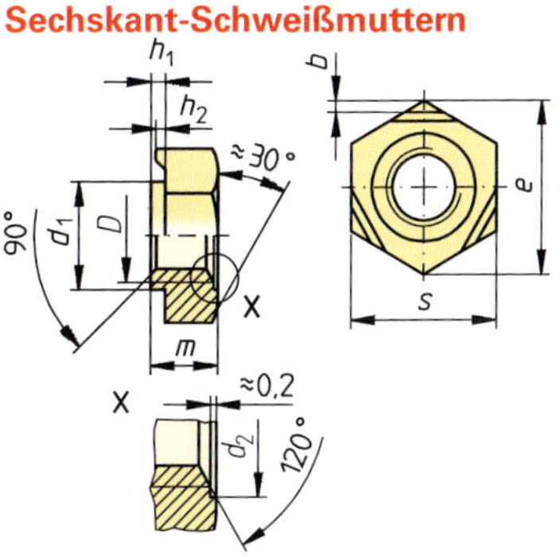

Maße in mm

D	b	d_1 d11	d_2 H13	e ≈	h_1	h_2	m h14	s h13
M3	0,8	4,5	4,5	8,2	0,55	0,25	3	7,5
M4	0,8	6	6	9,8	0,65	0,35	3,5	9
M5	0,8	7	7	11	0,7	0,4	4	10
M6	0,9	8	8	12	0,75	0,4	5	11
M8	1	10,5	10,5	15,4	0,9	0,5	6,5	14
M10	1,25	12,5	12,5	18,7	1,15	0,65	8	17
M12	1,25	14,8	14,8	20,9	1,4	0,8	10	19
M16	1,5	18,8	18,8	26,5	1,8	1	13	24
Werkstoff	Stahl (max. 0,25 % Kohlenstoffgehalt)							

Produktklasse: A
Beispiel: **Schweißmutter DIN 929 – M12 – St**
Gewinde M12, Stahl

Muttern

Sechskantmuttern mit Flansch

DIN EN 1661 : 1998-02

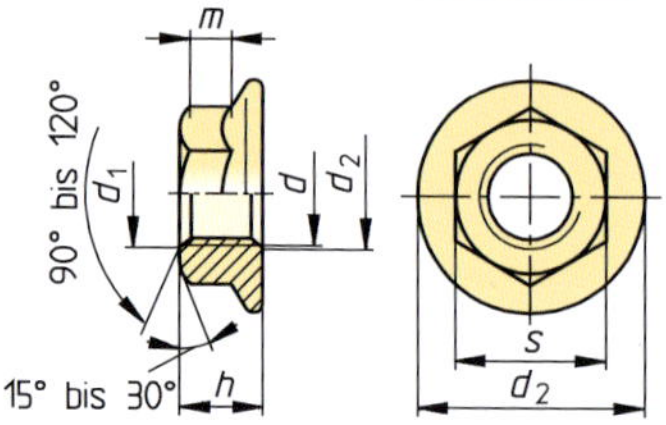

Werkstoff: Stahl, Festigkeitsklasse: 8, 10, 12
nichtrostender Stahl: A2-70

Maße in mm

d 6H	d_1	d_2	h_{max}	*m*	s_{max}
M5	5,75	11,8	5	2,5	8
M6	6,75	14,2	6	3,1	10
M8	8,75	17,9	8	4,6	13
M10	10,8	21,8	10	5,9	16
M12	13	26,0	12	6,8	18
(M14)	15,1	29,9	14	7,7	21
M16	17,3	34,5	16	8,9	24
M20	21,6	42,8	20	10,7	30

Produktklasse: A für $d \leq$ M16   B für $d >$ M16

Beispiel: Sechskantmutter EN 1661 – M12 – 10
Gewinde M12, Festigkeitsklasse 10

Sechskant-Hutmuttern, niedrige Form
hohe Form

DIN 917 : 2021-11
DIN 1587 : 2021-11

DIN 917

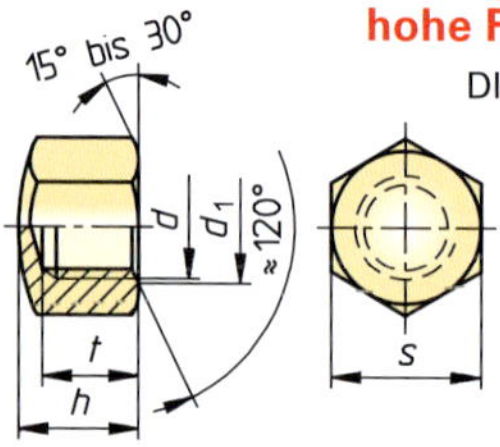

DIN 1587

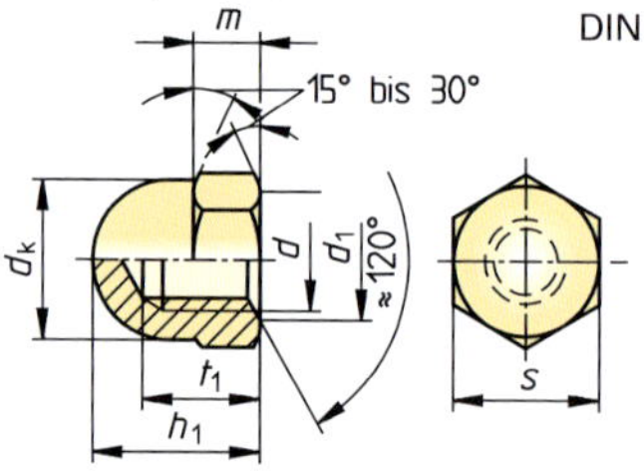

Werkstoff: Stahl, Festigkeitsklasse: 5, 6
nichtrostender Stahl: A1-50,
CuZn-Legierung

Maße in mm

d 6H	d_1	h_{max}	t_{min}	*s*	h_{1max}	t_{1min}	m_{max}	d_{kmax}
M4	4,6	5,5	4,2	7	8	5,3	3,2	6,5
M5	5,7	7	5	8	10	7,2	4	7,5
M6	6,7	9	6,7	10	12	7,7	5	9,5
M8	8,7	12	9,2	13	15	10,6	6,5	12,5
M8×1								
M10	10,8	14	10,6	16	18	12,6	8	15
M10×1								
M12	13	16	13,1	18	22	15,6	10	17
M12×1,5								
(M14)	15,1	18	14,6	21	25	17,6	11	20
(M14×1,5)								
M16	17,3	20	16,6	24	28	20,6	13	23
M16×1,5								
M20	19,5	22	18,6	27	34	25,6	16	28
M20×2								
M24	21,6	25	20,6	30	42	30,5	19	34
M24×2								

Produktklasse: DIN 917 : A   DIN 1587 : A oder B

Beispiel: **Hutmutter DIN 917 – M8 – 6**
Gewinde M8, Festigkeitsklasse 6

Beispiel: **Hutmutter DIN 1587 – M12 – SW18-6**
Gewinde M12, Schlüsselweite 18, Festigkeitsklasse 6

Ringschrauben
Ringmuttern

DIN 580 : 2018-04
DIN 582 : 2018-04

DIN 580

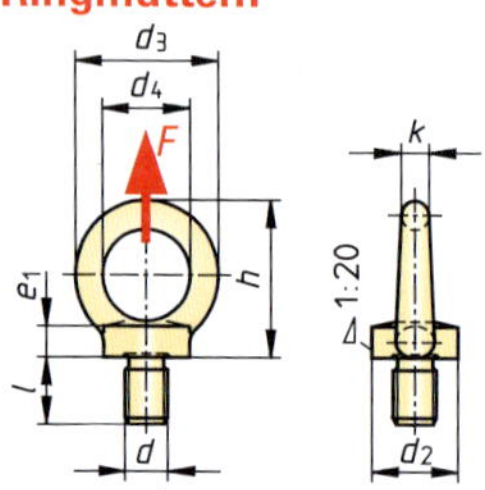

DIN 582

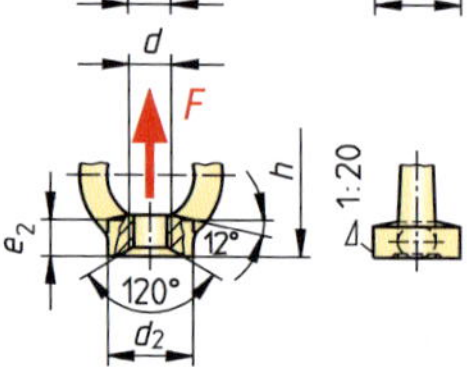

Werkstoff: Stahl: C15E,
nichtrostender Stahl: A2, A3, A4, A5

Maße in mm

d	d_2	d_3	d_4	e_1	e_2	*h*	*k*	*l*	*F*
M8	20	36	20	6	8,5	36	8	13	8,2
M10	25	45	25	8	10	45	10	17	13,5
M12	30	54	30	10	11	53	12	20,5	20
M16	35	63	35	12	13	62	14	27	41,2
M20	40	72	40	14	16	71	16	30	70,6
M24	50	90	50	18	20	90	20	36	106
M30	65	108	60	22	25	109	24	45	189
M36	75	126	70	26	30	128	28	54	271

F = Mindestbruchkraft für Stahl und nichtrostenden Stahl in kN

Beispiel: **Ringmutter DIN 582 – M20 – C15E**
Gewinde M20, Werkstoff C15E

Flache Scheiben für Sechskantschrauben und Muttern

DIN EN ISO 7089, 7090 : 2000-11

ISO 7089 ISO 7090

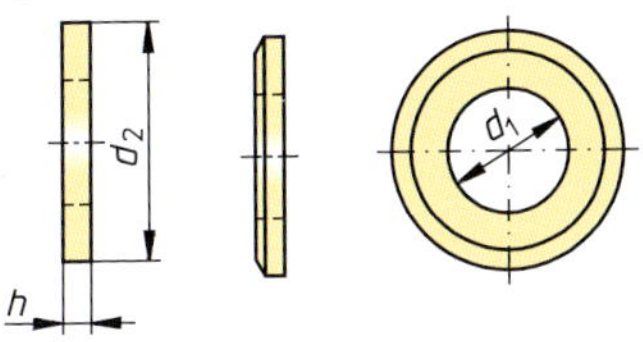

Maße in mm — Produktklasse A

Nenn-größe	3	4	5	6	8	10	12	14	16	20	24	30
d_1	3,2	4,3	5,3	6,4	8,4	10,5	13	15	17	21	25	31
d_2	7	9	10	12	16	20	24	28	30	37	44	56
h	0,5	0,8	1	1,6	1,6	2	2,5	2,5	3	3	4	4

Beispiel: **Scheibe ISO 7089 – 8 – 200 HV**
Nenngröße 8 mm, Härte 200 HV (ohne Fase)

Werkstoff: Stahl, Härte: 140, 200, 300 HV
nichtrostender Stahl: A2, A4

Scheiben für Bolzen

DIN EN 28738 : 1992-10
ISO 8738

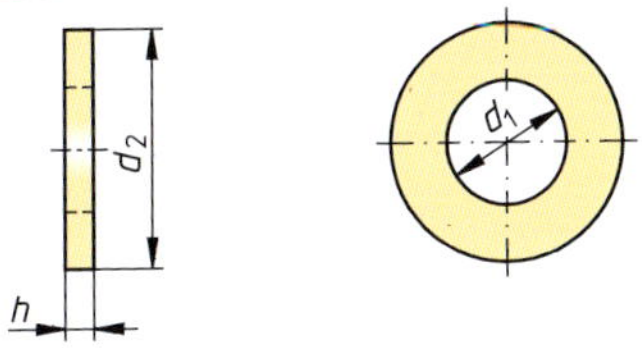

Maße in mm — Produktklasse A

d_1 H11	5	6	8	10	12	14	16	20	24	30	40	50
d_2	10	12	15	18	20	22	24	30	37	44	56	66
h	1	1,6	2	2,5	3	3	3	4	4	5	6	8

Beispiel: **Scheibe ISO 8738 – 20 – 160 HV**
Durchmesser d_1 = 20 mm, Härte 160 HV

Werkstoff: Stahl, Härte: 160 ... 250 HV

Flache Scheiben für Zylinderschrauben

DIN EN ISO 7092 : 2019-05

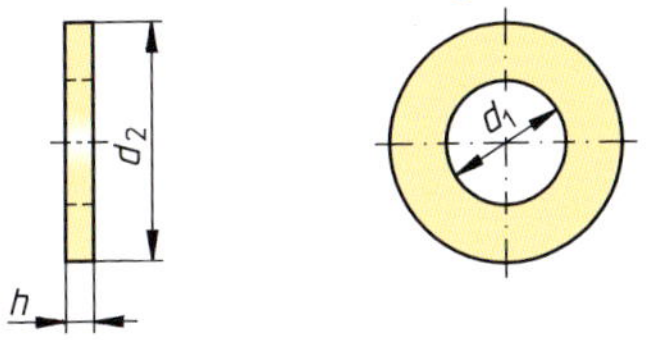

Maße in mm — Produktklasse A

Nenn-größe	3	4	5	6	8	10	12	14	16	20	24	30
$d_{1\,min}$	3,2	4,3	5,3	6,4	8,4	10,5	13	15	17	21	25	31
$d_{2\,max}$	6	8	9	11	15	18	20	24	28	34	39	50
h	0,5	0,5	1	1,6	1,6	1,6	2	2,5	2,5	3	4	4

Beispiel: **Scheibe ISO 7092 – 10 – 200 HV**
Nenngröße 10 mm, Härte 200 HV

Werkstoff: Stahl, Härte: 200, 300 HV
nichtrostender Stahl: A2, A4

Scheiben für Stahlkonstruktionen

DIN 7989-1, -2 : 2001-04

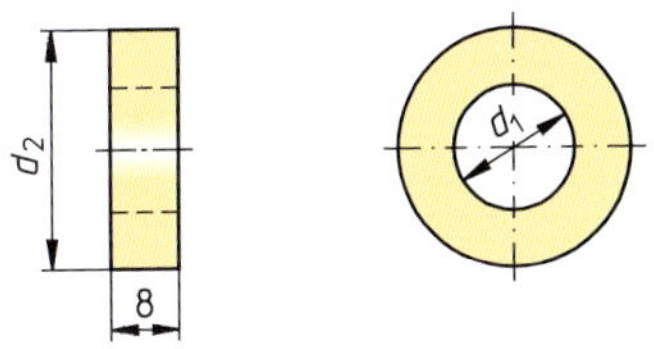

Maße in mm

Nenn-größe	10	12	16	20	24	27	30
$d_{1\,min}$	11	13,5	17,5	22	26	30	33
$d_{2\,max}$	20	24	30	37	44	50	56

DIN 7989 -1: Produktklasse C (gestanzt)
-2: Produktklasse A (gedreht)

Beispiel: **Scheibe DIN 7989 – 12 – C – 100 HV**
Nenngröße 12 mm, Produktklasse C, Härte 100 HV

Werkstoff: Stahl, Härte: 100 ... 250 HV 10

Spannscheiben für Schraubenverbindungen

DIN 6796 : 2009-08

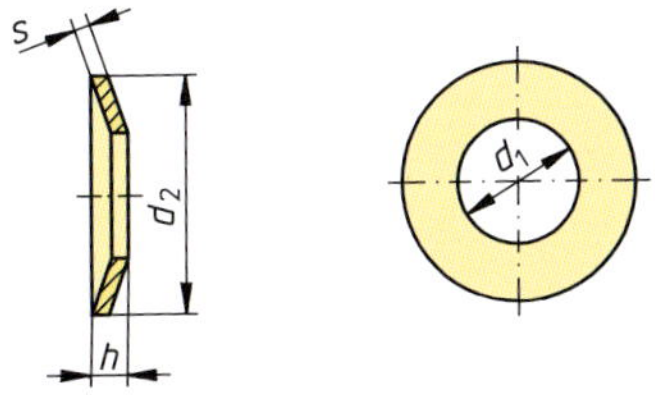

Maße in mm

Größe	4	5	6	8	10	12	14	16	20
d_1 H14	4,3	5,3	6,4	8,4	10,5	13	15	17	21
d_2 h14	9	11	14	18	23	29	35	39	45
s	1	1,2	1,5	2	2,5	3	3,5	4	5
h_{max}	1,3	1,55	2	2,6	3,2	3,95	4,65	5,25	6,4
h_{min}	1,12	1,35	1,7	2,24	2,8	3,43	4,04	4,58	5,6

Beispiel: **Spannscheibe DIN 6796 – 10 – FSt**
Nenngröße 10 mm, Federstahl

Werkstoff: Federstahl (FSt)
Anwendung: Schrauben mit Festigkeitsklasse 8.8 und 10.9

Stifte

Zylinderstifte

DIN EN ISO 2338 : 1998-02

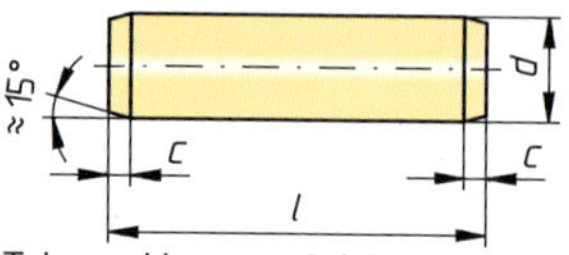

Toleranzklasse: m6, h8
Werkstoff: Automatenstahl, Härte: 125 … 245 HV
nichtrostender Stahl

Maße in mm

d	2	3	4	5	6	8	10	12	16	20	25	30
c ≈	0,35	0,5	0,6	0,8	1,2	1,6	2	2,5	3	3,5	4	5
l von	6	8	8	10	12	14	18	22	26	35	50	60
bis	20	30	40	50	60	80	95	140	180	200	200	200

Längen *l*: 6, 8, 10, 12, 14, 16, 18, 20, 22, 24, 26, 28, 30, 32, 35, 40, 45 … 100, 120, 140, 160, 180, 200 mm

Beispiel: **Zylinderstift ISO 2338 – 8m6 × 28 – St**
d = 8 mm, Toleranzfeld m6, Länge *l* = 28 mm, Stahl

Zylinderstifte

DIN EN ISO 8734 : 2019-05

Stiftende nach Wahl des Herstellers

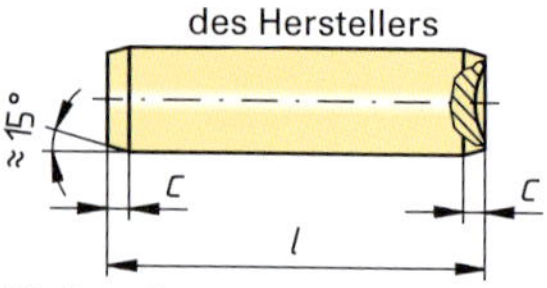

Werkstoff:
Typ A: 100Cr4, durchgehärtet
Typ B: 10Mn2, einsatzgehärtet
nichtrostender Stahl Sorte C1, gehärtet

Maße in mm

d m6	2	2,5	3	4	5	6	8	10	12	16	20
c ≈	0,35	0,4	0,5	0,63	0,8	1,2	1,6	2	2,5	3	3,5
l von	5	6	8	10	12	14	18	22	24	40	50
bis	20	24	30	40	50	60	80	100	100	100	100

Längen *l*: 5, 6, 8, 10 … 32, 35, 40, 45 … 100 mm

Beispiel: **Zylinderstift ISO 8734 – 8 × 28 – A – St**
d = 8 mm, Länge *l* = 28 mm, durchgehärteter Stahl (Typ A)

Beispiel: **Zylinderstift ISO 8734 – 6 × 30 – C1**
d = 6 mm, Länge *l* = 30 mm, Stahl Sorte C1

Kegelstifte

DIN EN 22339 : 1992-10
ISO 2339

Typ A: geschliffen
Typ B: gedreht

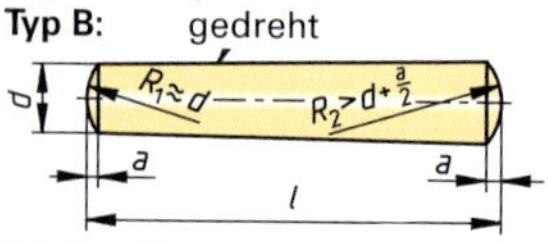

Werkstoff: Automatenstahl, Härte: 125 … 245 HV

Maße in mm

d h10	2	2,5	3	4	5	6	8	10	12	16	20
l von	10	10	12	14	18	22	22	26	32	40	45
bis	35	35	45	55	60	90	120	160	180	200	200

Längen *l* und Maß *a*: siehe Zylinderstifte (≙ *c*), DIN EN ISO 2338

Beispiel: **Kegelstift ISO 2339 – A – 5 × 50 – St**
geschliffen, d_1 = 5 mm, Länge *l* = 50 mm, Stahl

Kegelstifte mit Innengewinde

DIN EN 28736 : 1992-10
ISO 8736

Typ A: geschliffen
Typ B: gedreht

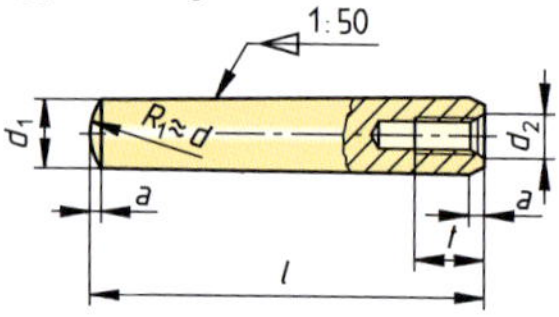

Werkstoff: Automatenstahl, Härte: 125 … 245 HV

Maße in mm

d_1 h10	6	8	10	12	16	20	25	30	40	50
d_2	M4	M5	M6	M8	M10	M12	M16	M20	M20	M24
t	6	8	10	12	16	18	24	30	30	36
l von	16	18	22	26	32	40	50	60	80	100
bis	60	80	100	120	160	200	200	200	200	200

Längen *l*: 16, 18, 20 … 32, 35, 40, 45 … 100, 120, 140 … 200 mm;
Maß *a*: siehe Zylinderstifte (≙ *c*)

Beispiel: **Kegelstift ISO 8736 – A – 6 × 30 – St**
geschliffen, d_1 = 6 mm, Länge *l* = 30 mm, Stahl

Kegelstifte mit Gewindezapfen

DIN EN 28737 : 1992-10
ISO 8737

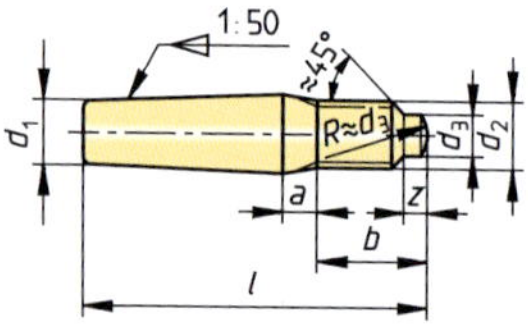

Werkstoff: Automatenstahl, Härte: 125 … 245 HV

Maße in mm

d_1 h10	5	6	8	10	12	16	20	25	30	40	50
a	2,4	3	4	4,5	5,3	6	6	7,5	9	10,5	12
b	15,6	20	24,5	27	30,5	39	39	45	52	65	78
d_2	M5	M6	M8	M10	M12	M16	M16	M20	M24	M30	M36
d_3	3,5	4	5,5	7	8,5	12	12	15	18	23	28
z	1,5	1,7	2,2	2,7	3,2	4,3	4,3	5,3	6,3	7,5	9,4
l von	40	45	55	65	85	100	120	140	160	190	220
bis	50	60	75	100	120	160	190	250	280	320	400

Längen *l*: 40, 45 … 65, 75, 85, 100, 120 … 160, 190, 220, 250, 280, 320, 360, 400 mm

Beispiel: **Kegelstift ISO 8737 – 8 × 75 – St**
d_1 = 8 mm, Länge *l* = 75 mm, Stahl

Stifte

Zylinderkerbstifte

DIN EN ISO 8740, 8741, 8742, 8744, 8745 : 1998-03

Zylinderkerbstift DIN EN ISO 8740

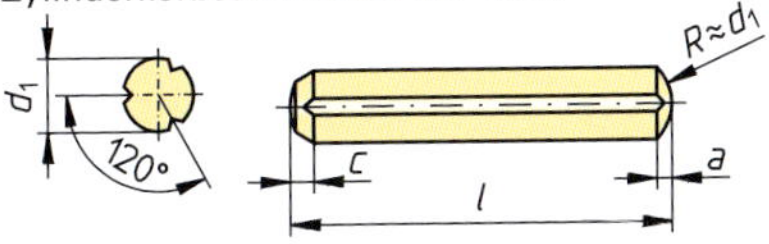

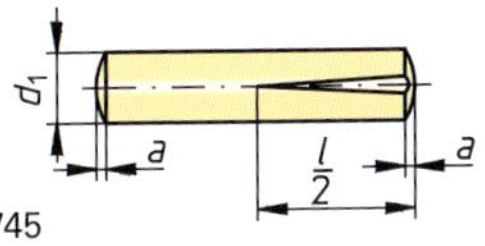

Passkerbstift DIN EN ISO 8745

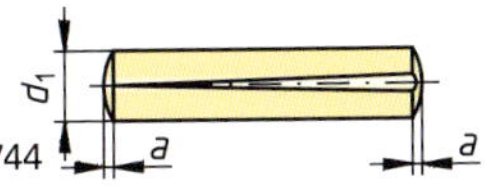

Kegelkerbstift DIN EN ISO 8744

Maße in mm

d_1 h11	2	2,5	3	4	5	6	8	10	12	16	20	25
c a≈	0,8 0,2	1 0,3	1,2 0,4	1,4 0,5	1,7 0,6	2,1 0,8	2,6 1	3 1,2	3,8 1,6	4,6 2	6 2,5	7,5 3
l von bis	8 30	10 30	10 40	10 60	14 60	14 100	14 100	14 100	18 100	22 100	26 100	26 100
Längen l	8, 10, 12 … 32, 35, 40, 45 … 100											
Werkstoff	Stahl, nichtrostender Stahl											

Steckkerbstift DIN EN ISO 8741

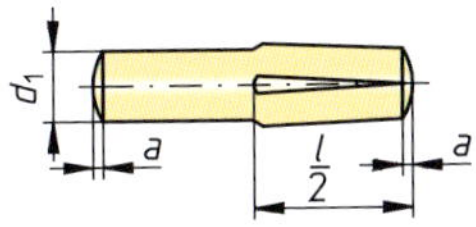

Knebelkerbstift DIN EN ISO 8742

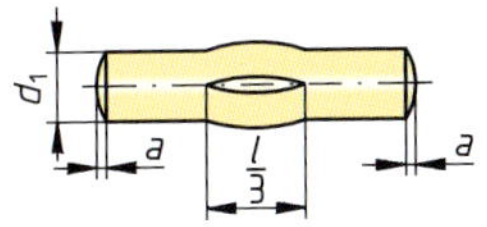

Beispiel: **Kerbstift ISO 8740 – 8×45 – St**
d_1 = 8 mm, Länge l=45 mm, Stahl

Spannstifte (Spannhülsen)

DIN EN ISO 8752 : 2009-10

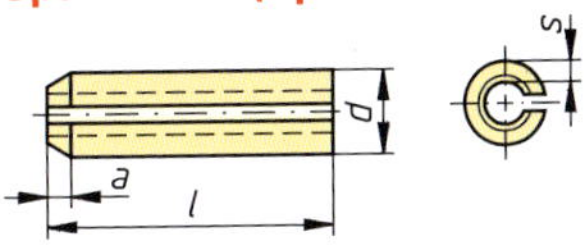

Maße in mm

Nenn-∅	2	3	4	5	6	8	10	12	14	16	20	25
d_{min} s a_{min}	2,3 0,4 0,35	3,3 0,6 0,5	4,4 0,8 0,65	5,4 1 0,9	6,4 1,2 1,2	8,5 1,5 1,6	10,5 2 2	12,5 2,5 2	14,5 3 2	16,5 3 2	20,5 4 3	25,5 5 3
l von bis	4 30	4 40	4 50	5 80	10 100	10 120	10 160	10 180	10 200	10 200	10 200	14 200
Längen l	4, 5, 6 ,8, 10 … 32, 35, 40, 45 … 100, 120, 140 … 200											
Werkstoff	Silicium-Manganstahl (gehärtet), nichtrostender Stahl, Sorte A oder C (gehärtet), Härte: 420 … 560 HV 30											

Beispiel:
Spannstift ISO 8752 – 12×32 – St
Nenn-∅ = 12mm, Länge l=32 mm, Stahl

Kerbnägel

Halbrundkerbnägel, Senkkerbnägel

DIN EN ISO 8746, 8747 : 1998-03

DIN EN ISO 8746 DIN EN ISO 8747

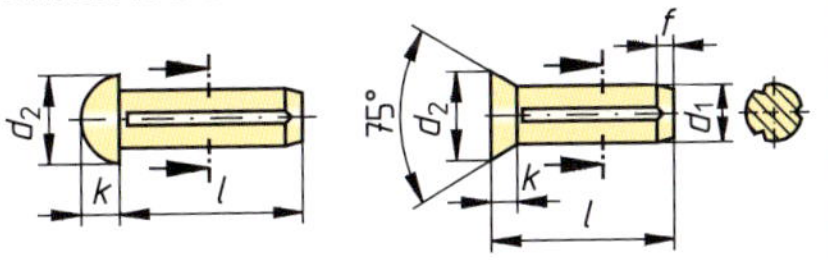

Maße in mm

d_1	2	3	4	5	6	8	10	12	16	20
d_2≈ f k≈	3,5 0,6 1,3	5,2 0,9 1,9	7 1,2 2,5	8,8 1,5 3,1	10,5 1,8 3,7	14 2,4 5	15,5 3,0 7,4	18,4 3,6 7,4	24,4 4,8 10,9	31,2 6 13,9
l von bis	3 12	4 16	5 20	6 25	8 30	10 40	12 40	16 40	20 40	25 400
Längen l	3, 4, 5, 6, 8, 10, 12, 16, 20, 25, 30, 35, 40									
Werkstoff	Kaltumformstahl (St), Härte: 125 … 245 HV 30									

Beispiel: **Kerbnagel ISO 8746 – 4×16 – St**
d_1 = 4 mm, Länge l=16 mm, Stahl

Splinte

DIN EN ISO 1234 : 1998-02

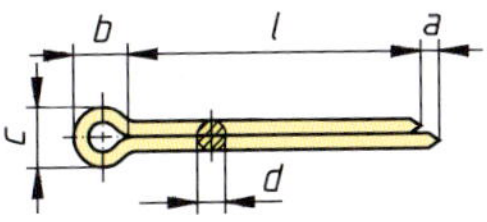

Beispiel:
Splint ISO 1234 – 3,2×40–St
Nenn- ∅ = 3,2 mm,
Länge l=40 mm, Stahl

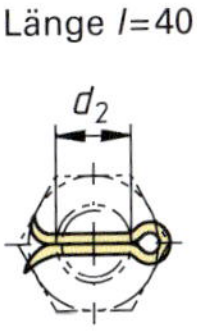

Maße in mm

Nenn-∅	1	1,2	1,6	2	2,5	3,2	4	5	6,3	8	10	13
d a_{max} b≈ c≈	0,85 1,6 3 1,7	0,95 2,5 3 1,9	1,35 2,5 3,2 2,6	1,75 2,5 4 3,4	2,2 2,5 5 4,3	2,8 3,2 6,4 5,6	3,6 4 8 6	4,5 4 10 8,6	5,8 4 12,6 11,2	7,4 4 16 14	9,4 6,3 20 18	12,3 6,3 26 23,5
l von bis	6 20	8 25	8 32	10 40	12 50	14 63	18 80	22 100	32 125	40 160	45 200	71 250
Längen l	4, 5, 6, 8, 10 … 22, 25, 28, 32, 36, 40, 45, 50, 56, 63, 71, 80, 90, 100, 112, 125, 140, 160, 180, 200, 224, 250, 280											
Werkstoff	Stahl (St), Kupfer (Cu), Kupfer-Zink-Legierung (CuZn), Aluminium-Legierung (Al), austenitischer nichtrostender Stahl (A)											
Durchmesserbereich d_2 Schrauben über bis	3,5 4,5	4,5 5,5	5,5 7	7 9	9 11	11 14	14 20	20 27	27 39	39 56	56 80	80 120
Durchmesserbereich d_2 Bolzen über bis	3 4	4 5	5 6	6 8	8 9	9 12	12 17	17 23	23 29	29 44	44 69	69 110

Niete

Halbrundniete 1 ... 8 mm

DIN 660 : 2012-01

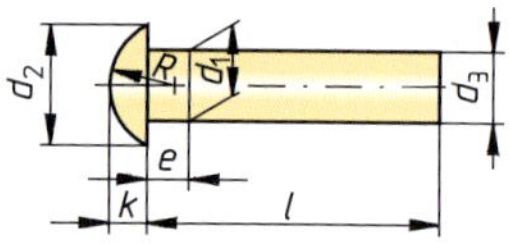

d_4 = Nietlochdurchmesser

Beispiel:
Niet DIN 660 – 6×25 – St
d_1 = 6 mm, Länge l=25 mm, Stahl (C4C oder C10C)

Maße in mm

d_1	1	1,2	1,6	2	2,5	3	4	5	6	8
d_2 h14, h15	1,8	2,1	2,8	3,5	4,4	5,2	7	8,8	10,5	14
d_3	0,93	1,13	1,52	1,87	2,37	2,87	3,87	4,82	5,82	7,76
d_4 H12	1,05	1,25	1,65	2,1	2,6	3,1	4,2	5,2	6,3	8,4
e	0,5	0,6	0,8	1	1,25	1,5	2	2,5	3	4
k js14	0,6	0,7	1	1,2	1,5	1,8	2,4	3	3,6	4,8
R≈	1	1,2	1,6	1,9	2,4	2,8	3,8	4,6	5,7	7,5
l von	2	2	2	2	3	3	4	5	6	8
bis	40	40	40	40	40	40	40	40	40	40
Längen l	2, 3, 4, 5, 6, 8, 10 ... 22, 25, 28, 30, 32, 35, 38, 40									

Halbrundniete 10 ... 36 mm

DIN 124 : 2011-03

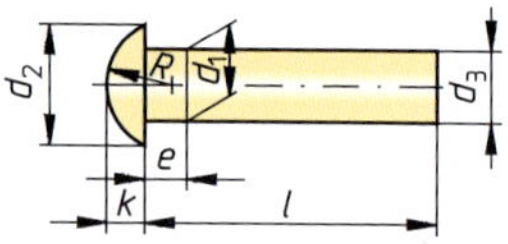

d_4 = Nietlochdurchmesser

Beispiel:
Niet DIN 124 – 16×40 – St
d_1 = 16 mm, Länge l=40 mm, Stahl (C4C oder C10C)

Maße in mm

d_1	10	12	14	16	18	20	22	24	30	36
d_2 h16	16	19	22	25	28	32	36	40	48	58
d_3	9,4	11,3	13,2	15,2	17,1	19,1	20,9	22,9	28,6	34,6
d_4 H12	10,5	13	15	17	19	21	23	25	31	37
e	5	6	7	8	9	10	11	12	15	18
k	6,5	7,5	9	10	11,5	13	14	16	19	23
R≈	8	9,5	11	13	14,5	16,5	18,5	20,5	24,5	30
l von	16	16	16	16	18	20	22	24	30	36
bis	160	160	160	160	160	160	160	160	160	160
Längen l	16, 18, 20 ... 40, 42, 45, 48, 50, 52, 55, 58, 60 ... 78, 80, 85, 90 ... 160									

Senkniete 1 ... 8 mm

DIN 661 : 2011-03

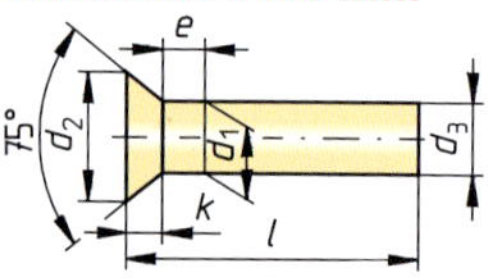

Beispiel: **Niet DIN 661 – 5×16 – St**
d_1 = 5 mm, Länge l=16 mm, Stahl (C4C oder C10C)

Maße in mm

d_1	1	1,2	1,6	2	2,5	3	4	5	6	8
k≈	0,5	0,6	0,8	1	1,2	1,4	2	2,5	3	4
l von	2	2	2	3	4	5	6	8	8	10
bis	40	40	40	40	40	40	40	40	40	40

Übrige Abmessungen d_2, d_3, d_4, e und l wie DIN 660

Senkniete 10 ... 36 mm

DIN 302 : 2011-03

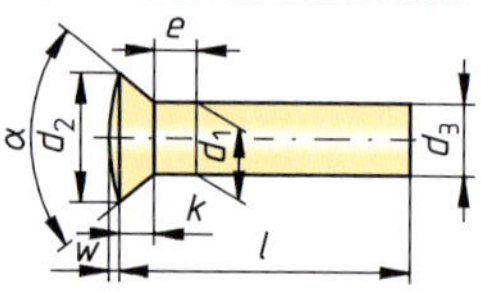

Beispiel:
Niet DIN 302 – 20×60 – St
d_1 = 20 mm, Länge l=60 mm, Stahl (C4C oder C10C)

Maße in mm

d_1	10	12	14	16	18	20	22	24	30	36
d_2 h16	14,5	18	21,5	26	30	31,5	34,5	38	42,5	51
k≈	3	4	5	6,5	8	10	11	12	15	18
w≈	1	1	1	1	1	1	2	2	2	2
α	75 °	75 °	75 °	75 °	75 °	60 °	60 °	60 °	45 °	45 °
l von	10	12	16	18	18	20	22	24	30	36
bis	160	160	160	160	160	160	160	160	160	160
Längen l	10, 12, 24 ... 40, 42, 45, 48, 50, 52, 55, 58, 60 ... 78, 80, 85, 90 ... 160									

Übrige Abmessungen d_3, d_4 und e wie DIN 124.

Halbhohlniet mit Senkkopf

DIN 6792 : 2011-03[1)]

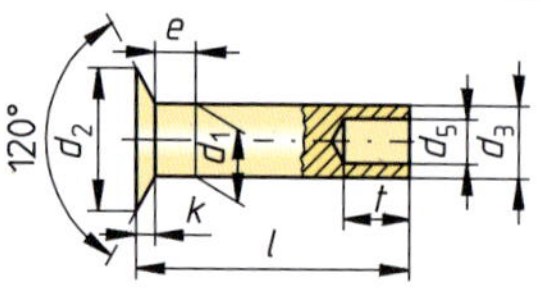

Beispiel:
Niet DIN 6792 – 8×35 – St
d_1 = 8 mm, Länge l=35 mm, Stahl (C4C oder C10C)

Maße in mm

d_1	1,6	2	2,5	3	4	5	6	8	10
d_2	3,2	4	5	6	8	10	12	16	20
d_5 H13	0,9	1,2	1,7	1,9	2,7	3,5	4,2	6	7,6
k js14	0,45	0,6	0,7	0,9	1,2	1,4	1,7	2,3	3
t	1,5	2,5	2,5	3	4	5	6,5	8	10
l von	3	4	4	5	6	8	10	12	16
bis	50	50	50	50	50	50	30	50	50
Längen l	3, 4, 5, 6, 8, 10, 12, 14, 16, 20, 25, 30 ... 50								

Übrige Abmessungen d_3, d_4, e wie DIN 660.

1) zurückgezogen

Niete

Offene Blindniete mit Sollbruchdorn

Flachkopf DIN EN ISO 15977 : 2011-02
Senkkopf DIN EN ISO 15978 : 2003-04

Flachkopf

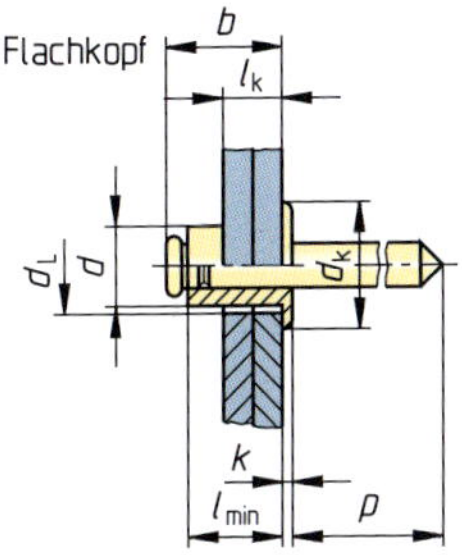

Nietlochdurchmesser $d_L = d + 0{,}2/+0{,}1$

Senkkopf

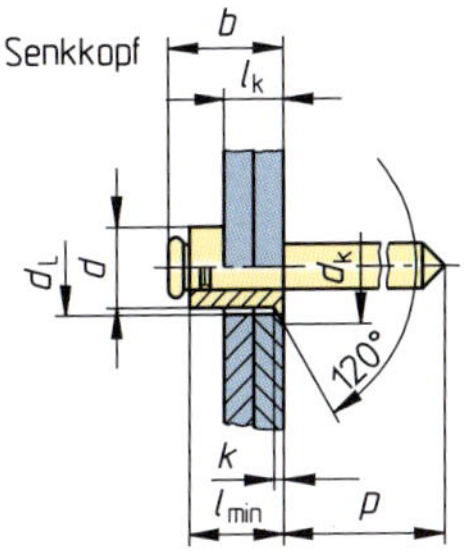

Maße in mm

Nennmaß *d*		2,4	3	3,2	4	4,8	5	6 [1]	6,4 [1]
$d_{k\,max}$		5,0	6,3	6,7	8,4	10,1	10,5	12,6	13,4
k_{max}		1	1,3	1,3	1,7	2	2,1	2,5	2,7
p_{min}		25	25	25	27	27	27	27	27
$b_{max} = l_{max} + \dots$		3,5	3,5	4	4	4,5	4,5	5	5,5
Schaftlänge		**empfohlene Klemmlängenbereiche l_k**							
l_{min}	l_{max}								
4	5	1,5 bis 2	0,5 bis 1,5 [1]		–	–		–	–
6	7	2 bis 4	2 bis 3,5		1 bis 3 [1]	1,5 bis 2,5 [1]		–	–
8	9	4 bis 6	3,5 bis 5		3 bis 5	2,5 bis 4		2 bis 3	–
10	11	6 bis 8	5 bis 7		5 bis 6,5	4 bis 6		3 bis 5	–
12	13	8 bis 9,5	7 bis 9		6,5 bis 8,5	6 bis 8		5 bis 7	3 bis 6
16	17	–	9 bis 13		8,5 bis 12,5	8 bis 12		7 bis 11	6 bis 10
20	21	–	13 bis 17		12,5 bis 16,5	12 bis 15		11 bis 15	10 bis 14
25	26	–	17 bis 22		16,5 bis 21	15 bis 20		15 bis 20	14 bis 18
30	31	–	–		–	20 bis 25		20 bis 25	18 bis 23

	Niethülse	**Nietdorn**
Werkstoff	Al-Legierung (AlA)	Stahl (St)
Festigkeitsklasse	niedrig (Klasse L) hoch (Klasse H)	

Beispiel: **Blindniet ISO 15978 – 4×12 – AlA/St – L**
mit Senkkopf, Nennmaßt $d = 4$ mm, Schaftlänge $l = 12$ mm, Niethülse: Al-Legierung (Klasse L), Nietdorn: Stahl

[1] nur Flachkopf

Bolzen

Bolzen ohne und mit Kopf

DIN EN 22340, 22341 : 1992-10
ISO 2340, 2341

DIN EN 22340

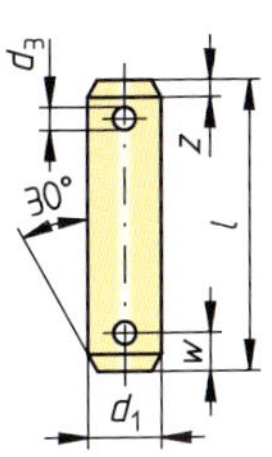

DIN EN 22341

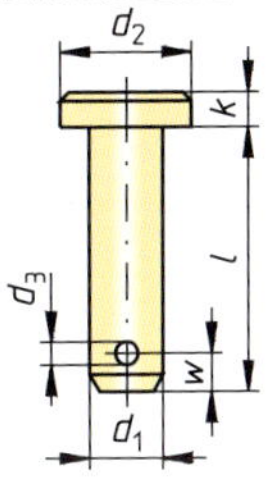

Form A: ohne Splintlöcher
Form B: mit Splintlöcher

Maße in mm

d_1 h11	5	6	8	10	12	14	16	20	24	30	40	50
d_2 h14	8	10	14	18	20	22	25	30	36	44	55	66
d_3 H13	1,2	1,6	2	3,2	3,2	4	4	5	6,3	8	8	10
w	2,9	3,2	3,5	4,5	5,5	6	6	8	9	10	10	12
z	2	2	2	2	3	3	3	4	4	4	4	4
k js14	1,6	2	3	4	4	4	4,5	5	6	8	8	9
l von	10	12	16	20	24	28	32	40	50	60	80	100
bis	50	60	80	100	120	140	160	200	200	200	200	200
Längen *l*	10, 12, 14 … 32, 35, 40, 45 … 100, 120, 140 … 200											
Werkstoff	Automatenstahl (St), Härte 125 … 245 HV											

Beispiel: **Bolzen ISO 2340 – B – 12×60 – St**
ohne Kopf, mit Splintlöchern (Form B), $d_1 = 12$ mm, Länge $l = 60$ mm, Automatenstahl

Bolzen mit Kopf und Gewindezapfen

DIN 1445 : 2011-02

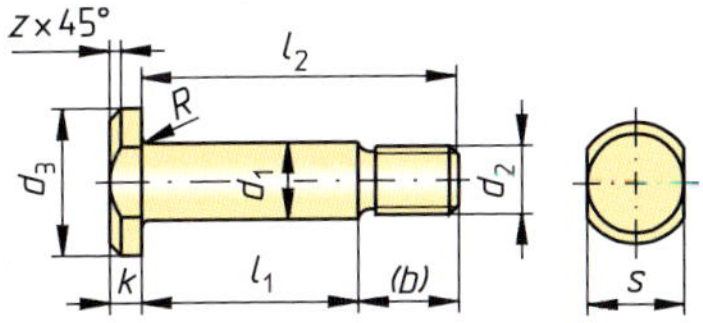

Maße in mm

d_1 h11	8	10	12	14	16	18	20	24	27	30
b_{min}	11	14	17	20	20	20	25	29	29	36
d_2	M6	M8	M10	M12	M12	M12	M16	M20	M20	M24
d_3 h14	14	18	20	22	25	28	30	36	40	44
k js14	3	4	4	4	4,5	5	5	6	6	8
R	0,6	0,6	0,6	0,6	0,6	1	1	1	1	1
s	11	13	17	19	22	24	27	32	36	36
z	1	1	1,6	1,6	1,6	1,6	2	2	2	2
Längen l_2	l_2 = Klemmlänge l_1 + Zapfenlänge *b* 16, 20, 25, 30, 35 … 200; über 200 je 20 gestuft									
Werkstoff	Automatenstahl (St), Härte 125 … 245 HV									

Beispiel:
Bolzen DIN 1445 – 10h11×30×50 – St
mit Gewindezapfen, $d_1 = 10$ mm, Toleranzfeld h11, Klemmlänge $l_1 = 30$ mm, Länge $l_2 = 50$ mm, Automatenstahl

Sicherungselemente

Sicherungsscheiben

DIN 6799 : 2017-06

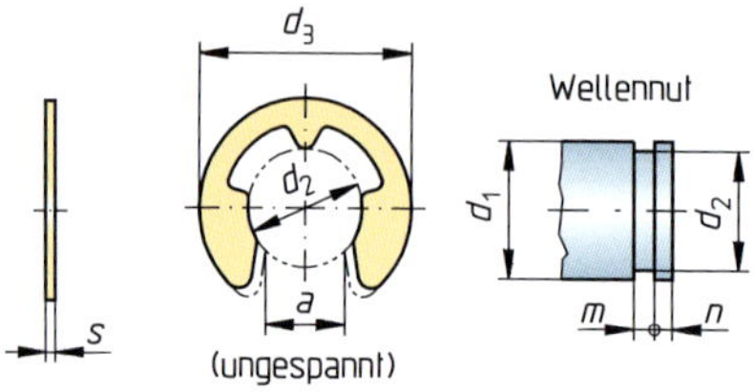

Werkstoff: Federstahl

Beispiel: **Sicherungsscheibe DIN 6799 – 10**
Nutdurchmesser d_2 = 10 mm

Maße in mm

Nut-∅ d_2 h11	d_1 von	d_1 bis	d_3 gesp.	a	s	m	m zul. Abw.	n mind.
1,2	1,4	2	3,25	1	0,3	0,34	+0,04 / 0	0,6
1,5	2	2,5	4,25	1,3	0,4	0,44		0,8
1,9	2,5	3	4,8	1,6	0,5	0,54	+0,05 / 0	1
2,3	3	4	6,3	1,9	0,6	0,64		1
3,2	4	5	7,3	2,7	0,6	0,64		1
4	5	7	9,3	3,3	0,7	0,74		1,2
5	6	8	11,3	4,1	0,7	0,74		1,2
6	7	9	12,3	5,3	0,7	0,74		1,2
7	8	11	14,3	5,8	0,9	0,94		1,5
8	9	12	16,3	6,5	1	1,05	+0,08 / 0	1,8
9	10	14	18,8	7,6	1,1	1,15		2
10	11	15	20,4	8,3	1,2	1,25		2

Sicherungsringe

Maße in mm

DIN 471 : 2011-4, DIN 472 : 2017-06

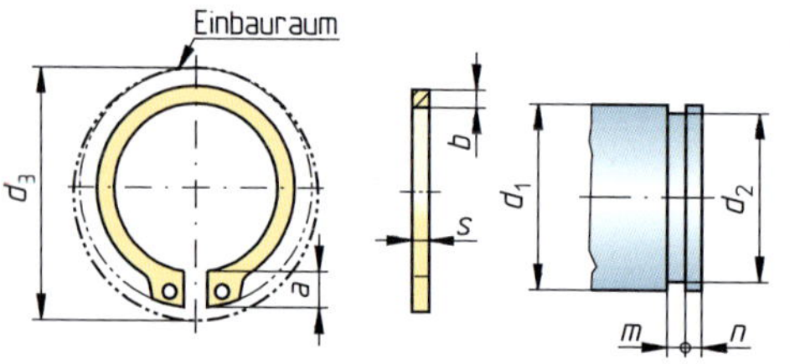

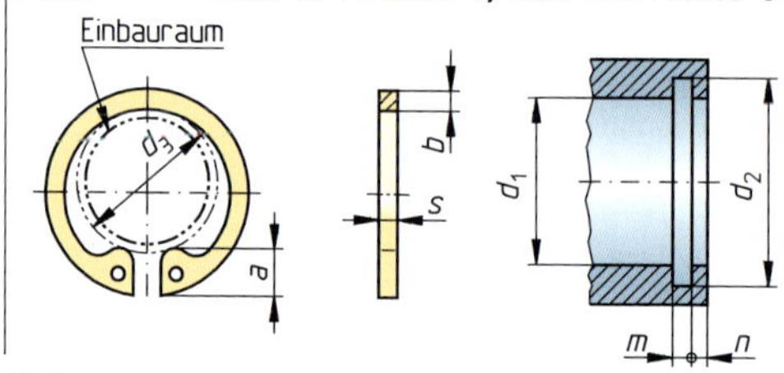

Wellen, DIN 471 — Werkstoff: Federstahl

d_1 Welle	d_2 h12	d_3	a max.	b ≈	m H13	n mind.	s
10	9,6	17	3,3	1,8	1,1	0,6	1
12	11,5	19	3,3	1,8	1,1	0,8	1
14	13,4	21,4	3,5	2,1	1,1	0,9	1
15	14,3	22,6	3,6	2,2	1,1	1,1	1
16	15,2	23,8	3,7	2,2	1,1	1,2	1
18	17	26,2	3,9	2,4	1,3	1,5	1,2
20	19	28,4	4	2,6	1,3	1,5	1,2
22	21	30,8	4,2	2,8	1,3	1,5	1,2
24	22,9	33,2	4,4	3	1,3	1,7	1,2
25	23,9	34,2	4,4	3	1,3	1,7	1,2
28	26,6	37,9	4,7	3.2	1,6	2,1	1,5
30	28,6	40,5	5	3,5	1,6	2,1	1,5
32	30,3	43	5,2	3,6	1,6	2,6	1,5
35	33	46,8	5,6	3,9	1,6	3	1,5
38	36	50,2	5,8	4,2	1,85	3	1,75
40	37,5	52,6	6	4,4	1,85	3,8	1,75
42	39,5	55,7	6,5	4,5	1,85	3,8	1,75
45	42,5	59,1	6,7	4,7	1,85	3,8	1,75
48	45,5	62,5	6,9	5	1,85	3,8	1,75
50	47	64,5	6,9	5,1	2,15	4,5	2
52	49	66,7	7	5,2	2,15	4,5	2
55	52	70,2	7,2	5,4	2,15	4,5	2
58	55	73,6	7,3	5,6	2,15	4,5	2
60	57	75,6	7,4	5,8	2,15	4,5	2
65	62	81,4	7,8	6,3	2,65	4,5	2,5
70	67	87	8,1	6,6	2,65	4,5	2,5
75	72	92,7	8,4	7	2,65	4,5	2,5
80	76,5	98,1	8,6	7,4	2,65	5,3	2,5
85	81,5	103,3	8,7	7,8	3,15	5,3	3
90	86,5	108,5	8,8	8,2	3,15	5,3	3
95	91,5	114,8	9,4	8,6	3,15	5,3	3
100	96,5	120,2	9,6	9	3,15	5,3	3

Bohrungen, DIN 472 — Werkstoff: Federstahl

d_1 Bohrung	d_2 H12	d_3	a max.	b ≈	m H13	n mind.	s
10	10,4	3,3	3,2	1,4	1,1	0,6	1
12	12,5	4,9	3,4	1,7	1,1	0,8	1
14	14,6	6,2	3,7	1,9	1,1	0,9	1
15	15,7	7,2	3,7	2	1,1	1,1	1
16	16,8	8	3,8	2	1,1	1,2	1
18	19	9,4	4,1	2,2	1,1	1,5	1
20	21	11,2	4,2	2,3	1,1	1,5	1
22	23	13,2	4,2	2,5	1,1	1,5	1
24	25,2	14,8	4,4	2,6	1,3	1,8	1,2
25	26,2	15,5	4,5	2,7	1,3	1,8	1,2
28	29,4	17,9	4,8	2,9	1,3	2,1	1,2
30	31,4	19,9	4,8	3	1,3	2,1	1,2
32	33.7	20,6	5,4	3,2	1,3	2,6	1,2
35	37	23,6	5,4	3,4	1,6	3	1,5
38	40	26,4	5,5	3,7	1,6	3	1,5
40	42,5	27,8	5,8	3,9	1,85	3,8	1,75
42	44,5	29,6	5,9	4,1	1,85	3,8	1,75
45	47,5	32	6,2	4,3	1,85	3,8	1,75
48	50,5	34,5	6,4	4,5	1,85	3,8	1,75
50	53	36,3	6,5	4,6	2,15	4,5	2
52	55	37,9	6,7	4,7	2,15	4,5	2
55	58	40,7	6,8	5	2,15	4,5	2
58	61	43,5	6,9	5,2	2,15	4,5	2
60	63	44,7	7,3	5,4	2,15	4,5	2
65	68	49	7,6	5,8	2,65	4,5	2,5
70	73	53,6	7,8	6,2	2,65	4,5	2,5
75	78	58,6	7,8	6,6	2,65	4,5	2,5
80	83,5	62,1	8,5	7	2,65	5,3	2,5
85	88,5	66,9	8,6	7,2	3,15	5,3	3
90	93,5	71,9	8,6	7,6	3,15	5,3	3
95	98,5	76,5	8,8	8,1	3,15	5,3	3
100	103,5	80,6	9	8,4	3,15	5,3	3

Beispiel: **Sicherungsring DIN 471 – 50×2**
Wellendurchmesser d_1 = 50 mm, Dicke s = 2 mm

Sicherungselemente

Sicherungsbleche mit Innennase

DIN 462 : 1973-09

für Nutmuttern nach DIN 1804

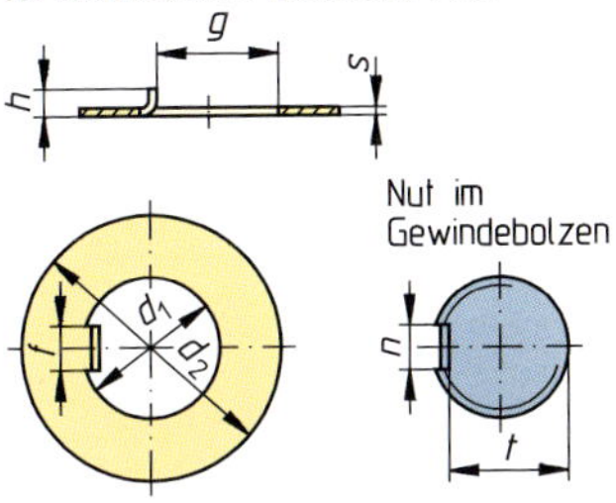

Beispiel: **Sicherungsblech DIN 462 – 20**
Lochdurchmesser d_1 = 20 mm

Maße in mm

Nenn-∅ d_1	d_2	f	g	h	s	Nut n	Nut t
12	28	5	9,3	3	0,8	5	9,2
16	32	5	13,5	3	1	5	13,4
20	36	6	17,5	4	1	6	17,4
24	42	6	21,6	4	1	6	21,5
30	50	7	27,5	5	1,2	7	27,4
35	55	7	32,6	5	1,2	7	32,4
40	62	8	37,3	5	1,2	8	37,2
45	68	8	42,4	5	1,2	8	42,2
50	75	8	47,4	5	1,2	8	47,2
55	80	10	52,3	6	1,2	10	52,1
60	90	10	57,3	6	1,5	10	57,1
65	95	10	62,4	6	1,5	10	62,2
Werkstoff	Stahlblech						

Sicherungsbleche

DIN 5406 : 2011-04

für Wälzlager-Nutmutter DIN 981
bzw. Spannhülsen DIN 5415

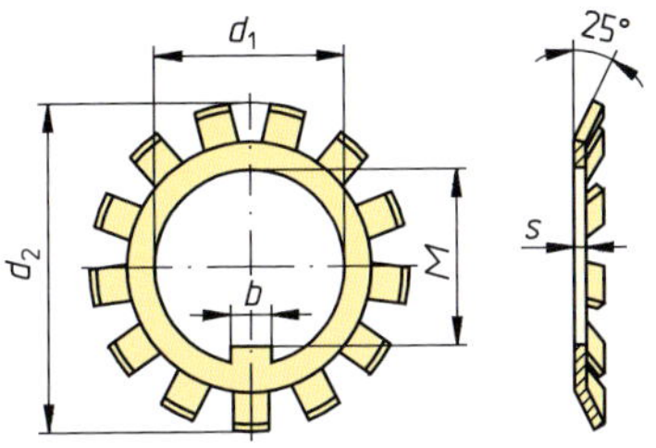

Beispiel: **Sicherungsblech DIN 5406 – MB 20**
Anwendung zusammen mit
Nutmutter DIN 981 KM 20

Maße in mm

Kurzzeichen	d_1 C11	d_2 js17	b a15	M C11	s	Mutter	Sicherungslappenanzahl N_{min} [1)]
MB1	12	25	3	10,5	1	KM1	11
MB2	15	28	4	13,5	1	KM2	11
MB3	17	32	4	15,5	1	KM3	11
MB4	20	36	4	18,5	1	KM4	11
MB6	30	49	5	27,5	1,25	KM6	13
MB8	40	62	6	37,5	1,25	KM8	13
MB10	50	74	6	47,5	1,25	KM10	13
MB12	60	86	8	57,5	1,5	KM12	17
MB14	70	98	8	66,5	1,5	KM14	17
MB16	80	112	10	76,5	1,75	KM16	17
MB18	90	126	10	86,5	1,75	KM18	17
MB20	100	142	12	96,5	1,75	KM20	17
Werkstoff	Stahl mit Zugfestigkeit R_m > 300 N/mm²						

1) bei Nutmutter mit 4 Nuten. Die äußere Lappenanzahl ist immer ungerade.

Runddraht-Sprengringe

DIN 9925, DIN 9926 : 2019-12

DIN 9925

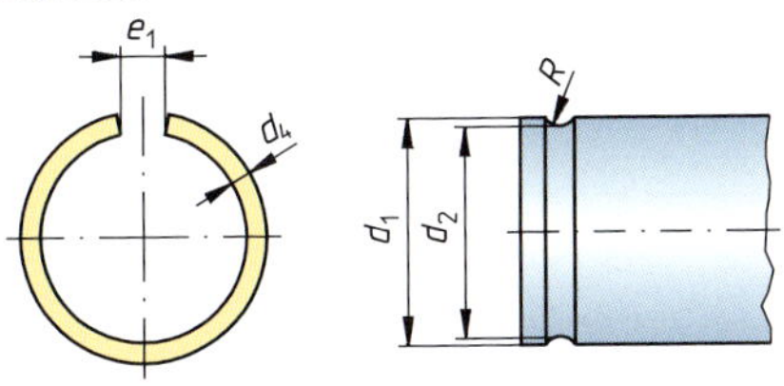

DIN 9926

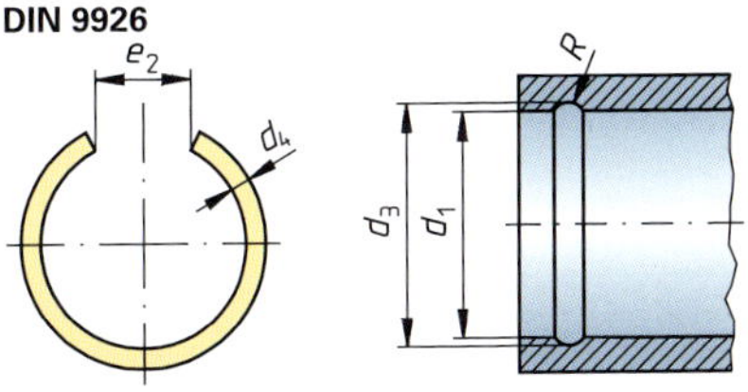

Beispiel: **Sprengring DIN 9926 - 30**
d_1 = 30 mm

Maße in mm

d_1	d_2	d_3	d_4	R	e_1 ≈	e_2 ≈
8	7,2	8,8	0,8	0,5	2	4
10	9,2	10,8	0,8	0,5	2	4
12	11	13	1	0,6	3	6
14	13	15	1	0,6	3	6
16	14,4	17,6	1,6	0,9	3	8
18	16,4	19,6	1,6	0,9	3	8
20	18	22	2	1,1	3	10
22	20	24	2	1,1	3	10
24	22	26	2	1,1	3	10
25	23	27	2	1,1	3	10
26	24	28	2	1,1	3	10
28	26	30	2	1,1	3	10
30	28	32	2	1,1	3	10
32	29,5	34,5	2,5	1,4	4	12
35	32,5	37,5	2,5	1,4	4	12
38	35,5	40,5	2,5	1,4	4	12
40	37,5	42,5	2,5	1,4	4	12
42	39,5	44,5	2,5	1,4	4	16
45	42,5	47,5	2,5	1,4	4	16
48	45,5	50,5	2,5	1,4	4	16
Werkstoff	Federstahldraht					

Welle-Nabe-Verbindungen

Keile DIN 6886 : 1967-12

Form A (Einlegekeil)

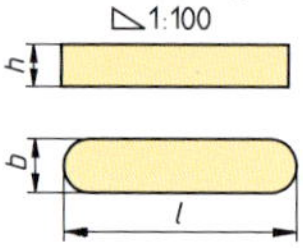

Form B (Treibkeil)

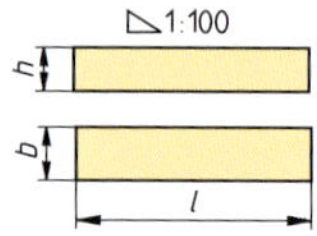

Nasenkeile DIN 6887 : 1968-04

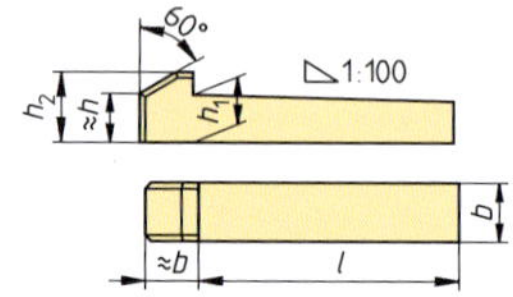

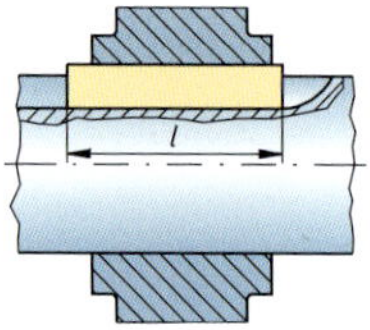

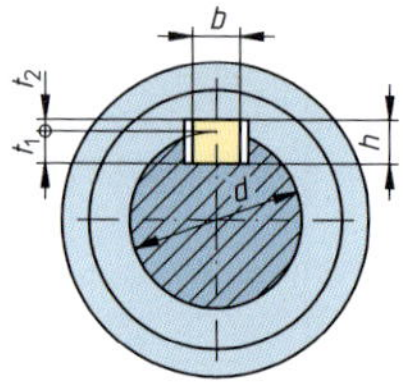

Naben- und Wellennutbreite *b*: D10
Werkstoff: Keilstahl nach DIN 6880
Beispiel: **Keil DIN 6886 – A14×9×50 – E335**
Form A (Einlegekeil), Breite *b*=14 mm, Höhe *h*=9 mm, Länge *l*=50 mm, E335

Maße in mm

Für Wellendurchmesser *d*		über / bis	8 10	10 12	12 17	17 22	22 30	30 38	38 44	44 50	50 58	58 65	65 75	75 85	85 95	95 110	110 130	130 150
Keilquerschnitt	Breite	*b*	3	4	5	6	8	10	12	14	16	18	20	22	25	28	32	36
	Höhe	*h*	3	4	5	6	7	8	8	9	10	11	12	14	14	16	18	20
Nuttiefen	Welle	t_1	1,8	2,5	3	3,5	4	5	5	5,5	6	7	7,5	9	9	10	11	12
	Nabe	t_2	0,9	1,2	1,7	2,2	2,4	2,4	2,4	2,9	3,4	3,4	3,9	4,4	4,4	5,4	6,4	7,1
Nasenkeile		h_1	–	4,1	5,1	6,1	7,2	8,2	8,2	9,2	10,2	11,2	12,2	14,2	14,2	16,2	18,3	20,4
		h_2	–	7	8	10	11	12	12	14	16	18	20	22	22	25	28	32
Längen		*l*	14, 16, 18, 20, 22, 25, 28, 32, 36, 40, 45, 50, 56, 63, 70, 80… (wie Passfedern DIN 6885)															

Flachkeile DIN 6883 : 1956-02 Hohlkeile DIN 6881 : 1956-02 Nasenflachkeile DIN 6884 : 1956-02 Nasenhohlkeile DIN 6889 : 1956-02

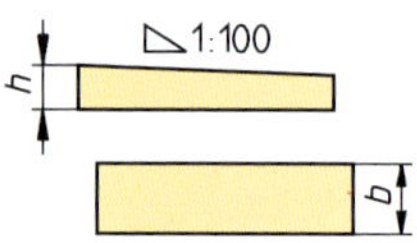

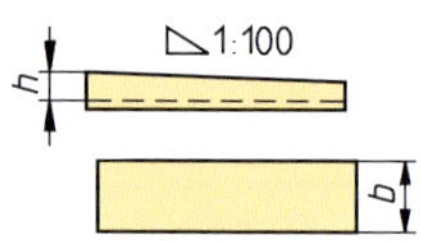

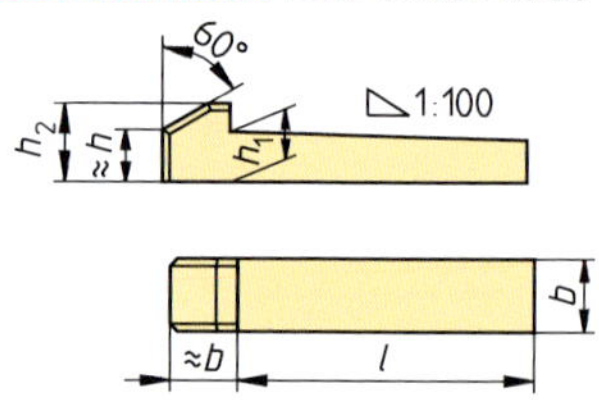

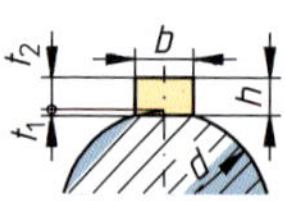

Passtoleranz für Naben- und Wellennutbreite b: D10

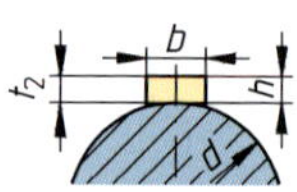

Beispiele: Breite *b*=12 mm, Höhe *h*=6 (4) mm, Länge *l*=63 mm

Flachkeil DIN 6883 – 12×6×63 **Hohlkeil DIN 6881 – 12×4×63** **Nasenhohlkeil DIN 6889 – 12×4×63**

Maße in mm

Für Wellendurchmesser *d*		über / bis	22 30	30 38	38 44	44 50	50 58	58 65	65 75	75 85	85 95	95 110	110 130	130 150
Abmessungen für Flachkeile														
Keilquerschnitt	Breite	*b*	8	10	12	14	16	18	20	22	25	28	32	36
	Höhe	*h*	5	6	6	6	7	7	8	9	9	10	11	12
Nuttiefen	Welle	t_1	1,3	1,8	1,8	1,4	1,9	1,9	1,9	1,8	1,9	2,4	2,3	2,8
	Nabe	t_2	3,2	3,7	3,7	4	4,5	4,5	5,5	6,5	6,4	6,9	7,9	8,4
Abmessungen für Hohlkeile														
Keilquerschnitt	Breite	*b*	8	10	12	14	16	18	20	22	25	28	32	36
	Höhe	*h*	3,5	4	4	4,5	5	5	6	7	7	7,5	8,5	9
Nuttiefe	Nabe	t_2	3,2	3,7	3,7	4	4,5	4,5	5,5	6,5	6,4	6,9	7,9	8,4
Zusätzliche Abmessungen für Nasenflach- und Nasenhohlkeile														
Nasenflachkeil		h_1	5,2	6,2	6,2	6,2	7,2	7,2	8,2	9,2	9,2	10,2	11,3	12,4
		h_2	9	10	10	11	13	14	16	18	18	20	22	25
Nasenhohlkeil		h_1	3,7	4,2	4,2	4,7	5,2	5,2	6,2	7,2	7,2	7,7	8,8	9,4
		h_2	7,5	8	8	9	11	11	14	15	18	20	22	25
Längen		*l*	20, 22, 25, 28, 32, 36, 40, 45, 50, 56, 63, 70, 80, 90… (wie Passfedern DIN 6885)											

Passfedern (hohe Form), Nuten

DIN 6885-1 : 2021-11

Form A **Form B** **Form C** **Form D** **Form E** **Form F**

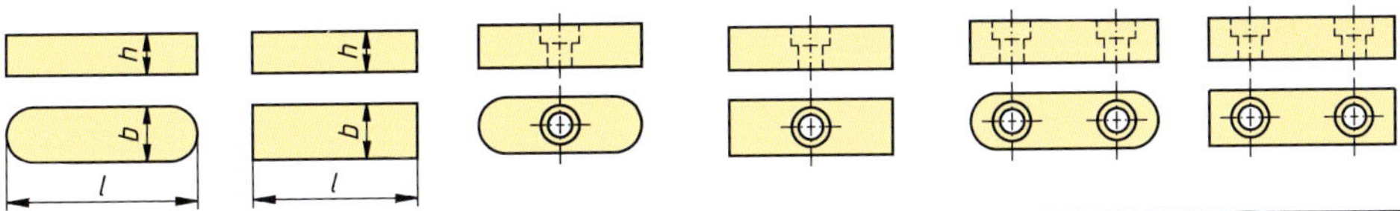

Werkstoff: E295

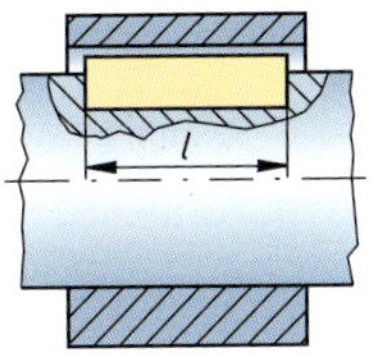

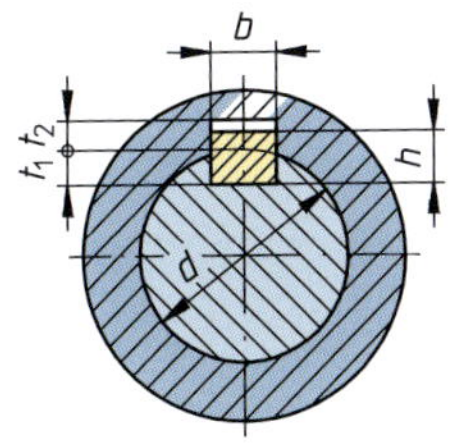

Maß		Toleranz
Wellennutbreite ***b***	fester Sitz leichter Sitz	P9 N9
Nabennutbreite ***b***	fester Sitz leichter Sitz	P9 JS9
Wellennuttiefe t_1 **Nabennuttiefe** t_2	Breitenbereich $b \leq 6$ mm 8 mm $\leq b \leq$ 32 mm $b \geq 36$ mm	 + 0,1 mm + 0,2 mm + 0,3 mm

Maße in mm

Für Wellendurchmesser *d* über / bis	8 10	10 12	12 17	17 22	22 30	30 38	38 44	44 50	50 58	58 65	65 75	75 85	85 95	95 110	110 130	130 150
Passfederquerschnitt Breite *b* / Höhe *h*	3 3	4 4	5 5	6 6	8 7	10 8	12 8	14 9	16 10	18 11	20 12	22 14	25 14	28 16	32 18	36 20
Wellennuttiefe t_1	1,8	2,5	3	3,5	4	5	5	5,5	6	7	7,5	9	9	10	11	12
Nabennuttiefe t_2 mit Spiel / mit Übermaß	1,4 0,9	1,8 1,2	2,3 1,7	2,8 2,2	3,3 2,4	3,3 2,4	3,3 2,4	3,8 2,9	4,3 3,4	4,4 3,4	4,9 3,9	5,4 4,4	5,4 4,4	6,4 5,4	7,4 6,4	8,4 7,1
Längen *l*	6, 8, 10, 12, 14, 16, 18, 20, 22, 25, 28, 32, 36, 40, 45, 50, 56, 63, 70, 80, 90, 100, 110, 125, 140, 160, 180, 200, 220, 250, 280, 320															

Beispiel: **Passfeder DIN 6885 – A16 × 10 × 50 – St**
Form A, b=16 mm, h=10 mm, l=50 mm, Stahl

Scheibenfedern

DIN 6888 : 2022-03

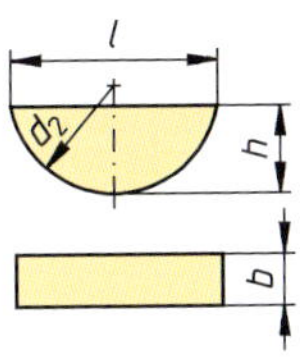

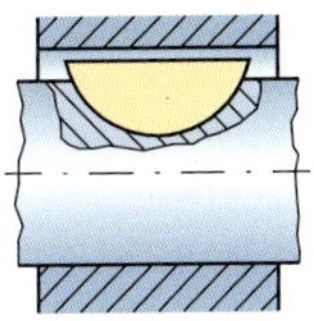

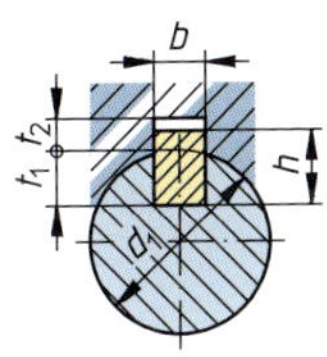

Beispiel: **Scheibenfeder DIN 6888 – 5 × 9 – E335**
b=5 mm, h=9 mm, E335

Werkstoff: E335
Toleranzen wie Passfedern DIN 6885

Maße in mm

Reihe I für Wellen-∅ d_1 über / bis	8 10				10 12			12 17			17 22			22 30			30 38		
Reihe II für Wellen-∅ d_1 über / bis	12 17				17 22			22 30			30 38			– –			– –		
Federquerschnitt Breite *b*	2,5	3			4			5			6			8			10		
Höhe *h*	3,7	3,7	5	6,5	5	6,5	7,5	6,5	7,5	9	7,5	9	11	9	11	13	11	13	16
Feder-∅ d_2	10	10	13	16	13	16	19	16	19	22	19	22	28	22	28	32	28	32	45
Federlänge *l*	9,7	9,7	12,7	15,7	12,7	15,7	18,6	15,7	18,6	21,6	18,6	21,6	27,4	21,6	27,4	31,4	27,4	31,4	43,1
Wellennuttiefe t_1	2,9	2,5	3,8	5,3	3,5	5	6	4,5	5,5	7	5,1	6,6	8,6	6,2	8,2	10	7,8	9,8	13
Nabennuttiefe t_2	1	1,4			1,7			2,2			2,6			3			3,4		

Reihe I: Scheibenfeder überträgt wie Passfeder das gesamte Drehmoment
Reihe II: Scheibenfeder dient zur Festlegung der Lage, das Drehmoment wird von einem anderen Element (z. B. Kegel) übertragen.

G Theoretische Grundlagen | K Technische Kommunikation | W Werkstofftechnik | M Maschinenelemente | F Fertigungstechnik | S Steuerungs-/Regelungstk. | A Anhang

Keilwellen

DIN 5464 : 2010-03, DIN ISO 14 : 1986-12

Keilnaben-Profil

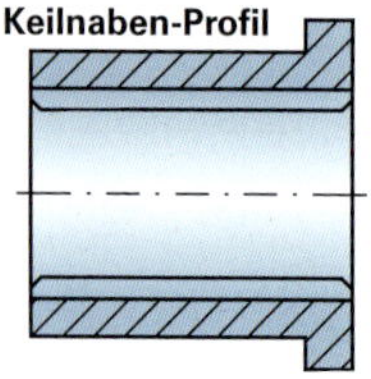

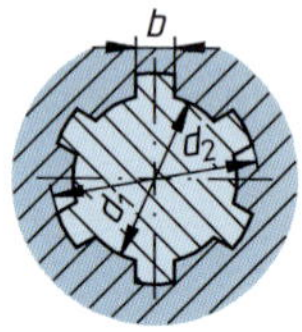

Keilflanken sind parallel

n = Anzahl der Keile

Keilwellen-Profil

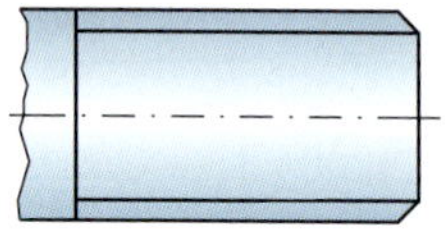

Beispiel: Keilzahl n × Innen-∅ d_1 × Außen-∅ d_2

Keilnaben-Profil ISO 14 – 8 × 42 × 46

Keilwellen-Profil ISO 14 – 8 × 42 × 46

Maße in mm

Leichte Reihe DIN ISO 14

n	d_1	d_2	b	Zentrierung
6	23	26	6	Innenzentrierung
	26	30	6	
	28	32	7	
8	32	36	6	Innen- oder Flankenzentrierung
	36	40	7	
	42	46	8	
	46	50	9	
	52	58	10	
	56	62	10	
	62	68	12	
10	72	78	12	
	82	88	12	
	92	98	14	
	102	108	16	
	112	120	18	

Mittlere Reihe DIN ISO 14

n	d_1	d_2	b	Zentrierung
6	18	22	5	Innenzentrierung
	21	25	5	
	23	28	6	
	26	32	6	
	28	34	7	
8	32	38	6	Innen- oder Flankenzentrierung
	36	42	7	
	42	48	8	
	46	54	9	
	52	60	10	
	56	65	10	
	62	72	12	
10	72	78	12	
	82	88	12	
	92	98	14	
	102	108	16	
	112	120	18	

Schwere Reihe DIN 5464

n	d_1	d_2	b	Zentrierung
10	21	26	3	Innen- oder Flankenzentrierung
	23	29	4	
	26	32	4	
	28	35	4	
	32	40	5	
	36	45	5	
	42	52	6	
	46	56	7	
16	52	60	5	Flankenzentrierung
	56	65	5	
	62	72	6	
	72	82	7	
20	82	92	6	
	92	102	7	
	102	115	8	
	112	125	9	

Keilwellen- und Keilnabenprofile

DIN 5471 : 1974-08, DIN 5472 : 1980-12

Für Werkzeugmaschinen:

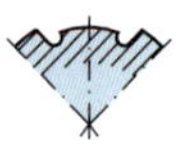

Form A
wälzgefräst

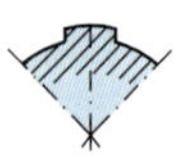

Form B
im Teilverfahren gefräst

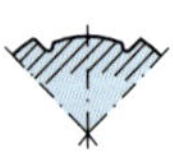

Form C
Keilflanken geschliffen

Maße in mm — nur Innenzentrierung

4 Keile DIN 5471 d_1	d_2	b	d_1	d_2	b	**6 Keile DIN 5472** d_1	d_2	b	d_1	d_2	b
11	15	3	32	38	10	21	25	5	46	52	12
13	17	4	36	42	12	23	28	6	52	60	14
16	20	6	42	48	12	26	32	6	58	65	14
18	22	6	46	52	14	28	34	7	62	70	16
21	25	8	52	60	14	32	38	8	68	78	16
24	28	8	58	65	16	36	42	8	72	82	16
28	32	10	62	70	16	42	48	10	78	90	16

Beispiel: **Nabe: Keilnabenprofil DIN 5471 – 32 × 38 × 10**
Welle: Keilwellenprofil DIN 5471 – A32g6 × 38 × 10
Innen-∅ d_1 × Außen-∅ × d_2 × Keilbreite

Toleranzen

Bauteil	Art der Zentrierung		DIN 5464 b ungehärtet	DIN 5464 b gehärtet	DIN 5464 d_1	DIN 5464 d_2	DIN 5471, 5472 b	DIN 5471, 5472 d_1	DIN 5471, 5472 d_2
Nabe	Innen- und Flankenzentrierung		D9	F10	H7	H11	D9	H7	H13
Welle	Innenzentrierung	Nabe beweglich	h8	e8	f7	a11	h9	g6	a11
		Nabe fest	p6	h6	j6			j6	
	Flankenzentrierung	Nabe beweglich	h8	e8	–			–	
		Nabe fest	u6	k6	–				

Passverzahnungen mit Kerbflanken

DIN 5481 : 2019-04

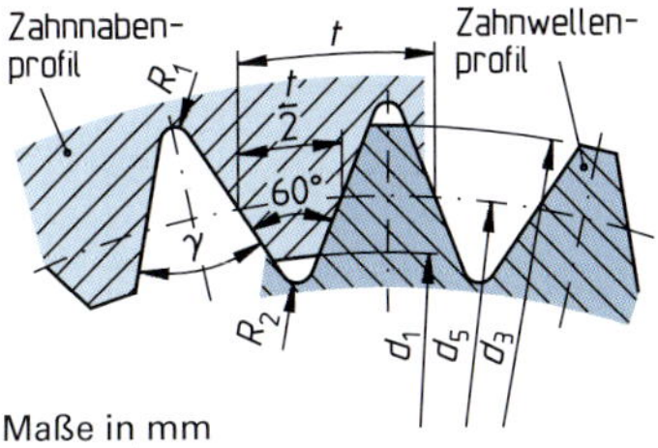

d_1	Bohrungsdurchmesser der Zahnnabe	in mm
d_3	Außendurchmesser der Zahnwelle	in mm
d_5	Teilkreisdurchmesser	in mm
z	Zähnezahl	
t	Teilung	
60°	Lückenwinkel der Welle	
γ	Lückenwinkel der Nabe	in °

Beispiel: **Kerbverzahnung DIN 5481 – 50 × 55**
Bohrungsdurchmesser Zahnnabe d_1 = 50 mm
Außendurchmesser Zahnwelle d_3 = 55 mm

Maße in mm

Kurzzeichen $d_1 \times d_3$	d_1 A11	d_3 a11	d_5	t	R_1	R_2	γ	z
8 × 10	8,1	10,1	9	1,010	0,08	0,08	47° 8′ 35″	28
10 × 12	10,1	12	11	1,152	0,1	0,1	48°	30
12 × 14	12	14,2	13	1,317	0,1	0,1	48° 23′ 14″	31
15 × 17	14,9	17,2	16	1,571	0,15	0,15	48° 45′	32
17 × 20	17,3	20	18,5	1,761	0,15	0,2	49° 5′ 27″	33
21 × 24	20,8	23,9	22	2,033	0,15	0,25	49° 24′ 42″	34
26 × 30	26,5	30	28	2,513	0,25	0,3	49° 42′ 52″	35
30 × 34	30,5	34	32	2,792	0,3	0,4	50°	36
36 × 40	36	39,9	38	3,226	0,5	0,4	50° 16′ 13″	37
40 × 44	40	44	42	3,472	0,5	0,4	50° 31′ 35″	38
45 × 50	45	50	47,5	3,826	0,5	0,4	50° 46′ 9″	39
50 × 55	50	54,9	52,5	4,123	0,6	0,4	51°	40
55 × 60	55	60	57,5	4,301	0,6	0,5	51° 25′ 43″	42

Polygon-Profil P3G

DIN 32711-2 : 2023-09

A Polygonwellen-Profil P3G

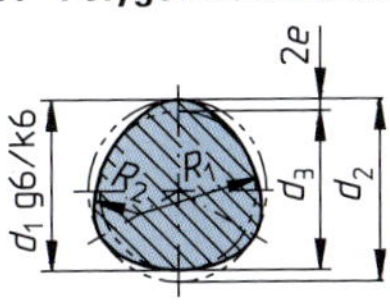

Beispiel:
Profil DIN 32711 – A P3G 40 g6
Polygonwellen-Profil A P3G,
d_1 = 40 mm, Toleranzfeld g6

d_1	Gleichdickdurchmesser	in mm
d_2	Außendurchmesser	in mm
d_3	Innenkreisdurchmesser	in mm
e	Exzentergröße	in mm
A	Querschnitt	in mm²
W_p	polares Widerstandsmoment	in mm³
W_x	axiales Widerstandsmoment	in mm³

Merkmale von P3G-Verbindungen:
- geringe, bzw. keine Kerbwirkung
- hohe Drehmomentübertragung
- Selbstzentrierung von Welle und Nabe unter Drehmoment
- nicht geeignet für unter Drehmoment längsverschiebbare Verbindungen

B Polygonnaben-Profil P3G

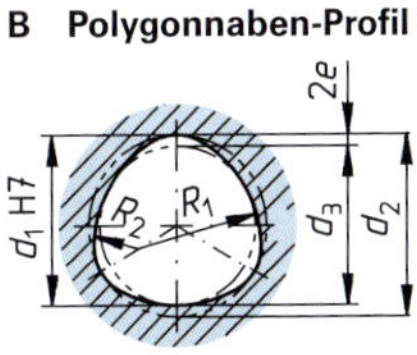

Beispiel:
Profil DIN 32711 – B P3G 40 g6
Polygonnaben-Profil B P3G,
d_1 = 40 mm, Toleranzfeld H7

Maße in mm

Nenngröße d_1	d_2	d_3	e js4	R_1	R_2	A[1] in mm²	W_p[1] $\cdot 10^3$ mm³	W_x[1] $\cdot 10^3$ mm³
16	17	15	0,5	11,25	4,75	197,92	0,69	0,37
18	19,12	16,88	0,56	12,64	5,36	250,53	0,98	0,53
20	21,26	18,74	0,63	14,1	5,9	309,17	1,34	0,72
22	23,4	20,6	0,7	15,55	6,45	373,98	1,78	0,96
25	26,6	23,4	0,8	17,7	7,3	482,83	2,61	1,41
28	29,8	26,2	0,9	19,85	8,15	605,57	3,66	1,97
30	32	28	1	21,5	8,5	694,29	4,48	2,42
32	34,24	29,76	1,12	23,28	8,72	788,48	5,38	2,92
35	37,5	32,5	1,25	25,63	9,37	942,48	7,02	3,81
40	42,8	37,2	1,4	29,1	10,9	1232,01	10,52	5,7
45	48,2	41,8	1,6	32,9	12,1	1558,26	14,93	8,1
50	53,6	46,4	1,8	36,7	13,3	1922,78	20,43	11,09
55	59	51	2	40,5	14,5	2325,56	27,13	14,74
60	64,5	55,5	2,25	44,63	15,37	2763,82	35	19,05
65	69,9	60,1	2,45	48,43	16,57	3242,88	44,45	24,21
70	75,6	64,4	2,8	53,2	16,8	3749,93	54,79	29,97
75	81,3	68,7	3,15	57,98	17,02	4293,17	66,6	36,57
80	86,7	73,3	3,35	61,78	18,22	4885,52	80,89	44,4
90	98	82	4	71	19	6160,66	113,41	62,56
100	109	91	4,5	79,25	20,75	7599,51	155,04	85,62

[1] näherungsweise nach DIN 32711-2

Welle-Nabe-Verbindungen

Morsekegel und metrische Kegel

DIN 228-1 : 1987-05, -2 : 1987-03

Form A Kegelschaft mit Anzugsgewinde

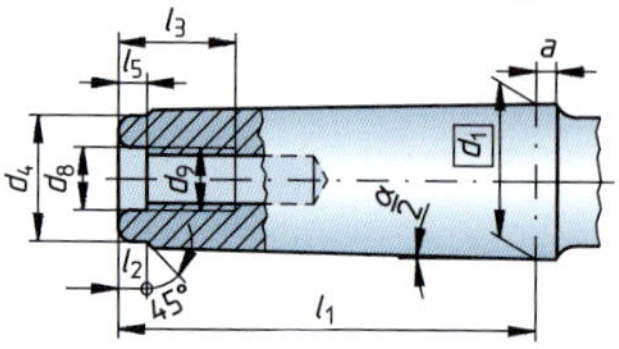

Form B Kegelschaft mit Austreiblappen

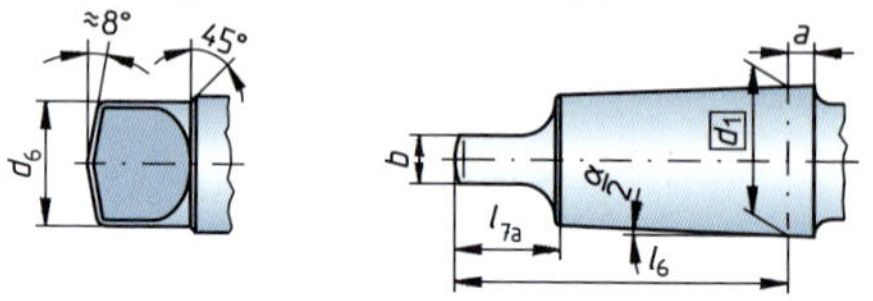

Form C Kegelhülse für Kegelschäfte mit Anzugsgewinde

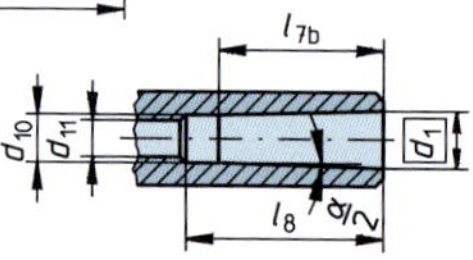

Form D Kegelhülse für Kegelschäfte mit Austreiblappen

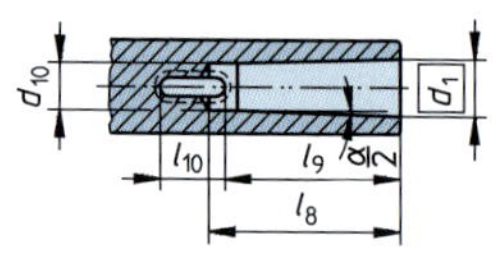

Beispiel: **Kegelschaft DIN 228 – MK – AK 4 AT 6**
Form A, Größe 4, Kegelwinkel-Toleranzqualität AT 6

Maße in mm

Größe	Metrische Kegel				Morsekegel (MK)						
	4	6	80	100	0	1	2	3	4	5	6
a	2	3	8	10	3	3,5	5	5	6,5	6,5	8
b	–	–	26	32	3,9	5,2	6,3	7,9	11,9	15,9	19
c	2,2	3,2	26	32	3,9	5,2	6,3	7,9	11,9	15,9	19
d_1	4	6	80	100	9,045	12,065	17,780	23,825	31,267	44,399	63,348
d_4	2,5	4	67	85	6	9	14	19	25	35,7	51
d_6	–	–	67	85	6	8,7	13,5	18,5	24,5	35,7	51
d_8	–	–	32	38	–	6,4	10,5	13	17	21	26
d_9	–	–	M30	M36	–	M6	M10	M12	M16	M20	M24
d_{10}	3	4,6	71,5	90	6,7	9,7	14,9	20,2	26,5	38,2	54,8
d_{11}	–	–	33	39	–	7	11,5	14	18	23	27
l_1	23	32	196	232	50	53,5	64	81	102,5	129,5	182
l_2	2	3	24	30	4	5	5	7	9	10	16
l_3	–	–	59	70	–	16	24	24	32	40	47
l_5	–	–	14	16	–	4	5	5,5	8,2	10	11,5
l_6	–	–	220	260	56,5	62	75	94	117,5	149,5	210
l_7a	–	–	48	58	10,5	13,5	16	20	24	29	40
l_7b	20	28	170	200	45	47	58	72	92	118	164
l_8	25	34	202	240	52	56	67	84	107	135	188
l_9	21	29	186	220	49	52	62	78	98	125	177
l_{10}	8	12	52	60	15	19	22	27	32	38	47
C	1:20				1:19,212	1:20,047	1:20,020	1:19,922	1:19,254	1:19,002	1:19,180
$\alpha/2$	1°25′ 56″				1°29′ 27″	1°25′ 43″	1°25′ 50″	1°26′ 16″	1°29′ 15″	1°30′ 26″	1°29′ 36″

Steilkegelschäfte für Werkzeuge und Spannzeuge

DIN 2080-1 : 2011-11

Form A
Ausführung des Überganges im Bereich e (z. B.) Freistich oder Rundung) nach Wahl des Herstellers

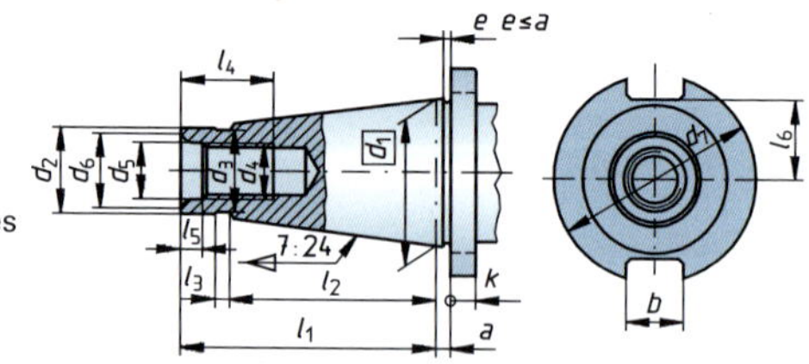

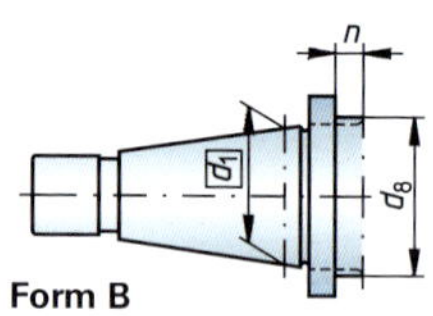

Form B
für Frontbefestigung
übrige Maße wie Form A

Beispiel: **Steilkegelschaft DIN 2080 – A 50 AT 4**
Form A, Kegel-Nr. 50, Kegelwinkel-Toleranzqualität AT 4

Maße in mm

Kegel-Nr.	a	b	d_1	d_2	d_3	d_4	d_5	d_6	d_7	d_8	k	l_1	l_2	l_3	l_4	l_5	l_6	n
30	1,6	16,1	31,75	17,4	16,5	M12	13	16	50	36	8	68,4	48,4	3	24	5,5	16,2	9
40	1,6	16,1	44,45	25,3	24	M16	17	21,5	63	50	10	93,4	65,4	5	32	8,2	22,5	11
45	3,2	19,3	57,15	32,4	30	M20	21	26	80	68	12	106,8	82,8	6	40	10	29	13
50	3,2	25,7	69,85	39,6	38	M24	26	32	97,5	78	12	126,8	101,8	8	47	11,5	35,3	16
60	3,2	25,7	107,95	60,2	58	M30	32	44	156	136	16	206,8	161,8	10	59	14	60	16

Passscheiben und Stützscheiben

DIN 988 : 1990-03

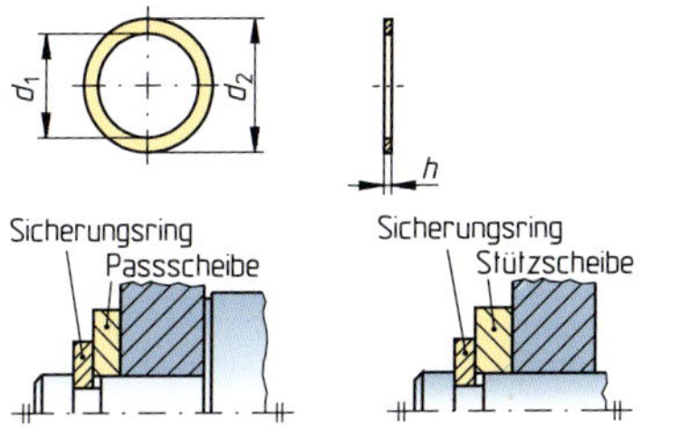

Funktion:	
Lagefixierung	Axialkräfteabstützung
Werkstoff:	
Stahl	Federstahl

Maße in mm

d_1 (D12)	**8**	**10**	**12**	**14**	**16**	**18**	**20**	**22**	**25**	**26**	**28**
d_2 (d12)	14	16	18	20	22	25	28	30	35	37	40

d_1 (D12)	**30**	**32**	**35**	**37**	**40**	**42**	**45**	**48**	**50**	**52**	**55**
d_2 (d12)	42	45	45	47	50	52	55	60	63	65	68

d_1 (D12)	**56**	**60**	**63**	**65**	**70**	**75**	**80**	**85**	**90**	**95**	**100**
d_2 (d12)	70	75	80	85	90	95	100	105	110	115	120

Dicke h: 0,1; 0,15; 0,2; 0,3; 0,5; 1; 1,1; 1,2; 1,3; 1,4; 1,5; 1,6; 1,7; 1,8; 1,9; 2,0

Beispiel: **Stützscheibe DIN 988 – 40 × 50 × 2,5**
Innen-∅ d_1 = 40 mm, Außen-∅ d_2 = 50 mm, Dicke h = 2,5 mm

Wellenenden

DIN 748-1 : 1970-01, DIN 1448-1 : 1970-01

zylindrisch, DIN 748-1

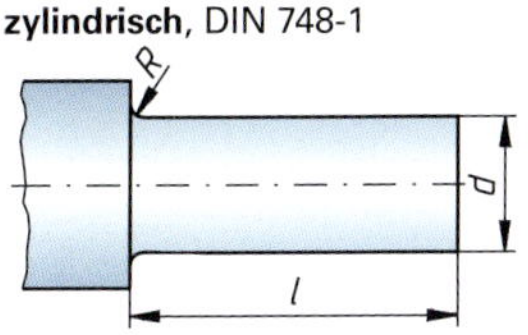

kegelig, DIN 1448-1

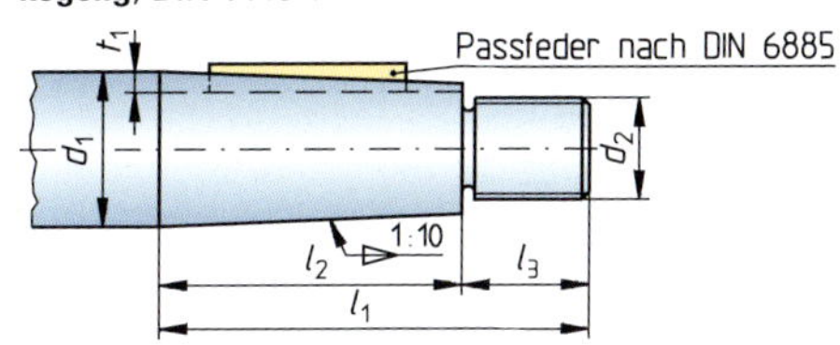

Maße in mm

d	**Toleranz-feld**	***l*** lang	***l*** kurz	***R***
10	k6	23	15	0,6
11		23	15	
12		30	18	
14		30	18	
16		40	28	
19		40	28	
20		50	36	
22		50	36	
24		50	36	
25		60	42	1
28		60	42	
30		80	58	
32		80	58	
35		80	58	
38		80	58	
40		110	82	
42		110	82	
45		110	82	
48		110	82	
50		110	82	
55	m6	110	82	1,6
60		140	105	
65		140	105	
70		140	105	
75		140	105	
80		170	130	
85		170	130	2,5
90		170	130	
95		170	130	
100		210	165	
110		210	165	
120		210	165	
140		250	200	4
160		300	240	
180		300	240	
200		350	280	6

d_1	***l_1*** lang	***l_1*** kurz	***l_2*** lang	***l_2*** kurz	***l_3***	**Passfeder** ***b × h***	**Gewinde** ***d_2***
10	23	–	15	–	8	2 × 2	M6
11	23	–	15	–	8	2 × 2	M6
12	30	–	18	–	12	3 × 3	M8 × 1
14	30	–	18	–	12	3 × 3	M8 × 1
16	40	28	28	16	12	3 × 3	M10 × 1,25
19	40	28	28	16	12	4 × 4	M10 × 1,25
20	50	36	36	22	14	4 × 4	M12 × 1,25
22	50	36	36	22	14	4 × 4	M12 × 1,25
24	50	36	36	22	14	5 × 5	M12 × 1,25
25	60	42	42	24	18	5 × 5	M16 × 1,5
28	60	42	42	24	18	5 × 5	M16 × 1,5
30	80	58	58	36	22	5 × 5	M20 × 1,5
32	80	58	58	36	22	6 × 6	M20 × 1,5
35	80	58	58	36	22	6 × 6	M20 × 1,5
38	80	58	58	36	22	6 × 6	M24 × 2
40	110	82	82	54	28	10 × 8	M24 × 2
42	110	82	82	54	28	10 × 8	M24 × 2
45	110	82	82	54	28	12 × 8	M30 × 2
48	110	82	82	54	28	12 × 8	M30 × 2
50	110	82	82	54	28	12 × 8	M36 × 3
55	110	82	82	54	28	14 × 9	M36 × 3
60	140	105	105	70	35	16 × 10	M42 × 3
65	140	105	105	70	35	16 × 10	M42 × 3
70	140	105	105	70	35	18 × 11	M48 × 3
75	140	105	105	70	35	18 × 11	M48 × 3
80	170	130	130	90	40	20 × 12	M56 × 4
85	170	130	130	90	40	20 × 12	M56 × 4
90	170	130	130	90	40	22 × 14	M64 × 4
95	170	130	130	90	40	22 × 14	M64 × 4
100	210	165	165	120	45	25 × 14	M72 × 4
110	210	165	165	120	45	25 × 14	M80 × 4
120	210	165	165	120	45	28 × 16	M90 × 4
140	250	200	200	150	50	32 × 18	M100 × 4
160	300	240	240	180	60	36 × 20	M125 × 4
180	300	240	240	180	60	40 × 22	M140 × 6
200	350	280	280	210	70	40 × 22	M160 × 6

Welle-Nabe-Verbindungen

Spannelemente

Spannelement (Herstellerunterlagen)

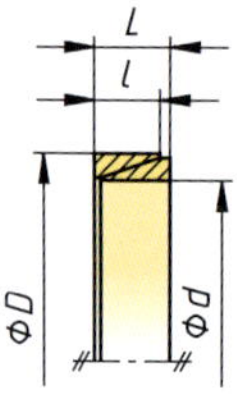

Einbaubeispiel

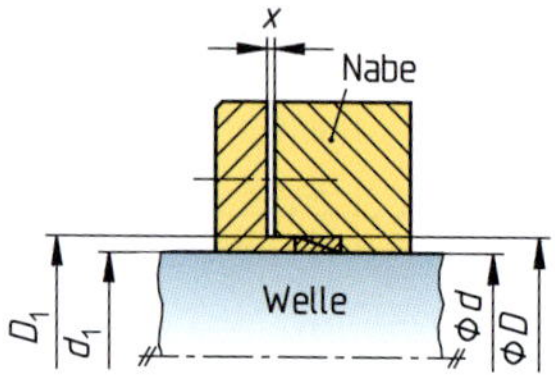

d, D, L, l	Grundabmessungen des Spannelements (ungespannt) in mm
d_1, D_1	Grundabmessungen von Druckflansch bzw. Distanzbuchse in mm
x	Spannweg inkl. Sicherheitsabstand in mm
T	übertragbares Drehmoment[1] in Nm
F_{ax}	übertragbare Axialkraft[1] in kN
F_V	Vorspannkraft in kN (siehe Seite M9)
$F_{A'}$	Spannkraft (Schraubenanzahl $i \times F_V$) in kN
F_0	Längskraft zur Spielüberbrückung in kN
$F_A = F_{A'} + F_0$	gesamte Spannkraft in kN
F_N	Anpresskraft in kN
m	Anzahlfaktor für hintereinandergeschaltete Spannelemente

Verteilung der Anpresskräfte bei n-Spannelementen

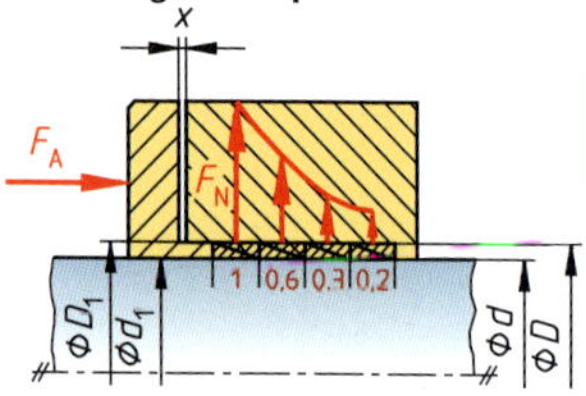

$$T_n = T_1 \cdot m$$
$$F_{axn} = F_{ax1} \cdot m$$

bei 2/3/4 Spannelementen ist m = 1,555/1,86/2,03

[1] bezogen auf Flächenpressung von 100 N/mm² zwischen Spannelement und Welle bei geölt eingebauten Spannelementen

	Welle	Nabenbohrung	Oberfläche
$d \leq 38$ mm	h6	H7	$R_a \leq 1\,\mu m$
$d > 38$ mm	h8	H8	

Maße in mm

Auswahl aus Werksnorm (Herstellerunterlagen)

$d \times D$	L	l	F_0 in kN	$F_{A'}$ in kN	T in Nm	F_{ax} in kN	Maß x bei Anzahl Spannelemente 1	2	3	4	d_1	D_1
10 × 13	4,5	3,7	6,95	6,3	7	1,4	2	2	3	3	10,1	12,9
11 × 14	4,5	3,7	7,5	6,9	8	1,5	2	2	3	3	11,1	13,9
12 × 15	4,5	3,7	6,9	7,5	10	1,67	2	2	3	3	12,1	14,9
13 × 16	4,5	3,7	6,4	8,2	12	1,81	2	2	3	3	13,1	15,9
14 × 18	6,3	5,3	11,2	12,6	20	2,8	3	3	4	5	14,1	17,9
15 × 19	6,3	5,3	10,7	13,5	23	3	3	3	4	5	15,1	18,9
16 × 20	6,3	5,3	10,1	14,4	26	3,19	3	3	4	5	16,1	19,9
17 × 21	6,3	5,3	9,5	15,3	29	3,4	3	3	4	5	17,1	20,9
18 × 22	6,3	5,3	9,1	16,2	33	3,6	3	3	4	5	18,1	21,9
19 × 24	6,3	5,3	12,6	17,1	36	3,79	3	3	4	5	19,2	23,8
20 × 25	6,3	5,3	12,0	18	40	4	3	3	4	5	20,2	24,8
22 × 26	6,3	5,3	9,0	19,8	48	4,4	3	3	4	5	22,2	25,8
24 × 28	6,3	5,3	8,3	21,6	58	4,8	3	3	4	5	24,2	27,8
25 × 30	6,3	5,3	9,9	22,5	62	5	3	3	4	5	25,2	29,8
28 × 32	6,3	5,3	7,4	25,2	78	5,6	3	3	4	5	28,2	31,8
30 × 35	6,3	5,3	8,5	27	90	6	3	3	4	5	30,2	34,8
32 × 36	6,3	5,3	7,8	28,8	102	6,4	3	3	4	5	32,2	35,8
35 × 40	7	6	10,1	35,6	138	7,9	3	3	4	5	35,2	39,8
36 × 42	7	6	11,6	36,6	147	8,2	3	3	4	5	36,2	41,8
38 × 44	7	6	11,0	38,7	163	8,6	3	3	4	5	38,2	43,8
40 × 45	8	6,6	13,8	45	199	9,95	3	4	5	6	40,2	44,8
42 × 48	8	6,6	15,6	47	219	10,4	3	4	5	6	42,2	47,8
45 × 52	10	8,6	26,1	66	328	14,6	3	4	5	6	45,2	51,8
48 × 55	10	8,6	24,6	70	373	15,6	3	4	5	6	48,2	54,8
50 × 57	10	8,6	23,5	73	405	16,2	3	4	5	6	50,2	56,8
55 × 62	10	8,6	21,8	80	490	17,8	3	4	5	6	55,2	61,8
60 × 68	12	10,4	27,4	106	705	23,5	3	4	5	7	60,2	67,8
65 × 73	12	10,4	25,4	115	830	25,6	3	4	5	7	65,2	72,8
70 × 79	14	12,2	31,0	145	1120	32	3	5	6	7	70,3	78,7
75 × 84	14	12,2	34,6	155	1290	34,4	3	5	6	7	75,3	83,7
80 × 91	17	15	48,0	203	1810	45	4	5	6	8	80,3	90,7
85 × 96	17	15	45,6	216	2040	48	4	5	6	8	85,3	95,7
90 × 101	17	15	43,4	229	2290	51	4	5	6	8	90,3	100,7
95 × 106	17	15	41,2	242	2550	54	4	5	6	8	95,3	105,7
100 × 114	21	18,7	60,7	317	3520	70	4	6	7	9	100,3	113,7
110 × 124	21	18,7	66,0	349	4250	77	4	6	7	9	110,3	123,7

Tellerfedern

DIN EN 16983 : 2017-02

Einzelteller

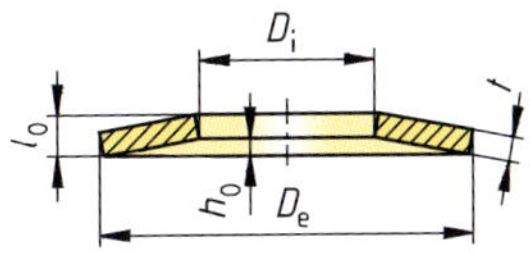

Federpakete

gleichsinnig geschichtet

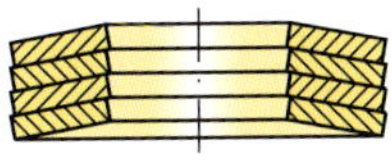

n=Anzahl der gleichsinnig geschichteten Einzelteller
Bild: $n=4$; $i=1$

wechselsinnig geschichtet

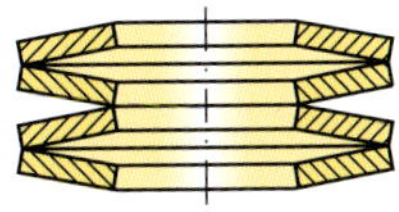

i=Anzahl der wechselsinnig geschichteten Einzelteller
Bild: $i=4$; $n=1$

Federkennlinie:
F=Federkraft in kN
s=Federweg in mm

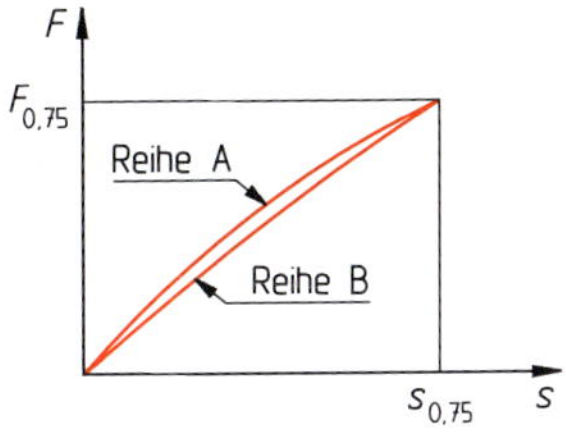

Federkräfte und Federwege bei n bzw. i Einzelteller:

Schichtung	gleichsinnig	wechselsinnig
Gesamtfederkraft	$F_{ges}=n\cdot F$	$F_{ges}=F$
Gesamtfederweg	$s_{ges}=s$	$s_{ges}=i\cdot s$

Federkraft unter Berücksichtigung der Reibung bei Federpaketen:

$F_{Rges}=F_{ges}\cdot(1\pm k\cdot n)$ (+) bei Belastung
(–) bei Entlastung
$k=0{,}03\ldots0{,}05$ bei Reihe A
$k=0{,}02\ldots0{,}04$ bei Reihe B

Werkstoff: Stahl DIN EN 10089

E-Modul $=206000\ \frac{\text{N}}{\text{mm}^2}$

Reihe A: **Harte Federn** $\frac{D_e}{t}\approx 18$ $\frac{h_0}{t}\approx 0{,}4$ $\mu=0{,}3$

Durchmesser D_e h12 in mm	Durchmesser D_i H12 in mm	Dicke t in mm ($l_0=t+h_0$)	Höhe h_0 in mm	Kraft $F_{0,75}$ in kN (bei $s\approx0{,}75\,h_0$)	Weg $s_{0,75}$ in mm
8	4,2	0,4	0,2	0,21	0,15
10	5,2	0,5	0,25	0,325	0,19
12,5	6,2	0,7	0,3	0,66	0,23
14	7,2	0,8	0,3	0,797	0,23
16	8,2	0,9	0,35	1,01	0,26
18	9,2	1	0,4	1,25	0,3
20	10,2	1,1	0,45	1,52	0,34
22,5	11,2	1,25	0,5	1,93	0,38
25	12,2	1,5	0,55	2,93	0,41
28	14,2	1,5	0,65	2,84	0,49
31,5	16,3	1,75	0,7	3,87	0,53
35,5	18,3	2	0,8	5,19	0,6
40	20,4	2,25	0,9	6,50	0,68
45	22,4	2,5	1	7,72	0,75
50	25,4	3	1,1	12,0	0,83
56	28,5	3	1,3	11,4	0,98
63	31	3,5	1,4	15,0	1,05
71	36	4 (3,75)	1,6 (1,85)	20,5	1,2
80	41	5 (4,7)	1,7 (2)	33,6	1,28
90	46	5 (4,7)	2 (2,3)	31,4	1,5
100	51	6 (5,6)	2,2 (2,6)	48,0	1,65
112	57	6 (5,6)	2,5 (2,9)	43,7	1,88
125	64	8 (7,5)	2,6 (3,1)	85,9	1,95
140	72	8 (7,5)	3,2 (3,7)	85,2	2,4
160	82	10 (9,4)	3,5 (4,1)	138	2,63
180	92	10 (9,4)	4 (4,6)	125	3,0
200	102	12 (11,25)	4,2 (4,95)	183	3,15
225	112	12 (11,25)	5 (5,75)	171	3,75
250	127	14 (13,1)	5,6 (6,5)	249	4,2

Werte in ( ) für t und h gelten für Tellerfedern mit Auflageflächen

Reihe B: **Weiche Federn** $\frac{D_e}{t}\approx 28$ $\frac{h_0}{t}\approx 0{,}75$ $\mu=0{,}3$

Durchmesser D_e h12 in mm	Durchmesser D_i H12 in mm	Dicke t in mm ($l_0=t+h_0$)	Höhe h_0 in mm	Kraft $F_{0,75}$ in kN (bei $s\approx0{,}75\,h_0$)	Weg $s_{0,75}$ in mm
8	4,2	0,3	0,25	0,118	0,19
10	5,2	0,4	0,3	0,209	0,23
12,5	6,2	0,5	0,35	0,293	0,26
14	7,2	0,5	0,4	0,279	0,3
16	8,2	0,6	0,45	0,41	0,34
18	9,2	0,7	0,5	0,566	0,38
20	10,2	0,8	0,55	0,748	0,41
22,5	11,2	0,8	0,65	0,707	0,49
25	12,2	0,9	0,7	0,862	0,53
28	14,2	1	0,8	1,11	0,6
31,5	16,3	1,25	0,9	1,91	0,68
35,5	18,3	1,25	1	1,70	0,75
40	20,4	1,5	1,15	2,62	0,86
45	22,4	1,75	1,3	3,65	0,98
50	25,4	2	1,4	4,76	1,05
56	28,5	2	1,6	4,44	1,2
63	31	2,5	1,75	7,19	1,31
71	36	2,5	2	6,73	1,5
80	41	3	2,3	10,50	1,73
90	46	3,5	2,5	14,20	1,88
100	51	3,5	2,8	13,10	2,1
112	57	4 (3,75)	3,2 (3,45)	17,8	2,4
125	64	5 (4,7)	3,5 (3,8)	29,9	2,63
140	72	5 (4,7)	4 (4,3)	27,9	3
160	82	6 (5,6)	4,5 (4,9)	41,0	3,38
180	92	6 (5,6)	5,1 (5,5)	37,5	3,83
200	102	8 (7,5)	5,6 (6,1)	76,4	4,2
225	112	8 (7,5)	6,5 (7)	70,7	4,88
250	127	10 (9,4)	7 (7,6)	119	5,25

Beispiel: Tellerfeder DIN EN 16983-B80
Reihe B, Außendurchmesser D_e=80 mm

Abmessungen Schraubenfeder mit Kreisquerschnitt, zylindrisch

Schraubendruckfedern

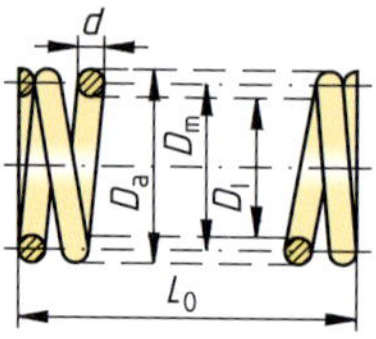

Länge der unbelasteten Feder in mm

$$L_0 = L_{Bl} + S_a + s$$

Blocklänge in mm

$$L_{Bl} = i_g \cdot d$$

$i_g = i_f + 2$ bei kaltgeformten Federn mit angelegten und plangeschliffenen Endwindungen

$i_g = i_f + 1{,}2$ bei warmgeformten Federn mit ausgeschmiedeten und geschliffenen Endwindungen

S_a Summe der Mindestabstände zwischen den federnden Windungen bei Höchstbelastung

$S_a \approx 0{,}17 \cdot d \cdot i_f$ bei warmgeformten Federn

S_a-Werte für kaltgeformte Druckfedern

d mm	Formel für S_a mm	x-Werte bei $w = \frac{D_m}{d}$ 4 … 6	6,1 … 8	8,1 … 12	> 12
≤ 0,5	$0{,}5 \cdot d + x \cdot d^2 \cdot i_f$	0,5	0,75	1,0	1,5
> 0,5 … 1,0	$0{,}4 \cdot d + x \cdot d^2 \cdot i_f$	0,2	0,4	0,6	1,0
> 1,0 … 1,6	$0{,}3 \cdot d + x \cdot d^2 \cdot i_f$	0,05	0,15	0,25	0,4
> 1,6 … 2,5	$0{,}2 \cdot d + x \cdot d^2 \cdot i_f$	0,035	0,1	0,2	0,3
> 2,5 … 4,0	$1 + x \cdot d^2 \cdot i_f$	0,02	0,04	0,06	0,1
> 4,0 … 6,3	$1 + x \cdot d^2 \cdot i_f$	0,015	0,03	0,045	0,06
> 6,3 … 10	$1 + x \cdot d^2 \cdot i_f$	0,01	0,02	0,03	0,04
> 10 … 17	$1 + x \cdot d^2 \cdot i_f$	0,005	0,01	0,018	0,022

Schubspannung bei Blocklänge

kaltgeformt $\tau_{iBl} \leq 1{,}12 \cdot \tau_{izul}$

warmgeformt $\tau_{iBl} \leq \tau_{izul}$

Schraubenzugfedern

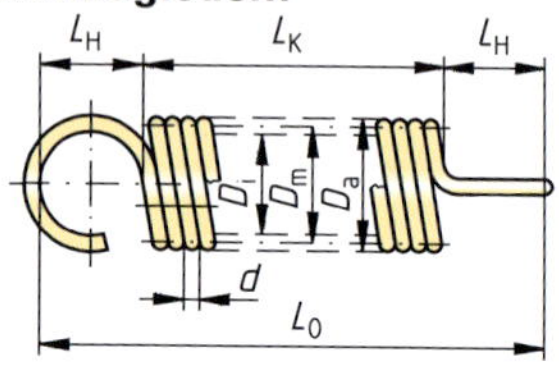

für Federrate mit innerer Vorspannkraft F_0 in N gilt:

$$R = \frac{F - F_0}{s} \quad \text{in } \frac{\text{N}}{\text{mm}}$$

Schubspannung bei innerer Vorspannung

$$\tau_{i0} = \frac{8 \cdot D_m \cdot F_0}{\pi \cdot d^3} \leq \tau_{i0zul}$$

Herstellung		τ_{i0zul} bei $w = \frac{D_m}{d}$ $w = 4 … 10$	$w > 10 … 15$
kaltgeformt	Wickelbank	$0{,}25 \cdot \tau_{izul}$	$0{,}14 \cdot \tau_{izul}$
	Automat	$0{,}14 \cdot \tau_{izul}$	$0{,}07 \cdot \tau_{izul}$

Länge des unbelasteten Federkörpers in mm:

$$L_K = (i_g + 1) \cdot d$$

Länge der unbelasteten Feder zwischen den Innenkanten der Ösen in mm:

$$L_0 = L_K + 2 \cdot L_H$$

$L_H \approx 0{,}5 \cdot D_i$ bei halber deutscher Öse

$L_H \approx 1{,}1 \cdot D_i$ bei englischer Öse

Ohne innere Vorspannkraft gelten die untenstehenden Gleichungen.

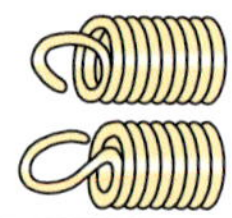

Drahtdurchmesser d in mm, DIN EN 10270-1, –2, –3:
0,5; 0,56; 0,63; 0,7; 0,8; 0,9; 1,0; 1,1; 1,25; 1,4; 1,6; 1,8; 2,0; 2,25; 2,5; 2,8; 3,2; 3,6; 4,0; 4,5; 5,0; 5,6; 6,3; 7,0; 8,0; 9,0; 10; 11; 12,5; 14; 16

Berechnungsformeln:

Ideelle Schubspannung in N/mm²

$$\tau_i = \frac{8 \cdot D_m \cdot F}{\pi \cdot d^3} \leq \tau_{izul}$$

$$\tau_i = \frac{G \cdot d \cdot s}{\pi \cdot D_m^2 \cdot i_f}$$

Schubspannung bei schwingender Belastung

$$\tau_k = k \cdot \tau_i < \tau_{ko}$$

Drahtdurchmesser in mm

$$d = \sqrt[3]{\frac{8 \cdot D_m \cdot F}{\pi \cdot \tau_{izul}}}$$

Anzahl der federnden Windungen

$$i_f = \frac{G \cdot d^4 \cdot s}{8 \cdot D_m^3 \cdot F}$$

Federrate in N/mm

$$R = \frac{\Delta F}{\Delta s} = \frac{F_2 - F_1}{s_2 - s_1}$$

$$R = \frac{G \cdot d^4}{8 \cdot i_f \cdot D_m^3}$$

Beiwert zur Berücksichtigung der Spannungserhöhung durch die Drahtkrümmung

$$k = 1 + \frac{5}{4} \cdot \frac{d}{D_m} + \frac{7}{8}\left(\frac{d}{D_m}\right)^2 + \left(\frac{d}{D_m}\right)^3$$

R Federrate in N/mm

D_m mittlerer Windungsdurchmesser in mm

$$D_m = \frac{D_a + D_i}{2}$$

d Drahtdurchmesser in mm

F Federkraft in N

s Federweg in mm

G Schubmodul in N/mm², Stahl ≈ 81 000

i_g Gesamtzahl der Windungen

τ_{izul} zulässige Schubspannung in N/mm² (siehe Diagramm Seite M37)

τ_{ko} Oberspannung der Dauerfestigkeit
$\tau_{ko} = \tau_{ku} + \tau_{kH}$
(siehe Diagramm Seite M37)

τ_{ku} Unterspannung der Dauerfestigkeit

τ_{kH} Dauerhubfestigkeit

Zylindrische Schraubenfedern aus runden Drähten (Druck)

DIN 2098-1 : 1968-10[1]

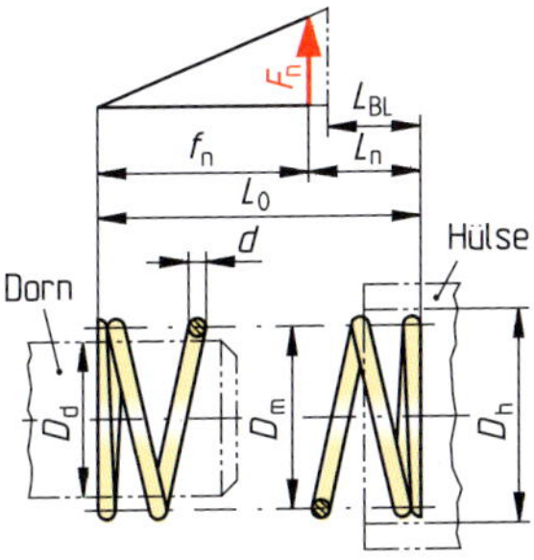

Werkstoff:
Federstahldraht C

$i_g = i_f + 2$

d	Drahtdurchmesser in mm
D_m	mittlerer Windungsdurchmesser in mm
D_d	Dorndurchmesser in mm
D_h	Hülsendurchmesser in mm
F_n	größte zulässige Federkraft in N bei s_n
L_0	Länge der unbelasteten Feder in mm
L_n	kleinste zulässige Prüflänge in mm
L_{Bl}	Blocklänge in mm (Windungen aneinander)
s_n	größter zulässiger Federweg in mm
R	Federrate in N/mm
i_f	Anzahl der federnden Windungen
i_g	Gesamtwindungszahl (Enden geschliffen)

Beispiel: Druckfeder DIN 2098 – 2×25×58
d = 2 mm, D_m = 25 mm, L_0 = 58 mm

Maße in mm F_n in N

d	D_m	D_d	D_h	F_n	$i_f = 3,5$			$i_f = 5,5$			$i_f = 8,5$			$i_f = 12,5$		
					L_0	s_n	R	L_0	s_n	R	L_0	s_n	R	L_0	s_n	R
0,5	6,3	5,3	7,5	6,6	13,5	9,2	0,73	20	14,0	0,46	30,0	21,3	0,30	44,0	31,8	0,21
	4	3,1	5,0	9,3	7,0	3,3	2,84	10	4,9	1,81	15,0	7,9	1,17	21,5	11,7	0,79
	2,5	1,7	3,4	10,4	4,4	0,9	11,6	6,1	1,4	7,43	8,7	2,2	4,80	12,0	3,0	3,27
1	12,5	10,8	14,4	22	24,0	14,6	1,49	36,5	23,1	0,95	55,5	36,1	0,61	80,5	53,1	0,41
	8	6,5	9,6	33,2	13,0	5,7	5,68	19,0	8,9	3,61	28,5	14,2	2,33	40,5	20,6	1,59
	5	3,6	6,5	43,8	8,5	1,9	23,2	12,0	3,0	14,8	17,0	4,4	9,57	24,0	6,6	6,51
2	25	22,0	28,0	128	58,0	43,0	2,98	88,5	67,1	1,90	135	104	1,23	195	151	0,83
	16	13,4	18,6	198	30,0	17,5	11,4	45,0	27,3	7,24	68,0	42,5	4,69	98	62,1	3,19
	10	7,5	12,5	318	18,0	6,8	46,6	26,5	10,9	29,7	38,5	16,5	19,2	55	24,4	13,0
3,2	32	27,6	36,5	361	58,5	38,7	9,3	88,5	61,1	5,92	135	96,2	3,82	190	136	2,61
	25	21,1	28,9	461	42,5	23,4	19,4	63,5	37,2	12,4	94,5	57,4	8,0	135	83,4	5,45
	20	16,1	23,9	577	33,5	15,0	38,2	49,5	23,6	24,2	74,0	36,9	15,7	105	53,4	10,7
	16	12,2	19,8	721	27,5	9,7	74,4	40,0	15,1	47,4	59,0	23,6	30,7	83,5	34,5	20,8
5	50	43,0	57,0	785	85,0	54,1	14,5	130	86,8	9,25	195	133	5,98	280	194	4,07
	40	34,0	46,0	981	64,0	34,4	28,4	95,5	54,5	18,1	140	81,6	11,7	205	124	7,95
	32	26,0	38,0	1226	51,0	22,3	55,4	75,0	34,8	35,3	110	52,5	22,9	160	79,5	15,5
	25	19,3	30,7	1570	41,0	13,4	117	60,0	21,5	74,1	87,5	32,6	47,9	125	48,3	32,6

Diagramme zur Federberechnung

Zul. Schubspannung für kaltgef. Druckfedern

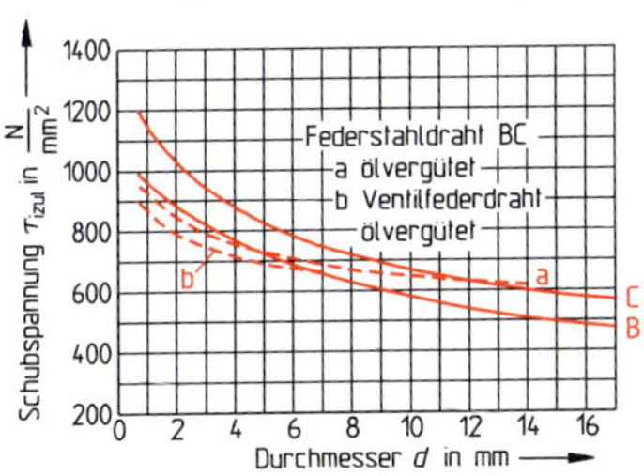

Zul. Schubspannung für kaltgef. Zugfedern

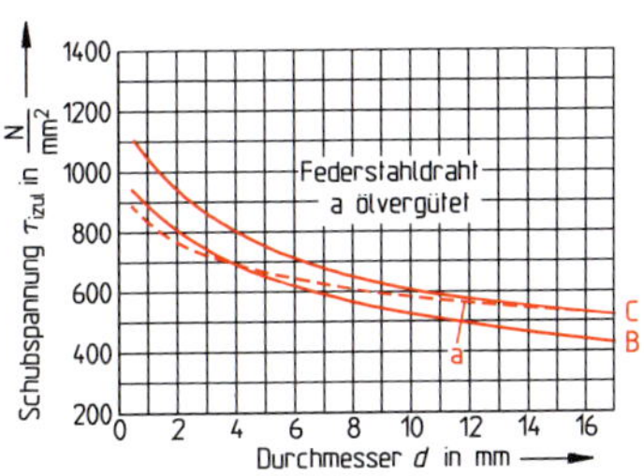

Dauerfestigkeitsschaubilder für kaltgeformte Druckfedern nicht gestrahlt und gestrahlt (gestrichelt)

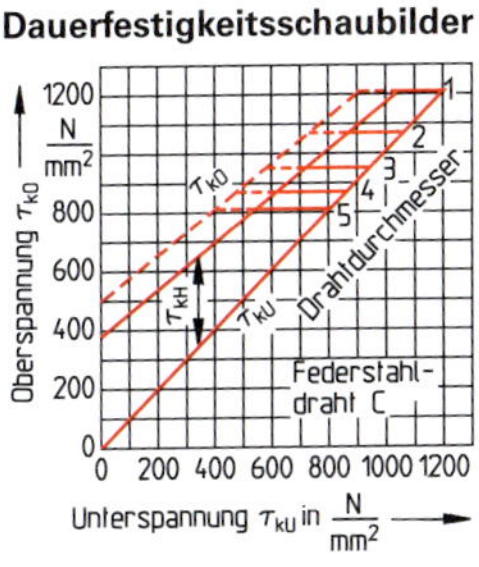

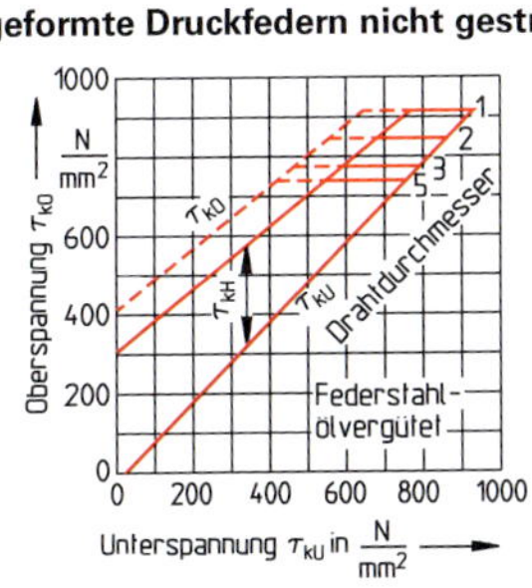

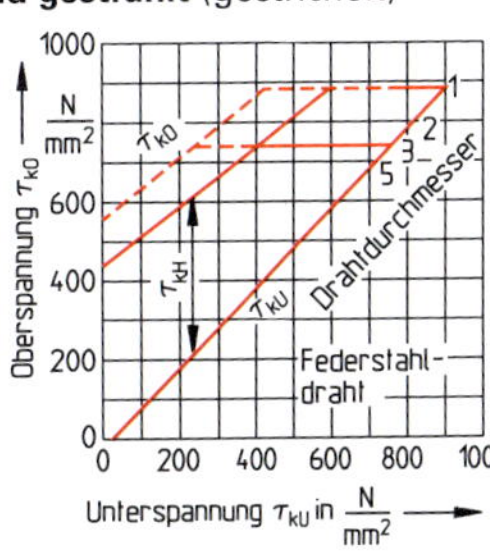

[1] ersatzlos zurückgezogen

Wälzlager

Bezeichnung, Kennzeichnung

DIN 623-1 : 2020-06

Rillenkugellager DIN 625 S 6210 – 2Z N / HT

Lagerart → Rillenkugellager

DIN Nummer → DIN 625

Vorsetzzeichen:
- **K** Kennzeichnung von Lagerteilen abweichend von der Basisausführung
- **S** Lager aus rostfreiem Stahl

Basis-Kennzeichen:
- **6** Rillenkugellager, **1** Pendelkugel-, **2** Tonnen-, **3** Kegelrollen-
  Breitenreihe **0** (**0**, **1**, **2**, **3**, **4**) hier nicht geschrieben
- **2** Durchmesserreihe (**0**, **2**, **3**, **4**)
- **10** Bohrungskennzahl 10 × 5 = 50 mm Lagerbohrung
  Die Kennzahlen 00 | 01 | 02 | 03 entsprechen den Bohrungsdurchmessern d = 10 | 12 | 15 | 17 mm.

Nachsetzzeichen: Angaben sind teilweise herstellerspezifisch.

Konstruktion:
- **A**, **B**, **C**, **D** abweichender o. geänderter innerer Aufbau

äußere Form:
- **K** kegelige Bohrung
- **N** Ringnut
- **RS** schleifende Dichtung (**2RS** beidseitig)
- **RZ** reibungsarme Dichtscheibe
- **Z** Deckscheibe (**2Z** beidseitig)

Käfig:
- **F** Massivkäfig
- **J** Stahlblechkäfig
- **L** Massivkäfig aus Leichtmetall Al
- **M** Massivkäfig aus Messing CuZn
- **P** Massivkäfig aus glasfaserverstärktem Polyamid

Ausführung: Angaben werden mit Schrägstrich angehängt
- **P4** (**P5**) Maß- und Laufgenauigkeit nach ISO Toleranzklasse 4 (5)
- **C2** (**C3**) Lagerluft kleiner (größer) als normal
- **S0** bis **S4** maßstabilisiert bis 150 °C ... 305 °C
- **HT**, **MT**, **NT** Schmierfett für hohe, mittlere, niedere Temperaturen

> Allgemeine und detaillierte vereinfachte Darstellung von Wälzlagern in Zeichnungen nach DIN ISO 8826-1 s. Kap. Technisches Zeichnen

Empfohlene Passtoleranzen

Die Toleranzen der Wälzlagerdurchmesser unterliegen nicht dem ISO-Toleranzsystem. Für sie gelten die Toleranzfelder KB (Bohrung) und hB (Außendurchmesser) nach DIN 620. In beiden Fällen liegt das obere Abmaß der Toleranzfelder auf dem Nennmaß, d. h. beide Durchmesser haben Minustoleranzen.

Lagertyp	**Gehäuse (Bohrung)**			**Welle**		
Radiallager	**Verschiebbarkeit Belastungsgröße**		**Toleranzklasse**	**Verschiebbarkeit**		**Toleranzklasse**
Punktlast	Loslager, leicht verschiebbar		G7, H7	alle ∅	Loslager, leicht verschiebbar	g6, h6
	Loslager, höhere Qualität		H6, J7		Loslager, höhere Qualität	h5, j6
Umfanglast	kleine Belastung		K7	bis 100 mm		j6, k6
	mittlere Belastung		M7	bis 200 mm		k6, m6
	hohe Belastung		N7	bis 500 mm		m6, n6
	starke Stöße		P7	über 500 mm		p6
Axiallager	**Lagerart**	**Merkmale**	**Toleranzklasse**	**Merkmale**		**Toleranzklasse**
Axiallast	Kugellager	normale Qualität	E8	alle Arten, Belastungen und Größen		j6, k6
		hohe Qualität	H6			
	Rollenlager	normale Belastung	E8			
		hohe Belastung	G7			

Rillenkugellager

DIN 625-1 : 2011-04

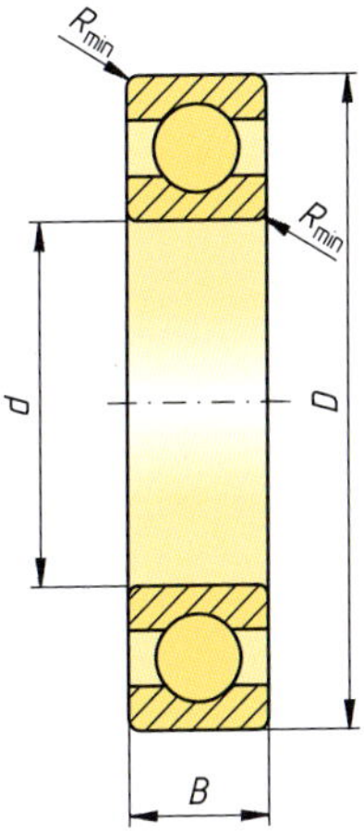

Maße in mm

d	Reihe 60				Reihe 62				Reihe 63			
	D	B	R_{min}	Kurzz.	D	B	R_{min}	Kurzz.	D	B	R_{min}	Kurzz.
10	26	8	0,3	6000	30	9	0,6	6200	35	11	0,6	6300
12	28	8	0,3	6001	32	10	0,6	6201	37	12	1	6301
15	32	9	0,3	6002	35	11	0,6	6202	42	13	1	6302
17	35	10	0,3	6003	40	12	0,6	6203	47	14	1	6303
20	42	12	0,6	6004	47	14	1	6204	52	15	1,1	6304
25	47	12	0,6	6005	52	16	1	6205	62	17	1,1	6305
30	55	13	1	6006	62	16	1	6206	72	19	1,1	6306
35	62	14	1	6007	72	17	1,1	6207	80	21	1,5	6307
40	68	15	1	6008	80	18	1,1	6208	90	23	1,5	6308
45	75	16	1	6009	85	19	1,1	6209	100	25	1,5	6309
50	80	16	1	6010	90	20	1,1	6210	110	27	2	6310
55	90	18	1,1	6011	100	21	1,5	6211	120	29	2	6311
60	95	18	1,1	6012	120	23	1,5	6212	130	31	2,1	6312
65	100	18	1,1	6013	125	24	1,5	6213	140	33	2,1	6313
70	110	20	1,1	6014	125	24	1,5	6214	150	35	2,1	6314
75	115	20	1,1	6015	130	25	1,5	6215	160	37	2,1	6315
80	125	22	1,1	6016	140	26	2	6216	170	39	2,1	6316
90	140	24	1,5	6018	180	30	2,1	6218	190	43	3	6318
100	150	24	1,5	6020	180	34	2,1	6220	215	47	3	6320
110	170	28	2	6022	200	38	2,1	6222	240	50	3	6322
120	180	28	2	6024	215	40	2,1	6224	260	55	3	6324

Beispiel: **Rillenkugellager DIN 625-6206-2RS-C3**
Reihe 62, d = 30 mm (Bohrungskennzahl 06),
Ausführung beidseitig mit Dichtscheiben (2RS),
Lagerluft größer als normal (C3)

Kegelrollenlager

DIN 720 : 2008-08

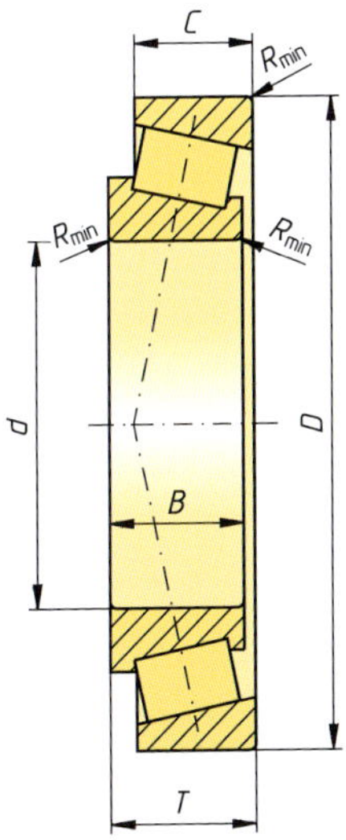

Maße in mm

d	Reihe 302						Reihe 303					
	D	B	C	T	R_{min}	Kurzz.	D	B	C	T	R_{min}	Kurzz.
15	–	–	–	–	–	–	42	13	11	14,25	1	30302
17	40	12	11	13,25	1	30203	47	14	12	15,25	1	30303
20	47	14	12	15,25	1	30204	52	15	13	16,25	1,5	30304
25	52	15	13	16,25	1	30205	62	17	15	18,25	1,5	30305
30	62	16	14	17,25	1	30206	72	19	16	20,75	1,5	30306
35	72	17	15	18,25	1,5	30207	80	21	18	22,75	1,5	30307
40	80	18	16	19,75	1,5	30208	90	23	20	25,25	1,5	30308
45	85	19	16	20,75	1,5	30209	100	25	22	27,25	1,5	30309
50	90	20	17	21,75	1,5	30210	110	27	23	29,25	2	30310
55	100	21	18	22,75	1,5	30211	120	29	25	31,5	2	30311
60	110	22	19	23,75	1,5	30212	130	31	26	33,5	2,5	30312
65	120	23	20	24,75	1,5	30213	140	33	28	36	2,5	30313
70	125	24	21	26,25	1,5	30214	150	35	30	38	2,5	30314
75	130	25	22	27,25	1,5	30215	160	37	31	40	2,5	30315
80	140	26	22	28,25	2	30216	170	39	33	42,5	2,5	30316
85	150	28	24	30,5	2	30217	180	41	34	44,5	3	30317
90	160	30	26	32,5	2	30218	190	43	36	46,5	3	30318
100	180	34	29	37	2,5	30220	215	47	39	51,5	3	30320
110	200	38	32	41	2,5	30222	240	50	42	54,5	3	30322
120	215	40	34	43,5	2,5	30224	260	55	46	59,5	3	30324
130	230	40	34	43,75	3	30226	280	58	49	63,75	4	30326

Beispiel: **Kegelrollenlager DIN 720-30312**
Reihe 303, d = 60 mm (Bohrungskennzahl 12)

Wälzlager

Axial-Rillenkugellager

DIN 711 : 2010-05

Reihe 512

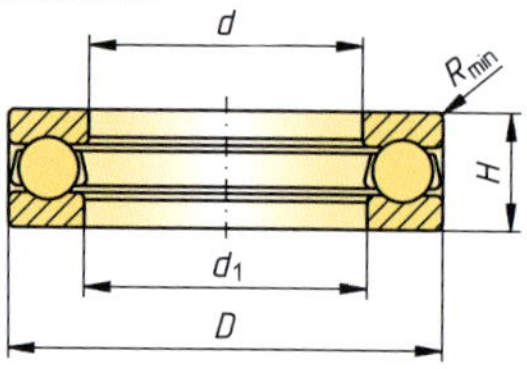

Beispiel:
Axialrillenkugellager DIN 711-51208-MP5
einseitig wirkend, $d = 40$ mm, $D = 68$ mm
Massivkäfig aus Messing, Maß- und Laufgenauigkeit nach ISO Toleranzklasse 5

Maße in mm

Kurzzeichen	d	d_1	D	H	R_{min}
51201	12	14	28	11	0,6
51202	15	17	32	11	0,6
51303	17	19	35	12	0,6
51204	20	22	40	14	0,6
51205	25	27	47	15	0,6
51206	30	32	52	16	0,6
51207	35	37	62	18	1
51208	40	42	68	19	1
51209	45	47	73	20	1
51210	50	52	78	22	1
51211	55	57	90	25	1
51212	60	62	95	26	1
51213	65	67	100	27	1

Axial-Rillenkugellager, zweiseitig wirkend

DIN 715 : 2011-02

Reihe 522

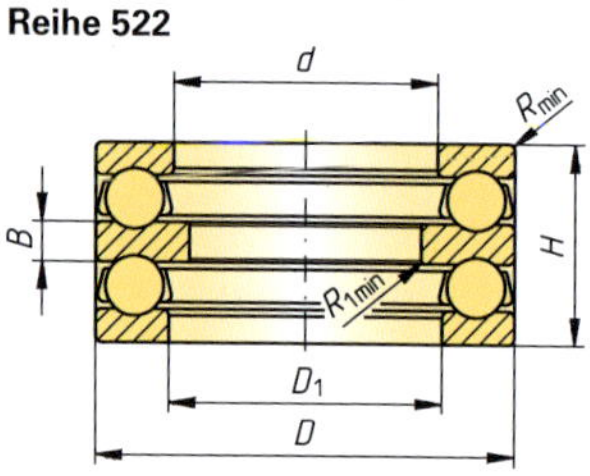

Beispiel:
Axialrillenkugellager DIN 715-52212
zweiseitig wirkend, $d = 50$ mm, $D = 95$ mm

Maße in mm

Kurzzeichen	d	D	D_1	B	H	R_{min}	R_{1min}
52202	10	32	17	5	22	0,6	0,3
52204	15	40	22	6	26	0,6	0,3
52205	20	47	27	7	28	0,6	0,3
52206	25	52	32	7	29	0,6	0,3
52207	30	62	37	7	29	0,6	0,3
52209	35	73	47	9	37	1	0,6
52210	40	78	52	9	39	1	0,6
52211	45	90	57	10	45	1	0,6
52212	50	95	62	10	46	1	0,6
52213	55	100	67	10	47	1	0,6
52215	60	110	77	10	47	1	1
52216	65	115	82	10	48	1	1

Nadellager mit Borden mit Innenring

DIN 617 : 2022-10

Reihe NA49

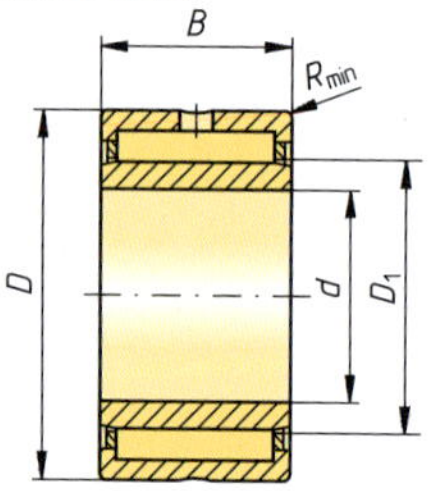

Beispiel:
Nadellager DIN 617-NA 4908
$d = 40$ mm, $D = 65$ mm

Maße in mm

Kurzzeichen	d	D	D_1	B	R_{min}
NA4900	10	22	14	13	0,3
NA4902	15	28	20	13	0,3
NA4904	20	37	25	17	0,3
NA4905	25	42	30	17	0,3
NA4906	30	47	35	17	0,3
NA4907	35	55	42	20	0,6
NA4908	40	62	48	22	0,6
NA4909	45	68	52	22	0,6
NA4910	50	72	58	22	0,6

Nadelhülsen

DIN 618 : 2022-10

Reihe HK

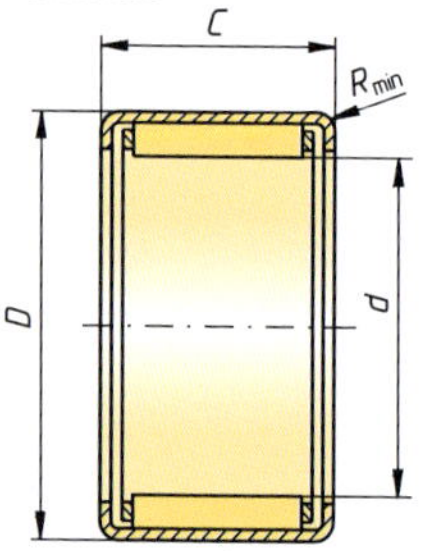

Genauigkeitsangaben

	∅-Toleranz	Rauheit
Gehäuse	N6	≤ Rz 4
Welle	h6	≤ Rz 1

Oberflächenhärte Welle:
59 + 6 HRC

Beispiel:
Nadelhülse DIN 618-HK 2512
Wellendurchmesser $d = 25$ mm, $C = 12$ mm

Maße in mm

Kurzzeichen	d	D	C	R_{min}
HK1012	10	14	12	0,4
HK1512	15	21	12	0,8
HK2012	20	26	12	0,8
HK2512	25	32	12	0,8
HK3012	30	37	12	0,8
HK3512	35	42	12	0,8
HK4012	40	47	12	0,8
HK4520	45	52	20	0,8
HK5020	50	58	20	0,8
HK5520	55	63	20	0,8
HK6020	60	68	20	0,8

Pendelkugellager DIN 630 : 2011-02 / Schrägkugellager (Vierpunktlager) DIN 628-4 : 2008-02

Reihe 12

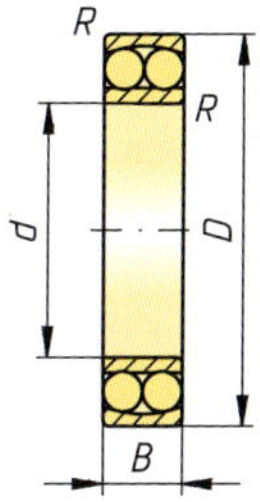

Maße in mm

Kurzzeichen	d	D	B	R	Kurzzeichen
1203	17	40	12	0,6	QJ203
1204	20	47	14	1	–
1205	25	52	15	1	QJ205
1206	30	62	16	1	QJ206
1207	35	72	17	1,1	QJ207
1208	40	80	18	1,1	QJ208
1209	45	85	19	1,1	QJ209
1210	50	90	20	1,1	QJ210
1211	55	100	21	1,5	QJ211
1212	60	110	22	1,5	QJ212
1213	65	120	23	1,5	QJ213
1214	70	125	24	1,5	QJ214

Reihe QJ

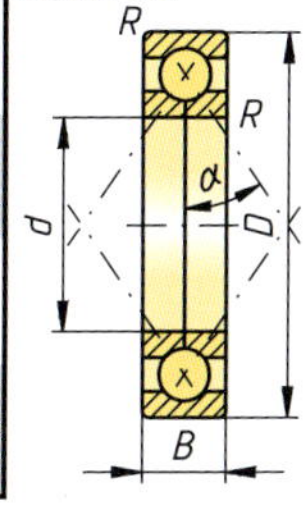

Schrägkugellager DIN 628-1 : 2008-01 / Schrägkugellager zweireihig DIN 628-3 : 2008-02

Reihe 72
α = 40°

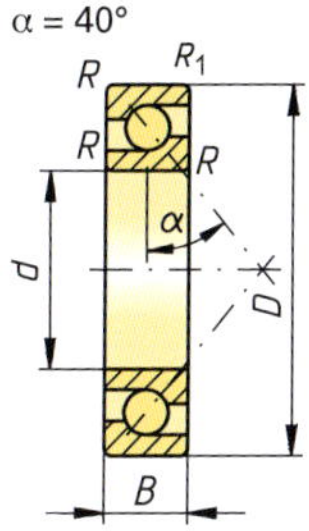

Maße in mm

Kurzzeichen	d	D	B	B_1	R	R_1	Kurzzeichen
7200	10	30	9	14	0,6	0,3	3200
7201	12	32	10	15,9	0,6	0,3	3201
7202	15	35	11	15,9	0,6	0,3	3202
7203	17	40	12	17,5	0,6	0,6	3203
7204	20	47	14	20,6	1	0,6	3204
7205	25	52	15	20,6	1	0,6	3205
7206	30	62	16	23,8	1	0,6	3206
7207	35	72	17	27	1,1	0,6	3207
7208	40	80	18	30,2	1,1	0,6	3208
7209	45	85	19	30,2	1,1	0,6	3209
7210	50	90	20	30,2	1,1	0,6	3210
7211	55	100	21	33,3	1,5	1	3211
7212	60	110	22	36,5	1,5	1	3212

Reihe 32
α = 35°

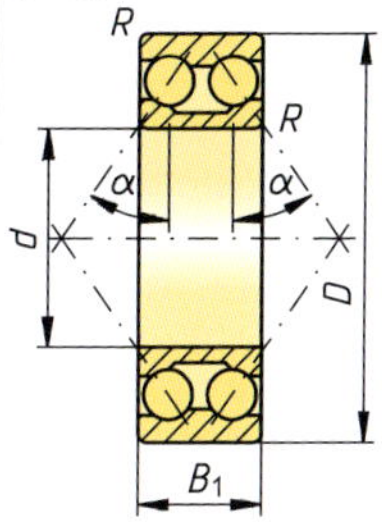

Tonnenlager DIN 635-1 : 2010-05 / Pendelrollenlager DIN 635-2 : 2009-01

Reihe 203

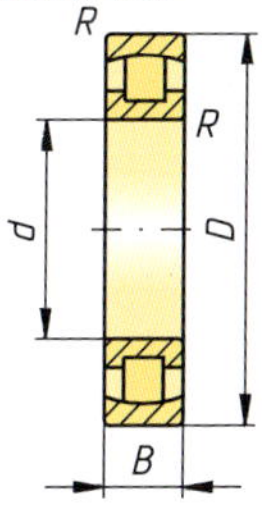

Maße in mm

Kurzzeichen	d	D	B	R	Kurzzeichen
20305	25	62	17	1,1	21305
20306	30	72	19	1,1	21306
20307	35	80	21	1,5	21307
20308	40	90	23	1,5	21308
20309	45	100	25	1,5	21309
20310	50	110	27	2	21310
20311	55	120	29	2	21311
20312	60	130	31	2,1	21312
20313	65	140	33	2,1	21313
20314	70	150	35	2,1	21314
20315	75	160	37	2,1	21315
20316	80	170	39	2,1	21316

Reihe 213

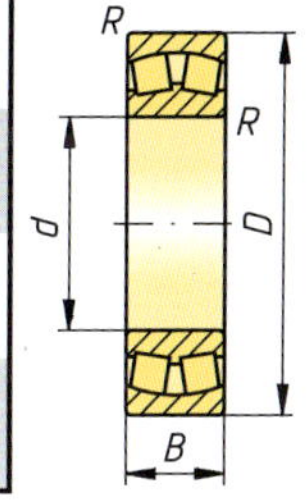

Zylinderrollenlager DIN 5412-1 : 2005-08

Bauformen:

NU NJ NUP N

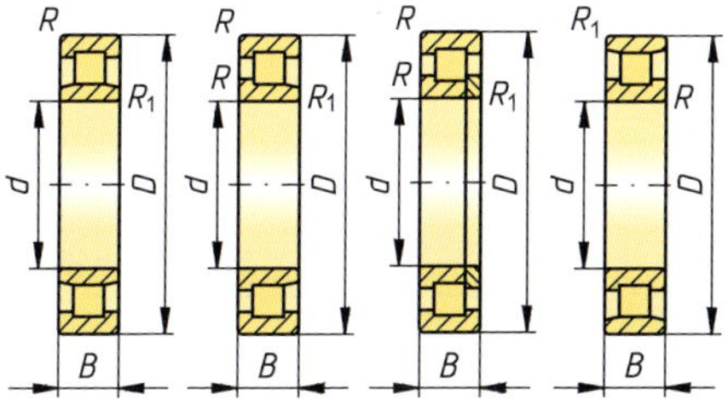

Maße in mm

Kurzzeichen		d	D	B	R	R_1
alle	204	20	47	14	1	0,6
in	205	25	52	15	1	0,6
NU	206	30	62	16	1	0,6
oder	207	35	72	17	1,1	0,6
NJ	208	40	80	18	1,1	1,1
oder	209	45	85	19	1,1	1,1
NUP	210	50	90	20	1,1	1,1
oder	211	55	100	21	1,5	1,1
N-	212	60	110	22	1,5	1,5
Aus-	213	65	120	23	1,5	1,5
führung	214	70	125	24	1,5	1,5
	215	75	130	25	1,5	1,5
	216	80	140	26	2	2

Gleitlager

Buchsen aus Kupferlegierungen

DIN ISO 4379 : 1995-10

Form C

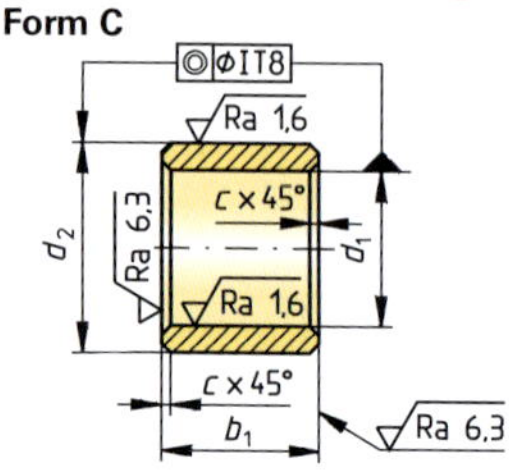

Form F

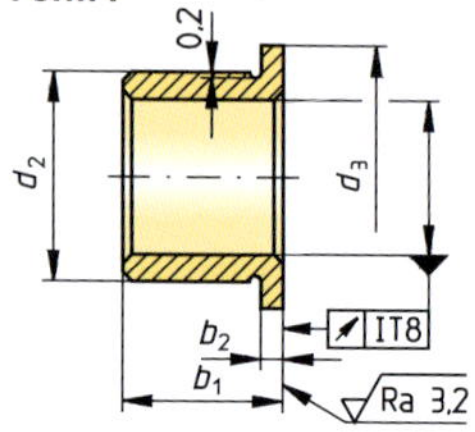

Werkstoff: Cu-Guss- oder Knetlegierung
Einpressfase 45° ohne Angabe
15° erhält Zusatz Y

Beispiel: **Buchse ISO 4379 – C20 × 24 × 20Y – CuSn8P**
Form C, d_1 = 20 mm, d_2 = 24 mm, b_1 = 20 mm, Fase 15°, Werkstoff: CuSn8P

Maße in mm übrige Maße wie Form C

d_1 E6[1)]	Form C			Form F Reihe 1			Form F Reihe 2			Längenvarianten			Fasenlänge c bei	
	d_2 s6			d_2 s6	d_3	b_2	d_2 s6	d_3	b_2	b_1			45°	15°
8	10	12	14	10	12	1	14	18	3	–	10	–	0,3	1
10	12	14	16	12	14	1	16	20	3	–	10	–	0,3	1
12	14	16	18	14	16	1	18	22	3	10	15	20	0,5	2
15	17	19	21	17	19	1	21	27	3	10	15	20	0,5	2
18	20	22	24	20	22	1	24	30	3	12	20	30	0,5	2
20	23	24	26	23	26	1,5	26	32	3	15	20	30	0,5	2
22	25	26	28	25	28	1,5	28	34	3	15	20	30	0,5	2
25	28	30	32	28	31	1,5	32	38	4	20	30	40	0,5	2
28	32	34	36	32	36	2	36	42	4	20	30	40	0,5	2
30	34	36	38	34	38	2	38	44	4	20	30	40	0,5	2
32	36	38	40	36	40	2	40	46	4	20	30	40	0,8	3
35	39	41	45	39	43	2	45	50	5	30	40	50	0,8	3
38	42	45	48	42	46	2	48	54	5	30	40	50	0,8	3
40	44	48	50	44	48	2	50	58	5	30	40	60	0,8	3
50	55	58	60	55	60	2,5	60	68	5	40	50	60	0,8	3
60	65	70	75	65	70	2,5	75	83	7,5	40	60	80	0,8	3

1) Ergibt H8 nach Einpressen in eine Aufnahmebohrung H7

Buchsen für Gleitlager aus Sintermetall

DIN 1850-3 : 1998-07

Form J

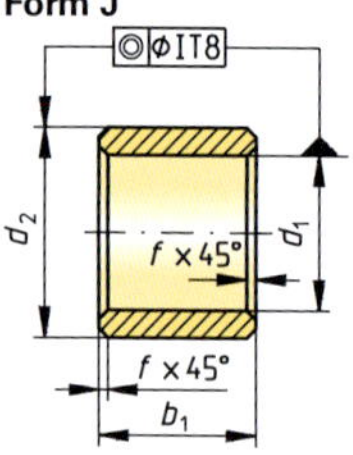

Form V

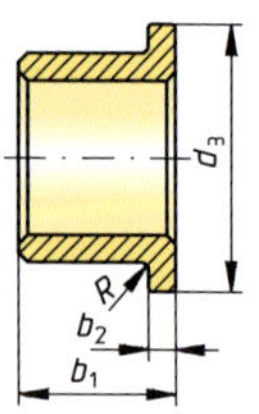

übrige Maße wie Form J

Maße in mm

d_1 G7[1)]	d_2 r6	d_3 js13	b_1 js13			b_2 js13	f	R
5	9	13	4	5	8	2	0,3	0,3
6	10	14	4	6	10	2	0,3	0,3
8	12	16	6	8	12	2	0,3	0,3
10	16	22	8	10	16	3	0,4	0,6
12	18	24	8	12	20	3	0,4	0,6
14	20	26	10	14	20	3	0,4	0,6
15	21	27	10	15	25	3	0,4	0,6
16	22	28	12	16	25	3	0,4	0,6
18	24	30	12	18	30	3	0,4	0,6
20	26	32	15	20	25	3	0,4	0,6
22	28	34	15	20	25	3	0,4	0,6
25	32	39	20	25	30	3,5	0,6	0,8
28	36	44	20	25	30	4	0,6	0,8
30	38	46	20	25	30	4	0,6	0,8
32	40	48	20	25	30	4	0,6	0,8
35	45	55	25	35	40	5	0,7	0,8
38	48	58	25	35	45	5	0,7	0,8
40	50	60	30	40	50	5	0,7	0,8
42	52	62	30	40	50	5	0,7	0,8
45	55	65	35	45	55	5	0,7	0,8
48	58	68	35	50	70[2)]	5	0,7	0,8
50	60	70	35	50	70[2)]	5	0,7	0,8
55	65	75	40	55	70[2)]	5	0,7	0,8
60	72	84	50	60	70[2)]	5	0,8	0,8

1) Ergibt H7 nach Einpressen in eine Aufnahmebohrung H7. 2) nur Form J

Werkstoff: Sintermetall nach DIN 30910 bzw. DIN ISO 5755
Tränkung: Viskositätsklasse ISO VG nach Wahl, ohne Öltränkung: Zusatzzeichen X

Beispiel: **Buchse DIN 1850 – V25 × 32 × 30 – Sint-B50**
Form V, d_1 = 25 mm, d_2 = 32 mm, b_1 = 30 mm, Werkstoff: Sint-B50, (Öltränkung)

Buchsen für Gleitlager aus Duro- und Thermoplasten

DIN 1850-5, -6 : 1998-07

Maße in mm

Form P (Duroplaste)

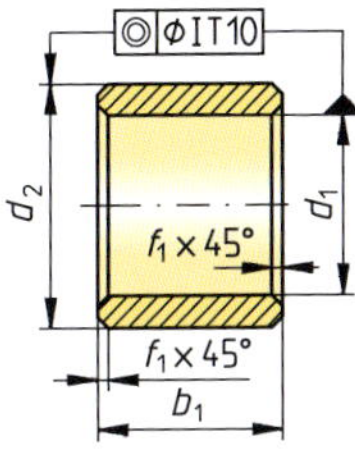

empfohlene Toleranzfelder:
Gehäuse: H7
Welle: h7

Form R (Duroplaste)

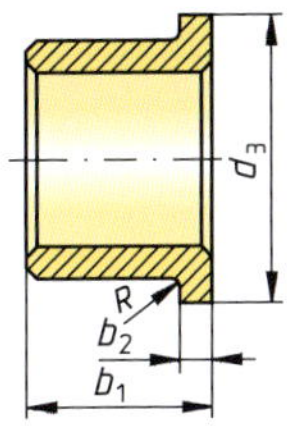

übrige Maße wie Form P

Form S (Thermoplaste)

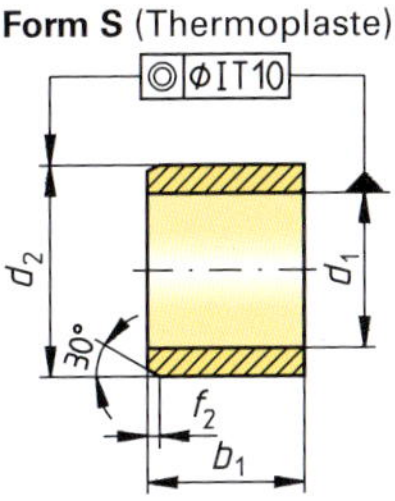

empfohlene Toleranzfelder:
Gehäuse: H7
Welle: h9

Form T (Thermoplaste)

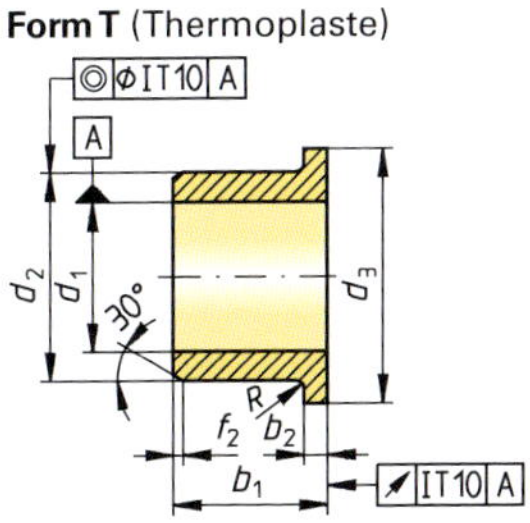

d_1	d_2	d_3	b_1			b_2	f_1	f_2	R
6	10, 12[1)]	14	6	10	–	2	0,3	0,5	0,3
8	12, 14[1)]	16	6	10	–	2	0,3	0,5	0,3
10	16	20	6	10	–	3	0,3	0,5	0,3
12	18	22	10	15	20	3	0,5	0,8	0,5
14	20	25	10	15	20	3	0,5	0,8	0,5
15	21	27	10	15	20	3	0,5	0,8	0,5
16	22	28	12	15	20	3	0,5	0,8	0,5
18	24	30	12	20	30	3	0,5	0,8	0,5
20	26	32	15	20	30	3	0,5	0,8	0,5
22	28	34	15	20	30	3	0,5	0,8	0,5
25	32	38	20	30	40	4	0,5	0,8	0,5
28	36	42	20	30	40	4	0,5	0,8	0,5
30	38	44	20	30	40	4	0,5	0,8	0,5
32	40	46	20	30	40	4	0,8	1,2	0,8
35	45	50	30	40	50	5	0,8	1,2	0,8
38	48	54	30	40	50	5	0,8	1,2	0,8
40	50	58	30	40	60	5	0,8	1,2	0,8
42	52	60	30	40	60	5	0,8	1,2	0,8
45	55	63	30	40	60	5	0,8	1,2	0,8
48	58	66	40	50	60	5	0,8	1,2	0,8
50	60	68	40	50	60	5	0,8	1,2	0,8
55	65	73	40	50	70	5	0,8	1,2	0,8
60	75	83	40	60	80	7,5	0,8	1,2	0,8
65	80	88	50	60	80	7,5	1	1,5	1
70	85	95	50	70	90	7,5	1	1,5	1
75	90	100	50	70	90	7,5	1	1,5	1
80	95	105	60	80	100	7,5	1	1,5	1
90	110	120	60	80	120	10	1	1,5	1
100	120	130	80	100	120	10	1	1,5	1

1) für die Formen S und T

Abmaße für d_1 und d_2 bei Duroplasten in mm

d_1	über / bis	– / 6	6 / 10	10 / 14	14 / 18	18 / 24	24 / 30	30 / 40	40 / 50	50 / 65	65 / 80	80 / 100
Abmaße		+0,09 +0,07	+0,13 +0,1	+0,17 +0,14	+0,22 +0,18	+0,27 +0,22	+0,34 +0,28	+0,42 +0,35	+0,5 +0,42	+0,6 +0,51	+0,73 +0,63	+0,89 +0,78

d_2	über / bis	– / 10	10 / 16	16 / 20	20 / 24	24 / 30	30 / 38	38 / 50	50 / 60	60 / 80	80 / 95	95 / 120
Abmaße		+0,06 +0,03	+0,08 +0,05	+0,11 +0,07	+0,14 +0,09	+0,17 +0,11	+0,21 +0,14	+0,26 +0,18	+0,31 +0,22	+0,37 +0,27	+0,45 +0,34	+0,56 +0,44

Abmaße bei Thermoplasten (Toleranzgruppe A) in mm

Bei eingebauter Buchse ergibt sich für den Durchmesser d_1 die Bohrungstoleranz D12

d_2	über / bis	– / 8	8 / 14	14 / 18	18 / 25	25 / 33	33 / 40	40 / 55	über 55
Abmaße		+0,21 +0,07	+0,27 +0,09	+0,33 +0,11	+0,45 +0,15	+0,6 +0,2	+0,69 +0,23	+0,9 +0,3	nach Vereinbarung

Für Formen P und R: Wendelnuten am Außen-∅ d_2 (w)
Einpressfase f von 15° (y), Freistich statt Radius R (z)

Werkstoffe: Duroplaste: FS 74, PFCC… und Modifikationen
Thermoplaste: PA6, PA66, PA6G, PA11, PE, POM und Modifikationen
Toleranzgruppe A: gespritzt, B: gespant

Beispiel: **Buchse ISO 1850 – R25×30 wy – FS74**
Form R, d_1 = 25 mm, b_1 = 30 mm, Wendelnuten (w), Einpressfase 15° (y), Werkstoff: FS 74

Beispiel: **Buchse DIN 1850 – S15A15 – PA6**
Form S, d_1 = 15 mm, b_1 = 15 mm, Toleranzgruppe A (Abmaßgruppe A in DIN 1850) Werkstoff: PA6

Dichtelemente

Radial-Wellendichtringe

DIN 3760 : 1996-09

Form A

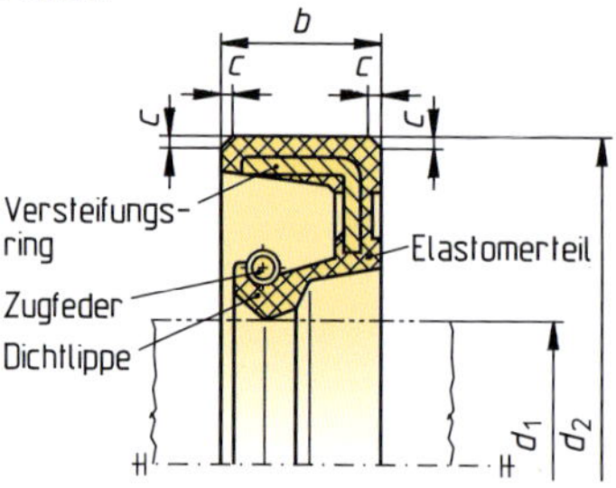

Form AS mit Staubschutzlippe

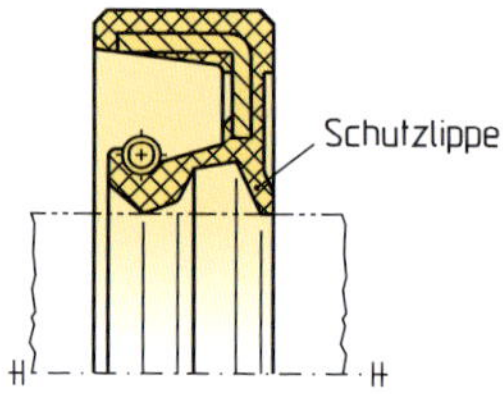

Empfohlene Einbaumaße, Toleranzklassen, vereinfachte Darstellung nach DIN ISO 9222-1, -2 s. Kap. K Technische Kommunikation

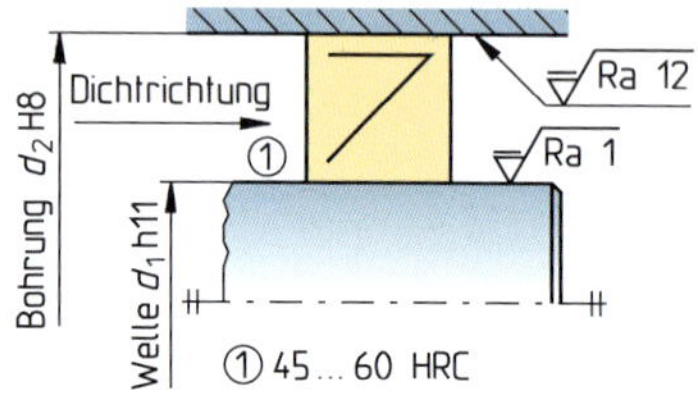

Werkstoff: Acrylnitril-Butadien-Kautschuk NBR, Fluorkautschuk FKM

Maße in mm

Beispiel:
Radialwellendichtring DIN 3760 – A50 × 65 × 8 – NBR oder **RWDR DIN 3760 – A50 × 65 × 8 – NBR**
Form A, Wellendurchmesser d_1 = 50 mm, Außendurchmesser d_2 = 65 mm, Breite b = 8 mm, Acrylnitril-Butadien-Kautschuk

d_1	d_2	$b \pm 0{,}2$	c
10	22 25 26	7	0,3
12	22 25 30	7	0,3
14	24 30	7	0,3
15	26 30 35	7	0,3
16	30 35	7	0,3
18	30 35	7	0,3
20	30 35 40	7	0,3
22	35 40 47	7	0,3
25	35 40 47 52	7	0,3
28	40 47 52	7	0,4
30	40 42 47 52	7	0,4
32	45 47 52	8	0,4
35	47 50 52	8	0,4
38	55 62	8	0,4
40	52 55 62	8	0,4
42	55 62	8	0,4
45	60 62 65	8	0,4
48	62	8	0,4
50	65 68 72	8	0,4
55	70 72 80	8	0,4
60	75 80 85	8	0,4
65	85 90	10	0,5
70	90 95	10	0,5
75	95 100	10	0,5
80	100 110	10	0,5
90	110 120	12	0,8
100	120 125 130	12	0,8
110	130 140	12	0,8
120	150	12	0,8
130	160	12	0,8

Filzringe

DIN 5419 : 2010-05

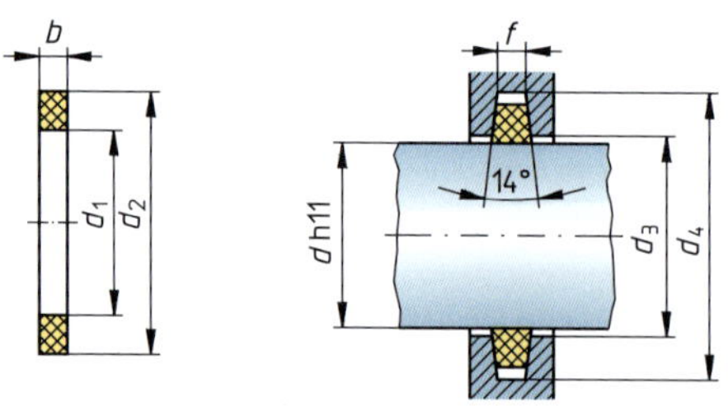

Der Filzring darf im Grunde der Ringnut (Maß d_4) nicht aufsitzen.

Beispiel: **Filzring DIN 5419 – 35 – M5**
d_1 = 35 mm, Filzhärte M5

Maße in mm

d_1	d_2	b	d_3 H12	d_4 H12	f H13
20	30	4	21	31	3
25	37	5	26	38	4
30	42	5	31	43	4
35	47	5	36	48	4
40	52	5	41	53	4
45	57	5	46	58	4
50	66	6,5	51	67	5
55	71	6,5	56	72	5
60	76	6,5	61,5	77	5
65	81	6,5	66,5	82	5
70	88	7,5	71,5	89	6
75	93	7,5	76,5	94	6
80	98	7,5	81,5	99	6
90	103	8,5	92	111	7
100	110	10	102	125	8

Werkstoff Wollfilz, Filzhärte: **M5** für $d_1 \le 38$ mm, **F2** für $d_1 \ge 40$ mm

O-Ringe

DIN 3771-1 : 2004-09, -3 : 1984-12, DIN ISO 3601-2 : 2010-08

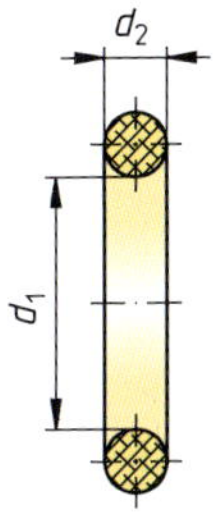

Sortenmerkmal
N = allgemeine Anforderung
S = besondere Anforderung mit höherem Qualitätsstand hinsichtlich Toleranzen und Oberflächengüte

Beispiel:
O-Ring DIN 3771 – 15 × 1,8 – N – FPM85
Innendurchmesser d_1 = 15 mm
Querschnittsdurchmesser d_2 = 1,8 mm
Sortenmerkmal N (allg. Anforderung)
Werkstoff: FPM, Härte 85

Werkstoffe

Kurzzeichen	Basis-Elastomer	Härte in Shore
NBR	Acrylnitril-Butadien-Kautschuk	70/90
FPM	Fluor-Kautschuk	85
EPDM	Ethylen-Propylen-Dien-Kautschuk	70
MVQ	Siliconkautschuk	70
ACM	Acrylat-Kautschuk	70

Maße in mm

d_1	d_2
5 ±0,15	1,8
6 ±0,15	±0,08
8 ±0,16	
10 ±0,17	
12,5 ±0,19	
15 ±0,20	2,65
16 ±0,20	±0,09
18 ±0,21	
20 ±0,22	
22,4 ±0,24	
25 ±0,25	
28 ±0,28	
30 ±0,29	
32,5 ±0,32	
35,5 ±0,34	
37,5 ±0,36	

d_1	d_2
40 ±0,38	3,55
42,5 ±0,40	±0,10
45 ±0,42	
47,5 ±0,44	
50 ±0,46	
54,5 ±0,50	
60 ±0,54	
65 ±0,58	
71 ±0,63	
75 ±0,66	
80 ±0,69	
85 ±0,73	
90 ±0,77	
100 ±0,84	
112 ±0,93	
125 ±1,03	

d_1	d_2
140 ±1,13	
160 ±1,27	
40 ±0,38	5,3
42,5 ±0,40	±0,13
45 ±0,42	
50 ±0,46	
54,5 ±0,50	
60 ±0,54	
65 ±0,58	
71 ±0,63	
75 ±0,66	
80 ±0,69	
85 ±0,73	
90 ±0,77	
95 ±0,81	
100 ±0,84	

d_1	d_2
103 ±0,87	5,3
106 ±0,89	±0,13
109 ±0,91	
112 ±0,93	
115 ±0,95	
118 ±0,97	
125 ±1,03	
132 ±1,08	
140 ±1,13	
145 ±1,17	
150 ±1,20	
155 ±1,24	
160 ±1,27	
165 ±1,31	
170 ±1,34	
175 ±1,38	

d_1	d_2
180 ±1,41	5,3
185 ±1,44	±0,13
190 ±1,48	
195 ±1,51	
200 ±1,55	
206 ±1,59	7
212 ±1,63	±0,15
218 ±1,67	
224 ±1,71	
230 ±1,75	
236 ±1,79	
243 ±1,83	
250 ±1,88	
265 ±1,98	
280 ±2,08	
300 ±2,21	

Einbauräume:

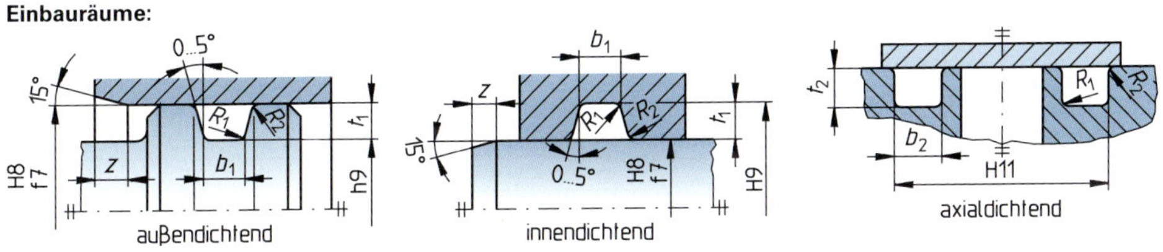

Einbau mit Stützscheibe bei starker Beanspruchung empfohlen z.B.

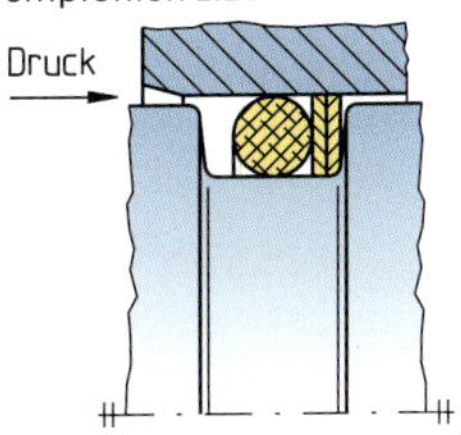

Maße in mm

d_2	innen- und außendichtend						axialdichtend		Radien		Schräge
	Hydraulik bewegt		Pneumatik bewegt		Hydr. + Pneu. ruhend		ruhend				
	b_1 + 0,25	t_1	b_1 + 0,25	t_1	b_1 + 0,25	t_1	b_2 + 0,25	t_2 ± 0,25	R_1	R_2	z_{min}
1,8	2,4	1,50	2,2	1,55	2,4	1,30	2,3	1,30	0,3 ± 0,1	0,2 ± 0,1	1,1
2,65	3,6	2,30	3,4	2,35	3,6	2,00	3,4	2,00			1,5
3,65	4,8	3,10	4,6	3,25	4,8	2,75	4,5	2,75	0,6 ± 0,2		1,8
5,3	7,1	4,70	6,9	4,95	7,1	4,30	6,9	4,30			2,7
	9,5	6,30	9,3	6,60	9,5	5,85	9,1	5,85	1 ± 0,2		3,6

Oberflächenbeschaffenheit nach Absprache, empfohlene Maximalwerte:

Welle und Zylinderwand		R_a < 2 µm
Nutgrund	dynamisch	< 6 µm
	statisch	< 16 µm
Nutflanken, frei von Rattermarken		< 25 µm

Koaxialität des Einbauraums: $d_1 \leq 50$ mm: 0,025 mm
$d_1 > 50$ mm: 0,050 mm

Schmiernippel

Kegelschmiernippel

DIN 71412 : 1987-11

Form A

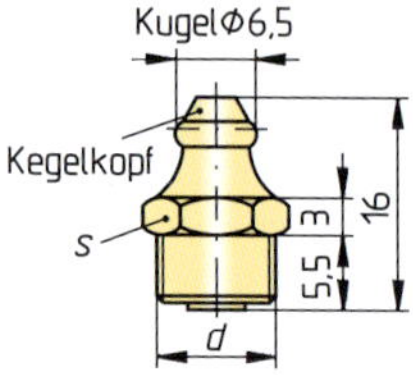

Form B

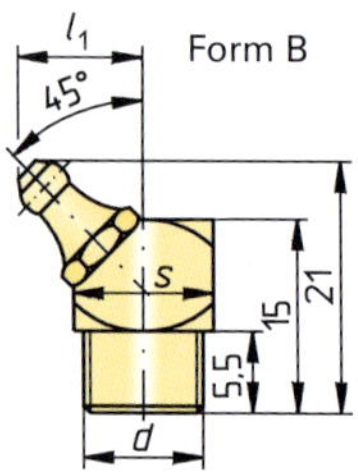

Form C

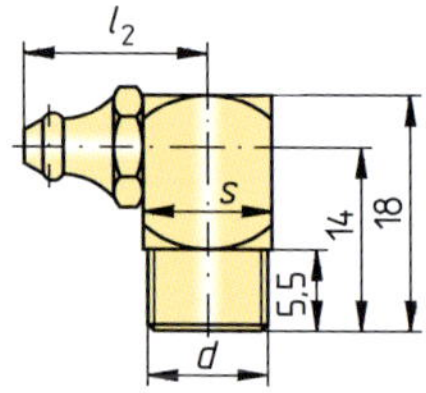

Maße in mm

		Durchmesser *d*		
Zylindrisches Gewinde DIN 13		M6	M8 × 1	M10 × 1
Kegeliges Gewinde DIN 158		M6 keg	M8 × 1 keg	M10 × 1 keg
Selbstformendes Gewinde ∢ 120° Kernlochbohrung		S6 5,6	S8 × 1 7,5	S10 × 1 9,5
Kurzzeichen				
Form A	*s*	7	9	11
Form B	l_1 *s*	10 9	10 9	11 10
Form C	l_2 *s*	14,3 9	14,3 9	15,3 11

Beispiel: **Kegelschmiernippel DIN 71412 – B M10 × 1**
Form B, Gewinde M10 × 1

Flachschmiernippel

DIN 3404 : 1988-01

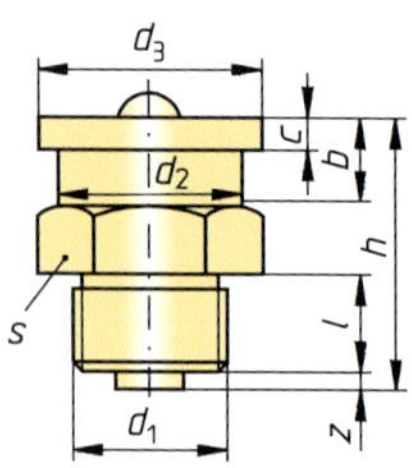

Maße in mm

Kurzzeichen	d_1	b	c	d_2	d_3	h_{max}	l	s	z
A M10 × 1	M10 × 1	6,5	2	12	16	17,6	5,5	17	1
A M16 × 1,5	M16 × 1,5	8,5	3	18	22	23,1	7,5	22	1,5
A G$^1/_8$ [1)]	G$^1/_8$	6,5	2	12	16	17,6	5,5	17	1
A G$^1/_4$ [1)]	G$^1/_4$	6,5	2	12	16	17,6	7,5	17	1
A G$^3/_8$ [1)]	G$^3/_8$	8,5	3	18	22	23,1	7,5	22	1,5

[1)] Rohrgewinde nicht mehr für Neuanlagen

Werkstoff: St (Stahl, verzinkt, Festigkeitsklasse 5.8) nr. St (nichtrostender Stahl) Ms (Cu-Zn-Legierung)

Beispiel: **Flachschmiernippel DIN 3404 – A M10 × 1 – St**
Gewinde M10 × 1, Stahl

Einschlag-Kugelöler Form F

DIN 3410 : 1974-12

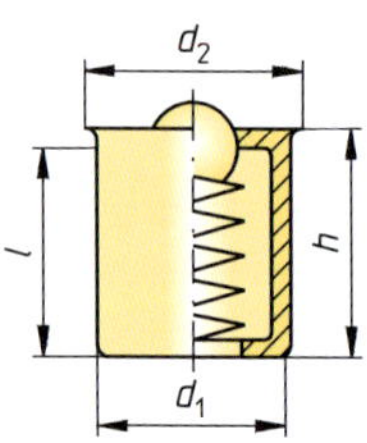

Werkstoff:
Gehäuse: Stahl (St), CuZn
Kugel und Feder: Stahl

Maße in mm

Kurzzeichen	F4	F5	F6	F8	F10	F12,5	F14	F16
d_1 [1)]	4	5	6	8	10	12,5	14	16
d_2	4,5	5,5	6,5	9	11	13,5	15	17
h	5	6	7	9	11,5	14	16,5	18
l	3	4	5	7	9,5	12	14,5	16

[1)] d_1 mit Übermaß für Aufnahmebohrung mit H11

Beispiel: **Öler DIN 3410 – F8 – St**
Form F, d_1 = 8 mm, Stahl

Staufferbuchsen

DIN 3411 : 1972-10

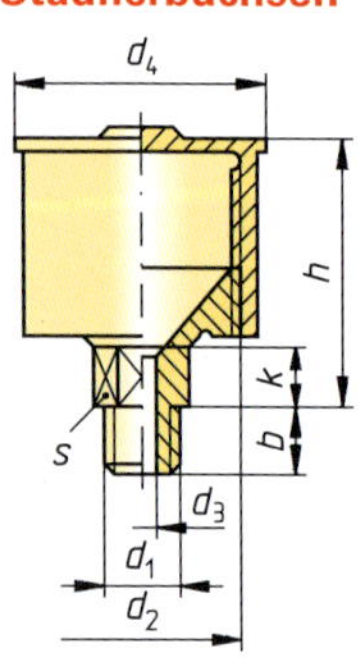

Maße in mm

Größe	d_1		d_2	d_3	d_4	b	h	k	s
00	–	M6	M10 × 1	2	14	6	26	6	7
0	G$^1/_8$	M8 × 1	M12 × 1	2,5	16	8	30	7	10
1	G$^1/_8$	M10 × 1	M16 × 1	3	24	9	35	7	12
2	G$^1/_4$	M12 × 1,5	M22 × 1	4	28	11	38	10	17
3	G$^1/_4$	M12 × 1,5	M30 × 1,5	4	38	11	42	10	17
4	G$^1/_4$	M12 × 1,5	M36 × 1,5	4	45	11	45	10	17
5	G$^1/_4$	M12 × 1,5	M48 × 1,5	4	58	11	52	10	17

Form A: Kappe und Unterteil gezogen (Größe 1 bis 5)
Form B: Kappe und Unterteil gedreht (Größe 00 bis 1)
Form D: Kappe gezogen, Unterteil gedreht (Größe 2 bis 5)

} Werkstoff: Stahl (St)

Beispiel: **Staufferbuchse DIN 3411 – B1M – St**
Form B, Größe 1, metrisches Gewinde, Stahl

Kupplungen

Scheibenkupplungen

DIN 116 : 1971-12

Form A
mit Zentrieransatz

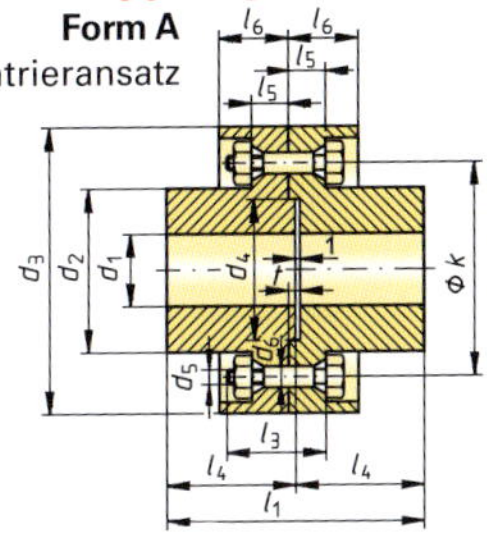

Form B
mit zweiteiliger Scheibe

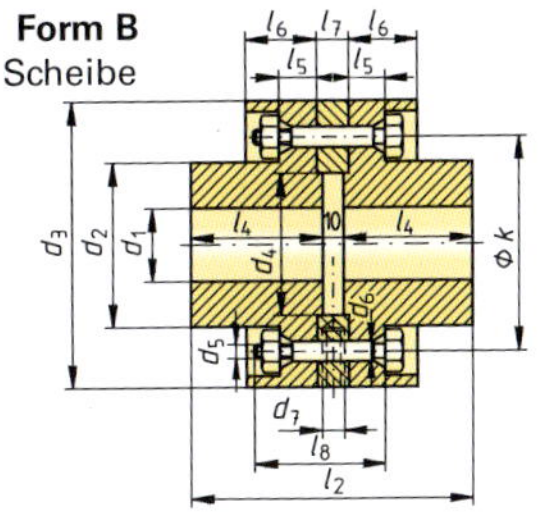

Werkstoff: EN-GJL-200,
andere nach Vereinbarung

Maße in mm		d_1 N7 [1]	25	30	35	40	45	50	55	60	70	80	90	100
		d_2	58	58	72	72	95	95	110	110	130	145	164	180
		d_3	125	125	140	140	160	160	180	180	200	224	250	280
		d_4 H7/h8	50	50	65	65	75	75	90	90	100	115	135	150
		d_6 H7	11	11	11	11	11	11	13	13	13	13	17	17
		d_7	M10	M10	M10	M10	M10	M10	M10	M10	M10	M10	M10	M10
		k	90	90	100	100	125	125	140	140	160	180	200	224
		l_1	101	101	121	121	141	141	171	171	201	221	241	261
		l_2	110	110	130	130	150	150	180	180	210	230	250	270
		l_4	50	50	60	60	70	70	85	85	100	110	120	130
		l_5	16	16	16	16	18	18	18	18	23	23	30	30
		l_6	31	31	31	31	34	34	37	37	41	41	54	54
		l_7	16	16	16	16	16	16	16	16	18	18	18	18
		t	3	3	3	3	3	3	3	3	4	4	4	4
Passschrauben DIN 609		d_5	M10	M10	M10	M10	M10	M10	M12	M12	M12	M12	M16	M16
		l_3	45	45	45	45	50	50	50	50	60	60	80	80
		l_8	60	60	60	60	65	65	70	70	80	80	100	100
		Anzahl	3	3	3	3	3	3	4	4	6	8	8	8
Drehmoment in Nm			46,2	87,5	150	236	355	515	730	975	1700	2650	4120	5800
max. Drehzahl in min^{-1}			2120	2120	2000	2000	1900	1900	1800	1800	1700	1600	1500	1400

[1] andere Toleranzfelder nach Vereinbarung Keil- oder Passfedernut nach Vereinbarung

Beispiel: **Scheibenkupplung DIN 116 – A80 – EN-GJL-200**
Form A, d_1 = 80 mm, Werkstoff: EN-GJL-200

Synchronriementrieb, metrische Teilung

Riemenmaße

DIN 7721-1 : 2015-11

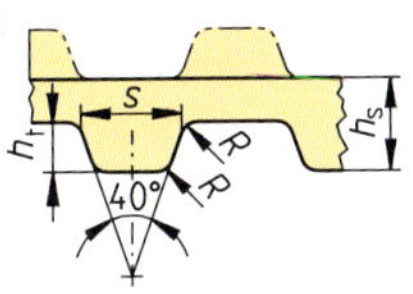

Teilungs-kurzzeichen	s	h_t	R	h_s	Wirklänge von … bis	Wirk-Sonderlänge bis	Riemenbreite b
T2,5	1,5	0,7	0,2	1,3	120 … 1300	–	4, 6, 10
T5	2,65	1,2	0,4	2,2	100 … 1380	7500	6, 10, 16, 25
T10	5,3	2,5	0,6	4,5	260 … 3100	25000	16, 25, 32, 50
T20	10,15	5,0	0,8	8,0	1260 … 3620	25000	32, 50, 75, 100

Beispiel: **Riemen DIN 7721 – 10 T 5 × 500**
Breite: 10 mm, Zahnteilung: T5, Wirklänge: 500 mm (Einfachverzahnung)
(Im Falle von Doppelverzahnung ist rechts neben die Wirklänge ein D zu setzen.)

Zahnlückenmaße der Scheibe

DIN 7721-2 : 1989-06 [2]

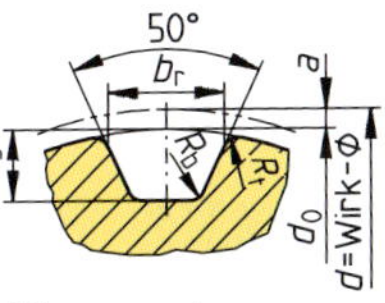

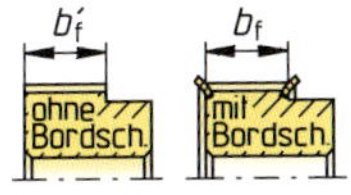

Teilungs-kurzzeichen	SE b_r	N b_r	SE h_g	N h_g	R_b	R_t	$2 \cdot a$	Scheibenbreite b_f'	Scheibenbreite b_f	Außen-∅ d_0 von	Außen-∅ d_0 bis
T2,5	1,75	1,83	0,75	1	0,2	0,3	0,6	b + 4 mm	b + 1,5 mm	7,45	75,90
T5	2,96	3,32	1,25	1,95	0,4	0,6	1	b + 4 mm	b + 1,5 mm	15,05	152,00
T10	6,02	6,57	2,6	3,4	0,6	0,8	2	b + 5 mm	b + 2 mm	36,35	303,70
T20	11,65	12,6	5,2	6	0,8	1,2	3	b + 6 mm	b + 2 mm	92,65	608,30

Zahnlückenprofil SE bei ≤ 20 Lücken pro Scheibe, N bei > 20 Lücken

Beispiel: **Zahnlückenprofil DIN 7721 – 10 T 5 × 20 SE2**
der Synchronscheibe: Breite: 10 mm, Zahnteilung: T5, Zahnlücken: 20,
Zahnlückenform: SE, Bordscheibenanzahl: 2

[2] zurückgezogen

Zahnradabmessungen

Gerade Stirnradverzahnung

DIN 3960 : 1987-03, DIN 3966-1 : 1978-08

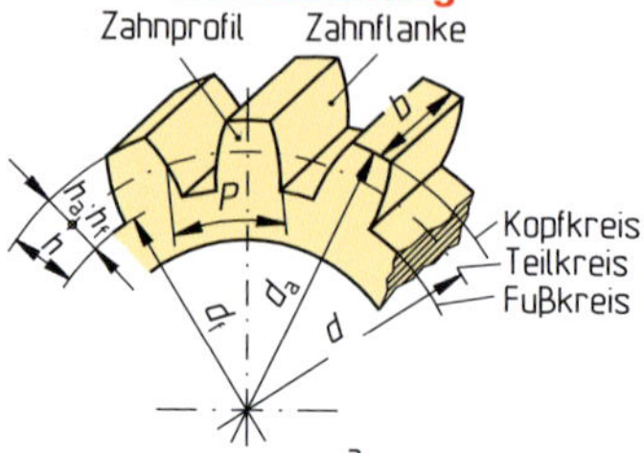

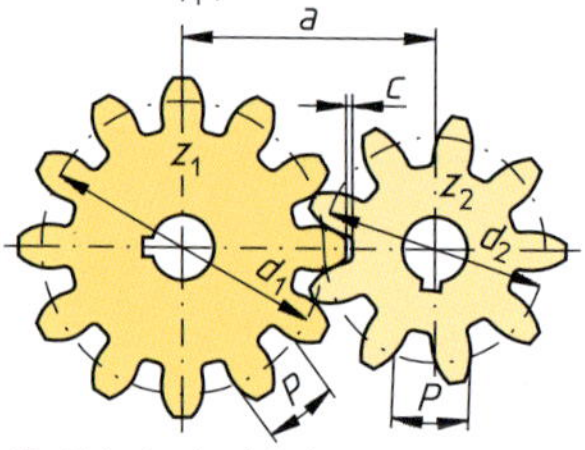

Abmessungen geradverzahnter Stirnräder

$P = m \cdot \pi$	Teilung in mm
$m = \frac{P}{\pi} = \frac{d_a}{z+2}$	Modul in mm
$d = m \cdot z$	Teilkreis-∅ in mm (z = Zähnezahl)
$d_a = d + 2\,m = m \cdot (z+2)$	Kopfkreis-∅ in mm
$d_f = d - 2 \cdot (m + c)$	Fußkreis-∅ in mm
$h = 2\,m + c$	Zahnhöhe in mm
$h_a = m$	Kopfhöhe in mm
$h_f = m + c$	Fußhöhe in mm
$c = (0{,}1 \ldots 0{,}3) \cdot m$ $c = 0{,}167 \cdot m$ und $c = 0{,}2 \cdot m$	Kopfspiel in mm übliche Kopfspiele
	Achsabstand in mm
$a = \frac{d_1 + d_2}{2} = \frac{m \cdot (z_1 + z_2)}{2}$	Außenverzahnung (+)
$a = \frac{d_1 - d_2}{2} = \frac{m \cdot (z_1 - z_2)}{2}$	Innenverzahnung (–) bei $d_1 > d_2$
$a = \frac{d_2 - d_1}{2} = \frac{m \cdot (z_2 - z_1)}{2}$	bei $d_1 < d_2$

Richtwerte für Zahnbreite b bei spanender Fertigung

steife Welle, genaue Lagerung	$b \leq 30 \ldots 40 \cdot m$
normal	$b \leq 25 \cdot m$
bei Verformung z. B. Stahlkonstruktionen fliegende Lagerung	$b \leq 10 \cdot m$

Richtwerte für die Mindestzähnezahlen:

$v > 4$ m/s, große Kräfte	$z_1 \geq 16$
$v < 0{,}8$ m/s, geringe Kräfte	$z_1 \geq 10$
Außenradpaare	$z_1 + z_2 \geq 24$
Innenradpaare	$z_2 \geq z_1 + 10$

Modulreihen nach DIN 780-1 : 1977-05   Reihe 1 bevorzugt anwenden

Reihe																	
1	0,05	0,06	0,08	0,1	0,12	0,16	0,2	0,25	0,3	0,4	0,5	0,6	0,7	0,8	0,9	1	1,25
	1,5	2	2,5	3	4	5	6	8	10	12	16	20	25	32	40	50	60
2	0,055	0,07	0,09	0,11	0,14	0,18	0,22	0,28	0,35	0,45	0,55	0,65	0,75	0,85	0,95	1,125	1,375
	1,75	2,25	2,75	3,5	4,5	5,5	7	9	11	14	18	22	28	36	45	55	70

Modulfräsersatz bis m = 8 mm

Fräser-Nr.	1	2	3	4	5	6	7	8	für Zahnräder ab m = 9 mm besteht der Satz aus 15 Fräsern
Zähnezahl	12…13	14…16	17…20	21…25	26…34	35…54	55…134	135…∞	

Schräge Stirnradverzahnung

DIN 3960 : 1987-03, DIN 3966-1 : 1978-08

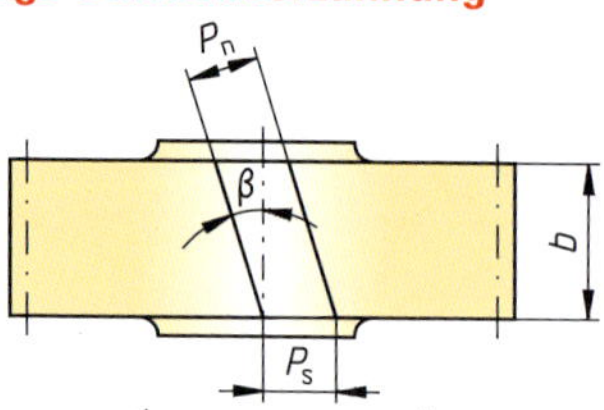

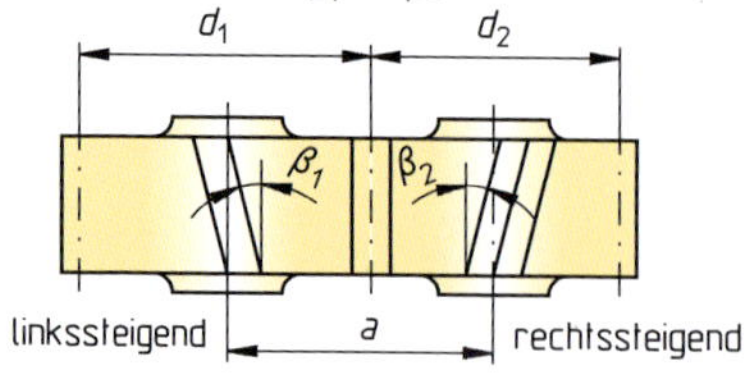

$\beta_1 = \beta_2$

Abmessungen schrägverzahnter Stirnräder
Zum Normalmodul m_n tritt hier der Stirnmodul m_s hinzu

$P_s = \frac{P_n}{\cos\beta}$		Stirnteilung in mm
$P_n = m_n \cdot \pi$		Normalteilung in mm
$m_s = \frac{m_n}{\cos\beta}$		Stirnmodul in mm
$m_n = m_s \cdot \cos\beta$	$m_n = m$	Normalmodul in mm
$\beta = 10 \ldots 20°$		Schrägungswinkel
$d = m_s \cdot z$		Teilkreis-∅ in mm
$z_i = \frac{z}{\cos^3\beta}$		ideelle Zähnezahl

Modulreihen, Zahnhöhen, Kopfspiel wie bei Geradverzahnung

Geradzahn-Kegelverzahnung

DIN 3966-2 : 1978-08, DIN 3971 : 1980-07

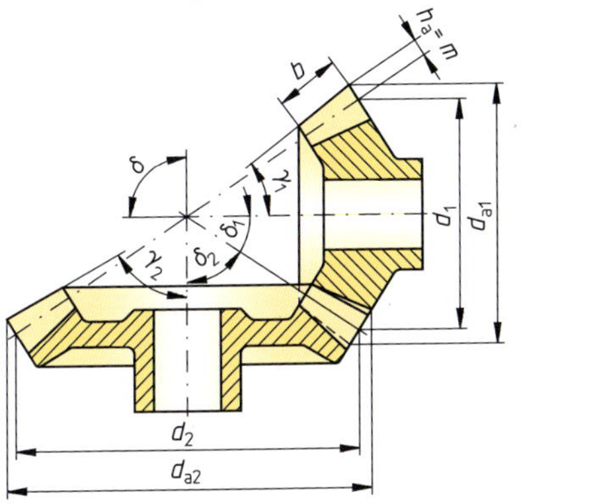

Der Achsenwinkel δ beträgt im Normalfall 90°; er kann auch größer oder kleiner werden.

Beim Kegeltrieb können nur die beiden aufeinander abgestimmten Zahnräder gepaart werden, weil sich mit der Zähnezahl auch der Teilkreiswinkel ändert.

Abmessungen geradverzahnter Kegelräder

Teilung p und Modul m wie bei geradverzahnten Stirnrädern, gemessen am größten Teilkreisdurchmesser (außen)

$d_{1(2)} = m \cdot z_{1(2)}$	Teilkreis-∅ Rad 1 (2) in mm
$d_{a1(2)} = d_{1(2)} + 2 \cdot m \cdot \cos\delta_{1(2)}$	Kopfkreis-∅ Rad 1 (2) in mm
$d_{f1(2)} = d_{1(2)} - 2 \cdot [m + c] \cdot \cos\delta_{1(2)}$	Fußkreis-∅ Rad 1 (2) in mm
$\tan\delta_1 = \dfrac{d_1}{d_2} = \dfrac{z_1}{z_2}$	Teilkreiswinkel in °
$\tan\delta_2 = \dfrac{d_2}{d_1} = \dfrac{z_2}{z_1}$	
$\delta = \delta_1 + \delta_2$	Achsenwinkel in °
$\tan\gamma_1 = \dfrac{z_1 + 2 \cdot \cos\delta_1}{z_2 - 2 \cdot \sin\delta_1}$	Kegelwinkel in °
$\tan\gamma_2 = \dfrac{z_2 + 2 \cdot \cos\delta_2}{z_1 - 2 \cdot \sin\delta_2}$	
$b \leq 10\, m$	Zahnbreite in mm

Modulreihen, Zahnhöhen, Kopfspiel wie bei Stirnrädern

Zylinder Schneckenverzahnung

DIN 3966-3 : 2018-01, DIN 3975-1 : 2017-09

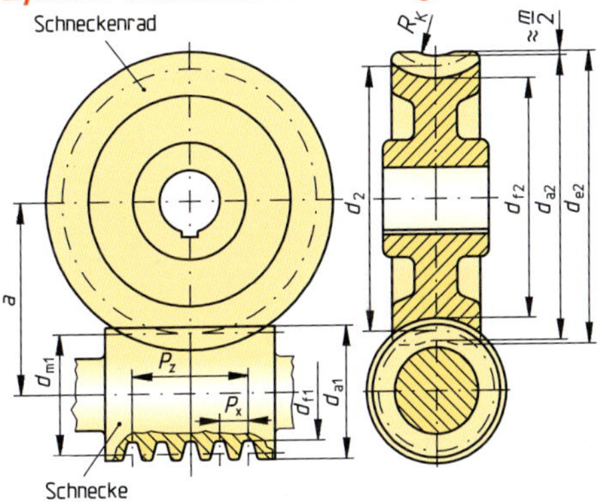

Die Achsen von Schnecke und Schneckenrad kreuzen sich normalerweise unter 90°.
Dann gilt: $\gamma_m = \beta_0$

γ_m Mittensteigungswinkel der Schnecke
β_0 Schrägungswinkel des Schneckenrades

γ_m aus $\tan\gamma_m = \dfrac{P_z}{d_{m1} \cdot \pi}$

Der Modul *m* wird in Achsrichtung der Schnecke gemessen (Achsmodul).

Der Normalmodul m_n wird in Steigungsrichtung gemessen

Abmessungen des Zylinderschneckenradsatzes

$P_x = m \cdot \pi$	Axialteilung in mm
$m_n = m \cdot \cos\gamma_m$	Normalmodul in mm
$P_n = P_x \cdot \cos\gamma_m$	Normalteilung in mm
$h = 2\, m + c$	Zahnhöhe in mm
$h_a = m$	Kopfhöhe in mm
$h_f = m + c$	Fußhöhe in mm
$c = (0{,}1 \ldots 0{,}3)\ m$	Kopfspiel in mm

Schnecke:

$P_z = P_x \cdot z_1$	Steigungshöhe in mm Zähnezahl z_1 = Gangzahl g
$d_{m1} = \dfrac{z_1 \cdot m}{\tan\gamma_m}$	Mittenkreis-∅ in mm
$d_{a1} = d_{m1} + 2\, m$	Kopfkreis-∅ in mm
$d_{f1} = d_{m1} - 2\,(m + c)$	Fußkreis-∅ in mm

Schneckenrad:

$d_2 = m \cdot z_2$	Teilkreis-∅ in mm
$d_{a2} = d_2 + 2\, m$	Kopfkreis-∅ in mm
$d_{f2} = d_2 - 2\,(m + c)$	Fußkreis-∅ in mm
$R_K = \dfrac{d_{m1}}{2} - m$	Kopfradius in mm
$a = \dfrac{d_{m1} + d_2}{2}$	Achsabstand in mm
$d_{e2} \approx d_{a2} + m$	Außendurchmesser in mm

Modulreihe nach DIN 780-2 : 1977-05

0,1	0,12	0,16	0,2	0,25	0,3	0,4	0,5	0,6	0,7	0,8	0,9	1
1,25	1,6	2	2,5	3,15	4	5	6,3	8	10	12,5	16	20

Riementriebe

Klassische Keilriemen DIN 2215 : 1998-08

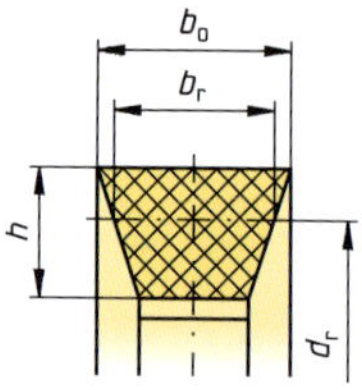

Technische Daten an ISO 4183 und 4184 angepasst

Beispiel: **Keilriemen DIN 2215 – A900**
Profil A, Riemenrichtlänge L_r = 900 mm

Keilriemenscheiben DIN 2217-1 : 1973-02

einrillig

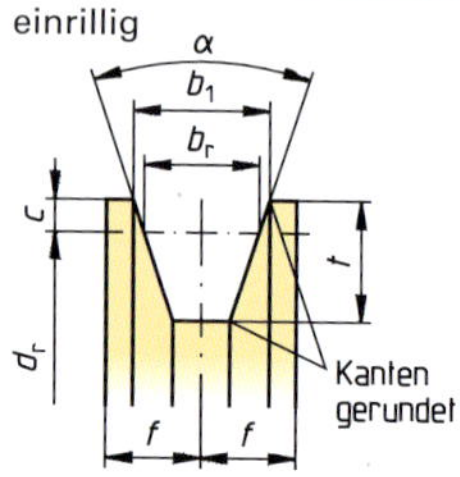

mehrrillig

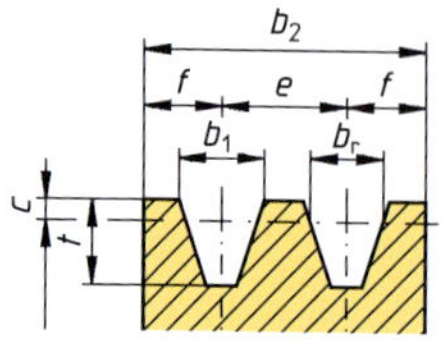

Werkstoff: EN-GJL-200

Maße in mm

Riemenprofil: DIN/ISO		[1] 6/Y	[1] 10/Z	[1] 13/A	[1] 17/B	[1] 22/C	[1] 32/D	[1] 40/E
Riemenprofil ISO, flankenoffen, gezahnt		YX	ZX	AX	BX	CX	–	–
Riemenabmessungen	$b_0 = b_1 \approx$ b_r h	6 5,3 4	10 8,5 6	13 11 8	17 14 11	22 19 14	32 27 20	40 32 25
Scheibenabmessungen	b_1 c e f t	6,3 1,6 8 6 7	9,7 2 12 8 11	12,7 2,8 15 10 14	16,3 3,5 19 12,5 18	22 4,8 25,4 17 24	32 8,1 37 24 33	40 12 44,5 29 38
	$\alpha = 34°$ für $d_{r\,min}$ $\alpha = 38°$ für d_r	= 28 > 50	= 50 > 80	= 75 > 112	= 125 > 180	= 200 > 315	= 315 > 500	= 500 > 630
Riemenrichtlängen Lr	von bis	295 865	312 2522	437 5030	610 7140	1148 8058	2075 11275	3080 12580

[1] DIN Riemenprofilbezeichnungen (Ziffern) nicht für Neukonstruktionen.

Schmalkeilriemen DIN 7753-1 : 1988-01

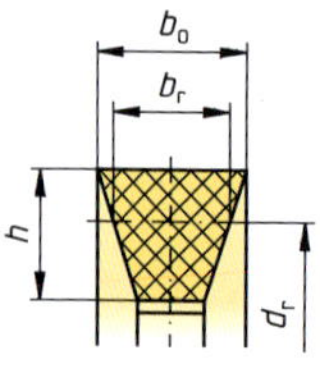

Beispiel: **Schmalriemen DIN 7753 – SPA 1600**
Profil SPA, Riemenrichtlänge
L_r = 1600 mm

Keilriemenscheiben DIN 2211-1 : 1984-03

einrillig

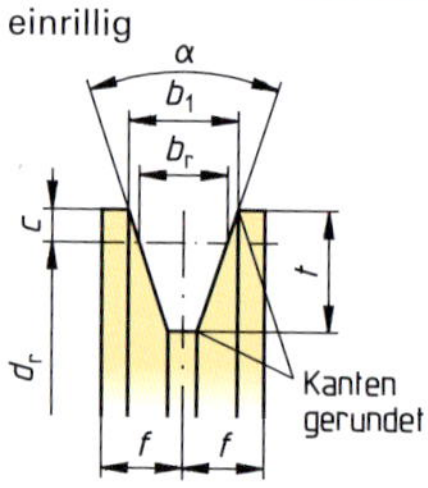

mehrrillig

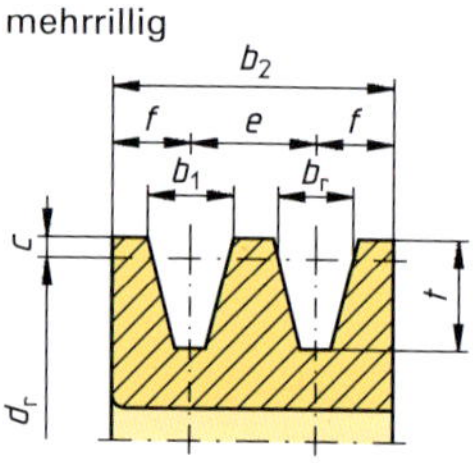

Beispiel: **Scheibe DIN 2211 – SPA – 200×5×50 PN**
Profil SPA, Richtdurchmesser d_r = 200 mm,
Rillenanzahl z = 5, Nabenbohrung 50 mm
mit Passfedernut (PN)

Maße in mm

Riemenprofil ummantelt flankenoffen gezahnt		SPZ XPZ	SPA XPA	SPB XPB	SPC XPC
Riemenabmessungen	$b_0 = b_1 \approx$ b_r $h \approx$	9,7 8,5 8	12,7 11 10	16,3 14 13	22 19 18
Scheibenabmessungen Kranzbreite bei z Rillen $b_2 = (z-1)e + 2f$	c e f t + 0,6	2 12 8 11	2,8 15 10 13,8	3,5 19 12,5 17,5	4,8 25,5 17 23,8
	$\alpha = 34°$ für d_r $\alpha = 38°$ für d_r	≤ 80 > 80	≤ 118 > 118	≤ 190 > 190	≤ 315 > 315
$d_{r\,min}$ ummantelt/flankenoffen		63/50	90/63	140/100	224/160
Riemenrichtlängen	L_r von bis	630 3550	800 4500	1250 8000	2000 12500

Richtlängen L_r in mm	
630	3150
710	3550
800	4000
900	4500
1000	5000
1120	5600
1250	6300
1400	7100
1600	8000
1800	9000
2000	10000
2400	11200
2500	12500
2800	

Berechnung von Keilriementrieben

DIN 7753-2 : 1976-04

Riemenrichtlänge L_r: Länge des Riemens an den Richtdurchmessern unter einer definierten Vorspannung

$$L_r = 2 \cdot l_a \cdot \sin\frac{\beta_1}{2} + \frac{\pi}{2} \cdot (d_{r1} + d_{r2}) + \pi \cdot \frac{(180° - \beta_1)}{360°} \cdot (d_{r2} - d_{r1}) \quad \text{in mm}$$

d_{r1} Durchmesser der treibenden Scheibe in mm
d_{r2} Durchmesser der getriebenen Scheibe in mm
β_1 Umschlingungswinkel an der kleinen Scheibe in °
l_a Achsabstand in mm
v Riemengeschwindigkeit im m/s

Richtwerte:

Biegefrequenz	$f_B = \frac{2 \cdot v}{L_r} < 50...80$ in s^{-1}
Achsabstand	$l_a \approx 0{,}7...2 \cdot (d_{r1} + d_{r2})$ in mm
Verstellweg zum Auflegen	$S_v \geq 0{,}015 \cdot L_r$ in mm
Verstellweg zum Spannen	$S_{sp} \geq 0{,}03 \cdot L_r$ in mm

Anzahl der Riemen

$$z = \frac{P \cdot c_2}{P_{180} \cdot c_1 \cdot c_3}$$

P Nutzleistung in kW
P_{180} Nennleistung in kW bei 180° Umschlingungswinkel
c_1 Winkelfaktor
c_2 Belastungsfaktor
c_3 Längenfaktor

Wahl des Riemenprofils

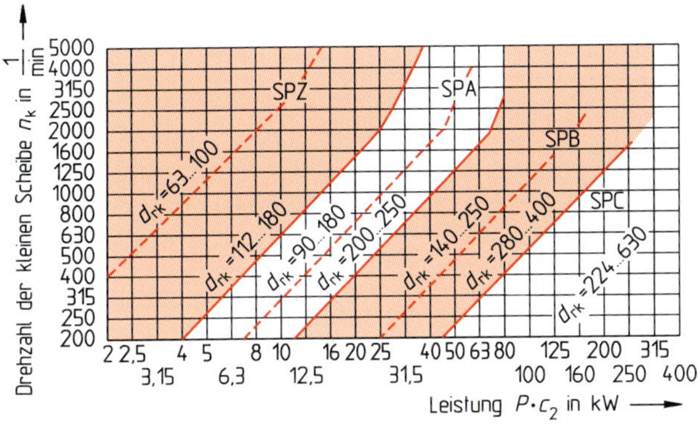

Nennleistung P_{180} für einen Riemen

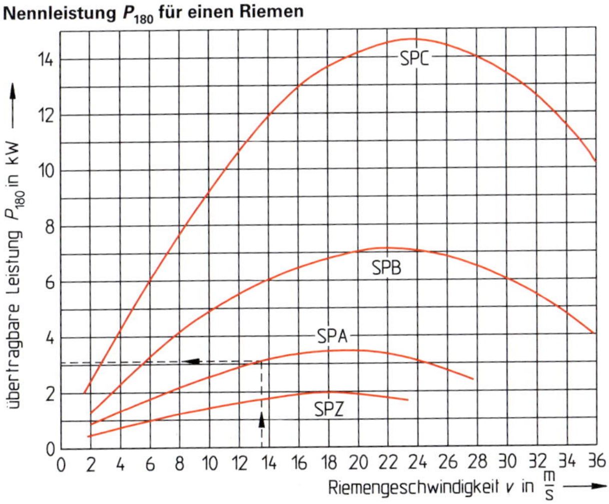

Winkelfaktor c_1 zur Berücksichtigung des Umschlingungswinkels β_1 an der kleinen Scheibe

β_1	c_1	$\frac{d_{r2} - d_{r1}}{l_a}$
180°	1,00	0
170°	0,98	0,17
160°	0,95	0,35
150°	0,92	0,52
140°	0,89	0,68
130°	0,86	0,85
120°	0,82	1,00
110°	0,78	1,15
100°	0,73	1,29
90°	0,68	1,41
80°	0,63	1,53
70°	0,58	1,64

Betriebsfaktor c_2 zur Berücksichtigung der täglichen Betriebsdauer und der Betriebsart

Betriebs-art	c_2 für tägl. Betriebsstunden		
	bis 10	10 bis 16	über 16
leicht	1,0	1,1	1,2
mittel	1,1	1,2	1,4
schwer	1,2	1,4	1,6
sehr schw.	1,3	1,5	1,8

Längenfaktor c_3 zur Berücksichtigung der tatsächlichen Richtlänge L_r

	c_3	0,82	0,84	0,86	0,88	0,90	0,94	0,96	0,98	1,00	1,02	1,04	1,06	1,08	1,10	1,12	1,14
L_r	SPZ	630	710	800	900	1000	1120	1250	1400	1600	1800	2000	2240	2500	2800	3150	3550
	SPA	800	900	1000	1120	1250	1600	2000	2240	2500	2800	3150	3550	4000	4500	–	–
	SPB	1250	1400	1600	1800	2000	2500	2800	3150	3550	4000	4500	5000	5600	6300	7100	8000
	SPC	2000	2240	2500	2800	3150	4000	4500	5000	5600	6300	7100	8000	9000	10000	11200	12500

Kettentriebe

Verzahnung der Kettenräder für Rollenketten nach DIN ISO 606 — DIN ISO 606 : 2018-02

Zahnlückenprofil

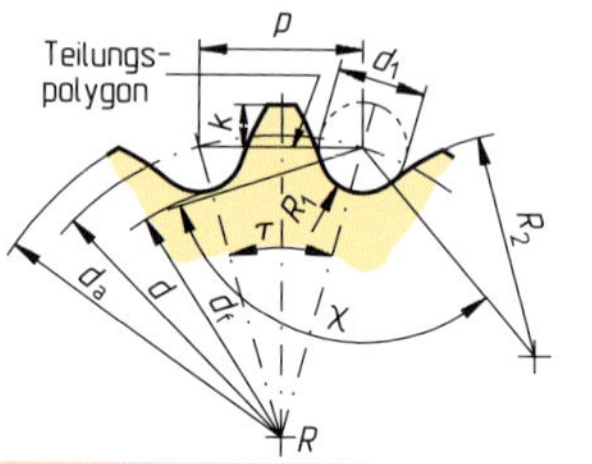

Teilkreisdurchmesser (p = Kettenteilung): $d = \dfrac{p}{\sin\frac{\tau}{2}}$

Teilungswinkel (z = Zähnezahl): $\tau = \dfrac{360°}{z}$

Fußkreisdurchmesser (d_1 = Rollendurchm.): $d_f = d - d_1$

Kopfkreisdurchmesser: $d_{amax} = d + 1{,}25 \cdot p - d_1$; $d_{amin} = d + \left(1 - \dfrac{1{,}6}{z}\right) \cdot p - d_1$

Durchmesser der Freidrehung (g = Laschenhöhe): $d_s = p \cdot \cot\dfrac{\tau}{2} - 1{,}05 \cdot g - 2 \cdot R_4 - 1$

Zahnhöhe über Teilungspolygon: $k_{max} = 0{,}625 \cdot p - 0{,}5 \cdot d_1 + \dfrac{0{,}8}{z} \cdot p$; $k_{min} = 0{,}5 \cdot (p - d_1)$

	Minimale Zahnlücke	Maximale Zahnlücke
Rollenbettradius	$R_{1min} = 0{,}505 \cdot d_1$	$R_{1max} = 0{,}505 \cdot d_1 + 0{,}069 \cdot \sqrt[3]{d_1}$
Zahnflankenradius	$R_{2min} = 0{,}12 \cdot d_1(z+2)$	$R_{2max} = 0{,}008 \cdot d_1 \cdot (z^2 + 180)$
Rollenbettwinkel	$\chi_{max} = 140° - \dfrac{90°}{z}$	$\chi_{min} = 120° - \dfrac{90°}{z}$

Zahnbreitenprofil

einfach zweifach dreifach

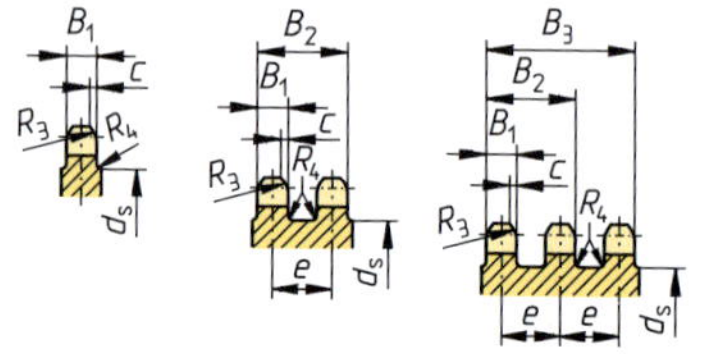

Zahnbreiten B_1 in mm	$p \leq 12{,}7$	$p > 12{,}7$
Einfachkettenrad	$0{,}93 \cdot b_1$	$0{,}95 \cdot b_1$
Zwei- und Dreifachkettenrad	$0{,}91 \cdot b_1$	$0{,}93 \cdot b_1$

Abfasung der Zahnbreite: $c = (0{,}1 \dots 0{,}15) \cdot p$

Zahnfasenradius: $R_3 \geq p$

Max. Radfasenradius R_{4max}

R_{4max}	p
0,4	≤ 9,525
0,6	> 9,525 … 19,05
0,8	> 19,05 … 38,1
1,0	> 38,1

Rollenketten (Europäische Bauart) DIN ISO 606 : 2018-02

einfach zweifach dreifach

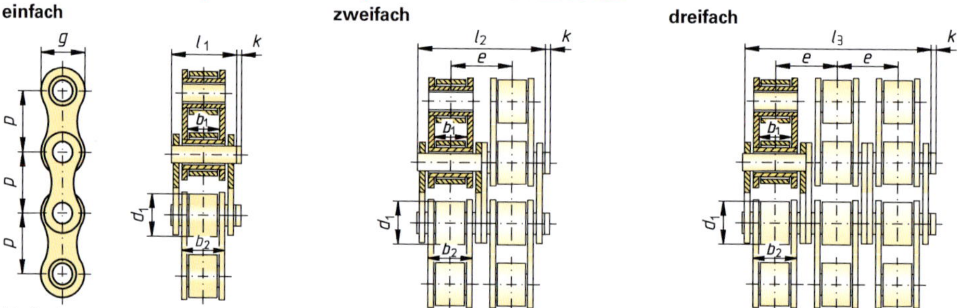

Maße in mm

Ketten-Nr.	p	b_1 min.	b_2 max.	d_1 max.	e	g max.	k max.	einfach l_1 max.	einfach F_B [1] in kN	zweifach l_2 max.	zweifach F_B [1] in kN	dreifach l_3 max.	dreifach F_B [1] in kN
05B	8	3	4,77	5	5,64	7,1	3,1	8,6	5	14,3	7,8	19,9	11,1
06B	9,525	5,72	8,53	6,35	10,24	8,2	3,3	13,5	9	23,8	16,9	34	24,9
08B	12,7	7,75	11,3	8,51	13,92	11,8	3,9	17	18	31	32	44,9	47,5
10B	15,875	9,65	13,3	10,16	16,59	14,7	4,1	19,6	22,4	36,2	44,5	52,8	66,7
12B	19,05	11,68	15,6	12,07	19,46	16,1	4,6	22,7	29	42,2	57,8	61,7	86,7
16B	25,4	17,02	25,4	15,88	31,88	21	5,4	36,1	60	68	106	99,9	160
20B	31,75	19,56	29	19,05	36,45	26,4	6,1	43,2	95	79	170	116	250
24B	38,1	25,4	37,9	25,4	48,36	33,4	6,6	53,4	160	101	280	150	425
28B	44,45	30,99	46,5	27,94	59,56	37	7,4	65,1	200	124	360	184	530
32B	50,8	30,99	45,5	29,21	58,55	42,2	7,9	67,4	250	126	450	184	670

[1] F_B = Mindestbruchkraft

Beispiel:

Rollenkette DIN ISO 606 – 16B – 1×80; Rollenkette DIN ISO 606 – 16B – 2×80; Rollenkette DIN ISO 606 – 16B – 3×80;
Ketten- Nr. 16B (Einfach-, Zweifach-, Dreifachkette), 80 Glieder

Bohrbuchsen und Zubehör

ISO 4247-1 : 1977[1)]

Bohrbuchsen

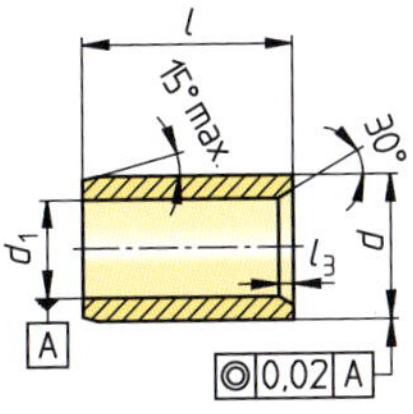

Bundbohrbuchsen

Werkstoff: Einsatzstahl

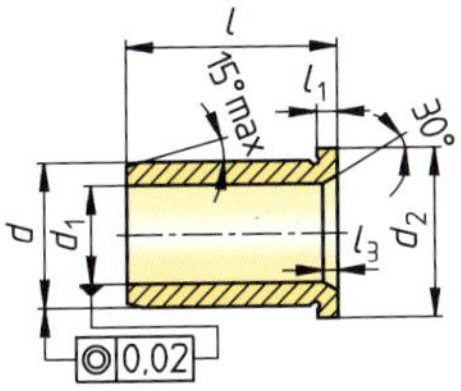

Maße in mm

d_1 F7 über / bis	3,3 / 4	4 / 5	5 / 6	6 / 8	8 / 10	10 / 12	12 / 15	18 / 18	18 / 22	22 / 26	26 / 30
d n6	7	8	10	12	15	18	22	26	30	35	42
d_2 h13	10	11	13	15	18	22	26	30	34	39	46
l kurz	8	8	10	10	12	12	16	16	20	20	25
l lang	12	12	16	16	20	20	28	28	36	36	45
l extralang	16	16	20	20	25	25	36	36	45	45	56
l_1	2,5	2,5	3	3	3	4	4	4	5	5	5
l_3	1	1	1,5	1,5	2	2	2	2	3	3	3

Beispiel: **Bundbohrbuchse ISO 4247 – 10 × 20**
d_1 = 10 mm, Länge l = 20 mm (lang)

Steckbohrbuchsen

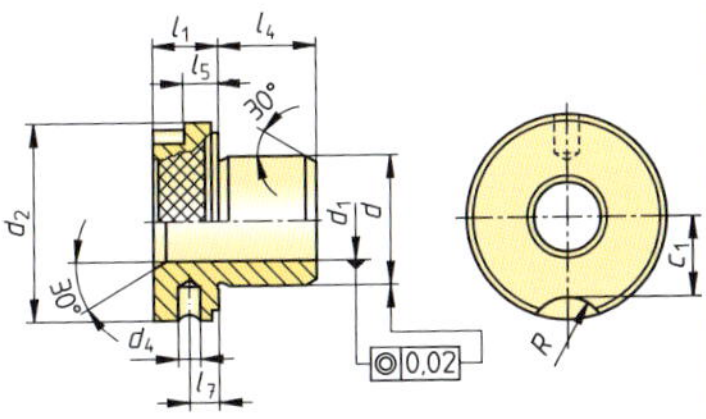

Werkstoff: Einsatzstahl

Maße in mm

d_1 F7 über / bis	0 / 4	4 / 6	6 / 8	8 / 10	10 / 12	12 / 15	15 / 18	18 / 22	22 / 26	26 / 30
d n6	8	10	12	15	18	22	26	30	35	42
d_2 h13	15	18	22	26	30	3	46	52	59	66
d_4 H7	2,5	2,5	3	3	3	5	5	5	6	6
l_1	8	8	10	10	10	12	12	12	12	12
l_4 kurz	10	12	12	16	16	20	20	25	25	30
l_4 lang	16	20	20	28	28	36	36	45	45	56
l_4 extralang	–	25	25	36	36	45	45	56	56	67
l_5	3	3	4	4	4	5,5	5,5	5,5	5,5	5,5
l_7	4,25	4,25	6	6	6	7	7	7	6,5	6,5
c_1	4,5	6	7,5	9,5	11,5	13	15,5	19	22	25,5
R	7	7	8,5	8,5	8,5	10,5	10,5	10,5	10,5	10,5

Beispiel: **Steckbohrbuchse ISO 4247 – 18 × 26 × 36**
d_1 = 18 mm, d = 26 mm, Länge l_4 = 36 mm

Distanzstücke

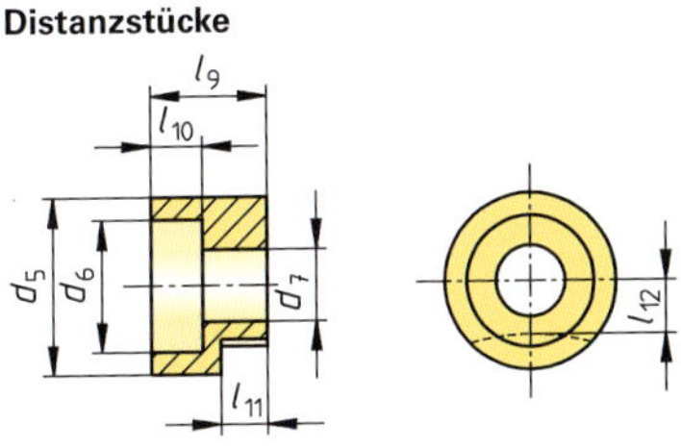

Werkstoff: Vergütungsstahl

Maße in mm

d_1 F7	0 – 6	6 – 12	12 – 30
d_4 m6	2,5	3	5
d_5	13	16	20
d_6	10	12	15
d_7	5,1	6,1	8,1
d_8	13	16	20
d_9	7,5	9,5	12
d_{10}	M5	M6	M8

d_1 F7	0 – 6	6 – 12	12 – 30
l_9 kurz	8	10	12
l_9 lang	11	14	17
l_{10}	4	5	5
l_{11} kurz	3	4	5,5
l_{11} lang	6	8	10,5
l_{12}	3,7	4,7	6,2
l_{13} kurz	15	18	22
l_{13} lang	18	22	27
l_{14} kurz	3	4	5,5
l_{14} lang	6	8	10,5
l_{15}	9	10	11,5
l_{16}	16	20	25

Beispiel:
Zylinderstift ISO 4247 – 3 × 20 St
d_4 = 3 mm, Länge l_{16} = 20 mm, Stahl

Halteschrauben und Stifte

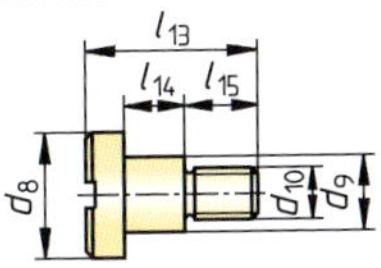

Werkstoff: Vergütungsstahl

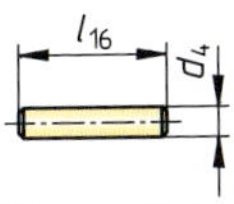

Werkstoff: Automatenstahl

1) zurückgezogen

Normteile für Vorrichtungen und Werkzeuge

Muttern für T-Nuten

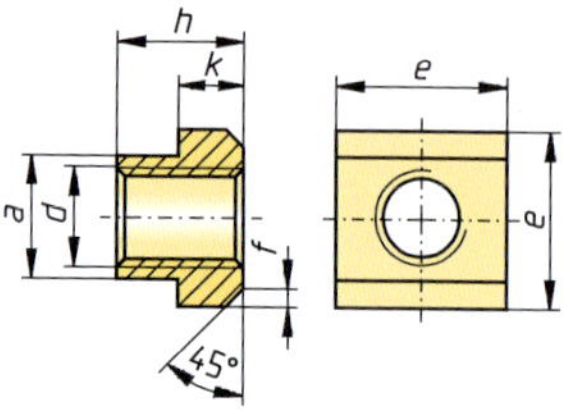

Maße in mm

DIN 508 : 2002-06

a	Abmaße	d	e	zul. Abw.	f	h	k	Prüfkraft F in kN
6	−0,3 −0,5	M5	10	0 −0,5	1,6	8	4	11,4
8		M6	13			10	6	16
10		M8	15			12	6	29
12	−0,3 −0,6	M10	18	0 −0,5	2,5	14	7	46
14		M12	22			16	8	67
18		M16	28			20	10	128
22		M20	35			28	14	196
28		M24	44	0 −1	4	36	18	282
36	−0,4 −0,7	M30	54		6	44	22	653
42		M36	65			52	26	653
48		M42	75			60	30	653

Werkstoff: Stahl, Härte ≥ 180 HV
Beispiel:
Mutter DIN 508 – M12 × 14
Gewinde M12, a = 14 mm

T-Nuten

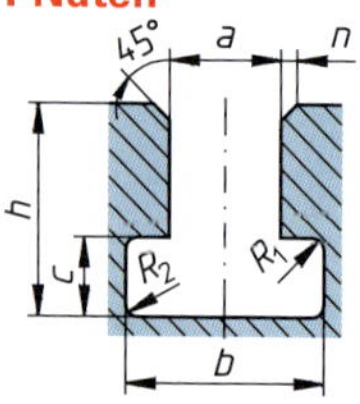

Maße in mm

DIN 650 : 1989-10

a H8	b	zul. Abw.	c	zul. Abw.	h min.	h max.	n	R_1	R_2
6	11	+1,5	5	+1	11	13	1	0,6	1
8	14,5	+1,5	7	+1	15	18	1	0,6	1
10	16,5	+1,5	7	+1	17	21	1	0,6	1,6
12	19,5	+1,5	8	+1	20	25	1	0,6	1,6
14	23	+2	9	+2	23	28	1	0,6	1,6
18	30	+2	12	+2	30	36	1,6	0,6	2,5
22	37	+3	16	+2	38	45	1,6	1	2,5
28	46	+4	20	+2	48	56	1,6	1	2,5
36	56	+4	25	+3	60	71	2,5	1	4
42	68	+4	32	+4	74	85	2,5	1	4
48	80	+5	36	+4	84	95	2,5	2	6

Beispiel:
T-Nut DIN 650 – 14H8
a = 14 mm, Toleranzklasse H8

Druckstücke mit Sprengring

Form S

DIN 6311 : 2002-06

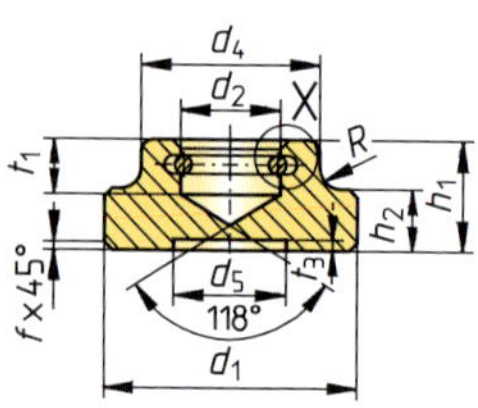

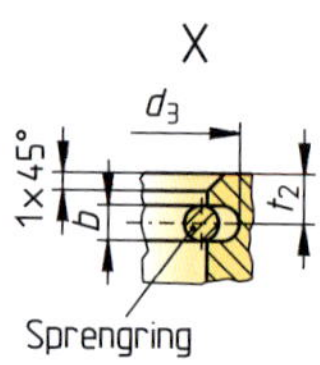

Maße in mm

d_1	12	16	20	25	32	40
b	0,7	1	1	1	1,2	1,8
d_2 H12	4,6	6,1	8,1	8,1	12,1	15,6
d_3	5,6	7,7	9,7	9,7	14,2	19,8
d_4	10	12	15	18	22	28
d_5	5	7	8	10	14	18
f	0,6	0,6	0,6	1	1	1
h_1	7	9	11	13	15	16
h_2	2,5	4	5	6	7	9
R	1,5	2	2	2	3	3
t_1	4	5	6	6	7,5	8
t_2	1,8	2	2	2	3,5	3,5
t_3	0,5	0,5	0,5	0,5	0,7	1
Sprengring DIN 7993	4	6	8	8	12	16
Gewindestift DIN 6332	M6	M8	M10	M12	M16	M20

Werkstoff: Stahl einsatzgehärtet
Beispiel:
Druckstück DIN 6311 – S20
Form S, d_1 = 20 mm (mit Sprengring)

Gewindestifte mit Druckzapfen

Form S zur Aufnahme von Druckstücken mit Sprengring

DIN 6332: 2003-04

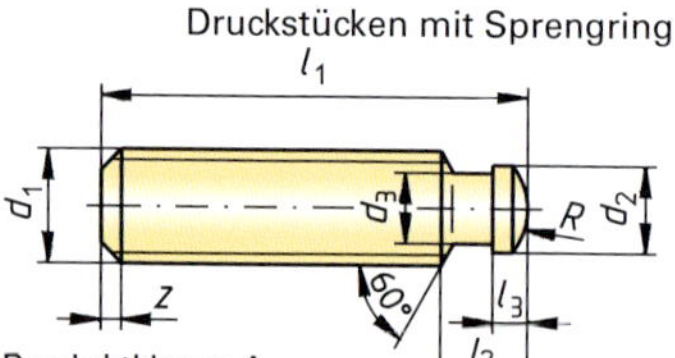

Maße in mm

d_1	M6	M8	M10	M12	M16	M20
d_2 h11	4,5	6	8	8	12	15,5
d_3 – 0,1	4	5,4	7,2	7,2	11	14,4
l_2	6	7,5	9	10	12	14
l_3	2,5	3	4,5	4,5	5	5,5
R	3	5	6	6	9	13
z	1,5	1,8	2,2	2,5	3	3,5
l_1 js15	30 50	40 60	60 80	60, 80 100	80, 100 125	100, 125 150

Produktklasse A
Werkstoff: Stahl
Festigkeitsklasse: 5.8, Druckfläche gehärtet
Ausführung der Gewindestifte auch mit Innensechskant (Innensechskant nach DIN EN ISO 4026): Zusatzbezeichnung IS

Beispiel: **Gewindestift DIN 6332 – SM10 × 80**
Form S, d_1 = M10, Länge l = 80 mm
mit Innensechskant:
Gewindestift DIN 6332 – ISM10 × 80

Kegelgriffe

DIN 99 : 2015-11

Form K
Form M
parallel

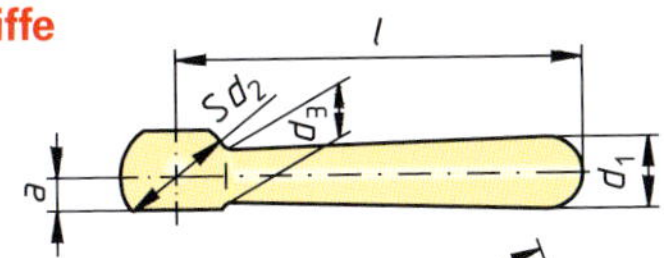

Form L
Form N
geneigt

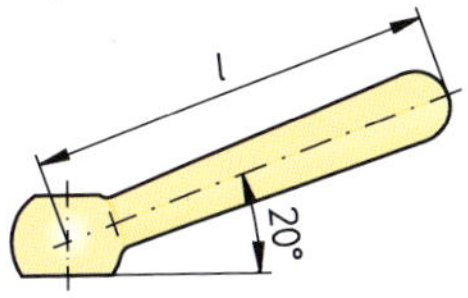

Form K und L

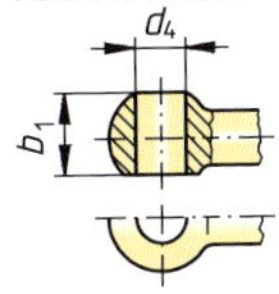

Form M und N

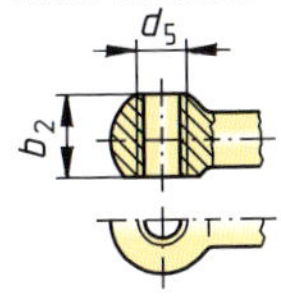

Maße in mm

l	63	80	100	125	160	200
a	5	6	7,5	10	12,5	18
b_1	12	14,5	18,5	24	30	40
b_2	12,5	15	19	25	31	41
d_1	10	13	16	20	25	32
d_2	16	20	25	32	40	50
d_3	8	9	11	15	18	22
d_4 H7	8	10	12	16	20	24
d_5	M8	M10	M12	M16	M20	M24

Form mit Griffaufnahme Bohrung d_4	Form mit Griffaufnahme Gewinde d_5	Lage der Griffachse
K	M	parallel
L	N	geneigt

Werkstoff: Stahl

Beispiel: **Kegelgriff DIN 99 – M125**
Form M, Länge l = 125 mm

Kugelgriffe

DIN 6337 : 2015-11

Form K
Form M
parallel

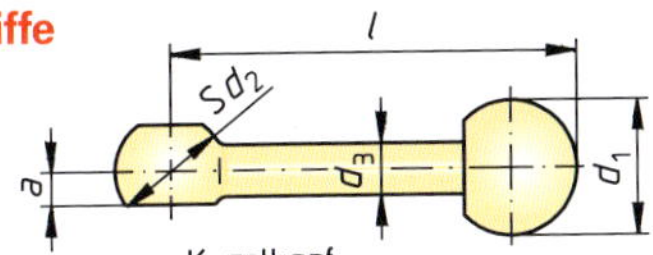

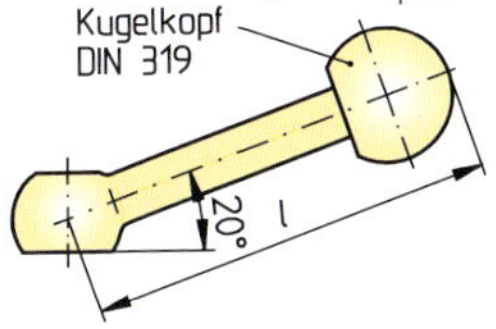

Form L
Form N
geneigt

Maße in mm

l	63	80	100	125	160	200
d_1	20	20	25	32	40	50
d_2	16	20	25	32	40	50
d_3	8	9	11	15	18	22

Übrige Maße und Art der Griffaufnahme wie DIN 99

Werkstoff: Grundkörper: Stahl
Kugelknopf: Kunststoff

Beispiel: **Kugelgriff DIN 6337 – K160**
Form K, Länge l = 160 mm

Kugelknöpfe

DIN 319 : 2020-04

Form C
mit Gewinde

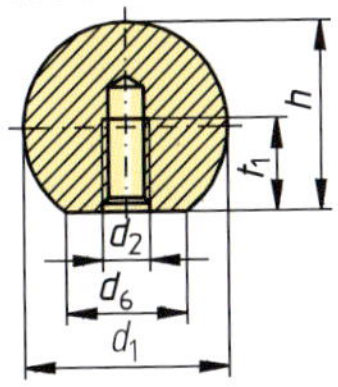

Form E
mit Gewindebuchse

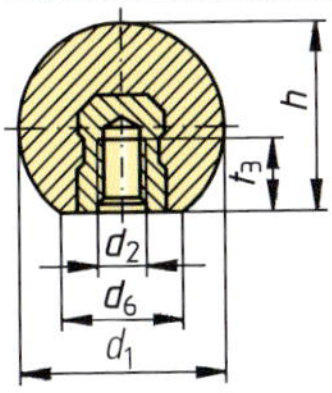

Form L
mit Klemmhülse

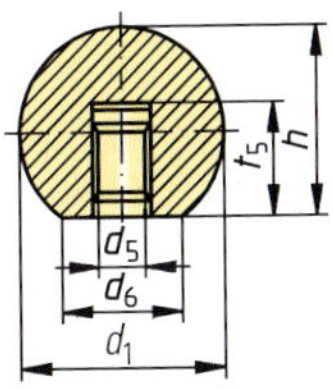

Form M
mit kegeliger Bohrung

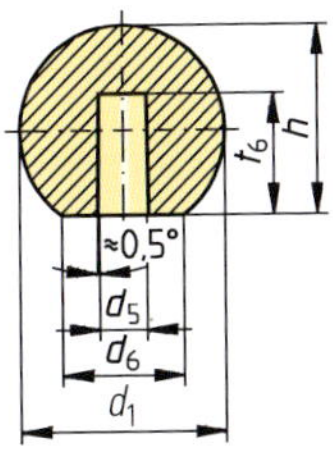

Beispiel: **Kugelknopf DIN 319 – E32 × PA**
Form E (mit Gewindebuchse), d_1 = 32 mm
Formmasse Polyamid (PA)

Maße in mm

				Form C	Form E		Form L	Form M
d_1	d_6 ≈	h ≈	d_2	t_1 min	t_3 min	d_1 h9	t_5	t_6
12	6 1)	11,2 1)	M4 2)	6	–	–	–	–
16	8	15	M4	6	6	4	11	9
20	12	18	M5	7,5	7,5	5	13	12
25	15	22,5	M6	9	9	6	16	15
						8	15	15
						10 3)	15	–
32	18	29	M8	12	12	8	15	15
						10	20	15
						12 3)	20	–
40	22	37	M10	15	15	10	20	20
						12	23	20
						16 3)	23	–
50	28	46	M12	18	18	12	20	22
						16	23	22
						20 3)	28	–

Werkstoff Kugelknopf: Formmassen Phenolharz (PF), Polyamid (PA), andere Werkstoffe nach Vereinbarung

Werkstoff Gewindebuchse: Stahl (St), Messing (CuZn),0 andere Werkstoffe nach Vereinbarung

1) nur für Form C und E 2) nur für Form C 3) gilt nur für Form L

Beispiel: **Kugelknopf DIN 319 – L40 × 12PF**
Form L (mit Klemmhülse), d_1 = 40 mm, d_5 = 12 mm,
Phenol-Formmasse Phenolharz (PF)

Normteile für Vorrichtungen und Werkzeuge

Flügelmuttern und Flügelschrauben

DIN 315, DIN 316 : 2016-02

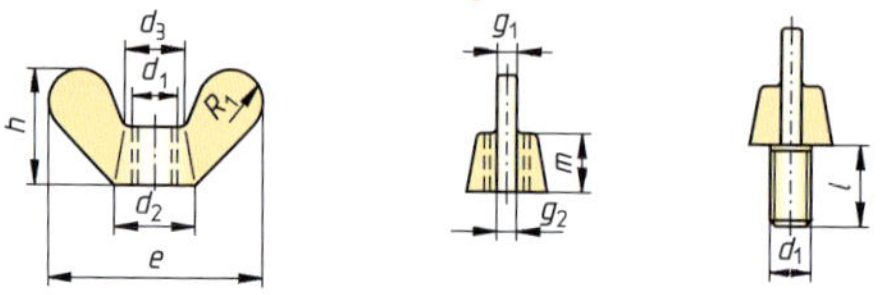

Werkstoff: Stahl (St), CuZn, Temperguss (GJM...), austenitischer Stahl (A)

Produktklasse: C

Beispiel: **Flügelmutter DIN 315 – M8 – St**
d_1 = M8, Stahl

Beispiel: **Flügelschraube DIN 316 – M8×30 – St**
d_1 = M8, Länge l=30 mm, Stahl

d_1	M6	M8	M10	M12	M16	M20
d_2	13	16	20	23	29	35
d_3	11	12,5	16,5	19,5	23	29
e	33	39	51	65	73	90
g_1	2,3	2,8	4,4	4,9	6,4	6,9
g_2	3,3	4,4	5,4	6,4	7,5	8
h	17	20	25	33,5	37,5	46,5
m	8	10	12	14	17	21
R_1	5	6	8	10	11	14
l von	8	10	16	16	20	30
bis	40	50	50	60	60	60
Längen l	6, 8, 10, 12, 16, 20, 25, 30, 35, 40, 50, 60, 80					

Rändelmuttern

DIN 6303 : 2006-08

Form A

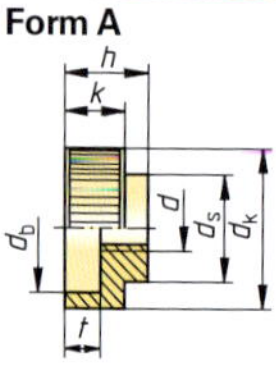

Form B mit Stiftloch

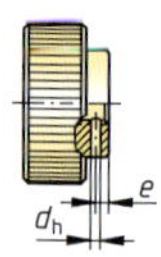

Kanten gerundet oder angefast

Werkstoff: Automatenstahl (St), CuZn, nichtrostender Stahl (A_1 A_2)

Produktklasse: A

Beispiel: **Rändelmutter DIN 6303 – B M6 – St**
Form B, d = M6, Stahl

Maße in mm

d	M5	M6	M8	M10
d_k	20	24	30	36
d_s	14	16	20	28
d_b	15	18	24	30
d_h H7	1,5	1,5	2	3
e	2,5	2,5	3	4
h	12	14	17	20
k	8	10	12	14
t	5	6	7	8
Zyl.-Stift DINENISO2338	1,5×14	1,5×16	2×20	3×28

Rändelschrauben

DIN 464 : 2007-01, DIN 653 : 2006-08

DIN 464

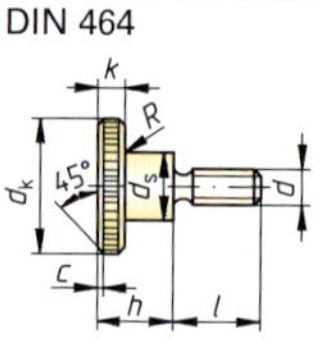

Form Sz mit Schlitz bei DIN 464

DIN 653 (übrige Maße wie DIN 464)

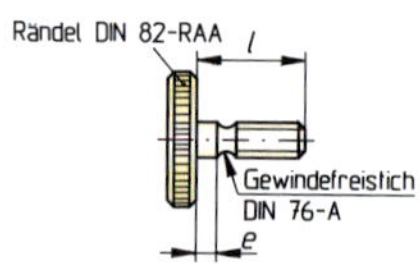

Werkstoff: CuZn (A_1 A_2) Automatenstahl (St) nichtrostender Stahl

Produktklasse: A

Beispiel: **Rändelschraube DIN 653 – M6×12 – St**
d = M6, Länge l = 12 mm, Stahl

Maße in mm

	d	M5	M6	M8	M10
	c	0,4	0,5	0,6	0,8
	d_k	20	24	30	36
	d_s	10	12	16	20
	e (ab l)	3 (20)	4 (20)	5 (25)	6 (30)
	h	11,5	15	18	23
	k	4	5	6	8
	R	1	1	2	2
DIN 464	l von	6	8	12	18
	bis	20	25	28	40
DIN 653	l von	10	12	16	20
	bis	30	30	35	40
Längen l	6, 8, 10, 12, 16, 20, 25, 30, 35, 40				

Augenschrauben

DIN 444 : 2017-04

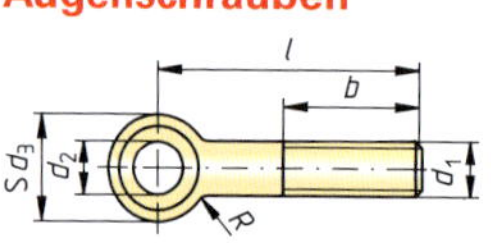

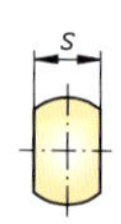

Form A ≙ Produktklasse C (g)
Form B ≙ Produktklasse B (mg)
Form C ≙ Produktklasse A (m)
LA; LB; LC: Gewinde bis Auge

Werkstoff: Stahl
Festigkeitsklasse 4.6; 5.6

Beispiel: **Augenschraube DIN 444 – B M10×60 – 5.6**
Form B, d_1=M10, Länge l=60 mm, Festigkeitsklasse 5.6

Maße in mm

d_1		M6	M8	M10	M12	M16	M20
b	l bis 120	18	22	26	30	38	46
	l bis 200	–	28	32	36	44	52
	l über 200	–	–	–	49	57	65
d_2	H9	6	8	10	12	16	18
d_3		14	18	20	25	32	40
R		4	4	4	6	6	6
s	A	9	11	14	17	19	24
	B, C	7	9	12	14	17	22
l	von	35	40	45	55	70	100
	bis	90	140	150	260	260	260
Längen l	30, 35, 40 ... 80, 90 ... 100 ... 160, 180, 200 ... 260						

Kugelscheiben und Kegelpfannen

DIN 6319 : 2001-10

Kugelscheibe
Form C

Kegelpfanne
Form D: $d_3 = d_4$
Form G: $d_3 < d_4$

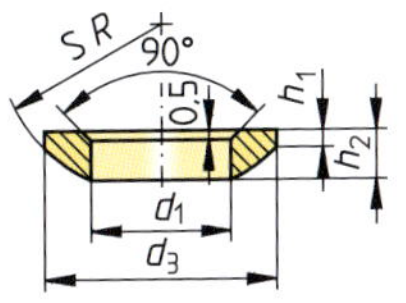

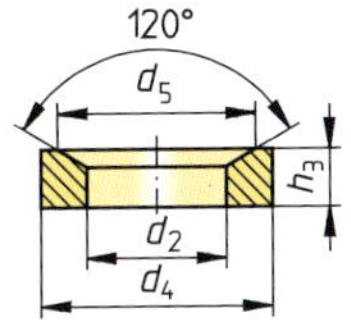

Werkstoff: Einsatzstahl (Form C, D) Härte 550 + 100 HV 10, Härtetiefe 0,2 + 0,2; Vergütungsstahl (Form G) Härte 350 + 80 HV 30

Maße in mm

d_1 H13	6,4	8,4	10,5	13	17	21
d_2 H13	7,1	9,6	12	14,2	19	23,2
d_3	12	17	21	24	30	36
d_4 D	12	17	21	24	30	36
d_4 G	17	24	30	36	44	50
d_5	11	14,5	18,5	20	26	31
h_1	0,7	0,6	0,8	1,1	1,3	2
h_2	2,3	3,2	4	4,6	5,3	6,3
h_3 D	2,8	3,5	4,2	5	6,2	7,5
h_3 G	4	5	5	6	7	8
R	9	12	15	17	22	27

Beispiel: Kegelpfanne DIN 6319 – D19
Form D, $d_2 = 19$ mm

Schwenkscheiben

DIN 6371 : 1999-11

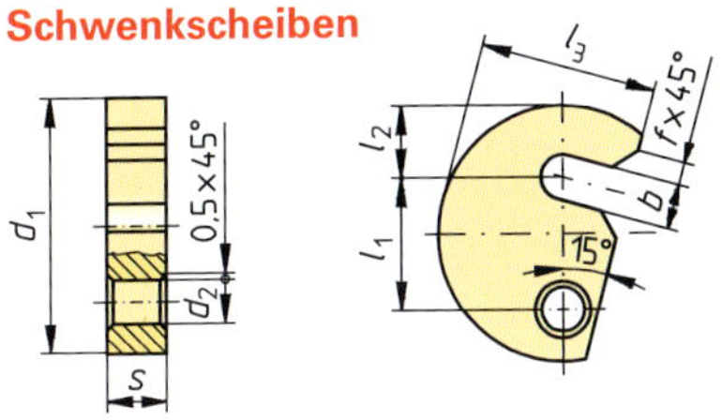

Werkstoff: Stahl vergütet, Härte 350+80 HV 30

Maße in mm

Größe	6	8	10	12	16	20
b	7,5	9,5	11,5	13,5	17,5	21,5
d_1	38	43	48	61	68	74
d_2	9	9	9	11	11	11
f	3	3	3	3	3	4
l_1	19,6	21,6	23,6	29,6	33,6	36,6
l_2	11	14	17	22	25	28
l_3	29	32,5	36,5	45	50	55
$s_{-0,2}$	9,8	9,8	9,8	11,8	11,8	11,8

Beispiel: Scheibe DIN 6371 – 8
Schwenkscheibe, Größe 8

Vorsteckscheiben

DIN 6372 : 2002-10

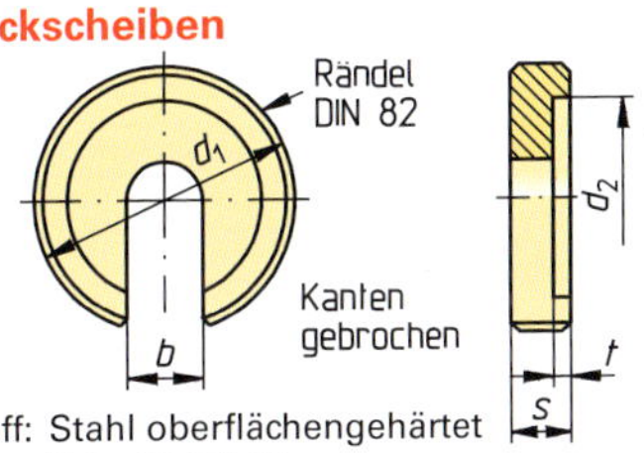

Werkstoff: Stahl oberflächengehärtet 350+80 HV 30

Maße in mm

Größe	6	8	10	12	16	20
b	6,4	8,4	10,5	13	17	21
d_1	22	28	34	40	56	64
d_2	16	21	25	30	37	45
s	6	7	8	9	12	14
t	0,8	1	1,2	1,8	1,8	2

Beispiel: Scheibe DIN 6372 – 12
Vorsteckscheibe, Größe 12

Sechskantmuttern 1,5 *d* hoch

DIN 6330, 6331 : 2003-04

DIN 6330 Form B

DIN 6331 mit Bund

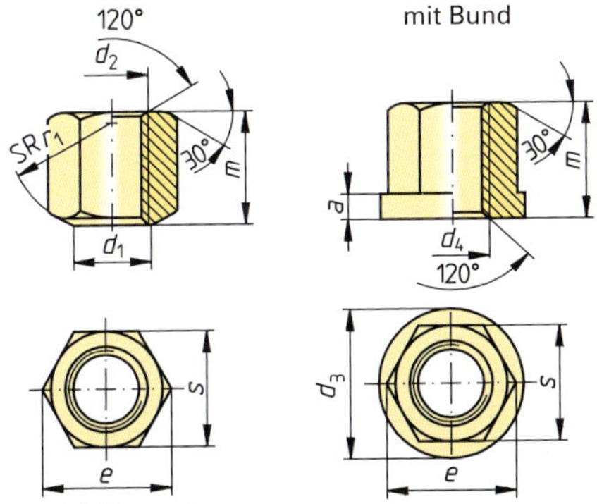

Produktklasse A
Werkstoff: Stahl, Festigkeitsklasse normal 10, zulässig 8

Maße in mm

Gewinde	M8	M10	M12	M16	M20	M24
a js14	3,5	4	4	5	6	6
d_1	9	11,5	14	18	22	26
d_2	9	11	13	17	21	25
d_3	18	22	25	31	37	45
d_4	8	10	12	16	20	24
e	14,4	18,9	21,1	26,8	33,5	40
m js15	12	15	18	24	30	36
SRr_1	11	15	17	22	27	32
s h13	13	16	18	24	30	36

Beispiel: Sechskantmutter DIN 6330 – B M16 – 10
Form B, Gewinde M16, Festigkeitsklasse 10

Normteile für Vorrichtungen und Werkzeuge

Handkurbeln

DIN 468, DIN 469 : 2014-06

gerade, DIN 469

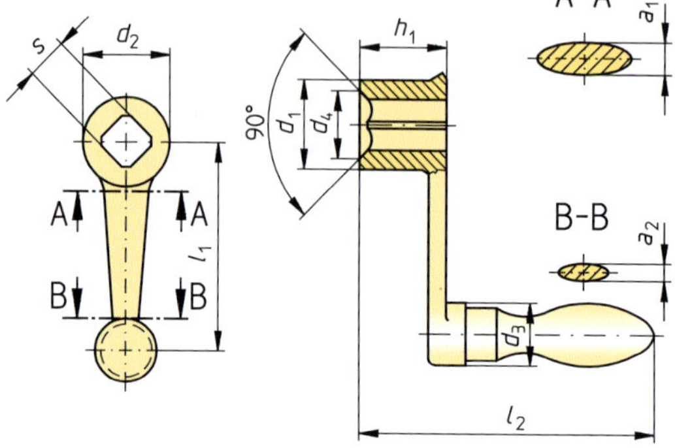

gekröpft, DIN 468

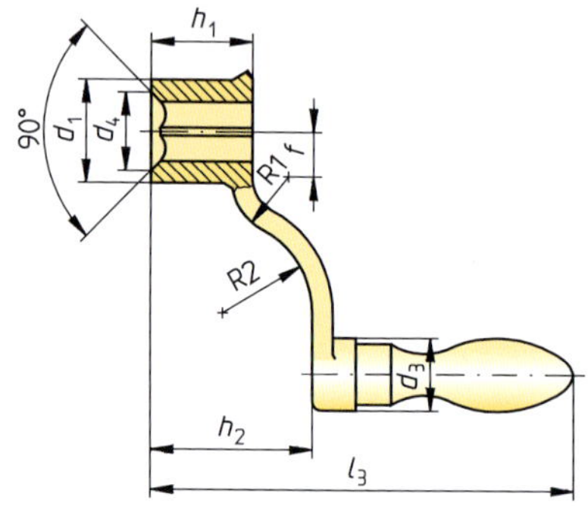

Form D mit drehbarem Ballengriff
Form F mit festem Ballengriff
Werkstoff: Gusseisen EN-GJS-350-22 LT

Beispiel: **Handkurbel DIN 469 – F 125 × 14**
Form F, Länge l_1 = 125 mm, s = 14 mm
(Kurbelkörper gerade)

Maße in mm

l_1	s H11		d_4		b_1	b_2	d_1	d_2	d_3	f	h_1	h_2	l_2 ≈	l_3 ≈	R_1	R_2	Griff DIN 39, 98	
63	–	10	–	15	15	11	20	24	14	8	20	32	79	96	13	22	D16	E16
80	10	12	15	18	18	12	24	28	15	9	24	38	97	116	15	25	D20	E20
100	12	14	18	20	22	13	28	33	16	10	28	48	100	126	18	30	D20	E20
125	14	17	20	25	26	15	34	39	19	13	34	55	122	150	21	35	D25	E25
160	17	19	25	28	30	17	38	44	20	14	38	65	126	160	25	42	D25	E25
200	19	22	28	31	34	19	44	50	26	18	44	78	160	202	28	48	D32	E32
250	22	24	31	36	38	21	48	55	26	20	48	90	162	214	32	55	D32	E32
315	24	27	36	40	42	23	54	61	30	22	54	105	184	246	36	60	D36	E36

Ballengriffe

DIN 39, DIN 98 : 2003-10

DIN 39: Griffteil mit Bolzen fest verbunden

Form D mit zylindrischem Zapfen

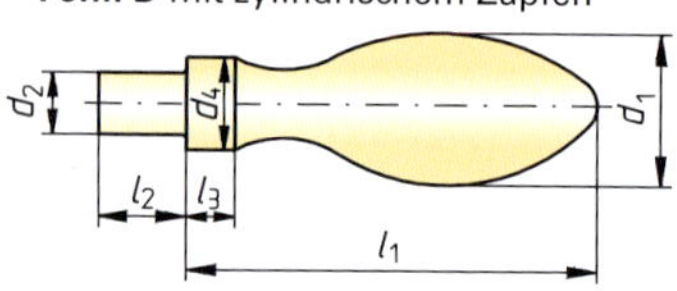

Form E mit Gewindezapfen

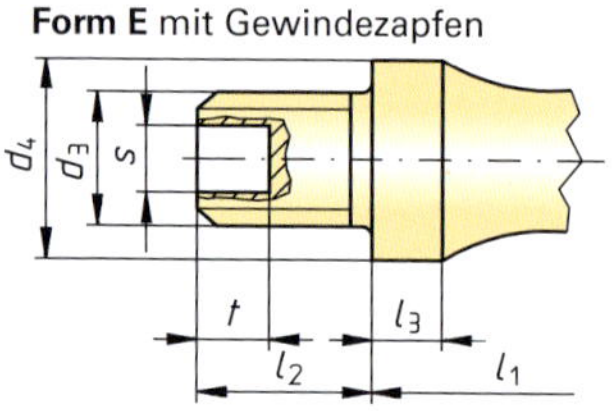

DIN 98: Griffteil auf Bolzen drehbar
Formen D und E wie DIN 39

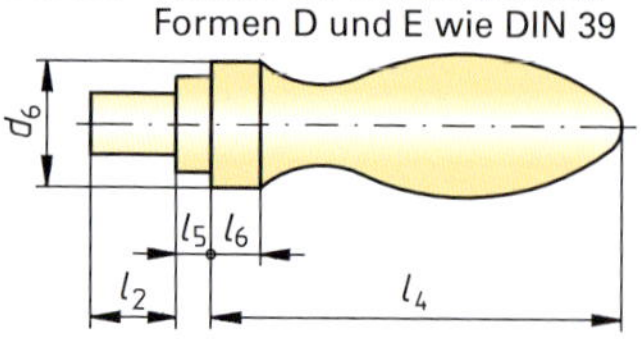

Maße in mm

d_1	10[1]	13[1]	16	20	25	32	36
d_2 h8	4	5	7	8	10	13	16
d_3	M4	M5	M6	M8	M10	M12	M16
d_4	7	8	10	13	16	20	22
d_6	–	–	14	18	21	26	29
d_7	–	–	10	12	15	18	20
l_1 ≈	32	40	50	64	80	100	112
l_2	7	9	11	13	14	21	26
l_3	4	5	7	8	10	13	14
l_4 ≈	–	–	49	61	75	95	106
l_5	–	–	5,5	6	8	10,5	11
l_6	–	–	5	6	6,5	8	9
s	2	2,5	3	4	5	6	8
t	2,5	3	3,5	5	6	8	10

[1] nur DIN 39

Werkstoff: Form D: Stahl (ST)
Form E: Stahl (ST), Aluminium (AL), Duroplast (PF), Thermoplast (TH)

Beispiel: **Ballengriff DIN 39 – D 20 – ST**
Form D, d_1 = 20 mm, Stahl
(Griffteil mit Bolzen fest verbunden)

Kreuzgriffe DIN 6335 : 2022-12

Formen A bis E Metallgriffe

A Rohteil
B mit durchgehender Bohrung

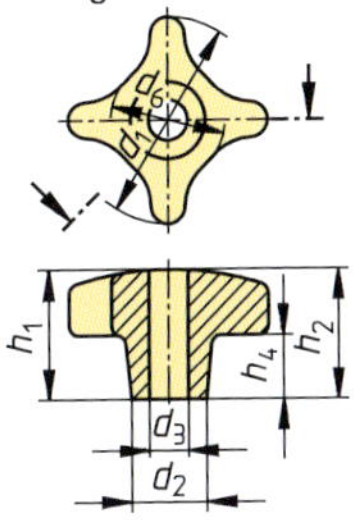

C mit nicht durchgehender Bohrung

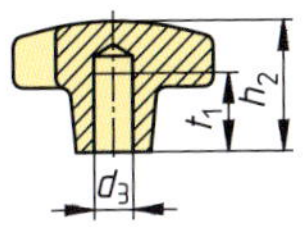

D mit durchgehender Gewindebohrung

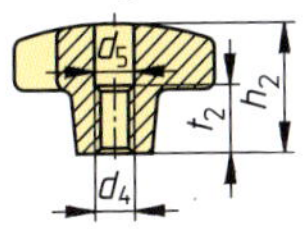

E mit nicht durchgehender Gewindebohrung

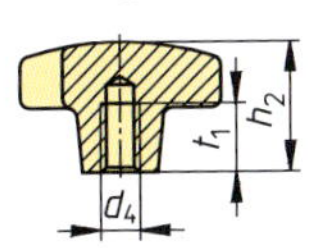

Form K und L Kunststoffgriffe

K mit eingefügter Gewindebuchse

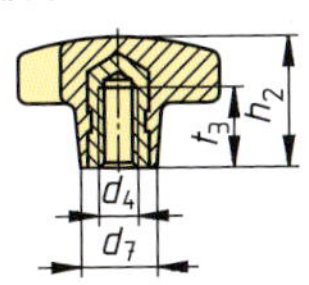

L mit Gewindebolzen

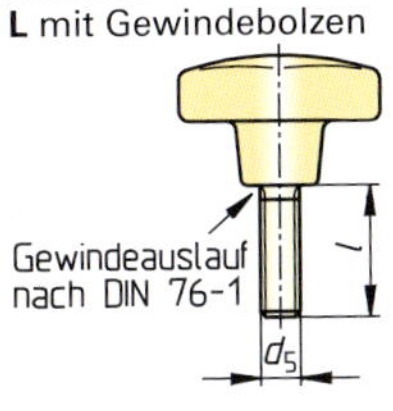

Maße in mm

d_1	20	25	32	40	50	63	80
d_2	–	–	12	14	18	20	25
d_3 H7	–	–	6	8	10	12	16
d_4 6H	M4	M5	M6	M8	M10	M12	M16
d_5	–	–	6,4	8,4	10,5	13	17
d_6	16	20	26	34	42	52	64
d_7	10	12	14	18	22	26	35
d_8	11,5	15	18	21	25	32	40
h_1	–	–	21	26	34	42	52
h_2	13	16	20	25	32	40	50
h_3	7	8	10	13	17	21	25
h_4	–	–	10	14	20	25	30
$t_{1\,min}$	–	–	12	15	18	22	28
t_2	–	–	10		13	16	20
$t_{3\,min}$	6,5	9,5	12		14	18	30
l kurz	15	15	20		20	25	30
	–	20	30	30	30	40	40
				40	40	50	50
lang	20	25	40	50	50	60	60

Toleranzen: ISO 2768-m

Größe: Metallgriffe ab $d_1 = 32$ mm
Kunststoffgriffe ab $d_1 = 20$ mm

Werkstoff: **Griffe**
Formen **A** bis **E**
Gusseisen
Aluminium

Formen **K** und **L**
Phenol- und Polyamid-Formmassen

Gewindebuchse und -bolzen
Stahl nach Wahl (verzinkt)
CuZn
Werkstoff nach Vereinbarung

Beispiel:
Kreuzgriff DIN 6335 – B 40 EN-GJL-200
Form B, $d_1 = 40$ mm, Werkstoff: EN-GJL-200

Beispiel:
Sterngriff DIN 6336 – L 40 × 30 PF
Form L, $d_1 = 40$ mm, $l = 30$ mm, Formmasse Phenolharz (PF)

Sterngriffe DIN 6336 : 2008-05

Formen A bis E Metallgriffe

A Rohteil
B mit durchgehender Bohrung

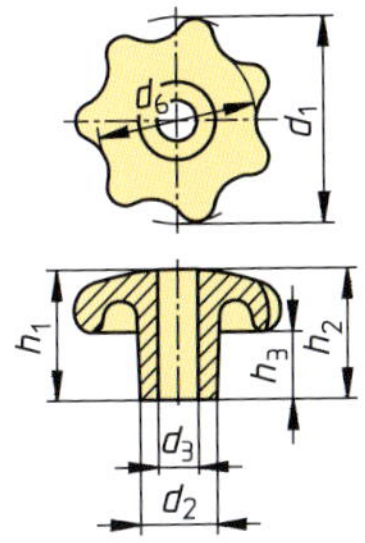

C mit nicht durchgehender Bohrung

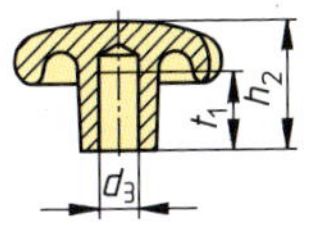

D mit durchgehender Gewindebohrung

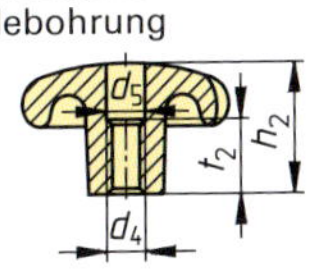

E mit nicht durchgehender Gewindebohrung

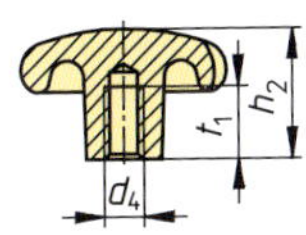

Form K und L Kunststoffgriffe

K mit eingefügter Gewindebuchse

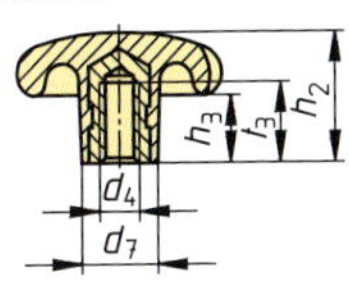

L mit Gewindebolzen

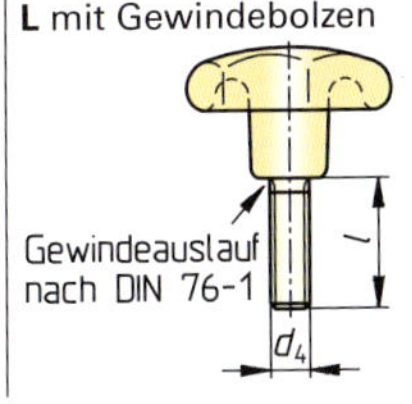

Normteile für Vorrichtungen und Werkzeuge

Füße mit Gewindezapfen

DIN 6320 : 2002-10

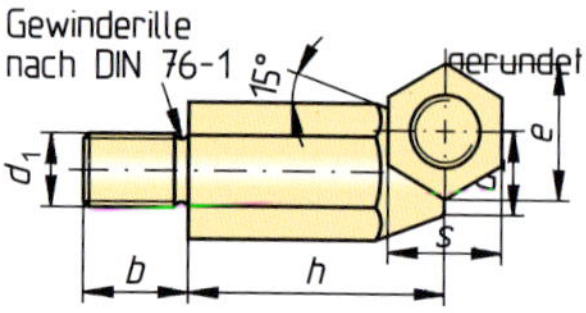

Beispiel: **Fuß DIN 6320 – 30 × M 8 – h**
Höhe h=30 mm, Gewinde M8,
Aufstellfläche gehärtet

Maße in mm

h	d_1 6g	b	d_2	e	s
10 20	M6	11	8 6	11,5	10
15 30	M8	13	10 9	15	13
20 40	M10	16	13	19,6	17
25 50	M12	20	15	21,9	19

Werkstoff: Vergütungsstahl nach Wahl des Herstellers
Wenn Aufstellfläche (d_2) gehärtet: Zusatz h

Aufnahme- und Auflagebolzen

DIN 6321 : 2002-10

Form A **Form B** **Form C**

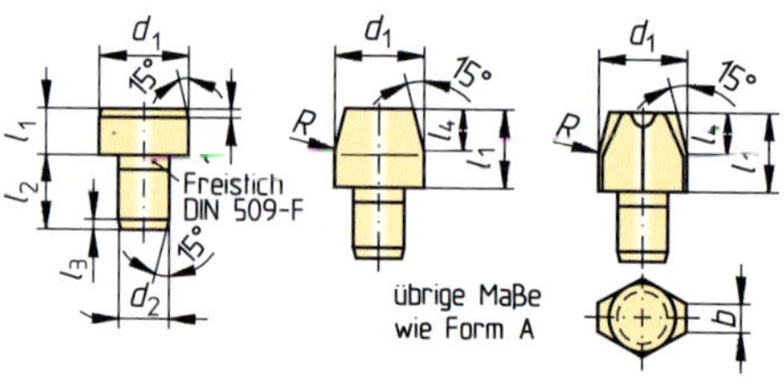

Beispiel: **Bolzen DIN 6321 – B16 × 22**
Form B, d_1 = 16 mm, Länge l_1 = 22 mm

Maße in mm

d_1 g6	l_1 A h9	l_1 B kurz	l_1 C lang	b	d_2 n6	l_2	l_3	l_4
6	5	7	12	1	4	6	1,2	4
8	–	10	16	1,6	6	9	1,6	6
10	6	10	18	2,5	6	9	1,6	6
12	–	10	18	2,5	6	9	1,6	6
16	8	13	22	3,5	8	12	2	8
20	–	15	25	5	12	18	2,5	9
25	10	15	25	5	12	18	2,5	9

Werkstoff: Werkzeugstahl Härte 53 + 6 HRC

Runde Schneidstempel

DIN 9861-1 : 1992-07

Form D

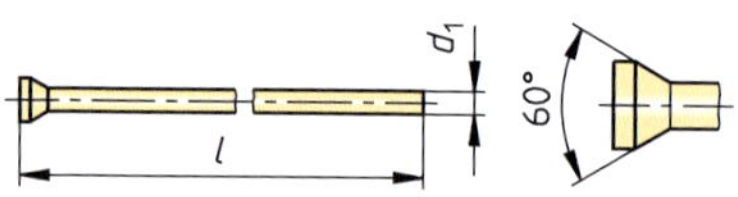

Beispiel: **Schneidstempel DIN 9861 D 5,6 × 71 – HWS**
Form D, d_1 = 5,6 mm, Länge l=71 mm,
Hochleistungswerkzeugstahl (HWS)

Maße in mm

d_1 h6	Stufung	l $^{+0,5}_{0}$
0,5 … 0,95	0,05	71, 80
1,0 … 2,9	0,1	71, 80
3,0 … 6,4	0,1	71, 80, 100
6,5 … 20	0,5	71, 80, 100

Werkstoff: legierter Kaltarbeitsstahl
Schnellarbeitsstahl HSS

Schnapper mit Druckfeder

DIN 6310 : 2002-06

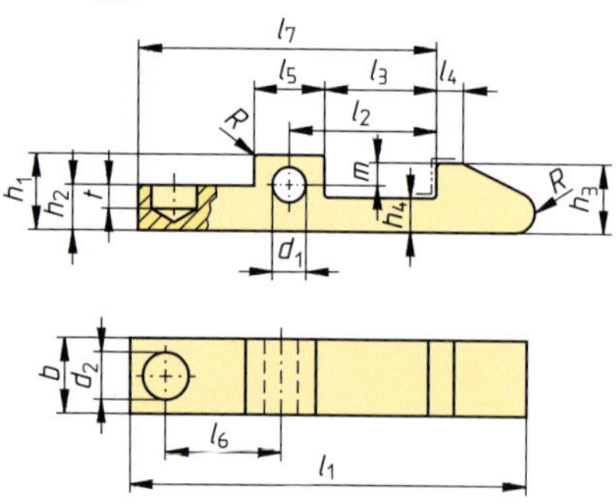

Beispiel: **Schnapper DIN 6310 – 60**
(mit Druckfeder) Länge l=60 mm

l_1	zugeh. Druckfeder nach DIN 2098
45	0,63 × 4 × 14
60	0,8 × 5 × 17,5
80	1 × 6,3 × 21,5

Werkstoff: Vergütungsstahl,
Härte 650 + 100 HV 10

Maße in mm

l_1	45	60	80
b–0,2	8	10	14
d_1 E9	4	5	6
d_2	5	6,3	8
h_1	9,5	12	15
h_2	5,5	7	9
h_3	8	10	14
h_4	4	5	7
l_2 ± 0,1	15	20	30
l_3	10	14	22
l_4	2	3	5
l_5	9	11	14
l_6	11	15	23
l_7	30	40	60
m	2,5	3	5
R	1,6	2,5	4
t	1,5	3	5

Einspannzapfen

DIN ISO 10242-1 : 2012-06

Form A

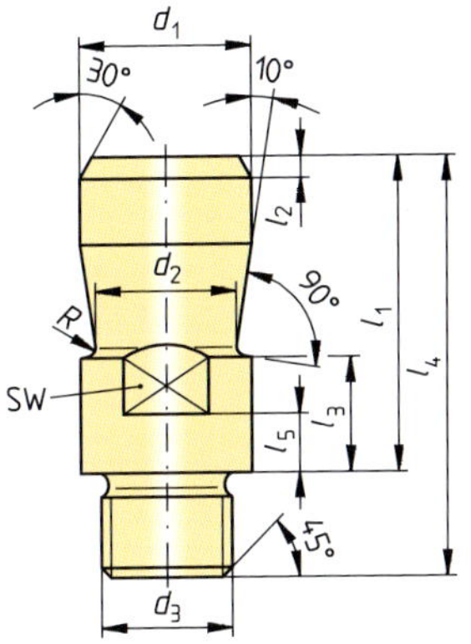

Maße in mm

d_1 f9	20	25	32	40	50
d_2	15	20	25	32	42
d_3	M16 × 1,5	M16 × 1,5 M20 × 1,5	M20 × 1,5 M24 × 1,5	M24 × 1,5 M27 × 2 M30 × 2	M30 × 2
l_1	40	45	56	70	80
l_2	2	2,5	3	4	5
l_3	12	16	16	26	26
l_4	58	68	79	93	108
l_5	4	6	6	12	12
R	2,5	2,5	2,5	4	4
SW	17	21	27	36	41

Werkstoff: nach Wahl des Herstellers, Härte >140 HB

Beispiel: **Einspannzapfen ISO 10242-1 A-25 × M20**
Form A, d_1 = 25 mm, d_3 = M20 × 1,5

Säulengestelle mit mittig stehenden Führungssäulen

DIN 9812 : 1981-12

Form CG
Rechteckige Arbeitsfläche mit Gewinde in der Säulenführungsplatte

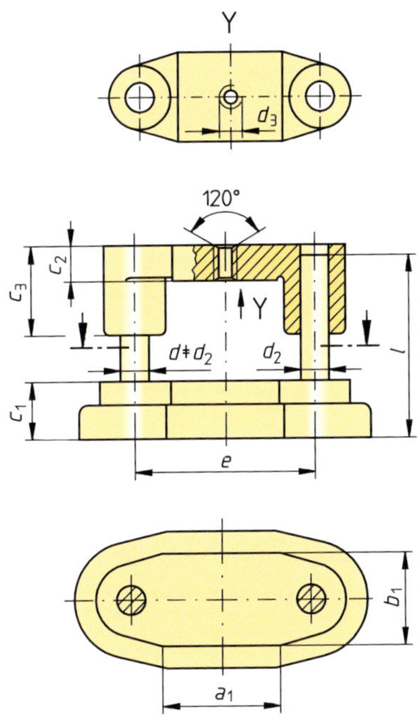

Maße in mm

Arbeitsfläche $a_1 \times b_1$	c_1	c_2	$c_{3\,max}$	d_2	d_3	e_{min}	l
80 × 63	50	30	80	19	M20 × 1,5	125	160
100 × 63						145	
100 × 80	50	30	80	25	M20 × 1,5	155	160
125 × 80						180	
160 × 80						215	
125 × 100	50	40	90	25	M24 × 1,5	180	170
160 × 100						215	
200 × 100	56			32		265	180
250 × 100						315	
160 × 125	56	40	90	32	M24 × 1,5	225	180
200 × 125						265	
250 × 125						315	
315 × 125						380	
200 × 160	56	50	100	32	M30 × 2	265	200
250 × 160						315	
315 × 160	63			40		395	220
250 × 200	63	50	100	40	M30 × 2	330	220
315 × 200						395	
315 × 250	63	50	100	40	M30 × 2	395	220

Beispiel: **Säulengestell DIN 9812 – CG 100 × 80 EN-GJL**
Form CG, $a_1 \times b_1$ = 100 mm × 80 mm,
Werkstoff (Gleitführung): EN-GJL (Gusseisen)

FERTIGUNGSTECHNIK

Kalkulation

Einfache Kalkulation

Gemeinkosten (dem Produkt nicht direkt zurechenbar)

$$GK = K_A + K_Z + K_R + K_G + K_I + K_S$$

GK	– Gemeinkosten	in €/Jahr
K_A	– Abschreibungskosten	in €/Jahr
K_Z	– Zinskosten	in €/Jahr
K_R	– Raumkosten	in €/Jahr
K_G	– Gehälter (nicht für Produkt) im Handwerk einschließlich Unternehmergehalt Gewinn	in €/Jahr
K_I	– Instandhaltungskosten	in €/Jahr
K_S	– Sonstige nicht zurechenbare Kosten	in €/Jahr

Gemeinkosten – Zuschlagsatz

$$GKZ = \frac{GK_J \cdot 100\,\%}{FLK_J}$$

$$FLK_J = l \cdot t_J$$

GKZ	– Gemeinkosten-Zuschlagsatz	in %
FLK_J	– Fertigungslohnkosten	in €/Jahr
l	– Lohnsatz	in €/h
t_J	– Lohnstunden	h/Jahr

Stundenverrechnungssatz

$$SVZ = SL + \frac{SL \cdot GKZ}{100}$$

SVZ	– Stundenverrechnungsatz	in €/h

Verkaufspreis

$$VK = T \cdot SVZ$$

VP	– Verkaufspreis	in €
T	– Arbeitszeit	in h

Erweiterte Kalkulation mit Maschinenkosten-Berechnung

Maschinenstundensatz über Kostenaufschlüsselung

$$MSS = ka + kz + kr + ke + ki$$

MSS	– Maschinenstundensatz	in €/h

$$ka = \frac{W - R}{t_N \cdot t_J}$$

ka	– kalkulatorische Abschreibungskosten	in €/h
W	– Wiederbeschaffungsneuwert (geschätzt)	in €
R	– Rest- oder Schrottwert bei Ersatzinvestition (geschätzt)	in €
t_N	– Nutzungsdauer (Abschreibungszeit)	in Jahren
t_J	– Maschinenlaufzeit (Belegungszeit)	in h/Jahr

$$kz = \frac{W \cdot i}{2 \cdot 100\,\% \cdot t_J}$$

kz	– kalkulatorische Zinskosten	in €/h
i	– kalkulatorischer Zinssatz	in %/Jahr

$$kr = \frac{A \cdot k}{t_J}$$

kr	– kalkulatorische Raumkosten	in €/h
A	– Fläche des Maschinenplatzes	in m^2
k	– kalkulatorischer Raumkostensatz	in €/(m^2 Jahr)

$$ke = P \cdot pr$$

ke	– kalkulatorische Energiekosten	in €/h
P	– tatsächliche Durchschnittsleistung der Maschine P = Nennleistung · geschätzter Nutzfaktor	in kW
pr	– Strompreis	in €/kW · h

$$ki = \frac{W \cdot Z}{100\,\% \cdot t_J}$$

ki	– kalkulatorische Instandhaltungskosten	in €/h
Z	– Instandhaltungssatz	in %/Jahr

Kalkulation

Maschinenkostensatz über fixe und variable Kosten

$$MSS = \frac{K_f}{T_L} + K_{vh}$$

$$T_L = T_g - T_{St} - T_W$$

MSS	– Maschinenstundensatz	in €/h
K_f	– fixe Kosten der Maschine	in €/Jahr
T_L	– Maschinenlaufzeit	in h/Jahr
K_{vh}	– variable Kosten der Maschine	in €/h
T_g	– gesamte Laufzeit	in h/Jahr
T_{St}	– Stillstandzeiten, z. B. Arbeitsunterbrechungen	in h/Jahr
T_W	– Wartungszeiten bzw. Instandhaltung	in h/Jahr

$$K_f = A_J + G_J + Z_J + SF_J$$

A_J	– Abschreibung	in €/Jahr
G_J	– Gehälter	in €/Jahr
Z_J	– Zinsen	in €/Jahr
SF_J	– Sonstige fixe Kosten	in €/Jahr

$$K_v = MK + L + EG + SV$$

MK	– Materialkosten	in €/Stück
L	– Lohnkosten	in €/Stück
FG	– Energiekosten	in €/Stück
SV	– Sonstige variable Kosten	in €/Stück

Materialkosten

$$Mk = MEK + MGK$$

$$MGK = \frac{MEK \cdot MGKZ}{100\,\%}$$

Mk	– Materialkosten	in €
MEk	– Materialeinzelkosten	in €
MGK	– Materialgemeinkosten	in €
$MGKZ$	– Materialgemeinkosten – Zuschlagsatz	in %

Fertigungskosten, wenn Restfertigungskostensatz niedrig

$$FK = FLK + RFGK + MAK + VOK + WEK$$

$$FLK = l \cdot T$$

$$RFGK = \frac{FLK \cdot RFGKZ}{100\,\%}$$

$$MAK = MSS \cdot T_{bB}$$

FK	– Fertigungskosten	in €
l	– Lohnsatz an dieser Maschine	in €/h
T	– Auftragszeit	in h
$RFGK$	– Restfertigungsgemeinkosten pro Auftrag	in €
FLK	– Fertigungslohnkosten pro Auftrag	in €
$RFGKZ$	– Restfertigungsgemeinkostensatz	in %
MAK	– Maschinenkosten pro Auftrag	in €
T_{bB}	– Maschinenbelegungszeit pro Auftrag	in h
MSS	– Maschinenstundensatz	in €/h
VOK	– Vorrichtungskosten pro Auftrag, falls gebraucht	in €
WEK	– Werkzeugkosten pro Auftrag, falls gebraucht	in €

Fertigungskosten, wenn Restfertigungskostensatz hoch

Ist der *RFGKZ* z. B. nach Herausnahme der Betriebsstoffkosten und der Werkzeugkosten aus dem *RFGK* sehr hoch, wird auf getrennte Erfassung der *MAK*, *RFGK* und der *FLK* verzichtet. Dann gilt:

$$FK = FKS \cdot T$$

FK	– Fertigungskosten pro Auftrag	in €
FKS	– Fertigungskostensatz	in €/h
T	– Auftragszeit	in h

$$FKS = \frac{FGK_j + FLK_j}{t_J} = \frac{FK_j}{t_J}$$

FKS	– Fertigungskostensatz	in €/h
FGK_j	– jährliche Fertigungsgemeinkosten	in €/Jahr
FLK_j	– jährliche Fertigungslohnkosten	in €/Jahr
FK_j	– jährliche Fertigungskosten	in €/Jahr
t_j	– jährliche Maschinenlaufzeit	in h/Jahr

G Theoretische Grundlagen | K Technische Kommunikation | W Werkstofftechnik | M Maschinenelemente | F Fertigungstechnik | S Steuerungs-/Regelungstk. | A Anhang

Kalkulation

Zuschlagkalkulation

Materialeinzelkosten

Materialgemeinkostenzuschlagsatz

Materialgemeinkosten

Materialkosten

Fertigungslohnkosten

Fertigungsgemeinkostenzuschlagsatz

Fertigungsgemeinkosten

Fertigungskosten

Sondereinzelkosten der Fertigung

Herstellkosten

Verwaltungs-*GKZ*

Verwaltungsgemeinkosten

Vertriebs-*GKZ*

Vertriebsgemeinkosten

Verwaltungs- und Vertriebsgemeinkosten

Sondereinzelkosten für Entwicklung

Sondereinzelkosten des Vertriebs

Selbstkosten

Selbstkosten
Gewinn in %

Gewinn

Barverkaufspreis, netto
(Reinerlös)

Provision in %

Provision

Kundenskonto in %

Kundenskonto

Zielverkaufspreis, netto

Kundenrabatt in %

Kundenrabatt

Listenverkaufspreis, netto

Mehrwertsteuer in %

Mehrwertsteuer (Umsatzsteuer)

Listenverkaufspreis, brutto
(Rechnungsbetrag, Zielverkaufspreis brutto)

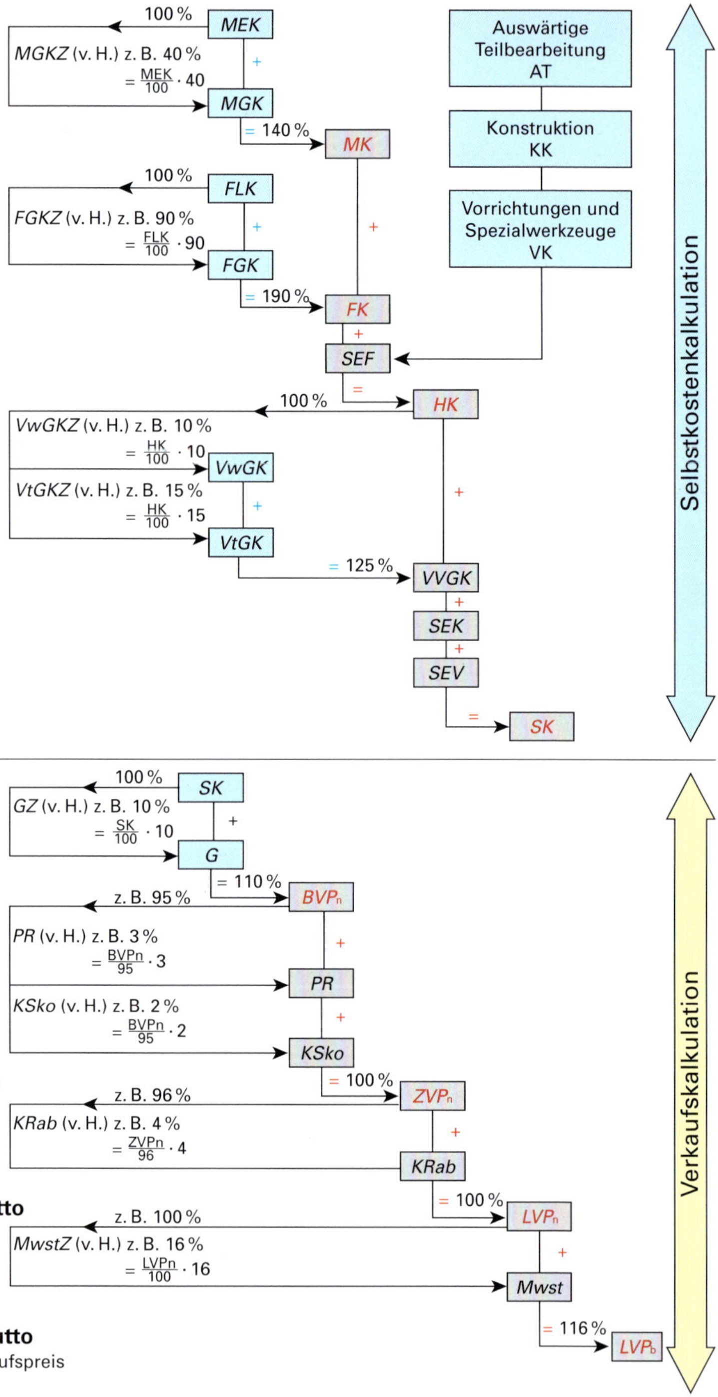

Deckungsbeitragsrechnung

Fixe Kosten (Kosten zur Betriebsbereitschaft)

$$K_f = K_A + K_Z + K_R + K_E + K_I + K_S$$

K_f	– fixe Kosten	in €/Jahr
K_A	– Abschreibungskosten	in €/Jahr
K_Z	– Zinskosten	in €/Jahr
K_R	– Raumkosten	in €/Jahr
K_E	– Energiekosten	in €/Jahr
K_I	– Instandhaltungskosten	in €/Jahr
K_S	– Sonstige Kosten zur Betriebsbereitschaft	in €/Jahr
		in €/Jahr

Variable Kosten

$$K_V = MK + L + EG + SV$$

K_V	– variable Kosten	in €/Stück
MK	– Materialkosten	in €/Stück
L	– Lohnkosten	in €/Stück
EG	– Energiekosten	in €/Stück
SV	– Sonstige variable Kosten	in €/Stück

Deckungsbeitrag je Stück

$$db = E - K_V$$

db	– Deckungsbeitrag	in €/Stück
E	– Erlös, Einnahmen	in €/Stück
K_V	– variable Kosten	in €/Stück

Gesamtdeckungsbeitrag

$$DB = db \cdot m$$

DB	– Deckungsbeitrag	in €
m	– Menge je Jahr	Stück/Jahr

Gewinn

$$G = DB - K_f$$

G	– Gewinn	in €/Jahr

Gewinnschwelle

$$GS = \frac{K_f}{db}$$

GS	– Gewinnschwelle	in Stück

Kostenvergleich über Grenzstückzahl

$$M_{GR} = \frac{K_{f2} - K_{f1}}{K_{v1} - K_{v2}}$$

M_{GR}	– Grenzstückzahl	in Stück/Jahr
K_{f1}	– fixe Kosten Maschine 1	in €/Jahr
K_{f2}	– fixe Kosten Maschine 2	in €/Jahr
K_{v1}	– variable Kosten Maschine 1	in €/Stück
K_{v2}	– variable Kosten Maschine 2	in €/Stück

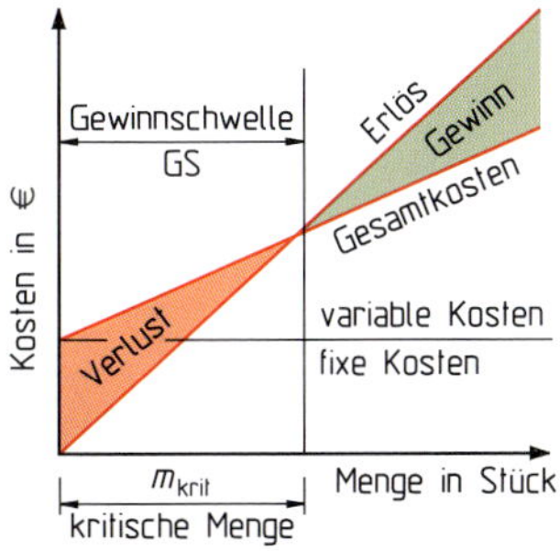

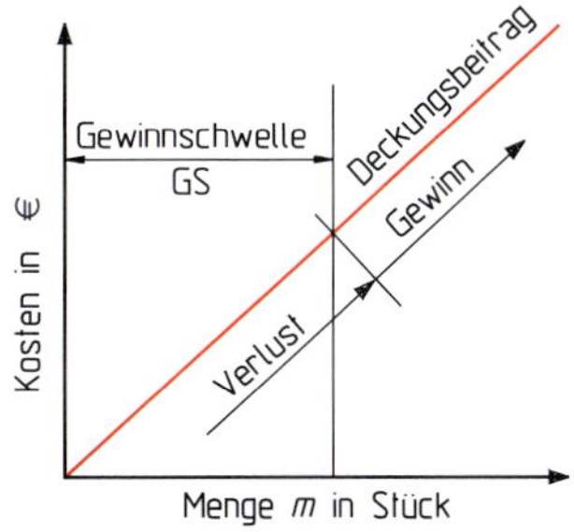

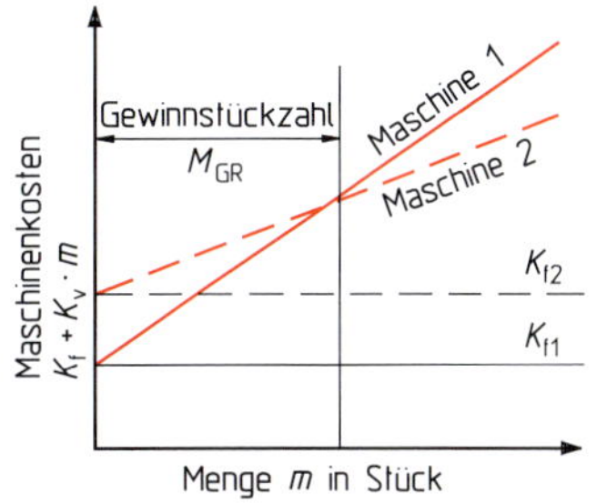

Arbeitszeitplanung und Kalkulation

Auftragszeit nach REFA

Ablaufarten für Tätigkeiten → Gliederung der Zeitarten für den Menschen: M

Auftragszeit $T = t_r + t_a$

- **Rüstzeit** $t_r = t_{rg} + t_{rer} + t_{rv}$; $t_r = t_{rg}\ (1 + 0{,}01 Z_{rer} + 0{,}01 Z\ \ )$
  - **Rüstgrundzeit** $t_{rg} = \Sigma t_{MHR} + \Sigma t_{MNR} + \Sigma t_{MAR}$
    - Σt_{MHR} – Haupttätigkeit
    - Σt_{MNR} – Nebentätigkeit
    - Σt_{MAR} – ablaufbedingtes Unterbrechen
  - **Rüsterholungszeit** $t_{rer} = \Sigma t_{MER}$; $t_{rer} = 0{,}01 \cdot Z_{rer} \cdot t_{rg}$
    - Σt_{MER} – erholungsbed. Unterbrechen
  - **Rüstverteilzeit** $t_{rv} = \Sigma t_{MZR} + \Sigma t_{MSR} + \Sigma t_{MPR}$; $t_{rv} = 0{,}01 \cdot Z_{rv} \cdot t_{rg}$; allg.: $z_{rv} = z_v$
    - Σt_{MZR} – zusätzliche Tätigkeit
    - Σt_{MSR} – störungsbedingtes Unterbrechen
    - Σt_{MPR} – persönlich bed. Unterbrechen
- **Ausführungszeit** $t_a = m \cdot t_{en}$
  - **Zeit je Einheit** $t_{e1} = t_g + t_{er} + t_v$; $t_{e1} = t_g + 0{,}01(z_{er} + z_v)t_g$; $t_{en} = n \cdot t_{e1}$
    - **Grundzeit** $t_G = t_t + t_W$
      - **Tätigkeitszeit** $t_t = \Sigma t_{MH} + \Sigma t_{MN}$; $t_t = \Sigma t_{tb} + \Sigma t_{tu}$
        - Σt_{MH} – Haupttätigkeit
        - Σt_{MN} – Nebentätigkeit
      - **Wartezeit** $t_W = \Sigma t_{MA}$
        - Σt_{MA} – ablaufbedingtes Unterbrechen
    - **Erholungszeit** $t_{er} = \Sigma t_{ME}$; $t_{er} = 0{,}01 \cdot z_{er} \cdot t_g$
      - Σt_{ME} – erholungsbed. Unterbrechen
    - **Verteilzeiten** $t_v = t_s + t_p$; $t_v = 0{,}01 \cdot z_v \cdot t_g$; $z_v = z_s + z_p$
      - **sächliche Verteilzeiten** $t_s = \Sigma t_{MZ} + \Sigma t_{MS}$
        - Σt_{MZ} – zusätzliche Tätigkeit
        - Σt_{MS} – störungsbedingtes Unterbrechen
      - **persönliche Verteilzeiten** $t_P = \Sigma t_{MP}$
        - Σt_{MP} – persönlich bed. Unterbrechen

t_{tb} beeinflussbare Tätigkeitszeit
t_{tu} unbeeinflussbare Tätigkeitszeit
z Prozentsätze für die jeweilige Zeit
n Menge für größere Einheit bei Stückmassenfertigung
m Menge der Einheiten des Auftrages

Belegungszeit nach REFA

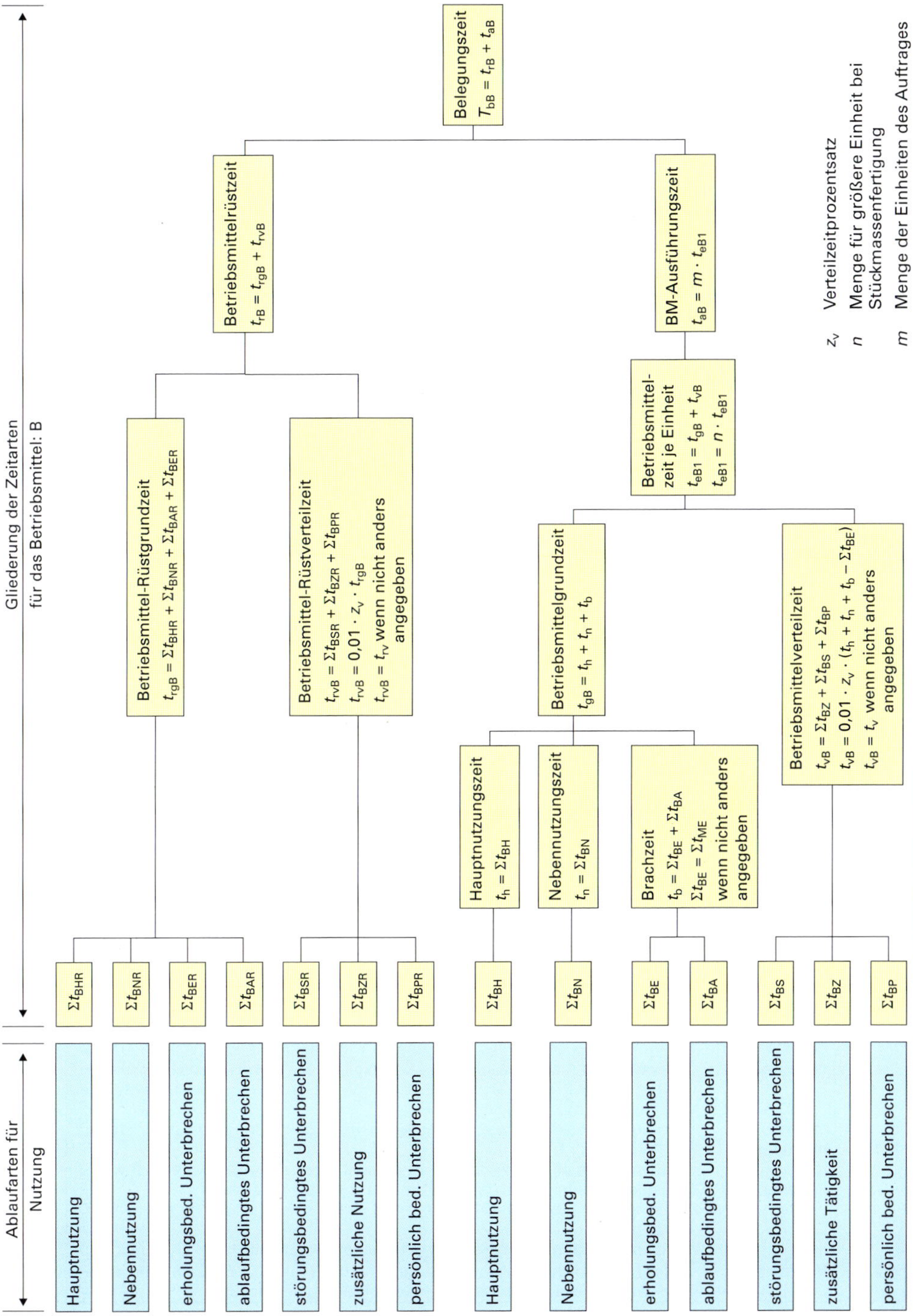

Arbeitszeitplanung und Kalkulation

Begriffe zur Auftragszeit

Kurzzeichen	Begriff	Begriffserläuterung
T	**Auftragszeit**	Vorgabezeit für das Ausführen eines Auftrags durch den Menschen
t_a	**Ausführungszeit**	Vorgabezeit für das Ausführen eines Auftrags durch den Menschen, ohne Rüsten
m	**Mengeneinheiten**	Stückzahl, die den Auftrag umfasst
t_e	**Zeit je Einheit**	Vorgabezeit für die Fertigung einer Mengeneinheit (i. Allg. ein Werkstück)
t_r	**Rüstzeit**	Vorgabezeit zum Rüsten für einen Auftrag; umfasst Holen und Wegbringen, Auf- und Abbau der Geräte, Reinigen des Arbeitsplatzes
t_{rg}	**Rüstgrundzeit**	Vorgabezeit zum Rüsten ohne Rüstverteil- und Rüsterholungszeit
t_{rv}	**Rüstverteilzeit**	Vorgabezeit für unvorhersehbare Tätigkeiten beim Rüsten Beispiele: Rückfragen beim Meister, Warten auf Werkzeug, Bedürfnisangelegenheit
t_{rer}	**Rüsterholzeit**	Summe der eingeplanten und vorgegebenen Erholungszeiten beim Rüsten
t_g	**Grundzeit**	Summe der Vorgabezeiten für die planmäßige Ausführung einer Mengeneinheit
t_t	**Tätigkeitszeit**	Vorgabezeiten, in denen der Mensch im Sinne eines Fortschritts am Werkstück bei einer Mengeneinheit tätig ist
t_{tb}	**beeinflussbare Tätigkeitszeit**	Der Mensch kann durch Geschicklichkeit und Anstrengung die Vorgabezeit verändern Beispiele: Schneller spannen, schneller messen, schneller montieren
t_{tu}	**unbeeinflussbare Tätigkeitszeit**	Beispiele: Knopf drücken am Hebezeug, bis Hubweg zurückgelegt ist; Überwachen des Fertigungsablaufs bei selbsttätigem Vorschub
t_w	**Wartezeit**	Vorgabezeiten, bei denen der Mensch bei der Fertigung einer Mengeneinheit ablaufbedingt warten muss. Beispiele: Erkalten einer Lötstelle abwarten; Arbeitsspiel einer Presse abwarten; Wartezeit bei selbsttätigem Vorschub ohne notwendige Überwachung
t_{er}	**Erholungszeit**	vorgegebene Erholungszeit bei der Fertigung einer Mengeneinheit
t_v	**Verteilzeit**	vorgegebene Zeiten für unvorhersehbare, zusätzliche, unregelmäßig vorkommende Tätigkeiten
t_s	**sachliche Verteilzeit**	Beispiele: gelegentlich Lötkolben reinigen, gelegentlich Arbeitsplatz reinigen, gelegentlicher Werkzeugwechsel
t_p	**persönliche Verteilzeit**	Beispiele: Gespräch mit Vorgesetztem, Lohnempfangen, Bedürfnisangelegenheiten

Begriffe zur Belegungszeit

Kurzzeichen	Begriff	Begriffserläuterung
T_{bB}	**Belegungszeit**	Vorgabezeit für die Belegung des Betriebsmittels durch einen Auftrag
t_{aB}	**Betriebsmittelausführungszeit**	Vorgabezeit für die Belegung des Betriebsmittels durch einen Auftrag ohne Rüsten
t_{eB}	**Betriebsmittelzeit je Einheit**	Vorgabezeit für die Belegung des Betriebsmittels bei der Fertigung einer Mengeneinheit (i. Allg. ein Werkstück)
t_{rB}	**Betriebsmittelrüstzeit**	Vorgabezeit für die Belegung des Betriebsmittels beim Rüsten Beispiele: Montage und Justieren von Werkzeugen in einer Presse
t_{rgB}	**Betriebsmittelrüstgrundzeit**	Vorgabezeit für das planmäßige Nutzen des Betriebsmittels beim Rüsten Beispiele: Montage, vorgeschriebener Probelauf, vorgeschriebene Einstellarbeiten
t_{rvB}	**Betriebsmittelrüstverteilzeit**	Zusätzlich erforderliche Zeiten außerhalb des geplanten Ablaufs für unvorhersehbare Tätigkeiten beim Rüsten. Beispiel: Störung beheben
t_{gB}	**Betriebsmittelgrundzeit**	Summe aller Vorgabezeiten, die beim geplanten Ablauf der Fertigung einer Mengeneinheit gegeben werden
t_{vB}	**Betriebsmittelverteilzeit**	Summe der Zeiten bei der Fertigung einer Mengeneinheit, zusätzlich erforderlich zur Grundzeit für nicht vorhersehbare Tätigkeiten. Sie setzt sich zusammen aus Zeiten für zusätzliches Nutzen des Betriebsmittels t_{Bz}, störungsbedingten Zeiten t_{Bs} und persönlich bedingten Zeiten t_{Bp}
t_h	**Hauptnutzungszeit**	Zeit, in der das Betriebsmittel bei der Fertigung einer Mengeneinheit arbeitet
t_n	**Nebennutzungszeit**	Zeit, in der das Betriebsmittel nicht arbeitet, aber zum Ablauf benötigt wird. Beispiele: Spannen auf der Maschine, eingespannt messen Unterteilung in beeinflussbare (t_{nb}) und nicht beeinflussbare (t_{nu}) Nebennutzungszeit. Beispiele: Spannen von Hand (t_{nb}); selbsttätiges Zuführen und Spannen (t_{nu})
t_b	**Brachzeit**	Auch Unterbrechungszeit, da die Nutzung des Betriebsmittels unterbrochen wird. Die Unterbrechung kann ablauf- oder erholungsbedingt sein

Durchlaufzeit bei einer Arbeitsaufgabe mit mehreren Arbeitssystemen (Teilaufgaben)

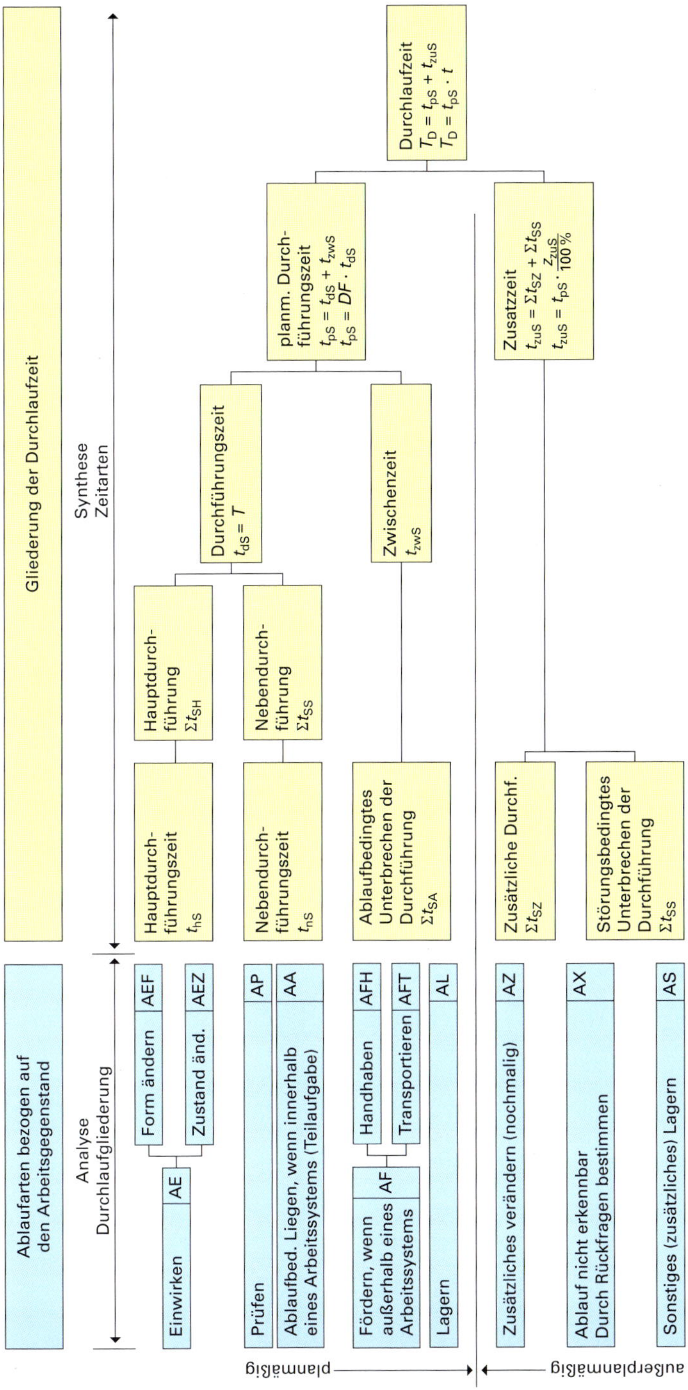

DF Durchlaufzeitfaktor

$f_{zuS} = 1 + \frac{z_{zuS}}{100\,\%}$ Zusatzzeitfaktor

z_{zuS} Zusatzzeitzuschlag in %

Arbeitszeitplanung und Kalkulation

Möglichkeiten zur Bestimmung der Durchlaufzeiten

Durchlaufzeit bei einem Arbeitssystem

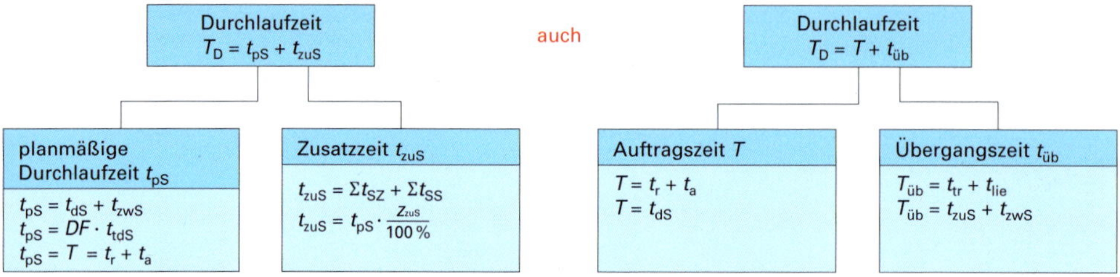

t_{dS}	Durchführungszeit	t_{SZ}	zusätzliche Durchführung	t_r	Rüstzeit
t_{zwS}	Zwischenzeit			t_a	Ausführungszeit
t_{dS}	Durchführungszeit	t_{SS}	störungsbedingtes Unterbrechen	t_{dS}	Durchführungszeit
DF	Durchlaufzeitfaktor			t_{tr}	Transportzeit
T	Auftragszeit	z_{zuS}	Zusatzzeit-zuschlag in %	t_{lie}	Liegezeit
Index S	System			t_{zwS}	Zwischenzeit

Durchlaufzeit bei mehreren Arbeitssystemen einer Arbeitsaufgabe

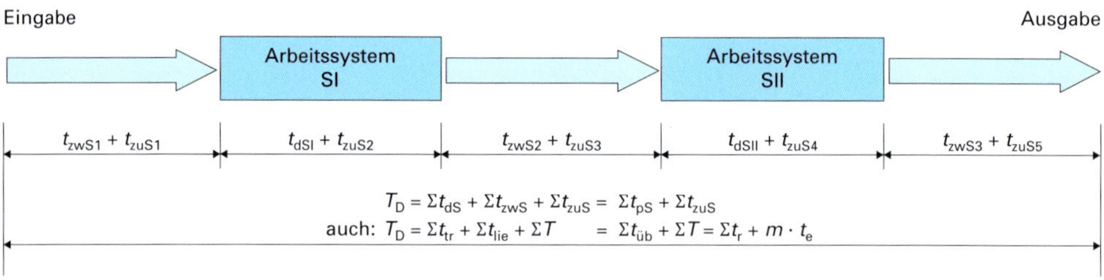

Zwischenzeiten	geplante Zeiten zwischen Beendigung eines Arbeitsganges und Beginn des nächsten Arbeitsganges.
Zusatzzeiten	nicht geplante Zeiten durch zusätzliche Durchführungen und störungsbedingte Unterbrechungen.

Beispiel für die Zusammensetzung der Durchlaufzeit einer Teilefertigung

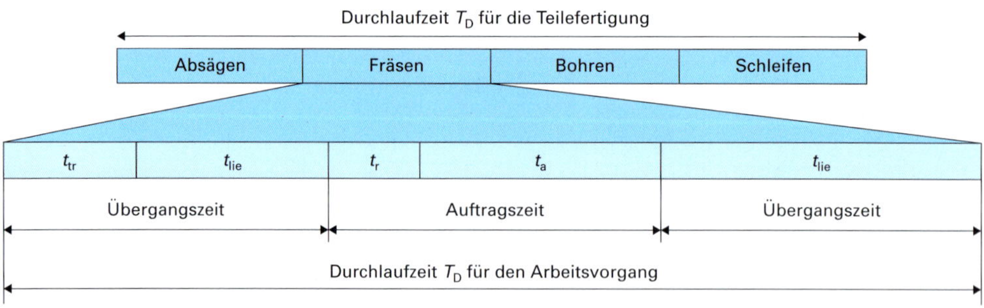

Urformen von Metallen

Legierungen

Dichte einer Zweistofflegierung ϱ_{Leg}

$$\varrho_{Leg} = \frac{\varrho_A \cdot \varrho_B \cdot 100\,\%}{c_A \cdot \varrho_B + c_B \cdot \varrho_A}$$

Auflegieren einer Zweistofflegierung

Der Anteil der Komponente A in einer vorhandenen Legierung m_{Lalt} soll von c_{Aalt} auf c_{Aneu} erhöht werden:

$$m_A = \frac{c_{Aneu} - c_{Aalt}}{100\,\% - c_{Aneu}}\, m_{Lalt}$$

$$m_{Lneu} = m_{Lalt} + m_A$$

Umlegieren einer Dreistofflegierung

Ausgehend von einer vorhandenen Dreistofflegierung soll der Anteil von Komponente C verringert, der Anteil der Komponenten A und B gesteigert werden:
Masse der einschmelzbaren vorhandenen Legierung:

$$m_{L\,alt} = \frac{c_{Cneu}}{c_{Calt}}\, m_{L\,neu}$$

$$m_A = \frac{m_{Lneu} \cdot c_{Aneu} - m_{Lalt} \cdot c_{Aalt}}{100\,\%}$$

$$m_B = m_{Lneu} - m_{Lalt} - m_A$$

ϱ_A	in kg/dm³	Dichte Komponente A
ϱ_B	in kg/dm³	Dichte Komponente B
ϱ_{Leg}	in kg/dm³	Dichte Legierung L
c_A	in %	Anteil der Komponente A
c_A	in %	Anteil der Komponente B
$c_{A\,alt}$	in %	ursprünglicher Anteil der Komponente A
$c_{A\,neu}$	in %	neuer Anteil der Komponente A
$c_{B\,alt}$	in %	ursprünglicher Anteil der Komponente B
$c_{B\,neu}$	in %	neuer Anteil der Komponente B
$c_{C\,alt}$	in %	ursprünglicher Anteil der Komponente C
$c_{C\,neu}$	in %	neuer Anteil der Komponente C
m_A	in kg	zuzugebende Masse Komponente A
m_B	in kg	zuzugebende Masse Komponente B
$m_{L\,alt}$	in kg	Masse vorhandene Legierung
$m_{L\,neu}$	in kg	Masse herzustellenden Legierung

Schwindung

Schwindlänge L_s

$$L_S = \frac{L_M \cdot s}{100\,\%}$$

Modelllänge L_M

$$L_M = \frac{L \cdot 100\,\%}{100\,\% - s}$$

Werkstücklänge L

$$L = L_M - L_s$$

ϱ_G	in kg/dm³	Dichte des Gießmetalls
ϱ_M	in kg/dm³	Dichte des Modellwerkstoffs
L	in m	Werkstücklänge
L_M	in m	Modelllänge
L_S	in m	Schwindlänge
m_g	in kg	Gussstückmasse
m_M	in kg	Modellmasse
s	in %	Schwindung
V_G	in dm³	Gussstückvolumen

Massen

Gussstückmasse m_G, metallischer Einsatz, Ausbringung, Ausschuss

Masse flüssiges Metall = Masse metallischer Einsatz – Schmelzverluste

Masse guter Guss = Masse flüssiges Metall – Kreislaufmaterial

$$m_G = V_G \cdot \varrho_G$$

$$m_G = m_M \cdot \frac{\varrho_G}{\varrho_M} \cdot \frac{100\,\% - 3\,s}{100\,\%}$$

$$\text{Ausbringung} = \frac{\text{Masse guter Guss} \cdot 100\,\%}{\text{Masse flüssiges Metall}}$$

$$\text{Ausschuss} = \frac{\text{Masse Ausschuss} \cdot 100\,\%}{\text{Masse guter Guss}}$$

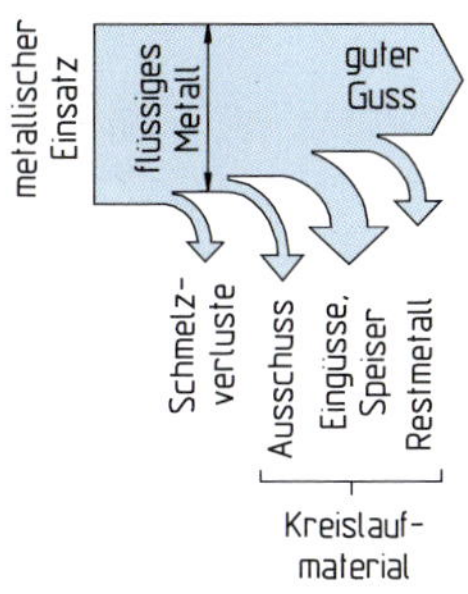

Schwerkraftguss

Formschrägen

Höhe in mm	≤ 10	> 10…18	> 18…30	> 30…50	> 50…80	> 80…180
Schräge	3°	2°	1,5°	1°	0,75°	0,5°

Höhe in mm	> 180…200	> 200…315	> 315…400	> 400…500	> 500
Schräge	1,5 mm	2 mm	2,5 mm	3 mm	3,5 mm

Formschrägen-vorzeichen	bedeutet auf Nennmaß bezogen
+	Materialzugabe
–	Materialabnahme
±	gemittelte Formschräge

Urformen von Metallen

Gießkräfte

Bodenkraft F_B Seitenkraft F_S Deckkastenkraft F_D

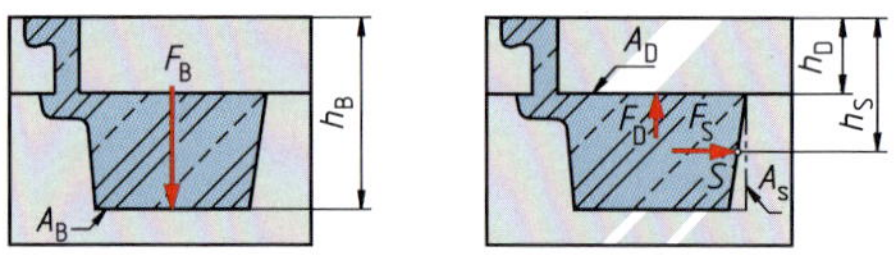

$F_B = A_B \cdot h_B \cdot \varrho_G \cdot g$ $F_S = A_S \cdot h_S \cdot \varrho_G \cdot g$ $F_D = A_D \cdot h_D \cdot \varrho_G \cdot g$

Bei abgesetzten Flächen werden die Teilkräfte berechnet und zur Gesamtkraft zusammengezählt. Bei schrägen oder gewölbten Flächen ist für A die Projektion, für h der Abstand des Schwerpunkts der Fläche zur Oberkante des Eingusses einzusetzen.

Kernauftriebskraft F_A

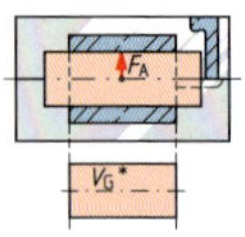

$F_A = F_G = V_G^* \cdot \varrho_G \cdot g$

Kernkraft gegen den Deckkasten F_{KD}
Belastungskraft F_{Bel} auf Oberkasten

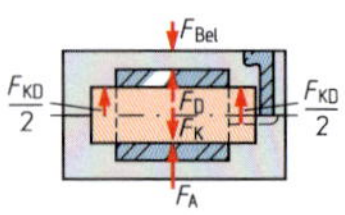

$F_{KD} = F_A - F_K$
$F_K = V_K \cdot \varrho_K \cdot g$
$F_{Bel} = (F_D + F_{KD}) \cdot 1{,}2 \ldots 1{,}8$

Eingusssystem

Ausfließgeschwindigkeit, Anschnittquerschnitt

$v_m = \xi \sqrt{2 \cdot g \cdot h}$

$$S_A = \frac{22{,}6 \cdot m_{ges}}{\varrho_G \cdot t \cdot \xi \cdot \sqrt{h}}$$

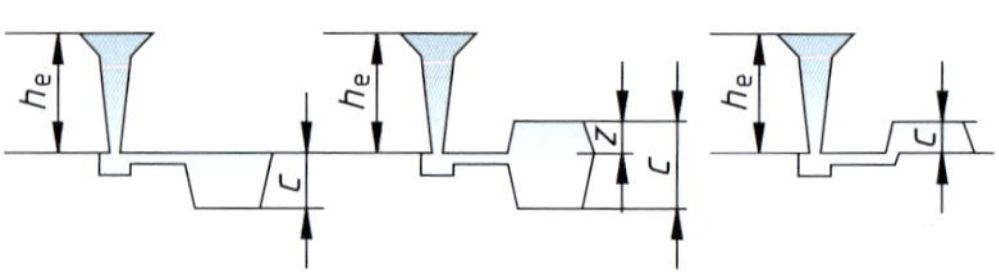

$h = h_e$ $h = h_e - \frac{z^2}{2c}$ $h = h_e - \frac{c}{2}$

Gießzeit, Metallmasse, Ausflussvolumen

$$t = \frac{1000 \cdot m_{ges}}{S_A \cdot v_m \cdot \varrho_G}$$ $$m_{ges} = \frac{S_A \cdot v_m \cdot t \cdot \varrho_G}{1000}$$ $V = S_A \cdot v_m \cdot t$

Gießen auf Druck

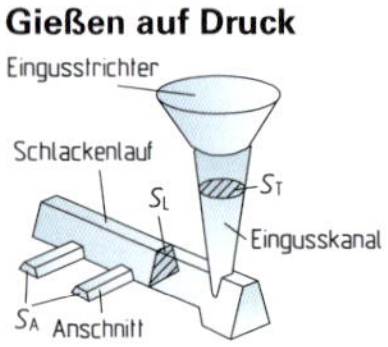

$S_T : S_L : S_A = 4:3:2$

Beruhigtes Gießen

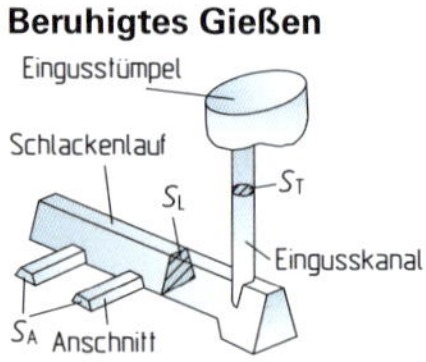

$S_T : S_L : S_A = 1:4:4$

A_B	in m^2	Bodenfläche Gussstück
A_D	in m^2	Deckfläche Gussstück
A_S	in m^2	Projektion der Seitenfläche
F_A	in N	Kernauftriebskraft
F_B	in N	Bodenkraft
F_{Bel}	in N	Belastungskraft
F_D	in N	Deckkastenkraft
F_G	in N	Gewichtskraft des Gießmetalls verdrängt durch den Kern
F_K	in N	Gewichtskraft des gesamten Kernes
F_{KD}	in N	Kernkraft gegen den Deckkasten
F_S	in N	Seitenkraft
g	in m/s^2	Erd-(Fall-)beschleunigung
h_B	in m	Druckhöhe, Abstand Oberkante Einguss bis zum Boden
h_D	in m	Druckhöhe, Abstand Oberkante Einguss bis zur Deckfläche
h_S	in m	Abstand des Schwerpunktes der Seitenfläche zur Oberkante des Eingusses
ϱ_G	in $\frac{kg}{dm^3}$	Dichte des Gießmetalls
ϱ_K	in $\frac{kg}{dm^3}$	Dichte des Kernmaterials
ϱ_M	in $\frac{kg}{dm^3}$	Dichte des Modellwerkstoffes
V_G	in dm^3	Gussstückvolumen
V_G^*	in dm^3	Vom Kern verdrängtes Metallvolumen, soweit es vom Metall auch unterspült wird
V_K	in dm^3	Volumen des gesamten Kerns
c	in cm	Gesamt-Höhe des Gussteils
g	in cm/s^2	Erd-(Fall-)beschleunigung hier 981 cm/s^2
h	in cm	wirksame Gießhöhe
h_e	in cm	Eingusshöhe
m_{ges}	in kg	Gesamt-Gießmasse
S_A	in cm	Gesamt-Anschnittquerschnitt
t	in s	Gießzeit
V	in cm^3	Gesamt-Gießvolumen
v_m	in cm/s	Mittlere Ausfließgeschwindigkeit
z	in cm	Höhe im Oberkasten
ξ	–	Strömungsverlustfaktor (0,3 …0,9)
ϱ_G	in kg/dm^3	Dichte des Gießmetalls
S_A	in cm^2	Summe der Querschnitte aller Anschnitte
S_L	in cm^2	Schlackenlaufquerschnitt
S_T	in cm^2	Trichterquerschnitt

Speiser

Modulberechnung

$$\text{Modul} = \frac{\text{Volumen}}{\text{Oberfläche}} = \frac{V}{A_O}$$

Speisermodel

$$M_S = M_G \cdot S$$

M	in cm	Modul
V	in cm³	Volumen
A_O	in cm²	Oberfläche
M_S	in cm	Modul des Speisers
M_G	in cm	Modul des Gussstücks
S	–	Sicherheitsfaktor, z. B. 1,2

Modul ausgewählter Körper

Würfel	Rechteckprisma, Quader	Platte ($h \geq 5\,l, 5\,b$)	Quadratischer Pyramidenstumpf $h = 2\,l_m$
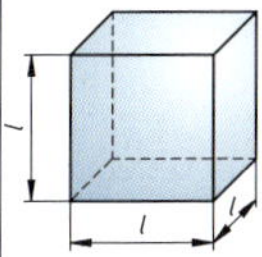 $M = \frac{l^3}{6\,l^2} = \frac{l}{6}$	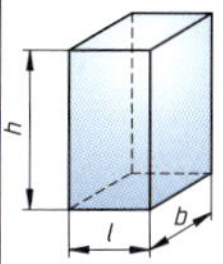 $M = \frac{l \cdot b \cdot h}{2\,l\,b + 2\,l\,h + 2\,b\,h}$	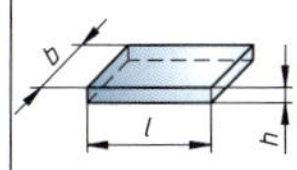 $M \approx \frac{h}{2}$	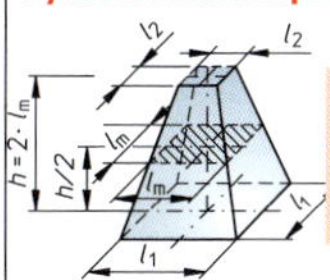 $l_m = \frac{l_1 + l_2}{2}$; $M \approx \frac{l_m}{5}$
Rechteckstab ($h \geq 5\,l/5\,b$)	**Quadratstab ($h \geq 5\,l$)**	**Rundstab $h \geq 5\,d$**	**Kugelstumpf $h = 2\,d_m$**
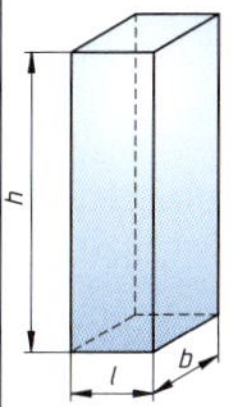 $M \approx \frac{l \cdot b}{2\,l + 2\,b}$	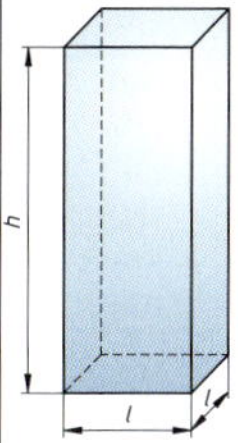 $M \approx \frac{l}{4}$	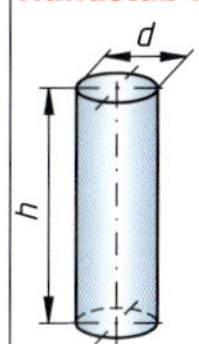 $M \approx \frac{d}{4}$	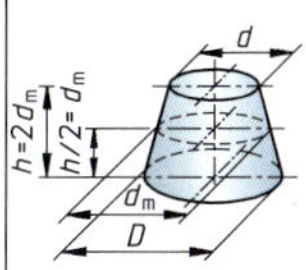 $M \approx \frac{d_m}{5}$; $d_m = \frac{D + d}{2}$
Zylinder	**Hohlzylinder**	**Kugel, Halbkugel**	**Zylinder + Halbkugel $h = d$**
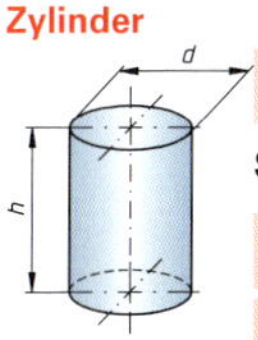 $M = \frac{d \cdot h}{4 \cdot h + 2 \cdot d}$ **Sonderfälle** $h = d: M = \frac{d}{6}$; $h = 2\,d: M = \frac{d}{5}$	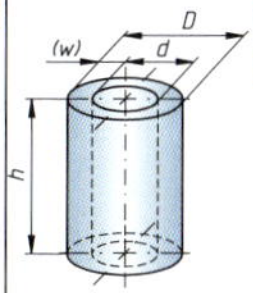 $M = \frac{(D - d) \cdot h}{2(D - d) + 4\,h}$; $w = \frac{D - d}{2}$; $M = \frac{w \cdot h}{2\,w + 2\,h}$	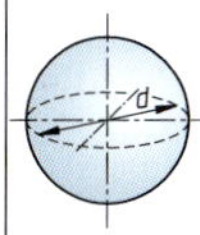 $M = \frac{d}{6}$	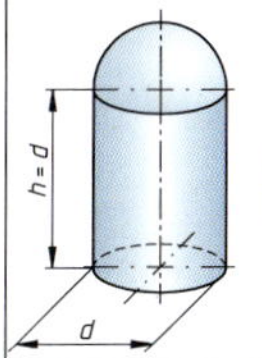 $M = \frac{4}{21}\,d \approx \frac{d}{5}$

Modul zusammengesetzter Körper

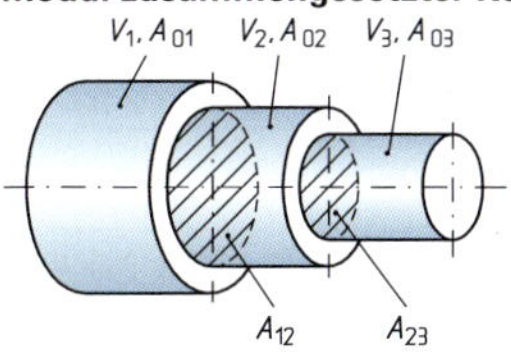

M_{ges}	in cm	Gesamtmodul
A_{O1}, A_{O2}, A_{O3}	in cm²	Oberfläche der Einzelkörper
A_{12}, A_{13}	in cm²	Gemeinsame Flächen der Einzelkörper
V_1, V_2, V_3	in cm³	Volumen der Einzelkörper

$$M = \frac{V_1 + V_2 + V_3}{A_{O1} - A_{12} + A_{O2} - A_{12} - A_{23} + A_{O3} - A_{23}}$$

Druckguss

Gießdruck, Sprengkraft, Zuhaltekraft

$$p_G = \left(\frac{D}{d}\right)^2 p_B$$

$$F_{Sp} = \frac{1{,}3 \cdot A_{proj} p_G}{100}$$

$$F_Z = (F_{Sp} + F_{Sch}) \cdot 1{,}2$$

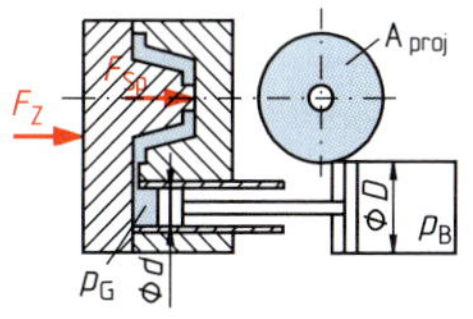

A_{proj}	in cm²	projizierte Fläche des Gießteils auf die Teilungsebene (30 % Zuschlag für Anschnitt und Überlauf)
d	in cm	Gießkolbendurchmesser
D	in cm	Antriebskolbendurchmesser
F_{Sch}	in kN	Kräfte von Schiebern
F_{Sp}	in kN	Sprengkraft
F_Z	in kN	Zuhaltekraft incl. 20 % Sicherheit
p_B	in bar	Betriebsdruck
p_G	in bar	Gießdruck

Allgemeintoleranzen für Gusswerkstoffe s. Kap. Techn. Kommunikation
Bearbeitungszugaben (BZ) s. Kap. Techn. Kommunikation
Eisengusswerkstoffe s. Kap. Werkstofftechnik
Gießereitechnik s. Kap. Werkstofftechnik
Mindestgießradien s. Kap. Techn. Kommunikation

Urformen von Kunststoffen

Verarbeitung der Thermoplaste

Spritzgießen:

Kunststoffart – Formmasse	Formmasse in °C	Werkzeug in °C	Spritzdruck in bar
PP	200…300	20… 60	800…1800
PVC hart	180…210	20… 60	1000…1800
PVC weich	170…200	15… 50	300…1500
PMMA VST80	150…200	50… 65	700…1000
PMMA VST110	180…230	60… 90	800…1200
CA, CAB	180…230	40… 50	800
PC	280…320	85…120	>800
POM	180…230	60…120	800…1700
PA6, PA66	230…290	40… 60	700…1200
PFA, FEP	340…360	120…180	300… 700

Spritzgießen:

Kunststoffart – Formmasse	Formmasse in °C	Werkzeug in °C	Spritzdruck in bar
PE 0,92 dünnwandig	220…260	30… 70	600…1500
PE 0,92 dickwandig	180…220	30… 70	600…1500
PE 0,96 dünnwandig	260…300	30… 70	600…1500
PE 0,96 dickwandig	240…280	30… 70	600…1500
PCTFE	200…280	80…130	1500
PS, SB, ABS	180…280	5… 60	600…1800
SAN, ASA	220…260	50… 85	600…1800
PPO	250…300	80…100	1000…1400
PES	230…260	k.A.[1]	k.A.[1]

Extrudieren: Thermoplaste

Kunststoffart – Formmasse	Verarbeitungstemperatur in °C	Kunststoffart – Formmasse	Verarbeitungstemperatur in °C
PVC weich	90…170	PE-LD	100…220
PVC hart	170…210	PE-HD	180…220
PP	190…250	ABS	180…220
PA6	240…270	PES	340…370
PA66	260…300	PAEK	410…430
SB	180…220		

Thermoformen: Thermoplaste

Kunststoffart – Formmasse	Verarbeitungstemperatur in °C	Kunststoffart – Formmasse	Verarbeitungstemperatur in °C
PVC hart	160…170	PE-LD	120…140
PP	170…180	PE-HD	160…175
PA66	210…230	ABS	135…145
SB	120…140	CA	160…180
PMMA	145…155	CAB	160…180
PC	165…190		

Verarbeitung der Duroplaste

Spritzgießen: / **Pressen:**

Kunststoffart – Formmasse	Formmasse in °C	Düse in °C	Werkzeug in °C	Spritzdruck in bar	Staudruck in bar	Nachdruck in bar	Presstemp. in °C	Pressdruck in bar
EP	40…60	60… 90	160…170	≤1200	ohne	600… 800	160…170	100…200
UP Typ 802	40…60	60… 80	150…170	200…1000	ohne	600… 800	130…170	50…250
MF, PF Typ 180, 182	60…80	90…110	160…180	1200…2000	k.A.[1]	k.A.[1]	160…165	250…400
MF Typ 131	70…80	95…120	150…165	1500…2500	300…400	1000…1400	135…160	250…500
MF Typ 150…152	70…80	95…105	160…180	1500…2500	≤250	800…1200	145…170	250…500
MF Typ 156…157	65…75	90…100	160…180	1500…2500	≤150	800…1200	145…170	300…600
PF Typ 11…13	60…80	85… 95	170…190	600…1400	≤250	600…1000	150…165	150…400
PF Typ 31	70…80	90…100	170…190	600…1400	300…400	800…1200	155…170	150…350
PF Typ 51, 83, 85	70…80	95…110	170…190	600…1700	≤250	800…1200	155…170	250…400
PF Typ 15, 16, 57, 74, 77	k.A.[1]	k.A.[1]	k.A.[1]	k.A.[1]	k.A.[1]	k.A.[1]	155…170	300…600
PE vernetzt	135…140	135…140	180…230	k.A.[1]	k.A.[1]	k.A.[1]	≤200	k.A.[1]

Herstellung von Formteilen im Niederdruckverfahren

Bedingungen \ Verfahren	Schleudern	Faserspritzen	Nasspressen warm	Nasspressen kalt	Verlegen von Hand	Vakuum und Injektion
Werkstoff-Formstoff	UP, EP	UP	UP, EP, SI	UP, EP	UP, EP, SI	UP, EP
• Glasfaserverstärkte – Matten [%]	25…35	–	30…50	25…40	20…30	30…40
– Gewebe (Massen-	30…40	–	50…65	50…65	35…50	40…65
• Rovings anteil)	25…35	20…30	–	–	>50	–
• Vorformlinge	–	–	30…50	30…50	–	–
Verarbeitungstemperatur [°C]	–	Raumtemperatur	≈150	<60	Raumtemperatur	<60
Mindestradien [mm]	k.A.[1]	5	3	3	5	5…10
Seitenneigung [°]	k.A.[1]	2	1	1	2	2
Wanddicken [mm]	3…10	2…20	1…10	1,5…10	2…10	0,5…10
Dickentoleranz [%]	<20	<80	10	20	20	20

[1] k.A. = keine Angabe

Urformen von Kunststoffen

Schwindung beim Urformen von Kunststoffen

ABS: 0,5 %; ASA: 0,6 %; EVA: 1,2 %; GF-PA6: 1,1 %; GF-PA66: 1,1 %; GF-PP: 1,3 %; PA6: 2,1 %; PA66: 2,6 %; PC: 0,8 %; PCTFE: 4,5 %; PE-HD: 3,7 %; PE-LD: 3,2 %; PMMA: 0,6 %; PP: 3,8 %; POM: 3,1 %; PS: 0,6 %; PTFE: 4,5 %; PVC hart: 0,8 %; PVC weich: 1,0 %; SB: 0,6 %.

Toleranzgruppen

DIN EN ISO 20457 : 2020-03

Je nach Kunststoffart bzw. Formmasse sind in der Fertigung verschiedene Toleranzen erreichbar. Grundlage dieser Norm sind Urformverfahren mit geschlossener Form wie Spritzgießen, Spritzprägen, Spritzpressen und Pressen von nicht porösen Formteilen aus Thermoplasten, thermoplastischen Elastomeren und Duroplasten sowie das Rotationsformen von Thermoplasten. Poröse Formstoffe (z. B. Schaumstoffe) sowie andere Ver- und Bearbeitungsverfahren gehören nicht zu dem Anwendungsbereich dieser Norm.

Eine Zuordnung der verschiedenen Kunststoffarten bzw. Formmassen zu den Toleranzgruppen erfolgt über eine detaillierte Punktebewertung in Abhängigkeit des Fertigungsverfahrens, der Verarbeitungsschwindung der Formmasse, des Fertigungsaufwandes usw.

Zur Erleichterung und als Orientierungshilfe bei der Zuordnung von Formmassen zu Toleranzgruppen kann man jedoch Toleranzgruppen in Abhängigkeit vom Fertigungsaufwand zusammenfassen und mit Großbuchstaben von A–F bezeichnen (dieses Verfahren ersetzt aber nicht die detaillierte Punktebewertung).

Zuordnung der Toleranzreihen und Toleranzgruppen

DIN EN ISO 20457 : 2020-03

Toleranzreihen	Toleranzgruppen A	B	C	D	E	F
Reihe 1: Normalfertigung	TG4	TG5	TG6	TG7	TG8	TG9
Reihe 2: Genaufertigung	TG3	TG4	TG5	TG6	TG7	TG8
Reihe 3: Präzisionsfertigung	TG2	TG3	TG4	TG5	TG6	TG7
Reihe 4: Präzisionssonderfertigung	TG1	TG2	TG3	TG4	TG5	TG6

Toleranzgruppenzuordnung der Formmassen (Auswahl)

DIN EN ISO 20457 : 2020-03

Toleranzgruppenzuordnung					Kunststoff-Formmasse
A	B	C			PS, SB, SAN, ABS, CA, PVC-U, PMMA, PC
A	B	C	D	E	PE, PP, PET, PPS, POM, PA6, PA12, PEK
C	D	E	F		PVC-P, EVAC, TPU, TPA
A	B				flüssigkristalline Polymere (LCP)
B	C				glasmattenverstärkte Thermoplaste (GMT)
A	B	C	D		PF, UF, MF UP, EP, PUR-X

Kunststoff-Formteiltoleranzen als symmetrische Grenzabmaße für Größenmaße (Auswahl)

DIN EN ISO 20457 : 2020-03

Toleranz-gruppe		Grenzabmaße (GA) für Nenngrößenmaßbereiche in Millimeter 1 bis 3	> 3 bis 6	> 6 bis 10	> 10 bis 18	> 18 bis 30	> 30 bis 50	> 50 bis 80	> 80 bis 120
TG1	W	±0,007	±0,012	±0,018	±0,022	±0,026	±0,031	±0,037	±0,044
	NW	±0,012	±0,018	±0,022	±0,026	±0,031	±0,037	±0,044	±0,050
TG2	W	±0,013	±0,020	±0,029	±0,035	±0,042	±0,050	±0,060	±0,090
	NW	±0,020	±0,029	±0,035	±0,042	±0,050	±0,060	±0,090	±0,13
TG3	W	±0,020	±0,031	±0,05	±0,06	±0,07	±0,08	±0,10	±0,15
	NW	±0,031	±0,050	±0,06	±0,07	±0,08	±0,10	±0,15	±0,20
TG4	W	±0,03	±0,05	±0,08	±0,09	±0,11	±0,13	±0,15	±0,23
	NW	±0,05	±0,08	±0,09	±0,11	±0,13	±0,15	±0,23	±0,32
TG5	W	±0,05	±0,08	±0,11	±0,14	±0,17	±0,20	±0,23	±0,36
	NW	±0,08	±0,11	±0,14	±0,17	±0,20	±0,23	±0,36	±0,50
TG6	W	±0,07	±0,12	±0,18	±0,22	±0,26	±0,31	±0,37	±0,57
	NW	±0,12	±0,18	±0,22	±0,26	±0,31	±0,37	±0,57	±0,80
TG7	W	±0,13	±0,20	±0,29	±0,35	±0,42	±0,50	±0,60	±0,90
	NW	±0,20	±0,29	±0,35	±0,42	±0,50	±0,60	±0,90	±1,25
TG8	W	±0,20	±0,31	±0,45	±0,55	±0,65	±0,80	±0,95	±1,40
	NW	±0,31	±0,45	±0,55	±0,65	±0,80	±0,95	±1,40	±2,00
TG9		±0,30	±0,49	±0,75	±0,90	±1,05	±1,25	±1,50	±2,25

Anmerkungen:

1. W = Werkzeuggebundene Maße: sind Maße, die im selben Werkzeugteil liegen; NW = nicht werkzeuggebundene Maße: diese Maße entstehen durch das Zusammenwirken beweglicher Werkzeugteile (z. B. zwei Werkzeughälften, Schieber, Backen). Diese beweglichen Werkzeugteile erreichen beim Schließen des Werkzeuges nicht immer dieselben Endlagen. Deswegen werden nicht werkzeuggebundene Maße größer toleriert.
2. Für TG9 ist die Unterscheidung von W- und NW-Maßen nicht erforderlich.
3. Für Allgemeintoleranzen sind ausschließlich die Grenzabmaße für NW-Maße zu verwenden.
4. Allgemeintoleranzen sind in Konstruktionsdokumenten wie folgt anzugeben: Beispiel: DIN 16742 – TG6.
5. Form- und Lagetolerierungen (Geometrische Produktspezifikation) sind zwischen Kunden und Hersteller zu vereinbaren.

Umformen durch Biegen

Kenngrößen beim Biegen

DIN 6935 : 2011-10

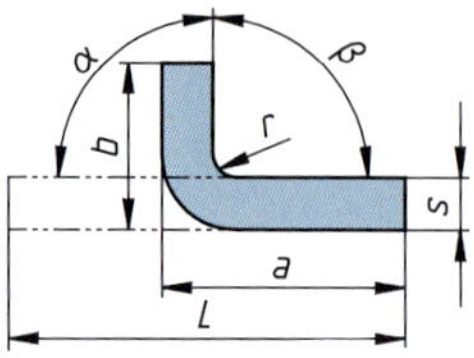

a, b	in mm	Schenkellänge
k	–	Korrekturfaktor
L	in mm	gestreckte Länge
r	in mm	Biegehalbmesser
s	in mm	Werkstückdicke
v	in mm	Ausgleichswert
α	in °	Biegewinkel
β	in °	Öffnungswinkel

Bevorzugt zu verwendende Biegehalbmesser *r* in mm

(0,6) – 1 – 1,6 – 2,5 – 6,0 – 10 – 16 – 20 – 25 – 32 – 40 – 50 – 63 – 80 – 100

Kleinste zulässige Schenkellänge b_{min}

$b_{min} = 4 \cdot r$

Kleinster zulässiger Biegehalbmesser *r* in mm für Bänder, Bleche und Platten mit Biegewinkel α kleiner 120°

(nach DIN 6935 und Erfahrungswerte)

Blechdicke *s* in mm	Stahl bis $R_m = 390 \frac{N}{mm^2}$	Stahl bis $R_m = 490 \frac{N}{mm^2}$	Stahl bis $R_m = 640 \frac{N}{mm^2}$	Reinaluminium kaltverfestigt	AlMgSi-Leg. geglüht	AlCuMg-Leg. ausgehärtet	AlMgSi-Leg. ausgehärtet	AlMg-Leg. geglüht	AlMg-Leg. ausgehärtet	MgAl-Leg. geglüht	CuZn-Leg. kaltverfestigt	Kupfer geglüht
0,3	0,6	0,8	1,0	0,6	0,6	1,0	1,0	1,0	1,6	1,6	0,6	0,6
0,4	0,6	0,8	1,0	0,6	1,0	1,0	1,0	1,0	2,5	1,6	0,6	0,6
0,5	0,6	0,8	1,0	0,6	1,0	1,6	1,6	1,6	2,5		1,0	0,6
0,6	0,6	0,8	1,0	0,6		1,6	1,6	1,6			1,0	1,0
0,8	1,0	1,2	1,6	1,0	1,6	2,5	2,5	2,5	4,0	2,5	1,6	1,0
1,0	1,0	1,2	1,6	1,0	1,6	2,5	2,5	2,5	4,0	2,5	1,6	1,6
1,2	1,6	2,0	2,5	1,6	2,5	4,0	4,0	4,0	6,0	4,0	2,5	1,6
1,5	1,6	2,0	2,5	1,6	2,5	4,0	4,0	4,0	6,0	4,0	2,5	2,5
2,0	2,5	3,0	4,0	2,5	4,0	6,0	6,0	6,0	10,0	6,0	4,0	2,5
2,5	2,5	3,0	4,0	2,5	4,0	6,0	6,0	6,0	10,0	6,0	4,0	4,0
3,0	3,0	4,0	5,0	4,0	6,0	10,0	10,0	10,0		10,0	6,0	4,0
4,0	5,0	5,0	6,0	6,0								
5,0	6,0	8,0	8,0									
6,0	8,0	10,0	10,0									
8,0	12,0	16,0	16,0									
10,0	16,0	20,0	20,0									

Die Zahlen gelten für Biegungen quer zur Walzrichtung. Bei Biegungen längs zur Walzrichtung ist ab 3 mm Blechdicke der nächsthöhere Wert zu wählen; ebenso bei Biegewinkeln größer 120°. Biegeradien für Rohre siehe DIN 2916 : 1975-07.

Zuschnittsermittlung bei beliebigem Öffnungswinkel

$\beta \leq 90°$

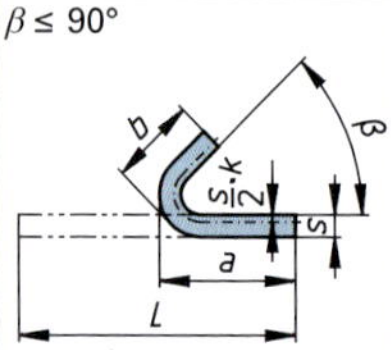

$\beta > 90°$

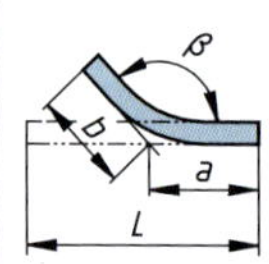

$L = a + b - v$

auf ganze mm runden

Korrekturfaktor *k*

$r : s \leq 5$	$k = 0{,}65 + 0{,}5 \cdot \lg \frac{r}{s}$
$r : s > 5$	$k = 1$

Ausgleichswert *v* in Abhängigkeit des Öffnungswinkels β

$0° \leq \beta \leq 90°$
$v = 2(r+s) - \pi \cdot \left(\frac{180° - \beta}{180°}\right) \cdot \left(r + \frac{s}{2} \cdot k\right)$
$90° < \beta \leq 165°$
$v = 2(r+s) \cdot \tan\left(\frac{180° - \beta}{2}\right) - \pi \cdot \left(\frac{180° - \beta}{180}\right) \cdot \left(r + \frac{s}{2} \cdot k\right)$
$165° < \beta < 180°$
$v = 0$

Auswahl an Korrekturfaktoren *k*

nach DIN 6935 Beiblatt 1 : 1975-10

r : s	k	r : s	k	r : s	k	r : s	k
0,1	0,15	1,0	0,65	2,0	0,8	3,0	0,89
0,25	0,35	1,25	0,7	2,25	0,83	3,5	0,92
0,5	0,5	1,5	0,74	2,5	0,85	4,0	0,95
0,75	0,59	1,75	0,77	2,75	0,87	4,5	0,98

gerundete *k*-Werte für geringere Anforderungen

r : s	0,5…1	1,1…1,5	1,6…2,4	2,5…3,8	>3,8
k	0,6	0,7	0,8	0,9	1

Umformen durch Biegen

Zuschnittsermittlung bei 90°-Biegung

DIN 6935 : 2011-10

Ausgleichswert *v* in mm je 90°-Biegung (Auswahl)

r in mm	Werkstückdicke *s* in mm													
	1	1,5	2	2,5	3	3,5	4	4,5	5	6	8	9	10	12
1	1,92													
1,6	2,1	2,9												
2,5	2,41	3,18	3,98	4,8										
4	2,97	3,7	4,46	5,24	6,04	6,85								
6	3,79	4,45	5,18	5,93	6,69	7,47	8,26	9,06	9,87					
10	5,51	6,11	6,72	7,42	8,14	8,88	9,62	10,38	11,15	12,71				
16	8,08	8,69	9,3	9,9	10,51	11,17	11,88	12,6	13,32	14,8	17,84	19,39	20,96	
20	9,8	10,41	11,01	11,62	12,23	12,84	13,44	14,14	14,85	16,29	19,25	20,76	22,30	25,41
25	11,94	12,55	13,16	13,77	14,37	14,98	15,59	16,2	16,80	18,21	21,09	22,57	24,06	27,1

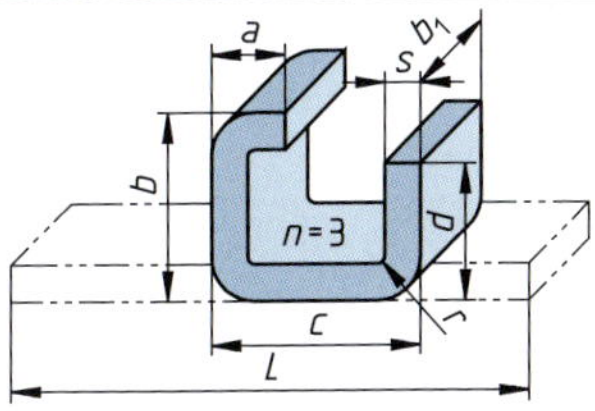

Bei gleichem Biegehalbmesser *r* gilt:

$L = a + b + c + \ldots - n \cdot v$

Für $\beta = 90°$

$v = 0{,}43 \cdot r + 1{,}49 \cdot s$

Für $r = s$ und $\beta = 90°$

$v = 1{,}92 \cdot s$

Rückfederung einer Biegung

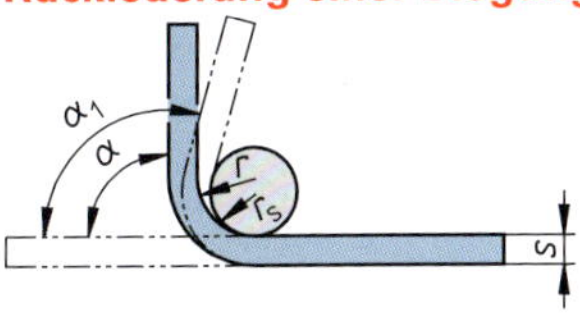

$\alpha_1 = \dfrac{\alpha}{z}$

$r_s = z \cdot (r + 0{,}5 \cdot s) - 0{,}5 \cdot s$

a, b, c	in mm	Schenkellänge
b_1	in mm	Schenkelbreite
e		Radiuskorrekturfaktor
F_b	in N	Biegekraft
L	in mm	gestreckte Länge
n		Anzahl der Biegungen
R_m	in $\frac{N}{mm^2}$	Mindestzugfestigkeit
r	in mm	Biegehalbmesser
r_s	in mm	Stempelradius
s	in mm	Werkstückdicke
v	in mm	Ausgleichswert
w	in mm	Gesenkweite
z		Rückfederungsfaktor
α	in °	Biegewinkel
α_1	in °	Schwenkwinkel des Biegewerkzeugs

Rückfederungsfaktor *z* für verschiedene Werkstoffe

$\frac{r}{s}$	S185 S235	S275	CrNi-St.[1]	AlMg-Leg.	AlCuMg-Leg.[2]	AlZnCuMg-Leg.[2]	AlZnCuMg-Leg.[3]	Cu-Zn30
2,5	0,98	0,98	0,97	0,94	0,90	0,93	0,98	0,97
4,0	0,98	0,98	0,95	0,93	0,85	0,92	0,98	0,96
6,3	0,97	0,98	0,93	0,92	0,80	0,88	0,98	0,94
10,0	0,96	0,97	0,90	0,88	0,70	0,86	0,97	0,93
16,0	0,93	0,96	0,85	0,86	0,52	0,81	0,96	0,90
25,0	0,90	0,94	0,77	0,82	k.A.[4]	0,74	0,94	0,87
40,0	0,86	0,92	0,65	0,71	k.A.[4]	0,65	0,93	0,83
63,0	0,78	0,87	0,60	0,50	k.A.[4]	0,52	0,92	0,78
100,0	0,68	0,84	k.A.[4]	k.A.[4]	k.A.[4]	k.A.[4]	0,88	k.A.[4]

[1] korrosionsfest [2] ausgehärtet [3] oder AlCuMg-Leg. [4] k.A. = keine Angabe

Biegekraft F_b (Näherungsgleichungen)

U-Biegung	ohne Gegenhalter	mit Gegenhalter
formschlüssig	$F_b = 0{,}4 \cdot b_1 \cdot s \cdot R_m$	$F_b = 0{,}5 \cdot b_1 \cdot s \cdot R_m$

V-Biegung	ohne Prägevorgang	mit Prägevorgang
nicht formschlüssig	$F_b = \left(1 + \frac{4 \cdot s}{w}\right) \cdot \frac{b_1 \cdot s^2 \cdot R_m}{w}$	–
formschlüssig	$F_b = \left(1 + \frac{4 \cdot s}{w}\right) \cdot \frac{2 \cdot b_1 \cdot s^2 \cdot R_m}{w}$	$F_b = \frac{r}{2} \cdot \pi \cdot b_1 \cdot R_m \cdot (1{,}4 + e \cdot s)$ $e = 0{,}08$ für $s < 1{,}5$ mm $e = 0{,}1$ für $s \geq 1{,}5$ mm

Gesenkweite *w*

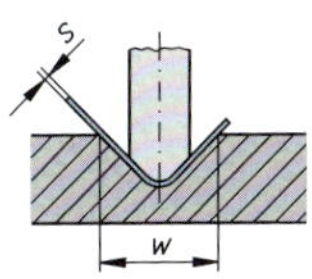

Werkstückdicke *s* in mm	Gesenkweite *w* in mm
≤0,5	20 · *s*
0,5…1	16 · *s*
1…3	12 · *s*
3…5	10 · *s*
>5	8 · *s*

Umformen durch Tiefziehen

Tiefziehverhältnis

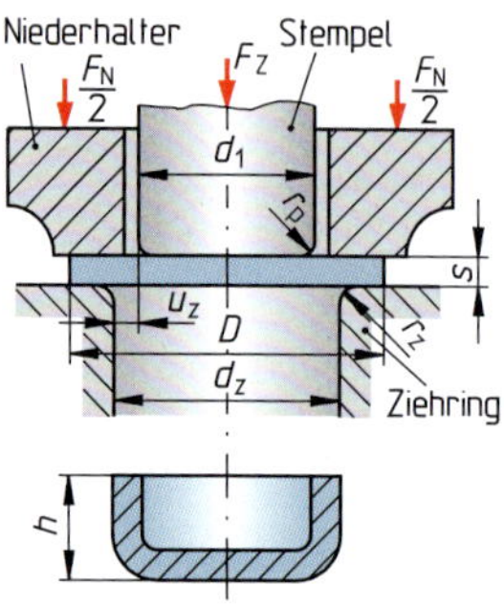

Tiefziehverhältnis β

$$\beta = \frac{\text{Durchmesser v.d. Ziehen}}{\text{Durchmesser n.d. Ziehen}}$$

Erstzug

$$\beta_1 = \frac{D}{d_1}$$

Weiterzüge

$$\beta_2 = \frac{d_1}{d_2};\ \beta_3 = \frac{d_2}{d_3} \quad \text{usw.}$$

Napfinnendurchmesser

$$d_1 = \frac{D}{\beta_1};\ d_2 = \frac{d_1}{\beta_2} \quad \text{usw.}$$

A_N	in mm²	vom Niederhalter gespannte Werkstückfläche
c		Korrekturwert
D	in mm	Zuschnittdurchmesser (Rondendurchmesser)
d_1, d_2	in mm	Stempeldurchmesser
d_z	in mm	Ziehringdurchmesser
F_B	in N	Bodenreißkraft
F_N	in N	Niederhalterkraft
F_Z	in N	Ziehkraft
F	in N	Presskraft
h	in mm	Napfhöhe
p_N	in N/mm²	Pressung des Niederhalters
R_m	in N/mm²	Mindestzugfestigkeit
r_P	in mm	Stempelradius
r_{Z1}	in mm	Ziehringradius (Erstzug)
r_{Z2}	in mm	Ziehringradius (Weiterzug)
s	in mm	Werkstückdicke
u_Z	in mm	Ziehspalt
β	–	Ziehverhältnis

Grenzwerte für die Ziehverhältnisse β_{max} und Pressung p_N im Niederhalter

Werkstoff	$\beta_{1\,max}$	$\beta_{2\,max}$ ohne Zwischenglühen	$\beta_{2\,max}$ mit Zwischenglühen	$p_{N\,max}$ in N/mm²
DC01, FeP01	1,8	1,2	1,6	2,5
DC03, FeP03	1,9	1,25	1,65	2,5
DC04, FeP04	2,0	1,3	1,7	2,5
S185	1,9	1,3	1,7	2,5
S235JR	1,7	–	–	2,5
S275JR	1,6	–	–	2,5
Stahlblech ferritisch	1,7	–	–	2,5
Stahlblech austenitisch	2,0	1,2	–	2,5
Kupfer	2,1	1,3	1,9	2,0
CuSn-Legierungen	1,5	–	–	–
CuAl-Legierungen	1,7	–	–	–
CuZn37 weich	2,1	1,4	2,0	2,0
CuZn37 hart	1,9	1,2	1,7	2,4
EN AW-1050A-0 (Al99,5 weich)	2,1	1,6	1,9	1,2
EN Aw-1050A-H24 (Al99,5 halbhart)	1,9	1,4	1,7	1,2
EN AW 3103-0 (AlMn1 weich)	1,8	1,3	1,7	1,2
EN AW-3103-H24 (AlMn1 halbhart)	1,6	–	–	1,2
EN AW-5754-0 (AlMg3 weich)	1,9	1,4	–	1,5
EN AW-5754-H24 (AlMg3 halbhart)	1,8	1,3	–	1,5
EN AW-6060-0 (AlMgSi0,5 weich)	2,0	1,4	1,9	1,5
EN AW-6060-T4 (AlMgSi0,5 kaltausgeh.)	1,9	1,3	1,8	1,5
EN AW-6060-T6 (AlMgSi0,5 warmausgeh.)	1,8	1,3	–	1,5
EN AW-2024-0 (AlCuMg1 weich)	2,0	1,5	1,8	1,5
EN AW-2024-T4 (AlCuMg1 kaltausgeh.)	1,7	1,3	1,5	1,5

Die Werte für β wurden ermittelt für $\frac{d}{s} = 100$.

Tiefziehkraft für Erstzug

$$F_Z = \pi \cdot (d_1 + s) \cdot s \cdot R_m \cdot 1{,}2 \cdot \frac{\beta_1 - 1}{\beta_{1max} - 1}$$

Bodenreißkraft

$$F_B = \pi \cdot d_1 \cdot s \cdot R_m > F_Z$$

Presskraft

$$F = F_Z + F_N$$

Niederhalterpressung

$$p_N = \frac{R_m}{400} \cdot \left[(\beta - 1)^2 + \frac{d_1}{200 \cdot s}\right]$$

Niederhalterfläche

$$A_N = \frac{\pi}{4}\,[D^2 - (d_1 + 2u_Z + 2r_Z)^2]$$

Niederhalterkraft

$$F_N = A_N \cdot p_N$$

Ziehspalt

$$u_Z = s + c \cdot \sqrt{10 \cdot s}$$

$c = 0{,}07$ für Stahlblech
$c = 0{,}02$ für Aluminiumlegierung
$c = 0{,}04$ für andere NE-Metalle

Radien an Stempel und Ziehring

$$r_P = (3 \ldots 5) \cdot s$$
$$r_{Z1} = 0{,}6 \cdot \sqrt{(D - d_{Z1}) \cdot s}$$
$$r_{Z2} = 0{,}8 \cdot \sqrt{(D - d_{Z2}) \cdot s}$$

Schmierstoffe beim Tiefziehen (Auswahl)

Werkstoff	R_m in N/mm²	Schmierstoff
unlegierte Stähle	≤ 400	Öl-H_2O-Emulsion mit Seifen-/MoS_2-Anteilen
ferritische + austenitische Stähle	≤ 750	H_2O-Graphit-Paste, pigmentierte Fette
Aluminium Al-Legierung	≤ 110 ≤ 150	Petroleum mit Graphit, mineralische Fette
Cu-Zn-Legierung	≤ 420	Öl-H_2O-Emulsion + Graphit, Rüböl

Werkstoffe für Tiefziehwerkzeuge, s. Kap. Werkstofftechnik

Umformen durch Tiefziehen

Berechnung der Zuschnittdurchmesser

Fläche des Zuschnittes = Fläche des fertigen Ziehteiles; alle Durchmesser sind Innenmaße, Bodenradius <10 mm

Form	Zuschnittdurchmesser *D*	Form	Zuschnittdurchmesser *D*
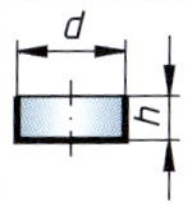	$\sqrt{d^2+4d\cdot h}$	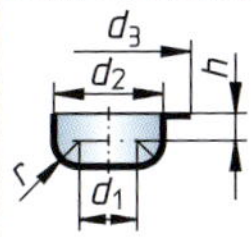	$\sqrt{d_1^2+2\pi d_1\cdot r+8r^2+4d_2\cdot h}$ ohne Rand $\sqrt{d_1^2+6{,}3\,d_s\cdot r+(d_3^2-d_2^2)+4d_2\cdot h}$ mit Rand
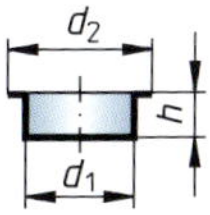	$\sqrt{d_2^2+4d_1\cdot h}$	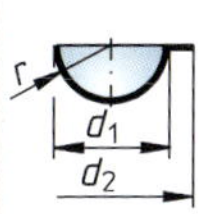	$\sqrt{2d_1^2}$ oder $1{,}414\,d_1$ ohne Rand $\sqrt{d_1^2+d_2^2}$ mit Rand
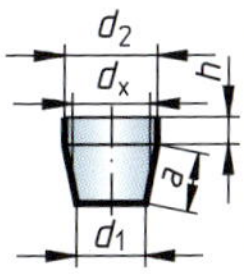	$\sqrt{d_1^2+4d_x\cdot a+4d_2\cdot h}$ $d_x=\frac{d_1+d_2}{2}$	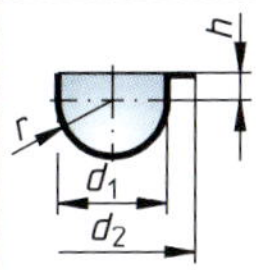	$\sqrt{2d_1^2+4d_1\cdot h}$ ohne Rand $\sqrt{2d_1^2+4d_1\cdot h+(d_2^2-d_1^2)}$ $=\sqrt{d_1^2+4d_1\cdot h+d_2^2}$ mit Rand
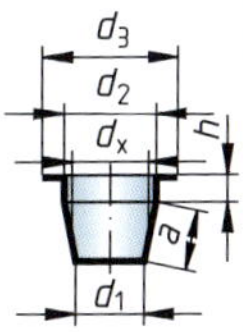	$\sqrt{d_1^2+4d_x\cdot a+4d_2\cdot h+(d_3^2-d_2^2)}$ $d_x=\frac{d_1+d_2}{2}$	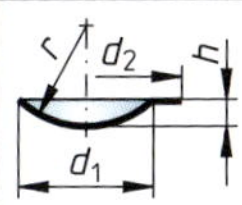	$\sqrt{d_1^2+4h^2}$ ohne Rand $\sqrt{d_2^2+4h^2}$ mit Rand
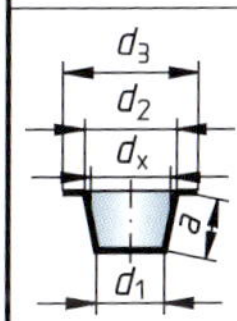	$\sqrt{d_1^2+4d_x\cdot a+(d_3^2-d_2^2)}$ $d_x=\frac{d_1+d_2}{2}$	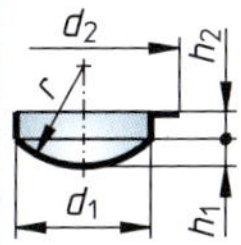	$\sqrt{d_1^2+4h_1^2+4d_1\cdot h_2}$ ohne Rand $\sqrt{d_1^2+4h_1^2+4d_1\cdot h_2+(d_2^2-d_1^2)}$ $=\sqrt{d_2^2+4h_1^2+4d_1\cdot h_2}$ mit Rand
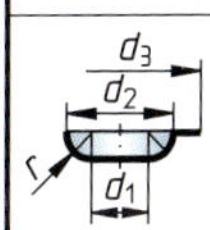	$\sqrt{d_1^2+2\pi\cdot rd_1+8r^2}$ ohne Rand $\sqrt{d_1^2+2\pi\cdot rd_1+8r^2+(d_3^2-d_2^2)}$ mit Rand	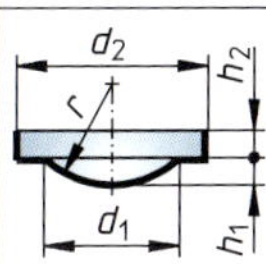	$\sqrt{d_2^2+4h_1^2+4d_2\cdot h_2}$

Umformen durch Warmformgebung

Umformtemperaturen von Stählen für Schmieden und Warmbiegen

Werkstoff	Umformtemperatur-bereich in °C	Werkstoff	Umformtemperatur-bereich in °C
Baustahl bis S235	1320 … 750	Vergütungsstahl legiert	1050 … 850
Baustahl bis S275	1300 … 750		
Baustahl bis E295	1290 … 750	Nitrierstahl	1050 … 850
Baustahl legiert	1100 … 850	Federstahl	1100 … 850
Baustahl austenitisch	1150 … 850	Wälzlagerstahl	1100 … 850
Einsatzstahl	1150 … 850	Werkzeugstahl	1050 … 850
Vergütungsstahl unlegiert	1100 … 850	Schnellarbeitsstahl	1100 … 900

Hohe Temperaturen möglichst kurz halten. Abkühlung soll langsam erfolgen, bei Nitrier- und Federstählen in Sand oder Asche.

Trennen durch Zerteilen

Schneidkraft, Schneidarbeit, Werkstoffscherfestigkeit

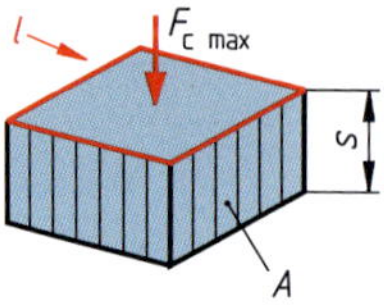

A	in mm²	Scherfläche
$F_{C\,max}$	in N	max. Schneidkraft
h	in mm	Schneidweg
l	in mm	Schnittlinienlänge
$R_{m\,max}$	in $\frac{N}{mm^2}$	maximale Zugfestigkeit
s	in mm	Werkstückdicke
W_C	in Nm	Schneidarbeit
$\varkappa$	–	Beiwert
$\tau_{a\,B\,max}$	in $\frac{N}{mm^2}$	maximale Scherfestigkeit

max. Scherfestigkeit $\tau_{a\,B\,max}$

$$\tau_{aB\,max} \approx 0{,}8 \cdot R_{m\,max}$$

Näherungswert für Stähle siehe untenstehende Tabelle

max. Schneidkraft $F_{C\,max}$

$$F_{C\,max} = l \cdot s \cdot \tau_{a\,B\,max} \cdot (1{,}2 \ldots 1{,}4)$$

für ebene Stempel
Faktor 1,2…1,4 berücksichtigt den Verschleiß und die Schneidkrafterhöhung bei kleinen Stempeldurchmessern

Schneidarbeit W_C

$$W_C = F_{C\,max} \cdot h \cdot \varkappa$$

Schneidweg h entspricht bei ebenen Stempeln der Werkstückdicke s. Beiwert $\varkappa$ liegt im Bereich 0,3…0,6; Mittelwert: 0,5. Die kleineren Werte sind bei großem Schneidenspalt zu nehmen

Abstreifkraft F_A

Werkstückdicke s in mm	Ausschneiden	Lochen
< 2	$F_A = 0{,}1 \cdot F_C$	$F_A = 0{,}1 \cdot F_C$
2…4	$F_A = 0{,}15 \cdot F_C$	$F_A = 0{,}1 \cdot F_C$
> 4	$F_A = 0{,}2 \cdot F_C$	$F_A = 0{,}1 \cdot F_C$

Werkstoffscherfestigkeit $\tau_{a\,B}$

Werkstoff	$\tau_{a\,B}$ in $\frac{N}{mm^2}$
DC01	300
DC03	300
DC04	350
S185	400
S235JR	360
S275JR	420
E295	480
S355J0	500
E335	560
E360	700
Stahl 0,1% C	320
Stahl 0,2% C	400
Stahl 0,3% C	480
Stahl 0,4% C	560
Stahl 0,6% C	720
Stahl 0,8% C	900
Stahl 1,0% C	1000
16MnCr5	600
X5CrNi18-9	500
X8Cr17	600
X12CrNi17-7	700
X20CrMo13	700

Werkstoff	$\tau_{a\,B}$ in $\frac{N}{mm^2}$
X20Cr13	750
X22CrMoV12-1	750
E-CuF20	220
E-CuF25	250
E-CuF30	300
E-CuF37	370
CuZn40Pb2F37	400
CuZn40Pb2F44	500
CuZn40Pb2F51	630
CuZn40F34	350
CuZn40F41	450
CuZn40F48	580
CuZn37F30	350
CuZn37F38	430
CuZn37F45	500
CuZn37F55	640
CuNi18Zn19Pb	600
CuSn8F40	450
CuSn8F53	550
CuSn8F60	650
CuSn8F70	800
Sn	200

Werkstoff	$\tau_{a\,B}$ in $\frac{N}{mm^2}$
Ni99,6	450
Au	110
Pt	300
Ag	280
MgMn2	230
EN AW-1050A-H111	52
EN AW-1050A-H12	68
EN AW-1050A-H114	85
EN AW-1050A-H16	95
EN AW-1050A-H19	120
EN AW-1070A-H111	48
EN AW-1070A-H12	64
EN AW-1070A-H114	80
EN AW-1070A-H18	100
EN AW-2024A-0	175
EN AW-2024A-T3	345
EN AW-2024A-T8	370
EN AW-3004-0	125
EN AW-3004-H12	150
EN AW-3004-H16	190
EN AW-3004-H19	215
EN AW-3103-0	70
EN AW-3103-H12	90

Werkstoff	$\tau_{a\,B}$ in $\frac{N}{mm^2}$
EN AW-3103-H16	125
EN AW-3103-H19	160
EN AW-5182-0	205
EN AW-5182-H19	300
EN AW-5754-0	155
EN AW-5754-H12	175
EN AW-5754-H14	190
EN AW-5754-H18	230
EN AW-6082-0	120
EN AW-6082-T4	160
EN AW-6082-T6	245
EN AW-6082-T61	220
Pappe weich	20
Pappe hart	40
Klingerit	40
Leder	15
Hartpapier	130
Kunstharzgewebe	90
Gummi	16

Schneidspalt-, Schneidstempel- und Schneidplattenmaße

VDI 3368 : 1982-05[1]

mit Freiwinkel | ohne Freiwinkel

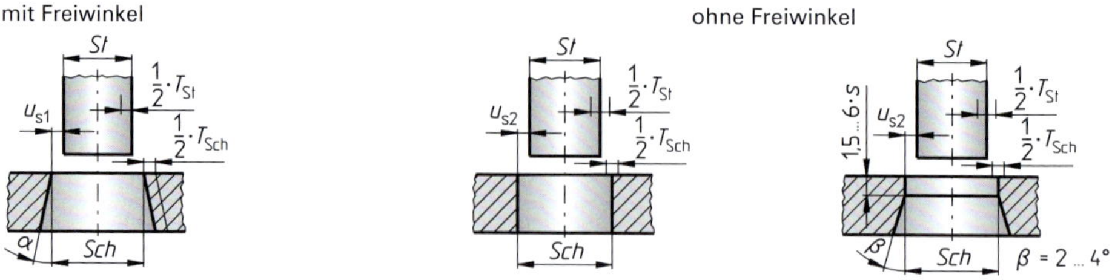

Benennungen der Formelzeichen siehe F 21

[1] zurückgezogen

Trennen durch Zerteilen

Berechnung der Stempel- und Scheidplattendurchbruch-Abmessungen

Bezeichnungen siehe unten

Schneidspalt u_{s1} bzw. u_{s2} in mm (Kleinstwerte)

Scherfestigkeit τ_{aB} in N/mm²	Durchbruch mit Freiwinkel α Werkstückdicke s in mm								Durchbruch ohne Freiwinkel α Werkstückdicke s in mm							
	0,1 bis 0,3	**0,4 bis 0,6**	**0,7 bis 0,8**	**0,9 bis 1,0**	**1,5 bis 2,0**	**2,5 bis 3,0**	**3,5 bis 4,0**	**4,5 bis 5,0**	**0,1 bis 0,3**	**0,4 bis 0,6**	**0,7 bis 0,8**	**0,9 bis 1,0**	**1,5 bis 2,0**	**2,5 bis 3,0**	**3,5 bis 4,0**	**4,5 bis 5,0**
bis 250	0,002 bis 0,005	0,01	0,015	0,02	0,03	0,04	0,05 bis 0,06	0,07 bis 0,08	0,003 bis 0,009	0,015	0,025	0,03	0,05	0,08	0,1 bis 0,12	0,14 bis 0,16
>250…400	0,003 bis 0,008	0,015	0,02	0,03	0,04 bis 0,05	0,06 bis 0,07	0,08 bis 0,09	0,11 bis 0,13	0,004 bis 0,012	0,02	0,03	0,04	0,06 bis 0,08	0,1 bis 0,12	0,14 bis 0,16	0,18 bis 0,2
>400…600	0,004 bis 0,011	0,02	0,03	0,04	0,05 bis 0,07	0,09 bis 0,10	0,11 bis 0,13	0,15 bis 0,17	0,005 bis 0,015	0,025	0,04	0,05	0,08 bis 0,1	0,13 bis 0,15	0,18 bis 0,20	0,22 bis 0,25
>600	0,005 bis 0,015	0,025	0,04	0,05	0,07 bis 0,09	0,11 bis 0,13	0,15 bis 0,17	0,19 bis 0,21	0,006 bis 0,018	0,03	0,05	0,06	0,09 bis 0,12	0,15 bis 0,18	0,21 bis 0,24	0,27 bis 0,3

Stempel- und Schneidplattendurchbruch-Abmessungen

Verfahren	Werkstückmaßtoleranz ≤ 0,05 mm	Werkstückmaßtoleranz >0,05 mm
Ausschneiden (Schneidplattendurchbruch bestimmt Werkstückmaß)	$Sch = W_K$ $St = W_K - 2 \cdot u_{s1}$ $St = W_K - 2 \cdot u_{s2}$	$Sch = W_K + 0{,}2 \cdot (W_G - W_K)$ $St = W_K + 0{,}2 \cdot (W_G - W_K) - 2 \cdot u_{s1}$ $St = W_K + 0{,}2 \cdot (W_G - W_K) - 2 \cdot u_{s2}$
Lochen (Stempel bestimmt Werkstückmaß)	$St = W_G$ $Sch = W_G + 2 \cdot u_{s1}$ $Sch = W_G + 2 \cdot u_{s2}$	$St = W_G - 0{,}2 \cdot (W_G - W_K)$ $Sch = W_G - 0{,}2 \cdot (W_G - W_K) + 2 \cdot u_{s1}$ $Sch = W_G - 0{,}2 \cdot (W_G - W_K) + 2 \cdot u_{s2}$
Lochabstand	auf Werkstück-Toleranzmitte gehen	
Abschneiden	$St = W_K + 0{,}2 \cdot (W_G - W_K) - u_{s1}$	$Sch = W_K + 0{,}2 \cdot (W_G - W_K)$

Werkzeugfreiwinkel α

	Werkstückdicke $s < 1$ mm	Werkstückdicke $s > 1$ mm	weiche Metalle $s > 0{,}2$ mm
Freiwinkel α (in Minuten)	12…18	30…35	30…60

Bezeichnungen (Zeichnungen siehe F 20)

- St in mm Stempelmaß
- Sch in mm Schneidplatten-Durchbruchmaß
- T_{St} in mm Maßtoleranz des Stempels
- T_{Sch} in mm Maßtoleranz des Schneidplatten-Durchbruchs
- u_{s1} in mm Schneidspalt für Schneidplatten-Durchbruch mit Freiwinkel
- u_{s2} in mm Schneidspalt für Schneidplatten-Durchbruch ohne Freiwinkel
- W_K in mm Werkstückmindestmaß
- W_G in mm Werkstückhöchstmaß

$T_{St} = T_{Sch} \approx 0{,}1 \cdot (W_G - W_K) > 0{,}005$ mm

Stähle für Schneidwerkzeug s. Kap. Werkstofftechnik
Wärmebehandlung s. Kap. Werkstofftechnik

Trennen durch Zerteilen

Lage des Einspannzapfens bei Schneidwerkzeugen

Die Lage S des Einspannzapfens berechnet sich als Abstand x_S von einer frei gewählten Bezugskante aus, die außerhalb der Schnittlinien liegt. Dabei müssen alle Schnittlinien auf einer Seite der Bezugskante liegen. In y-Richtung ist sinngemäß zu verfahren.

Stempelformen mit bekanntem Linienschwerpunkt

(Kreis, Rechteck = Mittelpunkt)

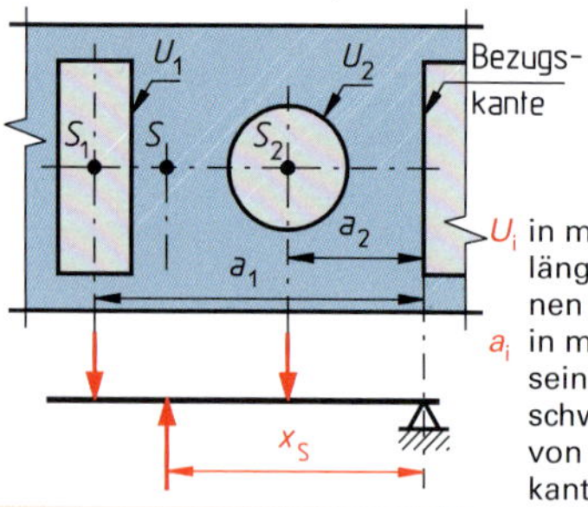

U_i in mm Umfangslänge des einzelnen Stempels

a_i in mm Abstand seines Linienschwerpunktes von der Bezugskante

$$x_S = \frac{U_1 \cdot a_1 + U_2 \cdot a_2 + \ldots + U_n \cdot a_n}{U_1 + U_2 + \ldots + U_n}$$

Beliebige Stempelform

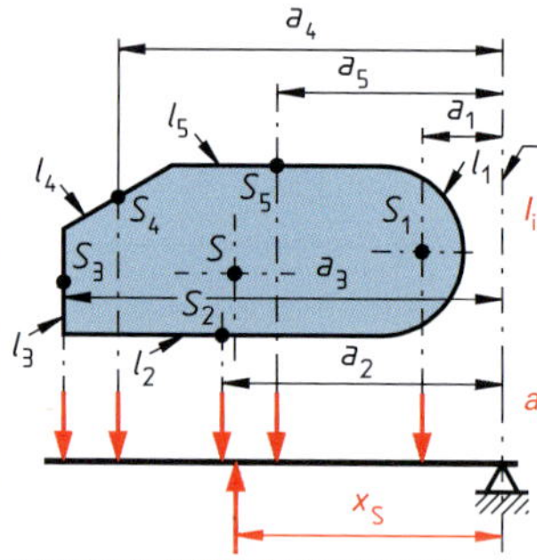

l_i in mm Länge einer Teilschnittlinie des Stempels mit bekanntem Linienschwerpunkt

a_i in mm Abstand ihres Linienschwerpunkts von der Bezugskante

$$x_S = \frac{l_1 \cdot a_1 + l_2 \cdot a_2 + \ldots + l_n \cdot a_n}{l_1 + l_2 + \ldots + l_n}$$

Lage des Schwerpunkts von Linien und Linienzügen

Gerade Linie

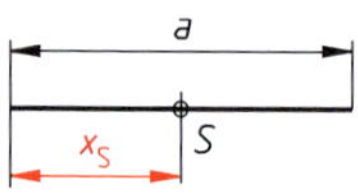

$$x_S = \frac{a}{2}$$

Rechter Winkel mit ungleichen Schenkeln

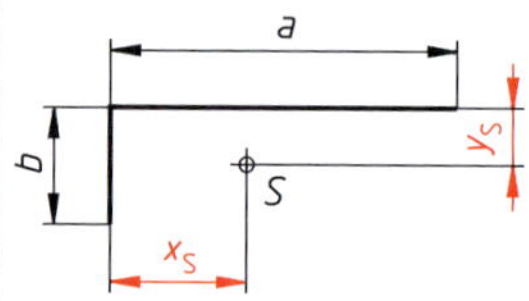

$$x_S = \frac{a^2}{2 \cdot (a+b)}$$

$$y_S = \frac{b^2}{2 \cdot (a+b)}$$

Viertelkreisbogen

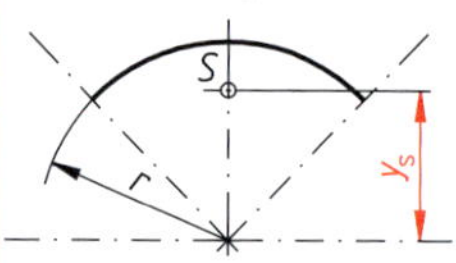

$$y_S = 0{,}9 \cdot r$$

Rechter Winkel mit gleichen Schenkeln

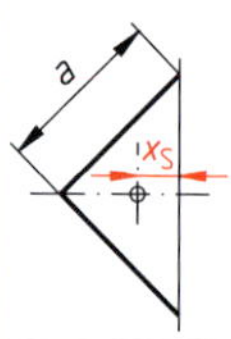

$$x_S = \frac{0{,}707 \cdot a}{2}$$

Halbkreisbogen

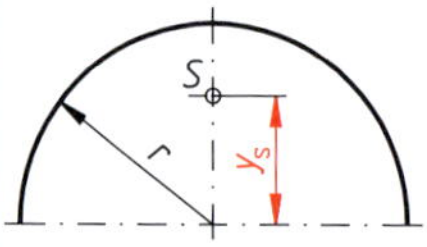

$$y_S = 0{,}637 \cdot r$$

Winkel mit ungleichen Schenkeln

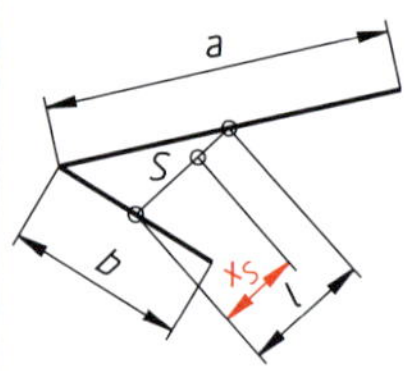

$$x_S = \frac{a \cdot l}{a+b}$$

Beliebiger Kreisbogen

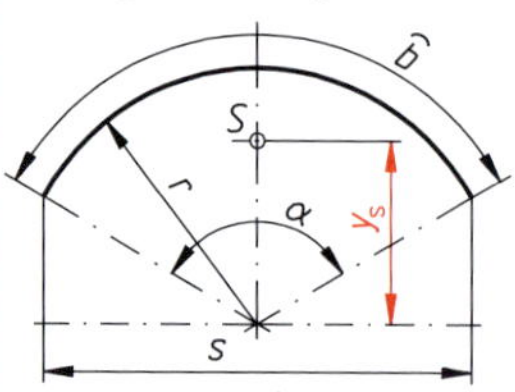

$$y_S = r \cdot \frac{s}{\widehat{b}}$$

$$y_S = \frac{57{,}3° \cdot s}{\alpha}$$

Dreieck

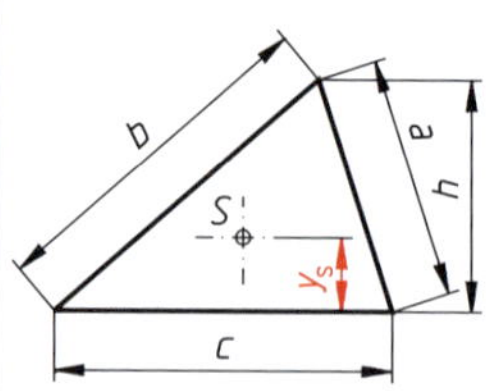

$$y_S = \frac{h}{2} \cdot \frac{a+b}{a+b+c}$$

Trennen durch Zerteilen

Streifeneinteilung beim Scherschneiden

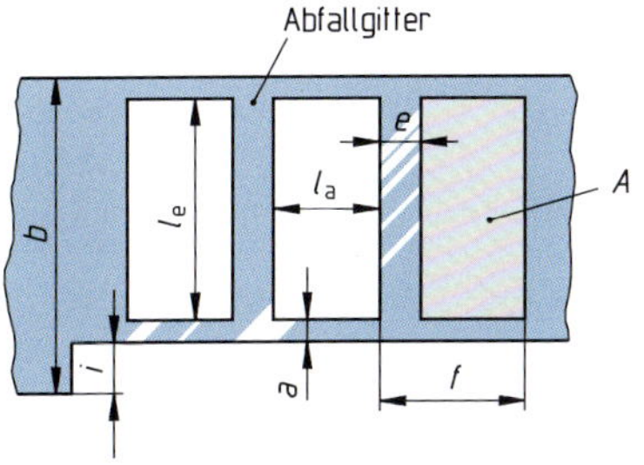

Streifenbreite *b*

$b = l_e + 2 \cdot a + i$

Streifenvorschub *f*

$f = l_a + e$

Werkstoff-Ausnutzungsgrad η[1)]

für Streifen (kurz)

$$\eta = \frac{Z_1 \cdot A}{L \cdot b} \cdot 100\,\%$$

für Band (endlos)

$$\eta = \frac{Z_2 \cdot A}{f \cdot b} \cdot 100\,\%$$

1) Bohrungen, Durchbrüche innerhalb des Ausschnitts *A* dürfen nicht eingerechnet werden.

A	in mm²	Fläche des Ausschnitts
a	in mm	Randbreite
b	in mm	Streifenbreite
e	in mm	Stegbreite
f	in mm	Vorschub
i	in mm	Seitenschneiderbreite
L	in mm	Streifenlänge
l_a	in mm	Randlänge
l_e	in mm	Steglänge
Z_1		Anzahl der Ausschnitte je Streifen
Z_2		Anzahl der Ausschnitte je Vorschub

Steg-, Rand-, Seitenschneiderbreite für Metallbearbeitung

Werte bei spröden oder weichen Werkstoffen um 50% vergrößern

Streifenbreite *b* in mm	Steglänge l_e, Randlänge l_a größeres Maß in mm	Stegbreite *e*, Randbreite *a* in mm	Werkstückdicke *s* in mm 0,1	0,3	0,5	0,75	1	1,25	1,5	1,75	2	2,5	3
≤ 100	≤ 10 oder **runde Teile**	*e* *a*	0,8 1,0	0,8 0,9	0,8 0,9	0,9	1,0	1,2	1,3	1,5	1,6	1,9	2,1
	> 10…50	*e* *a*	1,6 1,9	1,2 1,5	0,9 1,0	1,0	1,1	1,4	1,4	1,6	1,7	2,0	2,3
	> 50…100	*e* *a*	1,8 2,2	1,4 1,7	1,0 1,2	1,2	1,3	1,6	1,6	1,8	1,9	2,2	2,5
	> 100	*e* *a*	2,0 2,4	1,6 1,9	1,2 1,5	1,4	1,5	1,8	1,8	2,0	2,1	2,4	2,7
	Seitenschneiderbreite *i*		1,5	1,5	1,5	1,5	1,5	1,8	2,2	2,5	3,0	3,5	4,5
> 100…200	≤ 10 oder **runde Teile**	*e* *a*	0,9 1,2	1,0 1,1	1,0 1,1	1,0	1,1	1,3	1,4	1,6	1,7	2,0	2,3
	> 10…50	*e* *a*	1,8 2,2	1,4 1,7	1,0 1,2	1,2	1,3	1,6	1,6	1,8	1,9	2,2	2,5
	> 50…100	*e* *a*	2,0 2,4	1,6 1,9	1,2 1,5	1,4	1,5	1,8	1,8	2,0	2,1	2,4	2,7
	> 100	*e* *a*	2,2 2,7	1,8 2,2	1,4 1,7	1,6	1,7	2,0	2,0	2,2	2,3	2,6	2,9
	Seitenschneiderbreite *i*		1,5	1,5	1,5	1,5	1,8	2,0	2,5	3,0	3,5	4,0	5,0

Schnittflächenwelligkeit *W* beim Knabberschneiden

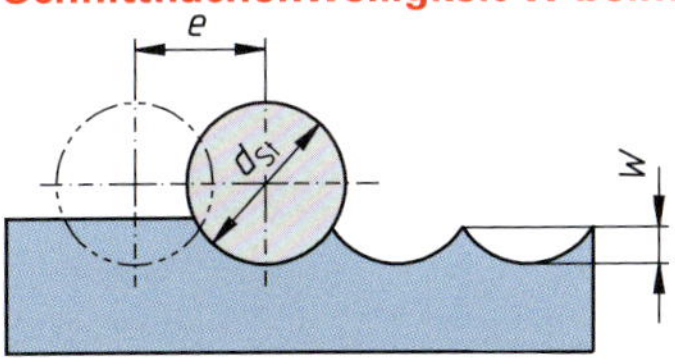

$$W = \frac{d_{St}}{2} \cdot \left(1 - \sqrt{1 - \frac{e^2}{d_{St}^2}}\right)$$

gültig für $e < d_{St}$

d_{St}	in mm	Schneidstempeldurchmesser
e	in mm	Vorschubschritt
W	in mm	Welligkeit

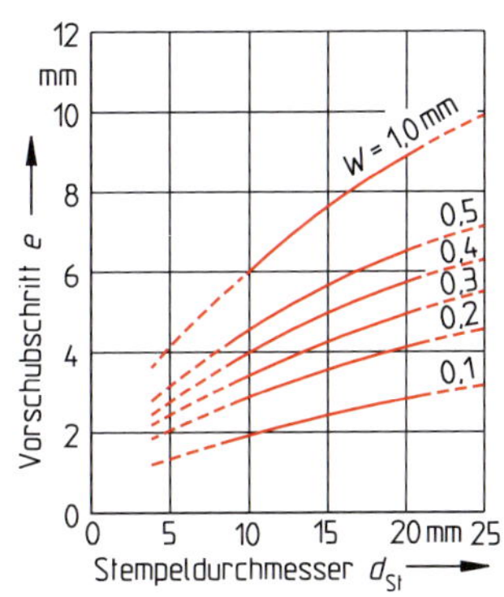

Trennen: Umdrehungsfrequenzstufung

Umdrehungsfrequenzstufungen (Drehzahlstufungen) an Werkzeugmaschinen

Umdrehungsfrequenzbereich

$$B = \frac{n_{max}}{n_{min}}; \qquad B = \frac{n_z}{n_1}$$

n_1	in $\frac{1}{min}$	erste Umdrehungsfrequenz $= n_{min}$
n_z	in $\frac{1}{min}$	letzte Umdrehungsfrequenz $= n_{max}$

Arithmetische Stufung

Zu jeder Umdrehungsfrequenz wird ein konstanter Wert *a* (Stufenschritt) hinzugezählt, um die nächsthöhere Umdrehungsfrequenz zu erhalten.

n_1

$n_2 = n_1 + a$

$n_3 = n_2 + a \qquad = n_1 + 2a$

$n_4 = n_3 + a \qquad = n_1 + 3a$

$\vdots$

$n_x = n_{x-1} + a = n_1 + (x-1) \cdot a$

$$a = \frac{n_x - n_1}{x - 1}$$

$n_1, n_2, n_3 \ldots$	in $\frac{1}{min}$	Umdrehungsfrequenzreihe
n_z	in $\frac{1}{min}$	letzte Umdrehungsfrequenz der Reihe $= n_{max}$
n_x	in $\frac{1}{min}$	beliebige Umdrehungsfrequenz innerhalb der Umdrehungsfrequenzreihe, x = Umdrehungsfrequenzstufe in der Umdrehungsfrequenzreihe
a	in $\frac{1}{min}$	Stufenschritt

Die Stufung muss sich nicht nur auf Umdrehungsfrequenzen beziehen. Entsprechend können *n* und *a* auch andere Einheiten haben.

Geometrische Stufung

Durch Multiplikation einer Umdrehungsfrequenz mit dem Stufensprung *q* wird die nächsthöhere Umdrehungsfrequenz berechnet.

n_1

$n_2 = n_1 \cdot q$

$n_3 = n_2 \cdot q \qquad = n_1 \cdot q^2$

$n_4 = n_3 \cdot q \qquad = n_1 \cdot q^3$

$\vdots$

$n_x = n_{x-1} \cdot q = n_1 \cdot q^{x-1}$

$$q = \sqrt[x-1]{\frac{n_x}{n_1}} = \sqrt[z-1]{\frac{n_z}{n_1}}$$

$n_1, n_2, n_3 \ldots$	in $\frac{1}{min}$	Umdrehungsfrequenzreihe (Drehzahlreihe)
z		Anzahl der Umdrehungsfrequenzen der Maschine
q		Stufensprung, genormte Reihe: 1,12; 1,25; 1,4; 1,6; 2
n_x	in $\frac{1}{min}$	beliebige Umdrehungsfrequenz innerhalb der Umdrehungsfrequenzreihe
n_z	in $\frac{1}{min}$	letzte Umdrehungsfrequenz der Reihe

Die geometrische Stufung soll auch auf andere Größen angewendet werden (z. B. Wellendurchmesser).

Umdrehungsfrequenzen unter Last bei verschiedenen Stufensprüngen **DIN 804 : 1977-03**

Grundreihe R 20 $q = 1{,}12$	Abgeleitete Reihen R 20/2 $q = 1{,}25$	R 20/3 $q = 1{,}4$			R 20/4 $q = 1{,}6$ (…1400…)	R 20/4 $q = 1{,}6$ (…2800…)	R 20/6 $q = 2$ (…2800…)		
100				1000					
112	112	11,2				112	11,2		
125			125						
140	140			1400	140				1400
160		16							
180	180		180			180		180	
200				2000					
224	224	22,4			224		22,4		
250			250						
280	280			2800		280			2800
315		31,5							
355	355		355		355			355	
400				4000					
450	450	45				450	45		
500			500						
560	560			5600	560				5600
630		63							
710	710		710			710		710	
800				8000					
900	900	90			900		90		

Aus der Hauptreihe R 20 bildet man Nebenreihen durch die Wahl jedes zweiten (R 20/2), dritten (R 20/3) usw. Gliedes.

Die zu wählende Reihe wird zum einen bestimmt durch die Feinheit der Abstufung. Zum anderen wird sie bestimmt durch die Lastumdrehungsfrequenz des E-Motors von 1400 bzw. 2800 min^{-1}, die in der Reihe enthalten sein muss mit dem Faktor oder Teiler 1, 10, 100, 1000.

Für die Berechnung von Getriebeumdrehungsfrequenzen ist eine mechanische Abweichung von −2 % … + 3 % und eine elektrische Abweichung von 0… + 3 % von den Normzahlen zulässig.

Trennen: Umdrehungsfrequenzstufung (Drehzahlstufung)

Zusammenhang zwischen Umdrehungsfrequenz (Drehzahl), Durchmesser und Schnittgeschwindigkeit

Die Beziehung $v_c = \pi \cdot d \cdot n$ kann grafisch dargestellt werden.

Beispiel: $d = 20$ mm, $v_c = 35$ m/min. Am Treffpunkt der beiden Pfeile lässt sich die zugehörige Umdrehungsfrequenz $n = 560\ ^1/_{min}$ ablesen (Zwischenwerte werden geschätzt).

Das Drehzahldiagramm wurde aus gängigen Herstellerangaben ermittelt und ist nicht genormt.

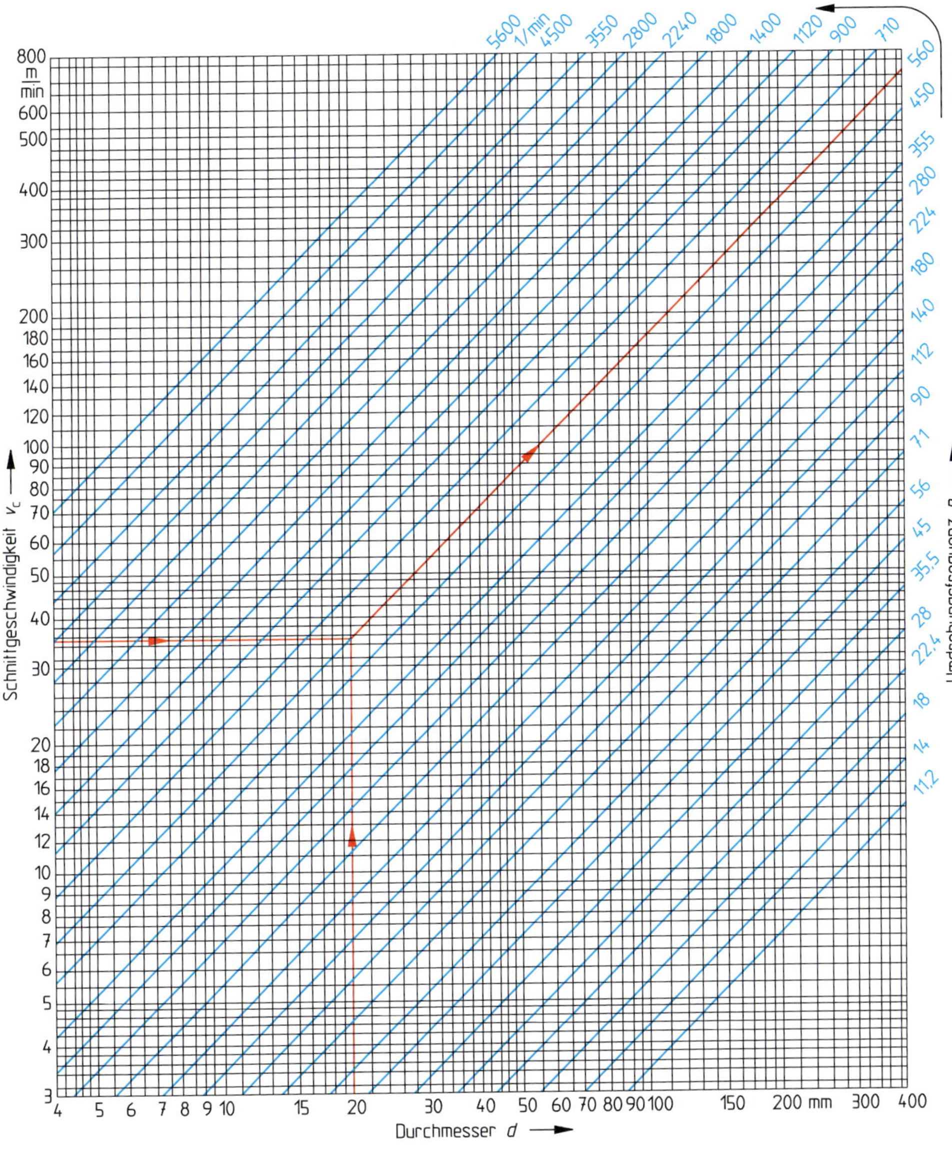

G Theoretische Grundlagen
K Technische Kommunikation
W Werkstoff-technik
M Maschinen-elemente
F Fertigungs-technik
S Steuerungs-/Regelungstk.
A Anhang

Trennen: Betriebsmittelhauptnutzungszeit

Betriebsmittelhauptnutzungszeit beim Bohren, Reiben, Senken, Gewindebohren

bei stufenloser Umdrehungsfrequenzeinstellung

$$t_h = \frac{d \cdot \pi \cdot L \cdot i}{v_c \cdot f}$$

d	in mm	Bohrerdurchmesser und Bohrungsdurchmesser, Reibahlendurchmesser
f	in mm	Vorschub je Umdrehung
i		Anzahl der Bohrungen
$\varkappa_r$	in °	Einstellwinkel der Reibahle
L	in mm	Vorschubweg
l_a	in mm	Anlaufweg
l_s	in mm	Spitzenlänge
$l_ü$	in mm	Überlaufweg

bei festen Umdrehungsfrequenzstufen

$$t_h = \frac{L \cdot i}{n \cdot f} \qquad t_h = \frac{L \cdot i}{v_f}$$

l_w	in mm	Bohrungstiefe
n	in $\frac{1}{\text{min}}$	Umdrehungsfrequenz des Bohrers
P	in mm	Steigung des Gewindebohrers
σ	in °	Spitzenwinkel des Bohrers
t_h	in min	Betriebsmittelhauptnutzungszeit
v_c	in $\frac{\text{m}}{\text{min}}$	Schnittgeschwindigkeit
v_f	in $\frac{\text{m}}{\text{min}}$	Vorschubgeschwindigkeit

$$v_f = f \cdot n$$

Bearbeitungsweg

Bohren	Gewindebohren	Senken	Reiben
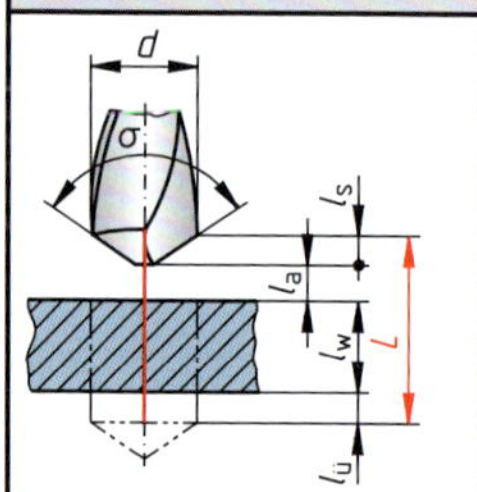	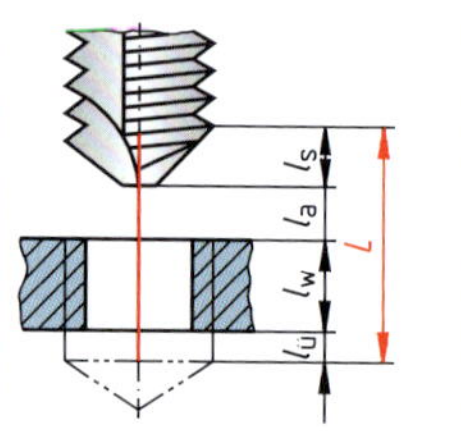	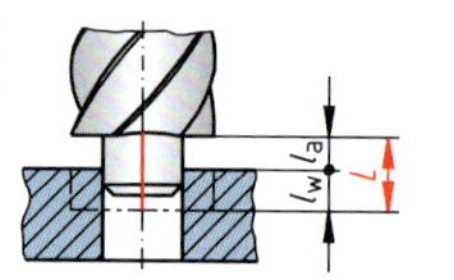	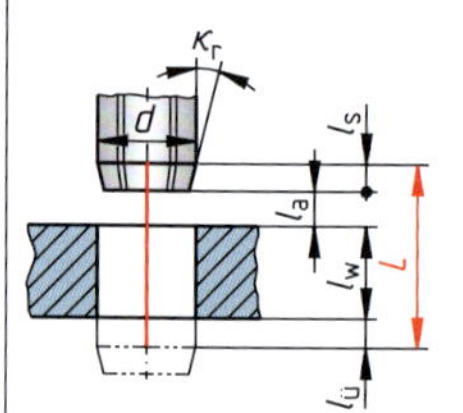
$L = l_w + l_s + l_a + l_ü$ [1]	$L = l_w + l_s + l_a + l_ü$ [1]	$L = l_w + l_a$ [1]	$L = l_w + l_s + l_a + l_ü$ [1]

Bohren					Gewindebohren
σ[1]	80°	118°	130°	140°	$l_s = (2 \ldots 3) \cdot P$
l_s	$0{,}6 \cdot d$	$0{,}3 \cdot d$	$0{,}2 \cdot d$	$0{,}18 \cdot d$	gültig für eingängiges Gewinde

[1] Spitzenwinkel siehe F 38

Reiben:
Maschinenreibahlen: $\varkappa_r = 45°$
Schälreibahlen: $\varkappa_r = 1° \ldots 2°$
Handreibahlen: $\varkappa_r = 20' \ldots 30'$
Alle Werte sind auch für Aufsteckreibahlen gültig.

Betriebsmittelhauptnutzungszeit beim Abtragen

Funkenerosives Schneiden

$$t_h = \frac{L \cdot i}{v_f}$$

Funkenerosives Senken

$$t_h = \frac{V}{\dot{V}_w} \qquad V = A \cdot l_w$$

A	in mm	Querschnittsfläche des Abtragungsvolumens
i		Anzahl der Schnitte
L	in mm	Vorschubweg
l_a	in mm	Anlaufweg
$l_ü$	in mm	Überlaufweg
l_w	in mm	Schnittweg
t_h	in min	Betriebsmittelhauptnutzungszeit
V	in mm³	abzutragendes Volumen
v_f	in $\frac{\text{mm}}{\text{min}}$	Vorschubgeschwindigkeit
$\dot{V}_w$	in $\frac{\text{mm}^3}{\text{min}}$	Abtragrate

Funkenerosives Schneiden	Funkenerosives Senken
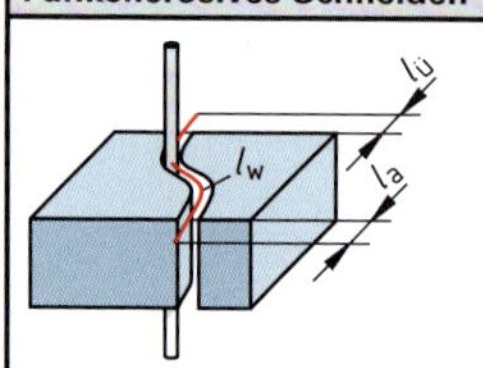	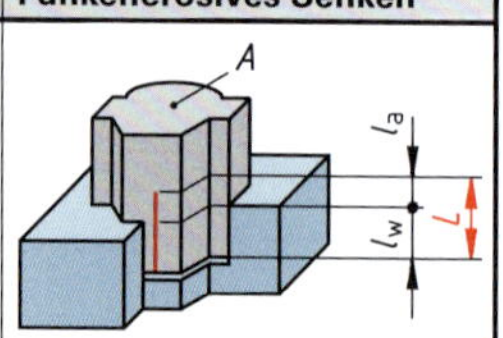
$L = l_w$[1] $+ l_a + l_ü$	$L = l_w + l_a$

[1] gestreckte Länge einsetzen (Schnittlänge) ohne weitere Angabe $l_a = l_ü = 0{,}5 \ldots 1$ mm

Trennen: Betriebsmittelhauptnutzungszeit

Betriebsmittelhauptnutzungszeit beim Drehen

bei stufenloser Umdrehungsfrequenzeinstellung

für Längsrunddrehen (Faustformel)

$$t_h = \frac{d \cdot \pi \cdot L \cdot i}{f \cdot v_c}$$

für Querplandrehen (Faustformel)

$$t_h = \frac{(d_a + d_i) \cdot \pi \cdot L \cdot i}{2 \cdot v_c \cdot f}$$

bei fester Umdrehungsfrequenzeinstellung

$$t_h = \frac{L \cdot i}{f \cdot n}$$

$$t_h = \frac{L \cdot i}{v_f}$$

a_p	in mm	Schnitttiefe
d	in mm	größter Drehdurchmesser
d_a	in mm	Außendurchmesser des Werkstückes
d_i	in mm	Innendurchmesser des Werkstückes
d_m	in mm	mittlerer Durchmesser
f	in mm	Werkzeugvorschub pro Werkstückumdrehung
i	–	Anzahl der Schnitte (Zustellung a_p)
L	in mm	Bearbeitungsweg
l_a	in mm	Anlaufweg
$l_ü$	in mm	Überlaufweg
l_w	in mm	Drehlänge
n	in $\frac{1}{min}$	Umdrehungsfrequenz, bezogen auf den größten Drehdurchmesser
t_h	in min	Betriebsmittelhauptnutzungszeit
v_c	in $\frac{m}{min}$	Schnittgeschwindigkeit, bezogen auf den größten Drehdurchmesser
v_f	in $\frac{mm}{min}$	Vorschubgeschwindigkeit $v_f = f \cdot n$

Bearbeitungsweg

Quer-Plandrehen: Vollzylinder ohne Zapfen	Quer-Plandrehen: Vollzylinder mit Zapfen	Quer-Plandrehen: Hohlzylinder	Längs-Runddrehen ohne Zapfen	Längs-Runddrehen mit Zapfen
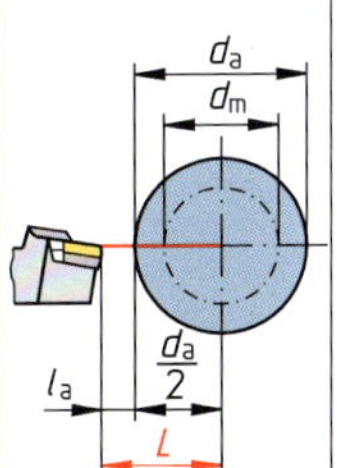	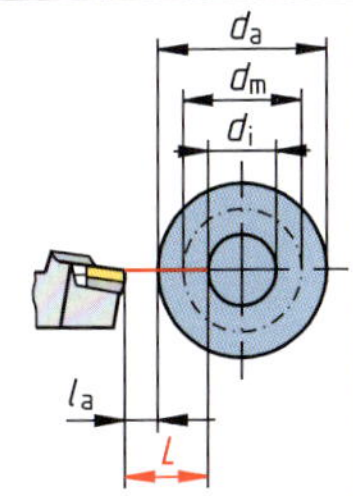	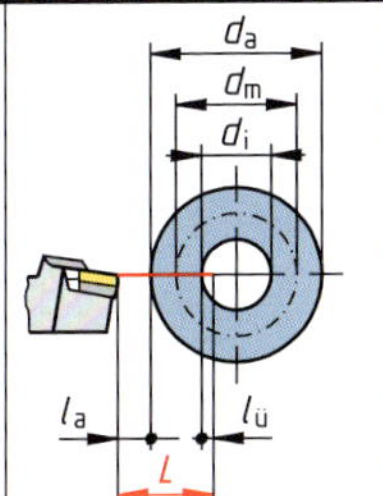	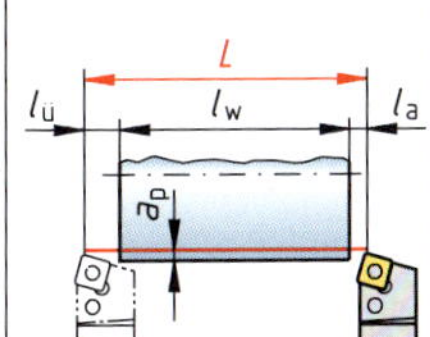	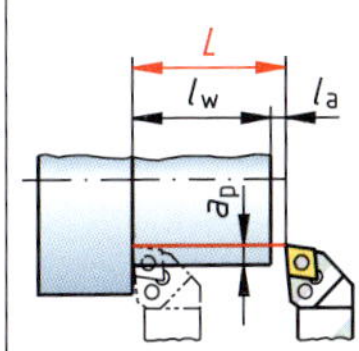
$L = \frac{d_a}{2} + l_a$ [1]	$L = \frac{d_a - d_i}{2} + l_a$ [1]	$L = \frac{d_a - d_i}{2} + l_a + l_ü$ [1]f	$L = l_w + l_a + l_ü$	$L = l_w + l_a$
$n = \frac{v_c}{\pi \cdot d_m}$ $d_m = \frac{d_a}{2}$	$n = \frac{v_c}{\pi \cdot d_m}$ $d_m = \frac{d_a + d_i}{2}$		$n = \frac{v_c}{\pi \cdot d}$	

[1] Beim Quer-Plandrehen von innen nach außen vertauschen sich l_a und $l_ü$

Ohne weitere Angabe $l_a = l_ü = 2$ mm annehmen.

Betriebsmittelhauptnutzungszeit beim Gewindedrehen

$$t_h = \frac{L \cdot i \cdot g}{P \cdot n}$$

$$t_h = \frac{L \cdot i \cdot g \cdot d \cdot \pi}{P \cdot v_c}$$

$$f = P$$

$$L = l_g + l_a + l_ü$$

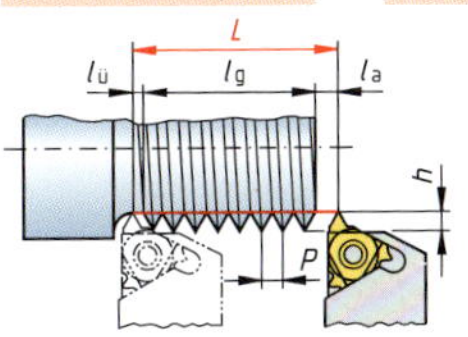

d	in mm	Gewindenenndurchmesser
f	in mm	Vorschub
g	–	Gangzahl
h	in mm	Gewindetiefe
l_g	in mm	Gewindelänge
P	in mm	Gewindesteigung
v_c	in $\frac{m}{min}$	Schnittgeschwindigkeit, siehe F 49 f.

Schnittaufteilung, siehe F 57

$l_a \geq P$

$l_ü$ abhängig von P und Umdrehungsfrequenz n

Trennen: Betriebsmittelhauptnutzungszeit

Betriebsmittelhauptnutzungszeit beim Fräsen

$$t_h = \frac{L \cdot i}{v_f}$$

Vorschub beim Fräsen

$$f = f_z \cdot z$$
$$v_f = f \cdot n$$

a_e	in mm	Arbeitseingriff
a_p	in mm	Schnitttiefe
d	in mm	Fräserdurchmesser
f	in mm	Werkzeugvorschub pro Umdrehung
f_z	in mm	Vorschub je Schneide/Fräserzahn
i	–	Anzahl der Schnitte (Frästiefe)
L	in mm	Vorschubweg
l_a	in mm	Anlaufweg
l_f	in mm	Fräserzugabe siehe F 29
$l_ü$	in mm	Überlaufweg
l_w	in mm	Werkstücklänge
n	in $\frac{1}{min}$	Umdrehungsfrequenz des Fräsers
t	in mm	Frästiefe
t_h	in min	Betriebsmittelhauptnutzungszeit
v_f	in $\frac{mm}{min}$	Vorschubgeschwindigkeit
x	in mm	Mittenversatz Werkstück-Fräser
z	–	Anzahl der Schneiden/Fräserzähne siehe F 29

Bearbeitungsweg

Umfangs-Planfräsen (Walzenfräser)

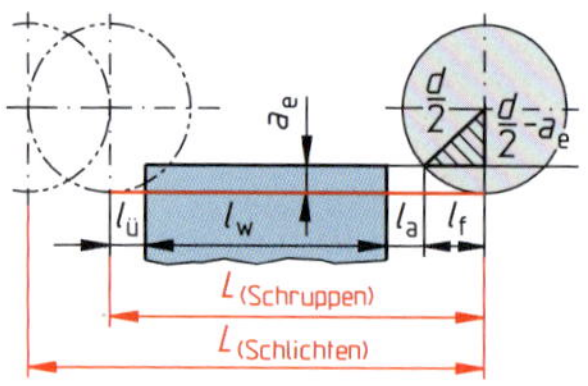

$L = l_w + l_a + l_ü + l_f$

l_f [1] $= \sqrt{a_e\,(d - a_e)}$

Stirn-Umfangs-Planfräsen (Scheiben-, Walzenstirnfräser)

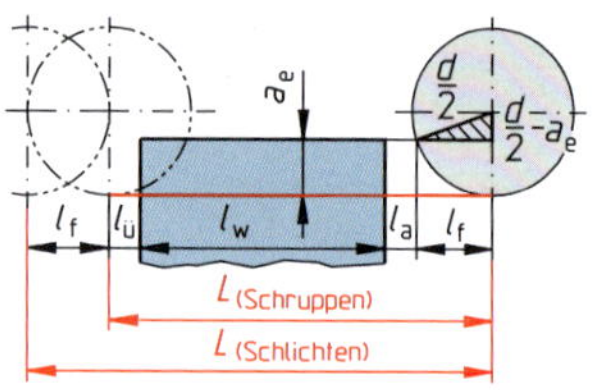

Schruppen	$L = l_w + l_a + l_ü + l_f$	
Schlichten	$L = l_w + l_a + l_ü + 2 \cdot l_f$	$L \approx l_w + 3\text{ mm} + d$

l_f [1] $= \sqrt{a_e\,(d - a_e)}$

Stirn-Planfräsen – außermittig (Walzenstirnfräser)

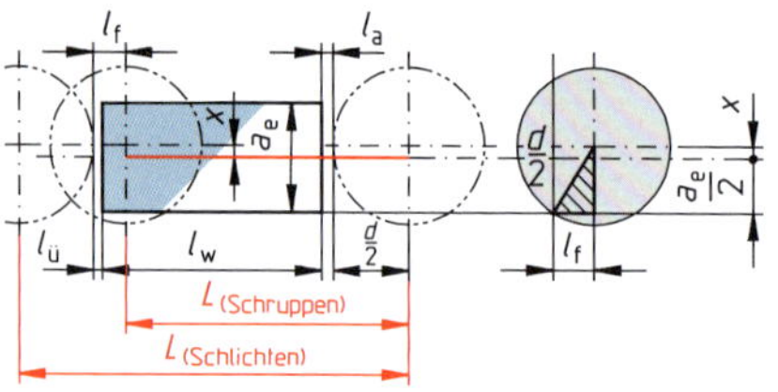

Schruppen	$L = l_w + l_a + l_ü + \frac{d}{2} - l_f$		
Schlichten	$L = l_w + l_a + l_ü + d$		
außermittig	l_f [1] $= \sqrt{\frac{d^2}{4} - \left(\frac{a_e}{2} + x\right)^2}$	mittig	l_f [1] $= \frac{1}{2}\sqrt{d^2 - a_e^2}$

Nutenfräsen (Nutenfräser)

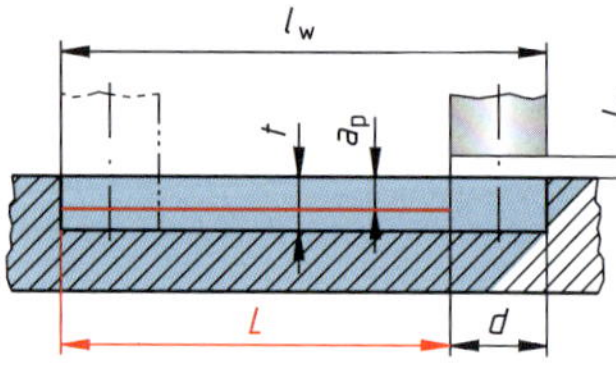

geschlossene Nut	$L = l_w - d$
einseitig offene Nut	$L = l_w - \frac{d}{2} + l_ü$
Zahl der Zustellungen	$i = \frac{t + l_a}{a_p}$

Ohne weitere Angabe: $l_a = l_ü = 1{,}5$ mm annehmen.

[1] siehe auch F 29

Fräserzugabe l_f in mm beim Umfangs-Planfräsen, Stirn-Umfangs-Planfräsen

Arbeitseingriff a_e in mm	Fräserdurchmesser d in mm																		
	40	50	60	63	75	90	100	110	125	130	150	160	175	200	250	300	315	350	400
1	6,2	7,0	7,6	7,8	8,6	9,4	9,9	10,4	11,1	11,3	12,2	12,6	13,1	14,1	15,7	17,2	17,7	18,6	19,9
2	8,7	9,7	10,7	11,0	12,0	13,2	14	14	15	16	17	17	18	19	22	24	25	26	28
3	10	11	13	13	14	16	17	17	19	19	21	21	22	24	27	29	30	32	34
4	12	13	14	15	16	18	19	20	22	22	24	24	26	28	31	34	35	37	39
5	13	15	16	17	18	20	21	22	24	25	26	27	29	31	35	38	39	41	44
8	16	18	20	20	23	25	27	28	30	31	33	34	36	39	44	48	49	52	56
10	17	20	22	23	25	28	30	31	33	34	37	38	40	43	48	53	55	58	62
12	18	21	24	24	27	30	32	34	36	37	40	42	44	47	53	58	60	63	68
15	19	22	25	26	30	33	35	37	40	41	45	46	48	53	59	65	67	70	75
18	19	24	27	28	32	36	38	40	43	44	48	50	53	57	64	71	73	77	82
20	20	24	28	29	33	37	40	42	45	46	50	52	55	60	67	74	76	81	87
25		25	29	30	35	40	43	46	50	51	55	58	61	66	75	82	85	90	96
30			30	31	36	42	45	48	53	54	60	62	65	71	81	90	92	97	105
40					37	44	48	52	58	60	66	69	73	80	91	101	104	111	120

Fräserzugabe l_f in mm beim Stirn-Planfräsen

Arbeitseingriff a_e in mm	Fräserdurchmesser d in mm																		
	40	50	60	63	75	90	100	110	125	130	150	160	175	200	250	300	315	350	400
30	13,2	20	26,0	27,7	34,3	42,4	47,7	52,9	60,7	63,2	73,5	78,6	86,2	98,9	124,0	149	156	174	199
40	0	15	22,4	24,3	31,7	40,3	45,8	51,2	59,2	61,8	72,3	77,5	85,2	98,0	123,3	148	156	173	198
50	0	0	16,6	19,2	27,9	37,4	43,3	49,0	57,3	60,0	70,7	76,0	83,8	96,8	122,4	147	155	173	198
60	0	0	0	9,6	22,5	33,5	40,0	46,0	54,8	57,6	68,7	74,2	82,2	95,4	121,3	146	154	172	197
70	0	0	0	0	13,4	28,3	35,7	42,4	51,8	54,7	66,3	71,9	80,2	93,7	120,0	145	153	171	196
80	0	0	0	0	0	20,6	30,0	37,7	48,0	51,2	63,4	69,3	77,8	91,6	118,4	144	152	170	195
100	0	0	0	0	0	0	0	22,9	37,5	41,5	55,9	62,4	71,8	86,6	114,5	141	149	167	193
125	0	0	0	0	0	0	0	0	0	17,8	41,4	49,9	61,2	78,0	108,2	136	144	163	189
150	0	0	0	0	0	0	0	0	0	0	0	27,8	45,0	66,1	100,0	129	138	158	185
175	0	0	0	0	0	0	0	0	0	0	0	0	0	48,4	89,2	121	130	151	179
200	0	0	0	0	0	0	0	0	0	0	0	0	0	0	75,0	111	121	143	173
250	0	0	0	0	0	0	0	0	0	0	0	0	0	0	0	82	95	122	156
300	0	0	0	0	0	0	0	0	0	0	0	0	0	0	0	0	48	90	132
350	0	0	0	0	0	0	0	0	0	0	0	0	0	0	0	0	0	0	96

Anmerkung: $a_e \geq d$, dann wird $l_f = 0$

Mittlere Zähnezahl z von Fräswerkzeugen abhängig vom Durchmesser, Werkzeug-Anwendungsgruppe N

Werkzeug	Werkzeug aus Schnellarbeitsstahl HSS Fräserdurchmesser d in mm										Werkzeug aus Hartmetall HM Fräserdurchmesser d in mm									
	≤20	40	50	63	80	100	125	160	200	250	≤20	40	50	63	80	100	125	160	200	250
Scheibenfräser Standard	–	12	14	18	18	18	22	26	30/38	30/38	–	–	–	3	3	4	5	6	8	10
Scheibenfräser schmal	–	–	22	28	32	36	40	48	–	–	–	–	–	–	8	8	10	12	16	20
Schaftfräser	3/4	5/6	8	–	–	–	–	–	–	–	3/8	4 [1]	4 [1]	4 [1]	6 [1]	–	–	–	–	–
Walzenstirnfräser	–	6	6/8	8	8/10	10/12	12	–	–	–	–	–	4	6	6	8	–	–	–	–
Planfräskopf	–	–	–	–	(8) [3]	(8) [3]	(10) [3]	(10) [3]	(12) [3]	–	–	3	3	4	5	6	7/8	9/10	11/12	13/14
Eckfräskopf	–	–	–	–	–	–	–	–	–	–	–	3	4	4	5	6	8	10	12	14
T-Nutenfräser	10	12	14	–	–	–	–	–	–	–	2	2/4	3/4	–	–	–	–	–	–	–
Winkelstirnfräser	8	16	18	20	22	26	28	–	–	–	–	–	–	–	–	–	–	–	–	–
Profilfräser	–	–	20	22	24	28	32	–	–	–	–	–	–	–	–	–	–	–	–	–
Kugelkopffräser	–	–	–	–	–	–	–	–	–	–	1 [2]	2 [2]	2 [2]	4	4	6	–	–	–	–

[1] Igelfräser (=Schaftfräser), auch als Walzenstirnfräser einsetzbar
[2] Wirksame Zähnezahl für die Vorschubberechnung
[3] nicht mehr im Handel verfügbar, aber noch im Einsatz

Trennen: Betriebsmittelhauptnutzungszeit

Betriebsmittelhauptnutzungszeit beim Rundschleifen

a_e	in mm	Arbeitseingriff siehe F 60
a_p	in mm	Schnitttiefe siehe F 60
B	in mm	Schleifbreite
b_s	in mm	Schleifscheibenbreite
b_w	in mm	Werkstückbreite
d_0	in mm	Ausgangsdurchmesser Werkstück
d_1	in mm	Fertigdurchmesser Werkstück
f	in mm	Vorschub
f_{rad}	in mm	Radialvorschub der Scheibe pro Umdrehung des Werkstücks
i	–	Anzahl der Schliffe, Zustellungen
L	in mm	Bearbeitungsweg
l_a	in mm	Anlaufweg
$l_ü$	in mm	Überlaufweg
l_w	in mm	Werkstücklänge
n	in $\frac{1}{min}$	Hubzahl des Tisches
n_w	in $\frac{1}{min}$	Werkstückumdrehungsfrequenz
t	in mm	Schleifaufmaß
t_h	in min	Betriebsmittelhauptnutzungszeit
v_f	in $\frac{mm}{min}$	Vorschubgeschwindigkeit $v_f = n \cdot f$ bzw. $v_f = n_W \cdot f$
v_{frad}	in $\frac{mm}{min}$	Radialvorschubgeschwindigkeit
v_w	in $\frac{m}{min}$	Werkstückgeschwindigkeit

Längs-Umfangs-Außenrundschleifen

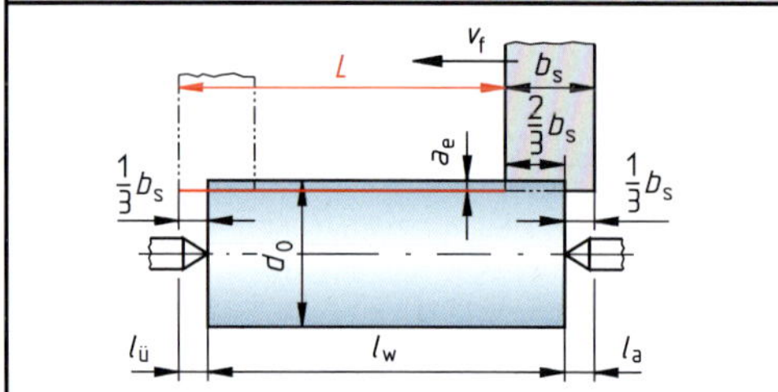

ohne Ansatz $L = l_w - \frac{b_s}{3}$ | mit Ansatz $L = l_w - \frac{2b_s}{3}$

$i = \frac{d_0 - d_1}{2a_p} + 8$ — Nach den Einzelzustellungen a_p wird das Werkstück zum Ausfeuern ohne Zustellung 8-mal überfahren. Beim Innenrundschleifen ist $d_1 - d_0$ einzusetzen.

$t_h = \frac{d_0 \cdot \pi \cdot L \cdot i}{v_w \cdot f}$ $\quad t_h = \frac{L \cdot i}{n_w \cdot f}$ $\quad t_h = \frac{L \cdot i}{v_f}$

Quer-Umfangs-Außenrundschleifen (Einstechschleifen)

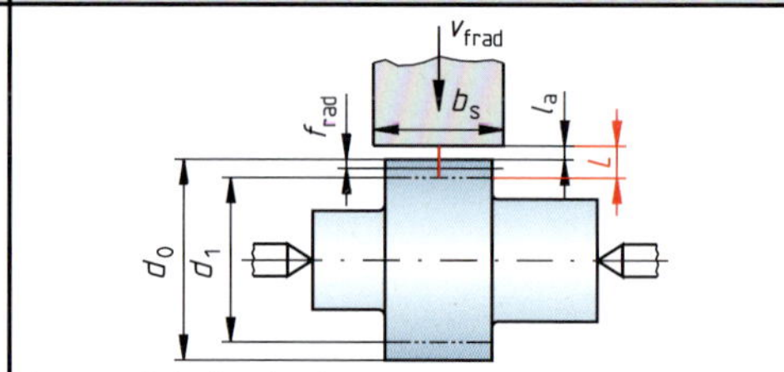

Ansatz < Scheibenbreite

$L = \frac{d_0 - d_1}{2} + l_a$ [1)]

$i = \frac{l_w + l'_a + l'_ü}{b_s}$ — $l'_a \approx l'_ü \approx 0{,}2 \cdot b_s$ annehmen

$t_h = \frac{L \cdot i}{n_w \cdot f_{rad}}$ $\quad t_h = \frac{L \cdot i}{v_f}$

Längs-Seiten-Planschleifen (Stirnschleifen)

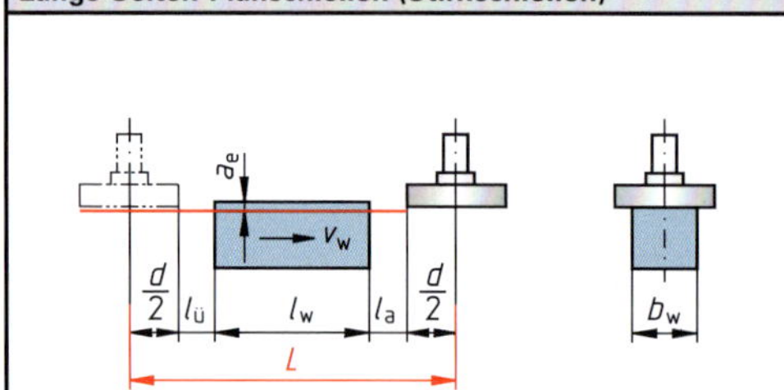

$L = l_w + d + l_a + l_ü$ [2)]

$i = \frac{t}{a_p}$ — Ist die Schleifbreite B größer als der Scheibendurchmesser, muss mit der Zahl der Schliffe i vervielfacht werden. Ebenso, wenn das Schleifaufmaß t größer als die Schnitttiefe a_p ist.

$t_h = \frac{L \cdot i}{v_w}$ $\quad v_w = L \cdot n$

Längs-Umfangs-Planschleifen

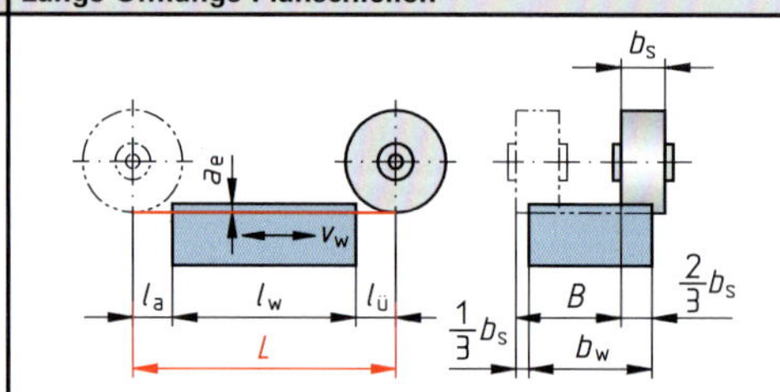

$L = l_w + l_a + l_ü$ [3)] | ohne Ansatz $B = b_w - \frac{1}{3}b_s$ | mit Ansatz $B = b_w - \frac{2}{3}b_s$

$i = \frac{t}{a_e}$ — Anzahl der Schliffe = Anzahl der Zustellungen a_e bis zum Fertigmaß

$t_h = \frac{L \cdot B \cdot i}{v_w \cdot f}$ $\quad t_h = \frac{B \cdot i}{n \cdot f}$ $\quad v_w = L \cdot n$

[1)] ohne weitere Angabe: $l_a = 0{,}1 \ldots 0{,}3$ mm
[2)] ohne weitere Angabe: $l_a = l_ü = 2 \ldots 3$ mm
[3)] ohne weitere Angabe: $l_a = l_ü = 10$ mm

Trennen durch Spanen

Winkel am Werkzeug

DIN 6580 : 1985-10, DIN 6581 : 1985-10

Die Werkzeugwinkel werden in Ebenen gemessen, die aufeinander senkrecht stehen: Bezugsebene senkrecht zur angenommenen Schnittrichtung, Schneidenebene entlang der Schneide, Orthogonalebene durch einen Punkt der Schneide.
Die Arbeitsebene ist festgelegt durch die Schnitt- und Vorschubrichtung. Sie schließt mit der Schneidenebene den Einstellwinkel $\varkappa_r$ ein.

Ebene			Winkel, Werkzeug-Bezugssystem
① Bezugsebene (Referenzebene)	P_r	ε_r $\varkappa_r$	Eckenwinkel Einstellwinkel
② Schneidenebene	P_s	λ_s	Neigungswinkel
③ Orthogonalebene (Keilmessebene)	P_o	α_o β_o γ_o	Freiwinkel [1)] Keilwinkel [1)] Spanwinkel [1)] $\alpha_o + \beta_o + \gamma_o = 90°$
④ Arbeitsebene	P_f	α_f β_f γ_f	Seitenfreiwinkel Seitenkeilwinkel Seitenspanwinkel $\alpha_f + \beta_f + \gamma_f = 90°$

[1)] Index o bedeutet orthogonal; wenn o fehlt, ist der Orthogonalwinkel gemeint.

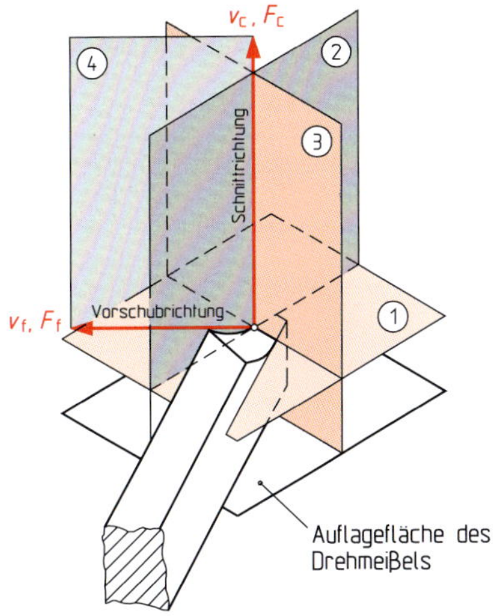

Werkzeug-Bezugssystem

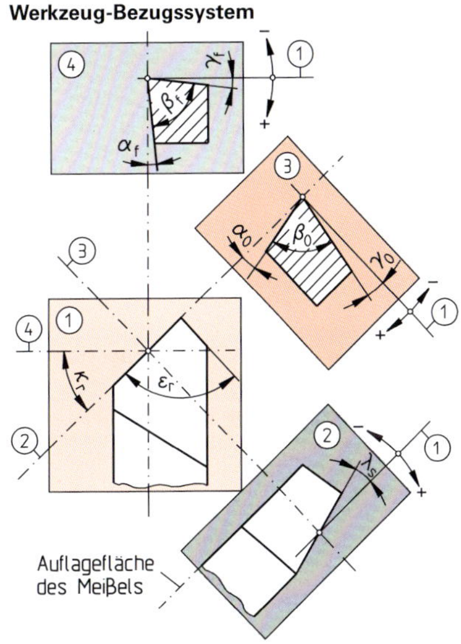

Winkel am Schneidkeil im Werkzeug-Bezugssystem

Richtwerte für Winkel am Werkzeug in °

		HSS α_o	HSS γ_o	HSS λ_s	HM α_o	HM γ_o	HM λ_s
Drehen	Baustahl						
	R_m < 500 N/mm²	8	14	+4… −4	6…8	12…18	0…−4
	R_m = 500…900 N/mm²	6	12	+4… −4	6…8		
	Vergütungsstahl					12	0…−4
	R_m = 800…1000 N/mm²	8	10	0…-4	6…8	8…12	−4…−8
	R_m > 1000 N/mm²	8	6	0…-4	6…8	6	0…−8
	Automatenstahl	8	≤20	0…-4	8…10	0…8	+8…0
	Gusseisen	8	10	0	6…8	6…12	0…−4
	Al-Legierung <10% Si	10	25…35	+4…0	8…10	12…20	0…−4
	>10% Si	10	18…25	0…-4	8…10	6…12	0…−4
	Cu, Cu-Legierung	10	18…30	+4	8…10	8…12	0…−4
	Mg, Mg-Legierung		20…25	0…-4	10	15…25	0
	Ti-Legierung	10			8	12…16	0
	Duroplaste	5…10	0	+4	5…10	0	0…−4
	Thermoplaste	5…10	0…5	+4	10	0	+4…0
Fräsen	Walzenstirnfräser				Die Winkel sind die Summe aus den Winkeln der Plattenform und den Winkeln der Plattenaufnahmefläche im Werkzeugträger; häufige Werte: $\alpha_o = 11…15°$, $\gamma_o = 10°$, λ_s = keine Angabe		
	Bau-, Vergütungsstahl	6	12	40			
	Gusseisen	6	12	40			
	Al, Al-Legierung	8	25	50			
	Cu, Cu-Legierung	6	15	45			
	Duroplaste	≤15	15…25				
	Thermoplaste	2…10	1…10				
	Scheiben-, Schaftfräser				Abhängigkeit von Plattenform und Plattenaufnahmeflächen; häufige Werte: Scheibenfräser: $\alpha_o = 11°$, $\gamma_o = 0°$, $\lambda_s = 3…5°$ Schaftfräser: $\alpha_o = 11°$, $\gamma_o = -14…0°$; $\lambda_s = -5…5°$		
	Stahl, Gusseisen	6	12	15			
	Al, Al-Legierung <10% Si	8	25	30			
	>10% Si	10	25	40			
	Cu, Cu-Legierung	6	15	20			
	Fräskopf						
	Stahl, Gusseisen	7	12	15	8…12	5…10	−8
	Al, Al-Legierung				8…12	12…20	+4… −4

Drehen mit Oxidkeramik:
$\alpha_o = 5°$, $\gamma_o = 0… +6°$, $\lambda_s = -4°$

Fräsen: bei Walzenfräser ist der Neigungswinkel = Drallwinkel, bei Linksdrall ist λ_s negativ. Bei Scheibenfräsern $\lambda_s \leq 45°$, Fräskopf $\lambda_s = 7°…9°$.

Bohren: siehe F42.

Trennen: Werkzeuge

Standbegriffe für Zerspanwerkzeuge

DIN 6583 : 1981-09

Standvermögen: Fähigkeit von Werkzeug und Werkstück, einen Zerspanvorgang durchzustehen. Das Standvermögen wird beschrieben durch die drei Angaben: Eine Standbedingung, ein Standkriterium und eine Standgröße.

Bewertungsgrößen für das Standvermögen: (Auswahl)

Beispiele	Standbedingung	Standkriterium	Standgröße
	a_p Schnitttiefe/-breite v_c Schnittgeschwindigkeit	F_c Schnittkraft VB Verschleißmarkenbreite	L_f Standweg in Vorschubr. N Standmenge, Stückzahl T Standzeit
$T_{v150\,VB0,3}$ = 30 min	v_c = 150 m/min	VB = 0,3 mm	T = 30 min
$v_{c\,T15\,VB0,3}$ = 250 m/min	v_c = 250 m/min	VB = 0,3 mm	T = 15 min
$N_{a3\,F3000}$ = 400 Stück	a_p = 3 mm	F_c = 3000 N	N = 400 Stück
$VB_{V30\,L1500}$ = 0,15 mm	v_c = 30 m/min	VB = 0,15 mm	L_f = 1500 mm
$a_{p\,N800\,F3000}$ = 1,5 mm	a_p = 1,5 mm	F_c = 3000 N	N = 800 Stück

Standzeitgeraden (Beispiel)

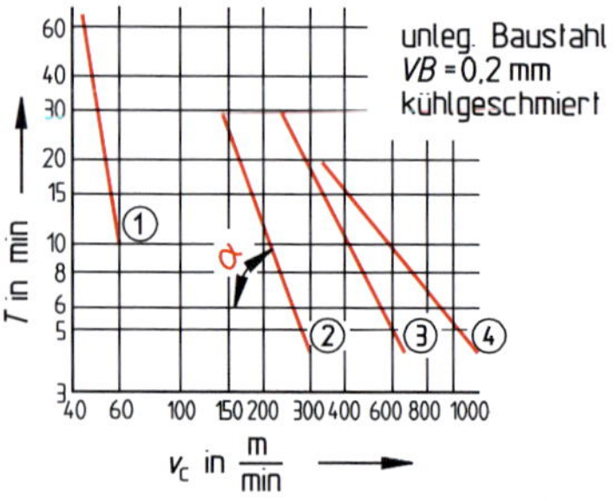

Grobe Richtwerte für Steigungswinkel α der Standzeitgeraden

Werkstoff		Schneidstoff	α in °
Stahl, Stahlguss	1	HSS	71,5 ... 76,0
	3	Hartmetall, beschichtet	68,2 ... 78,7
	4	Schneidkeramik	78,7 ... 83,7
Gusseisen	2	Hartmetall, unbeschichtet	73,8 ... 74,1
Al, Al-Legierung		Hartmetall, unbeschichtet	71,5 ... 74,1
Cu, Cu-Zn-Legierung		Hartmetall, unbeschichtet	68,0 ... 68,3

Drehmeißel mit HSS-Schneide bzw. gelöteter Hartmetallschneide

auszugsweise nach DIN 4982 : 1980-10[2]

Benennung	Gerader Drehmeißel	Gebogener Drehmeißel	Abgesetzter Eckdrehmeißel	Breiter Drehmeißel	Abgesetzter Stirndrehmeißel	Abgesetzter Seitendrehmeißel	Stechdrehmeißel	Innendrehmeißel	Inneneckdrehmeißel
Kennzahl nach ISO	1	2	3	4	5	6	7	8	9
Anwendungsbeispiel	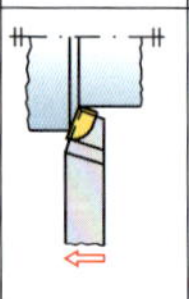	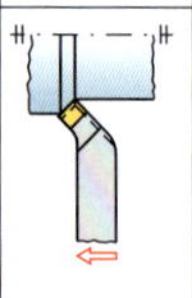	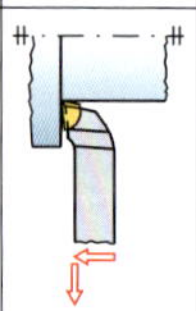	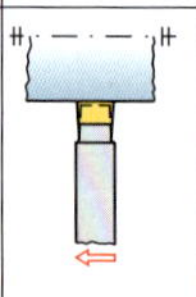	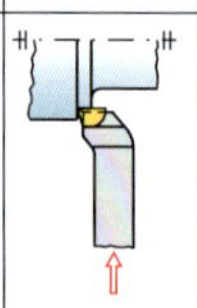	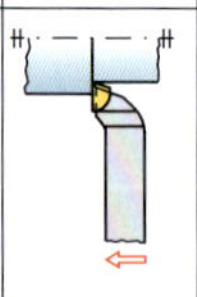	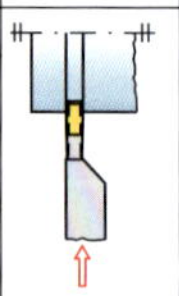	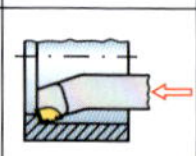	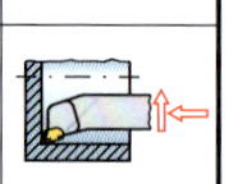
Norm für Meißel mit HSS-Schneide	DIN 4951	DIN 4952	–	DIN 4956	–	DIN 4960	DIN 4961	DIN 4953	DIN 4954
Norm für Meißel mit HM-Schneide DIN 4982	DIN 4971	DIN 4972	DIN 4978	DIN 4976	DIN 4977	DIN 4980	DIN 4981	DIN 4973	DIN 4974

Bezeichnung: **Drehmeißel DIN 4978-R 2516-P10**[1]

- Abgesetzter Eckdrehmeißel (4978)
- rechter Drehmeißel (R)
- Schaftquerschnitt: h = 25 mm, b = 16 mm (2516)
- Zerspanungsanwendungsgruppe (P10)

[1] s. Kap. Werkstofftechnik – Hartmetall
[2] zurückgezogen

Trennen: Werkzeuge

Werkzeug-Anwendungsgruppen für Zerspanwerkzeuge aus HSS

DIN 1836 : 2017-06

N	H	W	NF/NR	HF/HR
zum Zerspanen von Werkstoffen mit normaler Festigkeit und Härte	zum Zerspanen von harten, zähharten und/oder kurzspanenden Werkstoffen	zum Zerspanen von weichen oder zähen und/oder langspanenden Werkstoffen	Schruppfräser mit Spanteiler flaches Profil F 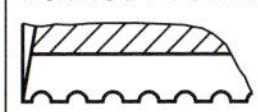	Schruppfräser mit Spanteiler rundes Profil R 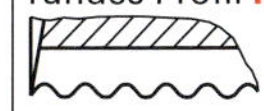

Zu bearbeitender Werkstoff		Zugfestigkeit R_m in N/mm² bzw. Brinellhärte in HB	N	H	W	NF/NR	HF/HR
Allgemeiner Baustahl		$R_m \leq 600$	×		○	×	
		$R_m = 500...900$	×			×	
Automatenstahl		$R_m = 370...600$	×		○	×	
		$R_m = 550...1000$	×	○		×	○
Einsatzstahl	unlegiert	$R_m \leq 600$	×		○	×	
	legiert	$R_m = 500...800$	×			×	
Nichtrostender Stahl/Stahlguss		$R_m = 450...950$	×			×	
Nitrierstahl	weichgeglüht	$R_m = 700...900$	×	○		×	
	vergütet	$R_m = 800...1250$	×			×	×
Vergütungsstahl	weich- oder normalgeglüht	$R_m = 500...750$	×			×	
	legiert, unlegiert, vergütet	$R_m = 700...1000$	×			×	
	legiert, vergütet	$R_m = 900...1250$	×	○		×	×
Werkzeugstahl	legiert, vergütet	$R_m = 900...1250$	×	○		×	×
	legiert, unleg., weichgeglüht	HB = 180...240	×			×	
	hochgekohlt und/oder legiert, weichgeglüht	HB = 220...300	○	×		○	×
Stahlguss		$R_m = 400...1100$	×			×	
Gusseisen	mit Lamellengraphit	HB = 100...230	×			× / ×	
		HB = 240...320	○	×		× /○	×
	mit Kugelgraphit	HB = 100...230	×			× /○	○
		HB = 240...320	○	×		× / –	×
Temperguss		HB = 100...270	×			× /○	○
Al-Knet- u. Gusslegierungen (Si-Gehalt ≤ 10 %)		$R_m \leq 180$	○		×	○/ –	
Al-Gusslegierungen (Si-Gehalt > 10 %)		$R_m = 150...250$	○		○		
Kupfer		$R_m = 200...400$	○		×		
Kupferlegierungen	hoher Cu-Gehalt, geringe Festigkeit				×	– /○	
		$R_m = 200...550$	○		○		
	geringer/hoher Cu-Gehalt, hohe Festigkeit	$R_m = 250...850$	×				
Magnesium-Knet- und Gusslegierungen		$R_m = 150...300$	×		○		
Titanlegierungen	mittlere Festigkeit	$R_m \leq 700$	×		○	× / ×	
	hohe Festigkeit	$R_m = 600...1100$	○	×		○/ –	×

[1] ×: Regelfall, ○: Sonderfall, –: nicht geeignet

Werkzeug-Anwendungsgruppen für Zerspanwerkzeuge aus HM[2]

DIN ISO 513 : 2014-05

HW	HF	HT	HC
unbeschichtet	unbeschichtet	unbeschichtet	beschichtet

P	M	K	N	S	H
Stahl	nichtrostender Stahl	Gusseisen	NE-Metalle	Ti und Ti-Leg. Sonderlegierungen	Harte Werkstoffe

Werkzeug-Anwendungsgruppen für Zerspanwerkzeuge aus Keramik[2]

DIN ISO 513 : 2014-05

Oxidkeramik			Mischkeramik	Nichtoxidkeramik						
CA	CR	CC	CM	BH	BL	BC	CN	DD	DM	DP
		beschichtet			Schichtbearbeitung, hohe Oberflächengüte					
Grauguss, Einsatz-/Vergütungsstahl, hohe Schnittgeschwindigkeit			Hartguss, gehärteter Stahl	Grauguss, Sinterstahl	Gehärteter Stahl, unterbrochener Schnitt		Grauguss, mittlere Geschwindigkeit	NE-Metalle, Al-Legierungen, Keramik, Kunststoff		

[2] s. Kap. Werkstofftechnik – Hartmetall

Bezeichnung von Wendeschneidplatten

DIN ISO 1832 : 2017-06
ISO 1832 : 2017-02
DIN ISO 16462 : 2015-08
DIN ISO 16463 : 2015-08

Beispiel für allgemeine Bezeichnung:

Schneidplatte DIN ISO 1832 - TPGN 16 03 08 E N - P20

(T = 1, P = 2, G = 3, N = 4, 16 = 5, 03 = 6, 08 = 7, E = 8, N = 9, P20 = 13)

Beispiel für bestückte Schneidplatten zum Fräsen, ISO 13462:

Schneidplatte ISO 16463 - TPGT 16 T3 AP S R 01520 - M 028 - P20

(T = 1, P = 2, G = 3, T = 4, 16 = 5, T3 = 6, AP = 7, S = 8, R = 9, 01520 = 10, M = 11, 028 = 12, P20 = 13)

Schneidplatten mit			
ungerader Seitenanzahl und Eckenrundungen	gerader Seitenanzahl und Eckenrundungen	Planschneiden	
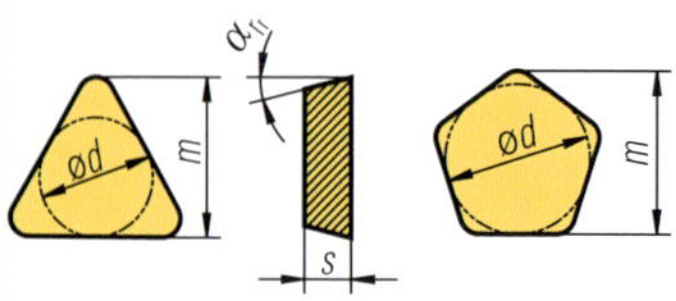	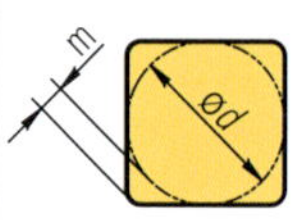	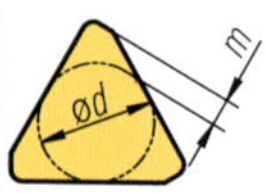	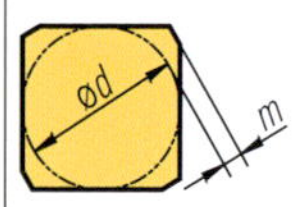

1 Grundform

gleichwinklig (gleichseitig)	T	S	P	H	O		

ε_r	60°	90°	108°	120°	135°		

gleichwinklig (ungleichseitig)	R	L
ε_r	–	90°

ungleichwinklig	V	D	E	C	W	M	K	B	A

ε_r	35°	55°	75°	80°	80°	86°	55°	82°	85°

2 Normal-Freiwinkel α_n

A	B	C	D	E	F	G	N	P	O	
3°	5°	7°	15°	20°	25°	30°	0°	11°	Sonderausführung	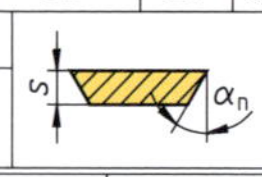

3 Toleranzklassen (alle Maße als ±, in mm)

	A	F	C	H	E	G	J	K	L	M	N	U
Dicke s	0,025					0,13	0,025			0,13	0,025	0,013
Prüfmaß m	0,005		0,013		0,025		0,005	0,013	0,025	0,08…0,2		0,13…0,38
Inkreis d	0,025	0,013	0,025	0,013	0,025		0,05…0,15			0,05…0,15		0,08…0,25

4 Spanformer und Befestigungsmerkmal

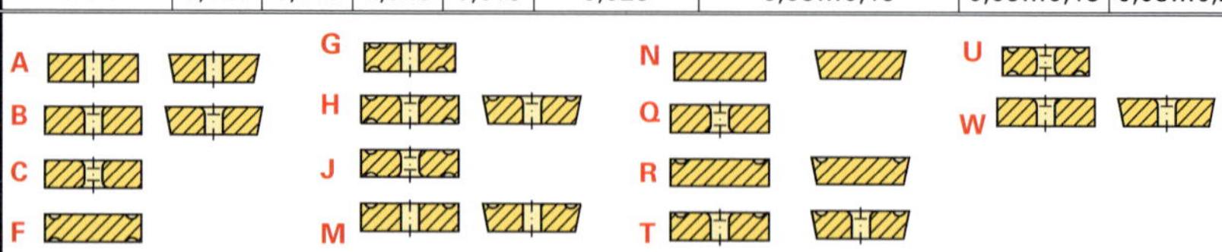

5	Plattengröße	Angabe der Schneidkantenlänge *l* in mm, Nachkommastellen werden weggelassen. Bei einstelligem Maß wird eine Null vorangestellt. Bei ungleichseitigen Platten wird die Länge der Hauptschneide angegeben. Bei runden Platten wird der Durchmesser *d* angegeben.
6	Plattendicke	Angabe der Plattendicke *s* in mm. Nachkommastellen werden weggelassen. Bei einstelligem Maß wird eine Null vorangestellt.

Bezeichnung von Wendeschneidplatten

DIN ISO 1832 : 2017-06

7 Ausbildung der Schneidenecke

Bei einstelligem Maß wird eine Null vorangestellt.

Kennzahl	**Eckenradius r_ε** = 0,1 × Ziffer der 7. Stelle

Kennbuchstabe	A	D	E	F	P	Z
Einstellwinkel $\varkappa_r$ der Hauptschneide	45°	60°	75°	85°	90°	besondere Angabe

Normal-Freiwinkel α'_n 9 an der Planschneide
Kennbuchstaben wie oben bei α_n, Ziffer 2

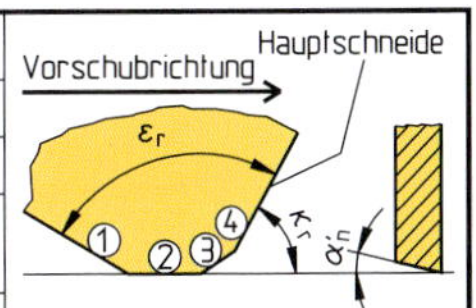

① + ② Nebenschneide
② Planschneide
③ Eckenfase
④ Hauptschneide

8 Schneide

E	F	K	P	S	T
gerundet	scharf	doppelt gefast	doppelt gefast und gerundet	gerundet und gefast	gefast

9 Schneidrichtung

L	R	N
linksschneidend	rechtsschneidend	links- und rechtsschneidend

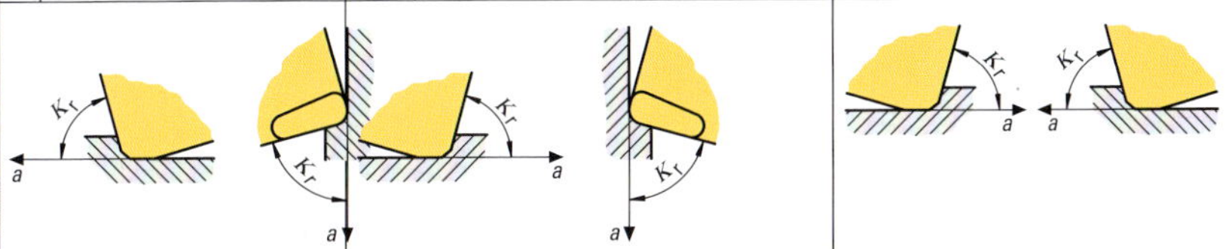

10 Schneidengröße

E gerundet

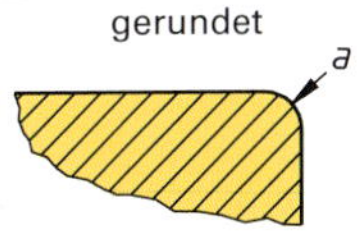

T +5-stelliges Zahlensymbol gefast

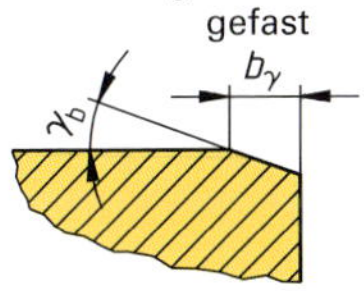

S +5-stelliges Zahlensymbol gefast und gerundet

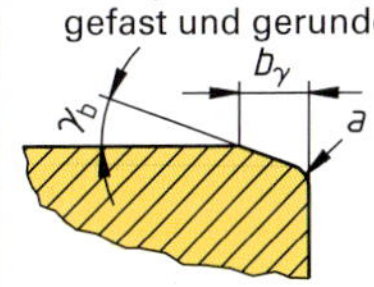

K +5-stelliges Zahlensymbol doppelt gefast

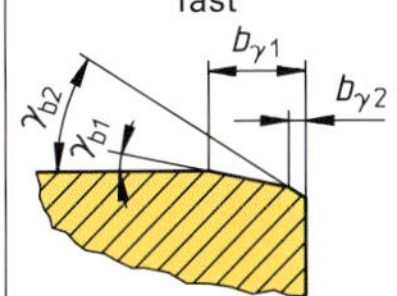

P +5-stelliges Zahlensymbol doppelt gefast und gerundet

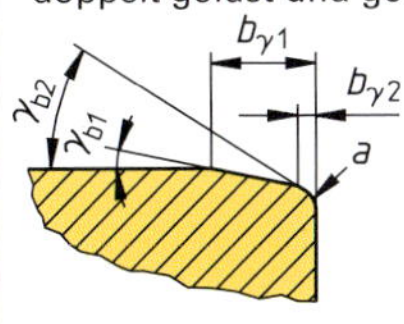

Bsp.:
SNMA150608P15010

Symbol	b_γ mm	γ_{b1}	b_γ mm	γ_{b2}
05015	0,50	15°	0,10	30°
07015	0,70	15°	0,15	30°
10015	1,00	15°	0,20	30°
15010	1,50	10°	0,25	30°
20010	2,00	10°	0,25	30°

11 Eckenzahl

bestückt	Ecken	1	2	3	4	5	6	8
	eine Seite	A	B	C	D	G	H	J
	beide Seiten	K	L	M	N	P	Q	R
	ganze Ecke	T	U	V	W	X	Y	Z

	Seiten	1	2	massiv
	ganze Fläche	F	E	S

Bsp: SNMA 150608S5020-D
bestückt – auf einer Seite – vier Ecken

12 Schneidenlänge

L	lang	S	kurz
oder 3-stelliges Zahlensymbol			

13 Schneidstoff

Herstellersymbol oder Schneidstoff nach ISO 513

Bezeichnung von Klemmhaltern für Wendeschneidplatten

DIN 4983 : 2004-07 und ISO 5608 : 2012-08

Beispiel: **Klemmhalter DIN 4983 - CTJNR 20 20 H 12 Q**

12345 6 7 8 9 10

Nr.	Bezeichnung	C	M	P	S
1	Schneidplattenbefestigung (X: Sonderbefestigung)	von oben geklemmt	von oben und über Bohrung geklemmt	über Bohrung geklemmt	über Bohrung und Befestigungssenkung aufgeschraubt
				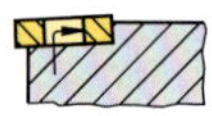	
2	Grundform	Grundform der Wendeschneidplatte, siehe Ziffer 1, F34			

3 Klemmhalterform (X: Sonderform)

gerade:

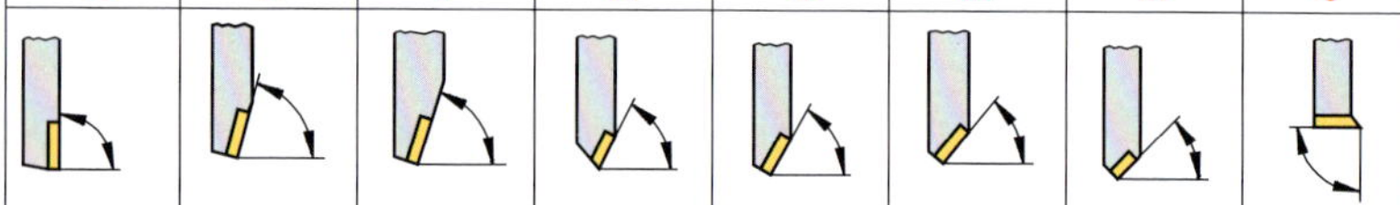

	A	B	V	N	E	M	D	C
$\varkappa_r$	90°	75°	72,5°	63°	60°	50°	45°	90°

abgesetzt:

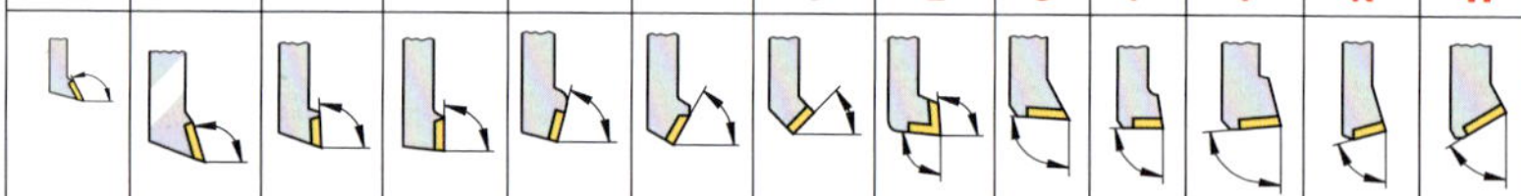

	P	H	J	G	R	T	S	L	U	F	Y	K	W
$\varkappa_r$	117,5°	107,5°	93°	90°	75°	60°	45°	95°	93°	90°	85°	75°	60°

Nr.	Bezeichnung						
4	Freiwinkel	Normalfreiwinkel α_n, siehe Ziffer 2, F34					
5	Halterausführung	R	rechts	L	links	N	neutral beidseitig
6	Höhe	Höhe der Schneidenecke h_1 in mm. Ziffern hinter dem Komma bleiben unberücksichtigt. Bei einstelliger Zahl wird eine Null vorangestellt	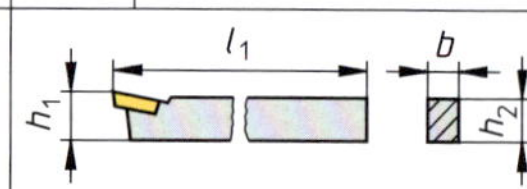				
7	Breite	Schaftbreite b in mm[1]. Ziffern hinter dem Komma bleiben unberücksichtigt. Bei einstelliger Zahl wird eine „0" vorangestellt, z. B. b=8 mm: „08".					

8 Klemmhalterlänge l_1[1] in mm

A	B	C	D	E	F	G	H	J	K	L	M	N	P	
32	40	50	60	70	80	90	100	110	125	140	150	160	170	
Q	**R**	**S**	**T**	**U**	**V**	**W**	**Y**	**X**						**–**
180	200	250	300	350	400	450	500	für Sonderlängen						Kurzklemmhalter

9 Plattengröße: Bei gleichseitig-gleichwinkligen und gleichseitig-ungleichwinkligen Schneidplatten wird die längere Schneidkantenlänge in mm angegeben; bei runden Schneidplatten der Durchmesser in mm; bei ungleichseitigen Schneidplatten die Länge der Hauptschneide in mm. Ziffern hinter dem Komma bleiben unberücksichtigt. Bei einstelliger Zahl wird eine Null vorangestellt, z. B. b=9,52 mm: „09".

10 besondere Toleranz

Kennbuchstabe	B	F	Q
Anlageseite	vorn und hinten	vorn	hinten
tolerierte Maße (T= ± 0,008 mm)	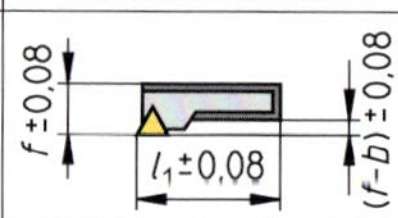	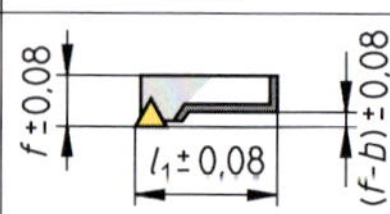	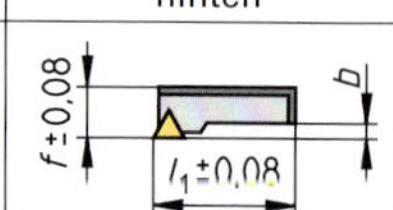

[1] entfällt bei Kurzklemmhaltern

Bezeichnung von Klemmhaltern zum Innendrehen mit Zylinderschaft

DIN 8024 : 2004-07, DIN 8025-1 : 2004-07

Beispiel: **Klemmhalter DIN 8025[1] - S 25 M-CSKCR16 - MR**

(Positionen: S = 1, 25 = 2, M = 3, C = 4, S = 5, K = 6, C = 7, R = 8, 16 = 9, MR = 10)

1 Konstruktionsmerkmal

S	A	B	D	C	E	F	G	H	J
–	K[2]	V[3]	K[2]+V[3]	–	K[2]	V[3]	K[2]+V[3]	–	K[2]
Vollstahl				Hartmetallschaft mit Stahlkopf				Sinterlegierung mit Dämpfwirkung	

2 Schaftdurchmesser

Schaftdurchmesser d_1 in mm, Ziffern hinter dem Komma bleiben unberücksichtigt. Bei einstelliger Zahl wird eine Null vorangestellt, z. B. $d_1 = 8$ mm: „08".

3 Werkzeuglänge l_1 in mm

A	B	C	D	E	F	G	H	J	K	M	N
32	40	50	60	70	80	90	100	110	125	150	160
P	**Q**	**R**	**S**	**T**	**U**	**V**	**W**	**Y**	**X**		
170	180	200	250	300	350	400	450	500	Sonderlänge		

4 Schneidplattenbefestigung

C	M	P	S
von oben geklemmt	von oben und über Bohrung geklemmt	über Bohrung geklemmt	über Bohrung und Befestigungssenkung aufgeschraubt

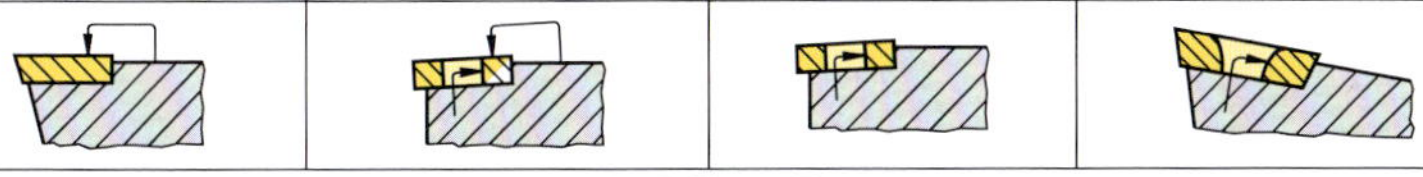

5 Grundform

Grundform der Wendeschneidplatte, siehe Ziffer 1, F34

6 Klemmhalterform (abgesetzt)

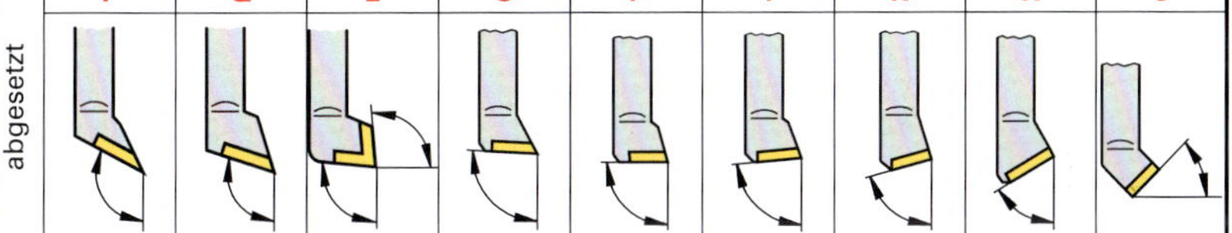

	P	Q	L	U	F	Y	K	W	S
$\varkappa_r$	117,5°	107,5°	95°	93°	90°	85°	75°	60°	45°

7 Freiwinkel

Normalfreiwinkel α_n der Wendeschneidplatte, siehe Ziffer 2, F34

8 Schneidrichtung

R	rechter Halter	L	linker Halter

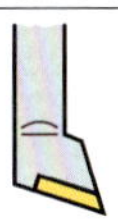

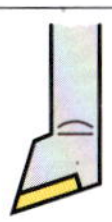

9 Plattengröße

Bei gleichseitig-gleichwinkligen und gleichseitig-ungleichwinkligen Schneidplatten wird die längere Schneidkantenlänge in mm angegeben; bei runden Schneidplatten der Durchmesser in mm; bei ungleichseitigen Schneidplatten die Länge der Hauptschneide in mm. Ziffern hinter dem Komma bleiben unberücksichtigt. Bei einstelliger Zahl wird eine Null vorangestellt, z. B. $b = 9{,}52$ mm: „09".

10 Besonderheiten

Angabe möglich; firmeneigene Angaben nach dem Trennstrich, z. B. Spannelement, Plattendicke, Spanformrille

[1] Angabe nur bei genormten Haltern
[2] mit innerer Kühlschmierstoffzufuhr
[3] mit Vibrationsdämpfer

Bezeichnung von Fräswerkzeugen mit Wendeschneidplatten

DIN ISO 11529-2 : 2014-10

Beispiel: **Fräser mit Wendeschneidplatten - 250 A 12 R 075 S 075 S HSK 01 100**
Schaftfräser aus Voll-HM - 32 G 04 R 090 A 012 S ZYL 10 032

1	2	3	4	5	6	7	8	9	10	11
250	A	12	R	075	S	075	S	HSK	01	100
32	G	04	R	090	A	012	S	ZYL	10	032

Nr.	Merkmal								
1	Durchmesser	Fräsernenndurchmesser d_1 in mm; Ziffern hinter dem Komma bleiben unberücksichtigt.							
2	Bauart des Fräswerkzeugs	A	Stirnfräser, Eckfräser umfangschneidend	E	Scheibenfräser, einseitig	J	Schaftfräser – umfangschneidend und schräg eintauchend, auch kegelig	N	Torusschaftfräser
		B	Stirnfräser, Eckfräser umfangschneidend und schräg eintauchend	F	T-Nutenfräser	K	Rund-Profilfräser – umfang- und zentrumschneidend	P	Doppelseitiger Scheibenfräser
		C	Scheibenfräser dreiseitig schneidend	G	Schaftfräser – umfangschneidend, auch kegelig	L	Schaftfräser mit runder Stirn – umfang- und zentrumschneidend, auch kegelig	T	Gewindefräser
		D	Schlitz- oder Trennfräser	H	Schaftfräser – umfang- und zentrumschneidend, auch kegelig	M	Senkfräser		
3	Schneidenzahl	Anzahl der Schneiden, die für die Berechnung des Vorschubes je Zahn wirksam sind. Bei einstelliger Zahl wird eine Null vorangestellt.							
4	Schneidrichtung	R	rechtsschneidend	L	linksschneidend	N	neutral (beidseitig)		
5	Einstellwinkel	Größe des Einstellwinkels $\varkappa r$ in vollen °. Minuten, Sekunden bleiben unberücksichtigt.							
6	Ausführung Vollstahl/-HM oder Schneidplatte	A	Vollstahl/Vollhartmetall mit geraden (durchgehenden) Schneiden	E	Mit gelöteten Schneidplatten und unterbrochenen (kerbgezahnten) Schneiden				
		B	Vollstahl/Vollhartmetall mit unterbrochenen (kerbgezahnten) Schneiden	F	Mit mechanisch geklemmten Schneidplatten und geraden (durchgehenden) Schneiden				
		D	Mit gelöteten Schneidplatten und geraden (durchgehenden) Schneiden	G	Mit mechanisch geklemmten Schneidplatten und unterbrochenen (kerbgezahnten) Schneiden				
	Ausführung Wendeschneidplatte	C	von oben geklemmt	P	Schneidplatte über Bohrung geklemmt	V	Schneidplatte ohne Bohrung, tangential befestigt		
		K	Fräswerkzeug mit Einsätzen oder Kassetten	S	Schneidplatte über teilweise zylindrische Bohrung aufgeschraubt	W	Schneidplatte ohne Bohrung, mit Keil befestigt		
		M	Schneidplatte von oben über Bohrung geklemmt	T	Schneidplatte über Bohrung tangential befestigt	X	Sonderausführung		
7	Schnittbreite	Ganzzahliges a_p als dreistellige Angabe. Dezimales a_p mit vorangestelltem T (bei a_p < 10 mm)							
8	Schneidplattenform	Bei Wendeschneidplatten Grundform siehe Ziffer 1, F34							
	Drallwinkel	siehe folgende Tabelle							
9	Form des Schaftes	ZYL	Zylinderschaft	SKG	Steilkegelschaft	SPK	Haltedorn mit Schraubenlochkreis		
		MKG	Morsekegelschaft	HSK	Kegel-Hohlschaft	CCS	Polygonaler Hohlschaftkegel		
		BRP	Bridge-port shankform (kegelig)	FDA	Fräskopfaufnahme mit Nut	KMT	Modulare Kegelschnittstelle mit Kugellaufbahnsystem		
10	Ausführung des Schaftes	Zahlensymbol für die Ausführung des Schaftes oder der Bohrung nach ISO/TS 13399-60							
11	Größe des Schaftes	Die Größe der Bohrung oder des Schaftes wird mit einem dreistelligem Zahlensymbol gekennzeichnet.							

8 Drallwinkel

	0°	0°…<5°	5°…<10°	10°…<15°	15°…<20°	20°…<25°	25°…<30°	30°…<35°	35°…<45°	45°…<60°	andere
Rechts	A	B	C	D	E	F	G	H	J	K	X
Links	A	M	N	P	Q	S	T	U	V	W	Y

Spezifische Schnittkraft beim Drehen

Werkstoff-Nr.	Werkstoff	m_c	$k_{c1.1}$ in $\frac{N}{mm^2}$	k_c,[1] unkorrigiert in $\frac{N}{mm^2}$ abhängig von der Spanungsdicke h in mm									
				0,08	0,1	0,16	0,2	0,25	0,4	0,5	0,8	1,6	2,5
1.0037	S235JR	0,34	1610	3800	3522	3002	2783	2579	2198	2038	1737	1372	1179
1.0050	E295	0,27	1750	3461	3259	2870	2702	2544	2241	2110	1859	1541	1366
1.0060	E335	0,17	1940	2980	2870	2649	2550	2456	2267	2183	2015	1791	1660
1.0070	E360	0,3	1960	4181	3911	3396	3176	2971	2580	2413	2096	1702	1489
1.0401	C15	0,28	1590	3225	3030	2656	2495	2344	2055	1931	1693	1394	1230
1.0501	C35	0,29	1570	3266	3061	2671	2504	2347	2048	1920	1675	1370	1204
1.1191	C45E	0,25	1765	3319	3139	2791	2639	2496	2219	2099	1866	1569	1404
1.1221	C60E	0,22	1835	3199	3045	2746	2615	2489	2245	2137	1927	1655	1500
1.0718	9SMnPb28	0,15	1320	1928	1865	1738	1680	1625	1514	1465	1365	1230	1150
1.7262	15CrMo5	0,23	1755	3137	2980	2675	2541	2414	2167	2058	1847	1575	1422
1.5919	15CrNi6	0,24	1580	2897	2746	2453	2325	2204	1969	1866	1667	1411	1268
1.7131	16MnCr5	0,27	1680	3323	3128	2755	2594	2443	2152	2026	1784	1480	1312
1.6587	17CrNiMo8	0,27	1580	3125	2942	2591	2440	2297	2023	1905	1678	1392	1234
1.5920	18CrNi8	0,24	1710	3135	2972	2655	2516	2385	2131	2020	1804	1528	1372
1.7147	20MnCr5	0,25	1580	2971	2810	2498	2363	2234	1987	1879	1671	1405	1257
1.6580	30CrNiMo8	0,22	1695	2955	2813	2537	2415	2299	2074	1974	1780	1528	1386
1.7220	34CrMo4	0,23	1760	3146	2989	2683	2548	2421	2173	2064	1853	1580	1426
1.6582	34CrNiMo6	0,2	1725	2859	2734	2489	2380	2276	2072	1982	1804	1570	1436
1.7033	34Cr4	0,22	1650	2876	2738	2469	2351	2238	2019	1922	1733	1488	1349
1.0726	35S20	0,15	1420	2074	2006	1869	1808	1748	1629	1576	1468	1323	1238
1.5122	37MnSi5	0,23	1720	3075	2921	2622	2491	2366	2124	2017	1811	1544	1393
1.7035	41Cr4	0,23	1690	3021	2870	2576	2447	2325	2086	1982	1779	1517	1361
1.7225	42CrMo4	0,24	1950	3575	3389	3027	2869	2720	2430	2303	2057	1742	1565
1.8159	50CrV4	0,25	1885	3544	3352	2980	2819	2666	2370	2242	1993	1676	1499
1.2713	55NiCrMoV6	0,24	1795	3291	3119	2787	2641	2504	2237	2120	1894	1604	1441
1.4980	X5NiCrTi26-15	0,27	1975	3906	3678	3239	3050	2872	2529	2381	2098	1740	1542
1.4460	X8CrNiMo27-5	0,20	1575	2610	2496	2272	2173	2078	1892	1809	1647	1434	1311
1.4580	X10CrNiMoNb18-10	0,26	1595	3076	2902	2569	2424	2287	2024	1910	1690	1412	1257
1.4969	X8NiCoCrTi55-20-20	0,22	2205	3844	3659	3300	3142	2991	2697	2568	2316	1988	1802
0.6015	EN-GJL-150	0,21	935	1589	1516	1374	1311	1251	1133	1082	980	847	771
0.6025	EN-GJL-250	0,26	1140	2198	2074	1836	1732	1635	1447	1365	1208	1009	898
0.6030	EN-GJL-300	0,26	1060	2044	1929	1707	1611	1520	1345	1269	1123	938	835
0.0750	EN-GJS-500-7	0,30	1060	2261	2115	1837	1718	1607	1395	1305	1133	921	805
	Meehanite	0,26	1245	2401	2266	2005	1892	1785	1580	1491	1319	1102	981
1.0446	GE240	0,17	1570	2412	2322	2144	2064	1987	1835	1766	1631	1449	1344
1.0551	GS-52	0,17	1750	2689	2588	2390	2301	2215	2045	1969	1818	1616	1498
	G-AlSi	0,27	450	890	838	738	695	654	576	543	478	396	351
3.3561	G-AlMg5	0,16	445	667	643	597	576	556	515	497	461	413	384
	GK-MgAl9	0,34	235	555	514	438	406	377	321	297	254	200	172

Bearbeitungsverfahren	c_3
Außendrehen HM	**1,0**
Außendrehen HSS	1,05
Außendrehen SK	0,95
Innendrehen HSS	1,44
Innendrehen HM	1,2
Innendrehen SK	1,25
Bohren HSS (ins Volle)	1,0
Bohren HM (ins Volle)	0,95
Aufbohren	0,95
Stirn-Planfräsen HSS	1,2
Stirn-Planfräsen HM	1,0
Umfangs-Planfräsen HSS	1,56
Umfangs-Planfräsen HM	1,3
Reiben HSS	1,3
Reiben HM	1,2
Räumen HM	1,2

Kühlschmierung	c_4
trocken	1,0
Wasseremulsionen	0,9
Schneidöl	0,85

Spanwinkelkorrekturfaktor c_1

$$c_1 = \frac{c - 1{,}5 \cdot \gamma_0}{100} \qquad c = 109 \text{ für St} \quad c = 103 \text{ für GG}$$

Neigungswinkelkorrekturfaktor c_2

$$c_2 = \frac{94 - 1{,}5 \cdot \lambda_S}{100}$$

[1] Unkorrigierte Mittelwerte von k_c in $\frac{N}{mm^2}$ und Korrekturwerte (Auswahl), bestimmt für Außendrehen von Stahl mit Hartmetall im Trockenschnitt mit $\gamma_0 = +6°$ und $\lambda_S = -4°$; bei Gusseisen mit $\gamma_0 = +2°$

Trennen: Schnittkräfte

Schnittkraft beim Drehen

DIN 6584 : 1982-10

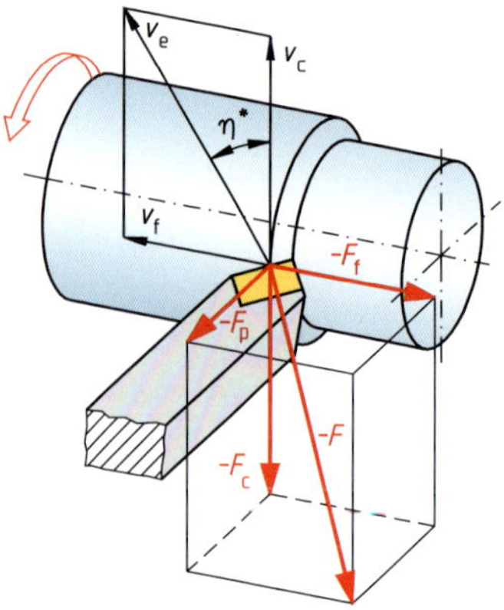

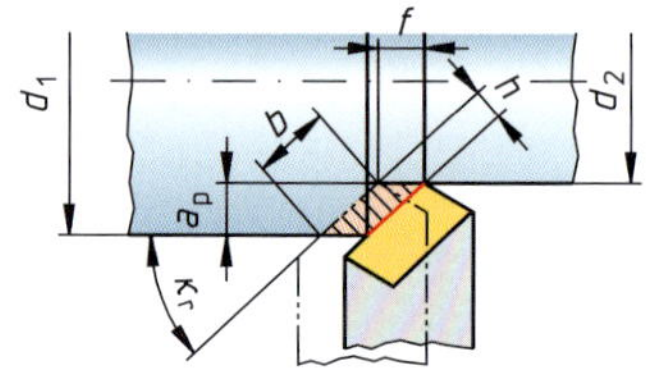

Formelzeichen	Einheit	Bedeutung
A	in mm²	Spanungsquerschnitt
a_p	in mm	Schnitttiefe beim Längsdrehen: $a_p = \frac{d_1 - d_2}{2}$
b	in mm	Spanungsbreite
c_1	–	Korrekturfaktor für Spanwinkel, siehe F 39
c_2	–	Korrekturfaktor für Neigungswinkel, siehe F 39
c_3	–	Korrekturfaktor für Fertigungsverfahren, siehe F 39
c_4	–	Korrekturfaktor für Kühlschmierung, siehe F 39
d_1	in mm	Werkstückdurchmesser vor Bearbeitung
d_2	in mm	Werkstückdurchmesser nach Bearbeitung
η	–	Wirkungsgrad (0,7... 0,85), s. Kap. Theoretische Grundlagen – Mechanik
η^*	in °	Wirkrichtungswinkel
f	in mm	Werkzeugvorschub pro Werkstückumdrehung
F	in N	Zerspankraft Resultierende aus Fc, Fp und Ff
F_c	in N	Schnittkraft
F_f	in N	Vorschubkraft
F_p	in N	Passivkraft

Vorzeichen der Kräfte positiv, wenn sie auf das Werkstück wirken

Formelzeichen	Einheit	Bedeutung
γ_0	in °	Spanwinkel, siehe F 31
h	in mm	Spanungsdicke
κ_r	in °	Einstellwinkel
k_c	in $\frac{N}{mm^2}$	spezifische Schnittkraft; kc-Werte aus Tabelle, siehe F 39 oder nach unten stehender Formel
$k_{c1.1}$	in $\frac{N}{mm^2}$	spezifische Schnittkraft; bei $b = 1$ mm und $h = 1$ mm, siehe F 39
λ_s	in °	Neigungswinkel, siehe F 31
m_c	–	Spanungsdickenexponent (Steigung der k_c-Geraden) aus Tabelle, siehe F 39
n	$\frac{1}{min}$	Umdrehungsfrequenz (Drehzahl)
P_c	in kW	Schnittleistung
$\dot{Q}$	in $\frac{cm^3}{min}$	Zeitspanungsvolumen
v_c	in $\frac{m}{min}$	Schnittgeschwindigkeit
v_e	in $\frac{m}{min}$	Effektivgeschwindigkeit

Schnittkraft

$$F_c = A \cdot k_c$$

Spanungsquerschnitt

$$A = a_p \cdot f \qquad A = b \cdot h$$

$$b = \frac{a_p}{\sin \kappa_r} \qquad h = f \cdot \sin \kappa_r$$

Spezifische Schnittkraft

$$k_c = \frac{k_{c1.1}}{h^{m_c}} \cdot c_1 \cdot c_2 \cdot c_3 \cdot c_4$$

$$k_c = k_{c\,\text{unkorrigiert}} \cdot c_1 \cdot c_2 \cdot c_3 \cdot c_4$$

$$k_{c\,\text{unkorrigiert}} = \frac{k_{c1.1}}{h^{m_c}}$$

Schnittleistung an der Werkzeugschneide[2]

$$P_c = F_c \cdot v_c \qquad v_c = d \cdot n \cdot \pi^{1)} \qquad P_c = a_p \cdot f \cdot k_c \cdot v_c$$

Aufnahmeleistung der Maschine[2]

$$P_{zu} = \frac{P_c}{\eta} \qquad P_{zu} = \frac{F_c \cdot v_c}{\eta} \qquad P_{zu} = \frac{a_p \cdot f \cdot k_c \cdot v_c}{\eta}$$

Zeitspanungsvolumen[2]

$$\dot{Q} = A \cdot v_c \qquad \dot{Q} = a_p \cdot f \cdot v_c \qquad \dot{Q} = \frac{P_c}{k_c}$$

[1] üblich beim Längs-Runddrehen $d = d_1$ setzen

[2] Die Einheiten sind den jeweiligen Formeln anzupassen.

Schnittkraft beim Fräsen

DIN 6580 : 1985-10

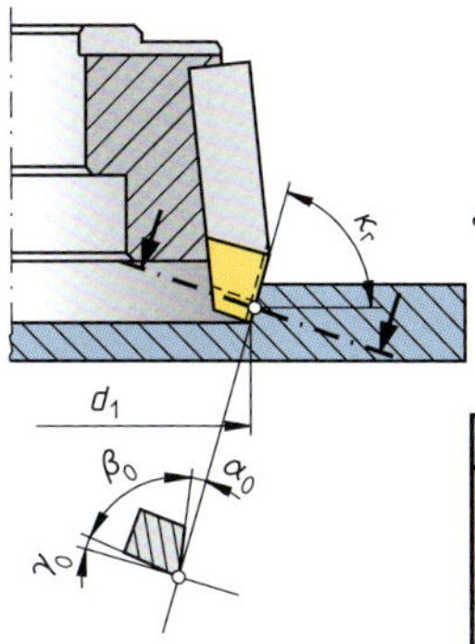

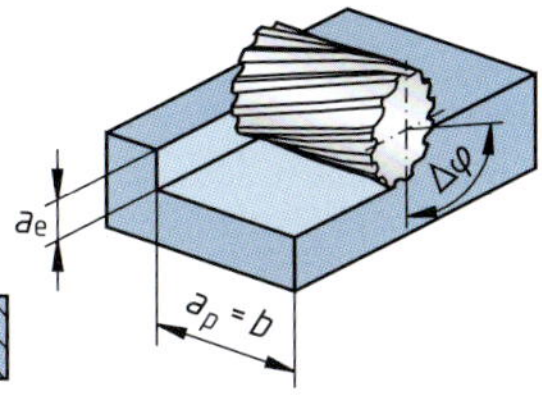

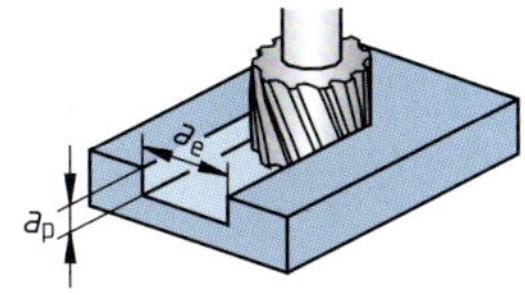

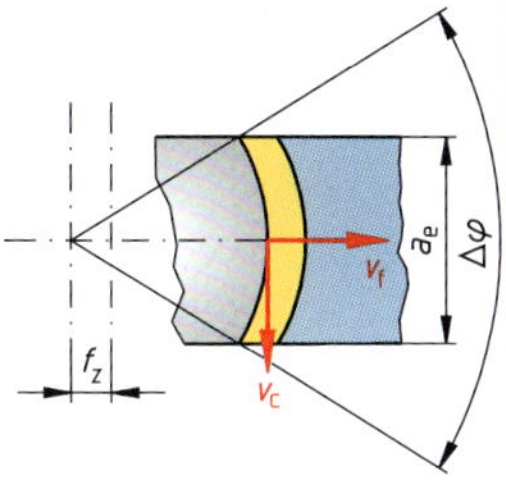

Umfangsfräsen	Stirnfräsen
$h_m = \frac{a_e}{d_1} \cdot \frac{360°}{\pi \cdot \Delta\varphi} \cdot f_z \cdot \sin\varkappa_r$	
$\cos\Delta\varphi = 1 - \frac{2 \cdot a_e}{d_1}$ [3]	$\sin\frac{\Delta\varphi}{2} = \frac{a_e}{d_1}$ [3]
Faustformel bei $\frac{a_e}{d_1} < 0{,}25$ $h_m \approx \sqrt{\frac{a_e}{d_1}} \cdot f_z \cdot \sin\varkappa_r$	Faustformel bei $\frac{a_e}{d_1} = \frac{3}{4} \dots \frac{3}{5}$ $h_m \approx 0{,}88 \cdot f_z \cdot \sin\varkappa_r$

A	in mm^2	Spanungsquerschnitt	n	in 1/min	Umdrehungsfrequenz (Drehzahl)
a_e	in mm	Arbeitseingriff			
a_p	in mm	Schnitttiefe	P_{cm}	in kW	mittlere Schnittleistung
b	in mm	Spanungsbreite	P_{zu}	in kW	Leistungsbedarf der Maschine
$c_1 \dots c_4$	—	Korrekturfaktoren[1]	$\dot{Q}$	in mm^3/min	Zeitspanungsvolumen
d_1	in mm	Fräserdurchmesser	v_c	in m/min	Schnittgeschwindigkeit
F_{cm}	in N	mittlere Schnittkraft	v_f	in mm/min	Vorschubgeschwindigkeit
f	in mm	Vorschub/Umdrehung	z	—	Schneidenzahl[2]
f_z	in mm	Vorschub/Schneide	z_e	—	Schneidenzahl im Eingriff
h_m	in mm	mittlere Spanungsdicke	$\Delta\varphi$	in °	Eingriffswinkel
k_{cm}	in N/mm^2	mittlere spez. Schnittkraft	$\varkappa_r$	in °	Einstellwinkel
$k_{c1.1}$	in N/mm^2	spezifische Schnittkraft bei $b = 1$ mm und $h = 1$ mm, siehe F 39	η	in %	Wirkungsgrad, s. Kap. Theoretische Grundlagen – Mechanik

Schnittkraft

$$F_{cm} = A \cdot k_{cm}$$
$$F_{cm} = b \cdot h_m \cdot z_e \cdot k_{cm}$$

Spezifische Schnittkraft

$$k_{cm} = \frac{k_{c\,1.1}}{h_m^{m_c}} \cdot c_1 \cdot c_2 \cdot c_3 \cdot c_4$$

Spanungsquerschnitt

$$A = b \cdot h_m \cdot z_e$$

Umfangsfräsen: $b = a_p$

Stirnfräsen: $b = \frac{a_p}{\sin\varkappa_r}$

$$z_e = z \frac{\Delta\varphi}{360°}$$

Schnittleistung an den Werkzeugschneiden[4]

$$P_{cm} = F_{cm} \cdot v_c \qquad P_{cm} = a_p \cdot a_e \cdot v_f \cdot k_{cm} \qquad v_c = d_1 \cdot \pi \cdot n$$

Vorschubgeschwindigkeit

$$v_f = f \cdot n \qquad v_f = f_z \cdot z \cdot n \qquad v_f = f_z \cdot z \cdot \frac{v_c}{\pi \cdot d_1}$$

Leistungsbedarf der Maschine[4]

$$P_{zu} = \frac{P_{cm}}{\eta} \qquad P_{zu} = \frac{F_{cm} \cdot v_c}{\eta} \qquad P_{zu} = \frac{b \cdot h_m \cdot z_e \cdot k_{cm} \cdot v_c}{\eta}$$

Zeitspanungsvolumen

$$\dot{Q} = a_p \cdot a_e \cdot v_f$$

---

[1] siehe F 39
[2] siehe F 29
[3] siehe F 28
[4] Die Einheiten sind den jeweiligen Formeln anzupassen.

Schnittkraft beim Bohren

DIN 6581 : 1985-10

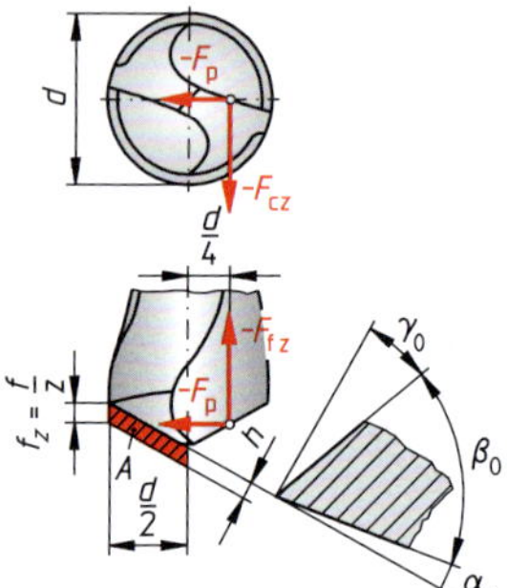

Spiralbohrer

σ Spitzenwinkel
ψ Querschneidenwinkel
γ_f Seitenspanwinkel
β_f Seitenkeilwinkel
α_f Seitenfreiwinkel
$\varkappa_r$ Werkzeugeinstellwinkel

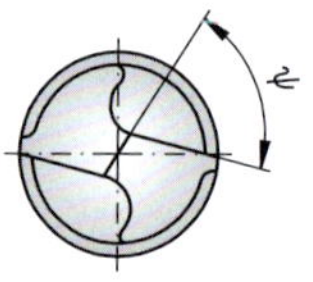

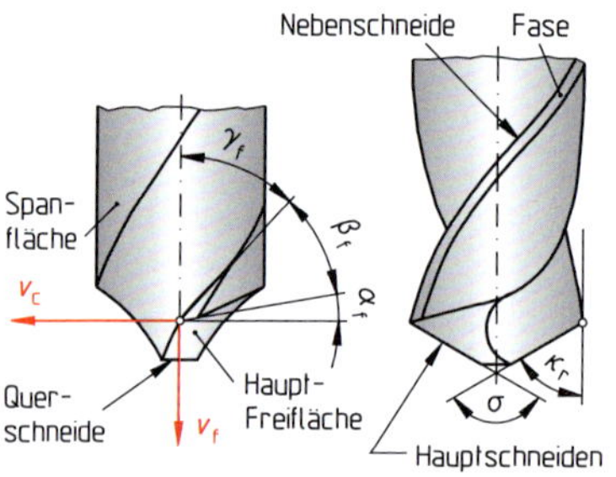

Werkzeug-Anwendungsgruppe	Werkstoff	Spitzenwinkel σ	Seitenspanwinkel γ_f
N	Stahl und Stahlguss mit $R_m = 700\ \frac{N}{mm^2}$, Grauguss, Temperguss, spröde CuZn-Legierung, Nickel, CuNiZn-Leg.	118°	16°...30° (nimmt von innen nach außen zu)
	Stahl und Stahlguss mit $R_m > 700\ \frac{N}{mm^2}$	130°	
	nicht rostender Stahl, spröde Al-Legierungen, Kupfer mit $d > 30$ mm, Kunststoffe nicht geschichtet	140°	
H	Schichtpressstoffe Marmor, Kohle, Hartgummi	80°	10°...13°
	weiche CuZn-Legierung	118°	
	austenitische Stähle Magnesiumlegierungen	140°	
W	Pressstoffe	80°	35°...40°
	Lagermetall, Zinkleg.	118°	
	Kupfer $d \leq 30$ mm, Aluminium, weiche Al-Legierung, Celluloid	130°	

Schnittkraft in Umfangsrichtung der Schneide beim Bohren ins Volle

$$F_{cz} = A \cdot k_c \qquad F_{cz} = \frac{d}{2} \cdot \frac{f}{z} \cdot k_c \qquad f = f_z \cdot z$$

$$k_c = \frac{k_{c1.1}}{h^{m_c}} \cdot c_1 \cdot c_2 \cdot c_3 \cdot c_4 \qquad h = \frac{f}{2} \cdot \sin\frac{\sigma}{2}$$

bei 2 Hauptschneiden

$$F_c = 2 \cdot F_{cz} \qquad F_c = \frac{d}{2} \cdot f \cdot k_c$$

Schnittmoment bei 2 Hauptschneiden[1]

$$M_c = F_c \cdot \frac{d^2}{4} \qquad M_c = \frac{d^2}{8} \cdot f \cdot k_c$$

Schnittleistung bei 2 Hauptschneiden[1]

$$P_c = F_c \cdot \frac{v_c}{2} \qquad P_c = \frac{d}{2} \cdot f \cdot k_c \cdot \frac{v_c}{2}$$

$$P_c = \frac{d^2}{4} \cdot f \cdot k_c \cdot n \cdot \pi$$

Leistungsbedarf der Maschine

$$P_{zu} = \frac{P_c}{\eta}$$

A	in mm^2	Spanungsquerschnitt einer Schneide $\left(f \cdot \frac{d}{4}\right)$
d	in mm	Bohrerdurchmesser Beim Aufbohren d^2 ersetzen durch $(D^2 - d^2)$
f	in mm	Werkzeugvorschub pro Umdrehung
f_z	in mm	Vorschub einer Schneide
F_c	in N	Gesamtkraft aller Schneiden
F_{cz}	in N	Schnittkraft an einer Schneide als Mittelwert bei $\approx \frac{d}{4}$ in Nm ($\approx$ in Schneidenmitte)
F_{fz}	in N	Vorschubkraft an einer Schneide
h	in mm	Spanungsdicke
k_c	in $\frac{N}{mm^2}$	spezifische Schnittkraft, Tabelle siehe F 39
$k_{c1.1}$	in $\frac{N}{mm^2}$	spezifische Schnittkraft bei $b = 1$ mm und $h = 1$ mm, siehe F 39
$c_1 \dots c_4$	–	Korrekturfaktoren siehe F 39
M_c	in Nm	Schnittmoment
n	in $\frac{1}{min}$	Umdrehungsfrequenz (Drehzahl)
P_c	in kW	Schnittleistung an der Werkzeugschneide
P_{zu}	in kW	Aufnahmeleistung der Maschine
v_c	in $\frac{m}{min}$	Schnittgeschwindigkeit; in der Formel ist $\frac{v_c}{2}$ eingesetzt ($\approx$ in Schneidenmitte)
z	–	Anzahl der Hauptschneiden (im Allgemeinen $z = 2$)
η	–	Wirkungsgrad, s. Kap. Theoretische Grundlagen – Mechanik

[1] Die Einheiten sind den jeweiligen Formeln anzupassen.

Trennen: Schnittkräfte

Schnittkraft beim Senken

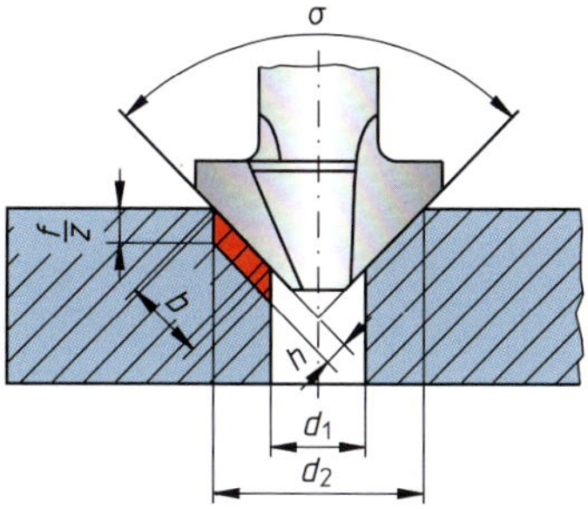

b	in mm	Spanungsbreite
d_1	in mm	Bohrungsdurchmesser
d_2	in mm	Nenndurchmesser
f	in mm	Vorschub
F_c	in N	Schnittkraft
f_z	in mm	Vorschub je Zahn, $f_z = \frac{f}{z}$ siehe F45
h	in mm	Spanungsdicke
k_c	in $\frac{N}{mm^2}$	spez. Schnittkraft, siehe F39
$c_1 \ldots c_4$	–	Korrekturfaktoren, siehe F39
M	in Nm	Schnittmoment
n	in $\frac{1}{min}$	Umdrehungsfrequenz
P_c	in kW	Schnittleistung
z	–	Schneidenanzahl
σ	in °	Senkwinkel

Vorschub

$$f = f_z \cdot z$$

Spanungsdicke, -breite

$$h = \frac{f}{z} \cdot \sin\frac{\sigma}{2} \qquad b = \frac{d_2 - d_1}{2 \cdot \sin\frac{\sigma}{2}}$$

Spezifische Schnittkraft

$$k_c = \frac{k_{c1.1}}{h^{m_c}} \cdot c_1 \cdot c_2 \cdot c_3 \cdot c_4 \approx 1{,}1 \cdot k_{c\,\text{unkorrigiert}}$$

Schnittkraft

$$F_c = z \cdot h \cdot b \cdot k_c \qquad F_c = f \cdot \frac{d_2 - d_1}{2} \cdot k_c$$

Schnittmoment [1)]

$$M = \frac{d_2^2 - d_1^2}{8} \cdot f \cdot k_c \cdot 1{,}1$$

Schnittleistung [1)]

$$P_c = \frac{d_2^2 - d_1^2}{4} \cdot f \cdot k_c \cdot 1{,}1 \cdot n \cdot \pi$$

Schnittkraft beim Reiben

Kegelanschnitt

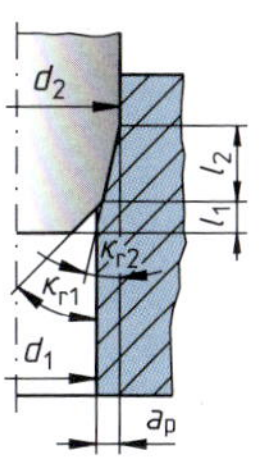

Doppelanschnitt

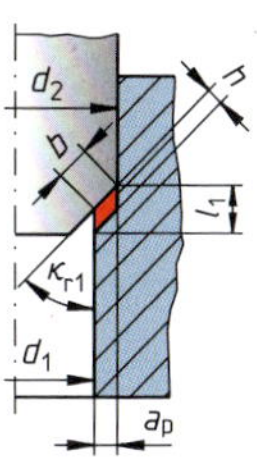

a_p	in mm	Schnitttiefe
d_1	in mm	Bohrungsdurchmesser
d_2	in mm	Nenndurchmesser
l_1, l_0	in mm	Anschnittlänge
$\varkappa_{r_1}$, $\varkappa_{r_2}$	in °	Einstellwinkel

	l_1 in mm	l_2 in mm	$\varkappa_{r_1}$ in °	$\varkappa_{r_2}$ in °
Kegelanschnitt	0,1 · Schneidenlänge	–	45…0	–
Doppelanschnitt	0,1 · Schneidenlänge	$\left(\frac{a_p}{2} \ldots \frac{a_p}{4}\right) \cdot \frac{1}{\tan \varkappa_{r_2}}$	45	15…2

Bearbeitungszugabe a_p in mm

Bohrungsdurchmesser d_2 in mm	<10	<18	<30	<50	≤ 100
Schnitttiefe $2 \cdot a_p$ in mm	0,2	0,25	0,3	0,4	0,5

Die Schneidarbeit beim Reiben erfolgt größtenteils vom Anschnitt, während die Schneiden am Umfang für Rundheit, Maßhaltigkeit und Oberflächengüte verantwortlich sind (Ausnahme: Kegelreibahlen)

Schnittkraft – Schnittmoment – Schnittleistung: Berechnungen mit den Formeln des Senkens

[1)] Die Einheiten sind den jeweiligen Formeln anzupassen.

Grobe Richtwerte für das Drehen, Fräsen und Bohren mit HSS-Werkzeugen (Auswahl)[1)]

HSS-Werkzeuge beim Drehen und Fräsen kommen gegenüber hartmetallbestückten Werkzeugen nur noch vereinzelt zum Einsatz. Daher beschränkt sich die nachfolgende Tabelle auf grobe Richtwerte, die im Einzelfall auf den verwendeten Werkstoff und den Schneidstoff sowie das Fertigungsverfahren abzustimmen sind.

Werkstoff	R_m in N/mm² (Härte)	Drehen a_p–f–v_c in mm – mm – m/min			Umfangs-Wälzfräsen a_p–f_z–v_c in mm – mm – m/min		Fräsen mit Schaftfräser, ∅ < 20 mm f_z–v_c in mm – m/min		Bohren Vorschubreihe	Bohren v_c in m/min
unlegierte Baustähle	<500	0,5–0,1–75	3–0,5–50	6–1–35	1–0,1–36	4–0,2–22	0,05–25	0,2–16	06	25…32
Automatenstähle	<700	0,5–0,1–90	3–0,5–60	6–1–40	1–0,1–40	4–0,2–25	0,05–30	0,2–20	08	18…25
unlegierte C-Stähle, geglüht	<500	0,5–0,1–75	3–0,5–50	6–1–35	1–0,1–36	4–0,2–22	0,05–25	0,2–16	06	18…25
unlegierte C-Stähle, vergütet	500…700	0,5–0,1–70	3–0,5–30	6–1–25	1–0,1–35	4–0,18–21	0,05–20	0,2–12	06	16…20
legierte Stähle, geglüht	<550	0,5–0,1–75	3–0,5–50	6–1–35	1–0,1–36	4–0,2–22	0,05–20	0,2–12	06	18…25
legierte Stähle, vergütet	>800	0,5–0,1–70	3–0,5–30	6–1–25	1–0,1–25	4–0,2–18	0,05–18	0,1–12	05	8…12
legierte Stähle, geglüht	<600	0,5–0,1–70	3–0,5–30	6–1–25	1–0,1–22	4–0,2–18	0,05–18	0,1–12	05	8…12
legierte Stähle, vergütet	>900	(0,5–0,1–50)[2)]	(3–0,5–30)[2)]	(6–1–20)[2)]	(1–0,1–20)[2)]	(4–0,2–10)[2)]	(0,02–10)[2)]	(0,05–5)[2)]	03	6…10
Stahlguss	<700	0,5–0,1–60	3–0,5–40	6–1–30	1–0,1–29	4–0,2–17	0,05–25	0,2–16	06	25…32
Gusseisen mit lamellarem Graphit, Temperguss	(<250 HB)	0,5–0,1–40	3–0,5–25	6–1–15	1–0,1–18	4–0,2–12	0,07–22	0,3–18	10	16…20
Gusseisen mit globularem Graphit	(<250 HB)	0,5–0,1–30	3–0,5–20	6–1–12	1–0,1–15	4–0,2–10	0,07–20	0,3–14	10	14…18
Aluminium-Legierungen	(<110 HB)	2–0,2–180	4–0,4–150	6–0,6–120	2–0,1–150	5–0,1–100	0,05–150	0,2–60	10, 12	40…63
Kupfer, Kupfer-Legierungen		0,5–0,1–150	3–0,3–120	6–0,6–80	1–0,22–75	4–0,22–50	0,05–50	0,2–30	10, 12	32…40
Duroplaste, Faserverbundstoffe		3–0,1–250	3–0,2–150				0,2–60		12	16…20
Thermoplaste		3–0,1–300	3–0,2–200				0,2–100		10, 12	32…35

1) gültig für eine Standzeit $T = 60$ min   2) nur in Ausnahmefällen verwenden

Vorschub *f* in mm beim Bohren abhängig vom Bohrungsdurchmesser und der Vorschubreihe

Vorschubreihe	Bohrungsdurchmesser *d* in mm: 2,5	3,5	5	7	10	12	18	25	35	50
02	0,01	0,02	0,02	0,04	0,05	0,06	0,08	0,10	0,12	0,15
03	0,01	0,03	0,04	0,05	0,07	0,08	0,10	0,12	0,15	0,19
05	0,03	0,04	0,06	0,08	0,09	0,10	0,13	0,16	0,19	0,24
06	0,03	0,05	0,08	0,09	0,11	0,12	0,17	0,20	0,23	0,30

Vorschubreihe	Bohrungsdurchmesser *d* in mm: 2,5	3,5	5	7	10	12	18	25	35	50
08	0,04	0,07	0,10	0,12	0,15	0,17	0,22	0,25	0,30	0,38
10	0,06	0,08	0,12	0,18	0,22	0,25	0,34	0,40	0,48	0,60
12	0,07	0,09	0,16	0,22	0,28	0,32	0,42	0,50	0,60	0,75
16	0,08	0,15	0,20	0,30	0,36	0,42	0,55	0,63	0,75	–

Trennen: Zerspanungsgrößen

Grobe Richtwerte für das Maschinen-Gewindebohren und Senken mit HSS-Werkzeugen (Auswahl)[1]

Werkstoff	R_m in $\frac{N}{mm^2}$ (Härte)	Gewindebohren v_c in $\frac{m}{min}$	Senken: Vorschubreihe[2]	Senken: v_c in $\frac{m}{min}$
unlegierte Baustähle	<500	12 … 15	06	20 … 26
Automatenstähle	<700	5 … 12	08	15 … 20
unlegierte Stähle, geglüht	<500	5 … 10	06	15 … 20
unlegierte Stähle, vergütet	500 … 700	3 … 5	06	12 … 16
legierte Stähle, geglüht	<550	4 … 10	06	15 … 20
legierte Stähle, vergütet	>800	3 … 5	05	6 … 10
legierte Stähle, geglüht	<600	4 … 7	05	6 … 10
legierte Stähle, vergütet	>900	2 … 5	03	5 … 8
Stahlguss	<700	5 … 10	06	20 … 26
Gusseisen mit lamellarem Graphit, Temperguss	(<250 HB)	8 … 12	10	12 … 16
Gusseisen mit globularem Graphit	(<250 HB)	10 … 12	10	11 … 15
Aluminiumlegierung	(<110 HB)	15 … 25	10, 12	30 … 50
Kupfer, Kupferlegierung		8 … 12	10, 12	25 … 32
Duroplaste, Faserverbundstoffe		2 … 8	12	12 … 16
Thermoplaste		10 … 15	10, 12	25 … 28

[1] gültig für eine Standzeit T ≈ 60 min

[2] siehe F 44: $f = f_{Bohren} \cdot (1{,}12 \ldots 1{,}2)$

Grobe Richtwerte für das Reiben mit Maschinenreibahlen aus HSS (Auswahl)[1]

Werkstoff	Schnittgeschw. v_c in m/min	Werkstoff	Schnittgeschw. v_c in m/min	Werkstoff	Schnittgeschw. v_c in m/min
unleg./leg. Stahl, $R_m \leq 790$ N/mm², ≤180 HB	4 … 12	leg. Gusseisen, Temperguss, ≤330 HB	5 … 10	Al-Leg, Si≤7 %	8 … 20
unleg./leg. Stahl, $R_m \leq 900$ N/mm², ≤210 HB	4 … 10	Kupfer	15 … 30	Al-Leg, Si>7 %	4 … 12
leg. Stahl, $R_m < 1400$ N/mm², ≤450 HB	4 … 8	Kupfer-Zink-Legierung	10 … 20	Thermoplaste	15 … 30
Gusseisen, Temperguss, ≤230 HB	8 … 15	Kupfer-Zinn-Legierung	6 … 12	Duroplaste	10 … 20

Bohrungs-∅ D in mm	≤10	11 … 20	21 … 40
Vorschub f in mm	0,15 … 0,25	0,20 … 0,35	0,30 … 0,50
Werkstoffzugabe in mm	0,16 … 0,24	0,24 … 0,30	0,20 … 0,40

[1] gültig für eine Standzeit T ≈ 60 min

Grobe Richtwerte für das Trennen mit Kreissägen, $a_e \leq 8$ mm, aus HSS (Auswahl)[1]

Werkstoff	R_m in $\frac{N}{mm^2}$	Vorschubgeschw. v_f in $\frac{mm}{min}$	Schnittgeschw. v_c in $\frac{m}{min}$	Werkstoff	R_m in $\frac{N}{mm^2}$ (Härte)	Vorschubgeschw. v_f in $\frac{mm}{min}$	Schnittgeschw. v_c in $\frac{m}{min}$
unleg. Baustähle	<500	50 … 60	40				
Automatenstähle	<700	60	45	Stahlguss	<700	45 … 55	35 … 40
unlegierte C-Stähle, geglüht	<500	50 … 60	35 … 40	Gusseisen mit lamellarem Graphit, Temperguss	(<250 HB)	50 … 60	30 … 35
unlegierte C-Stähle, vergütet	500…700	22 … 30	22 … 25	Gusseisen mit globularem Graphit	(<250 HB)	50 … 60	30 … 35
legierte Stähle, geglüht	<550	40 … 50	30 … 35	Aluminium-Legierung	(<110 HB)	120 … 200	500 … 850
legierte Stähle, vergütet	>800	22 … 30	20 … 22	Kupfer, Kupfer-Legierung		200 … 300	300 … 400
legierte Stähle, geglüht	<600	45 … 50	32 … 35	Duroplaste, Faserverbundstoffe		≤350	≤2000
legierte Stähle, vergütet	>900	40 … 45	30 … 32	Thermoplaste		≤300	≤1500[2]

[1] gültig für eine Standzeit T ≈ 60 min

[2] je nach Werkstoff anpassen

Prinzipielle Einteilung von Werkstoffen in Zerspanungsgruppen für die Bearbeitung mit Hartmetall-Schneidstoffen[1)]
(in Anlehnung an Herstellerangaben)

Werkstoff	HB-Basiswert[2)]	HB-Bereich (oder HRC)	Rm[3)] in N/mm²	Zerspanungsgruppe[1)]	Beispielwerkstoffe
Bau- und C-Stähle mit C: <0,25 %	90	80 … 110	320 … 490	1.1	C10E, C22, C15E, DC03, S235JR, 10SPb20, 9SMn28; 17MnV6
Bau- und C-Stähle mit C: 0,25 % … 0,5 %	125	85 … 135	370 … 590	1.2	C35, C45, C45E, 28Mn6, 35S20, 36Mn5, 40Mn4
Bau- und C-Stähle mit C: 0,5 … 0,75 %	15	120 … 150	500 … 600	1.3	C55, C60, C55E, C60E
Bau- und C-Stähle mit C: >0,75 %	175	180 … 225	700 … 800	1.4	C105U, C110W
unlegierte C-Stähle mit C: >0,8 … 1,4 %, geglüht	200	180 … 225	700	1.5	C105U+N
unlegierte C-Stähle mit C: >0,8 … 1,4 %, vergütet	275	250 … 400	900 … 1250	1.6	C105U+QT
legierte Stähle, geglüht; <3 % Legierungsbestandteile	180	125 … 225	600 … 800	2.1	S275JR, S355J0, 15Cr3, 16Mo5, 17CrNiMo6, 21NiCrMo2, 25CrMo4, 100Cr6
legierte Stähle, vergütet; <3 % Legierungsbestandteile	275	275 … 350	800 … 950	2.2	14NiCr10, 16MnCr5, 34Cr4, 35CrNiMo4, 36NiCr6, 42CrMo4, 55Si7, 105WCr6
legierte Stähle, geglüht; >3 % Legierungsbestandteile	200	150 … 250	<650	3.1	HS6-5-2, X9Ni8, X20CrMoV21-1, X210Cr12, 14NiCrMo13-4
legierte Stähle, vergütet; >3 % Legierungsbestandteile	275	250 … 350	<780	3.2	X20CrMoV12-1-V, X210Cr12G
hochfeste Stähle	300	>250 … 600	800 … 900	4.1	–
gehärtete Stähle	55HRC	50 … 65HRC		4.1	X65CrMo14, X100CrMo13, X110CrMoV15
rostfreie Stähle, geglüht, ferritisch	200	150 … 250	400 … 600	5.1	X6Cr13, X7Cr13, X10CrAl13, X12CrS13, X20CrMoV12-1, X22CrNi17
rostfreie Stähle, geglüht, austenitisch, oder austenitisch/ferritisch	200	150 … 220	500 … 700	5.2	X2CrNiMo18 12, X5CrNi18 9, X10CrNiS18-9, X15CrNiSi20 12
rostfreie Duplex-Stähle, geglüht, austenitisch/ferritisch	180	–	–	5.3	X2CrNiMoN22 53, X2CrNiMoSi19 5, X8CrNiMo27 5
Stahlguss, unlegiert	180	90 … 225	350 … 450	6.1	GE200, GP240GH
Stahlguss, legiert	200	150 … 250	400 … 550	6.2	G20Mo5
Stahlguss, legiert, rostfrei	225	150 … 250	550 … 750	6.3	GX8CrNi13, GX120Mn12
Temperguss, ferritisch	130	110 … 145	<350	7.1	EN-GJMB-350-10
Temperguss, perlitisch	230	200 … 230	340 … 430	7.2	EN-GJMB-450-6, EN-GJMB-550-4, EN-GJMB-650-2
Gusseisen mit lamellarem Graphit, niedere Festigkeit	180	–	150	8.1	EN-GJL-150, EN-GJL-200
Gusseisen mit lamellarem Graphit, hohe Festigkeit	260	–	350	8.2	EN-GJL-250, EN-GJL-300, EN-GJL-350, EN-GJL-400
Gusseisen mit globularem Graphit, ferritisch	160	–	400	9.1	EN-GJS-400-15, EN,GJS-500-7
Gusseisen mit globularem Graphit, perlitisch	250	–	750	9.2	EN-GJS-600-3, EN-GJS-700-2, EN-GJS-800-2
Kokillenhartguss	400	375 … 600	400	10.1	GH15
warmfeste Legierungen auf Fe-Basis, geglüht	200	–	–	20.1	GX40NiCrSi38, X12NiCrSi26 16
warmfeste Legierungen auf Fe-Basis, ausgehärtet	280	–	–	20.2	NiCr20Ti, NiCr22Mo9Nb, NiCu30Al, NiCr20TiAk, NiFe35Cr14MoTi
Titanlegierungen, ausgehärtet	–	–	950 … 1050	23.1	TiAl6V4, TiAl5Sn2.5, TiAl4Mo4Sn4Si0.5
Aluminium-Knetlegierungen, nicht warmbehandelbar	60	–	90 … 180	30.1	EN AW-3004-0
Aluminium-Knetlegierungen, warmbehandelbar	90	90 … 100	200 … 350	30.2	EN AW-6060-T6
Aluminium-Gusslegierungen, nicht warmbehandelbar	75	–	150 … 200	30.3	EN AC-AlSi12
Aluminium-Gusslegierungen, warmbehandelbar	90	–	230 … 300	30.4	AC-AlSi9Mg, EN AC-43300
Reinkupfer und Kupfer-Zink-Legierungen mit Pb > 1 %	110	–	–	33.1	Cu-OF, CuZn25Pb2, EN AC-44300
Kupfer-Zink-Legierungen, Rotguss	90	–	250 … 450	33.2	CuZn31Si1
Kupfer-Zinn-Legierungen	100	–	>300	33.3	CuSn6
harte Kunststoffe	30HS[4)]	–	–	40.1	PS hart
Hartgummi	20HS[4)]	–	–	45.1	–
Sintermetalle	90HS[4)]	89 … 94HS[4)]	–	99.1	–

1) Die Zerspanungsgruppeneinteilung gilt für die Zerspanungsprozesse Drehen, Fräsen, Bohren, Aufbohren, Senken. Die Auswahl der Zerspanungsrichtwerte basiert auf der Einteilung eines führenden Herstellers. Andere Zerspanungsgruppengliederungen bedingen andere Zerspanungswerte.
2) Basiswert für die Angabe der Zerspanungsrichtwerte. Abweichungen müssen durch Korrekturfaktoren berücksichtigt werden.
3) Mindestzugfestigkeit nur als Hilfswert bei fehlendem HB-Wert.
4) Härte nach Shore

Trennen: Zerspanungsgrößen

Auswahl der Zerspanungsgrößen beim Drehen

Wahl der Schnitttiefe a_p und des Vorschubes f

Bearbeitungsbereich	a_p in mm	f in mm
Feinschlichten	0,25 … 2,0	0,05 … 0,1
Schlichten	0,5 … 2,0	>0,1 … 0,3
mittlere Bearbeitung	>2,0 … 4,0	>0,3 … 0,4
leichtes Schruppen	>4,0 … 6,0	>0,4 … 0,6
Schruppen	>6,0 … 12	>0,6 … 1,5
schweres Schruppen	>12 … 20	>1,0

Vorschubwahl in Abhängigkeit vom Eckenradius und der Oberflächenrauigkeit

Schruppen bei $\varkappa_r = 90°$

$$f_{\text{Schruppen}} = 0{,}5\ r_\varepsilon$$

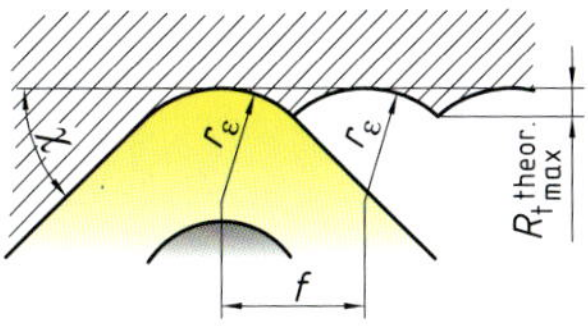

Eckenradius r_ε	f_{max} in mm
0,2	0,15
0,4	0,25
0,8	0,5
1,2	0,8
1,6	1,0
2,4	1,6
3,2	>1,6

Kurven berechnet aus:

$$R_{max}{}^{2)} = r_\varepsilon - \sqrt{r_\varepsilon^2 - \left(\frac{f}{2}\right)^2}$$

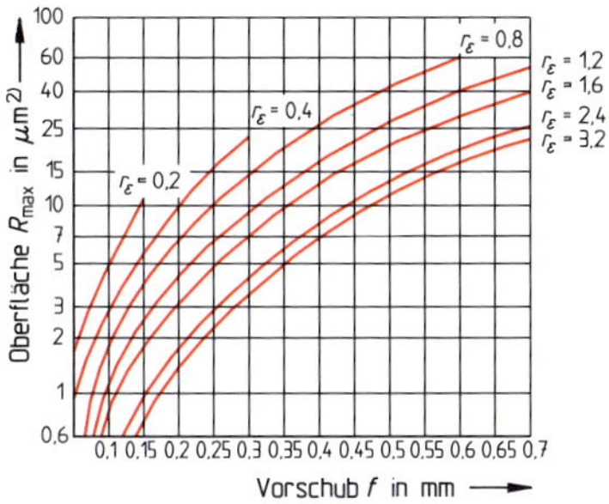

Schlichten bei $\varkappa_r = 90°$

$$f_{\text{Schlichten}} = \sqrt{0{,}008\ r_\varepsilon \cdot R_{max}}$$

f	in mm	Vorschub
r_ε	in mm	Eckenradius
R_{max}	in µm	maximale Rautiefe
f_z	in mm	Vorschub pro Zahn
D	in mm	Fräser-∅
b_r	in mm	Zeilensprung

Theoretische Rautiefe

Drehen	$R_{th} = f^2/(8 \cdot r_\varepsilon)$
Umfangsfräsen	$R_{th} = (f_z)^2/(4 \cdot D)$
Kugelfräsen	$R_{th} = (b_r)^2/(4 \cdot D)$

Oberflächenqualität beim Drehen

Rautiefe Rz in µm	Eckenradius r_ε in mm										
	0,2	0,4	0,5	0,6	1,0	1,2	1,5	1,6	2,0	2,4	3,0
	Vorschub f in mm										
4	0,08	0,11	0,13	0,16	0,18	0,2	0,22	0,25	0,25	0,3	0,31
6,3	0,1	0,14	0,16	0,2	0,22	0,25	0,27	0,3	0,31	0,36	0,38
16	0,16	0,23	0,26	0,32	0,36	0,4	0,44	0,5	0,5	0,6	0,62
25	0,2	0,28	0,32	0,4	0,45	0,5	0,55	0,6	0,63	0,7	0,77
63	0,35	0,45	0,5	0,63	0,71	0,8	0,87	0,9	1,0	1,2	1,22
00	0,51	0,57	0,63	0,8	0,89	1,0	1,1	1,13	1,26	1,4	1,55

Schnittgeschwindigkeitskorrektur c_1 bei abweichenden Härtegraden

$$v_c = v_{c\,\text{unkorrigiert}} \cdot c_1$$

Zerspanungsgruppe	Härteunterschied (HB) zum HB-Basiswert							
	−60	−40	−20	0	+20	+40	+60	+80
1.1 … 1.6	–	(1,10)	1,07	1,0	0,95	0,9	–	–
2.1 … 2.2	1,18	1,12	1,05	1,0	0,94	0,91	0,86	0,83
3.1 … 3.2	(1,31)	1,21	1,10	1,0	0,91	0,84	0,79	–
5.1 … 5.3	(1,31)	1,21	1,10	1,0	0,91	0,85	0,79	–
6.1 … 6.3	(1,41)	1,31	1,13	1,0	0,87	0,80	0,73	–
7.1 … 7.2	(1,14)	1,08	1,03	1,0	0,96	0,92	–	–
10.1	–	–	1,03	1,0	0,95	0,90	0,84	0,81

Trennen: Zerspanungsgrößen

Schnittgeschwindigkeitsrichtwerte vc in m/min für die allgemeine Drehbearbeitung

(Auswahl nach Herstellerangaben, Kurzzeichen s. Kap. Werkstofftechnik)

Schneidstoff	HT-P01…P10	HT-P05…P20	HC-P10…P40	HC-P30…P50	HW-P30…P45	CA-P05…P10
f in mm	0,05 – 0,1 – 0,2	0,1 – 0,3	0,4 – 0,8	0,4 – 0,6	0,6 – 1,2	0,1 – 0,25 – 0,4
Z-Gruppe	Zer. bed.: +[1]	Zer. bed.: + /0[1]	Zer. bed.: + /0/ –[1]	Zer. bed.: –[1]	Zer. bed.: 0/ –[1]	Zer. bed.: +[1]
1.1	660 550 440	420 300	325 215	135 120	140 90	900 750 550
1.2	640 530 430	410 290	300 205	130 110	130 85	900 750 550
1.3	580 490 390	380 260	275 190	120 100	115 80	750 600 490
1.4	510 420 340	330 230	240 165	105 90	100 70	650 550 400
1.5	460 370 290	290 200	205 125	90 75	85 60	550 430 300
1.6	400 310 240	240 165	160 80	75 60	70 50	360 240 170
2.1	445 370 300	265 180	220 170	110 90	75 50	640 490 330
2.2	305 250 205	180 125	150 115	75 60	50 35	520 400 270
3.1	400 330 –	235 165	185 135	100 80	65 50	400 330 270
3.2	195 160 –	115 80	80 60	45 35	30 20	320 210 160
5.1	345 285 –	245 180	210 165	110 90	105 85	–
6.1	270 225 –	155 –	160 120	80 65	55 40	–
6.2	270 225 –	155 –	125 85	70 55	50 35	–
6.3	220 180 –	120 –	115 80	60 45	35 25	–

Schneidstoff	HT-M05…M15	HC-M25…M40	HC-M05…M20	HW-M10…M30	CA-M10
f in mm	0,05 – 0,1 – 0,2	0,2 – 0,4	0,1 – 0,4 – 0,8	0,2 – 0,5 – 1,0	0,15
Z-Gruppe	Zer. bed.: +[1]	Zer. bed.: 0/–[1]	Zer. bed.: +[1]	Zer. bed.: + /0/ –[1]	Zer. bed.: +[1]
5.2	220 205 180	105 90	–	100 70 –	–
20.1	–	–	94 43 23	63 32 15	500
20.2	–	–	59 31 15	46 23 9	400
23.1	–	–	76 53 45	59 48 42	–

Schneidstoff	HT-K01…K25	HW-K01…K25	HC-K15…K30	CA-K10
f in mm	0,1 – 0,4	0,1 – 0,3 – 0,5	0,5 – 1,0	0,1 – 0,25 – 0,4
Z-Gruppe	Zer. bed.: +[1]	Zer. bed.: + /0/(–)[1]	Zer. bed.: + /0/ –[1]	Zer. bed.: +[1]
4.1	–	60 45 30	40 16	200 130 –
7.1	325 270	185 140 120	75 45	700 500 460
7.2	255 155	130 100 85	60 30	600 600 360
8.1	475 290	245 170 135	95 60	700 550 400
8.2	270 175	175 120 95	65 40	600 460 300
9.1	285 200	195 145 120	80 45	560 500 –
9.2	210 145	145 105 85	50 30	450 320 –
10.1	–	30 16 –	11 –	210 180 150
30.1	–	2400 1950 1550	1200 800	–
30.2	–	810 600 460	370 250	–
30.3	–	830 550 365	285 175	–
30.4	–	510 330 230	180 110	–
33.1	–	600 430 310	430 295	–
33.2	–	395 330 275	250 195	–
33.3	–	285 215 165	160 115	
40.1	–	– 670 460	380 240	
45.1	–	– 510 350	225 160	

Schneidstoff	HC-M10…M30	PKD10[2]	CB20	CB50
f in mm	0,15 – 0,6	0,05 – 0,25	0,05 – 0,15 – 0,25	0,3
Z-Gruppe	Zer. bed.: + /0[1]	Zer. bed.: +[1]	Zer. bed.: + /0[1]	Zer. bed.: + /0[1]
4.1	–	–	220 180 150	70
7.1/7.2	–	–	–	600
8.1/8.2	–	–	–	600
10.1	–	–	220 180 150	90
30.1	300 2500	300 2000	–	–
30.2	200 500	300 2000	–	–
30.3	150 300	300 1000	–	–
33.1	250 800	250 800	–	–
33.2	250 800	250 800	–	–
33.3	150 400	150 400	–	–
99	–	25…80 40…100	–	–

[1] Zustände von Zerspanungsbedingungen: +: günstig, 0: mittlere Bedingungen, –: ungünstig, schwierig

[2] polykristalliner Diamant

Trennen: Zerspanungsgrößen

Schnittgeschwindigkeitsrichtwerte v_c in m/min für besondere Drehbearbeitung

(Auswahl nach Herstellerangaben, Kurzzeichen s. Kap. Werkstofftechnik)

Schneidstoff *f* in mm / Z-Gruppe	Abstechdrehen		Einstechdrehen, außen		Einstechdrehen, innen		Form-/Freidrehen	
	HC-P05…P35 0,05…0,15[1] Zer. bed.: +[2]	HC-M10…M30 0,05…0,15[1] Zer. bed.: +[2]	HC-P05…P35 0,05…0,15[1] Zer. bed.: +[2]	HC-M10…M30 0,05…0,15[1] Zer. bed.: +[2]	HC-P05…P35 0,05…0,10[1] Zer. bed.: +[2]	HC-M10…M30 0,05…0,10[1] Zer. bed.: +[2]	HC-P05…P35 0,05…0,2[1] Zer. bed.: +[2]	HC-M10…M30 0,05…0,2[1] Zer. bed.: +[2]
1.1	210…160	–[3]	210…160	–[3]	145…110	–[3]	210	–[3]
1.2	200…150	–[3]	200…150	–[3]	140…105	–[3]	200	–[3]
1.3	190…140	–[3]	190…140	–[3]	135…100	–[3]	190	–[3]
1.4	170…120	–[3]	170…120	–[3]	120…85	–[3]	170	–[3]
1.5	160…110	–[3]	160…110	–[3]	105…70	–[3]	150	–[3]
1.6	145…95	–[3]	145…95	–[3]	95…55	–[3]	140	–[3]
2.1	180…130	–[3]	180…130	–[3]	125…90	–[3]	180	–[3]
2.2	160…110	–[3]	160…110	–[3]	110…80	–[3]	160	–[3]
3.1	110…90	–[3]	110…90	–[3]	80…60	–[3]	130	–[3]
3.2	70…50	–[3]	70…50	–[3]	50…35	–[3]	100	–[3]
4.1	–[3]	–[3]	–[3]	–[3]	–[3]	–[3]	–[3]	–[3]
5.1	170…120	–[3]	170…120	–[3]	120…85	–[3]	170	–[3]
5.2	170…120	100…60	170…120	100…60	120…85	70…45	170	100
6.1	130…90	–[3]	130…90	–[3]	90…60	–[3]	130	–[3]
6.2	115…75	–[3]	115…75	–[3]	80…50	–[3]	115	–[3]
6.3	100…60	–[3]	100…60	–[3]	70…45	–[3]	100	–[3]
7.1	140…110	100…80	140…110	100…80	100…80	100…80	140	100
7.2	100…70	70…50	100…70	70…50	70…50	70…50	110	70
8.1	110…85	80…60	110…85	80…60	80…60	80…60	110	100
8.2	100…70	70…50	100…70	70…50	70…50	70…50	100	70
9.1	100…70	70…50	100…70	70…50	70…50	70…50	100	100
9.2	85…60	60…40	85…60	60…40	60…45	60…40	85	70
10.1	–[3]	–[3]	–[3]	–[3]	–[3]	–[3]	–[3]	–[3]
20.1	–[3]	50…30	–[3]	50…30	–[3]	50…30	–[3]	60
20.2	–[3]	40…20	–[3]	40…20	–[3]	40…20	–[3]	50
23.1	–[3]	–[3]	–[3]	72…65	–[3]	–[3]	–[3]	72…65
30.1	1500	1000	1500	1000	1050	700	–[3]	1000
30.2	500	420	500	420	350	300	–[3]	420
30.3	1500	1000	1500	1000	1050	700	–[3]	450
30.4	750	650	750	650	525	460	–[3]	300
33.1	300	300	300	300	210	210	300	300
33.2	200	200	200	200	140	140	200	200
33.3	150	150	150	150	105	105	150	150

Schnittgeschwindigkeitsrichtwerte v_c in m/min für Gewindedrehen

(Auswahl nach Herstellerangaben, Kurzzeichen s. Kap. Werkstofftechnik)
Die fett gedruckten Schnittgeschwindigkeiten nebst Schneidstoff sind bevorzugt zu verwenden.

Schneidstoff / Z-Gruppe	HC-P10…P40	HC-P05…P35	HW-M15…M25	HW-K10…K25	HW-P30/M30 (scharfe Schneidkante)	CB20
1.1	**175**	270	–	–	140	–
1.2	**170**	260	–	–	130	–
1.3	**140**	220	–	–	105	–
1.4	**120**	190	–	–	90	–
1.5	**100**	170	–	–	75	–
1.6	**90**	160	–	–	60	–
2.1	**100**	180	–	–	75	–
2.2	**80**	135	–	–	60	–
3.1	**90**	160	–	–	70	–
3.2	**60**	110	–	–	45	–
4.1	30	70	–	–	–	**80**
5.1	**120**	150	–	–	90	–
5.2	**130**	150	–	–	(120)	–
6.1	**140**	225	–	–	110	–

[1] Vorschubangabe nur tendenziell, da sie stark geometrieabhängig ist.
[2] Zustände von Zerspanungsbedingungen: +: günstig. Für andere Zustände muss ein anderer Schneidstoff gewählt werden.
[3] Bearbeitung der Zerspanungsgruppe mit diesem Schneidstoff nicht möglich; anderen Schneidstoff wählen.

Trennen: Zerspanungsgrößen

Schnittgeschwindigkeitsrichtwerte v_c in m/min für Gewindedrehen – (Fortsetzung)

(Auswahl nach Herstellerangaben, Kurzzeichen s. Kap. Werkstofftechnik)

Die fett gedruckten Schnittgeschwindigkeiten sind bei den betreffenden Schneidstoffen bevorzugt zu verwenden.

Schneidstoff / Z-Gruppe	HC-P10...P40	HC-P05...P35	HW-M15...M25	HW-K10...K25	HW-P30/M30 (scharfe Schneidkante)	CB20
6.2	**85**	155	–	–	65	–
6.3	**65**	125	–	–	45	–
7.1	110	**190**	–	70	85	–
7.2	65	**140**	–	50	50	–
8.1	**130**	215	–	55	100	–
8.2	**105**	175	–	50	80	–
9.1	**110**	175	–	50	85	–
9.2	**90**	135	–	40	70	–
10.1	15	30	–	–	10	**180**
20.1	(100)	–	**30**	–	–	–
20.2	–	–	**25**	–	–	–
23.1	–	–	**37**	–	–	–
30.1	300	–	–	**800**	800	–
30.2	235	–	–	**350**	350	–
30.3	105	–	–	**1000**	1000	–
30.4	85	–	–	**500**	500	–
33.1	300	–	–	**300**	300	–
33.2	260	–	–	**200**	200	–
33.3	240	–	–	**150**	150	–

Bei fehlender Zerspanungsgruppe ist eine Bearbeitung mit diesen Schneidstoffen nicht möglich.

Zustellungen a_p in mm beim Gewindedrehen mit Hartmetallen[2)]

Steigung in mm eines metrischen Außengewindes[1)]										
0,5 M3	0,8 M5	1,0 M6	1,25 M8	1,5 M10	1,75 M12	2,0 M16	2,5 M20	3,0 M24	3,5 M30	4,0 M36
0,11	0,17	0,19	0,20	0,22	0,22	0,25	0,27	0,28	0,34	0,34
0,09	0,15	0,16	0,17	0,21	0,21	0,24	0,24	0,26	0,31	0,32
0,07	0,11	0,13	0,14	0,17	0,17	0,18	0,20	0,21	0,25	0,25
0,07	0,05	0,11	0,11	0,14	0,14	0,16	0,17	0,18	0,21	0,22
		0,08	0,10	0,12	0,12	0,14	0,15	0,16	0,18	0,19
			0,08	0,08	0,10	0,12	0,13	0,14	0,17	0,17
					0,10	0,11	0,12	0,13	0,15	0,16
					0,08	0,08	0,11	0,12	0,14	0,15
							0,11	0,12	0,14	0,14
							0,08	0,11	0,12	0,13
								0,10	0,11	0,12
								0,08	0,08	0,12
										0,11
										0,08

Steigung in mm eines metrischen Innengewindes[1)]										
0,5 M3	0,8 M5	1,0 M6	1,25 M8	1,5 M10	1,75 M12	2,0 M16	2,5 M20	3,0 M24	3,5 M30	4,0 M36
0,11	0,17	0,19	0,20	0,22	0,22	0,25	0,27	0,28	0,32	0,33
0,09	0,14	0,16	0,17	0,21	0,21	0,23	0,25	0,26	0,30	0,31
0,07	0,10	0,11	0,13	0,15	0,15	0,17	0,18	0,20	0,23	0,24
0,07	0,07	0,09	0,10	0,13	0,13	0,14	0,15	0,16	0,19	0,21
		0,08	0,09	0,11	0,10	0,12	0,13	0,14	0,17	0,18
			0,08	0,08	0,09	0,11	0,12	0,13	0,15	0,15
					0,09	0,10	0,11	0,12	0,14	0,14
					0,08	0,08	0,10	0,11	0,13	0,13
							0,10	0,10	0,12	0,12
							0,08	0,10	0,11	0,12
								0,09	0,10	0,11
								0,08	0,08	0,10
										0,10
										0,08

[1)] mit abnehmender Steigung ist die Schnittgeschwindigkeit zu verringern
Achtung: Bei Verwendung von CBN darf der Zustellwert von 0,07 mm nicht überschritten werden.

[2)] für HSS, siehe F 57

Schnittgeschwindigkeitsrichtwerte v_c in m/min für das Fräsen mit Planfräsköpfen

(Auswahl nach Herstellerangaben, Kurzzeichen s. Kap. Werkstofftechnik) [3]

Schneidstoff f_z in mm [4] Z-Gruppe	HT-P05…P25 0,05 – 0,1 – 0,2 Zer. bed.: + [1]	HC-P10…P35 0,2 – 0,3 Zer. bed.: + /0 [1]	HC-P35…P45 0,2 – 0,3 Zer. bed.: 0/ – [1]	HW-P30…P40 0,2 – 0,4 Zer. bed.: – [1]
1.1	470 370 260	370 265	220 160	140 110
1.2	450 350 250	300 250	200 150	130 100
1.3	450 350 250	240 205	150 120	100 85
1.4	450 350 250	180 155	120 100	85 65
1.5	400 300 200	170 145	110 85	80 55
1.6	–	165 135	110 75	75 50
2.1	400 300 200	200 170	120 100	110 90
2.2	250 200 150	130 110	75 55	75 60
3.1	250 200 150	170 130	115 95	100 80
3.2	–	110 90	75 60	45 35
5.1	400 300 200	180 155	150 110	110 90
6.1	–	180 140	120 80	80 65
6.2	–	150 125	100 70	70 55
6.3	–	110 90	70 55	60 45

Schneidstoff f_z in mm [4] Z-Gruppe	HT-M10…M20 0,05 – 0,1 – 0,2 Zer. bed.: +	HC-M25…M40 0,2 – 0,3 Zer. bed.: 0/ – [1]	HW-M15…M25 0,1 – 0,2 Zer. bed.: 0/ – [1]	HW-M25…M30 0,1 – 0,2 – 0,4 Zer. bed.: – [1]
5.2	400 300 200	150 80	–	100 95 65
20.1	–	40 –	50 25	–
20.2	–	–	45 20	–
23.1	–	–	80 20	–

Schneidstoff f_z in mm [4] Z-Gruppe	HC-K01…K25 0,1 – 0,4 Zer. bed.: + [1]	HW-K01…K25 0,1 – 0,3 – 0,5 Zer. bed.: + /0/(–) [1]	HC-K15…K30 0,5 – 1,0 Zer. bed.: + /0/(–) [1]	CA-K10 0,1 – 0,25 – 0,4 Zer. bed.: + [1]
4.1	–	60 45 30	40 16	200 130 –
7.1	325 270	185 140 120	75 45	700 500 460
7.2	255 155	130 100 85	60 30	600 600 360
8.1	475 290	245 170 135	95 60	700 550 400
8.2	270 175	175 120 95	65 40	600 460 300
9.1	285 200	195 145 120	80 45	560 500 –
9.2	210 145	145 105 85	50 30	450 320 –
10.1	–	30 16 –	11 –	210 180 150
30.1	–	2400 1950 1550	1200 800	– –
30.2	–	810 600 460	370 250	–
30.3	–	830 550 365	285 175	–
30.4	–	510 330 230	180 110	–
33.1	–	600 430 310	430 295	–
33.2	–	395 330 275	250 195	–
33.3	–	285 215 165	160 115	–
40.1	–	– 670 460	380 240	–
45.1	–	– 510 350	225 160	–

Schneidstoff f_z in mm [4] Z-Gruppe	HC-M10…M30 0,15 – 0,6 Zer. bed.: + /0 [1]	PKD10 [2] 0,05 – 0,25 Zer. bed.: + [1]	CB20 0,05 – 0,15 – 0,25 Zer. bed.: + /0 [1]	CB50 0,3 Zer. bed.: + /0 [1]
4.1	–	–	220 180 150	70
7.1/7.2	–	–	–	600
8.1/8.2	–	–	–	600
10.1	–	–	220 180 150	90
30.1	300 2500	300 2000	–	–
30.2	200 500	300 2000	–	–
30.3	150 300	300 1000	–	–
33.1	250 800	250 800	–	–
33.2	250 800	250 800	–	–
33.3	150 400	150 400	–	–
99	–	25…80 40…100	–	–

[1] Zustände von Zerspanungsbedingungen: +: günstig, kleines a_p; 0: mittlere Bedingungen; –: ungünstig, großes a_p

[2] Polykristalliner Diamant

[3] Fehlende Zerspanungsgruppen können mit dieser Auswahl an Schneidstoffen nicht bearbeitet werden.

[4] Vorschub- und Vorschubgeschwindigkeitsberechnung siehe F 41

Trennen: Zerspanungsgrößen

Schnittgeschwindigkeitsrichtwerte v_c in m/min für das Fräsen mit Schaftfräsern

(Auswahl nach Herstellerangaben, Kurzzeichen s. Kap. Werkstofftechnik)[2]

Schneidstoff / Z-Gruppe	Vorschubreihe	mit geschraubter Schneidplatte: HC-P10…P35 Zer. bed.: + /0[1]	HC-P35…P45 Zer. bed.: + /0[1]	HW-M15…M25 Zer. bed.: + /0/ –[1]	HC-K10…K25 Zer. bed.: + /0/ –[1]	Vorschubreihe	aus Vollhartmetall: HW-P30…P40 Zer. bed.: + /0/ –[1]	HW-M15…M25 Zer. bed.: + /0/ –[1]
1.1	1	310…260	230…180	–	–	7	95…65	–
1.2	1	300…250	230…180	–	–	7	95…65	–
1.3	1	250…200	190…150	–	–	7	95…65	–
1.4	1	200…150	150…120	–	–	7	95…65	–
1.5	1	175…125	140…100	–	–	7	95…65	–
1.6	1	150…100	130…80	–	–	7	95…65	–
2.1	1	200…150	150…100	–	–	8	85…35	–
2.2	1	140…90	110…60	–	–	8	60…35	–
3.1	1	170…130	120…80	–	–	8	80…30	–
3.2	1	120…90	–	–	–	8	60…30	–
5.1	2	190…140	160…120	–	–	8	70…45	–
5.2	1	–	160…80	–	–	8	70…45	–
6.1	1	170…130	–	–	–	8	65…30	–
6.2	1	150…110	–	–	–	8	65…30	–
6.3	1	120…90	70…40	–	–	8	65…30	–
7.1	5	–	–	80…60	130…100	8	–	80…60
7.2	5	–	–	70…50	120…90	8	–	70…50
8.1	6	–	–	100…70	130…100	10	–	100…70
8.2	6	–	–	80…50	90…70	10	–	80…50
9.1	1	–	–	60…40	90…70	11	–	60…40
9.2	1	–	–	50…30	80…60	11	–	50…30
20.1	3	–	–	25…15	–	9	–	40…20
20.2	3	–	–	20…12	–	9	–	–
23.1	4	–	–	60…30	–	9		60…30
30.1	5	–	–	500…300	–	10	–	500…300
30.2	5	–	–	450…250	–	10	–	450…250
30.3	5	–	–	450…250	–	10	–	450…250
30.4	5	–	–	400…190	–	10	–	400…190
33.1	1	–	–	120…80	–	8	–	120…80
33.2	1	–	–	120…80	–	8	–	120…80
33.3	1	–	–	120…80	–	8	–	120…80

Vorschub[3] $f_{z\,\text{unkorrigiert}}$ in mm bei Schaftfräsern abhängig vom Schaftfräserdurchmesser und der Vorschubreihe

Vorschubreihe	Schaftfräserdurchmesser D in mm: 10…12	>12…16	20	25	32	40
1	–	0,08…0,11	0,11…0,14	0,12…0,18	0,15…0,21	0,18…0,24
2	–	0,08…0,12	0,11…0,15	0,12…0,18	0,17…0,20	0,18…0,21
3	–	0,03…0,05	0,05…0,07	0,07…0,10	0,07…0,10	0,07…0,10
4	–	0,07…0,10	0,07…0,10	0,07…0,10	0,10…0,15	0,10…0,15
5	–	0,06…0,11	0,06…0,12	0,06…0,12	0,09…0,15	0,09…0,15
6	–	0,18…0,23	0,23…0,30	0,23…0,30	0,30…0,45	0,30…0,45
7	–	0,03…0,06	0,05…0,10	0,06…0,12	0,08…0,15	–
8	0,03…0,06	0,04…0,08	0,05…0,10	0,06…0,12	0,08…0,15	–
9	0,03…0,06	0,03…0,06	0,04…0,06	0,05…0,08	0,06…0,10	–
10	0,04…0,09	0,06…0,12	0,06…0,14	0,08…0,18	0,10…0,24	–
11	0,03…0,06	0,04…0,08	0,05…0,10	0,06…0,12	0,08…0,15	–

Vorschubkorrekturfaktor f_1 bei Fräser-Teileingriff

$f_{z\,\text{korrigiert}} = f_{z\,\text{unkorrigiert}} \cdot f_1$

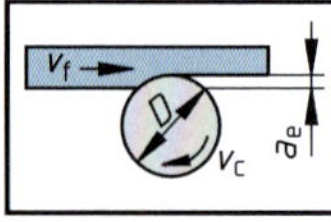

$\frac{D}{a_e}$	1	1,5	2	2,5	5	10	20	40	50
f_1	1	1	1	1	1,5	2	3	4	4,5

[1] Zustände von Zerspanungsbedingungen: +: günstig, kleines a_p; 0: mittlere Bedingungen, mittleres a_p; –: ungünstig, großes a_p

[2] Fehlende Zerspanungsgruppen können nicht mit den ausgewählten Schneidstoffsorten bearbeitet werden; andere Schneidstoffsorte wählen

[3] Vorschubangaben für das Fräsen mit vollem Durchmessereingriff (Vollnuten)

Trennen: Zerspanungsgrößen

Schnittgeschwindigkeitsrichtwerte v_c in m/min für das Fräsen mit Scheibenfräsern

(Auswahl nach Herstellerangaben, Kurzzeichen s. Kap. Werkstofftechnik)[2]

Schneidstoff	Scheibenfräser mit a_p = 10…24…(114) mm für h_m = 0,05 … 0,10 … 0,12 mm				Scheibenfräser, schmal mit a_p = 2,6 … 4,2 mm für h_m = 0,07 … 0,08 mm		
	HC-P10…P35	HC-P35…P45	HW-M15…M25	HC-K10…K25	HC-P35…P45	HW-P30…P40	HW-M15…M25
Z-Gruppe	Zer. bed.: +/0[1]	Zer. bed.: +/0[1]	Zer. bed.: +/0/–[1]	Zer. bed.: +/0/–[1]	Zer. bed.: +/0[1]	Zer. bed.: +/0/–[1]	Zer. bed.: +/0/–[1]
1.1…1.6	240…140	210…100	–	–	210…100	180…80	–
2.1…2.2	240…130	150… 50	–	–	150… 50	140…50	–
3.1…3.2	180…120	90… 30	–	–	90… 30	90…40	–
5.1	–	200…100	–	–	200…100	130…80	–
5.2	–	180… 80	–	–	180… 80	120…50	–
6.1…6.3	210…130	130… 60	–	–	–	90…40	–
7.1…7.2	–	–	90… 60	130…100	–	–	90… 60
8.1…8.2	–	–	120… 80	140… 80	–	–	70… 50
9.1…9.2	–	–	80… 60	110… 60	–	–	120… 80
23.1	–	–	80… 20	–	–	–	80… 20
30.1…30.4	–	–	600…200	–	–	–	600…200
33.1…33.3	–		150… 70	–	–		150… 70

Vorschub f_z in mm abhängig vom Scheibenfräserdurchmesser

$\frac{a_e}{D} > 0{,}01$	$\frac{a_e}{D} < 0{,}01$
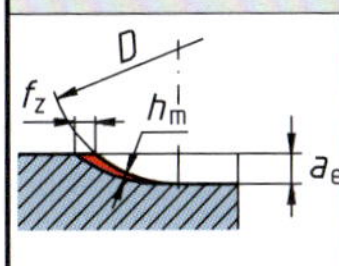	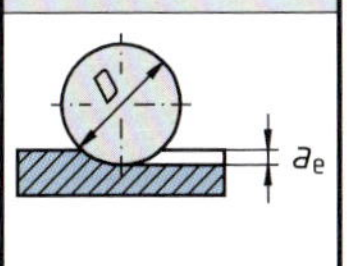
$f_z = h_m \sqrt{\frac{D}{a_e}}$	$f_z = 0{,}10 \sqrt{\frac{D}{a_e}}$

a_e	in mm	Arbeitseingriff
D	in mm	Fräserdurchmesser
f_z	in mm	Vorschub je Zahn
h_m	in mm	Mittlere Spandicke

Empfohlene Grenzdrehzahl n abhängig vom Fräserdurchmesser D

D in mm	n_{max} in min^{-1}
80	1000
100	800
125	640
160	500
200	400
250	320

Schnittgeschwindigkeitsrichtwerte v_c in m/min für das Fräsen mit Schaftfräsern mit runder Stirn

(Auswahl nach Herstellerangaben, Kurzzeichen s. Kap. Werkstofftechnik)[2]

Schneidstoff	HC-P35…P45	HW-P20…P40	HW-P30…P40	HW-M15…M25
Z-Gruppe	Zer. bed.: +/0[1]	Zer. bed.: +/0[1]	Zer. bed.: 0/–[1]	Zer. bed.: +/0/–[1]
1.1…1.6	190…140	175…125	120…80	–
2.1…2.2	170… 75	155… 75	105…45	–
3.1…3.2	150… 70	150… 70	100…40	–
4.1	–	20… 10	–	20… 10
5.1	160…120	140…110	110…75	–
5.2	150… 80	130… 70	90…55	–
6.1…6.3	–	125… 50	80…35	–
7.1…7.2	–	–	–	90… 60
8.1…8.2	–	–	–	90… 50
9.1…9.3	–	–	–	60… 30
20.1…20.3	–	–	–	30… 10
23.1	–			60… 30
30.1…30.4	–	–	–	300…200
33.1…33.3	–	–	–	120… 30

Berechnung der empfohlenen Spindeldrehzahl

$$n = \frac{v_c}{\pi \cdot D_{eff}}$$

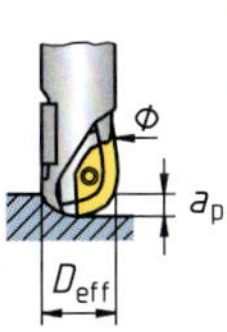

a_p	in mm	Schnitttiefe
D_{eff}	in mm	effektiver Fräsdurchmesser
n	in min^{-1}	Spindeldrehzahl
v_c	in m/min	Schnittgeschwindigkeit

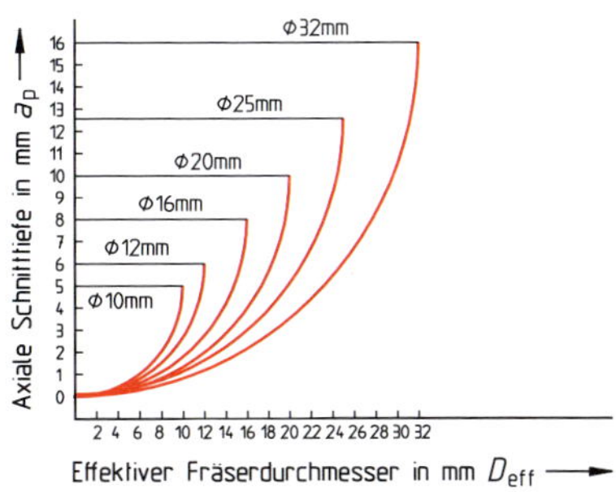

[1] Zustände von Zerspanungsbedingungen: +: günstig, kleines a_p; 0: mittlere Bedingungen, mittleres a_p; –: ungünstig, großes a_p

[2] Fehlende Zerspanungsgruppen können nicht mit den ausgewählten Schneidstoffsorten bearbeitet werden; andere Schneidstoffsorte wählen.

Trennen: Zerspanungsgrößen

Schnittgeschwindigkeitsrichtwerte v_c in m/min für das Fräsen mit Walzenstirnfräsern

(Auswahl nach Herstellerangaben, Kurzzeichen s. Kap. Werkstofftechnik) [1]

Schneidstoff	Fräser mit Standardteilung gültig für Fräserdurchmesser 40 … 50 mm				Fräser mit enger Teilung gültig für Fräserdurchmesser 32 … 80 mm				
Z-Gruppe	Vorschub [2] f_z in mm	HC-P35 … P45 Zer. bed.: + /0 [3]	HW-P15 … P40 Zer. bed.: + /0 [3]	HW-M15 … M25 Zer. bed.: + /0/ – [3]	Vorschub [2] f_z in mm	HC-P35 … P45 Zer. bed.: + /0 [3]	HW-P15 … P40 Zer. bed.: + /0 [3]	HW-P30 … P40 Zer. bed.: 0/ – [3]	HW-M15 … M25 Zer. bed.: + /0/ – [3]
1.1	0,15 … 0,39	230 … 180	200 … 150	–	0,15 … 0,30	230 … 180	250 … 200	150 … 100	–
1.2	0,15 … 0,39	230 … 180	200 … 150	–	0,15 … 0,30	230 … 180	250 … 200	150 … 100	–
1.3	0,15 … 0,39	190 … 150	170 … 120	–	0,15 … 0,30	190 … 150	200 … 160	130 … 90	–
1.4	0,15 … 0,39	150 … 120	140 … 100	–	0,15 … 0,30	150 … 120	180 … 140	120 … 80	–
1.5	0,15 … 0,39	140 … 100	125 … 85	–	0,15 … 0,30	140 … 100	140 … 100	110 … 70	–
1.6	0,15 … 0,39	130 … 80	110 … 70	–	0,15 … 0,30	130 … 80	120 … 90	100 … 60	–
2.1	0,15 … 0,34	110 … 60	140 … 90	–	0,15 … 0,28	150 … 100	180 … 120	110 … 70	–
2.2	0,15 … 0,34	120 … 80	110 … 60	–	0,15 … 0,28	110 … 60	120 … 80	80 … 45	–
3.1	0,15 … 0,34	120 … 80	120 … 80	–	0,15 … 0,28	120 … 80	150 … 110	100 … 60	–
3.2	0,15 … 0,34	–	80 … 50	–	0,15 … 0,28	–	100 … 70	70 … 40	–
5.1	0,15 … 0,34	160 … 120	130 … 100	–	0,15 … 0,30	160 … 120	160 … 120	100 … 60	–
5.2	0,15 … 0,37	160 … 80	130 … 70	–	0,15 … 0,30	160 … 80	–	90 … 50	–
6.1	0,15 … 0,24	–	110 … 80	–	0,15 … 0,28	–	160 … 110	100 … 70	–
6.2	0,15 … 0,24	–	90 … 50	–	0,15 … 0,28	–	130 … 90	80 … 40	–
6.3	0,15 … 0,24	75 … 45	80 … 50	–	0,15 … 0,28	70 … 40	100 … 70	70 … 40	–
7.1	0,15 … 0,37	–	–	80 … 60	0,15 … 0,30	–	120 … 90	–	80 … 60
7.2	0,15 … 0,37	–	–	70 … 50	0,15 … 0,30	–	100 … 80	–	70 … 50
8.1	0,15 … 0,37	–	–	100 … 70	0,15 … 0,30	–	120 … 60	–	100 … 70
8.2	0,15 … 0,37	–	–	80 … 50	0,15 … 0,30	–	100 … 50	–	80 … 50
9.1	0,15 … 0,34	–	–	60 … 40	0,15 … 0,28	–	80 … 50	–	60 … 40
9.2	0,15 … 0,34	–	–	50 … 30	0,15 … 0,28	–	70 … 40	–	50 … 30
20.1	0,07 … 0,10	–	–	20 … 15	0,08 … 0,15	–	–	–	25 … 15
20.2	0,07 … 0,10	–	–	15 … 12	0,08 … 0,15	–	–	–	20 … 12
23.1	0,10 … 0,15	–	–	65 … 45	0,08 … 0,17	–	–	–	60 … 30
30.1	0,31 … 0,60	–	–	500 … 300	0,30 … 0,60	–	–	–	500 … 300
30.2	0,31 … 0,60	–	–	400 … 200	0,30 … 0,60	–	–	–	400 … 200
30.3	0,31 … 0,60	–	–	450 … 250	0,30 … 0,60	–	–	–	450 … 250
30.4	0,31 … 0,60	–	–	400 … 190	0,30 … 0,60	–	–	–	400 … 190
33.1	0,23 … 0,39	–	–	120 … 80	0,15 … 0,30	–	–	–	120 … 80
33.2	0,23 … 0,39	–	–	120 … 80	0,15 … 0,30	–	–	–	120 … 80
33.3	0,23 … 0,39	–	–	120 … 80	0,15 … 0,30	–	–	–	120 … 80

Vorschubkorrekturfaktor f_1 bei Fräserteileingriff: siehe F 52

Schnittgeschwindigkeitsrichtwerte v_c in m/min für das Fräsen mit Zirkular-Nutenfräsern

(Auswahl nach Herstellerangaben, Kurzzeichen s. Kap. Werkstofftechnik) [1]

Schneidstoff	HW-P15 … P40 Zer. bed.: + /0 [3]	HW-M15 … M25 Zer. bed.: + /0/ – [3]	Schneidstoff	HW-P15 … P40 Zer. bed.: + /0 [3]	HW-M15 … M25 Zer. bed.: + /0/ – [3]
Z-Gruppe	für $h_m = 0{,}08$ mm		Z-Gruppe	für $h_m = 0{,}08$ mm	
1.1 … 1.2	320 … 200	–	6.3	140 … 80	–
1.3 … 1.4	280 … 180	–	7.1	–	150 … 100
1.5 … 1.6	200 … 130	–	7.2	–	130 … 80
2.1	300 … 150	–	8.1	–	200 … 100
2.2	250 … 110	–	8.2	–	160 … 80
3.1	220 … 120	–	9.1	–	120 … 80
3.2	160 … 80	–	9.2	–	110 … 70
5.1	300 … 150	–	20.1 … 20.3	–	40 … 20
5.2	250 … 130	–	23.1	–	100 … 50
6.1	200 … 120	–	30.1 … 30.4	–	800 … 400
6.2	170 … 100	–	33.1 … 33.3	–	240 … 100

[1] Fehlende Zerspanungsgruppen können nicht mit den ausgewählten Schneidstoffsorten bearbeitet werden; andere Schneidstoffsorte wählen.

[2] Vorschubangaben für das Fräsen von Vollnuten

[3] Zustände von Zerspanungsbedingungen: +: günstig, kleines a_p; 0: mittlere Bedingungen, mittleres a_p; –: ungünstig, großes a_p

Schnittgeschwindigkeitsrichtwerte v_c in m/min und Vorschübe f_z in mm für das Bohren mit Hartmetallwerkzeugen (Auswahl nach Herstellerangaben, Kurzzeichen s. Kap. Werkstofftechnik)[1]

TiN-beschichtete Vollhartmetallbohrer, Sorte P20 oder K20, Bohrtiefe bis 5 *D*, innere Kühlschmierstoffzufuhr ab ⌀ 5,8 mm möglich

Bohrerdurchmesser in mm	Vorschub f_z in mm bei			v_c in m/min Innere Kühlschmierstoffzufuhr	
Zerspan.-gruppe	⌀ 3,0 … 5,5	⌀ > 5,5 … 8,5	⌀ > 8,5 … 12,5	ja	nein
1.1 … 1.2	0,10 … 0,17	0,12 … 0,22	0,15 … 0,25	100 … 80	80 … 60
1.3 … 1.4	0,10 … 0,17	0,12 … 0,22	0,15 … 0,25	100 … 80	80 … 60
1.5 … 1.6	0,10 … 0,17	0,12 … 0,22	0,15 … 0,25	100 … 80	70 … 30
2.1	0,10 … 0,17	0,15 … 0,22	0,20 … 0,27	110 … 70	70 … 40
2.2	0,10 … 0,17	0,15 … 0,22	0,20 … 0,27	90 … 50	60 … 30
3.1	0,08 … 0,12	0,10 … 0,16	0,16 … 0,25	70 … 40	40 … 25
3.2	0,08 … 0,12	0,10 … 0,16	0,16 … 0,22	60 … 30	40 … 15
5.1 … 5.2	0,08 … 0,12	0,14 … 0,20	0,16 … 0,22	50 … 35	–
6.1	0,10 … 0,17	0,15 … 0,22	0,20 … 0,27	100 … 60	60 … 30
6.2 … 6.3	0,10 … 0,17	0,15 … 0,22	0,20 … 0,27	80 … 50	50 … 30
7.1	0,15 … 0,25	0,25 … 0,35	0,35 … 0,60	100 … 80	80 … 60
7.2	0,15 … 0,20	0,20 … 0,30	0,30 … 0,60	90 … 70	70 … 50
8.1	0,15 … 0,25	0,25 … 0,35	0,35 … 0,60	100 … 80	80 … 60
8.2	0,15 … 0,30	0,20 … 0,30	0,30 … 0,60	90 … 70	70 … 50
9.1	0,15 … 0,25	0,20 … 0,30	0,30 … 0,50	95 … 75	75 … 65
9.2	0,15 … 0,20	0,20 … 0,30	0,30 … 0,50	90 … 70	70 … 50
23.1	0,06 … 0,10	0,10 … 0,16	0,16 … 0,25	40 … 20	–
30.1 … 30.4	0,15 … 0,20	0,20 … 0,40	0,30 … 0,50	120 … 90	90 … 50
33.1 … 33.3	0,15 … 0,25	0,25 … 0,40	0,30 … 0,50	120 … 90	90 … 60
40.1	0,15 … 0,25	0,20 … 0,40	0,35 … 0,60	160 … 100	120 … 90

Vollbohrer mit Wendeschneidplatten, Bohrtiefe bis 2,5 *D*, mit Kühlschmierstoffanwendung[4]

Bohrerdurchmesser in mm	Vorschub f_z in mm bei				v_c	Schneidstoffsortennummer[2]
Zerspan.-gruppe	⌀ 17,5 … 25,4	⌀ 26 … 30	⌀ 31 … 41,3	⌀ 42 … 80	in m/min	Zerspan. bedingung + – +/0 – 0/–[3]
1.1 … 1.2	0,04 … 0,08	0,06 … 0,10	0,08 … 0,12	0,08 … 0,12	250 … 100	1 – **2** – 3
1.3 … 1.4	0,04 … 0,12	0,09 … 0,19	0,11 … 0,20	0,14 … 0,25	250 … 100	1 – **2** – 3
1.5 … 1.6	0,08 … 0,12	0,09 … 0,19	0,11 … 0,20	0,14 … 0,25	250 … 100	– – **2** – 3
2.1	0,08 … 0,12	0,09 … 0,16	0,11 … 0,20	0,14 … 0,22	250 … 90	1 – **2** – 3
2.2	0,06 … 0,10	0,08 … 0,15	0,08 … 0,15	0,11 … 0,20	220 … 80	– – 2 – **3**
3.1	0,08 … 0,12	0,09 … 0,18	0,11 … 0,22	0,14 … 0,25	220 … 100	1 – **2** – 3
3.2	0,08 … 0,12	0,09 … 0,15	0,11 … 0,17	0,12 … 0,20	200 … 90	– – 2 – **3**
5.1	0,04 … 0,12	0,10 … 0,16	0,11 … 0,18	0,14 … 0,18	190 … 90	1 – **2** – 3
5.2	0,04 … 0,12	0,10 … 0,16	0,11 … 0,18	0,11 … 0,18	150 … 70	**4**
6.1	0,05 … 0,08	0,06 … 0,10	0,09 … 0,15	0,11 … 0,18	230 … 100	1 – **2** – 3
6.2 … 6.3	0,04 … 0,12	0,10 … 0,16	0,11 … 0,18	0,11 … 0,18	200 … 90	2 – **4** – **4**
7.1	0,11 … 0,18	0,14 … 0,22	0,17 … 0,27	0,18 … 0,30	200 … 90	**5** – **5** – 6
7.2	0,09 … 0,15	0,11 … 0,19	0,12 … 0,20	0,14 … 0,22	180 … 80	**5** – **5** – 6
8.1	0,09 … 0,15	0,14 … 0,22	0,15 … 0,25	0,18 … 0,30	180 … 80	**5** – **5** – 6
8.2	0,09 … 0,15	0,12 … 0,20	0,14 … 0,22	0,15 … 0,25	150 … 70	5 – 5 – **6**
9.1	0,09 … 0,15	0,14 … 0,22	0,15 … 0,25	0,17 … 0,28	180 … 80	**5** – **5** – 6
9.2	0,09 … 0,15	0,12 … 0,20	0,14 … 0,22	0,15 … 0,30	150 … 70	5 – 5 – **6**
30.1 … 30.4	0,08 … 0,12	0,11 … 0,17	0,17 … 0,27	0,17 … 0,27	375 … 150	**5** – **5** – 6
33.1 … 33.3	0,09 … 0,15	0,09 … 0,15	0,15 … 0,25	0,15 … 0,25	160 … 80	**5** – **5** – 6

Schneidstoffe für Wendeschneidplatten beim Bohren

Schneidstoffsortennummer	1	2	3	4	5	6
Schneidstoff	HC-P05 … P35	HC-P15 … P45	HC-P25 … P50	HC-M15 … M25	HC-K05 … K25	HC-K10 … K30

[1] Fehlende Zerspanungsgruppen können nicht mit den ausgewählten Schneidstoffsorten bearbeitet werden; andere Schneidstoffsorte wählen.

[2] Fett gedruckte Schneidstoffsorte soll bevorzugt eingesetzt werden.

[3] Zustände von Zerspanungsbedingungen: +: günstig, kleines a_p; 0: mittlere Bedingungen, mittleres a_p; –: ungünstig, großes a_p

[4] Die Auswahl der Schneidplattenform muss in Abhängigkeit der Schnittgeschwindigkeit und der Zerspanbedingung erfolgen.

Trennen: Spezielle Verfahren

Kegeldrehen durch Oberschlittenverdrehung

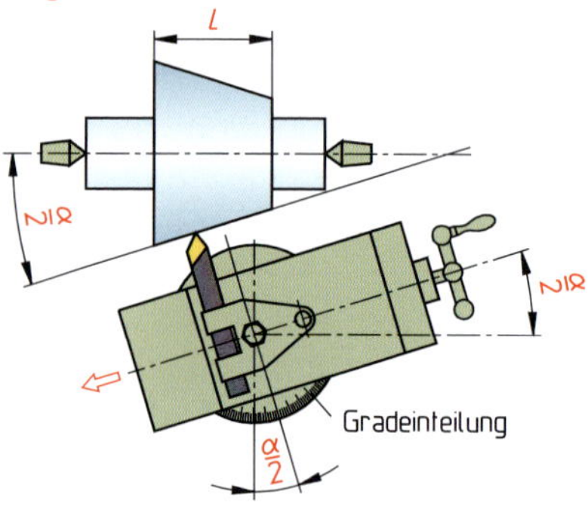

$$\tan\frac{\alpha}{2} = \frac{C}{2}; \quad \tan\frac{\alpha}{2} = \frac{D-d}{2 \cdot L}$$

$$C = \frac{D-d}{L} \qquad C = 2 \cdot \tan\frac{\alpha}{2}$$

α in ° Kegelwinkel

$\frac{\alpha}{2}$ in ° Kegelerzeugungswinkel (Einstellwinkel)

C Kegelverjüngung

Näherungsformel für $\alpha \leq 6°$

$$\frac{\alpha}{2} = \frac{D-d}{L} \cdot \frac{200}{7} = \frac{D-d}{L} \cdot 28{,}6$$

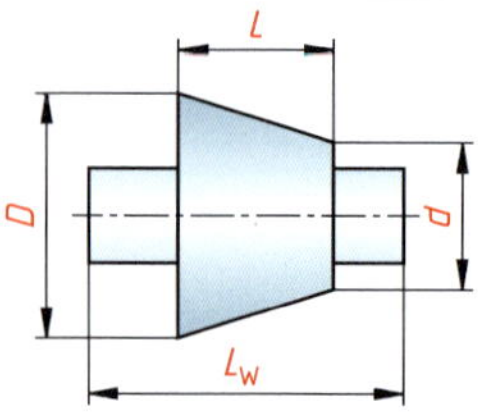

D in mm großer Kegel-∅
d in mm kleiner Kegel-∅
L in mm Kegellänge
L_W in mm Werkstücklänge

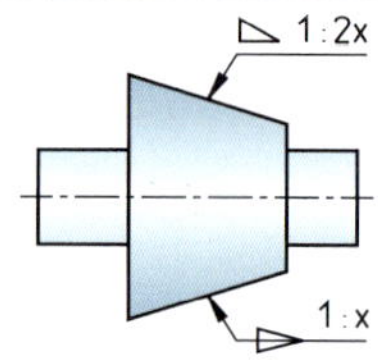

1:2x (Neigung)

$$\frac{C}{2} = \frac{D-d}{2 \cdot L}$$

1:x (Verjüngung)

$$C = \frac{D-d}{L}$$

Kegeldrehen durch Reitstockverstellung V_R

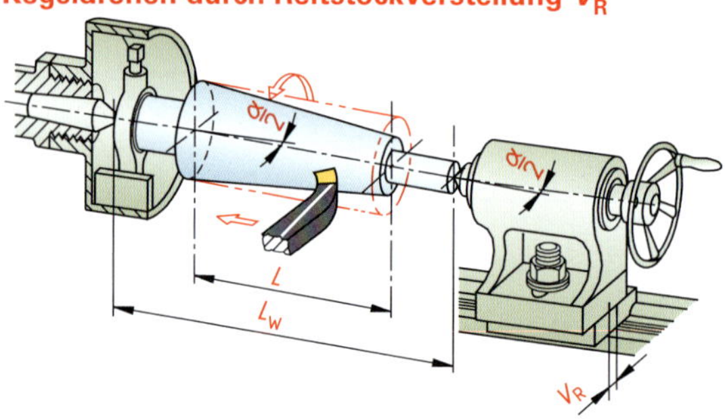

$$V_R = \frac{C \cdot L_W}{2} \qquad V_R = \frac{D-d}{2 \cdot L} \cdot L_W$$

V_R in mm Reitstockverstellung
L_W in mm Werkstücklänge
L in mm Kegellänge

maximale Reitstockverstellung

$$V_{R\,max} = \frac{1}{50} \cdot L_W$$

oder

$C \leq 1:25$

Beispiele für die Anwendung von Kegeln

DIN 254 : 2003-04

	Kegelverjüngung C	Kegelwinkel α	Kegelerzeugungswinkel $\frac{\alpha}{2}$
Schutzsenkungen für Zentrierbohrungen	1:0,289	120°	60°
Ventilkegel, Kegelsenker, Senkniete, Senkschrauben	1:0,5	90°	45°
Senkniete 10 bis 16 mm Durchmesser	1:0,652	75°	37° 30′
Dichtkegel für leichte Rohrverschraubungen, Zentrierbohrungen, Zentrierspitzen, Kegelsenker	1:0,866	60°	30°
Senkniete 28 bis 43 mm Durchmesser	1:1,207	45°	22° 30′
Dichtkegel für schwere Rohrverschraubungen	1:1,50	36° 52′	18° 26′
Steilkegel bei Fräswerkzeugen (DIN 2080), Frässpindelköpfe	1:3,429	16° 35′ 40″	8° 17′ 50″
Leicht abnehmbare Maschinenteile bei Beanspruchungen auf Verdrehungen und quer zur Achse, Schleifscheibenbefestigungen, Spurzapfen	1:5	11° 25′ 16″	5° 42′ 38″
Dichtkegel für Hähne	1:6	9° 31′ 38″	4° 45′ 49″
Kupplungsbolzen, Lagerbuchsen, bei Beanspruchungen längs und quer zur Achse, bei Verdrehbeanspruchungen	1:10	5° 43′ 30″	2° 51′ 45″
Metrisches kegeliges Gewinde	1:16	3° 34′ 47″	1° 47′ 24″
Werkzeugschäfte nach DIN 228, metrische Kegel, Aufnahmekegel [1]	1:20	2° 51′ 52″	1° 25′ 56″
Bohrungen der Aufsteckreibahlen, Aufstecksenker	1:30	1° 54′ 34″	57′ 17″
Kegelstifte, Reibahlen	1:50	1° 8′ 45″	34′ 23″

[1] s. Kap. Maschinenelemente – Welle-Nabe-Verbindungen

Gewindedrehen

Schnittgeschwindigkeit v_c für **HSS**-Drehmeißel

$$v_c \text{ Gewindedrehen} \approx (0{,}1 \ldots 0{,}2) \cdot v_c \text{ Längs-Außenrunddrehen}$$

Schnittgeschwindigkeit v_c für **HM**-Profil-Wendeschneidplatten

$$v_c \text{ Gewindedrehen} \approx (0{,}3 \ldots 0{,}5) \cdot v_c \text{ Längs-Außenrunddrehen}$$

Schnittaufteilung a_p (Faustformel)

$$a_{p\,min} \approx \frac{\sqrt{d}}{40}$$

a_p in mm Schnitttiefe pro Schnitt
d in mm Gewindenenndurchmesser
v_c in m/min Schnittgeschwindigkeit

Schnittaufteilung a_p in mm für ISO-Gewinde in Stahl [1]

für **HSS**-Drehmeißel

Gewindeart	Schruppen [2]	Schlichten [3]
metrisch	0,1…0,2	0,05
Trapez	0,05…0,1	0,03…0,05

[1] gültig für konventionelle Leit- und Zugspindeldrehmaschinen und NC-Drehmaschinen **ohne** Gewindedrehzyklus
[2] 3/5 der Gesamtschnittzahl
[3] 2/5 der Gesamtschnittzahl

für **HM**-Profil-Wendeschneidplatten (Auswahl)

Gewindeart	Schnitte 1	2	3	4	5	6	7	8
M6, außen	0,19	0,16	0,13	0,11	0,08	–	–	–
M6, innen	0,19	0,16	0,11	0,09	0,08	–	–	–
M8, außen	0,20	0,17	0,14	0,11	0,10	0,08	–	–
M8, innen	0,20	0,17	0,13	0,10	0,09	0,08	–	–
M10, außen	0,22	0,21	0,17	0,14	0,12	0,08	–	–
M10, innen	0,22	0,21	0,15	0,13	0,11	0,08	–	–
M12, außen	0,22	0,21	0,17	0,14	0,12	0,10	0,10	0,08
M12, innen	0,22	0,21	0,15	0,13	0,10	0,09	0,09	0,08

Wechselräderberechnung zum Gewindedrehen

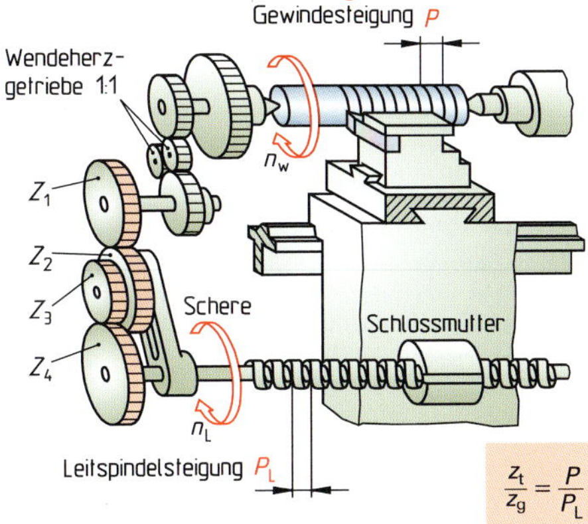

$$\frac{z_t}{z_g} = \frac{P}{P_L}$$

P in mm oder inch Steigung des zu drehenden Gewindes (P_h bei mehrgängigem Gewinde)
P_L in mm oder inch Steigung der Leitspindel
z_t Zähnezahlen der treibenden Räder (von Arbeitsspindel aus gezählt z_1, z_3)
z_g Zähnezahlen der getriebenen Räder (z_2, z_4)

Einfache Übersetzung (mit Zwischenrad)

$$\frac{z_t}{z_g} = \frac{z_1}{z_2} = \frac{P}{P_L}$$

Doppelte Übersetzung

$$\frac{z_t}{z_g} = \frac{z_1 \cdot z_3}{z_2 \cdot z_4} = \frac{P}{P_L}$$

Aufsteckregeln bei doppelter Übersetzung

$$z_1 + z_2 > z_3 + 15$$
$$z_3 + z_4 > z_2 + 15$$

Wechselrädersatz (vollständig):
20, 20, 25, 30, 35, 40, 45, 50, 55, 60, 65, 70, 75, 80, 85, 90, 95, 97, 100, 105, 110, 115, 120, 125, 127

Näherungswerte zur Wechselräderberechnung

	für 25,4 mm (1 inch)			für π = 3,14159			für $\frac{3{,}14}{25{,}4}$		
Näherungswerte	$\frac{127}{5}$	$\frac{20 \cdot 80}{63}$	$\frac{18 \cdot 24}{17}$	$\frac{22}{7}$	$\frac{19 \cdot 21}{127}$	$\frac{8 \cdot 97}{13 \cdot 19}$	$\frac{22 \cdot 5}{7 \cdot 127}$	$\frac{12}{97}$	$\frac{5 \cdot 19}{32 \cdot 24}$
Fehler in mm auf 1 m	0	−0,125	+0,606	+0,402	+0,044	+0,034	+0,402	+0,214	+0,106
Räder, Bruchumformung	$\frac{127 \cdot 80}{20 \cdot 20}$	$\frac{125 \cdot 100 \cdot 80}{35 \cdot 45 \cdot 25}$	$\frac{100 \cdot 120 \cdot 55}{65 \cdot 20 \cdot 20}$	$\frac{110}{35}$	$\frac{95 \cdot 60 \cdot 70}{20 \cdot 50 \cdot 127}$	$\frac{97 \cdot 40 \cdot 100}{65 \cdot 95 \cdot 20}$	$\frac{55 \cdot 20}{70 \cdot 127}$	$\frac{40 \cdot 30}{97 \cdot 100}$	$\frac{50 \cdot 95 \cdot 25}{80 \cdot 100 \cdot 120}$

Gewinde mit Modulsteigung (97er Rad)

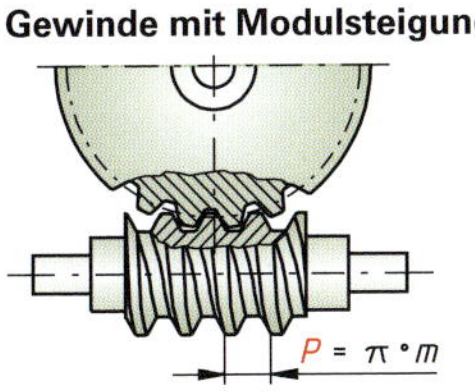

eingängig $P = \pi \cdot m$

mehrgängig $P = \pi \cdot m \cdot g$

m Modul in mm
g Gangzahl oder Zähnezahl der Schnecke

Trennen: Spezielle Verfahren

Teilen mit dem Teilkopf

Direktes Teilen: Schnecke außer Eingriff, Klemmung gelöst; Teilkopfspindel wird von Hand verdreht;

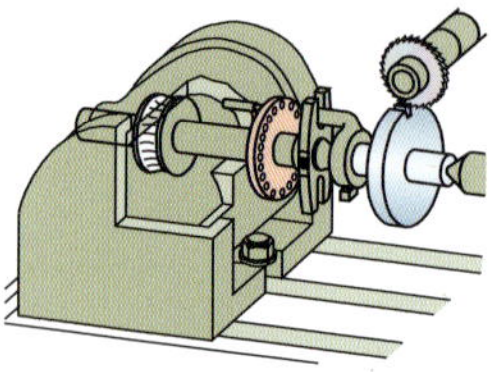

n_i — Zahl der Löcher oder Nuten, um die weitergedreht werden muss
L — Zahl der Löcher oder Nuten auf der Teilscheibe
T — Teilzahl, verlangte Zahl der Teile auf dem Kreisumfang
α in ° Verdrehwinkel (für eine Teilung)

n_i muss ohne Rest aufgehen

$$n_i = \frac{L}{T} \qquad n_i = \frac{\alpha \cdot L}{360°}$$

Indirektes Teilen: Schnecke im Eingriff, Verdrehung der Teilkopfspindel über Teilkurbel mit Indexstift, der in die Lochscheibe eingreift (Universalteilapparat).

n_K — Zahl der Teilkurbelumdrehungen
i — Übersetzungsverhältnis Kurbel-Werkstück, üblicher Wert 40 : 1
L_A — Zahl der weiterzustellenden Löcher (Zahl der Lochabstände) auf dem gewählten Lochkreis
L_K — gewählter Lochkreis

$$n_k = \frac{i}{T} = \frac{\alpha \cdot i}{360°} \qquad n_k = \frac{40}{T} = \frac{\alpha}{9°}\,\frac{LA}{LK}$$

bei $i = 40:1$

Anzahl der Löcher auf den Lochscheiben LK

15–16–17–18–19–20–21–23–27–29–31–33–37–39–41–43–47–49

oder

17–19–23–24–25–27–28–29–30–31–33–37–39–41–42–43–47–49–51–53–57–59–61–63

Differentialteilen (Ausgleichsteilen): Einbau einer Zahnradübersetzung aus Wechselrädern zwischen Kegelradwelle und Werkstückspindel (Spreizdorn in Werkstückspindel einsetzen)

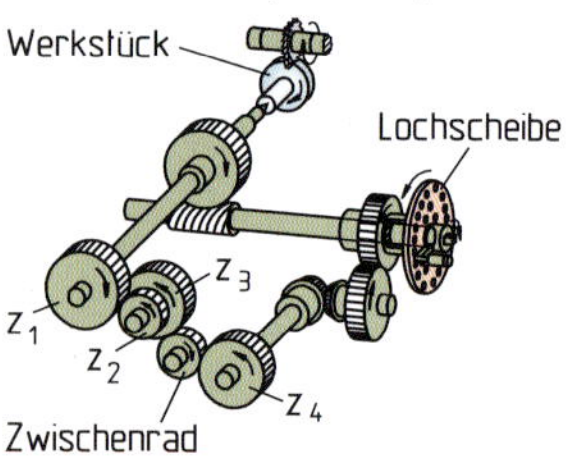

z_t — Zähnezahlen der treibenden Räder (z_1, z_3)
z_g — Zähnezahlen der getriebenen Räder (z_2, z_4)
T' — Ersatzteil zahl (in der Nähe von T, muss durch indirektes Teilen möglich sein)

Pluszeichen beimErgebnis $\frac{z_t}{z_g}$ bedeutet, dass der Drehsinn von Teilkurbel und Lochscheibe gleich, Minuszeichen, dass der Drehsinn der Kurbel und der Lochscheibe entgegengesetzt sein muss. Sonst ist der Einbau eines Zwischenrades erforderlich; bei einfachen Übersetzungen mit einem Zwischenrad ist ein weiteres Zwischenrad notwendig.

$$n_k = \frac{i}{T'} \qquad n_k = \frac{40}{T'} \text{ bei } i = 40:1 \qquad \frac{z_t}{z_g} = \frac{i}{T'}(T' - T) \qquad \frac{z_t}{z_g} = \frac{40}{T'}(T' - T) = 40\left(1 - \frac{T}{T'}\right) \text{ bei } i = 40:1$$

Wechselrädersatz (Zähnezahlen):

24–24–28–30–32–36–37–40–48–49–56–60–64–66–68–72–76–78–80–84–86–90–96–100–112

Schraubfräsen: Einbau von Wechselrädern zwischen Tischspindel der Fräsmaschine und Kegelradwelle des Teilapparates. Die Teilung muss indirekt ausführbar sein.

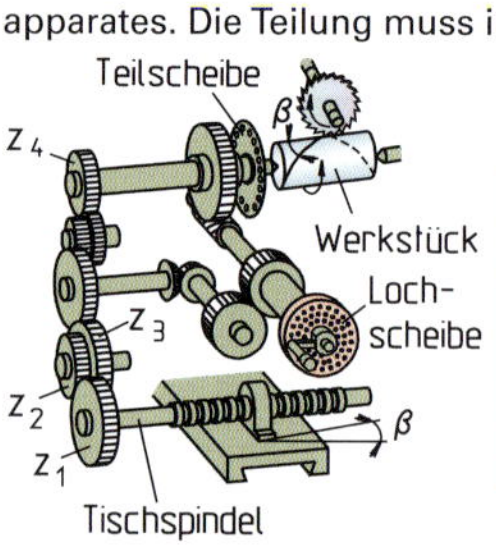

$$\frac{z_t}{z_g} = \frac{P_T \cdot i}{P} \qquad \frac{z_t}{z_g} = \frac{P_T \cdot 40}{P}$$

$$P = \pi \cdot d \cdot \tan\alpha \qquad \text{bei } i = 40:1$$

$$\tan\beta = \frac{\pi \cdot d}{P}$$

P_T in mm Tischspindelsteigung
P in mm Steigung der Wendelnut
d in mm Werkstückdurchmesser
α in ° Wendelnutsteigungswinkel
β in ° Einstellwinkel am Fräsmaschinentisch
$\alpha + \beta = 90°$

Wechselrädersatz: Zähnezahlen wie bei Differentialteilen, je nach Steigungsrichtung eventuell Zwischenrad einbauen (Drehrichtung ausprobieren). Die Drallrichtung wird nur bestimmt durch die aufgesteckten Räder. Das Schwenken des Tisches ergibt bei richtiger Richtung das gewünschte Nutprofil. Bei falscher Richtung entsteht eine mehr oder weniger breite, gewendelte Hohlfläche.

Trennen durch Spanen: Schleifen

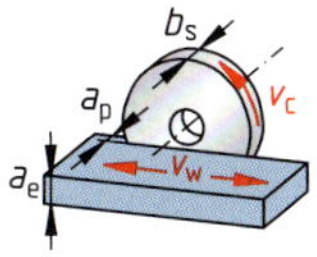

Längs-Seiten-Planschleifen

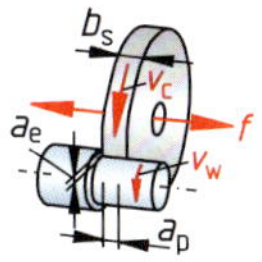

Längs-Umfangs-Außenrundschleifen

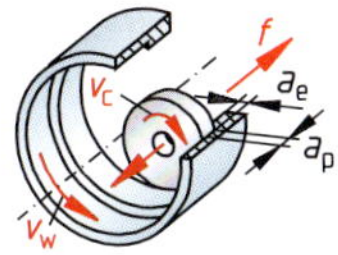

Längs-Umfangs-Innenrundschleifen

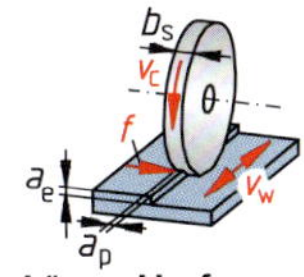

Längs-Umfangs-Planschleifen

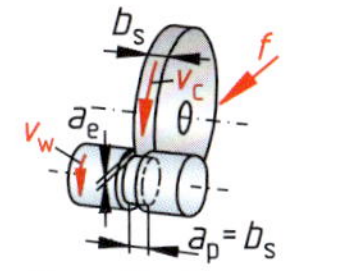

Quer-Umfangs-Außenrundschleifen

d_s in mm — Schleifscheibendurchmesser
b_s in mm — Schleifscheibenbreite
n_s in min^{-1} — Umdrehungsfrequenz Schleifscheibe
v_c in $\frac{\text{m}}{\text{s}}$ — Schnittgeschwindigkeit, Umfangsgeschwindigkeit Schleifscheibe
q – — Geschwindigkeitsverhältnis
v_f in $\frac{\text{m}}{\text{min}}$ — Vorschubgeschwindigkeit; beim Planschleifen gleich Tischgeschwindigkeit $v_f = v_w$
v_w in $\frac{\text{m}}{\text{min}}$ — Umfangs- bzw. Tischgeschwindigkeit des Werkstücks
d_w in mm — Werkstückdurchmesser
n_w in min^{-1} — Umdrehungsfrequenz Werkstück
n in min^{-1} — Hubfrequenz, Hubzahl des Tisches pro Minute
L in mm — Hublänge, Werkstücklänge plus An- und Überlaufweg
f in mm — Vorschub (je Hub bei Plan-, je Umdrehung des Werkstücks beim Rundschleifen)

$$v_f = f \cdot n_w \qquad v_f = L \cdot n$$

Werkstück mit Drehbewegung

$$q = \frac{v_c}{v_w} \qquad q = \frac{d_s \cdot n_s}{d_w \cdot n_w} \qquad v_w = \pi \cdot d_w \cdot n_w \qquad v_c = \pi \cdot d_s \cdot n_s$$

Werkstück mit Hubbewegung

$$q = \frac{\pi \cdot d_s \cdot n_s}{L \cdot n} \qquad v_w = L \cdot n \qquad n = \frac{v_w}{L}$$

Schleifkörper aus gebundenem Schleifmittel

DIN ISO 525 : 2022-01

Beispiel: Schleifscheibe DIN ISO 603-1 1 N 300 × 50 × 76,2-A/F36 L-5 V-45

(1 = 1, 2 = N, 3 = 300, 4 = 50, 5 = 76,2, 6 = A, 7 = F36, 8 = L, 9 = 5, 10 = V, 11 = 45)

Nr.	Merkmal									
1	Schleifscheibenform (Auswahl)	1		3	4		6	11	12	21
								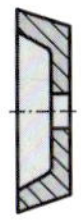		
		gerade		einseitig konisch	zweiseitig konisch		zylindrisch	kegelig	Schleifteller	zweiseitig verjüngt
2	Randformen (Auswahl)	A	E	F	G	H	K	M	N	P
		 b_s	 60°, 60°, b_s	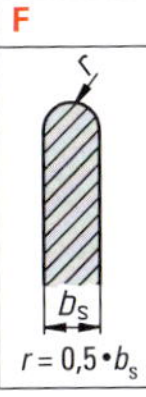 r, b_s, $r = 0{,}5 \cdot b_s$	 r, 65°, 65°, b_s, $r = 0{,}13 \cdot b_s$	 r, 80°, 80°, b_s, $r = 0{,}13 \cdot b_s$	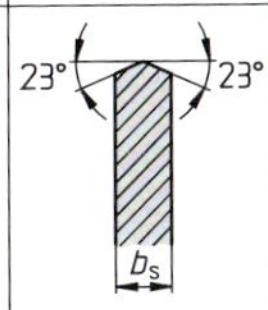 23°, 23°, b_s	 30°, b_s	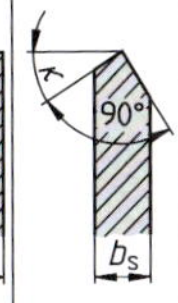 r, 90°, b_s	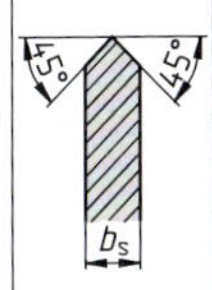 45°, 45°, b_s
3	Durchmesser	Durchmesser der Schleifscheibe/Kleinster Durchmesser von konischen und abgesetzten Schleifscheiben sowie von kegeligen Schleiftöpfen und Schleiftellern								
4	Breite	Breite von Schleifkörpern								
5	Bohrungsdurchmesser	Bohrungsdurchmesser von Schleifkörpern, Gewinde-Nenndurchmesser bei Schleifscheiben, Schleiftöpfen und Schleifkörpern mit Gewindeeinsatz								
6	Schneidmittel	siehe Kapitel Werkstofftechnik W50								
7	Körnung									
8	Härtegrad									
9	Gefüge									
10	Bindung									
11	Kennzeichnung	Schleifmittel sind mit Informationen zu kennzeichnen, um korrekten Umgang, korrekte Lagerung, Befestigung sowie Nutzung sicherzustellen, z. B.: max. zul. Umfangsgeschwindigkeit bzw. Drehzahl, Hersteller, Rückverfolgungscode, Verfallsdatum bei Kunstharzscheiben.								

Trennen durch Spanen: Schleifen

Richtwerte für Geschwindigkeitsverhältnis *q* beim Schleifen

Werkstoff	Längs-Umfangs-schleifen		Planschleifen				Spitzen-los Schleifen	Trenn-schleifen
	Außen-rund-	Innen-rund-	Längs-Umfangs-	Längs-Seiten-	Seiten-Segment-	Seiten-Topf-		
Stahl	125	80	80	50	50	50	125	45
Gusseisen	100	65	63	40	40	40	80	80
Cu, Cu-Legierung	90	55	50	30	32	32	50	80
Al, Al-Legierung	50	32	32	20	20	20	50	–
Hartmetall	100	60	115	115	115	115	–	45

Farbstreifen für Höchstarbeitsgeschwindigkeiten in m/s

BGI 543 : 2010

50	63	80	100	125	140	160	180	200	225	250	280	320	360
blau –	gelb –	rot –	grün –	blau gelb	blau rot	blau grün	gelb rot	gelb grün	rot grün	blau blau	gelb gelb	rot rot	grün grün

Bei Magnesitbindung muss ein weißer Farbstreifen angebracht sein; $v_{max} = 25$ m/s

Verwendungseinschränkungen VE für Schleifscheiben

VE1 nicht zulässig für Freihand- und handgeführtes Schleifen
VE2 nicht zulässig für Freihandtrennschleifen
VE3 nicht zulässig für Nassschleifen
VE4 nur zulässig bei geschlossenem Arbeitsbereich
VE5 nicht zulässig ohne Absaugung
VE6 nicht zulässig für Seitenschleifen
VE7 nicht zulässig für Freihandschleifen
VE8 nur zulässig mit Stützteller
VE10 nicht zulässig für Trockenschleifen
VE11 nicht zulässig für Freihand- und handgeführtes Trennschleifen

Wenn die Einschränkung fehlt, so ist das Schleifwerkzeug für alle Einsatzzwecke geeignet.

Höchstumfangsgeschwindigkeiten von Schleifkörpern in m/s allgemein

Bindung	Schleifmaschinen ortsfest				Freihandschleifen		Trennschleifen		
	zwangsweise geführt		handgeführt						
	Umfangs-schleifen	Seiten-schleifen	Umfangs-schleifen	Seiten-schleifen	Umfangs-schleifen	Seiten-schleifen	zwangsweise geführt	hand-geführt	freihand-geführt
V	35	30	30	25	30	25	–	–	–
B, BF	35	35	30	30	45	30	35 50[2)]	30	45
R, RF	35	30	30	25	30	25	35	30	30
MG[1)]	25	20	20	15	–	–	–	–	–

[1)] Werte für Schleifscheiben mit $d_s \leq 1000$ mm. [2)] Wert für $d_s \leq 500$ mm und $b_s \leq 75$ mm.

Körnungsauswahl entsprechend der erreichbaren Rautiefe

Schleifart	Vorschleifen	Fertigschleifen	Feinschleifen	Feinstschleifen	
erreichbare Rautiefe *Rz* in µm	5,0 … 2,4	2,5 … 1,5	2,0 … 1,0	1,6 … 0,7	1,2 … 0,4
Körnung	46	80	120	200	320

Richtwerte für Schnittgeschwindigkeiten v_c in m/s beim Schleifen

Schleifverfahren	Stahl	Gusseisen	Hartmetall	Al	Al-Legierung	Cu, Cu-Leg.
Längs-Umfangs-Außenrundschleifen	30	25	8	20	18	30
Längs-Umfangs-Innenrundschleifen	25	25	8	20	18	25
Längs-Umfangs-Planschleifen	30	30	10	20	18	25
Längs-Seiten-Planschleifen	25	25	8	20	18	18
Trennschleifen	45 … 80	45 … 80	8 … 20	–	–	–

Richtwerte für Vorschübe und Zustellungen beim Schleifen

Schleifverfahren		Längs-Umfangs-Planschleifen		Längs-Umfangs-Außenrundschleifen		Längs-Umfangs-Innenrundschleifen		Quer-Umfangs-Außenrundschleifen	
Werkstoff		Stahl	Gusseisen	Stahl	Gusseisen	Stahl	Gusseisen	Stahl	Gusseisen
a_e mm	Schruppen Schlichten	0,02 … 0,1 0,0025 … 0,01		0,015 … 0,035 0,003 … 0,01	0,02 … 0,03 0,005 … 0,01	0,01 … 0,03 0,002 … 0,005	0,02 … 0,06 0,004 … 0,01	0,003 … 0,007 0,002 … 0,004	0,003 … 0,005 0,002 … 0,004
a_p mm	Schruppen Schlichten	$(0{,}065 \ldots 0{,}8) \cdot b_s$ $(0{,}125 \ldots 0{,}65) \cdot b_s$		$(0{,}6 \ldots 0{,}75) \cdot b_s$ $(0{,}25 \ldots 0{,}5) \cdot b_s$		$(0{,}6 \ldots 0{,}75) \cdot b_s$ $(0{,}25 \ldots 0{,}5) \cdot b_s$		$a_p = b_s$	

Auswahl von Schleifscheiben, Werkzeugschleifen $v_c \leq 35$ m/s

Schleifscheibenform DIN ISO 525 : 2015-02		Scheiben-∅ in mm	Werkzeugstahl Schleifmittel A		HSS Schleifmittel A		Hartmetall Schleifmittel C	
			Körnung	Härte	Körnung	Härte	Körnung	Härte
1	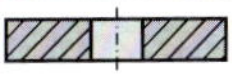	bis 300 350 … 500	36 36	O N	46 46	K M	46 80	J I
3		bis 80 100 … 150	80 60	K J	80 60	J I	100 80	I I
4		bis 80 100 … 150	80 60	K K	80 60	J J	100 80	I I
6	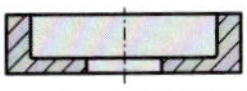	50 … 100 125 … 150	60 60	J J	60 46	I I	80 60	H H
11	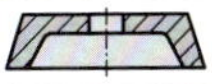	50 … 100 125 … 150	60 46	J J	60 46	I I	80 60	H H
12	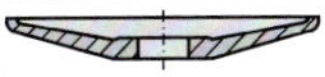	bis 80 100 … 150	80 60	K J	80 60	J I	100 80	I I
21	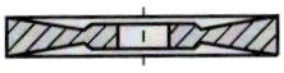	100 × 6 … 100 × 10 150 × 10 … 150 × 15	100 80	I J				

Auswahl von Schleifscheiben, Innenrundschleifen $v_c \leq 35$ m/s

Werkstoff	Schleif-mittel	Schleifscheibendurchmesser in mm							
		bis 16		17 … 36		37 … 80		81 … 125	
		Körnung	Härte	Körnung	Härte	Körnung	Härte	Körnung	Härte
Stahl ungehärtet	A	80	L	60	K	46	K	46	J
Stahl vergütet bis R_m = 1200 N/mm²	A	80	K	60	K	46	J	46	I
Stahl, gehärtet, HRC ≤ 63	A	80	K	60	K	46	J	46	I
Stahl, gehärtet, HRC > 63	A	80	K	60	J	46	I	46	H
Gusseisen	C	80	J	60	J	46	I	36	H

Auswahl von Schleifscheiben, Außenrundschleifen $v_c \leq 35$ m/s

Werkstoff	Schleif-mittel	Schleifscheibendurchmesser in mm					
		81 … 125		bis 350		bis 450	
		Körnung	Härte	Körnung	Härte	Körnung	Härte
Stahl, $R_m \leq$ 500 N/mm²	A	60	J	60	J	60	J
Stahl, $R_m \leq$ 800 N/mm²	A	60	J	60	M	46	L
Stahl, vergütet, $R_m \leq$ 1200 N/mm²	A	60	I	60	K	54	K
Stahl, gehärtet, HRC ≤ 63	A	60	I	60	K	54	K
gehärtet, HRC > 63	A	60	K	60	J	54	K
HSS, HRC ≤ 63	A	60	I	60	I	54	I
HRC > 63	C	60	I	60	I	54	I
Hartmetall	C	80	K	80	J	60	J
Gusseisen	C	60	H	60	J	46	J
Leichtmetalle, Zinklegierungen	C	60	H	60	I	46	I

Auswahl von Schleifscheiben, Planschleifen $v_c \leq 35$ m/s

Werkstoff	Schleif-mittel	gerade Schleifscheibe		Topfscheibe d in mm				Schleif-segmente	
				bis 200		250 … 350			
		Kör-nung	Härte	Kör-nung	Härte	Kör-nung	Härte	Kör-nung	Härte
Stahl, ungehärtet	A	36	J	46	I	30	H	24	I
Stahl, vergütet, $R_m \leq$ 1200 N/mm²	A	46	H	46	H	30	G	24	H
Stahl, gehärtet, HRC ≤ 63	A	46	H	36	H	24	H	24	G
gehärtet, HRC > 63	A	46	G	36	G	24	G	30	F
HSS, HRC ≤ 63	A	46	F	46	F	30	F	30	E
HRC > 63	A	46	E	46	E	30	E	30	D
Hartmetall	C	80	F	60	G	46	F	60	F
Gusseisen	A	46	G	36	H	30	G	24	G
Leichtmetalle, Zinklegierungen	C	36	H	36	H	24	H	20	H

Trennen durch Spanen: Schleifen

Anwendung der Diamant- und Bornitridschleifmittel

Schleifmittel	Anwendung
Diamant	Hartmetall, Hartmetall/Stahlverbund, Keramik, Glas, Gestein, Beton, harte Kunststoffe
Bornitrid	Werkzeugstahl, HSS, hochleg. Stahl, Kugellagerstahl, Chromstahl, Stahl auf Kobalt-/Nickelbasis, Werkstoffe mit mind. HRC45

Anwendung der Diamant- und Bornitridkörnungen

Anwendung	Vorschleifen	Fertigschleifen	Feinschleifen	Läppen
Körnung D…, B…	181 … 151	126 … 91	64 … 46	D20, D15, D7, B30, B6
erreichbarer Mittenrauwert R_a in mm	0,53 … 0,51	0,45 … 0,33	0,18 … 0,15	0,05 … 0,025

Richtwerte zum Schleifen mit Diamant und Bornitrid

Schnittgeschwindigkeit v_c in m/s		Werkzeugschleifen D	Werkzeugschleifen B	Innenrundschleifen D	Innenrundschleifen B	Außenrundschleifen D	Außenrundschleifen B	Planschleifen D	Planschleifen B
Kunstharz-bindung B	nass trocken	25 … 35 12 … 18	25 … 35 15 … 20	10 … 20 8 … 15	15 … 25 10 … 20	25 … 35	30 … 40	25 … 35	30 … 40
Metall-bindung	nass trocken	12 … 20 8 … 12	15 … 25 10 … 15	10 … 18 8 … 12	12 … 20 10 … 15	20 … 30	15 … 25	20 … 30	15 … 25
v_W m/min		0,5 … 4,0		0,5 … 2,0		0,5 … 2,0		10 … 25	
Zustellung a_p bzw. a_e in mm bei Körnungen	181 126 64	0,02 … 0,05 0,01 … 0,03 0,005 … 0,01		0,0025 … 0,01 0,001 … 0,005 0,0005 … 0,0025		0,01 … 0,03 0,01 … 0,02 0,005 … 0,01		0,01 … 0,04 0,01 … 0,02 0,005 … 0,01	

Diamantschleifscheiben

DIN ISO 6104 : 2005-08

Beispiel: Einseitig ausgesparte Schleifscheibe ISO 6104 6 A 2 C – 125 × 15 × 2 × 20 D 126 C72 B

(6 = 1, A = 2, 2 = 3, C = 4, 125 = 5, 15 = 6, 2 = 7, 20 = 8, D = 9, 126 = 10, C72 = 11, B = 12; 9 bis 12: Zusatz nach FEPA[1])

1	Form des Grundkörpers	6: Einseitig ausgesparte Schleifscheibe	7	Schleifbelagdicke
2	Form des Schleifbelages	A: 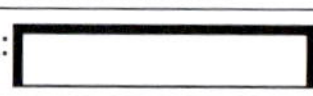	8	Bohrungsdurchmesser
3	Anordnung des Schleifbelages	2: eine Seite	9	Schleifmittel (D = Diamant, B = Bornitrid)
4	Abweichungen	C: Löcher mit kegeligen Senkungen im Grundkörper	10	Korngröße in µm
5	Außendurchmesser		11	Konzentration
6	Schleifrandbreite		12	Bindung

Konzentration C100 entspricht, 4,4 Karat (1 kt = 0,2 g), d. h. 25 % Volumenanteil Schleifmittel. Übliche sind 50-75-100-125-150, z. B. C75 = 0,75 · 25 % = 18,75 %. Konzentration V (Bornitrid) gibt den 10-fachen Wert des Volumenanteils an. Übliche Zahlen sind 60-90-120-180-240-300-330-360.

[1] Federation of European Producers of Abrasives

Anwendung der Konzentration C bei Diamant und Volumenanteil V bei Bornitrid

C 25/V 60	C 38/V 90	C 50/V 120	C 75/V 180	C 100/V 240	C 125/V 300	C 135/V 330	C 150/V 160
bei feinen Körnungen, große Belagbreiten, Planschleifen mit Topfscheiben			bei groben Körnungen, geringe Belagbreiten bzw. kleiner Kontaktfläche, Umfangsschleifen				

Trennen durch Spanen: Läppen

Erreichbare Rautiefen beim Läppen

Körnungen Läppmittel	1200	≥1000	≥800	≥600	≥500	≥400	≥360	≥280
Korngröße Läppmittel in µm	<3,5	<5,3	<7,5	<10,3	<13,8	<18,3	<24,3	<30,7
	Kleinste erreichbare Rautiefe *Rz* in µm bei							
Korund	0,3	0,4	0,7	1,0	1,3	1,6	2,1	2,5
Siliciumcarbid, Borcarbid	0,2	0,3	0,2	0,7	1,1	1,6	2,1	1,5
Diamant			0,5	0,6	0,8	1,0	1,3	

Bearbeitungszugabe 0,02 bis 0,04 mm. Geschwindigkeiten 30 % der beim Schleifen mit Schleifscheiben. Körnungen zum Vorläppen 200 bis 400, Fertigläppen 400 bis 600 bzw. 800 bis 1200.

Trennen durch Spanen: Honen

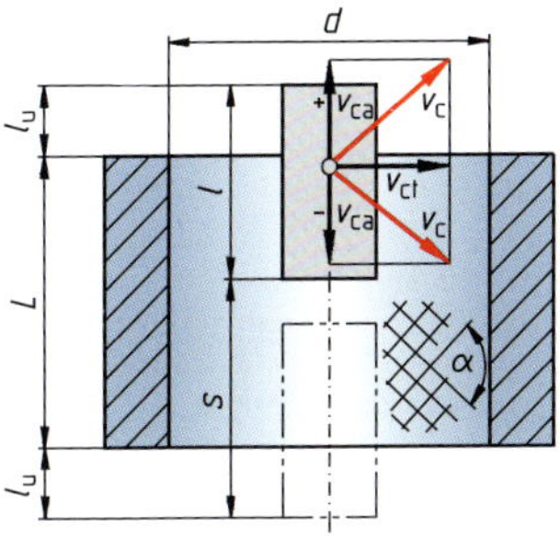

Die Schnittbewegung ist die geometrische Addition der Hubbewegung und einer Dreh- oder geradlinigen Bewegung. Beide stehen i.A. senkrecht aufeinander.

v_{ca}	in $\frac{m}{min}$	Hub- oder Axialgeschwindigkeit (Mittel)
v_{ct}	in $\frac{m}{min}$	Umfangs- oder Tangentialgeschwindigkeit
v_c	in $\frac{m}{min}$	resultierende Schnittgeschwindigkeit
C		Geschwindigkeitsverhältnis
n	in min^{-1}	Umdrehungsfrequenz der Honahle beim Langhubhonen
f	in min^{-1}	Hubfrequenz, Zahl der Doppelhübe pro Minute
l	in mm	Honsteinlänge
L	in mm	Werkstücklänge
s	in mm	Hublänge
d	in mm	Werkstückdurchmesser
l_u	in mm	Überlaufweg des Honsteines beim Langhubhonen

Die Honspuren überkreuzen sich mit dem Überschneidungswinkel α. Beim Langhubhonen soll α im Bereich von 40° bis 70° liegen.

$$\tan\frac{\alpha}{2} = \frac{v_{ca}}{v_{ct}} = C \qquad v_{ca} = C \cdot v_{ct}$$

$$l_u \approx \frac{1}{3} \cdot l$$

$$s = L - \frac{1}{3} \cdot l$$ bei beidseitigem Überlauf

$$s = L - \frac{2}{3} \cdot l$$ bei einseitigem Überlauf (Grundloch, Bund)

Das Geschwindigkeitsverhältnis C geht von 0,36 bis 0,7 für den angegebenen α-Bereich. Eine Erhöhung von v_c bzw. v_{ca} (entsprechend größeren C-Werten) steigert die Abtragsrate; dabei ist aber wegen der Massenbeschleunigung bei Hubumkehr und sich daraus ergebenden Erschütterungen v_{ca} nicht beliebig vergrößerbar.

Eine Erhöhung von v_{ct} verbessert die Oberflächengüte.

$$v_c = \sqrt{v_{ct}^2 + v_{ca}^2} \qquad n = \frac{v_{ct}}{d \cdot \pi} \qquad f = \frac{v_{ca}}{2 \cdot s}$$

Spül- und Kühlschmiermittel ist Honöl oder eine Mischung aus 80 % Petroleum und 20 % Mineralöl.

Richtwerte für v_{ct} beim Langhubhonen

Schleifmittel Korund, keramische Bindung

Werkstoffe	v_{ct} in $\frac{m}{min}$ Vorhonen	v_{ct} in $\frac{m}{min}$ Fertighonen	C	Aufmaß in mm
Stahl ungehärtet	18 … 22	25	0,50	0,06 … 0,15
Stahl gehärtet	14 … 21	28	0,37	0,03 … 0,08
Stahl legiert	23 … 28	31	0,43	0,02 … 0,2
Stahl geschmiedet	23	26	0,43	0,02 … 0,08
Gusseisen	23 … 28	32	0,42	0,06 … 0,15
Kugelgraphitguss	20 … 23	27	0,44	0,06 … 0,15
Aluminium	14 … 21	28	0,36	0,05 … 0,1
Kupfer	21 … 26	38	0,57	0,04 … 0,08
Kupfer-Zinn-Legierung	21 … 26	40	0,60	0,04 … 0,08
Kupfer-Zink-Legierung	15 … 26	48	0,61	0,04 … 0,08
Hartchrom	–	14 … 21	0,28	0,04 … 0,08

Anpressdrücke p der Honsteine

Bindung Schleifmittel	p in N/cm² Vorhonen	p in N/cm² Fertighonen
keramische Bindung Korund	100 … 250	50 … 100
Kunstharzbindung SiC	200 … 400	50 … 200
Metallbindung Diamant	300 … 700	100 … 300
Metallbindung Bornitrid CBN	200 … 400	100 … 200

Bei Verwendung von Siliziumcarbid (SiC), speziell für Gusseisen und kurzspanende Werkstoffe, kann v_c um bis zu 20 % erhöht werden. Bei kubischem Bornitrid (CBN) für gehärteten Stahl (> 60 HRC) ist $v_c \approx 40 … 60$ m/min. Bei Diamant kann $v_c \approx 40 … 90$ m/min erreichen.

Körnungen: 46 … 80 für Vorhonen, 90 … 150 für normales Honen, 100 … 1000 für Fertighonen.

Erreichbare Rautiefen Rz in µm beim Honen

Werkstoffe \ Schleifmittel Körnung	Korund, Keramische Bindung 80	120	150	220	400	Diamant D … 7	46	64	91	107	126	151	181	200
Stahl ≤ 50 HRC	12	9	7	5	4	0,8	3,5	4,0	5,5	6,0	6,5	7,0	8,0	9,0
Stahl ≤ 62 HRC	7	6	5	4	3	0,3	2,0	2,5	3,5	4,0	4,5	5,0	5,5	6,0
GJL ≤ HB 180 EN GJL-HB175	10	9	7	6	4	0,8	4,0	4,5	6,0	6,5	7,0	8,0	9,0	10,0
GJL > HB 180 EN GJL-HB195	8	6	5	4	3	0,6	3,5	4,0	5,5	6,0	6,5	7,0	8,0	9,0

Kühlschmierstoffe

Bezeichnung von Kühlschmierstoffen

DIN 51385 : 2013-12

Bezeichnung	Kennbuchstabe(n)	
	Kühlschmierstoff – Zerspanung	Umformschmierstoff – Umformung
allgemein	SC	SF
nicht wassermischbar	SCN	SFN SFNL (flüssig) SFNP (pastös) SFNF (fest)
wassermischbar	SCE	SFE SFEPa (pastös) SFEF (fest)
emulgierbar	SCEM	SFEM
Schmierstoff-Emulsion	SCEMW	SFEMW
wasserlöslich	SCES	SFES
Schmierstoff-Lösung	SCESW	SFESW SFEPaW (pastös) SFEFW (fest)

Unterteilung der nichtwassermischbaren Kühlschmierstoffe

Zur Angabe SCN kommt eine Gruppenzahl und ein Kleinbuchstabe.

Gruppenzahlen:

Gruppe **1**: Öle mit Fettstoffbasis

Gruppe **2**: Öle mit mild wirkenden EP-Zusätzen[1)]

Gruppe **3**: Öle mit Fettstoff- und mild wirkenden EP-Zusätzen

Gruppe **4**: Öle mit aktiven EP-Zusätzen

Gruppe **5**: Öle mit Fettstoff- und aktiven EP-Zusätzen

Buchstaben für Angabe der Ölzähigkeit

a: 3 … 10 cSt bei 20 °C

b: 12 … 45 cSt bei 20 °C

c: 12 … 30 cSt bei 50 °C

kinematische Zähigkeit in Zentistokes cSt ($1\ cSt = 1\ mm^2/s$)

[1)] EP ≙ Extreme Pressure (hochdruckfest)

Übersicht der Kühl- und Schmierwirkung

1 Gase
2 vernebelte Kühlschmierstoffe
3 Wasser
4 Lösungen
5 Emulsionen
6 Emulsionen mit EP- und Feststoffzusätzen
7 Schneidöle mit polaren Zusätzen
8 Schneidöle mit EP- und Feststoffzusätzen
9 Schneidöle mit polaren und Feststoffzusätzen
10 allgemeine Öle

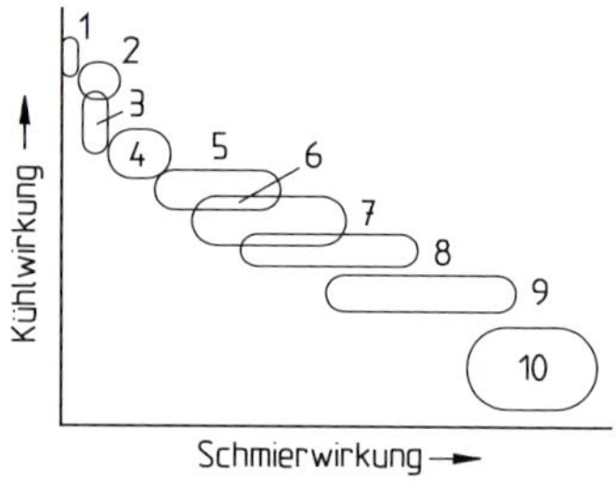

Kühlschmierstoffe für das Spanen

Werkstoff / Fertigungsverfahren	Stahl normal zerspanbar	Stahl schwer zerspanbar	Gusseisen Temperguss	NE-Schwermetalle und deren Legierungen	Leichtmetalle und deren Legierungen
Drehen	SCEMW 2 … 5 %	SCEMW 10 % SCN4, SCN5c	SCEMW 2 … 5 %	SCEMW 2 … 5 % SCN1 … SCN3	SCEMW 2 … 5 %[1)] SCN1 … SCN3
Bohren	SCEMW 2 … 5 %	SCEMW 10 % (EP) SCN4, SCN5	SCEMW 2 … 5 % trocken	SCEMW 2 … 5 % SCN1 … SCN3	SCEMW 2 … 5 %[1)] SCN1 … SCN3
Tieflochbohren	SCN3b	SCN5b	SCN3b	SCN3b	SCN3b
Automatenarbeiten	SCN1, SCN2, SCN3c	SCN4, SCN5c	SCN1, SCN2, SCN3c	SCN1, SCN2, SCN3c	SCN1, SCN2, SCN3c
Fräsen	SCEMW 5 … 10 % SCN2, SCN3b, SCN3c	SCEMW 10 % SCN4, SCN5c	SCEMW 2 … 5 % trocken	SCEMW 2 … 5 % SCN1 … SCN3	SCEMW 2 … 5 %[1)] SCN1 … SCN3
Sägen	SCEMW 2 … 5 %	SCEMW 2 … 10 % (EP 10 %)	SCEMW 2 … 5 % trocken	SCEMW 2 … 5 %	SCEMW 2 … 5 %
Räumen	SCEMW 10 % SCN2, SCN3b	SCN4, SCN5b	SCEMW 2 … 5 %	SCN1, SCN2, SCN3b	SCN1, SCN2, SCN3b
Schleifen	SCEMW 1 … 2 %	SCEMW 1 … 2 %	SCEMW 1 … 3 %	SCEMW 1 … 2 %	SCEMW 1 … 2 %[2)]
Honen, Läppen	SCN2, SCN3a, SCN3b	SCN4, SCN5a, SCN5b	SCN2a, SCN2b	–	–
Gewindeschneiden	SCN3c	SCN5c	SCEMW 5 … 10 % SCN3c	SCN3b	SCN3b
Gewindefräsen	SCN2, SCN3b, SCN3c	SCN4, SCN5c	SCN2c	SCN1, SCN2, SCN3c	SCN1, SCN2, SCN3c
Gewindeschleifen	SCN3c	SCN5c	–	–	–
Zahnradfräsen Zahnradstoßen	SCN3c	SCN5c	SCEMW 5 … 10 % SCN2b	SCN2, SCN3b	SCN2, SCN3b

[2)] Mg-Legierungen nass und trocken bearbeitbar. KSS bei $v_c > 200$ m/min und beim Schleifen.

Koordinatenachsen, Bewegungsrichtungen und Bezugspunkte DIN 66217 : 1975-12[1]

Das Koordinatensystem mit den Achsen X, Y, Z wird auf die Hauptführungsbahnen der Maschine ausgerichtet:

- Die Z-Achse verläuft parallel zur Arbeitsspindel bzw. senkrecht zur Werkstück-Aufspannfläche; die positive Richtung der Z-Achse verläuft vom Werkstück zum Werkzeug.
- Die X-Achse ist die Hauptachse in der Positionierebene; sie liegt parallel zur Werkstück-Aufspannfläche.
- Die Lage der Y-Achse ergibt sich aus dem Koordinatensystem.

Das Koordinatensystem bezieht sich auf das aufgespannte Werkstück und ist mit diesem fest verbunden zu denken.

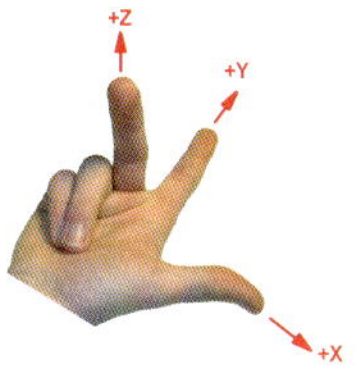

Rechtshändiges, rechtwinkliges Koordinatensystem

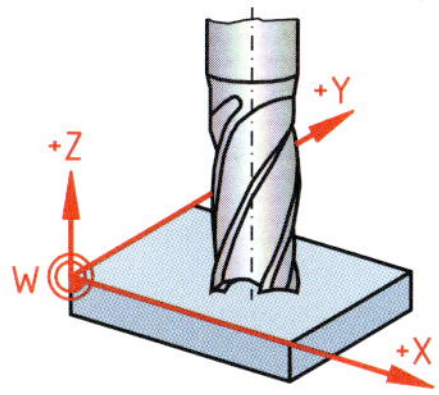

Werkstück-koordinatensystem

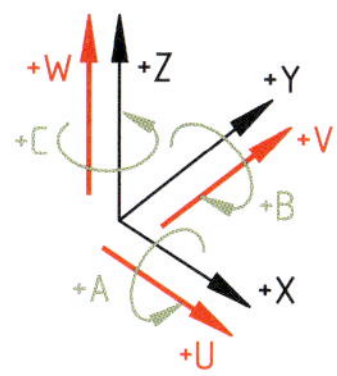

zusätzliche Koordinatenachsen

Programmiert wird immer so, als ob sich das Werkzeug relativ zum stillstehenden Werkstück bewegt; Achsrichtung und positive Bewegungsrichtung sind dann gleich, z. B. +Z.
Bewegt sich tatsächlich das Werkstück, so wird dies von der Steuerung berücksichtigt. Die dann der Achsrichtung entgegengerichtete positive Bewegungsrichtung wird z. B. mit +X′ gekennzeichnet.

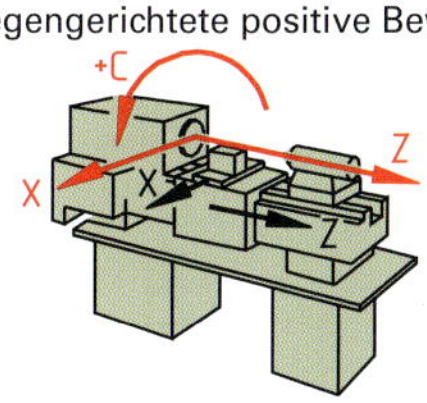

konventionelle Drehmaschine

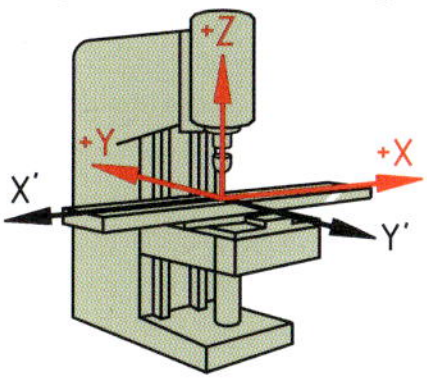

Senkrecht-Konsolfräsmaschine

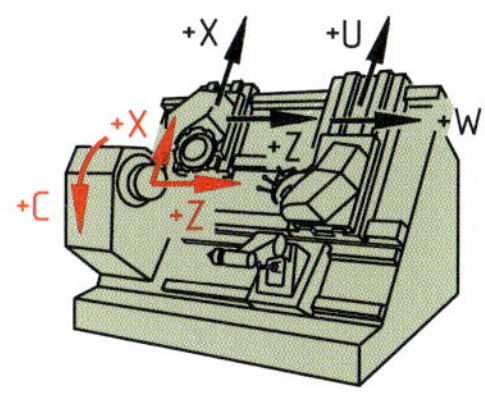

4-Achsen-Drehmaschine

Bezugspunkte

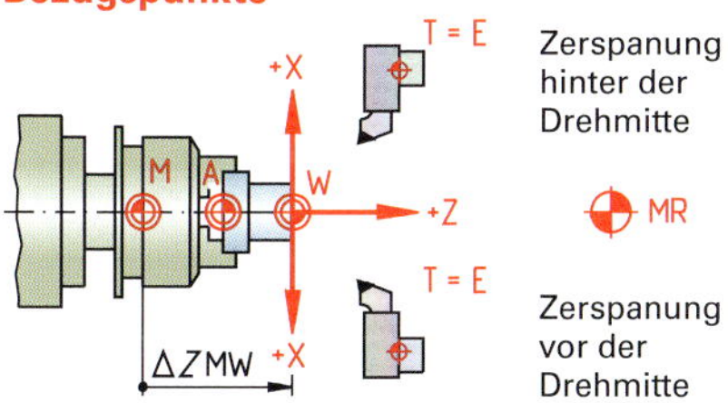

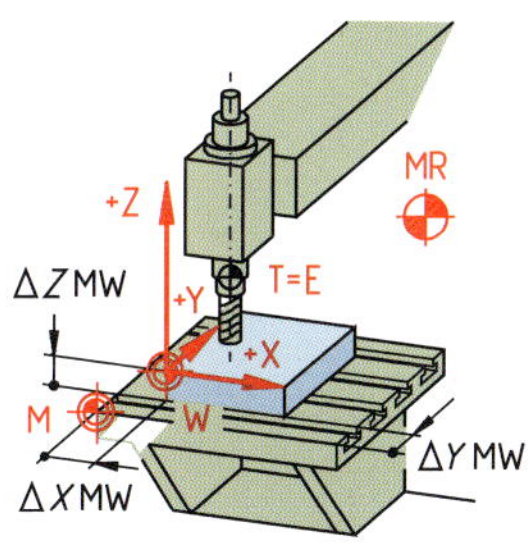

Beim Programmieren arbeitet man mit den auf den Werkstück-Nullpunkt W bezogenen Maßen (Zeichnungsmaße). Die CNC-Steuerung bezieht sich aber auf den Maschinennullpunkt M. Deshalb muss die Verschiebung des Werkstücknullpunkts W zum Maschinennullpunkt M ermittelt und von der Steuerung verrechnet werden (Nullpunktverschiebungen in X, Y und Z: ΔXMW, ΔYMW, ΔZMW). Diese Werte werden von der Steuerung gespeichert und z. B. mit der Wegbedingung G54 aktiviert.

M	Maschinennullpunkt	PO	Programmstartpunkt	fallen häufig zusammen
MR	Maschinenreferenzpunkt	WP	Werkzeugwechselpunkt	
W	Werkstücknullpunkt	T	Werkzeugträgerbezugspunkt	fallen bei aufgenommenem Werkzeug zusammen
A	Anschlagpunkt im Futter	E	Werkzeugeinstellpunkt	

[1] zurückgezogen

Programmieren von NC-Maschinen

Grafische Symbole an NC-Werkzeugmaschinen

Datenträgervorlauf ohne Einlesen und ohne Maschinenfunktionen	Datenträgerrücklauf ohne Einlesen und ohne Maschinenfunktionen	fehlerhafter Datenträger
Programmanfang	Programmende	fehlerhafte Programmdaten
Programm kontinuierlich einlesen ohne Maschinenfunktionen	Programm satzweise einlesen ohne Maschinenfunktion (Handbetätigung nach jedem Satz)	Programmende mit Datenträgerrücklauf zum Programmanfang ohne Maschinenfunktionen
Handeingabe	Programm satzweise einlesen mit Maschinenfunktionen (Handbetätigung nach jedem Satz)	Programm kontinuierlich einlesen mit Maschinenfunktionen
programmierter Halt, entspricht Zusatzfunktion M00	programmierter wahlweiser Halt, entspricht Zusatzfunktion M01	Satzunterdrückung wahlweise
Suchlauf nach bestimmten Daten vorwärts ohne Maschinenfunktionen	Satznummernsuche vorwärts ohne Maschinenfunktionen	Hauptsatzsuche vorwärts ohne Maschinenfunktionen
Suchlauf nach bestimmten Daten rückwärts ohne Maschinenfunktionen	Satznummernsuche rückwärts ohne Maschinenfunktionen	Hauptsatzsuche rückwärts ohne Maschinenfunktionen
Suchlauf rückwärts zum Programmanfang ohne Maschinenfunktionen	Programm von externer Einrichtung	Datenträgereingabe von Zusatzeinrichtung
Programmspeicher	Unterprogrammspeicher	Zwischenspeicher
Unterprogramm	Programm ändern	Datenausgabe aus einem Speicher
Dateneingabe in einen Speicher	Rücksetzen	Speicherinhalt rücksetzen
Daten im Speicher ändern	Löschen	Speicherinhalt löschen
Vorwarnung Speicherüberlauf	Speicherüberlauf	Speicherfehler
Werkzeuglängenkorrektur (drehendes Werkzeug)	Werkzeugradiuskorrektur (drehendes Werkzeug)	Werkzeugdurchmesserkorrektur (drehendes Werkzeug)
Werkzeugkorrektur (nicht drehendes Werkzeug) Achsbezeichnungen können hinzugefügt werden	Werkzeugschneidenradiuskorrektur	Kontur wieder anfahren
Maschinennullpunkt Ursprung des Maschinenkoordinatensystems	Referenzpunkt; definierte Postition zum Abgleich eines inkrementalen Wegmesssystems	Werkstücknullpunkt

Grafische Symbole an NC-Maschinen (Fortsetzung)

Symbol	Bedeutung	Symbol	Bedeutung	Symbol	Bedeutung
	Nullpunktverschiebung Achsbezeichnungen können hinzugefügt werden		Achssteuerung normal (Maschine folgt Programm)		Spiegelbildliche Achssteuerung (Maschine spiegelt Programm)
	absolute Maßangaben Bezugsmaße		inkrementale Maßangaben Relativmaße		programmierter Positionssollwert
	Positionsistwert		in Position		Positionsfehler (Regelkreisfehler)
	Positioniergenauigkeit fein		Positioniergenauigkeit mittel	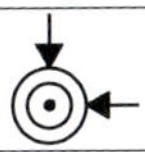	Positioniergenauigkeit grob

Elemente eines NC-Programms

Ein **Programm** besteht aus dem Zeichen Programmanfang (%), einer Folge von Sätzen und dem Wort Programmende (M02 oder M30).

Jeder **Satz** umfasst ein oder mehrere Wörter und das Zeichen Satzende (NL/LF). Ein **Wort** setzt sich zusammen aus dem Adressbuchstaben, einem Vorzeichen und einer Ziffernfolge; fehlt das Vorzeichen, so gilt ein positives. Prinzipiell werden nur Änderungen programmiert; d. h. Wörter, die aus vorangegangenen Sätzen noch gespeichert (modal) wirksam sind, müssen nicht wiederholt werden. Die Abarbeitung der Wörter beginnt i. Allg. zeitgleich.

Genormte Reihenfolge der Wörter in einem Satz

DIN 66025-1 : 1983-01

Satznummer	Wegbedingung	Koordinaten	Interpolationsparameter	Vorschub	Spindeldrehzahl	Werkzeug-Nr. und Korrektur	Zusatzfunktion
N	G	X, Y, Z U, V, W P, Q, R A, B, C	I, J, K	F	S	T	M

Adressbuchstaben-Bedeutung

DIN 66025-1 : 1983-01

Zeichen	Bedeutung
A	Drehbewegung um X-Achse
B	Drehbewegung um Y-Achse
C	Drehbewegung um Z-Achse
D	Werkzeugkorrekturspeicher [1]
E	zweiter Vorschub [1]
F	Vorschub
G	Wegbedingung
H	frei verfügbar
I	Interpolationsparameter oder Gewindesteigung parallel zur X-Achse [2]
J	Interpolationsparameter oder Gewindesteigung parallel zur Y-Achse [2]
K	Interpolationsparameter oder Gewindesteigung parallel zur Z-Achse [2]
L	frei verfügbar
M	Zusatzfunktion

Zeichen	Bedeutung
N	Satz-Nummer
O	frei verfügbar
P	dritte Bewegung parallel zur X-Achse [1]
Q	dritte Bewegung parallel zur Y-Achse [1]
R	dritte Bewegung parallel zur Z-Achse oder Bewegung im Eilgang in Richtung der Z-Achse [1]
S	Spindelumdrehungsfrequenz
T	Werkzeug
U	zweite Bewegung parallel zur X-Achse [1]
V	zweite Bewegung parallel zur Y-Achse [1]
W	zweite Bewegung parallel zur Z-Achse [1]
X	Bewegung in Richtung der X-Achse
Y	Bewegung in Richtung der Y-Achse
Z	Bewegung in Richtung der Z-Achse

[1] Wenn nicht wie angegeben verwendet, dann für spezielle Anwendungsfälle benutzbar.
[2] Zur Festlegung von Kreismittelpunkten.

Wegbedingungen, Adressbuchstabe G

DIN 66025-2 : 1988-09 [3]

Zeichen	Bedeutung
G 00	Anfahren des programmierten Punktes im Eilgang; eine vorher programmierte Vorschubgeschwindigkeit bleibt bei nachfolgendem Aufruf von G 01 erhalten
G 01	**Geradeninterpolation mit programmiertem Vorschub**
G 02	Kreisinterpolation im Uhrzeigersinn
G 03	Kreisinterpolation im Gegenuhrzeigersinn

Einschaltzustand für Bahnsteuerungen fett gedruckt.

[3] zurückgezogen

Programmieren von NC-Maschinen

Wegbedingung, Adressbuchstabe G (Fortsetzung)

Zeichen	Bedeutung
G04[1]	Verweilzeit mit programmierter Dauer; in Sekunden mit G94, in Umdrehungen mit G95; nach Zeitablauf automatisch weiter
G06	Parabelinterpolation
G08[1]	Vorschubgeschwindigkeit nimmt bis zum Zielpunkt gesteuert zu
G09[1]	Vorschubgeschwindigkeit nimmt mit Annäherung an den Zielpunkt gesteuert ab
G17	**X/Y-Ebene**, in der Bahnen berechnet und gesteuert werden
G18	Z/X-Ebene, in der Bahnen berechnet und gesteuert werden
G19	Y/Z-Ebene, in der Bahnen berechnet und gesteuert werden
G33	Gewindedrehen mit konstanter Steigung; Gewindelänge unter Z bzw. X, Steigung unter K bzw. I
G34	Gewindedrehen mit gleichmäßig zunehmender Steigung
G35	Gewindedrehen mit gleichmäßig abnehmender Steigung
G40	**Löschen der Werkzeugbahnkorrekturen G41 bis G44;** Aufruf nicht möglich in einem Satz mit Kreisinterpolation
G41	Werkzeugbahnkorrektur links; Werkzeug (Äquidistante) links von der Werkstückkontur gesehen in Vorschubrichtung; Aufruf nicht möglich in einem Satz mit Kreisinterpolation
G42	Werkzeugbahnkorrektur rechts; Werkzeug (Äquidistante) rechts von der Werkstückkontur gesehen in Vorschubrichtung; Aufruf nicht möglich in einem Satz mit Kreisinterpolation
G43	positive Werkzeugbahnkorrektur; sie wird zum programmierten Koordinatenwert der entsprechenden Achse addiert
G44	negative Werkzeugbahnkorrektur; sie wird vom programmierten Koordinatenwert der entsprechenden Achse subtrahiert
G53	Bezugspunktverschiebung aufheben; bei manchen Steuerungen ohne diese Funktion wird der Maschinennullpunkt bzw. der Referenzpunkt aufgerufen
G54	Verschiebung; es wird in allen Achsen ein neuer Bezugspunkt programmiert, bei einigen Steuerungen nur in X-Richtung möglich
G55	Verschiebung; es kann ein neuer Bezugspunkt in allen Achsen programmiert werden, bei einigen Steuerungen aber nur in Y-Richtung
G56	Verschiebung; es kann ein neuer Bezugspunkt in allen Achsen programmiert werden, bei einigen Steuerungen nur in Z-Richtung
G57 … G59	Bezugspunktverschiebungen
G70	Maßangaben in inch; wenn in der Steuerung nicht vorhanden, dann frei verfügbar
G71	**Maßangaben in mm;** wenn in der Steuerung nicht vorhanden, dann frei verfügbar
G74[1]	Referenzpunkt anfahren
G80	**Arbeitszyklen G81 bis G89 werden aufgehoben**
G81 … G89	Arbeitszyklen; sie sind in der Steuerung in ihrem Einzelschrittablauf festgelegt
G90	**absolute Maßangaben**
G91	inkrementale Maßeingaben
G92[1]	Speicher setzen oder ihren Inhalt ändern; es erfolgt keine Bewegung in den Achsen; Beispiele: Begrenzung der Spindelumdrehungsfrequenz, inkrementale Bezugspunktverschiebung
G94	**Vorschubgeschwindigkeitsangabe in mm/min** (inch/min nur nach Vereinbarung)
G95	Vorschub in mm (in inch nur bei Vereinbarung) je Umdrehung
G96	konstante Schnittgeschwindigkeit in m/min; Programmierung zusammen mit G92 und S … vor dem Satz mit M58
G97	Spindelumdrehungsfrequenz in min^{-1}; die Wegbedingung G96 wird damit aufgehoben

[1] Bedingung wird nur im programmierten Satz wirksam, alle anderen werden gespeichert (modal) wirksam.
Nicht genannte Wegbedingungen sind frei verfügbar.
Einschaltzustand für Bahnsteuerungen fett gedruckt.

Zusatzfunktionen, Adressbuchstabe M

DIN 66025-2 : 1988-09[4]

Klasse 0: Universelle Zusatzfunktionen

Zeichen	Bedeutung
M00[1] [2]	programmierter HALT; Maschine wird nach Abarbeiten des Satzinhaltes stillgesetzt
M01[1] [2]	wahlweiser HALT; Maschine wird nach Abarbeiten des Satzinhaltes stillgesetzt, falls Wahlschalter auf EIN steht
M02[1]	Programmende; Satzinhalt wird abgearbeitet, dann die Maschine stillgesetzt; Rücksetzen der Wegbedingungen in den Einschaltzustand
M06[1] [3]	Werkzeugwechsel
M10/M11	Klemmen/Lösen; die Funktion kann sich beziehen auf einen Schlitten, Werkstück, Spindel usw.
M30[1] [2]	Programmende mit Rücksetzen; dazu wird die Maschine stillgesetzt und die Wegbedingungen in den Einschaltzustand und das Programm an seinen Anfang zurückgesetzt
M48[2]	Überlagerungen wirksam; Spindeldrehfrequenz und Vorschub können manuell verstellt werden; der Befehl ist wirksam im Einschaltzustand
M49	Aufhebung der Überlagerung M48
M60[2]	Werkstückwechsel einschließlich Stillsetzen von Arbeitsspindel, Kühlschmiermittel usw.

[1] Funktion wird nur im programmierten Satz wirksam, alle anderen werden gespeichert (modal) wirksam.
[2] Funktion wird erst nach Abarbeitung der restlichen Satzinhalte – also nicht sofort – wirksam
[3] Zeitpunkt der Wirksamkeit steuerungsabhängig
[4] zurückgezogen

Zusatzfunktionen, Adressbuchstabe M (Fortsetzung)

Klasse 1: Bohrmaschinen, Lehrenbohrwerke, Bearbeitungszentren

Zeichen	Bedeutung
M 03	Arbeitsspindel EIN im Uhrzeigersinn
M 04	Arbeitsspindel EIN im Gegenuhrzeigersinn
M 05[1]	Arbeitsspindel HALT
M 07/M 08	Kühlschmiermittel Nr. 2/Nr. 1 EIN
M 09[1]	Kühlschmiermittel AUS
(M 17)	Unterprogramm ENDE mit Rücksprung ins Hauptprogramm; diese Funktion ist nicht genormt
M 19[1]	Spindel HALT mit definierter oder programmierter Winkelstellung
M 34/35	Spanndruck normal/reduziert
M 40	automatische Getriebeschaltung
M 41 ... M 45	Auswahl der Getriebestufenwahl 1 bis 5
M 50/51	Kühlschmiermittel Nr. 3/Nr. 4 EIN
M 71 ... M 78	Indexpositionen 1 bis 8 des Drehtisches

Alle Funktionen gespeichert (modal) wirksam

[1] Funktion wird erst nach Abarbeitung der restlichen Satzinhalte – also nicht sofort – wirksam

Klasse 2: Drehmaschinen, Dreh-Bearbeitungszentren

Zeichen	Bedeutung
M 03	Arbeitsspindel EIN im Uhrzeigersinn
M 04	Arbeitsspindel EIN im Gegenuhrzeigersinn
... M 51	**übereinstimmend mit Klasse 1** (Bohrmaschinen, Lehrenbohrwerke, Bearbeitungszentren)
M 54/M 55	Reitstock-Pinole in Grundstellung zurück/vor bis zum Werkstück
M 56/M 57	Reitstock Mitschleppen AUS/EIN
M 58	konstante Spindelumdrehungsfrequenz AUS; Aufhebung von M 59; Freigabe von G 96
M 59	konstante Spindelumdrehungsfrequenz EIN; eine zuvor bei konstanter Schnittgeschwindigkeit erreichte Umdrehungsfrequenz wird beibehalten, falls nichts anderes programmiert wird
M 80/M 82	Lünette 1/2 öffnen
M 81/M 83	Lünette 1/2 schließen
M 84/M 85	Lünette Mitschleppen AUS/EIN, Trennung vom/Kopplung an den Maschinenschlitten

Alle Funktionen gespeichert (modal) wirksam

Klasse 3: Schleif- und Messmaschinen (keine Norm festgelegt)

Klasse 4: Brenn-, Plasma-, Laser-, Wasserstrahlschneid-, Drahterodiermaschinen

Zeichen	Bedeutung
M 03[2]/M 04	Schneiden AUS/EIN
M 14	Höhenregelung AUS; Schneidkopf bleibt in der erreichten Stellung
M 15	Höhenregelung EIN; Schneidkopf fährt auf programmierten Abstand
M 16	Schneidkopf zurück, Höhenregelung AUS
M 17	Powder Marker Swirl off
M 18[2]/M 19	Signiereinrichtung AUS/EIN
M 20[2]/M 21	Plasmabrenner AUS/EIN
M 22[2]/M 23	linker Schrägbrenner AUS/EIN
M 24[2]/M 25	rechter Schrägbrenner AUS/EIN
M 26[2]/M 27	Mittelbrenner AUS/EIN
M 28	Automatische Tangentialsteuerung für Schrägbrenner
M 29	programmierbare Winkelstellung für Schrägbrenner
M 33[1]	Zeitglied Eckenverzögerung
M 63	Hilfsgas Luft
M 64	Hilfsgas Sauerstoff
M 80	Aufheben M 81, M 82, M 83
M 90[2]/M 92[2]/M 94[2]	Vorheizen links AUS / Mitte AUS / rechts AUS
M 91/93/95	Vorheizen links EIN / Mitte EIN / rechts EIN

[1] Funktion wird nur im programmierten Satz wirksam, alle anderen werden gespeichert (modal) wirksam.

[2] Funktion wird erst nach Abarbeitung der restlichen Satzinhalte wirksam

Klasse 5: Adaptive Steuerung (keine Norm festgelegt)

Klasse 6: Maschinen mit Mehrfach-Schlitten, mehreren Spindeln und Handhabungsausrüstungen

Zeichen	Bedeutung
M 12	Synchronisation; zeitliche Abstimmung von zwei Schlittenbewegungen; Steuerinformationen im gleichen oder in zwei verschiedenen Programmen
M 70	unbedingter Start aller Systeme; Simultanbearbeitung wird ohne Abfrage einer Bedingung gestartet; Befehl steht nur in einem der Programme
M 71 ... M 79	unbedingter Start von System Nr. 1 ... Nr. 9; Bearbeitung wird ohne Abfrage einer Bedingung gestartet

Alle Funktionen gespeichert (modal) wirksam

Programmieren von NC-Maschinen

Klasse 6: Maschinen mit Mehrfach-Schlitten, mehreren Spindeln und Handhabungsausrüstungen (Fortsetzung)

Zeichen	Bedeutung
M 87	Status-Anzeige „Bearbeitung" eines Systems; es hat die Ruhestellung verlassen
M 88[1]	Status-Anzeige „Ruhestellung" eines Systems; es wartet auf den Start
M 89[1]	Status-Anzeige für „Ruhestellung" für alle Systeme
M 90[1]	bedingter Start; nur wenn alle Systeme in Ruhestellung sind (M 89) wird die nächste Satzfolge ausgeführt
M 91[1] … M 99[1]	bedingter Start; nur wenn System Nr. 1 … Nr. 9 in Ruhestellung ist (M 88) wird die nächste Satzfolge ausgeführt

Alle Funktionen gespeichert (modal) wirksam

[1] Funktion wird erst nach Abarbeitung der restlichen Satzinhalte wirksam

Klasse 7: Stanz- und Nippelmaschinen

Zeichen	Bedeutung
M 07	Körner AUS; erst nach Abarbeitung der restlichen Satzinhalte wirksam
M 08/M 09	Körner EIN Dauerlauf/Einzelhub
M 34[2]	Bohrzyklus
M 70[2]/M 71[2]	Stanzen AUS/EIN
M 72[2]/M 73[2]	niedrige/hohe Hubzahl
M 74	Pratzen nachsetzen; Funktion wird nur im programmierten Satz wirksam
M 76/M 77	verzögerte Stanzauslösung AUS/EIN

[2] Ob Funktion gespeichert (modal) und/oder sofort wirksam ist steuerungsabhängig

Werkzeugwechsel

DIN-/PAL[3]-Programmierung	Nur PAL-Programmierung
Die unter der Adresse T abgelegte Werkzeugnummer dient in Verbindung mit M06 (Werkzeugwechsel) zur Werkzeugauswahl. Sie wird automatisch herangezogen, um die Maschinenbewegungen entsprechend der Werkzeuggeometrie korrigieren zu können.	Die Adresse T gibt den Magazinplatz des einzuwechselnden Werkzeugs an; der Befehl M6 (Werkzeugwechsel) ist nicht bei allen Wechseleinrichtungen erforderlich. Die Korrekturwerte müssen zusätzlich angewählt werden. (siehe Werkzeugkorrekturmaße)

Koordinaten

DIN-/PAL-Programmierung				Nur PAL-Programmierung	
G90		G91		G90 / G91	
X, Y, Z I, J, K	absolute Koordinaten inkrementale Koordinaten	X, Y, Z I, J, K	inkrementale Koordinaten inkrementale Koordinaten	XA, YA, ZA XI, YI, ZI IA, JA, KA	absolute Koordinaten inkrementale Koordinaten absolute Koordinaten

Gegenüber DIN erlaubt PAL also eine Mischung von absoluten und inkrementalen Koordinaten. Wenn in den folgenden PAL-Funktionen und PAL-Zyklen X, Y, Z, I, J und K erscheinen, so können sie entsprechend den obigen Angaben z. B. durch X, XA oder XI usw. ersetzt werden.

Bewegung auf Geraden

	DIN-/PAL-Programmierung	Nur PAL-Programmierung
Eilgang:	**N… G00 X… Y… Z…**	**N… G0 X… Y… Z… E… F… S… TC… TR/TX… TL/TZ… M…**
Vorschub:	**N… G01 X… Y… Z… F… S… T… M…**	**N… G1 X… Y… Z… E… F… S… TC… TR/TX… TL/TZ… M…**
	X, Y, Z Lage des Zielpunkts der Bewegung **Optional bei G01:** **F** Vorschub **S** Spindeldrehzahl **T** Werkzeug **M** Maschinenfunktion	**X, Y, Z** Lage des Zielpunkts der Bewegung[4] **Optional:** (Voreinstellwerte rot gedruckt) **E** Feinvorschub (E = F) **TC** Korrekturwertspeicher TC1 … TC9 (TC1) **TR/TL** **Fräsen:** inkrementale Werkzeugradiuskorrektur/-längenkorrektur (TR0 TL0) **TX/TZ** **Drehen:** inkrementale Werkzeugkorrektur in X/Z-Richtung (TX0 TZ0) Weitere Adressen wie bei DIN-Programmierung
	Werden beim Fräsen im Eilgang zusätzlich zur Zustellachse Z weitere Koordinatenwerte programmiert, so wird bei PAL-Programmierung – zuerst abgehoben (Z+…) und dann in der Ebene (X… Y…) verfahren – zuerst in der Ebene (X… Y…) verfahren und dann zugestellt (Z-…)	

[3] PAL Prüfungsaufgaben – Lehrmittelentwicklungsstelle IHK Region Stuttgart

[4] Siehe Koordinaten

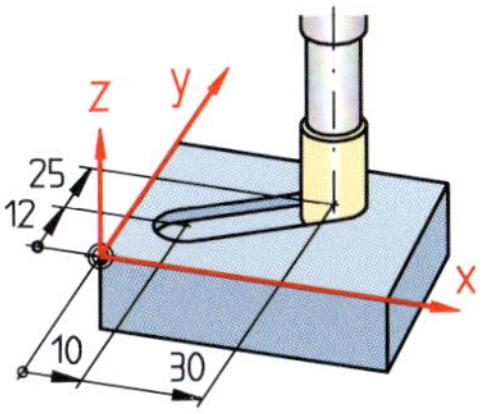

DIN-/PAL-Programmierung

Absolute Maßangaben:	**Inkrementale Maßangaben:**
N10 **G90**	N10 **G91**
...	...
N50 G00 X10 Y12 Z1	N50 G00 X70 Y-120 Z-155
N60 G01 Z-5	N60 G01 Z-6
N70 G01 X30 Y25	N70 G01 X20 Y13
...	...
N... M30	N... M30

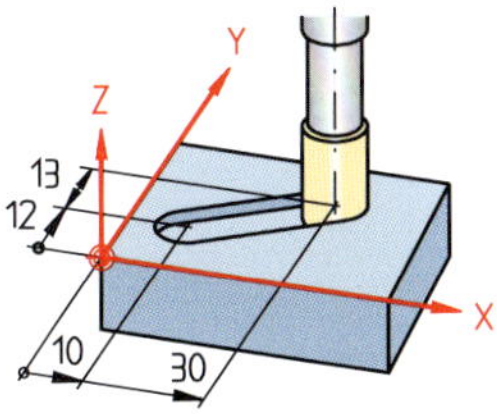

Nur PAL-Programmierung

(gemischte Koordinatenangaben)

N10 **G90**	N10 **G91**
...	...
N50 G0 X10 Y12 Z1	N50 G0 XA10 YA12 ZA1
N60 G1 Z-5	N60 G1 Z-6
N70 G1 X30 YI13	N70 G1 XA30 Y13
...	...
N... M30	N... M30

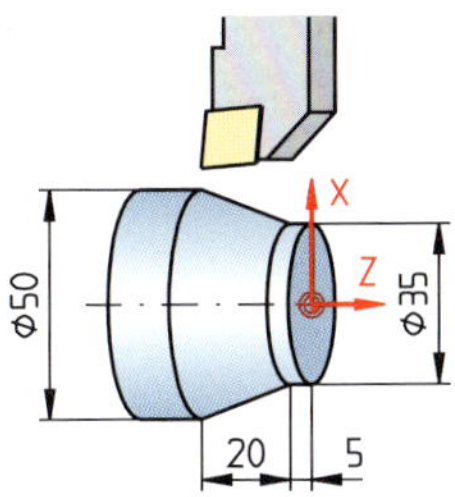

DIN-/PAL-Programmierung

Absolute Maßangaben:	**Inkrementale Maßangaben:**
N10 **G90**	N10 **G91**
...	...
N50 G00 X35 Z1	N50 G00 X-70 Z-205
N60 G01 Z-5	N60 G01 Z-6
N70 G01 X50 Z-25	N70 G01 X7.5 Z-20
...	...
N... M30	N... M30

Nur PAL-Programmierung

(gemischte Koordinatenangaben)

N10 **G90**	N10 **G91**
...	...
N50 G0 X35 Z1	N50 G0 XA35 ZA+1
N60 G1 Z-5	N60 G1 ZA-5
N70 G1 X50 ZI-20	N70 G1 XA50 Z-20
...	...
N... M30	N... M30

Nur PAL-Programmierung	
Gerade definiert durch Anstiegswinkel AS und X-Koordinate des Zielpunkts: **N... G1 AS... X...** 2) Gerade definiert durch Anstiegswinkel AS und Y-Koordinate des Zielpunkts: **N... G1 AS... Y...** 2) Gerade definiert durch Anstiegswinkel AS und Geradenlänge D: **N... G1 AS... D...** 2) Gerade definiert durch Geradenlänge D, X- oder Y-Koordinate des Zielpunkts und Auswahlkriterium H: **N... G1 D... X/Y... H...** 2)	**X,Y** Lage des Zielpunkts der Bewegung 1) **AS** Anstiegswinkel der Geraden ausgehend von der 1. Geometrieachse entgegen dem Uhrzeigersinn – beim Fräsen (G17): X-Achse – beim Drehen (G18): Z-Achse **D** Geradenlänge in der Ebene (>0) **H** Auswahlkriterium **H1** kleinerer Anstiegswinkel **H2** größerer Anstiegswinkel Voreinstellwerte rot gedruckt **RN+** Übergangsradius **RN-** Fasenbreite

1) Siehe Koordinaten Seite F 70   2) Weitere Adressen wie oben

Programmieren von NC-Maschinen

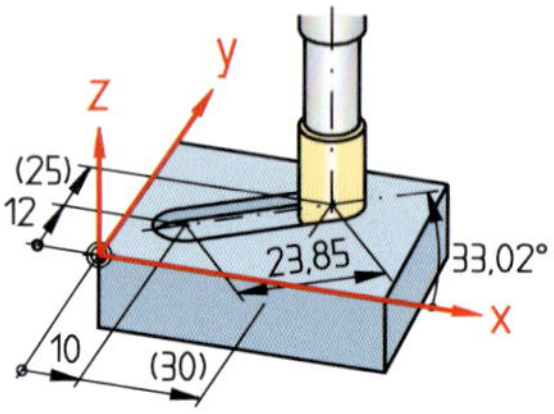

Absolute Maßangaben:
N10 **G90**
...
N50 G0 X10 Y12 Z1
N60 G1 Z-5
N70 G1 AS33.02 X30
oder: N70 G1 AS33.02 Y25
oder: N70 G1 AS33.02 D23.85
oder: N70 G1 D23.85 X30 H1
oder: N70 G1 D23.85 Y25 H1
...
N... M30

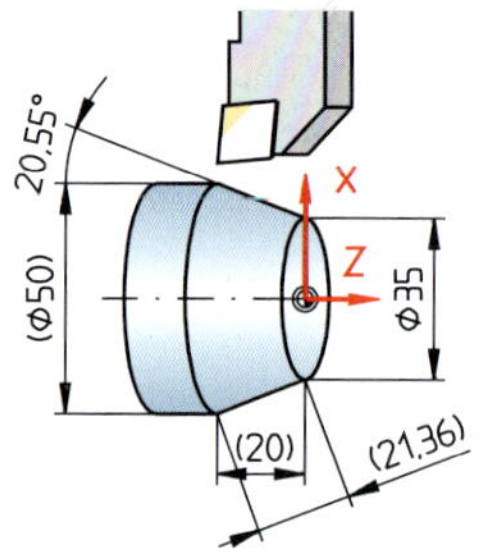

Absolute Maßangaben:
N10 **G90**
...
N50 G1 X35 Z0
N60 G1 AS159.45 X50
oder: N60 G01 AS159.45 Z-20
oder: N60 G01 AS159.45 D21.36
oder: N60 G01 D21.36 X50 H2
oder: N60 G01 D21.36 Z-20 H2
...
N... M30

Ebenenauswahl

DIN-/PAL-Programmierung	
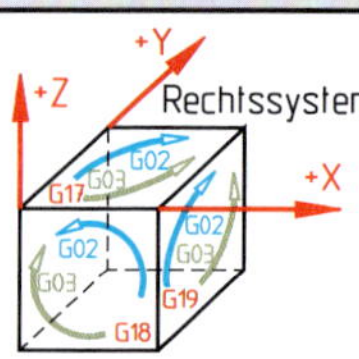	Kreisbögen und die Werkzeugbahnkorrektur können nur in der gewählten Standardebene gefahren werden. **N... G17** G17: X-Y-Ebene (Standardebene Fräsen; Einschaltzustand) **N... G18** G18: X-Z-Ebene (Standardebene Drehen; Einschaltzustand) **N... G19** G19: Y-Z-Ebene

Nur PAL-Programmierung	
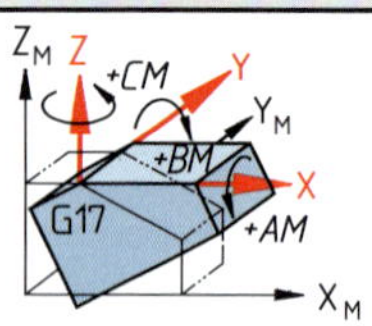	**Programmierebene** **G17** **Ebenauswahl in der XY-Ebene** **G15** **Schwenken mit maschinenfesten Raumwinkeln** AM Drehwinkel um die X-Achse des Maschinenkoordinatensystems BM Drehwinkel um die Y-Achse des Maschinenkoordinatensystems **G16** **Inkrementale Drehung der aktuellen Bearbeitungsebene** AR Drehung um die X-Achse des aktuellen Werkstückkoordinatensystems BR Drehung um die Y-Achse des aktuellen Werkstückkoordinatensystems CR Drehung um die Z-Achse des aktuellen Werkstückkoordinatensystems (Eine Bearbeitungsebene kann mehrfach inkrementell mit dem Befehl G16 gedreht werden) **G18** **Ebenenanwahl in der XZ-Ebene** **G19** **Ebenenanwahl in der YZ-Ebene**

Programmieren von NC-Maschinen

Nur PAL-Programmierung	
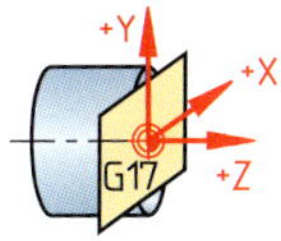	**Stirnseitenbearbeitung beim Drehen (virtuelle Y-Achse)** **G17** **Stirnseitenbearbeitungsebene** (s. auch F88) (möglich in Verbindung mit G15 Anwahl der Bearbeitungsebene IP0 – IP5) z.B. G15 G17 IP3 Stirnseitenbearbeitung in interpolierten Koordinaten
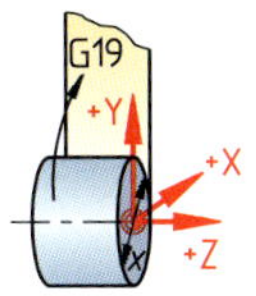	**Mantelflächenbearbeitung beim Drehen (virtuelle Y-Achse)** **G19** **Mantelflächen-/Sehnenflächenbearbeitungsebene** (s. auch F88) (möglich in Verbindung mit G15 Anwahl der Bearbeitungsebene IP0 – IP5) IP 0 Sehnenflächenbearbeitung in kartesischen Koordinaten IP 5 Standard- und Mehrseitenbearbeitung DM Durchmesser der Mantelfläche (mit der Anwahl wird die Mantelfläche mit dem Durchmesser DM abgewickelt)

Bewegung auf Kreisbögen

G 02 Werkzeug bewegt sich bei Blick auf die Bearbeitungsebene in negativer Richtung der auf dieser Ebene senkrecht stehenden Koordinatenachse im Uhrzeigersinn

G 03 Werkzeug bewegt sich bei Blick auf die Bearbeitungsebene in negativer Richtung der auf dieser Ebene senkrecht stehenden Koordinatenachse entgegen dem Uhrzeigersinn

DIN-/PAL-Programmierung		
Fräsen von Kreisbögen z. B. X-Y-Ebene 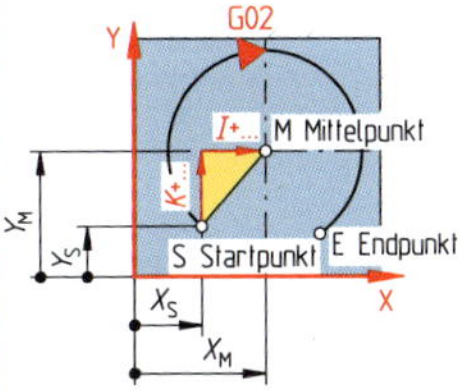 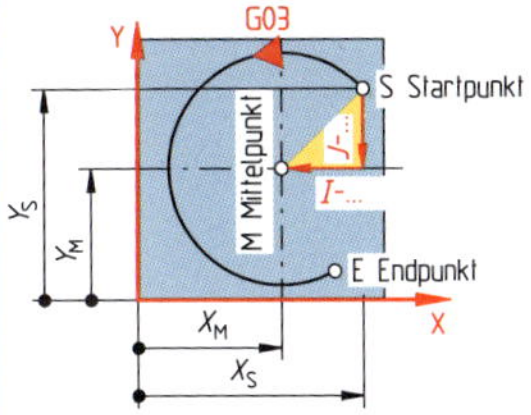	**Drehen von Kreisbögen** 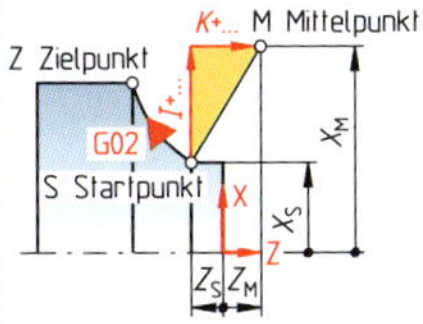 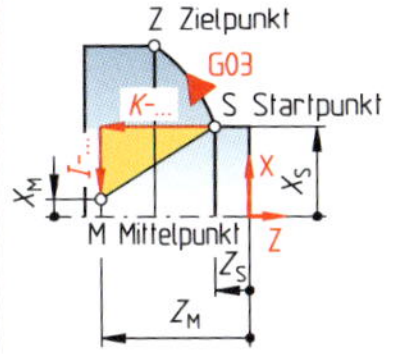	**X, Y, Z** Angabe des Kreiszielpunktes E durch zwei Koordinaten je nach Ebene[1)] **I, J, K** Angabe des Versatzes des Kreismittelpunkts M **relativ** zur Startposition S der Kreisbewegung durch 2 Werte je nach Ebene: I in X-, J in Y- und K in Z-Richtung (also immer inkremental) Nach der Ausnahmeregelung der Norm können I, J und K bei Anwahl von G90 absolut eingegeben werden, bei PAL als **IA, JA, KA**. Ist I, J oder K = 0, so muss I0, J0 bzw. K0 programmiert werden. *Die folgenden Adressen* können *programmiert werden:* **F** Vorschubgeschwindigkeit **S** Spindeldrehzahl **M** Maschinenfunktion Beim Drehen vor der Mitte schaut man aus der negativen Richtung der X-Achse gewissermaßen von unten auf die Bearbeitungsebene. Von oben betrachtet sind somit G02/G03 vertauscht.
N... G02/G03 X... Y... I... J... F... S... M... **N... G02/G03 X... Z... I... K... F... S... M...** $I = X_M - X_S$ $J = Y_M - Y_S$ $K = Z_M - Z_S$		
N... G02/G03 X... Y... Z... I... K... F... S... M...		Programmiert man in einem Satz mit G02/03 einen Z-Wert, so entsteht eine Schraubenlinie (Helix)

[1)] Siehe Koordinaten Seite F 65

Programmieren von NC-Maschinen

Beispiele für das Programmieren von Kreisbögen

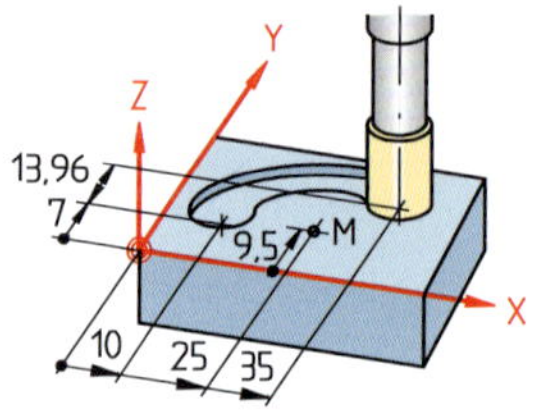

DIN-/PAL-Programmierung

N10 **G90**
...
N50 G00 X10 Y7 Z1
N60 G01 Z-5
N70 G02 X35 Y20.96 I15 J2.5
...
N... M30

Nur PAL-Programmierung

N10 **G90**
...
N50 G0 X10 Y7 Z1
N60 G1 Z-5
N70 G2 X35 YI13.96 IA25 JA9.5
...
N... M30

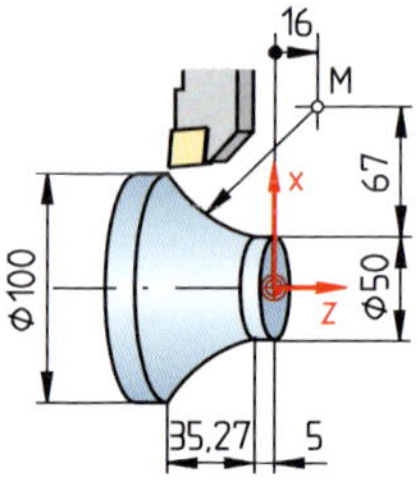

DIN-/PAL-Programmierung

N 10 **G90**
....
N50 G42
N60 G00 X50 Z1
N70 G01 Z-5
N80 G02 X100 Z-40.27 I67 K21
N90 G40
N100 G00 X101
...
... M30

Nur PAL-Programmierung

N 10 **G90**
....
N50 G42
N60 G0 X50 Z1
N70 G1 Z-5
N80 G2 X100 ZI-35.27 I67 KA16
N90 G40
N100 G0 X101
...
... M30

Bewegung auf Kreisbögen (Fortsetzung)

Nur PAL-Programmierung

Kreisbogen definiert durch Kreiszielpunkt und Radius R

N... G02 / G03 X... Y / Z... R... [2]

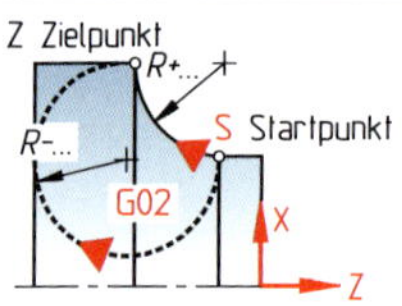

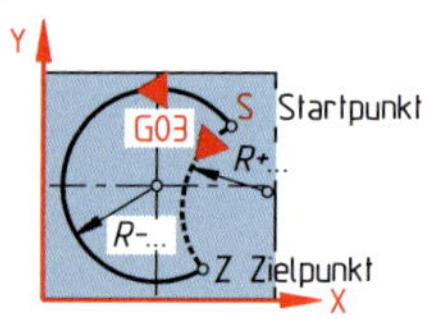

X, Y, Z Angabe des Kreiszielpunkts Z durch zwei Koordinaten je nach Ebene[1]

R Gemäß der Ausnahmeregelung der Norm kann I, J und K durch die Programmierung des Radiuses ersetzt werden; sein Vorzeichen entscheidet, ob der kleine (+) oder der große Bogen (–) gefahren wird.

Kreisbogen definiert durch Kreiszielpunkt und Öffnungswinkel AO des Kreissektors

N... G02 / G03 X... Y / Z... AO... [2]

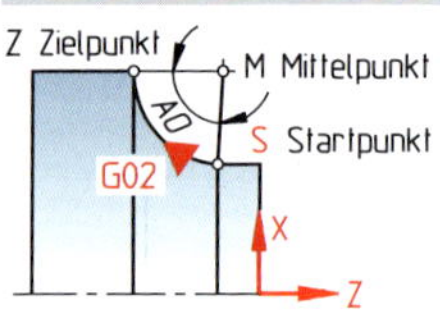

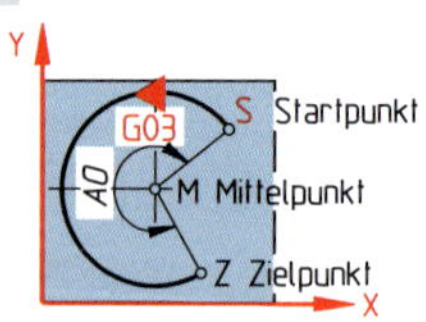

AO Öffnungswinkel des Kreissektors (ohne Vorzeichen)

Kreisbogen definiert durch eine Kreiszielpunktkoordinate, Radius R und Längenkriterium O

N... G02 / G03 X... / Y... / Z... R... O... [2]

Längenkriterium O
1 kürzerer Bogen
2 längerer Bogen

[1] Siehe Koordinaten Seite F 65 [2] Weitere Adressen wie bei G0/G1

Übergangsradien, Fasen

Nur PAL-Programmierung		
N... G1 / G2 / G3 ... RN...	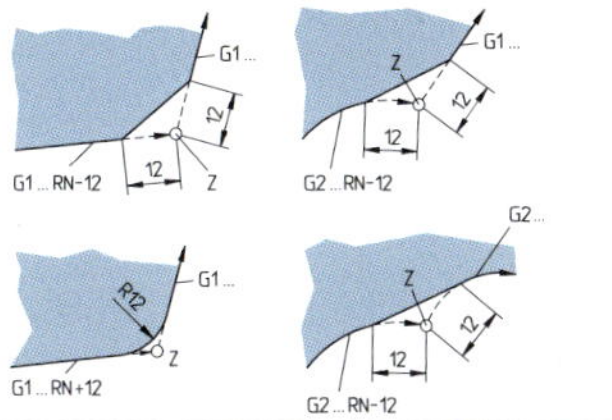	Übergangsradien und Fasen können sehr einfach erzeugt werden. Man programmiert die Kontur ohne diese Elemente (Zielpunkt Z) und erweitert dann die Sätze (G1, G2, G3) um das Übergangselement RN. **RN+** Übergangsradius **RN–** Fasenbreite Voreinstellung: RN0

Programmierung mit Polarkoordinaten

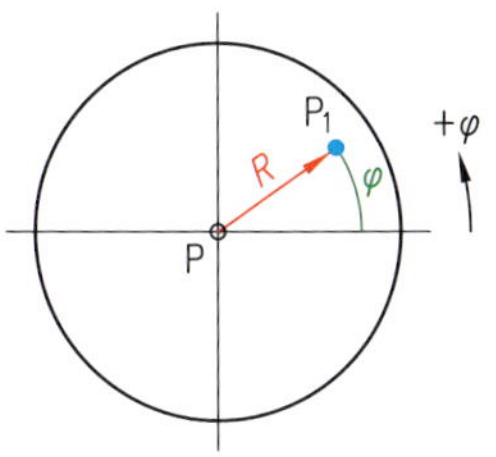

Die Beschreibung der Lage eines Punktes z. B. P_1 wird durch die Angabe des Polarradius R, des Polarwinkels φ und des Pols P möglich

PAL – Befehle für die Programmierung mit Polarkoordinaten

G10 **Verfahren im Eilgang in Polarkoordinaten**

G11 **Verfahren auf einer Geraden mit Polarkoordinaten**

G11 RP ... AP ...

RP Polarradius

AP Polarwinkel bezogen auf die erste positive Geometrieachse (entspricht der X – Achse in G17)

AI inkrementeller Polarwinkel

I, J inkrementale Koordinatenangabe zur aktuellen Werkzeugposition

IA X – Polkoordinate absolut

JA Y – Polkoordinate absolut

RN+ Verrundungsradius zum nächsten Element

RN- Fasenbreite zum nächsten Element

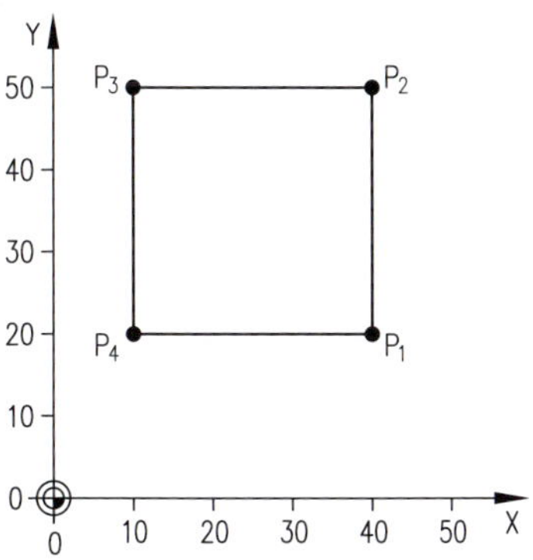

Beispiel 1: Abfahren des Quadrat 30
Startpunkt P_1 entspricht dem Pol
(Die Lage des Pols ändert sich während des Abfahrens der Kontur)

```
N10 ...
N20 G00 X40 Y20
N25 Z2
N30 G1 Z-1
N35 G11 RP30 AP90      (P1 = Pol)
N40 G11 RP30 AP180     (P2 = Pol)
N45 G11 RP30 AP270     (P3 = Pol)
N50 G11 RP30 AP0       (P4 = Pol)
N55 G1 Z2
...
N... M30
```

Programmieren von NC-Maschinen

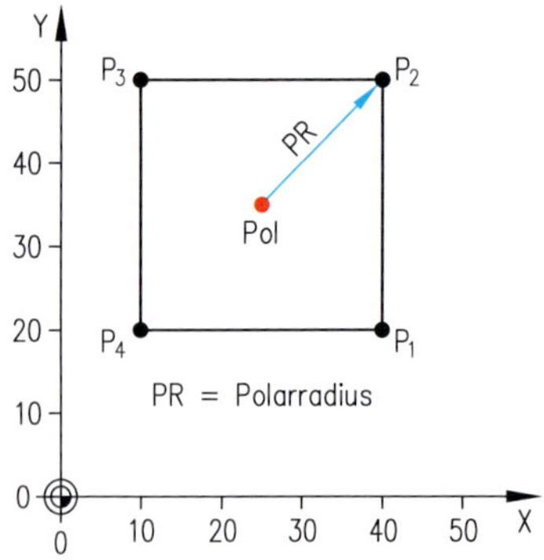

Beispiel 2: Abfahren des Quadrat 30 mittels Polarradius PR
Startpunkt P_1 entspricht **nicht** dem Pol
(Der Pol liegt bei X25 Y35)

```
N10...
N20 G00 X40 Y20
N30 Z2
N35 G1 Z-1
N40 G11 RP21.213 AP45 IA25 JA35
N45 G11 RP21.213 AP135 IA25 JA35
N50 G11 RP21.213 AP225 IA25 JA35
N55 G11 RP21.213 AP315 IA25 JA35
N69 G1 Z2
...
N... M30
```

G12 **Programmierung eines Kreisbogens im Uhrzeigersinn mit Polarkoordinaten**

- AP Polarwinkel bezogen auf die erste positive Geometrieachse (entspricht der X – Achse in G17)
- AI inkrementeller Polarwinkel
- I, J inkrementale Koordinatenangabe zur aktuellen Werkzeugposition
- IA X – Polkoordinate absolut
- JA Y – Polkoordinate absolut
- RN+ Verrundungsradius zum nächsten Element
- RN- Fasenbreite zum nächsten Element

G13 **Programmierung eines Kreisbogens entgegen dem Uhrzeigersinn mit Polarkoordinaten (Angaben zur Programmierung siehe G12)**

Programmsteuerung

Nur PAL-Programmierung

G 22 Unterprogrammaufruf

N... G22 L... H...

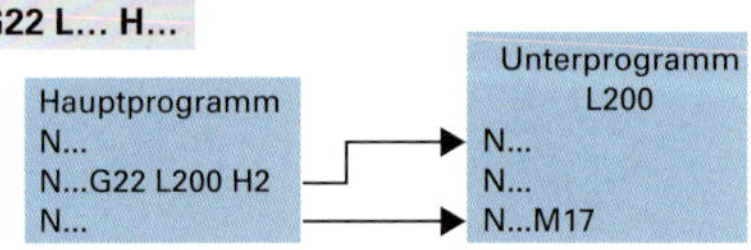

L Nummer des aufzurufenden Unterprogramms

2 × abarbeiten
optional:
H Anzahl der Abarbeitungen (H1)[1)]
I Ausblendebene

G 23 Programmabschnittswiederholung

N... G23 N... N... H...

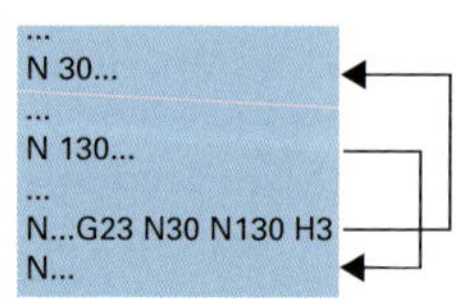

N Startsatznummer } des zu wiederholenden
N Endsatznummer } Programmabschnitts
optional:
H Anzahl der Abarbeitungen (H1)[1)]

[1)] Voreinstellwerte rot gedruckt

Werkzeugbahnkorrektur

DIN-/PAL-Programmierung

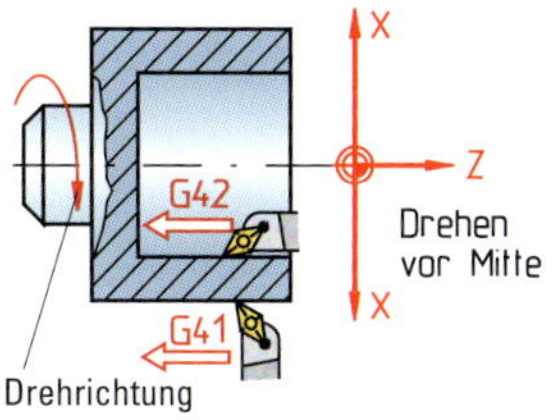

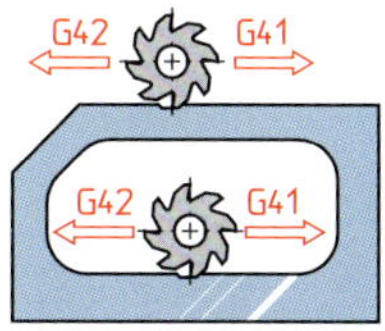

N... G41 **N... G42** **N... G40**

Für die Ein- bzw. Ausfahrt in die bzw. aus der Korrekturbahn ist jeweils eine Bewegung in der gewählten Bahnebene erforderlich.

G41 Werkzeug bewegt sich – in Vorschubrichtung gesehen – links von der Kontur. Man fräst mit rechtsschneidendem Werkzeug im Gleichlauf.
G42 Werkzeug bewegt sich – in Vorschubrichtung gesehen – rechts von der Kontur. Man fräst mit rechtsschneidendem Werkzeug im Gegenlauf.
G40 Hebt die Bahnkorrektur wieder auf

Beim Drehen vor der Mitte schaut man aus der negativen Richtung der Y-Achse gewissermaßen von unten auf die Bearbeitungsebene. Von oben betrachtet sind somit G41/G42 vertauscht.

Nur PAL-Programmierung

G45 Lineares tangentiales An- oder Abfahren an eine Kontur

N ... G45 G41/G42 X... Y... Z... DL... WV... O[1]

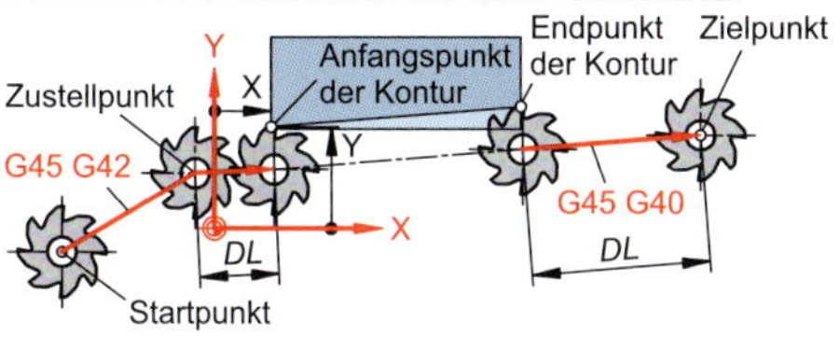

G45 G40 Lineares Abfahren von einer Kontur

N ... G45 G40 DL...

G45 G41/42 Anfahren an die Kontur
G45 G40 Abfahren von der Kontur

X,Y;Z Koordinaten des ersten Konturpunktes (Anfahrpunktes)
DL Länge der tangentialen An-/Abfahr-Bewegung
WV Sicherheitsebene absolut G41/G42, Rückzugsebene absolut G40
O Zustellbewegung

G46 Tangentiales An- oder Abfahren an eine Kontur im Viertelkreis

N ... G46 G41/G42 X... Y... Z... RR... WV... O

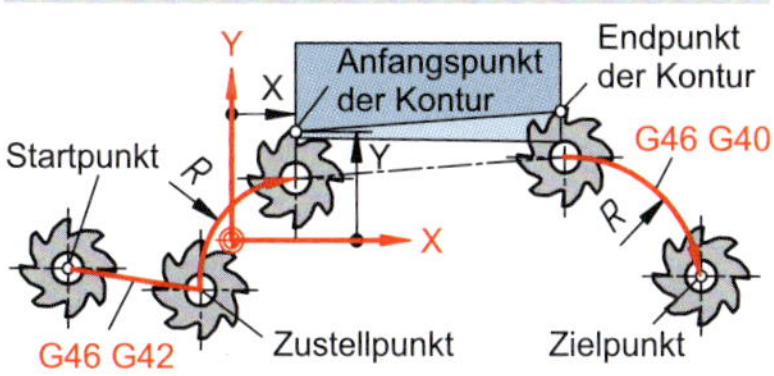

G46 G40 Tangentiale Abfahrt von einer Kontur im Viertelkreis

N... G46 G40 RR...

G46 G41/42 Anfahren an die Kontur
G46 G40 Abfahren von der Kontur

X,Y;Z Koordinaten des ersten Konturpunktes (Anfahrpunktes)
RR Radius des Viertelkreises bezogen auf den Fräsermittelpunkt
WV Sicherheitsebene absolut G41/G42, Rückzugsebene absolut G40
O Zustellbewegung

G47 Tangentiales An- oder Abfahren an eine Kontur im Halbkreis

Programmierhinweise s. G46

[1] Siehe Koordinaten Seite F 65

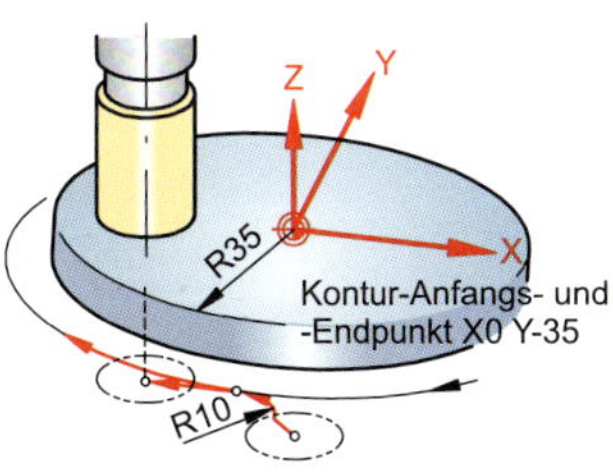

Beispiel für Tangentiales An- und Abfahren einer Kontur im Viertelkreis

Nur PAL-Programmierung

N10 **G90**
...
N20 G46 G41 RR10 X0 Y-35 Z-2
(Anfahrpunkt an die Kontur)
N25 G2 X0 Y-35 IA0 JA0
N30 G46 G40 RR50 WV20
(Abfahren im Viertelkreis von der Kontur)
N35 M30

Programmieren von NC-Maschinen

Erforderliche Werkzeugkorrekturmaße

Fräsen:

Bei angewählter X-Y-Ebene (G17):
L Werkzeuglänge in Richtung Z-Achse
R Werkzeugradius senkrecht zur Z-Achse
Vorzeichen von Änderungen der Korrekturwerte: Wert positiv, falls die tatsächlichen Werkzeugabmessungen größer sind als angenommen.

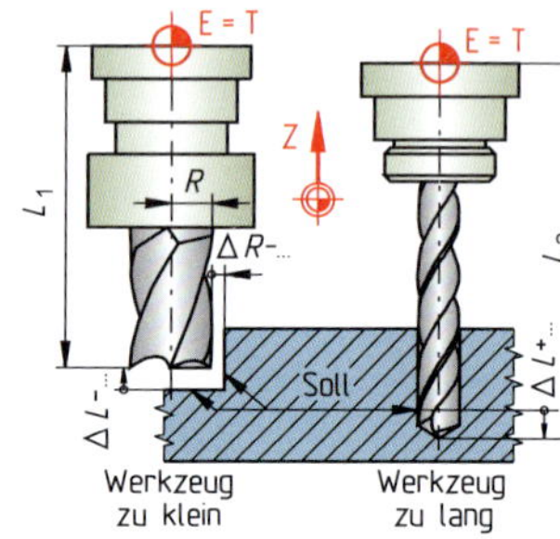

DIN-Programmierung	Nur PAL-Programmierung
Die Anwahl der Korrekturwerte erfolgt über das D- oder T-Wort. Die Werkzeuglängenkorrektur wird dann, wenn sie immer in der gleichen Achse wirkt, sofort wirksam.	Pro Werkzeug stehen die Korrekturspeicher TC1 ... TC9 zur Verfügung. Aufruf erforderlich. (TC1)[1)] Zusätzlich können inkrementale Korrekturen mit TR (Radius) TL (Länge) programmiert werden (TR0 TL0)[1)]

1) Voreinstellwerte rot gedruckt

Drehen:

Durch die Eingabe von r_ε und K berücksichtigt die Steuerung bei Kegel- und Kugelbearbeitung mit Bahnkorrektur die Lage des tatsächlich maßbestimmenden Schneidenpunkts anstelle des theoretischen Werzeugschneidenpunkts P_0.
L Ausspannlänge in Richtung Z-Achse
Q Querablage in X-Richtung
r_ε Schneidenradius
K Kennzahl der Lage des Schneidenpunktes

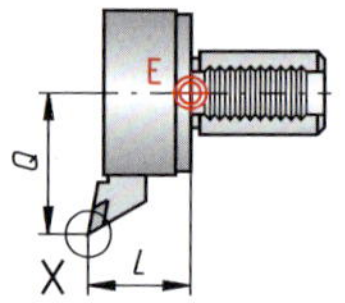

Einzelheit X

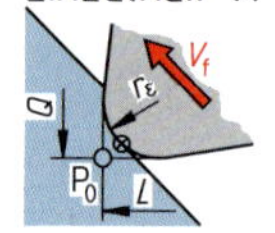

Kennzahl K für die Lage des Schneidenpunkts
Zahlen in Klammern für Drehen vor der Mitte

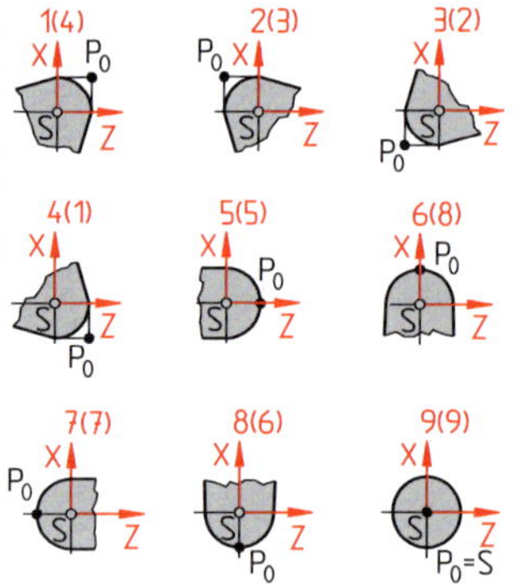

DIN-Programmierung	Nur PAL-Programmierung
Die Anwahl der Korrekturwerte erfolgt über das D- oder T-Wort.	Pro Werkzeug stehen die Korrekturspeicher TC1 ... TC9 zur Verfügung. Aufruf erforderlich. (TC1)[1)] Zusätzlich können inkrementale Korrekturen mit TX (Durchmesser) TZ (Länge) programmiert werden (TX0 TZ0)[1)]

1) Voreinstellwerte rot gedruckt

Nullpunktverschiebung

Nur PAL-Programmierung

G54 ... G57 Absolute Nullpunktverschiebung

N... G54 / G55 / G56 / G57

G53 Aufhebung aller Nullpunktverschiebungen und Drehungen

N... G53

Beim Einrichten der Maschine wird die Lage des Werkstücknullpunktes bezogen auf den Maschinennullpunkt ermittelt und im Nullpunktregister abgespeichert.
Mit G54 ... G57 wird der jeweilige Werkstücknullpunkt aktiviert. (Siehe Bezugspunkte F61)
Man bezieht sich wieder auf das Maschinenkoordinatensystem

G58 Inkrementale Nullpunktverschiebung (polar)

N... G58 RP... AP... ZA... AR...

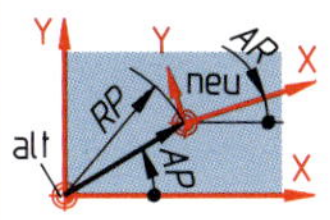

RP Polarradius
AP Drehwinkel des Pols ausgehend von der positiven X-Achse entgegen dem Uhrzeigersinn
optional:
AR Drehwinkel des Koordinatensystems ausgehend von der positiven X-Achse entgegen dem Uhrzeigersinn
ZA Nullpunktverschiebung in der Z-Achse

G59 Inkrementale Nullpunktverschiebung (kartesisch)
N... G59 XA... YA... ZA... AR...

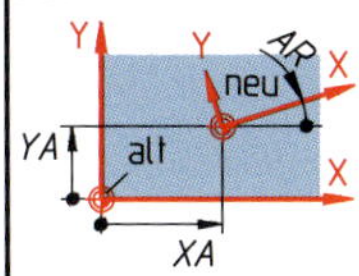

XA Nullpunktverschiebung in der X-Achse
YA Nullpunktverschiebung in der Y-Achse
ZA Nullpunktverschiebung in der Z-Achse
optional:
AR Drehwinkel des Koordinatensystems ausgehend von der positiven X-Achse entgegen dem Uhrzeigersinn

G50 Aufhebung der inkrementalen Nullpunktverschiebung **N... G50**

Stützpunkte berechnen

Fräsen

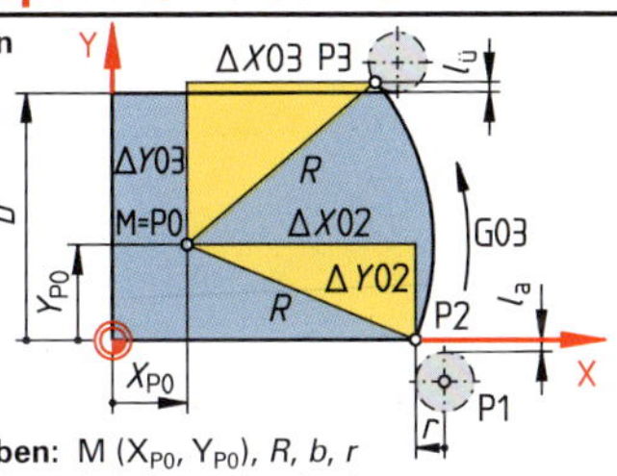

Gegeben: M (X_{P0}, Y_{P0}), R, b, r
Vorgehen: 1. Stützpunkte festlegen
2. Rechtwinklige Dreiecke aufsuchen
3. Teillängen berechnen
4. Koordinaten der Stützpunkte berechnen

Punkt P1, P2: $\Delta X02 = \sqrt{R^2 - (Y_{P0})^2}$

P1: $X_{P1} = X_{P0} + \Delta X02 + r$ $\quad Y_{P1} = -l_a - r$

P2: $X_{P2} = X_{P0} + \Delta X02$ $\quad Y_{P2} = 0$

Punkt P3: $\Delta Y03 = b + l_ü - Y_{P0}$

$\Delta X03 = \sqrt{R^2 - (\Delta Y03)^2}$

P3: $X_{P3} = X_{P0} + \Delta X03$ $\quad Y_{P3} = b + l_ü$

Interpolationsparameter:

$\mathbf{I} = -\Delta X02 \quad \mathbf{J} = +\Delta Y02 = +Y_{P0}$

Drehen

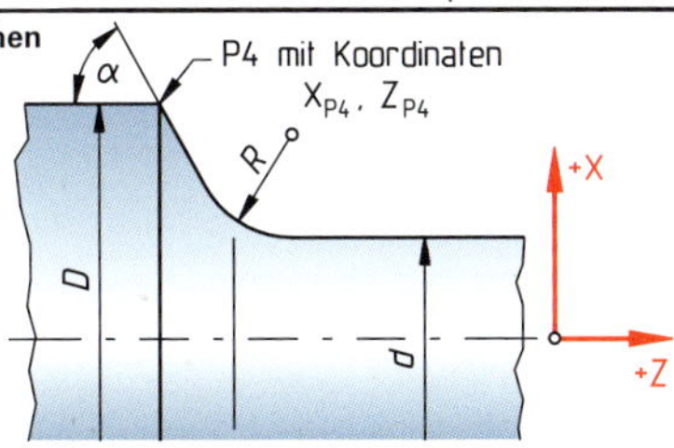

Gegeben: D, d, R, α, Z_{P4}
Vorgehen: Wie beim Fräsen. Für eine Programmierung mit Absolutmaßen (G90) sind die X-Maße Durchmesser!

Punkt P2:

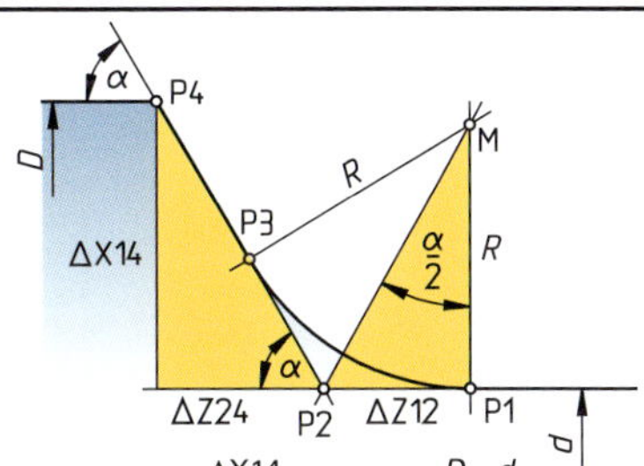

Punkt P2: $\tan \alpha = \frac{\Delta X14}{\Delta Z24}$; $\quad \Delta X14 = \frac{D-d}{2}$

$\Delta Z24 = \frac{\Delta X14}{\tan \alpha}$

P2: $X_{P2} = X_{P1} = d$ $\quad Z_{P2} = Z_{P4} + \Delta Z24$

Punkt P1: $\tan \frac{\alpha}{2} = \frac{\Delta Z12}{R}$ $\quad \Delta Z12 = R \cdot \tan \frac{\alpha}{2}$

P1: $X_{P1} = d$ $\quad Z_{P1} = Z_{P4} + \Delta Z24 + \Delta Z12$

Stützpunkte berechnen (Fortsetzung)

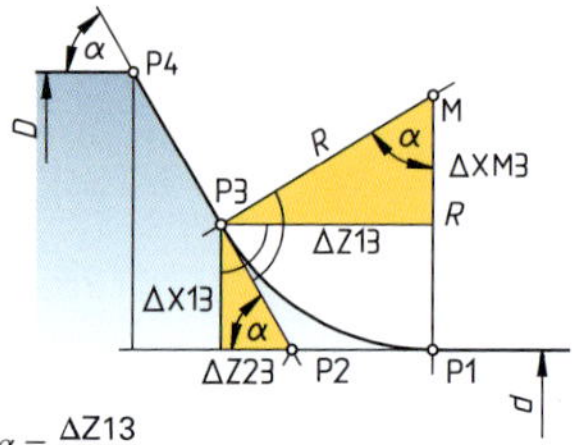

Punkt P3: $\sin\alpha = \dfrac{\Delta Z13}{R}$

$\Delta Z13 = R \cdot \sin\alpha$

$\cos\alpha = \dfrac{\Delta XM3}{R}$

$\Delta XM3 = R \cdot \cos\alpha$

P3: $X_{P3} = d + 2 \cdot R - 2 \cdot \Delta XM3$

$Z_{P3} = Z_{P1} - \Delta Z13$

Interpolationsparameter:

P1 → P3: G02	$I = +R$	$K = 0$
P3 → P1: G03	$I = +\Delta XM3$	$K = +\Delta Z13$

Zyklen für Fräsmaschinen (Parameter nicht genormt, PAL-Programmierung)

Hinweise: Bei der Programmierung der Zyklen sind Pflichtangaben notwendig. Diese können durch optionale Parameter ergänzt werden.

Allgemein gilt, dass ein programmierter Zyklus erst durch Zyklusaufruf (G76 … G79) abgearbeitet wird. Damit ergibt sich folgender Aufbau:

Zeile 1 – Zyklusdefinition

Zeile 2 – Zyklusaufruf

Aufgrund der umfangreichen optionalen Parameter wird nur eine Auswahl angegeben. Die komplette Befehlsliste der PAL-Programmierung kann gemäß dem Hinweis in der Umschlagseite U2 im Internet heruntergeladen werden.[1)]

G72 Rechtecktasche/Rechteckzapfen mit Fasen, Stufen

N… G72 LP… BP… ZI/ZA… D… V…

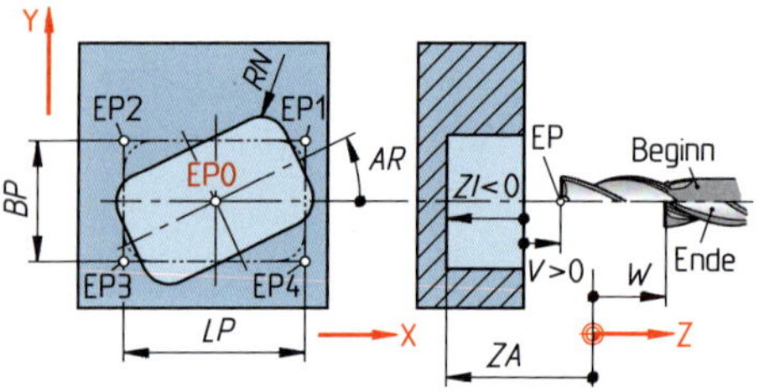

Pflichtangaben

ZA/ZI	Tiefe der Rechtecktasche
LP	Länge der Tasche
BP	Breite der Tasche
D	maximale Zustellung
V	Sicherheitsabstand

optionale Angaben

RN	Eckenradius
RZ	Verrundungsradius des Zapfens
HA/HI	Absolute oder inkrementale Zapfenhöhe
AK	Aufmaß auf die Berandung
AL	Aufmaß auf dem Taschenboden
EP	Festlegung Setzpunkt (Voreinstellung EP0)
H1	Schruppen
H4	Schlichten (Rand dann Boden)
H14	Schruppen dann Schlichten
W	Rückzugsebene absolut

1) Weitere Optionen z. B. das Bearbeiten mit und ohne Stufen, Fasen oder trochoidales Fräsen können der PAL-Programmieranleitung entnommen werden.

Zyklen für Fräsmaschinen (Fortsetzung)

G73 Kreistaschen- und Zapfenfräszyklus mit Fasen, Stufen

N... G73 R... RZ... ZI/ZA... D... V...

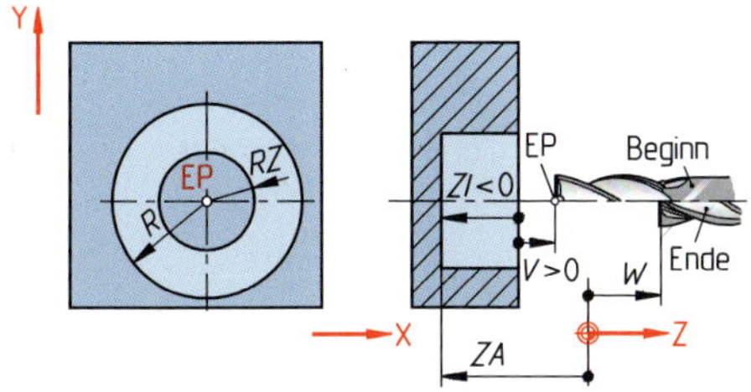

R	Radius	**D**	max. Zustellung a_p pro Schnitt
RZ	Zapfenradius (optional)	**V**	Sicherheitsabstand
ZI/ZA	Tiefe	**DB**	Bahnüberdeckung in % (DB80)

Pflichtangaben

ZA/ZI	Tiefe der Kreistasche
R	Radius der Kreistasche
D	maximale Zustellung
V	Sicherheitsabstand

optionale Angaben

RZ	Radius des optionalen Zapfens
HA/HI	Absolute oder inkrementale Zapfenhöhe
AK	Aufmaß auf die Berandung
AL	Aufmaß auf dem Taschenboden
H1	Schruppen
H4	Schlichten (Rand dann Boden)
H14	Schruppen dann Schlichten
W	Rückzugsebene absolut

(weitere Optionen s. auch Hinweise zu G72)

G74 Nutenfräszyklus mit Fasen, Stufen

N... G74 LP... BP... ZI/ZA... D... V...

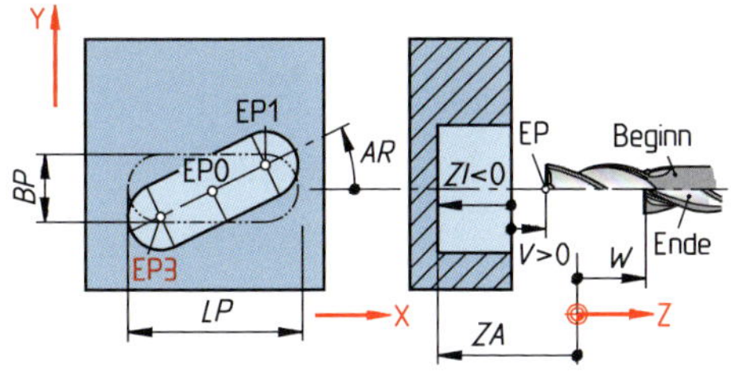

Fräserdurchmesser *d*:
min. 0,55 Nutbreite BP max. 0,9 Nutbreite BP

LP	Länge (X-Richtung)	**V**	Sicherheitsabstand
BP	Breite (Y-Richtung)	**EP**	Einsetzpunkt
ZI/ZA	Tiefe	**AR**	wird im Zyklusaufruf programmiert
D	max. Zustellung a_p pro Schnitt		

Ohne Angabe ist EP3 gesetzt.
Weitere Hinweise s. auch G72

G75 Kreisbogennut – Fräszyklus mit Fasen, Stufen

N... G75 RP... BP... ZI/ZA... AN... AP... AO... D... V...

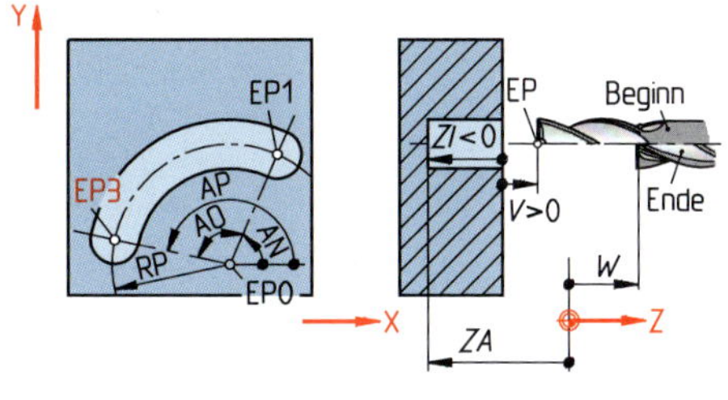

Fräserdurchmesser *d*:
min. 0,55 Nutbreite BP max. 0,9 Nutbreite BP

RP	Radius der Nut	**V**	Sicherheitsabstand	
BP	Breite der Nut	**AN**	Startwinkel	nur zwei programmieren
ZI/ZA	Tiefe	**AP**	Endwinkel	
D	max. Zustellung a_p pro Schnitt	**AO**	Öffnungswinkel	
		EP	Einsetzpunkt	

Ohne Angabe ist EP0 gesetzt.
Weitere Hinweise s. auch G72

Programmieren von NC-Maschinen

Zyklen für Fräsmaschinen (Fortsetzung)

G81 Bohrzyklus

N... G81 ZI/ZA... V...

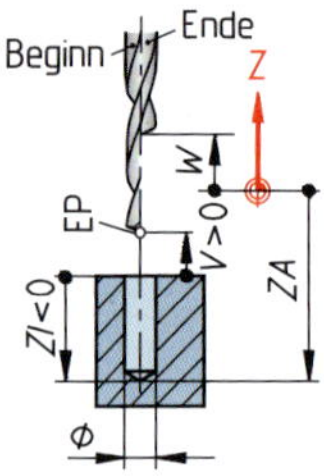

ZA Tiefe absolut
ZI Tiefe inkremental
V Sicherheitsabstand
W Höhe der Rückzugsebene

G82 Tiefbohrzyklus mit Spanbruch

N... G82 ZA/ZI... D... V...

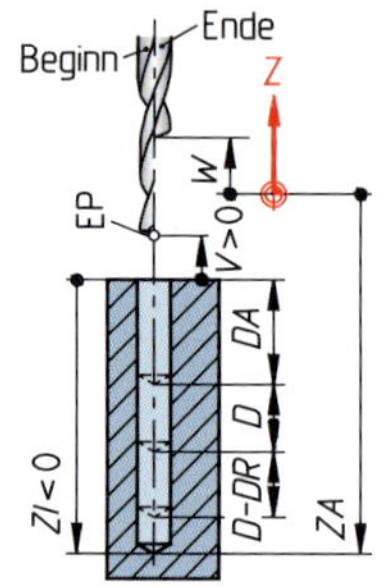

ZA Tiefe absolut
ZI Tiefe inkremental ab Materialoberfläche
V Sicherheitsabstand
W Höhe der Rückzugsebene
D maximale Zustellung
DA Anbohrtiefe
DM Mindestzustellung
DR Reduzierwert der Zustelltiefe (positiv)
U Verweilzeit am Bohrgrund

G84 Gewindebohrzyklus

N... G84 ZI/ZA... F... V... M...

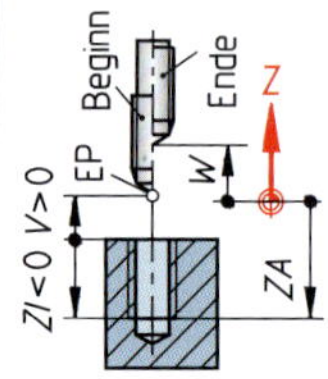

ZA Tiefe absolut
ZI Tiefe inkremental
V Sicherheitsabstand
F Gewindesteigung
M Drehrichtung
W Höhe der Rückzugsebene

G85 Reibzyklus

N... G85 ZI/ZA... V...

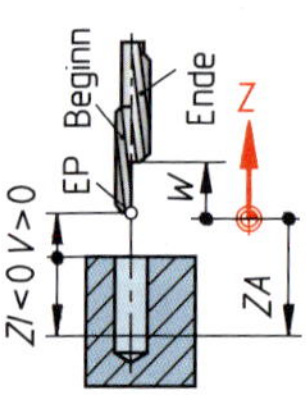

ZA Tiefe absolut
ZI Tiefe inkremental
V Sicherheitsabstand
W Höhe der Rückzugsebene
E Rückzugsvorschub in mm/min

G88 Innengewindefräszyklus

N... G88 ZA/ZI... DN... D... Q... BG... V...

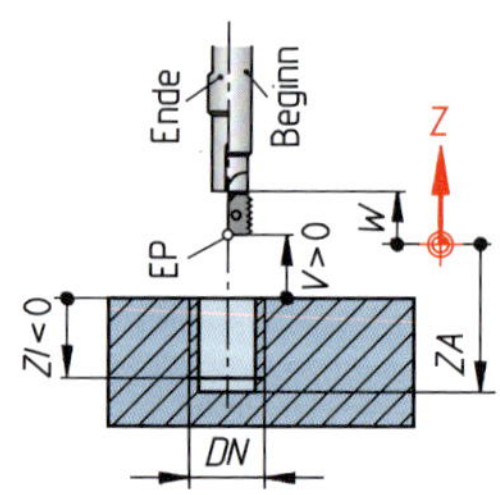

Kombination für:
Rechtsgewinde
BG2 und D+ oder BG3 und D-
Linksgewinde
BG2 und D- oder BG3 und D+

ZA Tiefe absolut
ZI Tiefe inkremental
V Sicherheitsabstand
D Gewindesteigung:
- **D+** Bearbeitung von oben nach unten
- **D-** Bearbeitung von unten nach oben

Q Gewinderillenzahl des Werkzeugs
BG Bewegungsrichtung des Fräsers:
- **BG2** Bearbeitungsrichtung im Uhrzeigersinn
- **BG3** Bearbeitungsrichtung entgegen Uhrzeigersinn

Zyklen für Fräsmaschinen (Fortsetzung)

G76 Mehrfachzyklus auf einer Geraden (Lochreihe), Rahmen oder Gitter

N... G76 X/XA/XI... Y/YA/YI... Z/ZA/ZI... AS... O... D...

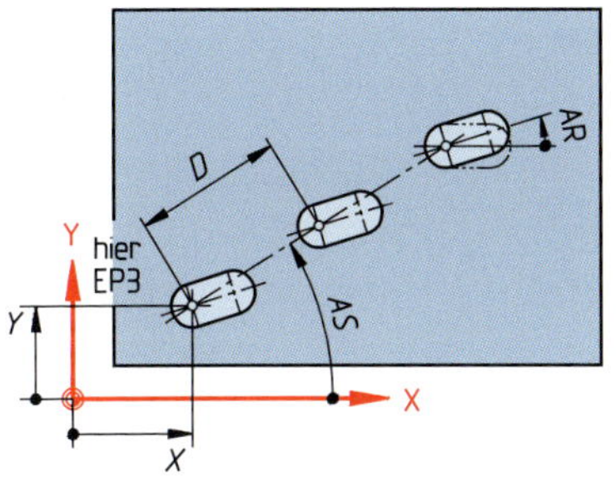

X, Y X- bzw. Y-Koordinate des ersten Punktes[1]
Z Materialoberfläche in der Z-Achse
AS Winkel der Geraden bezogen auf die X-Achse
D Abstand der Objekte
O Anzahl der Objekte

Optionale Angaben:

AR Drehwinkel
Q Gerade oder Rahmen oder Gitter
Q0 Q1 Q2
DI Abstand der Zyklusaufrufe auf der 2. Geraden
AI inkrementeller Winkel des zweiten Strahls der Zykluswiederholungen bezüglich der Richtung AS des ersten Strahles
OI Anzahl der Aufrufpositionen auf dem zweiten Strahl in Richtung AI (Zahl der Zeilen der Gittermatrix)

G77 Mehrfachaufruf auf einem Teilkreis (Lochkreis) oder mehreren konzentrischen Teilkreisen

N... G77 R... AN... AP... AI... O... I/IA... J/JA... Z/ZA/ZI...

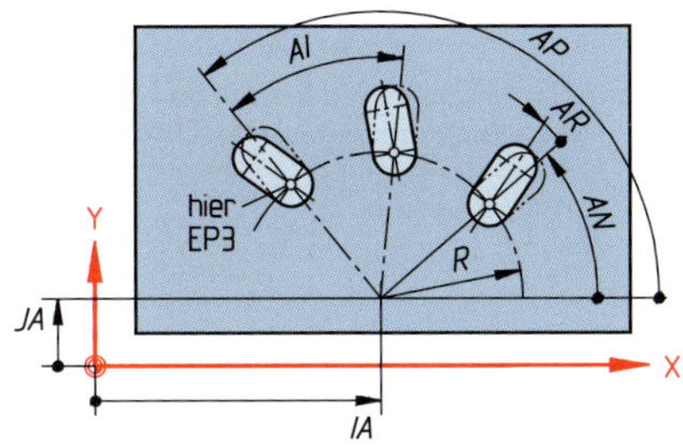

R Radius des Lochkreises
AN Startwinkel der ersten Zyklusaufrufposition
AI Inkrementwinkel
AP Polarer Winkel des letzten Objektes (Es dürfen nur 2 Angaben von AN, AI bzw. AP programmiert werden)
O Anzahl der Objekte

Optionale Angaben:

I/IA X-Mittelpunktskoordinate
J/JA Y-Mittelpunktskoordinate
Z/ZA/ZI Materialoberfläche in der Z-Achse
H Rückfahrposition (H1 oder H2 oder H3 beschreiben das unterschiedliche Anfahrverhalten zwischen 2 Positionen)

G78 Zyklusaufruf an einem Punkt (Polarkoordinaten)

N... G78 I/IA... J/JA... Z/ZA/ZI... RP... AP... AR...

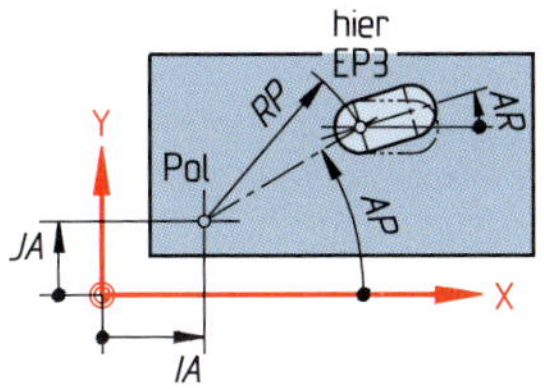

I/IA X-Koordinate des Polarzentrums
J/JA Y-Koordinate des Polarzentrums
Z/ZA/ZI Materialoberfläche in der Zustellachse
AP Polarwinkel
RP Polarradius
AR Drehwinkel

G79 Zyklusaufruf an einem Punkt (kartesische Koordinaten)

N... G79 X/XA/XI... Y/YA/YI... Z/ZA/ZI... AR...

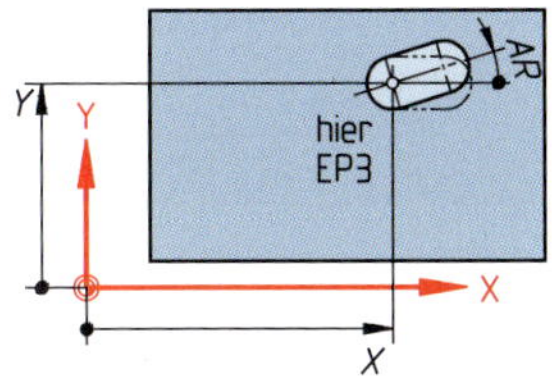

AR Drehwinkel
X/Y/Z Koordinateneingabe (gesteuert durch G90/G91)[1]
XA/YA/ZA Absolutmaße
XI/YI/ZI Inkrementalmaße zur aktuellen Werkzeugposition

[1] Koordinaten s. auch Hinweise Seite F 65

Programmieren von NC-Maschinen

Zyklen für Fräsmaschinen (Fortsetzung)

G66 Spiegeln an der X- und/oder Y-Achse
X Spiegeln an der X-Achse (X ohne Adresswert)
Y Spiegeln an der Y-Achse (Y ohne Adresswert)
Keine Adresse: aufheben der Spiegelungen

HSC – Fräsen (trochoidales), konturparalleles und mäanderförmiges Fräsen
(Hinweis: es werden nur ausgewählte Befehle dargestellt)

G34 Eröffnung Konturtaschenzyklus mit Vorbohren
ZA/ZI Tiefe absolut/inkrementell ab Materialoberfläche
AK/AL Aufmaß der Berandung/Aufmaß Boden
T Vorbohrwerkzeug
D Zustelltiefe beim Vorbohren (muss mit T programmiert werden)

G35 Schrupptechnologie des Konturtaschenzyklus
T Werkzeugnummer
D maximale Zustelltiefe ab Materialoberfläche
S;F;E Drehzahl/Schnittgeschwindigkeit; Vorschub beim Fräsen; Vorschub beim Eintauchen

G36 Restmaterialschrupp-Technologie Konturtaschenzyklus (Parameter s. G35)

G37 Schlichttechnologie des Konturtaschenzyklus (Parameter s. G35)
H4 Schlichten (Abfräsen Aufmaß, zuerst Rand, dann Boden)

G38 Konturbeschreibung des Konturtaschenzyklus
H1 Tasche H2 Insel H3 Tasche in Insel

G80 Abschluss einer G38 – Taschen-/Insel-Konturbeschreibung

G39 Aufruf/Abschluss Konturtaschenzyklus
ZA/ZI Tiefe absolut/inkrementell ab Materialoberfläche
V Sicherheitsabstand

Beispiel: Rohteil: 105 × 60 × 30

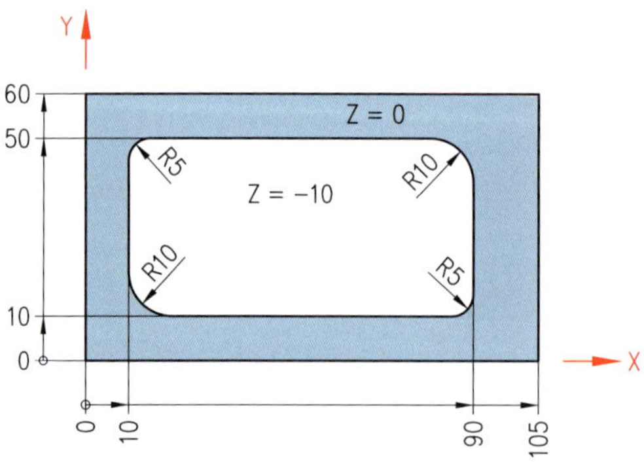

T1 – Wendeplattenbohrer D = 25 mm
T2 – Schruppfräser VHM D = 20 mm
T3 – Schruppfräser D = 8 mm
T4 – Schlichtfräser VHM D = 8 mm

N10 G54
N15 G34 AK0.5 AL0.2 T1 D10 M3 ZA-10
(Eröffnung Konturtaschenzyklus mit Vorbohren durch T1, Aufmaß AK und AL)
N20 G35 T2 D5 E100
(Schruppen der Tasche mit T2)
N25 G36 T3 D5 E100
(Schruppen – beseitigen des Restmaterials bei den Rundungen R5)
N30 G37 T4 D10 E100
(Schlichten der Kontur mit T4)
N35 G38 H1 ZA-10 (Konturbeschreibung H1 = Tasche mit Z-10)
N40 G0 X50 Y10 (erster Konturpunkt)
N45 G1 X10 RN10
N50 Y50 RN5
N55 X90 RN10
N60 Y10 RN5
N65 X50 (letzter Konturpunkt)
N70 G80 (Abschluss der Konturbeschreibung)
N75 G39 ZA0 V2 (Aufruf Konturtaschenzyklus)
N80 G00 Z100
N85 M30

Zyklen für Drehmaschinen (Parameter nicht genormt, hier PAL-Programmierung)

Allgemein:

G14 Werkzeugwechselpunkt anfahren
- H0 schräg (diagonal) wegfahren
- H1 erst in X-Achse, danach in Z-Achse wegfahren
- H2 erst in Z-Achse, danach in X-Achse wegfahren

Abspanzyklen (Erklärungen gelten für beide Befehle)

G81 Längsschruppzyklus

N... G81 H... D...[1]

N... G80

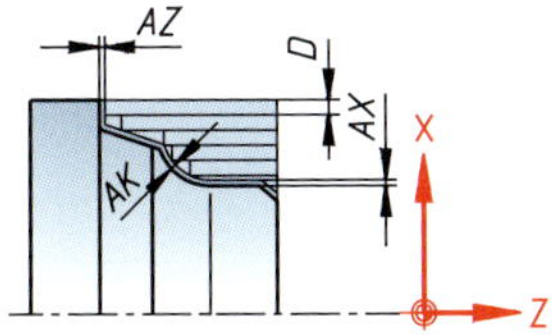

D Zustelltiefe
H Bearbeitungsart
- H1 nur Schruppen, 1 x 45° abheben
- H2 stufenweise auswinkeln entlang der Kontur
- H3 wie H1 mit zusätzlichem Konturschnitt am Ende
- H24 Schruppen mit H2 danach Schlichten

G82 Planschruppzyklus

N... G82 H... D...[1]

N... G80

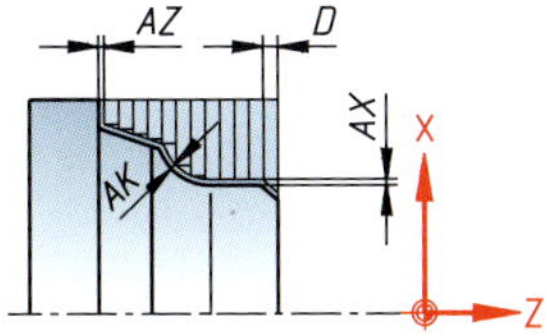

Optional:

AK Konturparalleles (äquidistantes) Aufmaß auf die Kontur
AX Aufmaß in X-Richtung
AZ Aufmaß in Z-Richtung
O Bearbeitungsart
- O1 aktuelle Werkzeugposition
- O2 aus der Kontur berechnen

AE Eintauchwinkel
AS Austauchwinkel
AV Sicherheitswinkelabschlag
Q Leerschnittoptimierung
- Q1 Optimierung aus
- Q2 Optimierung ein

V Sicherheitsabstand

Konturbeschreibung

Variante 1 (direkt nach Zyklusaufruf)	Variante 2 (Programmabschnittswiederholung)	Variante 3 (Unterprogrammtechnik)
N... **N... G81 H... D...** N... G0.... ... N... G1.... **N... G80** N... } Konturbeschreibung	N... **N... G81 H... D...** N... G23 Nxx Nyy **N... G80** ... N... M30 Nxx G0 ... . Nyy G1 } Konturbeschreibung	N... **N... G81 H... D...** N... G22 Lxx H1 **N... G80** ... N... M30 Lxx (eigenständiges Programm!) N...G0 ... . N... M17 } Konturbeschreibung

[1] Vorbemerkungen zu Drehzyklen beachten [2] Siehe Koordinaten Seite F65

Programmieren von NC-Maschinen

Zyklen für Drehmaschinen (Fortsetzung)

G31 Gewindedrehzyklus

N... G31 X... Z... F... D... [1]

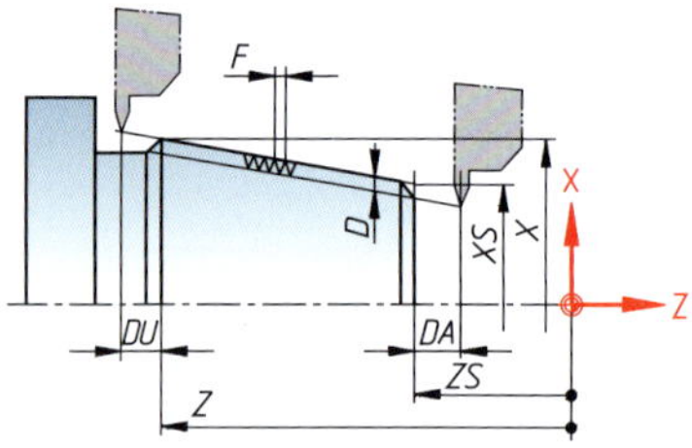

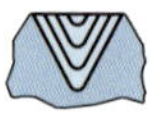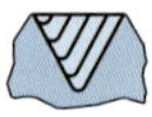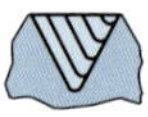				
Zustellart	radial	Flanke links	Flanke rechts	wechsel-seitig
Restschnitt aus	H1	H2	H3	H4
Restschnitt ein	H11	H12	H13	H14

X, Z Koordinaten des Gewinde**end**punktes[2]
F Gewindesteigung
D Gewindetiefe
DA Gewindeanlauf (parallel Z) (DA0)
DU Gewindeüberlauf (parallel Z) (DU0)
Q Schnittanzahl (Q1)
O Leerdurchlaufanzahl (O0)
H Zustellart (siehe Tabelle)

Optional:

XS, ZS Koordinaten des Gewindestartpunktes (nur absolut)

G32 Gewindebohrzyklus

N... G32 Z... F...

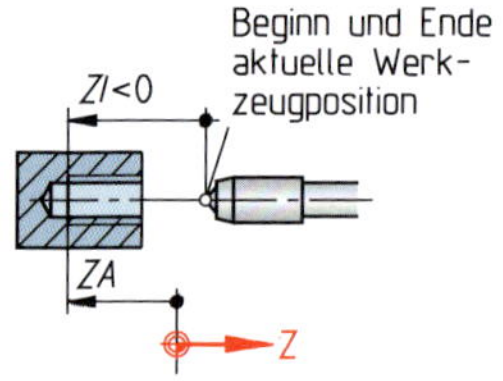

ZI/ZA Gewindetiefe[1]
F Gewindesteigung

G84 Bohrzyklus

N... G84 Z... D... V...

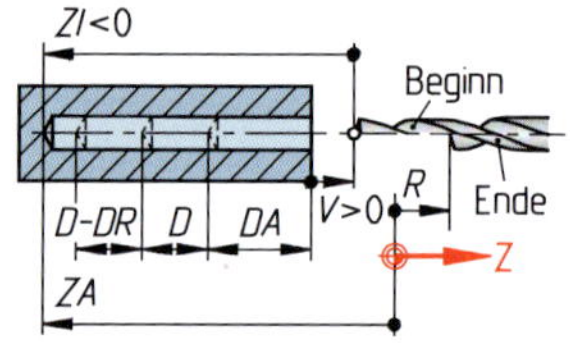

ZI/ZA Bohrtiefe[1]

Optional:

V Sicherheitsabstand
D Zustelltiefe (1 Hub)
DA Anbohrtiefe (DA0)
VB Sicherheitsabstand zum jeweiligen Bohrungsgrund
DR Degressionsbetrag (Abnahme der Zustellung je Hub)
DM Mindestzustellung
R Rückzugsabstand
U Wartezeit am Hubende

Freistichzyklus

G85 Freistichzyklus

N... G85 X... Z... I... K... H...[1]

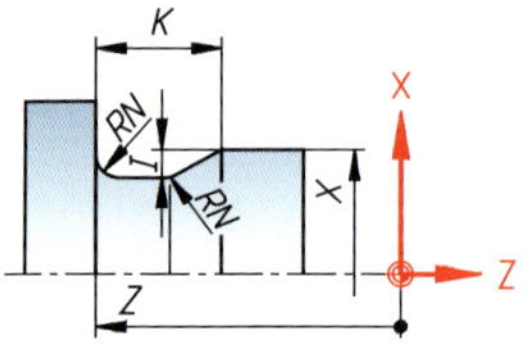

X,Z Freistichposition[1]
I Freistichtiefe für DIN 76
K Freistichbreite für DIN 76
H Freistichform
H1 DIN 76
H2 DIN 509 Form E
H3 DIN 509 Form F

Optional:

RN Eckenradius
SX Schleifaufmaß (SX0)

Voreinstellwerte rot gedruckt

[1] Siehe Koordinaten F 65

Zyklen für Drehmaschinen (Fortsetzung)

G86 Radialer Einstechzyklus mit Fasen, Verrundungen und In-Prozess-Messerweiterungen

N... G86 X... Z... ET... LE...

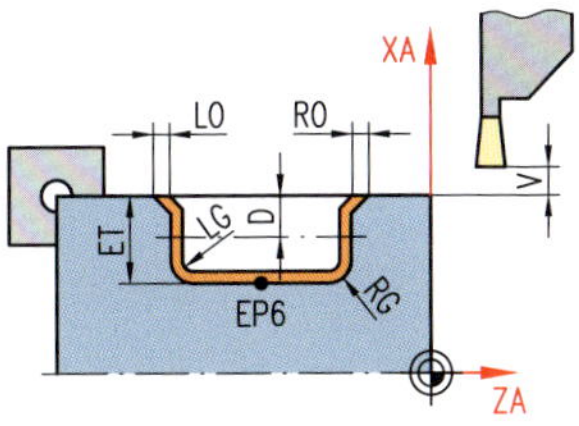

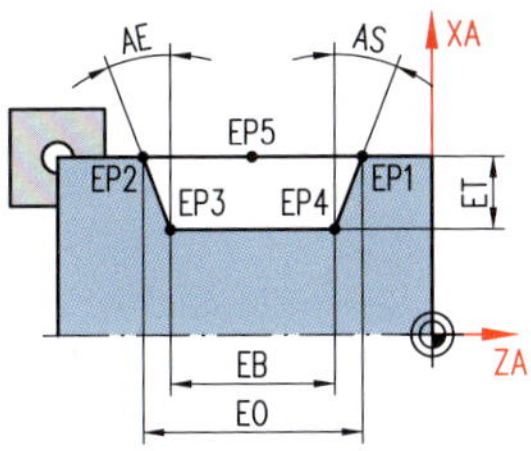

XA/ZA Einstichsetzposition absolut[1)]
XI/ZI Einstichsetzposition inkremental[1)]
ET Tiefe des Einstichs
LE Lage des Einstichs
LE1: Außeneinstich
LE2: Inneneinstich

[1)] Siehe Koordinaten F 65

EB/EO	EB: Breite des Einstichs am Einstichgrund EO: Breite des Einstichs an der Einstichöffnung
D	Zustelltiefe
RO	Verrundung RO+ oder Fasenlänge RO- an der Einstichöffnung in +Z-Richtung
LO	Verrundung LO+ oder Fasenlänge LO- an der Einstichöffnung in -Z-Richtung
RG	Verrundung RG+ oder Fasenlänge RG- am Einstichgrund in +Z-Richtung
LG	Verrundung LG+ oder Fasenlänge LG- am Einstichgrund in -Z-Richtung
AK	konturparalleles Aufmaß
V	Sicherheitsabstand
H14	Schruppen und anschließendes Schlichten
EP	Setzpunktfestlegung EP1 Einstichecke der Einstichöffnung in Richtung Z+ EP2 Einstichecke der Einstichöffnung in Richtung Z- EP3 Einstichecke des Einstichgrunds in Richtung Z- EF4 Einstichecke des Einstichgrunds in Richtung Z+ EP5 Mittelpunkt der Einstichöffnung EP6 Mittelpunkt des Einstichgrunds
AE	Flankenwinkel des Einstichs
AS	Flankenwinkel des Einstichs

G88 Axialer Einstechzyklus mit Fasen, Verrundungen und In-Prozess-Messerweiterungen

N... G88 X... Z... ET... LE...

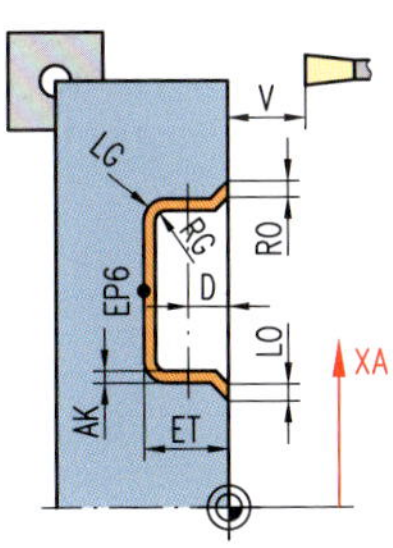

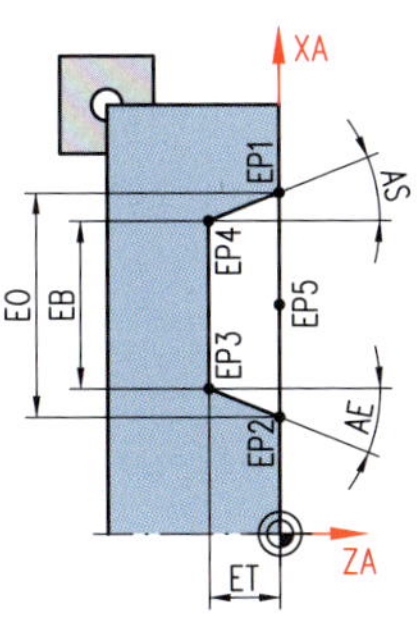

XA/ZA Einstichsetzposition absolut[1)]
XI/ZI Einstichsetzposition inkremental[1)]
ET Tiefe des Einstichs
LE Lage des Einstichs
LE1: Fronteinstich
LE2: Rückseiteneinstich

[1)] Siehe Koordinaten F 65

EB/EO	EB: Breite des Einstichs am Einstichgrund EO: Breite des Einstichs an der Einstichöffnung
D	Zustelltiefe
RO	Verrundung RO+ oder Fasenlänge RO- an der Einstichöffnung in +X-Richtung
LO	Verrundung LO+ oder Fasenlänge LO- an der Einstichöffnung in -X-Richtung
RG	Verrundung RG+ oder Fasenlänge RG- am Einstichgrund in +X-Richtung
LG	Verrundung LG+ oder Fasenlänge LG- am Einstichgrund in -X-Richtung
AK	konturparalleles Aufmaß
V	Sicherheitsabstand
H14	Schruppen und anschließendes Schlichten
EP	Setzpunktfestlegung EP1 Einstichecke der Einstichöffnung in Richtung X+ EP2 Einstichecke der Einstichöffnung in Richtung X- EP3 Einstichecke des Einstichgrunds in Richtung X- EF4 Einstichecke des Einstichgrunds in Richtung X+ EP5 Mittelpunkt der Einstichöffnung EP6 Mittelpunkt des Einstichgrunds
AE	Flankenwinkel des Einstichs
AS	Flankenwinkel des Einstichs

Programmieren von NC-Maschinen

G15 Bearbeitungsebenenanwahl

G17 Stirnseitenbearbeitungsebene XY

HS	Hauptspindelbearbeitung
GSU	Gegenspindelbearbeitung mit Drehung Koordinatensystem um 180°
IP3	Stirnseitenbearbeitung mit interpolierten Koordinaten
AM, BM, CM	maschinenfeste Drehwinkel
AR, BR, CR	inkrementeller Drehwinkel

G19 Mantelflächen-/Sehnenflächenbearbeitungsebene YZ

IP 0	Sehnenflächenbearbeitung in kartesischen Koordinaten
IP 5	Standard- und Mehrseitenbearbeitung
AM, BM, CM	maschinenfeste Drehwinkel
AR, BR, CR	inkrementeller Drehwinkel
DM	Durchmesser der Mantelfläche

G18 Drehebene

HS	Hauptspindelbearbeitung
GS	Gegenspindelbearbeitung
GSU	Gegenspindelbearbeitung mit Drehung Koordinatensystem um 180°
DRA	für die Adresse X folgt die Einheit Radius- oder Durchmessermaß abhängig von G90/G91 G90: X im Durchmessermaß G91: X im Radiusmaß
TURN	Anwahl der Drehebene

Für die Bearbeitung in der Ebene G17 Stirnseitenbearbeitung XY können die Programmierhinweise vom Fräsen für die folgenden Befehle übernommen werden:

– G45, G46, G47	An- und Abfahrbewegungen
– G81	Bohrzyklus
– G82	Tiefbohrzyklus mit Spanbruch
– G84	Gewindebohrzyklus
– G85	Reibzyklus
– G72	Rechtecktaschen/Rechteckzapfen
– G73	Kreistaschen – und Zapfenfräszyklus
– G74	Nutenfräszyklus mit Fasen, Stufen
– G75	Kreisbogennut-Fräszyklus
– G76	Mehrfachzyklus auf einer Geraden, ...
– G77	Mehrfachzyklusaufruf auf einem Teilkreis oder ...
– G79	Zyklusaufruf an einem Punkt

Dies gilt auch für G19 Mantelflächen-/Sehnenflächenbearbeitungsebene. Aber hier ändert sich die Zustellachse.
Die Zustellachse Z wird durch die Zustellachse X ersetzt.
z.B. für G17 G72 ZA... für G19 G72 XA...

G30 Umspannen/Gegenspindelübernahme

Q1	Umspannen des Werkstücks auf der Hauptspindel
Q2	Gegenspindel nur positionieren und spannen
Q3	Gegenspindel positionieren, spannen und Gegenspindelübernahme
DE	Einspannposition der Spannmittelvorderkante zum aktuellen nicht gedrehten Werkstückkoordinatensystem der Hauptspindel
DA	Auszugslänge (nach dem Spannen durch die Gegenspindel optionaler Auszug um DA aus der Hauptspindel)
H0	Auszug des Werkstücks bei stehender Spindel
DM	Abstand Spannmittelvorderkante zum Gegenspindelbezugspunkt
U	Verweilzeit nach dem Schließen der Gegenspindel
E	Vorschub der Gegenspindelpositionierung
M63	Einspannrichtung Hauptspindel von außen und Gegenspindel außen
C	Gegenspindelposition in Grad

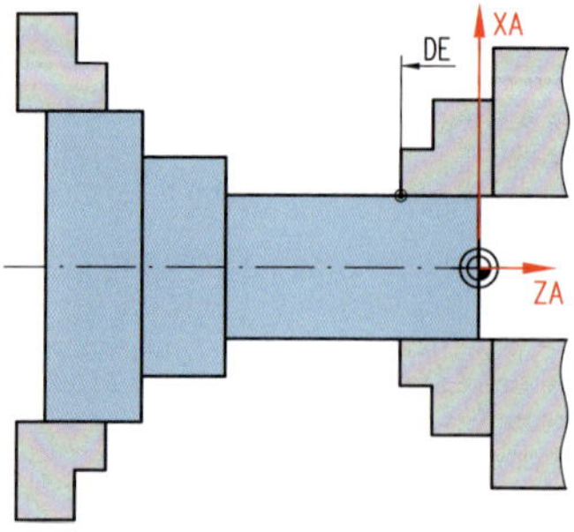

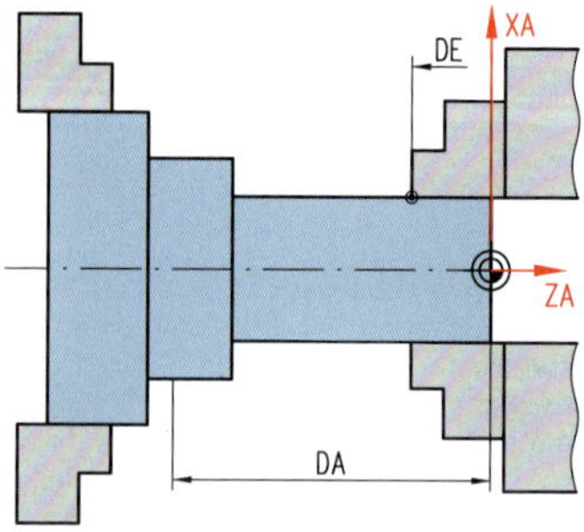

Sicherheitskennzeichnung

Übersicht

DIN EN ISO 7010 : 2020-07

Kategorie	**E** Rettungs-zeichen	**F** Brandschutz-zeichen	**M** Gebots-zeichen	**P** Verbots-zeichen	**W** Warn-zeichen
Registrier-nummer	E001	F001	M001	P001	W001
Sicherheits-nummer					
Sicherheits-aussage	Notausgang (links)	Feuerlöscher	Allgemeines Gebotszeichen	Allgemeines Verbotszeichen	Allgemeines Warnzeichen

Sicherheitszeichen

DIN EN ISO 7010 : 2020-07, DIN 4844-1 : 2012-06, DIN 4844-2 : 2021-11; ASR A1.3 : 2013-02

Verbotszeichen (**P** = prohibition signs)				
P001  Allgemeines Verbotszeichen	P002  Rauchen verboten	P003  Keine offene Flamme; Feuer; offene Zündquelle und Rauchen verboten	P004  Für Fußgänger verboten	P005  Kein Trinkwasser
P006  Für Flurförderzeuge verboten	P010  Berühren verboten	P011  Mit Wasser löschen verboten	P012  Keine schwere Last	P013  Eingeschaltete Mobiltelefone verboten
P015  Hineinfassen verboten	P019  Auf die Fläche steigen verboten	P020  Aufzug im Brandfall nicht benutzen	P022  Essen und Trinken verboten	P023  Abstellen oder Lagern verboten
P024  Betreten der Fläche verboten	P027  Personenbeförderung verboten	P028  Benutzen von Handschuhen verboten	P029  Fotografieren verboten	P031  Schalten verboten
P032  Nicht zulässig für Seitenschleifen	P033  Nicht zulässig für Nassschleifen	D-P006  Zutritt für Unbefugte verboten	D-P022  Besteigen für Unbefugte verboten	D-P023  Hinter den Schwenkarm treten verboten

Sicherheitskennzeichnung

Warnzeichen (W=warning signs)

W001  Allgemeines Warnzeichen	W002  Warnung vor explosionsgefährlichen Stoffen	W003  Warnung vor radioaktiven Stoffen oder ionisierender Strahlung	W004  Warnung vor Laserstrahl	W005  Warnung vor nicht ionisierender Strahlung
W006  Warnung vor magnetischem Feld	W007  Warnung vor Hindernissen am Boden	W008  Warnung vor Absturzgefahr	W009  Warnung vor Biogefährdung	W010  Warnung vor niedriger Temperatur/Frost
W011  Warnung vor Rutschgefahr	W012  Warnung vor elektrischer Spannung	W014  Warnung vor Flurförderfahrzeugen	W015  Warnung vor schwebender Last	W016  Warnung vor giftigen Stoffen
W017  Warnung vor heißer Oberfläche	W018  Warnung vor automatischem Wiederanlauf	W019  Warnung vor Quetschgefahr	W020  Warnung vor Hindernissen im Kopfbereich	W021  Warnung vor feuergefährlichen Stoffen
W023  Warnung vor ätzenden Stoffen	W024  Warnung vor Handverletzungen	W026  Warnung vor Gefahren durch das Aufladen von Batterien	W027  Warnung vor optischer Strahlung	W028  Warnung vor brandfördenden Stoffen
W029  Warnung vor Gasflaschen	W030  Warnung vor Quetschgefahr der Hand zwischen den Werkzeugen einer Presse	W035  Warnung vor herabfallenden Gegenständen	W042  Warnung vor Lichtbogen	D-W021  Warnung vor explosionsfähiger Atmosphäre

Gebotszeichen (M=mandatory action signs)

M001  Allgemeines Gebotszeichen	M002  Anleitung beachten	M003  Gehörschutz benutzen	M004  Augenschutz benutzen	M005  Vor Benutzung erden

Sicherheitskennzeichnung

Gebotszeichen (M = mandatory action signs) – Fortsetzung

M006  Netzstecker ziehen	M007  Weitgehend lichtundurchlässigen Augenschutz benutzen	M008  Fußschutz benutzen	M009  Handschutz benutzen	M010  Schutzkleidung benutzen
M011  Hände waschen	M012  Handlauf benutzen	M013  Gesichtsschutz benutzen	M014  Kopfschutz benutzen	M015  Warnweste benutzen
M016  Maske benutzen	M017  Atemschutz benutzen	M018  Auffanggurt benutzen	M019  Schweißmaske benutzen	M020  Rückhaltesystem benutzen
M021  Vor Wartung oder Reparatur freischalten	M022  Hautschutzmittel benutzen	M023  Übergang benutzen	M024  Fußgängerweg benutzen	M026  Schutzschürze benutzen
M028  Verschlossen halten	M029  Akustisches Signal geben	M046  Gasflaschen sichern	M048  Gasdetektor benutzen	M053  Rettungsweste benutzen

Rettungszeichen (E = safe condition signs)

E001  Notausgang[1] (links)	E002  Notausgang (rechts)	E003 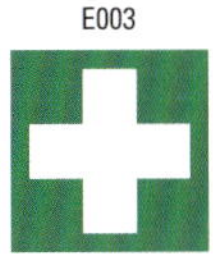 Erste Hilfe	E004  Notruftelefone	E007  Sammelstelle
E008  Notausgangsvorrichtung,die nach Zerschlagen einer Scheibe zu erreichen ist	E009  Arzt	E010  Automatisierter externer Defibrillator (AED)	E011 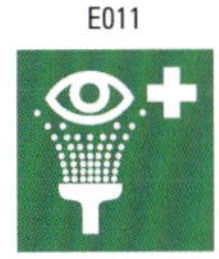 Augenspüleinrichtung	E012  Notdusche

[1] Zusatzzeichen Richtungspfeil verwenden

Rettungszeichen (**E**=Emergency/Escape) – **Fortsetzung**

E013  Krankentrage	E015  Trinkwasser	E016  Notausstieg mit Fluchtleiter	E017  Rettungsausstieg	E018  Öffnung durch Linksdrehung
E019  Öffnung durch Rechtsdrehung	E020  Not-Halt-Knopf	E023  Tür öffnet durch Drücken auf der rechten Seite	E025  Nothammer	E026  Notausgang für nichtgehfähige oder gehbeeinträchtigte Personen (links)
E027 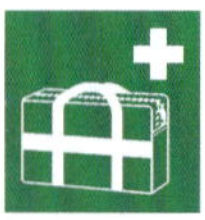 Medizinischer Notfallkoffer	E028  Wiederbelebungsgerät	E033  Schiebetür öffnet nach rechts	E059  Fluchtleiter	D-E019  Notausstieg
WSE001  Öffentliche Rettungsausrüstung	 Zusatzzeichen Richtungspfeil [2]	 Zusatzzeichen Richtungspfeil	 Notausgang (rechts) mit Zusatzzeichen Richtungspfeil	

Brandschutzzeichen (**F**=fire safety signs)

F001  Feuerlöscher	F002  Löschschlauch	F003  Feuerleiter	F004  Mittel und Geräte zur Brandbekämpfung	F005  Brandmelder
F006  Brandmeldetelefon	F007  Brandschutztür	F008  Fest eingebaute Feuerlöschmittel-Batterie	F009  Fahrbarer Feuerlöscher	F010  Tragbare Schaumlösch-Einheit

Zusatzzeichen (**S**=supplementary signs)

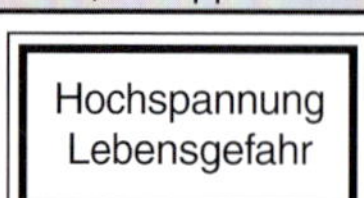 Zusatzzeichen [3]	 Kombinationszeichen	 Erste Hilfe

[1] Zusatzzeichen Richtungspfeil verwenden
[2] Nur in Verbindung mit Notausgang
[3] Wird zusammen mit Sicherheitszeichen zum Kombinationszeichen

Sicherheitskennzeichnung

Kennzeichnung von Rohrleitungen

DIN 2403 : 2018-10

Die Kennzeichnung nach dem Durchflussstoff ist gültig für nichterdverlegte Rohre. Sie ist im Interesse der Sicherheit, der sachgerechten Instandsetzung und der wirksamen Brandbekämpfung unerlässlich. Mit ihr soll auf die Gefahren hingewiesen werden, um Unfälle und gesundheitliche Schäden zu vermeiden.

Anforderungen

Die Kennzeichnung muss beinhalten:

- Angabe der Gruppen- und Zusatzfarbe des Durchflussstoffes (siehe Tabelle).
- Angabe der Durchflussrichtung durch einen Pfeil. Bei wechselnder Durchflussrichtung müssen beide Richtungen durch einen Pfeil angegeben werden.
- Angabe des Durchflusstoffes durch Wortangabe, chemische Formel, Kennzahl oder Kurzzeichen.
- Bei Verwendung von Kennzahlen oder Kurzzeichen ist eine Erläuterung der verwendeten Kennzahlen oder Kurzzeichen an den betriebswichtigen Punkten auszuhängen oder auszulegen.
- Ist der Durchflussstoff ein Gefahrstoff nach dem Chemikaliengesetz, müssen Gefahrenpiktogramme (siehe F88) angebracht werden.
- Kennzeichnungen dürfen durch Anstrich und Beschriftung, Bänder (z. B. selbstklebende Folienbänder) oder Schilder (z. B. Folienschilder, Kunststoffschilder, Metallschilder, Emailschilder) ausgeführt werden. Die Kennzeichnungen müssen deutlich erkennbar und dauerhaft auf- oder angebracht werden.

Zuordnung der Farben zu den Durchflussstoffen

Durchflussstoff	Gruppe	Gruppenfarbe	Zusatzfarbe	Schriftfarbe
Wasser	1	grün	–	weiß
Wasserdampf	2	rot	–	weiß
Luft	3	grau	–	schwarz
Brennbare Gase	4	gelb	rot	schwarz
Nichtbrennbare Gase	5	gelb	schwarz	schwarz
Säuren	6	orange	–	schwarz
Laugen	7	violett	–	weiß
Brennbare Flüssigkeiten und Feststoffe	8	braun	rot	weiß
Nichtbrennbare Flüssigkeiten und Feststoffe	9	braun	schwarz	weiß
Sauerstoff	0	blau	–	weiß

Beispiele für Kennzeichnungen

Feuerlöscheinrichtung wasserführend

Trinkwasser

Heißwasser 90 °C

Nichttrinkwasser – Betriebswasser

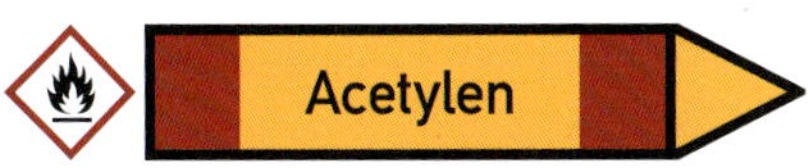

Acetylen (mit Gefahrenpiktogramm)

Benzol (mit Gefahrenpiktogramm)

Sicherheitsmarkierungen

DIN ISO 3864-1 : 2012-06

Kennzeichnen von potentiellen Gefahren

Kennzeichnen von Zutrittsverboten

Kennzeichnen von Geboten

Kennzeichnen eines gefahrlosen Bereichs

Sicherheitskennzeichnung

Kennzeichnung gefährlicher Stoffe und Gemische

GefStoffV : 2013-07

 GHS 01	 GHS 02	 GHS 03	 GHS 04	 GHS 05
H200-205, H240-241	H220-226, H228, H241-242, H250-252, H260-261	H270-272	H280-281	H290, H314, H318
 GHS 06	 GHS 07	 GHS 08	 GHS 09	Gefahr Achtung Signalwort
H300-302, H310-311, H312, H315, H317, H319, H330-332, H335-336	H302, H312, H315, H317, H319, H332, H335-336	H304, H334, H340-341, H350-351, H360-362, H370-373	H400, H410-413	–

H–Sätze: (hazard statements) Art und Schweregrad der Gefährdung

Gefahrenhinweise für physikalische Gefahren	
H200	Instabil, explosiv
H201	Explosiv, Gefahr der Massenexplosion
H202	Explosiv; große Gefahr durch Splitter, Spreng- / Wurfstücke
H203	Explosiv; Gefahr durch Feuer, Luftdruck / Splitter, Spreng- und Wurfstücke
H204	Gefahr durch Feuer oder Splitter, Spreng- und Wurfstücke
H205	Gefahr der Massenexplosion bei Feuer
H220	Extrem entzündbares Gas
H221	Entzündbares Gas
H222	Extrem entzündbares Aerosol
H223	Entzündbares Aerosol
H224	Flüssigkeit und Dampf extrem entzündbar
H225	Flüssigkeit und Dampf leicht entzündbar
H226	Flüssigkeit und Dampf entzündbar
H228	Entzündbarer Feststoff
H240	Erwärmung kann Explosion verursachen
H241	Erwärmung kann Brand oder Explosion verursachen
H242	Erwärmung kann Brand verursachen
H250	Erwärmung kann Brand oder Explosion verursachen
H251	Selbsterhitzungsfähig; kann in Brand geraten
H252	In großen Mengen selbsterhitzungsfähig; kann in Brand geraten
H260	In Berührung mit Wasser entstehen entzündbare Gase, die sich spontan entzünden können
H261	In Berührung mit Wasser entstehen entzündbare Gase
H270	Kann Brand verursachen oder verstärken; Oxidationsmittel
H271	Kann Brand oder Explosion verursachen; starkes Oxidationsmittel
H272	Kann Brand verstärken; Oxidationsmittel
H280	Enthält Gas unter Druck; kann bei Erwärmung explodieren
H281	Enthält tiefkaltes Gas; Kälteverbrennungen / Verletzungen
H290	Kann gegenüber Metallen korrosiv sein

Gefahrenhinweise für Gesundheitsgefahren	
H300	Lebensgefahr bei Verschlucken
H301	Giftig bei Verschlucken
H302	Gesundheitsschädlich bei Verschlucken
H304	Kann bei Verschlucken und Eindringen in die Atemwege tödlich sein
H310	Lebensgefahr bei Hautkontakt
H311	Giftig bei Hautkontakt
H312	Gesundheitsschädlich bei Hautkontakt
H314	Verursacht schwere Verätzungen der Haut und schwere Augenschäden
H315	Verursacht Hautreizungen
H317	Kann allergische Hautreaktionen verursachen
H318	Verursacht schwere Augenschäden
H319	Verursacht schwere Augenreizung
H330	Lebensgefahr bei Einatmen
H331	Giftig bei Einatmen
H332	Gesundheitsschädlich bei Einatmen
H334	Kann bei Einatmen Allergie, asthmaartige Symptome oder Atembeschwerden verursachen
H335	Kann die Atemwege reizen
H336	Kann Schläfrigkeit und Benommenheit verursachen
H340	Kann genetische Defekte verursachen (Expositionsweg)
H341	Kann vermutlich genetische Defekte verursachen (Expositionsweg)
H350	Kann Krebs erzeugen (Expositionsweg)
H351	Kann vermutlich Krebs erzeugen (Expositionsweg)
H360	Kann die Fruchtbarkeit beeinträchtigen oder das Kind im Mutterleib schädigen (Wirkung; Expositionsweg)
H361	Kann vermutlich die Fruchtbarkeit beeinträchtigen / das Kind im Mutterleib schädigen (Wirkung; Expositionsweg)
H362	Kann Säuglinge über die Muttermilch schädigen
H370	Schädigt die Organe – oder alle betroffenen Organe nennen (Expositionsweg)
H371	Kann die Organe schädigen – oder alle betroffenen Organe nennen (Expositionsweg)
H372	Schädigt die Organe bei längerer / wiederholter Exposition – oder alle betroffenen Organe nennen (Expositionsweg)
H373	Kann Organe schädigen bei längerer / wiederholter Exposition – oder alle betroffenen Organe nennen (Expositionsweg)

Gefahrenhinweise für Umweltgefahren	
H400	Sehr giftig für Wasserorganismen
H410	Sehr giftig für Wasserorganismen mit langfristiger Wirkung
H411	Giftig für Wasserorganismen, mit langfristiger Wirkung
H412	Schädlich für Wasserorganismen, mit langfristiger Wirkung
H413	Kann für Wasserorganismen schädlich sein, mit langfristiger Wirkung

Die CLP-Verordnung (Regulation on Classification, Labelling and Packaching of Substances and Mixtures) basiert auf dem GHS (Global Harmonisierten System) der Vereinten Nationen. Ziel ist ein international einheitlicher Sicherheitsstandard für Gefahrgüter und Gefahrstoffe.
Die Kennzeichnung nach GHS ist zwingend: Bei Stoffen seit 12.2010 und bei Gemischen seit 6.2015.

Grenzwerte in der Luft am Arbeitsplatz

TRGS 900, 910 : 2023-06

AGW = Arbeitsplatzgrenzwert.
Zeitlich gewichtete durchschnittliche Konzentration eines Stoffes in der Luft am Arbeitsplatz in Bezug auf einen Referenzzeitraum. Er gibt an, bei welcher Konzentration eines Stoffes akute oder chronische schädliche Auswirkungen auf die Gesundheit **nicht** zu erwarten sind.

Durch die aktuelle Fassung der TRGS 900 wurde die Zahl der Luftgrenzwerte stark reduziert. Einige Stoffe der alten Fassung, denen noch kein AGW zugeordnet wurde, sind in die sogenannte „Bearbeitungsliste" (BL) überführt; zur späteren Bearbeitung. Diese Stoffe sind durch *Kursivsatz*, gekennzeichnet, z. B. *Benzol (BL)*.
Die aufgehobenen Luftgrenzwerte sind weiterhin zur Information in der Tabelle aufgeführt. Sie sind in Klammern gesetzt, z. B. (Flusssäure). Beide Stoffgruppen sind noch durch den bisherigen MAK-Wert (Maximale Arbeitsplatzkonzentration) charakterisiert.

Erläuterung der Abkürzungen:

E = Einatembare Substanz
A = Alveolengängige Substanz (gelangt bis in die feinsten Lungenbläschen)
1–8 Überschreitungsfaktoren für Kurzzeitwerte
( ) Kategorie für Kurzzeitwerte
I = Stoffe, deren lokale Wirkung grenzwertbestimmend ist oder atemwegssensibilisierende Stoffe
II = Resorptiv wirksame Stoffe
== Momentanwert

H = Hautresorptiver Stoff (gelangt über die Haut in den Körper)
X = Kanzerogener (Krebs erzeugender) Stoff

Richtlinie 67/548 EWG Anhang I und Anhang VI, ergänzt durch RL 2009/2/EG 31. Anpassungsrichtlinie

C = Krebserzeugend (Kategorie 1–3)[1]
M = Erbgutverändernd (Kategorie 1–3)
R = Fortpflanzungsschädigend (Kategorie 1–3)

[1] Kategorie 1: Erwiesen beim Menschen
Kategorie 2: Durch Tierversuche nachgewiesen
Kategorie 3: Verdacht

Y = Fruchtschädigung (Schwangerschaft) bei Einhaltung der Grenzwerte ist **nicht zu befürchten**
Z = Fruchtschädigung (Schwangerschaft) auch bei Einhaltung der Grenzwerte **nicht ausgeschlossen**

Stoff	Arbeitsplatzgrenzwert ml/m³	Arbeitsplatzgrenzwert mg/m³	Spitzenbegrenzung	Bemerkungen
Aceton	500	1200	2 (I)	Y
Acrylnitril (BL)	3	7	4	H, C2
Ammoniak	20	14	2 (I)	Y
Benzol (BL)	1	3,2	4	H, C1
Beryllium (BL)		0,002 E	4	C2
Blei (BL)		0,1 E	4	R2
(Buchenholzstaub)		1,25A; 10E	2 (II)	Y, C1
Butan	1000	2400	4 (II)	
Cadmium und anorganische Verbindungen		0,002 E	8 (II)	X, C2, M2
Chlor	0,5	1,5	1 (I)	Y
(1-Chlor-2,3-epoxipropan)	3	12	4	H, C2
Chrom		2 E	1 (I)	
Cobalt (BL)		0,1 E	4	C3
Cyanide (BL)		5 E	4	H
Dieselmotor-Emissionen		0,05 A		X, C2
(Eichenholzstaub)		2	4	Y, C1
Eisenoxide (II, III)		1,25A; 10E	2 (II)	
Ethanol	200	380	4 (II)	Y
Fluor	1	1,6	2 (I)	
Fluoride		1 E	4 (II)	H, Y
Fluorwasserstoff	1	0,83	2 (I)	H, Y
(Flusssäure – Hydrogenfluorid)	3	2,5	=1=	H
Formaldehyd	0,3	0,37	2 (I)	Y, H, C3
Hydrazin (BL)	0,1	0,13	4	H
Kohlendioxid	5000	9100	2 (II)	
Kohlenmonoxid	30	35	2 (II)	Z
Kühlschmierstoffe (BL)		10		
(Künstliche Mineralfasern)		250 000 Fasern/m³	4	
Kupfer (BL)		1 E	4	

Stoff	Arbeitsplatzgrenzwert ml/m³	Arbeitsplatzgrenzwert mg/m³	Spitzenbegrenzung	Bemerkungen
Mangan und anorganische Verbindungen		0,02A;0,2E	8 (II)	Y
Methanol	100	130	2 (II)	H, Y
(Molybdänverbindungen)		5 E	4	
(Natriumhydroxid)		2 E	=1=	Y
Nickel und -verbindungen		0,03 E	8 (II)	Y
Nickeloxid (BL)		0,5 E	4	C1
Nikotin		0,5	2 (II)	H
Ozon (BL)	0,1	0,2	=1=	
Phenol	2	8	2 (II)	H
Polyvinylchlorid		1,25A;10E	2 (II)	
Propan	1000	1800	4 (II)	
Quarz (BL)		0,15 A		Y
Quecksilber		0,02	8 (II)	H
Salpetersäure	1	2,6		
Salzsäure – Hydrogenchlorid	2	3	2 (I)	Y
Schwefeldioxid	1	2,7	1 (I)	Y
Schwefelsäure		0,1 E	1 (I)	Y
Stickstoffdioxid	0,5	0,95	2 (I)	
Stickstoffmonoxid	2	2,5	2 (II)	
Styrol	20	86	2 (II)	Y
(Terpentinöl)	100	560	=1=	H
Tetrachlorethen	10	69	2 (I)	H, Y, C3
1,1,1-Trichlorethan	100	550	1 (II)	H, Y
1,1,2-Trichlorethan	1	5,5	2 (I)	H
(Trichlorethen)	50	270	4	Y, C2, M3
Trichlorfluormethan	1000	5700	2 (II)	Y
Vinylchlorid (BL)	2	5	4	C1
Wasserstoffperoxid	0,5	0,7	1 (I)	Y
Xylol, alle Isomere	50	220	2 (II)	H
Zinkoxid-Rauch (BL)		1 A	2	

Thermisches Trennen

Qualität von Schnittflächen

DIN EN ISO 9013 : 2017-05

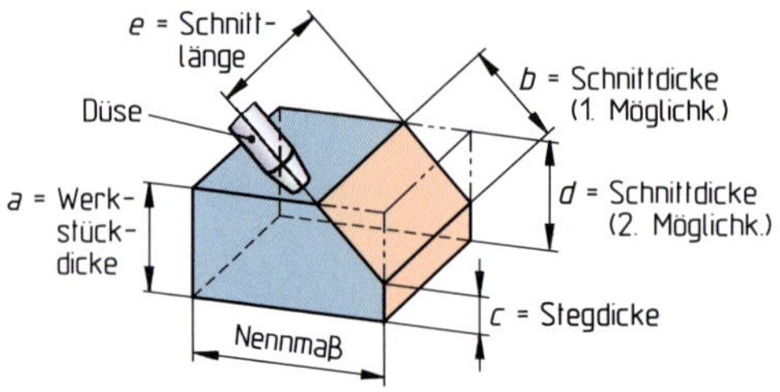

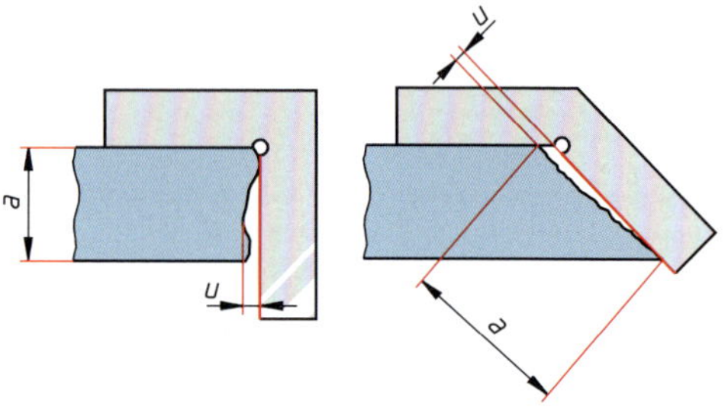

▭ = Schnittflächen

Die Qualität thermisch geschnittener Werkstoffe wird durch die folgenden Kenngrößen beschrieben:

a) Die **Rechtwinkligkeits- oder Neigungstoleranz *u*** ist der Abstand zweier paralleler Flächen, zwischen denen die Schnittfläche liegen muss.

b) Die **gemittelte Rautiefe *Rz5*** ist das arithmetische Mittel der einzelnen Profilelemente von fünf benachbarten Einzelmessungen. Siehe Kapitel Technisches Zeichnen – Oberflächenbeschaffenheit.

Bereich	Rechtwinkligkeits- oder Neigungstoleranz [1] *u* in mm
1	$0{,}05 + 0{,}003 \cdot a$
2	$0{,}15 + 0{,}007 \cdot a$
3	$0{,}4 + 0{,}01 \cdot a$
4	$0{,}8 + 0{,}02 \cdot a$
5	$1{,}2 + 0{,}035 \cdot a$

Bereich	Gemittelte Rautiefe *Rz5* in µm
1	$10 + 0{,}6 \cdot a$
2	$40 + 0{,}8 \cdot a$
3	$70 + 1{,}2 \cdot a$
4	$110 + 1{,}8 \cdot a$

Werkstückdicke *a* in mm einsetzen

Angabe der Schnittqualität und der Toleranzklasse in technischen Zeichnungen

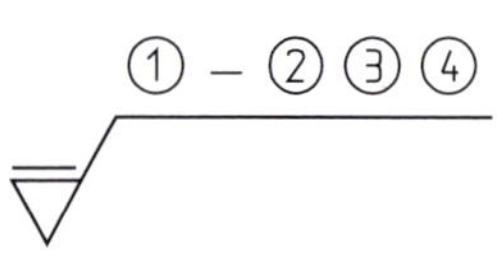

① Hauptnummer der Norm
② Bereich der Rechtwinkligkeits- oder Neigungstoleranz *u*
③ Bereich der gemittelten Rautiefe *Rz5*
④ Toleranzklasse

Beispiel:

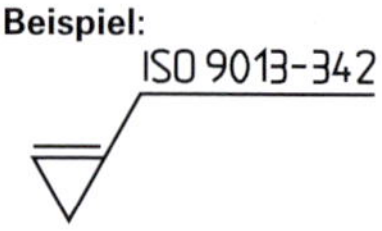

Grenzabmaße für Nennmaße der Toleranzklasse 1 und 2

Werkstückdicke *a* in mm	Nennmaße in mm															
	>0 <3		≥3 <10		≥10 <35		≥35 <125		≥125 <315		≥315 <1000		≥1000 <2000		≥2000 <4000	
	Grenzabmaße in mm															
Toleranzklasse	1	2	1	2	1	2	1	2	1	2	1	2	1	2	1	2
>0 bis ≤1	±0,08	±0,5	±0,1	±0,6	±0,1	±0,6	±0,2	±0,7	±0,2	±0,7	±0,3	±0,8	±0,4	±0,9	±0,65	±0,9
>1 bis ≤3,15	±0,1	±0,6	±0,15	±0,6	±0,2	±0,7	±0,25	±0,7	±0,25	±0,8	±0,35	±0,9	±0,4	±1	±0,65	±1,1
>3,15 bis ≤6,3	±0,2	±0,7	±0,2	±0,8	±0,25	±0,9	±0,25	±0,9	±0,3	±1,1	±0,4	±1,2	±0,45	±1,3	±0,7	±1,3
>6,3 bis ≤10			±0,25	±1	±0,3	±1,1	±0,3	±1,3	±0,35	±1,4	±0,45	±1,5	±0,55	±1,6	±0,75	±1,7
>10 bis ≤15			±0,3	±1,8	±0,35	±1,8	±0,4	±1,8	±0,45	±1,9	±0,55	±2,3	±0,65	±3	±0,85	±4,2
>15 bis ≤20			±0,4	±1,8	±0,4	±1,8	±0,45	±1,8	±0,55	±1,9	±0,75	±2,3	±0,85	±3	±1,2	±4,2
>20 bis ≤25			±0,45	±1,8	±0,5	±1,8	±0,6	±1,8	±0,7	±1,9	±0,9	±2,3	±1,1	±3	±1,6	±4,2
>25 bis ≤32					±0,7	±1,8	±0,7	±1,8	±0,8	±1,9	±1	±2,3	±1,6	±3	±2,25	±4,2
>32 bis ≤50					±0,7	±1,8	±0,7	±1,8	±0,8	±1,9	±1	±2,3	±1,6	±3	±2,5	±4,2
>50 bis ≤100					±1,3	±2,5	±1,3	±2,5	±1,4	±2,6	±1,7	±3	±2,2	±3,7	±3,1	±4,9
>100 bis ≤150					±1,9	±3,2	±2	±3,3	±2,1	±3,4	±2,3	±3,7	±2,9	±4,4	±3,8	±5,7
>150 bis ≤200					±2,6	±4	±2,7	±4	±2,7	±4,1	±3	±4,5	±3,6	±5,2	±4,5	±6,4
>200 bis ≤250											±3,7	±5,2	±4,2	±5,9	±5,2	±7,2
>250 bis ≤300											±4,4	±6	±4,9	±6,7	±5,9	±7,9

Grenzabmaße gelten für Maße ohne Toleranzangabe. Bei Autogen-/Plasmaschnitten nur für Werkstücke mit Seitenverhältnis maximal 4:1 (Länge : Breite) und Schnittlängen mindestens 350 mm.

[1] siehe F 92

Thermisches Abtragen

Schneidgeschwindigkeiten beim Plasmaschneiden in mm/min

Werkstoff	Stromstärke *I* in A	v_c bei Schnittdicke *a* in mm: 1	2	3	4	6	9	12	15
Legierter Stahl < 5 %									
Plasmagas Luft	40	5000	2000	1300	–	–	–	–	–
Plasmagas Luft	80					2400			
Plasmagas Luft	100					2000	1160	850	650
Plasmagas Ar/H_2	120	–	–	–	2400	1650	1100	800	600
Unlegierter Stahl									
Plasmagas Luft	40	6000	2000	–	–	–	–	–	–
Plasmagas Luft	80				–	2400		1000	
Plasmagas Luft	100	–	–	–		3000	1400		750
Aluminium									
Plasmagas Luft	40	5000	2000						
Plasmagas Luft	80					1500			
Plasmagas Luft	100							760	500
Plasmagas Ar/H_2	120	–	–	–	6000	4000	2750	1980	1400

Anmerkung:
Argon-Wasserstoff-Gemisch Ar/H_2 mit 65/35 %-Anteilen; Luft sauber, trocken, ölfrei.
Fugenbreiten 1…3 mm je nach Stromstärke. Betriebsdruck für Plasmagas ≈5 bar, Gasverbrauch bis 180 l/min; Schnitte sind Güte I.
Plasmagas Ar/H_2 für alle Werkstoffe möglich, auch Cu, Zn, Ti, …, aber nicht bei niedrig- und unlegierten Stählen; bei dünnen Blechen Zusatz von Stickstoff N_2; Plasmagas Luft nicht mehr anwendbar bei Blechen über 15 mm Dicke wegen Bartbildung.
Absaugung immer erforderlich wegen Stickoxiden.

Autogenes Brennschneiden von Stahl

Heizgase: Acetylen A, Propan P, Methan oder Erdgas M, Methylacetylen-Propadien Y

Düsengröße / Schnittdicke *a* in mm		3…10 mm: 3	5	8	10	>10…25 mm: 10	15	20	25	>25…40 mm: 25	30	35	40
Schnittfugenbreite *f* in mm	A P, M, Y	1,5 1,4	1,5 1,4	1,5 1,6	1,5 1,8	1,8 1,9	1,8 1,9	1,8 2,0	1,8 2,0	2,0 2,2	2,0 2,2	2,0 2,2	2,0 2,2
Heizgasverbrauch in m³/h	A P M Y	0,30 0,33 0,80 0,23	0,30 0,33 0,80 0,26	0,30 0,33 0,80 0,26	0,30 0,33 0,80 0,26	0,35 0,38 0,90 0,26	0,35 0,38 0,90 0,26	0,35 0,38 0,90 0,26	0,35 0,38 0,90 0,26	0,35 0,38 0,90 0,26	0,35 0,38 0,90 0,26	0,35 0,38 0,90 0,26	0,35 0,38 0,90 0,26
Heizgasdruck in bar	A P, M, Y	0,5 0,2	0,5 0,2	0,5 0,2	0,5 0,2	0,5 0,2	0,5 0,2	0,5 0,2	0,5 0,2	0,5 0,2	0,5 0,2	0,5 0,2	0,5 0,2
Heiz-Sauerstoffdruck in bar	A, P, M Y	2,0 0,8	2,0 0,8	2,0 1,0	2,0 1,0	2,5 1,0	2,5 1,0	2,5 1,0	2,5 1,0	2,5 1,0	2,5 1,0	2,5 1,0	2,5 1,0
Schneid-Sauerstoff-druck in bar	A, P M, Y	2,0	2,0	2,5	3,0	4,0	4,3	4,5	5,0	4,0	4,3	4,5	5,0
Heiz-Sauerstoff-verbrauch in m³/h	A P, M Y	0,39 1,3 0,8	0,39 1,3 0,8	0,39 1,3 0,9	0,39 1,3 0,9	0,46 1,5 0,9	0,46 1,5 0,9	0,46 1,5 0,9	0,46 1,5 0,9	0,46 1,5 0,9	0,46 1,5 0,9	0,46 1,5 0,9	0,46 1,5 0,9
Schneid-Sauerstoff-verbrauch in m³/h	A P, M, Y	1,3 1,3	1,3 1,3	1,5 1,7	1,7 1,7	2,3 2,8	2,5 3,0	2,6 3,1	2,8 3,4	2,3 2,8	2,5 3,0	2,6 3,1	2,8 3,4
Schneid-geschwindigkeit in mm/min	A P, M Y	730 660 800	690 630 700	640 580 630	600 550 600	620 560 600	520 490 550	450 440 500	410 400 450	410 400 450	380 370 420	360 350 400	340 340 380

Düsenabstand im angegebenen Dickenbereich 5 mm. Werte gelten für Brennschneidmaschinen, Standarddüsen, Schnittflächengüte *I*. Bei Formschnitten mit kleinen Radien sind die Schneidgeschwindigkeiten um 10 % zu erniedrigen.

Thermisches Abtragen

Einstellwerte für Laser-Brennschneiden

Werkstoff	Werkstückdicke in mm	Schneidgas Art	Schneidgas Druck in bar	Laser-Leistung in W	Schneid-geschwindigkeit in mm/min
Stähle					
DC04	1,0 1,5 2,0 2,5 3,0	O_2	3,5 3,5 3,5 3,0 2,0	530	5000 3500 2500 1800 1600
Werkzeugstahl	4,0 2,7 3,5 5,5		1,5 3,5 3,0 2,5		1000 2500 1800 800
Chrom-Nickel-Stahl	1,0 2,0 3,0 4,0		3,5 3,5 3,5 3,5		4000 2000 1200 600
Chrom-Nickel-Mangan-Stahl	1,5		3,0		4200
NE-Metalle					
Zink	1,0	O_2	2,0	530	3000
CuSn	0,14 1,2		2,5 2,5		3000 400
CuZn	0,14 0,5		2,5 2,5		3000 5000
AlMg	0,5 1,5		2,0 2,0		2200 600
Kunststoffe					
PE	4,0	N_2	1,0	530	1500
PP glasfaserverstärkt	2,2		1,0	530	2200
PS	4,0 10,0		3,0 3,0	530 530	2750 900
SB	4,0		1,0	500	2000
PVC	5,0		1,0	530	2750
PMMA	3,0 5,0 10,0 20,0 25,0		1,0 1,0 1,0 1,0 1,0	530 530 530 530 530	5000 4000 1600 700 500
PA	4,0		3,0	530	2500
POM	4,0 6,0 8,0 10,0 20,0 30,0		1,0 1,0 1,5 1,5 1,5 1,5	500 500 500 500 500 500	4000 2000 1300 800 250 100

Typisch erreichbare Schnittqualitäten von Schneidverfahren

(Rechtwinkligkeits- oder Neigungstoleranz *u*)

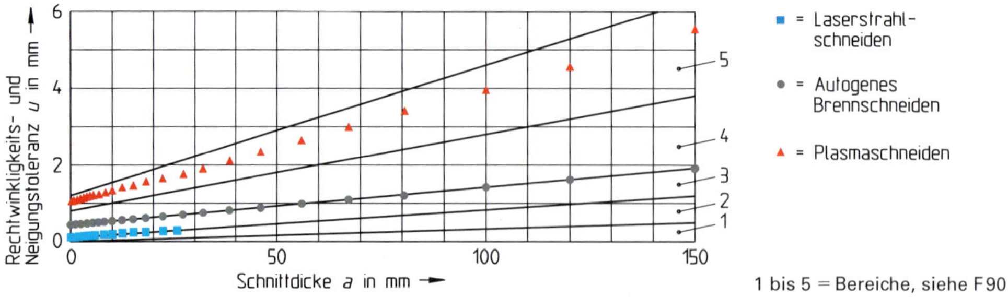

1 bis 5 = Bereiche, siehe F90

Trennen durch Abtragen

Funkenerosives Schneiden

Abtragrate $\dot{V}_w$ in $\frac{mm^3}{min}$ (Richtwerte) [1)]

Werkstoff: Stahl mit 12 % Cr, Formtoleranz: ±0,01 mm, Vorschubgeschwindigkeit: 3 mm/min

Draht-Werkstoff	$\dot{V}_w$ bei Werkstückdicke in mm								
	2	4	6	8	10	20	40	60	80
CuZn-Leg. ∅ 0,2 mm	3	6	10	13	17	21	22	23	22
Spezialstahl ∅ 0,25 mm	32	38	43	46	48	49	50	49	47

Güteklassen erodierter Oberflächen nach VDI 3400: 1975-06

Mittenrauwert *Ra* in µm	Güteklasse K	Mittenrauwert *Ra* in µm	Güteklasse K
0,2	6	2,2	27
0,4	12	3,2	30
0,56	15	4,5	33
0,8	18	6,3	36
1,12	21	9	39
1,6	24	12,6	42

[1)] Schnittrate schwankt stark bei veränderter Leerlaufspannung und mittlerem Entladestrom

Funkenerosives Senken

Abtragrate $\dot{V}_w$ in $\frac{mm^3}{min}$ einer Elektrolyt-Kupferelektrode für verschiedene Werkstoffe (Richtwerte) [1)]

Werkstoff / Bearbeitung	Schruppen mit *Ra* in µm			Schlichten mit *Ra* in µm			
	10	8	6	3,2	1,6	0,8	0,4
Stahl	600	240	120	12	5	1,9	0,5
Stahl hochfest, Stahl gehärtet	400	160	80	8	4,5	1,2	0,3
Hartmetall	200	100	60	6,5	4	0,5	0,1

[1)] Abtragrate schwankt stark bei veränderter Leerlaufspannung und mittlerem Entladestrom

Abtragrate in $\dot{V}_w$ in $\frac{mm^3}{min}$ für verschiedene Elektrodenwerkstoffe (Richtwerte)

Werkstoff: Stahl mit 12 % Cr, Leerlaufspannung 100 V

Bearbeitung	*Ra*-Wert in µm	mittl. Entladestrom in A	$\dot{V}_w$ bei Elektrodenwerkstoff				
			E1-Cu	Cu+1…3 % Te, Cr, Pb	W+20…50 % Cu	Graphit	Stahl
Schruppen	11,2	100	820	740	800	780	≈ 500
	9	50	400	360	390	400	≈ 240
	7	25	160	140	155	170	≈ 100
Schlichten	5	12	70	65	68	65	≈ 40
	3,5	6	22	19	20	24	≈ 14
	2,2	3	5	4,5	4,5	5,5	≈ 3
	1,12	1	1	0,9	0,95	1	–
Spanende Bearbeitbarkeit bei der Elektrodenherstellung			nicht gut	gut	nicht möglich	sehr gut	gut

Abbrandvolumenverhältnis ϑ in % bei verschiedenen Elektrodenwerkstoffen

$$\vartheta = \frac{\dot{V}_E}{\dot{V}_W} \cdot 100\,\%$$

$\dot{V}_E$ in $\frac{mm^3}{min}$ Verschleißrate

$\dot{V}_W$ in $\frac{mm^3}{min}$ Abtragrate

ϑ in % Abbrandvolumenverhältnis (relativer Verschleiß)

Werkstoff: Stahl mit 12 % Cr, Leerlaufspannung 100 V

Bearbeitung	*Ra*-Wert in µm	mittl. Entladestrom in A	Elektrodenwerkstoff	
			ϑ E1-Cu58	ϑ Graphit
Schruppen	11,2	100	18 %	< 2 %
	9	50	3 %	1,5 %
	7	25	1 %	1,3 %
Schlichten	5	12	< 1 %	2,5 %
	3,5	6	< 0,5 %	3,5 %
	2,2	3	< 1 %	4 %
	1,12	1	< 1 %	> 4 %

Fügen durch Schweißen

Gasschweißen

Nutzbarer Gasinhalt in Sauerstoffflasche

$$V_n = \frac{V_W \cdot p_e}{p_{amb}}$$

Gasverbrauch von Sauerstoff

$$\Delta V = \frac{V_W \cdot (p_{e1} - p_{e2})}{p_{amb}}$$

Nutzbarer Gasinhalt in Acetylenflasche

$$V = 13 \cdot 25 \cdot p_e$$

Der Acetoninhalt einer Flasche beträgt 13 l; 1 l Aceton löst je bar 25 l Acetylen, so folgt z. B. für Fülldruck $p_e = 18$ bar:

$V_n = 13 \cdot 25 \frac{\text{l}}{\text{bar}} \cdot 18 \text{ bar} = 5850 \text{ l}$

Gasverbrauch von Acetylen

$$\Delta V = \frac{V_F (p_{e1} - p_{e2})}{p_F}$$

V_n	in l	nutzbares Gasvolumen der Flasche
V_W	in l	Flaschenvolumen (Wasservolumen)
V_F	in l	Füllvolumen Gas
ΔV	in l	verbrauchtes Gasvolumen
p_e	in bar	Flaschendruck, Überdruck Atmosphäre
p_F	in bar	Flaschenfülldruck
p_{e1}	in bar	Flaschendruck bei Arbeitsbeginn
p_{e2}	in bar	Flaschendruck bei Arbeitsende
p_{amb}	in bar	Umgebungsdruck der Atmosphäre i. Allg. 1 bar

V_n, V_F und V sind Gasvolumina umgerechnet auf Atmosphärendruck

V_W i. Allg. 40 l, bei Leichtstahlflaschen 50 l

Entnahmemengen bei Acetylen bis 1000 $\frac{\text{l}}{\text{h}}$ im Kurzzeitbetrieb, bis 500 $\frac{\text{l}}{\text{h}}$ im Dauerbetrieb

Schweißen und Löten – Ordnungsnummern

DIN EN ISO 4063 : 2023-07

Ordnungs-nummer	Verfahren	Ordnungs-nummer	Verfahren	Ordnungs-nummer	Verfahren
111 13 135	Lichtbogenhand-Schweißen Metall-Schutzgas- MAG Metall-Aktivgas-	311 312	Gas-; mit Sauerstoff- Acetylenflamme Gas-; mit Sauerstoff-	74 78 91	Induktions- Bolzen- Hartlöten
141 151 21	WIG Wolfram-Inertgas- Plasma-MIG- Widerstands-Punkt-	 313	Propanflamme Gas-; mit Sauerstoff- Wasserstoffflamme	912 916 921	Flammhartlöten Induktionshartlöten Ofenhartlöten
22 225 23	Rollennaht- Folien-Stumpfnaht- Buckel-	41 42 47	Ultraschall- Reib- Gaspress-	923 942 943	Lotbadhartlöten Flammweichlöten Kolbenweichlöten
24 25 3	Abbrennstumpf- Pressstumpf- Gasschmelz-	51 52 73	Elektronenstrahl- Laserstrahl- Elektrogas-	946 953 955	Induktionsweichlöten Ofenweichlöten Lotbadweichlöten

Fügeprozess, vollständiges Beispiel: ISO 4063-111 ≙ **Lichtbogenhandschweißen**

Kurzzeichen der chemischen Zusammensetzung der Stäbe

DIN EN ISO 20 378 : 2018-12, DIN EN ISO 544 : 2018-04

Kurz-zeichen	% (Masseanteil)								
	C	Si	Mn	P	S	Mo	Ni	Cr	Cu[1]
I	0,03–0,12	0,01–0,20	0,35–0,65	0,030	0,025	0,3	0,30	0,15	0,35
II	0,03–0,20	0,03–0,20	0,50–1,20	0,025	0,025	0,3	0,30	0,15	0,35
III	0,05–0,15	0,03–0,20	0,95–1,25	0,020	0,020	0,3	0,35–0,80	0,15	0,35
IV	0,08–0,15	0,10–0,25	0,90–1,20	0,020	0,020	0,45–0,60	0,3	0,15	0,35
V	0,10–0,15	0,10–0,25	0,80–1,20	0,020	0,020	0,45–0,60	0,3	0,80–1,20	0,35
VI	0,03–0,10	0,10–0,25	0,40–0,70	0,020	0,020	0,09–1,20	0,3	2,00–2,20	0,35

[1] Inklusive Beschichtung

Beispiel: Stab **ISO 20 378 – O II**; Norm-Nummer, O = Schweißprozess (autogenes Schweißen), II = chemische Zusammensetzung des Stabes (siehe Tabelle)

Schweißverhalten unterschiedlicher Stäbe beim Gasschweißen

Schweißverhalten	Kurzzeichen des Stabes					
	I	II	III	IV	V	VI
Fließverhalten	Dünnfließend	Weniger dünnfließend	Zähfließend			
Spritzer	Viel	Wenig	Keine			
Porenneigung	Ja	Ja	Keine			

Fügen durch Schweißen

Farbkennzeichnung von Gasflaschen DIN EN 1089-3 : 2011-10; DIN EN ISO 7225 : 2013-01

Die einzig verbindliche Kennzeichnung des Gasinhaltes erfolgt auf dem Gefahrzettel (Gefahrgutaufkleber).

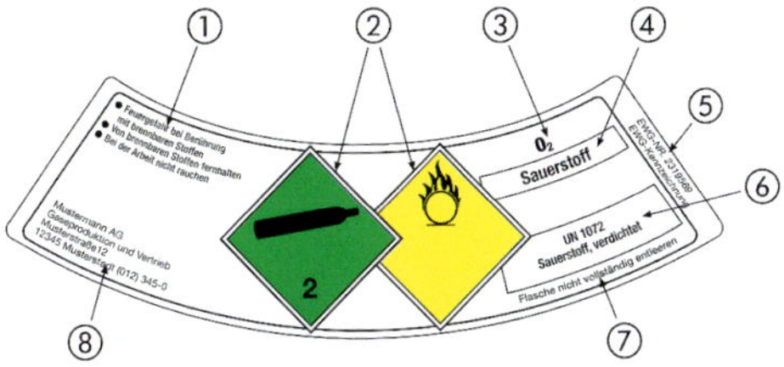

① Risiko und Sicherheitssätze
② Gefahrzettel mit Nummer der Gefahrgutklasse
③ Zusammensetzung des Gases bzw. des Gasgemisches
④ Produktbezeichnung des Herstellers
⑤ EWG-Nummer bei Einzelstoffen oder das Wort „Gasgemisch"
⑥ Vollständige Gasbenennung nach GGVS
⑦ Herstellerhinweis
⑧ Name, Anschrift und Telefonnummer des Herstellers

Die **Farbkennzeichnung** dient als zusätzlich Information über die Eigenschaften der Gase (brennbar, giftig, oxidierend). Sie ist nur für die Flaschenschulter vorgeschrieben. Die Farbe des zylindrischen Flaschenkörpers ist nicht festgelegt. Der Großbuchstabe „N" weist auf die Farbkennzeichnung nach der neuen Norm hin.

Explosive Stoffe	Nicht brennbare, nicht giftige Gase	Giftige Gase	Entzündbare Gase	Selbstentzündliche Stoffe	Entzündend/oxidierend wirkende Stoffe	Ätzende Stoffe

Früher	Neu	Anschlüsse der Ventile DIN 477:2021-04
blau / blau	N weiß / grau (blau)	$G\,{}^3/_4$ 1)
Sauerstoff techn.		
gelb / gelb (schwarz)	N kastanienbraun / kastanienbraun (schwarz, gelb)	Spannbügel
Acetylen		
grau / grau	N dunkelgrün / grau dunkelgrün	$W21{,}80 \times \frac{1}{14}$ 2)
Argon		
dunkelgrün / dunkelgrün	N schwarz / grau dunkelgrün, schwarz)	$W24{,}32 \times \frac{1}{14}$
Stickstoff		
grau / grau	grau / grau	$W21{,}80 \times \frac{1}{14}$
Kohlendioxid		

Früher	Neu	Anschlüsse der Ventile DIN 477:2021-04
grau / grau	N braun / grau	$W21{,}80 \times \frac{1}{14}$
Helium		
grau / grau (schwarz)	N leuchtendgrün / grau (leuchtendgrün)	$W21{,}80 \times \frac{1}{14}$
Xenon, Krypton, Neon		
rot / rot	rot / rot	$W21{,}80 \times \frac{1}{14} - LH$ 3)
Wasserstoff		
rot / rot (dunkelgrün)	N rot / grau	$W21{,}80 \times \frac{1}{14} - LH$
Formiergas (Gemisch Stickstoff/Wasserstoff)		
grau / grau	N leuchtendgrün / grau	$W21{,}80 \times \frac{1}{14}$
Gemisch Argon/Kohlendioxid		

1) **G**: Whitworth-Rohrgewinde (Zylindrisches Außengewinde Nenndurchmesser in Zoll)

2) **W**: Whitworth-Gewinde (Nenndurchmesser in mm × Steigung in Zoll)

3) **LH**: Linksgewinde (**L**eft **H**and)

Fügen durch Schweißen

Umhüllte Stabelektroden zum Lichtbogenhandschweißen

DIN EN ISO 2560 : 2021-12

Schweißgutkennziffer für die Festigkeit und Bruchdehnung

Kennziffer	35	38	42	46	50
Mindeststreckgrenze R_e in N/mm²	355	380	420	460	500
Mindestzugfestigkeit R_m in N/mm²	440 … 570	470 … 600	500 … 640	530 … 680	560 … 720
Mindestbruchdehnung[1] in %	22	20	20	20	18

[1] Messlänge = 5 · Probendurchmesser

Schweißgutkennzeichen für die Kerbschlagarbeit

Kennzeichen	Z	A	0	2	3	4	5	6
Temperatur in °C für Mindestkerbschlagarbeit 47 J	keine Anforderung	+ 20	0	–20	–30	–40	–50	–60

Es sind 3 Proben zu prüfen, von denen eine 47 J unterschreiten darf, aber mind. 32 J erreichen muss.

Kurzzeichen für die chemische Zusammensetzung

Kurzzeichen	Mn	Mo	Ni
ohne	2,0	< 0,2	< 0,3
Mo	1,4	0,3 … 0,6	< 0,3
Mn Mo	1,4 … 2,0	0,3 … 0,6	< 0,3
1 Ni	1,4	< 0,2	0,6 … 1,2
2 Ni	1,4	< 0,2	1,8 … 2,6
3 Ni	1,4	< 0,2	2,6 … 3,8
Mn 1 Ni	1,4 … 2,0	< 0,2	0,6 … 1,2
1 Ni Mo	1,4	0,3 … 0,6	0,6 … 1,2
Z	jede andere vereinbarte Zus.-setzung		

Kennziffer für die Stromart und Ausbringen

Stromart	Ausbringen R_E in %	Kennziffer
Wechsel- und Gleichstrom	≤ 105	1
Gleichstrom	≤ 105	2
Wechsel- und Gleichstrom	> 105 … 125	3
Gleichstrom	> 105 … 125	4
Wechsel- und Gleichstrom	> 125 … 160	5
Gleichstrom	> 125 … 160	6
Wechsel- und Gleichstrom	> 160	7
Gleichstrom	> 160	8

Kennzeichen für den Wasserstoffgehalt

Kennzeichen	H5	H10	H15
Wasserstoffgehalt in ml/100 g Schweißgut maximal	5	10	15

Ausbringen (DIN EN 2401): Das effektive Ausbringen R_E ist das Massenverhältnis des aufgebrachten Schweißgutes zu dem des tatsächlich verbrauchten Kernstabes mal 100 %. Durch Metallpulver in der Umhüllung kann das Ausbringen mehr als 100 % erreichen.

Schweißgutkennzeichen für den Umhüllungstyp

Kennzeichen A	C	R	RR	RC	RA	RB	B
sauer-umhüllt	zellulose-umhüllt	rutil-umhüllt	dick rutil-umhüllt	rutil-zellulse-umhüllt	rutil-sauer-umhüllt	rutil-basisch-umhüllt	basisch-umhüllt
nicht bei Zwangsposition; feiner Tropfenübergang, glatte Naht	besonders für Fallposition	nicht für Fallposition; bei dünnen Blechen, mit groberem Tropfenübergang	wie rutilumhüllt; feinschuppige Naht, gutes Wiederzünden	wie rutilumhüllt, aber auch für Fallposition	wie sauerumhüllt; alle Positionen außer Fallposition	alle Positionen außer Fallposition; gute mechanische Eigenschaften des Schweißgutes	wie rutilbasisch; hohe Kerbschlagarbeit und Riss-Sicherheit des Schweißgutes

Schweißgutkennziffer für die Schweißposition

Kennziffer 1:	alle Positionen	Kennziffer 4:	Stumpfnaht in Wannenposition, Kehlnaht in Wannenposition
Kennziffer 2:	alle Positionen außer Fallposition	Kennziffer 5:	Fallposition und Positionen wie Kennziffer 3
Kennziffer 3:	Kehlnaht in Wannen- und Horizontalposition		

Bezeichnung einer Stabelektrode

Beispiel: Stabelektrode ISO 2560-A – E 46 3 1 Ni B 5 4 H5

- A: Einteilung nach Streckgrenze und Kerbschlagarbeit von 47 J
- E: umhüllte Stabelektrode
- 46: Festigkeit und Bruchdehnung
- 3: Kerbschlagarbeit
- 1 Ni: chemische Zusammensetzung
- B: Umhüllungstyp
- 5: Stromart und Ausbringen
- 4: Schweißposition
- H5: Wasserstoffgehalt

Stabelektrodendurchmesser: 1,5 – 2 – 2,5 – 3,25 – 4 – 6 – 8 mm; Elektrodenlängen: 200 – 250 – 350 – 450 mm
Faustregel für Stromstärken: bei Wechselstrom $I \approx$ 30 … 42 mal Stabdurchmesser;
bei Gleichstrom Zuschlag 20 … 10 % zu Wechselstromwerten

Zuordnung Schweißgut – Stahlsorte

Gasschweißen DIN EN ISO 20378 : 2018-12

Werkstoff	Stabklasse					
	O I	O II	O III	O IV	O V	O VI
S185	×	×	×	×		
S235JR	×	×	×	×		
S235J0		×	×	×		
S275JR			×	×		
S275J0	×	×	×	×		
E295	×	×	×	×		
S355J0			×	×		
16Mo3				×		
P295GH				×		
P235GH			×	×		
P265GH			×	×		
13CrMo4-5					×	
10CrMo9-10						×

Elektroschweißen

Werkstoff	Elektrodentypen						
	Mo	MnMo	1 Ni	2 Ni	3 Ni	Mn 1 Ni	1Ni Mo
P355N	×						
P355NH	×						
P355NL1	×		×				
P380N	×		×				
P380NH	×		×				
P380NL1	×		×				
S420N	×		×			×	
P420NH	×		×			×	
S420NL	×		×			×	
P460N	×	×				×	
P460NH	×	×				×	
P460NL1	×	×				×	
P500N		×				×	
P500NH		×				×	
P500NL1		×				×	
P500Q, QH		×				×	
P500QL						×	
P550Q, QH		×					
13MnNi6-3			×	×		×	
12Ni14				×	×		
20MnMoNi5-5							×
22NiMoCr3-7							×
13MnNiMo5-4	×	×					×
15NiCu-MoNb6-5	×	×					×
17MnMoV6-4	×	×					×

Schutzgase zum Lichtbogenschweißen

DIN EN ISO 14175 : 2008-06

Gruppe I	I1 I2 I3	Ar 100 % He 100 % He ≤ 95 %, Rest Ar	Inertgas (neutral) zum MIG-, WIG-, Plasmaschweißen; für Al und Cu, unlegiert und legiert; I1 für Ti und Mg
Gruppe M1	M11 M12 M13 M14	$CO_2 \leq 5\,\%$, $H_2 \leq 5\,\%$, Rest[1)] $CO_2 \leq 5\,\%$, Rest[1)] $O_2 \leq 3\,\%$, Rest[1)] $CO_2 \leq 5\,\%$, $O_2 \leq 3\,\%$, Rest[1)]	Mischgas, schwach oxidierend, zum MAG-Schweißen; für CrNi-Stähle, speziell rost- und säurebeständig
Gruppe M2	M20 M21 M22 M23 M24	CO_2 5 … 15 %, Rest[1)] CO_2 15 … 25 %, Rest[1)] O_2 3 … 10 %, Rest[1)] $CO_2 \leq 5\,\%$, O_2 3 … 10 %, Rest[1)] CO_2 5 … 15 %, $O_2 \leq 3\,\%$, Rest[1)]	Mischgas, schwach oxidierend, zum MAG-Schweißen; für legierte Stähle
Gruppe M3	M31 M32 M33 M34	CO_2 25 … 50 %, Rest[1)] O_2 10 … 15 %, Rest[1)] CO_2 25 … 50 %, O_2 2 … 10 %, Rest[1)] CO_2 5 … 25 %, O_2 10 … 15 %, Rest[1)]	Mischgas, schwach oxidierend, zum MAG-Schweißen; für unlegierte Stähle; speziell Grobbleche
Gruppe C	C1 C2	CO_2 100 % $O_2 \leq 30\,\%$, Rest CO_2	Kohlendioxid, stark oxidierend; für unlegierte Stähle
Gruppe R	R1 R2	$H_2 \leq 15\,\%$, Rest[1)] H_2 15 … 50 %, Rest[1)]	Reduktionsgas zum WIG- oder Plasmaschweißen, Plasmaschneiden, Wurzelschutz; für legierte Stähle, Ni und Ni-Legierungen
Gruppe N	N1 N2 N3 N4	N_2 100 % $N_2 \leq 5\,\%$, Rest[1)] N_2 5 … 50 %, Rest[1)] $N_2 \leq 5\,\%$, $O_2 \leq 10\,\%$, Rest[1)]	Formiergas, reaktionsträge, oxidierend; für Wurzelschutz, austenitische CrNi-Stähle
Gruppe O	O1	O_2 100 %	Reiner Sauerstoff, stark oxidierend

[1)] Argon darf teilweise oder vollständig durch Helium ersetzt werden.

Beispiel für die Bezeichnung eines Gases: **ISO 14175 – I3 ArHe – 30**; Inertes (neutrales) Gas mit 30 % Helium, Rest Argon

Fügen durch Schweißen

Einstellwerte für verschiedene Lichtbogenarten beim Schutzgasschweißen von Stahl

Drahtdurchmesser in mm	Blechdicke in mm	Sprühlichtbogen Strom in A	Sprühlichtbogen Spannung in V	Langlichtbogen Strom in A	Langlichtbogen Spannung in V	Kurzlichtbogen Strom in A	Kurzlichtbogen Spannung in V
0,6	≥0,5	150…200	22…26	75…100	16…20	40… 75	14…16
0,8	≥0,8	160…220	23…27	100…150	18…22	70…110	16…18
0,9	≥0,8	200…250	24…28	110…160	19…23	80…120	17…19
1,0	≥0,8	250…320	26…30	140…200	20…24	100…150	17…20
1,2	≥0,8	300…400	28…33	180…250	22…26	120…180	18…22
1,6	≥1,0	300…450	28…36	220…300	24…28		
2,0	≥1,5	350…500	30…38				
2,4	≥1,5						

Einstellwerte für das Schutzgasschweißen von Stahl (MIG, MAG), für Stumpfnaht (I-Naht)

Blechdicke in mm	0,8	0,9	1,0	1,2	1,5	2,0	2,5	3,0	3,5	4,0	5,0
Drahtdurchmesser in mm	0,8	0,8	0,8	0,8	1,0	1,0	1,0	1,0	1,0	1,0	1,0
Stromstärke in A	90…110	90…110	90…110	100…125	100…140	100…140	130…170	130…170	140…170	140…170	140…200
Schweißgeschwindigkeit in $\frac{mm}{min}$	1000	900	800	700	600	500	450	400	350	300	250
Schutzgasverbrauch pro Zeit in $\frac{l}{min}$	8	8	8	8	10	10	10	10	10	10	10
oder Nahtlänge in $\frac{l}{m}$	8	9	10	11,5	16,5	20	22	25	28	33	40

Einstellwerte für das Schutzgasschweißen von Al und Cu und deren Legierungen (WIG)

Nahtform	Stumpfnaht = I-Naht									V-Naht	
Schweißposition	PA (w) = Wannenposition						PF (s) = Steigposition			PA (w)	
Blechdicke in mm	1	1,5	2	3	4	5	4	6	8	5	6
Stabdurchmesser in mm	3	3	3	3	3	4	3	3	4	4	4
Stromstärke in A	75	90	110	125	160	185	90	110	120	165	185
Schweißgeschwindigkeit in $\frac{mm}{min}$	260	230	210	170	150	140	240	200	180	150	125
Schutzgasverbrauch pro Zeit in $\frac{l}{min}$	5	5	6	6	8	8	8	10	10	23	24
oder Nahtlänge in $\frac{l}{m}$	19	21	28	35	55	70	33	50	55	155	190

Schweißpositionen

DIN EN ISO 6947 : 2020-02

Kurzzeichen	Position	Arbeitsrichtung, Beschreibung
PA	Wannenposition	waagerecht, Decklage oben
PB	Horizontalposition	waagerecht, Decklage oben
PC	Querposition	waagerecht, von der Seite
PD	Horizontal-Überkopfposition	waagerecht, Decklage unten
PE	Überkopfposition	waagerecht, Decklage unten Nahtmittellinie senkrecht
PF	Steigposition	senkrecht nach oben
PG	Fallposition	senkrecht nach unten

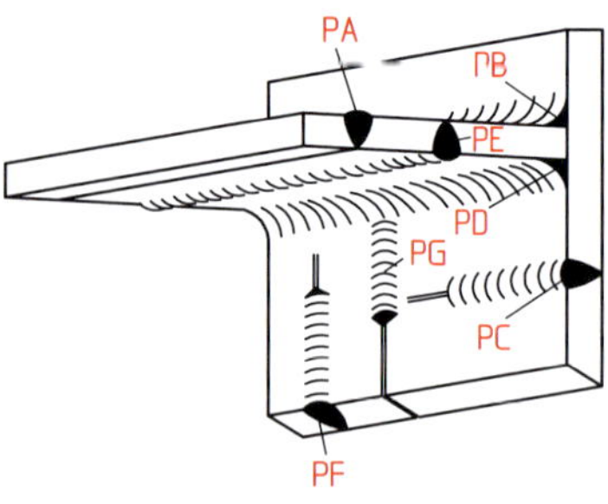

Eintrag der Schweißposition in Zeichnungen s. Kap. Technische Kommunikation – Schweiß- und Lötsymbole

Beispiel: PB 015-010 Hauptschweißposition „Horizontal" (PB) mit Neigung von 15° und Drehung von 10°.

Schweißen von Al und Al-Legierungen

Auswahl der Zusatzwerkstoffe

DIN EN 1011-4 : 2001-02

Grundwerkstoff [1]	Al	AlMn	AlMg < 1%	AlMg 3%	AlMg 5%	AlMgSi	AlZnMg	AlSiCu < 1%	AlSiMg	AlSiCu	AlCu
Al	4, 1, 4										
AlMn	4(5), 1,4	3(4), 3,4									
AlMg < 1%	4(5), 1,4	4, 4, 4	4, 4, 4								
AlMg 3%	4(5), 5,4	5,5(3), 4	5, 5, 5	5, 5, 5							
AlMg 5%	5, 5, 5	5, 5, 5	5, 5, 5	5, 5, 5	5, 5, 5						
AlMgSi	4(5), 5,4	4(5), 5,4	4(5), 5,4	5, 5, 4	5, 5, 4	4(5), 5,4					
AlZnMg	5, 5, 5	5, 5, 5	5, 5, 5	5, 5, 5	5, 5, 5	5, 5, 5	5, 5, 5				
AlSiCu < 1%	4, 4, 4	4, 4, 4	4, 4, 4	4, 4, 4	4, 4, 4	4, 4, 4	4, 4, 4	4, 4, 4			
AlSiMg	4, 4, 4	4, 4, 4	4, 4, 4	4, 4, 4	4, 4, 4	4, 4, 4	4, 4, 4	4, 4, 4	4, 4, 4		
AlSiCu	4, 4, 4	4, 4, 4	4, 4, 4	4, 4, 4	4, 4, 4	4, 4, 4	4, 4, 4	4, 4, 4	4, 4, 4	4, 4, 4	
AlCu	n.g. [2]	n.g.	n.g.	n.g.	n.g.	4, 4, 4	4, 4, 4	4, 4, 4	4, 4, 4	4, 4, 4	n.g., n.g., 4

4, 1, 4
- 1. Ziffer: optimale mechanische Eigenschaften
- 2. Ziffer: optimaler Korrosionswiderstand
- 3. Ziffer: optimale Schweißneigung

Bei Auswahl des Zusatzwerkstoffes beziehen sich die Typnummern innerhalb einer Zeile auf die Tabelle „Gruppeneinteilung für Zusatzwerkstoffe".
Die Typnummern in Klammern sind alternativ auszuwählen.

[1] Die Grundwerkstoffe beziehen sich auf Knet- und Gusslegierungen nach DIN EN 573-3, DIN EN 1780 und DIN EN 1706.
[2] n. g. = Nicht geeignet für den Grundwerkstoff.

Gruppeneinteilung für Zusatzwerkstoffe

Typ	Chemische Bezeichnung / Legierungsbezeichnung [1]		
Typ 1	Al99, 5Ti / R-1450	Al99,8 / R-1080A	
(Typ 2) [2]			
Typ 3	AlMn1 / R-3103		
Typ 4	AlSi5 / R-4043A	AlSi10Mg / R-4046	AlSi12(A) / R-4047A
	AlSi7Mg / R-4018		
Typ 5	AlMg2Mn0.8Zr / R-5249	AlMg3 / R-5754	AlMg5.2Mn / R-5556A
	AlMg4.5Mn0.7(A) / R-5183	AlMg4.5MnZr / R-5087	AlMg5Cr(A) / R-5356

[1] Die Typnummern 1, 3, 4, 5 stimmen mit der ersten Ziffer der Legierungsbezeichnung überein.
[2] In der Norm nicht verwendet.

Kunststoffschweißen – Warmgasschweißen

Werkstoff	Werkstofftemperatur mind. in °C	Schweißgastemperatur in °C	Schweißgeschwindigkeit bei Fächelschweißen in cm/min	Schweißgeschwindigkeit bei Ziehschweißen in cm/min
PE hart	150	220 … 260	10 … 20	40 … 60
PE weich	120	190 … 240	10 … 20	50 … 70
PVC hart	160	300 … 350	15 … 25	50 … 70
PVC schlagzäh	160	300 … 350	15 … 25	50 … 70
PVC weich	150	250 … 300	5 … 10	15 … 35
PVC C	200	350 … 380		
PP	175	240 … 280	15 … 20	50 … 70

Anpresskräfte für Drähte beim Fächelschweißen von PVC hart: 5 … 8 N bei ∅ 2 mm, 8 … 15 N bei ∅ 3 mm, 15 … 20 N bei ∅ 4 mm

Kunststoffschweißen – Heizelementschweißen

Werkstoff	Heizelementtemperatur in °C	Anpressdruck an das Heizelement zu Beginn in N/mm²	Schweißdruck nach Wegnahme des Heizelementes in N/mm²
PE hart	200	0,050	0,15
PE weich	180	0,050	0,10
PP	210	0,075	0,15
PVC schlagfest	225	0,075	0,20

Schweißnahtvorbereitung

DIN EN ISO 9692-1 : 2013-12, DIN EN ISO 9692-3 : 2016-11

Nahtform[1] Fugenform Symbol	Stahl – Werkstückdicke t mm	Maße in mm bzw. Grad – b mm	c mm	h mm	α, β °	Verfahren[2] (DIN EN ISO 9692-1)	Aluminium – Werkstückdicke t mm	Maße in mm bzw. Grad – b mm	c mm	h mm	α, β °	Verfahren[2] (DIN EN ISO 9692-3)
I-Fuge einseitig geschweißt 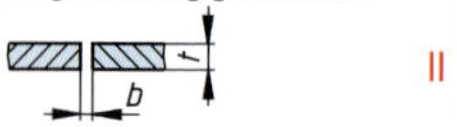	≤ 4	≈ t	–	–	–	3 111 141	≤ 4	≤ 1	–	–	–	141
V-Fuge einseitig geschweißt 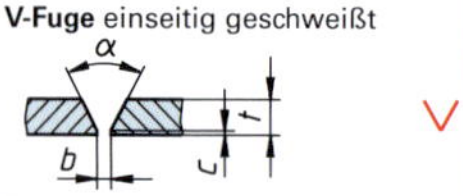	≥ 3 ≤ 10	≤ 4	≤ 2	–	≥ 40 ≤ 60	3 111 13 141	≥ 3 ≤ 5	≤ 2	≤ 2	–	≥ 60 ≤ 90	131
Y-Fuge einseitig geschweißt OPTION: (95%,p) 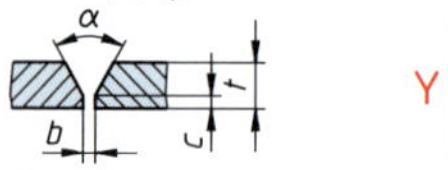	≥ 5 ≤ 40	≥ 1 ≤ 4	≥ 2 ≤ 4	–	60	111 13 141	≥ 3 ≤ 15	≤ 2	≤ 2	–	≥ 60	131
HV-Fuge ohne/mit Gegenlage 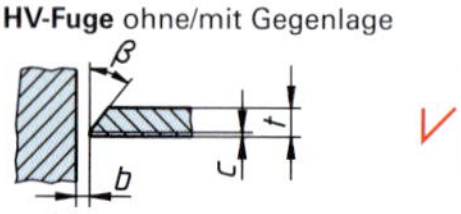	> 3 ≤ 10	≥ 2 ≤ 4	≥ 1 ≤ 2	–	≥ 35 ≤ 60	111 13 141	≥ 4 ≤ 10	≤ 3	≤ 2	–	≥ 50	131
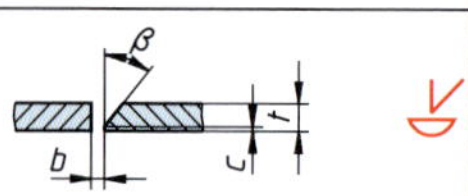	≥ 3 ≤ 30	≥ 1 ≤ 4	≤ 2				≥ 3 ≤ 15	≤ 3	≤ 2	–	≥ 50	131
I-Fuge beidseitig geschweißt 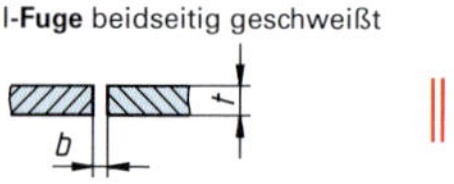	≤ 8	0,5 · t	–	–	–	111 141	≥ 6 ≤ 10	≥ 6 ≤ 8	–	–	–	141
	≤ 15	≤ 0,5 · t 0	– –	– –	– –	13 52						
V-Fuge mit Gegenlage 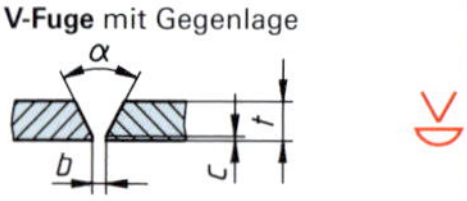	≥ 3 ≤ 40	≤ 3	≤ 2	–	60	111 141	–	–	–	–	–	–
					≥ 40 ≤ 60	13						
Y-Fuge mit Gegenlage 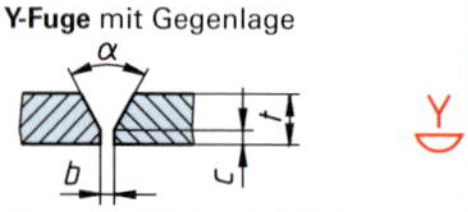	> 10	≥ 1 ≤ 3	≥ 2 ≤ 4	–	60	111 141	≥ 6 ≤ 15	≤ 3	≥ 2 ≤ 4	–	≥ 60	131 141
					≥ 40 ≤ 60	13						
DV-Fuge (Doppel-V-, X-Fuge) 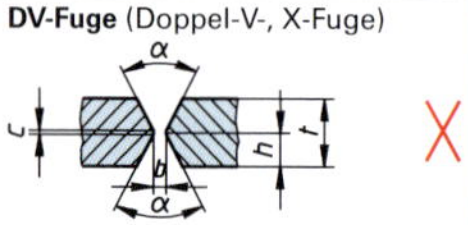	> 10	≥ 1 ≤ 3	≤ 2	0,5 · t	60	111 141	≥ 6 ≤ 15	≤ 3	≤ 2	–	≥ 60	141
					≥ 40 ≤ 60	13	> 15	≤ 3	≤ 2	–	≥ 70	131
DY-Fuge (Doppel-Y-) 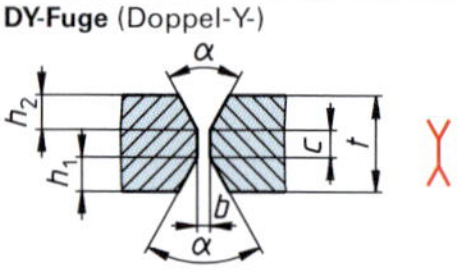	> 10	≥ 1 ≤ 4	≥ 2 ≤ 6	$h_1 = h_2$ $\frac{t-c}{2}$	60	111 141	≥ 6 ≤ 15	≤ 1	≥ 2 ≤ 4	$h_1 = h_2$	≥ 60	141
					≥ 40 ≤ 60	13	> 15	≥ 1	≥ 2 ≤ 6	$h_1 = h_2$	≥ 60 ≤ 70	131
DHV-Fuge (Doppel-HV-, K-Fuge) 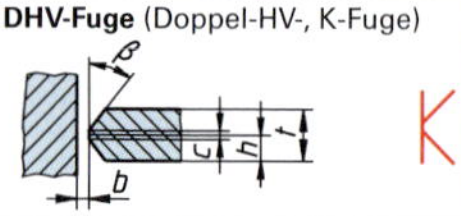	> 10	≥ 1 ≤ 4	≤ 2	0,5 · t oder 0,33 · t	≥ 35 ≤ 60	111 13 141	≥ 8	≤ 2	≤ 2	≥ 8	≥ 50	131 141

[1] Schweißnahtformen siehe Kapitel Technische Kommunikation – Symbole.
[2] Schweißverfahren Ordnungsnummern DIN EN ISO 4063 siehe F 94.

Fügen durch Schweißen

Schweißgutmasse m, Elektrodenzahl n, Schweißhauptzeit t_h

$$m = A \cdot l \cdot \varphi (1 + x) \qquad n = \frac{m}{m_E} \qquad m_E = \frac{\pi \cdot d^2}{4} \cdot l_E \cdot \varphi \cdot \frac{R_E}{100\,\%} \qquad t_h = \frac{m}{\dot{m}}$$

m	in g	Schweißgutmasse
$\dot{m}$	in g/h	Abschmelzleistung
m_E	in g	nutzbare Elektroden- bzw. Schweißstababschmelzmasse
A	in cm²	Schweißnahtquerschnitt ohne Nahtüberhöhung
x	–	Zuschlag für Nahtüberhöhung
n	–	Zahl der benötigten Schweißstäbe bzw. Elektroden
d	in cm	Elektroden- bzw. Schweißstabdurchmesser ohne Umhüllung
t_h	in h	Schweißhauptzeit
φ	in g/cm³	Schweißgutdichte; rechnen mit 7,85 g/cm³ bei Stahl
l	in cm	Schweißnahtlänge
l_E	in cm	ausnutzbare Stablänge; von der Nennlänge (siehe F92) sind ≈5 cm als Abfallstummel abzuziehen
R_E	in %	Ausbringen; für Standardelektroden sind 90 … 95 % anzunehmen, Kennziffer 1 und 2 mit RE ≤ 105 % (siehe Stabelektroden F96)

Nahtquerschnitte (ohne Nahtüberhöhung)

I-Naht	V-Naht (α = 60°)	X-Naht (α = 60°)	U-Naht (β = 8…12°)
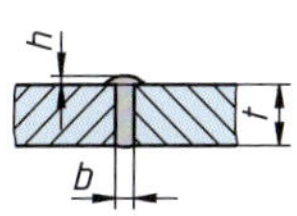	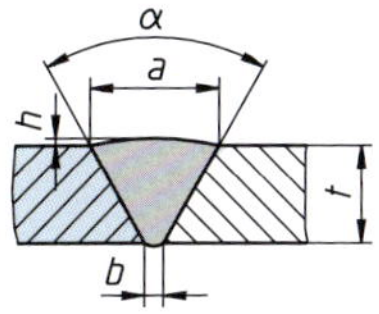	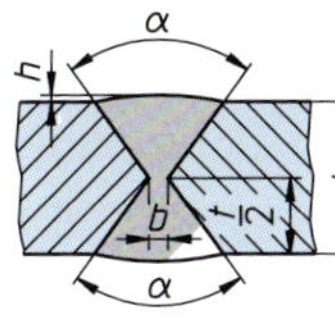	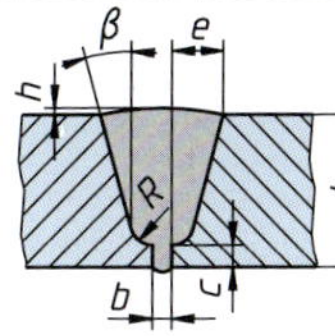 R ≈ 6
$A = b \cdot t$	$A = b \cdot t + t^2 \cdot \tan\frac{\alpha}{2}$	$A = b \cdot t + 0{,}5 \cdot t^2 \cdot \tan\frac{\alpha}{2}$	$A = b \cdot t + (e + R)(t - (c + R)) + \frac{\pi \cdot R^2}{2}$

Nahtüberhöhungszuschlagswert x für Schweißgutmasse m

h mm	t=3,0 b=1,5 mm	t=6,0 b=2,5 mm	h mm	t=10 b=2,0 mm	t=15 b=2,0 mm	h mm	t=20 b=2,0 mm	t=30 b=3,0 mm	h mm	c = 2,0 t = 30 b = 3,0 e ≈ 10 mm	c = 2,0 t = 45 b = 3,0 e ≈ 12 mm
0,5	0,45	0,19	**1,5**	0,17	0,12	**1,0**	0,115	0,11	**1,0**	0,035	0,025
1,0	0,70	0,37	**2,0**	0,23	0,16	**2,5**	0,13	0,12	**1,5**	0,05	0,035
1,5	1,35	0,57	**2,5**	0,30	0,20				**2,0**	0,065	0,055

Kehlnaht

bei α = 90°:

$A = a^2$

bei beliebigen Winkeln

$A = a^2 \cdot \tan\frac{\alpha}{2}$

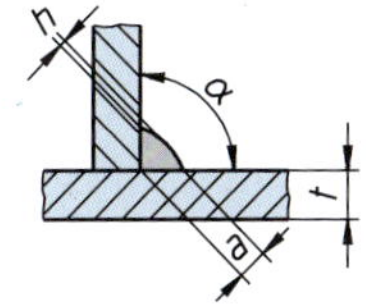

Nahtüberhöhungszuschlag x bei α = 90°

h \ a	3	4	6	8
0,5	0,23	0,19	0,12	0,085
1,0	0,45	0,33	0,23	0,17
1,5	0,67	0,50	0,34	0,25

Abschmelzleistung $\dot{m}$ beim Lichtbogenhandschweißen

Elektroden Beispiele DIN EN ISO 2560	Mitteldick umhüllt Ausbringen ≤ 105 % E 38 0 RC 11			Dick umhüllt Ausbringen ≤ 105 % E 42 0 RR12; E 38 2 B 12 H 10			Hochleistungstyp Ausbringen > 160 % E 38 0 RR 73		
Elektroden-∅ d in mm	**3,25**	**4**	**5**	**3,25**	**4**	**5**	**3,25**	**4**	
$\dot{m}$ in g/h	620 … 1100	1300 … 1700	1800 … 2300	700 … 1300	1000 … 2000	2000 … 2600	1250 … 1900	1750 … 2600	

Abschmelzleistung abhängig von Stromstärke und Schweißposition.

Abschmelzleistung $\dot{m}$ beim Schutzgasschweißen

Verfahren Drahtdurchmesser d in mm	WIG 1,2	1,6	2,4	MAG 1,2	1,6	2,4
$\dot{m}$ in g/h	2200 … 3800	2800 … 5000	4000 … 6800	2400 … 7500	2800 … 10000	4000 … 12000

Fügen durch Löten

Zuordnung Lot-Grundwerkstoff[1)]

Hartlote nach DIN EN ISO 3677 : 2016-12	DIN EN ISO 17672 : 2017-01	Stahl, chromfrei	Stahl, hochlegiert	Hartmetall, HSS	GJL,GJS, GJMW, GJMB	Cu	Cu – Zn – Legierung	Cu – Sn – Legierung	Cu – Ni – Zn – Legierung	Ni,Ni – Legierung	Al	Löttemperatur in °C
B-Cu100-1083	Cu110	×	×	×								>1100
B-Cu88Sn-825/990	Cu925									×		>990
B-Cu59Zn-870/890	Cu671	×			×	×				×		>900
B-Cu60Zn-870/900	Cu670	×		×	×	×		×		×		>900
B-Zn58Cu-835/845		×			×				×			>845
B-Cu54Zn-880/890		×			×	×			×			>890
B-Cu48ZnNi-890/920	Cu773	×		×	×				×	×		>950
B-Cu94P-710/890	CuP179					×	×	×				>760
B-Cu93P-710/820	CuP180					×	×	×	×			>730
B-Cu92P-710/770	CuP182					×	×	×	×			>720
B-Cu55ZnAg-820/870	Ag205	×	×		×	×			×	×		>860
B-Cu48ZnAg(Si)-800/830	Ag212	×			×	×				×		>830
B-Cu50ZnAgCd-620/825	CuP284	×			×	×			×			>800
B-Cu80AgP-645/800			×			×			×			>710
B-Cu41ZnAg-700/800			×		×	×				×		>780
B-Ag30CuCdZn-600/690	Ag330	×			×	×		×	×	×		>680
B-Ag40ZnCdCu-595/630	Ag340	×	×			×	×			×		>640
B-Ag44CuZn-675/735	Ag244	×	×		×	×				×		>730
B-Ag49ZnCuMnNi-680/705	Ag449	×		×		×						>690
B-Ag50CdZnCuNi-635/655	Ag351	×	×	×			×	×				>660
B-Ag56CuZnSn-620/655	Ag156	×	×			×			×	×		>650
B-Ag64CuZn-690/720				nur für Edelmetalle								>720
B-Ag67ZnCuCd-635/720				nur für Edelmetalle								>710
B-Ag72Cu-780	Ag272	×				×						>780
B-Ag85Mn-960/970	Ag485	×								×		>960
B-Al88Si-575/585	Al112									×	×	>600

Weichlote nach DIN EN ISO 9453 : 2021-01 DIN 1707-100 : 2017-10	Sn, Sn – Leg.	Zn, Zn – Leg.	Stahl, chromfrei	Stahl, hochlegiert	Hartmetall, HSS	GJL,GJS, GJMW, GJMB	Cu	Cu – Zn – Legierung	Cu – Sn – Legierung	Cu – Ni – Zn – Legierung	Ni,Ni – Legierung	Al	Löttemperatur in °C
S-Sn90Zn10											×		>250
S-Sn60Zn40											×		>340
S-Sn97Cu3										×			>310
S-Sn97Ag3										×			>224
S-Sn95Ag5										×			>240
S-Sn95Sb5							×	×					>240
S-Sn63Pb37			×	×	×	×					×		>183
S-Sn60Pb40			×	×	×	×	×	×			×		>190
S-Sn50Pb32Cd18	×	×							×				>145
S-In52Sn48									×				>118
S-Pb50Sn50P					×		×						>215
S-Bi58Sn42	×								×				>139
S-Pb60Sn40						×		×					>235
S-Cd80Zn20		×										×	>280
S-Cd73Zn22Ag5	×						×					×	>310
Flussmittel zum Weichlöten nach DIN EN 9454-1 : 2016-07	3 3 1	3 1 1;3 3 2	2 1 1,3 1 1; 3 3 1;3 3 2	3 1 1,3 3 1; 3 3 2	3 1 1,3 3 1; 3 3 2	3 1 1,3 3 1; 3 3 2	1 1 2,2 1 2; 3 3 2	3 1 1,3 3 2	3 1 1,3 3 1; 3 3 2	3 1 2	3 1 1,3 3 1; 3 3 2	2 1 3; 3 1 1	Halogenidanteil siehe Anm. 1)

1) siehe Kapitel Werkstofftechnik – Nichteisenmetalle (Schwermetalle, Weichflusslötmittel)

Flussmittel zum Hartlöten von Schwermetallen

DIN EN ISO 18496 : 2021-12

Flussmittel	FH10	FH11	FH12	FH20	FH21	FH30	FH40
Wirktemperatur °C	550 ... 800	550 ... 800	550 ... 850	700 ... 1000	750 ... 1100	>1000	600 ... 1000
Anwendung	Vielzweck	Cu-Al-Leg.	hochleg. St.	Vielzweck	Vielzweck	Cu-, Ni-Lot	borfrei

Flussmittel zum Hartlöten von Leichtmetallen sind **FL10** und **FL20** mit Wirktemperaturen >550 °C.

Verarbeitungs- und Einsatzbedingungen von Metallklebstoffen

Klebstoffart	Aushärtebedingungen Temperatur in °C	Zeit	Anpressdruck	Klebefestigkeit bei 20°C τ_B in N/mm²	Betriebstemperatur max. in °C	Handelsname	Verwendung
Acrylharz	20	1 h…1 d	nein	16…25	20…155	Agomet, Acronol	Metalle (Leicht- und Schwermetalle, untereinander und mit Duroplaste), Glas, Holz
Cyanacrylat	20	1 min	nein	20…25	95	Permabond, Technicoll, Sicomet	Metalle, Kunststoffe, Gummi Merkmal: Schnellkleber
Epoxidharz (EP)	20…120	1 h…5 d	nein	16…35	Kalthärter ≤55 Warmhärter ≤200	Araldit Uhu-plus	Metalle (Al, Mg, Stahl und Legierung), auch mit Holz, Schichtstoffen, Duroplaste, Glas, Keramik, Beton (Stahlschiene auf Betonschwellen) Merkmal: lange Härtezeiten
EP-Polyamidharz	175	60 min	0,5 bar	35…49	80	Versamid	Metalle (Leicht- und Schwermetalle), auch mit Kunststoff
Phenolharz	145…180	5…30 min	8 bar	18…22	80…200	Redux, Porodur	Metalle (Leichtmetalle), auch mit Holz, Gummi, Glas, Keramik, Duroplaste Merkmal: hoher technologischer Aufwand
Phenol-Vinylharzgemisch	145	30 min	0,5 bar	25…30	80…120	Ardux, Hidux	
Polyesterharz (UP)	10…30	1 h…1 d	nein	10…20	80	Vestopal	Metalle, auch mit Duroplasten, Keramik, Glas, Gestein
UP-Epoxidharz	20	≤7 d	nein	16…35	100	Araldit	Metalle (Leicht- und Schwermetalle)
Polyurethanharz	20…105	40 min bis 7 d	1 bar	8…20	80 Warmhärter ≤150	Desmocoll, Desmodur, Macroplast	Metalle untereinander und mit Holz, Glas, Gummi, Schaumstoff Kunststoffe: PA, ABS, PC, PPO, SAN, PF

Genaue Angaben sind den Herstellerunterlagen zu entnehmen.

Klebeflächenvorbehandlung

Entfetten	mit Lösungsmitteldampfbädern, Perchlorethylen, Aceton, Trichlorethan, Methylenchlorid. Spülen mit vollentsalztem Wasser, Trocknen im Wärmeschrank; für untergeordnete Festigkeiten.
Aufrauen	durch Bürsten, Schmirgeln, Strahlen; Rautiefen bis 30 µm gewünscht; Entstauben, Spülen, Trocknen; für Konstruktionsklebungen, bei allen Metallen außer Leichtmetallen gute Ergebnisse.
Beizen	für Al und Al-Legierungen, Ti; dünnwandige labile Werkstücke und Hohlkörper, die nicht mechanisch bearbeitbar sind; Beize aus Schwefelsäure (27,5 Gew.-%), Natriumdichromat (7,5 Gew.-%), Rest Wasser (65 Gew.-%); Beizen 30 min bei 60 bis 65 °C.

Konstruktionsbeispiele

Blechverbindungen

	gute Festigkeit, bei dünnen Querschnitten
	gute Festigkeit, bei dickeren Querschnitten
	gute Festigkeit, nur für größere Blechdicken
	höhere Festigkeit, Nachteil: keine glatte Verbindung

Eckverbindungen

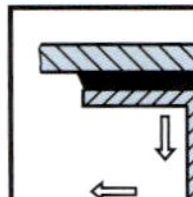 ungünstig	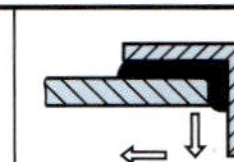 gut
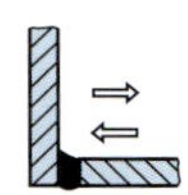 ungünstig	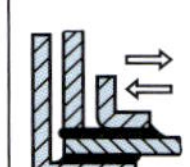 gut

Rohrverbindungen

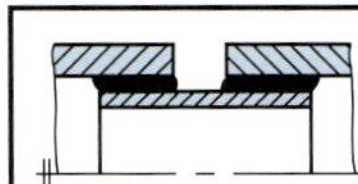

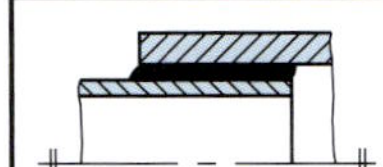

Fügen durch Nieten

Nietberechnung

Abscherspannung im Nietschaft

$$\tau_a = \frac{F}{S \cdot m \cdot n} \le \tau_{a\,zul}$$

Lochleibungsdruck

$$\sigma_L = \frac{F}{d_L \cdot t_{min} \cdot n} \le \sigma_{L\,zul}$$

Nietanzahl

$$n \ge \frac{F}{\tau_{a\,zul} \cdot S \cdot m} \qquad n \ge \frac{F}{\sigma_{L\,zul} \cdot d_L \cdot t_{min}}$$

Die Nietanzahl ist auf beide Arten nachzurechnen, das höhere Ergebnis ist zu wählen und auf eine ganze Zahl aufzurunden.

τ_a	in $\frac{N}{mm^2}$	Abscherspannung
F	in N	Längs- oder Scherkraft auf die Nietverbindung
S	in mm^2	Querschnittsfläche eines geschlagenen Niete $S = d_L^2 \cdot \pi/4$
n		Anzahl der Niete
m		Schnittigkeit, Zahl der Scherfugen
σ_L	in $\frac{N}{mm^2}$	Lochleibungsdruck
d	in mm	Nietschaftdurchmesser
d_L	in mm	Lochdurchmesser gleich Durchmesser des geschlagenen Nietes Lochspiel ≤0,3 mm
l_K	in mm	Klemmlänge $\le 4{,}5 \cdot d$
t_{min}	in mm	bei einschnittiger Nietverbindung die dünnere Blechdicke, bei mehrschnittiger die kleinste Summe der Blechdicken mit in gleicher Richtung wirkendem Lochleibungsdruck

Nietdurchmesser

$$d = \sqrt{50\,t} - 2\text{ mm}$$

Für die Dicke t ist das dünnste der an der Verbindung beteiligten Bleche bzw. Teile einzusetzen.

Rohnietlängen

Halbrundschließkopf	Senkkopf	Linsensenkkopf
$l = 1{,}1 \cdot l_k + 1{,}3 \cdot d$	$l = 1{,}1 \cdot l_k + 0{,}5 \cdot d$	$l = 1{,}1 \cdot l_k + 0{,}7 \cdot d$

Zulässige Spannungen für Nietwerkstoffe bei statischer Belastung

DIN EN 1993-1-1 : 2010-12, DIN EN 1999-1-1/A : 2021-03

Verwendung		Stahlbau DIN EN 1993-1-1					Kranbau DIN EN 1999-1-1	
Spannungen \ Nietwerkstoff		U St36	R St38	S 275 R St44	EN AW-6082 AlMgSi1	EN AW-5019 AlMg5	U St36	S 275 R St44
σ_L zul	in N/mm^2	320	460	480	160		210	315
τ_a zul	in N/mm^2	140	200	210	50	65	84	126
R_e	in N/mm^2	205	225	275	110[1]	110[1]	205	275

[1] Die Werte sind abhängig vom Aushärtezustand

Weitere Nietwerkstoffe können vereinbart werden. Beim Lochleibungsdruck ist mit dem Blechwerkstoff zu rechnen, wenn dessen Festigkeit unter dem des Nietwerkstoffs liegt. Bei fehlenden Werten kann im Stahlbau angenähert gerechnet werden:

einschnittig $\tau_{a\,zul} \approx 0{,}6 \cdot \sigma_{zul}$; $\sigma_{L\,zul} \approx 1{,}5 \cdot \sigma_{zul}$

mehrschnittig $\tau_{a\,zul} \approx 0{,}8 \cdot \sigma_{zul}$; $\sigma_{L\,zul} \approx 2{,}0 \cdot \sigma_{zul}$ (im Kranbau 2,5)

Rand- und Lochabstände beim Nieten

Verwendung	Stahlbau DIN EN 1993-1-1				Al-Konstruktionen DIN EN 1999-1-1/A	
Abstand	mindestens	maximal		günstig	mindestens	maximal
p_1	2,2 d_L	6 d_L	12 t	3,5 d_L	3,0 d_L	15 t
e_1	1,2 d_L	3 d_L	6 t	3,0 d_L	2,0 d_L	10 t
e_2	1,2 d_L	3 d_L	6 t	1,5 d_L	1,5 d_L	10 t
p_2	2,4 d_L	6 d_L	12 t	3,0 d_L	3,0 d_L	15 t

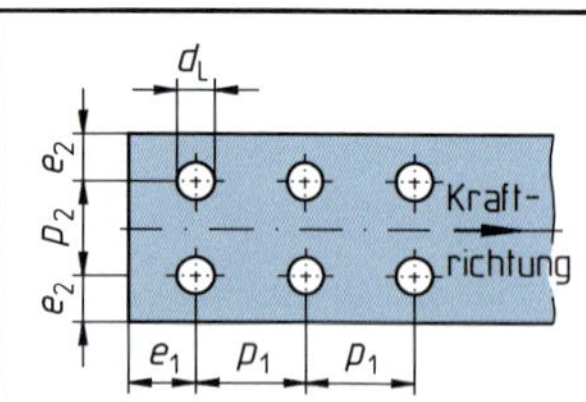

Die Dicke t ist das dünnste der außen liegenden Bleche bzw. Teile. In Kraftrichtung sind mindestens 2, maximal 8 Niete hintereinander anzuordnen. Die günstigsten Abstände beziehen sich auf die Beanspruchung auf Leibungsdruck, der Werkstoff kann mit den zulässigen Werten ausgenutzt werden; bei den angegebenen Mindestabständen verringern sich die $\sigma_{L\,zul}$-Werte auf die Hälfte. Bei den angegebenen Abstandswerten besteht keine Beulgefahr (Aufwölbung der Bleche zwischen den Nieten beim Biegen). Beim Kranbau gelten andere Werte (DIN EN 13001-3-1).

Qualitätsmanagementsysteme

DIN EN ISO 9000 : 2015-11

Grundlagen und Begriffe

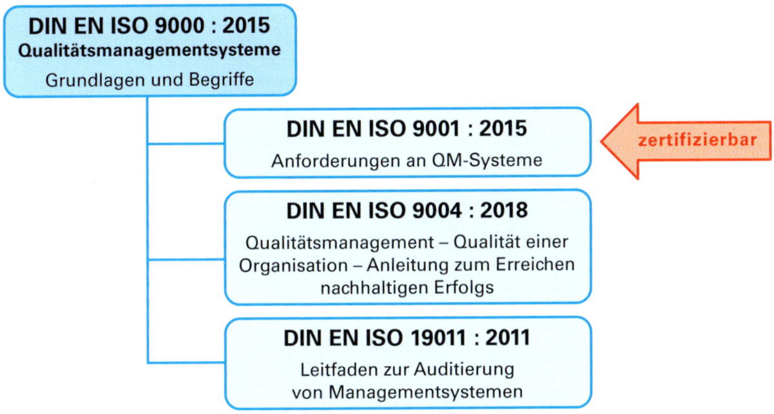

Kernnormen der ISO-9000-Familie

Qualität
Qualität ist der Grad, in dem ein Satz ständig vorhandener Produktmerkmale die Anforderungen erfüllt.

Qualitätsmanagement
Alle aufeinander abgestimmten Tätigkeiten zum Lenken und Leiten einer Organisation bezüglich der Qualität bezeichnet man als Qualitätsmanagement. Dies umfasst üblicherweise:

- **Qualitätspolitik mit Festlegung der Qualitätsziele**
- **Qualitätsplanung**
  Festlegung der anzustrebenden Qualität und der notwendigen Ausführungsprozesse. Da sich die Kosten zur Behebung eines Fehlers von Stufe zu Stufe des Produktionsfortschritts etwa verzehnfachen, kommt der Planungsphase eine hohe Bedeutung zu. Hilfsmittel: Fehlermöglichkeits- und Einflussanalyse (FMEA).

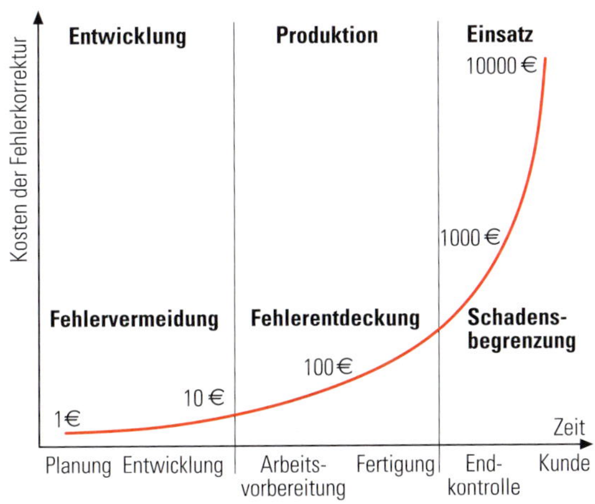

Kostenentwicklung eines Fehlers („Zehnerregel")

Qualitätsmanagement

- **Qualitätslenkung**
  umfasst alle Maßnahmen, die auf die Erfüllung der Qualitätsanforderungen gerichtet sind. Ursachen für Abweichungen: Mensch, Maschine, Material, Methode, Mitwelt, Management, Messbarkeit (7M-Störgrößen).

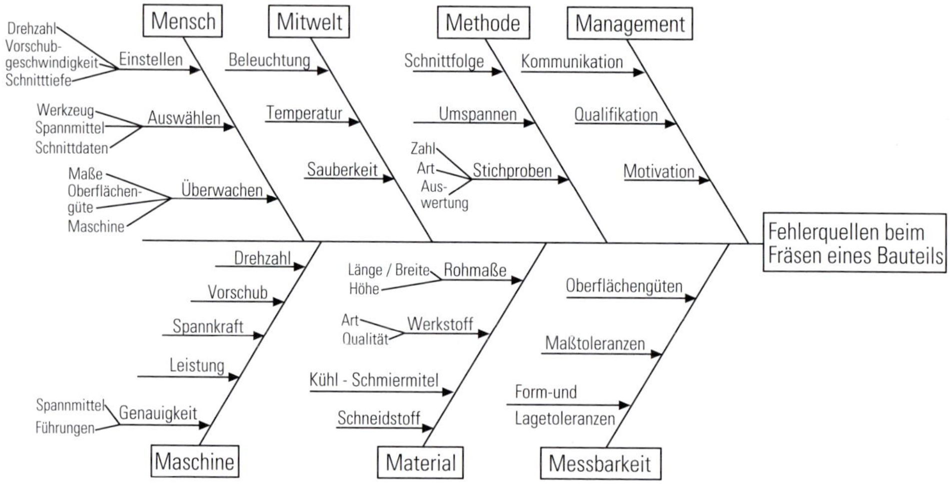

Ishikawa-Diagramm

- **Qualitätssicherung**
  der Teil des Qualitätsmanagements, der auf die Erzeugung von Vertrauen gerichtet ist, dass Qualitätsanforderungen erfüllt werden.
- **Qualitätsverbesserung**
  will die Fähigkeit zur Erfüllung der Qualitätsmanagementsanforderungen erhöhen.

Weitere wichtige Normen

DIN EN ISO 9001 : 2008-12	Anforderungen an Qualitätsmanagementsysteme
DIN EN ISO 9004 : 2000-12	Leitfaden zur Leistungsverbesserung eines Qualitätsmanagementsystems

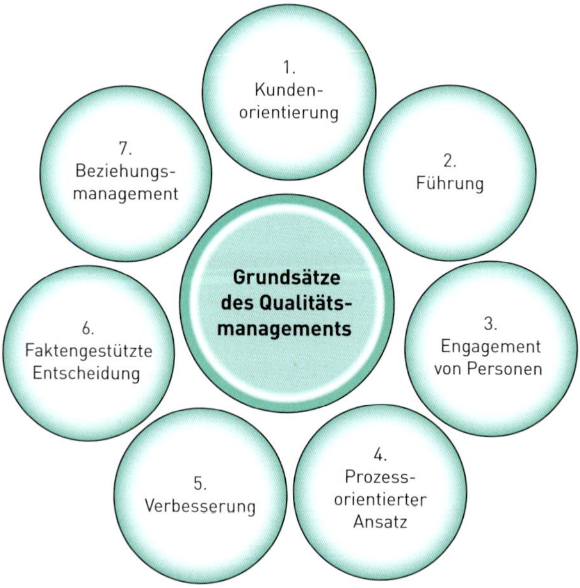

Qualitätsmanagement

Auf der Grundlage von Stichproben kann mithilfe statistischer Methoden der Fertigungsprozess überwacht werden.

Urwertliste

Die Urwertliste erfasst alle z.B. Messwerte in der Reihenfolge ihres Auftretens. Zur besseren Veranschaulichung eignet sich ein Histogramm.

Grundlagen der statistischen Auswertung

DIN 53804 : 2002-04 (zurückgezogen)

Auswertung einer Stichprobe

i	1	2	3	4	5
x_i in mm	20,03	19,90	19,88	20,08	19,93

arithmetischer Mittelwert

$$\bar{x} = \frac{x_1 + x_2 + x_3 \ldots + x_n}{n}$$

Spannweite

$$R = x_{max} - x_{min}$$

- $\bar{x}$ arithmetischer Mittelwert der Stichprobe
- x_i Merkmalswert (Messwert) der Messung Nr. i
- n Stichprobenumfang (Zahl der Messwerte pro Stichprobe)
- x_{max} größter Merkmalswert (Messwert) der Stichprobe
- x_{min} kleinster Merkmalswert (Messwert) der Stichprobe
- R Spannweite (Range) der Stichprobe

Auswertung mehrerer Stichproben

i	1	2	3	4	5
$\bar{x}_i$ in mm	19,98	20,03	19,92	20,06	19,99
R_i in mm	0,18	0,12	0,15	0,16	0,16

Gesamtmittelwert

$$\bar{\bar{x}} = \frac{\bar{x}_1 + \bar{x}_2 + \bar{x}_3 \ldots + \bar{x}_m}{m}$$

Mittlere Spannweite

$$\bar{R} = \frac{R_1 + R_2 + R_3 \ldots + R_m}{m}$$

- $\bar{\bar{x}}$ Gesamtmittelwert aus m Stichproben
- $\bar{x}_i$ Arithmetischer Mittelwert der Stichprobe Nr. i
- m Anzahl der Stichproben
- R_i Spannweite (Range) der Stichprobe Nr. i
- $\bar{R}$ mittlere Spannweite aus m Stichproben

Klassierung von Beobachtungswerten

Enthält eine Stichprobe mehr als 30 Beobachtungswerte, so ist es sinnvoll, die Messwerte zu Klassen zusammenzufassen

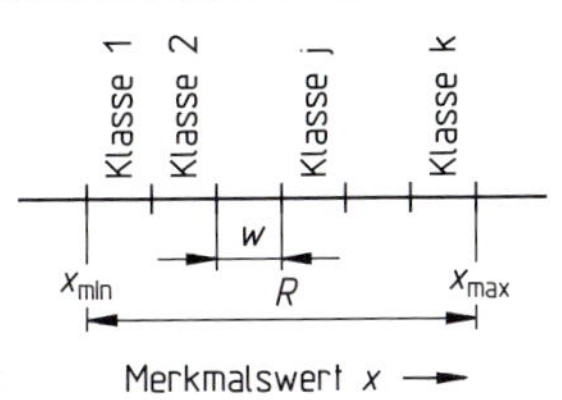

Klassenanzahl

$k = \sqrt{n}$ für $30 < n \leq 400$
$k = 20$ für $n > 400$

Klassenweite

$$w = \frac{R}{k} = \frac{x_{max} - x_{min}}{k}$$

- k Anzahl der Klassen (auf ganze Zahl runden)
- n Stichprobenumfang (Zahl der Messwerte pro Stichprobe)
- w Klassenweite (Klassenbreite) für konstante Breiten (runden)
- x_{max} größter Merkmalswert (Messwert) der Stichprobe
- x_{min} kleinster Merkmalswert (Messwert) der Stichprobe
- R Spannweite (Range) der Stichprobe

Häufigkeitsverteilung

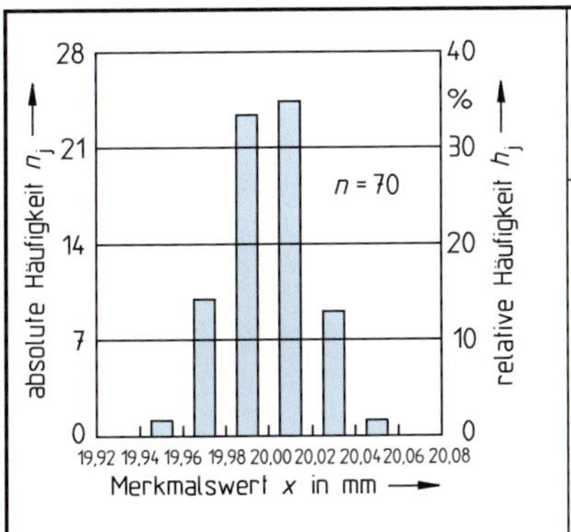

Die Beobachtungswerte (Messwerte) werden den einzelnen Klassen zugeordnet. Werte auf den Klassengrenzen schlägt man der nächsthöheren Klasse zu.
Die absolute oder relative Häufigkeit wird über der mittleren (oberen) Klassengrenze aufgetragen.

Relative Häufigkeit

$$h_j = \frac{n_j}{n} \cdot 100\,\%$$

- j Index für Klassennummer
- h_j relative Häufigkeit (Besetzungszahl)
- n_j absolute Häufigkeit (Besetzungszahl) = Anzahl der Messwerte in der Klasse j
- n Stichprobenumfang (Zahl der Messwerte pro Stichprobe)

Qualitätsmanagement

Normalverteilung (Gaußsche Glockenkurve)

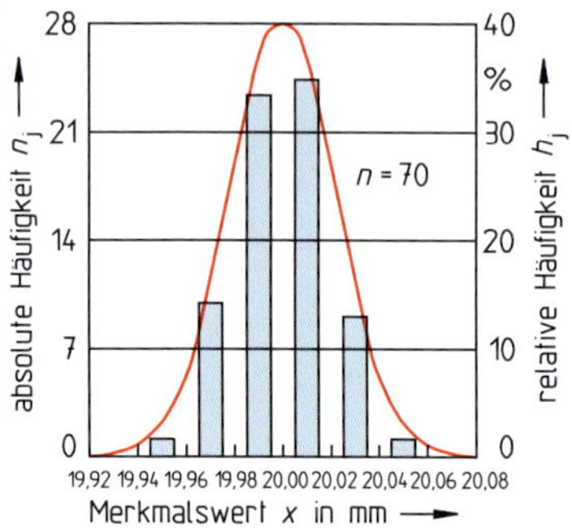

Kann sich für einen Fertigungsprozess die Merkmalsvariable stetig verändern und unterliegt nur zufälligen Einflüssen, so ergibt sich theoretisch als Hüllkurve der Häufigkeitsverteilung die Normalverteilung (Gauß`sche Glockenkurve).

Wahrscheinlichkeit (Probability)

$$P = \frac{Z}{n}$$

- P Wahrscheinlichkeit
- Z Anzahl der Teile mit einem bestimmtem Merkmalswert
- n Stichprobenumfang

Für die Normalverteilung bedeutet dies: Die Wahrscheinlichkeit, einen Merkmalswert im Bereich $\bar{x} \pm 3\,s$ zu erhalten ist 99,73 %.

Standardisierte Normalverteilung

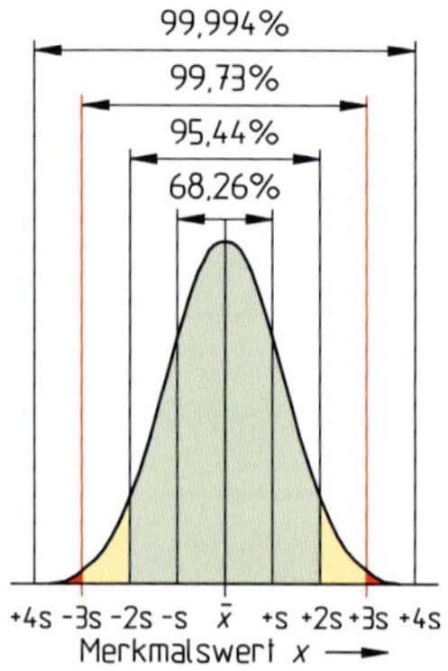

Trägt man die relative Häufigkeit der Beobachtungswerte (Messwerte) nicht über den Klassengrenzen, sondern – ausgehend vom Mittelwert $\bar{x}$ – über der Standardabweichung s auf, so macht man sich von konkreten Zahlenwerten frei und kommt zur standardisierten Normalverteilung.
Der Zahlenwert 99,73 % besagt, dass 99,73 % der Merkmalswerte (Messwerte) im Bereich $\bar{x} \pm 3\,s$ liegen.

Standardabweichung

$$s = \sqrt{\frac{(x_1 - \bar{x})^2 + (x_2 - \bar{x})^2 \ldots + (x_n - \bar{x})^2}{n-1}}$$

- s Standardabweichung; Maß für die Streuung (Abweichung) der Einzelmesswerte vom Mittelwert einer Stichprobe
- x_i Merkmalswert (Messwert) der Messung Nr. i
- $\bar{x}$ arithmetischer Mittelwert der Stichprobe
- n Stichprobenumfang (Zahl der Messwerte pro Stichprobe)

Testen auf Normalverteilung im Wahrscheinlichkeitsnetz

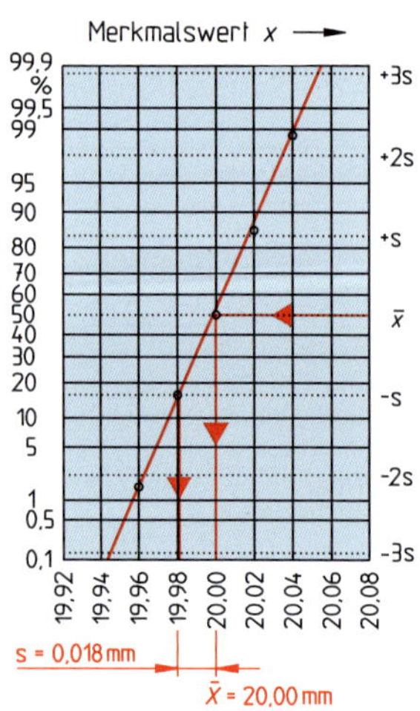

Häufigkeitssummen

$$h_j = \frac{n_j}{n} \cdot 100\,\%$$

$$F_j = h_1 + h_2 + \ldots + h_j$$

- j Index für Klassennummer
- h_j relative Häufigkeit (Besetzungszahl)
- n_j absolute Häufigkeit (Besetzungszahl) = Anzahl der Messwerte in der Klasse j
- n Stichprobenumfang (Zahl der Messwerte pro Stichprobe)
- F_j Summe der relativen Häufigkeiten bis zur Klasse j

Das Wahrscheinlichkeitsnetz hat eine derart verzerrte Ordinatenteilung, dass sich, wenn man die Summe der relativen Häufigkeiten einer Normalverteilung aufträgt, eine Gerade ergibt.
Trägt man also für eine Stichprobe die Summe der relativen Häufigkeiten im Wahrscheinlichkeitsnetz auf und erhält näherungsweise eine Gerade, so ist dies ein Anzeichen dafür, dass eine Normalverteilung vorliegt. Zudem kann man die Kennwerte ($\bar{x}$ und s) der Stichprobe leicht entnehmen.

Statistische Fertigungsüberwachung (kontinuierlich veränderliche Merkmalswerte)

Im Vorlauf wird der Nachweis erbracht, dass die vorgesehene Maschine (Maschinenfähigkeit) und der Prozess (Prozessfähigkeit) hinreichend genaue Teile erbringen.

Maschinenfähigkeit

Die Maschinenfähigkeitsuntersuchung gibt Aufschluss über die Qualitätsfähigkeit der Maschine. Sie ist eine Kurzzeituntersuchung, bei der die Randbedingungen ideal gehalten werden (kein Wechsel von Werkstoffen, Maschinenbedienern, Umwelteinflüssen). Es werden mindestens

$n \times m = 5 \times 10 = 50$ Teile

in kurzem Zeitraum gemessen und ausgewertet. Eingriff erfolgt nur, wenn die Eingriffsgrenzen überschritten werden. Zunächst muss überprüft werden, ob die Werte der Einzelstichprobe normalverteilt sind. (Wahrscheinlichkeitsnetz).

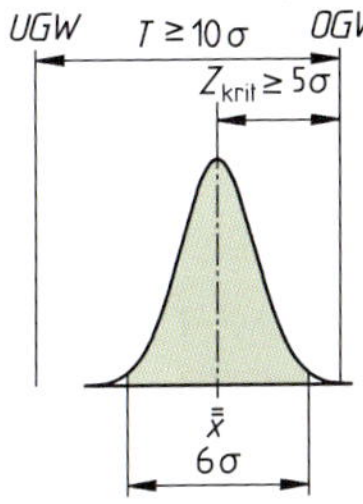

Bei Stichprobenumfang $n = 5$ gilt:

$$\bar{x}_i = \frac{x_1 + x_2 + x_3 + x_4 + x_5}{5}$$

$$\bar{\bar{x}} = \frac{\bar{x}_1 + \bar{x}_2 + \bar{x}_3 \ldots + \bar{x}_m}{m}$$

$$R_i = x_{i\,max} - x_{i\,min}$$

$$\bar{R} = \frac{R_1 + R_2 + R_3 \ldots + R_m}{m}$$

$$\hat{\sigma} = 0{,}43 \cdot \bar{R} \text{ (für } n = 5)$$

$$C_m = \frac{T}{6 \cdot \hat{\sigma}} = \frac{OGW - UGW}{6 \cdot \hat{\sigma}}$$

$$C_m \geq \mathbf{1{,}67}$$

$$Z_{krit} = OGW - \bar{x} \text{ bzw. } \bar{x} - UGW$$

$$C_{mk} = \frac{Z_{krit}}{3 \cdot \hat{\sigma}} \geq \mathbf{1{,}67}$$

$\bar{x}_i$	arithmetischer Mittelwert der Stichprobe Nr. *i* (siehe Seite F113)
$\bar{\bar{x}}$	Gesamtmittelwert aus *m* Stichproben
m	Anzahl der Stichproben
R_i	Spannweite (Range) der Stichprobe Nr. *i*
$x_{i\,max}$	größter Merkmalswert (Messwert) der Stichprobe *i*
$x_{i\,min}$	kleinster Merkmalswert (Messwert) der Stichprobe *i*
$\bar{R}$	mittlere Spannweite aus *m* Stichproben
$\hat{\sigma}$	Schätzwert für die Standardabweichung
C_m	Maschinenfähigkeit
OGW	Oberer Grenzwert
UGW	Unterer Grenzwert
Z_{krit}	kleinster Abstand zwischen Gesamtmittelwert $\bar{x}$ und den Toleranzgrenzen *OGW* bzw. *UGW*
C_{mk}	kritische Maschinenfähigkeit

Prozessfähigkeit (Serie)

Die Prozessfähigkeitsuntersuchung ist eine Langzeituntersuchung mit realen Randbedingungen. Es werden mindestens $m = 25$ Stichproben mit einem Stichprobenumfang $n = 5$, also mindestens

$n \times m = 5 \times 25 = 125$ Teile

gemessen und ausgewertet. Zunächst muss auch hier die Normalverteilung der Messwerte nachgewiesen werden (Wahrscheinlichkeitsnetz).

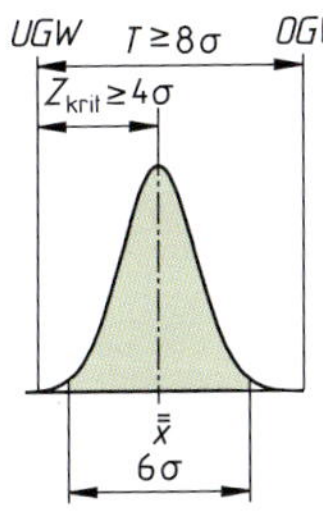

Bei Stichprobenumfang $n = 5$ gilt:

$$\bar{x}_i = \frac{x_1 + x_2 + x_3 + x_4 + x_5}{5}$$

$$\bar{\bar{x}} = \frac{\bar{x}_1 + \bar{x}_2 + \bar{x}_3 \ldots + \bar{x}_m}{m}$$

$$R_i = x_{i\,max} - x_{i\,min}$$

$$\bar{R} = \frac{R_1 + R_2 + R_3 \ldots + R_m}{m}$$

$$\hat{\sigma} = 0{,}43 \cdot \bar{R} \text{ (für } n = 5)$$

$$C_p = \frac{T}{6 \cdot \hat{\sigma}} = \frac{OGW - UGW}{6 \cdot \hat{\sigma}}$$

$$C_p \geq \mathbf{1{,}33}$$

$$Z_{krit} = OGW - \bar{x} \text{ bzw. } \bar{x} - UGW$$

$$C_{pk} = \frac{Z_{krit}}{3 \cdot \hat{\sigma}} \geq \mathbf{1{,}33}$$

$\bar{x}_i$	arithmetischer Mittelwert der Stichprobe Nr. *i* (siehe Seite F 113)
$\bar{\bar{x}}$	Gesamtmittelwert aus *m* Stichproben
m	Anzahl der Stichproben
R_i	Spannweite (Range) der Stichprobe Nr. *i*
$x_{i\,max}$	größter Merkmalswert (Messwert) der Stichprobe *i*
$x_{i\,min}$	kleinster Merkmalswert (Messwert) der Stichprobe *i*
$\bar{R}$	mittlere Spannweite aus *m* Stichproben
$\hat{\sigma}$	Schätzwert für die Standardabweichung
C_p	Prozessfähigkeit
OGW	Oberer Grenzwert
UGW	Unterer Grenzwert
Z_{krit}	kleinster Abstand zwischen Gesamtmittelwert $\bar{x}$ und den Toleranzgrenzen *OGW* bzw. *UGW*
C_{pk}	kritische Prozessfähigkeit

Bewertung	$C_p < 1{,}33$ bzw. $C_m < 1{,}67$	$C_p \geq 1{,}33$ bzw. $C_m \geq 1{,}67$
$C_k < 1{,}33$	Streuung verkleinern, ggf. zentrieren	zentrieren
$C_k \geq 1{,}33$	Streuung verkleinern	Maschine bzw. Prozess fähig

Qualitätsmanagement

Statistische Prozessregelung (SPC)

Voraussetzung: Normalverteilter, fähiger Prozess.
Der Vorlauf liefert $\bar{x}_{Vorlauf}$ und $\bar{s}_{Vorlauf}$ bzw. $\bar{R}_{Vorlauf}$.

Aus dem laufenden Fertigungsprozess werden regelmäßig Stichproben gleichen Umfangs entnommen. Abweichungen werden so rechtzeitig erkannt, dass korrigierend eingegriffen werden kann, bevor Fehler entstehen (Nullfehler-Strategie).

Qualitätsregelkarten (QRK) für kontinuierliche Merkmale

Kennwerte:

OGW	oberer Grenzwert	***OEG***	obere Eingriffsgrenze	***OWG***	obere Warngrenze
UGW	unterer Grenzwert	***UEG***	untere Eingriffsgrenze	***UWG***	untere Warngrenze
M	Mittelwert				

Urwertkarte

- Messwerte werden direkt eingetragen (keine Berechnung nötig!), aber geringe Aussagekraft
- sinnvoll als Regelkarte für $c_p \geq 2$
- häufig verwendet, um in einem Vorlauf die Maschinen- und Prozessfähigkeit nachzuweisen

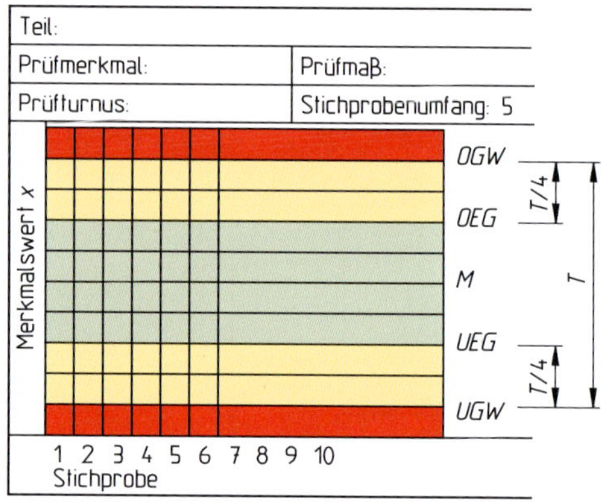

Mittelwert-Standardabweichungskarte ($\bar{x}$-s-Shewhart-Karte)

- Zweispurige Karte von höchster Aussagekraft
- Bei Stichprobenumfang $n = 5$ gilt:

Mittelwertspur:

$OEG = \bar{x}_{Vorlauf} + 1{,}151 \cdot \bar{s}_{Vorlauf}$

$OWG = \bar{x}_{Vorlauf} + 0{,}877 \cdot \bar{s}_{Vorlauf}$

$M = \bar{x}_{Vorlauf}$

$UWG = \bar{x}_{Vorlauf} - 0{,}877 \cdot \bar{s}_{Vorlauf}$

$UEG = \bar{x}_{Vorlauf} - 1{,}151 \cdot \bar{s}_{Vorlauf}$

Eintrag für jede Stichprobe: (siehe Seite F 113)

$$\bar{x}_i = \frac{x_1 + x_2 + x_3 + x_4 + x_5}{5}$$

Standardabweichungsspur:

$OEG = 2{,}05 \cdot \bar{s}_{Vorlauf}$

$UEG = 0{,}241 \cdot \bar{s}_{Vorlauf}$

$OWG = 1{,}776 \cdot \bar{s}_{Vorlauf}$

$UWG = 0{,}370 \cdot \bar{s}_{Vorlauf}$

Eintrag für jede Stichprobe: (siehe Seite F 114)

$$s_i = \sqrt{\frac{(x_1 - \bar{x}_i)^2 + (x_2 - \bar{x}_i)^2 \ldots + (x_5 - \bar{x}_i)^2}{4}}$$

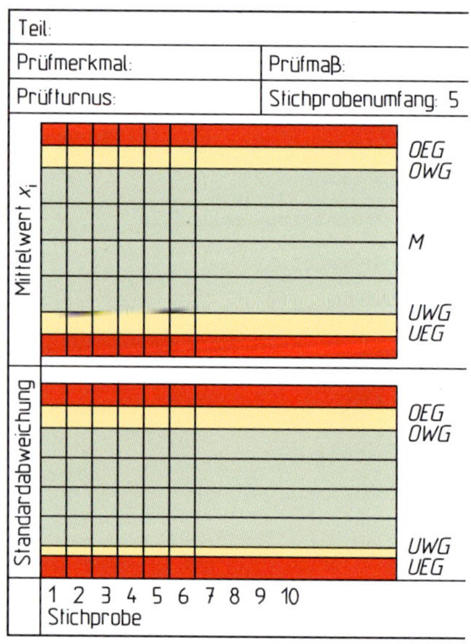

Qualitätsregelkarten (QRK) für kontinuierliche Merkmale (Fortsetzung)
Mittelwert-Spannweitenkarte ($\bar{x}$-R-Shewhart-Karte)

- Zweispurige Karte von hoher Aussagekraft
- Bei Stichprobenumfang $n = 5$ gilt:

Mittelwertspur:

$$OEG = \bar{\bar{x}}_{Vorlauf} + 0{,}495 \cdot \bar{R}_{Vorlauf}$$
$$OWG = \bar{\bar{x}}_{Vorlauf} + 0{,}377 \cdot \bar{R}_{Vorlauf}$$
$$M = \bar{\bar{x}}_{Vorlauf}$$
$$UWG = \bar{\bar{x}}_{Vorlauf} - 0{,}377 \cdot \bar{R}_{Vorlauf}$$
$$UEG = \bar{\bar{x}}_{Vorlauf} - 0{,}495 \cdot \bar{R}_{Vorlauf}$$

Eintrag für jede Stichprobe: (siehe Seite F 113)

$$\bar{x}_i = \frac{x_1 + x_2 + x_3 + x_4 + x_5}{5}$$

Spannweitenspur:

$$OEG = 2{,}1 \cdot \bar{R}_{Vorlauf}$$
$$OWG = 1{,}804 \cdot \bar{R}_{Vorlauf}$$
$$UWG = 0{,}365 \cdot \bar{R}_{Vorlauf}$$
$$UEG = 0{,}239 \cdot \bar{R}_{Vorlauf}$$

Eintrag für jede Stichprobe: (siehe Seite F 113)

$$R_i = x_{max} - x_{min}$$

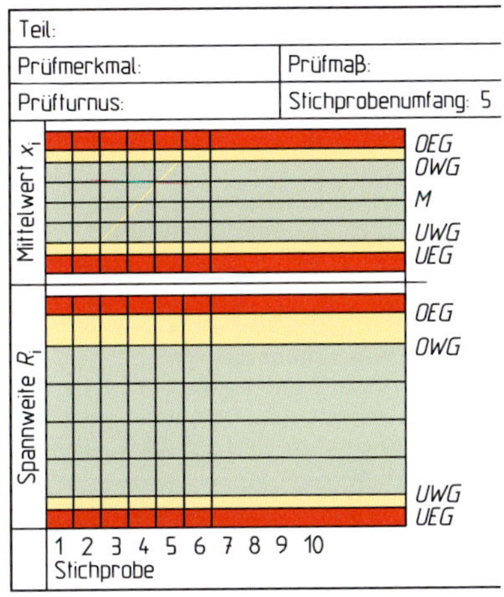

Prozessregelung mit Qualitätsregelkarten (QRK)

Natürlicher Verlauf	Werte nahe den Eingriffsgrenzen	Eingriffsgrenze über- oder unterschritten	Run
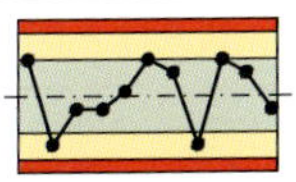 alle Werte innerhalb der Eingriffsgrenzen 2/3 der Werte im Bereich ±s kein Eingriff	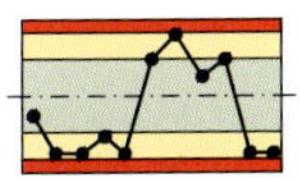 verschärft beobachten umgehend weitere Stichprobe entnehmen Falls unverändert, Prozess korrigieren	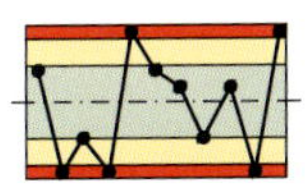 Maschine nachstellen 100%-Prüfung der seit der letzten Stichprobe gefertigten Teile	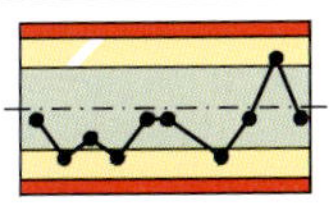 7 aufeinander folgende Werte ober-/unterhalb der Toleranzmitte Prozess unterbrechen Ursache, z. B. Werkzeugverschleiß, beheben
Trend fallend	**Trend steigend**	**Middle Third**	**Perioden**
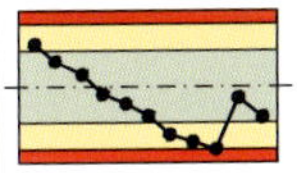 7 aufeinander folgende Werte steigend oder fallend Prozess unterbrechen Ursache, z. B. Werkzeugverschleiß beheben	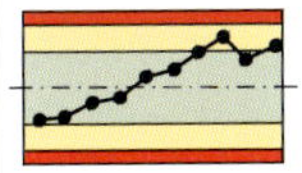	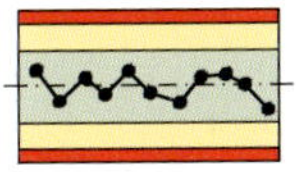 mindestens 15 Werte hintereinander im Bereich ±s Prüfergebnisse prüfen ggf. Prozessverbesserung nutzen	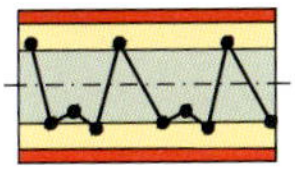 Wertefolge periodisch Ursache, z. B. systematische Datenaufteilung, ergründen

Fehlersammelkarte

Teil:
Prüfturnus:
Stichprobenumfang:

Fehler						Häufigkeit absolut	Häufigkeit relativ
Grat	2		1	2		5	25 %
Lackfehlstelle		1	1		2	4	20 %
Staubeinschluss			1			1	5 %
Schlieren		2				2	10 %
Kratzer	1	2	2		2	7	35 %
Farbabweichung					1	1	5 %
Stichprobe	1	2	3	4	5	20	100 %

Fehlersammelkarten dienen der Erfassung fehlerhafter Einheiten (z. B. Werkstücke, Baugruppen). Es werden die Fehlerarten und ihre Häufigkeit abgebildet.

Qualitätsmanagement

Pareto-Diagramm

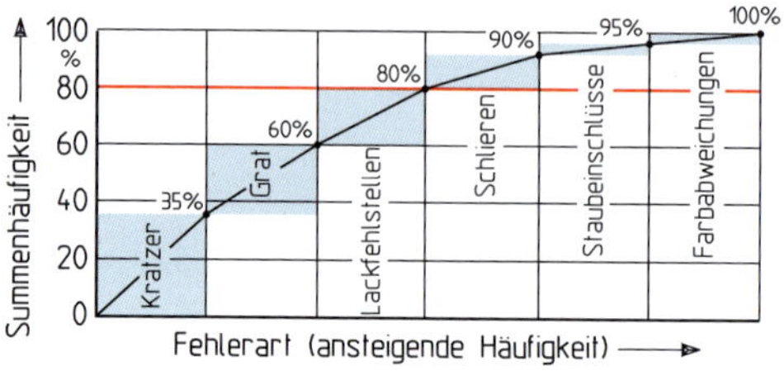

Die Ursachen der Fehler mit den größten Häufigkeiten bis zu einer Häufigkeitssumme von ca. 80 % (hier Kratzer 35 % + Grat 25 % + Lackfehlstellen 20 % = 80 %) sind sofort zu beheben.

Annahmestichprobenprüfung

DIN ISO 2859-1 : 2014-08

Stichprobenumfang *n* (Auszug)

Der Umfang der zu entnehmenden Stichproben hängt vom vereinbarten Prüfniveau ab. Je höher die Prüfniveaukennzahl, desto schärfer die Trennbedingung; üblich ist das Prüfniveau II. Anhand der Fehler der repräsentativ entnommenen Stichprobe wird auf die Qualität der Gesamtlieferung geschlossen.

Prüf-niveau	Gesamtzahl der Einheiten (Lieferumfang) N										
	2… 8	9… 15	16… 25	26… 50	51… 90	91… 150	151… 280	281… 500	501… 1200	1201… 3200	3201… 10000
I	2	2	3	5	5	8	13	20	32	50	80
II	2	3	5	8	13	20	32	50	80	125	200
III	3	5	8	13	20	32	50	80	125	200	315

In den Spalten kann gemäß dem geforderten Prüfniveau der Stichprobenumfang *n* abgelesen werden.

Annehmbare Qualitätsgrenzlage (Einfach-Stichproben für normale Prüfung, Auszug)

Die „Annehmbare Qualitätsgrenzlage" (AQL) gibt den maximalen Anteil fehlerhafter Einheiten bzw. die maximale Fehleranzahl pro 100 gelieferte Einheiten an, die vom Abnehmer noch akzeptiert werden muss. Wird dieser Wert überschritten, so ist die Lieferung zurückzuweisen.

Annahmezahl A_c = statistisch ermittelte maximal zulässige Fehlerzahl der für den konkreten Stichprobenumfang *n*. Ist die Anzahl der gefundenen Fehler bzw. der fehlerhaften Einheiten $d \leq$ der Annahmezahl A_c, wird die Lieferung angenommen.

AQL	Stichprobenumfang *n* (Auszug)								
0,065	≤315	316…800	801…1250	1251…2000	1251…2000	1251…2000			
0,10	≤200	201…500	501…800	801…1250	801…1250				
0,15	≤125	126…315	316…500	501…800					
0,25	≤ 80	81…200	201…315	316…500	501…800	801…1250	1251…2000	1251…2000	1251…2000
0,40	≤ 50	51…125	126…200	201…315	316…500	501…800	801…1250	801…1250	
0,65	≤ 32	33…80	81…125	126…200	201…315	316…500	501…800		
1,0	≤ 20	21…50	51…80	81…125	126…200	201…315	316…500	501…800	>801
1,5	≤ 13	14…32	33…50	51…80	81…125	126…200	201…315	316…500	>501
2,5	≤ 8	9…20	21…32	33…50	51…80	81…125	126…200	201…315	>316
4,0	≤ 5	6…13	14…20	21…32	33…50	51…80	81…125	126…200	>201
6,5	≤ 3	4…8	9…13	14…20	21…32	33…50	51…80	81…125	>126
10,0	–	≤5	6…8	9…13	14…20	21…32	33…50	51…80	> 81
A_c	0	1	2	3	5	7	10	14	21

In den Spalten kann gemäß dem geforderten Prüfniveau der Stichprobenumfang n abgelesen werden.

Beispiel: Lieferumfang $N = 30$, Prüfniveau II ergibt Stichprobenumfang $n = 8$
AQL-Vorgabe 1,0
daraus folgt: Maximale Fehleranzahl $A_c = 0$

STEUERUNGS- UND REGELUNGSTECHNIK

Grundlagen der Steuerungstechnik

Schaltzeichen der Fluidtechnik

DIN ISO 1219-1 : 2019-01

Funktionssymbole

Hydrostrom

Luftstrom

Anzeige der Richtung

Anzeige der Drehrichtung

Anzeige einer Verstellbarkeit

Energieübertragung

Hydraulik-Energiequelle

Pneumatik-Energiequelle

Elektromotor

nichtelektrischer Antrieb, Motor

Welle, Stange

Kupplung für Wellen

Arbeitsleitung Rücklaufleitung

Steuerleitung oder und Leckölleitung

flexible Leitung

elektrische Leitung

Druckschalter (pneumatisch)

Grenzschalter

Leitungsverbindung

nicht verbundene Leitungskreuzung

Anschluss verschlossen

Schnell-Kupplungen:
- verbunden, ohne mechanisch öffnendes Rückschlagventil
- verbunden, mit mechanisch öffnenden Rückschlagventilen
- entkuppelt, mit offenem Anschluss
- entkuppelt, durch federloses Rückschlagventil gesperrter Anschluss, automatisch dichtend

Luftauslassöffnung:
- ohne Vorrichtung für einen Anschluss
- z. B. mit Gewinde für einen Anschluss

Schalldämpfer (Pneumatik)

Behälter:
- offen, mit der Atmosphäre verbunden
- separate Rücklaufleitung

Luftbehälter

Hydrospeicher mit Gasvorspannung (nur senkrecht)

Filter, Sieb

Öler

Wasserabscheider:
- handbetätigt
- automatisch entwässernd

Filter mit Wasserabscheider:
- handbetätigt
- automatisch entwässernd

Kühler

Temperaturregler

Vorwärmer, Heizer

Lufttrockner

Aufbereitungseinheit:
- vereinfachtes Symbol
- ausführliches Symbol

bestehend aus Filter mit Abscheider, Druckreduzierventil, Manometer, Öler

Motoren und Pumpen

Hydropumpe Hydromotor
eine Drehrichtung, konstantes Förder- bzw. Schluckvolumen bei konstanter Antriebsdrehfrequenz, bei Darstellung von Kompressor bzw. Pneumatikmotor ▲ durch △ ersetzen

Hydropumpe: 1 Drehrichtung, verstellbares Fördervolumen, Verstellung mit Muskelkraft (Hebel)

Hydromotor: 1 Drehrichtung, Schluckvolumen verstellbar, keine Angaben zu Verstelleinrichtung, externe Leckölabfuhr

Hydropumpe oder -motor: 1 Drehrichtung, konstantes Förder- bzw. Schluckvolumen

Hydropumpe: 1 Drehrichtung, Fördervolumen verstellbar, Nullförderung bei ∅. Förderrichtungswechsel

Pumpe/Motor: 2 Drehrichtungen, Wechsel von Pumpe auf Motor ändert die Drehrichtung

Druckübersetzer (pneumatisch p1 nach hydraulisch p2)

Kompaktgetriebe

Schaltzeichen der Fluidtechnik (Fortsetzung)

DIN ISO 1219-1 : 2019-01

Zylinder s. S 5

Einfachwirkender Zylinder:

– Vorhub durch Feder

– Rückhub durch Feder

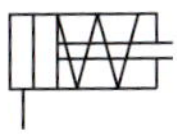

Doppeltwirkender Zylinder:

– mit einseitiger Kolbenstange

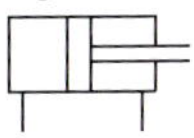

– mit zweiseitiger Kolbenstange

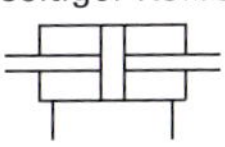

– mit Endlagendämpfung beidseitig stufenlos einstellbar

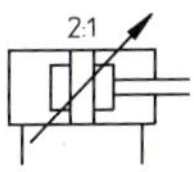

bei Hydrozylindern Angabe des Flächenverhältnisses (Bodenfläche zu Ringfläche Stangenseite) möglich, im Beispiel 2:1.

Ventile

Sperrventile

Rückschlagventile:

– unbelastet

– feder belastet

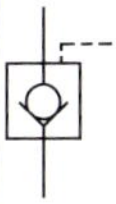

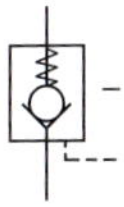
– entsperrbar

Schließen ohne | Öffnen gegen Rückstellfeder

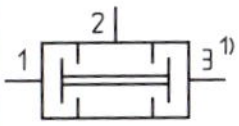
Zweidruckventil (**UND**-Funktion)

[1] Kennzeichnung auch mit 1 möglich

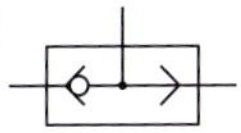
Wechselventil (**ODER**-Funktion)

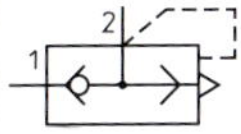
Schnellentlüftungsventil

Nummerierung entsprechend den Bsp. nach DIN ISO 1219-2

Stromventile

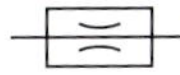
feste Drossel

verstellbare Drossel

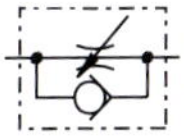
Drosselrückschlagventil (verstellbar)

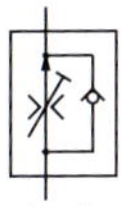
Stromregelventil (2 Wege-einstellbar) mit Umgehungsrückschlagventil

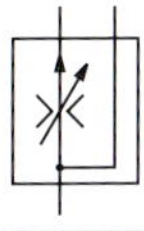
Drei-Wege-Stromregelventil (einstellbar) mit Konstant- und Restvolumenstrom

Druckventile

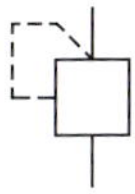
interner Steuerkanal

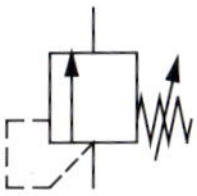
Druckbegrenzungsventil (Druck über Feder einstellbar)

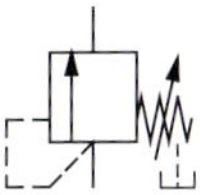
Folgeventil (selbstgesteuert)

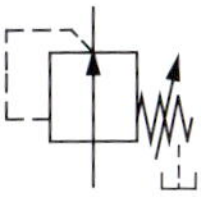
Zwei-Wege-Druckbegrenzungsventil (mit externem Ölablauf)

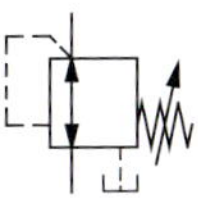
Drei-Wege-Druckbegrenzungsventil (wenn Druck größer als eingestellter Druck, wird Auslassventil zum Behälter geöffnet)

Wegeventile

Darstellung durch Quadrate mit inneren Linien und mit Anschlüssen; Zahl der Quadrate/Rechtecke = Zahl der Schaltstellungen, Zahl der Anschlüsse wird ohne die Steueranschlüsse angegeben

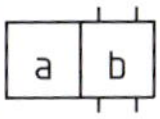
4/2-Wegeventil
└zwei Schaltstellungen
└vier Anschlüsse

Die einzelnen Stellungen werden bezeichnet mit a, b, c, ... Nur bei erzwungener Ruhestellung (z. B. durch eine Feder) im ausgebauten Zustand wird diese mit 0 (Null) bezeichnet

Schaltstellungen (Durchflussmöglichkeiten):

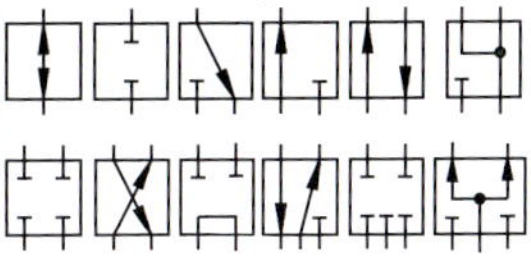

Beispiele:

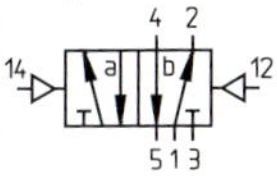
5/2-Wegeventil (druckbetätigt)

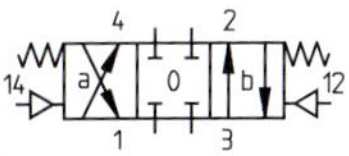
4/3-Wegeventil (druckbetätigt)

Bezeichnung der Anschlüsse:

Druckversorgung	1
Arbeitsleitungen	2, 4, ...
Rückleitungen	3, 5, ...
Steuerleitungen	12, 14

(Aktivierung des Steueranschlusses 14 bewirkt Schaltstellung zur Verbindung der Anschlüsse 1 mit 2)

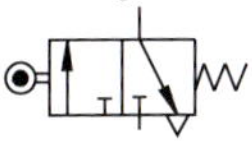
Sperrruhestellung

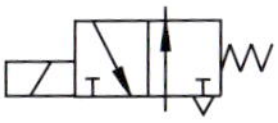
Durchflussruhestellung

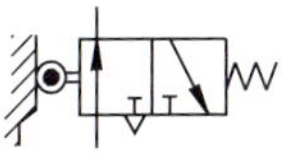
Ventil in betätigter Stellung (Ausgangszustand)

(entspricht betätigtem Schließer)

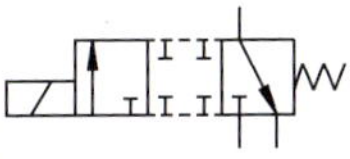
3/2 Wegeventil mit dargestellter Übergangsstellung.

Die Übergangsstellung ist nicht schalt- bzw. einstellbar, wird beim Umschalten überfahren. Sie kann, muss nicht gezeichnet werden (Darstellung zeigt überschneidungsfreies Ventil)

Grundlagen der Steuerungstechnik

Schaltzeichen der Fluidtechnik – Betätigungsarten

DIN ISO 1219-1 : 2019-01

Die Symbole für die Betätigung werden an der Seite der Elemente angebracht. Die Höhenlage ist freigestellt.

Muskelkraftbetätigung

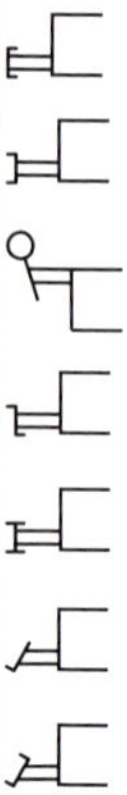

Drücken
Ziehen
Hebel
Drehen
Drücken und Ziehen
Pedal
Pedal (Wippe)

Mechanische Betätigung

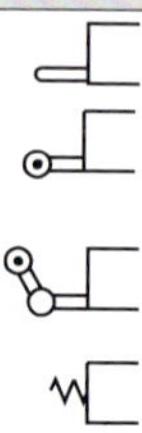

Stößel
Rollenstößel
Rolle mit Gelenkverbindung
Feder

Elektrische Betätigung

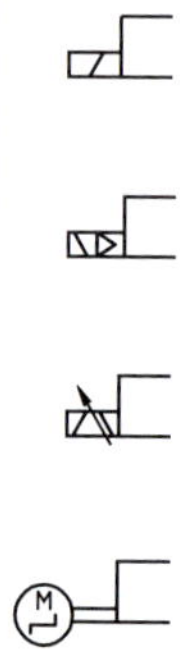

Elektromagnet (Wirkung entgegen Ventil)
Elektromagnet mit pneumatischer Vorsteuerung
Elektromagnet (gegensinnige Wicklung der Spule, verstellbar)
Schrittmotor

Druckbetätigung

Druckbeaufschlagung **Druckentlastung**

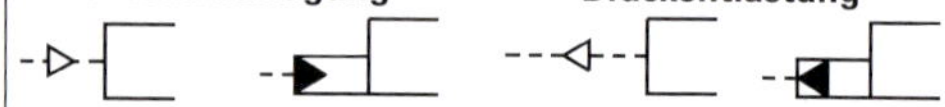

ohne und mit Vorsteuerung, pneumatisch oder hydraulisch

Vorsteuerung: Betätigung zusätzlich mit einem Druckmedium, das mit einem Vorsteuerventil auf das Hauptventil gegeben wird. Druckquelle ist das Hauptventil selbst (intern) oder gesondert (extern).

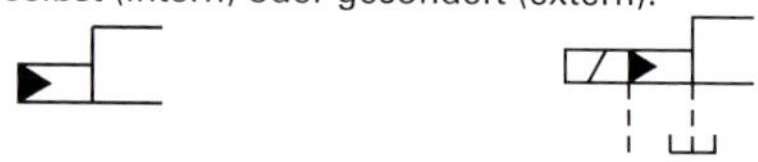

interne Energiequelle
interne Leckölabfuhr

externe Energiequelle
externe Leckölabfuhr
elektr. Vorsteuerung

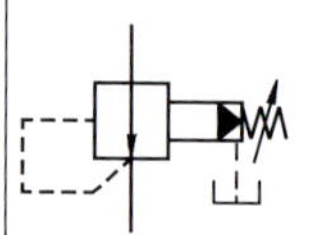

Beispiel: Druckventil mit Vorsteuerung, interne Ölversorgung des Vorsteuerventils und externe Leckölabfuhr, keine Ansteuerung des Vorsteuerventils

Magnetischsche Betätigung

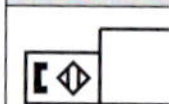

schaltet bei Annäherung eines Magneten oder eines magnetischen Werkstoffs

Kombinierte Betätigungen

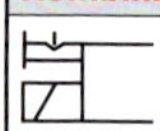

ODER-Betätigung
parallele Betätigung
Beispiel: mit Handbetätigung (Raste) oder Elektromagnet

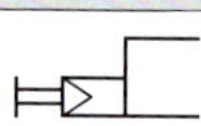

UND-Betätigung,
serielle Betätigung
Beispiel: mit Vorsteuerventil und Hilfstaster gesteuert

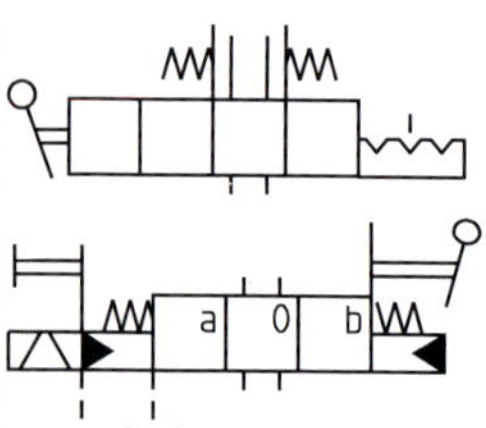

Begrenzungslinien der Schaltstellungen können nach oben oder unten verlängert und die Betätigungssymbole angebracht werden

Beispiel: federzentrierte Mittelstellung; Stellung a mit externem Druckanschluss an Vorsteuerventil, Vorsteuerventil betätigt mit Elektromagnet oder Taster; Stellung b mit elektromagnetisch betätigtem Vorsteuerventil oder nur mit Hebel allein, externe Leckölabfuhr

Proportionalventile

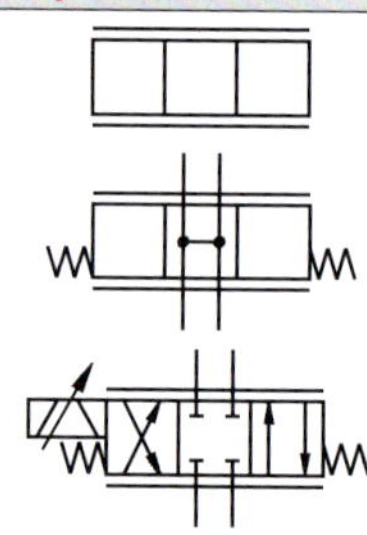

Wegeventil mit einer beliebigen Anzahl Zwischenstellungen für unterschiedliche Drosselungen

Mittelstellung offen (alle Anschlüsse verbunden), damit negative Überdeckung, federzentriert

Mittelstellung geschlossen, damit positive Überdeckung,- federzentriert

Proportional-Wegeventil mit 2 Stellungen entspricht einem Druckventil: vereinfachte Darstellung

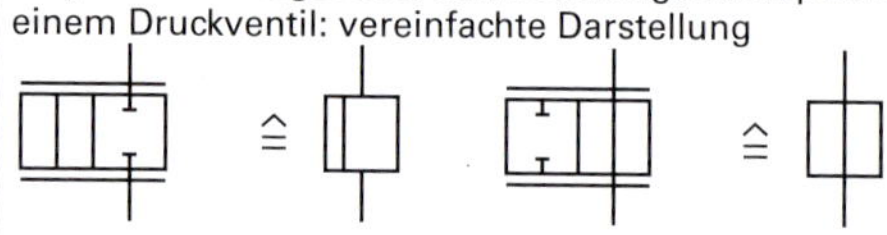

Beispiel

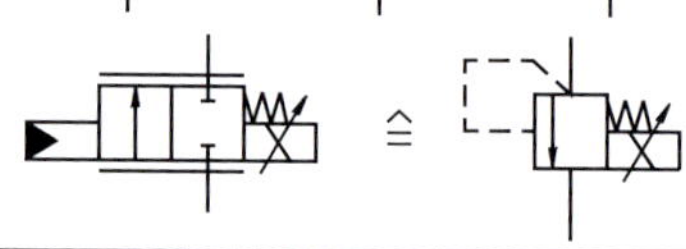

Zylinder– Kolbenflächen

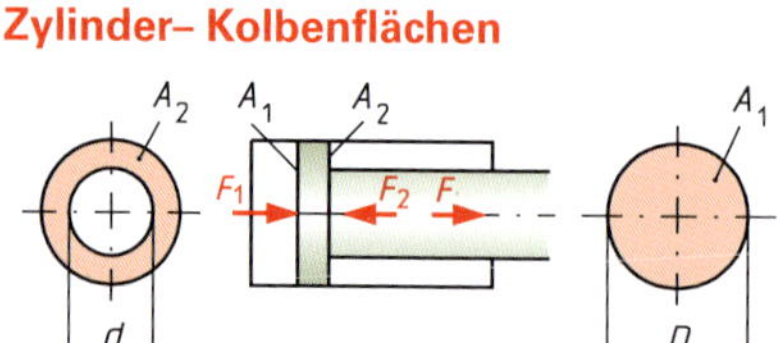

Kolbenfläche A_1 in cm²; **Ringfläche** A_2 in cm²

$$A_1 = \frac{D^2 \cdot \pi}{4} \qquad A_2 = \frac{\pi \cdot D^2}{4} - \frac{\pi \cdot d^2}{4} \quad \text{oder} \quad A_2 = \frac{\pi}{4}(D^2 - d^2)$$

Flächenverhältnis φ:

$$\varphi = \frac{A_1}{A_2}$$

Je größer φ, umso größer ist der Kolbenstangendurchmesser im Verhältnis zum Kolbendurchmesser. Je größer φ, umso kleiner ist die Ringfläche im Verhältnis zur Kolbenfläche.

Kolbenstangenkräfte

Ausfahren $F_1 = p_1 \cdot A_1 \cdot \eta_1 - \frac{p_2 \cdot A_2}{\eta_2} - F_F$ **Einfahren** $F_2 = p_2 \cdot A_2 \cdot \eta_2 - \frac{p_1 \cdot A_1}{\eta_1}$

$\eta_1 \approx 0{,}9 \ldots 0{,}95$
$\eta_2 \approx 0{,}85 \ldots 0{,}9$

Beim Ausfahren eines einfach wirkenden Kolbens ist $p_2 = 0$, beim doppelt wirkenden ist die Federkraft $F_F = 0$. Index 1 gilt für die Kolbenboden-, Index 2 für die Kolbenstangenseite. Gegendrücke p_2 bzw. p_1 werden erzeugt durch Durchflusswiderstände in der abströmenden Druckluft, z. B. Drossel, Vorspannventil.

Zylinder- und Kolbenstangendurchmesser (Flächenverhältnis) DIN ISO 3320 : 2016-01

D	A_1	$\varphi = 1{,}12$		$\varphi = 1{,}25$		$\varphi = 1{,}4$		$\varphi = 1{,}6$		$\varphi = 2$		$\varphi = 2{,}5$		$\varphi = 5$	
mm	cm^2	d mm	A_2 cm^2	d mm	A_2 cm^2	d mm	A_2 cm^2	d mm	A_2 cm^2	d mm	A_2 cm^2	d mm	A_2 cm^2	d mm	A_2 cm^2
25	4,91	12	11,4	12	3,78	14	3,37	16	2,90	18	2,36	20	1,77		
32	8,04			14	6,50	18	5,50	20	4,90	22	4,24	25	3,13		
40	12,6			18	10,0	22	8,77	25	7,66	28	6,41	32	4,52		
50	19,6	16	17,6	22	15,8	28	13,5	32	11,6	36	9,46	40	7,07	45	3,73
63	31,2	20	28,0	28	25,0	36	21,0	40	18,6	45	15,3	50	11,5	56	6,54
80	50,3	25	45,4	36	40,1	45	34,4	50	30,6	56	25,6	63	19,1	70	11,8
100	78,5	32	70,5	45	62,6	56	53,9	63	47,4	70	40,1	80	28,3	90	14,9
125	123	40	110	56	98,1	70	84,2	80	72,5	90	59,1	100	44,2	110	27,7
160	201	50	181	70	163	90	137	100	123	110	106	125	78,3	140	47,1
200	314	63	283	90	251	110	219	125	191	140	160	160	113	180	59,7
250	491	80	441	110	396	140	337	160	290	180	236	200	177	220	111
320	804	100	726	140	650	180	550	200	490	220	424	250	313	280	188
400	1257	125	1134	180	1002	220	877	250	766	280	641	320	452	360	239
500	1963	160	1762	220	1583	280	1348	320	1159	360	946	400	707	450	373

Die Norm beinhaltet auch die Werte für das Flächenverhältnis $\varphi = 1{,}06$. Die Zahlenangaben für φ sind Normzahlen; durch die Rundung der d-Werte für die Kolbenstangendurchmesser weichen die tatsächlichen φ-Werte etwas davon ab.

Berechnung des Luftverbrauchs $\dot{V}$ bei Pneumatikzylindern

	Formel	Formelzeichen	Erklärung	
Einfach wirkender Zylinder 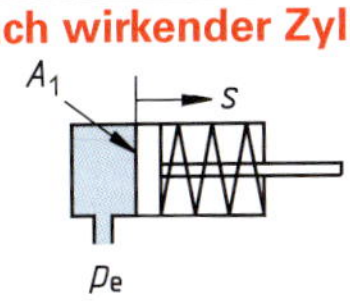	$\dot{V} = A_1 \cdot s \cdot n \cdot \frac{p_e + p_{amb}}{p_{amb}}$	$\dot{V}$ (auch Q)	Volumenstrom (Durchflussmenge)	in $\frac{l}{min}$
	$\dot{V} = V_1 \cdot n \cdot \frac{p_e + p_{amb}}{p_{amb}}$	A_1	Kolbenfläche	in cm^2
		s	Hublänge	in cm
		V_1	Volumen	in m^3
Doppeltwirkender Zylinder 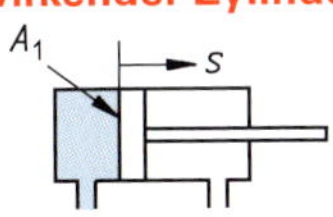	$\dot{V} = 2 \cdot A_1 \cdot s \cdot n \cdot \frac{p_e + p_{amb}}{p_{amb}}$	n	Anzahl der Hübe pro Minute	in $\frac{1}{min}$
Ausfahren p_e p_{amb} Einfahren p_{amb} p_e	$\dot{V} = 2 \cdot V_1 \cdot n \cdot \frac{p_e + p_{amb}}{p_{amb}}$	p_e	Arbeitsdruck	in bar
	Die Querschnittsfläche der Kolbenstange wird bei der Luftverbrauchsrechnung vernachlässigt.	p_{amb}	Atmosphärendruck (Luftdruck)	in bar
		Hinweis: Die Einheiten und dezimale Vielfache sind den jeweiligen Formeln anzupassen.		

Pneumatikzylinder, Abmessungen und Luftverbrauch q_l

Volumenstrom $\dot{V}$: $\dot{V} = q_l \cdot s \cdot n$

Luftverbrauch pro Fläche q_l in $\frac{l}{cm}$ bei $p_e = 6$ bar bezogen auf 1 cm Hublänge

D mm	d mm	A_1 cm^2	A_2 cm^2	Kolbenseite	Stangenseite
8	4	0,5	0,38	0,004	0,003
10	4	0,79	0,66	0,006	0,005
12	6	1,1	0,85	0,008	0,006
16	8	2,0	1,5	0,015	0,011
20	8	3,1	2,6	0,022	0,019
25	10	4,9	4,1	0,035	0,029
32	12	8,0	6,9	0,056	0,049
40	16	12,6	10,6	0,088	0,074
50	20	19,6	16,5	0,137	0,116
63	20	31,2	28,0	0,218	0,197
80	25	50,3	45,4	0,352	0,318
100	25	78,5	73,6	0,550	0,516
125	32	122,7	114,7	0,859	0,803
160	40	201,1	188,5	1,408	1,320
200	40	314,2	301,6	2,200	2,111
250	50	490,9	471,3	3,437	3,300

Berechnung der Kolbengeschwindigkeit siehe Kapitel G (Theoretische Grundlagen) Fluidtechnik.

Grundlagen der Steuerungstechnik

Funktionsdiagramm

Begriffe bei Funktionsdiagrammen

Ruhestellung: Die Anlage ist energielos, alle Bauteile nehmen eine Stellung ein, die entweder durch die letzte Stellung vorgegeben oder z.B. durch eine eingebaute Feder, durch Schwerkraft usw. erzwungen wird.

Grundstellung: Durch Einschalten der Energie, eventuell zusätzlich durch Richten wird die Grundstellung eingenommen.

Ausgangsstellung: Die Anlage ist in Grundstellung. Dazu müssen weitere Bedingungen x_0 bis x_n erfüllt sein (Startvoraussetzungen), z.B. Automatik EIN, Magazin gefüllt, Temperatur erreicht usw. Beim Startsignal erfolgt der 1. Ablaufschritt.

Zustand: Es wird unterschieden zwischen dem Zustand der Lage und dem der Bewegung bezogen auf die Gesamtlänge oder auf ein einzelnes Bauteil. Das Fahren eines Kolbens oder Maschinentisches mit konstanter Geschwindigkeit ist ein Bewegungszustand; wird während des Fahrens die Geschwindigkeit geändert, so ist das einer neuer Zustand.

Schritt: Das ist der Bereich zwischen 2 Lagezuständen der Anlage. Während eines Schrittes liegt ein Bewegungszustand vor, meistens bezogen auf die Antriebsglieder.

Startvoraussetzung: Erforderliche Bedingungen, die von der Grund- in die Ausgangsstellung führen.

Zeit: Im Funktionsdiagramm können die Schritte durch Zeitangaben ergänzt werden, wobei der Zeitmaßstab nicht linear sein muss. Schaltzeiten von Ventilen oder Schützen werden nicht berücksichtigt.

Signalglieder

Signalglieder **muskelkraftbetätigt**

Signalglied EIN

Signalglied AUS

Signalglied EIN-AUS

Signalglied TIPPEN

Funktion wird nur während der Dauer der Betätigung ausgeführt.

Signalglied AUTOMATIK EIN

Startsignal für sich selbstständig wiederholenden Automatikablauf

Signalglied ZWEIHANDEINRÜCKUNG

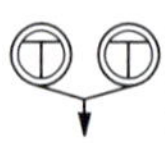

Startsignal durch Zweihandeinrückung

Signalglied WAHLSCHALTER

z.B. für Umschaltung von Automatik auf Einzelschaltung

Signalglieder **mechanisch betätigt**

Signalglied, Grenztaster

in Endlage bzw. kurzzeitig über Wegstrecke betätigt

Signalglieder **pneumatisch bzw. hydraulisch betätigt**

Druckschalter

Rechteck, gekennzeichnet durch den Buchstaben *p* für den Druck: Einstellwert ist anzugeben (z.B. 5 bar)

Steuerglieder Zeitglied

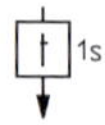

Rechteck, gekennzeichnet durch den Buchstaben *t* für die Zeit; Einstellwert ist anzugeben

Signallinien, Verzweigung und Verknüpfungen

Signallinie

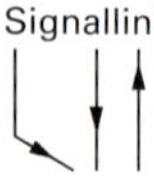

Signalverzweigung

ODER-Bedingung

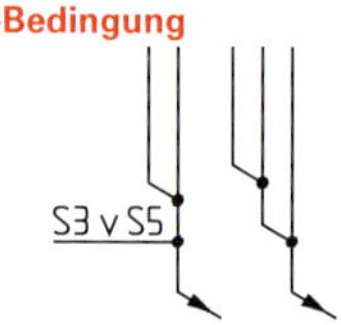

UND-Bedingung

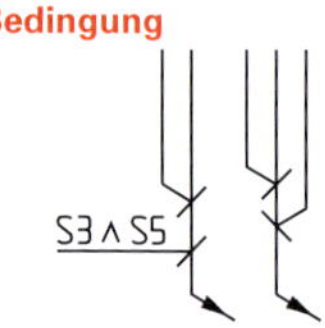

NICHT-Bedingung

Das Zeichen für NICHT-Bedingung ist ein hochgesetzter, waagerechter Strick über der Signalgliedbezeichnung, z.B. $\overline{S3}$

Signal zu anderer Maschine

gehend

kommend

Funktionsdiagramme

Darstellung	Beschreibung
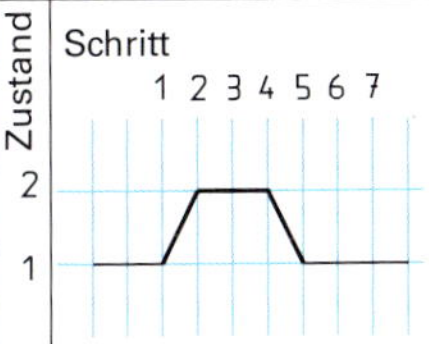	**Zylinder** oder Hubmagnet Schritt 1: Fahren von **Zustand 1 (eingefahren)** auf **Zustand 2 (ausgefahren)** Schritt 2 und 3: ausgefahren stehen bleiben Schritt 4: Einfahren von Zustand 2 auf Zustand 1
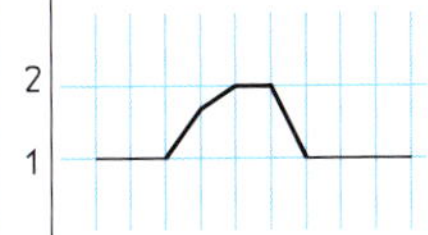	**Zylinder** mit Eilgang und Vorschubbewegung Schritt 1: im Eilgang weg von Zustand 1 Schritt 2: im Vorschub auf Zustand 2 Schritt 3: Kolben bleibt ausgefahren Schritt 4: Einfahren zurück auf Zustand 1
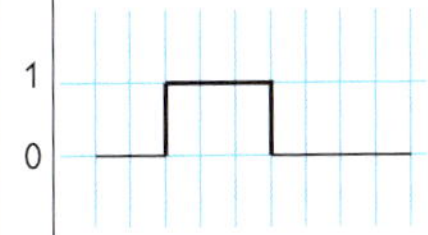	**Motor** Schritt 1: Einschalten Schritt 2 und 3: eingeschaltet im Zustand 1 Schritt 4: Ausschalten auf Zustand 0
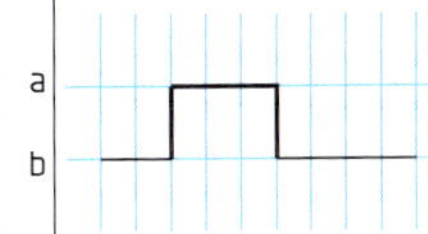	**Ventil** mit zwei Schaltstellungen Schritt 1: Umschalten von Stellung b in Stellung a Schritt 2 und 3: Verbleiben in Schaltstellung a Schritt 4: Zurückschalten in Stellung b
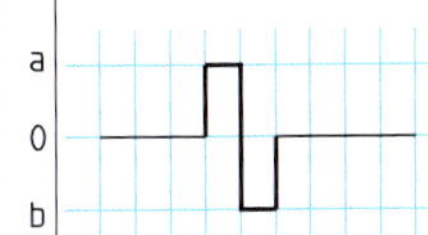	**Ventil** mit drei Schaltstellungen Schritt 2: Umschalten von Stellung 0 in Stellung a Schritt 3: Umschalten von Stellung a in Stellung b Schritt 4: Umschalten von Stellung b in Stellung 0
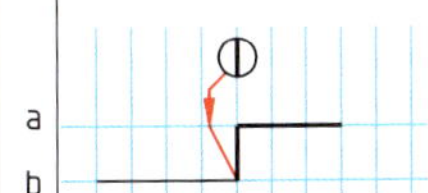	Schaltung von Hand **Stellglied** schaltet von Stellung b in Stellung a durch Handsignal
	Schaltung mechanisch **Kolben** betätigt im Zustand 2 dauernd ein Signalglied, das ein Signal abgibt
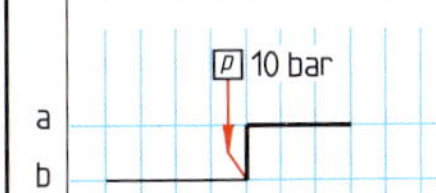	Schaltung durch Medium Luft oder Flüssigkeit Druckschalter stellt **Stellglied** von Stellung b auf Stellung a um
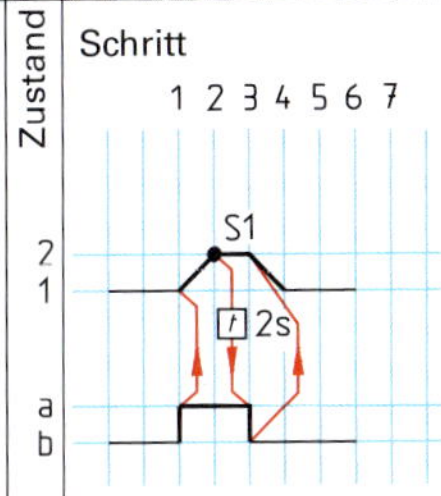	Umgeschaltetes **Stellglied** gibt in Stellung a ein Signal zum Ausfahren des **Kolbens**. Kolben im Zustand 2 gibt ein Signal auf ein Zeitglied. Zeitglied stellt nach Zeitablauf Stellglied zurück auf Zustand b; Stellglied steuert Kolben zurück auf Zustand 1
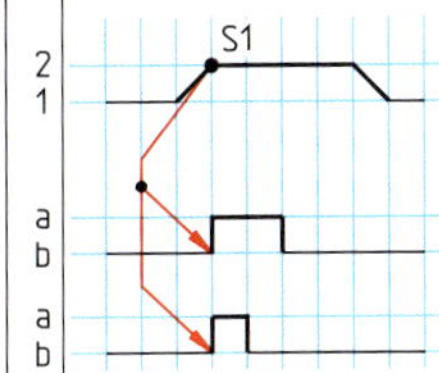	Signal von **Signalglied S1** verzweigt sich und schaltet zwei **Stellglieder** jeweils von Stellung b auf Stellung a
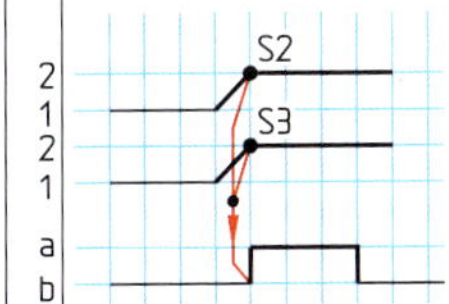	Signal von **Signalglied** S2 ODER von **Signalglied** S3 schaltet Stellglied von Stellung b auf Stellung a
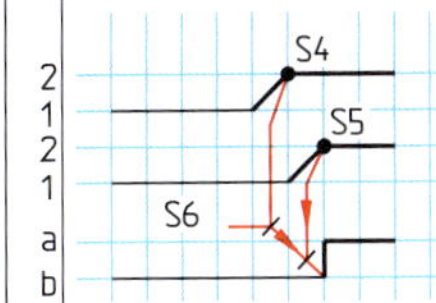	Signal von **Signalgliedern** S4 UND S5 UND S6 schaltet **Stellglied** von Stellung b auf Stellung a
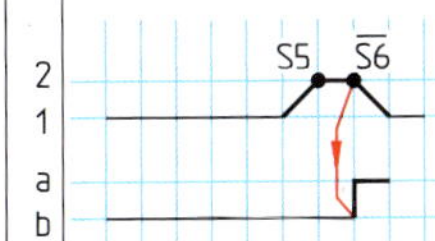	**Stellglied** wird von Stellung b auf Stellung a geschaltet, wenn das **Signalglied** S6 **nicht** mehr betätigt ist
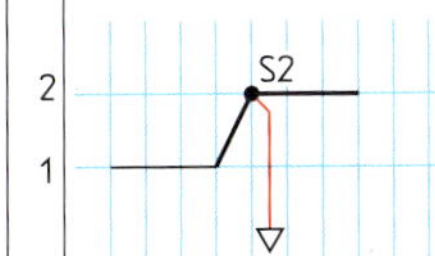	**Kolben** geht vom Zustand 1 in Zustand 2, wo ein Signalglied S2 ein Signal zu einer anderen Stelle gibt
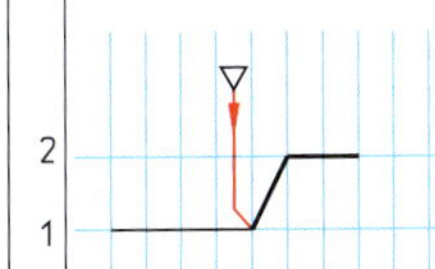	Signal kommt von anderer Stelle und veranlasst das Antriebsglied (**Kolben**) vom Zustand 1 in den Zustand 2 zu gehen

Grundlagen der Steuerungstechnik

Bauteilekennzeichnung in fluidtechnischen Schaltkreisen

Allgemeine Erläuterung

Zur Bauteilekennzeichnung in Schaltplänen existieren die beiden gültigen Normen DIN ISO 1219-2 : 2019-01 und DIN EN IEC 81346-2 : 2020-10. Während die Norm DIN ISO 1219-2 : 2019-01 keine genauere Aussagekraft über die Funktion eines Bauelements hat, bezeichnet die Norm DIN EN IEC 81346-2 : 2020-10 das Bauelement in Bezug auf Funktion, Komponente und Ort sehr viel umfassender. Hierbei können alle Komponenten aus dem Bereich der Elektrotechnik, Hydraulik und Pneumatik widerspruchsfrei und schlüssig bezeichnet werden.

Die Darstellung der Schaltzeichen erfolgt weiterhin nach den Normen DIN ISO 1219-1 : 2019-01 und DIN EN 60617-2 : 1997-08 bis DIN EN 60617-13 : 1994-01.

Gegenüberstellung der Normen

DIN ISO 1219-2 : 2019-01

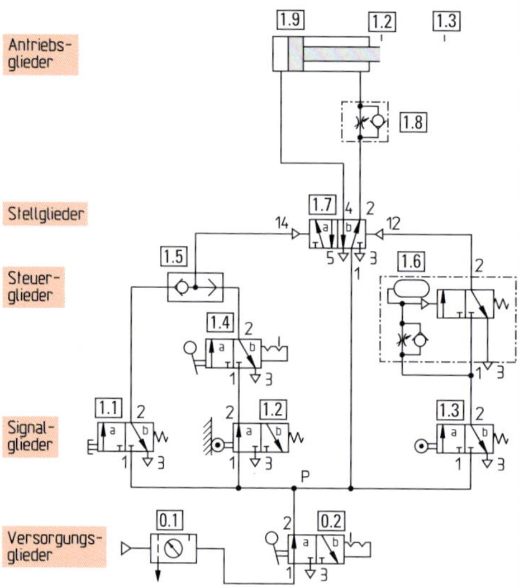

DIN EN IEC 81346-2 : 2020-10

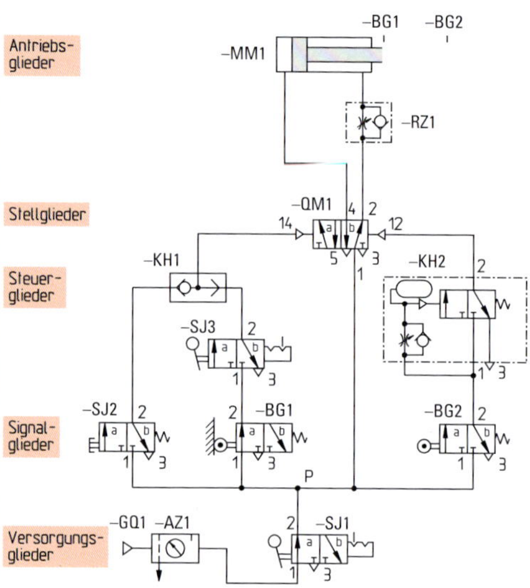

Beispiel:
Bezeichnungsschlüssel

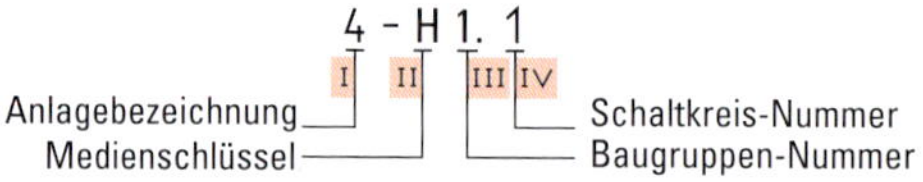

Anlage Nummer und Bindestrich sind nur erforderlich, wenn der Schaltkreis aus mehreren Anlagen besteht.

Bezeichnungsschlüssel I–II III IV

Stelle I: Anlagenbezeichnung
Existiert nur eine Anlage, so kann sie weggelassen werden und wird sonst mit Bindestrich vorangesetzt.

Stelle II: Medienschlüssel
Werden in einer fluidtechnischen Anlage verschiedene Medien verwendet, so muss mit einem Buchstaben das Medium angegeben werden, sonst kann er wegfallen.

- H Hydraulik
- P Pneumatik
- C Kühlung
- K Kühlschmiermittel
- L Schmierung
- G Gastechnik

Stelle III: Schaltkreisnummer
Schaltkreise werden mit 1 beginnend durchnummeriert. Die Ziffer 0 steht für Baugruppen der Druck versorgung und Zubehörteile.

Stelle IV: Baugruppennummer
Jede Baugruppe innerhalb eines Schaltkreises wird mit einer Ziffer, beginnend mit 1 und weiter fortlaufend, aufwärts von links nach rechts, versehen. Der Baugruppennummer wird ein Punkt vorangesetzt.

Bemerkung: Der 2. Kennbuchstabe kann weggelassen werden, wenn das Betriebsmittel durch den 1. Kennbuchstaben ausreichend und eindeutig klassifiziert ist.

Beispiel
Betriebsmittelkennzeichnung:

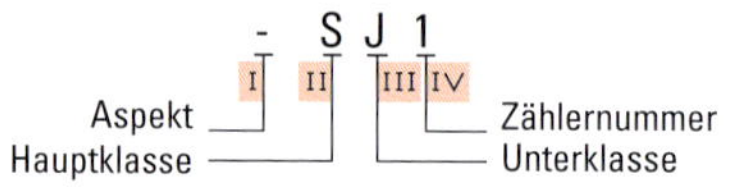

Stelle I: Aspekt
Das Vorzeichen definiert die Betrachtungsweise auf ein Objekt

- = Funktionsaspekt: Aufgabe des Betriebsmittels. Beispiel: Presse
- – **Produktaspekt**: Art des Betriebsmittels bzw. der Komponente
- \+ **Ortsaspekt**: Einbauort, Räumlichkeit

Stelle II: Hauptklasse/1. Kennbuchstabe
Aufgabe/Zweck eines Objekte
Hier: S → Manuelle Betätigung

Stelle III: Unterklasse / 2. Kennbuchstabe
Detaillierte Klassifikation
Hier: J → fluidtechnische oder pneumatische Signale

Stelle IV: Zählnummer
Fortlaufende Nummerierung für gleichartige Betriebsmittel

Kennbuchstaben der Objekte (Betriebsmittel)

DIN EN IEC 81346-2 : 2020-10

Hauptklasse		Unterklasse (Auswahl, Zweck der Unterklasse)	Beispiel für typische elektrische, mechanische und Fluidkomponenten
Kenn-buch-stabe	Zweck/Aufgabe des Objektes		
A	Mehrere Aufgaben oder Zwecke. (Verwendung, wenn Hauptzweck nicht erkennbar)	A–E: Bereich elektrische Energie F–K: Bereich Informationstechnik L–Y: Bereich Maschinenbau Z: Kombinierte Aufgaben	Energieversorgung, Computersystem, Sortieranlage Wartungseinheit
B	Umwandlung einer Eingangsvariablen in ein zur Weiterverarbeitung bestimmtes Signal	C: Messgröße: elektrischer Strom F: Messgröße: Fluss G: Messgröße: Abstand, Stellung K: Messgröße: Zeit P: Eingang: Druck, Vakuum T: Messgröße: Temperatur	Stromwandler, Überlastrelais Durchflussmesser Näherungs- u. Positionsschalter Uhr, Zeitmesser Drucksensor Temperatursensor
C	Speichern von Energie, Information oder Material	A: Kapazitive Speicherung F: Informationsspeicherung M: Lagerung von Stoffen P: Thermische Speicherung	Kondensator Arbeitsspeicher (RAM), Festplatte Tank, Druckspeicher Heißwasser- und Dampfspeicher
E	Liefern von Strahlungs- oder Wärmeenergie	A: Elektromagnetische Strahlung B: Wärmeenergie Q: Kälteenergie	Lampe, Laser, LED-Strahler Elektrische Heizung Kühlschrank
F	Schutz von Energie- und Signalflüssen vor unerwünschten Zuständen	A: Schutz gegen Überspannungen B: Schutz gegen Fehlerströme C: Schutz gegen Überströme L: Schutz gegen gefährliche Drücke	Überspannungsableiter RCD Schmelzsicherung, LS-Schalter Sicherheits- und Überdruckventil
G	Erzeugung eines Energie- oder Signalflusses	A: Strom durch mech. Energie L: stetiger Fluss fester Stoffe M: unstetiger Fluss fester Stoffe P: Fluss fließfähiger Stoffe Q: Fluss gasförmiger Stoffe T: Fluss flüssiger/gasförm. Stoffe	Generator, Bandförderer Kran, Hubeinrichtung Pumpe, Schneckenförderer Ventilator, Kompressor Schmiervorrichtung, Öler
H	Produzieren einer neuen Art von Material oder Produkt	L: durch Zusammenbau M: durch Fliehkraft Q: durch Filtern W: durch Mischen	Montageroboter Zentrifuge Flüssigkeits- und Gasfilter Rührwerk, Rührkessel
K	Verarbeitung von Signalen und Informationen	F: elektrische Signale H: fluidtechnische und pneumatische Signale K: unterschiedliche Signale	Relais, Schaltrelais, SPS, Regler, UND, ODER, Zeitglied, Fluidregler, Vorsteuerventil, Ventilblock Elektr. Vorsteuerventil
M	Bereitstellung von mechanischer Energie zu Antriebszwecken	A: durch elektromagn. Wirkung B: durch magnetische Wirkung L: durch mechanische Kraft M: durch fluidtechnischen oder pneumatischen Kraft	Elektromotor, Stellantrieb Ventilspule, Betätigungsspule Federkraft Hydraulik-, Pneumatikzylinder Hydraulik-, Pneumatikmotor
P	Darstellung von Informationen	F: Anzeige einzelner Zustände G: Anzeige einzelner Variablen H: Anzeige in Bild- und Textform	Meldeleuchte, LED Strommessinstrument, Manometer Textdisplay, Bildschirm

Kennbuchstaben der Objekte (Betriebsmittel) (Fortsetzung)

DIN EN IEC 81346-2 : 2020-10

Hauptklasse		Unterklasse (Auswahl, Zweck der Unterklasse)	Beispiel für typische elektrische, mechanische und Fluidkomponenten
Kennbuchstabe	Zweck/Aufgabe des Objektes		
Q	Kontrolliertes Schalten oder variieren eines Energie-, Signal- oder Materialflusses	A: Schalten/Variieren elektrischer Energie B: Trennen elektrischer Energie M: Schalten eines umflossenen Flusses N: Ändern eines umflossenen Flusses	Leistungsschalter, Schütz, Thyristor, IGBT, Transistor Trennschalter, Hauptschalter, Wegeventil (Pneumatik/Hydraulik), Schnellentlüftungsv. Druckregelventil, Gasregelstrecke
R	Begrenzung oder Stabilisierung von Energie-, Signal- und Materialfluss	A: Begrenzung des elektrischen Energieflusses M: Verhindern des Rückflusses N: Begrenzung des Durchflusses P: Abschirmen und Dämmen von Schall Z: Kombinierte Aufgabe	Diode, Widerstand, Drossel Rückschlagventil Flussbegrenzer, Drosselscheibe Drossel Schalldämpfer Drosselrückschlagventil
S	Umwandlung einer manuellen Betätigung in ein weiter zu verarbeitendes Signal	F: Bereitstellung eines elektrischen Signals J: Bereitstellung eines fluidischen oder pneumatischen Signals	Taster, Schalter, Sollwerteinsteller Druckknopfventil
T	Umwandlung von Energie unter Beibehaltung der Energieart	A: Beibehaltung der Energieform B: Änderung der Energieform M: durch Spanabheben	Transformator Gleichrichter, Wechselrichter Werkzeugmaschine
U	Halten von Objekten in einer definierten Lage	B: Halten und Tragen elektrischer Leitungen G: Halten und Tragen kommunikationstechnischer Leitungen Q: Halten und Führen in Fertigung und Montag	Kabelkanal, Isolator, Kabelpritsche Kabelkanal, Kabelpritsche, Kabelschacht Greifer, Vakuumsauger Zentriervorrichtung, Spannvorrichtung
V	Verarbeiten von Materialien und Produkten	L: Abfüllen von Stoffen M: Verpacken von Stoffen	Fülleinrichtung Verpackungsmaschine
W	Leiten oder Führen von Energie und Signalen	D: Verteilen von elektrischer Energie F: Verteilen von elektrischen Signalen N: Leiten und Führen von Strömen	Leitung, Kabel Datenbus, Feldbus Druckluftschlauch
X	Verbinden von Objekten	D: Verbinden (≤ 1000 V AC oder ≤ 1500 V DC) L: Verbinden starrer Umschließungen M: Verbinden flexibler Umschließungen	Klemme, Klemmenleiste, Stecker Flansch Schlauchverbinder

Schaltzeichen für Stromlaufpläne

DIN EN 60617-2, -7 : 1997-08

Betätigungsarten

Rückstellung bei Abbruch der Betätigung

- allgemein, Hand-
- durch Drücken
- durch Ziehen
- durch Drehen
- durch Rolle
- durch Nocken
- durch Endschalter
- durch Hebel
- durch Pedal
- durch Schlüssel
- durch Annäherung
- durch Berührung
- durch pneumatische oder hydraulische Kraft
- Auslösung durch Druck
- durch Uhr
- Notschalter
- durch thermischen Antrieb
- durch Elektromagnet
- Raste: Einrasten bei Betätigung, Ausrasten bei erneuter Betätigung
- Verzögerung nach rechts („Bremsfallschirmwirkung")
- Verzögerung nach links
- Betriebszustand abweichend von der Regel-Darstellung[1)]

Schaltgeräte

Symbol	Bedeutung
13 / 14	Schließer Kontaktbezeichnungen 3 und 4 (1. Bauteilkontakt)
41 / 42	Öffner Kontaktbezeichnungen 1 und 2 (4. Bauteilkontakt)
32 / 34 / 31	Wechsler Kontaktbezeichnungen 1, 2 und 4 (3. Bauteilkontakt)

Elektromechanische Antriebe

Symbol	Bedeutung
K1 (A1, A2) bzw. Q1	K = Relaisbezeichnung K1, K2, K3, ... Nummer des Relais im Stromlaufplan A = Anschlüsse für den elektrischen Antrieb Q = Leistungsschütz
	Relais mit Ansprechverzögerung
	Relais mit Rückfallverzögerung
	Stromstoßrelais Beibehaltung der zuletzt eingenommenen Stellung auch bei Energieausfall[1)]
	Thermorelais
	Ventilbetätigung mit Elektromagnet
	Ventilbetätigung mit Proportionalmagnet[1)]
	Ventilbetätigung[1)] in zwei Richtungen mit zwei gegensinnig wirkenden Wicklungen
	Proportionalmagnet mit zwei Kraftrichtungen[1)]

Beispiele für Schalter mit Betätigung

Symbol	Bedeutung
...7 / ...8	Schließer, schließt verzögert
...7 / ...8	Schließer, öffnet verzögert
	Schließer, handbetätigt durch Drehen, rastend
	Wechsler, betätigt mit Rolle
	Stellschalter, Öffner handbetätigt durch Drücken
oder	Öffner, betätigter Zustand (in Ruhestellung geschlossen)[1)]
oder	Schließer, betätigter Zustand (Ruhestellung offen)[1)]
	berührungsempfindlicher Schalter, Schließer
	näherungsempfindlicher Schalter, Schließer
	näherungsempfindlicher Schalter, Schließer, betätigt durch Näherung eines Magneten
Fe	näherungsempfindlicher Schalter, Schließer, betätigt durch Näherung von Eisen[1)]

[1)] nicht genormt

Grundlagen der Steuerungstechnik

Kontaktbezeichnungen bei Relais

Relais mit je 2 Schließern und Öffnern

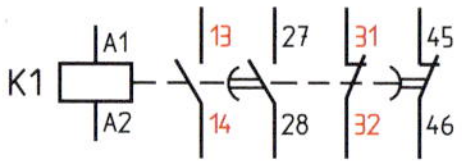

Ordnungszahlen 9 und 0 sind für Hilfsschaltglieder und Überlast-Schutzeinrichtungen vorbehalten.
Die Betätigung kann wahlweise links oder rechts am Kontaktarm angebracht werden.

Die erste Zahl ist eine Ordnungsziffer, eine Durchnummerierung der Kontaktsätze, beginnend von links am Antrieb mit 1. ··· , 2. ··· usw. Die zweite Zahl bezeichnet die Funktion

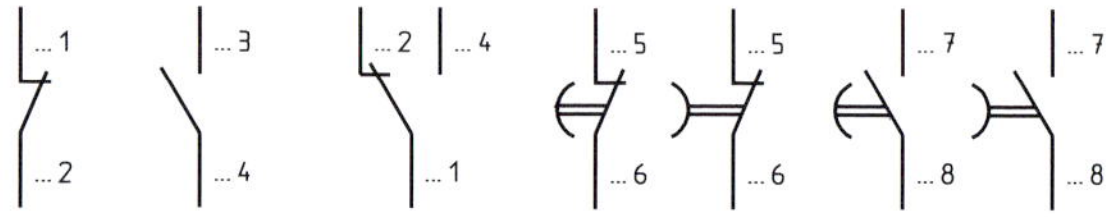

Öffner | Schließer | Wechsler | Öffner öffnet schließt verzögert | Schließer schließt öffnet verzögert

Sensoren

Induktive Näherungsschalter

Abhängigkeit Nennschaltabstand s_n vom Durchmesser runder Sensoren

s_n mm	Sensor-∅ d mm	max. Schaltfrequenz Hz
≤1,5	6,5	1000
≤2	M 8×1	1000
≤4	M 12×1	800
	10,5	400
≤5	M 12×1	400
≤8	M 18×1	500
	16,5	200
≤10	M 18×1	200
≤15	M 30×1,5	300
≤20	M 30×1,5	100
≤25	40	100
	50	250

Arbeitsschaltbereich s_a, berechnet aus dem Nennschaltabstand s_n

$0 \leq s_a \leq 0{,}81 \cdot s_n \cdot$ Red.-fakt.

Reduktionsfaktoren

Werkstoff	Red.-fakt.	Fläche %	Red.-fakt.
Stahl	1,0	150	1,1
S235		125	1,07
Stahl	0,78	100	1,0
CrNi		75	0,93
Al	0,45	50	0,86
Cu	0,38	25	0,73
Ag	0,32	12,5	0,55

Als Fläche 100 % gilt eine quadratische Platte mit Seitenlänge gleich Sensordurchmesser

Kapazitive Näherungsschalter

Abhängigkeit Nennschaltabstand s_n vom Durchmesser runder Sensoren

s_n mm	Sensor-∅ d mm	max. Schaltfrequenz Hz
≤1	M 12×1	1
≤2	M 18×1	1
≤4	M 12×1	1
≤6	M 18×1	1
≤10	M 30×1,5	10
≤15	40	10
≤40	80	10

Arbeitsschaltbereich s_a, berechnet aus dem Nennschaltabstand s_n

$0 \leq s_n \leq 0{,}81 \cdot s_n \cdot$ Red.-fakt.

Reduktionsfaktoren

Werkstoff	Red.-fakt.
S235	1,0
Cu	0,38
Al	0,38
Papier	0,28
Holz	0,28
PVC	0,20

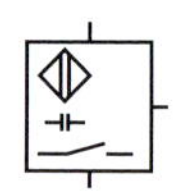

Zur Anpassung an andere Werkstoffe kann die Empfindlichkeit und damit der Arbeitsschaltabstand mit einem Potentiometer eingestellt werden

Dreidrahtschalter

plusschaltend

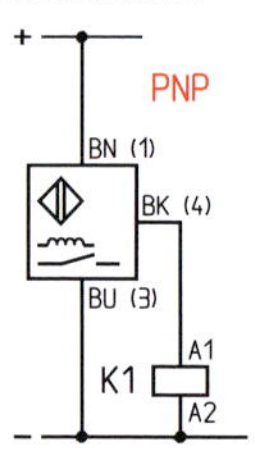

minusschaltend

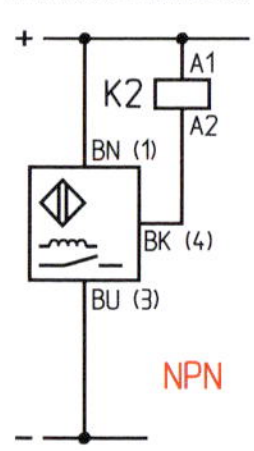

PNP plusschaltend, positives Potential auf die Last (Relais), +Pol wird durchgeschaltet; NPN minusschaltend, negatives Potential auf die Last geschaltet

Vierdrahtschalter

plusschaltend

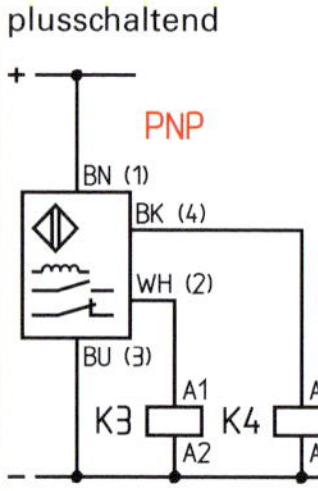

minusschaltend

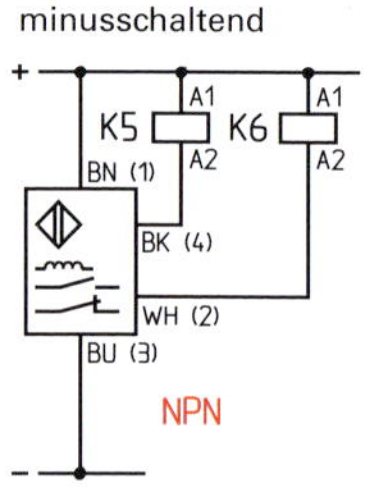

Farben der Anschlussdrähte:
BK schwarz (black). BU blau (blue)
BN braun (brown). WH weiß (white)

Reedkontakt – Näherungsschalter

Flache Ausführung für Gleich- und Wechselspannungen.

Seitliche Magnetannäherung		Bei Bestückung mit Schließer	Wechsler
Schaltleistung –	in W	10	3
Schaltleistung ~	in W	12	5
Schaltspannung –	in V	200	28
Schaltspannung ~	in V	240	120
Schaltstrom	in A	0,50	0,25
Durchschlagsspannung	in V	400	200

Permanentmagnet für seitliche Annäherung:

Schaltdistanz	9 … 18 mm	7 … 16 mm
Abfalldistanz	12 … 25 mm	10 … 18 mm

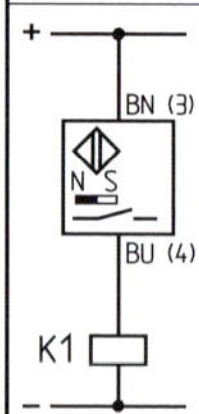

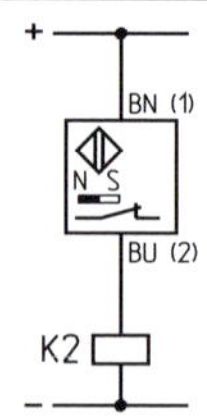

Betrieb wie bei 2-Draht-sensoren nur mit einer Last z. B. Relais möglich. Bei Reedkontakten verschweißen sonst die Kontakte durch Kurzschluss; Stromspitzen durch RC-Glieder unterdrücken

Schaltzeichen zur Elektroinstallation

DIN EN 60617-11 : 1997-08

Spannung, Strom

- Gleichstrom, allgemein
- 2 kHz — Wechselstrom mit Angabe der Frequenz
- gleichgerichteter Wechselstrom
- Tonfrequenz-Wechselstrom

Leitungen

- Leitung, allgemein
- Neutralleiter (N), Schutzleiter (PE), Neutralleiter mit Schutzfunktion (PEN)
- oder 3 — Leitung mit Kennzeichnung der Leiterzahl, z. B. drei Leiter
- koaxiale Leitung
- Kreuzung von Leitungen ohne Verbindung, mehrpolige Darstellung, z. B. mit je drei Leitern
- leitende Verbindung von Leitungen, einpolig
- Anschlussstelle für Schutzleiter

Sicherungen

- Sicherung allgemein
- Öffner mit selbsttätiger thermischer Betätigung z. B. Bimetall

Steckverbinder

- Steckerstift
- Buchse
- Steckverbindung, Steckseite fest, Buchsenseite beweglich

Messinstrumente, Messgeräte

- Messgerät allgemein anzeigend
- A — Strommessgerät mit Angabe der Einheit Ampère
- Messgerät aufzeichnend
- Kurvenschreiber
- kWh — integrierendes Messgerät, Kilowattstundenzähler

Bauelemente

- Kennzeichen für stetige Veränderbarkeit durch mechanische Verstellung, allgemein
- Widerstand, allgemein
- Widerstand, mit Anzapfungen
- Wicklung, Induktivität
- Wicklung mit Kern, in der Regel aus magnetischem Werkstoff
- Transformator
- Kondensator, Kapazität, allgemein
- Primär-Element, Akkumulator, Batterie
- Taster

Maschinen

- M — Gleichstrom-Nebenschlussmotor
- M 3~ — Drehstrom-Reihenschlussmotor in Y-Schaltung

Halbleiterbauelemente

- A K — Halbleiter-Diode-Gleichrichter; A Anode, K Katode
- Z-Diode für Betrieb im Durchbruchbereich geeignet, Begrenzer
- + ~ ~ − — Gleichrichter in Brückenschaltung
- Leuchtdiode LED
- Thyristor, allgemein
- E C B — PNP-Transistor; E Emitter, B Basis, C Kollektor
- E C B — NPN-Transistor. Der Kollektor ist mit dem Gehäuse verbunden
- A K C E — Optokoppler (LED mit Phototransistor)
- Verstärker

Leuchten[1]

- Leuchtenauslass
- mit veränderlicher Helligkeit
- mit Schalter
- Leuchtstoff-Lampe

[1] aus zurückgezogener Norm DIN 40900-11

Kennzeichnung

Schmelzsicherungen 500 V

DIN VDE 0635 : 2023-09

Nennstrom in A	2	4	6	10	16	20	25	35	50	63	100
Kennfarbe	rosa	braun	grün	rot	grau	blau	gelb	schwarz	weiß	kupfer	rot

Farbkennzeichnung von Leitern

DIN EN IEC 60445 : 2023-02

Wechselstrom-Außenleiter	L1, L2, L3	bevorzugt Farbe schwarz oder braun
Neutral- oder Mittelleiter	N	bei vorhandenem N-Leiter muss die Farbe hellblau sein. Beim Fehlen eines N-Leiters darf ein mit hellblau gekennzeichneter Leiter auch für andere Zwecke, ausgenommen PE, angewendet werden.
Schutzleiter	PE	grün-gelb ist die einzige zulässige Farbkombination
PEN-Leiter	PEN	bei isolierter Verlegung gilt: grün-gelb mit hellblauer Markierung an den Leiterenden, hellblau mit grün-gelber Markierung an den Leiterenden.

Kennzeichen für Schutzarten

DIN EN 60529 : 2014-09

IP 2 3 C H

- Code-Buchstaben (International Protection) — IP
- erste Kennziffer — 2
- zweite Kennziffer — 3
- Zusätzlicher Buchstabe (freigestellt) — C
- Ergänzender Buchstabe (freigestellt) — H

Wird eine Kennziffer nicht angegeben, so ist sie durch den Buchstaben „X" zu ersetzen, „XX" falls beide Ziffern weggelassen sind.

		Schutz des Betriebsmittels gegen Eindringen	Schutz von Personen gegen Berührung
1. Kennziffer	IP0X	kein Schutz gegen Fremdkörper	kein Schutz vor gefährlichen Teilen
	IP1X	Fremdkörper $d \geq 50$ mm	geschützt gegen Zugang mit Handrücken
	IP2X	Fremdkörper $d \geq 12{,}5$ mm	Finger ∅ 12 mm muss ausreichend Abstand haben
	IP3X	Fremdkörper $d \geq 2{,}5$ mm	Werkzeug ∅ 2,5 mm darf nicht eindringen
	IP4X	Fremdkörper $d \geq 1{,}0$ mm	Draht 1 mm ∅ darf nicht eindringen
	IP5X	staubgeschützt	Draht 1 mm ∅ darf nicht eindringen
	IP6X	staubdicht	Draht 1 mm ∅ darf nicht eindringen
2. Kennziffer	IPX0	kein Schutz gegen Wasser	
	IPX1	geschützt gegen senkrecht fallendes Tropfwasser	
	IPX2	geschützt gegen Tropfwasser, Gehäuse bis 15° geneigt	
	IPX3	geschützt gegen Sprühwasser bis zu einem Fallwinkel von 60°	
	IPX4	geschützt gegen Spritzwasser aus allen Richtungen	
	IPX5	Schutz gegen einen Wasserstrahl aus allen Richtungen	
	IPX6	Schutz gegen einen starken Wasserstrahl aus allen Richtungen	
	IPX7	Schutz gegen zeitweiliges Eintauchen in Wasser	
	IPX8	Schutz gegen dauerndes Untertauchen in Wasser	
	IPX9	Schutz gegen Hochdruck und hohe Strahlwassertemperatur	
Zusätzlicher Buchstabe		nur angegeben, wenn Schutz höher als 1. Kennziffer oder bei fehlender 1. Kennziffer	
	IPXXA	geschützt gegen Berührung mit dem Handrücken	
	IPXXB	geschützt gegen den Zugang mit dem Finger ∅ 12 mm, 80 mm lang	
	IPXXC	geschützt gegen Zugang mit Werkzeug $d = 2{,}5$ mm ∅, 100 mm lang	
	IPXXD	geschützt gegen Zugang mit Draht $d = 1{,}0$ mm, 100 mm lang	
Ergänzende Buchstabe		zusätzliche Angaben über das Produkt	
	IPXXH	Hochspannungs-Betriebsmittel	
	IPXXM	Wasserschutzprüfung bei laufender Maschine	
	IPXXS	Wasserschutzprüfung bei stillstehender Maschine	
	IPXXW	geeignet zur Verwendung unter festgelegten Wetterbedingungen	

Elektropneumatische/elektrohydraulische Schaltpläne

DIN EN IEC 81346-2 : 2020-10

Auswahl gängiger Komponenten der Elektropneumatik/Elektrohydraulik

Komponente	Kennzeichnung
Wartungseinheit	AZ
Durchflusssensor	BF
Endschalter, Näherungsschalter	BG
Drucksensor, Druckschalter	BP
Elektrische Sicherung	FC
Pumpe	GB
Lüfter, Kompressor	GQ
Hilfsschütz, Regler, Relais, Zeitrelais	KF

Komponente	Kennzeichnung
Fluidregler, Ventilblock, Zeitglied, Signalverknüpfung	KH
Elektromotor	MA
Betätigungsspule, Elektromagnet	MB
Pneumatik-/Hydraulikzylinder	MM
Meldelampe, LED	PF
Anzeigeinstrument (z.B. Manometer)	PG
Leistungsschütz	QA
Elektrischer Trennschalter	QB

Komponente	Kennzeichnung
Wegeventil (Pneumatik/Hydraulik)	QM
Rückschlagventil	RM
Hydraulische/pneumatische Drossel	RN
Drosselrückschlagventil	RZ
Elektrischer Taster oder Schalter	SF
Handbetätigtes Ventil	SJ
Gleichrichter, Netzteil	TB
Leitung, Kabel (Energietransport)	WD

Elektropneumatischer Schaltplan

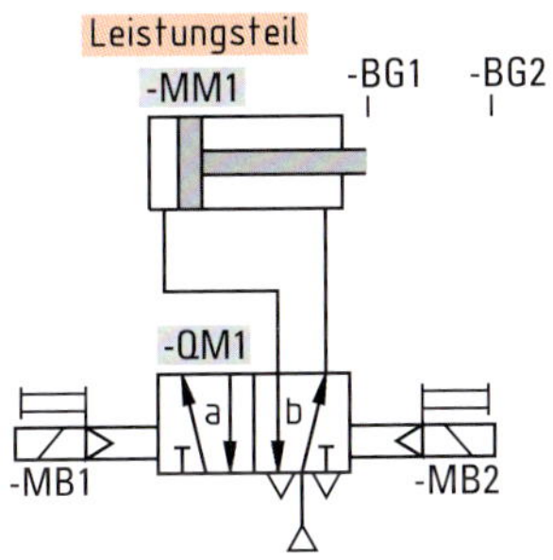

Die Schnittstelle zwischen elektrischer Schaltung und Pneumatik erfolgt an den Spulen (-MB1 bzw. -MB2), die wiederum pneumatische Ventile schalten.

Stromlaufplan

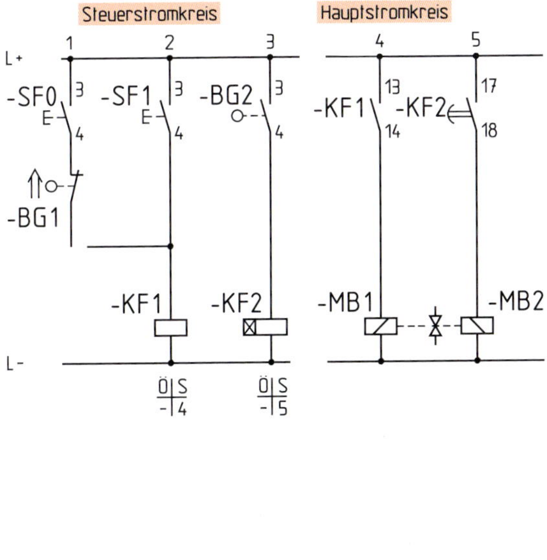

Alle parallel liegenden Bauelemente werden in senkrechten, durchnummerierten Strompfaden angeordnet.

Alle Bauteile werden ohne Rücksicht auf die wirkliche Anordnung in der Anlage dargestellt.

Stromlaufpläne werden stromlos bzw. frei von Spannung gezeichnet.

Relais und zugehörige Kontakte erhalten die gleiche Bezeichnung.

Der **Steuerstromkreis** enthält die Bauteile für die Signaleingaben und deren logischen Verknüpfungen. Die Ergebnisse werden jeweils mit einem Hilfsrelais K weitergegeben.

Der **Hauptstromkreis** enthält die Stellglieder für die Antriebselemente. Sie werden mit Hilfsrelais K angesteuert.

Unterhalb jedes Hilfsrelais K ... kann eine Öffner-/Schließertabelle angegeben werden (nicht genormt). Diese beinhaltet die Information, in welchem Stromfad das jeweilige Relais einen Kontakt schalten kann (Ö=Öffner, S=Schließer).

Hydraulik, Schaltplanerstellung

DIN EN IEC 81346-2 : 2020-10

Schaltplan

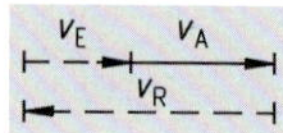

v_A Arbeitsgeschwindigkeit
v_E Eilgeschwindigkeit
v_R Rücklaufgeschwindigkeit

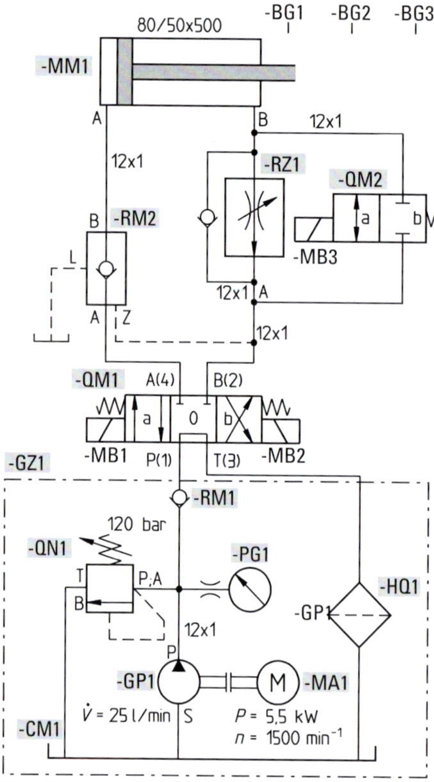

Funktionsdiagramm

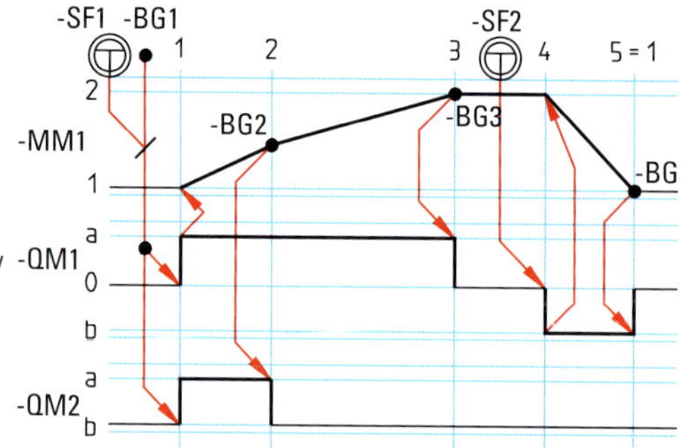

Regeln zur Erstellung eines Hydraulikschaltplanes

Die Geräte werden in Richtung des Energiestromes von unten nach oben dargestellt ohne zu berücksichtigen, wo die Bauteile in der Anlage eingebaut sind.

Die Bauteile werden in Ausgangsstellung gezeichnet, bei eingeschalteter Energie vor dem Start.

Bei elektrischer Steuerung ist dafür ein eigener Schaltplan zu zeichnen.

Werden Signalglieder durch Antriebsglieder betätigt, so werden sie durch Markierungsstriche am Kolbenstangenweg gekennzeichnet.

Zylinder und Wegeventile werden waagerecht gezeichnet.

Leitungen sind geradlinig und möglichst kreuzungsfrei zu zeichnen.

Darstellung: siehe Bemerkung S 8

Hinweis:
Wenn das Hydraulikaggregat – GZ1 nicht selbst das betrachtete Teilsystem ist, müssen die darin enthaltenen Komponenten nicht gekennzeichnet werden.

Stromlaufplan

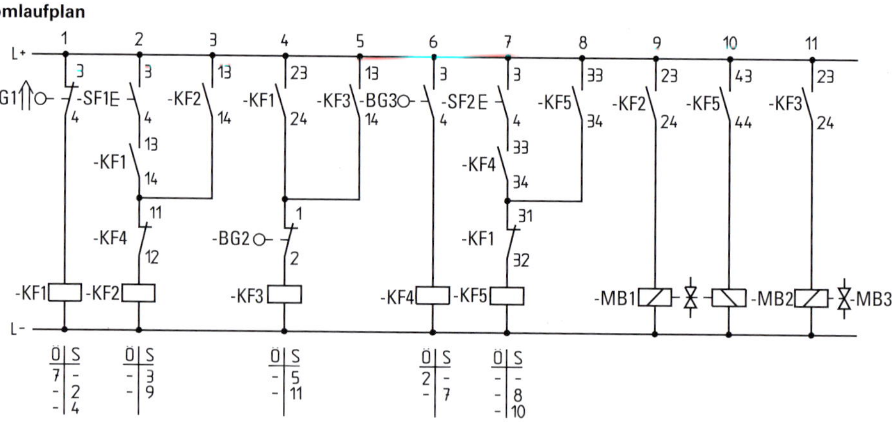

GRAFCET[1]

DIN EN 60848 : 2014-12

GRAFCET ist eine Spezifikationssprache für Funktionspläne der Ablaufsteuerung.
GRAFCET wird zur graphischen und theoretischen Darstellung des Verhaltens eines Ablaufsystems angewendet.
Ein GRAFCET-Plan besteht aus den Elementen: Struktur und Wirkungsteil.

Begriffe nach DIN EN 60848

Schritt: Ein Schritt ist ein Abschnitt einer Ablaufsteuerung. Ein Schritt kann aktiv oder inaktiv sein. Die Menge der aktiven Schritte stellt den Zustand des Systems da.

Transition: Zeigt den möglichen Ablauf von Aktivitäten zwischen zwei oder mehreren Schritten. Der mögliche Ablauf wird durch das Auslösen der Transition in Gang gesetzt.

[1] GRAFCET; GRAphe Fonctionnel de Commande Etape Transition

Beispiel:

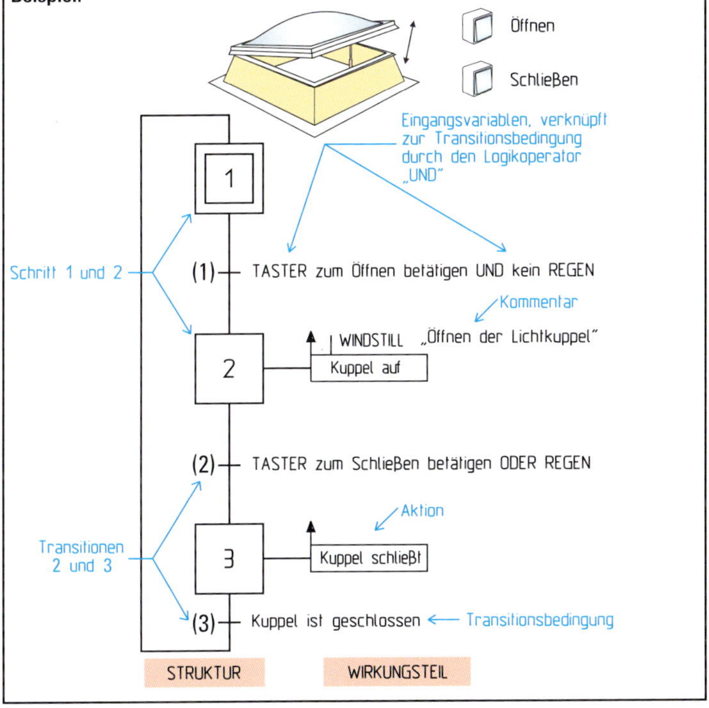

Schrittsymbole

Anfangsschritt (Initialschritt)

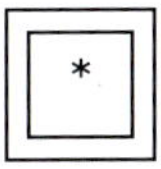

*Schrittnummer

Schritt allgemein

aktiver Zustand von Schritt 3

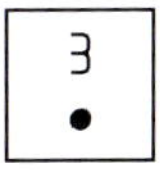

einschließender Schritt

(s. S19)

einschließender Anfangsschritt

(s. S19)

Aktionssymbole

Kennzeichnung[1] in Befehlsform oder hinweisender Form. Wichtig ist der Bezug zur Ausgangsvariable.

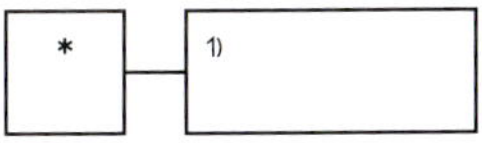

Anordnung von Aktionen:

Die Anordnungen stellen keine zeitliche Abfolge dar.

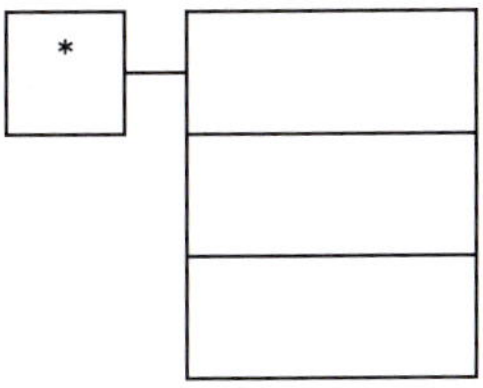

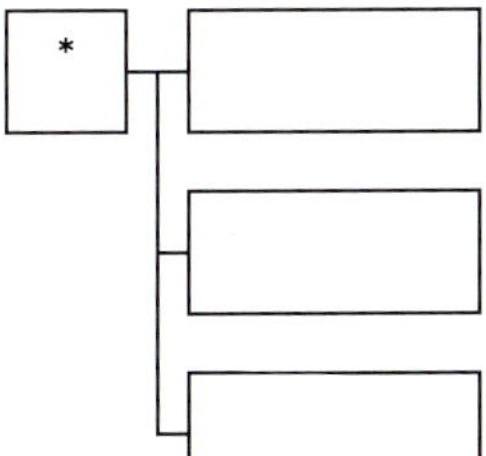

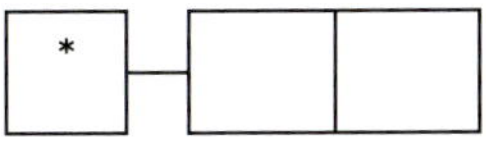

GRAFCET (Fortsetzung)

DIN EN 60848 : 2014-12

Ablaufkette mit Transitionen

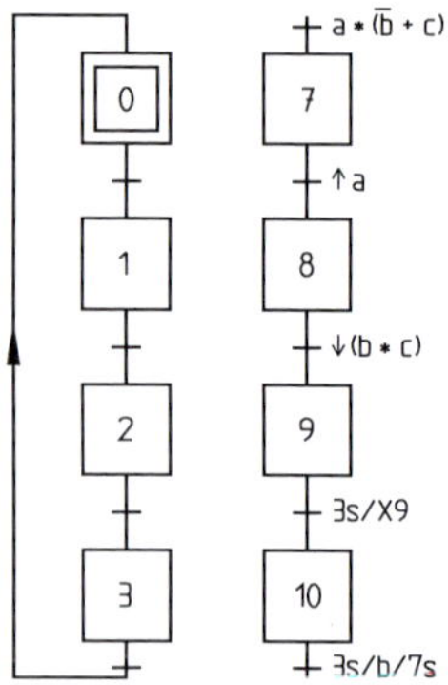

geschlossene Ablaufkette — offene Ablaufkette

Alle Schritte werden durchlaufen.

Erläuterungen

Erläuterungen
Bedingung erfüllt, wenn der boolesche Ausdruck den Wert TRUE hat.
Bedingung nur erfüllt, wenn „a" vom Status 0 nach 1 wechselt.
Bedingung nur erfüllt, wenn der Ausdruck (b ∧ c) vom Status 1 nach 0 wechselt.
Der Schritt 9 ist 3s aktiv.
3s nach dem „b" vom Status 0 nach 1 wechselt ist die Bedingung TRUE.
7s nach dem „b" vom Status 1 nach 0 wechselt ist die Bedingung FALSE.

Transitionsbedingungen in:
Textform: z. B. UND, ODER …
Mathematisch: * bzw. • (UND-Verknüpfung)
\+ (ODER-Verknüpfung)

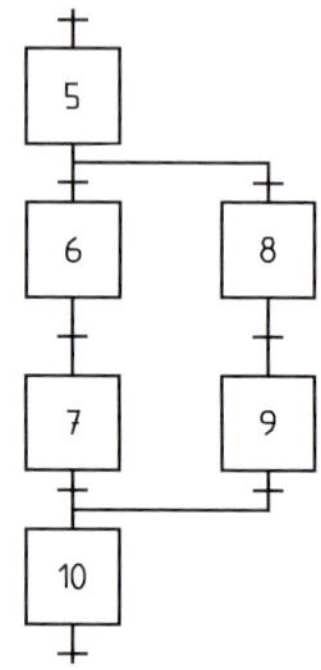

Ablaufverzweigung: Alternativ wird der eine Zweig ODER der andere Zweig durchlaufen. Jeder Zweig hat seine eigene Transitionsbedingungen.

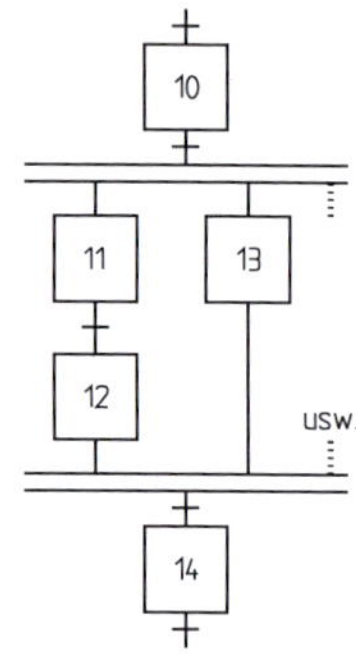

Ablaufverzweigung: Eine Ablaufkette verzweigt sich in mehrere Parallelzweige, die gleichzeitig durch eine gemeinsame Transistion ausgelöst werden, aber unabhängig voneinander ablaufen. Sind alle Zweige durchlaufen, wird der nächste Einzelschritt ausgeführt.

Bildung von Ausgangswerten

Mit kontinuierlich wirkend oder gespeichert wirkend Bildungsarten beschreibt man, wie die Ausgänge vom Ablauf und den Systemeingängen abhängen.

Kontinuierlich wirkende Aktion (nicht gespeicherte Aktion)

Alle Ausgangsvariablen, die mit dem aktiven Schritt verknüpft sind und deren Zuweisungsbedingungen erfüllt sind, wird der Wert „TRUE" zugewiesen. Allen anderen Ausgängen wird der Wert „FALSE" zugewiesen.

Symbol	Erläuterung
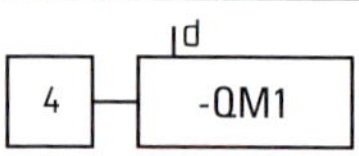	Ausgang -QM1 „TRUE", wenn Schritt 4 aktiv ist und die Zuweisungsbedingung d erfüllt ist.
Zeitabhängige Zuweisungsbedingungen	
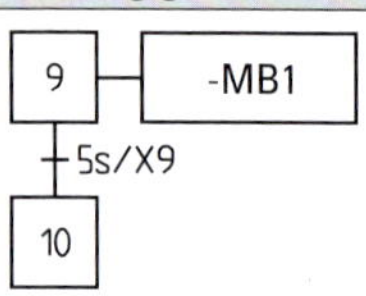	Soll nach Ablauf einer definierten Zeit in den nächsten Schritt weiter geschaltet werden, so ist als Weiterschaltbedingung die Zeit und der boolesche Zustand des aktiven Schritts, getrennt durch einen Schrägstrich, anzugeben (X = Bool). **Beispiel:** Die Steuerung schaltet 5 Sekunden nach Aktivierung von Schritt 9 in den Schritt 10 weiter.
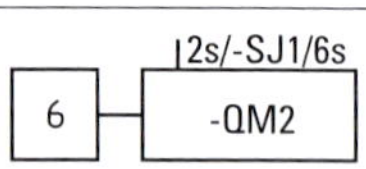	Die Zuweisungsbedingung für -QM2 ist erst 2 Sekunden nachdem „-SJ1" vom Zustand „0" nach „1" wechselt TRUE. 6 Sekunden nachdem „a" vom Zustand „1" nach „0" wechselt wird sie FALSE.
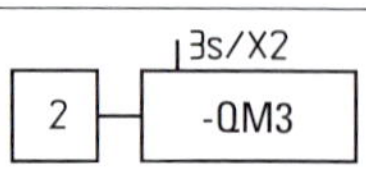	Verzögerte Aktion: Ausgang -QM3 nimmt den Wert TRUE an, nachdem 3 Sekunden seit der Aktivierung von Schritt 2 vergangen sind. Ist die Aktivierung von Schritt 2 kleiner als 3 Sekunden wird dem Ausgang der Wert TRUE nicht zugewiesen. Zeitbegrenzte Aktion: Wird die Zuweisungsbedingung negiert $\overline{3\ s/X2}$ erhält Ausgang -QM3 für 3 s nach Aktivierung von Schritt 2 den Wert TRUE. Ist Schritt 2 weniger als 2 s aktiv erhält QM3 solange den Wert TRUE solange Schritt 2 aktiv ist

GRAFCET (Fortsetzung) DIN EN 60848 : 2014-12

Gespeichert wirkende Aktion

Der Wert einer Ausgangsvariablen, welcher von einer gespeichert wirkenden Aktion abhängt, bleibt unverändert, bis ein neues hierzu bestimmtes Ereignis diesen Wert ändert.

Eine gespeichert wirkende Aktion hat im Rechteck eine Kennzeichnung, welche beschreibt, wie der Ausgangsvariablen (*) ein bestimmter Wert (#) entsprechend der Zuordnungsregeln zugeordnet wird.

Symbol	Erläuterung
[ ] ⊢ [* := #]	allgemeines Symbol: Zuordnung des Wertes # zur Variablen * Bei einer gespeichert wirkenden Aktion wird die Variable * auf den Wert # gesetzt, wenn eines der mit der Aktion verknüpftes Ereignis eintritt.
Beispiele:	
1 ⊢ -SJ1:=1	Der Wert der booleschen Variablen -SJ1 wird auf TRUE gesetzt. -SJ1 := 1 beschreibt die Zuweisung des Wertes 1 zur booleschen Variablen SJ1, wenn eines der mit der Aktion verknüpften Ereignisse eintritt.
12 ⊢ A := 0	Der Wert der booleschen Variablen A wird auf FALSE gesetzt. A := 0 beschreibt die Zuweisung des Wertes 0 zur booleschen Variablen A, wenn eines der mit der Aktion verknüpften Ereignisse eintritt.
5 ⊢ C := C+1	Die Formulierung C := C+1 beschreibt die Zuordnung des Wertes C+1 zur numerischen Variablen C. Hierbei erfolgt die Erhöhung eines Zählers um den Wert 1, wenn eines mit der Aktion verknüpften Ereignisse eintritt.
12 ⊢↑ B := 1	Aktion bei Aktivierung: Der booleschen Variablen B wird der Wert 1 zugeordnet, wenn eines der Ereignisse eintritt, welches zur Aktivierung von Schritt 12 führt. Zum Ausschalten muss an anderer Stelle der Wert 0 zugewiesen werden.
8 ⊢↓ F := 1	Aktion bei Deaktivierung: Der booleschen Variablen F wird der Wert 1 zugeordnet, wenn eines der Ereignisse eintritt, welches zur Deaktivierung von Schritt 8 führt.
10 ⊢ -MB1:=1 ↑(-SJ1 + -SJ2)	Aktion bei einem Ereignis: Der Variablen -MB1 wird der Zustand a zugeordnet, wenn das Ereignis (-SJ1+-SJ2) eintritt und gleichzeitig der Schritt 10 aktiv ist.
" * " 21 „Warteschritt"	Kommentar: Wird den graphischen Elementen eines GRAFCET-Plans ein Kommentar zugeordnet, so muss dieser in Anführungsstriche gestellt werden. Der Kommentar „Warteschritt" bezieht sich auf Schritt 21.

Beispiele zur Struktur mit den Schrittsymbolen: „Einschließende Schritte" (s. S 17)

Eine Gruppe von Schritten wird nur dann als einschließender Schritt bezeichnet, wenn dieser aktiv ist und mindestens einer der eingeschlossenen Schritte auch aktiv ist.
Einen aktiven Schritt erkennt man an dem Asteriskus „*", das zur Linken des aktiven Schrittes steht.
Bei Deaktivierung eines einschließenden Schritts werden sämtliche eingeschlossene Schritte deaktiviert.

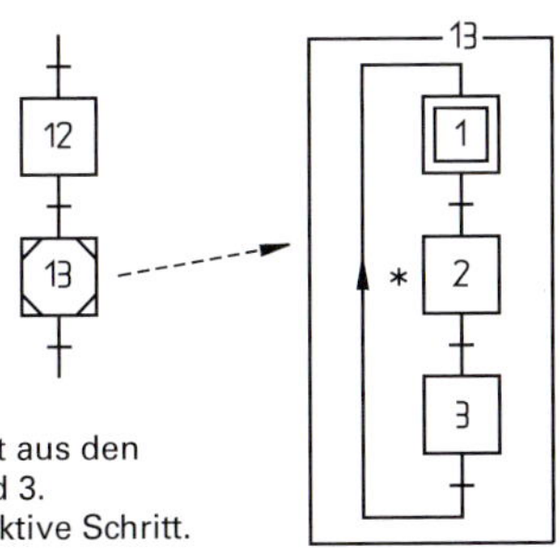

Schritt 13 besteht aus den Schritten 1, 2 und 3.
Schritt 2 ist der aktive Schritt.

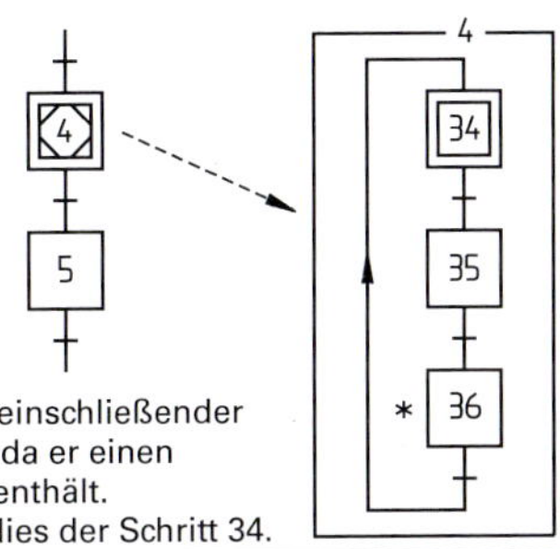

Schritt 4 ist ein einschließender Anfangsschritt, da er einen Anfangsschritt enthält.
Im Beispiel ist dies der Schritt 34.

Allgemeine Darstellung von Logikfunktionen

DIN 19226-3 : 1994-02[1]

Logische Gleichung	Logikfunktion	Bildzeichen	Pneumatisches Schaltbild	Elektrisches Schaltbild	Wahrheitstafel
$A1 = E1 \wedge E2$	**UND** Konjunktion **(AND)**	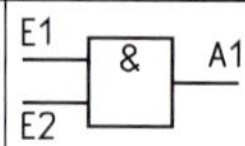	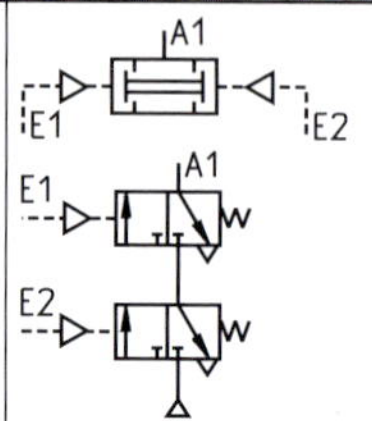	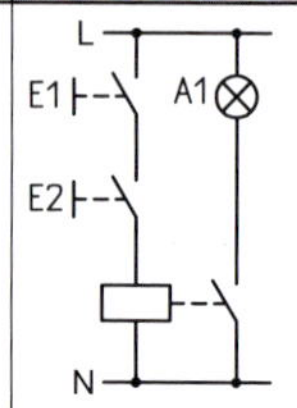	E_2 E_1 A_1 0 0 0 0 1 0 1 0 0 1 1 1
$A1 = E1 \vee E2$	**ODER (OR)**	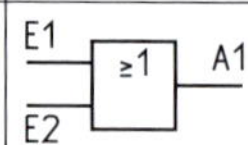	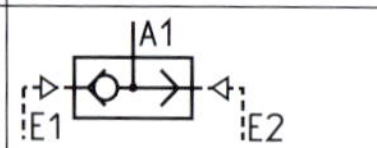	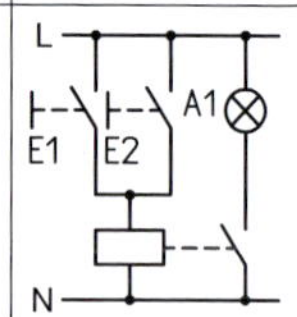	E_2 E_1 A_1 0 0 0 0 1 1 1 0 1 1 1 1
$A1 = (\overline{E1} \wedge E2) \vee (E1 \wedge \overline{E2})$	**Exklusiv-ODER (XOR)**	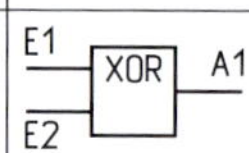	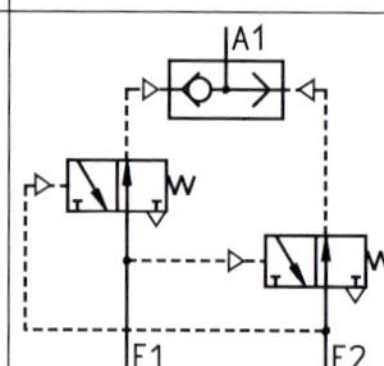	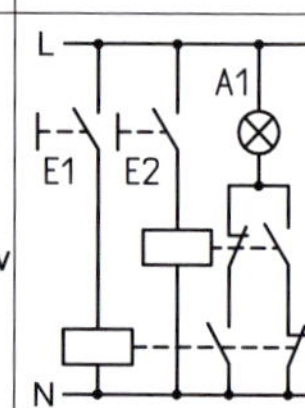	E_2 E_1 A_1 0 0 0 0 1 1 1 0 1 1 1 0
$A1 = \overline{E1}$	**Negation NICHT (NOT)**	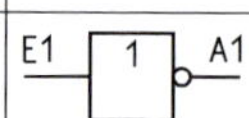	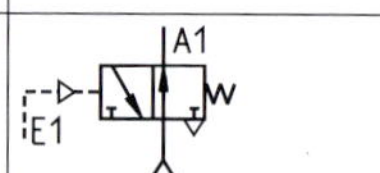	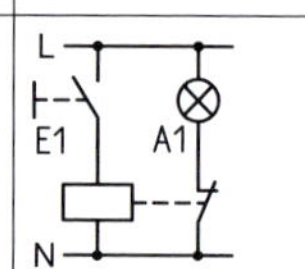	E_1 A_1 0 1 1 0
$A1 = \overline{E1 \wedge E2}$ $A1 = \overline{E1} \vee \overline{E2}$	**UND-NICHT (NAND)**	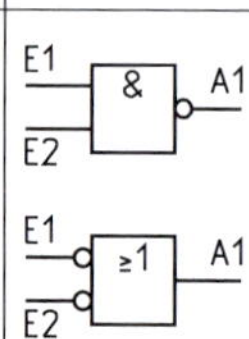	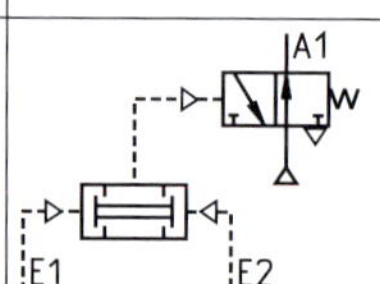	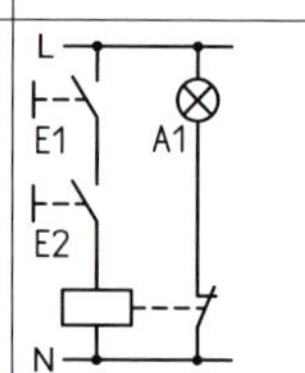	E_2 E_1 A_1 0 0 1 0 1 1 1 0 1 1 1 0
$A1 = \overline{E1 \vee E2}$ $A1 = \overline{E1} \wedge \overline{E2}$	**ODER-NICHT (NOR)**	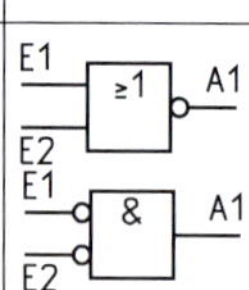	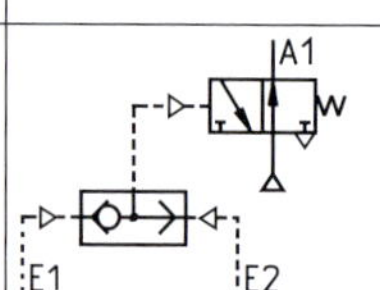	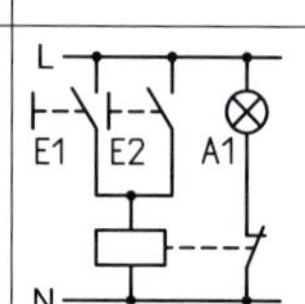	E_2 E_1 A_1 0 0 1 0 1 0 1 0 0 1 1 0
$A1 = E1$	**Identität** Verstärker	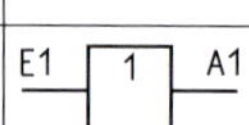	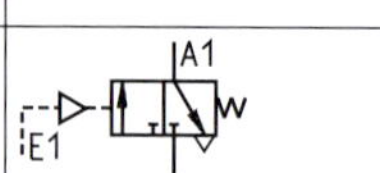		
S = Setzen R = Rücksetzen	**Speicher** Flip-Flop	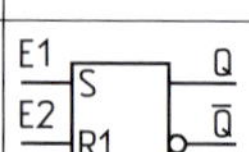	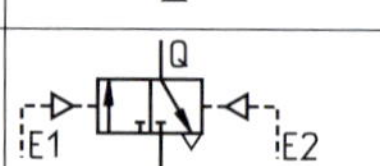 Selbsthaltung	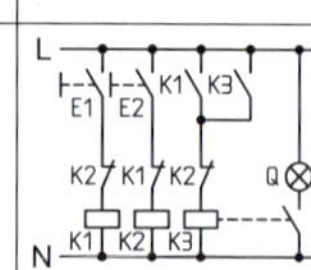	E_2 E_1 Q 0 0 * 0 1 1 1 0 0 1 1 * * unbestimmt oder vorheriger Zustand

[1] zurückgezogen

Symbole für Logikfunktionen

DIN EN 60617-12 : 1999-04

UND-Element	**ODER-Element**	**Äquivalenz-Element**	**Exklusiv-ODER-Element**	**Dynamischer Eingang**
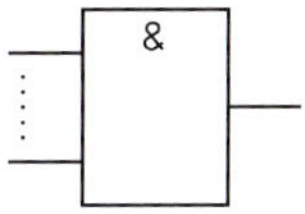 Ausgang hat Signal 1, wenn alle Eingänge den Signalzustand 1 haben.	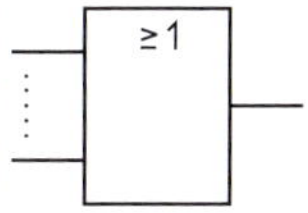 Ausgang hat Signalzustand 1, wenn mindestens ein oder alle Eingänge Signal 1 führen.	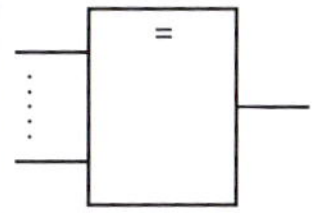 Ausgang hat Signal 1, wenn alle Eingänge den gleichen Zustand 0 oder 1 haben.	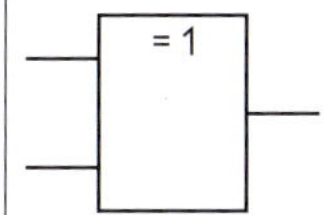 Ausgang hat nur dann Signal 1, wenn einer der beiden Eingänge Signal 1 führt, nicht beide.	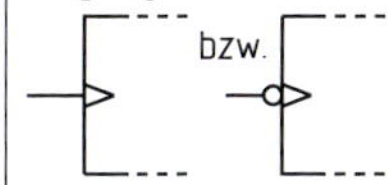 Der Ausgang führt nur in der Zeit Signal 1, in der sich am Eingang das Signal von 0 auf 1 bzw. von 1 auf 0 ändert (Flankenauswertung).
Majoritäts-Element	**Schwellwert-Element**	**(m aus n)-Element**	**Ungerade-Element**	**Gerade-Element**
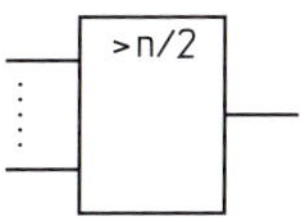 Der Ausgang hat Signal 1, wenn die Mehrheit der Eingänge Signal 1 führt.	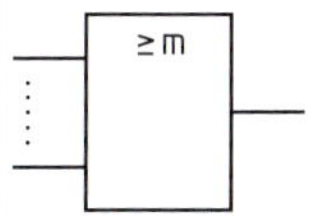 Hat die Zahl der Eingänge m oder >m das Signal 1, hat auch der Ausgang Signal 1.	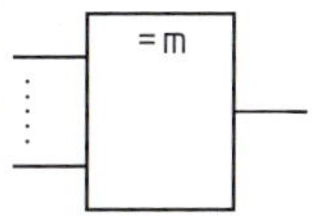 Ausgang hat Signal 1, wenn m Eingänge von n das Signal 1 führen.	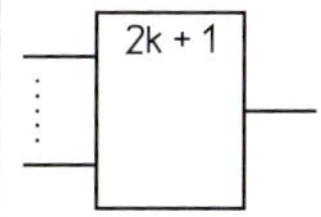 Wenn eine ungerade Anzahl von Eingängen das Signal 1 hat (1–3–5 ···), dann hat auch der Ausgang Signal 1.	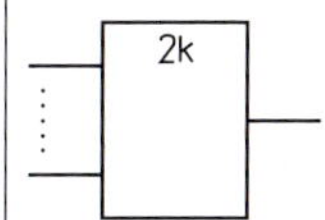 Paritäts-Element. Ausgang hat Signal 1, wenn eine gerade Zahl von Eingängen (0–2–4 ···) Signal 1 führt.
Bistabiles Speicher-Element	**Bistabiles Speicher-Element**	**Bistabiles Speicher-Element**	**Bistabiles Speicher-Element**	**Verzögerungs-Element**
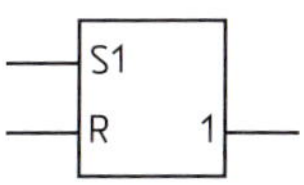 Setzen ist dominant. 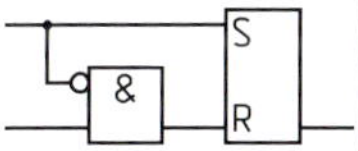	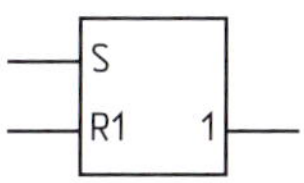 Rücksetzen ist dominant. 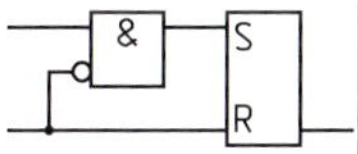	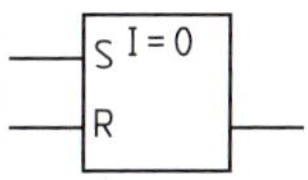 Ausgang hat Zustand 0 bei Einschalten der Versorgungsspannung.	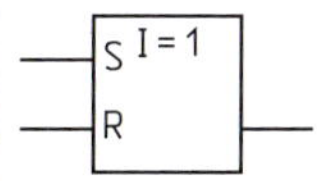 Ausgang hat Signal 1 bei Einschalten der Versorgungsspannung.	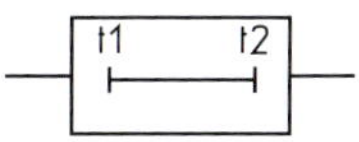 t_1 Ansprechverzögerungszeit t_2 Rückfallverzögerungszeit. Zeit einschreiben, Angabe auch außerhalb des Symbols möglich.

Logikfunktionsschaltpläne, Beispiele für zusammenhängende Darstellung

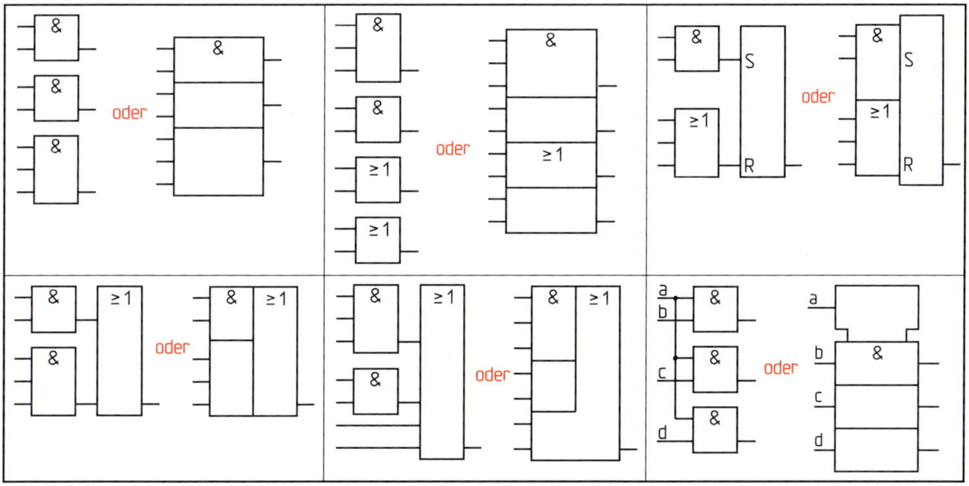

Grundlagen der Steuerungstechnik

Darstellung von Zeitfunktionen

Bezeichnung Funktion	Bildzeichen	Pneumatisches Schaltbild bzw. Bauteil	Elektrisches Schaltbild	Signalverlauf
Impuls SI	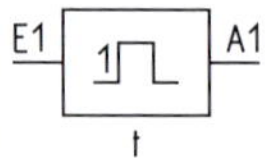	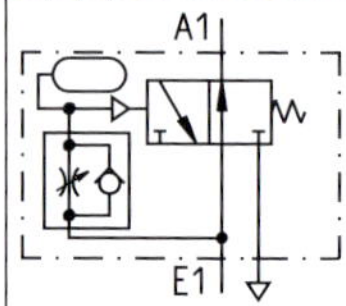	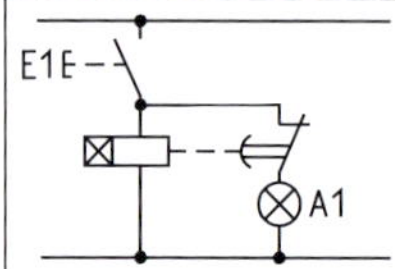	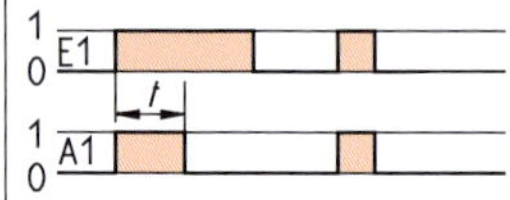
Schließer ansprechverzögert (schließt verzögert) SE	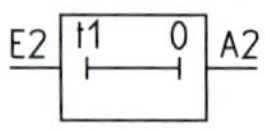	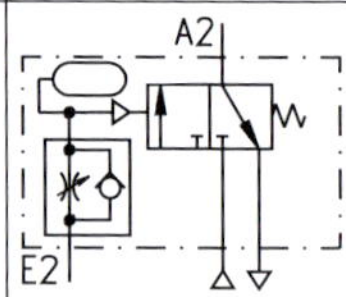	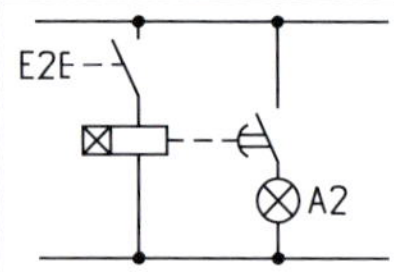	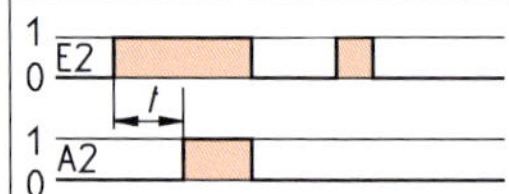
Öffner ansprechverzögert (öffnet verzögert)	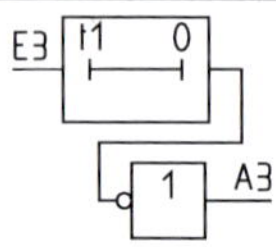	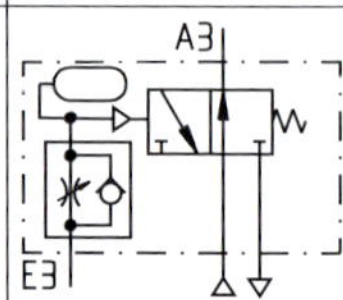	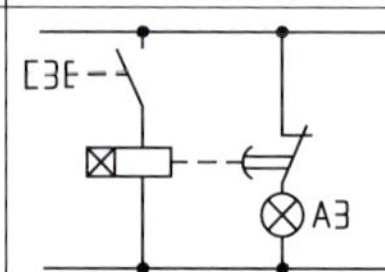	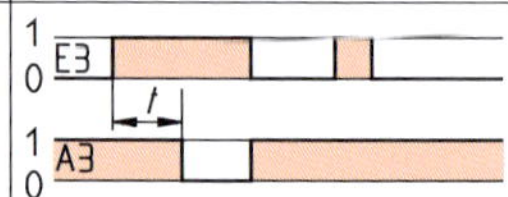
Schließer rückfallverzögert (öffnet verzögert) SA	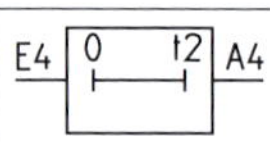	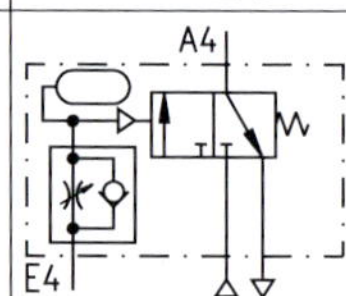	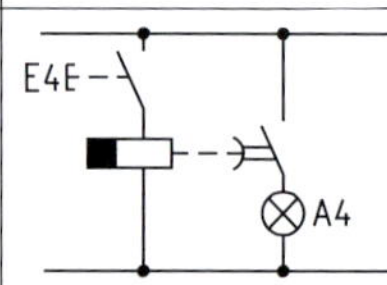	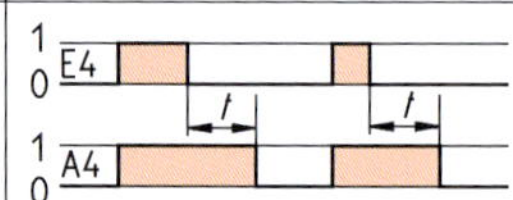
Öffner rückfallverzögert (schließt verzögert)	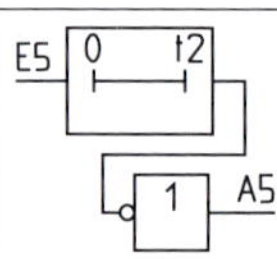	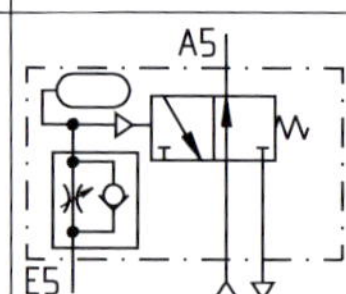	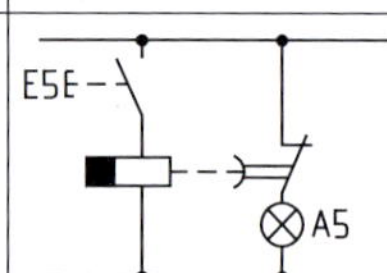	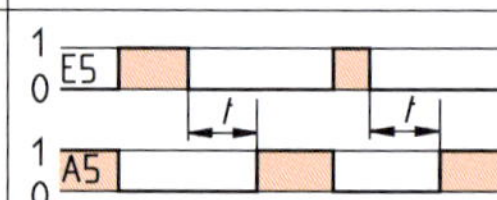

Rechenregeln der Schaltungsalgebra

Operationszeichen DIN 66000 : 1985-11

Konjunktion	$\wedge$	UND	Äquivalenz	$\leftrightarrow$	
Disjunktion	$\vee$	ODER	Antivalenz	$\nleftrightarrow$	XOR
Negation	$-$, $\neg$		Implikation	$\rightarrow$	
Identität	$=$		NAND $\overline{\wedge}$		NOR $\overline{\vee}$

Postulate

$1 \wedge 1 = 1$	$1 \vee 1 = 1$	$\overline{0} = 1$
$1 \wedge 0 = 0 \wedge 1 = 0$	$1 \vee 0 = 0 \vee 1 = 1$	$\overline{1} = 0$
$0 \wedge 0 = 0$	$0 \vee 0 = 0$	$\overline{\overline{1}} = 1$

Theoreme

$0 \wedge E_1 = E_1 \wedge 0 = 0$	$0 \vee E_1 = E_1 \vee 0 = 0$
$1 \wedge E_1 = E_1 \wedge 1 = E_1$	$1 \vee E_1 = E_1 \vee 1 = 1$
$E_1 \wedge E_1 \wedge E_1 \wedge \dots = E_1$	$E_1 \vee E_1 \vee E_1 \vee \dots = E_1$
$E_1 \wedge \overline{E_1} = \overline{E_1} \wedge E_1 = 0$	$E_1 \vee \overline{E_1} = \overline{E_1} \vee E_1 = 1$

Kommutatives Gesetz	Assoziatives Gesetz
$E1 \wedge E2 = E1 \wedge E2$	$E1 \wedge E2 \wedge E3 = (E1 \wedge E2) \wedge E3$
$E1 \vee E2 = E1 \vee E2$	$E1 \vee E2 \vee E3 = (E1 \vee E2) \vee E3$

Distributives Gesetz

$(E1 \wedge E2) \vee (E1 \wedge E3) = E1 \wedge (E2 \vee E3)$
$(E1 \vee E2) \wedge (E1 \vee E3) = E1 \vee (E2 \wedge E3)$

De Morgan'sche Regel

$\overline{E_1 \vee E_2 \vee E_3 \vee \dots} = \overline{E_1} \wedge \overline{E_2} \wedge \overline{E_3} \wedge \dots$
$\overline{E_1 \wedge E_2 \wedge E_3 \wedge \dots} = \overline{E_1} \vee \overline{E_2} \vee \overline{E_3} \vee \dots$

Shannon'sche Theoreme

$E_1 \vee (E_1 \wedge E_2) = E_1$
$E_1 \wedge (E_1 \vee E_2) = E_1$
$E_1 \wedge (\overline{E_1} \vee E_2) = E_1 \wedge E_2$
$E_1 \vee (\overline{E_1} \wedge E_2) = E_1 \vee E_2$
$(E_1 \vee E_2) \wedge (\overline{E_1} \vee E_3) = (E_1 \wedge E_3) \vee (\overline{E_1} \wedge E_2)$
$(E_1 \vee E_2) \wedge (\overline{E_1} \vee \overline{E_2}) = (E_1 \wedge \overline{E_2}) \vee (\overline{E_1} \wedge E_2)$

Speicherprogrammierbare Steuerung

Programmiersprachen

DIN EN 61 131-3 : 2014-06

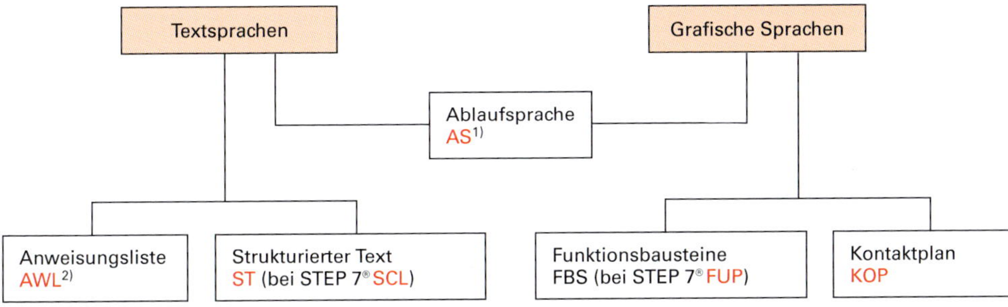

[1] Beschreibung von Ablaufketten durch Schritte u. Übergangsbedingungen (Transitionen). Die einzelnen Schritte und Übergangsbedingungen können in Text- oder grafischer Sprache programmiert werden.
[2] AWL ist als Programmiersprache zukünftig nicht mehr erwünscht.

Gemeinsame Elemente von SPS-Sprachen

DIN EN 61 131-3 : 2014-06

Begrenzungszeichen (Auswahl) Tabelle 1

Zeichen	Gebrauch
(*..*)oder/*..*/ //	Mehrzeilenkommentar Einzelzeilenkommentar
+	Führendes Vorzeichen von Dezimalzahlen, Additonsoperator
–	Führendes Vorzeichen von Dezimalzahlen, Jahr-Monat-Tag-Trennzeichen, Subtraktion, Negationsoperator, Horizontal Linie (FBS, KOP)
#	Basiszahl, Zeit-literal-Trennzeichen
.	Ganze Zahl/Bruch-Trennzeichen, Trennzeichen in: hierarchische Adresse, strukturiertem Element, FBS-Struktur
;	Trennzeichen für Typendeklaration, Anweisung-Trennzeichen

Zeichen	Gebrauch
( )	Anweisungsliste-Modifizierer/Operator, Begrenzungszeichen für FBS-Eingangsliste
,	Aufzählungslisten-, Anfangswert-, Feldindex-Trennzeichen, Trennzeichen für deklarierte Variablen
:=	Initialisierungsoperator, Eingangsverbindungsoperator, Zuweisungsoperator
e oder E	Real-Exponent-Begrenzungszeichen
$	Anfang von Sonderzeichen in Folge
:	Variablen/Typ- und Schrittnamen-Trennzeichen, Netzwerkmarken-Trennzeichen, Anweisungsmarken-Trennzeichen
%	Direkt-Darstellung-Präfix

Standardfunktionen Tabelle 2

Name	Symbol	Bedeutung
ADD	+	Addition
SUB	–	Subtraktion
MUL	*	Multiplikation
DIV	/	Divison
MOVE	:=	Übertragung
AND	&	Boolesches UND
OR	>=1[3]	Boolesches ODER
XOR	=2k+1	Boolesches Exklusiv-ODER
NOT	—	Negation

Name	Symbol	Bedeutung
S	—	Setzen des Operanden bei Verknüpfungsergebnis „1“ auf „1“
R	—	Rücksetzen des Operanden bei Verknüpfungsergebnis „1“ auf „0“
GT	>	Vergleich auf größer
GE	>=	Vergleich auf größer oder gleich
EQ	=	Vergleich auf gleich
LE	<=	Vergleich auf kleiner oder gleich
LT	<	Vergleich auf kleiner
NE	<>	Vergleich auf ungleich

[3] Anstelle von >=1 werden auch folgende Symbole verwendet: ≥ 1 oder ≧ 1.

Deklaration

DIN EN 61 131-3 : 2014-06

Variablen und Funktionsbausteine (z. B. Speicher, TIMER...) müssen deklariert werden. Dies erfolgt im Deklarationsteil des Programms unter Verwendung der entsprechenden Schlüsselwörter (siehe S 25 Tabelle 1). Für Funktionsbausteine können Instanzen (Kopien) erstellt werden. Jede Instanz besitzt einen Namen (Instanzennamen), und einen Datenbereich, der ihre Variablen beinhaltet. Dadurch können die Funktionsbausteine in unterschiedlichen Programmen verwendet werden.

Die Deklaration erfolgt im dafür vorgesehenen Deklarationsteil unter Verwendung der entsprechenden Schlüsselwörter nach folgendem Schema:

```
VAR                                   — Beginn des Deklarationsteils
START AT %IX4.3 : BOOL := FALSE;      — Deklarationsausdruck
END_VAR                               — Ende des Deklarationsteils
```

`START AT %IX4.3 : BOOL := FALSE;`

- `;` – Semikolon als Trennzeichen einzelner Befehle
- `FALSE` – Vorbelegung des Variablenwerts
- `:=` – Zuweisung (Operator)
- `BOOL` – Schlüsselwort Datentyp (Boolesche Variable)
- `:` – Doppelpunkt
- `4.3` – Bit-Eingang 4.3
- `%IX` – % direkt adressierte Variable
I Ortspräfix Speicherort Eingang
X Größenpräfix Einzel-Bit (BOOL)
- `AT` – Speicherortzuweisung
- `START` – Variablenname (Bezeichner)

Tabelle 1

Beispiel	Bemerkung	
VAR	FLIP_FLOP	Name des Funktionsbausteins
FLIP_FLOP: RS; (*Speicher*)	RS	Art des Funktionsbausteins
END_VAR	(*Speicher*)	Kommentar
VAR_INPUT	VAR_INPUT	Eingangsvariable
Meldung: REAL;	Meldung	Variablenname
END_VAR	REAL	Datentyp

Variablen und Datentypen

DIN EN 61 131-3 : 2014-06

Einzelelement-Variablen

Tabelle 2

Ortspräfix	Bedeutung	Beispiele
I Q M (DB)	Speicherort Eingang Speicherort Ausgang Speicherort Merker (Speicherort Datenbaustein; nur in STEP 7®)	%IX4.3 Eingangsbit 4.3 %QX1.2 Ausgangsbit 1.2 %QW Ausgangswort 2
Größenpräfix		**Abweichung in STEP 7®**
X B W D L	Einzel-Bit-Größe Byte-(8 Bit-)Größe Wort-(16 Bit-)Größe Doppelwort-(32 Bit-)Größe Langwort-(64 Bit-)Größe	STEP 7® verzichtet auf die Kennzeichnung „X" und „%" vor den absolut adressierten Operanden. Anstelle von %IX4.3 heißt der Bit-Eingang in deutscher Version E 4.3 und in der englischen Version I 4.3

Schlüsselwörter von elementaren Datentypen (Auszug) Tabelle 1

Schlüsselwort	Datentyp	Bits
BOOL	boolesche	1
INT SINT DINT LINT REAL LREAL	ganze Zahl (INTeger) kurze ganze Zahl doppelte ganze Zahl lange ganze Zahl reelle Zahl lange reelle Zahl	16 8 32 64 32 64
TIME S5 TIME DATE	Zeitdauer Zeitdauer (S5-Format) Datum	Implementierungsabhängig Zeitraster 10 ms, 100 ms, 1 s, 10 s Implementierungsabhängig
STRING	variabel lange Zeichenfolge	Implementierungsabhängig
BYTE WORD DWORD LWORD	Bit-Folge der Länge 8 Bit-Folge der Länge 16 Bit-Folge der Länge 32 Bit-Folge der Länge 64	8 16 32 64

Deklaration von Variablen Tabelle 2

Schlüsselwort	Bezeichnung und Gebrauch	Hinweise für STEP 7®
VAR	Lokalvariable: innerhalb der Organisationseinheit	Statische Lokaldaten (Gedächtnis)
VAR_INPUT	Eingangsvariable: Von außerhalb geliefert, nicht innerhalb der Organisationseinheit änderbar	Eingangsparameter
VAR_OUTPUT	Ausgangsvariable: Von der Organisationseinheit nach außen geliefert	Ausgangsparameter
VAR_IN_OUT	Durchgangsvariable: Von außen geliefert, kann innerhalb der Organisationseinheit geändert werden	Durchgangsparameter
VAR_GLOBAL	Deklaration von globalen Variablen	Globaldaten: Deklaration in Symboltabelle
VAR_EXTERNAL	Von der Konfiguration geliefert, kann innerhalb der Organisationseinheit geändert werden	Entfällt
VAR_ACCESS	Deklaration von einem Zugriffspfad	–
RETAIN	Gepufferte Variable (Remanenzverhalten)	In CPU einstellbar
CONSTANT	Konstante Variable, nicht änderbar	–
AT	Zuweisung eines Speicherorts	Entfällt

Speicherprogrammierbare Steuerung

Elemente zur Anweisungsliste (AWL)

DIN EN 61 131-3 : 2014-06

Aufbau einer Anweisung

START : LD %IX1.0 (*TASTER*)

- (*TASTER*) — Kommentar[1)]
- %IX1.0 — Operand
- LD — Operator
- : — Doppelpunkt
- START — Marke[1)]

[1)] Der „Kommentar" und „Marke" ist für die Funktionsfähigkeit des Programms nicht erforderlich.

Beispiele:

```
ANDN    %IX2.3 (*Sensor_Werkstück*)
ST      %QX1.0
```

Operatoren der Anweisungsliste

Operator	Modifizierer	Beschreibung
LD	N	Setzt aktuelles Ergebnis dem Operanden gleich
ST	N	Speichert aktuelles Ergebnis auf Operandenadresse
S	–	Setzt bool. Operator „1"
R	–	Setzt bool. Operator auf „0" zurück
AND,&	N, (	Boolesches UND
OR	N, (	Boolesches ODER
XOR	N, (	Boolesches Exklusiv ODER
ADD	(	Addition
SUB	(	Subtraktion
MUL	(	Multiplikation
DIV	(	Division

Operator	Modifizierer	Beschreibung
GT	(	Vergleich: >
GE	(	Vergleich: >=
EQ	(	Vergleich: =
NE	(	Vergleich: <>
LE	(	Vergleich: <=
LT	(	Vergleich: <
JMP	C, N	Sprunganweisung: Sprung zur Marke
CAL	C, N	Aufruf Funktionsbaustein
RET	C, N	Rücksprung
)	–	Bearbeitung zurückgestellter Operationen

Elemente zum Strukturierten Text (ST)

DIN EN 61 131-3 : 2014-06

Aufbau einer Anweisung für ST

A :=B AND C;

- B — Operand
- AND — Operator
- C — Operand
- ; — Semikolon
- B AND C — Ausdruck
- := — Zuweisungsoperator
- A — Variablenangabe

Anweisung für ST s. Kap. Informationsverarbeitung – Basic

Anweisungstyp	Beschreibung
:=	Zuweisung
RETURN	Rücksprung
IF	bedingte Anweisung
CASE	Auswahlanweisung

Anweisungstyp	Beschreibung
FOR	Wiederholungsanweisung
WHILE	Wiederholungsanweisung
REPEAT	Wiederholungsanweisung
EXIT	Verlassen einer Wiederholungsanweisung

Symbole für Kontaktpläne (KOP)

DIN EN 61 131-3 : 2014-06

Symbol	Beschreibung	Symbol	Beschreibung	Symbol	Beschreibung
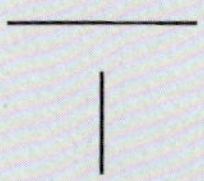	Verbindungselement horizontal vertikal	—| |—	Kontakt Schließer, Abfrage auf logisch 1	—(S)— —(R)—	SETZE-Spule[1], speichert Verknüpfungsergebnisse (VKE) RÜCKSETZE-Spule[1], löscht VKE
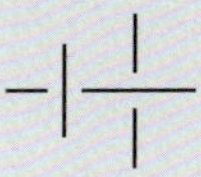	Linienkreuzung ohne Verbindung	—|/|—	Kontakt Öffner, Abfrage auf logisch 0	—(M)—	Gepufferte Speicherspule[1], Speicherinhalt bleibt bei Ausfall der Versorgungsspannung erhalten
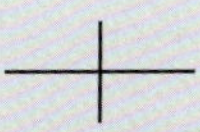	Horizontale/vertikale Verbindung	—|P|—	Kontakt: Erkennung von positivem Übergang, Signal von 0 auf 1	—(SM)—	SETZE gepufferte Speicherspule[1]
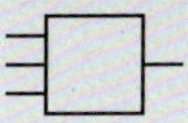	Blöcke mit Verbindungslinien z. B. Zähler, Timer	—|N|—	Kontakt: Erkennung von negativem Übergang, Signal von 1 auf 0	—(RM)—	RÜCKSETZE gepufferte Speicherspule[1]
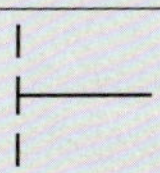	Linke Stromschiene	—( )—	Spule, Zuweisung oder auch Ausgabe	—(P)—	Spule zu Erkennung von positivem Übergang
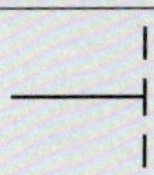	Rechte Stromschiene	—(/)—	Negative Spule, Zuweisung-, Abschlussoperation negiert	—(N)—	Spule zu Erkennung von negativem Übergang

[1] Speichernde Spulen

Beispiele zur Programmierung einer SPS

In den nachfolgenden Beispielen werden absolute Adressen (Eingänge, Ausgänge, Merker) verwendet. Anstelle der absoluten Adressen %IX.., %QX.. können auch Variablen verwendet werden. Hierfür sind Variablendeklarationen erforderlich.

Negation (NOT) am Ausgang

FBS (Funktionsbaustein)	KOP (Kontaktplan)	Bemerkung
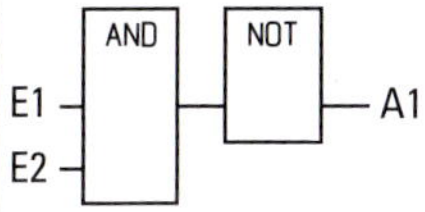		Der Ausgang nimmt nur dann den Signalzustand „1" an, wenn die AND-Funktion **nicht** erfüllt ist.
AWL (Anweisungsliste)	**ST (Strukturierter Text)**	
LD E1 AND E2 NOT ST A1	A1:=NOT (E1 AND E2);	

Speicherprogrammierbare Steuerung

Beispiele zur Programmierung einer SPS (Fortsetzung)

UND/UND-NICHT (AND/AND NOT)

FBS (Funktionsbaustein)	KOP (Kontaktplan)	Bemerkung
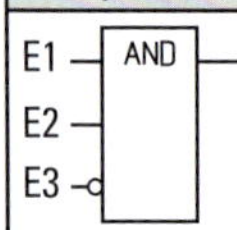		Der Ausgang nimmt den Signalzustand „1" an, wenn folgende Bedingungen erfüllt sind: 1-Signal an Eingang E1 UND E2 UND 0-Signal an Eingang E3.
AWL (Anweisungsliste)	**ST (Strukturierter Text)**	
LD E1 AND E2 ANDN E3 ST A1	A1:=E1 AND E2 AND NOT E3;	

ODER/ODER-NICHT (OR/OR NOT)

FBS (Funktionsbaustein)	KOP (Kontaktplan)	Bemerkung
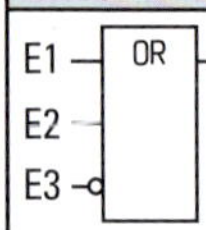		Der Ausgang nimmt den Signalzustand „1" an, wenn folgende Bedingungen erfüllt sind: An Eingang E1 ODER Eingang E2 liegt ein 1-Signal ODER an Eingang E3 liegt ein 0-Signal.
AWL (Anweisungsliste)	**ST (Strukturierter Text)**	
LD E1 OR E2 ORN E3 ST A1	A1:=E1 OR E2 OR NOT E3;	

Exklusiv ODER (XOR)

FBS (Funktionsbaustein)	KOP (Kontaktplan)	Bemerkung
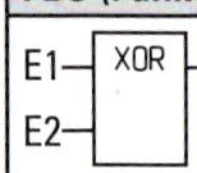	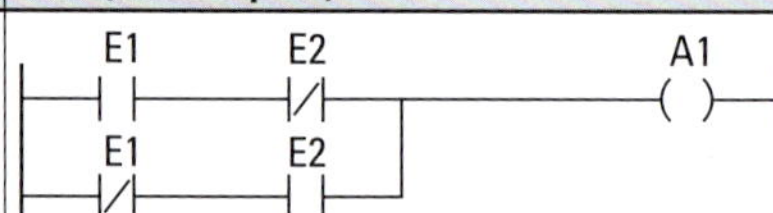	Der Ausgang nimmt nur dann den Signalzustand „1" an, wenn die beiden Eingänge unt3erschiedliche Signalzustände haben.
AWL (Anweisungsliste)	**ST (Strukturierter Text)**	
LD E1 XOR E2 ST A1	A1:=E1 XOR E2;	

SR-Speicher, setzen dominant

FBS (Funktionsbaustein)	KOP (Kontaktplan)	Bemerkung
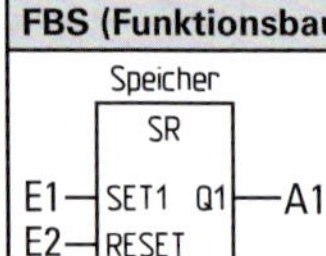	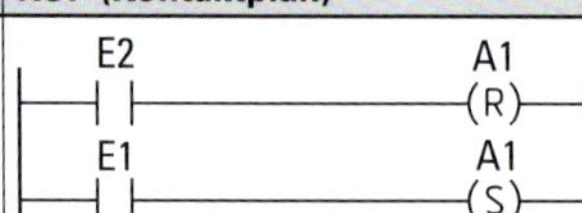	Deklaration des Funktionsbausteins: **VAR** Speicher: SR; **END_VAR** INSTANZENNAME: „Speicher" Man erkennt die Dominanz „Setzen", an SET1. Liegt an den Eingängen SET1 und RESET gleichzeitig ein 1-Signal an, so wird der Speicher gesetzt; Q1=1
AWL (Anweisungsliste)		
CAL Speicher (SET1:=E1, RESET:=E2) LD Speicher.Q1 ST A1		
ST (Strukturierter Text)		
Speicher (SET1:=E1, RESET:=E2); A1:=Speicher.Q1;		

Beispiele zur Programmierung einer SPS (Fortsetzung)

RS-Speicher, rücksetzen dominant

FBS (Funktionsbaustein)

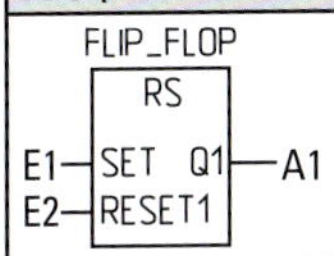

KOP (Kontaktplan)

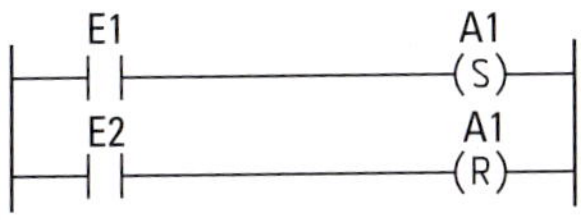

AWL (Anweisungsliste)

```
CAL     FLIP_FLOP(SET:=E1, RESET1:=E2)
LD      FLIP_FLOP.Q
ST      A1
```

ST (Strukturierter Text)

```
FLIP_FLOP(SET:=E1, RESET1:=E2);
A1:=FLIP_FLOP.Q1;
```

Bemerkung

Deklaration des Funktionsbausteins:
VAR
FLIP_FLOP: RS;
END_VAR

INSTANZENNAME:
„FLIP_FLOP"

Man erkennt die Dominanz „Rücksetzen", an RESET1.

Liegt an den Eingängen SET und RESET1 gleichzeitig ein 1-Signal an, so wird der Speicher rückgesetzt; Q1=0

Erkennung ansteigende Flanke (R_TRIG)

FBS (Funktionsbaustein)

KOP (Kontaktplan)

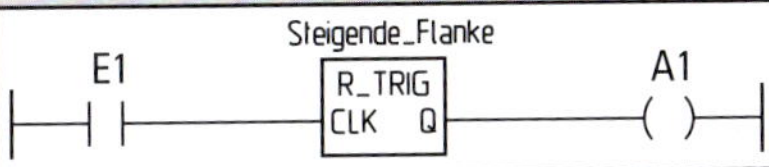

AWL (Anweisungsliste)

```
CAL     Steigende_Flanke (CLK:=E1)
LD      Steigende_Flanke.Q1
ST      A1
```

ST (Strukturierter Text)

```
Steigende_Flanke(CLK:=E1);
A1:=Steigende_Flanke.Q;
```

Bemerkung

Deklaration des Funktionsbausteins:
VAR
Steigende_Flanke:
R_TRIG;
END_VAR

INSTANZENNAME:
„Steigende_Flanke"

Bei einem Signalwechsel an CLK von „0" auf „1" entsteht am Ausgang für einen Zyklus ein 1-Signal (Impuls)

Erkennung abfallende Flanke (F_TRIG)

FBS (Funktionsbaustein)

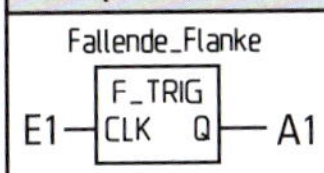

KOP (Kontaktplan)

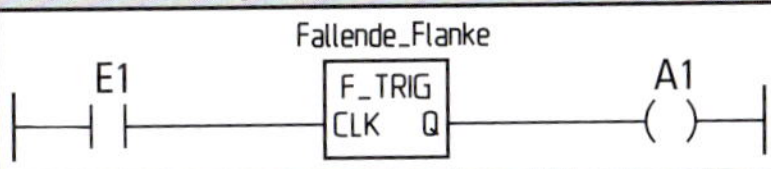

AWL (Anweisungsliste)

```
CAL     Fallende_Flanke (CLK:=E1)
LD      Fallende_Flanke.Q
ST      A1
```

ST (Strukturierter Text)

```
Fallende_Flanke(CLK:=E1);
A1:=Fallende_Flanke.Q;
```

Bemerkung

Deklaration des Funktionsbausteins:
VAR
Fallende_Flanke:
F_TRIG;
END_VAR

INSTANZENNAME:
„Fallende_Flanke"

Bei einem Signalwechsel an CLK von „1" auf „0" entsteht am Ausgang für einen Zyklus ein 1-Signal (Impuls)

Speicherprogrammierbare Steuerung

Zeitfunktionen

In der Norm DIN EN 61131-3 sind neben einer Echtzeituhr drei Standardfunktionsbausteine für die Zeitbildung festgelegt. Die genormten Bausteine besitzen gegenüber den Zeitbausteinen in vielen SPS-Programmiersystemen keine Rücksetzeingänge.

Signal-Zeit-Diagramme der Zeitfunktionen

Name	Funktion Grafische Darstellung	Zeitdiagramm
TP	Erzeugen eines Impulses 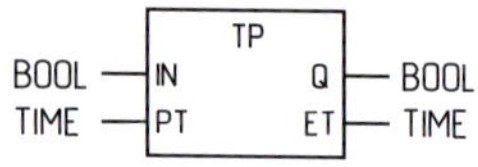	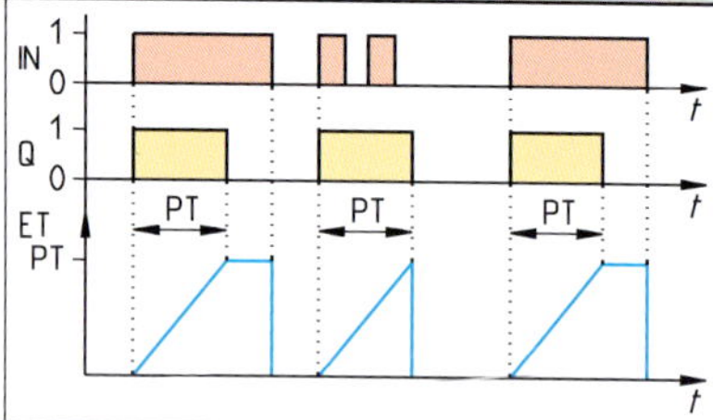
TON	Einschaltverzögerung 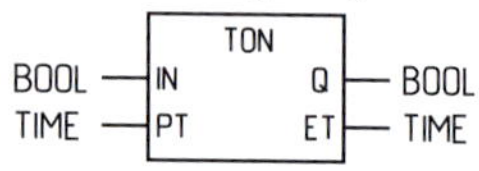	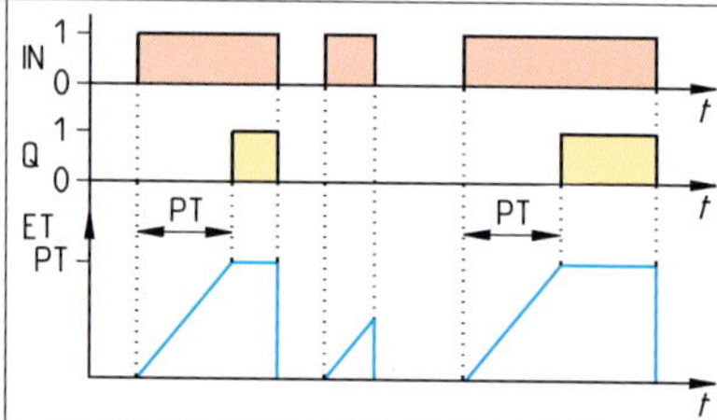
TOF	Ausschaltverzögerung 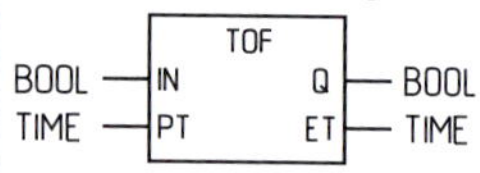	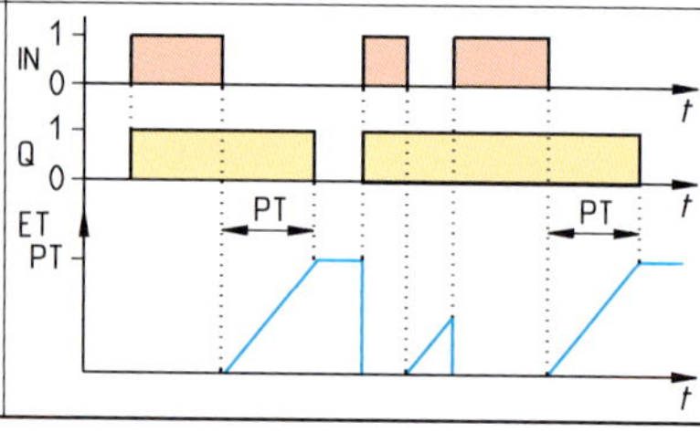

Bedeutung der Ein- und Ausgänge

IN = Starteingang vom Typ BOOL
PT = Zeitvorgabe (Preset Time)
Q = Status der Zeit vom Typ BOOL
ET = Abgelaufene Zeit (Elapsed Time)

Pulsgeber (TP; TIME Puls)

FBS (Funktionsbaustein)	KOP (Kontaktplan)	Bemerkung
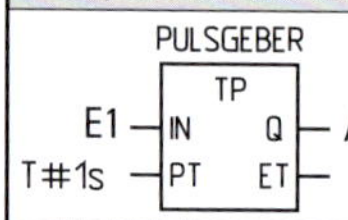	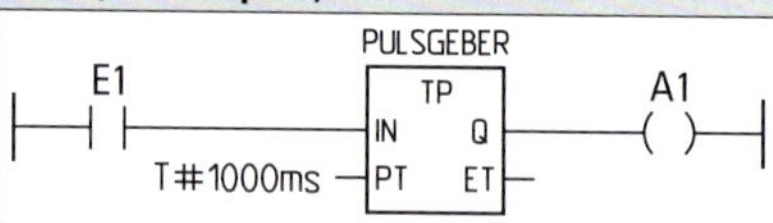	Deklaration des Funktionsbausteins: **VAR** PULSGEBER: TP; **END_VAR**
AWL (Anweisungsliste)		INSTANZENNAME: „PULSGEBER"
CAL PULSGEBER(IN:=E1, PT:=T#1000ms) LD PULSGEBER.Q ST A1		Dies entspricht nicht einem SI-TIMER nach STEP 7®.
ST (Strukturierter Text)		
PULSGEBER(IN:=E1, PT:=T#1s); A1:=PULSGEBER.Q;		Signaldiagramm und Erläuterung der Ein- u. Ausgangs-Parameter s. S27

Die Zeitangabe kann in h, min, s oder ms erfolgen.

Zeitfunktionen (Fortsetzung)

Einschaltverzögerung (TON; TIMER On-Delay)

FBS (Funktionsbaustein)

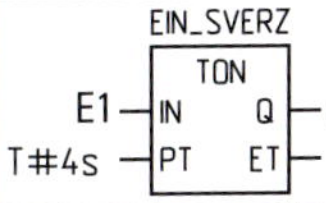

KOP (Kontaktplan)

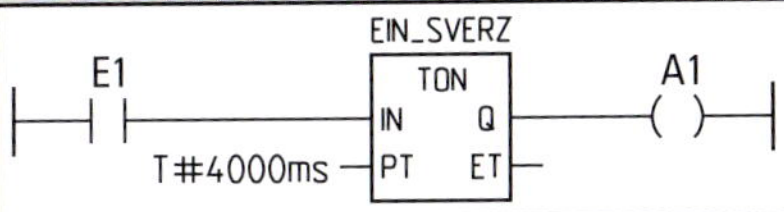

AWL (Anweisungsliste)

```
CAL    EIN_SVERZ(IN:=E1, PT:=T#4s)
LD     EIN_SVERZ.Q
ST     A1
```

ST (Strukturierter Text)

```
EIN_SVERZ(IN:=E1, PT:=T#4s);
A1:=EIN_SVERZ.Q;
```

Bemerkung

Deklaration des Funktionsbausteins:
VAR
EIN_SVERZ: TON;
END_VAR

INSTANZENNAME:
„EIN_SVERZ“

Signaldiagramm und Erläuterung der Ein- und Ausgangs-Parameter s. S 27

Die Zeitangabe kann in h, min, s oder ms erfolgen.

Ausschaltverzögerung (TOF; TIMER Off-Delay)

FBS (Funktionsbaustein)

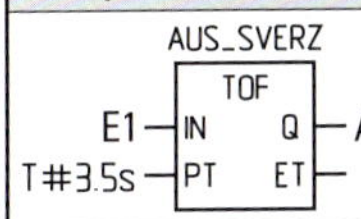

KOP (Kontaktplan)

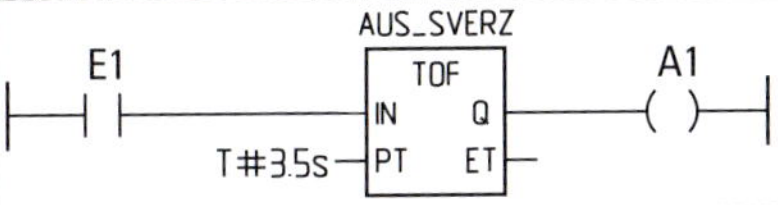

AWL (Anweisungsliste)

```
CAL    AUS_SVERZ(IN:=E1, PT:=T#3500ms)
LD     AUS_SVERZ.Q
ST     A1
```

ST (Strukturierter Text)

```
AUS_SVERZ(IN:=E1, PT:=T#3.5s);
A1:=AUS_SVERZ.Q;
```

Bemerkung

Deklaration des Funktionsbausteins:
VAR
AUS_SVERZ: TOF;
END_VAR

INSTANZENNAME:
„AUS_SVERZ“

Signaldiagramm und Erläuterung der Ein- und Ausgangs-Parameter s. S 27

Die Zeitangabe kann in h, min, s oder ms erfolgen.

Zählfunktionen

Bezeichnungen der Ein- und Ausgangsvariablen

Bezeichnung	Erklärung
CU (Count Up)	Aufwärtszählen bei positiver Flanke, Typ BOOL[1]
CD (Count Down)	Abwärtszählen bei positiver Flanke, Typ BOOL[1]
RESET	Rücksetzen (Zählerstand auf 0), Typ BOOL
LOAD	Bewirkt das Laden des Zählers mit Wert PV, Typ BOOL
PV (Preset Value)	Vorgabewert (Zählziel), mit dem der Zähler geladen wird, Typ INT
CV (Current Value)	Aktueller Wert (Zählerstand), Typ INT
Q	Ausgang, Typ BOOL, ist gesetzt, wenn das obere Zählziel PV (beim CTU) bzw. das untere Zählziel (beim CTD) erreicht ist.
QU	Ausgang, Typ BOOL, ist gesetzt, wenn das obere Zählziel PV beim allgemeinen Zähler CTUD erreicht ist.
QD	Ausgang, Typ BOOL, ist gesetzt, wenn das untere Zählziel 0 beim allgemeinen Zähler CTUD erreicht ist.

[1] Der Zählerstand ergibt sich aus der Anzahl der positiven Signalflanken an den Eingängen der Zähler. Die Eingänge CU und CD sind flankengetriggert.

Speicherprogrammierbare Steuerung

Zählfunktionen (Fortsetzung)

Aufwärtszähler (CTU; Count Up)

FBS (Funktionsbaustein)

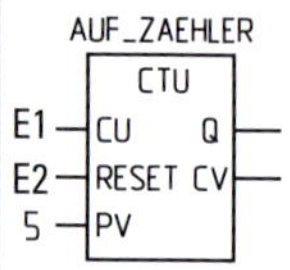

KOP (Kontaktplan)

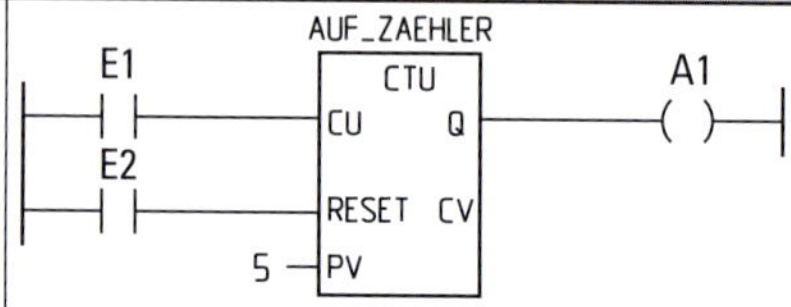

AWL (Anweisungsliste)

```
CAL    AUF_ZAEHLER(CU:=E1, RESET:=E2, PV:=5)
LD     AUF_ZAEHLER.Q
ST     A1
```

ST (Strukturierter Text)

```
AUF_ZAEHLER(CU:=E1, RESET:=E2, PV:=5);
A1:=AUF_ZAEHLER.Q;
```

Bemerkung

Wenn **RESET** „TRUE" ist, wird die Zählvariable CV mit 0 besetzt. Wenn an CU eine positive Flanke liegt, dann wird CV um 1 erhöht, solange CV kleiner als Pvmax ist.

Q liefert 1-Signal, wenn CV ≥ PV ist.

Abwärtszähler (CTD; Count Down)

FBS (Funktionsbaustein)

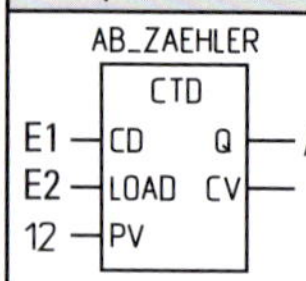

KOP (Kontaktplan)

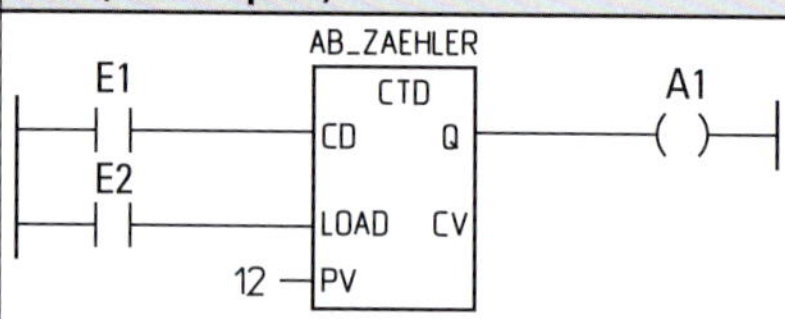

AWL (Anweisungsliste)

```
CAL    AB_ZAEHLER(CD:=E1, LOAD:=E2, PV:=12)
LD     AB_ZAEHLER.Q
ST     A1
```

ST (Strukturierter Text)

```
AB_ZAEHLER(CD:=E1, LOAD:=E2, PV:=12);
A1:=AB_ZAEHLER.Q;
```

Bemerkung

Wenn **LOAD** „TRUE" ist, wird die Zählvariable CV mit der Obergrenze PV gleichgesetzt.
Wenn **LOAD** „FALSE" ist und an CD eine positive Flanke anliegt, dann wird CV um 1 vermindert, solange CV kleiner als Pvmin ist.

Q liefert 1-Signal, wenn CV ≤ 0 ist.

Auf- u. Abwärtszähler (CTUD; Count Up-Down)

FBS (Funktionsbaustein)

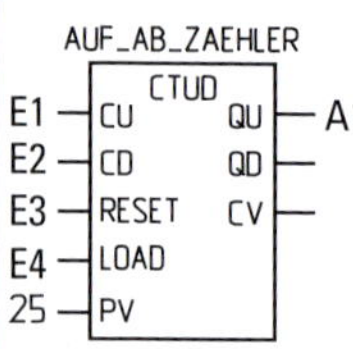

KOP (Kontaktplan)

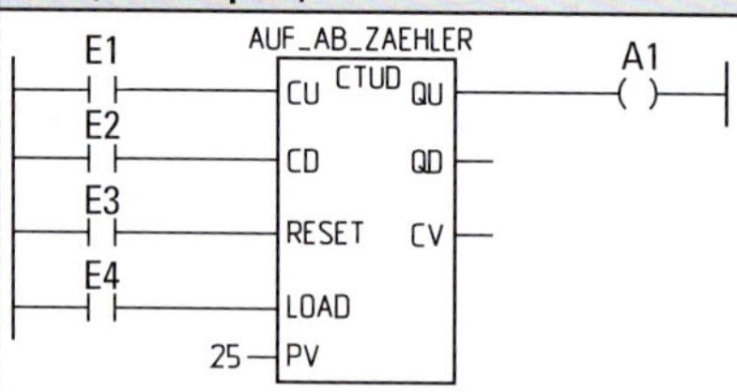

AWL (Anweisungsliste)

```
CAL    AUF_AB_ZAEHLER(CU:=E1, CD:=E2, RESET:=E3,
                      LOAD:=E4, PV:=25)
LD     AUF_AB_ZAEHLER.QU
ST     A1
```

ST (Strukturierter Text)

```
AUF_AB_ZAEHLER(CU:=E1, CD:=E2, RESET:=E3,
               LOAD:=E4, PV:=25);
A1:=AUF_AB_ZAEHLER.QU;
```

Bemerkung

Kombination aus Aufwärts- und Abwärtszähler.

QU liefert „TRUE", wenn CV ≥ PV geworden ist.

QD liefert „TRUE", wenn CV ≤ 0 geworden ist.

Speicherprogrammierbare Steuerung

Beispiele zur Programmierung einer SPS mit STEP 7®

Bei der Programmierung mit **absoluten Adressen** werden die Adressen in der Form E0.1, M1.0, A2.2 ... angegeben. Nach der Norm DIN EN 61131-3 werden in der SPS-Programmierung ausschließlich **symbolische Adressen** verwendet.

FUP Funktionsplan	**AWL** Anweisungsliste	**SCL** Strukturierter Text	**Bemerkung**
NOT (Negation)			
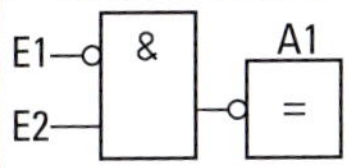	UN E1 U E2 NOT = A1	A1 :=NOT (NOT E1 AND E2);	Der Signalwert einer Eingangsvariablen oder einer Verknüpfung wird durch eine **NEGATION** invertiert. Mit der Operation **NOT** kann z. B. aus einer UND-Verknüpfung eine UND-NICHT-Verknüpfung (NAND-Verknüpfung) erzeugt werden.
UND (AND)			
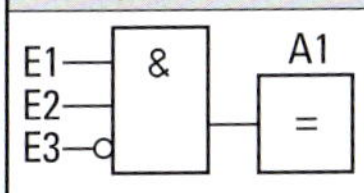	U E1 U E2 UN E3 = A1	A1 :=E1 AND E2 AND NOT E3;	
ODER (OR)			
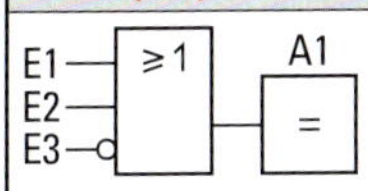	O E1 O E2 ON E3 = A1	A1 :=E1 OR E2 OR NOT E3;	
XOR (Exklusiv – ODER)			
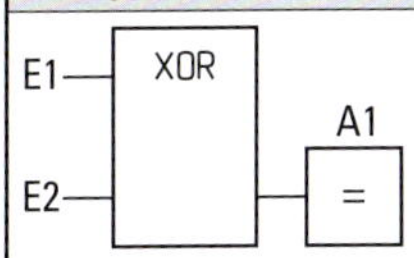	X E1 X E2 = A1	A1 :=E1 XOR E2;	Der Ausgang nimmt nur dann den Signalzustand „1“ an, wenn die beiden Eingänge unterschiedliche Signalzustände haben.
RS-Speicher; Speicher setzdominant			
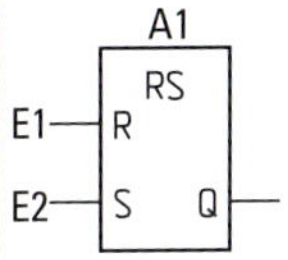	U E1 R A1 U E2 S A1	IF E1=1 THEN A1 :=0; END_IF; IF E2=1 THEN A1 :=1; END_IF;	Von Setz- und Rücksetzanweisung ist die in der AWL oder in SCL zuletzt genannte Anweisung die dominante.
SR-Speicher; Speicher rücksetzdominant			
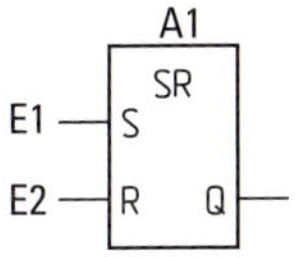	U E1 S A1 U E2 R A1	IF E1=1 THEN A1 :=1; END_IF; IF E2=1 THEN A1 :=0; END_IF;	
Flankenauswertung, positive Flanke			
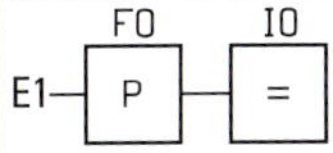	U E1 FP FO = IO	IF E1=1 AND FO=0 THEN IO :=1; ELSE IO :=0; END_IF; FO :=E1	Aus einem Dauersignal wird ein Impuls gebildet der nur einen Zyklus lang aktiv ist.
Flankenauswertung, negative Flanke			
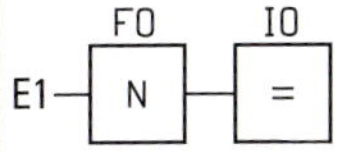	U E1 FN FO = IO	IF E1=0 AND FO=1 THEN IO :=1; ELSE IO :=0; END_IF; FO :=E1	

Speicherprogrammierbare Steuerung

Beispiele zur Programmierung einer SPS mit STEP 7® (Fortsetzung)

FUP Funktionsplan	AWL Anweisungsliste	SCL Strukturierter Text	Bemerkung
Lade- und Transfer-Funktionen; MOVE-Box			
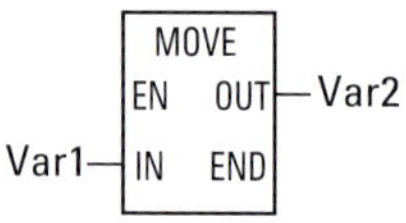	L Var1 T Var2	Var2:=Var1	Diese Operation überträgt den Wert der Variablen Var1 an die Variable Var2.
Impuls/SI-TIMER			
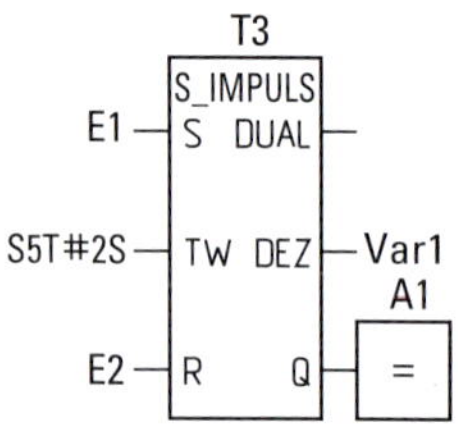	U E11 L S5T#2S SI T3 U E2 R T3 LC T3 T Var1 U T3 = A1	BCD-Zeitwert:=S_PULSE (T_NO:=T3, S:=E1, TW:=t#2S, R:=E2, Q:=A1); BCD-Zeitwert: Deklariert als Datentyp „S5TIME" Die Timer-Funktion hat in SCL den DEZ-Ausgang als definierten Ausgang. Dadurch kann der Zeitwert an eine Anzeige ausgegeben werden.	Aus einem Dauersignal am Eingang wird ein Impuls entsprechend der festgelegten Zeit gebildet. s. S 35
Einschaltverzögerung/SE-TIMER			
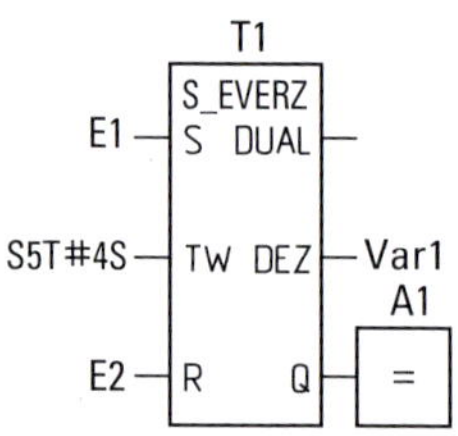	U E1 L S5T#4S SE T1 U E2 R T1 LC T1 T Var1 U T1 = A1	SE_TIMER:=S_ODT (T_NO:=T1, S:=E1, TW:=t#4S, R:=E2, Q:=A1); SE_TIMER: Deklariert als Datentyp „S5TIME" Die Timer-Funktion hat in SCL den DEZ-Ausgang als definierten Ausgang. Dadurch kann der Zeitwert an eine Anzeige ausgegeben werden.	Liegt ein Eingangssignal an, dann liefert der Timer nach einer bestimmten Zeit eine ansteigende Flanke. s. S 35
Ausschaltverzögerung/SA-TIMER			
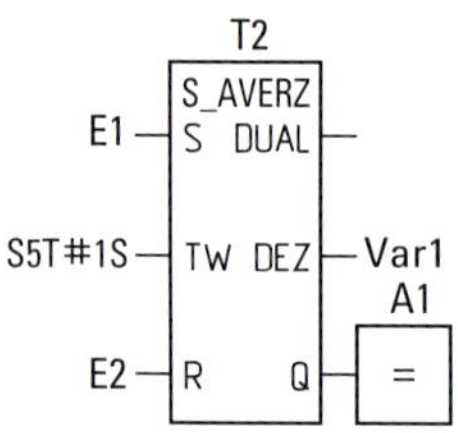	U E1 L S5T#1S SA T2 U E2 R T2 LC T2 T Var1 U T2 = A1	BCD-Zeitwert:=S_OFFDT (T_NO:=T2, S:=E1, TW:=t#4S, R:=E2, Q:=A1); BCD-Zeitwert: Deklariert als Datentyp „S5TIME" Die Timer-Funktion hat in SCL den DEZ-Ausgang als definierten Ausgang. Dadurch kann der Zeitwert an eine Anzeige ausgegeben werden.	Wird das Eingangssignal weggenommen so liefert der Ausgang des Timers noch eine bestimmte Zeit ein 1-Signal. s. S 35
Verlängerter Impuls/SV-TIMER			
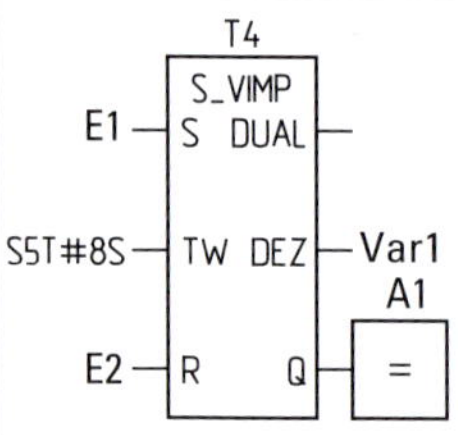	U E1 L S5T#8S SV T4 U E2 R T4 LC T4 T Var1 U T4 = A1	BCD-Zeitwert:=S_PEXT (T_NO:=T4, S:=E1, TW:=t#8S, R:=E2, Q:=A1); BCD-Zeitwert: Deklariert als Datentyp „S5TIME" Die Timer-Funktion hat in SCL den DEZ-Ausgang als definierten Ausgang. Dadurch kann der Zeitwert an eine Anzeige ausgegeben werden.	Aus einem Kurzimpuls oder einem Dauerimpuls am Eingang wird am Ausgang ein Signal mit programmierbarer Dauer erzeugt. s. S 35

Beispiele zur Programmierung einer SPS mit STEP 7® (Fortsetzung)

FUP Funktionsplan	AWL Anweisungsliste	SCL Strukturierter Text	Bemerkung
Speichernde Einschaltverzögerung/SS-TIMER			
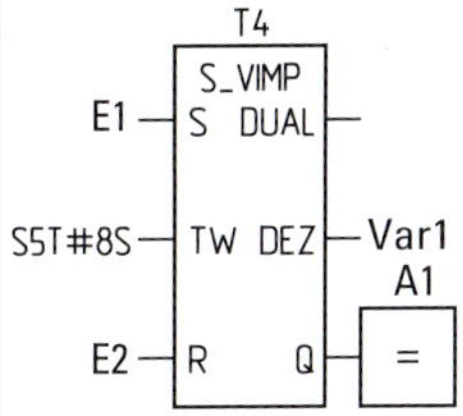	U E1 L S5T#1S SS T5 U E2 R T5 LC T5 T Var1 U T5 = A1	Zeitelement:=S_ODTS (T_NO:=T5, S:=E1, TW:=t#1S, R:=E2, Q:=A1); Zeitelement: Deklariert als Datentyp „S5TIME" Die Timer-Funktion hat in SCL den DEZ-Ausgang als definierten Ausgang. Dadurch kann der Zeitwert an eine Anzeige ausgegeben werden.	Bei einem Zustandswechsel von „0" nach „1" wird die Zeit gestartet. Unabhängig vom weiteren Signalzustand am Eingang, führt der Ausgang nach der abgelaufenen Zeit ein 1-Signal bis an R ein 1-Signal liegt. s. Zeitdiagramme

Zeitdiagramme

IMPULS SI

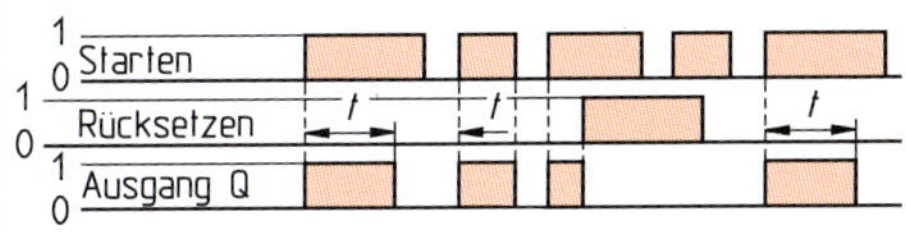

Bezeichnung in
AWL: SI
FUP: S_IMPULS
SCL: S_PULSE;

EINSCHALTVERZÖGERUNG SE

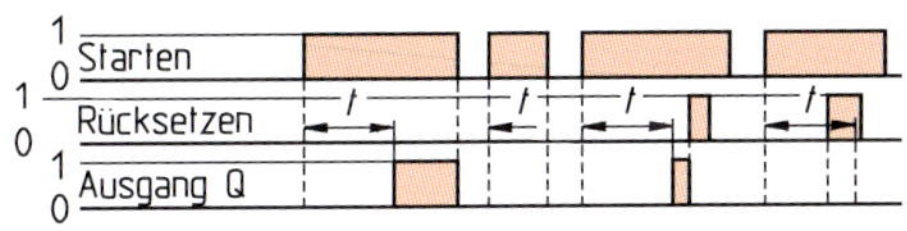

Bezeichnung in
AWL: SE
FUP: S_EVERZ
SCL: S_ODT;

AUSSCHALTVERZÖGERUNG SA

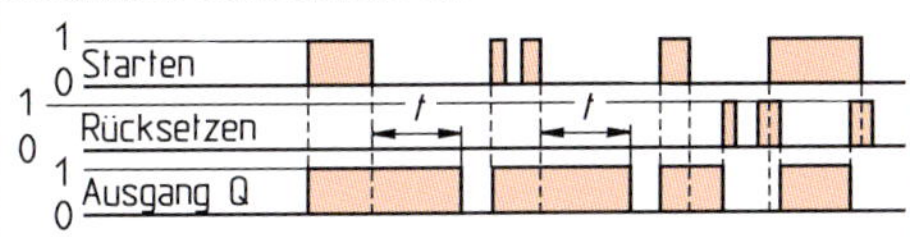

Bezeichnung in
AWL: SA
FUP: S_AVERZ
SCL: S_OFFDT;

VERLÄNGERTER IMPULS SV

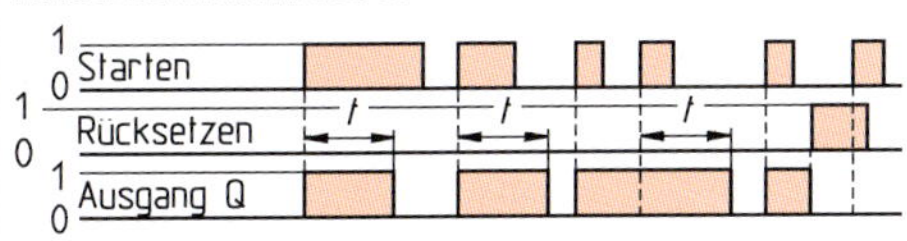

Bezeichnung in
AWL: SV
FUP: S_VIMP
SCL: S_PEXT;

SPEICHERNDE EINSCHALTVERZÖGERUNG SS

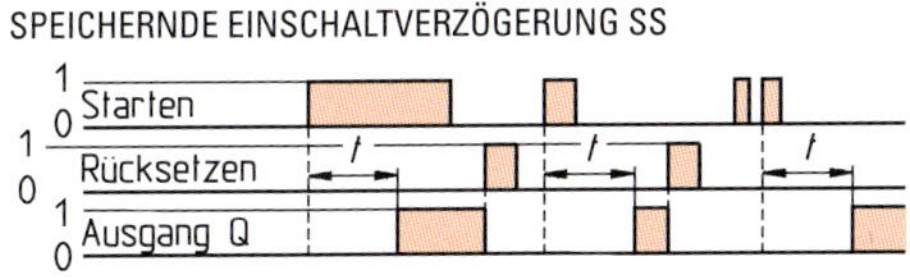

Bezeichnung in
AWL: SS
FUP: S_SEVERZ
SCL: S_ODTS;

Wird die Zeitdauer als Konstante vorgegeben, so kann der Anwender nach folgender Syntax die Zeitdauer eingeben:

S5T # aH_bbM_ccS_dddMS

Dabei bedeuten: a = Stunden, bb = Minuten, cc = Sekunden, ddd = Millisekunden.

Beispiel: 500 ms S5T#500MS
25,5 s S5T#25S 500MS

Die Umwandlung der Syntaxeingabe in die Wortdarstellung mit Zeitraster und Zeitfaktor erfolgt durch die Progammierungssoftware.

Wird die Zeit codiert angegeben gilt:

Codezahl	Zeitbasis
0	0,01 s
1	0,1 s
2	1,0 s
3	10,0 s

Beispiel
300.1 => 300 * 0,1 s = 30 s
3.3 => 3 * 10 s = 30 s

(Bei STEP 5 z. B. LKT 50.1)

Beispiele zur Programmierung einer SPS mit STEP 7® (Fortsetzung)

FUP Funktionsplan	AWL Anweisungsliste	SCL Strukturierter Text	Bemerkung
Vorwärtszähler			
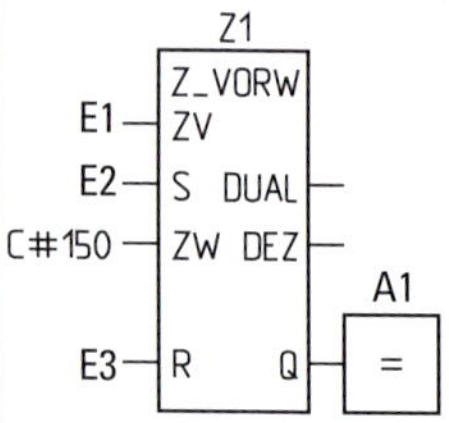	U E1 ZV Z1 U E2 L C#150 S Z1 U E3 R Z1 U Z1 = A1	BCD_WERT:=S_CU (C_NO:=Z1, CU:=E1, S:=E2, PV:=16#150, R:=E3, Q=A1); BCD_WERT: Deklariert als Datentyp „WORD“	Bei einem Signalwechsel von „0“ nach „1“ am Eingang ZV wird der Zählwert um eins erhöht. Obergrenze ist 999.
Rückwärtszähler			
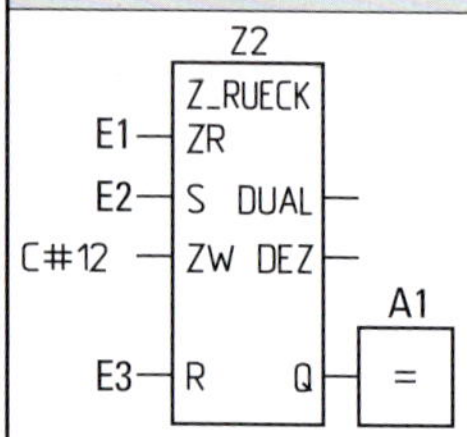	U E1 ZR Z2 U E2 L C#12 S Z2 U E3 R Z2 U Z2 = A1	BCD_WERT:=S_CD (C_NO:=Z2, CD:=E1, S:=E2, PV:=16#12, R:=E3, Q=A1); BCD_WERT: Deklariert als Datentyp „WORD“	Bei einem Signalwechsel von „0“ nach „1“ am Eingang ZR wird der Zählwert um eins vermindert, bis die untere Grenze „0“ erreicht ist. Ein Zählen mit negativem Wert findet nicht statt.
Vorwärts-/Rückwärtszähler			
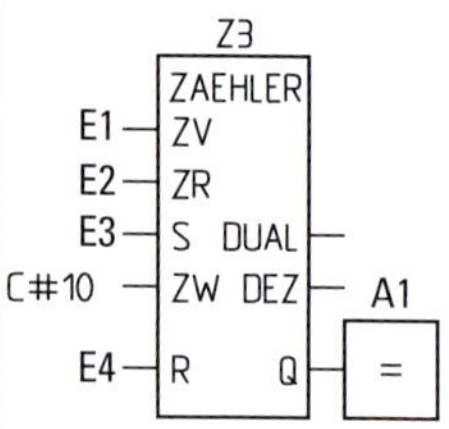	U E1 ZV Z3 U E2 ZR Z3 U E3 L C#10 S Z3 U E4 R Z3 U Z3 = A1	Z_WERT:=S_CUD (C_NO:=Z3, CU:=E1, CD:=E2, S:=E3, PV:=16#10, R:=E4, Q=A1); Z_WERT: Deklariert als Datentyp „WORD“	Bei dieser Zählerfunktion kann sowohl der Vorwärtszähleingang ZV als auch der Rückwärtszähleingang ZR belegt werden.

Hinweis: In STEP 5 erfolgt die Zahlenwertangabe mit LKZ ... (Bsp. LKZ10)

Vergleichsfunktionen (s. Seite S 20 Tabelle 2)

Beispiel für Datentyp Integer (INT)

AWL	FUP	SCL	Bemerkung

L Var1
L Var2
>I
=A1
	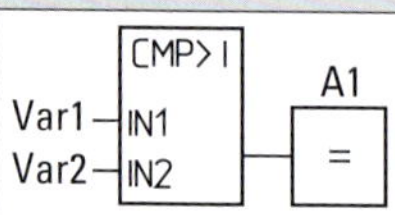	IF Var1 > Var2 THEN
		A1:= TRUE;
		ELSE
		A1:= FALSE;
		END_IF
			Vergleichsfunktionen werden dazu verwendet, die Werte zweier Operanden des gleichen Datentyps zu vergleichen.
			Das Ergebnis des Vergleichs steht als boolscher Wert zur Verfügung.

Bei der Darstellung der anderen Vergleichsfunktionen ändert sich jeweils nur das Relationszeichen (≥, ==, <>, ≤, <).

Ablaufsteuerung

Ablaufsteuerungen können mittels einer Schrittsteuerung realisiert werden. Dabei können diese pneumatisch, elektropneumatisch oder speicherprogrammiert ausgeführt.

Darstellung einer linearen Ablaufsteuerung nach DIN EN 61131-3 : 2014-06

Bei der technischen Umsetzung der Ablaufsteuerung mittels einer speicherprogrammierbaren Steuerung erfolgt die Darstellung häufig mithilfe der Ablaufsprache (AS).

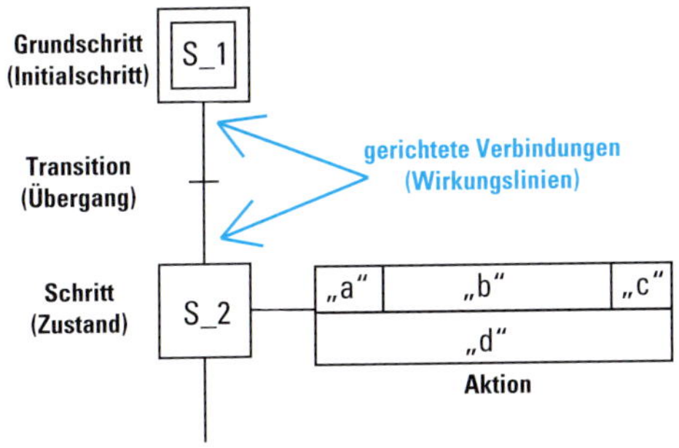

Feld a	Bestimmungszeichen
Feld b	Aktionsname
Feld c	Anzeigevariable (zukünftig nach Norm nicht mehr erwünscht)
Feld d	optionale Beschreibung der Aktion in AWL, ST, KOP, FBS

Beispiel: Funktionsdiagramm

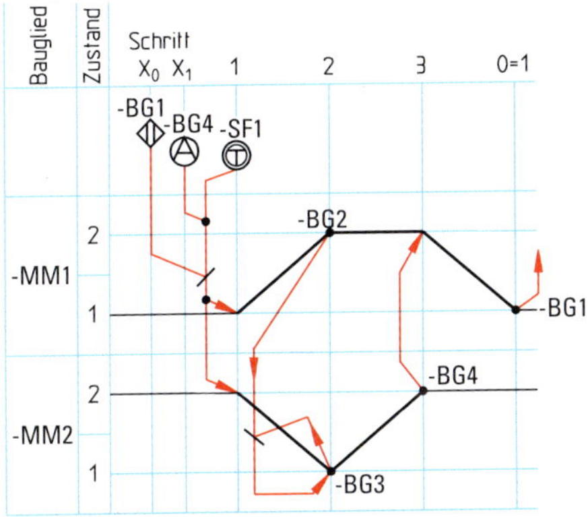

Elektropneumatischer Schaltplan

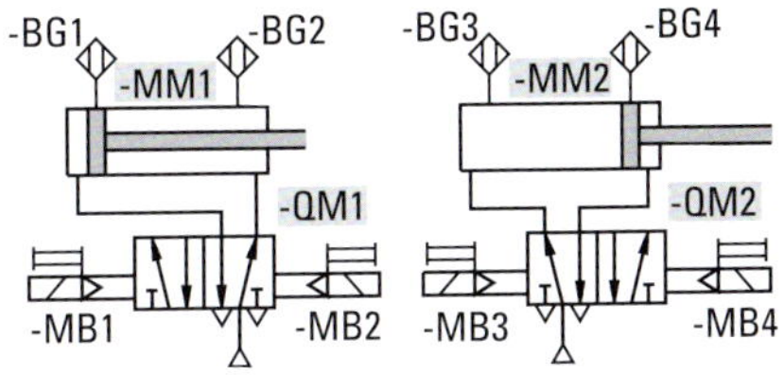

Vergleichende Darstellung des Ablauffunktionsplans der linearen Ablaufsteuerung

nach DIN EN 61131-3 : 2014-06

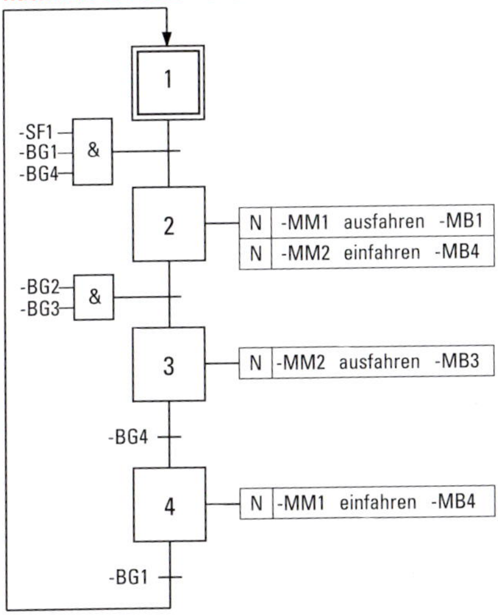

nach DIN EN 60848 : 2014-12 (GRAFCET)

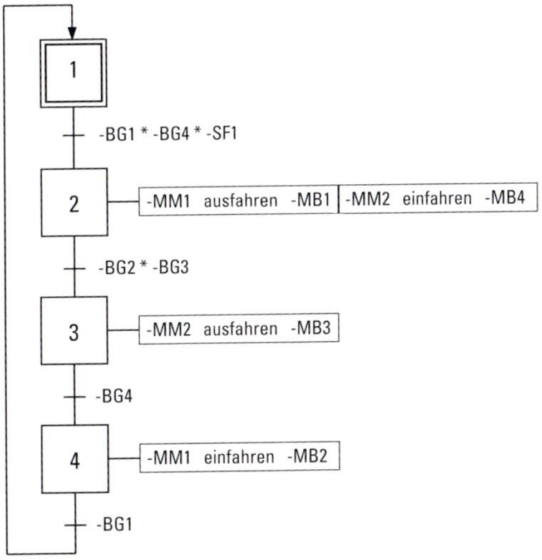

Ablaufsteuerung

Norm-Gegenüberstellung ausgewählter Aktionen

Beschreibung der wichtigsten Bestimmungszeichen

Bestimmungszeichen für Aktionen (nach DIN EN 61131-3 : 2014-06)

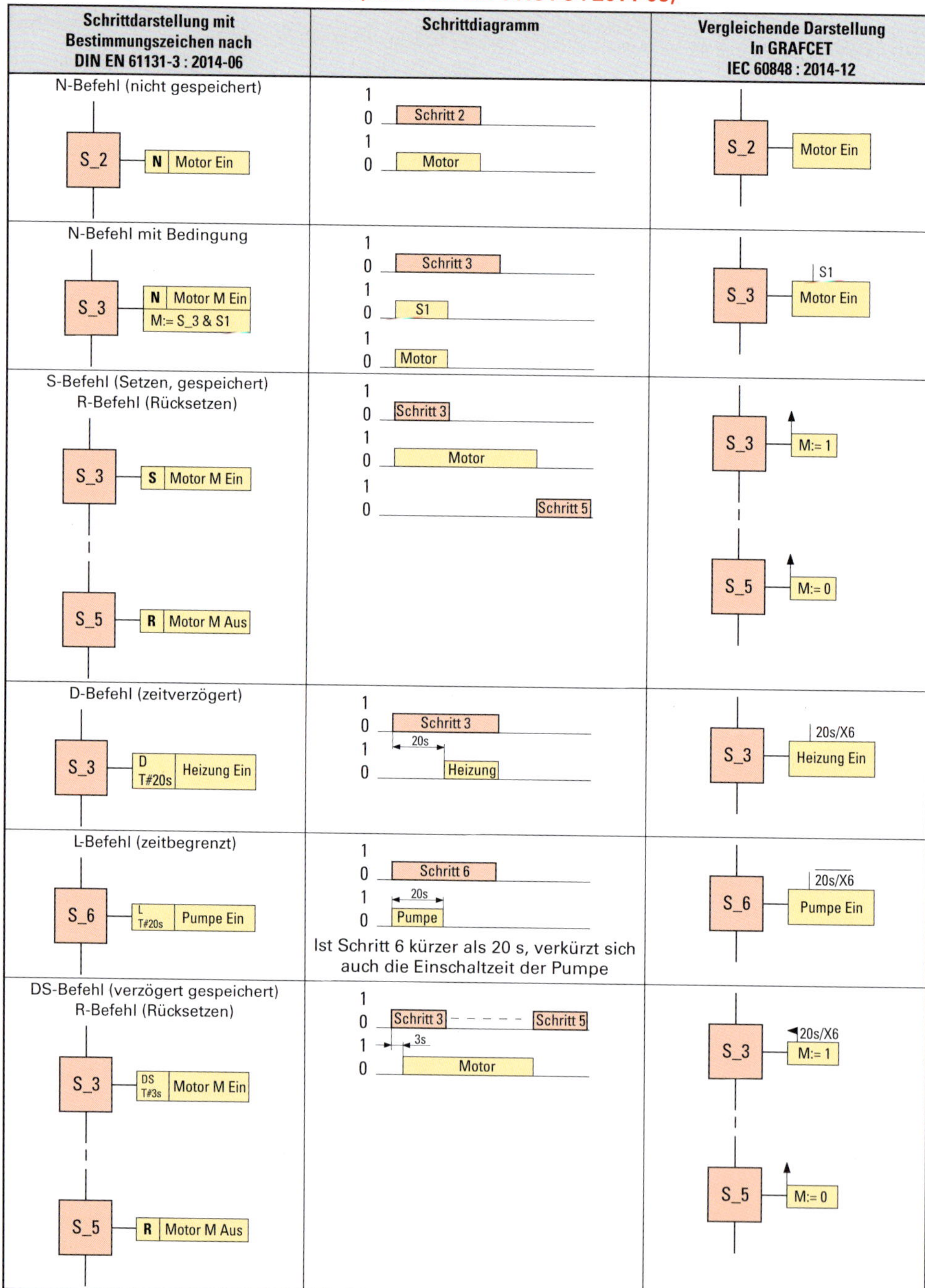

Ablaufsteuerung

Beispiel einer Schrittschaltung mit SPS-STEP 7® (siehe S 37)

PLC-Variablentabelle (Symboltabelle)

Name	Datentyp	Adresse	Kommentar
-SF1	Bool	%E0.0	Taster START
-SF2	Bool	%E0.1	Taster, Schließer, Rücksetzen Schrittschaltung
-BG1	Bool	%E0.2	Sensor, Schließer, Kolben -MM1 eingefahren
-BG2	Bool	%E0.3	Sensor, Schließer, Kolben -MM1 ausgefahren
-BG3	Bool	%E0.4	Sensor, Schließer, Kolben -MM2 eingefahren
-BG4	Bool	%E0.5	Sensor, Schließer, Kolben -MM2 ausgefahren
-MB1	Bool	%A4.0	Magnetspule, Kolben -MM1 fährt aus
-MB2	Bool	%A4.1	Magnetspule, Kolben -MM1 fährt ein
-MB3	Bool	%A4.2	Magnetspule, Kolben -MM2 fährt aus
-MB4	Bool	%A4.3	Magnetspule, Kolben -MM2 fährt ein

Aufruf des Schrittkettenbausteins im Hauptprogramm Main [OB1]

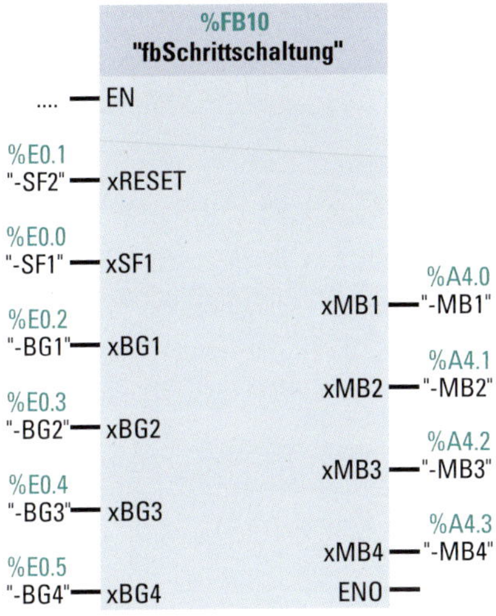

Deklarationstabelle des Schrittkettenbausteins [FB10]

	Name	Datentyp	Defaultwert
▼	Input		
■	xRESET	Bool	false
■	xSF1	Bool	false
■	xBG1	Bool	false
■	xBG2	Bool	false
■	xBG3	Bool	false
■	xBG4	Bool	false
▶	Output		
■	xMB1	Bool	false
■	xMB2	Bool	false
■	xMB3	Bool	false
■	xMB4	Bool	false
▶	InOut		
▼	Static		
■	xStep1	Bool	true
■	xStep2	Bool	false
■	xStep3	Bool	false
■	xStep4	Bool	false

Hinweise:

1. In Anlehnung an die Norm DIN EN 61131-3 : 2014-06 erhalten Variablen des Datentyps Bool den Datenpräfix „x".
2. Die Schrittvariable xStep1 erhält den Defaultwert „true", sodass die Schrittschaltung nach dem Einschalten der Steuerung mit dem Grundschritt 1 beginnt.

Hinweise zur Darstellung von Variablen in STEP7® in der TIA-Programmierumgebung

In Anführungszeichen gesetzte Variablen sind globale Variablen (Hardware) und werden in der PLC-Variablentabelle deklariert.
Variablen mit einem vorangestelltem „#"-Zeichen sind lokal innerhalb eines Bausteins deklarierte Variablen.

Ablaufsteuerung

Funktionsplan (FUP) des Schrittkettenbausteins

Netzwerk 1: Grundschritt

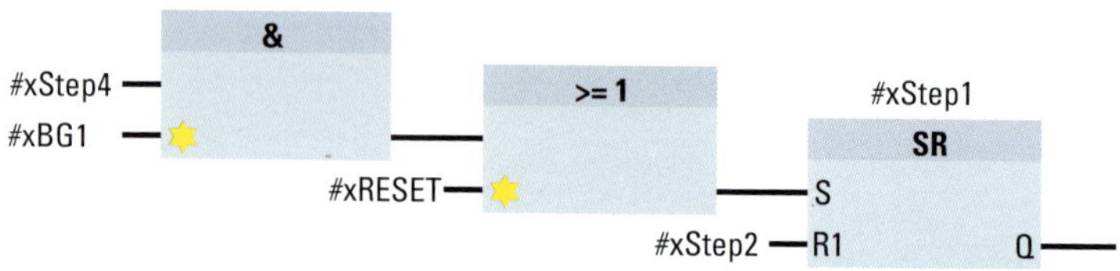

Netzwerk 2: Schritt 2: -MM1 ausfahren, -MM2 einfahren

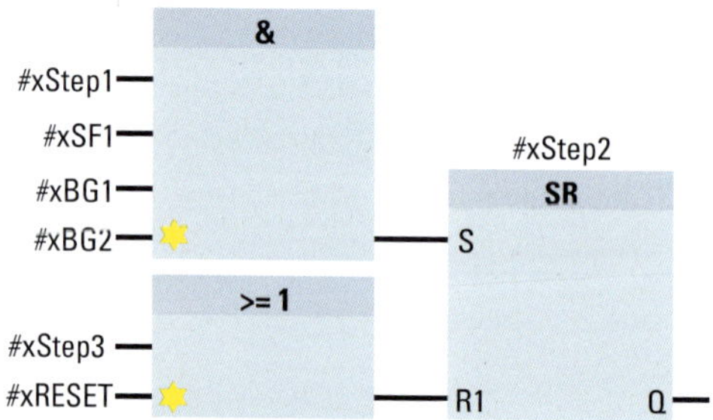

Netzwerk 3: Schritt 3: -MM2 ausfahren

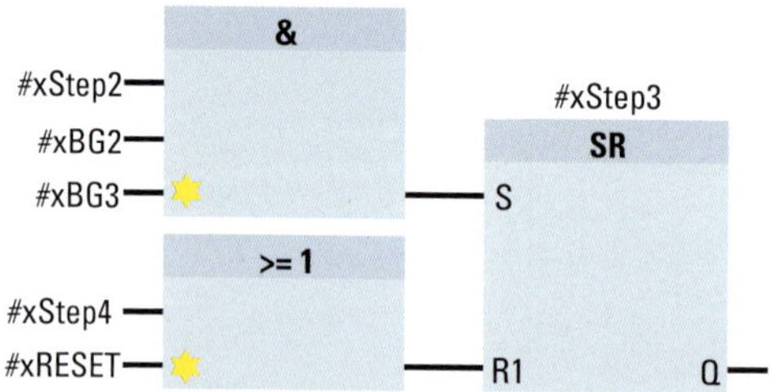

Netzwerk 4: Schritt 4: -MM1 einfahren

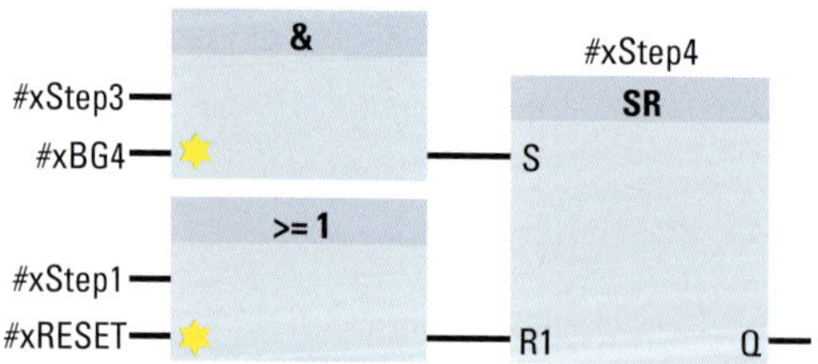

Netzwerk 5: Befehlsausgabe Aktor xMB1 („N“) => : -MM1 ausfahren

Netzwerk 6: Befehlsausgabe Aktor xMB2 („N“) => : -MM1 einfahren

Netzwerk 7: Befehlsausgabe Aktor xMB3 („N“) => : -MM2 ausfahren

Netzwerk 8: Befehlsausgabe Aktor xMB4 („N“) => : -MM2 einfahren

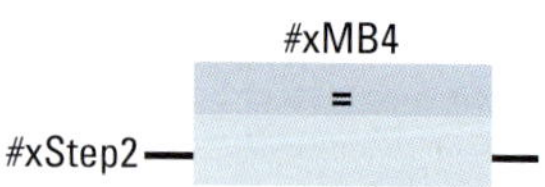

Aktuator[1)] – Sensor – Interface (AS-i-)

DIN EN 50295 : 1999-10 (zurückgezogen)

Industrielle Kommunikationspyramide (nicht genormt)

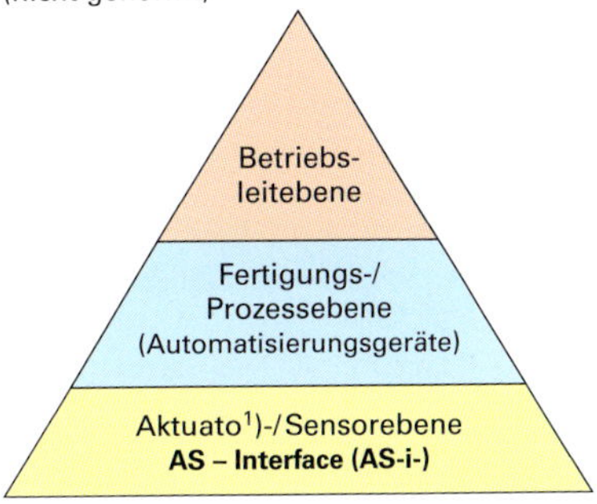

[1)] Aktuator (auch Aktor genannt)

Anforderungen an AS-i-

- Anschluss von Sensoren und Aktuatoren verschiedener Hersteller.
- Elektrische Kontaktierung mittels Durchdringungstechnik (Zweileiterkabel).
- Signal und Stromversorgung (24 V DC) über ein einziges Kabel.
- Netztopologie ohne Beschränkung (Linie, Baum ...)
- Höchste Betriebssicherheit auch in gestörter industrieller Umgebung.
- Einfache Handhabung bei Inbetriebnahme und Störungsbeseitigung

Systemkomponenten

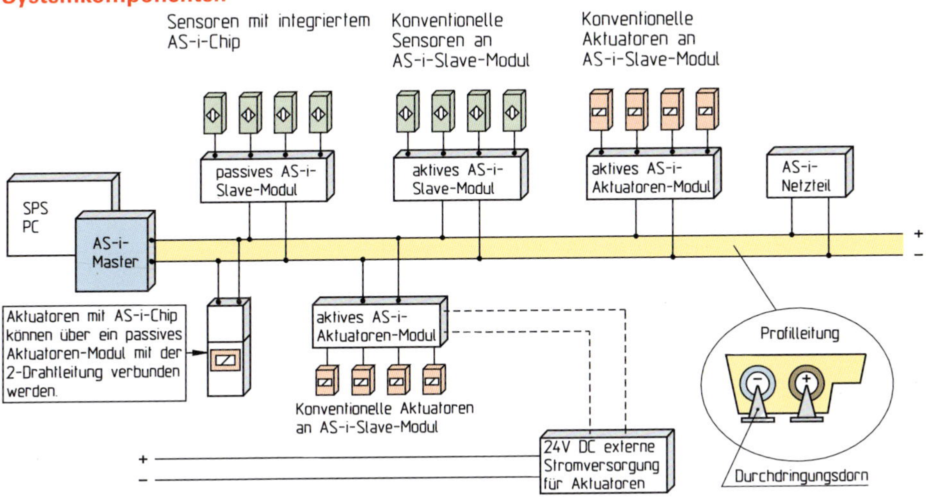

Erläuterungen zu den Systemkomponenten

Passives Modul:

Dient als Anschlussmodul für Sensoren mit AS-i-Chip. Das Modul selbst enthält keine Intelligenz zur Kommunikation.

Aktives Modul:

Anschluss von konventionellen binären Sensoren/Aktuatoren. Die Intelligenz (AS-i-Chip) ist im Modul integriert.

Externe Stromversorgung:

Für Aktuatoren ist je nach Stromaufnahme eine Hilfsspannung (24 V DC) erforderlich. Bei gleicher Installationstechnik wird hierfür ein **schwarzes** Profilkabel verwendet.

Netztopologie

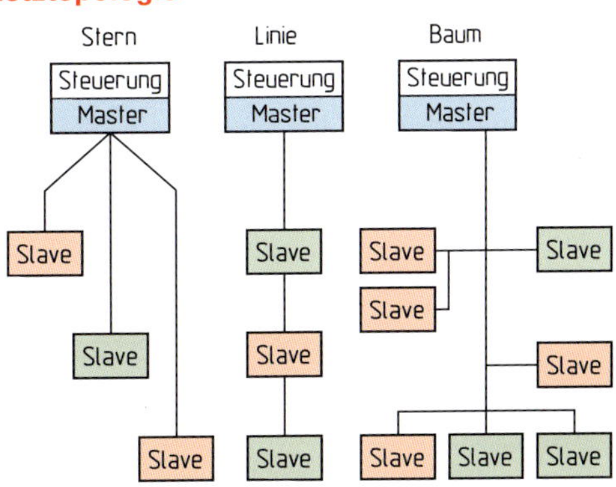

Feldbustechnik

Eckdaten von AS-Interface

Begriffe	Erläuterungen
Übertragungsprinzip	Single-Master-System; Master-Slave-Prinzip mit zyklischem Polling
Übertragungsmedium	Ungeschirmte Zweidrahtleitung für Daten und Energie (24 DC). Kontaktierung mittels Durchdringungstechnik (IP 20 u. IP 65/67)
Netztopologie	z. B. Baum-, Linienstruktur
Leitungslänge	Max. 100 m, Verlängerung durch Repeater/Extenter
Anzahl der Slaves	Max. 31 (62) pro Strang
Anzahl der anschließbaren Eingänge bzw. Ausgänge	Bis zu 4 Eingänge oder 4 Ausgänge pro Slave max. 248 binäre Teilnehmer pro Strang. (bei Dopplung 496 Teilnehmer)
Dienste des Masters	Zyklische Abfrage aller Teilnehmer (Polling), zyklische Datenweitergabe bwz. Übergabe an SPS, PC oder überlagertem Feldbus

Begriffe	Erläuterungen
Nachricht	Einadressennachricht des Masters mit direkter Antwort des Slaves
Geräteschnittstelle des AS-i-Chip	4 konfigurierbare Ein-/Ausgänge für Daten sowie 4 Parameterausgänge und 2 Steuerungsausgänge (Strobe)
Zykluszeit	max. 5 ms (10 ms) bei 31 (62) Slaves
Fehlersicherung	Erkennung und Wiederholung gestörter Diagramme
Nutzdaten	4 Bit pro Aufruf eines Slaves
Managementfunktion des Masters	Initialisierung des Netzes, Identifikation der Teilnehmer, azyklische Vergabe von Parameterwerten an die Teilnehmer, Diagnose der Datenübertragung und AS-i-Slaves, Fehlermeldung an die Steuerung, Adressierung ersetzter Slaves.

Telegrammaufbau/Struktur

Masteraufruf														Masterpause	Slaveantwort							Slavepause
ST	SB	A4	A3	A2	A1	A0	I4	I3	I2	I1	I0	PB	EB		ST	I3	I2	I1	I0	PB	EB	

Masteraufruf

Kennzeichen	Bezeichnung/Signalzustand		Bedeutung
ST	Startbit	0 1	gültiges Startbit nicht erlaubt
SB	Steuerbit	0 1	Daten/Parameter/Adressieraufruf Kommandoaufruf
A0 … A4	Adresse		Adresse des aufgerufenen Slaves (5 Bit)
I0 … I4	Information		Informationen die dem Slave übermittelt werden
PB	Paritätsbit		Summe aller „1" muss **gerade** sein
EB	Endbit	0 1	nicht erlaubt gültiges Endbit

Slaveantwort

Kennzeichen	Bezeichnung/Signalzustand		Bedeutung
ST	Startbit	0 1	gültiges Startbit nicht erlaubt
I0 … I3	Information		Informationsbit (4 Bit) von Slave an Master
PB	Paritätsbit		Summe aller „1" muss **gerade** sein
EB	Endbit	0 1	nicht erlaubt gültiges Endbit

Adressierungsbeispiel für Slaves nach DIN EN 61 131-3

%IX1.13

Variablenlänge:
X: 1 Bit
B: 1 Byte
W: 1 Wort

Variablenart:
I: Eingang
Q: Ausgang
M: Merker

Master:
1: erster AS-i-Kreis
2: zweiter AS-i-Kreis

Bit-Adresse:
0…3: bei AS-i- Ein und -Ausgängen
0…7: bei Merkern

Slave- bzw. Merker Adressen
0…31: Slave-Adressen
0…255: Merker-Adressen

Bildzeichen für Messen, Steuern, Regeln

DIN 19227-2 : 1991-02

Stellgeräte	Stellantriebe	Regler
Stellglied, Stellort	Stellantrieb allgemein	Regler, allgemein
Stellgerät	Hand-Stellantrieb[1]	PID-Regler steigendes Ausgangssignal bei steigendem Eingangssignal
Bei Ausfall der Hilfsenergie nimmt das Stellgerät die Stellung für maximalen Massenstrom oder Energiefluss ein[1]	Membran-Stellantrieb	PD-Zweipunktregler mit schaltendem Ausgang
Bei Ausfall der Hilfsenergie nimmt das Stellgerät die Stellung für minimalen Massenstrom oder Energiefluss ein[1]	Kolben-Stellantrieb	PI-Regler mit fallendem Ausgangssignal bei steigendem Eingangssignal
Stellgerät verbleibt bei Ausfall der Hilfsenergie in vorgegebener Stellung[1]	Motor-Stellantrieb	Dreipunktregler mit schaltendem Ausgang
Stellgerät verbleibt bei Ausfall der Hilfsenergie in vorgegebener Stellung, Pfeil gibt die zulässige Driftrichtung an[1]	Magnet-Stellantrieb	anzeigender Regler
	Feder-Stellantrieb	schreibender Regler

[1] nicht genormt

Einsteller	Messumformer, Signalumformer (Übersetzer)	
Einsteller allgemein	∩ = Analogsignal	Umformer allgemein Eintrag der Signalarten in den freien Ecken
Signaleinsteller für elektrisches Einheitssignal 4 ... 20 mA mit Anzeige	⌗ = Digitalsignal	Messumformer für Temperatur in elektrisches Einheitssignal, galvanische Trennung
Schaltgerät allgemein	= Binärsignal	Analog-Digital-Umformer
	E = elektrisches Einheitssignal	Verstärker
	A = pneumatisches Einheitssignal 0,2 ... 1,0 bar	Signalspeicher allgemein
	T = Temperatur	
	P = Druck	
	PD = Differenzdruck	

Aufnehmer

An die Stelle * werden für die aufzunehmenden Größen Buchstaben geschrieben. F: Durchfluss allgemein; T: Temperatur; P: Druck; L: Stand, Niveau; Q: Qualitätsgröße, Stoffeigenschaft; G: Abstand, Länge; R: Strahlung; S: Drehzahl, Frequenz, Geschwindigkeit; W: Gewichtskraft. Zusätzlich kann in jedes Feld ein genormtes Symbol gesetzt werden, auch schriftliche Angaben sind möglich.

▽ oben oder oben rechts: oberer Grenzwert
▽ unten oder oben links: unterer Grenzwert

z. B.

30 °C — Temperaturschalter, schließt bei ≥ 30 °C

Wegaufnehmer, Näherungssensor

Bildzeichen für Messen, Steuern, Regeln (Fortsetzung) — DIN 19227-2 : 1991-02

Ausgeber

Basissymbol, Anzeige allgemein	Anzeiger, analog	Grenzsignalgeber	Schreiber, digital	Zähler mit Impulsgeber	Bildschirm

Leitungen, Leitungsverbindungen

Rohrleitung, Linienbreite ≥1 mm	EMSR-Leitung, allgemein, Linienbreite vorzugsweise 0,25 mm	Einheitssignalleitung, pneumatisch	Einheitssignalleitung, elektrisch	hydraulische Leitung	Lichtwellenleiter

Kapillarleitung	Wirkungslinie	geschirmte Leitung	Koaxialleitung

Formelzeichen der Regelungstechnik — DIN 19226-2 : 1994-02 (zurückgezogen)

Zeichen	Bedeutung
e	Regeldifferenz $e = w - x$
K_D	Differenzbeiwert
K_I	Integrierbeiwert
K_P	Proportionalbeiwert Zusätzlicher Index möglich R für Regler, S für Strecke
Q	Ausgleichswert
r	Rückführgröße
T_g	Ausgleichszeit

Zeichen	Bedeutung
T_t	Totzeit
T_n	Nachstellzeit
T_u	Verzugszeit
T_v	Vorhaltzeit
T_y	Stellzeit
u	Eingangsgröße
v	Ausgangsgröße
X_A	Aufgabengröße

Zeichen	Bedeutung
w	Führungsgröße
x	Regelgröße
X_h	Regelbereich
y	Stellgröße
y_R	Reglerausgangsgröße
Y_h	Stellbereich
z	Störgröße
Z_h	Störbereich

Wirkungsplan

Im Wirkungsplan wird das Zusammenwirken der Regelkreisbauteile dargestellt. Dabei können Symbole, Block- und Bildzeichen verwendet werden. Beim Zusammenführen von Signalen bedeutet ein Kreis die Addition bzw. Subtraktion von Größen. Die Vorzeichen stehen in Pfeilrichtung rechts neben der Wirkungslinie. Eine Signalverzweigung hat dagegen Punktform.

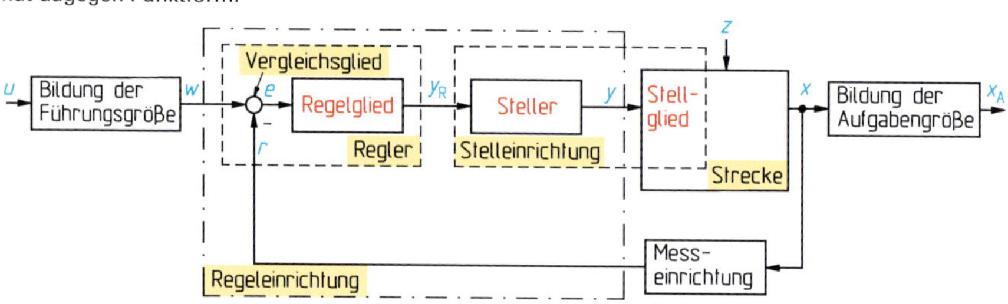

Stetige Regler — DIN 19226-2 : 1994-02 (zurückgezogen)

Um das Verhalten und Zusammenwirken von Regelstrecken und Regeleinrichtungen (Regler) zu verstehen ist es erforderlich, das Übergangsverhalten der Elemente (Komponenten) beschreiben zu können.

Das Übergangsverhalten beschreibt den zeitlichen Verlauf des Ausgangssignals (v) bei Eingabe eines charakteristischen Eingangssignals (u).

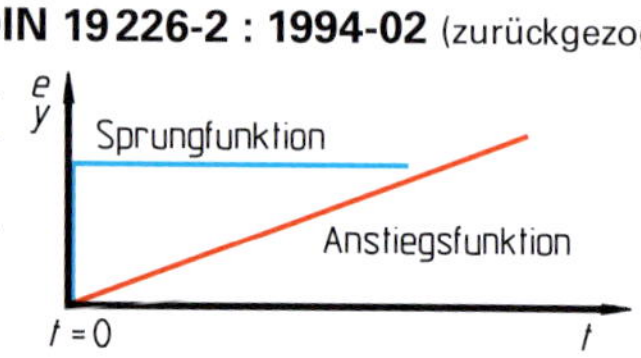

e bei Regler, *y* bei Strecke

Übergangsverhalten von Regelstrecken bei einer Sprungfunktion

Sprungantwort	Blockdarstellung	Sprungantwort	Blockdarstellung	Sprungantwort	Blockdarstellung
Strecke mit Totzeit		P-T_1-Strecke (1. Ordnung)		P-T_2-Strecke (2. Ordnung)	
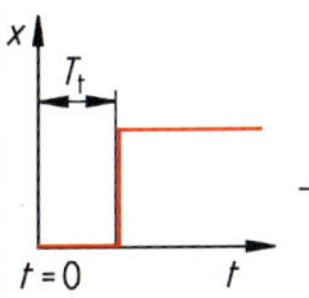	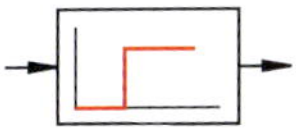	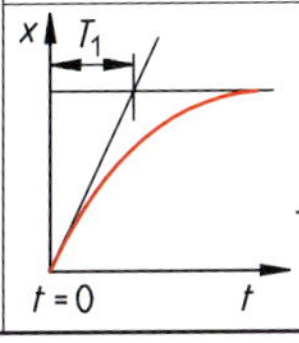	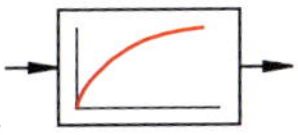	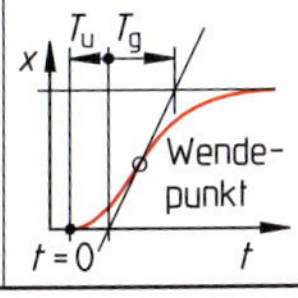	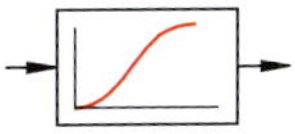

Die Totzeit gibt es nur in Kombination mit einer Strecke. Das Übergangsverhalten einer P-Strecke entspricht der des P-Reglers, das einer Regelstrecke ohne Ausgleich entspricht einem I-Regler.

Über das Verhältnis T_g / T_u kann eine Aussage über die Regelbarkeit einer Strecke höherer Ordnung gemacht werden.

$T_g / T_u \geq 10$ **gut regelbar** $T_g / T_u \approx 5$ **noch regelbar** $T_g / T_u \leq 3$ **schwer regelbar**

Übergangsverhalten verschiedener Regler

——— ideal ——— real

Sprungantwort	Blockdarstellung	Sprungantwort	Blockdarstellung	Sprungantwort	Blockdarstellung
P-Regler		I-Regler		D-Regler	
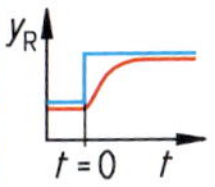	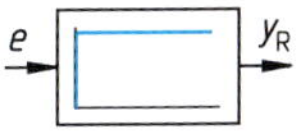	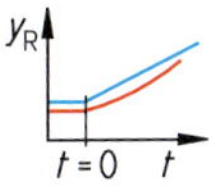	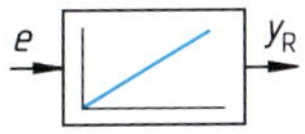	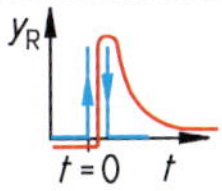	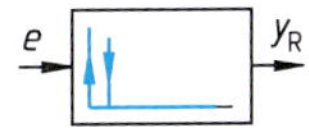
PI-Regler		PD-Regler		PID-Regler	
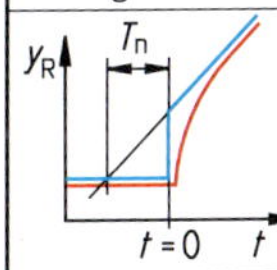		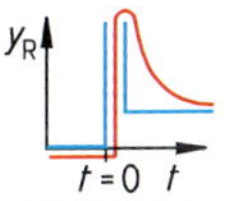	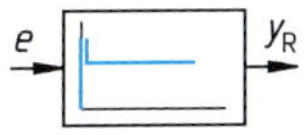	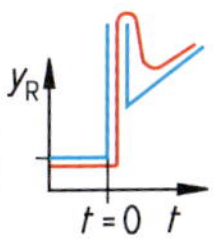	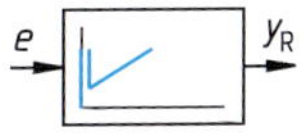

Reine I- und D-Regler gibt es nicht. Kombinationen sind Addition von Eigenschaften.

Unstetige Regler: Zweipunktregler

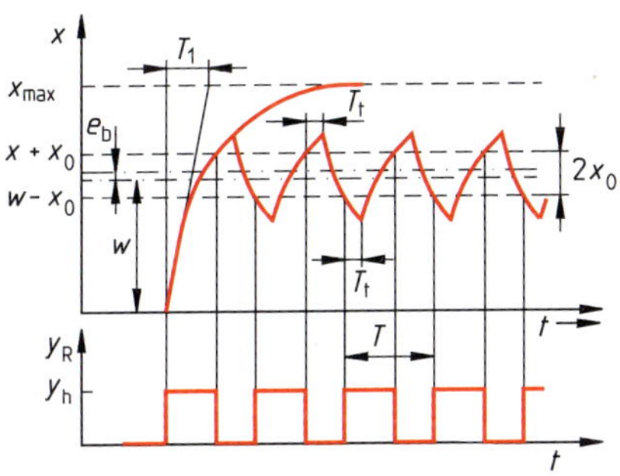

Blockdarstellung

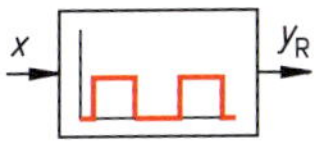

Es gibt zwei Schaltzustände, EIN und AUS. Damit gibt der Regler das volle Stellsignal $y = Y_h$ oder keines.

Die Totzeit beim unstetigen Regler ist die Zeitspanne zwischen dem Schaltpunkt beim Ein- bzw. Ausschalten und dem Umkehrpunkt der Regelgröße x. Es gibt eine Totzeit in der Einschaltphase, bei der die Regelgröße weiter absinkt trotz Energiezufuhr und die Totzeit in der Abschaltphase, bei der die Regelgröße noch ansteigt trotz Abschaltung der Energiezufuhr.

Eignung von Reglern bei gegebener Strecke

	Strecke	Regler: P	I	PI	PD	PID	2-Punkt-Regler
P – Strecken	P_0	–	•	••	–	–	–
	P-T_1	•	•	•	–	–	•
	P-T_2	–	–	•	–	••	•
	P-T_t	–	•	••	–	–	–
	P-T_1-T_t, $T_1 \gg T_t$	•	–	••	•	•	•
	P-T_1-T_t, $T_1 > T_t$	–	–	•	–	•	–
I – Strecken	I_0	•	–	•	–	–	•
	I-T_1	–	–	•	•	••	•
	I-T_2	–	–	–	•	•	–

••: besonders geeignet; •: geeignet; –: ungeeignet

Handhabungstechnik

Handhabungsfunktionen, Handhabungseinrichtungen

(nicht mehr genormt)

Grundsymbole sind:

Handhaben

Kontrollieren (Prüfen)

Fertigungsverfahren

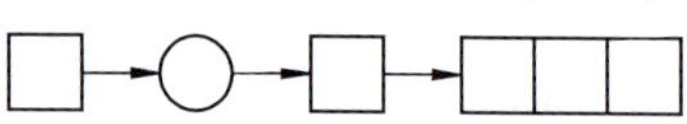

Für eine Fertigungsfolge aus Handhabungs-, Prüf- und Fertigungsschritten werden die Symbole als Kette gezeichnet.
Sie werden verbunden durch eine Linie mit Pfeilen.
Funktionen, die gleichzeitig erfolgen, werden mit direkt aneinander gefügten Symbolen dargestellt, ohne Verbindungslinie.

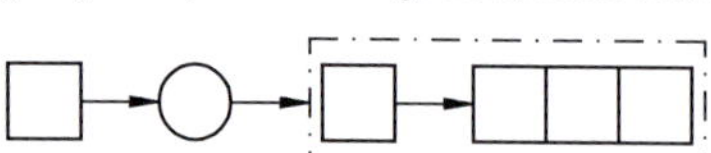

Sind mehrere Funktionen in einem Gerät zusammengefasst, so werden diese durch eine strichpunktierte Linie umrandet.

Beispiel: Schrägförderer Ordnen von Kleinteilen

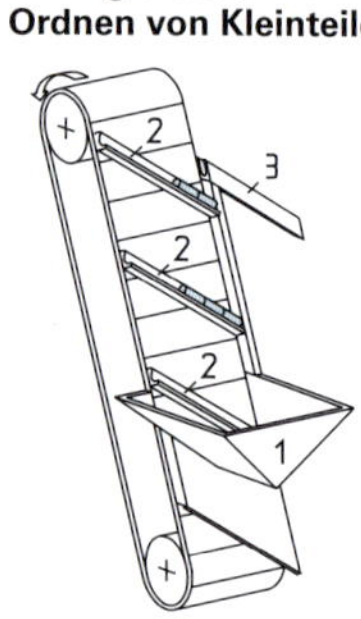

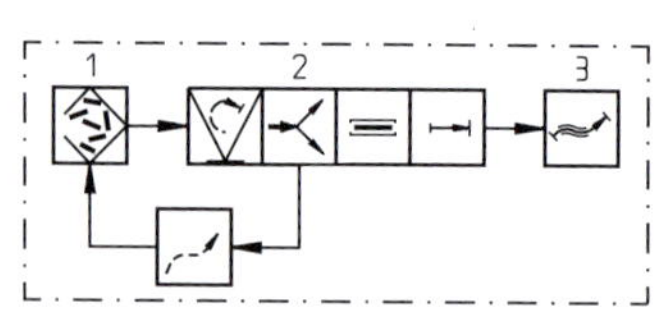

Robotertechnik – Koordinatensysteme

ISO 9787 : 2013-05

Koordinatensystem	Darstellung an Industrieroboter
⓪ **Weltkoordinatensystem** (engl. word coordinate system) Das Weltkoordinatensystem ist ein Bezugssystem, das prinzipiell frei festgelegt werden kann. Es sollte sich um ein festes (nicht bewegliches) Element oder Medium handeln (z. B. Fußboden – Fläche A_0)	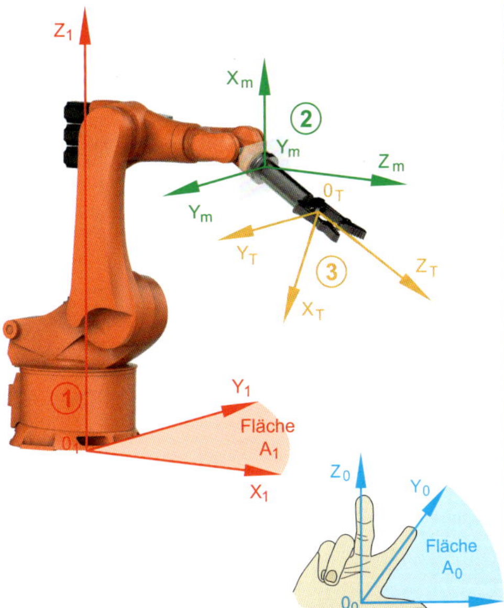
① **Basiskoordinatensystem** (engl. base coordinate system) Das Basiskoordinatensystem bezieht sich auf die Aufstellfläche (hier Fläche A_1) des Roboters. Die Z_1-Achse ist in der Regel die Robotermitte. Oftmals wird das Weltkoordinatensystem und das Basiskoordinatensystem gleich gewählt.	
② **(Hand-)Flanschkoordinatensystem** (engl. mechanical interface coordinate system) Dieses Koordinatensystem bezieht sich auf die Fläche vor Anschluss des Effektors (z. B. Greifer). Z_m steht somit senkrecht zur Anschlussplatte des angeschlossenen Effektors.	
③ **Werkzeugkoordinatensystem** (engl. tool coordinate system) Das Werkzeugkoordinatensystem hat seinen Mittelpunkt (Tool – Center – Point: auch TCP) bei 0_T. Die Z_T-Achse ist werkzeugabhängig.	
Weitere Koordinatensysteme (nicht dargestellt) sind: – Werkobjekt – Kamera zur Überwachung – Mobile Anwendungen/Plattformen	(Merkhilfe für Koordinatenachse – Rechte-Hand-Regel)

Symbolik für Roboterachsen

VDI 2861 : 1988-05

Translationsbewegungen T (gerader Weg)

fluchtend	nicht fluchtend	Verfahrachse
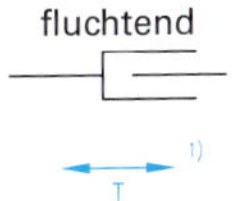	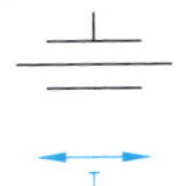	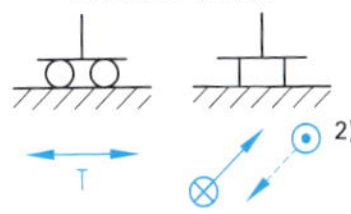

Rotationsbewegungen R (Drehung um Achse)

fluchtend	nicht fluchtend
	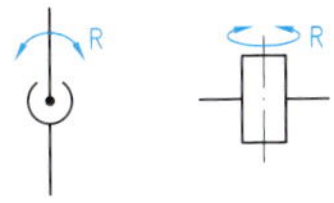

weitere Symbole

Greifer	Werkzeuge	Trennstrich für Systemgrenze	Trennung von Haupt- und Nebenachsen
	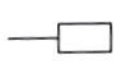	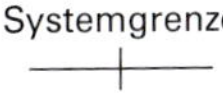	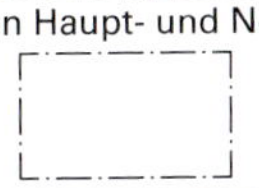

Beispiele

RRT mit Greifer	TTT mit Werkzeug (Schweißzange)
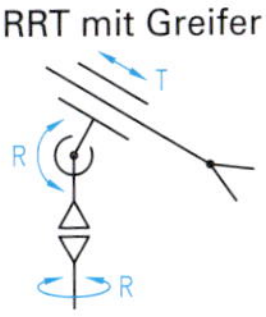	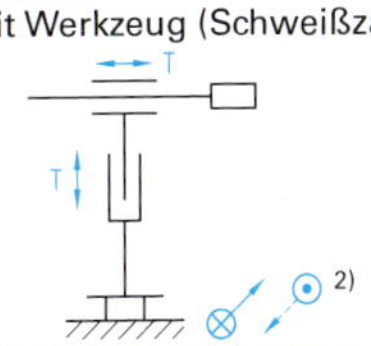

1) Angabe der Bewegungsmöglichkeiten optional

2) Bewegung in bzw. aus Raumebene

Handhabungstechnik

Bauarten von Industrierobotern

ISO 9787 : 2013-05

Mechanischer Aufbau	Kinematik-Ersatzschaltbild	Arbeitsraum	Eigenschaften und Anwendungsbereiche
Kartesicher Roboter (engl. Cartesian robot oder rectangular robot) 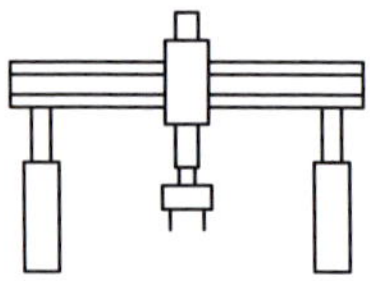	TTT 	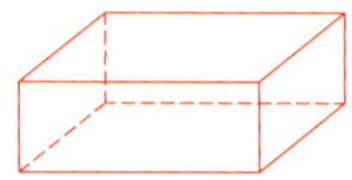 quaderförmig	3 geradlinige Bewegungen Anwendungen – Portalkran – Palettierer – Stanzgeräte – Laser- und Wasserstrahlschneidmaschinen
Zylindrischer Roboter (engl. cylindrical robot) 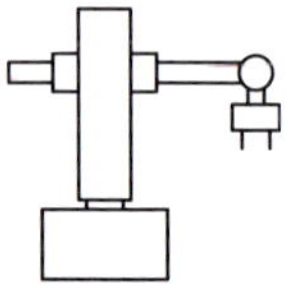	RTT 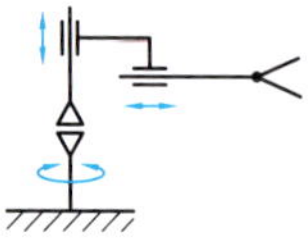	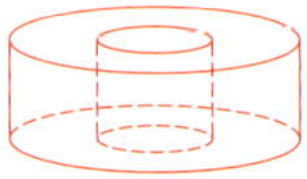 zylindrisch	2 geradlinige Bewegungen 1 rotatorische Bewegung Anwendungen – Transport schwerer Massen – Bewegung von Lagerkassetten oder Paletten in der Logistik
SCARA-Roboter (engl. Selective Compliance Robot Arm) 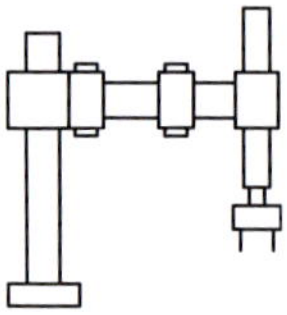	RRT 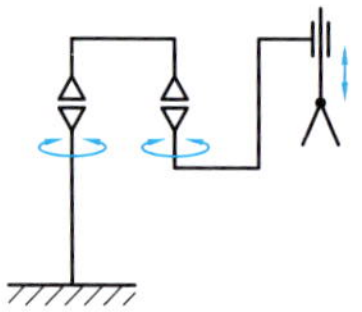	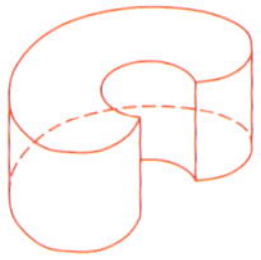	2 rotatorische Bewegungen 1 geradlinige Bewegung Anwendungen – Montage mit hoher Einpresskraft – für schnelle Arbeiten geeignet – Bestückung von Bauteilen
Polarroboter 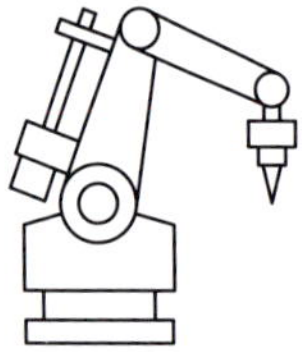	RRT 	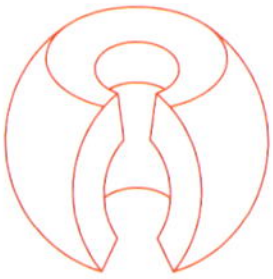 kugelförmig	2 rotatorische Bewegungen 1 geradlinige Bewegung Anwendungen – Schweißvorgänge – Be- und Entladen z. B. von Paletten – durch Teleskoparm tiefer Arbeitsraum möglich
Gelenkarmroboter 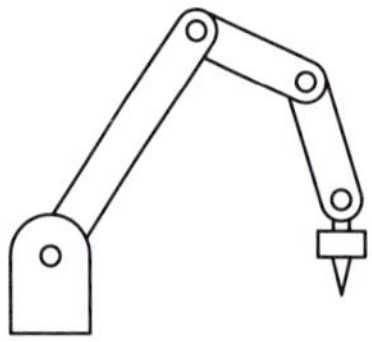	RRR 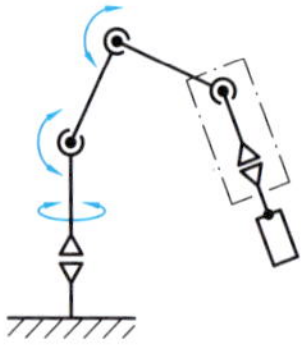	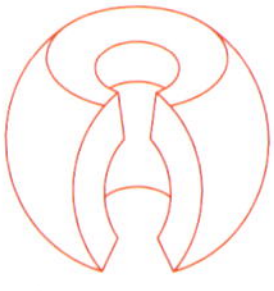 kugelförmig	3 rotatorische Bewegungen Anwendungen – komplexe Schweißaufgaben – Lackieren und Beschichtungsarbeiten

ANHANG

Ersetzte Normen

Norm	ersetzt durch
DIN 1	DIN EN 22339
DIN 5-10	DIN ISO 5456-3
DIN 6-1	DIN ISO 5456-2, DIN ISO 128-30, -34
DIN 6-2	DIN ISO 128-40, -50
DIN 7	DIN EN 22338
DIN 13-13	DIN ISO 965-2
DIN 13-14	DIN ISO 965-1
DIN 66	DIN EN ISO 15065
DIN 84	DIN EN ISO 1207
DIN 94	DIN EN ISO 1234
DIN 125-1, -2	DIN EN ISO 7089, 7090
DIN 128	ersatzlos
DIN 137	ersatzlos
DIN 172	ISO 4247
DIN 173	ISO 4247
DIN 174	DIN EN 10278
DIN 176	DIN EN 10278
DIN 177	DIN EN 10218-2
DIN 178	DIN EN 10278
DIN 179	ISO 4247
DIN 201	DIN ISO 128-50
DIN 332-10	DIN ISO 6411
DIN 406-11, -12	DIN EN ISO 129-1
DIN 417	DIN EN 27435
DIN 427	DIN EN ISO 2342
DIN 433-1, -2	DIN EN ISO 7092
DIN 438	DIN EN 27436
DIN 439-1	DIN EN 24036
DIN 439-2	DIN EN 24035
	DIN EN 28675
DIN 465	DIN 464
DIN 551	DIN EN 24766
DIN 553	DIN EN 27434
DIN 555	DIN EN 24034
DIN 558	DIN EN 24018
DIN 601	DIN EN 24016
DIN 668	DIN EN 10278
DIN 705	ersatzlos
DIN 823	DIN 6771-6
DIN 912	DIN EN ISO 4762
DIN 913	DIN EN ISO 4026
DIN 914	DIN EN ISO 4027
DIN 915	DIN EN ISO 4028
DIN 916	DIN EN ISO 4029
DIN 931-1	DIN EN 24014
DIN 933	DIN EN 24017
DIN 934	DIN EN 24032
	DIN EN 28673
DIN 960	DIN EN 28765
DIN 961	DIN EN 28676
DIN 963	DIN EN ISO 2009
DIN 964	DIN EN ISO 2010
DIN 965	DIN EN ISO 7046-1, -2
DIN 966	DIN EN ISO 7047
DIN 971-1	DIN EN 28673
DIN 971-2	DIN EN 28674
DIN 982	DIN EN ISO 7040
	DIN EN ISO 10512
DIN 985	DIN EN ISO 10511
DIN 995	DIN 471, 472
DIN 1024	DIN EN 10055
DIN 1028	DIN EN 10056-1
DIN 1029	DIN EN 10056-1
DIN 1440	DIN EN 28738
DIN 1443	DIN EN 22340
DIN 1444	DIN EN 22341
DIN 1453-2	DIN ISO 3098-2
DIN 1471	DIN EN 28744
DIN 1472	DIN EN 28745
DIN 1473	DIN EN 28740
DIN 1474	DIN EN 28741
DIN 1476	DIN EN 28746
DIN 1477	DIN EN 28747
DIN 1481	DIN EN 28752
DIN 1511	DIN EN 12890

Norm	ersetzt durch
DIN 1623-1	DIN EN 10130
DIN 1651	DIN EN 10087
DIN 1681	DIN EN 10293
DIN 1691	DIN EN 1561
DIN 1692	DIN EN 1562
DIN 1693-1, -2	DIN EN 1563
DIN 1694	DIN EN 13835
DIN 1704	DIN EN 610
DIN 1706	DIN EN 1179
DIN 1707	DIN EN 29453
DIN 1708	DIN EN 1976, 1978
DIN 1712-3	DIN EN 573-3, -4
DIN 1719	DIN EN 12659
DIN 1725-1	DIN EN 573-3, -4
DIN 1729-2	DIN EN 1753
DIN 1732-1	DIN EN ISO 18273
DIN 1745-1	DIN EN 485-2
DIN 1771	ersatzlos
DIN 1788	DIN EN 485-2
DIN 1850-1	DIN ISO 4379
DIN 1912-2	DIN EN ISO 6947
DIN 1912-5, Beibl. 1	DIN EN 22553
DIN 1913-1	DIN EN 499
DIN 2076	DIN EN 10270-1
DIN 2093	DIN EN 16983
DIN 2310-1, -3, -4, -5	DIN EN ISO 9013
DIN 2391-1, -2	DIN EN 10305
DIN 2440	DIN EN 10255
DIN 2448	DIN EN 10220
DIN 2458	DIN EN 10220
DIN 2999-1	DIN EN 10226
DIN 3771-5	DIN ISO 3601-2
DIN 4113-1	DIN EN 1999-1-1
DIN 4766	ersatzlos
DIN 4986	ersatzlos
DIN 4987-1, -2	DIN ISO 1832
DIN 4990	DIN ISO 513
DIN 5461	DIN ISO 14
DIN 5462	DIN ISO 14
DIN 5463	DIN ISO 14
DIN 6325	DIN EN 28734
DIN 6376	ersatzlos
DIN 6771-1	DIN EN ISO 7200
DIN 6771-6	DIN EN ISO 5457
DIN 6773	ersatzlos
DIN 6776-1	DIN EN ISO 3098-0, -2, -4
DIN 6784	DIN ISO 13715
DIN 6797	ersatzlos
DIN 6798	ersatzlos
DIN 6900-1	DIN EN ISO 10644
DIN 6900-2	ersatzlos
DIN 6901	DIN EN ISO 10510
DIN 6904	ersatzlos
DIN 6914	DIN EN 14399-4
DIN 6915	DIN EN 14399-4
DIN 6916	DIN EN 14399-6
DIN 6924	DIN EN ISO 7040
	DIN EN ISO 10512
DIN 7150-1	DIN ISO 286-1
DIN 7151	DIN ISO 286-1
DIN 7152	DIN ISO 286-1
DIN 7160	DIN ISO 286-2
DIN 7161	DIN ISO 286-2
DIN 7172-1, -3	DIN ISO 286-1
DIN 7182-1	DIN ISO 286-1
DIN 7184-1	DIN ISO 1101
DIN 7728-1	DIN EN ISO 1043-1
DIN 7735	DIN EN 60893
DIN 7964	ersatzlos
DIN 7967	ersatzlos
DIN 7971	DIN ISO 1481
DIN 7976	DIN ISO 1479
DIN 7977	DIN EN 28737
DIN 7978	DIN EN 28736
DIN 7982	DIN ISO 7050

Norm	ersetzt durch
DIN 7985	DIN EN ISO 7045
DIN 7991	DIN EN ISO 10642
DIN 7993	DIN 9925, DIN 9926
DIN 8029	DIN ISO 11529-2
DIN 8187-1	DIN ISO 606
DIN 8196-1	DIN ISO 606
DIN 8511-1	DIN EN 10045-1
DIN 8511-2	DIN EN 29454-1
DIN 8551-1	DIN EN 29692
DIN 8552-1	DIN EN ISO 9692-3
DIN 8554-1	DIN EN 12536
DIN 8570-1, -3	DIN EN ISO 13920
DIN 9712	ersatzlos
DIN 9713	ersatzlos
DIN 9714	ersatzlos
DIN 9859-3	DIN ISO 10242
DIN 16742	DIN EN ISO 20457
DIN 16901	DIN EN 16742
DIN 16980	DIN EN 15860
DIN 16986	DIN 16742
DIN 17007-1, -2	DIN EN 10027-2
DIN 17014-1	DIN EN 10052
DIN 17100	DIN EN 10025
DIN 17102	DIN EN 10113-1, -2
DIN 17155	DIN EN 10028-2
DIN 17182	DIN EN 10213-1
DIN 17200	DIN EN 10083-1, -2
DIN 17210	DIN EN 10084
DIN 17211	DIN EN 10085
DIN 17212	DIN EN 10083
DIN 17221	DIN EN 10089
DIN 17245	DIN EN 10213-1, -2
DIN 17350	DIN EN ISO 4957
DIN 17445	DIN EN 10213
DIN 17660	ersatzlos
DIN 17662	ersatzlos
DIN 17663	ersatzlos
DIN 17664	ersatzlos
DIN 17665	ersatzlos
DIN V 17006-100	DIN EN 10027-1
DIN V 17900	DIN CEN /TS 13388
DIN E 17933	DIN EN 1982
DIN 18800-1	DIN EN 1993
DIN 19229	DIN 19226-2
DIN 19237	DIN 19226-3
DIN 19239	DIN EN 61131-3
DIN 24347	DIN ISO 1219-2
DIN 24900	ersatzlos
DIN 32526	DIN EN 439
DIN 40080	DIN ISO 2859-1
DIN 40719-3	DIN EN 61082-1, -2
DIN 40719-4, -7	DIN EN 61082-2
DIN 40719-6	DIN EN 60848
DIN 40900-12	DIN EN 60617-12
DIN 50103-1, -2, -3	DIN EN 10109-1
DIN 50109	DIN EN 1561
DIN 50111	DIN EN ISO 7438
DIN 50114	DIN EN 10002-1
	DIN EN 10045-1
DIN 50115	DIN EN 10045-1
	DIN 50115
DIN 50125	DIN EN 10002-1
DIN 50133	DIN EN ISO 6507-1
DIN 50140	DIN EN 10002-1
DIN 50145	DIN EN 10002-1
DIN 50149	DIN EN 1562
DIN 50150	DIN EN ISO 18265
DIN 50351	DIN EN 10003-1
DIN 50900-1	DIN EN ISO 8044
DIN 51210-1, -2	DIN EN 10002-1
DIN 53452	DIN EN ISO 178
DIN 53453	DIN EN ISO 179
DIN 53455	DIN EN ISO 527-1, -3
DIN 53457	DIN EN ISO 527-1, -2
	DIN EN ISO 178
DIN 53462	ersatzlos

Ersetzte Normen

Norm	ersetzt durch	Norm	ersetzt durch	Norm	ersetzt durch
DIN 55003-3	ersatzlos	DIN EN 20898-11	DIN EN ISO 898-1	DIN ISO 128-30, -34, -40	DIN EN ISO 128-3
DIN 59410	DIN EN 10210-2	DIN EN 22338	DIN EN ISO 2338	DIN ISO 228-1	DIN EN ISO 228-1
DIN 64032	DIN ISO 13754	DIN EN 22553	DIN EN ISO 2553	DIN ISO 273	DIN EN 20273
DIN 69100-1	DIN ISO 525	DIN EN 24014	DIN EN ISO 4014	DIN ISO 410	DIN EN 10003-1
DIN 69105	DIN ISO 525	DIN EN 24016	DIN EN ISO 4016	DIN ISO 898-1, -2	DIN EN 20898-1
DIN 69800-2	DIN ISO 6104	DIN EN 24017	DIN EN ISO 4017	DIN ISO 1101	DIN EN ISO 1101
DIN EN 439	DIN EN ISO 14175	DIN EN 24018	DIN EN ISO 4018	DIN ISO 1219-1, -2	ISO 1219-1
DIN EN 499	DIN EN ISO 2560	DIN EN 24032	DIN EN ISO 4032	DIN ISO 1302	DIN EN ISO 1302
DIN EN 583-1	DIN EN ISO 16810	DIN EN 24034	DIN EN ISO 4034	DIN ISO 2009	DIN EN ISO 2009
DIN EN 1044	DIN EN ISO 17672	DIN EN 24035	DIN EN ISO 4035	DIN ISO 2010	DIN EN ISO 2010
DIN EN 1045	DIN EN ISO 18496	DIN EN 24036	DIN EN ISO 4036	DIN ISO 2039-1	DIN EN ISO 2039-1
DIN EN 10003-1	DIN EN ISO 6506-1	DIN EN 24063	DIN EN ISO 4063	DIN ISO 3677	DIN EN ISO 3677
DIN EN 10045	DIN EN ISO 148-1	DIN EN 24766	DIN EN ISO 4766	DIN ISO 4759-1	DIN EN ISO 4759-1
DIN EN 10083-2	DIN EN ISO 683-1	DIN EN 28673	DIN EN ISO 8673	DIN ISO 5261	DIN ISO 5845-1
DIN EN 10084	DIN EN ISO 683-3	DIN EN 28674	DIN EN ISO 8674	DIN ISO 7045	DIN EN ISO 7045
DIN EN 10085	DIN EN ISO 683-5	DIN EN 28675	DIN EN ISO 8675	DIN ISO 7046	DIN EN ISO 7046-1
DIN EN 10087	DIN EN ISO 683-4	DIN EN 28676	DIN EN ISO 8676	DIN ISO 7046-2	DIN EN ISO 7046-2
DIN EN 10109-1	DIN EN ISO 6508-1	DIN EN 28765	DIN EN ISO 8765	DIN ISO 7047	DIN EN ISO 7047
DIN EN 10213-4	DIN EN 10283	DIN EN 29453	DIN EN ISO 9453	DIN VDE 0100-470	DIN VDE 0100-410
DIN EN 12536	DIN EN ISO 20378	DIN EN 29454-1	DIN EN ISO 9454-1	DIN VDE 0318-1	DIN EN 60893-1
DIN EN 14526-3	DIN EN ISO 14526-3	DIN EN 29787	DIN EN ISO 9787	DIN VDE 0470-1	DIN EN 60529
DIN EN 14527-3	DIN EN ISO 14527-3	DIN EN ISO 1302	ISO 21920-1		
DIN EN 14528-3	DIN EN ISO 14528-3	DIN EN ISO 128-20, 21	DIN EN ISO 128-2		
DIN EN 14529-3	DIN EN ISO 14529-3				

Normenverzeichnis

DIN	Seite	DIN	Seite	DIN	Seite	DIN	Seite
10	M 8	513-1, -2, -3	M 3	988	M 33	4952	F 32
13-1...19	M 2	546	M 7	1022	W 18	4953	F 32
39	M 58	547	M 7	1025-1	W 14 ff., W 20	4954	F 32
74	M 17	548	M 7	1025-2*	W 16, W 20	4956	F 32
76-1	K 57	557	M 7	1025-5	W 15, W 20	4960	F 32
82	K 59	561	M 6	1026-1	W 14, W 19	4961	F 32
95	M 6	562	M 7	1027	W 16, W 20	4971	F 32
96	M 6	571	M 6	1301-1, -2	G 2 f.	4972	F 32
97	M 6	580	M 6, M 20	1302	G 4	4973	F 32
98	M 58	582	M 7, M 20	1304-1	G 2, G 4	4974	F 32
99	M 55	603	M 6, M 15	1306	W 72 f.	4976	F 32
103-1, -2, -4	M 3	604	M 6, M 15	1445	M 25	4977	F 32
116	M 47	605	M 6	1448-1	M 33	4978	F 32
124	M 24	607	M 6	1587	M 7, M 20	4980	F 32
186	M 6, M 15	608	M 6	1701	W 44	4981	F 32
202	K 26	609	M 6, M 12	1729-1*	W 38 f.	4982*	F 32
228-1, -2	M 32	617	M 40	1804	M 7, M 19	4983	F 36
250	K 8	618-1	M 40	1816	M 7, M 19	5406	M 27
254	F 56	623-1	M 38	1836	F 33	5412-1	M 41
302	M 24	625-1	M 39	1850-3	M 42	5419	M 44
315	M 7, M 56	628-1, -3, -4	M 41	1850-5, -6	M 43	5464	M 30
316	M 6, M 56	630	M 41	2080-1, -2	M 32	5471	M 30
319	M 55	635-1, -2	M 41	2098-1*	M 37	5472	M 30
323-1	K 8	650	M 54	2211-1	M 50	5481	M 31
332-1, -2	K 58	653	M 56	2215	M 50	6303	M 56
431	M 7	660	M 24	2217-1	M 50	6310	M 60
434	M 13	661	M 24	2258*	K 45	6311	M 54
435	M 13	711	M 40	2403	F 93	6319	M 57
444	M 6, M 56	715	M 40	2509	M 6	6320	M 60
461	K 12	720	M 39	2510-5	M 7	6321	M 60
462	M 27	748-1	M 33	2769	K 30	6330	M 7, M 57
464	M 6, M 56	787	M 15	3404	M 46	6331	M 7, M 57
466	M 7	804	F 24	3410	M 46	6332	M 54
467	M 7	835	M 16	3411	M 46	6335	M 59
468	M 58	917	M 7, M 20	3760	M 44	6336	M 59
469	M 58	928	M 7, M 19	3771-1, -3	M 45	6337	M 55
471	M 26	929	M 7, M 19	3960	M 48	6371	M 57
472	M 26	935-1	M 7, M 18	3966-1	M 48	6372	M 57
475-1	M 8	938	M 16	3966-2, -3	M 49	6580	F 31, F 41
478	M 6, M 16	939	M 16	3971	M 49	6581	F 31, F 42
479	M 6, M 16	974-1, -2	M 17	3975-1	M 49	6583	F 32
480	M 16	979	M 7	4108-2	G 32	6584	F 40
508	M 7, M 54	981	M 7, M 19	4844-1, -2	F 89 f.	6771-2*	K 11
509	K 56	986	M 7	4951	F 32	6785	K 59

* zurückgezogen

Normenverzeichnis

DIN	Seite
6792*	M 24
6796	M 21
6799	M 26
6881	M 28
6883	M 28
6884	M 28
6885-1	M 29
6886	M 28
6887	M 28
6888	M 29
6889	M 28
6912	M 6, M 11
6935	F 16 f.
7157*	K 37
7513	M 6
7516	M 6
7721-1, -2*	M 47
7753-1	M 50
7753-2	M 51
7965	M 7
7968	M 6, M 12
7984	M 6, M 11
7989-1, -2	M 21
7990	M 6, M 12
7996	M 6
8024	F 37
8025-1	F 37
8062	W 84
8074	W 84
8077	W 84
9812	M 61
9861	M 60
9925	M 27
9926	M 27
17007-4	W 31
17850	W 40
17851	W 40
19226-2*	S 44
19226-3*	S 20
19227-2	S 43 f.
30910-1...-6	W 47
32711-2	M 31
50100	W 52
50125	W 53
50106	W 55
50960-2	K 54
51385	F 64
51502	W 65 f.
51524	W 67
53479*	W 72 f.
53504	W 72 f.
53804	F 105
59051	W 18
66000	S 22
66025-1	F 67
66025-2*	F 67 f.
66217*	F 65
71412	M 46
74361-2	M 7
80705	M 7

DIN EN	Seite
485-2	W 34
515	W 32 f.
573-1, -2	W 32
573-3	W 32, W 39
610	W 44
754-2	W 34, W 40
1011-4	F 105
1089-3	F 101
1173	W 41
1174	W 44
1179	W 44
1412	W 42
1560	W 26
1561	W 27
1562	W 28
1563	W 27
1661	M 7, M 20
1706	W 36
1753	W 38
1754	W 37
1774	W 44
1780-1, -2, -3	W 31, W 35
1976	W 41
1978	W 41
1982	W 42
1993-1-1	F 110
1999-1-1	F 110
10020	W 5, W 8
10025	W 9, W 12
10027-1	W 5 ff.
10027-2	W 5
10028-2	W 11
10052	W 59
10055	W 17, W 20
10056-1	W 17 f.
10088-2	W 11
10089	W 23
10130	W 22
10210-2	W 24
10213-2	W 25
10218-2	W 23
10220	W 24
10226	M 4
10255	W 24
10268	W 22
10270-1, -2, -3	W 23
10277-3	W 11
10278	W 21
10283	W 25
10293	W 25
10305	W 25
10331	W 47
12659	W 40
12890	W 30
13835	W 27
14399-4, -6	M 7, M 13
14598-1	W 78
15860	W 83
16983	M 35
20273	M 9
22339	M 22
22340	M 25
22341	M 25
27434	M 6, M 16
27435	M 16
27436	M 6, M 16

DIN EN	Seite
28736	M 22
28737	M 22
28738	M 21
50295	S 41 f.
60617-2, -7	S 11 f.
60617-11	S 13
60617-12	S 21
60617-6	G 43
60529	S 14
60848	S 17 f., S 37 f.
60893-3-1 ... 7	W 82
61082-2	S 15, S 37
61131-3	S 23 f.

DIN EN ISO	Seite
128-2	K 10
128-3	K 13, K 14, K 65
129-1	K 18 f., K 33
148-1	W 51
178	W 72 f.
179	W 72 f.
228-1	M 4
286-1, -2	K 33 ff.
527-1, -3	W 57, W 72 f.
544	F 100
683-1	W 13, W 62
683-2	W 13, W 62
683-3	W 12, W 61 f.
683-4	W 11, W 62
683-5	W 12, W 62
898-1	M 9
1043-1	W 71, W 79
1101	K 43 ff.
1119	K 23
1207	M 6, M 14
1234	M 18, M 23
2009	M 6, M 14
2010	M 6, M 14
2039-1	W 57, W 72 f.
2338	M 22
2342	M 6
2553	K 61 ff.
2560	F 102, F 108
3040	K 23
3098-1, -3, -4	K 9, G4
3677	F 108, W 46
4014	M 6, M 10 f.
4016	M 6, M 10
4017	M 6, M 10
4018	M 6
4026	M 16
4027	M 6, M 16
4028	M 6, M 16
4029	M 6, M 16
4032	M 7, M 18
4034	M 7
4035	M 7, M 18
4036	M 7, M 18
4063	F 100
4759-1	M 9
4762	M 6, M 11
4766	M 16
4885	W 59
4957	W 10, W 62 ff.
5457	K 11
6433	K 59
6506-1	W 54

DIN EN ISO	Seite
6507-1	W 54
6508-1	W 54
6892-1	W 53
6946	G 31, G 32
6947	F 104
7010	F 89 f.
7040	M 7, M 18
7045	M 6
7046-1	M 14
7046-2	M 6, M 14
7047	M 6, M 14
7089	M 21
7090	M 21
7092	M 21
7200	K 11
7225	F 101
7345	G 31, G 32
7438	W 56
8044	W 68
8673	M 7, M 18
8674	M 7, M 18
8675	M 7, M 18
8676	M 6, M 10
8734	M 22
8740	M 23
8741	M 23
8742	M 23
8744	M 23
8745	M 23
8746	M 23
8747	M 23
8752	M 23
8765	M 6, M 10
9000	F 111
9001	F 111
9004	F 111
9013	F 96
9453	F 108, W 45
9454-1	W 45
9692-1, -3	F 106
10510	M 6
10511	M 18
10512	M 18
10642	M 6, M 11
10644	M 6
13920	K 32
14175	F 97
14526-3	W 80
14527-3	W 80
14528-3	W 80
14529-3	W 80
15065	M 17
15785	K 65
15977	M 25
15978	M 25
16810	W 51
17672	W 46, F 108
17855-1	W 77
18265	W 55
18496	W 46, F 108
19069-1	W 77
20378	F 100 ff.
20457	F 15
20482	W 56
21305	W 77
21920-2, -3	K 50, K 52 f.
22081	K 29

* zurückgezogen

Normenverzeichnis

DIN ISO	Seite
14	M 30
272	M 8
513	W 48 f., F 33
525	W 50, F 59 f.
606	M 52
965-1, -2	M 5
1219-1	S 2 ff.
1219-2	S 8
1479	M 6
1481	M 6
1832	F 34 f.
2137	W 65
2162	K 68
2203	K 69
2768-1, -2	K 31
2859-1	F 118
3320	S 5
3864-1	F 89
3601-2	M 45
4379	M 42
4382-2*	W 44
4383	W 44
5261	K 60
5455	K 8, K 19, K 20
5456-3	K 13
5845-1	K 63
6104	F 62
6410-1, -2, -3	K 26
6411	K 58
6413	K 68
6691	W 83
7050	M 6
8826-2	K 66
9222-1	K 66 f.
9222-2	K 67
10 242	M 61
11 529-2	F 38
13 715	K 60
13 754	M 7
15 787	K 55
16 462	F 34
16 463	F 34

DIN EN IEC	Seite
60 445	S 14
81 346-2	S 8 f., S 15 ff.

DIN CEN/TS	Seite
13 388	W 42 f.

EN	Seite
60 529	S 14

DIN VDE	Seite
0100-410/A 1	G 46, 47
0635	S 14

ISO	Seite
1832	F 34 f.
2339	M 22
2340	M 25
2341	M 25
4247*	M 53
4766	M 16
5608	F 36
7414	M 7
7434	M 6, M 16
7435	M 16
7436	M 6, M 16
8677	M 6
8736	M 22
8737	M 22
8738	M 21
9787	S 47

VDI	Seite
3368*	F 20
3400 : 1975-26	F 99

TRGS	Seite
900, 910	F 89

GefStoff V	Seite
Juli 2013	F 94

EMV-Gesetz	Seite
Dezember 2016	G 48

BGI	Seite
543	F 60

ASR	Seite
1.3	F 89

* zurückgezogen

Bedeutung der Abkürzungen

DIN ISO 4382-2 : 1992-11

- 1992-11 – Ausgabedatum: November 1992
- 2 – Teil 2 (wenn die Norm aus mehreren Teilen besteht)
- DIN ISO 4382 – Normblatt für Kupfer-Knetlegierungen

N	**N**orm
E	**E**ntwurf
V	**V**ornorm
DIN	deutsche Norm, die vom **D**eutschen **I**nstitut für **N**ormung herausgegeben wurde
DIN EN	europäische Norm, die den Status einer deutschen Norm erhalten hat
DIN EN ISO	europäische Norm, bei der die internationale Norm unverändert übernommen und den Status einer deutschen Norm erhalten hat
DIN ISO	in das deutsche Normenwerk unverändert übernommene internationale Norm
DIN VDE	Druckschrift des **V**ereins **D**eutscher **E**lektrotechniker, die den Status einer deutschen Norm erhalten hat
EN	**E**uropäische **N**orm
ISO	internationale Norm (**I**nternational **O**rganisation for **S**tandardization, Genf)
VDI	Richtlinie des **V**ereins Deutscher Ingenieure
TRGS	**T**echnische **R**egeln für **G**efahr**s**toffe
EMV	**E**lektro**m**agnetische **V**erträglichkeit

Zur Normung allgemein

Sie dient der Verständigung in der Wirtschaft, Technik, Wissenschaft, Verwaltung und Öffentlichkeit. Darüber hinaus dient die Normungsarbeit der Rationalisierung, der Sicherheit, der Qualitätssicherung und dem Umweltschutz.

Anmerkung:

Die Normen wurden für die Zwecke dieses Buches bearbeitet bzw. gekürzt.

Die Normblattangaben werden wiedergegeben mit Erlaubnis des DIN Deutsches Institut für Normung e. V. Maßgebend für das Anwenden der Norm ist deren Fassung mit dem neuesten Ausgabedatum, die bei der Beuth Verlag GmbH, Burggrafenstraße 6, 10787 Berlin, erhältlich ist.

STICHWORTVERZEICHNIS DEUTSCH-ENGLISCH

Abmaße, Angabe *allowance above/below nominal size*
Abschaltstrom *current on breaking*
Abscherung *shearing*
Abschrecken *quenching*
Abstreifer *stripper*
Abtragen *chip removal (metal cutting)*
Abwicklung, Bemaßung *developed view, dimensioning*
Acetylen *acetylene*
Achsabstand, Zahnräder *distance between centres, gearwheels*
Achsen von NC-Maschinen *axes of NC machine tools*
Adressbuchstaben *address letters*
Adressbus *address bus*
Allgemeintoleranzen für Form und Lage *accuracy (NC machine tools)*
Allgemeintoleranzen für Gussrohteile *general tolerances for rough castings*
Allgemeintoleranzen für Längen- und Winkelmaße *general linear and angular measure tolerances*
Allgemeintoleranzen für Schweißkonstruktionen *general weldment tolerances*
Altern *aging*
Aluminium *aluminium*
Aluminiumband *band aluminium*
Aluminiumblech *aluminium sheet*
Aluminium-Gusslegierung *cast aluminium alloy*
Aluminium-Knetlegierung *wrought aluminium alloy*
Aluminiumprofil *aluminium section*
Aluminiumrohr *aluminium tube*
Aluminiumstange *aluminium rod*
Aluminium-Wärmebehandlung *aluminium heat treatment*
Aluminiumfolie *aluminium foil*
Ampere *ampere, amps*
Anlassfarben *tempering colours*
Annahmenstichprobenprüfung *acceptance sampling*
Anodisieren *anodic oxidation*
Anordnung der Maße *arrangement of measures*
Antivalenz-Glied *exclusive OR element*
Anweisungsliste *instruction list*
Anzeigeelement, Bildzeichen *vision signal*
Anzeigeglied, Symbole *indicator element, symbols*
Anziehmoment von Schrauben *bolt torque*
Äquivalenz-Glied *equivalence element*
Arbeitsschutz *industrial safety*
Arbeitsspeicher *working memory*
Arithmetischer Mittelwert *arithmetical mean*
ASCII, Begriff *American Standard Code for Information Interchange, term*
ASCII-Steuerzeichen *ASCII control characters*
Atomaufbau *atomic structure*
Atomhülle *atomic shell*
Atomkern *atomic core*
Auflagebolzen *headed dowel*
Auftrieb *buoyancy*
Augenschraube *eye bolt*
Ausschuss *rejections, reject rate*
Außengewinde *external thread*
Außengewinde, kegelig *tapered external thread*
Austenitischer Stahl *austenitic steel*
Auswertung, statistische *statistical evaluation*
Automatenstähle *free cutting steels*
Axial-Rillenkugellager *deep groove ball thrust bearing*

Bahnsteuerung *continuous-path control*
Ballengriff *top lever handle*
Bar *bar*
Baustähle *structural steels*
Bearbeitungsweg, Trennen *sequence of operations, cutting*
Bediengerät, Symbole *operating device, symbols*
Begriffe für Stücklisten *terms for parts lists*
Begriffe für Zeichnungen *terms for drawings*
Bemaßung von Schweißnähten *dimensioning of welds*
Beschleunigung *acceleration*
Beschriftung *lettering*
Betriebsdruck *working pressure*
Betriebsmittel *working stock*
Betriebsmittel, elektronische, Kennzeichnung *electronic equipment, labelling of*
Betriebsmittelhauptnutzungszeit *equipment, peak utilization period*
Betriebsstrom *working current*
Betriebssystem *operating system*
COLUMN_BREAK
Bewegung *movement, motion*
Bezeichnungssystem für Stähle *nomenclature of steel types*
Bezugsmaß *absolute dimension*
Bezugssystem *reference system*
Biegehalbmesser *bending radius*
Biegekraft *bending force*
Biegen *bending*
Biegeversuch *bending test*
Biegung *bend*
Bildzeichen für Anzeigeelemente *vision signals for indicator elements*
Bildzeichen für Schutzarten *vision signals for types of protection*
Binäre Verknüpfungen *logical operations*
Blattgrößen *sheet sizes*
Blech *sheet*
Blei *lead*
Bodenreißer *crack (deep-drawing)*
Bohrbuchse *press-fit jig bush*
Bohren *drilling*
Bohrer *drill*
Bolzen *pin, bolt*
Bornitrid *boron nitride*
Brennschneiden *flame-cutting*
Bruchdehnung *breaking elongation*
Brünieren *bronzing, burnishing*

Chemische Elemente, Stoffwerte *physical characteristics of chemical elements*
Chemische Verbindung *chemical compound*
Code, 8-bit *eight-bit code*
CPU *central processing unit*

Daten *data*
Datenausgabegerät *data output terminal*
Datenbus *data bus*
Dateneingabe *data input*
Datenflussplan *data flow chart*
Datenflussplan, Sinnbilder *data flow chart, symbols*
Datenspeicher *data store*
Datenträger *data medium*
Datenverarbeitung *data processing*
Datenverarbeitung, Begriffe *data processing, terms*
Dehnung *elongation*
Diagramme *diagrams*
Diamant *diamond*
Dichte *density*
Dichtungen *seals*
Differenzdruck *differential pressure*
D-Regler *derivative-action controller*
Drehbewegung *rotary motion*
Drehen *turning*
Drehmeißel *turning tool*
Drehmoment *torque*
Drehstrommotor *three-phase induction motor*
Drehzahl *speed*

Dreipunktregler *three-position controller*
Druck *pressure*
Druck in Flüssigkeiten und Gasen *pressure within fluids and gases*
Druck, absoluter *absolute pressure*
Druck, hydrostatischer *hydrostatic pressure*
Druckbehälterstähle *steels for pressure vessels*
Druckfestigkeit *compressive strength*
Druckübersetzung *pressure transmission*
Druckventil *pressure valve*
Druckversuch *compression test*
Dualcode *dual code*
Dualzahlen *binary numbers*
Durchgangslöcher *through holes*
Durchmesser *diameter*
Durchmesser, Bemaßung *diameter, dimensioning*
Duroplaste *duroplastics*

Edelstahl *special steel*
EEPROM *electrically erasable programmable read-only memory*
Effektivwert der Spannung *effective voltage, r.m.s. voltage*
Effektivwert der Stromstärke *effective current, r.m.s. current*
Einheiten *units*
Einheitsbohrung, Passungssystem *basic hole, system of fits*
Einheitswelle, Passungssystem *basic shaft, system of fits*
Einlegekeil *round-ended sunk key*
Einsatzhärten *case-hardening*
Einsatzhärten, Temperaturen *case-hardening, temperatures*
Einsatzstähle *case-hardening steels*
Einschraubtiefe *screwing depth*
Einspannzapfen *spigot of a die*
Einzelheit, Darstellung *detail drawing*
Eisen-Gusswerkstoffe *iron castings*
Elastizitätsmodul *modulus of elasticity*
Elastomere *elastomers*
Elektrische Anlage, Sicherheitsschilder *electrical installation, safety signs*
Elektrische Betriebsmittel, Kennzeichnung *electrical equipment, marking*
Elektrische Betriebsmittel, Prüfzeichen *electrical equipment, test marks*
Elektrische Betriebsmittel, Schutzmaßnahmen *electrical equipment, protective measures*
Elektrische Leistung *electric power*
Elektrische Stromstärke *current intensity*
Elektrizität *electricity*
Elektrochemische Spannungsreihe *electro-chemical series*
Elektrode *electrode*
Elektropneumatik *electropneumatics*
Elektrotechnik *electrical engineering*
Elektrotechnik, Schaltzeichen *electrical engineering, circuit symbols*
Elektrotechnik, Unfallverhütung *electrical engineering, accident prevention*
Elektrotechnische Betriebsmittel, Bezeichnung *electrotechnical equipment, designation*
Elektrotechnische Schaltzeichen *electrical engineering, circuit symbols*
Eloxieren *anodizing*
EMSR-Technik, Kennbuchstaben *electrical, measuring, and control engineering, code letters*
EMSR-Technik, Symbole *electrical, measuring, and control engineering, symbols*
Energie *energy*
EPROM *erasable programmable read-only memory*
Erholungszeit *recovery time*
Erodieren *eroding (spark machining)*
Extrudieren *extrusion moulding*

Fächerscheibe *serrated lock washer*
Farbkennzeichnung von Modellen *colour coding of models*
Fasen *chamfers*
Fasen, Bemaßung *chamfers, dimensioning*
Federkraft *spring power*
Federn *springs*
Federn, vereinfachte Darstellung *springs, simplified representation*
Federrate *spring rate, spring constant*
Federringe *spring lock washers*
Federscheibe *spring washer*
Federstahl *spring steel*
Federstahldraht *spring steel wire*
Fehlersammelkarte *percent defective chart*
Feingewinde *fine-pitch thread*
Feinkornstahl *grain refined steel*
Ferritischer Stahl *ferritic steel*
Fertigungskosten *production cost*
Fertigungsplanung *production planning*
Feste Rolle *fast pulley*
Feste Stoffe, Stoffwerte *physical characteristics of solid matter*
Festigkeit *stability; strength; resistance*
Festigkeitsklasse (Schrauben) *property class*
Festigkeitswerte *mechanical strength properties*
Festschmierstoffe *solid lubricants*
Filzring *felt ring*
Fläche *area*
Flachkeil *flat key*
Flachkopfschraube *countersunk screw*
Flachschmiernippel *button head lubricating nipple*
Flachsenker *spot facer*
Flachstahl *flat rolled steel*
Fliehkraft *centrifugal force*
Flügelmutter *wing nut*
Flügelschraube *wing screw*
Fluidtechnik *fluid technology*
Flüssige Stoffe, Stoffwerte *physical characteristics of fluid materials*
Flussmittel *fluxes*
Formelzeichen *symbols*
Formschrägen *forming by chamfering*
Formtoleranzen *design tolerances*
Fräsen *milling*
Fräswerkzeug *milling cutter*
Freistich *relief groove; undercut*
Fuge *joint*
Führungsgröße *reference input*
Funktionsdiagramm *functional diagram*
Funktionseinheit *functional unit*
Funktionslinie *functional line*
Funktionsplan *logical diagram, functional diagram*
Funktionsplan, Ablaufsteuerung *sequential control functional diagram*
Funktionsplan (FUP), SPS *functional diagram, stored program controller*
Funktionsplan, Symbole *functional diagram, symbols*
Funktionstabelle *function table*
Füße mit Gewindezapfen *feet with threaded stems*

Galvanisieren *galvanizing*
Gasschweißen *gas-welding*
Gebotszeichen *mandatory signs*
Gefahrensymbole *danger signs*
Geometrische Grundkonstruktionen *basic geometrical design*
Geometrische Reihen *geometric series*
Geschweißte Stahlrohre *welded steel tubes*
Geschwindigkeit *velocity*

Gestreckte Länge *prolate length*
Getriebe *gear unit; gearbox*
Getriebeleistung *output of a gear unit*
Gewichtskraft *weight*
Gewinde *thread*
Gewinde, Bemaßung *threads, dimensioning*
Gewinde, Darstellung *thread, representation*
Gewinde, Übersicht *table of threads*
Gewinde, vereinfachte Darstellung *threads, simplified representation*
Gewindeausläufe *thread runout*
Gewindebezeichnung *thread designation*
Gewindedrehen, Hauptnutzungszeit *thread turning, principal utilization period*
Gewindefreistiche *thread undercuts*
Gewinderohre *threaded tubes*
Gewindestift mit Druckzapfen *grub screw with thrust point*
Gewindestifte *set screws*
G-Funktion, Wegbedingung *G-function, route condition*
Gießen *casting*
Gleich-, Wechselspannung *direct voltage, alternating voltage*
Gleitlagerbuchse *plain bearing bush*
Gleitlager-Werkstoffe *materials for plain bearings*
Glühfarben *heat colours*
Grafische Symbole an NC-Werkzeugmaschinen *graphic symbols on numerically controlled machine tools*
Grenzabmaß *maximum allowable deviation*
Grenzmaß *limit size, limit measure*
Grenzmaße *limit dimensions*
Grundabmaße *fundamental deviations*
Grundrechenarten *fundamental arithmetic operations*
Grundtoleranzen *basic tolerances*
Grundzeit *basic time*
Gusseisen *cast iron*
Gusseisen mit Kugelgraphit *modular graphite cast iron*
Gusseisen mit Lamellengraphit *lamellar graphite cast iron*

Halbrundniete *round head rivet*
Halbschnitt *semi-section*
Hammerschraube *hammer head bolt*
Handhabungstechnik, Begriffe *handling techniques, terms*
Handkurbel *crank handle*
Härteangaben *hardness data*
Härten *quench hardening*
Härteprüfung *hardness test*
Härteprüfung nach Brinell *Brinell hardness test*
Härteprüfung nach Rockwell *Rockwell hardness test*
Härteprüfung nach Vickers *Vickers hardness test*
Hartlote *hard solders*
Hartmetallschneidplatte *sintered carbide clipping bed*
Häufigkeitssummen *cumulative frequency*
Häufigkeitsverteilung *frequency distribution*
Hauptnutzungszeit *principal utilization period*
Hauptspeicher *main memory*
Hauptstromkreis *main circuit*
Hexadezimal Code *hexadecimal code*
Hilfsmaß *temporary size*
Hinweise für besondere Gefahren *special hazard warnings*
Hinweislinien *lines associated with annotations*
HM-Schneidplatte *sintered carbide clipping bed*
Hohlkeil *hollow key*
Hohlprofile *hollow sections*
Honen *honing*
Hookesches Gesetz *Hooke's law*
HSS *high-speed steel tips*
Hydraulik *hydraulics*
Hydraulik, binäre Verknüpfung *hydraulics, logical interconnection*
Hydraulik, Schaltplan *hydraulics, circuit diagram*
Hydraulik, Sinnbilder *hydraulics, symbols*
Hydraulikflüssigkeiten, Benennung *hydraulic fluids, designation*
Hydrauliköl, Mindestanforderungen *hydraulic oil, minimum requirements*
Hydraulische Leistung *hydraulic capacity*
Hydraulische Presse *hydraulic press*
Hydropumpe *hydraulic pump*
Hydrostatischer Druck *hydrostatic pressure*

Indices *subscripts*
Industrieroboter *industrial robot*
Informationstechnik, Begriffe *information technology, terms*
Informationsverarbeitung *data processing*
Innengewinde *internal thread*
I-Regler *integral-action controller*
Isometrische Projektion *isometric projection*
ISO-Passungen für Einheitsbohrung *ISO system of fits for basic holes*
ISO-Passungen für Einheitswelle *ISO system of fits for basic shafts*
Istmaß *actual size*

Kaltarbeitsstähle *cold work steels*
Kegel *taper, cone*
Kegel (geometrischer Grundkörper) *cone (basic geometrical body)*
Kegelgriff *tapered handle*
Kegelpfanne *conical seat*
Kegelrad *bevel gear*
Kegelrollenlager *taper roller bearing*
Kegelstift *tapered pin*
Keile *keys*
Keilnabe *spline bore hub*
Keilriemen *V-belt*
Keilriemenscheibe *V-belt pulley*
Keilwelle *spline shaft*
Kennzeichnung von elektrischen Betriebsmitteln *marking of electrical equipment*
Kennzeichnung von elektrischen Leitern *conductor marking*
Kerbnägel *grooved drive studs*
Kerbschlagbiegeversuch *notched bar impact bending test*
Kerbstift *grooved pin*
Kerbverzahnung *groove toothing*
Kette *chain*
Klassierung *screening, separation*
Kleben *glueing*
Klebstoffe *adhesives*
Knetlegierungen *wrought alloys*
Kolbengeschwindigkeit *piston speed*
Kolbenkraft *piston power*
Kontaktbahnnummerierung *numbering of contact paths*
Kontakte *contacts*
Kontaktkorrosion *contact corrosion*
Kontaktplan *ladder diagram*
Kontaktplanprogrammierung *ladder diagram programming*
Koordinatenachsen *coordinate axes*
Korrosion *corrosion*
Korrosionsarten *types of corrosion*
Korrosionsschutz *corrosion protection*
Kräfte *forces*
Kräfte, Darstellung *diagram of forces*
Kreis *circle*
Kreisabschnitt *segment of a circle*
Kreisausschnitt *sector of a circle*
Kreisbogen *circular arc*

Kreisinterpolation *circular interpolation*
Kreissägeblatt *disk of a circular saw*
Kreuzgriff *palm grip*
Kronenmutter *castellated nut*
Kugelknopf *spherical button*
Kugelscheibe *spherical disk*
Kühlschmierstoffe *cooling lubricants*
Kunststoffe *synthetic materials*
Kunststoffverarbeitung *plastics processing*
Kupfer *copper*
Kupfer, Bezeichnungssystem *copper, system of designations*
Kupferblech *copper sheet*
Kupferdraht *copper wire*
Kupfer-Gusslegierung *cast copper alloys*
Kupfer-Knetlegierung *wrought copper alloy*
Kupferrohr *copper tube*
Kupferstange *copper rod*
Kupplungen *couplings, clutches*
Kurzschlussstrom *short-circuit current*

Lagetoleranzen *position allowances*
Länge *length*
Läppen *lapping*
Laser-Brennschneiden *laser beam cutting*
Lauftoleranzen *run-out tolerances*
Legierung *alloy*
Leistung *power; output; capacity; performance*
Leistung, elektrische *electric power*
Leistung, hydraulische *hydraulic capacity*
Lichtbogenhandschweißen *manual arc welding*
Lichtkanten *indirect dimensional information*
Linien *lines*
Löcher, Darstellung und Bemaßung *holes, delineation and dimensioning*
Lot *solder*
Löten *soldering*
Luftdruck *air pressure*
Luftverbrauch *air consumption*

MAG, Schweißverfahren *metal avtive gas welding*
Magnesium-Gusslegierung *cast magnesium alloys*
Magnesium-Knetlegierung *wrought magnesium alloys*
Martensitische Stähle *martensitic steels*
Martensitischer Stahlguss *martensitic cast steel*
Maschinenfähigkeit *suitability for mechanical processing*
Maschinennullpunkt *machine origin*
Maschinenreferenzpunkt *machine reference point*
Maßeinheiten *units of measurement*
Maßeintragung *dimensioning*
Maßhilfslinien *subsidiary lines for dimensioning*
Maßlinien *dimension lines*
Maßlinienbegrenzung *end of dimension line*
Maßstäbe *scales*
Maßtoleranz *dimensional tolerance*
Maßzahlen *dimensional figures*
Mechanik *mechanics*
Metrisches ISO-Gewinde *ISO metric screw thread*
MIG, Schweißverfahren *metal electrode inert gas welding*
Mikroprozessor *microprocessor*
Mindesteinschraubtiefe *minimum screwing depth*
Mittelwert-Spannweitenkarte *average-range chart*
Mittelwert-Standardabweichungskarte *average-sample standard deviation chart*
Modelllänge *pattern size*
Modulreihe *module series*
Monitor *monitor*
Morsekegel *Morse taper*
Motor *motor*
Muttern *nuts*

Nabe *hub*
Nadellager *needle bearing*
Nahtlose Stahlrohre *seamless steel tubes*
Nasenkeil *gib-headed key*
NC-Werkzeugmaschine *NC machine tool*
Neigung *slope; inclination*
Nennfehlerstrom *nominal fault current*
Nennmaß *nominal size*
Nennspannung, elektrische *rated voltage*
Nennstrom, elektrischer *rated current*
Nichteisenmetalle *nonferrous metals*
Nichteisenmetalle, Bezeichnungssystem *nonferrous metals, nomenclature*
NICHT-Glied *NOT element*
Nichtmetallische Schutzschicht *non-metallic protective layer*
Nichtrostende Stähle *stainless steels*
Nickel *nickel*
Niederhalter *pressure pad*
Niete *rivets*
Nitrierstahl *nitride steel*
Nomogramm *nomogram*
Normalglühen *normalizing*
Normteil für Vorrichtungen *standard part for chucking devices*
Normzahlen *preferred numbers*
Nullpunktverschiebung *zero offset*
Nuten *grooves*
Nuten für Passfedern *feather keyways*
Nuten für Scheibenfedern *keyways for Woodruff keys*
Nuten, Bemaßung *grooves, dimensioning*
Nutmutter *lock nut*

Oberflächenbeschaffenheit *surface finish*
Oberflächenbeschaffenheit, Angabe *surface finish, specification*
ODER-Glied *OR element*
ODER-NICHT-Glied *NOR element*
Ohmsches Gesetz *Ohm's law*
Öler *oilers*
O-Ring *O-ring seal*

Parallelbemaßung *parallel dimensioning*
Passfedern *feather keys*
Passscheiben *shim rings*
Passschrauben *fit bolts*
Passungen *fits*
Passungssystem Einheitswelle *basic shaft system of fits*
Passungssysteme *systems of fits*
Pendelkugellager *self-aligning ball bearing*
Pendelrollenlager *spherical roller bearing*
PEN-Leiter *PEN conductor*
Periodensystem der Elemente *periodic system of elements*
Pfeilmethode *arrow method*
Phosphatieren *phosphatizing*
Plasmaschneiden *plasma arc cutting*
Plattieren *plating; metal-coating*
Pneumatik *pneumatics*
Pneumatik, binäre Verknüpfung *pneumatic configurations, logical interconnection*
Pneumatik, Schaltplan *pneumatic engineering, cicuit diagram*
Pneumatik, Sinnbilder *pneumatics, symbols*
Polygonprofil *spline profile*
Polymer *polymer*
P-Regler *proportional-action controller*

Presse, hydraulische *hydraulic press*
Pressen *moulding*
Produktklasse *product category*
Profile aus Stahl *steel sections*
Profile, NE-Metalle *non-ferrous metal sections*
Programmablaufplan *program flow chart*
Programmablaufplan, Sinnbilder *program flow chart, symbols*
Programmieren von NC-Maschinen *programming of NC machine tools*
PROM *programmable read-only memory*
Prozentrechnen *percentage calculation*
Prozessfähigkeit *capability of being controlled*
Prozessor *processor*
Prozessregelung *closed-loop process control*
Prüfbezogene Maßeintragung *dimension entered subsequent to testing*
Prüfmaß *dimension ascertained by testing*
Prüfzeichen für elektrische Betriebsmittel und Geräte *test marks for electrical equipment*
Pumpenleistung *pump capacity*
Punktlast *lumped load*
Pyramide *pyramid*

Qualität *quality*
Qualitätsmanagement *quality management*
Qualitätsregelkarten *general charts*
Quetschgrenze *crushing yield point*

Räderwinde *wheel winch*
Radiuskorrektur *cutter compensation*
RAM *random access memory*
Rändel *knurls*
Rändelmutter *knurled nut*
Rändelschraube *knurled screw*
Rauheit *roughness*
Rauheit von Oberflächen, Herstellverfahren *surface roughness, finishing procedures*
Rauheitskenngrößen *surface roughness parameters*
Rauheitsklassen *roughness classes*
Rautiefe *peak-to-valley height*
Regeleinrichtung *control assembly; servomechanism*
Regelgewinde *standard thread*
Regelgröße *controlled quantity*
Regelstrecke *controlled process*
Regelungstechnik *closed loop control*
Regelungstechnik, Grundbegriffe *closed loop control, basic terms*
Regler, Symbole *controller, symbols*
Reibahlen *reamers*
Reibung *friction*
Rekristallisationsglühen *process annealing*
REPROM *reprogrammable read-only memory*
Rettungszeichen *escape signs*
Richtungstoleranzen *directional tolerances*
Riemen *belt*
Riemenscheibe *belt pulley*
Riementrieb, -getriebe (PIV) *belt drives*
Rillenkugellager *deep groove ball bearing*
Robotik *robotics*
Rohmaß *base size*
Rohrgewinde *pipe thread*
Rolle *pulley*
ROM *read-only memory*
RS-Kippglied *RS flip-flop*
R/S-Speicher *RS memory (register, storage)*
Rückfederung *resilience*
Runddraht *round wire*
Rundgewinde *knuckle thread*
Rundstahl *round steel*

Sägezahngewinde *buttress thread*
Sauerstoffverbrauch, Gasschweißen *oxygen demand, gas-welding*
Säulendiagramm *bar chart*
Säulengestell *die set*
Säure *acid*
Schaftfräser *parallel-shank-end mill*
Schalter *switches*
Schaltplan *circuit diagram*
Schaltplan, Hydraulik und Pneumatik *hydraulic and pneumatic engineering, circuit diagram*
Schaltzeichen, elektrotechnische *graphic symbols in wiring diagrams*
Scheiben *washers*
Scheibenfeder *Woodruff key*
Scheibenfräser *side milling cutter*
Scheibenkupplung *flange coupling*
Scherfestigkeit *shearing strength*
Schleifen *grinding*
Schleifmittel *abrasives*
Schleifscheiben *grinding wheels*
Schlüsselweite *wrench size across flats*
Schmalkeilriemen *wedge belt*
Schmieden *forging*
Schmierfett *lubricating grease*
Schmiernippel *lubricating nipple*
Schmieröl *lubricating oil*
Schmieröle, Benennung *lubricating oils, type designation*
Schmierstoffe *lubricants*
Schnapper mit Druckfeder *spring-loaded catch*
Schneckengetriebe *worm gearing; screw and wheel*
Schneckenrad *worm wheel*
Schneiden, funkenerosiv *cutting, electroerosive*
Schneidkraft *cutting power*
Schneidplatte *die plate; blanking die*
Schneidspalt *die clearance*
Schneidstempel *blanking punch*
Schneidstoffe *cutting materials*
Schneidteil *blank*
Schnellarbeitsstähle *high-speed steels*
Schnitte *cuts*
Schnittgeschwindigkeit *cutting speed*
Schnittverlauf *run of cut*
Schraffur *hatching*
Schrägkugellager *angular ball bearing*
Schrauben *screws*
Schraubendruckfeder *helical pressure spring*
Schraubenfeder *helical spring*
Schriftfelder *title blocks*
Schriftformen *lettering styles*
Schutz gegen gefährliche Körperströme *protection against currents harming the body*
Schutzgas *inert gas, protective gas*
Schutzleiter *protective earthing conductor, PE*
Schutzmaßnahme *safety precaution*
Schutzmaßnahme für elektrische Betriebsmittel *electrical equipment protection measure*
Schwarzbrennen *black annealing*
Schweißen *welding*
Schweißen, zeichnerische Darstellung *weld joints, representation*
Schweißmutter *weld nut*
Schweißnahtvorbereitung *edge preparation*
Schweißstab *welding rod, filler rod*
Schwenkscheibe *captive C-washer*
Schwerpunkt von Linien *cross-plot of gravity centre position*
Schwerpunkte *gravity centres*
Schwindlänge *amount of shrinkage*
Schwindung *contraction*
Sechskantmutter *hexagon nut*
Sechskantmutter mit Klemmteil *prevailing torque type self-locking nut*
Sechskantschraube *spanner bolt*
Senken *countersinking, counterboring*
Senkniet *countersunk head rivet*

Senkschraube *countersunk screw*
Senkung *countersink*
Sensoren *sensors*
Sicherheitstechnische Grundanforderungen *basic safety specifications*
Sicherungsblech *locking plate*
Sicherungsring *retaining ring, circlip*
Sicherungsscheibe *thrust washer*
Signalausgang, Symbole *signal outputs, symbols*
Signalglied, Begriff *signal element, term*
Signalglied, Symbole *signal element, symbols*
Signalkennzeichen *signal identification character*
Signalverarbeitung, Grundfunktionen *signal processing, basic logical functions*
Signalverarbeitung; Operationen *signal processing, operations*
Signalverknüpfung, Symbole *signal combination, symbols*
Sintermetalle *sintered metals*
Spannriegel *latch catch*
Spannstift *spring-type straight pin*
Spannung *(mechanical) stress*
Spannung, elektrische *voltage*
Spannung, zulässige *safe stress*
Spannungsreihe, elektrochemische *electro-chemical series*
Spannweite *opening, capacity*
Spannzeuge *clamping devices*
Speicher *memory*
Speicherprogrammierbare Steuerung, SPS *stored program control system*
Speichertype *type of memory*
Sperrventil *stop valve*
Splinte *split-pins, cotter pins*
Sprengring *snap ring*
Spritzgießen *injection moulding*
SPS-Anweisungen *instructions to a stored-program controller*
Stabelektrode *stick electrode*
Stahl *steel*
Stahl, Benennung *steel, type designation*
Stahlblech *steel sheet*
Stahldraht *steel wire*
Stähle für Flamm-und Induktionshärten *steels for flame and induction hardening*
Stahlerzeugnisse *steel products*
Stahlguss *steel castings*
Stahlprofile *steel sections*
Stahlrohr *steel tube*
Stahltragwerke *steel load-bearing systems*
Standardabweichung *standard deviation*
Standbegriffe *terms for tool life classification*
Statistische Fertigungsüberwachung *statistical process monitoring*
Staufferbüchse *Stauffer grease box*
Steckbohrbuchse *renewable drill bush*
Steigung *rise*
Steilkegelschaft für Werkzeuge *taper 7/24 for tools*
Stelleinrichtung *actuating unit*
Stellgerät, Symbole *actuating device, symbols*
Stellglied *actuator*
Stellringe *set collars*
Sterngriff *star grip*
Stetiger Regler *continuous controller*
Steueranweisungen *control instructions*
Steuerbus *control bus*
Steuereinrichtung *control device, control mechanism*
Steuergerät, Begriff *control device, term*
Steuergerät, Symbole *control device, symbols*
Steuerglied, Symbole *control element, symbols*
Steuern *open-loop control*
Steuerstrecke, Begriff *controlled process, term*
Steuerstromkreis *control circuit*
Steuerungstechnik *open loop control engineering*
Steuerungstechnik, Grundbegriffe *open loop control engineering, basic terms*
Stifte *pins*
Stiftschraube *locking screw*
Stirnrad *spur wheel*
Stirnrad mit Geradverzahnung *spur wheel, straight-tooth type*
Stirnrad mit Schrägverzahnung *spur wheel with helical toothing*
Stoffwerte *material properties*
Störgröße *disturbance variable*
Streckgrenze *apparent yielding point*
Streifenvorschub *strip mill forward feed*
Strömende Flüssigkeiten *streaming fluids*
Stromstärke *current intensity*
Stromstärke, elektrische *intensity of electric current*
Stromventil *flow control valve*
Struktogramm *structogram*
Stückliste, Begriffe *list of parts, terms*
Stücklisten *parts lists*
Stützscheibe *supporting ring*
Synchronriementrieb *synchronous belt drive*

Taschenfräsen *pocket hole milling*
Teilen *dividing*
Teilschnitt *partial section*
Teilung *pitch (gearwheel)*
Teilung von Längen *cut into lengths, break down*
Teilungen, Bemaßung *divisions, dimensioning*
Tellerfeder *saucer spring*
Temperatur *temperature*
Temperguss *malleable cast iron*
Thermisches Abtragen *thermal removal operations*
Thermoformen *thermoforming*
Thermoplaste *thermoplastics*
Tiefungsversuch *cupping test*
Tiefziehen *deep-drawing*
Tiefziehverhältnis *deep-drawing ratio*
T-Nutenschraube *T-bolt*
Toleranz *tolerance, allowance*
Toleranzklasse *tolerance class*
Torsion *torsion*
Transkristalline Korrosion *transcrystalline corrosion*
Trapezgewinde *trapezoidal thread*
Treibkeil *tapered driving key, wedge*
Trennen *cutting off*

Übersetzungen *transmission ratios*
Umdrehungsfrequenzstufung *rotational frequency, variation*
Umfangslast *peripheral load*
UND-Glied *AND element*
UND-NICHT-Glied *AND NOT element*
Unlegierte Baustähle *high-carbon structural steels*
Unstetiger Regler *discontinuous controller*
Urformen von Kunststoffen *plate-moulding of synthetic materials*
Urformen von Metallen *working metals without cutting*
Urwertkarte *general chart (quality inspection)*
U-Stahl *steel channels*

Verbindungen *connections; joints*
Verbindungselemente *fasteners (screws and nuts)*
Verbotszeichen *prohibiting signs*
Verbrauchswert, Gasschweißen *gas demand in welding*
Verdichtung *compression*
Vereinfachte Darstellungen *simplified representation*
Vergüten *hardening and tempering*
Vergütungsstähle *tempering steels*
Verteilzeit *allowance*
Vertriebskosten *distribution costs*

G Theoretische Grundlagen
K Technische Kommunikation
W Werkstofftechnik
M Maschinenelemente
F Fertigungstechnik
S Steuerungs-/Regelungstk.
A Anhang

Verwaltungskosten *administrative expenses*
Vierkantschaft *square shank*
Vierkantstahl *square bar steel*
Viskositätsklassen *viscosity classes*
Volumenstrom *volume flow rate*
Vorbehandlung von Metalloberflächen *pretreatment of metal surfaces*
Vorschub *advance, forward feed*
Vorspannkraft *pretensioning force*
Vorsteckscheiben für Vorrichtungen *C-washers for jigs*

Wahrscheinlichkeit *probability*
Walzenstirnfräser *shell end mill*
Wälzlager *rolling bearing*
Warmarbeitsstahl *hot-work steel*
Warmbiegen *hot-bending*
Wärmebehandlung *heat treatment*
Wärmebehandlung, Begriffe *heat treatment, terms*
Wärmedurchgangszahl *heat transition coefficient*
Wärmekapazität *heat capacity*
Wärmelehre *thermodynamics*
Wärmeleitfähigkeit *thermal conductivity*
Wärmemenge, gebundene *latent heat*
Wärmeschutz *thermal protection*
Warnzeichen *warning signs*
Wegbedingungen *preparatory functions*
Wegdiagramm *routing diagram*
Wegeventil *directional seat valve*
Weichglühen *softening*
Weichlote *soft solders*
Welle *shaft*
Wellendichtring *lip-type shaft seal*
Wellenende *shaft end*
Wendeschneidplatte *indexable insert*
Werkstoffnummern *material numbers*
Werkstoffprüfung *material test*
Werkstückdicke *work piece thickness*
Werkstückkanten *work piece edges*
Werkstücknullpunkt *work piece point of origin*
Werkzeughalter *clamping chuck*
Werkzeugschneide *lip of a tool*
Werkzeugstahl *tool steel*
Whitworth-Rohrgewinde *British Standard brass thread*
Widerstand *resistance*
Widerstand von Leitern *resistance of conductors*
Widerstand, spezifischer elektrischer *resistivity*
WIG, Schweißverfahren *tungsten inert gas welding*
Winde *winch*
Winkel, Formelzeichen *angle, symbols*
Winkelfunktionen *trigonometric functions*
Winkelmaß *angular measure*
Wirkung des elektrischen Stroms *effect of electric current*
Wirkungsgrad *efficiency*
Wirkungsplan *action chart*

Zahlensystem *number system*
Zahnräder *gearwheels*
Zahnräder, Darstellung *gearwheels, representation*
Zahnräder, vereinfachte Darstellung *gearwheels, simplified representation*
Zahnradgetriebe *toothed gearing*
Zahnscheiben *tooth lock washers*
Zahnstangengetriebe *rack-and-pinion gear*
Zahntrieb *gearwheel drive*
Zeichnungen, Begriffe *drawings, terms*
Zeit *time*
Zeit je Einheit *time per component*
Zeit, Formelzeichen *time, symbols*
Zentraleinheit *central processing unit, CPU*
Zentrierbohrungen *center holes*
Zerspantechnik *chip removal*
Zerspanungsgrößen *cutting variables*
Zerteilen *dividing, cutting up*
Ziehspalt *drawing gap*
Zink *zinc*
Zug *tension*
Zugspannung *tensile stress*
Zugversuch *tensile test*
Zusatzfunktionen, M-Funktionen *miscellaneous functions*
Zuschnitt *blank*
Zustandsdiagramm *constitution diagram*
Zweipunktregler *two-position controller*
Zyklen *cycles*
Zylinder *cylinder*
Zylinder, Sinnbilder *cylinder, symbols*
Zylinderkerbstift *full length parallel grooved dowel pin*
Zylinderrollenlager *cylindrical roller bearing*
Zylinderschraube *cheese head screw*
Zylinderstift *parallel pin*

STICHWORTVERZEICHNIS ENGLISCH-DEUTSCH

compressive strength *Druckfestigkeit*
conductor marking *Kennzeichnung von elektrischen Leitern*
cone *Kegel*
cone (basic geometrical body) *Kegel (geometrischer Grundkörper)*
conical seat *Kegelpfanne*
connections *Verbindungen*
constitution diagram *Zustandsdiagramm*
contact corrosion *Kontaktkorrosion*
contacts *Kontakte*
continuous controller *Stetiger Regler*
continuous-path control *Bahnsteuerung*
contraction *Schwindung*
control assembly; servomechanism *Regeleinrichtung*
control bus *Steuerbus*
control circuit *Steuerstromkreis*
control device, control mechanism *Steuereinrichtung*
control device, symbols *Steuergerät, Symbole*
control device, term *Steuergerät, Begriff*
control element, symbols *Steuerglied, Symbole*
control instructions *Steueranweisungen*
controlled process *Regelstrecke*
controlled process, term *Steuerstrecke, Begriff*
controlled quantity *Regelgröße*
controller, symbols *Regler, Symbole*
cooling lubricants *Kühlschmierstoffe*
coordinate axes *Koordinatenachsen*
copper *Kupfer*
copper rod *Kupferstange*
copper sheet *Kupferblech*
copper tube *Kupferrohr*
copper wire *Kupferdraht*
copper, system of designations *Kupfer, Bezeichnungssystem*
corrosion *Korrosion*
corrosion protection *Korrosionsschutz*
counterboring *Senken*
countersink *Senkung*
countersinking *Senken*
countersunk head rivet *Senkniet*
countersunk screw *Flachkopfschraube*
countersunk screw *Senkschraube*
couplings *Kupplungen*
crack (deep-drawing) *Bodenreißer*
crank handle *Handkurbel*
cross-plot of gravity centre position *Schwerpunkt von Linien*
crushing yield point *Quetschgrenze*
cumulative frequency *Häufigkeitssummen*
cupping test *Tiefungsversuch*
current intensity *Stromstärke*
current intensity *Elektrische Stromstärke*
current on breaking *Abschaltstrom*
cut into lengths *Teilung von Längen*
cuts *Schnitte*
cutter compensation *Radiuskorrektur*
cutting materials *Schneidstoffe*
cutting off *Trennen*
cutting power *Schneidkraft*
cutting speed *Schnittgeschwindigkeit*
cutting up *Zerteilen*
cutting variables *Zerspanungsgrößen*
cutting, electroerosive *Schneiden, funkenerosiv*
C-washers for jigs *Vorsteckscheiben für Vorrichtungen*
cycles *Zyklen*
cylinder *Zylinder*
cylinder, symbols *Zylinder, Sinnbilder*
cylindrical roller bearing *Zylinderrollenlager*

danger signs *Gefahrensymbole*
data *Daten*
data bus *Datenbus*
data flow chart *Datenflussplan*
data flow chart, symbols *Datenflussplan, Sinnbilder*
data input *Dateneingabe*
data medium *Datenträger*
data output terminal *Datenausgabegerät*
data processing *Datenverarbeitung*
data processing *Informationsverarbeitung*
data processing, terms *Datenverarbeitung, Begriffe*
data store *Datenspeicher*
deep groove ball bearing *Rillenkugellager*
deep groove ball thrust bearing *Axial-Rillenkugellager*
deep-drawing *Tiefziehen*
deep-drawing ratio *Tiefziehverhältnis*
density *Dichte*
derivative-action controller *D-Regler*
design tolerances *Formtoleranzen*
detail drawing *Einzelheit, Darstellung*
developed view, dimensioning *Abwicklung, Bemaßung*
diagram of forces *Kräfte, Darstellung*
diagrams *Diagramme*
diameter *Durchmesser*
diameter, dimensioning *Durchmesser, Bemaßung*
diamond *Diamant*
die clearance *Schneidspalt*
die plate *Schneidplatte*
die set *Säulengestell*
differential pressure *Differenzdruck*
dimension ascertained by testing *Prüfmaß*
dimension entered subsequent to testing *Prüfbezogene Maßeintragung*
dimension lines *Maßlinien*
dimensional figures *Maßzahlen*
dimensional tolerance *Maßtoleranz*
dimensioning *Maßeintragung*
dimensioning of welds *Bemaßung von Schweißnähten*
direct voltage *Gleichspannung*
directional seat valve *Wegeventil*
directional tolerances *Richtungstoleranzen*
discontinuous controller *Unstetiger Regler*
disk of a circular saw *Kreissägeblatt*
distance between centres, gearwheels *Achsabstand, Zahnräder*
distribution costs *Vertriebskosten*
disturbance variable *Störgröße*
dividing *Teilen, Zerteilen*
divisions, dimensioning *Teilungen, Bemaßung*
drawing gap *Ziehspalt*
drawings, terms *Zeichnungen, Begriffe*
drill *Bohrer*
drilling *Bohren*
dual code *Dualcode*
duroplastics *Duroplaste*

edge preparation *Schweißnahtvorbereitung*
effect of electric current *Wirkung des elektrischen Stroms*
effective current, r.m.s. current *Effektivwert der Stromstärke*
effective voltage, r.m.s. voltage *Effektivwert der Spannung*
efficiency *Wirkungsgrad*
eight-bit code *Code, 8-bit*
elastomers *Elastomere*
electric power *Elektrische Leistung*
electric power *Leistung, elektrische*
electrical engineering *Elektrotechnik*

rotational frequency, variation *Umdrehungsfrequenzstufung*
roughness *Rauheit*
roughness classes *Rauheitsklassen*
round head rivet *Halbrundniete*
round steel *Rundstahl*
round wire *Runddraht*
round-ended sunk key *Einlegekeil*
routing diagram *Wegdiagramm*
RS flip-flop *RS-Kippglied*
RS memory (register, storage) *R/S-Speicher*
run of cut *Schnittverlauf*
run-out tolerances *Lauftoleranzen*

Safe stress *Spannung, zulässige*
safety precaution *Schutzmaßnahme*
saucer spring *Tellerfeder*
scales *Maßstäbe*
screening *Klassierung*
screwing depth *Einschraubtiefe*
screws *Schrauben*
seals *Dichtungen*
seamless steel tubes *Nahtlose Stahlrohre*
sector of a circle *Kreisausschnitt*
segment of a circle *Kreisabschnitt*
self-aligning ball bearing *Pendelkugellager*
semi-section *Halbschnitt*
sensors *Sensoren*
separation *Klassierung*
sequence of operations, cutting *Bearbeitungsweg, Trennen*
sequential control functional diagram *Funktionsplan, Ablaufsteuerung*
serrated lock washer *Fächerscheibe*
set collars *Stellringe*
set screws *Gewindestifte*
shaft *Welle*
shaft end *Wellenende*
shearing *Abscherung*
shearing strength *Scherfestigkeit*
sheet *Blech*
sheet sizes *Blattgrößen*
shell end mill *Walzenstirnfräser*
shim rings *Passscheiben*
short-circuit current *Kurzschlussstrom*
side milling cutter *Scheibenfräser*
signal combination, symbols *Signalverknüpfung, Symbole*
signal element, symbols *Signalglied, Symbole*
signal element, term *Signalglied, Begriff*
signal identification character *Signalkennzeichen*
signal outputs, symbols *Signalausgang, Symbole*
signal processing, basic logical functions *Signalverarbeitung, Grundfunktionen*
signal processing, operations *Signalverarbeitung; Operationen*
simplified representation *Vereinfachte Darstellungen*
sintered carbide clipping bed *HM-Schneidplatte*
sintered carbide clipping bed *Hartmetallschneidplatte*
sintered metals *Sintermetalle*
slope; inclination *Neigung*
snap ring *Sprengring*
soft solders *Weichlote*
softening *Weichglühen*
solder *Lot*
soldering *Löten*
solid lubricants *Festschmierstoffe*
spanner bolt *Sechskant-schraube*
special hazard warnings *Hinweise für besondere Gefahren*
special steel *Edelstahl*
speed *Drehzahl*
spherical button *Kugelknopf*
spherical disk *Kugelscheibe*
spherical roller bearing *Pendelrollenlager*
spigot of a die *Einspannzapfen*
spline bore hub *Keilnabe*
spline profile *Polygonprofil*
spline shaft *Keilwelle*
split-pins, cotter pins *Splinte*
spot facer *Flachsenker*
spring lock washers *Federringe*
spring power *Federkraft*
spring rate, spring constant *Federrate*
spring steel *Federstahl*
spring steel wire *Federstahldraht*
spring washer *Federscheibe*
spring-loaded catch *Schnapper mit Druckfeder*
spring-type straight pin *Spannstift*
springs *Federn*
springs, simplified representation *Federn, vereinfachte Darstellung*
spur wheel *Stirnrad*
spur wheel with helical toothing *Stirnrad mit Schrägverzahnung*
spur wheel, straight-tooth type *Stirnrad mit Geradverzahnung*
square bar steel *Vierkantstahl*
square shank *Vierkantschaft*
stability *Festigkeit*
stainless steels *Nichtrostende Stähle*
standard deviation *Standardabweichung*
standard part for chucking devices *Normteil für Vorrichtungen*
standard thread *Regelgewinde*
star grip *Sterngriff*
statistical evaluation *Auswertung, statistische*
statistical process monitoring *Statistische Fertigungsüberwachung*
Stauffer grease box *Staufferbüchse*
steel *Stahl*
steel castings *Stahlguss*
steel channels *U-Stahl*
steel load-bearing systems *Stahltragwerke*
steel products *Stahlerzeugnisse*
steel sections *Stahlprofile*
steel sections *Profile aus Stahl*
steel sheet *Stahlblech*
steel tube *Stahlrohr*
steel wire *Stahldraht*
steel, type designation *Stahl, Benennung*
steels for flame and induction hardening *Stähle für Flamm-und Induktionshärten*
steels for pressure vessels *Druckbehälterstähle*
stick electrode *Stabelektrode*
stop valve *Sperrventil*
stored program control system *Speicherprogrammierbare Steuerung, SPS*
streaming fluids *Strömende Flüssigkeiten*
strength *Festigkeit*
(mechanical) stress *Spannung*
strip mill forward feed *Streifenvorschub*
stripper *Abstreifer*
structogram *Struktogramm*
structural steels *Baustähle*
subscripts *Indices*
subsidiary lines for dimensioning *Maßhilfslinien*
suitability for mechanical processing *Maschinenfähigkeit*
supporting ring *Stützscheibe*
surface finish *Oberflächenbeschaffenheit*
surface finish, specification *Oberflächenbeschaffenheit, Angabe*
surface roughness parameters *Rauheitskenngrößen*
surface roughness, finishing procedures *Rauheit von Oberflächen, Herstellverfahren*
switches *Schalter*
symbols *Formelzeichen*
synchronous belt drive *Synchronriementrieb*
synthetic materials *Kunststoffe*
systems of fits *Passungssysteme*

table of threads *Gewinde, Übersicht*
taper *Kegel*
taper 7/24 for tools *Steilkegelschaft für Werkzeuge*

SACHWORTVERZEICHNIS